Grundwissen Elektrotechnik und Elektronik

Lizenz zum Wissen.

Sichern Sie sich umfassendes Technikwissen mit Sofortzugriff auf tausende Fachbücher und Fachzeitschriften aus den Bereichen: Automobiltechnik, Maschinenbau, Energie + Umwelt, E-Technik, Informatik + IT und Bauwesen.

Exklusiv für Leser von Springer-Fachbüchern: Testen Sie Springer für Professionals 30 Tage unverbindlich. Nutzen Sie dazu im Bestellverlauf Ihren persönlichen Aktionscode C0005406 auf *www.springerprofessional.de/buchaktion/*

Jetzt 30 Tage testen!

Springer für Professionals.
Digitale Fachbibliothek. Themen-Scout. Knowledge-Manager.

- 🔍 Zugriff auf tausende von Fachbüchern und Fachzeitschriften
- ☺ Selektion, Komprimierung und Verknüpfung relevanter Themen durch Fachredaktionen
- 🔗 Tools zur persönlichen Wissensorganisation und Vernetzung

www.entschieden-intelligenter.de

Springer für Professionals

Leonhard Stiny

Grundwissen Elektrotechnik und Elektronik

Eine leicht verständliche Einführung

7., vollständig überarbeitete und erweiterte Auflage

117 Aufgaben mit Lösungswegen
622 Abbildungen

Leonhard Stiny
Haag a. d. Amper, Deutschland

ISBN 978-3-658-18318-9   ISBN 978-3-658-18319-6 (eBook)
https://doi.org/10.1007/978-3-658-18319-6

Die Deutsche Nationalbibliothek verzeichnet diese Publikation in der Deutschen Nationalbibliografie; detaillierte bibliografische Daten sind im Internet über http://dnb.d-nb.de abrufbar.

Springer Vieweg
Die 1. bis 6. Auflage (2000, 2003, 2005, 2007, 2011) erschien im Franzis Verlag unter dem Titel »Grundwissen Elektrotechnik«.
© Springer Fachmedien Wiesbaden GmbH, ein Teil von Springer Nature 2000, 2003, 2005, 2007, 2011, 2018
Das Werk einschließlich aller seiner Teile ist urheberrechtlich geschützt. Jede Verwertung, die nicht ausdrücklich vom Urheberrechtsgesetz zugelassen ist, bedarf der vorherigen Zustimmung des Verlags. Das gilt insbesondere für Vervielfältigungen, Bearbeitungen, Übersetzungen, Mikroverfilmungen und die Einspeicherung und Verarbeitung in elektronischen Systemen.
Die Wiedergabe von Gebrauchsnamen, Handelsnamen, Warenbezeichnungen usw. in diesem Werk berechtigt auch ohne besondere Kennzeichnung nicht zu der Annahme, dass solche Namen im Sinne der Warenzeichen- und Markenschutz-Gesetzgebung als frei zu betrachten wären und daher von jedermann benutzt werden dürften.
Der Verlag, die Autoren und die Herausgeber gehen davon aus, dass die Angaben und Informationen in diesem Werk zum Zeitpunkt der Veröffentlichung vollständig und korrekt sind. Weder der Verlag noch die Autoren oder die Herausgeber übernehmen, ausdrücklich oder implizit, Gewähr für den Inhalt des Werkes, etwaige Fehler oder Äußerungen. Der Verlag bleibt im Hinblick auf geografische Zuordnungen und Gebietsbezeichnungen in veröffentlichten Karten und Institutionsadressen neutral.

Gedruckt auf säurefreiem und chlorfrei gebleichtem Papier

Springer Vieweg ist ein Imprint der eingetragenen Gesellschaft Springer Fachmedien Wiesbaden GmbH und ist ein Teil von Springer Nature.
Die Anschrift der Gesellschaft ist: Abraham-Lincoln-Str. 46, 65189 Wiesbaden, Germany

*Dieses Buch widme ich meiner lieben Enkelin
Annalena Sophia*

Vorwort zur 7. Auflage

Als ich 1998 mit der Erstellung dieses Lehrbuches über die Grundlagen der Elektrotechnik und Elektronik begann, war es mein oberstes Ziel, diesen teilweise abstrakten Stoff leicht verständlich und anschaulich, aber trotzdem für den Gebrauch in Ausbildung und Beruf weitgehend vollständig und exakt zu erläutern. Dieses Ziel habe ich stets weiter verfolgt. Nach der 6. Auflage beim Franzis-Verlag ist nun die 7. Auflage beim Springer-Verlag erschienen. Sie ist das Ergebnis einer grundlichen Überarbeitung wesentlicher Teile dieses Lehrbuches. Darüber hinaus wurden auch neue Abschnitte hinzugefügt.

Die Überarbeitung betrifft in der Elektrotechnik insbesondere elektrische und magnetische Felder, Wechselspannung und Wechselstrom mit den Darstellungen im Zeitbereich und als Zeiger sowie die komplexe Wechselstromrechnung. In der Elektronik wurden die Betrachtungen bei der Diode als Bauelement und in der Anwendung als Gleichrichter vervollständigt, Erläuterungen in der Transistortechnik optimiert und der Abschnitt über Operationsverstärker erweitert. Die in ihrer Übersichtlichkeit bewährte Gliederung des Buches ist beibehalten.

In meiner zwölfjährigen Tätigkeit als Lehrbeauftragter an der Ostbayerischen Technischen Hochschule Regensburg für das Fach „Grundlagen der Elektrotechnik und Elektronik" konnte ich kennenlernen, welche Stoffgebiete und Darstellungsweisen den Lernenden besonders schwerfallen und eine detaillierte Erläuterung erfordern. Um diesem Bedarf von Studierenden technischer Fächer gerecht zu werden, sind nun Abschnitte aufgenommen, die mit *„Zur Vertiefung"* gekennzeichnet sind. In diesen Abschnitten sind zusätzliche Erläuterungen zusammen mit manchmal schwierigeren mathematischen Abhandlungen enthalten. Der ursprüngliche Leitgedanke, den Stoff auch Lernenden ohne Kenntnisse in höherer Mathematik zu vermitteln, wurde somit beibehalten und bezüglich der Ausweitung der Elektrotechnik und Elektronik in zahlreiche technische Studiengänge ergänzt.

Aufgaben mit ausführlichen Lösungswegen ermöglichen es, das Erlernte zu üben und für eine Prüfung zu festigen. Zur Prüfungsvorbereitung empfehle ich auch mein Buch „Aufgabensammlung zur Elektrotechnik und Elektronik" mit 560 Übungsaufgaben (Springer-Verlag, 3. Auflage).

Für Hinweise zur weiteren Verbesserung dieses Lehrbuches bin ich stets dankbar.

Haag a. d. Amper   Leonhard Stiny
im Februar 2018

Vorwort zur 6. Auflage

Seit dem Jahr 2000 wurden fünf Auflagen dieses Lehrbuches verkauft. Bald nach dem Erscheinen der ersten Auflage erhielt ich von Leserinnen und Lesern, darunter viele Studienanfänger, sehr positive Rückmeldungen über die in dem Buch leicht verständliche Darstellung elektrotechnischer Zusammenhänge und die übersichtliche Gliederung des Stoffes. Ich wurde zu weiteren Fachbüchern angeregt, diese erschienen in den letzten Jahren unter den Titeln „Aufgaben mit Lösungen zur Elektrotechnik", „Handbuch passiver elektronischer Bauelemente" und „Handbuch aktiver elektronischer Bauelemente" beim Franzis-Verlag.

Die Zeit vor der sechsten Auflage nutzte ich zu einer umfangreichen Überarbeitung dieses Werkes. Es war dringend erforderlich, die Neuregelung der deutschen Rechtschreibung zu berücksichtigen. Abbildungen habe ich übersichtlicher gestaltet, Zeichnungen in ihrer grafischen Gestaltung und Exaktheit verfeinert. Die Formelbuchstaben von Variablen sind jetzt im Fließtext und in Formeln der Norm entsprechend kursiv geschrieben, um die Lesbarkeit zu erhöhen. Einige Abschnitte wurden als Ergänzungen aufgenommen, z. B. eine Tabelle mit dem griechischen Alphabet, Erläuterungen zum elektrischen Feld sowie zusätzliche Grundschaltungen des Operationsverstärkers.

Im Laufe der letzten Jahre hatte sich am Ende des Buches ein Anhang aus mehreren Themenbereichen gebildet. Er entstand aus meinen Erfahrungen als Lehrbeauftragter für das Fach „Grundlagen der Elektrotechnik und Elektronik" an der Hochschule Regensburg, aus Fragen von Studierenden und Diskussionen in den Vorlesungen. Dieser Anhang ist nun in die entsprechenden Kapitel des Buches als Ergänzungen der bisherigen Abschnitte eingearbeitet. – Insgesamt wurden durch die Neugestaltung des Buches sowohl Inhalt als auch Darstellungsweise optimiert.

Ich hoffe, dass dieses Werk auch in der Zukunft vielen Lernenden eine Hilfe ist, sich ein Grundwissen im Bereich der Elektrotechnik und Elektronik auf möglichst einfache und leicht verständliche Weise anzueignen.

Haag a. d. Amper Leonhard Stiny
im März 2011

Vorwort

Dieses Buch ist für alle gedacht, die sich mit den Grundlagen der Elektrotechnik und Elektronik in Theorie und Praxis näher beschäftigen wollen oder müssen. Als Leitgedanke beim Schreiben des Buches stand im Vordergrund, die Grundlagen der Elektrotechnik und Elektronik in Theorie und Praxis einfach und leicht verständlich zu erläutern, um sich diese im Selbststudium aneignen zu können. Auszubildende elektrotechnischer Berufe, Schüler weiterführender Schulen, Berufserfahrene zur Auffrischung des Wissens, Hobbyelektroniker und auch manche Studenten der Elektrotechnik oder verwandter Gebiete sollen gleichermaßen angesprochen werden.

Zahlreiche Abbildungen, Beispiele und Aufgaben mit ausführlichen Lösungen sowie Schritt-für-Schritt-Anleitungen sollen helfen, den Stoff anschaulich darzustellen, zu vertiefen und das erworbene Wissen anzuwenden. Zusammenfassungen am Ende der einzelnen Kapitel geben einen schnellen Überblick und heben das Wesentliche hervor.

Modellvorstellungen
Viele physikalische Vorgänge können nur mit Hilfe der Mathematik exakt beschrieben werden. Mathematische Formeln und Gleichungen sind oft abstrakt, die durch sie ausgedrückten physikalischen Prozesse sind nur schwer anschaulich vorstellbar.

Dem menschlichen Bedürfnis nach Anschaulichkeit kommen Modellvorstellungen entgegen, die häufig in das Gebiet der Mechanik gehören. Jeder von uns kennt fließendes Wasser, kann sich bewegte Körper oder eine Ansammlung von kleinen Kügelchen vorstellen. Vereinfachende Modelle dieser Art werden in diesem Buch ab und zu benutzt, um grundlegende elektrische Vorgänge auch dem Interessierten mit wenigen mathematischen Kenntnissen anschaulich näher zu bringen. Bei der Verwendung einfacher, mechanischer Modelle zur Beschreibung elektro- oder atomphysikalischer Objekte muss man sich jedoch bewusst sein, dass im Allgemeinen die Exaktheit der Darstellung mit steigender Anschaulichkeit abnimmt. Je einfacher und damit anschaulicher ein Modell ist, umso ungenauer ist es. Dennoch reichen einfache Modelle häufig aus, um die wichtigsten Grundbegriffe der Elektrotechnik mit für die Praxis ausreichender Genauigkeit der menschlichen Vorstellung zugänglich zu machen und an die Erfahrungswelt anzuknüpfen.

Theorie und Vorbildung

Ein Mindestmaß an mathematischen Kenntnissen muss vorausgesetzt werden. Nur mit Hilfe der Mathematik können die gegenseitigen Abhängigkeiten physikalischer Größen beschrieben werden. Der Leser sollte daher mindestens über die mathematischen und physikalischen Kenntnisse verfügen, die ein mittlerer Schulabschluss vermittelt. Aus dem Gebiet der Algebra werden z. B. als bekannt angenommen: Zehnerpotenzen, Wurzeln, die Kennzeichnung einer Größe durch einen Index, das Umstellen und Auflösen einfacher Formeln, das Rechnen mit Potenzen, die Funktion einer Variablen und ihre grafische Darstellung, trigonometrische Funktionen (Sinus, Cosinus), Gleichungen mit zwei Unbekannten, Lösung einer quadratischen Gleichung.

Weitergehende mathematische Kenntnisse (etwa dem Abitur entsprechend) sind nur in wenigen, mit einem hochgestellten „M" gekennzeichneten Abschnitten erforderlich.

Praxis

Theoretische Grundkenntnisse sind unerlässlich für das Verständnis elektrischer Vorgänge. Durch Beispiele aus der Praxis wird ein Bezug zu realen Anwendungen hergestellt und das Verstehen der Theorie unterstützt. Es wird nicht nur erläutert, für welchen Zweck ein Bauteil eingesetzt wird, sondern auch an praktischen Beispielen gezeigt, wie theoretische Grundlagen und Formeln in der Praxis anzuwenden sind. Da sich die technische Realisierung von Bauteilen rasch ändert, werden deren Ausführungsformen nur kurz beschrieben. In der Praxis kann unabhängig von der Bauform der Bauteile aus mehreren Widerständen ein Ersatzwiderstand gebildet werden. Praxis ist in diesem Buch im Sinne dieses einfachen Beispiels zu verstehen, weitgehend unabhängig vom technologischen Wandel und als Anwendung grundlegender Theorie.

Danksagung

An dieser Stelle möchte ich meiner Frau Anneliese für ihr Verständnis und ihre Geduld während der Erstellungszeit dieses Buches danken. Meiner Tochter Tanja, durch die ich zu diesem Werk angeregt wurde, gebührt mein Dank für zahlreiche Vorschläge und die teilweise Durchsicht des Manuskriptes.

Für Hinweise auf Fehler und für Verbesserungs- oder Ergänzungsvorschläge bin ich dankbar.

Haag a. d. Amper   Leonhard Stiny
im November 1999

Inhaltsverzeichnis

1 Elektrischer Strom 1
   1.1 Der Aufbau der Materie 2
      1.1.1 Stoffe 2
      1.1.2 Zusammenfassung: Stoffe 3
      1.1.3 Beispiel zur Zerlegung der Materie 4
      1.1.4 Denkmodell für Atom und Molekül 4
      1.1.5 Der Atombau 6
      1.1.6 Zusammenfassung: Der Atombau 8
   1.2 Elektrische Ladung und elektrischer Strom 9
      1.2.1 Elektrische Ladung 9
      1.2.2 Elektrischer Strom 10
   1.3 Nichtleiter, Leiter und Halbleiter 11
   1.4 Widerstand und Leitfähigkeit 12
   1.5 Elektrische Spannung 13
   1.6 Zusammenfassung: Der elektrische Strom 15
   1.7 Halbleiter 16
      1.7.1 Elektrizitätsleitung in festen Stoffen (Wiederholung) ... 16
      1.7.2 Zusammenfassung: Halbleiter 21

2 Der unverzweigte Gleichstromkreis 23
   2.1 Größen im Gleichstromkreis 23
      2.1.1 Allgemeines zu physikalischen Größen und Einheiten ... 23
      2.1.2 Die Größe für den elektrischen Strom 27
      2.1.3 Die Größe für die elektrische Spannung 31
      2.1.4 Die Größe für den elektrischen Widerstand 32
      2.1.5 Zusammenfassung: Größen im Gleichstromkreis .. 33
   2.2 Das Ohm'sche Gesetz 34
      2.2.1 Aussage des ohmschen Gesetzes 34
      2.2.2 Rechnen mit dem ohmschen Gesetz 35
      2.2.3 Grafische Darstellung des ohmschen Gesetzes ... 36
      2.2.4 Zusammenfassung: Das ohmsche Gesetz 37

2.3	Definitionen		37
	2.3.1	Gleichstrom, Gleichspannung, Wechselstrom, Wechselspannung	37
	2.3.2	Verbraucher	38
	2.3.3	Reihenschaltung	39
	2.3.4	Parallelschaltung	39
	2.3.5	Unverzweigter und verzweigter Stromkreis	39
	2.3.6	Schaltzeichen und Schaltbild	40
	2.3.7	Werte von Strömen und Spannungen in Schaltbildern	42
	2.3.8	Kurzschluss	46
	2.3.9	Passive Bauelemente	47
	2.3.10	Aktive Bauelemente	47
	2.3.11	Zusammenfassung: Definitionen	47
2.4	Arbeit und Leistung		48
	2.4.1	Elektrische Arbeit	48
	2.4.2	Elektrische Leistung	49
2.5	Wirkungsgrad		51
2.6	Die Stromdichte		53
	2.6.1	Homogener Stromfluss	53
	2.6.2	Inhomogener Stromfluss	55
	2.6.3	Praktische Bedeutung der Stromdichte	56
3	**Lineare Bauelemente im Gleichstromkreis**		**59**
3.1	Definition des Begriffes „linear"		59
3.2	Der ohmsche Widerstand		61
	3.2.1	Wirkungsweise des Widerstandes	62
	3.2.2	Spezifischer Widerstand	63
	3.2.3	Verwendungszweck von Widerständen	67
	3.2.4	Widerstand als Bauelement	69
	3.2.5	Zusammenfassung: Der ohmsche Widerstand	78
3.3	Der Kondensator		79
	3.3.1	Wirkungsweise des Kondensators	79
	3.3.2	Größe für die Kapazität	80
	3.3.3	Plattenkondensator	81
	3.3.4	Dielektrikum	83
	3.3.5	Verwendungszweck von Kondensatoren	86
	3.3.6	Kondensator als Bauelement	90
	3.3.7	Kenngrößen von Kondensatoren	92
	3.3.8	Elektrisches Feld	93
	3.3.9	Zusammenfassung: Der Kondensator	96
3.4	Die Spule		96
	3.4.1	Grundlagen des Magnetismus	96

		3.4.2	Zusammenfassung: Grundlagen des Magnetismus	99
		3.4.3	Elektromagnetismus	99
		3.4.4	Wirkungsweise der Spule	102
		3.4.5	Aufbau der Spule	113
		3.4.6	Verwendungszweck von Spulen	115
		3.4.7	Spule als Bauelement	116
		3.4.8	Kenngrößen von Spulen	116
		3.4.9	Magnetische Kreise	117
	3.5	Zusammenfassung: Die Spule		124

4	Gleichspannungsquellen			127
	4.1	Primärelemente (galvanische Elemente, Batterien)		128
		4.1.1	Wirkungsweise des galvanischen Elements	128
		4.1.2	Batterien	129
	4.2	Sekundärelemente (Akkumulatoren)		130
		4.2.1	Der Bleiakkumulator	130
		4.2.2	Nickel-Cadmium-Akkumulatoren	130
		4.2.3	Nickel-Metallhydrid- und Lithium-Ionen-Akkumulatoren	131
		4.2.4	Technische Eigenschaften von Akkumulatoren	131
	4.3	Netzgeräte		132
	4.4	Störungsfreie Versorgung mit Gleichspannung		133
	4.5	Die belastete Gleichspannungsquelle		135
		4.5.1	Reale Spannungsquelle	135
		4.5.2	Ermittlung des Innenwiderstandes	137
		4.5.3	Kurzschlussstrom	138
		4.5.4	Leerlauf	139
		4.5.5	Anpassungen	139
	4.6	Stromquelle		141
	4.7	Zusammenfassung: Gleichspannungsquellen		142

5	Berechnungen im unverzweigten Gleichstromkreis			145
	5.1	Reihen- und Parallelschaltung von Zweipolen		145
	5.2	Reihenschaltung von ohmschen Widerständen		146
	5.3	Reihenschaltung von Kondensatoren		151
	5.4	Reihenschaltung von Spulen		153
	5.5	Reihenschaltung von Gleichspannungsquellen		153
	5.6	Reihenschaltung von Widerständen, Kondensatoren und Spulen		154
		5.6.1	Zusammenfassung von Bauelementen	154
		5.6.2	Reihenschaltung von Kondensator und R oder L	154
		5.6.3	Reihenschaltung einer Spule mit R oder C	154
	5.7	Reihenschaltung in der Praxis		155
		5.7.1	Ersatz von Bauteilen	155

		5.7.2	Vorwiderstand 155
		5.7.3	Spannungsabfall an Leitungen 156
		5.7.4	Spannungsteiler 157
	5.8	Zusammenfassung: Berechnungen im unverzweigten Gleichstromkreis 157	

6 Messung von Spannung und Strom 159
    6.1   Voltmeter und Amperemeter 159
    6.2   Erweiterung des Messbereiches eines Voltmeters 163
    6.3   Indirekte Messung von Widerstand und Leistung 164

7 Schaltvorgänge im unverzweigten Gleichstromkreis 165
    7.1   Schaltvorgang beim ohmschen Widerstand 166
           7.1.1   Widerstand einschalten 166
           7.1.2   Widerstand ausschalten 166
    7.2   Schaltvorgang beim Kondensator 167
           7.2.1   Kondensator laden (einschalten) 167
           7.2.2   Kondensator ausschalten 169
           7.2.3   Kondensator entladen 170
           7.2.4   Exponentialfunktion von Spannung und Strom 171
    7.3   Schaltvorgang bei der Spule 175
           7.3.1   Spule einschalten 175
           7.3.2   Spule ausschalten (mit Abschalt-Induktionsstromkreis) 177
           7.3.3   Spule ausschalten (ohne Abschalt-Induktionsstromkreis) ... 179
           7.3.4   Zeitverlauf von Spannung und Strom 182
    7.4   Zusammenfassung: Schaltvorgänge im unverzweigten
          Gleichstromkreis 183

8 Der verzweigte Gleichstromkreis 185
    8.1   Die Kirchhoff'schen Gesetze 186
           8.1.1   Die Knotenregel (1. Kirchhoff'sches Gesetz) 186
           8.1.2   Die Maschenregel (2. Kirchhoff'sches Gesetz) 187
    8.2   Berechnung von Parallelschaltungen 188
           8.2.1   Parallelschaltung von ohmschen Widerständen 188
           8.2.2   Die Stromteilerregel 190
           8.2.3   Parallelschaltung von Kondensatoren 192
           8.2.4   Parallelschaltung von Spulen 192
           8.2.5   Parallelschaltung von Gleichspannungsquellen 193
    8.3   Parallelschaltung in der Praxis 194
           8.3.1   Ersatz von Bauteilen 194
           8.3.2   Erweiterung des Messbereiches eines Amperemeters 194
           8.3.3   Der belastete Spannungsteiler 196
           8.3.4   Berechnung des belasteten Spannungsteilers 197

8.4	Gemischte Schaltungen	199
8.5	Stern-Dreieck- und Dreieck-Stern-Umwandlung	201
8.6	Umwandlung von Quellen	204
8.7	Analyse von Netzwerken	205
	8.7.1 Die Maschenanalyse	207
	8.7.2 Die Knotenanalyse	214
	8.7.3 Der Überlagerungssatz	217
	8.7.4 Der Satz von der Ersatzspannungsquelle	220
	8.7.5 Bestimmung des Innenwiderstandes eines Netzwerkes	226
8.8	Vierpole	228
8.9	Zusammenfassung: Der verzweigte Gleichstromkreis	229

9 Wechselspannung und Wechselstrom 231
- 9.1 Grundlegende Betrachtungen 231
- 9.2 Entstehung der Sinuskurve, Liniendiagramm 238
- 9.3 Relevanz sinusförmiger Wechselgrößen 240
- 9.4 Kennwerte von Wechselgrößen 242
  - 9.4.1 Periodendauer 242
  - 9.4.2 Frequenz 242
  - 9.4.3 Kreisfrequenz 243
  - 9.4.4 Wellenlänge 244
  - 9.4.5 Amplitude 244
  - 9.4.6 Spitze-Spitze-Wert 245
  - 9.4.7 Effektivwert 245
  - 9.4.8 Gleichrichtwert 249
  - 9.4.9 Nullphasenwinkel 252
  - 9.4.10 Phasenverschiebung 253
- 9.5 Zusammenfassung: Kennwerte von Wechselgrößen 256
- 9.6 Zeigerdiagramm 257
  - 9.6.1 Zeigerdarstellung von Sinusgrößen 257
  - 9.6.2 Phasenverschiebungswinkel im Zeigerdiagramm 261
- 9.7 Zusammenfassung: Zeigerdiagramm 262
- 9.8 Zusammensetzung von Wechselspannungen 263
- 9.9 Oberschwingungen 266
  - 9.9.1 Fourier-Reihen 267
  - 9.9.2 Beispiel zur Fourier-Analyse 271
  - 9.9.3 Bedeutung der Fourier-Analyse 274
  - 9.9.4 Klirrfaktor 275

10 Komplexe Darstellung von Sinusgrößen 277
- 10.1 Grundbegriffe der komplexen Rechnung 277
  - 10.1.1 Rechenregeln für imaginäre Zahlen 282

		10.1.2	Rechenregeln für komplexe Zahlen	282
		10.1.3	Vorteile komplexer Zahlen	287
		10.1.4	Sinusförmige Wechselspannung in komplexer Darstellung	290
		10.1.5	Der komplexe Widerstand	296
	10.2	Zusammenfassung: Komplexe Darstellung von Sinusgrößen		299
11	**Einfache Wechselstromkreise**			**301**
	11.1	Ohm'scher Widerstand im Wechselstromkreis		302
	11.2	Spule im Wechselstromkreis		305
	11.3	Kondensator im Wechselstromkreis		308
	11.4	Reihenschaltung aus ohmschem Widerstand und Spule		312
		11.4.1	Komplexer Frequenzparameter „s"	312
		11.4.2	Anwendung von s bei der RL-Reihenschaltung	313
	11.5	Reihenschaltung aus ohmschem Widerstand und Kondensator		319
	11.6	RC-Reihenschaltung in der Praxis		322
		11.6.1	Die Übertragungsfunktion	322
		11.6.2	Verstärkungsmaß, Dezibel	326
		11.6.3	Bode-Diagramm	327
		11.6.4	Dämpfung	328
		11.6.5	Grenzfrequenz	329
		11.6.6	Normierte Übertragungsfunktion	329
		11.6.7	Der RC-Tiefpass	330
		11.6.8	Bode-Diagramme mit Mathcad	334
		11.6.9	Filterung eines gestörten Sinussignals	337
		11.6.10	Der RC-Hochpass	338
	11.7	Reihenschaltung aus Spule, Widerstand und Kondensator		341
	11.8	Parallelschaltung aus Widerstand und Spule		342
	11.9	Parallelschaltung aus Widerstand und Kondensator		343
	11.10	Bode-Diagramm mit Excel-Tool		344
	11.11	Zusammenfassung: Einfache Wechselstromkreise		344
12	**Ersatzschaltungen für Bauelemente**			**347**
	12.1	Die elektrische Leitung		348
	12.2	Widerstand mit Eigenkapazität und Eigeninduktivität		349
	12.3	Verluste in Spulen		349
		12.3.1	Wicklungsverluste	349
		12.3.2	Verluste durch den Skineffekt	350
		12.3.3	Hystereseverluste	351
		12.3.4	Wirbelstromverluste	352
	12.4	Verluste im Kondensator		352
	12.5	Zusammenfassung: Ersatzschaltungen für Bauelemente		353

13	**Leistung im Wechselstromkreis**	355
	13.1 Reine Wirkleistung	355
	13.2 Reine Blindleistung	356
	13.3 Wirk- und Blindleistung	359
	13.4 Scheinleistung	360
	13.5 Blindleistungskompensation	361
	13.6 Zusammenfassung: Leistung im Wechselstromkreis	364
14	**Transformatoren (Übertrager)**	365
	14.1 Grundprinzip	365
	14.2 Transformator mit Eisenkern	366
	14.3 Der verlustlose, streufreie Transformator	368
	14.3.1 Transformation der Spannungen	369
	14.3.2 Transformation der Stromstärken	369
	14.3.3 Transformation des Widerstandes	370
	14.4 Der verlustlose Transformator mit Streuung	371
	14.5 Der reale Transformator	373
	14.6 Frequenzverhalten des NF-Übertragers	373
	14.7 Übertrager zwischen ohmschen Widerständen	374
	14.7.1 Idealer Übertrager unter Vernachlässigung der Wicklungswiderstände	374
	14.7.2 Idealer Übertrager mit Wicklungswiderständen	375
	14.8 Spezielle Ausführungen von Transformatoren	379
	14.9 Zusammenfassung: Transformatoren (Übertrager)	379
15	**Schwingkreise**	381
	15.1 Reihenschwingkreis ohne Verluste	381
	15.2 Reihenschwingkreis mit Verlusten	384
	15.3 Parallelschwingkreis ohne Verluste	396
	15.4 Parallelschwingkreis mit Verlusten	398
	15.5 Zeitverhalten elektrischer Schwingkreise	409
	15.6 Grundsätzliche Kopplungsarten	409
	15.6.1 Galvanische Kopplung	410
	15.6.2 Induktive Kopplung	410
	15.6.3 Kapazitive Kopplung	411
	15.6.4 Fußpunktkopplung	411
	15.7 Bandfilter	411
	15.8 Kopplungsarten bei Bandfiltern	413
	15.8.1 Transformatorische Kopplung	413
	15.8.2 Induktive Kopplung mit Koppelspule	414
	15.8.3 Kapazitive Kopfpunktkopplung	415
	15.8.4 Kapazitive Fußpunktkopplung	415

	15.9	Zusammenschaltung von Schwingkreisen	416
		15.9.1 LC-Bandpass	416
		15.9.2 LC-Bandsperre	417
	15.10	Zusammenfassung: Schwingkreise	418
16	**Mehrphasensysteme**		**419**
	16.1	Erzeugung von Drehstrom	419
		16.1.1 Sternschaltung des Generators	421
		16.1.2 Dreieckschaltung des Generators	423
	16.2	Verbraucher im Drehstromsystem	424
		16.2.1 Sternschaltung des Verbrauchers mit Mittelleiter	424
		16.2.2 Sternschaltung des Verbrauchers ohne Mittelleiter	425
		16.2.3 Dreieckschaltung des Verbrauchers	430
	16.3	Leistung bei Drehstrom	432
	16.4	Zusammenfassung: Mehrphasensysteme	434
17	**Analyse allgemeiner Wechselstromnetze**		**435**
18	**Halbleiterdioden**		**449**
	18.1	Der pn-Übergang ohne äußere Spannung	449
	18.2	Der pn-Übergang mit äußerer Spannung	453
		18.2.1 Äußere Spannung in Durchlassrichtung	453
		18.2.2 Äußere Spannung in Sperrrichtung	455
		18.2.3 Vollständige Kennlinie eines pn-Übergangs	458
	18.3	Beschreibung der Diode durch Gleichungen	460
		18.3.1 Shockley-Gleichung	460
		18.3.2 Vereinfachung für den Durchlassbereich	461
		18.3.3 Vereinfachung für den Sperrbereich	462
	18.4	Linearisierung der Durchlasskennlinie in einem Arbeitspunkt	464
		18.4.1 Arbeitspunkt	464
		18.4.2 Gleichstromwiderstand	465
		18.4.3 Wechselstromwiderstand	465
	18.5	Näherungen für die Diodenkennlinie	466
		18.5.1 Die ideale Diode	466
		18.5.2 Berücksichtigung der Schleusenspannung	467
		18.5.3 Berücksichtigung des Bahnwiderstandes	467
	18.6	Kenn- und Grenzwerte von Dioden	475
	18.7	Schaltverhalten von Dioden	475
		18.7.1 Diode einschalten	476
		18.7.2 Diode ausschalten	477
	18.8	Temperaturabhängigkeit der Diodenkennlinie	478
		18.8.1 Temperaturabhängigkeit des Sperrstromes	478

		18.8.2 Temperaturabhängigkeit der Durchlassspannung 480
	18.9	Diode und Verlustleistung 480
	18.10	Arten von Dioden 486
		18.10.1 Universaldioden 486
		18.10.2 Spezialdioden 487
	18.11	Arbeitspunkt und Widerstandsgerade 503
		18.11.1 Widerstandsgerade, einfache Anleitung 504
		18.11.2 Widerstandsgerade, rechnerisches Verfahren 506
		18.11.3 Widerstandsgerade, Strahlensatz 507
		18.11.4 Mathematische Näherungslösung durch Iteration 508
	18.12	Anwendungen von Dioden 512
		18.12.1 Gleichrichtung von Wechselspannungen 513
		18.12.2 Schutzdiode, Freilaufdiode 526
		18.12.3 Eingangsschutzschaltung einer Baugruppe 527
		18.12.4 Dioden in der Digitaltechnik 529
		18.12.5 Begrenzung einer Wechselspannung 531
	18.13	Zusammenfassung: Halbleiterdioden 532
19	**Bipolare Transistoren** 535	
	19.1	Definition und Klassifizierung von Transistoren 535
	19.2	Aufbau des Bipolartransistors 537
	19.3	Richtung von Strömen und Spannungen beim Transistor 539
	19.4	Wirkungsweise 540
	19.5	Die drei Grundschaltungen des Transistors 545
	19.6	Betriebsarten 546
		19.6.1 Verstärkerbetrieb 546
		19.6.2 Schalterbetrieb 547
	19.7	Kennlinien des Transistors 550
		19.7.1 Eingangskennlinie 550
		19.7.2 Übertragungskennlinie (Steuerkennlinie) 555
		19.7.3 Ausgangskennlinien 563
		19.7.4 Vierquadranten-Kennlinienfeld, Arbeitspunkt, Lastgerade . . 570
	19.8	Abhängigkeiten der Stromverstärkung 573
		19.8.1 Stromverstärkung in Abhängigkeit von Arbeitspunkt und Temperatur 573
		19.8.2 Stromverstärkung in Abhängigkeit der Grundschaltung 575
		19.8.3 Stromverstärkung in Abhängigkeit der Frequenz, Grenzfrequenzen 577
	19.9	Wahl des Arbeitspunktes 580
		19.9.1 Erlaubter Arbeitsbereich 580
		19.9.2 Betriebsarten als Verstärker 581
	19.10	Die Grundschaltungen im Detail 583

	19.10.1 Die Emitterschaltung 583
	19.10.2 Die Basisschaltung 589
	19.10.3 Die Kollektorschaltung 591

19.11 Rückkopplung 594
       19.11.1 Allgemeine Folgen der Gegenkopplung............... 596
       19.11.2 Emitterstufe mit Gegenkopplung 601

19.12 Ersatzschaltungen des Transistors 603
       19.12.1 Die formale Ersatzschaltung 604
       19.12.2 Die physikalische Ersatzschaltung 609

19.13 Spezielle Schaltungen mit Bipolartransistoren 614
       19.13.1 Darlington-Schaltung 614
       19.13.2 Bootstrap-Schaltung 614
       19.13.3 Kaskodeschaltung 615
       19.13.4 Konstantstromquelle 616
       19.13.5 Differenzverstärker 618
       19.13.6 Selektivverstärker 621
       19.13.7 Oszillatoren 621

19.14 Der Transistor als Schalter 623
       19.14.1 Schalttransistor im Sperrzustand 624
       19.14.2 Schalttransistor im Durchlasszustand 625
       19.14.3 Dynamisches Schaltverhalten 626
       19.14.4 Verkürzung der Schaltzeiten 628
       19.14.5 Beispiele für die Anwendung von Schalttransistoren 628

19.15 Transistoren in der Digitaltechnik 635
       19.15.1 Kodes, Logische Funktionen, Schaltalgebra 635
       19.15.2 Schaltungstechnische Realisierung der logischen Grundfunktionen 641

19.16 Zusammenfassung: Bipolare Transistoren 647

20 Feldeffekttransistoren 651

20.1 Bezeichnungen und Klassifizierung 651

20.2 Sperrschicht-FET (JFET) mit n-Kanal 655
       20.2.1   Aufbau und Arbeitsweise 655
       20.2.2   Kennlinien und Arbeitsbereiche des JFETs 657

20.3 Isolierschicht-FET (MOSFET) mit n-Kanal 661
       20.3.1   Aufbau und Arbeitsweise 661
       20.3.2   Kennlinien und Arbeitsbereiche des MOSFETs 664

20.4 Schaltungstechnik mit FETs (Beispiele) 667
       20.4.1   Die drei Grundschaltungen des Feldeffekttransistors 667
       20.4.2   Verstärkerbetrieb 668
       20.4.3   Betrieb als steuerbarer Widerstand 670
       20.4.4   Konstantstromquelle mit FET 671

		20.4.5	Der FET als Schalter	671
		20.4.6	Inversdiode	672
		20.4.7	Lowside-, Highside-Schalter	673
	20.5	Zusammenfassung: Feldeffekttransistoren		680

21 Operationsverstärker 683

    21.1 Begriffe, Anwendungsbereiche 683
    21.2 Interner Aufbau von Operationsverstärkern 684
    21.3 Eigenschaften des Operationsverstärkers 686
        21.3.1 Leerlaufspannungsverstärkung 686
        21.3.2 Eingangswiderstände, Eingangsströme 687
        21.3.3 Ausgangswiderstand 687
        21.3.4 Übertragungskennlinie 687
        21.3.5 Gleichtaktverstärkung, Gleichtaktunterdrückung ... 689
        21.3.6 Offsetspannung 690
        21.3.7 Frequenzverhalten 691
        21.3.8 Sprungverhalten 694
    21.4 Der ideale Operationsverstärker 695
    21.5 Einsatz von Operationsverstärkern 696
        21.5.1 Beschalteter Operationsverstärker 696
        21.5.2 Grundschaltungen 701
        21.5.3 Anwendungsbeispiele 711
    21.6 Zusammenfassung: Operationsverstärker 717

Liste verwendeter Formelzeichen 719

Literatur 725

Sachverzeichnis 727

Elektrischer Strom

1

> **Zusammenfassung**
>
> Als Einführung wird der Aufbau der Materie betrachtet. Stoffarten und die Zusammensetzung von Stoffen werden mittels eines einfachen Denkmodells für Atome untersucht. Die Begriffe Ladungsträger und Elektronen führen zur Definition der elektrischen Ladung. Aus Modellvorstellungen des Atomaufbaus ergeben sich anschauliche Vorstellungen von den physikalischen Vorgängen beim Fließen von Strom. Elektrische Leitfähigkeit und elektrischer Widerstand werden aus den Eigenschaften der Stoffe erläutert. Das Entstehen einer elektrischen Spannung wird erklärt. Es folgt die Einteilung von Stoffen in Leiter, Nichtleiter und Halbleiter und deren Eigenschaften. Der Aufbau von Halbleitern sowie die Elektrizitätsleitung in reinen und in dotierten Halbleitern wird besprochen.

Das Wesen der Elektrizität

Der Mensch kann mit seinen Sinnesorganen Elektrizität nicht erkennen. Man fühlt zwar die durch Elektrizität erzeugte Wärme oder sieht das Licht einer Glühbirne. In der Umgangssprache heißt es: „Es fließt Strom, deshalb leuchtet (oder brennt) die Birne." In den Leitungen zur Lampe oder in der Glühbirne selbst sieht man jedoch nichts fließen oder strömen. Wir erkennen die Elektrizität nur an den Wirkungen, die sie ausübt und die für unsere Sinnesorgane wahrnehmbar sind. Die eigentliche Ursache der Wahrnehmungen bleibt aber unseren Sinnen verschlossen.

Die Elektrizitätslehre ist ein Teilgebiet der Physik. Um das Wesen der Elektrizität verstehen zu können, sind Kenntnisse über den Aufbau der uns umgebenden Stoffe (der **Materie**) notwendig. Materie setzt sich aus winzigen Teilchen zusammen. Diese Teilchen sind viel zu klein, um sie mit den Augen wahrzunehmen, sie sind wiederum mit den menschlichen Sinnen nicht erkennbar.

Den einzigen Ausweg, die begrenzten Möglichkeiten der menschlichen Sinne zu überwinden, bietet unsere Fähigkeit, zu denken. Durch sprachliche Begriffe, die aus unserer

Erfahrungswelt stammen, wie z. B. Kern, Bahn oder Hülle, schaffen Physiker **Denkmodelle**. Anhand dieser leicht vorstellbaren Modelle können der Aufbau und die Eigenschaften unterschiedlicher Stoffe erklärt und beschrieben werden. Als Folge davon ist dann auch beschreibbar und vorstellbar, was Elektrizität ist.

Der Aufbau der Materie soll hier nur mit sehr einfachen Modellen erklärt werden. Nicht die Atomphysik steht im Vordergrund, sondern das Verstehen der Elektrizität.

1.1 Der Aufbau der Materie

1.1.1 Stoffe

Gegenstände unserer Umwelt werden nach ihrer Form und nach dem **Material** oder **Stoff**, aus dem sie bestehen, beurteilt.

Stoff ist alles, was uns umgibt, einen Raum einnimmt und ein Gewicht (besser: eine Masse) hat. Auch Flüssigkeiten und Gase sind Stoffe.

Die meisten Stoffe können in drei Zuständen oder Phasen (**Aggregatzuständen**) auftreten: fest, flüssig und gasförmig.

Stoffe werden durch ihre wesentlichen Merkmale und Eigenschaften erkannt und unterschieden. Zu den charakteristischen Stoffeigenschaften gehören z. B. Zustand (fest, flüssig, gasförmig), Härte, Farbe, Glanz, Geruch, Geschmack, Kristallform, Schmelztemperatur, Siedetemperatur, Dichte, Löslichkeit in Wasser, Brennbarkeit.

1.1.1.1 Stoffgemische

Stoffe können wiederum als *Stoffgemische* oder *Reinstoffe* vorliegen.

Stoffgemische sind einteilbar in uneinheitliche (**heterogene**) und einheitliche (**homogene**) Gemische.

Heterogene Stoffgemische bestehen aus Teilchen mit verschiedenen Eigenschaften. Ein Beispiel hierfür ist Granit mit den Hauptbestandteilen Feldspat, Quarz und Glimmer. Diese Teilchen des Stoffgemisches kann man bereits mit dem bloßen Auge erkennen.

Homogene Stoffgemische haben durch und durch die gleichen Eigenschaften. So sind z. B. beim Messing (aus Kupfer und Zink) oder beim Zuckerwasser die einzelnen Bestandteile nicht mehr leicht erkennbar.

Stoffgemische können durch physikalische Verfahren (z. B. Filtrieren, Zentrifugieren, Destillieren) in weitere stoffliche Anteile (*Komponenten*) getrennt werden.

1.1.1.2 Reinstoffe

Reinstoffe können durch physikalische Operationen nicht mehr in verschiedenartige Anteile zerlegt werden. Reinstoffe sind z. B. Wasser, Schwefel, Eisen (natürlich nur, wenn sie nicht durch andere Stoffe verunreinigt sind).

1.1 Der Aufbau der Materie

1.1.1.3 Verbindung
Viele reine Stoffe lassen sich zwar nicht durch physikalische, aber durch chemische Vorgänge in weitere Stoffe trennen. Diese Reinstoffe nennt man **chemische Verbindungen**.

So lässt sich z. B. Wasser durch Zuführung großer Hitze oder durch elektrischen Strom in seine Bestandteile Wasserstoff und Sauerstoff trennen.

1.1.1.4 Molekül
Das kleinste Masseteilchen einer Verbindung mit den chemischen Eigenschaften der Verbindung heißt **Molekül**. Ein Molekül besteht aus mehreren (mindestens zwei), fest zusammengefügten Atomen.

1.1.1.5 Element
Reinstoffe, welche sich durch einen chemischen Vorgang nicht mehr in andere Stoffe zerlegen lassen, nennt man Grundstoffe oder **Elemente**.

1.1.1.6 Atom
Die kleinsten Masseteilchen eines Elements, welche auf chemischem Weg nicht weiter zerlegbar sind, nennt man **Atome**. Alle Atome eines Elements haben die gleichen chemischen Eigenschaften.

Noch einmal allgemein
Die uns umgebende Materie setzt sich aus Grundstoffen zusammen. Diese Grundstoffe werden chemische Elemente genannt. Viele chemische Elemente sind allgemein bekannt, wie z. B. Sauerstoff, Eisen, Wasserstoff oder Schwefel. Chemische Elemente können sich zu Verbindungen zusammenschließen, die ganz andere Eigenschaften haben als die einzelnen Elemente selbst. Wasserstoff und Sauerstoff sind Gase. Verbinden sich Wasserstoff und Sauerstoff, so entsteht Wasser, welches flüssig ist.

Zerkleinert man solche zusammengesetzten Stoffe (chemische Verbindungen) durch geeignete Methoden in immer kleinere Teile, so wird beim Zerkleinern eine Grenze erreicht. Das kleinste, nicht mehr teilbare Gebilde, ohne dass die Eigenschaft der Verbindung verloren geht, nennt man Molekül. Moleküle bestehen aus Teilen von Elementen. Diese Teile der Elemente werden Atome genannt. Atome können durch keine chemischen oder normalen physikalischen Verfahren in kleinere Teile zerlegt werden.

(Wir wissen allerdings, dass dies doch möglich ist: Durch den natürlichen Zerfall von Atomkernen oder die künstliche Kernspaltung entsteht radioaktive Strahlung.)

1.1.2 Zusammenfassung: Stoffe

1. Stoffgemische setzen sich aus verschiedenen Reinstoffen zusammen.
2. Verbindungen sind Reinstoffe, die durch chemische Verfahren in Elemente zersetzt werden können.

3. Ein Molekül ist das kleinste Masseteilchen einer Verbindung, das noch die chemischen Eigenschaften der Verbindung besitzt.
4. Ein Molekül ist ein fester Verbund mehrerer Atome von Elementen.
5. Elemente sind Reinstoffe, die nicht mehr in andere Stoffe zerlegbar sind.
6. Ein Atom ist das kleinste Masseteilchen eines Elements.
7. Ein Atom ist auf chemischem Weg nicht mehr weiter zerlegbar.

1.1.3 Beispiel zur Zerlegung der Materie

Folgende Arbeitsschritte sollen den Aufbau und die Zerlegung der Materie an einem Beispiel veranschaulichen.

In diesem Beispiel wird aus einem heterogenen Stoffgemisch (Wasser mit Sägespänen) der Reinstoff Wasser gewonnen. Das Wasser wird weiter zerlegt in die Moleküle der Elemente Wasserstoff und Sauerstoff.

Erster Schritt
Das heterogene Stoffgemisch aus Wasser und Sägespänen wird gefiltert (Abb. 1.1). Die Sägespäne bleiben im Filter zurück. Im Auffangbecher erhält man reines Wasser. Das Wasser ist ein Reinstoff, eine chemische Verbindung aus Wasserstoff und Sauerstoff.

Zweiter Schritt
Das Wasser wird durch große Hitze in die Elemente Wasserstoff und Sauerstoff zerlegt (Abb. 1.2). Das Gasgemisch aus Wasserstoff und Sauerstoff besteht aus zweiatomigen Wasserstoffmolekülen und zweiatomigen Sauerstoffmolekülen[1].

1.1.4 Denkmodell für Atom und Molekül

Wie kann man sich Atome und Moleküle vorstellen? Ein Atom ist das kleinste Masseteilchen und (mit normalen Mitteln) nicht mehr in kleinere Teilchen zerlegbar.

Abb. 1.1 Wasser mit Sägespänen wird gefiltert

---

[1] Warum die Gasmoleküle des Wasserstoffs und Sauerstoffs zweiatomig sind, wird hier nicht näher erklärt.

1.1 Der Aufbau der Materie

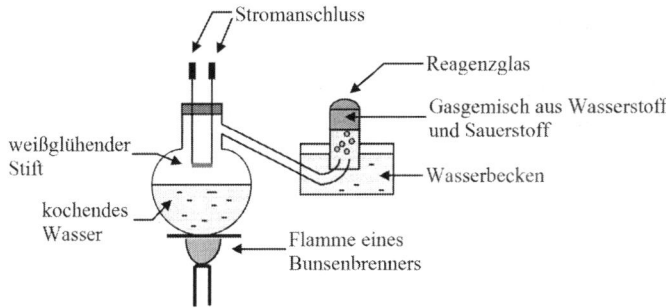

Abb. 1.2 Zerlegung von reinem Wasser in die Elemente Wasserstoff und Sauerstoff

▶ **Somit kann man sich ein Atom einfach als Kügelchen vorstellen (Abb. 1.3).**

Warum unterschiedliche Atome verschieden groß sind, wird bei der Erklärung des Atomaufbaues (Abschn. 1.1.5) erläutert. Ein Molekül besteht aus mehreren Atomen. Je nach Art des Atoms (Elements) ist das Kügelchen verschieden groß (Abb. 1.4).

▶ **Ein Molekül kann man sich als Verbund mehrerer Kügelchen vorstellen (Abb. 1.5).**

Das Wassermolekül in Abb. 1.5 besteht aus zwei Wasserstoffatomen und einem Sauerstoffatom. Das chemische Zeichen für Wasserstoff ist „H", für Sauerstoff „O". Durch die Anzahl der jeweiligen Atome erklärt sich auch der allgemein bekannte Ausdruck für Wasser: H_2O.

Bei der Zerlegung von Wasser in Abb. 1.2 wurden Wassermoleküle in Wasserstoffatome und Sauerstoffatome zerlegt. Genauer gesagt, erfolgte eine Zerlegung in Moleküle aus zwei Wasserstoffatomen und zwei Sauerstoffatomen, da sich einzelne Wasserstoff- bzw.

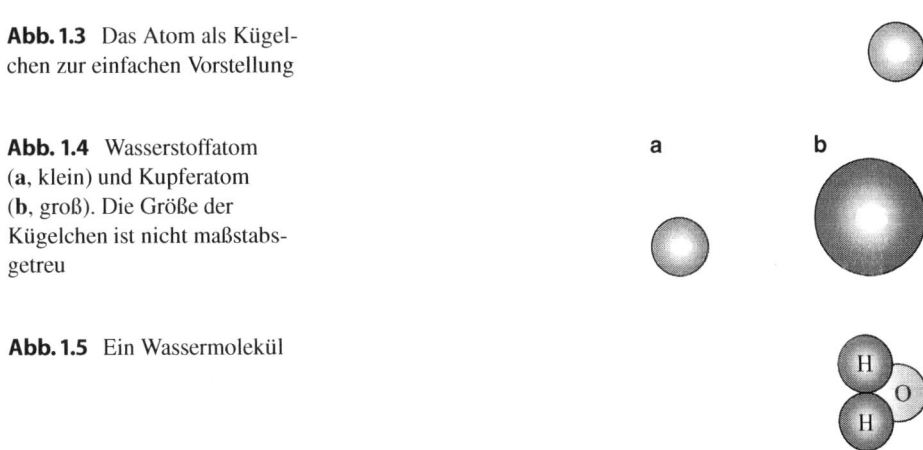

Abb. 1.3 Das Atom als Kügelchen zur einfachen Vorstellung

Abb. 1.4 Wasserstoffatom (**a**, klein) und Kupferatom (**b**, groß). Die Größe der Kügelchen ist nicht maßstabsgetreu

Abb. 1.5 Ein Wassermolekül

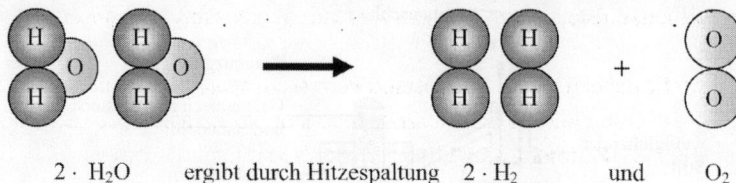

2 · H₂O ergibt durch Hitzespaltung 2 · H₂ und O₂

Abb. 1.6 Vorgang bei der Zerlegung von Wasser

Sauerstoffatome aus speziellen Gründen sofort wieder zu einem zweiatomigen Molekül verbinden (Abb. 1.6).

1.1.5 Der Atombau

Bisher wurde der Aufbau der Materie bis zu den kleinsten Teilchen, den Atomen, erläutert.
Woraus bestehen aber Atome?
Durch die Erforschung der Radioaktivität und die Entdeckung der Elementarteilchen wurde bekannt, dass auch Atome aus mehreren Teilen aufgebaut sind.
Sämtliche Atome setzen sich aus folgenden Bausteinen zusammen:

1. **Protonen**
2. **Neutronen**
3. **Elektronen.**

1.1.5.1 Das Bohr'sche Atommodell

Ein gut vorstellbares und für unsere Zwecke ausreichend genaues Atommodell wurde durch Rutherford[2] und Bohr[3] erdacht. Es ist dem Sonnensystem mit den Planeten ähnlich, welche die Sonne umkreisen. Im Sonnensystem werden die Planeten durch die Massenanziehung auf ihren Bahnen gehalten (Gravitationsgesetz), welche der Fliehkraft der Bahnbewegung entgegenwirkt. Im Bohr'schen Atommodell werden die Kräfte der Massenanziehung durch elektrische Kräfte ersetzt.

Nach dem Bohr'schen Atommodell besteht ein Atom aus einem **Atomkern** und einer **Atomhülle**.

Der **Atomkern** ist **elektrisch positiv** geladen. Er wird umkreist von einem oder mehreren elektrisch **negativ** geladenen **Elektronen**. Die Elektronen können sich nur auf ganz bestimmten Bahnen aufhalten und bilden auf diesen Bahnen die **Atomhülle**. Süd- und Nordpol eines Magneten ziehen sich an, genauso ziehen sich elektrisch positiv und negativ geladene Teilchen an. Auf ihren Bahnen müssen deshalb die Elektronen in ständiger

---

[2] Ernest Rutherford (1871–1937), englischer Physiker.
[3] Niels Bohr (1885–1962), dänischer Physiker.

1.1 Der Aufbau der Materie

Bewegung bleiben, da sie sonst wegen der fehlenden Fliehkraft in den Kern stürzen würden.

Elektronen mit nahezu gleichem Abstand vom Kern werden zu einer Gruppe zusammengefasst. Sie werden jeweils als **Elektronenschale** bezeichnet. Jede Elektronenschale kann nur eine ganz bestimmte Anzahl von Elektronen enthalten. Die äußerste Schale ist in der Regel nicht vollständig mit Elektronen besetzt. Die Elektronen auf der äußersten Schale eines Atoms nennt man **Valenzelektronen**. Die äußerste Schale der Atome ist maßgeblich für alle chemischen und elektrischen Vorgänge in der Natur.

Der Atomkern besteht wiederum aus Protonen und Neutronen.

Protonen sind **elektrisch positiv** geladen, **Neutronen** sind **neutrale** (elektrisch nicht geladene) Teilchen. Gleiche Pole eines Magneten stoßen sich ab. Genauso stoßen sich elektrisch gleich geladene Teilchen ab. Würde der Atomkern nur aus positiv geladenen Protonen bestehen, so würde er durch deren Abstoßungskräfte sozusagen auseinanderfliegen. Die Neutronen verhindern dies durch ihre Einlagerung im Atomkern „zwischen" den Protonen.

Ein Proton besitzt die positive **Elementarladung** „$+e$". Als Elementarladung wird die kleinste elektrische Ladung bezeichnet. Ein Elektron hat die negative Elementarladung „$-e$". Jedes Atom ist nach außen elektrisch neutral, also ungeladen. Somit muss die gesamte positive Ladung des Kerns durch die gesamte negative Ladung der Elektronen in der Hülle ausgeglichen werden. Im Atomkern befinden sich darum immer genauso viele Protonen, wie sich Elektronen in der Hülle befinden.

Durch die elektrischen Anziehungskräfte zwischen Kern und Elektronen werden die Elektronen auf ihren Bahnen um den Kern gehalten. Die Elektronen würden sonst durch die Fliehkraft „davonfliegen". Das Elektron wird durch die positive Ladung des Kerns angezogen. Durch die Kreisbewegung des Elektrons entsteht eine entgegengesetzt gerichtete Fliehkraft (Zentrifugalkraft), welche das Elektron vom Kern wegtreiben will. Sind Anziehungskraft und Fliehkraft gleich groß, so bewegt sich das Elektron in einer stabilen Umlaufbahn, da sich beide Kräfte im Gleichgewicht befinden.

Jedes Atom eines Elements besitzt die gleiche Anzahl Protonen im Kern. Die Atome der verschiedenen Elemente unterscheiden sich nur durch die Masse (Gewicht) und durch die Anzahl der Protonen im Kern.

Im Atomkern ist fast die ganze Masse des Atoms vereinigt. Die Elektronen sind nahezu masselos, gegen den Kern verschwindend klein und umkreisen den Kern in sehr großem Abstand.

1.1.5.2 Beispiele für Atome

Die Bausteine des Atoms kann man sich wieder als kleine Kügelchen vorstellen.

Abb. 1.7 zeigt das einfachste Atom, ein Wasserstoffatom mit einem Proton des Atomkerns und einem Elektron in der Atomhülle.

In Abb. 1.8 sind die Größenverhältnisse nicht maßstabsgerecht. Die Elektronenhülle hat einen ca. 10.000- bis 100.000-mal so großen Durchmesser wie der Atomkern. Hätte der Atomkern einen Durchmesser von 1 cm, so wäre der Atomdurchmesser 1 km.

Abb. 1.7 Das Modell eines Wasserstoffatoms (die Größenverhältnisse sind nicht maßstabsgerecht)

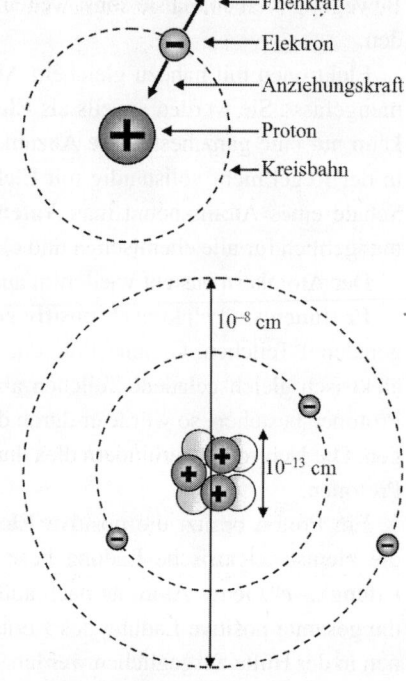

Abb. 1.8 Zweidimensionales Modell eines Lithiumatoms mit drei Protonen, vier Neutronen und drei Elektronen

1.1.6 Zusammenfassung: Der Atombau

1. Ein Atom besteht aus dem elektrisch positiv geladenen Atomkern und der Atomhülle.
2. Der Atomkern besteht aus den elektrisch positiv geladenen Protonen und den elektrisch neutralen Neutronen (ohne elektrische Ladung). Im Atomkern ist fast die gesamte Masse des Atoms vereinigt.
3. Ein Proton besitzt die positive elektrische Elementarladung „$+e$".
4. Die Atomhülle besteht aus Elektronen, welche den Atomkern umkreisen.
5. Ein Elektron besitzt die negative elektrische Elementarladung „$-e$". Elektrizitätsmengen treten nur als ganzzahlige Vielfache der Elementarladung auf.
6. Jede Atomart hat eine bestimmte Anzahl von Elektronen in der Hülle.
7. Die Anzahl der Elektronen in der Hülle entspricht der Anzahl der Protonen im Atomkern.
8. Elektronen mit gleichem Abstand vom Atomkern fasst man zu einer Schale zusammen.
9. Die Elektronen der äußersten Schale nennt man Valenzelektronen.
10. Die äußerste Schale ist nicht immer vollständig mit Elektronen besetzt. Sie kann Elektronen abgeben oder aufnehmen.
11. Elektrisch gleich geladene Teilchen stoßen sich ab, elektrisch ungleich geladene Teilchen ziehen sich an.

12. Elektrische Ladung ist immer an Materie, an Ladungsträger gebunden (z. B. an Elektronen oder Protonen).

1.2 Elektrische Ladung und elektrischer Strom

Wir kennen nun den Aufbau der Materie einschließlich des Aufbaus deren kleinster Teilchen, der Atome. Dieses Wissen ist notwendig, um die Frage nach dem Wesen der Elektrizität zu beantworten.

1.2.1 Elektrische Ladung

Elektrische Ladung ist ein Überschuss oder Mangel **ruhender**, elektrischer Ladungsträger.

Elektronen, die weit vom Atomkern entfernt sind, können durch äußere mechanische oder elektrische Kräfte das Atom verlassen.

Wird z. B. ein Glasstab mit Seide gerieben, so gehen Elektronen von der Oberfläche des Glasstabes auf die Seide über. Der Glasstab wird positiv, die Seide negativ geladen. Man spricht in diesem Fall von Ladung, da ein Mangel (auf dem Glasstab) bzw. ein Überschuss (auf der Seide) von Elektronen vorliegt. Die Ladungsträger (Elektronen) befinden sich jedoch nach dem Übergang vom Glasstab auf die Seide in Ruhe, sie „fließen" nicht.

Die Atome auf der Oberfläche des Glasstabes haben Elektronen abgegeben. Sie sind nun nicht mehr elektrisch neutral, sondern positiv geladen. Daher sind sie eigentlich Ionen, die anschließend erläutert werden. Auch diese „Atome" bewegen sich nicht; es liegt eine (ruhende) positive Ladung vor.

Bei ruhender Ladung spricht man von **statischer** Elektrizität oder statischer Aufladung. Sie ist meist unerwünscht und kann durch Ladungsausgleich zur Beschädigung elektronischer Geräte oder Bauteile führen, z. B. wenn ein mit statischer Elektrizität aufgeladener Mensch bei der Reparatur eines Computers die Bauteile berührt. Im alltäglichen Leben ist uns die statische Aufladung bekannt als „elektrischer Schlag" beim Berühren einer Türklinke aus Metall, oder wenn sich zwei Menschen die Hand geben.

Als weiteres Beispiel für elektrische Ladung soll Abb. 1.9 dienen. Ein Hartgummistab wird mit Wollstoff gerieben und dadurch negativ aufgeladen. Anschließend berührt man

Abb. 1.9 Elektrische Ladung auf einer hohlen Metallkugel

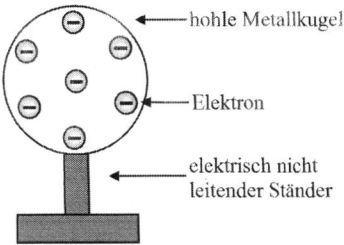

mit dem Hartgummistab eine hohle Metallkugel. Elektronen gehen dabei auf die Metallkugel über. Die Elektronen verteilen sich gleichmäßig auf der Kugeloberfläche, da sie sich gegenseitig abstoßen. Die Metallkugel besitzt jetzt eine (ruhende) negative Ladung. Sie ist negativ aufgeladen.

1.2.2 Elektrischer Strom

Elektrischer Strom ist eine **fließende** (bewegte, strömende) elektrische Ladung.

Bei Metallen sind die Elektronen der äußersten Schale relativ locker an das Atom gebunden. Die Valenzelektronen können sich leicht vom Atom lösen und frei im Stoff bewegen. Sie sind die Ursache für die gute elektrische Leitfähigkeit der Metalle und werden deshalb **freie Elektronen** oder **Leitungselektronen** genannt (wenn sie sich vom Atom gelöst haben). Kupfer z. B. hat sehr viele freie Elektronen und ist deshalb ein sehr guter Leiter.

Das Restatom ohne die freien Elektronen nennt man **Atomrumpf**.

Durch eine elektrische Spannungsquelle, die man sich zunächst wie eine Pumpe für Elektronen vorstellen kann, werden die freien Elektronen in einem metallischen Leiter (z. B. in einem Draht) zum Fließen gebracht. Es fließt elektrischer Strom.

Eine elektrische Spannungsquelle, z. B. eine Batterie, hat zwei Pole, einen **Minuspol** und einen **Pluspol**. Durch den inneren Aufbau der Batterie herrscht am Minuspol ein Überschuss von Elektronen und am Pluspol ein Elektronenmangel. Schließt man an die beiden Pole einen Draht an, so versuchen die Elektronen, ihre ungleiche Verteilung auszugleichen. Sie strömen vom Minuspol der Batterie solange durch den Draht zum Pluspol, bis kein Ladungsunterschied mehr vorliegt. Die Batterie ist dann „leer".

Die Wirkungsweise einer Spannungsquelle kann man sich folgendermaßen vorstellen:

Am Minuspol der Spannungsquelle drängen sich die Elektronen zusammen, es herrscht Elektronenüberschuss. Da sich gleichnamige Ladungen gegenseitig abstoßen, wirken Kräfte, welche die dicht gedrängten Elektronen auseinandertreiben wollen. Ein „Entkommen" der Elektronen ist aber nur über einen metallischen Leiter, der mit dem Pluspol der Spannungsquelle verbunden ist, möglich. Am Pluspol sind ja zu wenig Elektronen vorhanden, es herrscht Elektronenmangel. Freie Elektronen möchten sich wegen der zwischen ihnen wirkenden abstoßenden Kräfte möglichst weit und gleichmäßig voneinander verteilen. Der metallische Leiter ermöglicht diese Verteilung vom Minuspol zum Pluspol der Spannungsquelle.

Warum wird dieser metallische Leiter (Verbindungsdraht) benötigt? Warum treten die Elektronen nicht am Minuspol der Spannungsquelle aus deren Material aus und bewegen sich sozusagen „durch die Luft" zum Pluspol? Die Antwort ist: Die Elektronen besitzen zu wenig Energie, um sich aus der Materie abzulösen, die so genannte Austrittsarbeit ist zu hoch. Erst bei hoher Temperatur, z. B. wenn ein Metall glüht, erreicht eine Anzahl von Elektronen die Energie der Austrittsarbeit, ähnlich dem Vorgang beim Verdampfen einer Flüssigkeit. Unter normalen Umständen ist also ein Leiter notwendig, damit sich die Elektronen darin von einem Ort zum anderen bewegen können.

Abb. 1.10 Sinnbildliche Darstellung des elektrischen Stromes

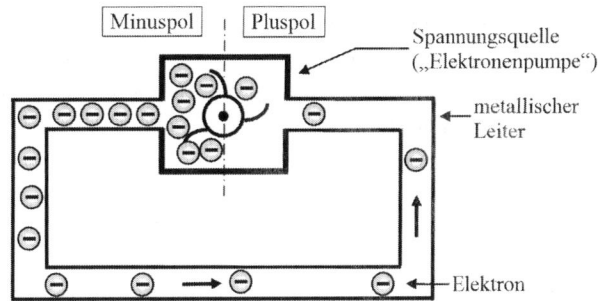

Die „Elektronenpumpe" (Spannungsquelle) in Abb. 1.10 hat am Minuspol einen Überschuss an Elektronen. Die Elektronen werden links in den metallischen Leiter „gedrückt". Durch den metallischen Leiter fließen die Elektronen zum Pluspol, wo Mangel an Elektronen herrscht. Es fließt elektrischer Strom.

In Abb. 1.10 fällt der Vergleich mit dem Strömen von Wasser auf. Viele elektrische Vorgänge lassen sich durch den Vergleich mit Wasser einfach und anschaulich erläutern. Auf solche Vergleiche wird noch öfter zurückgegriffen werden.

Es sei hier erwähnt, dass elektrischer Strom nicht nur durch fließende Elektronen hervorgerufen werden kann. Gibt ein neutrales Atom ein Elektron ab, so bleibt ein positiv geladener Atomrest übrig. Er wird positives **Ion** genannt. Nimmt ein neutrales Atom ein Elektron auf, so entsteht ein negatives Ion. Diese elektrisch geladenen Atome können auch Teile eines Moleküls sein.

In Flüssigkeiten können durch die Wirkung einer Spannungsquelle die Ionen von einem Pol der Spannungsquelle zum anderen wandern und dadurch einen Ladungstransport, also einen Strom darstellen.

Ionen sind elektrisch geladene Masseteilchen. Im Atomkern ist fast die gesamte Masse des Atoms vereinigt. Im Gegensatz zum Stromfluss durch Elektronen mit sehr kleiner Masse ist daher mit einem **Stromfluss durch Ionen** stets ein erheblicher **Transport von Stoff** verbunden. In der Technik wird dies beim **Galvanisieren** ausgenutzt. Ein Metall kann durch Galvanisieren mit einer dünnen Schutzschicht eines edlen Metalles (z. B. Gold) überzogen werden.

Ladungstransport, und damit elektrischer Strom, kann auch durch so genannte „**Löcher**", **Defektelektronen** genannt, hervorgerufen werden. In der Halbleitertechnik spielt diese Art von Ladungstransport eine wichtige Rolle (siehe Abschn. 1.7, Halbleiter).

1.3 Nichtleiter, Leiter und Halbleiter

Stoffe, welche den elektrischen Strom nicht fortleiten, heißen Nichtleiter oder **Isolatoren**. In Nichtleitern sind nur sehr wenige freie Elektronen vorhanden. Glas, Porzellan, Glimmer, Gummi und viele Kunststoffe sind Isolatoren. Luft ist (in gewissen Grenzen)

ebenfalls ein Isolator. In der Halbleitertechnik ist Siliziumdioxid (SiO_2) ein wichtiger Isolator.

Sehr gut leiten den elektrischen Strom vor allem Metalle, aber auch Kohlenstoff sowie Säuren, Laugen und wässrige Lösungen von Salzen (Elektrolyte). Silber und Kupfer sind sehr gute Leiter.

Unter **Halbleitern** versteht man Stoffe, die in ihrer Leitfähigkeit zwischen den Nichtleitern und den Leitern liegen. Hierzu gehören z. B. die Elemente Germanium und Silizium.

Halbleiterbauelemente sind in der Elektronik von großer Bedeutung.

1.4 Widerstand und Leitfähigkeit

In Metallen schwingen die Atome (bzw. Atomrümpfe) um eine Ruhelage. Die freien Elektronen führen zwischen den Atomrümpfen eine ungeordnete Schwirrbewegung nach allen Richtungen aus (Abb. 1.11a).

Wird an das Metall eine elektrische Spannung angelegt, so überlagert sich dieser ungeordneten **Wärmebewegung** der Elektronen eine Bewegung („Drift") in Stromrichtung zum Pluspol der Spannungsquelle (Abb. 1.11b). Es fließt ein Strom.

Die Driftgeschwindigkeit der Elektronen ist allerdings sehr klein gegenüber der mittleren Geschwindigkeit der Elektronen durch die Wärmebewegung. In einem Kupferdraht ist die Driftgeschwindigkeit der Elektronen kleiner als ein Millimeter pro Sekunde. Die aus der Spannungsquelle fließenden Elektronen geben ihre Bewegung sofort an die Leitungselektronen im Draht weiter. Diese **Ursache** für die Bewegung der Elektronen breitet sich mit Lichtgeschwindigkeit aus (ca. 300.000 km pro Sekunde). Dadurch beginnen die Elektronen beim Anlegen der Spannung praktisch gleichzeitig in allen Teilen des Leiters zu fließen. Deshalb sagt man, dass sich der Strom mit Lichtgeschwindigkeit fortbewegt, was jedoch nur auf die Ursache, aber nicht auf die Ladungsträger selbst (die Elektronen) zutrifft.

Die von der Spannungsquelle den Elektronen zugeführte Energie geben sie bei Zusammenstößen mit den Atomrümpfen an diese ab. Dadurch werden die Wärmeschwingungen der Atomrümpfe verstärkt, das Metall erwärmt sich. Dies ist die Joule'sche[4] Wärme. Sie tritt bei allen stromdurchflossenen Leitern auf.

Abb. 1.11 Thermische Bewegung der Elektronen: **a** ohne und **b** mit elektrischer Spannung

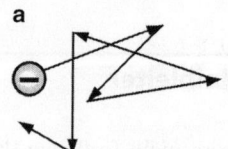
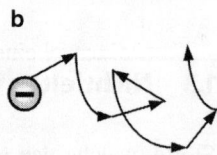

---

[4] James Prescott Joule (1818–1889), englischer Physiker.

Erhöht sich die Temperatur des Metalles entweder durch die Joule'sche Wärme, oder durch Wärmezufuhr von außen, so stoßen die freien Elektronen noch häufiger mit den stärker schwingenden Atomrümpfen zusammen. Dadurch wird die Flussbewegung der Elektronen stärker gehemmt, ihrer Bewegung wird ein **Widerstand** entgegengesetzt. Man sagt: Der Widerstand des Leiters erhöht sich.

Erhöht sich der Widerstand, so sinkt die Leitfähigkeit und umgekehrt. Widerstand und Leitfähigkeit sind zueinander umgekehrt proportional.

$$\text{Widerstand} = \frac{1}{\text{Leitfähigkeit}} \tag{1.1}$$

Der Widerstand eines metallischen Leiters ist nicht nur von der Temperatur abhängig, sondern auch von der Stoffart des Metalles. Je nach Art des Metalles befinden sich viele oder wenige freie Elektronen im Metall. Auch Verunreinigungen im Metall erhöhen dessen Widerstand.

1.5 Elektrische Spannung

Unter elektrischer Spannung versteht man anschaulich den „Druck", durch den die Elektronen vom Minuspol einer Spannungsquelle über einen Leiter zum Pluspol fließen wollen. Sind z. B. in einer Batterie am Minuspol durch entsprechende Vorkehrungen viele Elektronen eng versammelt, so sind die gegenseitigen Kräfte der Abstoßung sehr groß. Wird der Minuspol über einen Leiter mit dem Pluspol verbunden, so fließen viele Elektronen über den Leiter zum Pluspol. Es fließt ein großer (hoher) Strom.

Eine elektrische Spannung ist immer eine Spannungs**differenz** (ein Spannungsunterschied).

Anfangs- und Endwert dieser Differenz nennt man **Potenziale**. Eine Spannungsdifferenz ist somit eine Potenzialdifferenz. Ein elektrisches Potenzial (Vermögen, Strom fließen zu lassen) kann man sich als die Menge von elektrischer Ladung an einem Punkt im Unterschied zu einem anderen Punkt vorstellen, wobei diese zwei Punkte nicht miteinander verbunden sind. Wegen der gegenseitigen Abstoßung wollen sich die an einem Punkt versammelten Elektronen voneinander entfernen. Da dies wegen der fehlenden elektrischen Verbindung nicht möglich ist, besteht zwischen beiden Punkten eine Spannung. Der eine Punkt hat gegenüber dem anderen Punkt entweder ein höheres oder ein niedrigeres Potenzial.

Der Minuspol einer Batterie hat z. B. ein negatives Potenzial gegenüber dem Pluspol.

Minuspol oder Pluspol **alleine** haben aber keine Spannung, sondern nur ein unterschiedliches Potenzial zueinander.

Eine **Spannung** herrscht nur **zwischen** Minuspol und Pluspol der Batterie.

Der **Bezugspunkt**, das so genannte **Nullpotenzial**, kann beliebig gewählt werden. Häufig ist das Nullpotenzial das Potenzial der Erde. Das Potenzial der Erdoberfläche gleich null zu setzen ist eine praktisch sinnvolle Festlegung, da viele Punkte durch die Erde miteinander verbunden sind (z. B. Wasserleitung, Schutzkontakt der Steckdose).

In elektrischen und elektronischen Schaltungen wird das gemeinsame Potenzial, auf das sich alle Spannungen anderer Punkte in der Schaltung beziehen, als **Masse** bezeichnet (Bezugspunkt).

Spannung und Strom sind zwei unterschiedliche Größen und dürfen nicht verwechselt werden.

▶ **Strom ist Ladungstransport (bewegte elektrische Ladung).**

▶ **Spannung ist der „Drang", Potenzialunterschiede auszugleichen.**

Strom und Spannung haben auch unterschiedliche Benennungen (Einheiten), wie in Abschn. 2.1.2 und 2.1.3 zu sehen ist.

Im Vergleich mit Wasser würde dem elektrischen Strom das Wasser, welches durch ein Rohr fließt, entsprechen. Der elektrischen Spannung würde dagegen der Druck entsprechen, mit welchem das Wasser in das Rohr gepresst wird.

Im Sprachgebrauch ist zu beachten:

- Spannung *liegt an* (zwischen zwei Punkten).
- Strom *fließt* (im geschlossenen Stromkreis durch einen Leiter, von einem Pol einer Spannungsquelle zum anderen Pol).

In Abb. 1.12 soll die Anzahl der Elektronen in jedem Punkt dem Potenzial der einzelnen Punkte entsprechen. Damit ergeben sich als Potenzialdifferenzen:

- Punkt A hat das Potenzial 0.
- Punkt B hat gegenüber Punkt A das Potenzial 12.
- Punkt C hat gegenüber Punkt A das Potenzial 4.
- Punkt B hat gegenüber Punkt C das Potenzial 8.

Abb. 1.12 Sinnbildliche Darstellung der elektrischen Spannung

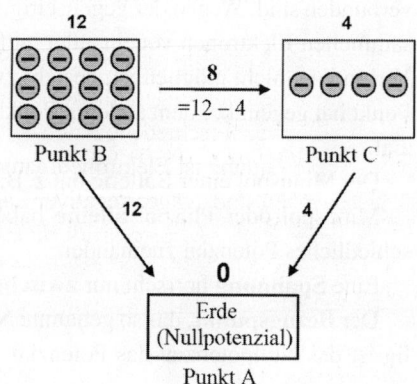

Die größte Potenzial**differenz** und damit **Spannung** besteht zwischen Punkt B und Punkt A. Das Streben der Elektronen in Punkt B, nach Punkt A zu fließen, ist am stärksten.

Der Zusammenhang zwischen Potenzialdifferenz und Spannung wird auch durch folgende Formel deutlich:

$$\underline{U_{12} = \varphi_1 - \varphi_2} \tag{1.2}$$

U_{12} = elektrische Spannung zwischen den Punkten 1 und 2,
φ_1 = Potenzial des Punktes 1,
φ_2 = Potenzial des Punktes 2.

Oft werden in der Alltagssprache die Begriffe „Spannungsquelle" und „Stromquelle" als gleiche Begriffe verwendet, als ob beide das Gleiche wären. Vor allem wird „Stromquelle" im Sinne von „Spannungsquelle" verwendet. Eigentlich ist dies falsch. In der Elektrotechnik sind Spannungsquelle und Stromquelle unterschiedliche Dinge.

Eine ideale Spannungsquelle liefert eine konstante Spannung, unabhängig davon, wie viel Strom beim Schließen des Stromkreises fließt.

Eine ideale Stromquelle liefert einen konstanten Strom, unabhängig davon, welchen Widerstand der Leiter besitzt, der den Stromkreis schließt.

Spannungsquellen kennen wir alle z. B. in Form von Akkumulatoren oder Taschenlampenbatterien. Ideale Quellen gibt es nicht, es sind Denkmodelle. Auch die genannten Spannungsquellen sind nicht ideal, sondern real. Die Spannung zwischen den beiden Anschlüssen wird beim Fließen von Strom kleiner.

Mit einer Stromquelle kommt man im Alltag kaum in Berührung, es ist eine regelungstechnische Einheit. Die Spannung an den beiden Anschlüssen wird von einer elektronischen Schaltung gemessen. Falls sich der Widerstand im Stromkreis ändert, wird die Spannung an den Anschlüssen so lange nachgeregelt, bis wieder der vorherige Strom fließt.

1.6 Zusammenfassung: Der elektrische Strom

1. Elektrische Ladung ist Überschuss oder Mangel *ruhender*, elektrischer Ladungsträger.
2. Elektrische Ladung geht nicht verloren, sie kann nur transportiert werden.
3. Es gibt zwei verschiedene Arten der Elektrizität: Positive und negative Ladungen.
4. Positive Ladung ist Elektronenmangel, negative Ladung ist Elektronenüberschuss.
5. Elektronen sind Träger negativer Ladung.
6. Gleichnamige Ladungen (mit gleichem Vorzeichen) stoßen sich ab, ungleichnamige Ladungen ziehen sich an (Coulomb'sches Gesetz)[5].
7. Strom ist Ladungstransport, d. h. *strömende* Ladung (bewegte elektrische Ladung).

---

[5] Charles Augustin de Coulomb (1736–1806), französischer Physiker.

8. Damit Strom fließen kann, muss der Stromkreis geschlossen werden. Die Elektronen fließen vom negativen Pol der Spannungsquelle zu deren positivem Pol.
9. Eine Spannungsquelle wirkt im geschlossenen Stromkreis wie eine Pumpe für Elektronen.
10. Es gibt Leiter, Halbleiter und Nichtleiter (Isolierstoffe oder Isolatoren).
11. Ein Potenzial ist die Spannung eines Punktes gegenüber einem Bezugspunkt.
12. Eine Spannung ist eine Potenzialdifferenz.
13. Widerstand ist das Unvermögen eines Leiters, elektrischen Strom fließen zu lassen.
14. Leitfähigkeit ist das Vermögen eines Leiters, elektrischen Strom fließen zu lassen.
15. Je größer der Widerstand ist, umso kleiner ist die Leitfähigkeit und umgekehrt.
16. Ein stromdurchflossener Leiter erwärmt sich.
17. Der Widerstand eines Leiters ist abhängig von dem Material und von der Temperatur des Leiters.

1.7 Halbleiter

Halbleiter haben große Bedeutung in der Elektronik. Aufbau und Eigenschaften von Halbleitern werden deshalb näher beschrieben.

1.7.1 Elektrizitätsleitung in festen Stoffen (Wiederholung)

Elektrizität wird von manchen festen Stoffen (Leitern) sehr gut, von anderen (Isolierstoffen) dagegen fast gar nicht geleitet. Zu den Leitern gehören vor allem die Metalle. Zu den Isolierstoffen gehören z. B. Glas, Porzellan, Glimmer.

In Leitern ist eine sehr große Zahl von leicht beweglichen, so genannten „freien" Elektronen vorhanden. Es sind die Valenzelektronen der äußersten Schale der Metallatome, die sich vom Atom abgelöst haben. Bei Isolierstoffen sind nur sehr wenige bewegliche Elektronen vorhanden.

In Metallen ist die Anzahl der freien Elektronen weitgehend unabhängig von der Temperatur. Die freien Elektronen führen im Metall eine ungeordnete Schwirrbewegung zwischen den Metallatomen aus. Die Metallatome selbst schwingen um eine Ruhelage. Legt man an ein Metallstück eine elektrische Spannung, so strömen die Elektronen vom Minuspol zum Pluspol. Dies ist der elektrische Strom.

Erhöht man die Temperatur des Metalles, so nimmt die Schwingung der Metallatome und der Elektronen zu (Wärmebewegung, Brown'sche Molekularbewegung[6]). Durch häufigere Zusammenstöße mit den Atomrümpfen wird die Strömung der freien Elektronen mehr behindert, der Widerstand des Metalles nimmt zu.

---

[6] Robert Brown (1773–1885), schottischer Botaniker.

1.7 Halbleiter

Zwischen Leitern und Isolierstoffen liegen hinsichtlich ihrer elektrischen Leitfähigkeit die Halbleiter. In ihnen sind deutlich mehr freie Elektronen vorhanden als bei den Isolierstoffen, aber wesentlich weniger als bei den Leitern.

Die Leitfähigkeit der Halbleiter wird durch bestimmte „Verunreinigungen" sehr stark beeinflusst. Durch Wärmezufuhr oder den gezielten Einbau von Fremdatomen nimmt die Leitfähigkeit zu.

Einer der wichtigsten Halbleiter ist Silizium. Früher war auch Germanium ein wichtiger Halbleiter, es hat aber heute in der Technik nur noch geringe Bedeutung. Silizium (Kurzzeichen „Si") und Germanium (Kurzzeichen „Ge") sind *Elementhalbleiter*. Galliumarsenid (GaAs) oder Galliumphosphid (GaP) sind Beispiele für *Verbindungshalbleiter*, die bis zu sehr hohen Frequenzen einsetzbar sind.

1.7.1.1 Elektrizitätsleitung in reinen Halbleitern (Eigenleitung)

Bei einem Germanium- und Siliziumatom befinden sich auf der äußersten Elektronenbahn vier Elektronen. Germanium und Silizium sind bezüglich ihres Bindungsvermögens vierwertig. Die Elektronen der äußersten Bahn sind beteiligt an der Verbindung gleicher oder verschiedenartiger Atome, man bezeichnet sie als Wertigkeits- oder **Valenzelektronen**.

Die vier Valenzelektronen von Germanium oder Silizium haben das Bestreben, sich mit je einem Elektron eines anderen Atoms zu „paaren" und jeweils den eigenen Kern *und* den Kern des anderen Atoms als Paar zu umkreisen. Durch diese **Elektronenpaarbindung** (**Atombindung**, auch **kovalente** Bindung genannt) ergibt sich eine regelmäßige räumliche Anordnung der Atome (kristalliner Aufbau). Die Kristallstruktur von wichtigen Halbleitermaterialien (z. B. von Si und Ge) ist das kubische Diamantgitter. Bei diesem befinden sich die vier Nachbarn eines Atoms in den Ecken eines Tetraeders (einer dreiseitigen Pyramide). Dabei werden die vier Valenzelektronen für je eine Bindung zum Nachbaratom zur Verfügung gestellt.

Jedes Elektronenpaar umkreist zwei Kerne, jeder Kern wird von vier Elektronenpaaren umkreist. Im Kristallgitter ist jedes Atom von vier Nachbaratomen umgeben (Abb. 1.13). Eine flächenhafte Darstellung des Kristallgitters zeigt Abb. 1.14, ein Teil einer räumlichen Anordnung ist in Abb. 1.15 dargestellt.

Die Elektronenpaarbindung ist bei *reinen* halbleitenden Materialien (ohne Fremdatome, „intrinsische" Halbleiter, Eigenhalbleiter) sehr fest. Die Elektronen können sich nur

Abb. 1.13 Kristallstruktur des kubischen Diamantgitters

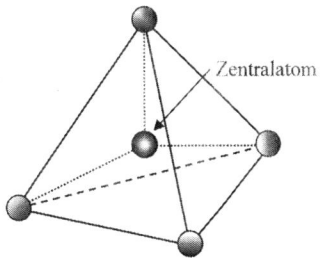

Abb. 1.14 Teil eines Kristallgitters von Silizium oder Germanium in flächenhafter Darstellung

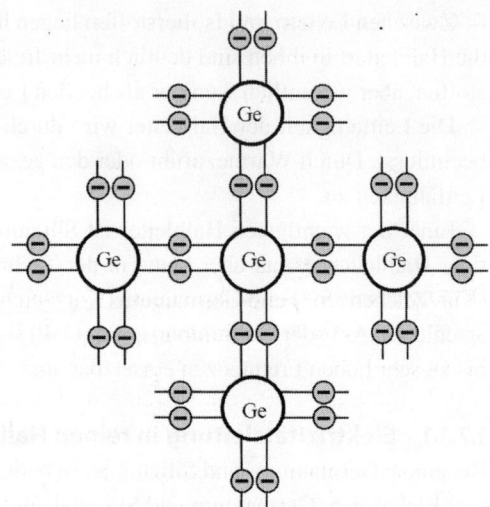

sehr schwer aus den Bindungen lösen, um zu freien Elektronen zu werden. Reines Silizium ist daher bei tiefen Temperaturen ein sehr schlechter Leiter. Auch bei *Raumtemperatur* ist *reines Silizium* immer noch ein schlechter Leiter und *technisch nicht verwendbar*.

Wird der Halbleiter erwärmt, so schwingen die Atome stärker um ihre Ruhelage, und zwar umso stärker, je höher die Temperatur des Halbleiters ist. Durch diese Schwingungen können Elektronenpaarbindungen aufbrechen, wodurch einzelne Elektronen frei werden. Das Entstehen freier Elektronen (bzw. von Elektron-Loch-Paaren) durch das Aufbrechen von Elektronenpaarbindungen bezeichnet man als **Generation**.

Dort, wo durch Generation ein Elektron frei geworden ist, ergibt sich ein Elektronenfehlplatz, den man als **Defektelektron** oder **Loch** bezeichnet. Füllt ein freies Elektron den Platz eines Loches aus, so spricht man von **Rekombination**.

Das Elektron ist ein Ladungsträger mit der negativen (Elementar-)Ladung „$-e$". Das Loch stellt ebenfalls einen Ladungsträger mit der positiven (Elementar-)Ladung „$+e$" dar.

Abb. 1.15 Teil eines Kristallgitters von Silizium oder Germanium in räumlicher Darstellung

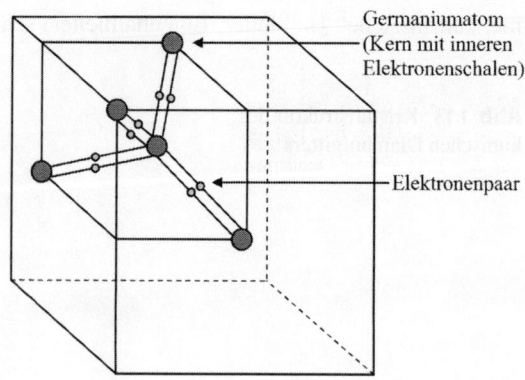

1.7 Halbleiter

Abb. 1.16 Elektronen- und Löcherleitung in einem Halbleiter

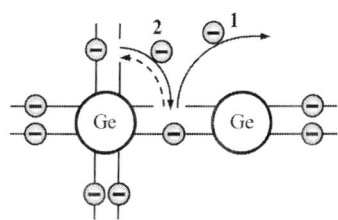

Legt man an einen reinen Halbleiter eine elektrische Spannung an, so wandern die Elektronen vom negativen zum positiven Pol (Elektronenstrom) und die Löcher vom positiven zum negativen Pol (Löcherstrom). Es gibt infolgedessen zwei verschiedene (**bipolare**) Leitungsmechanismen, die richtungsmäßig einander entgegengesetzt sind. Dieser Vorgang wird bei reinen, nicht dotierten Halbleitern als intrinsische (intrinsic) Leitung oder **Eigenleitung** bezeichnet. Ein reiner Halbleiter ist eigenleitend.

Zu Abb. 1.16: Durch eine aufgebrochene Elektronenpaarbindung wird Elektron „1" zum freien Elektron. An der Stelle, wo Elektron „1" war entsteht ein Loch. Elektron „2" wird danach ebenfalls zum freien Elektron, nimmt dann aber gleich den Platz von Elektron „1" ein. Dadurch wandert das Loch, welches sich auf dem Platz von Elektron „1" befand, auf den früheren Platz von Elektron „2".

Bei Raumtemperatur existieren in einem Halbleiter genügend freie Elektronen und Löcher, damit er in seiner elektrischen Leitfähigkeit zwischen Isolierstoff und Leiter liegt. Als **Raumtemperatur** wird meist eine Temperatur $\vartheta = 27\,°C$ entsprechend der absoluten Temperatur $T = 300\,K$ (Kelvin) bezeichnet. Dieser Wert ist aber nicht eindeutig festgelegt. In der Physik wird auch oft eine Temperatur von $20\,°C$ ($293\,K$) oder $25\,°C$ ($298\,K$) als Raumtemperatur definiert.

Der spezifische Widerstand (siehe Abschn. 3.2.2) liegt bei Halbleitern im Bereich von ca. $10^{-1}\,\Omega cm < \rho < 10^5\,\Omega cm$ entsprechend $10^3 \ldots 10^9\,\Omega\frac{mm^2}{m}$.

Eine wesentliche Eigenschaft von reinen Halbleitern ist der *abnehmende* Widerstand mit steigender Temperatur (Abb. 1.17).

Bei einem Metall nimmt der Widerstand mit steigender Temperatur des Metalles zu (in erster Näherung linear). Je höher die Temperatur ist, umso stärker schwingen die Atom-

Abb. 1.17 Abhängigkeit des Widerstandes eines Halbleiters und eines metallischen Leiters von der Temperatur (schematisch)

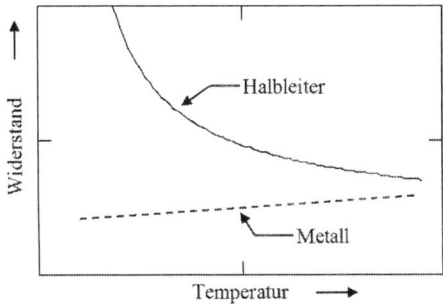

rümpfe um ihre Ruhelage. Freie Elektronen, die sich zum Pluspol einer an den Leiter angelegten Spannungsquelle bewegen, stoßen dabei umso häufiger mit den Atomrümpfen zusammen. Der „Fluss" der freien Elektronen wird gebremst, ihrer Bewegung wird ein Widerstand entgegengesetzt.

Bei Halbleitern finden ebenfalls Zusammenstöße zwischen schwingenden Atomrümpfen und fließenden Elektronen statt. Dieser erste Vorgang wird von einem zweiten Vorgang in seiner Auswirkung erheblich übertroffen. Durch die Energiezufuhr in Form von Wärme werden Elektronenpaarbindungen aufgebrochen, die Anzahl freier Elektronen erhöht sich exponentiell mit steigender Temperatur des Halbleiters. Der Widerstand eines Halbleiters nimmt deshalb mit steigender Temperatur stark ab.

1.7.1.2 Elektrizitätsleitung in dotierten Halbleitern (Störstellenleitung)

Die geringe elektrische Leitfähigkeit von Halbleitern nimmt erheblich zu, wenn in den Halbleiterkristall Fremdatome eingebaut werden, die Ladungsträger freisetzen. Den planmäßigen Einbau von Fremdatomen bezeichnet man als **Dotierung**.

Die Fremdatome werden in den Halbleiter eingebaut, indem man die Fremdsubstanz entweder bei hohen Temperaturen in den Halbleiter **einlegiert** (einschmilzt) oder in Gasform im Vakuumofen in dünne Halbleiterplättchen **eindiffundieren** (eindringen) lässt.

Die Fremdatome bilden im Kristallgitter Störstellen. Man bezeichnet diese Art der Leitfähigkeit daher mit **Störstellenleitung**. Zum Dotieren eignen sich drei- und fünfwertige Fremdatome.

Zur Dotierung von Germanium und Silizium mit dreiwertigen Fremdatomen verwendet man vorzugsweise Bor, Indium oder Gallium. Das Atom eines solchen dreiwertigen Elementes hat auf der äußeren Schale drei Valenzelektronen. Damit es in das Halbleitermaterial eingebaut werden kann, muss ein benachbartes Siliziumatom ein Elektron „spenden". Das Fremdatom „empfängt" ein Elektron und wird deshalb **Akzeptor** genannt. Das Fremdatom wird zum fest gebundenen negativen Ion. Das gespendete Elektron hinterlässt im Siliziumatom ein frei bewegliches Loch. Auch nach dem Einbau von Akzeptoren bleibt der Halbleiter insgesamt elektrisch neutral (jeweils ein Ion und ein Loch).

Durch den Einbau dreiwertiger Fremdatome wird die Konzentration (Menge) der positiven Löcher gegenüber dem reinen Halbleiter erhöht. Man bezeichnet einen mit Akzeptoren dotierten Halbleiter daher als **p-Halbleiter** („p" wie **p**ositiv).

Als fünfwertige Fremdatome werden hauptsächlich Arsen (As), Antimon (Sb) oder Phosphor (P) verwendet. Vier der insgesamt fünf Valenzelektronen des Arsenatoms verbinden sich mit den vier benachbarten Siliziumatomen durch Elektronenpaarbindungen. Das fünfte Valenzelektron des Arsenatoms bleibt ungepaart und wird zu einem freien Elektron. Das Fremdatom „spendet" ein Elektron und wird deshalb **Donator** genannt. Es wird zum fest gebundenen positiven Ion.

Werden fünfwertige Fremdatome in den Halbleiter eingebaut, so erhöht sich die Konzentration der freien Elektronen stark gegenüber dem reinen Halbleiter. Er wird dann als **n-Halbleiter** bezeichnet („n" wie **n**egativ).

1.7 Halbleiter

Tab. 1.1 Majoritäts- und Minoritätsträger im p- und n-Gebiet

Trägerart	im p-Gebiet	im n-Gebiet
Majoritätsträger	Löcher	Elektronen
Minoritätsträger	Elektronen	Löcher

Die in dotierten Halbleitern überwiegende Art der beweglichen Ladungsträger bezeichnet man als **Majoritätsträger**, die in der Minderheit vorhandene Art als **Minoritätsträger** (Tab. 1.1). Aus dotierten Halbleitern lassen sich unter anderem Dioden, Transistoren und integrierte Schaltungen herstellen. Diese Bauelemente der Elektronik bestehen aus aneinandergrenzenden p- und n-Gebieten.

1.7.2 Zusammenfassung: Halbleiter

1. Der Widerstand von Metallen nimmt mit steigender Temperatur zu.
2. Der Widerstand eines Halbleiters nimmt mit steigender Temperatur ab.
3. Es gibt Elementhalbleiter und Verbindungshalbleiter.
4. Reines Silizium ist wegen der festen Elektronenpaarbindung ein sehr schlechter Leiter.
5. Das Entstehen eines Elektron-Loch-Paares wird als Generation bezeichnet.
6. Ein Elektronenfehlplatz wird als Defektelektron oder Loch bezeichnet.
7. Ein Loch ist Träger der positiven Elementarladung „$+e$".
8. Füllt ein freies Elektron den Platz eines Loches aus, so spricht man von Rekombination.
9. Die Leitfähigkeit von Halbleitern nimmt erheblich zu, wenn in den Halbleiterkristall durch Dotierung bestimmte Fremdatome eingebaut werden (Störstellenleitung).
10. Bei dotierten Halbleitern unterscheidet man zwischen p- und n-Halbleitern. p-Halbleiter entstehen durch Dotieren mit Akzeptoren, n-Halbleiter durch Dotieren mit Donatoren.
11. Die wichtigsten Halbleiter sind Silizium und Germanium.

Der unverzweigte Gleichstromkreis 2

Zusammenfassung

In Tabellen sind die Größen elektrischer Stromkreise mit ihren Definitionen, Einheiten und Formelzeichen festgelegt. Ausführlich behandelt werden die wichtigen Größen Strom, Spannung und Widerstand. Das ohmsche Gesetz mit seinen verschiedenen Umstellungen der Formel ist die Grundlage für einfache Berechnungen von Größen im Grundstromkreis. Das ohmsche Gesetz wird auch grafisch dargestellt. Es folgen die Definitionen von Gleich- und Wechselgrößen, Verbraucher, Reihen- und Parallelschaltung, unverzweigter und verzweigter Stromkreis. Die Einführung einiger Schaltzeichen ergibt die Basis zur Angabe der Werte von Strömen und Spannungen in Schaltbildern. Unterschiedlich gezeichnete Schaltbilder zeigen die Vielfalt möglicher Darstellungen. Die Festlegungen von Erzeuger- und Verbraucherzählpfeilsystem werden eingeführt. Es folgen die Definitionen von Kurzschluss, passives und aktives Bauelement, elektrische Arbeit und Leistung, Wirkungsgrad und Stromdichte.

2.1 Größen im Gleichstromkreis

2.1.1 Allgemeines zu physikalischen Größen und Einheiten

Physikalische **Größen** dienen zur Beschreibung von Vorgängen in der Natur. Bekannte physikalische Größen sind z. B. Zeit, Länge und Temperatur. Um physikalische Größen in einzelne „Stücke" zerlegen und damit messen zu können, benötigt man **Einheiten**. Die Einheit für die Länge ist z. B. Meter oder Zentimeter, für die Zeit ist die Einheit die Sekunde oder die Stunde.

Für physikalische Größen und deren Einheiten werden zur einfacheren Schreibweise Abkürzungen (Symbole) verwendet. Die Symbole für physikalische Größen werden als **Formelzeichen** bezeichnet. Abkürzungen für Einheiten nennt man **Einheitenzeichen**.

Abkürzungen für physikalische Größen sind z. B. „*t*" für Zeit und „*v*" für Geschwindigkeit.

Abkürzungen für Einheiten sind z. B. „m" für Meter und „s" für Sekunde.

Eine **physikalische Größe** wird durch das **Produkt** aus **Zahlenwert** und **Einheit** dargestellt.

Beispiel

$$t = 20\,\text{s}$$

In diesem Beispiel ist die physikalische Größe „Zeit" (abgekürzt als „*t*") das Zwanzigfache der Einheit „Sekunde" (abgekürzt als „s").

Gleichungen oder **Formeln** beschreiben die Zusammenhänge der einzelnen physikalischen Größen. So ist z. B. der in einer bestimmten Zeit „*t*" zurückgelegte Weg „*s*" eines Körpers, der sich mit der Geschwindigkeit „*v*" fortbewegt: $s = v \cdot t$.

Setzt man für *v* die Einheit $\frac{\text{m}}{\text{s}}$ (Meter pro Sekunde) und für *t* die Einheit „s" (Sekunde) ein, so erhält man wegen $\frac{\text{m}}{\text{s}} \cdot \text{s} = \text{m}$ für den zurückgelegten Weg *s* die Einheit „m" (Meter).

Aus obigem Beispiel ist zu ersehen:

1. Gleichungen setzen sich aus Formelzeichen zusammen.
2. Einheitenzeichen und Formelzeichen können gleich sein, haben aber ganz unterschiedliche Bedeutung!
3. Mit Einheitenzeichen kann man (getrennt von der Formel) rechnen.

Es wird noch einmal die Formel $s = v \cdot t$ betrachtet.

Zu 2.: „s" ist das Einheitenzeichen für „Sekunde", aber „*s*" (kursiv geschrieben, da es eine Variable ist, siehe weiter unten) ist auch das Formelzeichen für einen Weg (eine zurückgelegte Wegstrecke).

Zu 3.: Durch eine (extra) Rechnung mit den Einheitenzeichen kann man überprüfen, ob die Gleichung oder Formel richtig angesetzt wurde. Die Einheiten auf beiden Seiten einer Einheitengleichung müssen gleich oder ineinander umrechenbar sein.

In der Rechnung $\frac{\text{m}}{\text{s}} \cdot \text{s} = \text{m}$ muss z. B. eine Einheit für den Weg, in diesem Fall „m" für Meter, das Ergebnis sein. Ungleiche Einheiten müssen zuerst in gleiche Einheiten umgerechnet werden, ehe man mit ihnen Rechnungen durchführt. Es müssen z. B. ms (Millisekunden) in s (Sekunden) umgerechnet werden, wenn die Einheit Sekunde gekürzt werden soll.

Wäre in obigem Beispiel die Geschwindigkeit „*v*" in $\frac{\text{km}}{\text{h}}$ (Kilometer pro Stunde) gegeben gewesen, so hätte man sie zuerst in $\frac{\text{m}}{\text{s}}$ (Meter pro Sekunde) umrechnen müssen, damit man die Zeit „*t*" in Sekunden einsetzen darf. Z. B. ist $1\,\frac{\text{km}}{\text{h}} = \frac{1000\,\text{m}}{3600\,\text{s}}$.

Eine eckige Klammer um ein Formelzeichen bedeutet „Einheit von ..."; z. B. wird $[t] = \text{s}$ gelesen als: Einheit der Zeit gleich Sekunde.

2.1 Größen im Gleichstromkreis

Eine eckige Klammer um eine Einheit ist falsch, jedoch immer noch weit verbreitet. Zwischen Zahlenwert und Einheit einer physikalischen Größe ist beim Schreiben ein Abstand zu lassen, richtig ist 5 m, falsch ist 5m.

Variable werden in Formeln *kursiv* geschrieben. Zahlenwerte, Konstanten und Einheitenzeichen werden in Formeln und Gleichungen nicht kursiv, sondern steil geschrieben.

In der Literatur wird fälschlicherweise oft der Begriff Dimension statt Einheit benutzt. Dimensionssymbole sind z. B. „L" für Länge oder „T" für Zeit. Die Dimension der Geschwindigkeit (Weg dividiert durch Zeit) ist z. B. dim $v = LT^{-1}$. Die Dimension einer physikalischen Größe ist ein Produkt der Potenzen der Dimensionssymbole der Basisgrößen eines Größensystems.

Als Einheitensystem wird das „**Internationale Einheitensystem**" (Système International d'Unités, kurz SI-System) verwendet. Die sieben Basiseinheiten des SI-Systems sind als international verbindliches Maßsystem festgelegt und nicht aus anderen Einheiten abgeleitet. Die sieben Basisgrößen mit ihren Basiseinheiten und Einheitenzeichen sind: Länge (Meter, m), Masse (Kilogramm, kg), Zeit (Sekunde, s), elektrische Stromstärke (Ampere, A), Temperatur (Kelvin, K), Stoffmenge (Mol, mol), Lichtstärke (Candela, cd). Wegen der Anfangsbuchstaben der ersten vier Einheiten wird das SI-System manchmal auch als MKSA-System bezeichnet. Alle weiteren Einheiten lassen sich aus den Basiseinheiten ableiten. Einige abgeleitete Einheiten sind *Namenseinheiten*, diese speziellen Einheitennamen sind oft nach den Namen berühmter Wissenschaftler benannt.

Als Darstellungsform von Gleichungen werden **Größengleichungen** verwendet, in denen jedes Formelzeichen eine physikalische Größe darstellt. Die Einheit des Ergebnisses ergibt sich zwangsläufig aus den eingesetzten Einheiten. Größengleichungen gelten unabhängig von der Wahl der Einheiten.

Beispiel In die Formel zur Berechnung der Geschwindigkeit $v = \frac{s}{t}$ wird der Weg s in Meter und die Zeit t in Sekunden eingesetzt, z. B. $s = 1800$ m und $t = 180$ s. Es ergibt sich $v = \frac{s}{t} = \frac{1800\,\text{m}}{180\,\text{s}} = 10\,\frac{\text{m}}{\text{s}}$. Das Ergebnis hat automatisch die Einheit Meter pro Sekunde. Wird der Weg in Kilometer (km) und die Zeit in Stunden (h) eingesetzt, so erhält man $v = \frac{s}{t} = \frac{1.8\,\text{km}}{0.05\,\text{h}} = 36\,\frac{\text{km}}{\text{h}}$. Das Ergebnis ist das Gleiche, hat aber jetzt zwangsläufig die Einheit Kilometer pro Stunde.

In den hier nicht verwendeten **Zahlenwertgleichungen** müssen die einzelnen Größen in festgelegten Einheiten eingesetzt werden, damit das Ergebnis eine vorgegebene Einheit hat. Diese Gleichungen werden oft für kurze Formeln zur schnellen Abschätzung einer Größe verwendet. Wird z. B. in die Formel $v = 3{,}6 \cdot \frac{s}{t}$ der Weg in Meter und die Zeit in Sekunden eingesetzt, so erhält man die Geschwindigkeit v in Kilometer pro Stunde.

In einer **zugeschnittenen Größengleichung** wird bei jeder Größe festgelegt, in welcher Einheit sie angegeben werden muss. Dabei wird eine physikalische Größe durch die verlangte Einheit dividiert. Die Achsen grafischer Darstellungen werden oft in dieser Art beschriftet. Die Beschriftung $\frac{U}{\text{mV}}$ bedeutet z. B., dass die Spannung U in Millivolt angegeben ist.

Tab. 2.1 Dezimale Vielfache und Teile von Einheiten

Bezeichnung	Abkürzungszeichen	Vielfaches oder Teil
Tera	T	$10^{12} = 1.000.000.000.000$
Giga	G	$10^{9} = 1.000.000.000$
Mega	M	$10^{6} = 1.000.000$
Kilo	k	$10^{3} = 1000$
Hekto	h	$10^{2} = 100$
Deka	da	$10^{1} = 10$
Dezi	d	$10^{-1} = 0,1$
Zenti	c	$10^{-2} = 0,01$
Milli	m	$10^{-3} = 0,001$
Mikro	µ	$10^{-6} = 0,000.001$
Nano	n	$10^{-9} = 0,000.000.001$
Piko	p	$10^{-12} = 0,000.000.000.001$
Femto	f	$10^{-15} = 0,000.000.000.000.001$

Dezimale Vielfache und Teile von Einheiten

Einheiten haben in dezimaler Schreibweise oft eine umständlich zu schreibende Größenordnung. So ist z. B. der millionste Teil eines Meters: 0,000.001 m.

Für eine verkürzte Schreibweise benutzt man vor der Einheit eine Bezeichnung, welche das Vielfache oder den Bruchteil der Einheit angibt. Diese Bezeichnung wird wiederum durch ein Zeichen abgekürzt (Tab. 2.1).

Beispiele

1000 m = 1 km;   1000 g = 1 kg;   0,001 m = 1 mm;   0,000.001 m = 1 µm

Griechisches Alphabet

Buchstaben des griechischen Alphabets (Tab. 2.2) werden häufig in mathematischen und physikalischen Formeln benutzt.

Einige physikalische Größen mit ihren Formelzeichen, Einheitenzeichen, speziellen Einheitennamen (Namenseinheiten), der Angabe der Einheit unter ausschließlicher Verwendung von SI-Einheiten und mit möglichen Umrechnungen sind in Tab. 2.3 angegeben.

Bei der Angabe von Größen sind **Skalare** und **Vektoren** zu unterscheiden.

Eine skalare Größe hat keine Richtung. Sie ist durch die Angabe eines Zahlenwertes mit einer evtl. zugehörigen Einheit eindeutig festgelegt. Die angegebene Maßzahl kann eine reelle oder eine komplexe Zahl sein.

Eine vektorielle Größe wird durch ihren *Betrag* und ihre *Richtung* in einer Ebene oder im Raum beschrieben. Der Betrag entspricht dem Zahlenwert der Vektorlänge (Länge des Zeigers) mit Angabe der Einheit, er legt die Stärke einer Wirkung in einem bestimmten Punkt fest. Die Richtung der Wirkung in diesem Punkt gibt ein kleiner Pfeil an, der in diese Richtung zeigt. Eine vektorielle Größe wird durch einen Pfeil über dem Formelzeichen gekennzeichnet. Bei der Kraft ist dies z. B. $\vec{F}$, bei der Geschwindigkeit $\vec{v}$. Der Betrag einer vektoriellen Größe ist eine skalare Größe: $|\vec{F}| = F$ oder $|\vec{v}| = v$.

2.1 Größen im Gleichstromkreis

Tab. 2.2 Das griechische Alphabet

Zeichen Groß-buchstabe	Zeichen Klein-buchstabe	Name	Verwendung in der Elektrotechnik
A	α	Alpha	α Winkel oder Temperaturkoeffizient
B	β	Beta	β Winkel
Γ	γ	Gamma	γ Winkel
Δ	δ	Delta	Δ Differenz δ Verlustwinkel
E	ε	Epsilon	ε Dielektrizitätskonstante
Z	ζ	Zeta	
H	η	Eta	η Wirkungsgrad
Θ	θ, ϑ	Theta	Θ magnetische Durchflutung ϑ Temperatur
I	ι	Jota	
K	κ	Kappa	κ spezifischer Leitwert (Leitfähigkeit)
Λ	λ	Lambda	λ Wellenlänge
M	μ	My	μ Permeabilität (Magnetismus)
N	ν	Ny	
Ξ	ξ	Xi	
O	o	Omikron	
Π	π	Pi	$\pi = 3{,}14\ldots$ Kreiszahl
P	ρ	Rho	ρ spezifischer Widerstand oder Raumladungsdichte
Σ	σ	Sigma	Σ Summe σ spezifischer Leitwert (Leitfähigkeit) oder Flächenladungsdichte
T	τ	Tau	τ Zeitkonstante
Υ	υ	Ypsilon	
Φ	φ	Phi	Φ magnetischer Fluss, φ Phasenverschiebung oder Potenzial
X	χ	Chi	
Ψ	ψ	Psi	Ψ Flussumschlingung
Ω	ω	Omega	Ω Ohm ω Kreisfrequenz

2.1.2 Die Größe für den elektrischen Strom

Vorausgesetzt wird hier, dass durch den Querschnitt eines Leiters in gleichen Zeitabschnitten Δt die gleiche Ladungsmenge ΔQ in der gleichen Richtung fließt. Man spricht dann von einem konstanten **Gleichstrom**.

Die Größe oder Stärke des elektrischen Stromes nennt man **Stromstärke** oder kurz **Strom**. Die Einheit für die elektrische Stromstärke ist das **Ampere**[1].

---

[1] André-Marie Ampère (1775–1836), französischer Physiker.

Tab. 2.3 Physikalische Größen mit ihren Einheiten

Physikalische Größe	Formelzeichen	Einheitenname	Einheitenzeichen	SI-Einheit	Beziehung
Beschleunigung	a			$\frac{m}{s^2}$	
Blindleistung	Q	volt-ampère reactive	var, VAR	$\frac{kg \cdot m^2}{s^3}$	VA
Blindleitwert (Suszeptanz)	B	Siemens	S	$\frac{A^2 \cdot s^3}{m^2 \cdot kg}$	$\frac{A}{V} = \frac{1}{\Omega}$
Blindwiderstand (Reaktanz)	X	Ohm	Ω	$\frac{kg \cdot m^2}{s^3 \cdot A^2}$	$\frac{V}{A}$
Boltzmann-Konstante	k			$\frac{kg \cdot m^2}{s^2 \cdot K}$	$\frac{W \cdot s}{K} = \frac{V \cdot A \cdot s}{K}$
Dielektrizitätskonstante des Vakuums (absolute), elektrische Feldkonstante	ε_0			$\frac{A^2 \cdot s^4}{kg \cdot m^3}$	$\frac{A \cdot s}{V \cdot m}$
Elementarladung	e	Coulomb	C	$A \cdot s$	
Energie, Arbeit	W	Joule	J	$\frac{kg \cdot m^2}{s^2}$	$W \cdot s = N \cdot m = V \cdot A \cdot s$
Feldstärke, elektr.	E			$\frac{kg \cdot m}{s^3 \cdot A}$	$\frac{V}{m}$
Feldstärke, magn.	H			$\frac{A}{m}$	
Fluss, magn.	Φ	Weber	Wb	$\frac{kg \cdot m^2}{s^2 \cdot A}$	$T \cdot m^2 = V \cdot s$
Flussdichte, elektrische (Verschiebungsdichte)	D			$\frac{A \cdot s}{m^2}$	$\frac{C}{m^2} = \frac{A \cdot s}{m^2}$
Flussdichte, magn. (Induktion)	B	Tesla	T	$\frac{kg}{s^2 \cdot A}$	$\frac{Wb}{m^2} = \frac{V \cdot s}{m^2}$
Frequenz	f, ν	Hertz	Hz	$\frac{1}{s}$	
Geschwindigkeit	v			$\frac{m}{s}$	
Induktivität	L	Henry	H	$\frac{kg \cdot m^2}{s^2 \cdot A^2}$	$\frac{Wb}{A} = \frac{V \cdot s}{A} = \Omega \cdot s$
Kapazität	C	Farad	F	$\frac{A^2 \cdot s^4}{m^2 \cdot kg}$	$\frac{C}{V} = \frac{A \cdot s}{V} = \frac{s}{\Omega}$
Kraft	F	Newton	N	$\frac{kg \cdot m}{s^2}$	$\frac{V \cdot A \cdot s}{m}$
Kreisfrequenz, Winkelgeschwindigkeit	ω			$\frac{1}{s}$	
Ladung	Q	Coulomb	C	$A \cdot s$	
Länge, Weg	l, s	Meter	m	Basiseinheit	
Leistung	P	Watt	W	$\frac{kg \cdot m^2}{s^3}$	$\frac{J}{s} = \frac{N \cdot m}{s} = V \cdot A$
Lichtstärke	I_L, I_V, I	Candela	cd	Basiseinheit	
Masse	m	Kilogramm	kg	Basiseinheit	
Periodendauer	T			s	

2.1 Größen im Gleichstromkreis

Tab. 2.3 Fortsetzung

Physikalische Größe	Formelzeichen	Einheitenname	Einheitenzeichen	SI-Einheit	Beziehung
Permeabilität des Vakuums, magnetische Feldkonstante	μ_0			$\frac{kg \cdot m}{s^2 \cdot A^2}$	$\frac{T \cdot m}{A} = \frac{V \cdot s}{A \cdot m}$ $= \frac{\Omega \cdot s}{m}$
Querschnitt	A			m^2	
Scheinleistung	S		VA	$\frac{kg \cdot m^2}{s^3}$	$V \cdot A$
Scheinleitwert (Betrag der Admittanz)	Y	Siemens	S	$\frac{A^2 \cdot s^3}{m^2 \cdot kg}$	$\frac{A}{V} = \frac{1}{\Omega}$
Scheinwiderstand (Betrag der Impedanz)	Z	Ohm	Ω	$\frac{kg \cdot m^2}{s^3 \cdot A^2}$	$\frac{V}{A}$
Spannung, Potenzial	U	Volt	V	$\frac{kg \cdot m^2}{s^3 \cdot A}$	
Stromdichte	S, J			$\frac{A}{m^2}$	
Stromstärke	I	Ampere	A	Basiseinheit	
Temperatur	T	Kelvin	K	Basiseinheit	
Temperatur	ϑ		°C		$°C = T - 273{,}15\,K$
Temperaturbeiwert	α				$\frac{1}{K} = \frac{1}{°C}$
Wärmewiderstand	R_{th}			$\frac{K \cdot s^3}{kg \cdot m^2}$	$\frac{K}{W}$
Widerstand, magn.	R_m			$\frac{A^2 \cdot s^2}{kg \cdot m^2}$	$\frac{A}{V \cdot s} = \frac{1}{\Omega \cdot s}$ $= \frac{A}{Wb}$
Widerstand, spezifischer	ρ			$\frac{kg \cdot m^3}{s^3 \cdot A^2}$	$\frac{\Omega \cdot mm^2}{m}$
Wirkleitwert (Konduktanz)	G	Siemens	S	$\frac{A^2 \cdot s^3}{m^2 \cdot kg}$	$\frac{A}{V} = \frac{1}{\Omega}$
Wirkwiderstand (Resistanz)	R	Ohm	Ω	$\frac{kg \cdot m^2}{s^3 \cdot A^2}$	$\frac{V}{A}$
Zeit	t	Sekunde	s	Basiseinheit	

▶ **Das Einheitenzeichen für die Stromstärke ist „A" (Ampere), das Formelzeichen ist „I".**

Der elektrische Strom wird wieder mit fließendem Wasser verglichen (Tab. 2.4). Die Stärke einer Wasserquelle kann durch die Wassermenge beschrieben werden, welche die Wasserquelle in einer Sekunde liefert. Die Stromstärke „I" kann ähnlich hierzu durch die Menge an elektrischer Ladung beschrieben werden, welche in einer Sekunde durch den Querschnitt eines Leiters fließt.

▶ **Das Einheitenzeichen für die Ladungsmenge ist „C" (Coulomb), das Formelzeichen ist „Q".**

Tab. 2.4 Zum Vergleich zwischen Wasser und Elektrizität

Es fließt	Menge	Stärke
Wasser	Liter	$\frac{\text{Liter}}{\text{s}}$
Elektrizität	C (Coulomb)	$A = \frac{C}{s}$

Die Stromstärke ist der Quotient aus der Ladung „Q" und der Zeit „t". Stromstärke ist fließende Ladung pro Zeiteinheit.

$$I = \frac{Q}{t} \tag{2.1}$$

Da die Rechnung mit den Einheitenzeichen in Gl. 2.1 für die Stromstärke „I" die Einheit „A" ergeben muss, folgt für die Einheit der Ladung „Q":

$$1\,\text{C} = 1\,\text{As} \quad (1\,\text{Coulomb} = 1\,\text{Ampere} \cdot 1\,\text{Sekunde}).$$

Ein Ampere ist somit definiert als: $1\,\text{A} = \frac{1\,\text{C}}{1\,\text{s}}$.

Ein Elektron ist Träger der kleinsten negativen elektrischen Ladung „$-e$" (Elementarladung).

Der Betrag der Elementarladung ist: $|-e| = e = 1{,}602.177{.}33 \cdot 10^{-19}\,\text{C}$.

Obwohl die Elementarladung eine Konstante ist, wird ihr Symbol e hier kursiv geschrieben, um den Unterschied zur Euler'schen Zahl (e = 2,718... = Basis des natürlichen Logarithmus) hervorzuheben.

Eine elektrische Ladung kann nur gequantelt, also als ganzzahliges Vielfaches von „e" auftreten.

$$Q = \pm n \cdot e \quad \text{mit } n = 1, 2, 3, \ldots \tag{2.2}$$

Die kleinsten Mengen der Ladung sind somit $Q = +e$ (z. B. die Ladung eines Protons im Atomkern oder eines Lochs in einem Halbleitermaterial) und $Q = -e$ (die Ladung eines Elektrons).

Ungefähr $6{,}24 \cdot 10^{18}$ Elektronen sind 1 Coulomb.

Anmerkung Dezimale Vielfache und Teile der Einheiten von Tab. 2.1 gelten auch für die elektrischen Einheiten.

Beispiele

$$1\,\text{mA (Milliampere)} = 0{,}001\,\text{A} = 10^{-3}\,\text{A}$$
$$1\,\mu\text{A (Mikroampere)} = 0{,}000.001\,\text{A} = 10^{-6}\,\text{A}$$

2.1 Größen im Gleichstromkreis

Zur Vertiefung

Die Stromstärke I in einem Leiter ist die pro Zeitintervall Δt durch den Leiterquerschnitt hindurchtretende Ladungsmenge ΔQ.

$$I = \frac{\Delta Q}{\Delta t} \qquad (2.3)$$

Gl. 2.3 ist ein Differenzenquotient. Bei konstantem Strom (Gleichstrom) geht Gl. 2.3 in Gl. 2.1 über. Für einen beliebigen zeitlichen Verlauf des Stromes erhält man durch bilden des Differenzialquotienten:

$$I(t) = \lim_{\Delta t \to 0} \left(\frac{\Delta Q}{\Delta t} \right) = \frac{dQ(t)}{dt} = \dot{Q} \qquad (2.4)$$

Die Stromstärke $I(t)$ ist die erste Ableitung der Ladung $Q(t)$ nach der Zeit t.

Ende Vertiefung

2.1.3 Die Größe für die elektrische Spannung

Die elektrische Größe, welche das Fließen eines Stromes verursacht, nennt man **Spannung**. Die Einheit für die elektrische Spannung ist Volt[2].

▶ **Das Einheitenzeichen für die Spannung ist „V" (Volt), das Formelzeichen ist „U".**

Eine elektrische Spannung besteht immer nur zwischen zwei Punkten. Am Minuspol einer Spannungsquelle herrscht ein Überschuss von Elektronen, am Pluspol herrscht Elektronenmangel. Im Inneren der Spannungsquelle liegt somit eine Trennung (Verschiebung) von Ladungen vor. Zwischen den Polen der Spannungsquelle besteht eine Spannung, auch wenn der Stromkreis nicht geschlossen ist.

Die elektrische Spannung ist ein Ausdruck für die Kräfte, welche auf die ungleich verteilten Ladungsträger (Elektronen) in einer Spannungsquelle wirken und eine möglichst gleichmäßige Verteilung der sich gegenseitig abstoßenden Elektronen bewirken wollen (siehe Abschn. 1.2.2 Elektrischer Strom). Diese Verteilung der Elektronen erfolgt beim

---

[2] Alessandro Volta (1745–1827), italienischer Physiker.

Schließen des Stromkreises durch das Fließen des elektrischen Stromes (das Fließen von Elektronen).

Um im Inneren der Spannungsquelle eine Ladungstrennung zu erhalten, ist der Aufwand von Arbeit notwendig. In einer Batterie ist dies z. B. chemische Energie.

Wird der Stromkreis geschlossen, so erfolgt durch Energieaufwand das Fließen des Stromes. Die zur Ladungstrennung aufgewandte Arbeit wird wieder frei. Der stromdurchflossene Leiter erwärmt sich (siehe Abschn. 1.4 Widerstand und Leitfähigkeit).

Um eine Ladungsmenge „Q" durch einen Leiter fließen zu lassen, ist ein bestimmter Aufwand an Arbeit „W" nötig. Das Verhältnis in Gl. 2.5 beschreibt die „innere Stärke" einer Spannungsquelle, um Strom fließen zu lassen. Je höher die Spannung ist, umso höher ist die Arbeitsfähigkeit (Energie) der elektrischen Ladung. Die Definition der elektrischen Spannung ist:

$$U = \frac{W}{Q} \tag{2.5}$$

Die Einheit der Arbeit „W" ist „J" (Joule), „Ws" (Watt · Sekunde), „Nm" (Newton · Meter) oder $\frac{kg \cdot m^2}{s^2}$.

Die Einheit der Ladung „Q" ist „C" (Coulomb) oder „As" (Ampere · Sekunde).

Setzt man diese Einheiten in Gl. 2.5 ein, so ergibt sich für die Einheit der Spannung „U": $\frac{J}{C} = \frac{N \cdot m}{A \cdot s} = \frac{kg \cdot m^2}{A \cdot s^3} = V$, abgekürzt als „V" (Volt).

Ein Volt ist somit definiert als: $1\,V = \frac{1\,J}{1\,C}$.

Anmerkung Die spezielle Einheit Volt muss normalerweise nicht in SI-Einheiten umgerechnet werden, sie lässt sich genauso wie z. B. Ampere oder Ohm in Berechnungen kürzen.

2.1.4 Die Größe für den elektrischen Widerstand

Wie in Abschn. 1.4 Widerstand und Leitfähigkeit kennengelernt, wird in einem geschlossenen Stromkreis dem Fließen des Stromes in einem metallischen Leiter ein Widerstand entgegengesetzt.

Die elektrische Größe dieses Widerstandes nennt man ebenfalls **Widerstand**. Die Einheit für den elektrischen Widerstand ist **Ohm**[3].

▶ **Das Einheitenzeichen für den Widerstand ist „Ω" (Ohm), das Formelzeichen ist „R".**

---

[3] Georg Simon Ohm (1789–1854), deutscher Physiker.

2.1 Größen im Gleichstromkreis

Anmerkung Der Begriff Widerstand wird nicht nur für die elektrische Größe des Widerstandes eines Leiters verwendet (für den Widerstands**wert**), sondern auch für den Leiter selbst, also für den Gegenstand oder das Bauelement.

Der deutsche Physiker Georg Simon Ohm fand das ohmsche Gesetz:

$$R = \frac{U}{I} = \text{const.} \tag{2.6}$$

Das ohmsche Gesetz besagt: Der Widerstand eines Leiters bleibt unabhängig von der angelegten Spannung konstant.

Die Einheit der Spannung „U" ist „V" (Volt), die Einheit der Stromstärke „I" ist „A" (Ampere).

Damit folgt aus Gl. 2.6 für die Einheit des elektrischen Widerstandes: $[R] = \frac{V}{A} =$ Ohm, abgekürzt als „Ω".

Ein Ohm ist definiert als: $1\,\Omega = \frac{1\,V}{1\,A}$.

Manchmal wird statt des elektrischen Widerstandes dessen Kehrwert benutzt. Den Kehrwert des elektrischen Widerstandes nennt man **Leitwert**. Die Einheit für den elektrischen Leitwert ist **Siemens**.

▶ **Das Einheitenzeichen für den Leitwert ist „S" (Siemens), das Formelzeichen ist „G".**

$$G = \frac{1}{R} \tag{2.7}$$

Die Einheit des elektrischen Widerstandes „R" ist „Ω" oder $\frac{V}{A}$.

Damit folgt aus Gl. 2.7 für die Einheit des elektrischen Leitwertes: $[G] = \frac{A}{V} = \frac{1}{\Omega} =$ Siemens, abgekürzt als „S".

Ein Siemens ist definiert als: $1\,S = \frac{1\,A}{1\,V}$.

2.1.5 Zusammenfassung: Größen im Gleichstromkreis

1. Das Einheitenzeichen für die Stromstärke ist „A" (Ampere), das Formelzeichen ist „I".
2. Das Einheitenzeichen für die Spannung ist „V" (Volt), das Formelzeichen ist „U".
3. Das Einheitenzeichen für den Widerstand ist „Ω" (Ohm), das Formelzeichen ist „R".
4. Das ohmsche Gesetz lautet: $R = \frac{U}{I} = \text{const.}$
5. Das Einheitenzeichen für die Ladungsmenge ist „C" (Coulomb), das Formelzeichen ist „Q".
6. Das Einheitenzeichen für die Arbeit ist „J" (Joule), das Formelzeichen ist „W".

2.2 Das Ohm'sche Gesetz

2.2.1 Aussage des ohmschen Gesetzes

Das ohmsche Gesetz drückt folgendes aus:

▶ **Der Widerstand eines metallischen Leiters aus einem bestimmten Material ist (bei gleichbleibender Temperatur) konstant.**

Die **Stromstärke** im Leiter eines geschlossenen Stromkreises ist

- **direkt proportional zur Spannung** der Spannungsquelle und
- **umgekehrt proportional zum Widerstand** des Leiters.

Anders ausgedrückt:

▶ **Die Stromstärke ist umso größer, je größer die Spannung und je kleiner der Widerstand ist.**

Dieser Sachverhalt wird wieder durch einen Vergleich mit Wasser erläutert.
In Abb. 2.1 wird der Füllstand des Wassers im Wasserbehälter durch einen Zufluss mit Pumpe auf konstanter Höhe gehalten. Das Abflussrohr ist mit Kies gefüllt.
Die Menge des abfließenden Wassers hängt ab von:

1. Der Höhe des Füllstandes. Je höher der Wasserstand ist, umso größer ist der Druck und umso mehr Wasser wird durch das Abflussrohr gepresst.
2. Der Durchlässigkeit des Abflussrohres. Je gröber der Kies ist, umso mehr Wasser wird durchgelassen.

Nehmen wir an, normalerweise fließt in einer Sekunde ein Liter Wasser aus dem Abflussrohr.

Abb. 2.1 Wasserstrom als Vergleich mit elektrischem Strom

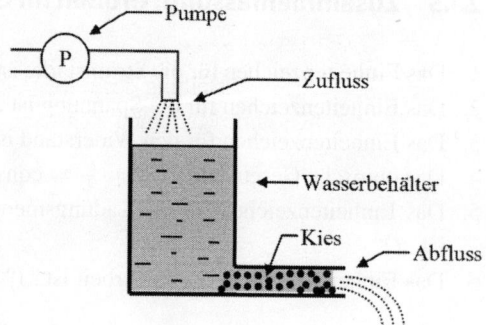

2.2 Das Ohm'sche Gesetz

Wird der Wasserstand auf das doppelte erhöht, der Wasserdruck somit verdoppelt, so fließt in einer Sekunde die doppelte Menge an Wasser (zwei Liter) aus.

Wird jedoch z. B. durch feinkörnigen Sand die Durchlässigkeit des Abflussrohres halbiert (der Wasserwiderstand verdoppelt), so fließt in einer Sekunde nur noch die halbe Menge an Wasser (1/2 Liter) aus.

Im Vergleich mit dem elektrischen Strom gilt:

1. Der Wasserdruck entspricht der elektrischen Spannung.
2. Dem Wasserwiderstand entspricht der elektrische Widerstand des Leiters.
3. Der abfließenden Wassermenge entspricht die Stromstärke im Leiter.

▶ **Wird z. B. die Spannung verdoppelt, so verdoppelt sich auch die Stromstärke. Wird jedoch der Widerstand verdoppelt, so halbiert sich die Stromstärke.**

Durch Auflösen des ohmschen Gesetzes in der Form $R = \frac{U}{I}$ nach I erhält man $I = \frac{U}{R}$. Aus dieser Form ist ersichtlich:

1. Die Stromstärke ist umso größer, je größer die Spannung ist (ein Bruch ist umso größer, je größer der Zähler ist).
2. Die Stromstärke ist umso kleiner, je größer der Widerstand ist (ein Bruch ist umso kleiner, je größer der Nenner ist).

2.2.2 Rechnen mit dem ohmschen Gesetz

Das ohmsche Gesetz lässt sich in drei verschiedenen Formen darstellen. Sind zwei der drei Größen bekannt, so kann die dritte Größe berechnet werden.

$$R = \frac{U}{I} \tag{2.8}$$

$$I = \frac{U}{R} \tag{2.9}$$

$$U = R \cdot I \tag{2.10}$$

Zur mathematischen Umstellung des ohmschen Gesetzes sei ein kleiner Trick zum besseren Merken angeführt. Man kann sich das ohmsche Gesetz in folgender Dreieckform merken (Abb. 2.2):

Abb. 2.2 Ohm'sches Gesetz in Dreieckform

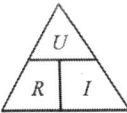

Abb. 2.3 Beispiele zum Umstellen des ohmschen Gesetzes in Dreiecksform

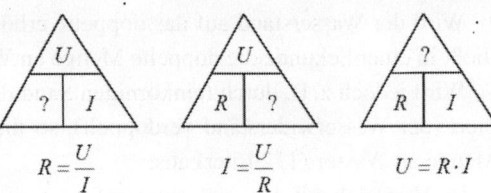

Man merkt sich den *Wortlaut* des Dreiecks: URI.

Der *waagrechte Strich* im Dreieck entspricht einem *Bruchstrich*, der *senkrechte Strich* einer *Multiplikation*. Die *gesuchte Größe* wird gefunden, indem sie *abgedeckt* wird.

Beispiele zur Auflösung des ohmschen Gesetzes nach einer Variablen zeigt Abb. 2.3.

Nach diesem Schema können übrigens alle „Dreiecksformeln" umgestellt werden, z. B. auch die Formeln $I = \frac{Q}{t}$, $v = \frac{s}{t}$ oder die Formel für die elektrische Leistung $P = U \cdot I$.

Aufgabe 2.1
Eine Taschenlampenbatterie hat eine Spannung von 4,5 Volt. Welchen Widerstand hat ein Glühlämpchen, wenn im geschlossenen Stromkreis ein Strom von 0,1 A fließt?

Lösung
Die Rechnung ergibt: $R = \frac{U}{I} = \frac{4{,}5\,\text{V}}{0{,}1\,\text{A}} = \underline{\underline{45\,\Omega}}$.

2.2.3 Grafische Darstellung des ohmschen Gesetzes

Die Funktion $U = f(I) = R \cdot I$ stellt bei konstantem Widerstand R eine Gerade durch den Ursprung des Koordinatensystems dar. Man vergleiche die Geradengleichung $y = m \cdot x$ mit der Steigung m.

Man kann aus Abb. 2.4 ablesen: $\frac{100\,\text{V}}{10\,\text{A}} = \frac{60\,\text{V}}{6\,\text{A}} = \frac{40\,\text{V}}{4\,\text{A}} = 10\,\Omega = R_1$.

Abb. 2.4 Die Spannung als Funktion des Stromes (zwei Widerstandskennlinien)

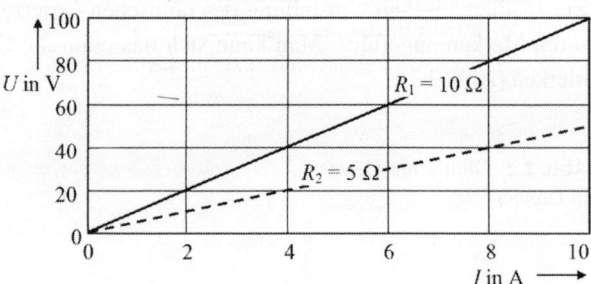

2.3 Definitionen

Oder: $\frac{40\,\text{V}}{8\,\text{A}} = \frac{20\,\text{V}}{4\,\text{A}} = 5\,\Omega = R_2$.

Die Abhängigkeit der Spannung U vom Strom I ist linear, in Abb. 2.4 als zwei Gerade für zwei unterschiedliche Widerstandswerte eingezeichnet. Der ohmsche Widerstand bleibt unabhängig von der angelegten Spannung konstant, da sich mit der Spannung auch der Strom entsprechend ändert.

Das ohmsche Gesetz Gl. 2.6 wird als **Bauteilgleichung des ohmschen Widerstandes** bezeichnet. Eine Bauteilgleichung beschreibt den Zusammenhang zwischen Spannung und Strom an einem Zweipol (einem Bauteil mit zwei Anschlüssen) und wird grafisch als **Kennlinie** dargestellt.

Bauteile (z. B. ein aufgewickelter Draht als Widerstand) mit linearem Zusammenhang zwischen Spannung und Strom werden **lineare Bauteile** genannt. Ein Stromkreis, der aus linearen Bauteilen besteht, ist ein **linearer Stromkreis**. Ein lineares Bauteil hat auch eine lineare Kennlinie (eine Gerade) als grafische Darstellung der linearen Bauteilgleichung in Form einer Geradengleichung. Nichtlineare Bauteile der Elektronik wie Dioden und Transistoren haben Kennlinien mit gekrümmtem Verlauf. Bei solchen Bauteilen gilt das ohmsche Gesetz für einen größeren Bereich der Kennlinie *nicht*.

2.2.4 Zusammenfassung: Das ohmsche Gesetz

1. Die Stromstärke I im Leiter eines geschlossenen Stromkreises ist
   - **direkt proportional zur Spannung** ($I \sim U$) der Spannungsquelle und
   - **umgekehrt proportional zum Widerstand** ($I \sim \frac{1}{R}$) des Leiters.
2. Sind zwei Größen des ohmschen Gesetzes bekannt, so kann die dritte berechnet werden.
3. Die grafische Darstellung des ohmschen Gesetzes ergibt als Kennlinie eine Gerade.

2.3 Definitionen

2.3.1 Gleichstrom, Gleichspannung, Wechselstrom, Wechselspannung

Elektrischer Strom ist das Fließen von Elektronen. Bewegen sich die Elektronen immer in die gleiche Richtung, so spricht man von **Gleichstrom**. Gleichstrom ist ein **zeitlich konstanter** Strom. Er wird durch eine **Gleichspannung** bewirkt.

Wechseln die Elektronen regelmäßig ihre Richtung der Fortbewegung, so spricht man von **Wechselstrom**. Bei Wechselstrom ist der **Strom eine Funktion der Zeit**. Wechselstrom wird durch eine **Wechselspannung** bewirkt.

Ein Beispiel für eine Gleichspannungsquelle ist die Taschenlampenbatterie. Die Steckdose im Haushalt stellt eine Wechselspannungsquelle dar.

In Abb. 2.5 ist die Spannung $U =$ konstant in ihrer Größe unabhängig von der Zeit, in diesem Beispiel immer positiv. U ist eine Gleichspannung.

Die Spannungen $u_1(t)$ und $u_2(t)$ sind in ihrer Größe von der Zeit abhängig, sie sind eine Funktion der Zeit. Die Spannungen $u_1(t)$ und $u_2(t)$ sind Wechselspannungen.

Bei periodisch wechselnden Größen wird die Anzahl der Schwingungen pro Sekunde als **Frequenz** bezeichnet. Die Wechselspannung $u_1(t)$ hat eine kleinere Frequenz als $u_2(t)$.

Die Ordinate (y-Achse) könnte statt der Bezeichnung „Spannung U" auch die Bezeichnung „Strom I" haben, da eine Gleichspannung einen Gleichstrom und eine Wechselspannung einen Wechselstrom bewirkt.

Anmerkung Als Beispiel wurde für $u_1(t)$ und $u_2(t)$ die Sinusfunktion mit unterschiedlicher Frequenz gewählt.

Für die Schreibweise von zeitlich unabhängigen und zeitlich abhängigen Größen gilt die Vereinbarung:

▶ **Zeitlich unabhängige (konstante) Größen werden groß geschrieben, z. B. „U" oder „I".**

Zeitlich abhängige Größen werden klein geschrieben, z. B. $u(t)$ oder nur u. Dies gilt besonders für die harmonischen Schwingungen Sinus und Cosinus. Zeitlich abhängige Größen, die keine harmonischen Schwingungen sind, sondern irgend eine andere zeitlich periodische Abhängigkeit haben (z. B. einen rechteckigen oder wie in Abb. 2.5 sägezahnförmigen Verlauf), sollen zur Unterscheidung von der harmonischen Schwingungsform in der Form $U(t)$ groß geschrieben werden.

2.3.2 Verbraucher

Unter **Verbraucher**, oft auch als „Last" oder Bürde bezeichnet, versteht man einen Gegenstand, dem über Anschlussleitungen (Drähte) von einer Spannungsquelle elektrische Energie zugeführt wird. Je nach dem Widerstand des Verbrauchers fließt im geschlossenen Stromkreis ein kleinerer oder größerer Strom. Beispiele für Verbraucher sind: Glühlampe,

Abb. 2.5 Gleichspannung und Wechselspannung als Funktion der Zeit

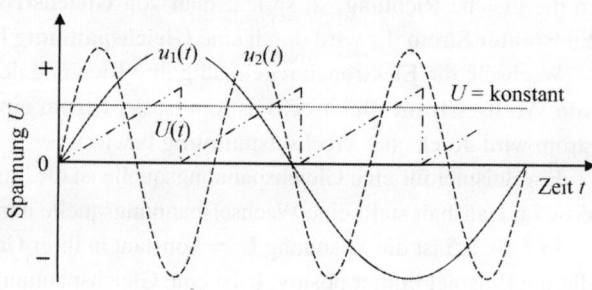

2.3 Definitionen

Abb. 2.6 Einzelne zweipolige Schaltungselemente

Abb. 2.7 Reihenschaltung von zweipoligen Schaltungselementen

Bügeleisen, Lämpchen in einer Taschenlampe, Elektromotor oder der Widerstand als elektronisches Bauelement. Eigentlich ist der Begriff Verbraucher irreführend. Wegen dem Energieerhaltungssatz kann elektrische Energie nicht verbraucht, sondern nur von einer Form in eine andere Form umgewandelt werden. Elektrische Energie wird in einem Elektroherd z. B. in Wärme umgewandelt. Ein Verbraucher ist also ein Energiewandler.

2.3.3 Reihenschaltung

Statt Reihenschaltung wird auch der Ausdruck „**Serienschaltung**" oder „Hintereinanderschaltung" benutzt. Bei der Reihenschaltung von zweipoligen Schaltungselementen (Abb. 2.6) wird ein Anschluss des vorhergehenden Elementes mit einem Anschluss des nachfolgenden Elementes verbunden (Abb. 2.7).

2.3.4 Parallelschaltung

Bei der Parallelschaltung von zweipoligen Schaltungselementen werden alle Anschlüsse der einen Seite der Elemente und alle Anschlüsse der anderen Seite miteinander verbunden (Abb. 2.8).

2.3.5 Unverzweigter und verzweigter Stromkreis

Unter „unverzweigtem" Stromkreis wird folgende Anordnung verstanden: Der eine Pol einer Spannungsquelle ist über einen Leiter mit dem einen Anschluss eines Verbrauchers

Abb. 2.8 Parallelschaltung von zweipoligen Schaltungselementen

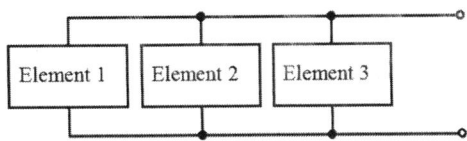

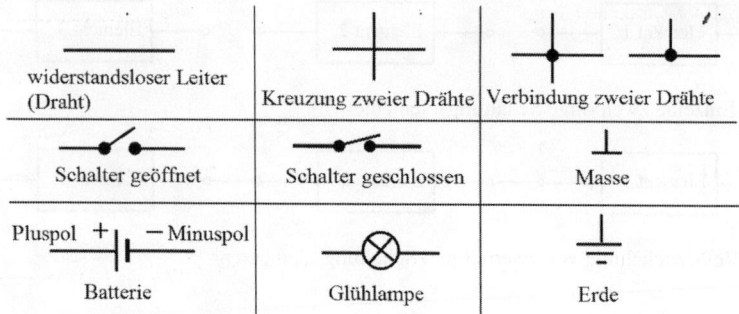

Abb. 2.9 Beispiele verschiedener Schaltzeichen (Weitere Schaltzeichen werden bei Bedarf in Schaltbildern eingeführt)

verbunden. Der andere Pol der Spannungsquelle ist mit dem anderen Anschluss des Verbrauchers verbunden.

Der Strom kann somit nur in **einem** geschlossenen Kreis fließen und nicht gleichzeitig durch einen zweiten Verbraucher, welcher parallel zum ersten Verbraucher an die Spannungsquelle angeschlossen ist.

Ein Beispiel für einen *unverzweigten* Stromkreis ist ein Glühlämpchen, welches mit zwei Drähten mit den Polen einer Taschenlampenbatterie verbunden ist (man sagt: angeschlossen ist).

Wird mit zwei weiteren Drähten an dieselbe Batterie ein zweites Lämpchen angeschlossen, so liegt ein *verzweigter* Stromkreis (auch **Netzwerk** genannt) vor.

2.3.6 Schaltzeichen und Schaltbild

Das naturgetreue Zeichnen der Gegenstände eines Stromkreises wäre viel zu aufwendig.

Ein Bauelement ist die kleinste funktionale Einheit einer Schaltung. Um die Verbindungen von Bauelementen, z. B. von Verbrauchern mit Spannungsquellen, in Zeichnungen schematisch darstellen zu können, benutzt man **Symbole**, so genannte **Schaltzeichen** (Abb. 2.9). Die gesamte Zeichnung des Stromkreises bildet das **Schaltbild**, oft **Schaltplan** oder **Stromlaufplan** genannt.

Der Verlauf von elektrischen Verbindungen (Drähten) kann in Schaltbildern beliebig eckig gezeichnet werden, sollte jedoch übersichtlich sein. Eingänge von Schaltungen oder (Spannungs-)Quellen werden üblicherweise links gezeichnet, Ausgänge rechts. Somit ergibt sich eine Verfolgbarkeit elektrischer Signale im Schaltbild von links nach rechts.

Abb. 2.10 Schaltplan eines unverzweigten Stromkreises

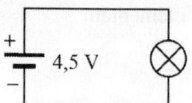

Abb. 2.11 Schaltplan eines verzweigten Stromkreises

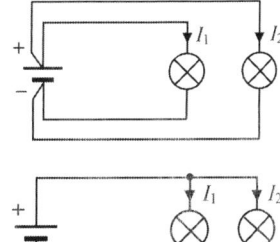

Abb. 2.12 Der verzweigte Stromkreis von Abb. 2.11 auf übliche Art gezeichnet

Mittels der Schaltzeichen kann jetzt der unverzweigte und der verzweigte Stromkreis in Form eines Schaltbildes dargestellt werden. Abb. 2.10 zeigt eine Batterie mit angeschlossener Glühlampe.

Abb. 2.11 zeigt eine Batterie mit zwei parallel angeschlossenen Glühlampen. Man erkennt deutlich zwei Stromkreise. Der aus den Polen der Batterie herausfließende Strom verzweigt sich. In Abb. 2.12 ist dieser verzweigte Stromkreis nur anders (so wie üblich) gezeichnet.

Besonders wichtig sind die Schaltzeichen in Abb. 2.13 eines ohmschen Widerstandes und einer idealen Gleichspannungsquelle.

Man beachte, dass der **Richtungspfeil** beim Symbol der Gleichspannungsquelle **vom Pluspol zum Minuspol** zeigt. Meistens werden bei Angabe des Richtungspfeiles die Polaritätszeichen „+" und „−" nicht gezeichnet, außer man will betonen, dass es sich um eine Gleichspannungsquelle handelt. Zur Kennzeichnung einer Gleichspannung kann auch die Abkürzung „DC" dienen. DC steht für „direct current" (Gleichstrom bzw. ~spannung). Im Gegensatz dazu bedeutet „AC" als Abkürzung „alternating current" (Wechselstrom bzw. ~spannung). Die Kennzeichnung einer Gleichgröße erfolgt auch durch einen Strich mit einem dazu parallelen, unterbrochenen Strich (Abb. 2.13 rechts). Um die Spannungs- bzw. Stromart anzugeben, können den Formelzeichen auch ein Gleichheitszeichen für eine Gleichgröße oder eine Tilde (kleine liegende Schlangenlinie), meist als Index, angehängt werden. Beispiele sind $U_=$ für Gleichspannung und $I_\sim$ für Wechselstrom.

Das Symbol für eine extra Anschlussmöglichkeit eines Bauelementes ist ein kleiner Kreis, der als Steckanschluss zur Einführung eines runden Steckers (Bananenstecker) und somit z. B. als „Klemme" einer Spannungsquelle betrachtet werden kann.

Das Schaltbild aus Abb. 2.10 lässt sich jetzt wie in Abb. 2.14 dargestellt zeichnen. Die Spannungsquelle entspricht der Batterie, der Widerstand R entspricht dem Widerstand der Glühwendel in der Lampe. Eingezeichnet ist auch der Strom „I".

Abb. 2.13 Schaltsymbol von Widerstand und unterschiedliche Darstellungen von Gleichspannungsquellen

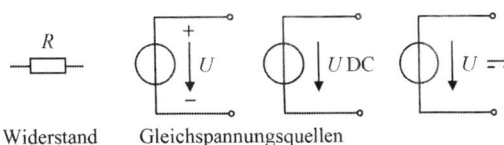

Widerstand   Gleichspannungsquellen

Abb. 2.14 Ein Stromkreis aus Spannungsquelle und Widerstand

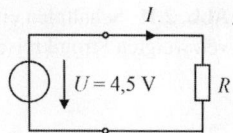

Wichtig: Die **Richtung des Strompfeiles** zeigt die **positive Richtung des Stromes außerhalb** der Spannungsquelle (von deren Pluspol zum Minuspol) an. Diese Richtung wird **technische Stromrichtung** genannt.

Die **Elektronen** fließen entgegen der technischen Stromrichtung **vom Minuspol zum Pluspol** der Spannungsquelle.

Wichtige Anmerkung Der gemeinsame Bezugspunkt (das Bezugspotenzial für Spannungen) wird in Schaltbildern mit dem Symbol für Masse oder Erde gezeichnet.

Die in den Schaltbildern als Striche dargestellten elektrischen **Verbindungsleitungen** (Drähte) werden als **widerstandslos** bzw. deren Widerstand als vernachlässigbar klein angenommen. Sollte der Leitungswiderstand einer Verbindungsleitung nicht vernachlässigbar klein sein, so wird er im Schaltbild durch das Symbol eines Widerstandes dargestellt. Die verbleibenden Verbindungsleitungen sind dann wiederum widerstandslos.

Es ist somit ohne Bedeutung, an welchem Punkt einer Verbindungsleitung man eine andere Verbindung anbringt. Die Darstellungen in Abb. 2.15 sind zwar unterschiedlich gezeichnet, aber elektrisch einander völlig gleichwertig.

Ebenso sind die Schaltbilder in Abb. 2.16 von der Funktion her gleich.

▶ **Die Schaltzeichen der Bauelemente können in einem Schaltbild beliebig gedreht oder gespiegelt werden.**

2.3.7 Werte von Strömen und Spannungen in Schaltbildern

Um in Schaltbildern die Werte von Strömen und Spannungen anzugeben, können zwei unterschiedliche Verfahren angewendet werden.

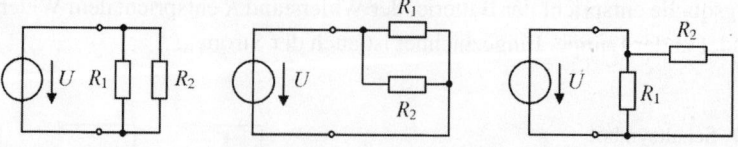

Abb. 2.15 Unterschiedlich gezeichnete Schaltbilder mit gleicher Funktion

2.3 Definitionen

Abb. 2.16 Ein weiteres Beispiel funktional identischer Schaltbilder

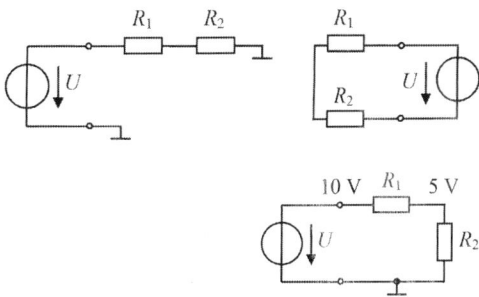

Abb. 2.17 Spannungsangaben in einem Schaltbild als Potenzial unter Bezug auf Masse

2.3.7.1 Angabe der Spannungen unter Bezug auf Masse (als Potenzial)

Spannungen können in ein Schaltbild an „spannungsführende" Punkte einer Schaltung als Zahlenwert (als Potenzial) eingetragen werden (Abb. 2.17 und Abb. 2.18). Diese Punkte sagen nur in Bezug auf einen anderen Punkt etwas über die Spannungshöhe aus. Der Spannungswert bezieht sich dann auf einen gemeinsamen Bezugspunkt der Schaltung, mit dem andere Bauelemente verbunden sind. Oft wird der Minuspol der Gleichspannungsquelle, welche die Schaltung speist, als Bezugspunkt festgelegt. Der Minuspol der Spannungsquelle ist bei vielen Geräten mit dem Metallgestell (dem „Chassis") des Gerätes verbunden, welches kurz als „Masse" bezeichnet wird. Von dieser Bezeichnung stammt der Ausdruck „Bezug auf (oder gegen) Masse".

Bei der Angabe von Spannungen als Potenzial hat man den Vorteil, dass in Schaltplänen keine Spannungspfeile (Zählpfeile, siehe nächster Abschnitt) zwischen zwei Punkten in einer Schaltung eingetragen werden müssen. Der Aufwand beim Zeichnen ist geringer, die Übersichtlichkeit wird erhöht. Außerdem sind natürlich alle Punkte mit einem Massesymbol so zu betrachten, dass sie miteinander unendlich gut leitend (widerstandslos) verbunden sind. Somit spart man sich in Schaltplänen sehr viele Striche als Verbindungslinien, die einen großen Schaltplan fast unleserlich machen können.

2.3.7.2 Angabe der Spannungen mit Zählpfeilen

Die Wertangabe von Spannungen kann in Schaltbildern auch auf eine andere Art erfolgen. Es werden Zählpfeile (Bezugspfeile) benutzt. Der Zählpfeil einer Gleichspannung wird vom Pluspol zum Minuspol gezeichnet. Der Wert der Spannung ist positiv, wenn die Richtung der Spannung mit dieser Bezugsrichtung übereinstimmt, ansonsten negativ. Der

Abb. 2.18 Ein weiteres Beispiel mit der Angabe positiver und negativer Spannungen als Potenzial gegen Masse

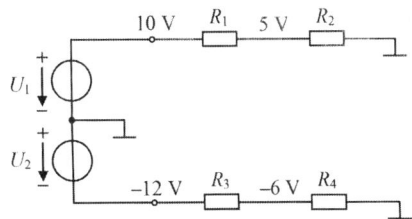

Wert der Spannung wird mit seinem Vorzeichen an den Zählpfeil geschrieben (das Pluszeichen wird meist weggelassen). Der Spannungspfeil für den Spannungsabfall an einem Verbraucher oder die Spannung einer Quelle wird **neben** ihren Symbolen im Schaltbild eingezeichnet.

Die Länge eines Zählpfeiles ist **kein** Maß für die Größe der Spannung. Ein Zählpfeil für Spannungen beginnt definitionsgemäß an einem Punkt mit positivem Potenzial und endet mit seiner Spitze an einem Punkt mit negativem Potenzial gegenüber dem Ausgangspunkt. Hat die Spannung zwischen beiden Punkten umgekehrte Polarität, so wird der Wert der Spannung mit einem Minuszeichen geschrieben.

▶ **Zählpfeile für Gleichspannungen zeigen immer von Plus nach Minus!**

Bezugspfeile für Spannungen können mit geraden oder gebogenen Pfeilen gezeichnet werden.

Durch den Bezugspfeil müssen jedoch immer der Anfangspunkt und der Endpunkt erkennbar sein, zwischen denen die Spannung besteht.

Sind in einem Schaltbild Anschlusspunkte durch Buchstaben gekennzeichnet, so können diese Buchstaben als Indizes zur Angabe der Spannungsrichtung verwendet werden. Die Richtung des Bezugspfeiles liegt dann fest. Der Zählpfeil zeigt in diesem Fall vom Anschluss mit dem ersten Indexbuchstaben zum Anschluss mit dem zweiten Indexbuchstaben. Der Wert der Spannung ist vorzeichenrichtig einzutragen.

Ein Nachteil von Zählpfeilen ist der größere Platzbedarf in Schaltbildern. Vorteile sind die erläuternde Wirkung bezüglich Anfangs- und Endpunkt sowie die Möglichkeit, unterschiedliche Bezugspunkte zu wählen (die Potenziale der Anfangspunkte können unterschiedlich sein).

Zählpfeile werden nicht nur bei Gleichspannungs- sondern auch bei Wechselspannungsquellen benutzt. Da sich die Polarität einer Wechselspannung dauernd ändert, entspricht dann der Spannungspfeil natürlich keiner Polaritätsangabe. Soll in einem Schaltbild betont werden, dass es sich bei einer Spannungsquelle um eine Gleichspannungsquelle handelt, so kann (wie bereits gesagt) an den Pfeilanfang ein Pluszeichen und an die Pfeilspitze ein Minuszeichen geschrieben werden, wie dies z. B. in Abb. 2.13 und Abb. 2.18 erfolgte. Beispiele für die Verwendung von Zählpfeilen für Spannungen in Schaltbildern zeigen Abb. 2.19 und Abb. 2.20.

2.3.7.3 Angabe von Strömen in Schaltbildern

Sollen in einem Schaltbild auch Ströme mit Pfeilen gekennzeichnet werden, so werden die Pfeile **in** die Leitungen eingezeichnet. Der Strompfeil weist üblicherweise in die technische Stromrichtung, außerhalb der Spannungsquelle von deren Pluspol zum Minuspol. Haben Zählpfeil und Strom unterschiedliche Richtung, so wird der Wert des Stromes mit negativem Vorzeichen an den Pfeil geschrieben (Abb. 2.21).

2.3 Definitionen

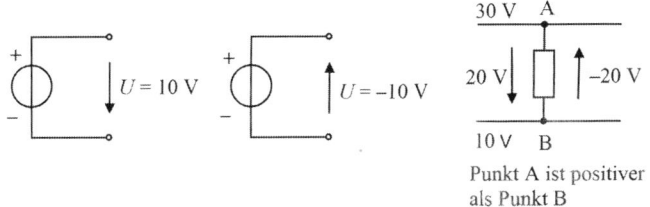

Punkt A ist positiver als Punkt B

Abb. 2.19 Zählpfeile für Spannungen in Schaltbildern

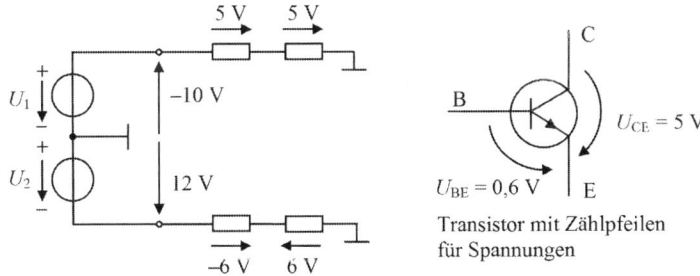

Transistor mit Zählpfeilen für Spannungen

Abb. 2.20 Weitere Beispiele für Schaltbilder mit Zählpfeilen für Spannungen

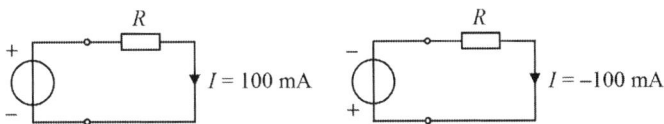

Abb. 2.21 Zählpfeile für Ströme in Schaltbildern

2.3.7.4 Erzeuger- und Verbraucher-Zählpfeilsystem

Ein geschlossener elektrischer Stromkreis besteht aus mindestens einem Erzeuger (einer Quelle) und einem Verbraucher (einer Last).

Beim **Verbraucher** haben die **Zählpfeile** für Spannung und Strom die **gleiche Richtung**.

Beim **Erzeuger** sind die **Zählpfeile** für Spannung und Strom **entgegengesetzt gerichtet**.

Wie in Abb. 2.22 ersichtlich, sind Strom- und Spannungspfeile auf der Seite der Quelle U_q (Erzeuger) entgegengesetzt und auf der Seite der Last R (Verbraucher) gleich gerichtet.

Abb. 2.22 Schaltbild zu Erzeuger- und Verbraucher-Zählpfeilsystem

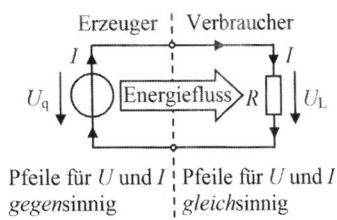

Pfeile für U und I gegensinnig | Pfeile für U und I gleichsinnig

Abb. 2.23 Der Strom als Funktion des Widerstandes bei konstanter Spannung $U = 10$ Volt

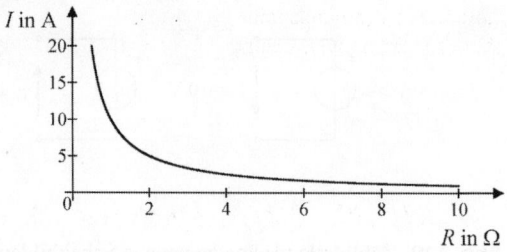

Die Richtungen der Zählpfeile für Spannung und Strom können für ein Schaltungselement grundsätzlich beliebig gewählt werden. Meistens wird die Pfeilrichtung eines Verbraucher-Zählpfeilsystems gewählt.

2.3.8 Kurzschluss

Unter einem Kurzschluss wird das direkte Verbinden zweier Punkte mit einem sehr niederohmigen Leiter verstanden. Da der Strom den Weg des geringsten Widerstandes nimmt, fließt er nicht durch einen Verbraucher, welcher der kurzschließenden Verbindung parallel geschaltet ist. Durch die kurzschließende Verbindung kann ein sehr hoher Strom fließen.

Nach dem ohmschen Gesetz würde der Strom theoretisch unendlich groß werden. Ein konstanter Wert dividiert durch null ergibt einen unendlich großen Wert. Mathematisch wird dies ausgedrückt durch: $\lim_{R \to 0} \left(\frac{U}{R} \right) = \infty$. Für R gegen 0 ist der Grenzwert von „U dividiert durch R" gleich unendlich.

Bei konstanter Spannung U ist die Funktion $I = f(R) = U \cdot \frac{1}{R}$ eine Hyperbel (Abb. 2.23).

In Wirklichkeit wird der Strom nicht unendlich groß, da ein Leiter immer einen Widerstand größer null Ohm hat, auch wenn der Widerstand nur sehr klein ist.

In der Praxis hat ein Kurzschluss folgende Bedeutung:
Durch einen Verbraucher parallel zum Kurzschluss fließt (fast) kein Strom.
Zwischen den kurzgeschlossenen Punkten ist die Spannung null Volt (oder sehr klein).

Insbesondere in der Elektronik ist zu beachten, dass ein offener Eingang *nicht* null Volt bedeutet, sondern ein Kurzschluss des Eingangs gegen Masse. Am Ausgang einer Schaltung kann durchaus ein Signal verschieden von null beobachtet werden, obwohl am Eingang angeblich „nichts" anliegt („... der Eingang ist doch offen, es liegt doch keine Spannung an."). Bedingt durch kleinste Störspannungen am Eingang und eine sehr große Verstärkung kann am Ausgang trotzdem eine Reaktion beobachtet werden.

Durch den hohen Kurzschlussstrom kann sich eine Leitung im Stromkreis des Kurzschlusses so stark erhitzen, dass sie glühend wird und schmilzt. Durch eine Sicherung wird dies verhindert. Der Stromkreis in Abb. 2.24 enthält eine Kurzschlussverbindung parallel zur Glühlampe. Die Glühlampe leuchtet nicht, da der Strom den durch Pfeile gekenn-

2.3 Definitionen

Abb. 2.24 Stromkreis mit einer Kurzschlussverbindung

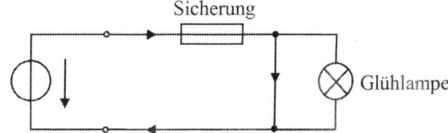

zeichneten „kurzen" Weg des geringsten Widerstandes nimmt. Ist der Strom groß genug, so brennt eine Schmelzsicherung durch.

2.3.9 Passive Bauelemente

Ein passives Bauteil ist oft ein elektrischer Verbraucher, seine Ausgangsleistung kann nie größer als seine Eingangsleistung sein. Es nimmt durch zugeführte elektrische Energie eine Leistung auf und speichert diese oder wandelt sie z. B. in Wärme um. Ein passives Bauelement ist immer zweipolig und hat keine Verstärkerwirkung.

Beispiele passiver Bauteile sind die Glühlampe, der elektrische Widerstand als Bauteil (z. B. ein aufgewickelter Draht aus schlecht leitendem Material), ein Kondensator, eine Spule. Auch die aus Halbleitermaterial aufgebaute Diode ist ein passives Bauteil.

2.3.10 Aktive Bauelemente

Außer den passiven Bauelementen gibt es aktive Bauelemente einer Schaltung.

Ein aktives Bauelement kann eine Quelle elektrischer Energie sein, z. B. eine Stromquelle oder eine Batterie als Spannungsquelle. Die Batterie ist eine *unabhängige* Quelle.

Ein aktives Bauelement kann ein elektrisches Signal, z. B. eine Wechselspannung, verstärken, wenn es gemeinsam mit einer energieliefernden Quelle geeignet zusammengeschaltet wird. Ein Transistor kann als aktives Bauelement zusammen mit einer Hilfsenergiequelle eine kleine Wechselspannung in eine Wechselspannung mit größerem „Ausschlag" (Amplitude) umwandeln (verstärken). Der Transistor ist eine *gesteuerte* Quelle.

2.3.11 Zusammenfassung: Definitionen

1. Gleichspannung und Gleichstrom sind in ihrer Größe von der Zeit **un**abhängig. Ihre Formelzeichen werden groß geschrieben.
2. Wechselspannung und Wechselstrom sind in ihrer Größe von der Zeit **ab**hängig. Ihre Formelzeichen werden klein geschrieben, wenn es sich um sinusförmige Größen handelt.
3. Zählpfeile für Gleichspannungen zeigen immer von Plus nach Minus.
4. Die technische Stromrichtung ist außerhalb der Gleichspannungsquelle von deren Pluspol zum Minuspol. Die Ladungsträger fließen in entgegengesetzter Richtung.

5. Verbraucher sind Energiewandler.
6. Ein Bauelement ist die kleinste funktionale Einheit einer Schaltung.
7. Zweipolige Schaltungselemente (Zweipole) können in Reihe oder parallel geschaltet werden.
8. Ein Schaltbild ist die zeichnerische Darstellung eines Stromkreises. Es besteht aus Schaltzeichen (Symbolen) der Bauelemente.
9. Die Schaltzeichen der Bauelemente können in einem Schaltbild beliebig gedreht oder gespiegelt werden.
10. Spannungen können in Schaltbildern als Potenzial unter Bezug auf Masse oder als Zählpfeil angegeben werden.
11. Einem Verbraucher (einer Last) wird elektrische Energie zugeführt. Verbraucher können passive Bauelemente sein.
12. In einem unverzweigten Stromkreis fließt Strom nur in *einem* geschlossenen Stromkreis.
13. Bei der Berechnung von Größen in Schaltungen ist das Erzeuger- und Verbraucher-Zählpfeilsystem zu beachten. Beim Verbraucher sind die Zählpfeile für Spannung und Strom die gleichgerichtet. Beim Erzeuger sind die Zählpfeile für Spannung und Strom entgegengesetzt gerichtet.
14. Wird bei Berechnungen die technische Stromrichtung oder das Erzeuger- und Verbraucher-Zählpfeilsystem nicht beachtet, so ergeben sich Vorzeichenfehler und als Folge Fehler der berechneten Werte.
15. Wird eine Spannungsquelle kurzgeschlossen, so fließt ein sehr hoher Strom.
16. Null Volt bedeutet Kurzschluss!
17. Passive Bauelemente sind oft Verbraucher. Sie nehmen elektrische Energie auf, sind zweipolig und haben keine Verstärkerwirkung.
18. Aktive Bauelemente geben Energie ab (z. B. die Spannungsquelle) oder verstärken ein elektrisches Signal (z. B. der Transistor).

2.4 Arbeit und Leistung

Arbeit und Energie haben die gleiche Einheit (J = Joule). „Arbeit" beschreibt einen **Vorgang**, bei dem Energie umgewandelt wird. Energie ist die **Fähigkeit**, Arbeit zu verrichten. Als Formelzeichen wird für die Arbeit „W" und für die Energie meist „E" oder ebenfalls „W" verwendet.

2.4.1 Elektrische Arbeit

Liegt an einem Widerstand die Spannung „U", so wird ihm nach Gl. 2.5 die Arbeit oder Energie $W = U \cdot Q$ zugeführt. „Q" ist dabei die durch den Widerstand fließende Ladung.

2.4 Arbeit und Leistung

Mit $Q = I \cdot t$ aus Gl. 2.1 folgt für die elektrische Arbeit:

$$W = U \cdot I \cdot t \tag{2.11}$$

Je größer Spannung und Strom sind und je länger der Strom fließt, umso größer ist die Energie, die dem Widerstand zugeführt und von ihm „verbraucht" (in Wärme umgesetzt) wird.

Die Einheit der Energie ist: $1\,\text{J} = 1\,\text{Ws} = 1\,\text{VAs} = 1\,\text{Nm} = 1\,\frac{\text{kg}\cdot\text{m}^2}{\text{s}^2}$.

Gebräuchliche Einheiten der elektrischen Arbeit sind: Kilowattstunde (kWh), Wattstunde (Wh), Wattsekunde (Ws).

Es gilt: $1\,\text{kWh} = 1000\,\text{Wh} = 3.600.000\,\text{Ws}$.

Aufgabe 2.2
Unter dem Arbeitspreis werden die Kosten pro Kilowattstunde verstanden, die der Abnehmer elektrischer Energie dem Stromlieferanten zahlen muss.

Der Arbeitspreis für eine Kilowattstunde betrage 15 Cent. Wie viel kostet es, wenn eine Glühlampe mit der Leistung 100 Watt 20 Stunden lang eingeschaltet ist?

Lösung

$$0{,}15\,\frac{\text{Euro}}{\text{kWh}} \cdot 0{,}1\,\text{kW} \cdot 20\,\text{h} = \underline{\underline{0{,}30\,\text{Euro}}}$$

2.4.2 Elektrische Leistung

Die einem Verbraucher in einer Zeiteinheit zugeführte Energie wird als **Leistung** bezeichnet.

Die Einheit für die elektrische Leistung ist **Watt**[4].

▶ **Das Einheitenzeichen für die Leistung ist „W", das Formelzeichen ist „P".**

Leistung ist definiert als Arbeit pro Zeiteinheit.

Aus Gl. 2.11 $W = U \cdot I \cdot t$ folgt für die Leistung „P", die einem Widerstand zugeführt wird:

$$P = \frac{W}{t} = \frac{U \cdot I \cdot t}{t} = U \cdot I \tag{2.12}$$

---

[4] James Watt (1736–1819), englischer Ingenieur, Erfinder der Dampfmaschine.

Abb. 2.25 Die Leistung ist von der Stromstärke quadratisch abhängig

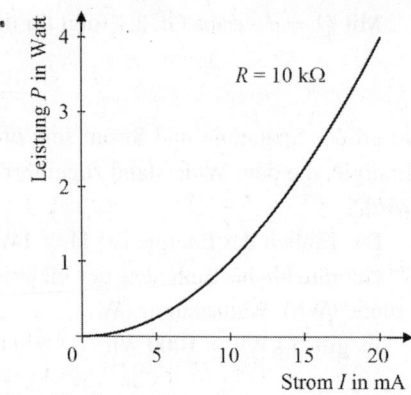

Ein Watt ist somit definiert als: $1\,\text{W} = 1\,\text{VA} = 1\,\frac{\text{J}}{\text{s}} = 1\,\frac{\text{Nm}}{\text{s}} = 1\,\frac{\text{kg}\cdot\text{m}^2}{\text{s}^3}$.

Die Leistung in Abhängigkeit von Spannung und Strom ist:

$$\underline{\underline{P = U \cdot I}} \tag{2.13}$$

Durch Einsetzen von $U = R \cdot I$ bzw. $I = \frac{U}{R}$ aus dem ohmschen Gesetz erhält man die wichtigen Umformungen für die Leistung in Abhängigkeit von Strom und Widerstand bzw. in Abhängigkeit von Spannung und Widerstand.

$$\underline{\underline{P = I^2 \cdot R}} \tag{2.14}$$

$$\underline{\underline{P = \frac{U^2}{R}}} \tag{2.15}$$

Aus Gl. 2.14 und 2.15 ist ersichtlich: Bei konstantem Widerstand nimmt die Leistung quadratisch mit der Stromstärke bzw. der Spannung zu (Abb. 2.25).

Die einem Widerstand zugeführte elektrische Energie wird in Wärmeenergie umgewandelt (Joule'sche Wärme).

Anmerkung Der Trick zum Umstellen des ohmschen Gesetzes mittels der Dreieckform (Abschn. 2.2.2) kann auch auf Gl. 2.13, Gl. 2.14 und Gl. 2.15 und alle gleich aufgebauten Formeln angewandt werden.

Aufgabe 2.3

Ein elektrischer Bohrhammer hat auf dem Typschild stehen: $P_{\text{max}} = 3\,\text{kW}$. Kann die Maschine an einer Steckdose, die durch eine Sicherung mit 10 A abgesichert ist, betrieben werden?

2.5 Wirkungsgrad

Lösung
Nimmt man die Netzspannung zu 230 V an, so ergibt sich:

$$I = \frac{P}{U} = \frac{3000\,\text{W}}{230\,\text{V}} = \underline{\underline{13\,\text{A}}}$$

Der Stromkreis würde beim Einschalten der Maschine durch die Sicherung unterbrochen werden.
Die Maschine muss zum Betrieb an eine Steckdose angeschlossen werden, die mindestens mit einer Sicherung (Überstrom-Schutzeinrichtung) mit dem nächsthöheren, genormten Nennwert von 16 A abgesichert ist.

Aufgabe 2.4
Die maximale Belastbarkeit eines Widerstandes mit dem Wert 1 kΩ ist im Datenblatt mit 1/4 Watt angegeben. Welche Spannung darf an den Anschlüssen des Widerstandes höchstens liegen?

Lösung

$$P = \frac{U^2}{R} \Rightarrow U^2 = P \cdot R \Rightarrow U = \sqrt{P \cdot R} = \sqrt{0{,}25\,\text{W} \cdot 1000\,\Omega} = \underline{\underline{15{,}8\,\text{V}}}$$

Legt man für längere Zeit eine höhere Spannung an den Widerstand, so erwärmt er sich stark und wird beschädigt.

2.5 Wirkungsgrad

In der Technik ist der Begriff **Wirkungsgrad** wichtig. Er kennzeichnet als **Zahl**, wie effektiv (wirksam) Energie von einer Form in eine andere Form umgewandelt wird, z. B. elektrische in mechanische Energie beim Elektromotor. Definition des Wirkungsgrades:

$$\underline{\underline{\eta = \frac{P_{ab}}{P_{zu}}}} \qquad (2.16)$$

P_{ab} = abgegebene Leistung,
P_{zu} = zugeführte Leistung.

Beispiel Wird einer stromerzeugenden Maschine im Wasserkraftwerk (Generator) eine mechanische Leistung P_{zu} zugeführt, so ist die vom Generator abgegebene elektrische Leistung P_{ab} kleiner ($P_{ab} < P_{zu}$). Die Differenz $P_{zu} - P_{ab}$ heißt **Verlustleistung** und wird nicht in elektrische Energie, sondern in Wärme umgewandelt. Verluste entstehen z. B. durch Lagerreibung der Antriebswellen oder Erwärmung der Drähte durch den Strom.

Den Wirkungsgrad η kann man als Dezimalzahl oder in Prozent angeben. Da P_{ab} immer kleiner als P_{zu} ist, gilt für die Grenzen des Wirkungsgrades **stets**:

$$\underline{0 < \eta < 1} \quad \text{oder} \quad \underline{0 < \eta < 100\,\%} \tag{2.17}$$

P_{ab} ist immer kleiner als P_{zu}, da man sonst Energie aus „dem Nichts" erschaffen könnte.

▶ **Energie kann nicht erzeugt oder verbraucht, sondern nur umgewandelt werden.**

Werden Energie umwandelnde Systeme in Reihe geschaltet, so multiplizieren sich die Wirkungsgrade der einzelnen Systeme. Der Gesamtwirkungsgrad eines Systems von n in Reihe liegenden Systemen ergibt sich zu:

$$\underline{\eta_{ges} = \eta_1 \cdot \eta_2 \cdot \ldots \cdot \eta_n} \tag{2.18}$$

Aufgabe 2.5
1000 m³ Wasser durchfallen in Röhren eine Höhe von 50 m und treiben durch eine Turbine einen elektrischen Generator an. Durch Reibungs- und Wärmeverluste gehen im Generator 2 % der zugeführten Energie verloren. Die elektrische Energie des Generators wird mit einem Wirkungsgrad von $\eta = 0{,}95$ über eine Fernleitung übertragen. Welche Energie steht am Ende der Fernleitung zur Verfügung?

Lösung
Die potenzielle Energie des Wassers ist

$$E_{pot} = m \cdot g \cdot h = 10^6 \, \text{kg} \cdot 9{,}81 \, \frac{\text{m}}{\text{s}^2} \cdot 50 \, \text{m} = 4{,}905 \cdot 10^8 \, \text{J}$$

$$\eta_{ges} = \eta_1 \cdot \eta_2 = 0{,}98 \cdot 0{,}95 = 0{,}931$$

$$P_{ab} = \eta_{ges} \cdot P_{zu} = 0{,}931 \cdot 4{,}905 \cdot 10^8 \, \text{J} \approx \underline{4{,}56 \cdot 10^8 \, \text{J} (\approx 126{,}7 \, \text{kWh})}$$

2.6 Die Stromdichte

In den Abschn. 1.2.2 und 2.1.2 haben wir den elektrischen Strom als die gerichtete Bewegung von Ladungsträgern kennengelernt. Die Stromstärke

$$I = \frac{\Delta Q}{\Delta t} = \frac{Q}{t} \tag{2.19}$$

ist definiert als die durch eine gegebene Fläche (z. B. einen Leiterquerschnitt) strömende Ladung pro Zeiteinheit.

Betrachten wir den Stromfluss im Inneren eines Leiters, so ist für dessen Beschreibung die Stromdichte S eine wichtige Größe.

Stellen wir uns einen Leiter vor, in dem vorne eine Ladung hineinfließt und an dessen Ende diese Ladung wieder herausfließt. Für die hineinfließende Ladungsmenge Q_{rein} und die herausfließende Ladungsmenge Q_{raus} muss gelten $Q_{rein} = Q_{raus}$, da Ladungsträger entsprechend dem Ladungserhaltungssatz der Physik auf ihrem Weg nicht verschwinden können. Energie kann nicht verbraucht, sondern nur umgewandelt werden. Bei konstantem Strom ist also die Strom*stärke* I im gesamten Leiter gleich, aber nicht unbedingt die Strom*dichte* S. Denken wir uns den Leiter in Abschnitte mit unterschiedlichen Querschnitten unterteilt, so ist die Strom*stärke* in allen Leiterabschnitten gleich groß. Da sich die Ladungsträger aber je nach Querschnitt durch ihre gegenseitige Abstoßung räumlich verteilen, ist der Strom pro Querschnittsfläche unterschiedlich. Deshalb wird die Strom*dichte* als Strom pro Querschnittsfläche eingeführt. Sie berücksichtigt entsprechend der Verteilung des Stromes im Leiter die Belastung des Leiters durch den Stromfluss. Dabei ist zwischen homogenem und inhomogenem Stromfluss zu unterscheiden.

2.6.1 Homogener Stromfluss

Wir nehmen an, dass sich in einem langen zylindrischen Leiter aus homogenem Material mit der Querschnittsfläche A und der konstanten Raumladungsdichte ρ (gleichmäßig verteilte Ladung pro Volumen) alle Ladungsträger mit gleicher, konstanter Geschwindigkeit v bewegen (Abb. 2.26). Fließt während des Zeitabschnitts Δt ein Strom, so legen alle Ladungsträger mit der Geschwindigkeit v die Strecke $\Delta s = v \cdot \Delta t$ zurück.

Durch die Fläche A bewegt sich ein Volumen von $\Delta V = A \cdot \Delta s = A \cdot v \cdot \Delta t$. Die Ladung dieses Volumens ist $\Delta Q = \rho \cdot \Delta V = \rho \cdot A \cdot v \cdot \Delta t$. Für die Stromstärke gilt somit

Abb. 2.26 Stromfluss im homogenen Leiter

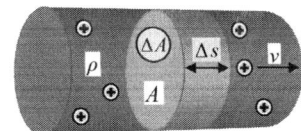

$I = \frac{\Delta Q}{\Delta t} = \rho \cdot A \cdot v$. Nach Division dieser Gleichung durch A erhalten wir die auf den Leiterquerschnitt A bezogene Stromstärke für einen konstanten Strom I in einem Leiter, welche als Stromflussdichte oder kurz **Stromdichte** S bezeichnet wird.

$$\underline{\underline{S = \frac{I}{A} = \rho \cdot v}} \qquad (2.20)$$

Als Formelzeichen wird statt S auch J oder j verwendet.

Die Einheit von S ist $[S] = \frac{A}{m^2}$, in der Technik ist die Einheit $\frac{A}{mm^2}$ üblich.

Bei konstantem Strom I ist aus der Formel für die Stromdichte ersichtlich:

Die Stromdichte und die Bewegungsgeschwindigkeit der Ladungsträger ist umso größer, je kleiner die Querschnittsfläche des Leiters ist.

Basiert die Stromdichte auf Elektronen als Ladungsträger, so ist die Raumladungsdichte $\rho = n \cdot e$ (n = Anzahldichte der Elektronen, $e = -1{,}6 \cdot 10^{-19}$ C = Elementarladung). Die Elektronendichte in Metallen ist typisch $n = 10^{29}\,\mathrm{m}^{-3}$. Aus

$$v = \frac{I}{A \cdot n \cdot e} \qquad (2.21)$$

kann die mittlere Elektronengeschwindigkeit (Driftgeschwindigkeit) in einem Leiter berechnet werden, wenn Querschnitt und konstante Stromstärke gegeben sind. Bei Metallen ergeben sich Werte von $v < 1$ mm/s. Dies ist die Geschwindigkeit der Ladungsträger (Elektronen), die *Wirkung* des Stromes breitet sich mit der Geschwindigkeit des elektromagnetischen Feldes, d. h. mit Lichtgeschwindigkeit $c \approx 3 \cdot 10^8$ m/s aus.

Anders als in Metallen sind in Halbleitern nur recht wenige, aber sehr viel „beweglichere" Elektronen vorhanden.

Die Raumladungsdichte ρ ist eine skalare Größe und nur durch einen Zahlenwert mit einer Einheit vollständig bestimmt. Die Stromdichte dagegen hat nicht nur eine Größe (einen Betrag), sondern durch die Bewegungsrichtung der Ladungsträger auch eine Richtung. Ebenso wie die Geschwindigkeit v (auch diese hat einen Betrag und eine Richtung) ist die Stromdichte S ein Vektor. *Die Stromdichte hat immer dieselbe Richtung wie die elektrische Feldstärke.* Somit gilt:

Die Richtung der Stromdichte entspricht der Bewegungsrichtung positiver Ladungsträger.

In vektorieller Schreibweise ist:

$$\underline{\underline{\vec{S} = \rho \cdot \vec{v}}} \qquad (2.22)$$

Ist die Bewegungsrichtung der Ladungsträger nicht senkrecht zur Fläche A, sondern bildet mit A bzw. der Flächennormalen[5] von A den Winkel α, so ist die Stromdichte:

$$\underline{\underline{S = \frac{I}{A} \cdot \cos(\alpha)}} \qquad (2.23)$$

---

[5] Die Flächennormale steht senkrecht auf der Fläche.

Für $\alpha = 0°$ ist $\cos(\alpha) = 1$, die Stromdichte ist maximal, alle Ladungsträger fließen durch die Fläche A hindurch.

Für $\alpha = 90°$ ist $\cos(\alpha) = 0$, die Stromdichte ist minimal, alle Ladungsträger fließen an der Fläche A vorbei.

Für den Strom gilt das *Skalarprodukt*:

$$I = \vec{S} \bullet \vec{A} = S \cdot A \cdot \cos(\alpha) \tag{2.24}$$

Zusammenfassung

Die Stromstärke I legt die Menge der bewegten Ladungsträger fest und ist ein Skalar. Die Stromdichte S legt die Menge und die Bewegungsrichtung der Ladungsträger fest und ist deshalb ein Vektor.

Falls positive und negative Ladungsträger vorhanden sind bewegen sich diese in entgegengesetzter Richtung und es gilt: $\vec{S} = \rho_- \cdot \vec{v}_- + \rho_+ \cdot \vec{v}_+$.

Im homogenen Halbleiter ist die Stromdichte: $S = n_h \cdot e \cdot \overline{v}_h - n_e \cdot e \cdot \overline{v}_e$

n_h = Dichte der freien Löcher,
n_e = Dichte der freien Elektronen,
e = Elementarladung,
$\overline{v}_h$ = mittlere Driftgeschwindigkeit der Löcher,
$\overline{v}_e$ = mittlere Driftgeschwindigkeit der Elektronen.

Zur Vertiefung

2.6.2 Inhomogener Stromfluss

Im allgemeinen Fall sind die Verteilung der Ladungsträger, ihre Geschwindigkeit und ihre Bewegungsrichtung und damit auch die Stromdichte nicht im ganzen Leiter konstant.

Für die Stromdichte $\vec{S}$ wird für einen gegebenen Raumpunkt ein Vektor definiert, dessen Betrag gleich dem Betrag des Stroms pro Flächeneinheit und dessen Richtung gleich der Bewegungsrichtung der positiven Ladungsträger ist. In gleicher Weise wie vorher beim homogenem Stromfluss kann abgeleitet werden: $\vec{S} = \rho_V \cdot \vec{v}$ (Abb. 2.27).

Abb. 2.27 Volumenelement mit bewegter Raumladung

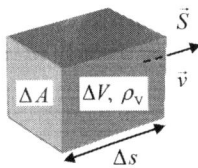

Die Stromdichte S ist definiert als Stromänderung pro Flächeneinheit und ist bei sich ändernder Fläche:

$$S = \frac{dI\,(A)}{dA} \tag{2.25}$$

Ist allgemein die Stromstärke I von der Fläche A *und* der Zeit t abhängig, so erhält man die partielle Differenziation

$$S = \frac{\partial I\,(A)}{\partial A} \tag{2.26}$$

bzw.

$$S = \frac{\partial I\,(t)}{\partial t} \tag{2.27}$$

Ist bei inhomogenem Stromfluss der Gesamtstrom durch eine gegebene Fläche zu berechnen, so muss der Strom, der senkrecht durch diese Fläche hindurchtritt, über alle infinitesimalen Teilflächen aufsummiert werden, d. h. die Stromdichte ist über die Fläche zu integrieren: $I_A = \iint_A \vec{S} \bullet d\vec{A}$

Die Stromstärke ist gleich dem Flächenintegral der Stromdichte.

$d\vec{A}$ ist ein Vektor senkrecht zum jeweiligen infinitesimalen Flächenelement und $\vec{S} \bullet d\vec{A}$ ist der Strom, der senkrecht durch dieses Element hindurchfließt.

Ende Vertiefung

2.6.3 Praktische Bedeutung der Stromdichte

Technisch ist die Stromdichte, die man einem Leitermaterial (Aluminium, Kupfer, etc.) zumuten kann, beschränkt. Wenn die Stromdichte S in einem Leiter zu große Werte annimmt, werden die Atomrümpfe zu solch großen Schwingungen angeregt, dass das Metallgitter zerstört wird. Der Leiter brennt durch. Technisch angewandt wird dies bei der *Schmelzsicherung* (als Geräteschutzsicherung und im Auto auch heute noch gebräuchlich). In der Technik übliche Werte für Stromdichten liegen im Bereich 1 bis 20 A/mm². Bei Supraleitern sind Stromdichten um 100 A/mm² möglich. Auf elektronischen Leiterplatten kann bei zu hohen Stromdichten eine Wanderung von Material auftreten („metal migration"), wodurch Kurzschlüsse entstehen können.

2.6 Die Stromdichte

Aufgabe 2.6
Durch die Primärwicklung eines Transformators fließt ein Strom von $I = 0{,}5\,\text{A}$. Damit die Drahtwicklung nicht überlastet wird, darf eine Stromdichte von $S = 3\,\text{A}/\text{mm}^2$ nicht überschritten werden. Wie groß muss der Durchmesser d des Drahtes mindestens sein?

Lösung
Die Querschnittsfläche A eines Drahtes mit kreisrundem Querschnitt und dem Radius r ist $A = r^2 \cdot \pi$.

Aus $S = \frac{I}{A}$ folgt $A = \frac{I}{S}$; $r^2 \cdot \pi = \frac{I}{S}$; $r = \sqrt{\frac{I}{\pi \cdot S}}$; $r = \sqrt{\frac{0{,}5\,\text{A}}{\pi \cdot 3 \frac{\text{A}}{\text{mm}^2}}}$; $r = 0{,}23\,\text{mm}$; $d = 2 \cdot r = \underline{0{,}46\,\text{mm}}$

3 Lineare Bauelemente im Gleichstromkreis

Zusammenfassung

Zuerst wird der Begriff der Linearität definiert. Die Wirkungsweise des ohmschen Widerstandes wird erläutert, festgelegt werden seine Strom-Spannungskennlinie und seine Bauteilgleichung. Die verschiedenen Bauformen des Widerstandes als Bauelement ergeben jeweils bestimmte Eigenschaften. Verwendungszweck und Einsatzgrenzen sind aufgezeigt: Die Strombegrenzung durch einen Vorwiderstand, die Aufteilung einer Spannung oder eines Stromes, die Temperaturabhängigkeit des Widerstandswertes, die zulässige Verlustleistung und die Lastminderungskurve gehören zu diesen Themen. Es folgt der Kondensator mit seiner Wirkungsweise und seinen Eigenschaften. Beispiele verdeutlichen den Verwendungszweck von Kondensatoren. Technische Ausführungen mit ihren Eigenschaften werden besprochen. Das elektrische Feld ist als vertiefendes Thema mit seinen Eigenschaften und Berechnungsmöglichkeiten aufgenommen. Mit der Spule wird das magnetische Feld eingeführt. Grundlegende Eigenschaften und Berechnungsmöglichkeiten des magnetischen Feldes werden betrachtet. Untersucht werden die Wirkungsweise der Spule und Kraftwirkungen im Magnetfeld. Die Spule als Bauelement wird mit möglichen Bauformen und ihren Eigenschaften gezeigt. Der magnetische Kreis mit Grundlagen zu seiner Berechnung zeigt Anwendungen von Induktivitäten.

3.1 Definition des Begriffes „linear"

In Abschn. 2.2.3 wurde bereits der Begriff „linear" angesprochen und soll hier genauer definiert werden. Ein Bauelement, ein Netzwerk oder ein System[1] nennt man linear, wenn zwei Eigenschaften erfüllt werden.

---

[1] Ein System kann allgemein als eine Menge untereinander verbundener Komponenten zur Erfüllung eines technischen Zwecks definiert werden.

Abb. 3.1 Durch einen Widerstand fließt bei n-facher Spannung ein n-facher Strom

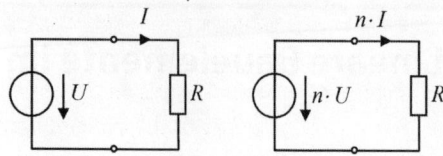

Erste Bedingung

$$\text{Wirkung}(n \cdot \text{Ursache}) = n \cdot \text{Wirkung}(\text{Ursache}) \tag{3.1}$$

In Worten: Die Wirkung der n-fachen Ursache ist gleich der n-fachen Wirkung der einfachen Ursache.

Bei einem linearen System stehen Ursache (Eingang) und Wirkung (Ausgang) in einem linearen Zusammenhang, dies wird als *Verstärkungseigenschaft* oder *Proportionalitätsprinzip* bezeichnet. Ist bei einem Netzwerk das Verstärkungsprinzip erfüllt, so wird es auch *homogen* genannt.

Beispiel Durch einen ohmschen Widerstand mit konstantem Wert fließt bei n-facher Spannung auch ein n-facher Strom (Abb. 3.1).

Es gilt: $I = \frac{U}{R}$ bzw. $n \cdot I = n \cdot \frac{U}{R}$.

Wird die Eingangsgröße eines linearen Systems z. B. verdoppelt ($n = 2$), so wird auch die Ausgangsgröße doppelt so groß.

Zweite Bedingung

$$\text{Wirkung}(\text{Ursache 1}) + \text{Wirkung}(\text{Ursache 2}) = \text{Wirkung}(\text{Ursache 1} + \text{Ursache 2}) \tag{3.2}$$

In Worten: Die Summe der Wirkungen von Ursache 1 und Ursache 2 ist gleich der Wirkung aus der Summe beider Ursachen. Oder allgemein: Die Wirkung auf eine Summe von Ursachen ist gleich der Summe der Wirkungen auf die einzelnen Ursachen (Abb. 3.2).

Dieser Zusammenhang wird als so genanntes *Überlagerungsprinzip* (*Superpositionsprinzip*) bezeichnet. Ist bei einem Netzwerk das Überlagerungsprinzip erfüllt, so wird es auch *additiv* genannt.

Beispiel

$$I_1 = \frac{U_1}{R}; \quad I_2 = \frac{U_2}{R}; \quad I_3 = I_1 + I_2 = \frac{U_1 + U_2}{R}$$

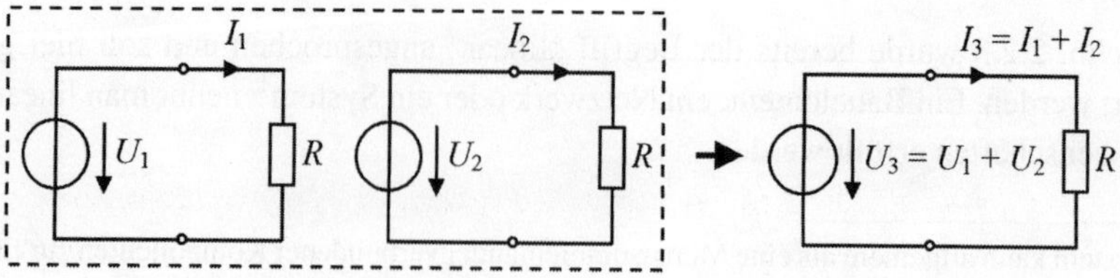

Abb. 3.2 Die Summe der Ursachen ergibt die Summe der Wirkungen

Linearität ist gegeben, wenn *beide* Eigenschaften, das Verstärkungsprinzip **und** das Überlagerungsprinzip erfüllt sind.

In der Praxis sind die meisten Systeme linear, bei denen zumindest das Verstärkungsprinzip gilt. Für einen Test der Linearität genügt dann:

Doppelter Eingang $\Rightarrow$ doppelter Ausgang $\Rightarrow$ Linearität.

Die Linearität ist eine wichtige Eigenschaft, weil sich lineare Bauelemente und Schaltungen aus linearen Bauelementen (lineare Netzwerke, lineare Systeme) mit einfachen Methoden berechnen lassen.

Für ein lineares Bauteil gilt folgendes Kennzeichen:

- *Der Strom durch das Bauteil ist unabhängig von Höhe und Richtung des Stromes.*
- *Der Widerstand des Bauteiles ist somit konstant und unabhängig vom Strom.*

Somit bezieht sich die Aussage der Linearität bzw. Nichtlinearität auf die *I-U*-Kennlinie eines Bauteils (grafische Darstellung des Stromes in Abhängigkeit der Spannung) bzw. auf die *U-I*-Kennlinie (Graph der Spannung als Funktion des Stromes), wie in Abb. 2.4 dargestellt. Beim ohmschen Widerstand ergeben sowohl die *U-I*-Kennlinie $U = f(I) = R \cdot I$ als auch die *I-U*-Kennlinie $I(U) = \frac{1}{R} \cdot U = G \cdot U$ jeweils eine Geradengleichung (mit linearem Verlauf). Die Kennlinien von nichtlinearen Bauteilen (z. B. Dioden und Transistoren in der Elektronik) haben einen irgendwie gekrümmten Verlauf.

Anmerkung Das lineare Verhalten von Bauelementen ist eine Idealisierung, die in der Realität nur für begrenzte Bereiche der Spannungen und Ströme (und auch dann nur näherungsweise) zutrifft.

Zur Vertiefung

Die Antwort eines linearen Systems auf eine Erregung mit einer Schwingung einer bestimmten Frequenz ist eine Schwingung mit der gleichen Frequenz. Ein nichtlineares System verzerrt Eingangssignale nichtlinear und die Antwort enthält Schwingungen mit neuen Frequenzen, die im Eingangssignal nicht enthalten sind.

Ende Vertiefung

3.2 Der ohmsche Widerstand

Der ohmsche Widerstand, kurz Widerstand, begrenzt den Strom nach dem ohmschen Gesetz. Die Wirkungsweise, der Verwendungszweck und die Ausführungsformen von Widerständen werden erklärt.

Abb. 3.3 Wasserkreislauf ohne (**a**) und mit (**b**) Verengung des Rohres

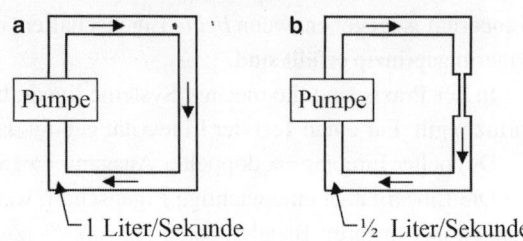

3.2.1 Wirkungsweise des Widerstandes

Die im Aufbau der Stoffe liegende Ursache für die Wirkung eines Widerstandes wurde bereits in Abschn. 1.4 und 1.7.1 beschrieben.

Durch den Vergleich des elektrischen Stromes mit Wasser sei hier sei noch einmal ein Denkmodell für die Wirkungsweise eines Widerstandes angeführt.

Ein Widerstand behindert das Fließen der Elektronen und vermindert somit den elektrischen Strom. Im Vergleich mit Wasser kann man sich das Bauteil „Widerstand" in seiner Wirkung wie eine Verengung in einer Wasserleitung vorstellen (Abb. 3.3).

Wird in einem geschlossenen Wasserkreislauf durch ein dickes Wasserleitungsrohr mit konstantem Druck Wasser hindurchgepumpt, so fließt durch den Querschnitt des Rohres eine bestimmte Menge Wasser pro Zeiteinheit (z. B. 1 Liter pro Sekunde). Eine Verengung in dem Wasserleitungsrohr würde dem Fließen des Wassers einen Widerstand entgegensetzen. Durch den dünnen Teil des Rohres würde z. B. nur noch 1/2 Liter Wasser pro Sekunde fließen. Da der dünne Teil des Rohres ein Bestandteil des geschlossenen Wasserkreislaufes ist, würde an jeder Stelle des Rohres, also auch im dicken Teil, nur noch diese geringere Wassermenge fließen. An der Stelle, an der sich das Rohr verengt, staut sich das Wasser und der Wasserdruck erhöht sich somit. Wird der Wasserdruck im Kreislauf sehr stark erhöht, so kann der dünne Teil des Rohres platzen. Im elektrischen Stromkreis entspricht dies dem Durchbrennen einer Sicherung, der Stromkreislauf wird dabei unterbrochen.

In einem geschlossenen Stromkreis mit konstanter Spannung können bei einem dicken Draht pro Zeiteinheit mehr Elektronen durch den Leiterquerschnitt fließen als bei einem dünnen Draht. Der Strom (die Stromstärke in Ampere) ist beim dicken Draht höher, da dem Fließen von Elektronen weniger Widerstand entgegengesetzt wird, es können *mehr* Elektronen fließen. Verengt sich ein dicker Draht, so stellt die Verengung einen Widerstand für das Fließen der Elektronen dar, die Menge fließender Elektronen und damit die Stromstärke ist im gesamten Stromkreis kleiner.

Am Übergang vom dicken zum dünnen Drahtteil „stauen" sich die Elektronen (Abb. 3.4). Am Beginn der dünnen Drahtstelle herrscht somit Elektronenüberschuss, an deren Ende Elektronenmangel. Dies ist eine Potenzialdifferenz und somit eine elektrische Spannung. Man sagt, am **Widerstand fällt eine Spannung ab**, oder man spricht von einem **Spannungsabfall am Widerstand**.

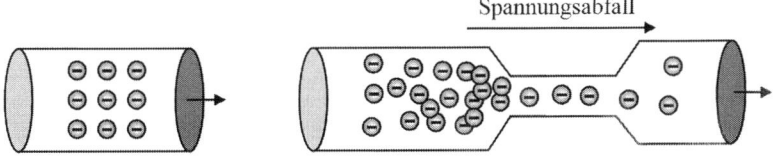

Abb. 3.4 Wirkung eines Widerstandes, symbolisch dargestellt

Der Widerstand (das dünne Drahtteil) wird durch die Joule'sche Wärme erwärmt. Wird die Spannung der Spannungsquelle im Stromkreis sehr stark erhöht, so drängen sich, bildlich gesprochen, viel mehr Elektronen durch das dünne Drahtteil. Der dünne Draht erhitzt sich stark und kann schließlich schmelzen (durchbrennen).

Anmerkung Dies ist das Prinzip der Schmelzsicherung. Darf in einem Stromkreis nur ein bestimmter, maximaler Strom fließen und wird dieser überschritten, so schmilzt der Sicherungsdraht und unterbricht den Stromkreis. Somit wird verhindert, dass die Leitungen des Stromkreises zu glühen beginnen und einen Brand verursachen.

3.2.2 Spezifischer Widerstand

Das Fließen des elektrischen Stromes in einem Leiter soll zunächst wieder mit dem Fließen von Wasser in einem Rohr verglichen werden.

Der Widerstand, der dem Fließen des Wassers in Abb. 3.5 entgegengesetzt wird, ist umso größer, je länger das mit Kies gefüllte Stück und je enger das Rohr ist. Außerdem ist der Widerstand von der Beschaffenheit der Kiesfüllung abhängig. Grober Kies lässt das Wasser leichter durch und ergibt somit einen kleineren Widerstand für den Wasserfluss als feiner Kies.

Für den Fluss des elektrischen Stromes in einem Leiter ist die Abhängigkeit des elektrischen Widerstandes von Leitungslänge und Leitungsquerschnitt sinngemäß übertragbar.

Der **Widerstand** eines Leiters ist umso **größer, je länger der Leiter** ist, und umso **kleiner, je größer der Querschnitt** des Leiters ist. Der Widerstand eines Leiters ist somit direkt proportional zur Länge und umgekehrt proportional zum Querschnitt eines Leiters. Außerdem ist der Widerstand abhängig von der Art des leitenden Stoffes, dem **spezifischen Widerstand** (Formelzeichen ρ).

$$R = \rho \cdot \frac{l}{A} \tag{3.3}$$

Abb. 3.5 Wasser fließt durch ein mit grobem Kies gefülltes Rohr

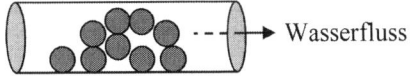

Tab. 3.1 Der spezifische Widerstand einiger Materialien

Material	ρ in $\frac{\Omega \cdot mm^2}{m}$
Silber	0,0165
Kupfer	0,0176
Eisen	0,1
Konstantan	0,5

R = Widerstandswert in Ohm,
l = Länge des Leiters,
A = Querschnittsfläche des Leiters,
ρ = spezifischer Widerstand.

Der spezifische Widerstand ist eine Materialkonstante und wird meist in der Einheit $\frac{\Omega \cdot mm^2}{m}$ angegeben. Der spezifische Widerstand ist der auf die Länge und den Querschnitt des Leiters bezogene Widerstand. Häufig wird er in der Einheit $\Omega \cdot cm$ angegeben. Es gilt der Zusammenhang:

$$[\rho] = \Omega \cdot cm = 10^4 \, \Omega \frac{mm^2}{m} \tag{3.4}$$

In Tab. 3.1 ist der spezifische Widerstand einiger Materialien angegeben.

Aufgabe 3.1
Welchen Widerstand hat ein runder Kupferdraht mit einem Durchmesser $d = 1$ mm und einer Länge $l = 200$ m? ρ für Kupfer siehe Tab. 3.1.

Lösung
Der Querschnitt des Drahtes ist eine Kreisfläche: $A_{Kreis} = r^2 \pi = \left(\frac{d}{2}\right)^2 \pi$.
Die Querschnittsfläche A des Drahtes ist: $A = \frac{d^2 \cdot \pi}{4} = \frac{1 \, mm^2 \cdot \pi}{4} = 0{,}785 \, mm^2$.
Somit ist $R = 0{,}0176 \, \frac{\Omega \cdot mm^2}{m} \cdot \frac{200 \, m}{0{,}785 \, mm^2} = \underline{\underline{4{,}48 \, \Omega}}$.

Aufgabe 3.2
Ein Elektromotor wird an einer Gleichspannungsquelle $U_G = 220$ V betrieben, die 100 Meter vom Motor entfernt ist (Abb. 3.6). Für die Leitungen wird runder Kupferdraht mit 2 Millimeter Durchmesser verwendet. Der ohmsche Wicklungswiderstand des Motors beträgt $R_M = 10 \, \Omega$.

a) Wie groß ist die nutzbare Motorleistung P_M?
b) Wie groß ist der Wirkungsgrad η der Energieübertragung?

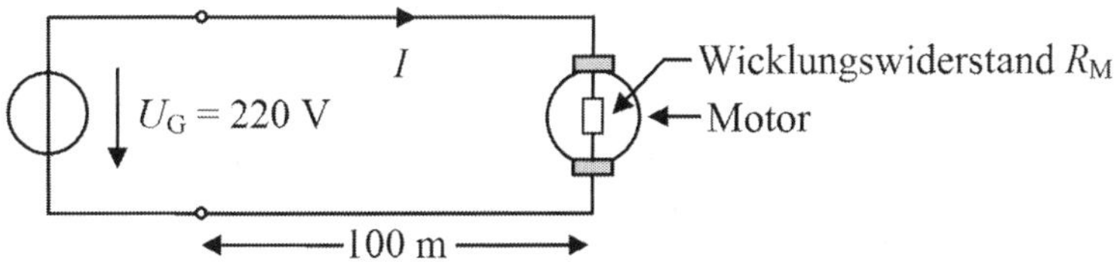

3.2 Der ohmsche Widerstand

Abb. 3.6 Schaltbild zu Aufgabe 3.2

Lösung

a) Die gesamte Länge der Leitung ist: $2 \cdot 100\,\text{m} = 200\,\text{m}$. Der Widerstand R_L der Leitung ist:

$$R_L = \rho \cdot \frac{l}{A} = 0{,}0176\,\frac{\Omega \cdot \text{mm}^2}{\text{m}} \cdot \frac{200\,\text{m}}{3{,}14\,\text{mm}^2} = 1{,}121\,\Omega$$

Die Widerstände aus Zuleitung und Motorwicklung addieren sich: $R_G = R_L + R_M$. Der Gesamtwiderstand im Stromkreis ist somit $R_G = 1{,}121\,\Omega + 10\,\Omega = 11{,}121\,\Omega$. Im Stromkreis fließt der Strom:

$$I = \frac{U_G}{R_G} = \frac{220\,\text{V}}{11{,}121\,\Omega} = 19{,}78\,\text{A}$$

An den Zuleitungen fällt die Spannung $U_L = I \cdot R_L = 19{,}78\,\text{A} \cdot 1{,}121\,\Omega = 22{,}17\,\text{V}$ ab.
Am Motor stehen nur $U_M = U_G - U_L = 220\,\text{V} - 22{,}17\,\text{V} = 197{,}83\,\text{V}$ zur Verfügung.
Die nutzbare Motorleistung ist: $P_M = U_M \cdot I = 197{,}83\,\text{V} \cdot 19{,}78\,\text{A} = \underline{3913\,\text{Watt}}$.
Die nutzbare Motorleistung könnte auch anders berechnet werden:

$$P_M = I^2 \cdot R_M = \left(\frac{220\,\text{V}}{11{,}121\,\Omega}\right)^2 \cdot 10\,\Omega = \underline{3913\,\text{W}}$$

b) Der Leitungsverlust beträgt: $P_L = U_L \cdot I = 22{,}17\,\text{V} \cdot 19{,}78\,\text{A} = 438\,\text{Watt}$.
Oder anders berechnet: $P_L = I^2 \cdot R_L = (19{,}78\,\text{A})^2 \cdot 1{,}121\,\Omega = 438\,\text{Watt}$.
Der Leitungsverlust beträgt also ca. 11 % der nutzbaren Leistung P_M. Der Wirkungsgrad der Energieübertragung ist somit $\underline{\eta = 0{,}89}$.
Der Wirkungsgrad könnte auch anders berechnet werden.
Die Spannungsquelle gibt die Gesamtleistung $P_G = P_L + P_M = 438\,\text{W} + 3913\,\text{W} = 4351\,\text{W}$ ab.
Es gilt: $\eta = \frac{P_{ab}}{P_{zu}}$. Mit $P_{ab} = P_M = 3913\,\text{W}$ und $P_{zu} = P_G = 4351\,\text{W}$ folgt $\underline{\eta = 0{,}89}$.

Anmerkung Dieses Beispiel zeigt, dass bereits bei einer relativ kleinen Leitungslänge von (einfach) 100 Meter mehr als 10 % der übertragenen Energie als Leitungsverlust verloren gehen. In der Leitung mit dem Widerstand R_L wird die Leistung $P_L = I^2 \cdot R_L$ in Wärme umgewandelt.

Die Spannung am Verbraucher ist die Spannung der Spannungsquelle abzüglich der an der Leitung durch deren Widerstand abfallenden Spannung. Dies soll näher erklärt werden.

Abb. 3.6 kann entsprechend Abb. 3.7 umgezeichnet werden.

In Abb. 3.7a ist der Widerstand jeder Leitung als Schaltsymbol eingezeichnet. In Abb. 3.7b ist der Widerstand *beider* Leitungen in *einem* Widerstand zusammengefasst. Die restlichen Striche symbolisieren jeweils widerstandslose Verbindungen. Die Summe aller Spannungen in dem geschlossenen Stromkreis (Abb. 3.7b) ist null, da sich die Spannung U_G in die Spannungen U_L und U_M aufteilt. Entgegen der Spitze eines Zählpfeiles ist eine Spannung negativ zu zählen. Beginnt man mit U_G und zählt alle Spannungen zusammen, so erhält man $U_G - U_M - U_L = 0$ oder $U_M = U_G - U_L$.

Die vom Verbraucher abgegebene Leistung ist somit: $P_{ab} = U_M \cdot I = (U_G - U_L) \cdot I$.

Die dem gesamten Stromkreis zugeführte Leistung ist: $P_{zu} = U_G \cdot I$.

Für den Wirkungsgrad η folgt: $\eta = \frac{P_{ab}}{P_{zu}} = \frac{(U_G - U_L) \cdot I}{U_G \cdot I} = \frac{U_G - U_L}{U_G} = 1 - \frac{U_L}{U_G} = 1 - \frac{R_L \cdot I}{U_G}$.

Aus der Formel $\eta = 1 - \frac{R_L \cdot I}{U_G}$ ist ersichtlich:

Der Wirkungsgrad würde den (nur theoretisch möglichen) Wert „1" annehmen, wenn entweder der Leitungswiderstand 0 Ω oder die Spannung U_G unendlich groß würde. Den Leitungswiderstand kann man nicht beliebig klein machen. Gute Leiter

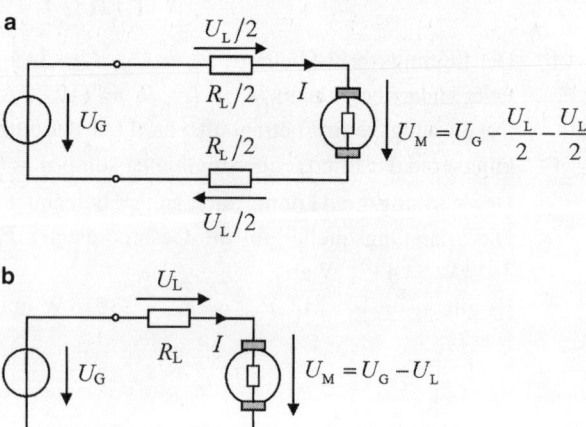

Abb. 3.7 Das Schaltbild zu Aufgabe 3.2 mit eingezeichneten Leitungswiderständen

sind teuer, und ein großer Querschnitt der Leitung bedeutet hohes Leitungsgewicht. Um niedrige Leitungsverluste bzw. einen hohen Wirkungsgrad zu erhalten, muss daher U_G möglichst groß sein.

Gleichspannung kann mit einem Transformator nicht auf einen höheren Spannungswert umgewandelt werden, Wechselspannung dagegen schon. Dies ist der Grund, warum die Verteilung elektrischer Energie vom Kraftwerk ausschließlich mit hoher Wechselspannung (z. B. 380.000 Volt) erfolgt.

3.2.3 Verwendungszweck von Widerständen

3.2.3.1 Strombegrenzung durch einen Vorwiderstand

Widerstände können zur Begrenzung des Stromflusses in einem geschlossenen Stromkreis dienen. Wird ein Widerstand in Reihe mit einem Verbraucher geschaltet, so wird er als **Vorwiderstand** (oder Schutzwiderstand) bezeichnet. Da sich die Widerstandswerte des Vorwiderstandes und des Verbrauchers addieren, wird nach dem ohmschen Gesetz der Strom verringert.

Aufgabe 3.3

Eine Glühlampe mit den Daten $U_G = 12\,V$, $P_G = 5\,W$ soll an eine Spannungsquelle $U = 24\,V$ angeschlossen werden (Abb. 3.8). Welcher Vorwiderstand R_V (Wert in Ohm, Leistung in Watt) ist zu verwenden, damit der Glühfaden nicht durchbrennt?

Lösung

Der Vorwiderstand R_V dient zur Strombegrenzung. Der maximal erlaubte Strom im Stromkreis ergibt sich aus den Daten der Lampe zu $I = \frac{P_G}{U_G} = \frac{5\,W}{12\,V} = 0{,}416\,A$.

Damit am Widerstand R_G der Glühlampe die Spannung $U_G = 12\,V$ liegt, muss am Vorwiderstand R_V eine Spannung von $U_V = 24\,V - 12\,V = 12\,V$ abfallen. Demnach muss $R_V = \frac{U_V}{I} = \frac{12\,V}{0{,}416\,A} = \underline{28{,}8\,\Omega}$ sein.

Die minimal notwendige Belastbarkeit des Vorwiderstandes R_V ergibt sich aus $P_V = I^2 \cdot R$ oder $P_V = \frac{U^2}{R} \Rightarrow \underline{P_V = 5\,W}$ (Verlustleistung an R_V in Form von Wärme).

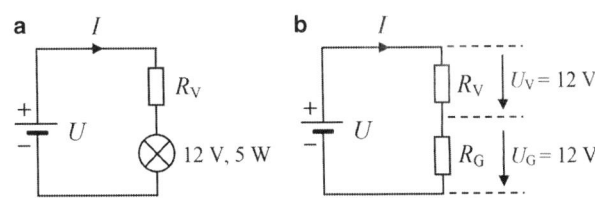

Abb. 3.8 a Schaltbild zu Aufgabe 3.3 und b Ersatzschaltbild

Abb. 3.9 Widerstände als Spannungsteiler

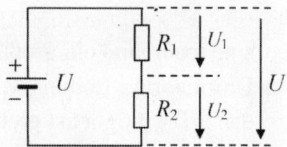

> Statt des Vorwiderstandes könnte man eine zweite Glühlampe mit denselben Daten verwenden.
> Der Widerstand der Lampe ist $R_G = \frac{U_G^2}{P} = \frac{(12\,\text{V})^2}{5\,\text{W}} = 28{,}8\,\Omega$.

Ergebnis
Mit einem Vorwiderstand kann ein Verbraucher an eine höhere Spannung als seine maximal erlaubte Nennspannung angeschlossen werden. Durch den Spannungsabfall am Vorwiderstand wird die am Verbraucher anliegende Spannung verringert. Der Vorwiderstand muss allerdings entsprechend belastbar sein, in ihm wird Verlustleistung in Form von Wärme erzeugt.

3.2.3.2 Aufteilung einer Spannung

Mit einer Reihenschaltung von Widerständen kann eine Spannung aufgeteilt werden. Eine solche Anordnung wird als **Spannungsteiler** bezeichnet. An jedem der Widerstände fällt eine bestimmte Teilspannung ab (Abb. 3.9).

Aus einer hohen Spannung U können kleinere (Teil-)Spannungen U_1 und U_2 erzeugt und abgegriffen werden.

Anmerkung Eine eventuelle Belastung (Stromentnahme) der Teilspannungen darf allerdings nur gering sein, damit sie nicht kleiner als im unbelasteten Zustand werden.

3.2.3.3 Aufteilung des Stromes

Durch eine Parallelschaltung von Widerständen kann der Stromfluss aufgeteilt (verzweigt) werden. Somit kann z. B. die Belastung auf zwei parallel geschaltete Widerstände (mit entsprechend anderen Widerstandswerten) verteilt werden.

In Abb. 3.10a fließt der Strom I durch den Widerstand R. Am Widerstand wird die Leistung $P = I^2 \cdot R$ in Wärme umgesetzt. In Abb. 3.10b ist der Widerstand R durch zwei

Abb. 3.10 Stromverzweigung bei zwei parallel geschalteten Widerständen

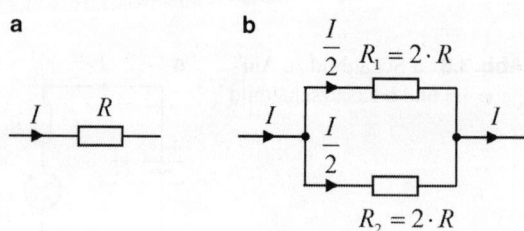

parallel geschaltete, doppelt so große Widerstände ersetzt. Damit ergibt sich als Gesamtwiderstand wiederum R, der Strom I bleibt in seinem Wert unverändert. Er teilt sich auf in 2 mal $I/2$.

Somit wird sowohl an R_1 als auch an R_2 die Leistung $P = \left(\frac{I}{2}\right)^2 \cdot 2R = \frac{I^2 \cdot R}{2}$ in Wärme umgesetzt. R_1 und R_2 werden also halb so stark belastet wie der Widerstand R.

3.2.4 Widerstand als Bauelement

Als Bauelemente werden Widerstände in Geräten in verschiedensten Ausführungsformen verwendet. Eine mögliche Unterscheidung ist die Einteilung in Festwiderstände und veränderbare Widerstände.

3.2.4.1 Festwiderstände

Festwiderstände können je nach dem Widerstandsmaterial z. B. in Schichtwiderstände (Kohleschicht, Metallschicht), Metalloxidwiderstände oder Drahtwiderstände eingeteilt werden. Je nach Aufbau und verwendetem Material ist der Widerstandswert sehr genau (die Toleranz des Widerstandswertes in Prozent ist klein) und/oder die Belastbarkeit ist hoch.

Bei *Schichtwiderständen* wird auf einen zylindrischen Körper aus Keramik eine Widerstandsschicht aus kristalliner Kohle oder ein aufgedampfter Metallfilm angebracht. Aufgepresste Metallkappen mit Drähten bilden die beiden Anschlüsse. Ein Lacküberzug schützt den Widerstand vor äußeren Einflüssen wie Feuchtigkeit.

Drahtwiderstände bestehen meist aus einem zylindrischen Körper aus Keramik, auf den eine Lage Widerstandsdraht gewickelt ist. Der Schutzüberzug besteht, je nach Belastbarkeit, z. B. aus Lack, Zement oder Glasur. Drahtwiderstände sind bei gleichen Abmessungen wesentlich höher belastbar als Schichtwiderstände (die zulässige Temperatur ist höher).

Anmerkung Für hohe Frequenzen sind Drahtwiderstände nicht geeignet.

Die wichtigsten **Kennzeichen eines Widerstandes** sind sein **Wert in Ohm** und seine **Belastbarkeit in Watt**.

Die Widerstandswerte sind in Abstufungen von Normreihen erhältlich. Die Normreihen werden als E6, E12 und E24 bezeichnet (Tab. 3.2). Die Anzahl der Werte pro Dekade (Zehnerteilung) in einer Normreihe hängt von der **Toleranz** ab, mit der die Widerstandswerte gefertigt werden. Die Anzahl der Werte ist gerade so groß, dass sich die Toleranzgrenzen der einzelnen Widerstandswerte leicht überlappen.

Anmerkung Die einzelnen Stufenschritte der Normreihen ergeben sich aus der 6., 12. oder 24. Wurzel aus 10.

Je nach Baureihe kann der tatsächliche Widerstandswert vom Nennwert (Sollwert) herstellungsbedingt nach unten oder oben um einen maximalen Betrag abweichen. Dieser Betrag wird als Toleranz in Prozent vom Nennwert angegeben (Tab. 3.3).

Es gibt somit einen Widerstand mit $4{,}7\,\text{k}\Omega$ und 5 % oder 10 % oder 20 % Genauigkeit. Ein Widerstand mit $5{,}1\,\text{k}\Omega$ ist aber nur mit einer Genauigkeit von mindestens 5 % erhältlich.

Tab. 3.2 Normreihen der Widerstandswerte

E6	1,0				1,5				2,2				3,3				4,7			
E12	1,0		1,2		1,5		1,8		2,2		2,7		3,3		3,9		4,7		5,6	
E24	1,0	1,1	1,2	1,3	1,5	1,6	1,8	2,0	2,2	2,4	2,7	3,0	3,3	3,6	3,9	4,3	4,7	5,1	5,6	6,2
E6	6,8																			
E12	6,8		8,2																	
E24	6,8	7,5	8,2	9,1																

Tab. 3.3 Toleranz von Widerständen je nach Baureihe

Baureihe	Toleranz
E6	20 %
E12	10 %
E24	5 %

Präzisionswiderstände werden bis zu einer Toleranz von 0,1 % und genauer hergestellt.

Die **Kennzeichnung der Widerstände mit ihrem Wert** erfolgt in Klarschrift oder durch einen **Farbcode** in Form von Farbringen auf dem Widerstandskörper. Drei Farbringe geben den Widerstandswert an, der vierte Ring die Toleranz. Zum Ablesen der Farben ist der Widerstand so zu halten, dass die Ringe, welche dem Ende des Widerstandskörpers am nächsten sind, links liegen (Tab. 3.4).

Tab. 3.4 Farbcode von Festwiderständen

Kennfarbe	Widerstandswert in Ohm			Toleranz in %
	1. Kennziffer	2. Kennziffer	Multiplikator	
keine				±20
silber			×0,01	±10
gold			×0,1	±5
schwarz		0	×1	
braun	1	1	×10	±1
rot	2	2	×100	±2
orange	3	3	×1000	
gelb	4	4	×10.000	
grün	5	5	×100.000	±0,5
blau	6	6	×1.000.000	
violett	7	7	×10.000.000	
grau	8	8	×100.000.000	
weiß	9	9	×1.000.000.000	

3.2 Der ohmsche Widerstand

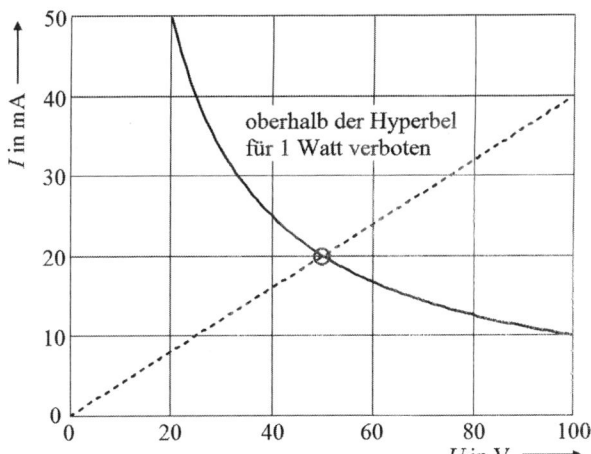

Abb. 3.11 Leistungshyperbel (1 Watt) und Kennlinie eines Widerstandes (2500 Ohm)

Beispiel Erster Ring gelb = 4, zweiter Ring violett = 7, dritter Ring rot = 00, vierter Ring rot.

Ergebnis: $4700\,\Omega = 4{,}7\,k\Omega$, $\pm 2\,\%$

Widerstände sind mit Werten von unter 1 mΩ bis über 100 MΩ erhältlich. Die Belastbarkeit reicht von kleiner 0,1 Watt bis einige 100 Watt.

3.2.4.2 Leistungshyperbel

Damit die durch den Stromfluss erzeugte Wärme ein Bauteil nicht schädigt oder zerstört, darf die vom Bauteil aufgenommene Leistung eine Höchstgrenze nicht überschreiten. Je nach Bauform und Kühlung darf die Leistung $P = U \cdot I$ nur einen maximal erlaubten Wert annehmen. Da $I = P \cdot \frac{1}{U}$ gilt, ist der Graph für die höchstzulässige Stromstärke als Funktion der Spannung eine Hyperbel. Sie wird als **Leistungshyperbel** bezeichnet. Liegt der Schnittpunkt von Strom und Spannung **unterhalb** oder auf der Leistungshyperbel, so ist der Betrieb des Bauteils mit diesen Werten zulässig, ohne dass die höchstzulässige Bauteilerwärmung überschritten wird (Abb. 3.11).

Aufgabe 3.4
(Zu Abb. 3.11.) Ein Widerstand mit 2500 Ω hat eine maximale Belastbarkeit von 1 Watt. Welche maximale Spannung darf an dem Widerstand anliegen und welcher Strom fließt dann durch den Widerstand?

Lösung
Aus Abb. 3.11: Bei 100 V fließen 40 mA durch den Widerstand, bei 0 V fließen 0 mA. Durch diese zwei Punkte verläuft die Widerstandskennlinie. Sie schneidet

> die Leistungshyperbel für 1 Watt bei 50 V, 20 mA. Am Widerstand dürfen maximal 50 V anliegen, durch den Widerstand fließt dann ein Strom von 20 mA.
> *Rechenweg (schneller):* $U = \sqrt{P \cdot R} = \sqrt{1\,\text{W} \cdot 2500\,\Omega} = \underline{50\,\text{V}}$;
> $I = \frac{U}{R} = \frac{50\,\text{V}}{2500\,\Omega} = \underline{20\,\text{mA}}$

3.2.4.3 Temperaturabhängigkeit des Widerstandes

Vorbemerkung zur Temperaturskala in Kelvin
Legt man den Nullpunkt der Temperaturskala auf $-273{,}15\,°\text{C}$ (absoluter Nullpunkt, tiefere Temperaturen sind nicht möglich), so erhält man die absolute Temperatur „T" in Kelvin[2] (K). Zwischen der absoluten Temperatur „T" und der Temperatur in Grad Celsius „ϑ" besteht der Zusammenhang:

$$T = 273{,}15\,\text{K} + \vartheta \tag{3.5}$$

Beispiel Die Zimmertemperatur $\vartheta = 20\,°\text{C}$ entspricht $T = 293\,\text{K}$.

Für Temperatur*differenzen* ist es gleichgültig ob man sie in K oder °C angibt, da die Einheiten gleich groß sind.

Der Widerstand eines Leiters und somit auch der ohmsche Wert eines Widerstandes ändert sich mit der Temperatur (siehe Abschn. 1.7.1 und Abb. 1.17). Dieses Verhalten wird durch den **Temperaturkoeffizienten** (*TK*) beschrieben, welcher je nach Widerstandsmaterial negativ oder positiv sein kann und in den Datenblättern der Hersteller von Widerständen angegeben wird. Nimmt der **Widerstand** eines Leiters **mit steigender Temperatur ab**, so hat er einen **negativen Temperaturkoeffizienten**. Nimmt der **Widerstand mit steigender Temperatur zu**, so ist der **Temperaturkoeffizient positiv**. Die Widerstandsänderung durch eine von 20 °C abweichende Umgebungstemperatur ϑ kann in Abhängigkeit von der Temperaturdifferenz mittels des *TK* berechnet werden.

$$\underline{\Delta R = \alpha_{20} \cdot R_{20} \cdot \Delta\vartheta} \tag{3.6}$$

ΔR = Widerstandsänderung,
α_{20} = Temperaturkoeffizient für 20 °C,
R_{20} = Widerstandswert bei 20 °C,
$\Delta\vartheta = \vartheta - \vartheta_{20}$ = Temperaturdifferenz zu 20 °C.

Der Temperaturkoeffizient für 20 °C ist eine vom Material des Leiters abhängige Konstante mit der Einheit „1/K". Für Kupfer ist $\alpha_{20} = 0{,}0039\,\text{K}^{-1}$.

---

[2] W. Thomson (1824–1907), engl. Physiker, im Adelsstand Lord Kelvin.

3.2 Der ohmsche Widerstand

Aufgabe 3.5
Ein Kupferdraht mit dem Widerstand 2,0 Ω wird von 20 °C auf 100 °C erwärmt. Um wie viel Prozent nimmt der Widerstand der Leitung zu?

Lösung
Die Widerstandsänderung ist $\Delta R = \alpha_{20} \cdot R_{20} \cdot \Delta\vartheta = 0{,}0039\,\text{K}^{-1} \cdot 2{,}0\,\Omega \cdot 80\,\text{K} = 0{,}624\,\Omega$.

Dies entspricht einer Zunahme des Widerstandes um 31,2 %. Bei 100 °C hat der Kupferdraht einen Widerstand von 2,624 Ω.

Aufgabe 3.6
Ein Elektromotor hat eine Wicklung aus Kupferdraht. Bei 20 °C ist der Widerstand der Wicklung $R = 2{,}0\,\Omega$. Nach längerem Betrieb des Motors wird der Wicklungswiderstand zu $R = 2{,}624\,\Omega$ gemessen. Wie hoch ist die Temperatur der Wicklung?

Lösung
Die Widerstandsänderung ist $\Delta R = 2{,}624\,\Omega - 2{,}0\,\Omega = 0{,}624\,\Omega$.

Nach Gl. 3.6 ist: $\Delta\vartheta = \frac{\Delta R}{\alpha_{20} \cdot R_{20}}$.

Es folgt $\Delta\vartheta = 80\,\text{K}$. Die Temperatur der Wicklung beträgt somit 20 °C + 80 °C = 100 °C.

Aufgabe 3.7
Das Datenblatt eines Präzisions-Metallfolienwiderstandes mit 10 Ω gibt an: $TK = 30\,\text{ppm/K}$. Wie groß ist der Widerstandswert bei einer Temperatur des Widerstandes von 125 °C?

Lösung
ppm ist die Abkürzung für „parts per million". Ein ppm entspricht 10^{-6}.

Somit sind $30\,\text{ppm} = 30 \cdot 10^{-6}$.

Pro K Temperaturerhöhung nimmt der Widerstandswert von $10\,\Omega$ um $10 \cdot 30 \cdot 10^{-6}\,\Omega$ zu. Die Temperaturerhöhung (Übertemperatur) beträgt $125\,°C - 20\,°C = 105\,°C$.

Die Widerstandsänderung ist: $10\,\Omega \cdot 30 \cdot 10^{-6}\,K^{-1} \cdot 105\,K = 0{,}0315\,\Omega$.

Der Widerstandswert bei $125\,°C$ ist $\underline{\underline{10{,}0315\,\Omega}}$.

Aufgabe 3.8
Warum brennt der Glühfaden einer Glühlampe vorzugsweise beim Einschalten nach kurzem Aufleuchten durch?

Lösung
Der Glühfaden besteht aus dem Metall Wolfram mit einer Schmelztemperatur von ca. $3400\,°C$. Ist die Lampe eingeschaltet, so dampfen Wolframmoleküle vom Draht ab. An geringen Verengungen des Querschnitts, welche der Glühfaden herstellungsbedingt aufweist, wird dadurch der Querschnitt weiter verkleinert. Da der Widerstand eines Leiters umgekehrt proportional zu seiner Querschnittsfläche ist, ist der Widerstand an den Stellen mit kleinerem Querschnitt größer. Das Metall wird an diesen Stellen stärker erhitzt, es verdampft noch stärker, und der Querschnitt wird weiterhin verkleinert.

Der Widerstand eines Metalles ist bei niedriger Temperatur geringer als bei hoher Temperatur. Beim Einschalten hat der Glühfaden für kurze Zeit einen geringeren Widerstand als beim Glühen, es fließt ein ca. 15-fach höherer Strom. Dieser Einschaltstrom erhitzt die dünnen Stellen des Glühfadens so stark, dass die dünnste Stelle durchschmilzt.

3.2.4.4 Lastminderungskurve

Die Leistung $P = U \cdot I$ wird im ohmschen Widerstand in Wärme umgesetzt. Dadurch nimmt die Temperatur des Bauteils solange zu, bis die durch Wärmestrahlung oder Kühlung abgeführte Leistung der elektrischen Leistung gleich ist. Die Wärmeabfuhr hängt von der Umgebungstemperatur ab. Da das Bauteil nicht beliebig stark erhitzt werden darf, muss der Anwender die höchste zulässige Verlustleistung P_{Vmax} beachten, die im Bauteil entstehen darf. P_{Vmax} wird meist als P_{tot} bezeichnet (Index tot von engl. total). Die Hersteller von Widerständen und anderen elektronischen Bauelementen geben Kurven an, welche das Verhältnis von erlaubter Betriebsleistung „P" zur Nennleistung „P_N" (also P/P_N) in Abhängigkeit von der Umgebungstemperatur T_U oder T_A (Index A von engl. Ambient = Umgebung) oder der Gehäusetemperatur T_C (Index C von engl. Case)

3.2 Der ohmsche Widerstand

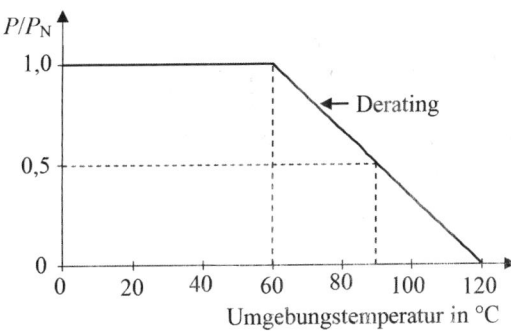

Abb. 3.12 Deratingkurve eines Widerstandes

angeben. Diese Kurve wird Lastminderungs- oder **Deratingkurve** genannt (Abb. 3.12). Die Nennleistung entspricht der höchsten zulässigen Verlustleistung $P_{V\max}$, es ist also $P_N = P_{V\max} = P_{tot}$. Ab einer bestimmten Temperatur fällt das Verhältnis P/P_N vom Wert 1,0 linear ab. Das Bauelement ist dann mit steigender Umgebungstemperatur immer weniger belastbar, die Verlustleistung, die im Bauelement entstehen darf, wird immer kleiner. Bei der maximalen Betriebstemperatur des Bauelementes wird der Wert null erreicht. Im Bauteil darf dann gar keine Verlustleistung mehr entstehen, die seine Temperatur erhöhen würde.

Nach der Deratingkurve in Abb. 3.12 darf die im Bauelement entstehende Verlustleistung bis zu der Umgebungstemperatur von 60 °C der Nennleistung P_N (der maximal erlaubten Verlustleistung P_{tot}) entsprechen. Ab 60 °C beginnt der Bereich mit niedrigerer zulässiger Verlustleistung. Bei einer Umgebungstemperatur von 90 °C darf die im Bauelement entstehende Verlustleistung nur noch 50 % der Nennleistung betragen.

3.2.4.5 Technische Ausführung von Festwiderständen

Allgemein gilt: Je größer ein Widerstand von seiner Bauform her ist, umso größer ist seine Belastbarkeit (in Watt). Dagegen ist der Widerstandswert (in Ohm) von der Baugröße kaum abhängig.

Widerstände gibt es in bedrahteter Ausführung und in SMD-Ausführung (Abb. 3.13). „SMD" steht für „Surface Mounted Device". Bei bedrahteten Bauteilen werden die (meist umgebogenen) Anschlussdrähte in „Löcher" (Durchkontaktierungen) eines Bauteilträgers

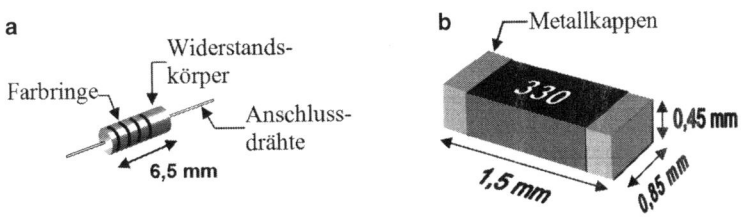

Abb. 3.13 Bedrahteter Widerstand (**a**) und SMD-Widerstand (**b**)

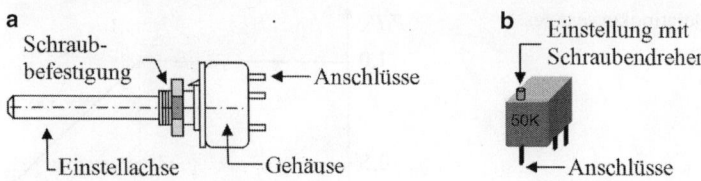

Abb. 3.14 Potenziometer (a) und Trimmer (b)

(Leiterplatte) festgelötet. SMD-Bauteile besitzen keine Anschlussdrähte, sondern an beiden Enden Metallkappen und werden mit diesen direkt auf die Oberfläche einer Leiterplatte gelötet. Hierdurch sind eine Platzersparnis auf der Leiterplatte (Miniaturisierung) und ein höherer Grad an Automatisierung in der Fertigung von elektronischen Geräten möglich.

3.2.4.6 Veränderbare Widerstände

Veränderbare Widerstände sind häufig stufenlos einstellbar und haben meistens drei Anschlüsse. Sie werden als **Potenziometer** (kurz **Poti**) bezeichnet (Abb. 3.14a). Das Einstellen des Widerstandswertes kann durch Drehen an einer Achse (Drehpotenziometer) wie beim Lautstärkeregler am Radio erfolgen, oder durch Verschieben eines Abgriffes (Schiebepotenziometer). Beim Drehpotenziometer ist die Widerstandsbahn kreisförmig ausgebildet. In beiden Fällen wird beim Verstellen über die Widerstandsschicht, die zwischen zwei festen Anschlüssen liegt, ein federnder Abgriff (auch „*Schleifer*" genannt) entlanggeführt. Dadurch verändert sich der Widerstandswert zwischen den festen Anschlüssen und dem „Mittelanschluss".

Als **Trimm-Potenziometer** (kurz **Trimmer**) bezeichnet man kleine Potenziometer zum einmaligen, exakten Einstellen eines festen Widerstandswertes (Abb. 3.14b). Das Verstellen erfolgt meist mit einem Schraubendreher. Trimmer werden für den Abgleich von elektrischen Werten verwendet, die nur durch das Einstellen eines genauen Widerstandswertes erreicht werden können.

Der Begriff „**Wendel**potenziometer" bezieht sich auf eine Ausführung, bei der mehrere Umdrehungen der Einstellachse notwendig sind, um den gesamten Einstellbereich zu überstreichen. Somit ist die sehr genaue Einstellung eines Widerstandswertes innerhalb eines Gesamtbereiches möglich.

Bei einem **Tandem**potenziometer erfolgt die Verstellung zweier mechanisch gekoppelter Potenziometer gleichzeitig durch eine gemeinsame Achse oder getrennt durch zwei konzentrische Achsen.

Bei Potenziometern unterscheidet man u. a. zwischen linearer und logarithmischer **Kennlinie**. Je nach Kennlinie ist der eingestellte Widerstandswert linear oder logarithmisch vom zurückgelegten Weg des Abgriffes abhängig. Für die Einstellung der Lautstärke eines Radios wird ein Potenziometer mit logarithmischer Kennlinie benutzt, da das menschliche Ohr dieselbe Kennlinie besitzt. Würde ein Poti mit linearer Kennlinie

3.2 Der ohmsche Widerstand

Abb. 3.15 Schaltzeichen für Potenziometer (**a**) und Trimmer (**b**)

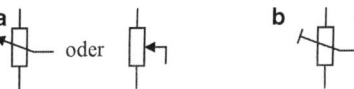

verwendet werden, so würde man beim Drehen am Poti lange Zeit keine Veränderung der Lautstärke wahrnehmen. Der Bereich zur Einstellung der Lautstärke würde sich dann auf einen sehr kleinen Drehwinkel beschränken.

Nach den Bauformen kann man Potenziometer unterscheiden in:

- groß und hoch belastbar, mit Widerstandsdraht bewickelt,
- klein, mit Kohlebahn (z. B. zur Lautstärke- oder Klangeinstellung),
- Miniaturausführung (Trimmer).

Potenziometer mit Drehachse werden im Gerät festgeschraubt, die Bedienachse mit aufgebrachtem Drehknopf ist von außen zugänglich.

Trimmer werden normalerweise in die Schaltung eingelötet. Die Bedienung ist nur beim Abgleichvorgang (evtl. bei geöffnetem Gehäuse) notwendig.

In der Praxis ist bei Potenziometern zu beachten, dass in der Nähe der beiden Endstellungen des Schleifers der Widerstandswert zwischen festem Anschluss und Abgriff sehr klein wird. In der Endstellung sind fester Anschluss und Abgriff kurzgeschlossen. Bei kleinen Widerstandswerten können große Ströme fließen und das Potenziometer beschädigen, wenn die Spannung zwischen beiden Anschlüssen zu groß ist.

Die Schaltzeichen von Potenziometer und Trimmer zeigt Abb. 3.15.

Ein Potenziometer kann als stufenlos verstellbarer Spannungsteiler geschaltet werden (Abb. 3.16). Liegt an den festen Anschlüssen die Spannung U, so kann am Schleifer gegen einen festen Anschluss eine einstellbare Teilspannung U_1 von 0 Volt bis zur Gesamtspannung U abgegriffen werden.

3.2.4.7 Spezielle Widerstände

Außer Festwiderständen und Potenziometern gibt es noch andere Widerstände mit speziellen Eigenschaften für besondere Anwendungszwecke.

Heißleiterwiderstände

Sie werden auch NTC-Widerstände genannt (NTC = **N**egative **T**emperature **C**oefficient = negativer Temperaturkoeffizient). Heißleiter leiten umso besser, je höher die Temperatur

Abb. 3.16 Potenziometer in Spannungsteilerschaltung

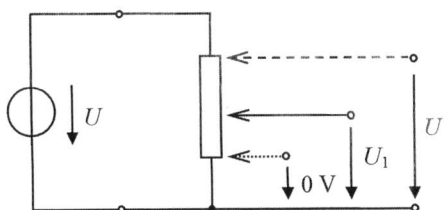

ist, der Widerstand nimmt mit steigender Temperatur stark ab. Da sich die Stromstärke durch einen Heißleiter in Abhängigkeit von der Umgebungstemperatur ändert, kann er z. B. zur Temperaturmessung verwendet werden. Eine andere Anwendung ist die Unterdrückung von Stromspitzen beim Einschalten eines Verbrauchers. Der Widerstand sinkt erst allmählich, wenn sich das Bauteil durch den Stromfluss erwärmt.

Kaltleiterwiderstände
Sie werden auch PTC-Widerstände genannt (PTC = **P**ositive **T**emperature **C**oefficient = positiver Temperaturkoeffizient). Der Widerstand von Kaltleitern nimmt mit steigender Temperatur zu. Dieses Verhalten ist gerade umgekehrt zu Heißleitern.

Spannungsabhängige Widerstände
Sie werden auch VDR-Widerstände genannt (VDR = **V**oltage **D**ependent **R**esistor). Gebräuchlich ist die Bezeichnung **Varistor**. Bei diesen Bauteilen nimmt der Widerstandswert mit wachsender Spannung stark ab. Sie werden parallel zu anderen Bauteilen geschaltet und schützen diese vor zu hohen Spannungen (Überspannungen) bzw. Spannungsspitzen.

Fotowiderstände
Sie werden auch LDR-Widerstände genannt (LDR = **L**ight **D**ependent **R**esistor). Der Widerstandswert ändert sich bei Beleuchtung mit Licht oder Infrarotstrahlung. Es kann ein Schaltvorgang in Abhängigkeit der Lichtstärke realisiert werden (z. B. ein „Dämmerungsschalter", welcher bei Einbruch der Nacht eine Beleuchtung einschaltet).

Dehnungsmessstreifen
Der Widerstand eines Drahtes wird größer, wenn er durch Dehnung verlängert und gleichzeitig sein Querschnitt verringert wird. Auf diesem Prinzip beruht die Wirkungsweise von Dehnungsmessstreifen. Sie werden zur Messung von mechanischen Dehnungen (Verformungen) und Kräften verwendet.

3.2.5 Zusammenfassung: Der ohmsche Widerstand

1. Jeder elektrische Leiter hat einen bestimmten Widerstandswert.
2. Der spezifische Widerstand ρ ist eine Materialkonstante.
3. Ein Vorwiderstand dient zur Strombegrenzung in einem geschlossenen Stromkreis.
4. Der Widerstandswert ist abhängig von der Temperatur.
5. Ein ohmscher Widerstand begrenzt die Stromstärke in einem Stromkreis nach dem ohmschen Gesetz.
6. Fließt durch einen Widerstand Strom, so fällt am Widerstand eine Spannung ab.
7. Durch die Reihenschaltung von Widerständen entsteht ein Spannungsteiler. An den Widerständen fallen Teilspannungen ab, die kleiner sind als die Gesamtspannung.

8. Durch eine Parallelschaltung von Widerständen kann der Stromfluss aufgeteilt (verzweigt) werden.
9. Den Widerstand als Bauteil kann man in feste und veränderbare Widerstände (Potenziometer, Trimmer) einteilen.
10. Festwiderstände werden nur in Normwerten hergestellt. Die Kennzeichnung des Widerstandes mit seinem Wert in Ohm erfolgt häufig durch einen Farbcode. Bei Festwiderständen unterscheidet man bedrahtete und SMD-Bauteile.
11. Ein Widerstand als Bauelement darf höchstens mit seiner Nennbelastbarkeit betrieben werden. Die Belastbarkeit verringert sich mit steigender Temperatur (Lastminderung, Derating).

3.3 Der Kondensator

3.3.1 Wirkungsweise des Kondensators

Wie bereits in Abschn. 1.2.1 am Beispiel einer hohlen Metallkugel gezeigt, kann ein isolierter Leiter eine elektrische Ladung aufnehmen. Ein Bauelement mit der Fähigkeit elektrische Ladung zu speichern heißt **Kondensator**. Ein Kondensator ist ein **Ladungsspeicher**. Indem ein Kondensator elektrische Ladungen getrennt hält, speichert er elektrische Energie.

Das Fassungsvermögen für die Größe der gespeicherten Ladung wird als **Kapazität** bezeichnet.

Folgende schematische Darstellungen sollen die grundlegende Wirkungsweise eines Kondensators verdeutlichen.

Anmerkung Gezeichnet sind nur die negativen Ladungsträger.

In Abb. 3.17 sind zwei Metallplatten, eine Batterie und ein Schalter dargestellt. Zwischen den Metallplatten befindet sich Luft als Isolator. Der Schalter ist geöffnet, die Batterie ist somit nicht an beide Metallplatten angeschlossen. Da nur ein Pol der Spannungsquelle an eine Metallplatte angeschlossen ist, können keine Elektronen von der Spannungsquelle abfließen. Auf beiden Platten sind die Elektronen gleichmäßig verteilt, die Platten sind elektrisch neutral.

Wird der Schalter geschlossen (Abb. 3.18), so fließen Elektronen vom Minuspol der Spannungsquelle auf die mit diesem Pol verbundene Metallplatte. Da diese Platte mit Luft

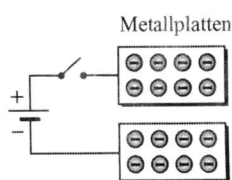

Abb. 3.17 Ungeladene Platten eines Kondensators

Abb. 3.18 Geladene Kondensatorplatten

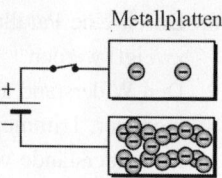

als Isolator umgeben ist und kein geschlossener Stromkreis existiert, sammeln sich die Elektronen auf ihr an. Von der mit dem Pluspol der Spannungsquelle verbundenen Platte werden Elektronen „abgesaugt" und durch die „Elektronenpumpe" (Batterie) ebenfalls auf die mit dem Minuspol verbundene Platte transportiert. Durch die unterschiedliche Ladung beider Platten entsteht zwischen ihnen ein **Spannungsunterschied**. Die **Ladungstrennung** läuft solange ab, bis die Spannung zwischen beiden Platten mit der Spannung der Spannungsquelle gleich ist. Der durch die beiden Platten gebildete Kondensator ist dann vollständig aufgeladen. Der während des Ladevorgangs fließende Strom wird **Ladestrom** genannt.

Der Ladungsunterschied beider Platten bleibt auch dann bestehen, wenn der Schalter bei geladenem Kondensator geöffnet und damit die Spannungsquelle ausgeschaltet wird. Zwischen beiden (isolierten) Platten kann kein Ladungsausgleich stattfinden.

▶ **Ein Kondensator kann durch Anlegen einer Gleichspannung geladen werden und Elektrizität speichern.**

Werden die beiden Platten des geladenen Kondensators mit einem Draht oder einem ohmschen Widerstand verbunden, so fließen solange Elektronen von der negativ geladenen Platte zur positiven Platte, bis der elektrisch neutrale Anfangszustand beider Platten erreicht ist. Der Kondensator ist durch diesen Ladungsausgleich dann vollständig entladen. Während des Entladevorgangs fließt ein Strom, der **Entladestrom** genannt wird.

▶ **Ein Kondensator ist**

- **während des Ladens ein Verbraucher,**
- **geladen oder während des Entladens eine Spannungsquelle.**

3.3.2 Größe für die Kapazität

Je stärker beim Laden eines Kondensators die „Elektronenpumpe" wirkt (d. h. je höher die Spannung der ladenden Spannungsquelle ist), umso mehr Ladung wird getrennt. Die Ladungsmenge Q, welche in einem Kondensator gespeichert werden kann, ist also proportional zur Höhe der angelegten Gleichspannung U. Es gilt: $Q \sim U$.

Die in einem Kondensator speicherbare Ladungsmenge ist außerdem vom Aufbau des Kondensators abhängig, welcher das „Fassungsvermögen" für die zu speichernde Ladung bestimmt. Dieses „Fassungsvermögen" wird als **Kapazität** „C" des Kondensators bezeichnet.

Abb. 3.19 Idealer Ohmwiderstand (**a**) und reales Bauelement mit Eigenkapazität (**b**)

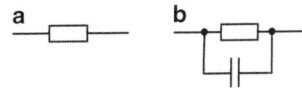

Mit der Proportionalitätskonstanten „C" ergibt sich somit die Ladung eines Kondensators:

$$Q = C \cdot U \tag{3.7}$$

Die Kapazität eines Kondensators ist somit:

$$C = \frac{Q}{U} \tag{3.8}$$

Die Einheit der Kapazität ist das Farad[3].

$$[C] = \text{F} \tag{3.9}$$

▶ **Das Einheitenzeichen für die Kapazität ist „F" (Farad), das Formelzeichen ist „C".**

Ein Farad ist definiert als: $1\,\text{F} = \frac{1\,\text{C (Coulomb)}}{1\,\text{V}} = \frac{1\,\text{As}}{1\,\text{V}} = \frac{\text{s}}{\Omega}$.

In Berechnungen sollte man s/Ω als Einheit für die Kapazität wählen, um Einheiten entsprechend kürzen zu können.

Der Begriff Kapazität wird nicht nur für die Größe der speicherbaren Ladung sondern oft auch für das Bauteil selbst, den Kondensator verwendet. Falls nötig, muss durch Verwendung des Ausdrucks „Kapazitätswert" extra betont werden, dass die Einheit in Farad gemeint ist.

Eine Kapazität kann nicht nur wie bei einem Kondensator absichtlich, sondern auch unabsichtlich gebildet werden. So stellt jede elektrische Leitung eine unbeabsichtigte Kapazität dar, die in technischen Aufbauten im Allgemeinen unerwünscht ist und störend sein kann. Reale Bauelemente sind mit so genannten **parasitären Kapazitäten** behaftet. Bei einem Widerstand kann dies z. B. durch ein Ersatzschaltbild aus der Parallelschaltung eines reinen Ohmwiderstandes mit seiner **Eigenkapazität** berücksichtigt werden (Abb. 3.19).

Das Schaltzeichen des Kondensators zeigt Abb. 3.26.

3.3.3 Plattenkondensator

Die in Abschn. 3.3.1 gezeigte Anordnung diente zur Erläuterung der prinzipiellen Wirkungsweise eines Kondensators. Nun wird der Plattenkondensator als Beispiel eines realen Kondensators behandelt.

---
[3] Michael Faraday (1791–1867), englischer Physiker.

Abb. 3.20 Der Plattenkondensator

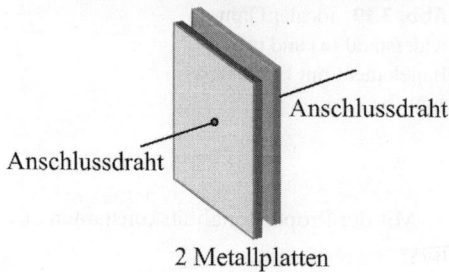

Ein Kondensator besteht grundsätzlich aus zwei leitenden Flächen (den **Belägen** oder **Elektroden**), die durch eine isolierende Zwischenschicht, dem **Dielektrikum**, elektrisch voneinander getrennt sind.

Stellt man zwei Metallplatten in geringem Abstand gegenüber, so erhält man ein einfaches Beispiel eines Kondensators (Abb. 3.20). Zur Isolierung zwischen beiden Platten dient (als Dielektrikum) Luft.

Die Kapazität des Plattenkondensators (bzw. die Ladungsmenge, welche gespeichert werden kann) ist abhängig von der Größe der Platten und von deren Abstand.

Je größer die Platten sind, desto mehr Ladungsträger können auf einer Platte angesammelt werden. Ist A die Fläche einer Platte, so ist die Kapazität C direkt proportional zu A, es gilt $C \sim A$.

Je kleiner der Abstand der Platten ist, desto größer ist die Kapazität des Plattenkondensators. Die Ladungen mit gleichem Vorzeichen auf einer Platte stoßen sich ab (Abb. 3.21). Diese Abstoßungskräfte werden umso mehr aufgehoben, je näher Ladungen mit entgegengesetztem Vorzeichen und damit anziehender Wirkung auf der anderen Platte sind (Abb. 3.22).

Je kleiner der Plattenabstand ist, desto weniger stoßen sich die gleichnamigen Ladungen auf einer Platte ab, und desto mehr Ladung kann auf den Platten gespeichert werden (desto größer ist die Kapazität des Kondensators).

Ist „d" der Plattenabstand, so gilt: $C \sim \frac{1}{d}$ und mit der Fläche „A" einer Platte: $C \sim \frac{A}{d}$.

Führt man die Proportionalitätskonstante ε ein, so erhält man die Formel für die Kapazität eines Plattenkondensators.

$$C = \varepsilon \cdot \frac{A}{d} \qquad (3.10)$$

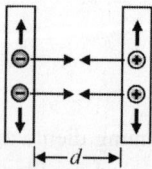

Abb. 3.21 Bei großem Plattenabstand d stoßen sich die gleichnamigen Ladungen auf den Platten stark ab, da diese Abstoßungskräfte nur schwach von den Anziehungskräften der ungleichnamigen, aber weit voneinander entfernten Ladungen kompensiert werden

3.3 Der Kondensator

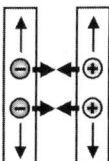

Abb. 3.22 Bei kleinem Plattenabstand sind die Abstoßungskräfte der gleichnamigen Ladungen auf den Platten schwächer, da sie durch die Anziehungskräfte der ungleichnamigen Ladungen stark kompensiert werden

C = Kapazität des Kondensators,
A = Fläche **einer** Platte,
d = Plattenabstand,
ε = Konstante.

Die Bedeutung der Konstanten ε wird im Folgenden untersucht.

3.3.4 Dielektrikum

Befindet sich ein Isolierstoff zwischen zwei ungleichnamigen, getrennten Ladungen (z. B. zwischen zwei geladenen Kondensatorplatten), so wird er als Dielektrikum bezeichnet. Die Ladungsträger können sich in einem Isolierstoff nicht frei bewegen, somit ist kein Stromfluss möglich. Durch die elektrischen Anziehungskräfte der äußeren Ladungen auf den Kondensatorplatten werden jedoch die Ladungsträger innerhalb der Atome bzw. Moleküle des Isolierstoffes elastisch verschoben. Die Atome bzw. Moleküle werden verformt. Im Isolierstoff entstehen dadurch **Dipole**. Ein Dipol besteht aus zwei betragsmäßig gleichen Ladungen mit unterschiedlichem Vorzeichen in einem bestimmten Abstand voneinander.

Die verschiedenen Dielektrika können in *unpolare* und *polare* Stoffe eingeteilt werden.

Bei den **unpolaren Stoffen** sind die Atome ohne die Einwirkung äußerer, elektrischer Anziehungskräfte keine Dipole. Erst zwischen getrennten Ladungen werden die Atomkerne und die Elektronenschalen in entgegengesetzter Richtung verschoben. Es entstehen Dipole durch deformierte Atome, welche sich entsprechend der Anziehungskräfte ausrichten (Abb. 3.23).

Bei den **polaren Stoffen** (z. B. Wasser mit den H_2O-Dipolmolekülen) liegen die Atome oder Moleküle von Natur aus als Dipole vor, sie haben ein positives und ein negatives Ende. Ohne äußere Kräfte ist die Polarität dieser Dipole regellos orientiert. Zwischen getrennten Ladungen richten sich die Dipole entsprechend der Anziehungskräfte aus und werden wie bei den unpolaren Stoffen zusätzlich deformiert (Abb. 3.24).

Die Bildung von Dipolen in einem Dielektrikum wird als **dielektrische Polarisation** bezeichnet. Verschwindet der Grund für die Polarisation (z. B. durch Entladen des

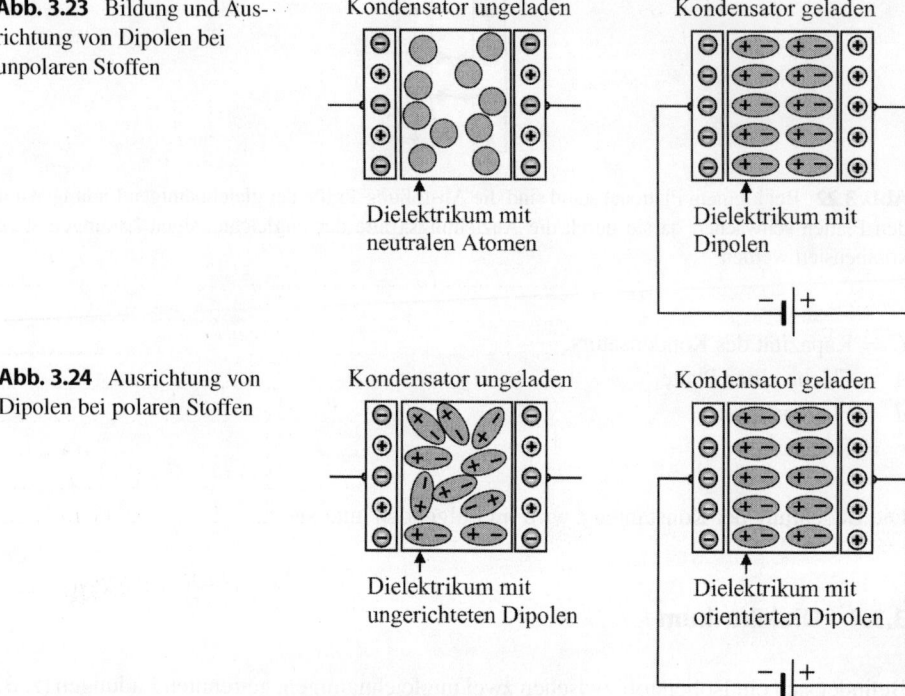

Abb. 3.23 Bildung und Ausrichtung von Dipolen bei unpolaren Stoffen

Abb. 3.24 Ausrichtung von Dipolen bei polaren Stoffen

Kondensators), so verschwindet auch die Polarisation. Natürliche Dipole bleiben dann selbstverständlich erhalten, nur ihre zusätzliche Deformation und Ausrichtung verschwindet.

Betrachten wir zunächst nur die negativ geladene Kondensatorplatte in Abb. 3.24 rechts. Die negativen Ladungen der Kondensatorplatte und die positiven Ladungen der Dipole im Dielektrikum ziehen sich an. Dadurch stoßen sich die negativen Ladungen auf der Kondensatorplatte gegenseitig weniger ab. Obwohl die Ladespannung des Kondensators gleich bleibt, können sich jetzt mehr negative Ladungsträger auf der Kondensatorplatte ansammeln, die Kapazität des Kondensators wird erhöht. In gleicher Weise, nur mit umgekehrten Polaritäten, ist die positiv geladene Kondensatorplatte zu betrachten. Abb. 3.25 veranschaulicht die Erhöhung der Kapazität bei einem Kondensator durch das Vorhandensein eines Dielektrikums.

▶ **Ein Dielektrikum zwischen den Platten eines Kondensators erhöht die Kapazität des Kondensators.**

Die Kapazität des Kondensators wird umso größer, je stärker die Dipolbildung (Polarisation) im Dielektrikum ist. Ein Maß für die Polarisation ist die **Dielektrizitätskonstante** „ε". Da die Stärke der Polarisation im Dielektrikum je nach Stoffart unterschiedlich ist,

3.3 Der Kondensator

Abb. 3.25 Erhöhung der Kapazität eines Kondensators durch ein Dielektrikum

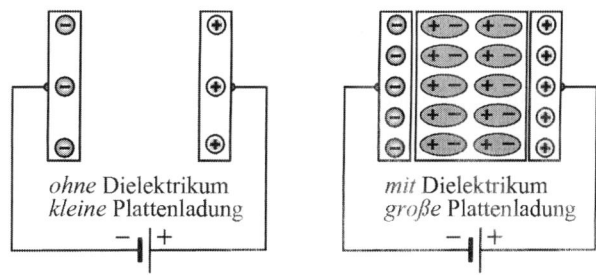

ohne Dielektrikum
kleine Plattenladung

mit Dielektrikum
große Plattenladung

Tab. 3.5 Dielektrizitätszahlen verschiedener Stoffe

Stoff	Dielektrizitätszahl ε_r
Vakuum	1,000
Luft	1,006
Glimmer	5...9
Wasser, destilliert	81
Bariumtitanat	1000...2000
Keramikmassen	< 4000

hängt der Zahlenwert von ε hauptsächlich von der Art des Materials ab, welches das Dielektrikum bildet.

Anmerkung Bei manchen Stoffen ist ε und somit die Kapazität von der Spannung abhängig.

Bildet ein Vakuum das Dielektrikum, so kann keine Polarisation auftreten, da kein Stoff zwischen den Kondensatorplatten vorhanden ist. Die für ein Vakuum gültige Dielektrizitätskonstante wird mit ε_0 bezeichnet und heißt **absolute Dielektrizitätskonstante**, **Dielektrizitätskonstante des Vakuums** oder **elektrische Feldkonstante**.

Auf theoretischem Wege kann der Zahlenwert von ε_0 nicht ermittelt werden, sondern muss in einem Versuch gemessen werden.

Genaue Messungen ergeben für ε_0 den Wert:

$$\varepsilon_0 = 8{,}854 \cdot 10^{-12} \frac{\text{As}}{\text{Vm}} \tag{3.11}$$

Für einen beliebigen Stoff lässt sich die Dielektrizitätskonstante jetzt in folgender Form darstellen:

$$\underline{\varepsilon = \varepsilon_0 \cdot \varepsilon_r} \tag{3.12}$$

Der einheitenlose Faktor ε_r in Gl. 3.12 heißt **relative Dielektrizitätskonstante**, **Dielektrizitätszahl** oder **Permittivitätszahl**. Der Wert von ε_r ist je nach Polarisationseigenschaft des verwendeten Dielektrikums unterschiedlich.

Tab. 3.5 gibt die Dielektrizitätszahlen einiger Stoffe bei 20 °C an (Schichtdicke 1 mm, Foliendicke 0,04 mm).

Abb. 3.26 Schaltzeichen eines Kondensators (fester Kapazitätswert)

Mit Gl. 3.12 lässt sich die Formel $C = \varepsilon \cdot \frac{A}{d}$ für die Kapazität eines Plattenkondensators jetzt anders darstellen.

$$C = \varepsilon_0 \cdot \varepsilon_r \cdot \frac{A}{d} \tag{3.13}$$

Aus Gl. 3.13 sind für den Bau von technisch verwendeten Kondensatoren wichtige Punkte ersichtlich. Um bei kleiner Bauform eine möglichst hohe Kapazität zu erhalten, muss

- die Plattenfläche möglichst groß sein,
- der Plattenabstand möglichst klein sein,
- ein Dielektrikum mit möglichst großer Dielektrizitätszahl ε_r verwendet werden.

Der Plattenkondensator hat in der Technik praktisch keine Bedeutung. Er wurde hier zur Erläuterung der Wirkungsweise eines Kondensators herangezogen. Das Schaltzeichen eines Kondensators leitet sich vom Plattenkondensator ab (Abb. 3.26).

3.3.5 Verwendungszweck von Kondensatoren

3.3.5.1 Stützen von Spannungen

Ein Kondensator kann elektrische Ladung speichern. Wird er parallel zu einem Verbraucher geschaltet, der aus einer Spannungsquelle kurzzeitige, sprungartige (*impulsförmige*) Ströme entnimmt, so kann der Kondensator die Spannungsquelle beim Aufrechterhalten der Spannung unterstützen. Der Kondensator wird dann nach seinem Einsatzzweck **Stützkondensator**, **Entkopplungskondensator** oder **Abblock-Kondensator** genannt.

In der Praxis ist dies vor allem in der Digitaltechnik (z. B. in Computerschaltungen) von Bedeutung. Dort werden Spannungen sehr schnell ein- und ausgeschaltet. Diese schnellen Umschaltvorgänge im Nanosekunden-Bereich bilden die „Ja"/„Nein"-Entscheidungen, auf deren Basis jeder Computer arbeitet. *Während* des Umschaltens fließt durch die elektronischen Schaltglieder (Feldeffekttransistoren) technologisch bedingt ein relativ hoher Strom. Damit die Spannung an den Schaltgliedern bei den Stromspitzen der Umschaltvorgänge nicht zu sehr „einbricht" (unzulässig klein wird), werden den elektronischen Bausteinen in ihrer unmittelbaren Nähe Stützkondensatoren zu ihrer Spannungsversorgung parallel geschaltet. Die Stützkondensatoren bilden einen „Puffer" für den kurzzeitig hohen Strombedarf der Schaltelemente.

Das Schaltbild in Abb. 3.27 soll den Einsatz eines Abblockkondensators erläutern.

Der in Abb. 3.27 als Kasten gezeichnete elektronische Schalter ist in Wirklichkeit ein elektronischer Baustein, dessen Aufbau im Moment nicht von Bedeutung ist. Versorgt

3.3 Der Kondensator

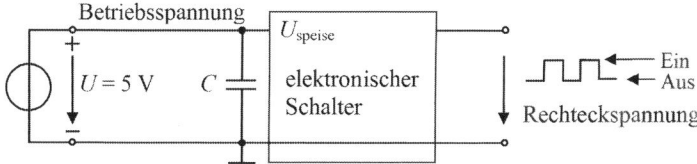

Abb. 3.27 Elektronischer Schalter für eine Spannung (Ein/Aus) mit Spannungsversorgung und Abblockkondensator „C"

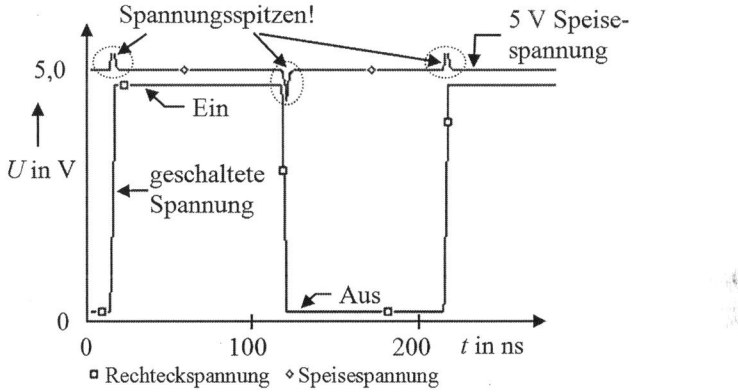

Abb. 3.28 Ohne Abblockkondensator hat die Speisespannung für den elektronischen Schalter Spitzen an den Flanken der umgeschalteten Spannung

wird der elektronische Schalter von einer Spannung U mit 5 V. Am Eingang in unmittelbarer Nähe des elektronischen Schalters ist der Abblockkondensator C gezeichnet.

Am Ausgang des elektronischen Schalters wird eine umgeschaltete Spannung zwischen 0 V (Aus) und ca. 5 V (Ein) ausgegeben. Ein solches Signal wird **Rechteckspannung** genannt.

Die am Versorgungseingang des elektronischen Schalters anliegende Spannung U_{speise} wird in Abb. 3.28 gezeigt, falls der Abblockkondensator fehlt, und in Abb. 3.29, falls der Abblockkondensator vorhanden ist.

Da die Speisespannung (Betriebsspannung) des elektronischen Schalters einen bestimmten Wert (z. B. 4,75 V) nicht unterschreiten darf, können Einbrüche von U_{speise} zu einem Fehlverhalten des elektronischen Schalters (Störung der Rechteckspannung) führen. Dies wird durch den Abblockkondensator verhindert.

3.3.5.2 Glättung von Spannungen

Wie in Abschn. 3.3.5.1 dargestellt, kann eine Spannungsquelle durch eine hohe Stromentnahme in ihrem Wert einbrechen (bei Kurzschluss wäre die Spannung 0 Volt). Ein Stützkondensator kann diese kurzzeitigen Spannungseinbrüche verkleinern.

Abb. 3.29 Mit Abblockkondensator sind die Störungen der Speisespannung viel kleiner

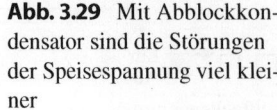

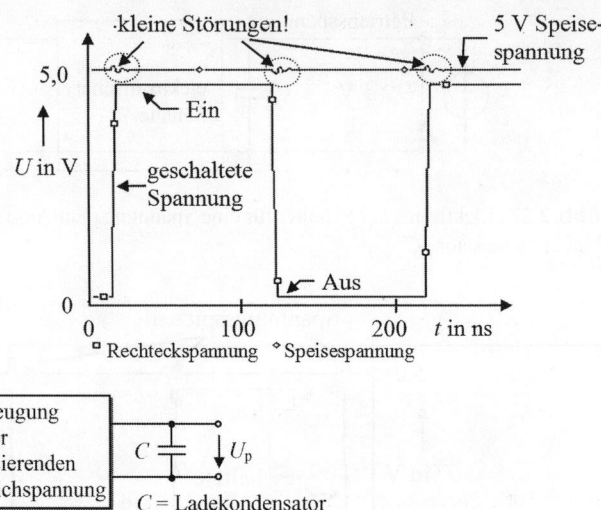

C = Ladekondensator

Abb. 3.30 Erzeugung einer pulsierenden Gleichspannung durch Gleichrichten einer Wechselspannung, mit Ladekondensator zur Glättung der Spannung

Eine Gleichspannung kann aber auch aus anderen Gründen mit Störungen behaftet, also nicht konstant sein.

Bei der Herstellung von Gleichspannung aus Wechselspannung entsteht eine so genannte *pulsierende Gleichspannung* U_p. Sie wird durch Gleichrichten aus einer Wechselspannung gewonnen. Bei diesem Vorgang werden durch geeignete Bauelemente alle negativen Halbwellen der sinusförmigen Eingangsspannung an der Abszisse (der Zeitachse) nach oben in den positiven Spannungsbereich gespiegelt, sie werden sozusagen nach oben geklappt. Die Gleichrichtung wird in Abschn. 18.12.1 (Gleichrichtung von Wechselspannungen) besprochen.

Ein Kondensator wird durch die pulsierende Gleichspannung aufgeladen und versucht, deren Spannungsschwankungen auszugleichen. Dies gelingt umso **besser, je höher die Kapazität** des Kondensators ist, und **je kleiner die Stromentnahme** durch eine angeschlossene Last ist. Der Kondensator wird nach seinem Verwendungszweck als **Ladekondensator** oder **Glättungskondensator** bezeichnet. Die schematische Darstellung einer Schaltung zur Erzeugung einer pulsierenden Gleichspannung mit Ladekondensator zeigt Abb. 3.30. Der zeitliche Verlauf der Spannungen ohne und mit zwei unterschiedlich großen Ladekondensatoren ist in Abb. 3.31 dargestellt.

3.3.5.3 Trennen von Gleich- und Wechselspannung

Liegt an einem Kondensator eine Gleichspannung, so fließt im Stromkreis kein Strom, wenn der Kondensator aufgeladen ist. Für eine am Kondensator liegende Wechselspannung gilt dies nicht.

3.3 Der Kondensator

Abb. 3.31 Eine pulsierende Spannung wird durch einen Ladekondensator geglättet, C_2 ist größer als C_1

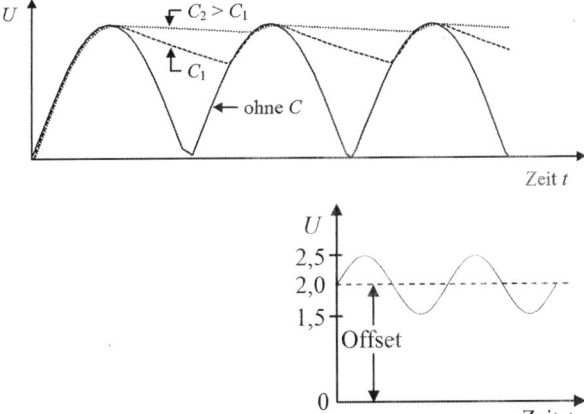

Abb. 3.32 Wechselspannung mit Offset

▶ **Ein Kondensator lässt Wechselspannung durch, im Stromkreis fließt ein Wechselstrom.**

Die Eigenschaft eines Kondensators, Gleichspannung zu sperren und Wechselspannung durchzulassen, wird hier für die technische Anwendung zur Trennung von Gleich- und Wechselspannung betrachtet.

Eine Wechselspannung, welche einer Gleichspannung überlagert (sozusagen „aufgesetzt") ist, wird Wechselspannung mit **Offset** (= Versatz) genannt. Der Offset entspricht der Höhe der Gleichspannung. Eine solche Spannung wird als *Mischspannung* bezeichnet. Ein Beispiel einer solchen Spannung zeigt Abb. 3.32.

Die Höhe einer halben Schwingung einer Wechselspannung wird als Amplitude bezeichnet. In Abb. 3.32 ist eine Wechselspannung mit einer Amplitude von 0,5 V und einer Offsetspannung von 2,0 V gezeigt. Soll die Wechselspannung von der Gleichspannung getrennt werden, so wird der Wechselspannung mit Offset ein Kondensator in Reihe geschaltet (Abb. 3.33).

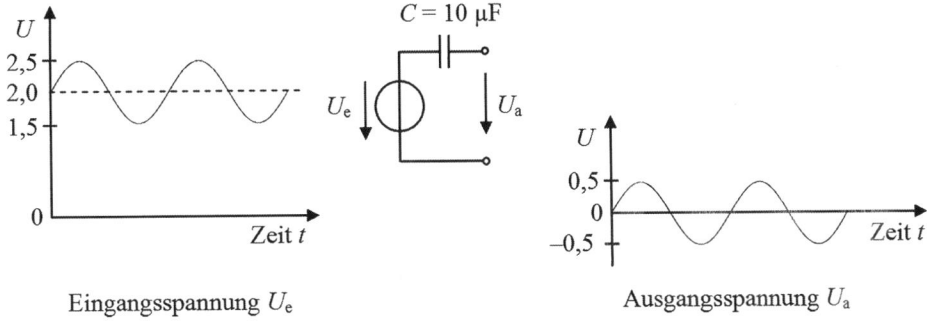

Eingangsspannung U_e Ausgangsspannung U_a

Abb. 3.33 Nach dem Kondensator steht reine Wechselspannung (ohne Gleichspannungsanteil) zur Verfügung

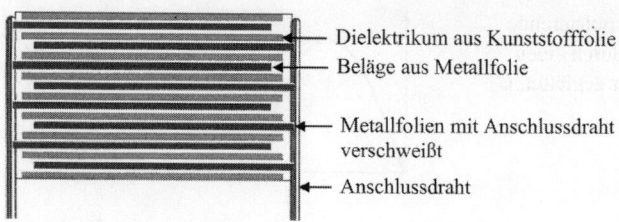

Abb. 3.34 Aufbau eines Kunststoff-Folienkondensators

3.3.5.4 Entstörung mittels Kondensatoren

Kondensatoren werden zur Funkentstörung eingesetzt. Sie schließen die sich über das Stromversorgungsnetz ausbreitenden, hochfrequenten Störungen von elektrischen Maschinen kurz. In einer elektrischen Bohrmaschine ist z. B. ein Entstörkondensator eingebaut. Ohne diesen könnte die Bohrmaschine bei Betrieb den Rundfunk- oder Fernsehempfang eines Nachbarn stören.

3.3.6 Kondensator als Bauelement

3.3.6.1 Festkondensatoren

Kondensatoren gibt es mit Kapazitätswerten von ca. 1 pF bis zu einigen Farad. Die Beläge und das Dielektrikum von Kondensatoren sind entsprechend unterschiedlich ausgeführt.

Die Kapazität eines Kondensators ist abhängig von der Größe der sich gegenüberstehenden metallischen Flächen und von deren Abstand. Kondensatoren mit großen Kapazitätswerten würden in dieser Bauweise als Plattenkondensator viel Raum beanspruchen. Der Plattenkondensator dient nur als ein Modell in der Lehre, als praktische Ausführung spielt er keine Rolle.

In der Praxis sind Kondensatoren z. B. als **Folienkondensatoren** (Wickelkondensatoren) aufgebaut. Zwischen zwei langen Streifen dünner Metallfolien liegt ein isolierender Streifen paraffinierten Papiers oder eine Kunststoff-Folie. Mit einem weiteren Isolierstreifen unter diesen Lagen wird das Ganze zu einem Wickel zusammengerollt. Der Wickel wird mit Vergussmasse oder mit einer Kunststoffschicht umpresst. Die beiden leitenden Metallflächen können auch durch auf die Isolierfolien aufgedampftes Aluminium gebildet werden. Diesen Aufbau von Kondensatoren zeigt Abb. 3.34. Die Anschlüsse der Beläge werden als Drähte axial oder radial herausgeführt (Abb. 3.35).

Als Kunststoffe werden am häufigsten Polystyrol, Polypropylen und Polycarbonat verwendet.

Kunststoff-Folienkondensatoren werden mit Kapazitätswerten von ca. 10 pF bis 10 µF hergestellt.

Für Hochfrequenzanwendungen haben gewickelte Kondensatoren einige Nachteile, die in der Bauweise begründet sind. Man verwendet dann **Keramikkondensatoren**. Das Dielektrikum dieser Kondensatoren besteht aus Keramik, worauf Silber als Beläge aufge-

3.3 Der Kondensator

Abb. 3.35 Kunststoff-Kondensatoren mit axialen (**a**) und radialen Anschlussdrähten (**b**)

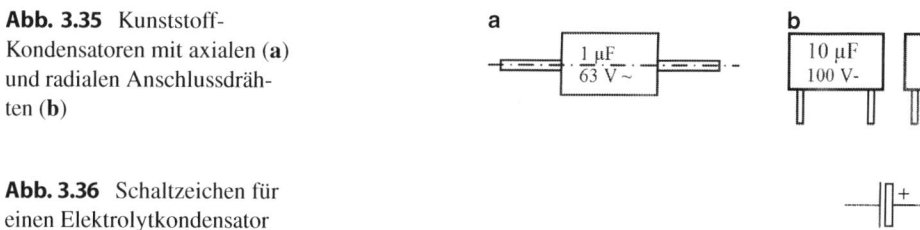

Abb. 3.36 Schaltzeichen für einen Elektrolytkondensator

brannt ist. Die Kapazitätswerte sind sehr konstant und liegen zwischen ca. 1 pF und 50 nF. Keramikkondensatoren gibt es als flache, rechteckige oder runde Scheibenkondensatoren.

Die bisher beschriebenen Kondensatoren sind ungepolte Kondensatoren und können an Wechselspannung oder Gleichspannung betrieben werden.

Elektrolytkondensatoren besitzen einen großen Kapazitätswert bei kleiner Baugröße. Sie werden kurz als **Elko** bezeichnet. Es sind **gepolte** Kondensatoren. Sie enthalten einen *Elektrolyten*, z. B. eine eingedickte, elektrisch leitende Flüssigkeit. Ein Aluminium-Elektrolytkondensator enthält einen Wickel aus zwei Aluminiumfolien und zwei mit einem Elektrolyten getränkte Papierstreifen. Eine der beiden Aluminiumfolien ist oxidiert, die dünne, nicht leitende Oxidschicht bildet das Dielektrikum. Das Aluminium der oxidierten Aluminiumfolie bildet den einen Belag, der andere wird vom Elektrolyten gebildet. Die nicht oxidierte Aluminiumfolie dient als Zuleitung zum Elektrolyten.

Ein Elektrolytkondensator muss so angeschlossen werden, dass der Pluspol der Gleichspannung an der oxidierten Folie anliegt. Würde diese am Minuspol angeschlossen, so würden die schwachen Ströme durch das Dielektrikum die Oxidschicht zerstören.

▶ **Elektrolytkondensatoren können nur an Gleichspannung oder an Wechselspannung mit überwiegendem Gleichspannungsanteil (Offset) betrieben werden. Beim Anschluss von Elektrolytkondensatoren ist auf richtige Polung zu achten.**

Die Polung ist meist auf dem Gehäuse angegeben.

Bei Tantal-Elektrolytkondensatoren ist der Elektrolyt Mangandioxid. Da der Elektrolyt nicht nass, sondern fest ist, zeichnen sich diese Kondensatoren durch sehr hohe Lebensdauer, kleinste Abmessungen bei großer Kapazität und niedrigen Serienwiderstand aus.

Der Kapazitätswert, der maximal erlaubte Spannungswert und bei Elkos die Polarität sind oft auf das Gehäuse des Kondensators aufgedruckt oder durch einen Farbcode angegeben. Das Schaltsymbol für einen Elko zeigt Abb. 3.36.

3.3.6.2 Veränderbare Kondensatoren

Veränderbare Kondensatoren werden als Drehkondensatoren und als Trimmkondensatoren gebaut. Sie bestehen aus zwei halbkreisförmigen Plattenpaketen mit Luft oder Kunststoff-Folie als Dielektrikum. Ein bewegliches Plattenpaket kann durch Drehen an

Abb. 3.37 Schaltzeichen für Drehkondensator (**a**) und Trimmkondensator (**b**)

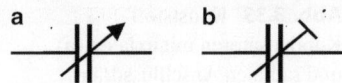

einer Achse (beim Drehkondensator) oder an einer Einstellschraube (beim Trimmer) vollkommen in das fest stehende Plattenpaket hinein- oder herausgedreht werden (siehe auch Abb. 15.27). Der Drehwinkel beträgt 180°. Die dabei erreichbare Kapazitätsänderung beträgt maximal einige zehn pF (Picofarad).

Drehkondensatoren wurden früher in der Rundfunktechnik zur Senderabstimmung benutzt. Trimmkondensatoren werden zur Einstellung oder zum Ausgleich von Kapazitäten in Schaltungen benötigt. Die Schaltzeichen sind in Abb. 3.37 dargestellt.

3.3.7 Kenngrößen von Kondensatoren

3.3.7.1 Nennspannung
Neben der Kapazität ist die **maximale Betriebsspannung** eine wichtige charakteristische Größe eines Kondensators. Die Nenngleichspannung U_N ist die maximale Spannung, welche dauernd an einem Kondensator anliegen darf.

Jedes Dielektrikum hat nur eine begrenzte Isolationsfähigkeit, der Isolationswiderstand ist nicht unendlich groß (bei Bauelementen im Bereich von einigen Gigaohm). Wird z. B. bei einem Plattenkondensator mit Luft als Dielektrikum die Spannung zu groß, so erfolgt ein Funkenüberschlag zwischen den Platten. Bei festem Dielektrikum würde ein Spannungsdurchschlag erfolgen, der den Kondensator zerstören kann.

Die Nennspannung von Kondensatoren reicht von wenigen Volt bis zu über 1000 Volt.

3.3.7.2 Kapazitätstoleranz
Herstellungsbedingt kann die Kapazität eines Kondensators je nach Kondensatortyp von seinem Nennwert um $\pm 1\,\%$ bis $\pm 20\,\%$ (und mehr) abweichen.

3.3.7.3 Kapazitätsänderung
Die Kapazität eines Kondensators hängt von dessen Arbeitstemperatur ab. Je nach Aufbau und Technologie des Kondensators ändert sich seine Kapazität im Bereich von $-40\,°C$ bis $+100\,°C$ um ca. $\pm 1\,\%$ bis $\pm 10\,\%$.

3.3.7.4 Ersatzschaltbild
Der endliche Isolationswiderstand des Dielektrikums wird durch einen ohmschen Widerstand R_i parallel zum idealen Kondensator berücksichtigt. R_i ist so groß, dass er meist vernachlässigt werden kann. Zuleitungs- und Kontaktierungswiderstände bilden den Serienwiderstand R_S (Abb. 3.38).

Abb. 3.38 Ersatzschaltbild eines realen Kondensators mit Serien- und Isolationswiderstand

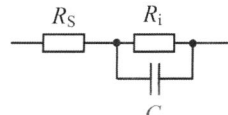

3.3.8 Elektrisches Feld

Zu einem vertieften Verständnis der ladungsbedingten Vorgänge in einem Kondensator verhilft der Begriff des elektrischen Feldes.

Elektrische Ladungen üben aufeinander Kräfte aus. Gleichartige Ladungen stoßen sich ab, verschiedenartige Ladungen ziehen sich an. Eine kugelförmige Ladung mit verschwindend kleinem Radius bezeichnet man als *Punktladung*. Eine kleine Ladung Q wird auch als *Probeladung* (Testladung) bezeichnet. Die Kraft, die zwei Punktladungen Q_1 und Q_2 mit dem gegenseitigen Abstand r aufeinander ausüben, beträgt nach dem *Coulomb'schen Gesetz*:

$$F = \frac{Q_1 \cdot Q_2}{4 \cdot \pi \cdot \varepsilon_0 \cdot \varepsilon_r \cdot r^2} \qquad (3.14)$$

Der **Zustand** eines Raumes, in dem durch Ladungen hervorgerufene Kräfte wirken, wird als **elektrisches Feld** bezeichnet. Wird das elektrische Feld von einer *ruhenden* Ladung erzeugt, so wird es *elektrostatisches* Feld genannt. Ein elektrostatisches Feld ist stationär, also zeitlich unveränderlich. In der *Elektrodynamik* werden auch elektrische Felder berücksichtigt, die durch zeitlich *veränderliche* Magnetfelder verursacht werden.

Allgemeine Definition des Feldbegriffes, z. B. elektrisches Feld, magnetisches Feld:

- Ein Feld beschreibt einen physikalischen Zustand innerhalb eines Raumes, allgemein in vier Dimensionen (drei Koordinaten der Richtungen x, y, z und die Zeit t).
- Der Zustand wird durch eine physikalische Feldgröße beschrieben, die jedem Punkt des Raumes zugeordnet ist.
- Die Gesamtheit aller Zustandswerte heißt Feld.
- Zu unterscheiden sind
  - Skalarfelder (nicht gerichtet), z. B. Potenzial φ
  - Vektorfelder (gerichtet), z. B. elektrische Feldstärke $\vec{E}$.

Zur anschaulichen Darstellung eines elektrischen Feldes werden gedachte Linien, die so genannten **Feldlinien** verwendet. Die Feldlinien sind *Kraftlinien*. Durch Pfeile gekennzeichnet geben sie an jeder Stelle des Feldes die Richtung der Kraft an, die auf eine positive Probeladung ausgeübt wird. Jede elektrische Feldlinie hat ihren Anfang bei einer positiven Ladung (Quelle) und endet bei einer negativen Ladung (Senke). Das elektrische Feld ist ein *Quellenfeld*. Mit den Feldlinien wird aber in jedem Raumpunkt nicht nur die Richtung, sondern durch ihre Dichte auch die Größe der Kraftwirkung angegeben.

Abb. 3.39 Elektrisches Feld im Plattenkondensator

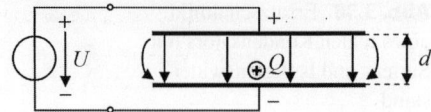

Je enger die Feldlinien beieinander liegen, desto größer ist die auf eine Probeladung im elektrischen Feld ausgeübte Kraft (desto stärker ist das Feld).

Da das elektrische Feld nicht nur eine Stärke, sondern auch eine Richtung hat, ist es ein *Vektorfeld*. Jedem Punkt des Raumes wird ein Feldstärkevektor $\vec{E}$ zugeordnet. Wie die Kraft $\vec{F}$ ist auch die elektrische Feldstärke eine gerichtete Größe, die durch einen Vektor (mit Betrag und Richtung) dargestellt werden kann. Die auf eine Probeladung Q in einem elektrischen Feld ausgeübte Kraft F ist proportional zur Größe der Probeladung. Es gilt also $F \sim Q$. Mit der elektrischen Feldstärke E als Proportionalitätskonstanten können wir auch schreiben:

$$F = E \cdot Q \tag{3.15}$$

Aus der auf eine Probeladung ausgeübten Kraft erhalten wir somit die Definitionsgleichung der elektrischen Feldstärke.

$$E = \frac{F}{Q} \tag{3.16}$$

bzw. in vektorieller Form

$$\vec{E} = \frac{\vec{F}}{Q} \tag{3.17}$$

mit der Einheit

$$[E] = \frac{\text{V}}{\text{m}} \tag{3.18}$$

Die elektrische Ladungsverteilung, die ein elektrisches Feld erzeugt, kann z. B. durch eine Spannungsquelle hervorgerufen werden. Dieses Prinzip wird beim Kondensator angewendet. Zwischen den Platten eines Plattenkondensators ist das elektrische Feld *homogen* (konstant), es hat überall die gleiche Größe und die gleiche Richtung. Der Abstand der Feldlinien und die Richtung der Feldlinienpfeile sind in Abb. 3.39 zwischen den Platten des Kondensators gleich. Am Rande der Platten sind die Feldlinienpfeile gebogen, das elektrische Feld ist dort *inhomogen* (ortsabhängig).

Wird eine Probeladung Q von der negativen (unteren) Platte zur positiven (oberen) Platte gebracht, so muss die Kraft $F = E \cdot Q$ aufgebracht werden. Beim Plattenabstand d beträgt die aufzuwendende Energie (entsprechend „Arbeit = Kraft mal Weg"): $W = F \cdot d = E \cdot Q \cdot d$. Nach Gl. 2.5 gilt auch $W = U \cdot Q$. Durch Gleichsetzen und Umstellen folgt:

$$E = \frac{U}{d} \tag{3.19}$$

Die elektrische Feldstärke im Plattenkondensator wird also mit zunehmender Spannung größer und mit zunehmendem Plattenabstand kleiner.

Materie im elektrischen Feld

Wir haben bisher angenommen, dass sich zwischen den Platten Vakuum bzw. Luft befindet. Wir wollen jetzt das elektrische Feld betrachten, wenn es Materie durchsetzt.

Die Ladungsträger unterschiedlicher Polarität, die sich über beide Kondensatorplatten mit der jeweiligen Fläche A verteilen, sind gedanklich über eine Linie miteinander verbunden. Die Dichte der Linien entspricht der elektrischen **Flussdichte** D. Diese wird auch **Flächenladungsdichte** genannt, sie wurde früher als *Verschiebungsflussdichte* oder *Verschiebungsdichte* bezeichnet. Die Flussdichte D beschreibt die ladungstrennende Wirkung des elektrostatischen Feldes. D ist gegeben durch die Ladung pro Fläche und ist ein Maß dafür, wie stark ein elektrisches Feld eine Fläche durchsetzt.

$$D = \frac{Q}{A} \tag{3.20}$$

Die Einheit ist:
$$[D] = \frac{\text{A} \cdot \text{s}}{\text{m}^2} \tag{3.21}$$

Gl. 3.20 gilt nur im homogenen elektrischen Feld. Die elektrische Flussdichte ist wie die elektrische Feldstärke eine vektorielle Größe.

Die elektrische Feldstärke E ist durch die *Potenzialverteilung* (durch die Spannung) gegeben. Die elektrische Flussdichte D ist durch die *Ladungsverteilung* gegeben. Wie Untersuchungen zeigen, sind in fast allen Stoffen die beiden Größen E und D zueinander proportional: $E \sim D$. Dieser Zusammenhang zwischen E und D ist durch eine Materialkonstante der sich zwischen den Platten des Kondensators befindlichen Materie gegeben, der **Dielektrizitätszahl** (*relativen Permittivität*) ε_r. Sinnbildlich gesprochen gibt ε_r an, wie gut ein Material das elektrische Feld „leitet". Mit der Proportionalitätskonstanten ε_r ist die elektrische Flussdichte:

$$D = \varepsilon_0 \cdot \varepsilon_r \cdot E \tag{3.22}$$

Aus diesen Zusammenhängen ergibt sich die Formel für die Kapazität eines Plattenkondensators mit Dielektrikum.

$$Q = D \cdot A = \varepsilon \cdot E \cdot A = \varepsilon \cdot \frac{U}{d} \cdot A = \underbrace{\varepsilon \cdot \frac{A}{d}}_{C} \cdot U = C \cdot U \quad \text{mit} \quad \varepsilon = \varepsilon_0 \cdot \varepsilon_r$$

Befinden sich zwei verschiedene Materialien in einem elektrischen Feld, so *beginnen und enden Feldlinien an den Grenzflächen zwischen den beiden Stoffen*. Dies bedeutet, dass sich die elektrische **Feldstärke** E an den Grenzflächen **sprunghaft** ändern kann. Die elektrische **Flussdichte** D bleibt jedoch über die Grenzfläche hinweg **konstant**.

3.3.9 Zusammenfassung: Der Kondensator

1. Ein Kondensator besteht aus zwei sich gegenüberstehenden, leitenden Flächen.
2. Ein Kondensator speichert elektrische Ladung. Er wird durch Gleichspannung geladen.
3. Die Kapazität eines Kondensators wird in Farad ($F = s/\Omega$) angegeben.
4. Ein Dielektrikum erhöht die Kapazität eines Kondensators.
5. Ein Kondensator sperrt Gleichspannung (nach dem Aufladen).
6. Ein Kondensator lässt Wechselspannung umso besser durch, je höher die Frequenz ist.
7. Kondensatoren werden zum Stützen und Glätten von Gleichspannungen, zur Trennung von Gleich- und Wechselspannung und zur Entstörung benutzt.
8. Den Kondensator als Bauteil kann man in feste und veränderbare Kondensatoren einteilen.
9. Es gibt ungepolte und gepolte Kondensatoren. Elektrolytkondensatoren (Elkos) sind gepolte Kondensatoren, bei Anschluss an eine Gleichspannung ist auf richtige Polung zu achten.
10. Im elektrischen Feld werden auf Ladungen Kräfte ausgeübt.
11. In einem *homogenen* (elektrischen oder magnetischen) Feld ist das Feld in jedem Punkt gleich stark und hat die gleiche Richtung. Der Abstand der Feldlinien ist überall gleich groß, die Feldlinien sind gerade und ihre Richtungspfeile alle gleich gerichtet. Bei einem *inhomogenen* Feld sind Stärke und Richtung des Feldes abhängig vom Ort. Die Feldlinien sind gekrümmt, haben unterschiedlichen Abstand voneinander und sie wirken in unterschiedliche Richtungen.

3.4 Die Spule

Um die Wirkungsweise einer Spule zu verstehen, sind Grundkenntnisse des Magnetismus und des magnetischen Feldes erforderlich.

3.4.1 Grundlagen des Magnetismus

Ein **Magnet** ist ein Stahlstück, welches Eisen und Stahl anzieht. Die Anziehungskraft heißt **Magnetismus**. Die zu den Metallen gehörenden Elemente Eisen, Nickel und Kobalt zeigen deutliche magnetische Eigenschaften. Der Magnetismus dieser Stoffe wird daher Ferromagnetismus (von lat. ferrum = Eisen) genannt, die Stoffe sind ferromagnetisch. Im Gegensatz hierzu sind z. B. Kupfer und Aluminium keine magnetischen Stoffe.

Außer natürlichen Magneten (Eisenerzstücke) gibt es künstlich hergestellte Magnete aus Stahl oder bestimmten Legierungen in Form von z. B. Stabmagneten, Hufeisenmagneten oder Magnetnadeln.

3.4 Die Spule

Magnete üben aufeinander anziehende und abstoßende Kräfte aus. Ähnlich wie bei der elektrischen Ladung gibt es zwei Pole, **Nordpol** und **Südpol**. Die **Pole** eines Magneten sind die Gebiete der stärksten Anziehung bzw. Abstoßung an den beiden Enden des Magneten.

Nähert man einander gleichnamige Pole (Nordpol, Nordpol oder Südpol, Südpol) zweier Magneten, so stellt man abstoßende Kräfte fest. Werden ungleichnamige Pole zweier Magneten einander genähert (Nord- und Südpol), so erhält man anziehende Kräfte. Die Kräfte der Anziehung bzw. Abstoßung werden umso größer, je kleiner der Abstand zwischen den Polen ist.

Da die Erde selbst ein Magnet ist, richtet sich ein drehbar gelagerter Magnet (z. B. eine Magnetnadel auf einer Spitze ruhend, eine Kompassnadel) mit seinem magnetischen Nordpol in Richtung des geografischen Nordpols aus. Der geografische Nordpol ist somit der magnetische Südpol.

Nähert man einem Magneten ein Eisenstück, so wird dieses selbst zu einem Magneten. Dies wird als **magnetische Influenz** bezeichnet.

Erreicht der Magnetismus eines Magneten eine bestimmte Stärke, so kann er durch weiteres Magnetisieren nur noch wenig oder gar nicht mehr verstärkt werden. Der Magnet ist dann gesättigt.

Die Ursache der magnetischen Wirkung eines Stoffes liegt in dessen speziellem Aufbau. Der Kreisstrom der Elektronen erzeugt ein magnetisches Kraftfeld. Heben sich bei einem Atom die magnetischen Einzelfelder aus Bahnumlauf und Eigendrehung der Elektronen (Spin) nicht gegenseitig auf, so besitzt das Atom nach außen ein magnetisches Gesamtfeld. Das Atom stellt dann einen **Elementarmagneten** dar. Somit kann man sich die Atome eines magnetischen Werkstoffes als kleine Dauermagnete vorstellen.

In den „**Weiss'schen Bezirken**"[4] (magnetischen Domänen) sind tausende Elementarmagnete durch bestimmte innere Kräfte (Anisotropie- und Austauschkräfte) gleich ausgerichtet (Abb. 3.40). Die Größe der Weiss'schen Bezirke beträgt einige μm bis etliche mm. Die Übergangszonen zwischen den Weiss'schen Bezirken werden als **Blochwände**[5] bezeichnet. Ist ein Material nicht magnetisiert, so weisen die Ausrichtungen der Weiss'schen Bezirke in unterschiedliche Richtungen, die magnetischen Kräfte heben sich gegenseitig auf (Abb. 3.41a).

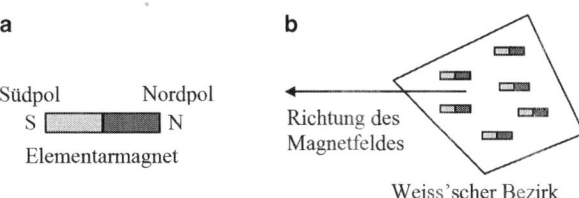

Abb. 3.40 Elementarmagnet (**a**, schematisch) und Weiss'scher Bezirk (**b**) eines ferromagnetischen Materials mit in gleiche Richtung ausgerichteten Elementarmagneten

---

[4] Pierre-Ernest Weiss (1865–1940), französischer Physiker.
[5] Felix Bloch (1905–1983), geborener Schweizer, amerikanischer Physiker.

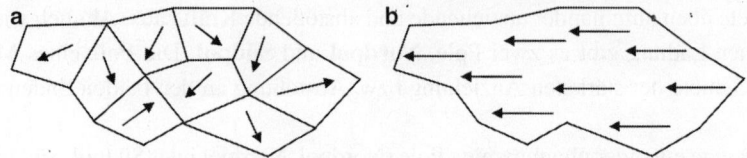

Abb. 3.41 Weiss'sche Bezirke eines nicht magnetisierten, ferromagnetischen Materials. Die *Pfeile* deuten die gleiche Ausrichtung der Elementarmagnete in einem Weiss'schen Bezirk an (**a**). Weiss'sche Bezirke nach der Magnetisierung des Materials (**b**)

Wird Eisen magnetisiert, so werden die Blochwände nach außen verschoben, die Weiss'schen Bezirke richten sich alle in gleiche Richtung aus und ergeben einen starken Magnetismus (Abb. 3.41b). Aus einer vollständigen Ausrichtung aller Weiss'schen Bezirke ist auch die Sättigung eines Magneten erklärlich.

Aus dem stofflichen Aufbau als Ursache der magnetischen Wirkung ist auch folgende Aussage verständlich: Es gibt keine magnetischen Einzelpole, sondern nur vollständige Magnete mit Nord- und Südpol (magnetische Dipole). Die kleinsten Dipole eines Magneten nennt man Elementarmagnete.

Das **Magnetfeld** ist **quellenfrei**, d. h. es gibt keine magnetischen Ladungen. Während ein elektrischer Dipol in zwei freie, ungleichnamige elektrische Ladungen zerlegt werden kann, ist es unmöglich, einen magnetischen Dipol in freie Pole aufzuspalten. Beim Magnetismus gibt es auch keinen Leitungsvorgang, der mit dem Transport von Ladung, wie beim elektrischen Strom, verglichen werden könnte. Die magnetische Wirkung beruht auf der kreisförmigen Bewegung der Elektronen, den „Elementarströmen". Auch in der Umgebung eines stromdurchflossenen Leiters ist stets eine magnetische Kraftwirkung feststellbar.

Der Raum, in dem magnetische Kräfte wirksam sind, heißt **magnetisches Feld** oder Magnetfeld. Zur Veranschaulichung eines Magnetfeldes benutzt man den Begriff der **magnetischen Feldlinie**. Dies sind **gedachte** Linien, entlang derer magnetische Kräfte wirken (Kraftlinien). Richtung und Dichte der Magnetfeldlinien treffen eine Aussage über magnetische Kräfte. Je dichter die Feldlinien sind, desto größer ist die magnetische Kraft, welche in Richtung einer Feldlinie wirkt. Willkürlich festgelegt wurde: Die Feldlinien verlaufen **außerhalb** eines Magneten vom Nordpol (Austritt) zum Südpol (Eintritt, **Südpol wie Senke**). Im inneren eines Magneten ist die Richtung der Feldlinien vom Süd- zum Nordpol. **Magnetische Feldlinien sind stets in sich geschlossene Linien.** Das Magnetfeld ist ein **Wirbelfeld** (stets geschlossene Feldlinien wie ein Wirbel). Im Gegensatz dazu ist das **elektrostatische Feld** ein **Quellenfeld**, die elektrischen Feldlinien beginnen auf positiven Ladungen und enden auf negativen Ladungen. Abb. 3.42 zeigt Beispiele von Feldlinienbildern. Im Inneren eines Stabmagneten ist das Magnetfeld *homogen*, die *Feldlinien* sind *äquidistant* und *gerade*. Außerhalb ist das Magnetfeld *inhomogen*, die *Feldlinien* haben *unterschiedlichen Abstand* und sind *gebogen*. Zwischen den Schenkeln eines Hufeisenmagneten ist das Magnetfeld homogen, im Außengebiet inhomogen.

3.4 Die Spule

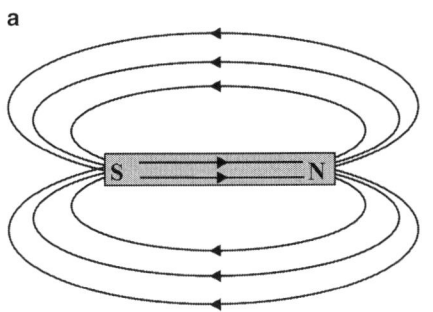
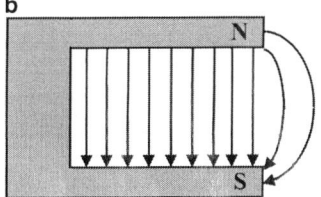

homogenes (gleichmäßiges) Feld zwischen den Schenkeln (parallele Feldlinien)

Abb. 3.42 Feldlinienbilder eines Stabmagneten (**a**) und eines Hufeisenmagneten (**b**)

3.4.2 Zusammenfassung: Grundlagen des Magnetismus

1. Ferromagnetische Stoffe zeigen deutliche magnetische Eigenschaften.
2. Es gibt zwei Arten magnetischer Pole, den Nordpol und den Südpol.
3. Gleichnamige magnetische Pole stoßen sich ab, ungleichnamige ziehen sich an (Kraftwirkung des Magnetismus).
4. Je kleiner der Abstand der magnetischen Pole ist, umso größer sind die magnetischen Kräfte.
5. Einzelne magnetische Pole gibt es nicht.
6. Die Kreisströme der Elektronen bilden Elementarmagnete. In den Weiss'schen Bezirken sind die Elementarmagnete in gleiche Richtung ausgerichtet.
7. Beim Magnetisieren werden viele Weiss'sche Bezirke in die gleiche Richtung ausgerichtet.
8. Das Magnetisieren eines ferromagnetischen Stoffes durch einen anderen Magneten nennt man magnetische Influenz.
9. Ein Magnetfeld ist ein Raum, in dem magnetische Kräfte wirksam sind. Die Kräfte werden durch gerichtete Feldlinien veranschaulicht.
10. Außerhalb eines Magneten verlaufen die Feldlinien vom Nord- zum Südpol, innerhalb eines Magneten vom Süd- zum Nordpol.
11. Magnetische Feldlinien sind stets in sich geschlossen.

3.4.3 Elektromagnetismus

Bewegte elektrische Ladung ruft stets ein Magnetfeld hervor. Ein gerader, stromdurchflossener Leiter ist von einem ringförmigen Magnetfeld umgeben. Die Richtung des Magnetfeldes ist von der Stromrichtung abhängig. Wenn der abgespreizte Daumen der rechten Hand in die *technische* Stromrichtung (von Plus nach Minus) zeigt, so zeigen die gekrümmten Finger, die den Leiter umschließen, in Richtung des Magnetfeldes (Abb. 3.43). Dies ist die **Rechte-Hand-Regel für Leiter**.

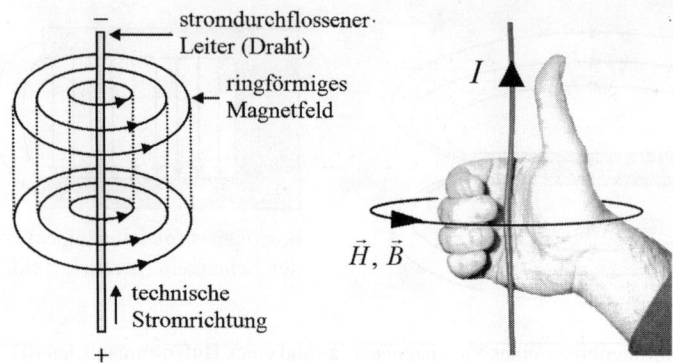

Abb. 3.43 Magnetfeld eines geraden, stromdurchflossenen Leiters

Der Leiter steht senkrecht zu der Ebene der konzentrischen, kreisförmigen Feldlinien. Die Richtung der Feldlinien kann man sich auch mit der *Schraubenregel* merken. Dreht man eine Schraube mit Rechtsgewinde (oder einen Korkenzieher) in Richtung des Stromes, so gibt die Drehrichtung die Richtung der Feldlinien an.

Das Magnetfeld ist in der Nähe des Leiters am stärksten und wird nach außen immer schwächer.

Die einzelnen Ringe in Abb. 3.43 stellen nur einen Ausschnitt des Magnetfeldes dar, welches den stromdurchflossenen Leiter umgibt. Eigentlich müsste man sich das Magnetfeld als unendlich viele konzentrische Zylinder vorstellen, welche den Leiter in seiner gesamten Länge umschließen. Je weiter man sich vom Leiter entfernt, umso schwächer ist die magnetische Kraftwirkung auf der Oberfläche eines dieser Zylinder.

Die Größe der Feldstärke H im senkrechten Abstand r vom Drahtmittelpunkt ist:

$$H = \frac{I}{2 \cdot \pi \cdot r} \qquad (3.23)$$

I = Stromstärke durch den Leiter,
r = Radius des Kreises um den Mittelpunkt des Leiters in einer Ebene senkrecht zum Leiter.

Bei einer zylinderförmigen Drahtspule überlagern sich die Magnetfelder der einzelnen Drahtwindungen. Dadurch entsteht im *Inneren* der Spule ein *homogenes* Magnetfeld mit parallelen Feldlinien (vorausgesetzt die Spule ist lang genug). Das Magnetfeld ist dem

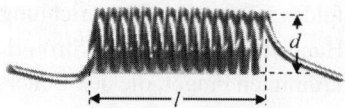

Abb. 3.44 Zur Definition von Länge und Durchmesser einer Spule

3.4 Die Spule

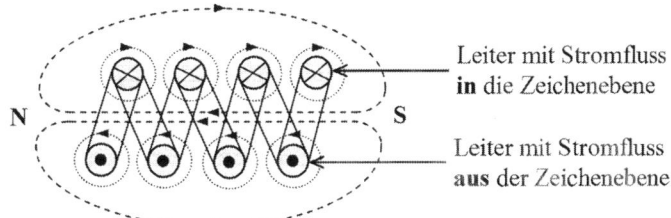

Leiter mit Stromfluss **in** die Zeichenebene

Leiter mit Stromfluss **aus** der Zeichenebene

Abb. 3.45 Schnitt durch eine stromdurchflossene Spule mit Magnetfeld

Abb. 3.46 Zur Richtung des Stromflusses in den Drähten einer Spule

a   b

eines Stabmagneten ähnlich (Abb. 3.45). Eine Spule ist „lang", wenn gilt:

$$l \geq 5 \ldots 10 \cdot d \tag{3.24}$$

l = Länge der Spule,
d = Durchmesser der Spule.

Abb. 3.44 zeigt eine Spule mit der Definition ihrer Abmessungen.

Die Darstellung des Stromflusses im Querschnitt eines Drahtes kann man sich mit folgender Hilfe merken:

Der Richtung des Stromflusses wird ein Pfeil zugeordnet.

Fließt der Strom aus der Zeichenebene heraus, so sieht man im Drahtquerschnitt die Pfeilspitze als Punkt auf sich zukommen, dies zeigt Abb. 3.46a. Fließt der Strom in die Zeichenebene hinein, so sieht man den Pfeil mit den gekreuzten Federn von hinten (Abb. 3.46b).

Die Richtung des Magnetfeldes der Zylinderspule kann statt mit der Überlagerung der Magnetfelder der einzelnen Drähte ganz einfach mit der **Rechte-Hand-Regel der Spule** angegeben werden. Wird eine Spule mit der rechten Hand so umfasst, dass die vier Finger

Abb. 3.47 Ermittlung der Magnetfeldrichtung im Inneren einer Spule

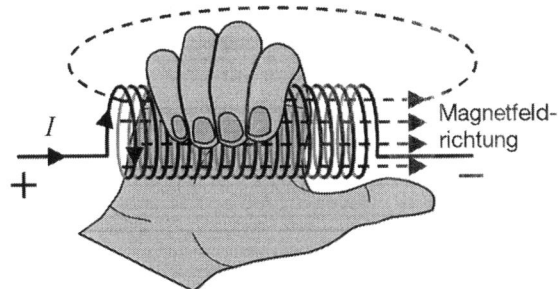

Abb. 3.48 Verlauf des Magnetfeldes einer langen Zylinderspule

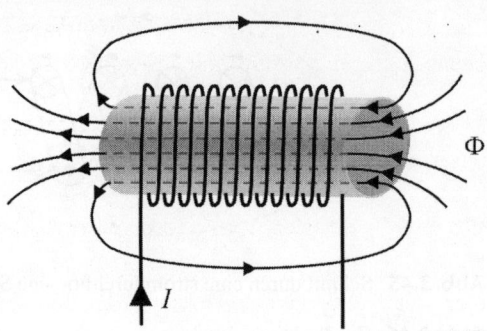

in die technische Stromrichtung in den Spulenwindungen zeigen, so zeigt der abgespreizte Daumen in Richtung der Feldlinien des Magnetfeldes im *Inneren* der Spule (Abb. 3.47).

Das Magnetfeld einer langen Zylinderspule zeigt Abb. 3.48. Im Außengebiet einer Spule ist das Magnetfeld inhomogen. Die Feldlinien sind gekrümmt, Stärke und Richtung des Feldes sind ortsabhängig.

3.4.4 Wirkungsweise der Spule

3.4.4.1 Magnetwirkung des Stromes

Eine Spule besteht aus mehreren Schleifen eines Leiters. Wird eine Spule von Gleichstrom durchflossen, so wird ein in der Nähe befindliches Eisenstück angezogen. Den Raum, in dem die magnetische Kraft wirkt, nennt man magnetisches Kraftfeld oder kurz **magnetisches Feld**.

▶ **Eine von Gleichstrom durchflossene Spule bildet einen Elektromagneten.**

Allgemein gilt: Bei jedem stromdurchflossenen Leiter kann in seiner Umgebung eine magnetische Wirkung beobachtet werden. Magnetismus ist stets eine Begleiterscheinung elektrischen Stromes.

Durchflutung

Die magnetische Wirkung einer Spule wird umso größer, je größer die Stromstärke ist und je mehr Windungen die Spule hat. Stromstärke mal Windungszahl nennt man **Durchflutung**.

$$\Theta = I \cdot N \tag{3.25}$$

Θ = Durchflutung in Ampere*windungen*,
I = Stromstärke in Ampere,
N = Windungszahl der Spule.

3.4 Die Spule

Das Einheitenzeichen für Amperewindungen ist „A", es darf nicht mit dem Einheitenzeichen „A" für die Stromstärke in Ampere verwechselt werden.

$$[\Theta] = \text{A} \tag{3.26}$$

Magnetische Feldstärke

Für die Stärke des Magnetfeldes ist nicht nur die Durchflutung, sondern auch die Länge des Feldes im Inneren der Spule maßgebend. Je länger die Spule ist, desto weiter liegen Nord- und Südpol voneinander entfernt und desto schwächer ist das Feld zwischen beiden Magnetpolen. Je kürzer das magnetische Feld und je größer die Durchflutung ist, desto größer ist die **magnetische Feldstärke**.

$$H = \frac{\Theta}{l} \tag{3.27}$$

H = magnetische Feldstärke in A/m,
Θ = Durchflutung in A (Amperewindungen),
l = Länge der Spule in m.

Magnetische Flussdichte

Für Spulen ist die **magnetische Flussdichte** eine wichtige Größe. Für eine Luftspule gilt:

$$B = \mu_0 \cdot H \tag{3.28}$$

B = magnetische Flussdichte in T = $\frac{\text{Vs}}{\text{m}^2}$ (Tesla),
μ_0 = magnetische Feldkonstante,
H = magnetische Feldstärke in A/m.

Die magnetische Flussdichte gibt die Wirkung eines Magnetfeldes an. Gl. 3.28 gilt nur für „lange" Spulen (siehe Gl. 3.24) ohne einem Kern aus ferromagnetischem Material, sie werden *Luftspulen* genannt. Die Konstante μ_0 wird als **magnetische Feldkonstante des leeren Raumes**, als **absolute Permeabilität** des leeren Raumes oder als **Induktionskonstante** bezeichnet. Ihr Zahlenwert ist:

$$\mu_0 = 4 \cdot \pi \cdot 10^{-7} \frac{\text{Vs}}{\text{Am}} \tag{3.29}$$

Die Einheit für die magnetische Flussdichte B ist **Tesla**[6] (T).

▶ **Das Einheitenzeichen für die magnetische Flussdichte ist „T", das Formelzeichen ist „B".**

---
[6] Nicola Tesla (1856–1943), kroatischer Physiker.

Ein Tesla ist definiert als: $1\,\text{T} = 1\,\frac{\text{Vs}}{\text{m}^2}$.

Bei Spulen mit ferromagnetischem Kern wird das Magnetfeld durch das Kernmaterial besser geleitet als durch Luft. Für die magnetische Flussdichte ergibt sich:

$$\underline{B = \mu_r \cdot \mu_0 \cdot H} \tag{3.30}$$

B = magnetische Flussdichte in T,
μ_r = Permeabilitätszahl,
μ_0 = magnetische Feldkonstante,
H = magnetische Feldstärke in A/m.

Die Permeabilität gibt an, wie gut ein Material das Magnetfeld „leitet". Die relative magnetische Permeabilität oder **Permeabilitätszahl** μ_r ist der Faktor, um den die magnetische Flussdichte durch das Kernmaterial (bei gleicher magnetischer Feldstärke) gegenüber dem Vakuum erhöht wird. Für Vakuum ist $\mu_r = 1$. Die Permeabilitätszahl μ_r ist einheitenlos. Für Luft gilt in sehr guter Näherung: $\mu_r = 1$ ($\mu_r = 1{,}000{.}000{.}35$).

Bei Spulen **mit** Kern ist der Zusammenhang zwischen der Flussdichte und der Feldstärke **nicht** linear, da die Permeabilitätszahl von der Feldstärke abhängt. Die Permeabilitätszahl ist also nur so lange eine Materialkonstante, solang zwischen Flussdichte und Feldstärke ein linearer Zusammenhang besteht.

Dies wird durch die Magnetisierungskurve (**Hystereseschleife**) von Eisen erklärt (Abb. 3.49).

Wird Eisen zum ersten Mal magnetisiert, so durchläuft die Funktion $B(H)$ die Kurve der ersten Magnetisierung (Neukurve) bis zur Sättigung (bis praktisch alle Weiss'schen Bezirke ausgerichtet sind). Dies ist bei der Flussdichte B_S der Fall. Wird anschließend die Feldstärke H auf null reduziert, so bleibt im Eisen eine bestimmte magnetische Flussdichte B_R erhalten, die **Remanenz** genannt wird. Das Eisen bleibt somit zu einem Teil magnetisch. Um die Remanenz zu beseitigen, muss eine Feldstärke mit umgekehrtem

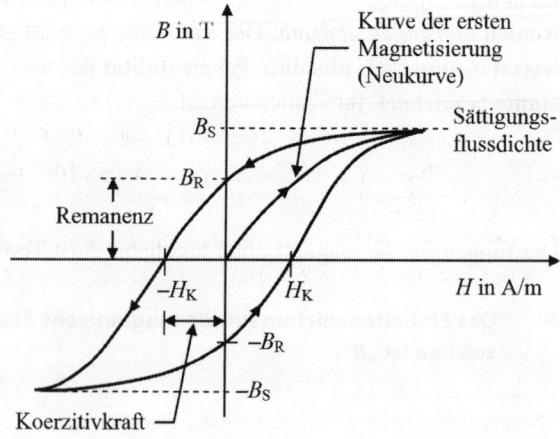

Abb. 3.49 Hystereseschleife eines ferromagnetischen Stoffes

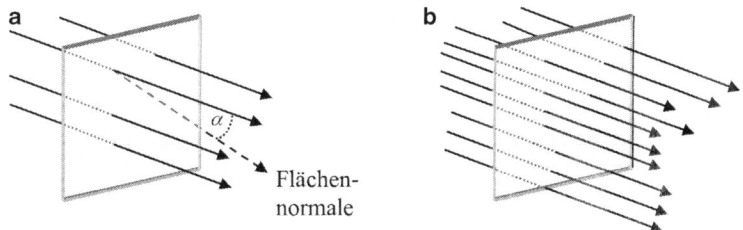

Abb. 3.50 Modellhafte Vorstellung des magnetischen Flusses (**a** klein, **b** groß)

Vorzeichen $-H_K$ (durch einen Strom in die umgekehrte Flussrichtung) erzeugt werden. Diese, zur vollständigen Entmagnetisierung erforderliche Feldstärke, nennt man **Koerzitivkraft** (des Eisens). Magnetisiert man in diese Richtung weiter, so erhält man bei $-B_S$ wieder die Sättigung, und über $-B_R$ wiederholt sich der Vorgang.

Durch das „Umdrehen" der Elementarmagnete entsteht Wärme (Ummagnetisierungsverluste). Die von der Hystereseschleife umschlossene Fläche ist ein Maß für die Höhe der Ummagnetisierungsverluste.

Bei Wechselstrom ändern sich Größe und Richtung periodisch, die Hystereseschleife wird bei Wechselstrom ständig durchlaufen.

In Metallteilen werden durch Magnetfeldänderungen Spannungen induziert, die durch den niedrigen Widerstand der Metallteile Kurzschlussströme bilden. Die Stromwege liegen dabei nicht genau fest, deshalb spricht man von **Wirbelströmen**. Um die Wärmeverluste durch Wirbelströme möglichst klein zu halten, werden bei Spulen und Transformatoren die Eisenkerne in gegenseitig isolierte Bleche unterteilt. Da Ferritkerne zwar magnetische Eigenschaften aufweisen, aber gleichzeitig Isolatoren darstellen, sind bei ihnen die Wirbelstromverluste sehr gering.

In einem Blech aus Kupfer oder Aluminium entstehen durch ein Magnetfeld Wirbelströme, die ein entgegengesetztes Magnetfeld erzeugen und das erste Magnetfeld aufheben. Dies wird zur **Abschirmung von Magnetfeldern** genutzt, um eine Spule vor unerwünschten Einflüssen eines Magnetfeldes zu schützen oder zu verhindern, dass das Magnetfeld einer Spule auf seine Umgebung einwirkt.

Magnetischer Fluss
Der magnetische Fluss Φ ist ein Maß dafür, wie stark ein Magnetfeld eine Fläche mit einem bestimmten Querschnitt durchsetzt. Denkt man sich das Magnetfeld in einzelne magnetische Feldlinien aufgeteilt, so gibt die magnetische Flussdichte an, wie viele Feldlinien durch eine bestimmte Fläche hindurchtreten (Abb. 3.50).

Der magnetische Fluss Φ ist das Produkt aus der magnetischen Flussdichte B und der Fläche A.

Ist A die Fläche der Spulenöffnung, B die magnetische Flussdichte eines homogenen Magnetfeldes und N die Anzahl der Windungen der Spule, so ist die **Flussumschlingung** oder Flussumfassung der Spule:

$$\underline{\Psi = N \cdot \Phi = N \cdot B \cdot A \cdot \cos(\alpha)} \quad (3.31)$$

Ψ = Flussumschlingung in A (Amperewindungen!),
Φ = Magnetischer Fluss in Vs = Wb (Weber),
N = Anzahl der Windungen der Spule,
B = magnetische Flussdichte in Vs/m^2 = T (Tesla),
A = Spulenquerschnittsfläche in m^2,
α = Winkel zwischen Senkrechter zur Fläche (Flächennormale) und den Feldlinien.

Die Einheit für den magnetischen Fluss ist das Weber[7] (Wb).

Ein Weber ist definiert als: 1Wb = 1Vs.

Ist der Winkel α zwischen der Normalen (Senkrechten) der Fläche und den Feldlinien null Grad, so ist der magnetische Fluss durch die Fläche maximal (cos (0) = 1).

Zur Vertiefung

Der magnetische Fluss Φ ist die Summe der wirksamen magnetischen Flussdichte durch eine Fläche. Formal wird dies durch ein Flächenintegral ausgedrückt.

$$\Phi = \iint\limits_A \vec{B} \bullet d\vec{A} \quad (3.32)$$

Ende Vertiefung

3.4.4.2 Induktion

Wird ein Leiter quer zu einem Magnetfeld bewegt, so treten auf die Ladungsträger (Elektronen) des Leiters Kräfte auf, welche die Ladungsträger im Leiter verschieben. Die Kraft wird *Lorentzkraft*[8] genannt. Durch die Ladungstrennung entsteht eine Potenzialdifferenz (Spannung) zwischen den Enden des Leiters. Die Spannung heißt **induzierte** Spannung oder **Induktionsspannung**. Der Vorgang wird als **Induktion** bezeichnet.

Abb. 3.51: Elektronen werden mit dem Leiter von hinten nach vorne quer zum Magnetfeld bewegt. Die technische Stromrichtung zeigt in die Zeichenebene hinein, sie ist

---

[7] Wilhelm Eduard Weber (1804–1891), deutscher Physiker.
[8] Hendrik Antoon Lorentz (1853–1928), niederländischer Physiker.

3.4 Die Spule

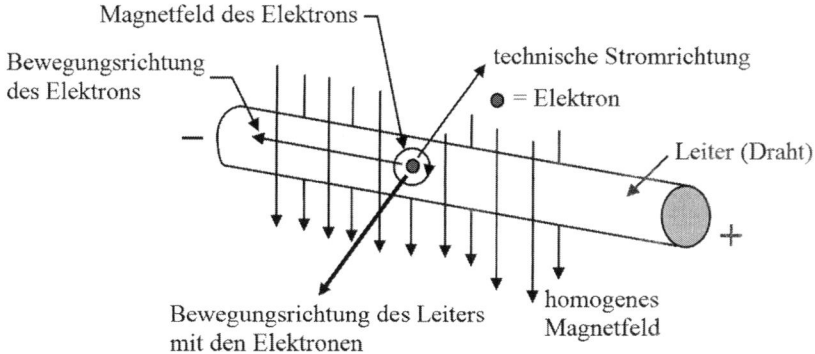

Abb. 3.51 Ein Leiter wird senkrecht zum Magnetfeld bewegt. Durch Lorentzkräfte wird Spannung induziert

entgegengesetzt zu der Bewegungsrichtung der Elektronen. Durch das Zusammenwirken der kreisförmigen Magnetfelder der Elektronen mit dem äußeren Magnetfeld werden die Elektronen nach links gedrückt.

Zwischen den beiden Enden des Leiters entsteht eine Induktionsspannung mit dem Minuspol links und dem Pluspol rechts.

Die im Leiter induzierte Spannung kann nach folgender Formel berechnet werden:

$$U_i = l \cdot v \cdot B \tag{3.33}$$

U_i = induzierte Spannung,
l = wirksame Leiterlänge,
v = konstante Geschwindigkeit des Leiters quer zum Magnetfeld,
B = magnetische Flussdichte.

Wird eine Leiterschleife mit N Windungen, die quer zu einem Magnetfeld liegt, mit konstanter Geschwindigkeit aus diesem herausgezogen (Abb. 3.52), so ergibt sich die induzierte Spannung:

$$U_i = N \cdot B \cdot \frac{\Delta A}{\Delta t} \tag{3.34}$$

U_i = induzierte Spannung,
N = Anzahl der Windungen,
B = magnetische Flussdichte,
ΔA = Änderung der wirksamen Fläche während Δt,
Δt = Zeiteinheit.

Wichtig: Die Erzeugung einer Induktionsspannung ist auch ohne Bewegung eines Leiters möglich.

Abb. 3.52 Eine Leiterschleife wird aus einem Magnetfeld herausgezogen

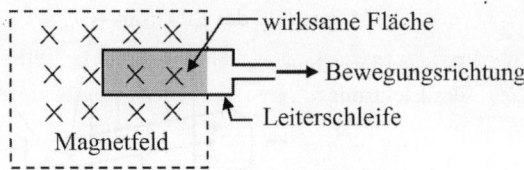

▶ **Ändert sich der magnetische Fluss durch eine ruhende Leiterschleife, so wird in dieser eine Spannung induziert.**

Die induzierte Spannung bei Änderung der magnetischen Flussdichte ist:

$$U_i = -N \cdot \frac{\Delta \Phi}{\Delta t} \tag{3.35}$$

U_i = induzierte Spannung,
N = Anzahl der Windungen der Leiterschleife,
$\Delta \Phi$ = *Änderung* des Flusses während Δt,
Δt = Zeiteinheit.

Anders ausgedrückt: In einem zu einem Stromkreis geschlossenen Leiter entsteht ein Induktionsstrom, wenn sich die Zahl der von ihm umschlossenen Magnetlinien ändert.

Der Induktionsstrom ist stets so gerichtet, dass sein Magnetfeld der induzierenden Feldänderung entgegenwirkt (Gesetz von **Lenz**)[9]. Dies drückt das Minuszeichen der Induktionsspannung in Gl. 3.35 aus, welches sich auf eine andere im Stromkreis bestehende Spannung bezieht.

Die Regel von Lenz ist ein spezieller Fall eines allgemeinen Naturgesetzes, das gewöhnlich so ausgedrückt wird: Druck erzeugt Gegendruck. Bläst man einen Luftballon auf, so erzeugt die verdichtete Luft im Inneren des Luftballons einen Gegendruck, der das Aufblasen hemmt. Wird in eine zum Stromkreis geschlossene Spule ein Stabmagnet eingeführt, so entsteht durch den Induktionsstrom ein Magnetfeld, das dem Feld des Stabmagneten entgegengerichtet ist. Je schneller der Stabmagnet eingeführt wird (je größer $\Delta \Phi$ ist), umso höher ist der Induktionsstrom. Wird der Stabmagnet aus der Spule wieder herausgezogen, so dreht sich die Richtung des Induktionsstromes (und damit die Richtung des induzierten Magnetfeldes) um. Die Spule will ihr Magnetfeld aufrechterhalten.

Das Verhalten einer Spule im sich ändernden Magnetfeld kann man sich folgendermaßen merken:

▶ **Eine Spule will ihr bestehendes (oder nicht vorhandenes) Magnetfeld aufrechterhalten.**

▶ **Oder: Eine Spule wirkt einer Änderung ihres Magnetfeldes entgegen.**

---

[9] Heinrich Lenz (1804–1865), deutscher Physiker.

Wird der magnetische Fluss durch eine Spule größer, so wird eine Spannung induziert. Wird der magnetische Fluss durch die Spule kleiner, so dreht sich die Polung der induzierten Spannung um. Sind beide Anschlüsse der Spule zu einem Stromkreis verbunden, so fließt jeweils ein Induktionsstrom und baut ein Magnetfeld auf, welches der induzierenden Magnetfeldänderung entgegenwirkt.

Anmerkung Technisch genutzt wird die Induktion bei bewegten Leitern z. B. in Generatoren zur Spannungserzeugung, bei denen sich Leiter in einem Magnetfeld drehen. Die Spannungsinduktion durch Änderung des Magnetfeldes wird z. B. bei Transformatoren genutzt.

3.4.4.3 Kraft auf stromdurchflossene Leiter

Auf die Elektronen eines quer zu einem Magnetfeld bewegten Leiters werden Kräfte ausgeübt und somit im Leiter eine Spannung induziert. Andererseits wird auf einen stromdurchflossenen Leiter, der quer zu einem Magnetfeld liegt, eine Kraft ausgeübt. Die Kraft auf N in gleicher Stromrichtung durchflossene Leiter ist:

$$F = N \cdot I \cdot l \cdot B \cdot \sin(\alpha) \tag{3.36}$$

F = Kraft,
N = Anzahl der Leiter (Anzahl der Windungen der Leiterschleife),
I = Stromstärke,
l = wirksame Länge der Leiter,
B = magnetische Flussdichte,
α = Winkel zwischen Stromrichtung (Leiter) und Richtung des Magnetfeldes.

Ist der Winkel $\alpha = 90°$ (die Leiter stehen senkrecht zu den Feldlinien), so ist die Kraft auf die Leiter maximal ($\sin(90°) = 1$).

Das Zustandekommen der Kraft auf einen stromdurchflossenen Leiter kann man sich sinnbildlich so vorstellen, dass auf die bewegten Ladungen (Elektronen) durch das Magnetfeld eine Kraft ausgeübt wird, welche diese von ihrer geraden Bahn zum Rand des Leiters hin drängen und die „Leiterwand" in Kraftrichtung „anschieben".

Die Richtung der Kraft, welche auf die Elektronen wirkt, kann mit der **Linke-Hand-Regel** bestimmt werden (Abb. 3.53a). Hält man die offene linke Hand so, dass die Magnetlinien in den Handteller eintreten und die vier ausgestreckten Finger in die technische Stromrichtung (von Plus nach Minus) zeigen, so zeigt der abgespreizte Daumen in Richtung der Kraft (in die Bewegungsrichtung des Leiters).

Die gleichwertige **UVW-Regel** der rechten Hand (Abb. 3.53b) ist bekannter als die Linke-Hand-Regel. Daumen, Zeigefinger und Mittelfinger der **rechten** Hand werden im rechten Winkel zueinander abgespreizt. Zeigt der Daumen der rechten Hand in die technische Stromrichtung (U = Ursache), der Zeigefinger in Richtung der Magnetlinien (V = Vermittlung), so gibt der Mittelfinger die Bewegungsrichtung (W = Wirkung) des Leiters an.

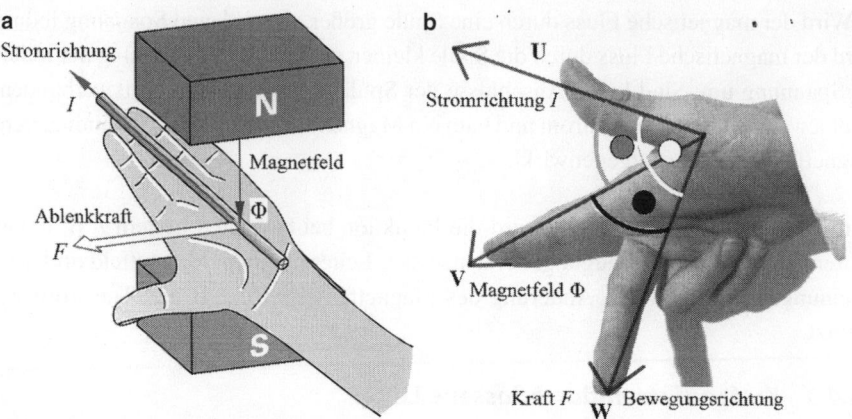

Abb. 3.53 Linke-Hand-Regel, Auslenkung eines stromdurchflossenen Leiters im Magnetfeld (**a**) und gleichwertige UVW-Regel (**b**)

Anmerkung Die Kraft auf stromdurchflossene Leiter im Magnetfeld wird bei Elektromotoren technisch genutzt.

3.4.4.4 Selbstinduktion
Ändert sich der Strom durch eine Spule, so ändert sich auch der magnetische Fluss Φ durch die Spule. Folglich wird in der Spule eine Spannung induziert. Dieser Vorgang heißt **Selbstinduktion**.

Wird der Strom durch eine Spule abgeschaltet, so ändert sich Φ in einer sehr kurzen Zeit Δt. Nähert sich der Nenner eines Bruches dem Wert null, so nähert sich der gesamte Bruch dem Wert Unendlich. Nach Gl. 3.35 wird somit eine hohe Spannung induziert, welche so gerichtet ist, dass sie das Magnetfeld aufrecht erhalten will.

3.4.4.5 Induktivität
In einer Spule kann eine Induktion stattfinden. Man nennt sie deshalb auch Induktivität. Das Wort Induktivität wird aber auch für die Eigenschaft einer Spule benutzt, eine Induktionsspannung bestimmter Größe zu erzeugen.

Als physikalische Größe drückt die Induktivität aus, wie groß die Fähigkeit einer Spule ist, eine Induktionsspannung zu erzeugen.

Die Induzierte Spannung bei Änderung des Stromes durch eine Spule mit der Induktivität L ist:

$$U_i = -L \cdot \frac{\Delta I}{\Delta t} \quad (3.37)$$

▶ **Das Einheitenzeichen für die Induktivität ist „H" (Henry[10]), das Formelzeichen ist „L".**

---

[10] Joseph Henry (1797–1878), amerikanischer Physiker.

3.4 Die Spule

Abb. 3.54 Induktive Kopplung zweier Spulen (Luftkopplung)

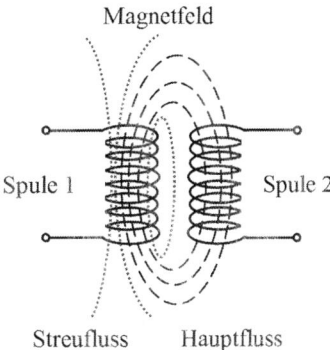

Ein Henry ist definiert als: $1\,\text{H} = 1\,\frac{\text{Vs}}{\text{A}}$. Man beachte: $\frac{\text{Vs}}{\text{A}} = \Omega\,\text{s}$!

Für eine zylinderförmige, lang gestreckte, leere Spule gilt (Länge $\geq$ 5 bis 10 mal Durchmesser):

$$L = \mu_0 \cdot A \cdot \frac{N^2}{l} \qquad (3.38)$$

L = Induktivität der Spule in H = Ωs,
μ_0 = magnetische Feldkonstante,
A = Querschnittsfläche der Spule,
N = Windungszahl der Spule,
l = Länge der Spule.

3.4.4.6 Induktive Kopplung

Eine induktive Kopplung zweier Spulen liegt dann vor, wenn das sich ändernde Magnetfeld der einen Spule in der anderen Spule eine Induktion hervorruft (Spannung induziert). Sind beide Spulen von Abb. 3.54 auf einen Eisenkern gewickelt, so ist die induktive Kopplung stärker.

Die Funktion des Transformators beruht auf dem Prinzip der induktiven Kopplung. Fließt durch Spule 1 (Primärwicklung) ein Wechselstrom, so ändert der fließende Strom periodisch seine Richtung und das von ihm erzeugte Magnetfeld wird ebenfalls im gleichen Rhythmus umgepolt. Durch diese Änderung des Magnetfeldes wird in Spule 2 (Sekundärwicklung) ständig eine Wechselspannung induziert.

Anmerkung Eine Induktivität kann nicht nur wie bei einer Spule absichtlich, sondern auch unabsichtlich gebildet werden. Jede elektrische Leitung stellt eine meist unbeabsichtigte Induktivität dar, die in technischen Aufbauten im Allgemeinen unerwünscht ist und besonders bei Anwendungen im Hochfrequenzbereich störend sein kann.

Verlaufen Leitungen parallel und ändert sich der Strom durch eine der Leitungen sprunghaft, so können durch die induktive Kopplung der Leitungen unerwünschte Spannungsspitzen in die andere Leitung induziert werden.

Abb. 3.55 Zwei gebräuchliche Schaltzeichen einer idealen Spule (Induktivität)

Für eine ideale Spule werden die Schaltzeichen in Abb. 3.55 verwendet.

Aufgabe 3.9
Eine leere, zylinderförmige Spule ist 10 cm lang und hat einen Durchmesser von 6 mm. Ihre Induktivität beträgt $L = 10$ mH. Wie viele Windungen hat die Spule?

Lösung
Die kreisförmige Querschnittsfläche der Spule ist $A = r^2 \cdot \pi = (3 \cdot 10^{-3})^2 \cdot \pi \, \text{m}^2$

$$N = \sqrt{\frac{L \cdot l}{\mu_0 \cdot A}} = \sqrt{\frac{10^{-2} \cdot 10^{-1}}{4\pi \cdot 10^{-7} \cdot (3 \cdot 10^{-3})^2 \cdot \pi}} = \sqrt{\frac{10^{-3}}{4\pi^2 \cdot 9 \cdot 10^{-13}}} = \sqrt{\frac{10^{10}}{36\pi^2}}$$

$$= \frac{10^5}{6\pi} = \underline{\underline{5305}}$$

Die Spule hat 5305 Windungen.

Einheitenkontrolle: $\sqrt{\frac{\frac{Vs}{A} \cdot m}{\frac{Vs}{Am} \cdot m^2}} = 1 \Rightarrow$ Stimmt, die Windungs**zahl** ist ohne Einheit.

Aufgabe 3.10
Eine lang gestreckte, zylinderförmige Spule ohne Kern hat die Induktivität $L = 11$ mH.

Durch das Einschalten einer Gleichspannung U_0 steigt der Strom durch die Spule in 0,01 Sekunden von $I = 0$ A auf $I = 1{,}5$ A gleichförmig an. Wie groß ist die Selbstinduktionsspannung? Geben Sie eine Skizze der Schaltung an.

Lösung
Die Schaltung ist in Abb. 3.56 dargestellt.

$$U_i = -L \frac{\Delta I}{\Delta t} = -11 \cdot 10^{-3} \frac{\text{Vs}}{\text{A}} \cdot \frac{(1{,}5 - 0) \, \text{A}}{10^{-2} \, \text{s}} = \underline{\underline{-1{,}65 \, \text{V}}}$$

Abb. 3.56 Skizze der Schaltung

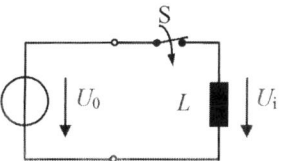

> Die Selbstinduktionsspannung U_i wirkt der Spannung U_0 entgegen.

Anmerkung Das Verhalten der Spule bei Schaltvorgängen im Gleichstromkreis wird in Abschn. 7.3 ausführlich erklärt.

3.4.4.7 Induktiver Widerstand

Fließt durch eine Spule ein Gleichstrom, so ist als Widerstand nur der rein ohmsche Widerstand des Drahtes wirksam. Da sich bei Gleichstrom das Magnetfeld der Spule nicht ändert (es findet keine **Änderung** des Stromes statt), tritt somit auch keine Selbstinduktion auf und es fließt kein Selbstinduktionsstrom, welcher der Stromänderung entgegenwirkt.

▶ **Für Gleichstrom stellt eine Spule einen rein ohmschen Widerstand dar.**

Fließt Wechselstrom durch eine Spule, so ändert das Magnetfeld im Takt der Wechselspannung seine Polung. Durch die Selbstinduktion wird der Strom am Erreichen seines Höchstwertes gehindert. Je schneller dies geschieht (je höher die Frequenz des Wechselstromes ist), desto weniger Zeit bleibt dem Wechselstrom, seinen Höchstwert zu erreichen. Dies bedeutet:

▶ **Für Wechselstrom ist der Widerstand einer Spule frequenzabhängig.**

▶ **Der Widerstand ist umso größer, je höher die Frequenz und je größer die Induktivität der Spule ist.**

▶ **Vereinfacht gesagt: Eine Spule lässt Gleichstrom durch und sperrt Wechselstrom.**

▶ **Die Spule hat somit umgekehrtes Verhalten wie der Kondensator, der Gleichstrom sperrt und Wechselstrom durchlässt.**

3.4.5 Aufbau der Spule

Eine Spule besteht meist aus mehreren Lagen von Drahtwindungen, welche allgemein als *Wicklung* der Spule bezeichnet werden.

Abb. 3.57 Freitragende Luftspule (**a**) und Spule auf einen Körper gewickelt (**b**, im Schnitt)

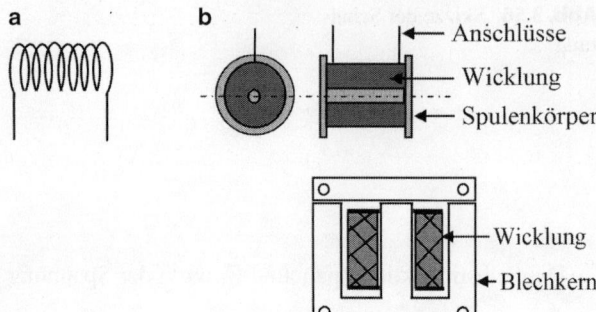

Abb. 3.58 Schnitt durch eine Spule mit Blechkern

3.4.5.1 Luftspule

Eine Luftspule besteht aus Windungen bzw. Wicklungen eines Drahtes. Entweder ermöglicht die Steifheit des Volldrahtes eine freitragende Wicklungsform (Abb. 3.57a) oder der Draht ist auf einen nicht magnetisierbaren Isolierkörper (z. B. aus Keramik oder Kunststoff) aufgewickelt (Abb. 3.57b). Eine Luftspule hat **keinen Eisenkern** (bzw. keinen ferromagnetischen Kern, der dem Eisen ähnliche magnetische Eigenschaften besitzt).

3.4.5.2 Spule mit Kern

Der Kern einer Spule dient zur Erhöhung der Spuleninduktivität oder bei beweglichem Kern zur Veränderung (Abgleich) der Induktivität.

Für den Kern einer Spule benutzt man je nach Anwendungszweck unterschiedliche Werkstoffe.

Ein Eisenkern aus Vollmaterial wird praktisch nur bei reinem Gleichstrombetrieb verwendet (z. B. beim Elektromagnet).

Bei Betrieb der Spule im Nieder- oder Mittelfrequenzbereich (also bei Wechselstrom) besteht der Kern aus einem Paket dünner, durch Papier, Lack oder Kunststoff voneinander isolierter Eisenbleche (**Eisenblechkern**, Abb. 3.58). Auf diese Weise sind Netztransformatoren aufgebaut, mit deren Hilfe man aus den 230 Volt Netzwechselspannung im Haushalt eine niedrigere (ungefährliche) Spannung erzeugen kann. Ein Beispiel hierfür ist der Klingeltransformator.

Spulen für den Einsatz im Hochfrequenzbereich sind mit sog. **Ferritkernen** ausgestattet (Abb. 3.59). Ferrite sind nichtmetallische, ferromagnetische Werkstoffe die auf

Abb. 3.59 Hälfte eines Schalenkerns (**a**) und Schnitt durch eine Spule mit Schalenkern (**b**)

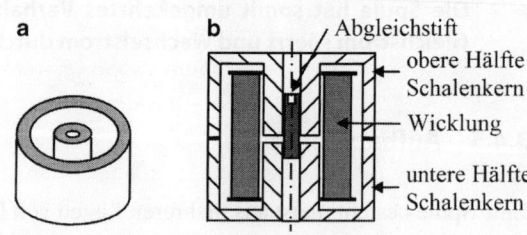

keramischem Wege hergestellt werden. Ferritkerne werden aus ferromagnetischem Oxidpulver in die gewünschte Form gepresst und anschließend **gesintert**. Beim Sintern wird die pulverförmige Substanz bei hoher Temperatur zu einem festen, homogenen Körper verbacken, wobei die einzelnen Körnchen miteinander verschweißen. Ferritkerne können z. B. in Stabform vorliegen oder als Schalenkern ausgebildet sein.

3.4.6 Verwendungszweck von Spulen

3.4.6.1 Verwendung von Spulen im Gleichstromkreis

In einem Gleichstromkreis ist eine Spule nur als **Elektromagnet** von Bedeutung. Wenn sich der Strom durch die Spule nicht ändert, kann keine Induktion stattfinden und es bleibt nur das stationäre (gleichbleibende) Magnetfeld mit seiner magnetischen Wirkung.

Bei einem **Relais** wird durch Magnetwirkung ein beweglich gelagertes Eisenstück (der Anker) angezogen. Dadurch werden ein oder mehrere mechanische Kontakte geschlossen oder geöffnet. So lassen sich durch einen relativ kleinen Strom hohe Ströme in einiger Entfernung ein- und ausschalten.

3.4.6.2 Verwendung von Spulen im Wechselstromkreis

Der **Transformator** ist die wohl bekannteste Anwendung von Spulen. Beim Transformator sind zwei Spulen durch einen gemeinsamen Eisenkern induktiv stark gekoppelt. Mit ihm können hohe Wechselspannungen auf niedrige umgesetzt werden oder umgekehrt niedrige auf hohe Wechselspannungen.

Da der Widerstand einer Spule frequenzabhängig ist, kann eine Spule zur Trennung von Signalen mit unterschiedlichen Frequenzen als **Filter** verwendet werden (als „Frequenzweiche"). Ist eine Gleichspannung durch eine überlagerte Wechselspannung „verschmutzt", so lässt die Spule die Gleichspannung durch, während sie die Wechselspannung sperrt. Eine Gleichspannung kann so von einer überlagerten Wechselspannung „gereinigt" (gefiltert, gesiebt) werden. Bei einem solchen Einsatz wird die Spule als **Drossel** bezeichnet.

In Schaltnetzteilen (getakteten Netzteilen) werden Speicherdrosseln zur Zwischenspeicherung magnetischer Energie verwendet. Bei einer **Speicherdrossel** besitzt der magnetische Kreis des Kerns häufig eine Unterbrechung durch einen Luftspalt. Die Permeabilitätszahl von Luft ist $\mu_r = 1{,}000.000.35$, Luft „leitet" das Magnetfeld also sehr schlecht. Die in einer Speicherdrossel gespeicherte Energie ist deshalb fast vollständig im Luftspalt enthalten. Der Luftspalt verringert außerdem die magnetische Flussdichte B, eine Sättigung des Kernmaterials wird somit vermieden und ein linearer Verlauf der Induktivität ist auch bei starker Magnetisierung gewährleistet.

Spulen werden auch in Schwingkreisen verwendet. Ein **Schwingkreis** ist eine Reihen- oder Parallelschaltung aus einem Kondensator und einer Spule. Mit einem Schwingkreis können bestimmte Frequenzen aus einer Vielzahl von Frequenzen hervorgehoben oder unterdrückt werden. Allgemein bekannt ist dies als Senderabstimmung beim Rundfunkgerät.

3.4.7 Spule als Bauelement

3.4.7.1 Feste Induktivität

Je nach Anwendung unterscheiden sich die Spulen in ihrem Aufbau.

Die Wicklung kann aus Volldraht mit oder ohne Lackisolation sein. Ist der Draht nicht isoliert, so dürfen sich die einzelnen Windungen natürlich nicht berühren. Solche Spulen werden für sehr hohe Frequenzbereiche verwendet. Der Draht kann auch aus so genannter „Litze" bestehen. Eine Litze ist aus vielen einzelnen, gegenseitig isolierten, sehr dünnen Drähten zusammengesetzt und hat die Eigenschaft, Wechselstrom hoher Frequenz besser zu leiten als ein einzelner voller Draht, mag er auch noch so dick sein. Der Grund ist: Beim Wechselstrom leitet mit zunehmender Frequenz eine immer dünnere Schicht an der Oberfläche eines Leiters und nicht der gesamte Leiterquerschnitt. Dies wird Haut- oder *Skineffekt* genannt.

Der Kern besteht beim Elektromagneten aus massivem Eisen, beim Transformator aus gegenseitig isolierten Blechen. Für Anwendungen im Bereich mittlerer Frequenzen (einige 100 Kilohertz) werden für den Kern Stifte oder Schalen aus Ferriten verwendet.

3.4.7.2 Veränderliche Induktivität

Um die Induktivität einer Spule auf einen bestimmten Wert einzustellen (abzugleichen), werden Spulen mit einschraubbarem Kern hergestellt (siehe Abb. 3.59). Die Induktivität wird mit wachsender Eintauchtiefe des Kerns größer.

Durch die Änderung der gegenseitigen induktiven Kopplung von zwei Spulen durch eine Änderung der Lage der zwei Spulen zueinander mittels Drehen oder Schwenken kann die Gesamtinduktivität der Spulenanordnung kontinuierlich verändert werden. Solche variierbaren Induktivitäten werden als **Variometer** bezeichnet. Für eine Senderabstimmung in der Rundfunktechnik werden Variometer heute nicht mehr benutzt.

3.4.8 Kenngrößen von Spulen

Induktivität

Die Induktivität ist die wichtigste Kenngröße einer Spule. Häufig ist sie auf dem Spulenkörper weder aufgedruckt noch durch einen Farbcode angegeben und kann nur mit einem speziellen Messgerät gemessen werden.

Induktivitätstoleranz

Sie ist von geringer Bedeutung. Soll die Induktivität sehr genau sein, so muss sie abgeglichen werden.

Beim Einsatz als Drossel ist der genaue Wert der Induktivität unkritisch.

Abb. 3.60 Ersatzschaltbild einer realen Spule

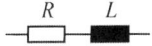

Stabilität
Die Stabilität gibt die Änderung der Induktivität über längere Zeit an. Beim Einsatz in Schwingkreisen darf sich die Induktivität im Laufe der Zeit nicht ändern. Ein eingestellter Sender im Radio würde sonst „weglaufen".

Belastbarkeit
Eine Spule darf durch den Stromfluss nicht zu stark belastet werden. Die Dimensionierung (das heißt, die Werte und Eigenschaften aller Bauteile so festzulegen, dass das Bauteil oder die Schaltung einen vorgegebenen Zweck erfüllt) von Wicklungswiderstand und Kühlung muss entsprechend der Verlustleistung $P_V = I^2 \cdot R$ erfolgen.

Güte
Verluste in Spulen treten auf durch den ohmschen Widerstand der Wicklung, durch den Skineffekt, durch die Hysterese (Ummagnetisierungsverluste) und durch Wirbelströme im Kern. Die Spulengüte ist umso größer, je kleiner der ohmsche Wicklungswiderstand ist und je kleiner die Verluste im Kern sind.

Ersatzschaltbild
Das Ersatzschaltbild einer realen Spule (Abb. 3.60) ist eine Reihenschaltung eines ohmschen Widerstandes R der Wicklung und einer idealen Spule (ohne ohmschen Widerstand) mit der Induktivität L. Diese Ersatzschaltung berücksichtigt die Stromwärmeverluste und bei Spulen mit magnetischem Kern zusätzlich die Kernverluste.

3.4.9 Magnetische Kreise

3.4.9.1 Der magnetische Kreis
Als magnetische Kreise bezeichnet man Anordnungen zur kontrollierten Führung magnetischer Feldlinien, wobei der magnetische Fluss verstärkt werden kann. Da Magnetfeldlinien stets in sich geschlossen sind, muss ein magnetischer Kreis, ähnlich einem Stromkreis, auch stets geschlossen sein.

Der magnetische Kreis vieler technischer Anwendungen (z. B. Transformator, Drosselspule, Motor) besteht in seiner überwiegenden Länge aus einem ferromagnetischen Material („Eisen") mit hoher Permeabilität ($\mu_r \gg 1$), auf welches eine oder mehrere stromdurchflossene Wicklungen aufgebracht sind. Der Eisenkreis kann anwendungsbedingt durch einen oder mehrere kleine Luftspalte unterbrochen sein. Die Magnetfeldlinien verlaufen überwiegend im Eisen, der magnetische Fluss Φ wird weitestgehend durch den Eisenkreis geführt. Meistens ist die Länge des magnetischen Kreises groß gegenüber dem vom Fluss durchsetzten Eisenquerschnitt, so dass im Eisen annähernd ein homogenes Feld vorliegt. Die Weite des Luftspalts ist meist deutlich kleiner als seine Querabmessungen, das Feld im Luftspalt kann daher ebenfalls als homogen angesehen werden (der magnetische Fluss im Luftspalt ist der Gleiche wie im Eisen). In diesem Fall besteht völlige Analogie zwischen magnetischem Kreis und einem Gleichstromkreis. Zur Berechnung solcher magnetischer Kreise können alle von der Berechnung von Gleichstromkreisen her bekannten Verfahren verwendet werden, wie z. B. der Knoten- und Maschensatz, die Strom- und Spannungsteilerregel, die Ersatzwiderstände von Reihen- und Parallelschaltung. Voraussetzung ist, dass die Permeabilität $\mu = \mu_0 \cdot \mu_r$ abschnittsweise als konstant angenommen und somit der magnetische Kreis als linear betrachtet werden kann.

3.4.9.2 Magnetischer Widerstand

Ursache des magnetischen Feldes einer von Gleichstrom durchflossenen Spule ist die Summenwirkung des Stroms in allen Windungen, sie ergibt die *magnetische Durchflutung* Θ.

$$\underline{\Theta = I \cdot N = H \cdot l} \tag{3.39}$$

Θ = Durchflutung in A (Amperewindungen),
N = Windungszahl,
I = Stromstärke in A (Ampere),
H = magnetische Feldstärke in A/m,
l = mittlere Feldlinienlänge.

Der magnetische Fluss Φ eines homogenen Magnetfeldes ist:

$$\underline{\Phi = B \cdot A = \mu_0 \cdot \mu_r \cdot H \cdot A} \tag{3.40}$$

B = Flussdichte = magnetische Induktion,
A = vom Magnetfeld in Richtung der Flächennormalen durchsetzte Querschnittsfläche,
μ_0 = magnetische Feldkonstante,
μ_r = Permeabilitätszahl.

Umstellen von Gl. 3.40 ergibt:

$$H = \frac{1}{\mu_0 \cdot \mu_r \cdot A} \cdot \Phi \tag{3.41}$$

Durch Einsetzen von H in die Durchflutung Θ folgt:

$$\Theta = \underbrace{\frac{1}{\mu_0 \cdot \mu_r} \cdot \frac{l}{A}}_{R_m} \cdot \Phi \tag{3.42}$$

3.4 Die Spule

Abb. 3.61 Ersatzschaltung eines magnetischen Kreises

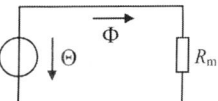

Formal besteht eine Ähnlichkeit zum ohmschen Gesetz $U = R \cdot I$ mit $R = \rho \cdot \frac{l}{A}$.

Aus der Analogiebetrachtung gewinnt man das **ohmsche Gesetz des magnetischen Kreises**.

$$\Theta = R_m \cdot \Phi \tag{3.43}$$

R_m mit der Einheit $[R_m] = \frac{A}{V \cdot s}$ wird als **magnetischer Widerstand** bezeichnet.

$$R_m = \frac{l}{\mu_0 \cdot \mu_r \cdot A} \tag{3.44}$$

In Analogie zum spezifischen ohmschen Widerstand ρ wird ρ_m **spezifischer magnetischer Widerstand** genannt.

$$\rho_m = \frac{1}{\mu_0 \cdot \mu_r} = \frac{1}{\mu} \tag{3.45}$$

Der magnetische Kreis kann also in eine entsprechende Ersatzschaltung aus Spannungsquelle und Widerstand überführt werden (Abb. 3.61), die mit den Methoden zur Berechnung von Gleichstromkreisen analysiert werden kann.

Die magnetische Durchflutung Θ übernimmt im magnetischen Kreis eine vergleichbare Funktion wie die elektrische Spannungsquelle im Gleichstromkreis. Die Durchflutung erzeugt einen magnetischen Fluss Φ, vergleichbar mit der elektrischen Spannungsquelle, die einen elektrischen Stromfluss I hervorruft.

Im elektrischen Stromkreis treten an einzelnen Abschnitten des Stromkreises Teilspannungen auf. Genauso können im magnetischen Kreis magnetische Teilspannungen auftreten. Entsprechend kann der gesamte magnetische Widerstand in magnetische Teilwiderstände aufgeteilt werden. Die magnetische Durchflutung entspricht der elektrischen Spannungsquelle, die magnetischen Spannungen entsprechen den elektrischen Spannungsabfällen über den Widerständen im Stromkreis. Die Summe aller magnetischen Teilspannungen ergibt die magnetische Durchflutung Θ (äquivalent zum 2. Kirchhoff'schen Gesetz = Maschensatz). Die **magnetische Spannung** U_m ist gleich dem Produkt von magnetischem Widerstand und magnetischem Fluss:

$$U_m = R_m \cdot \Phi = H \cdot l \tag{3.46}$$

Im Falle eines geschlossenen Weges ist die magnetische Spannung gleich der Summe der eingeschlossenen Ströme, sie heißt **magnetische Umlaufspannung**. Die magnetische

Umlaufspannung ist gleich der zu diesem Umlauf gehörenden Durchflutung.

$$U_\mathrm{m} = \sum_{v=1}^{n} N_v \cdot I_v = \Theta = I \cdot N \qquad (3.47)$$

$[U_m]$ = A (Amperewindungen)

3.4.9.3 Vorgehensweise bei der Berechnung magnetischer Kreise

In einem magnetischen Ersatzschaltbild werden einzelne Widerstände für diejenigen Bereiche eingeführt, in denen sich entweder die Permeabilität μ oder die Geometrie des Materials nicht ändert. Der zu berechnende magnetische Kreis wird in Abschnitte (Schenkel) mit konstantem Querschnitt und konstanter Permeabilität unterteilt. Dann können in einem Abschnitt die Feldgrößen B und H als konstant angesehen werden. Für jeden Abschnitt wird ein magnetischer Widerstand

$$R_\mathrm{m} = \frac{l_\mathrm{m}}{\mu_0 \cdot \mu_\mathrm{r} \cdot A}$$

definiert, wobei die **mittlere Schenkellänge** l_m benutzt wird, dies ist der Weg durch die Mitte des Schenkelquerschnittes. Für die magnetische Ersatzschaltung werden die Knoten- und Maschengleichungen aufgestellt und die unbekannten Flüsse Φ berechnet. Aus den magnetischen Flüssen Φ_γ werden die Feldgrößen B und H in einzelnen Abschnitten berechnet.

Aufgabe 3.11

In Abb. 3.62 ist ein ferromagnetischer Rahmen mit Luftspalt dargestellt. Die Querschnittsfläche A ist überall im Eisenkern gleich groß. Der Luftspalt verläuft senkrecht zu den Magnetfeldlinien und ist schmal im Vergleich zu seinen Querschnittsabmessungen. Berechnen Sie die Flussdichte B_Fe und B_Lu und die Feldstärke H_Fe und H_Lu jeweils im Eisen und im Luftspalt.

Lösung

Der Luftspalt ist sehr schmal, das Feld im Luftspalt ist somit nahezu homogen. Durch zwei verschiedene μ_r ($\mu_\mathrm{rLu} = 1$ und $\mu_\mathrm{rFe} \gg 1$) ergeben sich zwei unterschiedliche magnetische Widerstände. Der Luftspalt kann beim Berechnen des gesamten magnetischen Kreises als Teilstück mit $\mu = \mu_0$ betrachtet werden. Der magnetische Widerstand des Luftspalts ist $R_\mathrm{mLu} = \frac{l_\mathrm{Lu}}{\mu_0 \cdot A}$. Der magnetische Widerstand im Eisen ist $R_\mathrm{mFe} = \frac{l_\mathrm{Fe}}{\mu_0 \cdot \mu_\mathrm{rFe} \cdot A}$. Das Ersatzschaltbild zeigt Abb. 3.63.

3.4 Die Spule

Abb. 3.62 Ferromagnetischer Rahmen mit Luftspalt

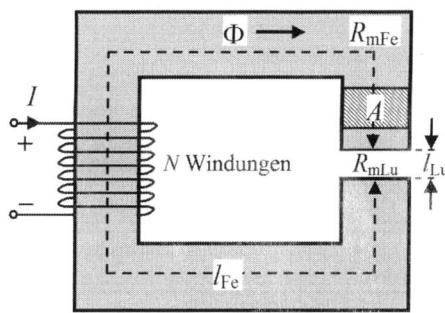

Abb. 3.63 Ersatzschaltbild des magnetischen Kreises nach Abb. 3.62

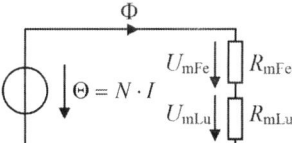

Die magnetischen Widerstände addieren sich.

$$R_m = R_{mFe} + R_{mLu} = \frac{l_{Fe}}{\mu_0 \cdot \mu_{rFe} \cdot A} + \frac{l_{Lu}}{\mu_0 \cdot A} = \frac{1}{\mu_0 \cdot A}\left(\frac{l_{Fe}}{\mu_{rFe}} + l_{Lu}\right)$$

Magnetischer Fluss: $\Phi = \frac{\Theta}{R_m}$ (konstant)

Die Flussdichten sind im Eisen und im Luftspalt gleich groß.

$$B = \frac{\Phi}{A} = \frac{\Theta}{R_m \cdot A} = \frac{I \cdot N}{R_m \cdot A} \quad \text{(konstant)}; \quad \underline{\underline{B_{Fe} = B_{Lu} = B}}$$

$$\Theta = U_{mFe} + U_{mLu} = H_{Fe} \cdot l_{Fe} + H_{Lu} \cdot l_{Lu} = I \cdot N$$

$$\underline{\underline{H_{Fe} = \frac{\Phi}{\mu_0 \cdot \mu_{rFe} \cdot A}}}; \quad \underline{\underline{H_{Lu} = \frac{\Phi}{\mu_0 \cdot A} \gg H_{Fe}}}$$

Somit ist: $U_{mLu} \gg U_{mFe}$.

Die magnetische Spannung fällt größtenteils über dem Luftspalt ab.

Aufgabe 3.12
Geben Sie zu dem verzweigten ferromagnetischen Rahmen in Abb. 3.64 das Ersatzschaltbild an.

Abb. 3.64 Verzweigter ferromagnetischer Rahmen

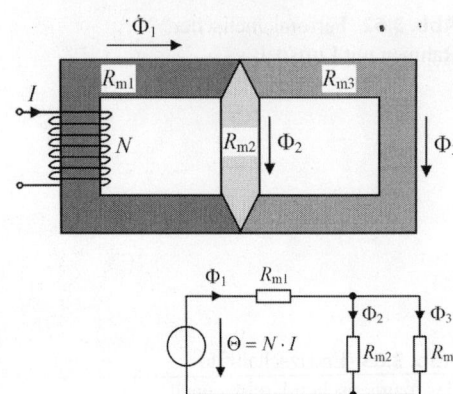

Abb. 3.65 Ersatzschaltbild zu dem verzweigten ferromagnetischen Rahmen von Abb. 3.64

Lösung
Das Ersatzschaltbild zeigt Abb. 3.65. Der gesamte magnetische Widerstand ist:

$$R_{\mathrm{mges}} = R_{\mathrm{m1}} + R_{\mathrm{m2}} \parallel R_{\mathrm{m3}}$$

Aufgabe 3.13
Geben Sie zu dem verzweigten ferromagnetischen Rahmen mit mehreren Wicklungen in Abb. 3.66 das Ersatzschaltbild an.

Lösung
Das Ersatzschaltbild zeigt Abb. 3.67.

Bei den Richtungspfeilen der Durchflutungen ist darauf zu achten, dass sie entsprechend dem Wicklungssinn der Spulen und der Richtung des Erregerstromes

Abb. 3.66 Verzweigter ferromagnetischer Rahmen mit zwei Wicklungen

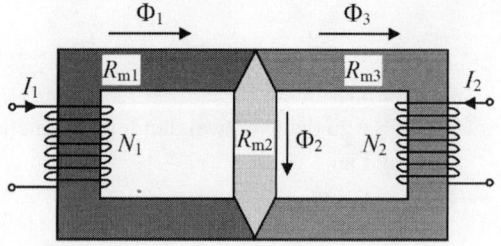

3.4 Die Spule

Abb. 3.67 Ersatzschaltbild zu dem verzweigten ferromagnetischen Rahmen mit zwei Wicklungen von Abb. 3.66

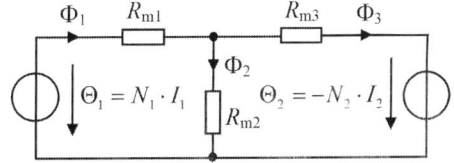

gerade entgegengesetzt zu der Richtung des Magnetfeldes in der jeweiligen Spule gewählt werden.

Aufgabe 3.14

Für den ferromagnetischen Rahmen in Abb. 3.68 sind die mittleren Feldlinienlängen gegeben:
$$l_1 = l_5 = 2\,\text{cm}, \quad l_2 = l_4 = 6\,\text{cm}.$$

Außerdem gelten folgende Daten: $l_{Lu} = 0{,}2\,\text{cm}$, $d_1 = d_5 = 1\,\text{cm}$, $d_2 = 1{,}5\,\text{cm}$, $d_3 = 2\,\text{cm}$, $d_4 = 1\,\text{cm}$. Die Dicke (Tiefe) des Eisenkerns ist $b = 2\,\text{cm}$. Es ist $\mu_{rFe} = 2000$. Die Windungszahl beträgt $N = 3310$.

Die Flussdichte B im Luftspalt soll 0,2 Tesla betragen. Berechnen Sie die notwendige Stromstärke I.

Abb. 3.68 Ferromagnetischer Rahmen mit Maßen

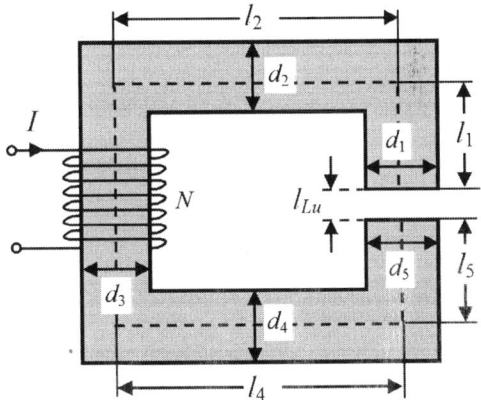

Lösung

$$R_{mLu} = \frac{l_{Lu}}{\mu_0 \cdot A_{Lu}} = \frac{l_{Lu}}{\mu_0 \cdot d_1 \cdot b} = \frac{0{,}002\,m}{4 \cdot \pi \cdot 10^{-7}\,\frac{Vs}{Am} \cdot 0{,}01\,m \cdot 0{,}02\,m}$$

$$= 7{,}958 \cdot 10^6 \frac{A}{Vs} = 7958 \cdot 10^3 \frac{A}{Vs}$$

$$R_{mLu} = 7{,}958 \cdot 10^6 \frac{A}{Vs} = 7958 \cdot 10^3 \frac{A}{Vs}$$

$$R_{m1} = R_{m5} = \frac{l_1}{\mu_0 \cdot \mu_{rFe} \cdot d_1 \cdot b} = 39{,}789 \cdot 10^3 \frac{A}{Vs};$$

$$R_{m2} = \frac{l_2}{\mu_0 \cdot \mu_{rFe} \cdot d_2 \cdot b} = 79{,}578 \cdot 10^3 \frac{A}{Vs}$$

$$l_3 = l_1 + l_5 + l_{Lu}; \quad R_{m3} = \frac{l_3}{\mu_0 \cdot \mu_{rFe} \cdot d_3 \cdot b} = 41{,}778 \cdot 10^3 \frac{A}{Vs};$$

$$R_{m4} = \frac{l_4}{\mu_0 \cdot \mu_{rFe} \cdot d_4 \cdot b} = 119{,}366 \cdot 10^3 \frac{A}{Vs}$$

$$R_{mges} = R_{m1} + R_{m2} + R_{m3} + R_{m4} + R_{m5} + R_{mLu} = 8{,}278 \cdot 10^6 \frac{A}{Vs}$$

Der größte Teil des magnetischen Widerstandes entfällt auf den Luftspalt.

$$\Phi = B \cdot A = B \cdot d_1 \cdot b = 0{,}2 \frac{Vs}{m^2} \cdot 0{,}01\,m \cdot 0{,}02\,m = 40 \cdot 10^{-6}\,Vs$$

$$\Theta_{ges} = \Phi \cdot R_{mges} = 40 \cdot 10^{-6}\,Vs \cdot 8{,}278 \cdot 10^6 \frac{A}{Vs} = 331{,}12\,A$$

$$I = \frac{\Theta}{N} = \frac{331{,}12}{3310}; \quad \underline{\underline{I = 0{,}1\,A}}$$

3.5 Zusammenfassung: Die Spule

1. Eine Spule besteht aus Drahtwindungen.
2. Ein Magnetfeld wird durch magnetische Feldlinien dargestellt.
3. Ein stromdurchflossener Leiter ist stets von einem Magnetfeld umgeben. Die Stärke des Magnetfeldes ist proportional zur Stromstärke und zur Windungszahl der Spule.
4. **Ändert** sich das Magnetfeld durch eine Spule, so wird in der Spule eine Spannung induziert. Die Spannung ist umso größer, je schneller und je stärker die Feldänderung ist.

3.5 Zusammenfassung: Die Spule

5. Die Änderung eines Magnetfeldes kann durch **Bewegung** oder **Stromänderung** verursacht werden.
6. Wird eine Spule von einem sich ändernden Strom durchflossen, so wird in der Spule eine Spannung induziert (Selbstinduktion). Die Spannung wirkt der Stromänderung, durch die sie entsteht, entgegen.
7. Die Induktivität einer Spule wird in Henry (H = Ωs) angegeben.
8. Ein ferromagnetischer Kern erhöht die Induktivität einer Spule.
9. Eine Spule sperrt Wechselspannung umso stärker, je höher die Frequenz ist.
10. Eine Spule lässt Gleichspannung durch.
11. Spulen werden beim Transformator, zur Trennung von Frequenzen in Filtern, in Schwingkreisen und als Speicherdrossel in Schaltnetzteilen benutzt.
12. Im stationären Gleichstromkreis (die Ströme ändern sich nicht mehr) wirkt nur der ohmsche Widerstand der Spulenwicklung.
13. Mit dem Prinzip magnetischer Kreise kann die Wirkung eines magnetischen Flusses durch Abschnitte unterschiedlichen Materials ähnlich den Methoden zur Berechnung von Gleichstromkreisen berechnet werden.

Gleichspannungsquellen 4

Zusammenfassung

Die Wirkungsweise des galvanischen Elements wird mit Beispielen der elektrochemischen Spannungsreihe erläutert und der Unterschied zwischen Batterien und Akkumulatoren hervorgehoben. Es folgt eine Übersicht der Realisierungsformen von Batterien. Übliche Arten von Akkumulatoren werden mit ihren technischen Eigenschaften vorgestellt. Vom Stromversorgungsnetz abhängige Gleichspannungsquellen (Netzgeräte) mit ihren Eigenschaften, Daten und Einsatzbereichen werden besprochen. Für die störungsfreie Versorgung einer elektronischen Schaltung mit Gleichspannung sind Hinweise für Aufbau und die Verdrahtung der Stromversorgung gegeben. Die reale Spannungsquelle wird mit den Begriffen Quellenspannung, Leerlaufspannung, Innenwiderstand, Klemmenspannung und Kurzschlussstrom eingeführt, der Unterschied zur idealen Spannungsquelle herausgestellt. Die Diskussion der Kennlinie einer linearen Spannungsquelle führt zu deren Ermittlung des Innenwiderstandes. Der Unterschied zwischen Spannungs- und Stromquelle ergibt sich aus deren Eigenschaften. Die verschiedenen Arten von Anpassungen (Spannungs-, Strom- und Leistungsanpassung) einer Last an eine Quelle mit den Einsatzfällen werden erörtert.

Gleichspannungsquellen werden zur Stromversorgung elektronischer Schaltungen benötigt, sie liefern die elektrische Energie für den Betrieb der Schaltung.

Stromversorgungen können in netzabhängige und netzunabhängige Versorgungen eingeteilt werden. Batterien und Akkumulatoren (hier werden nur einige Typen besprochen) sind vom Stromnetz unabhängig und eignen sich zur Versorgung transportabler Geräte. So genannte Netzteile oder Netzgeräte sind im Betrieb am Stromversorgungsnetz angeschlossen und liefern eine konstante oder (z. B. im Labor) einstellbare Gleichspannung.

Leistungsmäßig stark belastbare Gleichspannungsquellen zur Stromversorgung muss man von *Referenzspannungen* unterscheiden. Auf die Größe einer Referenzspannung bezieht sich die Arbeitsweise eines Teils einer elektronischen Schaltung (z. B. bei einem

Digital-Analog-Wandler). Einer Referenzspannungsquelle darf nur ein sehr kleiner Strom entnommen werden. Die Höhe der Spannung muss auch über lange Zeit sehr stabil und möglichst unabhängig von der Umgebungstemperatur sein.

4.1 Primärelemente (galvanische Elemente, Batterien)

4.1.1 Wirkungsweise des galvanischen Elements

Durch chemische Vorgänge können Ladungen getrennt und somit elektrische Spannung erzeugt werden (Abb. 4.1). Taucht man eine Platte aus Zink in eine Säure- oder Salzlösung, so werden Moleküle auf der Oberfläche der Zinkplatte aufgespalten. Die Platte aus Zink wird **Elektrode** genannt, die Lösung heißt **Elektrolyt**. Die Zinkmoleküle verlieren durch die chemische Aufspaltung ihre Valenzelektronen, welche auf der Elektrode zurückbleiben und diese negativ aufladen. Die negative Elektrode heißt **Kathode**. Die positiv geladenen Zink-Ionen lösen sich von der Elektrodenoberfläche ab und schwimmen im flüssigen Elektrolyten. Die Zink-Ionen werden auch Kationen genannt. Verwendet man als Elektrode eine Platte aus Kupfer statt aus Zink, so wird die Elektrode positiv geladen. Eine positive Elektrode heißt **Anode**.

Die Bereitschaft eines Metalles, in einem Elektrolyten (Strom leitende Flüssigkeit) Ionen abzuspalten, wird als **elektrolytischer Lösungsdruck** bezeichnet. Durch den elektrolytischen Lösungsdruck der Metale entsteht eine ladungstrennende chemische Reaktion. Der Lösungsdruck von Metallen ist je nach Art des Metalles unterschiedlich und wird durch die elektrolytische (oder elektrochemische) Spannungsreihe der Metalle wiedergegeben. Die elektrische Spannung, die ein Metall aufgrund seines Lösungsdruckes in einem Elektrolyten annimmt, wird dabei auf eine mit Wasserstoffgas umgebene Platin-Elektrode bezogen. Zwischen dieser „Normal-Wasserstoff-Elektrode" (oder Standard-Wasserstoff-Elektrode) und dem Metall ergibt sich eine Spannungsdifferenz, die mit „Normalpotenzial" bezeichnet wird. Die Größe des Normalpotenzials bestimmt die Lage des Metalles innerhalb der elektrochemischen Spannungsreihe. Je größer der Abstand zweier Metalle in der Spannungsreihe ist, desto größer ist die Spannung. Metalle mit **hohem Lösungsdruck** werden als **unedel**, Metalle mit **niedrigem Lösungsdruck** als **edel** bezeichnet. Unedle Metalle haben in der Spannungsreihe eine negative, edle Metalle eine positive Spannung (Tab. 4.1).

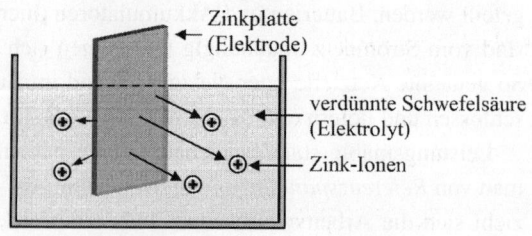

Abb. 4.1 Lösungsbestreben eines Metalls in einem Elektrolyten

4.1 Primärelemente (galvanische Elemente, Batterien)

Tab. 4.1 Beispiele von Metallen in der elektrochemischen Spannungsreihe

Metall	Volt
Lithium	−2,96
Natrium	−2,71
Aluminium	−1,28
Eisen	−0,44
Zinn	−0,14
Wasserstoff	±0
Kupfer	+0,345
Quecksilber	+0,775
Silber	+0,7987
Gold	+1,38

Werden zwei verschiedene Metalle, z. B. Zink und Kupfer, in verdünnte Schwefelsäure gestellt, so entsteht durch die oben beschriebenen chemischen Vorgänge zwischen den Elektroden eine elektrische Spannung. Das Kupfer wird zum positiven, das Zink zum negativen Pol der Spannungsquelle. Man erhält ein nach L. Galvani[1] benanntes „galvanisches Element".

Bei einem galvanischen Element entsteht die Spannung durch primäre (zuerst ablaufende) chemische Vorgänge, es wird deshalb auch **Primärelement** genannt.

4.1.2 Batterien

Batterien sind Primärelemente und nach Ablauf der gesamten chemischen Reaktion verbraucht. Sie liefern dann keine Spannung mehr, da eine Elektrode chemisch zersetzt wird. Die Batterie ist „leer".

In der Praxis sind galvanische Elemente nur in Form von Trockenbatterien von Bedeutung, die z. B. als Taschenlampenbatterien bekannt sind. Bei einer Trockenbatterie wird als Elektrolyt z. B. die eingedickte Paste einer Salzlösung verwendet.

Als Standardbatterie war die Zink-Kohle-Batterie mit einer eingedickten Form einer Ammoniumchloridlösung als Elektrolyt weit verbreitet. Sie wurde abgelöst durch die verbesserte Alkali-Mangan-Batterie, die eine höhere Energiedichte (Wh/kg = Wattstunden pro Kilogramm) besitzt.

Lithium-Batterien (Knopfzellen) werden in sehr kleiner Bauform, z. B. in elektronischen Armbanduhren, Film- und Fotogeräten usw., eingesetzt.

Im Gegensatz zu Akkumulatoren können Batterien nicht aufgeladen werden. Fließt bei einer Batterie entgegen der Stromentnahme (also in den Pluspol der Batterie hinein) ein unzulässig hoher Strom (mehr als $10\,\mu A$), so führt dies zu einer inneren Gasentwicklung der Batterie und zu einem Druckanstieg in den Zellen. Es besteht die Gefahr, dass die Batterie explodiert. Der Kurzschluss einer Batterie ist im Allgemeinen ungefährlich, verringert jedoch ihre Lebensdauer.

---

[1] Luigi Galvani (1737–1798), italienischer Arzt und Naturforscher.

Batterien (Primärzellen) haben meistens eine Nennspannung von ca. 1,5 V pro Zelle und eine Kapazität (siehe Abschn. 4.2.4) von ca. 100 mAh bis zu einigen Ah (Amperestunden).

4.2 Sekundärelemente (Akkumulatoren)

Einem Akkumulator (kurz Akku) muss zuerst elektrische Energie zugeführt werden (Laden), ehe ein chemischer Vorgang einsetzt und elektrische Energie wieder entnommen werden kann (Entladen). Der Akkumulator wird deshalb auch **Sekundärelement** genannt.

Das vollständige Laden und Entladen eines Akkumulators (ein *Zyklus*) kann während seiner Lebensdauer im Allgemeinen einige hundert Mal erfolgen. Beim Laden müssen gleiche Pole von Akkumulator und Ladegerät miteinander verbunden werden (Pluspol mit Pluspol und Minuspol mit Minuspol). Die maximale Ladestromstärke darf nicht überschritten werden.

4.2.1 Der Bleiakkumulator

Der wohl bekannteste Akkumulator ist die Auto„batterie" (oft fälschlicherweise so bezeichnet). Bei diesem Akku handelt es sich um einen Bleiakkumulator. Er enthält als Elektroden eine Anzahl von Platten aus Bleiverbindungen (Blei-Bleioxid) und als Elektrolyt mit destilliertem Wasser verdünnte reine Schwefelsäure. Platten gleicher Polarität sind untereinander verbunden. Die Größe und Anzahl der Platten richtet sich nach der geforderten Leistung, die im geladenen Zustand entnehmbar sein soll.

Die Spannung eines Bleiakkumulators ist wegen des kleinen inneren Widerstandes (siehe Abschn. 4.5.1) nur sehr wenig von der Belastung (vom entnommenen Strom) abhängig. Dies bedeutet aber, dass im Falle eines Kurzschlusses sehr hohe Ströme fließen können. In einem Kraftfahrzeug kann ein Kurzschluss zum Durchschmoren der Verkabelung oder zu einem Kabelbrand führen, falls der Stromkreis nicht durch eine Sicherung geschützt ist.

Wird ein **Autoakkumulator kurzgeschlossen**, so fließt ein **sehr hoher Strom**!

4.2.2 Nickel-Cadmium-Akkumulatoren

Nickel-Cadmium-Akkumulatoren (Ni-Cd-Akkumulatoren) sind gasdicht und werden je nach entnehmbarer Leistung in verschiedenen Größen hergestellt. Sie werden zur Spannungsversorgung in tragbaren Geräten eingesetzt oder als „Puffer" zur Spannungsversorgung eines Gerätes bei einem Ausfall der normalen Spannungsversorgung (z. B. Netzausfall im Haushalt). Beim Laden von Ni-Cd-Akkumulatoren sind die vom Hersteller angegebenen Daten, vor allem der maximale Strom bei Dauerladung, sorgfältig zu beachten, sonst wird der Akkumulator zerstört.

Ni-Cd-Akkus weisen den so genannten *Memory-Effekt* auf. Dieser ist eine Folge von häufigen Teilentladungen, wenn der Akku oft geladen wird, bevor er ganz entladen ist. Der

4.2 Sekundärelemente (Akkumulatoren)

Memory-Effekt führt zu einem allmählichen Kapazitätsabfall. Der Akku „merkt" sich sozusagen bei häufigen Teilentladungen (wenn der Akku z. B. immer nur zur Hälfte entladen wird) den Grad der Entladung und „denkt" beim nächsten Zyklus, dass er jetzt auch in Zukunft nicht mehr so viel Nennkapazität bereitstellen muss. Durch ihre Anpassung an den Laderhythmus ist die Lebensdauer von Ni-Cd-Akkus recht niedrig.

Ni-Cd-Akkus sind heute veraltet und wurden durch Lithium-Ionen-Akkumulatoren abgelöst.

4.2.3 Nickel-Metallhydrid- und Lithium-Ionen-Akkumulatoren

Bei Nickel-Metallhydrid-Akkumulatoren (Ni-MH-Akkumulatoren) wird im Unterschied zur Ni-Cd-Zelle das giftige Schwermetall Cadmium durch eine Wasserstoff speichernde Metalllegierung in der negativen Elektrode ersetzt. Es wird eine hohe Entladekapazität und lange Lebensdauer der Zelle erreicht. Der Memory-Effekt ist bei Ni-MH-Akkus gegenüber Ni-Cd-Akkus stark reduziert.

Lithium-Ionen-Akkumulatoren (LI-Akkus) werden häufig in Mobiltelefonen eingesetzt. Sie zeichnen sich durch eine hohe Lebensdauer, ein geringes Gewicht und hohe Leistung aus. Die Nennspannung einer Zelle beträgt 3,6 V. Gewicht und Größe von LI-Akkus sind gegenüber vergleichbaren Ni-Cd-Akkus um ca. 60 % reduziert. Die Selbstentladung ist gering und beträgt ca. 2 % pro Monat. Es tritt kein Memory-Effekt auf. Teilentladungen sind bei LI-Akkus nicht schädlich wie bei Ni-Cd-Akkus, sondern verlängern sogar die Lebensdauer. Wird ein LI-Akku nur zu 50 % entladen und dann wieder geladen, so kann die Anzahl der Zyklen auf das Doppelte gesteigert werden. Eine Tiefentladung kann den Akku dauerhaft schädigen. Eine kühle Lagerung wird von den Herstellern empfohlen.

Lithium-Polymer-Akkumulatoren besitzen eine noch höhere Kapazität als Ni-MH-Akkumulatoren.

4.2.4 Technische Eigenschaften von Akkumulatoren

Die **Kapazität** eines Primär- oder Sekundärelementes ist definiert als:

$$\underline{\underline{C = I_E \cdot t}} \tag{4.1}$$

I_E = konstanter Entladenennstrom,
t = Zeit vom Beginn des Entladens bis zum Erreichen der Entladeschlussspannung.

Die Kapazität eines Akkumulators oder einer Batterie wird in Amperestunden (abgekürzt **Ah**) gemessen. *Beispiel*: Eine Kapazität von 10 Ah bedeutet, dass der Akkumulator 10 Stunden lang 1 A liefern kann oder auch 5 Stunden lang 2 A.

Lade- und Entladeströme werden in Ampere als Vielfaches der Nennkapazität (C) mit der Abkürzung CA angegeben. *Beispiel*: $C = 4$ Ah $\Rightarrow$ 1 CA = 4 A oder 0,1 CA = 400 mA.

Abb. 4.2 Typischer Verlauf von Lade- und Entladespannung eines Bleiakkumulators

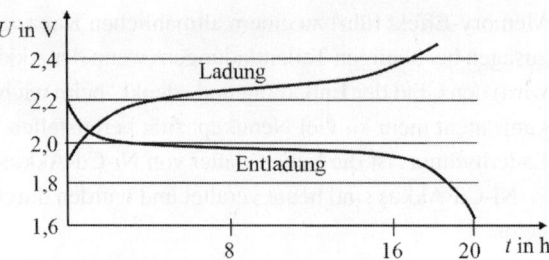

Bei Ni-Cd-Akkumulatoren ist

- die Nennspannung einer Zelle ca. 1,1 bis 1,5 Volt,
- der maximal zulässige Dauerladestrom ca. 0,03 bis 0,05 CA,
- der Ladenennstrom 0,1 CA (Volladung einer Zelle in 14 bis 16 Stunden),
- der Entladenennstrom 0,2 CA (Entnehmen der Nennkapazität einer Zelle in 5 Stunden).

Bei Bleiakkumulatoren ist

- die Nennspannung einer Zelle ca. 2 Volt,
- der Richtwert für den Ladestrom $I_L = 0,1 \cdot K$ (K = Kapazität in Ah),
- der Innenwiderstand (siehe Abschn. 4.5.1) $R_i \approx \frac{0,2}{K}$ pro Zelle (R_i in Ω, K in Ah).
- Bei n Zellen ist der gesamte Innenwiderstand $n \cdot R_i$.

Schematisch zeigt Abb. 4.2 den typischen Verlauf der Spannung eines Bleiakkumulators beim Laden und Entladen. Der Bereich ab ca. 16 h ist beim Laden als kritisch zu betrachten (Bildung von Wasserstoff).

Aufgabe 4.1
Wie groß ist bei einem Bleiakkumulator mit einer Kapazität $K = 55$ Ah der Innenwiderstand R_i?

Lösung

$$R_i \approx \frac{0,2}{K} \approx \frac{0,2}{55} \approx \underline{\underline{3,6\,m\Omega}}$$

4.3 Netzgeräte

Vom Stromversorgungsnetz abhängige Gleichspannungsquellen können in Netzteile für feste Spannungen und in Netzgeräte mit einstellbarer Ausgangsspannung eingeteilt werden.

In beiden Arten von Spannungsquellen wird die Netzwechselspannung (230 Volt) fast immer mit einem Transformator auf eine kleinere Wechselspannung (z. B. 8 Volt) umgesetzt. Diese wird dann durch bestimmte Bauteile in Gleichspannung umgewandelt („gleichgerichtet"). Geeignete Bauteile (z. B. Kondensatoren) befreien die so gewonnene Gleichspannung von einer überlagerten Welligkeit, die von der Wechselspannung stammt. Vergleiche auch Abschn. 3.3.5.2 „Glättung von Spannungen".

Für die Versorgung elektronischer Schaltungen sind bestimmte Gleichspannungswerte üblich, z. B. 5 Volt oder ± 12 Volt. Für solche Spannungen sind fertige Netzteile in offener Bauform oder im Gehäuse erhältlich.

Im Labor wird für Experimente häufig ein Netzgerät benötigt, bei dem die Ausgangsspannung in einem bestimmten Bereich stufenlos einstellbar ist.

Diese Netzgeräte können folgende Eigenschaften besitzen:

- Eine (oder mehrere) Ausgangsspannung(en) sind stufenlos einstellbar.
- Die Ausgangsspannung ist elektronisch stabilisiert, sie ist weitgehend unabhängig von Netzschwankungen und von Änderungen des entnommenen Stromes, also der Last. Die Spannung ändert sich bei einer Laständerung von 0 auf 100 % z. B. nur um 10 mV.
- Die Restwelligkeit der Gleichspannung beträgt wenige mV.
- Der Wirkungsgrad ist hoch bzw. die Verlustleistung ist gering.
- Die Ausgänge sind kurzschlussfest.
- Strom und Spannung werden von eingebauten Messgeräten angezeigt.
- Der maximal entnehmbare Strom ist durch eine einstellbare Strombegrenzung stufenlos anpassbar.

Eine einstellbare Strombegrenzung dient als elektronische Sicherung, falls eine Schaltung nur einen bestimmten maximalen Strom aufnehmen darf. Es sei hier angemerkt, dass diese Eigenschaft eines Netzgerätes in der Praxis bei Unachtsamkeit auch zu Fehlfunktionen einer Schaltung führen kann. Falls der maximal entnehmbare Strom auf einen kleineren Wert als der von der Schaltung benötigte Strom eingestellt ist, verringert sich die Ausgangsspannung des Netzgerätes auf einen Wert, welcher dem eingestellten Maximalstrom entspricht. Die Spannung kann dadurch so stark „zusammenbrechen", dass die Schaltung überhaupt nicht mehr oder nicht mehr richtig funktioniert. Ein Indiz für solch einen Betriebsfall ist eine Veränderung der Spannungsanzeige (Voltmeter des Netzgerätes) bei Anlegen der Spannung an eine Schaltung. Selbst erfahrene Ingenieure haben sich durch einstellbare Strombegrenzungen schon in die Irre führen lassen.

4.4 Störungsfreie Versorgung mit Gleichspannung

Um eine Schaltung mit einer einwandfreien Gleichspannung zu versorgen, muss nicht nur die Art der Spannungsversorgung betrachtet werden. Auch wenn das Versorgungsteil selbst alle Anforderungen bezüglich Spannungswert, Stabilität der Spannung, Freiheit

Abb. 4.3 Schema für die sternförmige Verdrahtung der Masse zu Elektronik und Last

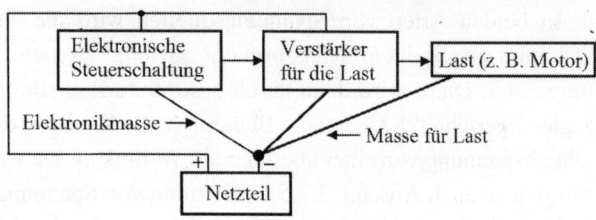

von Störspannungen usw. erfüllt, kann die Spannung direkt am Verbraucher gestört sein, obwohl sie am Netzteil selbst „sauber" ist.

Durch die Widerstände der Zuleitungen kann ein zu hoher Spannungsabfall entstehen. Die Spannung am Netzteil selbst hat zwar unmittelbar an dessen Anschlussklemmen die richtige Höhe, die Schaltung wird aber mit einer zu kleinen Spannung versorgt.

Durch induktive Kopplung der Stromversorgungs-Zuleitungen mit benachbarten Leitungen, welche schnelle Stromänderungen aufweisen, können auf der Versorgungsspannung eines Bauteils störende Spannungsspitzen induziert werden. Vergleiche auch Abschn. 3.3.5.1, „Stützen von Spannungen".

Auf folgende Punkte sollte bei der Versorgung mit Gleichspannung einer elektronischen Schaltung geachtet werden:

- Die Spannung muss die nötige „Glätte" aufweisen (keine überlagerten Störungen).
- Der benötigte Strom muss geliefert werden können (auch bei Lastschwankungen ohne unzulässige Änderung der Spannung).
- Die Zuleitungen sind so kurz als möglich auszuführen.
- Der Querschnitt der Zuleitungen muss ausreichend groß sein.
- Auf geeignete Leitungsführung ist zu achten (keine Leitungen mit steilen Signalflanken parallel führen).
- Man soll die Versorgung direkt am Verbraucher durch Kondensatoren „abblocken". Störungen können einen weiten Frequenzbereich haben. Kondensatoren schließen je nach Bauart Spannungen mit unterschiedlichen Frequenzen verschieden gut kurz. Zum Abblocken ist deshalb eine Parallelschaltung eines Elkos und eines Keramikkondensators zu verwenden.
- Auf richtige, evtl. getrennte Verlegung von Masseleitungen und Massebahnen von gedruckten Schaltungen achten. Auf der Masseleitung sind oft kleine Signale und zusätzlich ein großer Laststrom zu übertragen. Eine vom Netzteil sternförmig ausgehende Verdrahtung der Masseleitung kann günstig sein (Abb. 4.3). Ungünstig ist es, die Masseleitung vom Netzteil zu einer Schaltungseinheit zu führen und von dort weiter zur nächsten Schaltungseinheit.
- Die Schaltung vor Überlast oder Kurzschluss der Ausgänge schützen (durch Schmelzsicherung oder schaltungstechnische Maßnahmen).

4.5 Die belastete Gleichspannungsquelle

4.5.1 Reale Spannungsquelle

Wird eine Last an eine Spannungsquelle angeschlossen, so wird die an den Klemmen der Spannungsquelle messbare Spannung (**Klemmenspannung**) kleiner. Dies gilt für alle Spannungsquellen, auch Wechselspannungsquellen. Der Grund hierfür ist der innere Widerstand oder **Innenwiderstand** R_i, den jede Spannungsquelle besitzt.

Greifen wir noch einmal auf den Vergleich eines Stromkreises mit einem Wasserkreislauf zurück. Beim Wasserkreislauf entsteht nicht nur im Rohr eine Reibung zwischen der Flüssigkeit und den Rohrwänden, sondern auch in der Pumpe. Beim elektrischen Stromkreis wird das Fließen der Elektronen in den Leitungsdrähten durch Zusammenstöße mit den um ihre Ruhelage schwingenden Atomrümpfen behindert. Der Spannungserzeuger selbst besteht aber auch aus Materie, welche den Elektronenfluss im Stromkreislauf behindert. Bei einem Generator im Kraftwerk oder einem Fahrraddynamo stellt die Wicklung aus Kupferdraht einen Widerstand dar, der den Fluss der Elektronen hemmt, bei einem Akkumulator oder einer Batterie ist es der Elektrolyt.

Bei jeder Spannungsquelle in einem geschlossenen Stromkreis muss der Strom durch einen Widerstand fließen, der durch den Aufbau der Spannungsquelle bedingt und nicht vermeidbar ist. Dieser Widerstand wird Innenwiderstand der Spannungsquelle genannt.

Der Innenwiderstand einer Spannungsquelle und der Widerstand eines angeschlossenen Verbrauchers bilden eine Reihenschaltung. Da nach dem ohmschen Gesetz auch am Innenwiderstand eine Spannung abfällt, misst man am Verbraucher eine umso kleinere Spannung, je größer der Innenwiderstand ist. Der Spannungsabfall am Innenwiderstand der Spannungsquelle fehlt sozusagen am Verbraucher.

Eine **reale Spannungsquelle** kann in einem Ersatzschaltbild durch die Reihenschaltung aus einer idealen Spannungsquelle und einem Widerstand dargestellt werden (Abb. 4.4).

Die Ersatzschaltung wird als **Ersatzspannungsquelle** bezeichnet. Die Spannung der idealen Spannungsquelle nennt man **Leerlaufspannung, Quellenspannung** oder Urspannung (früher Elektromotorische Kraft EMK).

In Abb. 4.4 sind:

U_q = Leerlaufspannung, Quellenspannung (oft als U_0 bezeichnet)
U_{Ri} = innerer Spannungsabfall,
U_{Kl} = Klemmenspannung,
U_L = Spannung an der Last (= Klemmenspannung U_{Kl}),

Abb. 4.4 Reale Spannungsquelle bestehend aus idealer Spannungsquelle U_q und Innenwiderstand R_i mit angeschlossenem Lastwiderstand R_L

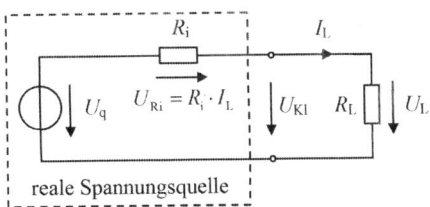

I_L = Laststrom,
R_i = Innenwiderstand,
R_L = Lastwiderstand.

Bei einer *idealen* Spannungsquelle wäre die Spannung an ihren Klemmen vom Strom durch die Last unabhängig, sie hätte den Innenwiderstand $R_i = 0$. An eine ideale Spannungsquelle könnte also ein beliebig niederohmiger Verbraucher angeschlossen werden, ohne dass die Klemmenspannung kleiner wird („zusammenbricht"). Dies geht bis zu dem physikalisch unsinnigen Fall, dass die beiden Klemmen der idealen Spannungsquelle kurzgeschlossen werden (mit einer dicken Kupferschiene überbrückt werden), die Spannung zwischen den beiden Klemmen würde trotzdem theoretisch unverändert (auf dem Wert der Leerlaufspannung) bestehen bleiben.

In der Realität ist eine solche ideale Spannungsquelle natürlich nicht herstellbar (von der elektronischen Schaltung einer stabilisierten Konstantspannungsquelle wird hier abgesehen). Bei einer realen Spannungsquelle nimmt die Klemmenspannung umso stärker ab, je größer der Strom durch die Last R_L und somit gleichzeitig durch den Innenwiderstand R_i wird.

Sind die Größen U_q und R_i von der Höhe des Laststromes unabhängig, so spricht man von einer **linearen Quelle**.

Die Reihenschaltung von R_i und R_L ist ein Spannungsteiler. Mit der Ersatzspannungsquelle kann die **Klemmenspannung** U_{Kl} (= Spannung U_L an der Last) in Abhängigkeit von der Laststromstärke berechnet werden, wenn der Innenwiderstand der Spannungsquelle und die Leerlaufspannung bekannt sind.

$$U_{Kl} = U_L = U_q - R_i \cdot I_L \tag{4.2}$$

Für $I_L = 0$ A hat die Klemmenspannung ihren Maximalwert $U_{Kl} = U_L = U_q$ und nimmt mit steigendem Laststrom linear ab. Die Spannung U_L am Lastwiderstand R_L ist um die Spannung U_{Ri}, die am Innenwiderstand R_i abfällt, kleiner. Der innere Spannungsabfall U_{Ri} ist umso größer, je größer der Laststrom I_L und je größer der Innenwiderstand R_i ist. Wird Gl. 4.2 umgestellt, so ergibt sich als Kennlinie einer realen Spannungsquelle die Gl. 4.3 einer fallenden Geraden (Gerade mit negativer Steigung). Diese ist in Abb. 4.5 grafisch dargestellt.

$$\underline{U_{Kl} = U_L = -R_i \cdot I_L + U_q} \tag{4.3}$$

Für $I_L = 0$ A ergibt sich der Achsenabschnitt der *Leerlaufspannung*

$$\underline{U_{Kl} = U_L = U_q} \tag{4.4}$$

auf der Ordinate, für $U_{KL} = U_L = 0$ erhält man den Achsenabschnitt des *Kurzschlussstromes*

$$\underline{I_K = \frac{U_q}{R_i}} \tag{4.5}$$

auf der Abszisse.

4.5 Die belastete Gleichspannungsquelle

Abb. 4.5 Beispiel zum Verlauf der Klemmenspannung als Funktion des Laststromes bei einer realen Spannungsquelle

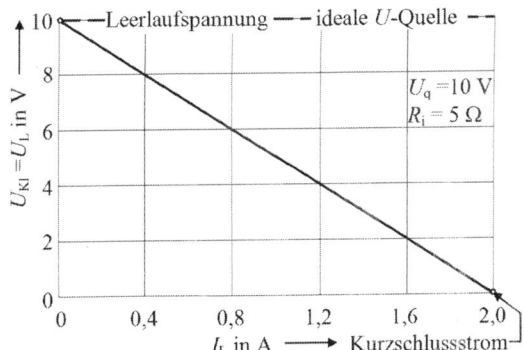

Im Leerlauffall sind die Klemmen offen, es ist kein Lastwiderstand angeschlossen ($R_L = \infty$), im Kurzschlussfall sind die Klemmen unendlich gut leitend verbunden ($R_L = 0$).

Das Verkleinern der Klemmenspannung beim Anschließen einer Last an eine Spannungsquelle bezeichnet man als „Zusammenbrechen" der Spannung. Man sagt: „Die Spannung bricht zusammen".

4.5.2 Ermittlung des Innenwiderstandes

Da die Klemmenspannung mit dem Laststrom linear abnimmt, kann der Innenwiderstand als Verhältnis einer Spannungsdifferenz zur zugehörigen Stromdifferenz berechnet werden.

Die Leerlaufspannung U_q kann mit einem hochohmigen Voltmeter an den Anschlüssen der Spannungsquelle gemessen werden, wenn kein Verbraucher angeschlossen ist.

Wird die Spannung U_L beim Laststrom I_L gemessen, so ergibt sich der Innenwiderstand als:

$$R_i = \frac{\Delta U}{\Delta I} = \frac{U_0 - U_L}{I_L} \qquad (4.6)$$

In Abb. 4.5 ist $U_L = 4\,\text{V}$ bei $I_L = 1{,}2\,\text{A}$. Daraus folgt: $R_i = \frac{10\,\text{V} - 4\,\text{V}}{1{,}2\,\text{A}} = \underline{5\,\Omega}$

Der Innenwiderstand kann also durch die Messung der Spannungen und Ströme von zwei beliebigen Lastfällen bestimmt werden. Zur Vereinfachung kann für einen Fall eine fehlende Last angenommen und die Leerlaufspannung U_q durch Messung ermittelt werden.

Eine Spannungsquelle kann als nahezu ideal betrachtet werden, wenn sie einen sehr kleinen Innenwiderstand hat. Ein Autoakkumulator ist eine sehr „gute" Spannungsquelle mit einem sehr kleinen Innenwiderstand im Milliohm-Bereich. Die Spannung an den Klemmen des Akkus verringert sich nur wenig, auch wenn der Akku beim Startvorgang des Autos einen sehr hohen Strom im Bereich von einigen zehn Ampere (oder mehr) liefert.

Aufgabe 4.2

An eine Batterie ist ein Widerstand R angeschlossen. Durch den Widerstand fließt ein Strom $I = 200\,\text{mA}$, an ihm liegt die Spannung $U = 5{,}8\,\text{V}$. Wird der Widerstand durch R_1 ersetzt, so beträgt der Strom $I_1 = 100\,\text{mA}$ und die Spannung am Widerstand ist $U_1 = 6{,}0\,\text{V}$. Wie groß ist der Innenwiderstand R_i der Batterie?

Lösung

$$R_i = \frac{\Delta U}{\Delta I} = \frac{5{,}8\,\text{V} - 6{,}0\,\text{V}}{100\,\text{mA} - 200\,\text{mA}} = \underline{\underline{2{,}0\,\Omega}}$$

4.5.3 Kurzschlussstrom

Bei einem Kurzschluss ist $R_L = 0\,\Omega$ (bzw. sehr klein). Es fließt der Kurzschlussstrom I_K, der nur von der Leerlaufspannung U_q und dem Innenwiderstand R_i der Quelle abhängt.

$$I_K = \frac{U_q}{R_i} \quad (4.7)$$

I_K = Kurzschlussstrom,
U_q = Leerlaufspannung,
R_i = Innenwiderstand.

Wird eine Spannungsquelle (z. B. mit einem dicken Draht) kurzgeschlossen, so ist ihre Klemmenspannung 0 Volt. Die gesamte Quellenspannung fällt am Innenwiderstand ab und wird dort in Verlustleistung

$$P_i = \frac{U_0^2}{R_i} \quad (4.8)$$

umgesetzt.

Der Kurzschlussstrom wird umso größer, je kleiner der Innenwiderstand ist. Ein Autoakkumulator besitzt einen sehr kleinen Innenwiderstand und der Kurzschlussstrom kann einige hundert Ampere betragen.

Die Aussage, dass zwischen zwei Punkten keine Spannung (0 V) liegt, wenn beide Punkte kurzgeschlossen sind, ist vor allem in der elektronischen Schaltungstechnik wichtig. *Ein offener (nicht mit Masse verbundener) Eingang einer Schaltung bedeutet nicht, dass an ihm keine Spannung liegt.* So kann am Ausgang eines Verstärkers durchaus eine Spannung gemessen werden, obwohl sein Eingang offen ist, an ihm also keine Eingangsspannung angelegt ist. Ist der Verstärkereingang sehr hochohmig und die Verstärkung groß, so können bei offenem Eingang geringste Spannungen (bedingt durch „Einstreuungen" oder die Art der Schaltung) zu einer Ausgangsspannung führen. Die Spannung am Ausgang wird erst dann 0 V, wenn der Eingang gegen Masse kurzgeschlossen wird.

4.5.4 Leerlauf

Ist an eine Spannungsquelle keine Last angeschlossen ($R_L = \infty$), so ist der Stromkreis nicht geschlossen, der Laststrom I_L und die in der Quelle umgesetzte Verlustleistung P_i sind null. Dies wird als „Leerlauf" bezeichnet. Die Klemmenspannung ist in diesem Fall gleich der Leerlaufspannung (Quellenspannung).

4.5.5 Anpassungen

Ist an eine Spannungsquelle ein Lastwiderstand angeschlossen, so liegt an diesem eine Spannung an und durch ihn fließt ein Strom. Der Erzeuger gibt an die Last eine Leistung ab. Das Verhältnis von Lastwiderstand zu Innenwiderstand bestimmt, ob an der Last die Spannung, die Stromstärke oder die Leistung möglichst groß ist. Nach diesen Fällen werden die Anpassungsarten unterschieden.

4.5.5.1 Spannungsanpassung

Die Spannungsanpassung kommt am häufigsten vor. Die Quelle kommt einer idealen Spannungsquelle mit $R_i = 0$ nahe, es gilt:

$$\underline{R_i \ll R_L} \tag{4.9}$$

Bei Spannungsanpassung liegt am **Lastwiderstand** eine **möglichst hohe Spannung**. Für die Spannungsanpassung muss der Lastwiderstand sehr viel größer als der Innenwiderstand der speisenden Spannungsquelle sein. Dadurch fließt ein kleiner Strom, der **Spannungsabfall am Innenwiderstand ist klein** und fast die gesamte Quellenspannung liegt an der Last. Bei Spannungsanpassung arbeitet die Schaltung im Leerlaufbereich der Spannungsquelle. Spannungsanpassung nennt man auch *Überanpassung*, da der Wert des Lastwiderstandes erheblich über dem Wert des Innenwiderstandes liegt.

In der Praxis wird Spannungsanpassung verwendet, wenn die Spannung an der Last unabhängig vom Laststrom sein soll. Dies ist z. B. bei einem Spannungsmesser (Voltmeter) gewünscht. Der Innenwiderstand eines Voltmeters soll möglichst hoch sein, um eine Spannung unverfälscht messen zu können (die Spannungsquelle soll durch das Voltmeter möglichst wenig belastet werden und die zu messende Spannung nicht zusammenbrechen). Auch die Spannungsversorgung (das Netzteil) einer elektronischen Schaltung soll im Bereich der Spannungsanpassung arbeiten, da sonst in den Zuleitungen zur Schaltung eine hohe Verlustleistung auftritt bzw. bei Lastschwankungen (z. B. durch Schaltvorgänge) die Versorgungsspannung unerlaubt klein werden kann. In der Energietechnik liegt somit Spannungsanpassung vor, damit die Leistung praktisch ausschließlich an der Last und nur zu einem sehr geringen Teil am Innenwiderstand der Quelle umgesetzt wird.

4.5.5.2 Stromanpassung

Die Stromanpassung kommt selten vor. Die Quelle kommt einer idealen Stromquelle mit $R_i = \infty$ nahe, es gilt:

$$R_i \gg R_L \tag{4.10}$$

Die Stromanpassung (*Unteranpassung*) führt zu einem **möglichst hohen Strom** durch die Last, der Lastwiderstand muss sehr viel kleiner sein als der Innenwiderstand der speisenden Spannungsquelle. Bei Stromanpassung arbeitet die Schaltung im Kurzschlussbereich der Spannungsquelle. Bei Stromanpassung erhält man einen **„eingeprägten"** Strom durch die Last, der unabhängig vom Lastwiderstand ist. Der größte Teil der Leistung wird am Innenwiderstand der Quelle umgesetzt.

Ein Strommesser (Amperemeter) wird mit Stromanpassung betrieben. Der Innenwiderstand eines Amperemeters soll möglichst klein sein, damit der zu messende Strom im Stromkreis durch das Messgerät nicht verfälscht (verkleinert) wird. Auch das Laden von Akkumulatoren (Ni-Cd, Ni-MH) erfolgt mit Stromanpassung.

4.5.5.3 Leistungsanpassung

Soll von der Last eine möglichst große Leistung aufgenommen werden, so verwendet man die Leistungsanpassung. Die von der Spannungsquelle an den Verbraucher gelieferte Leistung wird maximal wenn gilt:

$$R_i = R_L \tag{4.11}$$

und beträgt

$$P_{Lmax} = \frac{U_q^2}{4 \cdot R_i} \quad \text{bzw.} \quad P_{Lmax} = \frac{U_q^2}{4 \cdot R_L} \tag{4.12}$$

Herleitung In Abb. 4.4 ist die von der realen Spanungsquelle an den Lastwiderstand R_L abgegebene Leistung $P_L = I_L^2 \cdot R_L$.

Der Strom durch die Last ist $I_L = \frac{U_q}{R_i + R_L}$. Daraus folgt: $P_L = U_q^2 \cdot \frac{R_L}{(R_i + R_L)^2}$. Die Werte von U_q und R_i sind durch die reale Spannungsquelle festgelegt, die Variable ist der Wert des Lastwiderstandes R_L. In Abb. 4.6 wird diese Funktion grafisch dargestellt.

Das Maximum der Funktion $P_L = f(R_L)$ erhalten wir, wenn wir die erste Ableitung null setzen: $\frac{dP(R_L)}{dR_L} = 0$. Unter Beachtung der Quotientenregel folgt:

$$\frac{(R_i + R_L)^2 - [R_L \cdot (2 \cdot R_i + 2 \cdot R_L)]}{(R_i + R_L)^4} = 0.$$

Dieser Bruch ist null, wenn der Zähler null ist.

4.6 Stromquelle

Abb. 4.6 Verlauf der von einer realen Spannungsquelle an den Lastwiderstand R_L abgegebenen Leistung P_L

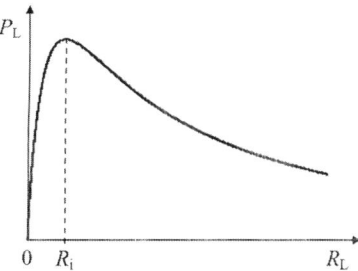

Wir setzen $R_i^2 + 2R_i R_L + R_L^2 - 2R_i R_L - 2R_L^2 = 0; \Rightarrow R_i^2 - R_L^2 = 0; \Rightarrow \underline{\underline{R_i = R_L}}$.

Die von der realen Spannungsquelle an den angeschlossenen Lastwiderstand abgegebene Leistung ist dann am größten, wenn der Lastwiderstand gleich dem Innenwiderstand ist.

Bei der Leistungsanpassung ist die Spannung an der Last halb so groß wie die Leerlaufspannung und der Strom halb so groß wie der Kurzschlussstrom. Der **Wirkungsgrad** beträgt nur **50 %**, da die im Innenwiderstand entstehende Verlustleistung genauso groß ist wie die an den Verbraucher abgegebene Leistung.

Die Leistungsanpassung wird immer dann verwendet, wenn man einer Quelle die maximale Leistung entnehmen will. Die Leistungsanpassung findet vor allem in der Nachrichten- bzw. Hochfrequenztechnik Anwendung. Hier unterliegen die Impedanzen von Quelle und Last einer Leistungsanpassung um Reflexionen zu vermeiden. Eine Antenne wird unter Leistungsanpassung an den Eingang eines Empfängers angeschlossen, um möglichst wenig der empfangenen Leistung zu verlieren. Ein Lautsprecher soll eine möglichst große Leistung abgeben und wird ebenfalls unter Leistungsanpassung an den Verstärker angeschlossen. In der Starkstromtechnik findet die Leistungsanpassung wegen dem niedrigen Wirkungsgrad und wegen der starken Spannungsschwankungen am Verbraucher bei Laständerungen keine Verwendung.

4.6 Stromquelle

In der Kommunikationselektronik (kaum jedoch in der Energieelektronik) wird statt der Spannungsquelle oft der Begriff der Stromquelle benutzt. Eine Stromquelle ist definiert als ein Erzeuger, der dauernd einen konstanten Strom durch einen Verbraucher liefert, unabhängig davon, wie groß dieser Strom ist und somit auch unabhängig davon, wie groß der Lastwiderstand ist. Eine Stromquelle liefert einen festen (*eingeprägten*) Strom und wird auch als **Konstantstromquelle** bezeichnet. Der Innenwiderstand einer idealen Stromquelle ist unendlich groß. Im Ersatzschaltbild einer realen Stromquelle, welche z. B. durch eine elektronische Schaltung realisiert werden kann, liegt der Innenwiderstand parallel zur idealen Stromquelle. Eine Stromquelle wird durch ein anderes Symbol als eine Spannungsquelle dargestellt (Abb. 4.7).

Abb. 4.7 Symbol einer idealen Stromquelle (**a**) und Schaltbild einer realen Stromquelle mit Innenwiderstand und angeschlossener Last (**b**)

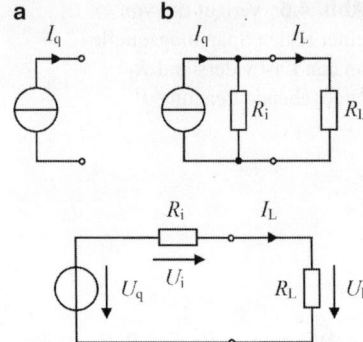

Abb. 4.8 Konstantstromquelle realisiert durch eine Spannungsquelle (R_i sehr groß)

Sehr häufig (vor allem in der Umgangssprache) wird eine Spannungsquelle als Stromquelle bezeichnet, da sie in einer angeschlossenen Last einen Strom hervorruft. Man sollte sich jedoch gegebenenfalls über die unterschiedliche Bedeutung beider Begriffe bewusst sein.

Am einfachsten kann eine *Konstantstromquelle* realisiert werden, wenn mit einer *Spannungsquelle ein sehr großer ohmscher Widerstand in Reihe* geschaltet wird (Abb. 4.8).

Am Widerstand R_i fällt die Spannung $U_i = U_q - U_L = R_i \cdot I_L$ ab. Daraus folgt: $I_L = \frac{U_q - U_L}{R_i} = \frac{U_q}{R_i} - \frac{U_L}{R_i} = I_q - \frac{U_L}{R_i}$ mit $I_q = \frac{U_q}{R_i}$ als Kurzschlussstrom der Spannungsquelle. Wird R_i unendlich groß, so ist $I_L = I_q$, und der Ausgangsstrom hängt nicht mehr von der Ausgangsspannung U_L ab. Je größer R_i ist, desto weniger hängt der Strom durch die Last von der Spannung an der Last ab.

4.7 Zusammenfassung: Gleichspannungsquellen

1. Gleichspannungsquellen werden als Hilfsenergie zur Stromversorgung elektronischer Schaltungen benötigt.
2. Netzunabhängige Gleichspannungsquellen können in Primärelemente (Batterien) und Sekundärelemente (Akkumulatoren) eingeteilt werden.
3. Batterien sind für den einmaligen Gebrauch bis zur Entladung bestimmt und können nicht aufgeladen werden.
4. Ein Akkumulator kann nach seiner Entladung wieder aufgeladen werden. Zu beachten ist die Betriebsanweisung für das Laden.
5. Die Kapazität einer Batterie oder eines Akkumulators wird in Amperestunden (Ah) angegeben.
6. Netzgeräte (Netzteile) sind vom Stromversorgungsnetz abhängige Gleichspannungsquellen.
7. Für eine störungsfreie Versorgung einer elektronischen Schaltung mit Gleichspannung sind bestimmte Regeln zu beachten.

4.7 Zusammenfassung: Gleichspannungsquellen

8. Eine reale Spannungsquelle kann durch eine ideale Spannungsquelle mit Innenwiderstand dargestellt werden.
9. Die Klemmenspannung einer Spannungsquelle bricht umso stärker zusammen, je größer ihr Innenwiderstand und je größer der Laststrom ist.
10. Man unterscheidet zwischen Spannungs-, Strom- und Leistungsanpassung.
11. Eine Konstantstromquelle liefert einen vom Lastwiderstand unabhängigen Strom.

5 Berechnungen im unverzweigten Gleichstromkreis

> **Zusammenfassung**
>
> Reihen- und Parallelschaltung werden als mögliche Arten der Zusammenschaltung zweipoliger Bauelemente definiert. Die Reihenschaltung ohmscher Widerstände mit der wichtigen Formel zur Spannungsteilung nimmt eine zentrale Stellung ein. Es folgen die Reihenschaltung von Kondensatoren, Spulen und Gleichspannungsquellen. Die Reihenschaltung von Bauelementen ermöglicht die Bildung von Ersatzbauelementen mit neuen Werten. Der Einsatz eines Vorwiderstandes und der elektrische Leiter als Widerstand werden besprochen.

5.1 Reihen- und Parallelschaltung von Zweipolen

Zweipolige elektronische Bauteile (Bauteile mit zwei Anschlüssen, auch *Zweipole* genannt) können grundsätzlich auf zweierlei Arten zusammengeschaltet werden: Durch die Reihenschaltung oder die Parallelschaltung. Vergleiche auch Abschn. 2.3.3 „Reihenschaltung" und Abschn. 2.3.4 „Parallelschaltung".

Bei der Reihenschaltung handelt es sich um einen unverzweigten Stromkreis (Abb. 5.1a). Der Strom fließt nur in einem einzigen Stromkreis und teilt sich nicht auf.

Bei der Parallelschaltung liegt ein verzweigter Stromkreis vor (Abb. 5.1b). Der aus der Spannungsversorgung herausfließende Strom verzweigt sich und teilt sich auf zwei oder mehrere Stromkreise auf.

Wie in Abb. 5.1a zu sehen ist, verzweigt sich der Strom bei der Reihenschaltung nicht. Es existiert nur ein einziger Stromkreis in dem der Strom „I" fließt. Bei der Parallelschaltung teilt sich der gesamte von der Spannungsquelle gelieferte Strom I_{ges} in die Ströme I_1, I_2 und I_3 auf.

Es ist auch zu erkennen, dass bei der Reihenschaltung der Strom „I" im Stromkreis überall gleich groß ist. Durch alle drei Widerstände fließt der gleiche Strom, er kann sich

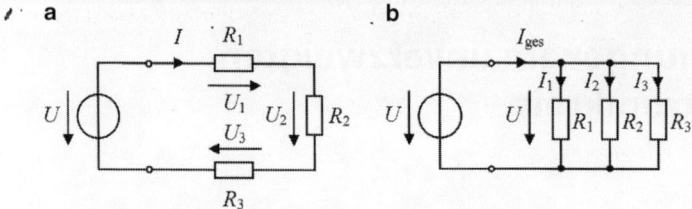

Abb. 5.1 Reihenschaltung (**a**) und Parallelschaltung (**b**) von Widerständen

ja nirgendwo verzweigen und sich damit in unterschiedliche Größen aufteilen. Die Spannungen an den Widerständen sind jedoch je nach Widerstandswert unterschiedlich groß (ohmsches Gesetz).

Bei der Parallelschaltung dagegen liegt an allen drei Widerständen die gleiche Spannung an. Der Strom I_{ges} teilt sich jedoch in drei unterschiedlich große Teilströme auf.

▶ **Bei der Reihenschaltung teilt sich die Spannung auf.**

▶ **Bei der Parallelschaltung teilt sich der Strom auf.**

Im Folgenden werden Berechnungen im unverzweigten Gleichstromkreis bei der Reihenschaltung von zweipoligen Bauelementen besprochen.

Zweipolige Bauelemente sind z. B. ohmsche Widerstände, Kondensatoren, Spulen und Gleichspannungsquellen.

5.2 Reihenschaltung von ohmschen Widerständen

Bei der Reihenschaltung von Widerständen addieren sich die Widerstandswerte der einzelnen Widerstände zu einem Gesamtwiderstand. Die Reihenschaltung der einzelnen Widerstände (Abb. 5.2a) kann durch einen einzigen Widerstand, den **Ersatzwiderstand**, mit dem Wert R_{ges} des Gesamtwiderstandes ersetzt werden (Abb. 5.2b).

Abb. 5.2 Reihenschaltung von Widerständen (**a**) und Ersatzschaltbild (**b**)

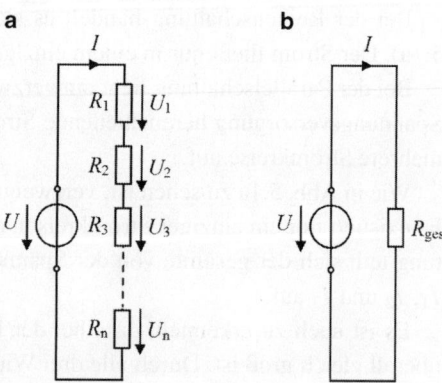

5.2 Reihenschaltung von ohmschen Widerständen

▶ **Der Ersatzwiderstand der Reihenschaltung ist stets größer als der größte der Teilwiderstände.**

Bei der Reihenschaltung von Widerständen gelten folgende Gesetze:

▶ **Der Gesamtwiderstand (Ersatzwiderstand) ist gleich der Summe der Teilwiderstände.**

$$\underline{\underline{R_{ges} = R_1 + R_2 + R_3 + \ldots + R_n}} \quad \text{oder} \quad R_{ges} = \sum_{\nu=1}^{\nu=n} R_\nu \tag{5.1}$$

▶ **Die Gesamtspannung ist gleich der Summe der Teilspannungen.**

$$\underline{\underline{U_{ges} = U_1 + U_2 + U_3 + \ldots + U_n}} \quad \text{oder} \quad U_{ges} = \sum_{\nu=1}^{\nu=n} U_\nu \tag{5.2}$$

▶ **Die Stromstärke ist an jeder Stelle des Stromkreises gleich groß.**

Eine Teilspannung an einem Widerstand wird **Spannungsabfall** genannt.

Es gilt $U = R \cdot I$. Da der Strom I im Stromkreis überall gleich groß ist, fällt am größten Widerstand die größte Teilspannung ab, am kleinsten Widerstand die kleinste.

Wegen $P = U \cdot I$ wird der **Widerstand mit dem größten Wert (und somit dem größten Spannungsabfall) am stärksten belastet**.

Da sich die Teilspannungen an den einzelnen Widerständen entsprechend deren Größe aufteilen, spricht man auch von einer **Spannungsteilung**.

Fällt einer der in Reihe geschalteten Zweipole aus, so ist der gesamte Stromkreis unterbrochen und damit stromlos.

Sind in einer Reihenschaltung bestimmte Größen bekannt, so können unbekannte Größen berechnet werden. Es folgen fünf für die Praxis wichtige Formeln.

1. Gegeben: Gesamtspannung U und Größe aller Teilwiderstände R_1 bis R_n
   Gesucht: Teilspannung U_x am Teilwiderstand R_x

$$\text{Formel: } \underline{\underline{U_x = U \cdot \frac{R_x}{R_1 + R_2 + \ldots + R_n}}} = U \cdot \frac{R_x}{R_{ges}} \tag{5.3}$$

Dies ist die sehr wichtige **Spannungsteiler-Formel**.

2. Gegeben: Strom I und Teilwiderstand R_x
   Gesucht: Leistung (Verlustleistung) P_x in R_x

$$\text{Formel: } \underline{\underline{P_x = I^2 \cdot R_x}} \tag{5.4}$$

▶ **Bei der Reihenschaltung wird der Widerstand mit dem größten Wert am stärksten belastet!**

3. Gegeben: Teilspannung U_x am Teilwiderstand R_x, Größe von R_x
   Gesucht: Leistung (Verlustleistung) P_x in R_x

$$\text{Formel: } \underline{\underline{P_x = \frac{U_x^2}{R_x}}} \tag{5.5}$$

4. Gegeben: Strom I und Teilspannung U_x am Teilwiderstand R_x
   Gesucht: Leistung (Verlustleistung) P_x in R_x

$$\text{Formel: } \underline{\underline{P_x = U_x \cdot I}} \tag{5.6}$$

5. Gegeben: Teilspannungen U_1 bis U_n und Teilwiderstände R_1 bis R_n
   Gesucht: Gesamte Leistung P_{ges}

$$\text{Formel: } \underline{\underline{P_{ges} = P_1 + P_2 + \ldots + P_n = \frac{U_1^2}{R_1} + \frac{U_2^2}{R_2} + \ldots + \frac{U_n^2}{R_n}}} \tag{5.7}$$

Aufgabe 5.1

Gegeben sind drei in Reihe geschaltete Widerstände $R_1 = 100\,\Omega$, $R_2 = 150\,\Omega$ und $R_3 = 220\,\Omega$. Die Widerstände haben eine Toleranz von 10 %. Die Reihenschaltung wird von einer Gleichspannungsquelle mit $U = 100\,\text{V}$ gespeist.

a) Zeichnen Sie das Schaltbild.
b) Wie groß ist der minimale und der maximale Ersatzwiderstand?
c) Wie groß ist der minimale und der maximale Strom im Stromkreis?
d) Berechnen Sie die minimalen und maximalen Teilspannungen U_1, U_2, U_3 an den Widerständen für $I = I_{max}$ und $I = I_{min}$.
e) Welche Belastbarkeit in Watt muss der Widerstand R_1 mindestens haben?
f) Welche Leistung in Watt muss die Gleichspannungsquelle im schlechtesten Fall (größte Leistung) und im besten Fall (kleinste Leistung) aufbringen?

Lösung

a) Das Schaltbild zeigt Abb. 5.3.

Abb. 5.3 Schaltbild für drei in Reihe geschaltete Widerstände

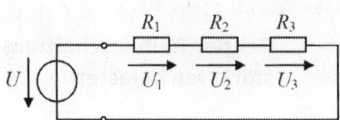

5.2 Reihenschaltung von ohmschen Widerständen

b)
$$(R_1)_{min} = R_1 - 0{,}1 \cdot R_1 = 90\,\Omega$$
$$(R_2)_{min} = R_2 - 0{,}1 \cdot R_2 = 135\,\Omega$$
$$(R_3)_{min} = R_3 - 0{,}1 \cdot R_3 = 198\,\Omega$$
$$(R_1)_{max} = R_1 + 0{,}1 \cdot R_1 = 110\,\Omega$$
$$(R_2)_{max} = R_2 + 0{,}1 \cdot R_2 = 165\,\Omega$$
$$(R_3)_{max} = R_3 + 0{,}1 \cdot R_3 = 242\,\Omega$$

Minimaler Gesamtwiderstand: $(R_{ges})_{min} = (R_1)_{min} + (R_2)_{min} + (R_3)_{min} = 90\,\Omega + 135\,\Omega + 198\,\Omega = \underline{423\,\Omega}$

Maximaler Gesamtwiderstand: $(R_{ges})_{max} = (R_1)_{max} + (R_2)_{max} + (R_3)_{max} = 110\,\Omega + 165\,\Omega + 242\,\Omega = \underline{517\,\Omega}$

Durch die Toleranz der Einzelwiderstände kann der Gesamtwiderstand den Minimalwert 423 Ω und den Maximalwert 517 Ω annehmen. Der tatsächliche Wert des Gesamtwiderstandes liegt zwischen diesen beiden Grenzen, da die Einzelwiderstände mit großer Wahrscheinlichkeit nicht alle zusammen an ihrer unteren bzw. oberen Toleranzgrenze liegen. Der Nennwert wäre $R_{ges} = R_1 + R_2 + R_3 = 470\,\Omega$.

c) Minimaler Strom: $I_{min} = \frac{U}{(R_{ges})_{max}} = \frac{100\,\text{V}}{517\,\Omega} = \underline{193{,}424\,\text{mA}}$

Maximaler Strom: $I_{max} = \frac{U}{(R_{ges})_{min}} = \frac{100\,\text{V}}{423\,\Omega} = \underline{236{,}407\,\text{mA}}$

d)
$$(U_1)_{min} = (R_1)_{min} \cdot I_{max} = 90\,\Omega \cdot 236{,}407\,\text{mA} = \underline{21{,}28\,\text{V}}$$
$$(U_2)_{min} = (R_2)_{min} \cdot I_{max} = 135\,\Omega \cdot 236{,}407\,\text{mA} = \underline{31{,}92\,\text{V}}$$
$$(U_3)_{min} = (R_3)_{min} \cdot I_{max} = 198\,\Omega \cdot 236{,}407\,\text{mA} = \underline{46{,}81\,\text{V}}$$

Die Summe der Teilspannungen ergibt 99,99 V. Die Differenz zu 100,00 V entstand durch Rundung der Rechenergebnisse.

$$(U_1)_{max} = (R_1)_{max} \cdot I_{min} = 110\,\Omega \cdot 193{,}424\,\text{mA} = \underline{21{,}28\,\text{V}}$$
$$(U_2)_{max} = (R_2)_{max} \cdot I_{min} = 165\,\Omega \cdot 193{,}424\,\text{mA} = \underline{31{,}92\,\text{V}}$$
$$(U_3)_{max} = (R_3)_{max} \cdot I_{min} = 242\,\Omega \cdot 193{,}424\,\text{mA} = \underline{46{,}81\,\text{V}}$$

Man sieht, dass die minimalen und maximalen Spannungen gleich groß sind. Werden die Widerstandswerte aufgrund ihrer Toleranzen minimal, so steigt der Strom und ergibt die gleichen Spannungsabfälle wie bei größeren Widerstandswerten und kleinerem Strom.

Um die Spannungsabfälle an den Teilwiderständen zu berechnen, hätte man auch gleich mit den Widerstands-Nennwerten rechnen können, z. B.:

$$U_1 = U \cdot \frac{R_1}{R_{ges}} = 100\,\text{V} \cdot \frac{100\,\Omega}{470\,\Omega} = 21{,}28\,\text{V}$$

e) Die Belastung des Widerstandes R_1 ist am größten, wenn bei gegebenem Spannungsabfall sein Wert am kleinsten ist:

$$P = \frac{U_1^2}{(R_1)_{min}} = \frac{(21{,}28\,\text{V})^2}{90\,\Omega} = \underline{\underline{5{,}0\,\text{W}}}$$

R_1 muss mindestens 5 Watt haben. In ihm werden 5 Watt Verlustleistung in Wärme umgesetzt, falls sein Wert an der unteren Toleranzgrenze liegt.

f) Die Gleichspannungsquelle wird am stärksten belastet, wenn der Gesamtwiderstand minimal ist.

$$P_{max} = \frac{U^2}{(R_{ges})_{min}} = \frac{(100\,\text{V})^2}{423\,\Omega} = \underline{\underline{23{,}64\,\text{W}}} \quad \text{(schlechtester Fall)}$$

$$P_{min} = \frac{U^2}{(R_{ges})_{max}} = \frac{(100\,\text{V})^2}{517\,\Omega} = \underline{\underline{19{,}34\,\text{W}}} \quad \text{(bester Fall)}$$

Zur Reihenschaltung von Widerständen siehe auch Aufgabe 3.2 und Aufgabe 3.3.

Hinweis für die Praxis Ist kein Widerstand mit dem benötigten Wert vorhanden, so kann er durch eine Reihenschaltung mehrerer Widerstände ersetzt werden. Die Toleranz und die Belastbarkeit der Teilwiderstände ist dabei zu berücksichtigen.

Beispiel Benötigt wird ein Widerstand R mit $3{,}3\,\text{k}\Omega$, 1 W, 5 % (Baureihe E24). Er kann durch die Reihenschaltung der Widerstände $R_1 = 2{,}0\,\text{k}\Omega$, 1 W, 5 % und $R_2 = 1{,}3\,\text{k}\Omega$, 1 W, 5 % ersetzt werden.

Die Toleranzgrenzen von $R = 3{,}3\,\text{k}\Omega$ sind: $R_{min} = 3{,}3\,\text{k}\Omega - 0{,}05 \cdot 3{,}3\,\text{k}\Omega = 3{,}135\,\text{k}\Omega$ und $R_{max} = 3{,}3\,\text{k}\Omega + 0{,}05 \cdot 3{,}3\,\text{k}\Omega = 3{,}465\,\text{k}\Omega$.

Hätte R_1 eine Toleranz von 10 % statt 5 %, so hätte der Ersatzwiderstand aus R_1 und R_2 nicht die gewünschte Toleranz. Es wäre $(R_1)_{min} = 1{,}8\,\text{k}\Omega$ und $(R_2)_{min} = 1{,}235\,\text{k}\Omega$. Somit wäre $(R_{ges})_{min} = 3{,}035\,\text{k}\Omega$ und damit kleiner als $R_{min} = 3{,}135\,\text{k}\Omega$.

5.3 Reihenschaltung von Kondensatoren

Schaltet man mehrere Kondensatoren in Reihe, so nimmt beim Anlegen einer Gleichspannung jeder Kondensator dieselbe Ladung auf, da im unverzweigten Stromkreis die Stromstärke überall gleich groß ist. Die Kondensatoren $C_1, C_2, \ldots C_n$ haben die Ladung $Q_1 = Q_2 = \ldots = Q_n$. Bei der Reihenschaltung von Zweipolen ist die Summe der Teilspannungen gleich der Gesamtspannung.

An $C_1, C_2, \ldots C_n$ liegen die Spannungen $U_1, U_2, \ldots U_n$.

Die Gesamtspannung ist $U = U_1 + U_2 + \ldots + U_n$. Es gilt $U = \frac{Q_{ges}}{C_{ges}}$.

Somit ist $\frac{Q_{ges}}{C_{ges}} = \frac{Q_{ges}}{C_1} + \frac{Q_{ges}}{C_2} + \ldots + \frac{Q_{ges}}{C_n}$.

Teilt man obige Gleichung durch Q_{ges}, so erhält man: $\frac{1}{C_{ges}} = \frac{1}{C_1} + \frac{1}{C_2} + \ldots + \frac{1}{C_n}$.

Daraus folgt für die Ersatzkapazität von n in Reihe geschalteten Kapazitäten:

$$C_{ges} = \frac{1}{\frac{1}{C_1} + \frac{1}{C_2} + \ldots + \frac{1}{C_n}} \quad \text{oder} \quad C_{ges} = \frac{1}{\sum_{\nu=1}^{n} \frac{1}{C_\nu}} \tag{5.8}$$

▶ **Bei der Reihenschaltung von Kondensatoren ist die Gesamtkapazität stets kleiner als die kleinste Kapazität der einzelnen Kondensatoren.**

Da jeder Teilkondensator die gleiche Ladung hat, muss das Produkt aus $Q = C \cdot U$ für jeden Teilkondensator gleich sein. Ist C klein, so muss U groß sein und umgekehrt.

▶ **Bei der Reihenschaltung von Kondensatoren liegt an kleinen Kapazitäten eine große Spannung und umgekehrt.**

Die Teilspannung U_x am Teilkondensator C_x von n in Reihe geschalteten Kondensatoren ist:

$$U_x = U \cdot \frac{C_{ges}}{C_x} \tag{5.9}$$

U_x = Spannung am Kondensator C_x,
U = Gesamtspannung,
C_{ges} = Ersatzkapazität,
C_x = Teilkapazität.

Abb. 5.4 Reihenschaltung der beiden Kondensatoren mit angeschlossener Spannungsquelle

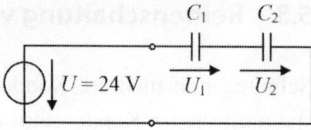

In der Praxis werden meist nur zwei Kondensatoren in Reihe geschaltet. Die Gln. 5.8 und 5.9 vereinfachen sich dann zu:

$$C_{ges} = \frac{C_1 \cdot C_2}{C_1 + C_2} \tag{5.10}$$

$$U_1 = U \cdot \frac{C_2}{C_1 + C_2} \tag{5.11}$$

$$U_2 = U \cdot \frac{C_1}{C_1 + C_2} \tag{5.12}$$

Anmerkung In der Praxis ist die Spannungsverteilung an den einzelnen, in Reihe geschalteten Kondensatoren ausschließlich durch die Isolationswiderstände der Kondensatoren bestimmt.

Aufgabe 5.2
Welche Kapazität C_2 muss mit $C_1 = 15$ nF in Reihe geschaltet werden, um eine Gesamtkapazität von 4,7 nF zu erhalten? An die Reihenschaltung wird eine Gleichspannung von 24 Volt angeschlossen. Wie groß sind die Teilspannungen an den Kondensatoren? Zeichnen Sie ein Schaltbild.

Lösung
Das Schaltbild zeigt Abb. 5.4.
Aus $C_{ges} = \frac{C_1 \cdot C_2}{C_1 + C_2}$ erhält man durch Auflösen nach C_2: $C_2 = \frac{C_{ges} \cdot C_1}{C_1 - C_{ges}}$.
Die Zahlenwerte eingesetzt ergibt $C_2 = 6,8$ nF.

$$U_1 = U \cdot \frac{C_2}{C_1 + C_2} = 24\,\text{V} \cdot \frac{6,8\,\text{nF}}{21,8\,\text{nF}} = 7,49\,\text{V};$$

$$U_2 = U \cdot \frac{C_1}{C_1 + C_2} = 24\,\text{V} \cdot \frac{15\,\text{nF}}{21,8\,\text{nF}} = 16,51\,\text{V}$$

5.4 Reihenschaltung von Spulen

Falls sich Spulen durch ihre Magnetfelder gegenseitig beeinflussen, nennt man sie magnetisch gekoppelt. Bei der Reihenschaltung von n magnetisch **nicht** gekoppelten Spulen gilt für die Gesamtinduktivität:

$$\underline{\underline{L_{ges} = L_1 + L_2 + \ldots + L_n}} \tag{5.13}$$

Die Gesamtinduktivität von in Reihe geschalteten und *magnetisch gekoppelten* Spulen anzugeben ist schwieriger und wird hier nur nach der Größenordnung angegeben.

Sind zwei Spulen magnetisch gekoppelt und haben sie gleichen Wicklungssinn, so verlaufen die gemeinsamen Feldlinien in gleicher Richtung. Bei Reihenschaltung der Spulen ist $L_{ges} > L_1 + L_2$. Ist der Wicklungssinn beider Spulen entgegengesetzt, so ist $L_{ges} < L_1 + L_2$.

5.5 Reihenschaltung von Gleichspannungsquellen

Gleichspannungsquellen haben einen Pluspol und einen Minuspol. Bei der Reihenschaltung von Gleichspannungsquellen muss daher auf ihre Polung geachtet werden. Wird der Minuspol (Austritt der Elektronen) der vorhergehenden Spannungsquelle mit dem Pluspol (Eintritt der Elektronen) der nachfolgenden Spannungsquelle verbunden, so addieren sich die Einzelspannungen. Hat eine Spannungsquelle in der Reihenschaltung entgegengesetzte Polarität, so vermindert sich die Gesamtspannung um den Betrag ihrer Spannung.

Wechseln sich bei der Reihenschaltung von n Gleichspannungsquellen Pluspol und Minuspol immer ab, so gilt:

$$\underline{\underline{U_{ges} = U_1 + U_2 + \ldots + U_n}} \tag{5.14}$$

Ein Beispiel für die Reihenschaltung von drei idealen Gleichspannungsquellen ist in Abb. 5.5 dargestellt.

Die **Innenwiderstände** von in Reihe geschalteten **realen** Spannungsquellen **addieren** sich.

Wird an eine Reihenschaltung von Gleichspannungsquellen ein Verbraucher angeschlossen, so ist der Strom durch jede Spannungsquelle gleich groß (unverzweigter Stromkreis). Die Leistung, die jede Spannungsquelle aufbringt, entspricht ihrer Spannung multipliziert mit dem Strom ($P = U \cdot I$).

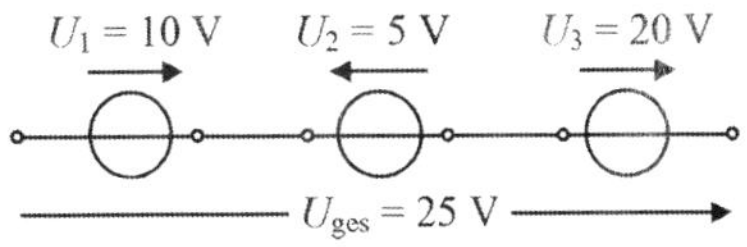

Abb. 5.5 Beispiel für die Reihenschaltung von Gleichspannungsquellen

$U_1 = 10$ V $U_2 = 5$ V $U_3 = 20$ V

$U_{ges} = 25$ V

5.6 Reihenschaltung von Widerständen, Kondensatoren und Spulen

5.6.1 Zusammenfassung von Bauelementen

Sind in einem unverzweigten Gleichstromkreis mehrere ohmsche Widerstände, Kondensatoren und Spulen in Reihe geschaltet, so können gleichartige Bauelemente nach den Gesetzen ihrer Reihenschaltung zu einem Ersatzbauelement zusammengefasst werden. Ein Beispiel zeigt Abb. 5.6.

Die Ersatzschaltung mit den zusammengefassten Bauelementen der Schaltung in Abb. 5.6 zeigt Abb. 5.7.

Die Werte der Bauelemente in der Ersatzschaltung Abb. 5.7 sind:

$$R = R_1 + R_2, \quad C = \frac{C_1 \cdot C_2}{C_1 + C_2}, \quad L = L_1 + L_2.$$

5.6.2 Reihenschaltung von Kondensator und R oder L

Da ein Kondensator Gleichstrom nicht durchlässt, bildet ein **Kondensator** in einer **Reihenschaltung im Gleichstromkreis eine „Sperre"**. Nachdem Ausgleichsvorgänge abgeschlossen sind und der Kondensator aufgeladen ist (man sagt „im eingeschwungenen Zustand") fließt im Stromkreis kein Strom mehr. Dies gilt für die Reihenschaltung eines Kondensators mit einem ohmschen Widerstand und/oder einer Spule (Abb. 5.8).

5.6.3 Reihenschaltung einer Spule mit R oder C

Im **Gleichstromkreis** bildet die **Spule** mit dem Widerstand ihrer Wicklung einen **ohmschen Widerstand**. Ist der Wicklungswiderstand einer Spule *nicht* so klein, dass er vernachlässigt werden kann, so ist er als ohmscher Widerstand zu berücksichtigen.

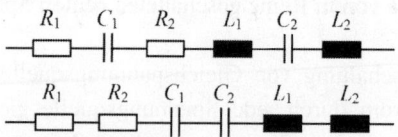

Abb. 5.6 Zwei gleiche Schaltungen. In der Reihenschaltung ist die Reihenfolge von Bauelementen vertauschbar. Bauelemente können zusammengefasst werden

Abb. 5.7 Ersatzschaltung der
Reihenschaltung in Abb. 5.6

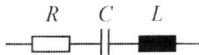

5.7 Reihenschaltung in der Praxis

5.7.1 Ersatz von Bauteilen

Ist ein Bauteil mit einem bestimmten Wert im Labor nicht vorrätig, so kann es durch eine Reihenschaltung aus zwei oder mehreren Bauteilen ersetzt werden. So kann z. B. ein Widerstand mit 20 kΩ durch die Reihenschaltung von zwei Widerständen mit 10 kΩ ersetzt werden.

Dabei ist stets zu beachten, welche Toleranz sich für die Ersatzschaltung durch die Zusammenschaltung der einzelnen Bauteile ergibt und ob diese Toleranz den Anforderungen entspricht.

Wird z. B. ein Widerstand mit 1,1 kΩ benötigt, so ist es sinnlos, einen Widerstand mit 1 kΩ, 20 % und einen Widerstand mit 100 Ω in Reihe zu schalten.

Die Belastung der einzelnen Bauteile der Ersatzschaltung muss ebenfalls berücksichtigt werden.

Die Leistung $P = U \cdot I = \frac{U^2}{R}$, welche in einem Bauteil in Wärme umgesetzt wird, darf die Nennleistung dieses Bauteiles nicht überschreiten.

Anmerkung Für die Laborpraxis und für Versuche ist dies ein mögliches Verfahren, um benötigte Bauteilwerte darzustellen. Bei der Auslegung einer Schaltung für die Massenproduktion gilt allerdings aus Kostengründen: So wenig Bauteile und so wenig verschiedene Bauteilwerte wie möglich.

5.7.2 Vorwiderstand

Soll ein Verbraucher mit einer bestimmten Nennspannung an eine höhere Spannung angeschlossen werden, so muss in den Stromkreis ein Vorwiderstand geschaltet werden. Der Spannungsabfall U_V am Vorwiderstand muss gleich der Differenz aus Anschlussspannung und Nennspannung des Verbrauchers sein (Abb. 5.9).

Abb. 5.8 Ein Kondensator sperrt Gleichstrom, nachdem er aufgeladen ist

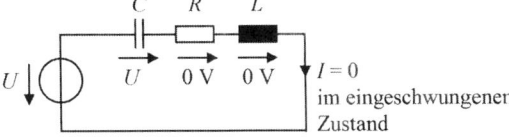

Abb. 5.9 Schaltung eines Verbrauchers mit Vorwiderstand

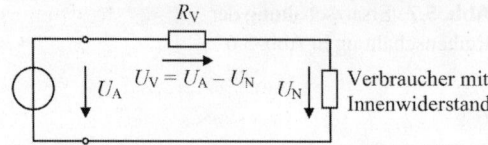

Tab. 5.1 Formeln für die Berechnung eines Vorwiderstandes

	Stromstärke I	Widerstand R	Leistung P
	$R_V = \frac{U_A - U_N}{I}$	$R_V = \frac{(U_A - U_N) \cdot R}{U_N}$	$R_V = \frac{(U_A - U_N) \cdot U_N}{P}$

Ein Vorwiderstand nimmt elektrische Leistung auf und wandelt diese in Wärme um. Entsprechend dieser Verlustleistung muss die Belastbarkeit des Vorwiderstandes (in Watt) sein.

Damit der Wert des Vorwiderstandes berechnet werden kann, müssen die Anschlussspannung sowie die Nennspannung des Verbrauchers bekannt sein und zusätzlich die Stromstärke, der Widerstand oder die Leistung des Verbrauchers.

Gegeben sei jeweils die Anschlussspannung U_A und die Nennspannung U_N des Verbrauchers.

Vom Verbraucher ist I oder R oder P bekannt. Der gesuchte Vorwiderstand R_V kann nach einer der Formeln in Tab. 5.1 berechnet werden.

Gegeben:

$U_A =$ Anschlussspannung,
$U_N =$ Nennspannung des Verbrauchers,
I oder R oder P des Verbrauchers.

Gesucht: R_V

5.7.3 Spannungsabfall an Leitungen

In Schaltbildern werden die Verbindungen einzelner Bauelemente als widerstandslos angenommen. In einem Gerät sind die Verbindungen verhältnismäßig kurz, so dass diese vereinfachende Annahme für die Praxis meistens erlaubt ist.

Werden die Leitungen jedoch sehr lang oder fließt ein hoher Strom durch die Leitung, so kann der Widerstand der Verbindungsdrähte nicht mehr vernachlässigt werden. Der Leitungswiderstand wirkt dann wie ein Vorwiderstand, an der Leitung tritt ein Spannungsabfall entsprechend $U = R \cdot I$ auf und im Leiter wird die Verlustleistung $P = R \cdot I^2$ in Wärme umgesetzt.

Bei der Stromversorgung durch Elektrizitätswerke über Kabel oder Freileitungen müssen Leitungsverluste durch entsprechend große Leitungsquerschnitte möglichst klein gehalten werden.

Auch bei Geräten mit Leistungsendstufen muss auf den Leitungsquerschnitt der Spannungsversorgung, vor allem der Masseverbindung, geachtet werden. Auf Leiterplatten sind entsprechend breite Kupferbahnen vorzusehen. Werden hohe Ströme über Steckerkontakte geführt, sollten diese einen niedrigen Kontaktübergangswiderstand haben.

5.7.4 Spannungsteiler

Werden Widerstände in Reihe geschaltet, so kann an einem der Widerstände eine kleinere Teilspannung abgegriffen werden. Zu beachten ist, dass die Stromentnahme aus der Teilspannung gering genug ist, damit die Teilspannung durch die Belastung nicht unzulässig verkleinert wird („zusammenbricht"). Wie man sagt, „verbiegt" man sonst den Spannungsteiler. Ist die Stromentnahme aus der Teilspannung nur sehr gering, so spricht man von einem unbelasteten Spannungsteiler. Vergleiche auch Abschn. 3.2.3.2 und 5.2.

Ein Potenziometer kann als stufenlos einstellbarer Spannungsteiler geschaltet werden, siehe Abb. 3.16.

5.8 Zusammenfassung: Berechnungen im unverzweigten Gleichstromkreis

1. Bei einer Reihenschaltung von Zweipolen ist die Stromstärke an jeder Stelle des Stromkreises gleich groß. Die Reihenfolge von Bauelementen ist vertauschbar.
2. Bei einer Reihenschaltung von Zweipolen addieren sich die Teilspannungen an den Zweipolen zur Gesamtspannung, die an der Reihenschaltung liegt.
3. Der Ersatzwiderstand einer Reihenschaltung von ohmschen Widerständen ist:
$R_{ges} = R_1 + R_2 + \ldots + R_n$.
R_{ges} ist stets größer als der größte Wert der einzelnen Widerstände. Am Widerstand mit dem größten Wert ist der größte Spannungsabfall, er wird am stärksten belastet.
4. Die Ersatzkapazität einer Reihenschaltung von Kondensatoren ist:

$$C_{ges} = \frac{1}{\frac{1}{C_1} + \frac{1}{C_2} + \ldots + \frac{1}{C_n}}$$

C_{ges} ist stets kleiner als der kleinste Kapazitätswert der Reihenschaltung. An kleinen Kapazitäten liegen hohe Spannungen an und umgekehrt.
5. Die Gesamtinduktivität magnetisch nicht gekoppelter Spulen ist:
$L_{ges} = L_1 + L_2 + \ldots + L_n$
6. Die Gesamtspannung von gleichsinnig (Pluspol und Minuspol wechseln sich ab) in Reihe geschalteten Gleichspannungen ist: $U_{ges} = U_1 + U_2 + \ldots + U_n$
7. Ein nicht vorrätiges Bauteil kann durch eine Reihenschaltung von Bauteilen ersetzt werden. Zu beachten sind Toleranzen und Belastbarkeit der einzelnen Bauteile.
8. Mit einem Vorwiderstand kann ein Verbraucher an eine höhere Spannung als seine Nennspannung angeschlossen werden. Im Vorwiderstand entsteht Verlustleistung.

6. Messung von Spannung und Strom

Zusammenfassung

Aufbau und Eigenschaften verschiedener Arten von Spannungs- und Strommessern werden vorgestellt und ihre Eignung zur Messung bestimmter Größen diskutiert. Die Anwendung der Messgeräte beim Messvorgang, die Beachtung von Genauigkeitsgrenzen und sich ergebende Messfehler sind praxisnah aufgezeigt. Die Erweiterung des Messbereiches von Spannungsmessern mit der Berechnung dazu nötiger Widerstände vergrößern die Möglichkeiten einsetzbarer Messwerke. Die indirekte Messung von Widerstand und Leistung mit den Möglichkeiten der Spannungsfehler- und der Stromfehlerschaltung sowie das Beispiel der Wheatstone-Brücke runden dieses Kapitel ab.

6.1 Voltmeter und Amperemeter

Zunächst werden Aufbau und Wirkungsweise eines Messinstruments zur Spannungs- und Strommessung erläutert.

Der aktive, oft drehbar gelagerte Teil eines Messinstruments wird **Messwerk** genannt.

Das **Messinstrument** besteht aus einem Gehäuse mit Skala, dem am Messwerk befestigten Zeiger und evtl. einem eingebauten Widerstand.

Als **Messgerät** wird das gesamte Betriebsmittel aus Messinstrument und zusätzlicher Beschaltung, z. B. Widerstände und Schalter, bezeichnet.

Das **Drehspulmesswerk** (Abb. 6.1a) nutzt die Kraftwirkung aus, die ein stromdurchflossener Leiter in einem Magnetfeld erfährt. Im Feld eines Dauermagneten ist ein Rähmchen drehbar angeordnet, auf welches der Leiter in Form einer Spule aufgewickelt ist. Das Rähmchen kann zur Verringerung der Reibung in Spitzen gelagert sein. Zur Stromzuführung dienen zwei Spiralfedern, welche auch das notwendige Gegendrehmoment (Rückstellmoment) erzeugen. Ist das Rähmchen an Spannbändern aufgehängt (wie beim

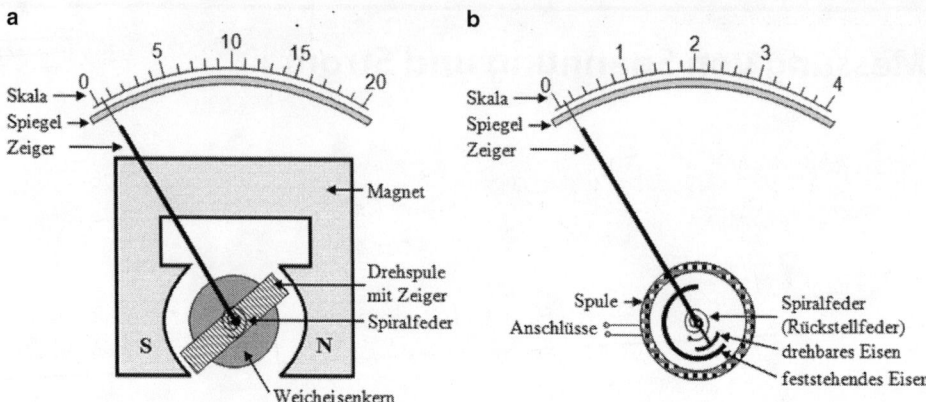

Abb. 6.1 Prinzip eines Drehspulmesswerks (**a**) (die Nulllage des Zeigers kann links oder in der Mitte der Skala sein) und prinzipieller Aufbau eines Dreheisenmesswerks (**b**)

Galvanometer), so liefern diese bei Torsion (Verdrehung) die Rückstellkraft und übernehmen zugleich die Stromzuführung zur Spule.

Fließt Strom durch die Spule, so bildet sie einen Elektromagneten, dessen Pole von den gleichnamigen Polen des Dauermagneten abgestoßen werden. Die Drehspule und der mit ihr verbundene Zeiger drehen sich dadurch, bis die **magnetische Kraft** und die **Rückstellkraft gleich groß** sind.

Spannungsmesser (**Voltmeter**) und Strommesser (**Amperemeter**) für Gleichspannung bzw. Gleichstrom können mit Drehspulmesswerken ausgerüstet sein. Für Wechselspannung bzw. Wechselstrom eignen sich Drehspulmesswerke ohne Gleichrichter nicht.

Beim **Dreheisenmesswerk** (Abb. 6.1b) befindet sich innerhalb einer feststehenden Rundspule ein feststehendes und ein drehbar gelagertes Eisen mit Zeiger. Fließt Strom durch die Spule, so werden beide Eisenbleche gleichpolig magnetisiert und erzeugen durch ihre gegenseitige Abstoßung ein Drehmoment, das zu einem Zeigerausschlag führt. Das Dreheisenmesswerk zeigt unabhängig von der Kurvenform des Stromes den Effektivwert (der die gleiche Wärmeleistung wie Gleichstrom hat) an und ist zur Messung von **Gleich- und Wechsel**spannung bzw. -strom gleichermaßen geeignet. Das Dreheisenmesswerk hat keine Stromzufuhr zu beweglichen Teilen, ist mechanisch und elektrisch besonders robust, hat jedoch einen wesentlich höheren Eigenverbrauch (höheren Strom durch das Messwerk) als ein Drehspulmesswerk.

Die Wirkung eines Voltmeters beruht also genauso wie die Wirkung eines Amperemeters auf einem Stromfluss. Der Stromfluss ist vom Widerstand des Messinstruments (Innenwiderstand) und von der angelegten Spannung abhängig. Der Drehwinkel (Ausschlag) des Zeigers ist proportional zum Stromfluss bzw. zur angelegten Spannung.

Die Symbole von Volt- und Amperemeter sind in Abb. 6.2 dargestellt.

6.1 Voltmeter und Amperemeter

Abb. 6.2 Schaltzeichen für ein Voltmeter (**a**) und ein Amperemeter (**b**)

▶ **Ein Voltmeter wird mit zwei Leitungen an den beiden Punkten angeschlossen, zwischen denen die zu messende Spannung liegt (Abb. 6.3). Bei einer Spannungsmessung wird ein Stromkreis nicht aufgetrennt.**

Der Strom durch das Voltmeter soll die zu messende Spannung möglichst wenig belasten, damit diese nicht zusammenbricht und somit rückwirkungsfrei (nicht verfälscht) gemessen werden kann. Daraus folgt:

▶ **Der Innenwiderstand eines Voltmeters soll möglichst hoch sein.**

Ein ideales Voltmeter hat einen unendlich hohen Innenwiderstand.

Die Kontaktierung der zwei Punkte, zwischen denen die Spannung gemessen werden soll, kann mit isolierten Tastspitzen erfolgen.

Ein Amperemeter wird **in** den Stromweg geschaltet. Bei einer Strommessung muss der Stromkreis grundsätzlich aufgetrennt und durch den Strommesser wieder geschlossen werden.

▶ **Ein Amperemeter wird mit zwei Leitungen in den Stromkreis eingeschleift, in dem die Stromstärke gemessen werden soll (Abb. 6.4). Bei einer Strommessung wird ein Stromkreis aufgetrennt.**

Der Strom durch das Amperemeter soll den zu messenden Strom am Fließen möglichst wenig behindern. Daraus folgt:

▶ **Der Innenwiderstand eines Amperemeters soll möglichst klein sein.**

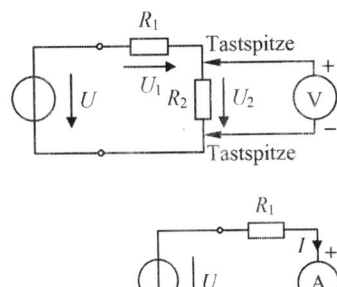

Abb. 6.3 So wird ein Voltmeter zur Spannungsmessung angeschlossen

Abb. 6.4 Bei einer Strommessung wird das Amperemeter in den Stromkreis eingeschleift

Ein ideales Amperemeter hat einen unendlich kleinen Innenwiderstand (null Ohm).

Messinstrumente mit Strichskala und Zeiger sind **Analoginstrumente**. **Digitale Messgeräte** haben einen Analog-Digital-Wandler und häufig einen Mikrocontroller zur Verarbeitung der Digitalwerte. Zum Ablesen des Messwertes werden meist Ziffernanzeigen (z. B. 7-Sement-Anzeigen) eingesetzt.

Bei Drehspul-Vielfachmessgeräten mit umschaltbarem Messbereich (**Multimeter**) hängt der Eingangswiderstand oft vom Messbereich ab und wird in kΩ pro Volt für den jeweiligen Messbereich angegeben.

Der Eingangswiderstand kann zwischen einigen zehn Kiloohm und einigen Megaohm liegen.

Durch einen dem Drehspulinstrument vorgeschalteten Messverstärker kann ein sehr hochohmiger Eingang von 10 MΩ und mehr erreicht werden.

Digitale Multimeter haben immer einen eingebauten Messverstärker, der Eingangswiderstand liegt unabhängig vom Messbereich z. B. bei 10 MΩ.

Bei der Messung mit einem Zeigerinstrument sollte bei einer Spannungsmessung die Polarität der Spannung bekannt sein und das Voltmeter mit seinen mit „+" und „−" gekennzeichneten Polen entsprechend angeschlossen werden (Plus auf Plus und Minus auf Minus). Bei umgekehrter Polarität schlägt der Zeiger nach hinten aus und kann sich bei zu klein gewähltem Messbereich sogar verbiegen. Ein Amperemeter hat ebenfalls gekennzeichnete Anschlüsse und ist entsprechend dem Stromfluss (technische Stromrichtung von Plus nach Minus) in den Stromkreis zu schalten.

Die Genauigkeit einer Messung ist umso höher, je näher der Messwert am Nennwert des Messbereiches liegt. Bei Multimetern sollte der **Messbereich** so gewählt werden, dass der **Messwert im letzten Drittel** des Bereiches liegt.

Bei Messinstrumenten wird der durch das Instrument bedingte Messfehler oft als relativer Fehler in Prozent des Messbereich-Endwertes (Nennwert) angegeben.

Aufgabe 6.1
Mit einem Messinstrument der Klasse 1,5 ($\pm 1{,}5\,\%$ Fehler bezogen auf den Messbereich-Endwert) und einem Messbereich-Endwert von 100 V wird eine Spannung von 20 V und eine Spannung von 80 V gemessen. Wie groß sind jeweils der relative Fehler in Prozent und der absolute Fehler in Volt?

Lösung
Fehler bei 20 V: $\pm 1{,}5\,\% \cdot \frac{100\,\text{V}}{20\,\text{V}} = \pm 7{,}5\,\%$ (relativer Fehler), entspricht $\pm 1{,}5\,\text{V}$ (absoluter Fehler). Der wahre Messwert liegt zwischen 18,5 V und 21,5 V.

Fehler bei 80 V: $\pm 1{,}5\,\% \cdot \frac{100\,\text{V}}{80\,\text{V}} = \pm 1{,}875\,\%$ (relativer Fehler), entspricht $\pm 1{,}5\,\text{V}$ (absoluter Fehler). Der wahre Messwert liegt zwischen 78,5 V und 81,5 V.

6.2 Erweiterung des Messbereiches eines Voltmeters

Bei Messinstrumenten mit einem Drehspulmesswerk kann der Messbereich durch Widerstände erweitert werden. Bei einem Voltmeter (Spannungsmesser) erfolgt dies durch einen **Vorwiderstand**.

Soll mit einem Voltmeter eine größere Spannung gemessen werden als diejenige, welche dem Vollausschlag des Messinstruments entspricht, so kann ein Vorwiderstand die Spannung an den Klemmen des Messinstruments auf den Wert des Vollausschlags herabsetzen. Der Innenwiderstand R_i des Voltmeters und der Vorwiderstand R_V bilden einen Spannungsteiler (Abb. 6.5).

In Abb. 6.5 sind:

R_i = Innenwiderstand des Voltmeters,
R_V = Vorwiderstand zur Messbereichserweiterung,
U_M = Messbereich des Voltmeters,
U_V = Spannungsabfall am Vorwiderstand,
U_{mess} = erweiterter Messbereich.

Zur Berechnung des Vorwiderstandes R_V für den erweiterten Messbereich U_{mess} müssen also der Messbereich U_M des Voltmeters und sein Innenwiderstand R_i bekannt sein.

$$R_V = \frac{U_{mess} - U_M}{U_M} \cdot R_i \quad (6.1)$$

Bei Vielfachmessgeräten werden zur **Wahl des Messbereiches** die eingebauten Vorwiderstände mit einem (Dreh-)Schalter umgeschaltet (Abb. 6.6). Damit das Messergebnis nicht verfälscht wird, sollte die Genauigkeit eines Vorwiderstandes um den Faktor 10 höher sein als die des Messinstruments.

> **Aufgabe 6.2**
> Ein Voltmeter mit einem Messbereich von 100 V und einem Innenwiderstand von 100 kΩ soll auf einen Messbereich von 500 V erweitert werden. Welchen Wert muss der Vorwiderstand haben und wie groß muss seine Belastbarkeit sein?

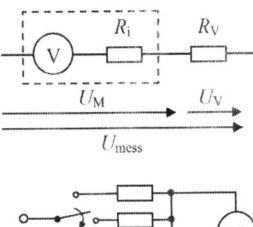

Abb. 6.5 Voltmeter mit Vorwiderstand zur Erweiterung des Messbereiches

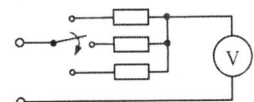

Abb. 6.6 Voltmeter mit umschaltbaren Messbereichen

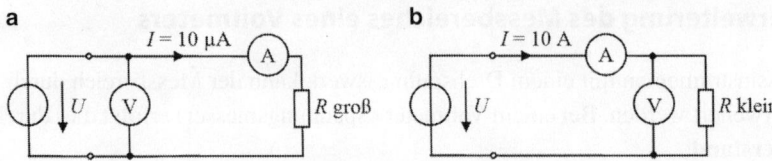

Abb. 6.7 Spannungsfehlerschaltung (**a**) und Stromfehlerschaltung (**b**)

Lösung

$$R_\text{V} = \frac{500\,\text{V} - 100\,\text{V}}{100\,\text{V}} \cdot 10^5\,\Omega = \underline{\underline{400\,\text{k}\Omega}}; \quad P_\text{V} = \frac{(400\,\text{V})^2}{400\,\text{k}\Omega} = \underline{\underline{0,4\,\text{W}}}$$

6.3 Indirekte Messung von Widerstand und Leistung

Durch die Messung von Spannung und Strom können der Widerstand und die Leistung eines Verbrauchers indirekt (rechnerisch) bestimmt werden. Es sind zwei unterschiedliche Schaltungen möglich: die **Spannungsfehlerschaltung** (Abb. 6.7a) und die **Stromfehlerschaltung** (Abb. 6.7b).

Die **Spannungsfehlerschaltung** wird angewandt, wenn der **Widerstand des Verbrauchers groß** ist. Durch den kleinen Strom entsteht am Innenwiderstand des Amperemeters ein kleiner, zu vernachlässigender Spannungsabfall. Der kleine Innenwiderstand des Amperemeters ist gegen den großen Widerstand des Verbrauchers in der Reihenschaltung von beiden vernachlässigbar.

Die **Stromfehlerschaltung** wird angewandt, wenn der **Widerstand des Verbrauchers klein** ist und der durch den hohen Strom bedingte Spannungsabfall am Amperemeter das Messergebnis der Spannungsmessung am Verbraucher verfälschen würde.

Ist U die gemessene Spannung und I der gemessene Strom, so wird der Widerstand des Verbrauchers nach dem ohmschen Gesetz berechnet:

$$R = \frac{U}{I} \quad (6.2)$$

Die Leistung im Verbraucher ergibt sich nach:

$$P = U \cdot I \quad (6.3)$$

7 Schaltvorgänge im unverzweigten Gleichstromkreis

> **Zusammenfassung**
>
> Es wird der Schaltvorgang beim ohmschen Widerstand, beim Kondensator und bei der Spule behandelt. Die Exponentialfunktion als Verlauf von Spannung und Strom ergibt dazu den mathematischen Hintergrund. Für unterschiedliche Schaltungen werden Lade- und Entladevorgänge beim An- und Abschalten einer Gleichspannung an Kondensatoren und Spulen betrachtet. Dabei wird der zeitliche Verlauf von Spannungen und Strömen mit Formeln analysiert und grafisch dargestellt. Die Verwendung einer Freilaufdiode zeigt eine Möglichkeit zur Verhinderung hoher Induktionsspannungen beim Abschalten von Induktivitäten.

Bisher wurde der Gleichstromkreis nur im **stationären** (zeitlich unveränderlichen, eingeschwungenen) Zustand betrachtet, d. h. **lange Zeit nach dem Anlegen der Spannung an den Stromkreis.** Im Gleichstromkreis sind Spannungen und Ströme im stationären Zustand zeitlich konstant und im Wechselstromkreis verlaufen sie zeitlich periodisch.

Gleich nach dem **Ein-** oder **Ausschalten** eines Stromkreises sind die Spannungen und Ströme unterschiedlich zu ihren zeitlichen Verläufen und zu ihren Werten, die sie längere Zeit nach dem Schaltvorgang annehmen. Unmittelbar nach einem Schaltvorgang findet im Stromkreis ein **Ausgleichsvorgang** (Einschwingvorgang, Übergangsvorgang) statt, bei dem sich Spannungen und Ströme zeitlich ändern und in den stationären Zustand übergehen.

Im Folgenden wird der Verlauf von Spannung und Strom in Abhängigkeit der Zeit bei Schaltvorgängen an den Bauelementen Widerstand, Kondensator und Spule näher erläutert.

7.1 Schaltvorgang beim ohmschen Widerstand

7.1.1 Widerstand einschalten

Der Schalter S wird in diesem Abschnitt als mechanischer Schalter mit idealen Eigenschaften betrachtet. Ist der Schalter geschlossen, so ist der Übergangswiderstand zwischen den beiden Schalterkontakten null Ohm. Ist der Schalter geöffnet, so ist der Widerstand zwischen den Kontakten des Schalters unendlich groß. Der Zustand „geöffnet" bzw. „geschlossen" ist nach einer Betätigung des Schalters stabil und bleibt bis zur nächsten Betätigung unverändert. Es gibt also kein „Prellen" (mehrfaches Öffnen und Schließen der Schalterkontakte bis zum endgültigen Zustand) wie bei einem realen mechanischen Schalter.

Wird der Schalter S in Abb. 7.1 geschlossen, so liegt am Widerstand sofort die Spannung $U_R = U_q$ an und es fließt sofort der Strom I_R, dessen Größe sich nach dem ohmschen Gesetz zu

$$I_R = \frac{U_R}{R} \tag{7.1}$$

ergibt. Zwischen dem Anliegen der Spannung U_R am Widerstand und dem Fließen des Stromes I_R durch den Widerstand besteht keine Zeitverzögerung.

7.1.2 Widerstand ausschalten

Wird der Schalter S in Abb. 7.2 anschließend geöffnet, so sind die Spannung U_R und der Strom I_R sofort und zum gleichen Zeitpunkt null.

▶ **Bei einem Schaltvorgang besteht beim ohmschen Widerstand zwischen Spannung und Strom keine Zeitverzögerung und kein Unterschied zu den stationären Werten. Es existiert kein Ausgleichsvorgang, weil ein Widerstand keine speichernde Eigenschaft besitzt, wie dies bei einem Kondensator und einer Spule der Fall ist.**

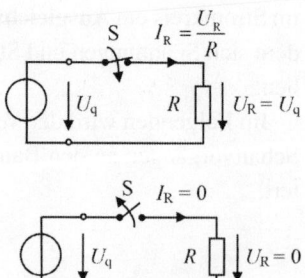

Abb. 7.1 Einschalten der Spannung am ohmschen Widerstand

Abb. 7.2 Ausschalten der Spannung am ohmschen Widerstand

7.2 Schaltvorgang beim Kondensator

Abb. 7.3 Einschaltvorgang am Widerstand

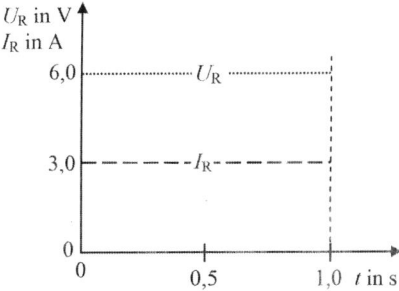

Abb. 7.4 Ausschaltvorgang am Widerstand

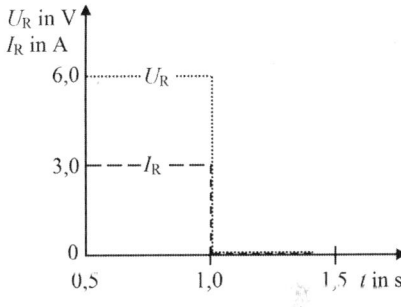

Es wird ein Beispiel mit $U_q = 6\,\text{V}$ und $R = 2\,\Omega$ betrachtet. Der Verlauf von Spannung U_R und Strom I_R ist in Abb. 7.3 für das Einschalten bei $t = 0\,\text{s}$ und in Abb. 7.4 für das Ausschalten bei $t = 1{,}0\,\text{s}$ dargestellt.

7.2 Schaltvorgang beim Kondensator

7.2.1 Kondensator laden (einschalten)

Wird an einen Kondensator eine Gleichspannung geschaltet, so wird er aufgeladen (Abb. 7.5).

Hat die Spannungsquelle U den Innenwiderstand R_i, so ergibt sich der Ladestrom zu

$$I_C = \frac{U - U_C}{R_i} \qquad (7.2)$$

Der Ladestrom ist zum Zeitpunkt des Einschaltens umso größer, je kleiner R_i ist. Bei der idealen Spannungsquelle mit $R_i = 0\,\Omega$ würde sich im Augenblick des Einschaltens

Abb. 7.5 Einschalten der Spannung am Kondensator

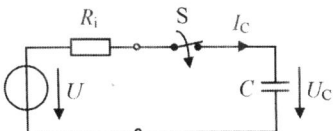

($t = 0$) theoretisch ein unendlich hoher Einschaltstrom ergeben und der Kondensator wäre in unendlich kurzer Zeit geladen, in unendlich kurzer Zeit wäre $U_C = U$. Ein **ungeladener Kondensator** stellt also **im Augenblick des Einschaltens** einen unendlich kleinen Widerstand (einen **Kurzschluss**) dar.

Bei einer realen Spannungsquelle wird der Ladestrom durch R_i begrenzt, die Spannung U_C am Kondensator steigt während des Ladevorgangs ständig an, und der Ladestrom nimmt entsprechend ab.

▶ **Beim Einschalten besteht beim Kondensator zwischen Strom und Spannung eine Zeitverzögerung. Es findet ein Ausgleichsvorgang statt. Der Ladestrom ist am Anfang am größten (= U/R) und die Spannung am Kondensator am kleinsten (= 0). Der Ladestrom nimmt während der Ladezeit ab (auf 0) und die Spannung am Kondensator nimmt zu (auf U).**

Man sagt, beim Kondensator „springt" der Strom (durch den Kondensator).

Als Merksatz kann dienen: „Am Kondensator eilt der Strom vor."

Theoretisch ist der Kondensator erst nach unendlich langer Zeit voll geladen. Je mehr Elektronen sich auf dem Belag des Kondensators ansammeln, der mit dem negativen Pol der Spannungsquelle verbunden ist, umso weniger Elektronen fließen wegen der gegenseitigen Abstoßung auf diesen Belag.

Je kleiner die Spannungsdifferenz $U - U_C$ wird, umso kleiner wird der Strom. Ist der Kondensator **vollständig geladen** so gilt $U = U_C$ und $I_C = 0$, d. h. der Kondensator **sperrt** jetzt den **Gleichstrom**. Der **vollständig geladene Kondensator stellt mit seinem unendlich hohen Widerstand eine Unterbrechung des Stromkreises dar und entspricht dem Leerlauffall** der Spannungsquelle.

Anmerkung Im Idealfall würde der Kondensator für Gleichstrom im geladenen Zustand einen unendlich großen Widerstand darstellen. Wegen des nicht unendlich hohen Isolationswiderstandes gilt dies nur theoretisch (nur für den idealen Kondensator).

Die Zeit, bis der Kondensator zu einem bestimmten Teil geladen ist, hängt nur von der Kapazität C des Kondensators und dem Widerstand R_i ab, welcher den Ladevorgang verzögert. Je größer C ist, desto mehr Ladung muss transportiert werden und desto länger dauert das Laden. Je größer R_i ist, desto kleiner ist der Ladestrom, und desto länger ist die Ladezeit.

Es ist $Q = I \cdot t$ und $Q = C \cdot U$, also ist $I \cdot t = C \cdot U$. Mit $U = R \cdot I$ folgt: $t = R \cdot C$. Statt „t" wird der griechische Kleinbuchstabe „τ" (Tau) verwendet und als **Zeitkonstante** bezeichnet.

$$\underline{\tau = R \cdot C} \qquad (7.3)$$

τ = Zeitkonstante in Sekunden,
R = Widerstand in Ohm,
C = Kapazität in Farad.

Die Einheit von τ ist die Sekunde: $[\tau] = [R] \cdot [C] = \Omega \cdot \frac{As}{V} = \frac{V}{A} \cdot \frac{As}{V} = s$.

7.2 Schaltvorgang beim Kondensator

Abb. 7.6 Beispiel für das Laden eines Kondensators

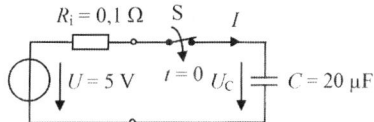

Die Zeitkonstante ist ein Maß dafür, wie schnell die Spannung am Kondensator ansteigt, bzw. der Strom abfällt. Die Zeitkonstante gibt an, nach welcher Zeit das Ansteigen der Spannung bzw. das Abfallen der Stromstärke beendet wäre, wenn der Vorgang mit gleicher Geschwindigkeit wie zu Beginn weiterlaufen würde.

Ist die Zeit der Zeitkonstanten abgelaufen, so ist die Spannung am Kondensator auf 63 % der Ladespannung angestiegen, und der Strom auf 37 % des Anfangswertes abgefallen. Ist danach wieder die Zeit τ vergangen, so ist die Spannung von den restlichen 37 % wiederum auf 63 % angestiegen (somit insgesamt auf 63 % + 37 % · 0,63 = 86,3 %), und der Strom ist auf 37 % − 37 % · 0,63 = 13,7 % gefallen. Nach einer Zeit, die fünf Zeitkonstanten entspricht, ist der Kondensator praktisch voll aufgeladen (zu 99,3 %).

Beispiel Abb. 7.6 zeigt den Ladevorgang eines Kondensators mit $U = 5{,}0$ V, $R_i = 0{,}1\,\Omega$, $C = 20\,\mu$F. Der Schalter S wird zum Zeitpunkt $t = 0$ geschlossen. Abb. 7.7a zeigt den zeitlichen Verlauf von U und U_C, Abb. 7.7b stellt den Verlauf des Stromes I dar. Man beachte den sehr hohen Stromstoß mit $I = 50$ A beim Einschalten (R_i ist mit 0,1 Ω sehr klein).

7.2.2 Kondensator ausschalten

Ist ein Kondensator voll aufgeladen und wird von der Spannungsquelle getrennt (Abb. 7.8), so beträgt seine Spannung $U_C = U$ (mit $U =$ Ladespannung). Durch das Unterbrechen

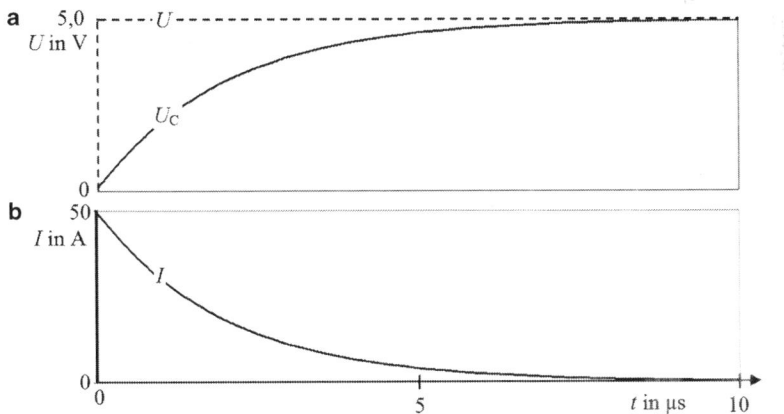

Abb. 7.7 Beispiel für den zeitlichen Verlauf der Spannungen und des Stromes beim Ladevorgang eines Kondensators nach Abb. 7.6

Abb. 7.8 Ausschalten der Spannung am Kondensator

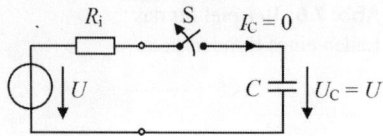

des Stromkreises wird der Strom $I_C = 0$. Die im Kondensator gespeicherte Ladung bleibt getrennt, und somit bleibt die Kondensatorspannung erhalten.

Anmerkung Tatsächlich findet jedoch wegen des endlich großen Isolationswiderstandes ein Ladungsausgleich zwischen den Kondensatorbelägen statt und die Spannung wird während einer relativ langen Zeit durch diese Selbstentladung stetig kleiner. Der Kondensator wird langsam entladen.

Ist ein Kondensator der Kapazität „C" auf die Spannung „U" aufgeladen, so ist in ihm die elektrische Energie „W_C" gespeichert. Es gilt folgende Formel für die gespeicherte Energie (auf eine Herleitung wird verzichtet):

$$W_C = \frac{1}{2} \cdot C \cdot U^2 = \frac{1}{2} \cdot \frac{Q^2}{C} \tag{7.4}$$

Die Einheit der gespeicherten Energie ist: $[W_C] = \text{J} = \text{W} \cdot \text{s}$.

7.2.3 Kondensator entladen

Der Schalter S in Abb. 7.9 befindet sich seit langer Zeit in der Stellung „Aus", der Kondensator ist somit über den Widerstand R vollständig entladen. Wird der Schalter S jetzt in die Stellung „Ein" gebracht, so wird der Kondensator über den Widerstand R geladen. Der Widerstand R sei groß gegenüber dem Innenwiderstand R_i der Spannungsquelle, so dass R_i vernachlässigt werden kann. Wird nach dem Laden der Schalter in die Stellung „Aus" gebracht, so wird der Kondensator über den Widerstand R entladen.

Beim *Entladen ist die Stromrichtung umgekehrt gegenüber der Richtung beim Ladevorgang*. Der geladene **Kondensator wirkt beim Entladen wie ein Erzeuger**. Im ersten Augenblick hat der Strom seinen höchsten Wert und sinkt dann mit kleiner werdender Kondensatorspannung ab. Auch beim Entladen spielt die Zeitkonstante τ eine Rolle, der Entladevorgang ist nach der Zeit $5 \cdot \tau$ zu 99,3 % abgeschlossen.

Ist der Widerstand R sehr klein, so ist die Entladezeit sehr klein und es fließt ein hoher Entladestrom (der geladene Kondensator wird fast kurzgeschlossen). In der Praxis sollten

Abb. 7.9 Schaltung zum Laden und Entladen eines Kondensators

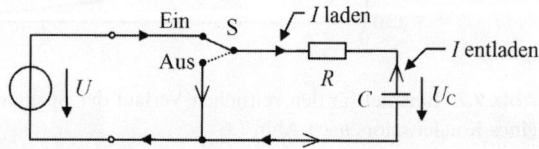

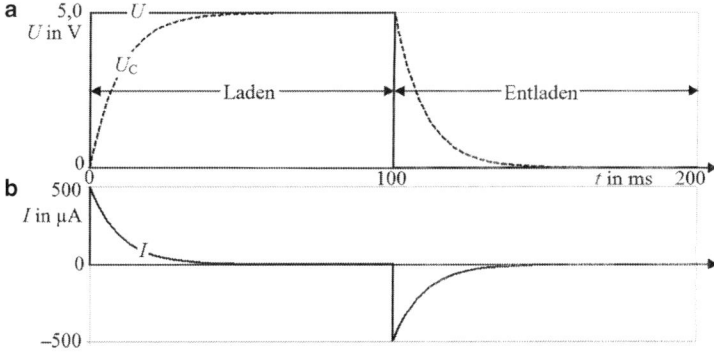

Abb. 7.10 Verlauf von Spannung und Strom beim Laden und Entladen eines Kondensators

Kondensatoren mit großen Kapazitätswerten, die auf eine hohe Spannung aufgeladen sind, mit Hilfe eines größeren Widerstandes langsam entladen werden.

Beispiel Abb. 7.10 zeigt ein Beispiel eines Lade- und Entladevorgangs entsprechend der Schaltung Abb. 7.9 mit einer Ladespannung von $U = 5{,}0\,\text{V}$, einer Kapazität $C = 1\,\mu\text{F}$ und einem Widerstand $R = 10\,\text{k}\Omega$. Die Ladespannung U wird zum Zeitpunkt $t = 0$ eingeschaltet, der Kondensator wird über R geladen. Bei $t = 100\,\text{ms}$ wird der Schalter in Abb. 7.9 in die Stellung „Aus" gebracht, der Kondensator wird über R entladen. Abb. 7.10a zeigt den zeitlichen Verlauf von U und U_C, Abb. 7.10b stellt den Verlauf des Stromes I dar.

7.2.4 Exponentialfunktion von Spannung und Strom

Anmerkung Für diesen Abschnitt ist ein gewisses mathematisches Verständnis notwendig.

Beim Laden und Entladen eines Kondensators folgen die Momentanwerte von Spannung $U_C(t)$ und Strom $I_C(t)$ der so genannten **Exponentialfunktion**.

Eine Exponentialfunktion (e-Funktion oder exp-Funktion) ist:

$$f(x) = e^x \tag{7.5}$$

Sie wird auch als $f(x) = \exp(x)$ geschrieben, wenn die Variable x ein größerer Term ist und die Zeichen im Exponenten zu klein und damit schlecht leserlich wären.

Die Euler'sche[1] Zahl **e = 2,718.28...** ist ein unendlicher nicht periodischer Dezimalbruch (wie die Kreiszahl π) und bildet die Basis des natürlichen Logarithmus.

Andere Formen der Exponentialfunktion sind:

$$f_1(x) = e^{-x} = \frac{1}{e^x} \tag{7.6}$$

---

[1] Leonhard Euler (1707–1783), schweizer Mathematiker.

Abb. 7.11 Grafische Darstellung der e-Funktionen $f_1(x)$ und $f_2(x)$ im Bereich $x = 0$ bis $x = 4$

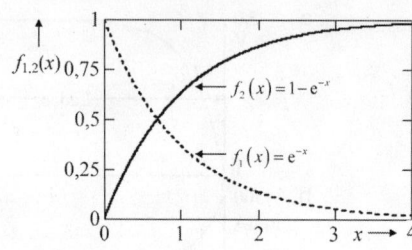

und
$$f_2(x) = 1 - e^{-x} = 1 - \frac{1}{e^x} \tag{7.7}$$

Mit $x = 0$ und $e^0 = 1$ erhält man die Funktionswerte $f_1(0) = 1$ und $f_2(0) = 0$.

Die Funktion $f_1(x)$ entspricht der *Entlade*kurve eines Kondensators, $f_2(x)$ entspricht der *Lade*kurve.

Die Momentanwerte von Spannung und Strom beim Laden und Entladen eines Kondensators können mit Hilfe der e-Funktionen berechnet werden. Die Formeln werden in Tab. 7.1 (ohne Herleitung) angegeben.

In Tab. 7.1 bedeuten

$U_C(t)$ = Kondensatorspannung als Funktion der Zeit. Wird für „t" ein bestimmter Wert „t_1" eingesetzt, so erhält man den Momentanwert $U_C(t_1)$ zum Zeitpunkt „t_1".

$I_C(t)$ = Kondensatorstrom als Funktion der Zeit. Für den Momentanwert gilt das gleiche wie bei $U_C(t)$.

t = Zeit in Sekunden
C = Kapazität des Kondensators in Farad
e = Eulersche Zahl $\approx 2{,}718.28$

Statt $R \cdot C$ kann in die Formeln von Tab. 7.1 die Zeitkonstante $\tau = R \cdot C$ eingesetzt werden.

Tab. 7.1 Formeln zur Berechnung der Augenblickswerte von Spannung und Strom beim Laden und Entladen eines Kondensators

Aufladen		Entladen	
Kondensatorspannung Kurvenform entspricht $f_2(x)$	$U_C(t) = U \cdot \left(1 - e^{-\frac{t}{R \cdot C}}\right)$	Kondensatorspannung Kurvenform entspricht $f_1(x)$	$U_C(t) = U \cdot e^{-\frac{t}{R \cdot C}}$
Kondensatorstrom Kurvenform entspricht $f_1(x)$	$I_C(t) = \frac{U}{R} \cdot e^{-\frac{t}{R \cdot C}}$	Kondensatorstrom Kurvenform entspricht $-f_1(x)$	$I_C(t) = -\frac{U}{R} \cdot e^{-\frac{t}{R \cdot C}}$

7.2 Schaltvorgang beim Kondensator

Beim Aufladen sind in Tab. 7.1

U = Ladespannung in Volt

Ist der Kondensator vor dem Einschalten bereits auf die Spannung U_C geladen, so muss U_C zu U (mit richtigem Vorzeichen nach dem Gesetz der Reihenschaltung von Spannungsquellen!) addiert werden.

R = Wert des Widerstandes in Ohm. Ist der Innenwiderstand der ladenden Spannungsquelle gegenüber R nicht vernachlässigbar (nicht sehr viel kleiner), so muss er zu R addiert werden.

Beim Entladen sind in Tab. 7.1

U = Anfangswert der Kondensatorspannung zum Zeitpunkt $t = 0$ in Volt,
R = Wert des Entladewiderstandes in Ohm.

Aufgabe 7.1

Ein vollständig entladener Kondensator mit $100\,\mu F$ wird über einen Vorwiderstand von $100\,k\Omega$ an eine Gleichspannung $U = 10$ Volt angeschlossen. Nach wie vielen Sekunden ist der Kondensator nahezu (mehr als 99 %) auf 10 V aufgeladen?

Lösung

Die Zeitkonstante ist $\tau = R \cdot C = 10^5\,\Omega \cdot 10^2 \cdot 10^{-6}\,F = 10\,s$.

Nach fünf Zeitkonstanten, also 50 Sekunden, ist der Kondensator fast vollständig (zu 99,3 %) geladen.

Aufgabe 7.2

Ein entladener Kondensator mit $47\,\mu F$ ist mit einem Widerstand von $10\,k\Omega$ in Reihe geschaltet. Über einen offenen Schalter ist die Reihenschaltung an die zwei Pole einer Gleichspannungsquelle mit $U = 12$ V angeschlossen. Zum Zeitpunkt $t = 0$ wird der Schalter geschlossen.

Wie groß ist zum Zeitpunkt $t_1 = 0,5\,s$ die Spannung $U_C(t)$ am Kondensator und wie groß ist zu diesem Zeitpunkt der Strom $I_C(t)$ im Stromkreis?

Lösung

$$U_C(t = 0,5\,s) = 12\,V \cdot \left(1 - e^{-\frac{0,5\,s}{10^4\,\Omega \cdot 47 \cdot 10^{-6}\,\frac{S}{\Omega}}}\right) = 12\,V \cdot 0,655 = \underline{\underline{7,86\,V}}$$

$$I_C(t = 0,5\,s) = \frac{12\,V}{10^4\,\Omega} \cdot e^{-\frac{0,5\,s}{10^4\,\Omega \cdot 47 \cdot 10^{-6}\,\frac{S}{\Omega}}} = 1,2\,mA \cdot 0,345 = \underline{\underline{414\,\mu A}}$$

Aufgabe 7.3

Die Reihenschaltung eines entladenen Kondensators mit 47 µF und eines Widerstandes mit 10 kΩ wird zum Zeitpunkt $t = 0$ an eine Gleichspannungsquelle mit 12 V angeschlossen. Nach wie vielen Sekunden ist der Kondensator auf 7,86 V aufgeladen?

Lösung

$U_C(t) = U \cdot \left(1 - e^{-\frac{t}{R \cdot C}}\right)$ wird nach der Variablen t aufgelöst.

$$U_C(t) = U - U \cdot e^{-\frac{t}{R \cdot C}}; \quad U_C(t) - U = -U \cdot e^{-\frac{t}{R \cdot C}}; \quad \frac{U_C(t) - U}{-U} = e^{-\frac{t}{R \cdot C}}$$

Beide Seiten der Gleichung logarithmieren ergibt:

$$\ln\left(\frac{U_C(t) - U}{-U}\right) = -\frac{t}{R \cdot C} \cdot \ln(e).$$

Mit $\ln(e) = 1$ und beide Seiten multipliziert mit $-R \cdot C$ folgt:

$$t = -R \cdot C \cdot \ln\left(\frac{U_C(t) - U}{-U}\right) \quad \text{oder} \quad t = -R \cdot C \cdot \ln\left(1 - \frac{U_C(t)}{U}\right)$$

Mit $U = 12\,\text{V}$, $U_C(t) = 7{,}86\,\text{V}$, $R = 10^4\,\Omega$, $C = 47 \cdot 10^{-6}\,\text{F}$ folgt $\underline{\underline{t = 0{,}5\,\text{s}}}$.

Aufgabe 7.4

Ein Kondensator mit 20 µF ist mit 500 µC geladen. Der positive Anschluss des Kondensators wird mit dem negativen Pol einer Gleichspannungsquelle $U = 50\,\text{V}$ verbunden. Der andere Anschluss des Kondensators wird über einen Vorwiderstand $R = 1\,\text{k}\Omega$ und über einen Schalter S mit dem Pluspol der Gleichspannungsquelle verbunden. Zum Zeitpunkt $t = 0$ wird der Schalter geschlossen.

a) Zeichnen Sie ein Schaltbild.
b) Geben Sie die Gleichung für $I_C(t)$ mit eingesetzten Zahlenwerten an. Wie groß ist $I_C(t = 0)$?

Abb. 7.12 Schaltbild zu Aufgabe 7.4

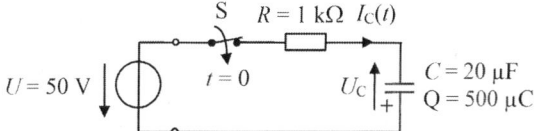

Lösung

a) Das Schaltbild ist in Abb. 7.12 dargestellt.
b) Der Kondensator hat eine Anfangsladung und damit eine Anfangsspannung von:

$$U_C = \frac{Q}{C} = \frac{500 \cdot 10^{-6}\,\text{As}}{20 \cdot 10^{-6}\,\frac{\text{As}}{\text{V}}} = 25\,\text{V}$$

Die Spannung U_C ist mit der Ladespannung U gleichsinnig in Reihe geschaltet und wird zu dieser addiert.

$$I_C(t) = \frac{U + U_C}{R} \cdot e^{-\frac{t}{R \cdot C}} = \frac{50\,\text{V} + 25\,\text{V}}{10^3\,\Omega} \cdot e^{-\frac{t}{10^3\,\Omega \cdot 20 \cdot 10^{-6}\,\frac{\text{S}}{\Omega}}} = 0{,}075\,\text{A} \cdot e^{-50\,\text{s}^{-1} \cdot t}$$

$$I_C\,(t = 0) = 75\,\text{mA}$$

7.3 Schaltvorgang bei der Spule

7.3.1 Spule einschalten

Schaltet man an eine Spule über einen Widerstand R eine Gleichspannung U (Abb. 7.13), so beginnt durch die Spule ein Strom I_L zu fließen, und das magnetische Feld der Spule **ändert** sich. Dadurch wird in der Spule eine Spannung U_i induziert, die der erregenden Spannung U (Betriebsspannung) entgegengerichtet ist (Lenz'sche Regel) und diese verkleinert. Die durch Selbstinduktion entstehende Spannung U_i versucht den beginnenden Stromfluss zu hindern. Der Strom durch die Spule erreicht erst nach einiger Zeit seinen Endwert.

Abb. 7.13 Einschalten der Spannung an einer Spule

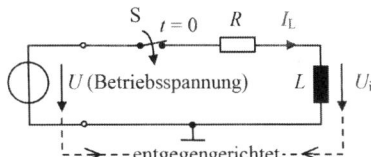

Wird die Gleichspannung U an die Spule geschaltet (Abb. 7.13), so ist die Spannung an der Spule $U_i = U$. Der gesamte ohmsche Widerstand im Stromkreis sei R, einschließlich des Innenwiderstandes R_i der Spannungsquelle und des Wicklungswiderstandes der Spule. Der Strom durch die Spule ist dann

$$I_L = \frac{U - U_i}{R} \qquad (7.8)$$

Im Augenblick des Einschaltens ist $U_i = U$ und somit $I_L = 0$. **Direkt nach dem Einschalten** stellt die **Spule** mit einem **unendlich hohen Widerstand eine Unterbrechung des Stromkreises** dar, dies entspricht dem **Leerlauffall** der Spannungsquelle.

Die Betriebsspannung U ist eine technische Spannungsquelle, sie ist sozusagen „stärker" als die durch den Induktionseffekt erzeugte Spannung U_i. Die Spannung an der Spule nähert sich immer mehr dem Wert U, die induzierte Spannung U_i wird immer kleiner. Der Strom durch die Spule strebt gegen seinen Endwert

$$I_L = \frac{U}{R}. \qquad (7.9)$$

Lange Zeit nach dem Einschalten ist der den Stromfluss hindernde Effekt der Selbstinduktion verschwunden, der **Widerstand der idealen Spule ist null**, sie stellt einen **Kurzschluss** dar.

Anmerkung Im Idealfall würde die Spule für Gleichstrom lange Zeit nach dem Einschalten einen unendlich kleinen Widerstand darstellen. Wegen des nicht unendlich kleinen Wicklungswiderstandes des Spulendrahtes gilt dies nur theoretisch (nur für die ideale Spule).

▶ **Beim Einschalten besteht bei der Spule zwischen Spannung und Strom eine Zeitverzögerung. Der Strom durch die Spule ist am Anfang am kleinsten (= 0) und die induzierte Spannung an der Spule am größten (= U). Der Strom nimmt auf U/R zu und die induzierte Spannung nimmt auf 0 ab.**

Man sagt, bei der Spule „springt" die Spannung (an der Spule).

Als Merksatz kann dienen: „Bei der Induktivität kommt der Strom zu spät."

Der Strom durch die Spule steigt umso langsamer an, je größer die Induktivität und je kleiner der ohmsche Widerstand R ist. Je größer die Induktivität ist, umso größer ist die induzierte Spannung, die den Stromanstieg hemmt. Je kleiner R ist, desto größer ist die Stromänderung pro Zeiteinheit, und damit ist wiederum die induzierte Spannung umso größer. Zur Erinnerung:

$$U_i = -L \cdot \frac{\Delta I}{\Delta t} \qquad (7.10)$$

Das Verhältnis von L zu R ergibt die Zeitkonstante τ.

$$\underline{\underline{\tau = \frac{L}{R}}} \qquad (7.11)$$

7.3 Schaltvorgang bei der Spule

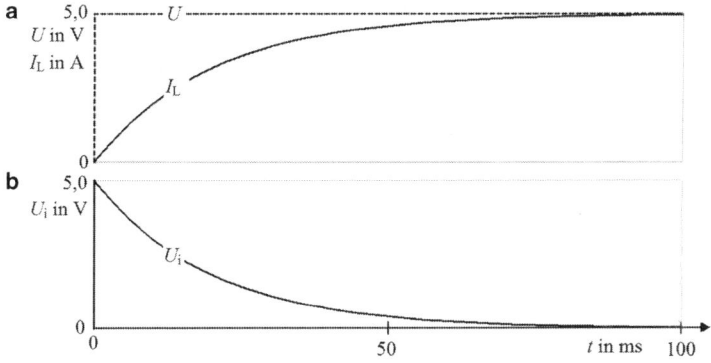

Abb. 7.14 Beispiel für den zeitlichen Verlauf der Spannungen und des Stromes beim Einschaltvorgang einer Spule

τ = Zeitkonstante in Sekunden,
L = Induktivität in Henry,
R = Widerstand in Ohm.

Beispiel Abb. 7.14 zeigt den Einschaltvorgang einer Spule entsprechend Abb. 7.13 mit $U = 5{,}0\,\text{V}$, $R = 1{,}0\,\Omega$, $L = 20\,\text{mH}$. Der Schalter S wird zum Zeitpunkt $t = 0$ geschlossen. Abb. 7.14a zeigt den zeitlichen Verlauf von U und I_L, Abb. 7.14b stellt den Verlauf der Spannung U_i an der Spule dar.

7.3.2 Spule ausschalten (mit Abschalt-Induktionsstromkreis)

Im magnetischen Feld einer Spule ist Energie gespeichert. Wird die Spannung, die das Magnetfeld hervorruft, ausgeschaltet, so wird diese Energie wieder frei.

Die im Magnetfeld einer Spule gespeicherte Energie ist:

$$W_L = \frac{1}{2} \cdot L \cdot I^2 \qquad (7.12)$$

Die Einheit der gespeicherten Energie ist: $[W_L] = \text{J} = \text{W} \cdot \text{s}$.

Beim *Ausschalten* entsteht an der Spule nach der Lenz'schen Regel eine *Induktionsspannung, die mit der Betriebsspannung gleichsinnig gerichtet ist*. Sie will den Stromfluss, und damit das Magnetfeld, aufrechterhalten. **Nach dem Ausschalten der Spannung wirkt die Spule wie ein Erzeuger.**

Kann nach dem Ausschalten der Betriebsspannung weiterhin ein Strom durch die Spule fließen, weil ein Verbraucher R_P parallel zu ihr geschaltet ist (Abb. 7.15), so fließt wegen der Induktionsspannung U_i der Strom $I_{L,RP}$ durch die Spule in gleicher Richtung noch einige Zeit weiter (im geschlossenen L-R_P-Stromkreis). Die Strom*änderung* durch die

Abb. 7.15 Induzierte Spannungen und Ströme beim Ein- und Ausschalten einer Spule mit Abschalt-Induktionsstromkreis

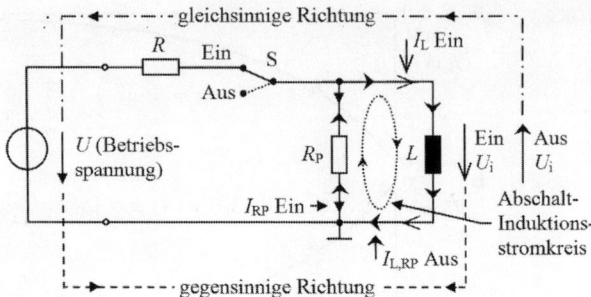

Spule erfolgt dadurch langsamer (der Strom ist nicht plötzlich null), und die induzierte Spannung ist kleiner als ohne einen parallel geschalteten Verbraucher.

Wird der Schalter S eingeschaltet, so folgt der Spulenstrom I_L der Spannung U nur verzögert. Der Strom I_{RP} durch den Widerstand R_P ist gegenüber U nicht verzögert.

Wird S ausgeschaltet, so geht der Spulenstrom nicht sprungartig auf null. Die Induktionsspannung lässt im $L\text{-}R_P$-Stromkreis (Abschalt-Induktionsstromkreis) einen Strom fließen, der gegenüber U verzögert auf null absinkt.

Beispiel Abb. 7.16 zeigt ein Beispiel für den Ein- und Ausschaltvorgang einer Spule entsprechend Abb. 7.15 mit $U = 5{,}0\,\text{V}$, $R = 4{,}0\,\Omega$, $R_P = 6{,}0\,\Omega$ und $L = 20\,\text{mH}$.

Der Betrag der maximal induzierten Spannung $U_{i.max}$ ergibt sich nach der Spannungsteilung an R und R_P zu:

$$U_{i.max} = U \cdot \frac{R_P}{R + R_P} \qquad (7.13)$$

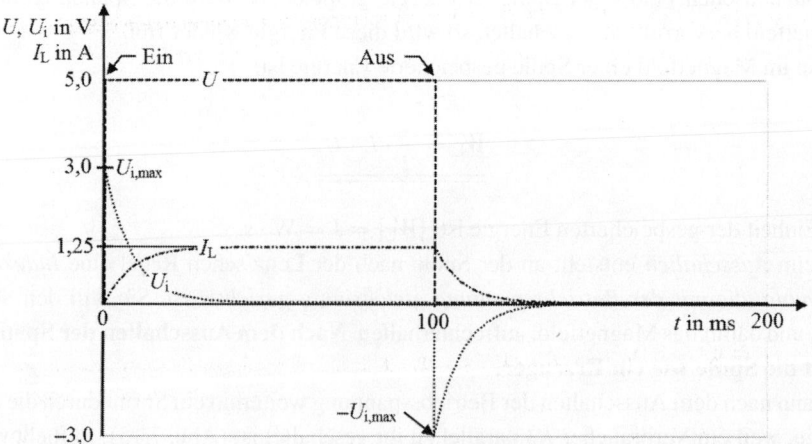

Abb. 7.16 Beispiel für den zeitlichen Verlauf von Spulenstrom und induzierter Spannung beim Ein- und Ausschalten einer Spule mit Abschalt-Induktionsstromkreis

7.3 Schaltvorgang bei der Spule

Abb. 7.17 Ausschalten einer Spule ohne Abschalt-Induktionsstromkreis

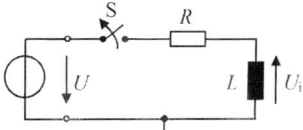

Lange Zeit nach dem Einschalten bildet die Spule einen Kurzschluss parallel zu R_P. Für das Beispiel in Abb. 7.16 ist somit:

$$I_L = \frac{U}{R} = \frac{5\,\text{V}}{4\,\Omega} = 1{,}25\,\text{A} \quad \text{und} \quad U_{i,\text{max}} = 5{,}0\,\text{V} \cdot \frac{6{,}0\,\Omega}{4{,}0\,\Omega + 6{,}0\,\Omega} = 3{,}0\,\text{V}.$$

7.3.3 Spule ausschalten (ohne Abschalt-Induktionsstromkreis)

Ändert sich der Strom durch die Spule beim Ausschalten der Betriebsspannung sprungartig, weil kein Abschalt-Induktionsstromkreis vorhanden ist (Abb. 7.17), so wird die in der Spule induzierte Spannung sehr groß (Abb. 7.18).

Theoretisch würde sie entsprechend $U_i = -L \cdot \frac{\Delta I}{\Delta t}$ unendlich groß werden, wenn die Betriebsspannung, und damit der Spulenstrom, in unendlich kurzer Zeit $\Delta t = 0$ auf null zurückgehen würde. Dies ist in der Praxis natürlich nicht der Fall, eine Spannung braucht eine bestimmte, wenn auch u. U. nur sehr kurze Zeit, um auf null abzufallen. In der Praxis ergeben sich beim Öffnen des Stromkreises durch die Induktionsspannung sehr hohe Spannungsspitzen in der Größenordnung von einigen hundert oder sogar einigen tausend Volt.

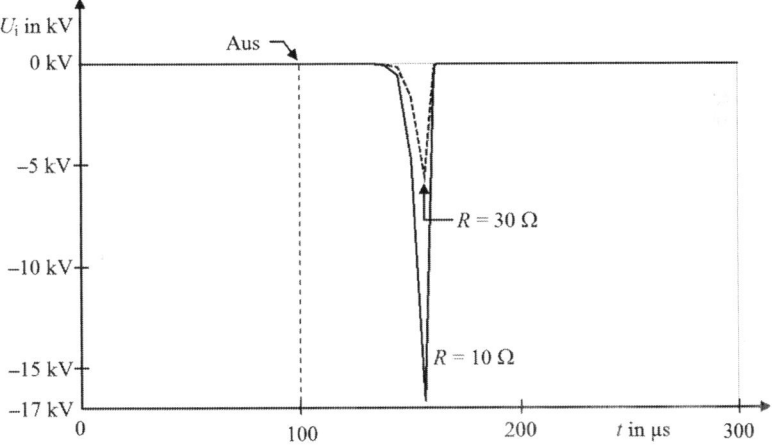

Abb. 7.18 Hohe Spannungsspitzen beim Ausschalten einer Spule, Beispiel für $U = 12\,\text{V}$, $R = 10\,\Omega$ und $R = 30\,\Omega$, $L = 100\,\text{mH}$. Der Schalter S in Abb. 7.17 wird zum Zeitpunkt $t = 100\,\mu\text{s}$ geöffnet. Die Ausschaltdauer ist $t_{tran} = 100\,\mu\text{s}$

Abb. 7.19 Schaltplan zur Simulation der Schaltung nach Abb. 7.17 mit PSpice

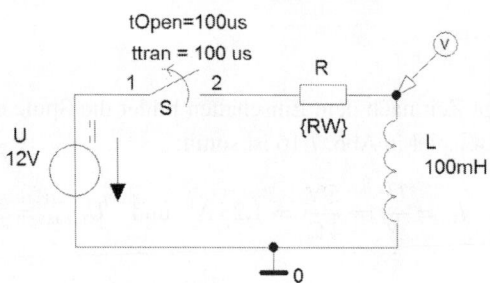

Die Höhe der Spannungsspitze in Abb. 7.18 hängt von der Größe der Änderung des Stromes ab. Je kleiner der Widerstand R (Summe aus Innenwiderstand R_i der Spannungsquelle U und Wicklungswiderstand der Spule) in Abb. 7.17 ist, desto größer ist die Stromänderung beim Ausschalten und desto höher ist U_i. Die Breite (zeitliche Dauer) und die Höhe der Abschalt-Induktionsspannungsspitze in Abb. 7.18 hängen zusätzlich davon ab, wie schnell der Ausschaltvorgang vor sich geht. Ein Schaltvorgang erfolgt nicht unendlich schnell, er dauert eine gewisse Zeit. Je schneller der Ausschaltvorgang ist, desto schmaler und höher ist die Abschalt-Induktionsspannungsspitze in Abb. 7.18. Den Schaltplan zur Simulation der Schaltung nach Abb. 7.17 mit PSpice zeigt Abb. 7.19.

Die hohe Abschalt-Induktionsspannung ist oft unerwünscht, da sie z. B. einen Lichtbogen zwischen den Schalterkontakten zünden und die Kontakte zerstören kann. Wird ein Relais ausgeschaltet, so kann sich die hohe Spannung über die Spannungsversorgung in der Schaltung ausbreiten und Bauteile (vor allem empfindliche Halbleiter-Bauelemente) zerstören.

Zur Begrenzung der hohen Spannung wird in der Praxis hauptsächlich eine Halbleiterdiode eingesetzt. Eine Diode lässt Gleichstrom in Durchlassrichtung (in Pfeilrichtung) durch und sperrt ihn in Sperrrichtung. Wird eine Diode parallel zur Spule geschaltet und ist sie für den Abschalt-Induktionsstrom in Durchlassrichtung gepolt, so wird ein Abschalt-Induktionsstromkreis erzeugt (Abb. 7.20). Die an der Spule induzierte Spannung wird dadurch verkleinert (Abb. 7.21).

Abb. 7.20 Spule mit Freilaufdiode. Für U ist die Diode in Sperrrichtung, für U_i in Durchlassrichtung gepolt

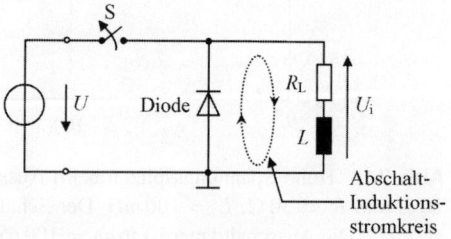

7.3 Schaltvorgang bei der Spule

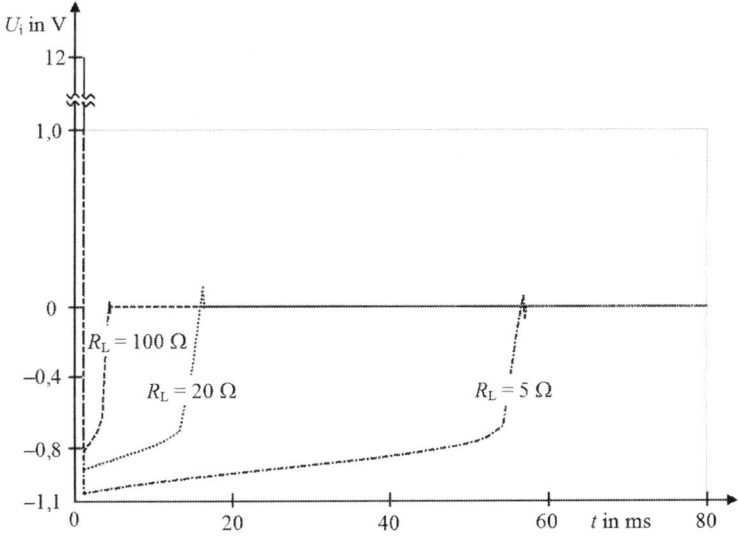

Abb. 7.21 Verkleinern der Abschalt-Induktionsspannung durch eine Freilaufdiode, Beispiel für $U = 12$ V, $R_L = 5\,\Omega$ ($20\,\Omega$, $100\,\Omega$), $L = 100$ mH. Der Schalter S in Abb. 7.20 wird zum Zeitpunkt $t = 1$ ms geöffnet. Die Ausschaltdauer ist $ttran = 100\,\mu s$. Die Spannung an der Spule springt beim Ausschalten von 12 V auf $-0,8$ V (bei $R_L = 100\,\Omega$) und fällt dann auf den Endwert im eingeschwungenen Zustand von 0 V ab

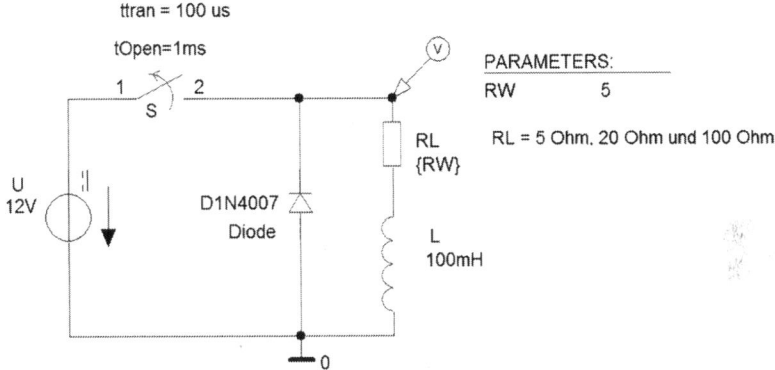

Abb. 7.22 Schaltplan zur Simulation der Schaltung nach Abb. 7.20 mit PSpice

Eine Diode, die für diesen Zweck eingesetzt wird, nennt man **Freilaufdiode**. Den Schaltplan zur Simulation der Schaltung nach Abb. 7.20 mit PSpice zeigt Abb. 7.22. R_L ist der Wicklungswiderstand der Spule. Wie in Abb. 7.21 zu sehen ist, dauert der Einschwingvorgang umso länger, je kleiner der Widerstand R_L ist (entsprechend der Zeitkonstanten $\tau = L/R_L$).

Statt einer Diode kann parallel zur Spule auch ein spannungsabhängiger Widerstand oder ein Kondensator geschaltet werden, um die Abschalt-Induktionsspannung herabzusetzen.

Erwähnt sei, dass die hohe Abschalt-Induktionsspannung auch technische Anwendungen hat (Zünden einer Leuchtstoffröhre, Zündspule).

7.3.4 Zeitverlauf von Spannung und Strom

Wie aus Abb. 7.14 und Abb. 7.16 beim Ein- und Ausschalten einer Spule zu sehen ist, folgen auch bei der Spule (ähnlich wie beim Schalten eines Kondensators) Spannung und Strom einer Exponentialfunktion.

Beim Kondensator folgt die Spannung zeitlich verzögert dem Strom, bei der Spule folgt der Strom zeitlich verzögert der Spannung. Beim Kondensator kann beim Einschalten ein Ladestromstoß entstehen, bei der Spule können beim Abschalten hohe Spannungsspitzen auftreten.

Spule und Kondensator verhalten sich entgegengesetzt, sie sind **duale** Bauelemente.

Die Berechnung der Momentanwerte von Spannung und Strom der Spule beim Ein- und Ausschalten (mit Abschalt-Induktionsstromkreis) einer Reihenschaltung aus einem Widerstand und einer idealen Spule (Abb. 7.23) kann nach den Formeln in Tab. 7.2 erfolgen.

Aufgabe 7.5

Eine Spule mit einer Induktivität von $L = 150\,\text{mH}$ ist mit einem Vorwiderstand $R = 100\,\Omega$ an eine Gleichspannungsquelle angeschlossen. Die Spannungsquelle wird eingeschaltet, ihre Spannung steigt innerhalb von 0,2 ms von 0 V auf 15 V und bleibt dann konstant. Wie groß ist die in der Spule induzierte Spannung nach 500 ms?

Abb. 7.23 Schaltung zum Ein- und Ausschalten einer Spule

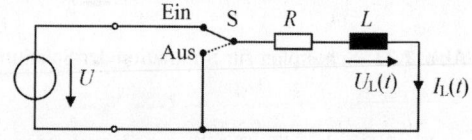

Tab. 7.2 Formeln zur Berechnung der Augenblickswerte von Spannung und Strom beim Ein- und Ausschalten einer Spule

Einschalten		Ausschalten	
Spulenspannung	$U_L(t) = U \cdot e^{-\frac{t \cdot R}{L}}$	Spulenspannung	$U_L(t) = -U \cdot e^{-\frac{t \cdot R}{L}}$
Spulenstrom	$I_L(t) = \frac{U}{R} \cdot \left(1 - e^{-\frac{t \cdot R}{L}}\right)$	Spulenstrom	$I_L(t) = \frac{U}{R} \cdot e^{-\frac{t \cdot R}{L}}$

Lösung
Die Zeitkonstante ist $\tau = \frac{L}{R} = \frac{0{,}15\,\text{H}}{100\,\Omega} = 1{,}5\,\text{ms}$. Nach $5 \cdot \tau = 7{,}5\,\text{ms}$ ist der Einschaltvorgang praktisch beendet. Die induzierte Spannung nach 500 ms ist null Volt.

Aufgabe 7.6
Durch eine Spule mit $L = 25\,\text{mH}$ fließt ein konstanter Gleichstrom mit $I = 0{,}2\,\text{A}$. Wie groß ist die induzierte Spannung an der Spule?

Lösung
Die induzierte Spannung ist null Volt, da sich der Strom durch die Spule nicht ändert.

7.4 Zusammenfassung: Schaltvorgänge im unverzweigten Gleichstromkreis

1. Ohmscher Widerstand: Es besteht keine Zeitverzögerung zwischen Spannung und Strom.
2. Die Zeitverzögerungen von Spannung und Strom bei Kondensator und Spule verlaufen entsprechend einer Exponentialfunktion.
3. Kondensator mit Vorwiderstand einschalten: Die Spannung steigt verzögert auf den Wert der Ladespannung an. Der Strom springt auf einen Maximalwert und fällt verzögert auf null ab.
4. Kondensator ausschalten: Der Kondensator bleibt geladen.
5. Kondensator über einen Widerstand entladen: Die Spannung fällt verzögert auf null ab. Der Strom springt auf einen negativen Maximalwert und fällt verzögert auf null ab.
6. Die Zeitkonstante eines Kondensators ist $\tau = R \cdot C$.
7. Spule einschalten: Der Strom steigt verzögert auf einen Maximalwert an. Die Spannung springt auf einen Maximalwert und fällt verzögert auf null ab.
8. Spule mit Abschalt-Induktionsstromkreis ausschalten: Der Strom fällt verzögert auf null ab. Die Spannung springt auf einen negativen Maximalwert und fällt verzögert auf null ab.
9. Spule ohne Abschalt-Induktionsstromkreis ausschalten: An der Spule entstehen hohe Spannungsspitzen. Durch eine Freilaufdiode können diese verkleinert werden.
10. Die Zeitkonstante einer Spule ist $\tau = \frac{L}{R}$.

Der verzweigte Gleichstromkreis 8

Zusammenfassung

Die kirchhoffschen Gesetze (Knoten- und Maschenregel) werden als Grundlage zur Berechnung verzweigter Stromkreise eingeführt. Die Parallelschaltung von ohmschen Widerständen ergibt zusammen mit der Stromteilerregel die Grundlage einfacher verzweigter Schaltungen. Es folgen die Parallelschaltungen von Kondensatoren, Spulen und Gleichspannungsquellen. Da bei der Erweiterung des Messbereiches eines Strommessers eine Parallelschaltung eines Widerstandes erforderlich ist, wird dieses Thema ebenfalls in diesem Abschnitt behandelt. Der belastete Spannungsteiler mit seinen veränderten Spannungen gegenüber dem unbelasteten Zustand wird mit dem Querstromverhältnis und der Ersatzspannungsquelle berechnet. Gemischte Schaltungen aus Reihen- und Parallelschaltungen mehrerer Bauelemente erweitern die Schaltungsmöglichkeiten verzweigter Netzwerke. Die Stern-Dreieck- und Dreieck-Stern-Umwandlung zeigt eine Analysemethode zur Umformung und Berechnung von Netzwerken. Die Transformation von Spannungs- in Stromquellen und umgekehrt erweitert Analysemöglichkeiten. Zur Analyse von Netzwerken werden die Maschenanalyse, die Knotenanalyse, der Überlagerungssatz und der Satz von der Ersatzspannungsquelle erläutert und anhand von Beispielen geübt.

In einem verzweigten Stromkreis liegt an mindestens zwei Bauelementen (Zweipolen) die gleiche Spannung, d. h. mindestens zwei Zweipole sind parallel geschaltet und es tritt mindestens eine „Stromverzweigung" oder „Stromteilung" auf. Sollen Verbraucher mit derselben Nennspannung an eine einzige Spannungsquelle angeschlossen werden, so werden sie parallel geschaltet, und der Strom verzweigt sich in die einzelnen Strompfade. Ein Beispiel hierfür ist das parallele Anschließen von zwei Glühlampen an eine Batterie. Auch die Steckdosen eines Raumes in einem Haus sind meist parallel geschaltet, an jedem Verbraucher liegt die gleiche Spannung.

8.1 Die Kirchhoff'schen Gesetze

Für die Analyse (Berechnung von Spannungen und Strömen) von verzweigten Stromkreisen sind die Kirchhoff'schen[1] Gesetze von fundamentaler Bedeutung. Mit den Kirchhoff'schen Gesetzen und den Gleichungen der Bauelemente (z. B. dem ohmschen Gesetz) lassen sich Spannungen und Ströme an jeder Stelle einer verzweigten elektronischen Schaltung berechnen.

8.1.1 Die Knotenregel (1. Kirchhoff'sches Gesetz)

Als „Knoten" (oder Knotenpunkt) ist ein Schaltungspunkt definiert, an dem mehrere Bauelemente angeschlossen sind und eine Stromverzweigung auftritt. Da in einem Knotenpunkt keine Ladung gespeichert werden kann, gilt stets:

▶ **In einem Knoten ist die Summe aller zufließenden Ströme gleich der Summe aller abfließenden Ströme.**

Oder:

▶ **In einem Knoten ist die Summe aller Ströme gleich null.**

Haben in einen Knoten hineinfließende Ströme positives Vorzeichen und von einem Knoten wegfließende Ströme negatives Vorzeichen, so lässt sich das 1. Kirchhoff'sche Gesetz durch Gl. 8.1 ausdrücken.

$$\underline{I_1 + I_2 + \ldots + I_n = 0} \quad \text{oder} \quad \sum_{\nu=1}^{\nu=n} I_\nu = 0 \tag{8.1}$$

Beispiel In Abb. 8.1 ist ein Beispiel zur Knotenregel dargestellt.

Die Knotengleichungen des verzweigten Gleichstromkreises in Abb. 8.1 sind:

Knoten K_1: $I_{ges} = I_1 + I_2 + I_3$ oder $I_{ges} - I_1 - I_2 - I_3 = 0$
Knoten K_2: $I_1 + I_2 + I_3 = I_4 + I_5$ oder $I_1 + I_2 + I_3 - I_4 - I_5 = 0$
Knoten K_3: $I_{ges} = I_4 + I_5$ oder $I_{ges} - I_4 - I_5 = 0$

Abb. 8.1 Ein Beispiel zur Knotenregel

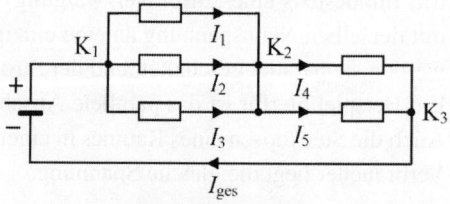

---
[1] G. R. Kirchhoff (1824–1887), deutscher Physiker.

Abb. 8.2 Ein Beispiel zur Maschenregel

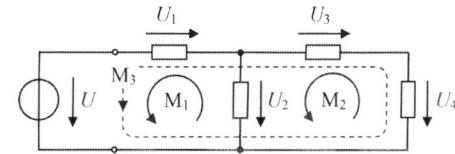

Es ist ratsam, die Knotengleichungen immer zuerst in der Form $I_1 + I_2 + \ldots + I_n = 0$ (unter Berücksichtigung der Vorzeichen der Ströme) anzuschreiben und erst danach diese einfache Gleichung nach dem interessierenden Strom aufzulösen. Gleich den gesuchten Strom in Abhängigkeit der restlichen Ströme anzugeben führt oft zu Fehlern.

8.1.2 Die Maschenregel (2. Kirchhoff'sches Gesetz)

Als „Maschen" werden geschlossene Schleifen in Schaltungen bezeichnet. Maschen sind die unterschiedlichen, stromdurchflossenen Wege einer Schaltung.

Durchläuft man von einem Knoten ausgehend auf beliebigem Weg eine Masche und kehrt zum Ausgangsknoten zurück, so durchfährt man eine Anzahl von Spannungen. Eine Spannung wird dabei als positiv angesehen, wenn die Umlaufrichtung und der Bezugspfeil der Spannung gleichgerichtet sind, andernfalls negativ. Man beachte, dass die **Umlaufrichtungen der Maschen willkürlich** gewählt werden können.

Werden diese Spannungsrichtungen berücksichtigt, so gilt die Maschenregel:

▶ **Fährt man von einem Knoten auf beliebigem Weg zu ihm selbst zurück, so ist die Summe aller Spannungen gleich null.**

Oder:

▶ **In einer Masche ist die Summe aller Spannungen gleich null.**

Das zweite Kirchhoff'sche Gesetz kann durch Gl. 8.2 ausgedrückt werden.

$$\underline{\underline{U_1 + U_2 + \ldots + U_n = 0}} \quad \text{oder} \quad \sum_{\nu=1}^{\nu=n} U_\nu = 0 \qquad (8.2)$$

Beispiel Abb. 8.2 zeigt ein Beispiel zur Maschenregel.

Die Maschengleichungen der Schaltung in Abb. 8.2 sind:

Masche M_1: $U - U_2 - U_1 = 0$
Masche M_2: $U_2 - U_4 - U_3 = 0$
Masche M_3: $U - U_4 - U_3 - U_1 = 0$

Zur Anwendung der Knotenregel müssen alle Ströme, zur Anwendung der Maschenregel alle Spannungen mit **Richtungspfeilen** versehen werden. Ergeben sich die Richtungen

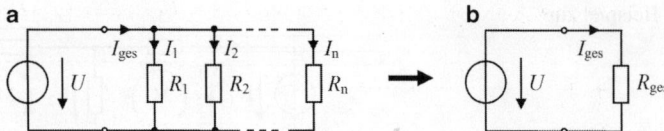

Abb. 8.3 Parallelschaltung von Widerständen (**a**) und Ersatzschaltbild mit Ersatzwiderstand (**b**)

nicht aus der Schaltung, so können sie auch willkürlich gewählt werden. Ergibt sich nach Lösung einer Aufgabe, z. B. für eine Spannung, ein Ergebnis mit positivem Vorzeichen, so stimmt die tatsächliche Polarität der Spannung mit der willkürlich gewählten Bezugsrichtung überein. Hat das Ergebnis ein negatives Vorzeichen, so hat die Spannung umgekehrte Polarität gegenüber dem Bezugspfeil. Dasselbe gilt für die Flussrichtung von Strömen.

▶ **Werden Richtungspfeile für Ströme *und* Spannungen in einen Schaltplan eingetragen, so ist auf die Einhaltung von Erzeuger- und Verbraucher-Zählpfeilsystem zu achten.**

Auch bei den Maschengleichungen ist es ratsam, diese immer zuerst in der Form $U_1 + U_2 + \ldots + U_n = 0$ anzuschreiben und erst danach die Auflösung nach der gesuchten Spannung vorzunehmen.

8.2 Berechnung von Parallelschaltungen

8.2.1 Parallelschaltung von ohmschen Widerständen

Bei der Parallelschaltung von Widerständen können die Widerstandswerte der einzelnen Widerstände durch einen einzigen Widerstand, den Ersatzwiderstand, ersetzt werden (Abb. 8.3).

▶ **Der Ersatzwiderstand der Parallelschaltung ist stets kleiner als der kleinste der Teilwiderstände.**

An allen parallel geschalteten Widerständen liegt die gleiche Spannung. Für die Teilströme ergibt sich nach dem ohmschen Gesetz:

$$I_1 = \frac{U}{R_1}; \quad I_2 = \frac{U}{R_2}; \quad I_n = \frac{U}{R_n}$$

Alle Elektronen, die durch die parallel geschalteten Teilwiderstände fließen, bewegen sich auch durch die Spannungsquelle. Für den Gesamtstrom I_{ges} bei n parallel geschalteten Widerständen ergibt sich somit:

$$\underline{I_{ges} = I_1 + I_2 + \ldots + I_n} \quad \text{oder} \quad I_{ges} = \sum_{\nu=1}^{\nu=n} I_\nu \qquad (8.3)$$

Es gilt: $I_{ges} = \frac{U}{R_{ges}} = \frac{U}{R_1} + \frac{U}{R_2} + \ldots + \frac{U}{R_n}$. Die gemeinsame Größe U lässt sich kürzen.

8.2 Berechnung von Parallelschaltungen

Der Gesamtwiderstand von n parallel geschalteten Widerständen ist somit:

$$R_{\text{ges}} = \frac{1}{\frac{1}{R_1} + \frac{1}{R_2} + \ldots + \frac{1}{R_n}} \quad \text{oder} \quad R_{\text{ges}} = \frac{1}{\sum_{\nu=1}^{\nu=n} \frac{1}{R_\nu}} \quad (8.4)$$

Die Formel für die Parallelschaltung von Widerständen ist der Formel für die Reihenschaltung von Kondensatoren formal ähnlich.

In der Praxis werden meist zwei Widerstände parallel geschaltet. Durch Anwendung des Hauptnenners gilt dann folgende Formel:

$$R_{\text{ges}} = \frac{R_1 \cdot R_2}{R_1 + R_2} \quad (8.5)$$

Sind die Werte der parallel geschalteten Widerstände sehr verschieden, so beeinflusst der große Widerstand den Wert des Gesamtwiderstandes kaum.

Ist der Gesamtwiderstand und ein Teilwiderstand (er sei R_1) bekannt, und es soll der parallel zu schaltende zweite Widerstand R_2 berechnet werden, so lässt sich obige Formel umstellen:

$$R_2 = \frac{R_1 \cdot R_{\text{ges}}}{R_1 - R_{\text{ges}}} \quad (8.6)$$

Bei der Parallelschaltung fließt durch den kleinsten Teilwiderstand der größte Strom und durch den größten Teilwiderstand der kleinste Strom. Die Teilstromstärken stehen im umgekehrten Verhältnis zueinander wie die Widerstände, z. B.:

$$\frac{I_1}{I_2} = \frac{R_2}{R_1} \quad (8.7)$$

Aufgabe 8.1
Zwei gleich große Widerstände $R_1 = R_2$ werden parallel geschaltet. Wie groß ist R_{ges}? Wie groß ist bei einem Gesamtstrom I_{ges} die Leistung in jedem Widerstand? Wie groß ist die gesamte Verlustleistung?

Lösung
Der Wert von R_{ges} entspricht der Hälfte des Widerstandswertes einer der beiden Widerstände.

$$R_{\text{ges}} = \frac{R_1 \cdot R_1}{R_1 + R_1} = \frac{R_1}{2}$$

Dies sollte man auswendig wissen! Zwei gleich große Widerstände parallel geschaltet ergeben den halben Widerstandswert.

Der Strom durch beide Widerstände ist gleich groß und entspricht jeweils der Hälfte des Gesamtstromes. Dadurch wird die Gesamtleistung jeweils zur Hälfte auf die beiden Widerstände aufgeteilt.

Die Leistung in jedem Widerstand ist $P_{1,2} = \left(\frac{I_{ges}}{2}\right)^2 \cdot R_{1,2}$.

Die gesamte Verlustleistung in beiden Widerständen beträgt

$$P_{ges} = P_1 + P_2 = 2 \cdot \left(\frac{I_{ges}}{2}\right)^2 \cdot R_1 = \frac{I_{ges}^2}{2} \cdot R_1$$

bzw. entsprechend dem Gesamtwiderstand $P_{ges} = I_{ges}^2 \cdot \frac{R_1}{2}$.

Aufgabe 8.2
Welcher Widerstand muss zu einem Widerstand mit 150 Ω parallel geschaltet werden, damit der Gesamtwiderstand 60 Ω beträgt?

Lösung

$$R_2 = \frac{R_1 \cdot R_{ges}}{R_1 - R_{ges}} = \frac{150\,\Omega \cdot 60\,\Omega}{150\,\Omega - 60\,\Omega} = \underline{\underline{100\,\Omega}}$$

8.2.2 Die Stromteilerregel

Die Stromteilerregel ist ebenso wichtig wie die Spannungsteilerregel. Hier wird die rein schematische Anwendung der Stromteilerregel gezeigt.

Eine kurze Wiederholung der Spannungsteilerregel: Liegen zwei in Reihe geschaltete Widerstände an einer Spannungsquelle, so fällt an jedem der Widerstände eine Spannung ab, die Spannung teilt sich auf. Die Spannung an einem der Widerstände wird mit der Spannungsteilerregel berechnet (Abb. 8.4). Die Spannungen sind:

$$U_1 = U_q \cdot \frac{R_1}{R_1 + R_2} \qquad (8.8)$$

$$U_2 = U_q \cdot \frac{R_2}{R_1 + R_2} \qquad (8.9)$$

Es wird der Widerstand, an dem man den Spannungsabfall wissen will, durch den Gesamtwiderstand der Reihenschaltung dividiert und das Ergebnis mit der gesamten Spannung multipliziert.

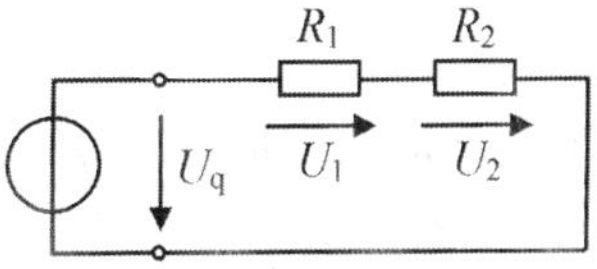

8.2 Berechnung von Parallelschaltungen

Abb. 8.4 Zur Spannungsteilerregel

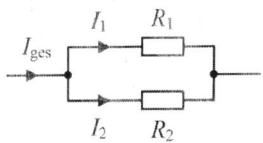

Abb. 8.5 Zur Stromteilerregel

Werden zwei parallel geschaltete Widerstände von einem Strom durchflossen, so teilt sich der Strom auf. Der Strom durch einen der Widerstände wird mit der **Stromteilerregel** berechnet (Abb. 8.5). Die Ströme sind:

$$I_1 = I_{ges} \cdot \frac{R_2}{R_1 + R_2} \tag{8.10}$$

$$I_2 = I_{ges} \cdot \frac{R_1}{R_1 + R_2} \tag{8.11}$$

▶ **Es wird der Widerstand, der dem interessierenden Teilstrom gegenüberliegt, durch die Summe beider Widerstände dividiert und das Ergebnis mit dem gesamten Strom multipliziert.**

Mit der Stromteilerregel ergibt sich das Verhältnis von zwei Widerständen aus dem Verhältnis der durch sie aufgeteilten Ströme. Dividiert man Gl. 8.10 durch Gl. 8.11, so erhält man (siehe Gl. 8.7):

$$\frac{I_1}{I_2} = \frac{R_2}{R_1} \tag{8.12}$$

Aufgabe 8.3

Berechnen Sie den Strom I_3 in der Schaltung nach Abb. 8.6 mit Hilfe a) der Spannungsteilerregel und b) der Stromteilerregel. Gegeben sind die Daten:

$$U_q = 12\,\text{V}; \quad R_i = 1{,}0\,\Omega; \quad R_1 = 9\,\Omega; \quad R_2 = 8\,\Omega; \quad R_3 = 2\,\Omega$$

Abb. 8.6 Zu berechnen ist der Strom I_3

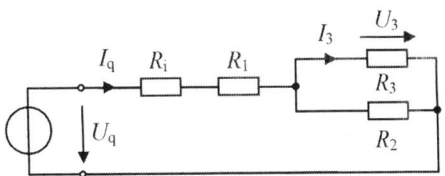

Lösung

a) $U_3 = U_q \cdot \dfrac{\frac{R_2 \cdot R_3}{R_2+R_3}}{R_i+R_1+\frac{R_2 \cdot R_3}{R_2+R_3}} = 12\,\text{V} \cdot \dfrac{\frac{8 \cdot 2}{10}}{10+1{,}6} = 1{,}66\,\text{V};\ I_3 = \dfrac{U_3}{R_3} = \dfrac{1{,}66\,\text{V}}{2\,\Omega} = \underline{\underline{0{,}83\,\text{A}}}$

b) $I_3 = I_q \cdot \dfrac{R_2}{R_2+R_3} = \dfrac{U_q}{R_i+R_1+\frac{R_2 \cdot R_3}{R_2+R_3}} \cdot \dfrac{R_2}{R_2+R_3} = \dfrac{12\,\text{V}}{11{,}6\,\Omega} \cdot \dfrac{8}{10} = \underline{\underline{0{,}83\,\text{A}}}$

8.2.3 Parallelschaltung von Kondensatoren

Werden Kondensatoren parallel geschaltet, so liegt an jedem Kondensator die gleiche Spannung. Wegen $Q = C \cdot U$ ist die elektrische Ladung jedes Kondensators proportional zu seiner Kapazität. Die gesamte Ladung der Parallelschaltung entspricht somit der Summe der einzelnen Ladungen der Kondensatoren.

$$Q = Q_1 + Q_2 + \ldots + Q_n = C_{\text{ges}} \cdot U = C_1 \cdot U + C_2 \cdot U + \ldots + C_n \cdot U \qquad (8.13)$$

Durch Kürzen von U erhält man die Gesamtkapazität von n parallel geschalteten Kondensatoren.

$$\underline{\underline{C_{\text{ges}} = C_1 + C_2 + \ldots + C_n}} \quad \text{oder} \quad C_{\text{ges}} = \sum_{\nu=1}^{\nu=n} C_\nu \qquad (8.14)$$

Die Formel für die Parallelschaltung von Kondensatoren ist der Formel für die Reihenschaltung von Widerständen formal ähnlich.

8.2.4 Parallelschaltung von Spulen

Bei der Parallelschaltung von n magnetisch **nicht** gekoppelten Spulen gilt für die Gesamtinduktivität:

$$\underline{\underline{L_{\text{ges}} = \dfrac{1}{\frac{1}{L_1} + \frac{1}{L_2} + \ldots + \frac{1}{L_n}}}} \quad \text{oder} \quad L_{\text{ges}} = \dfrac{1}{\sum_{\nu=1}^{\nu=n} \frac{1}{L_\nu}} \qquad (8.15)$$

Die Ersatzinduktivität ist durch die Parallelschaltung kleiner als die kleinste der Einzelinduktivitäten.

Für zwei parallel geschaltete Spulen gilt für die Gesamtinduktivität:

$$\underline{\underline{L_{\text{ges}} = \dfrac{L_1 \cdot L_2}{L_1 + L_2}}} \qquad (8.16)$$

Die Formel für die Parallelschaltung magnetisch nicht gekoppelter Spulen ist der Formel für die Parallelschaltung von Widerständen bzw. der Formel für die Reihenschaltung von Kondensatoren formal ähnlich.

Abb. 8.7 Parallelschaltung von zwei Gleichspannungsquellen (mit Innenwiderständen)

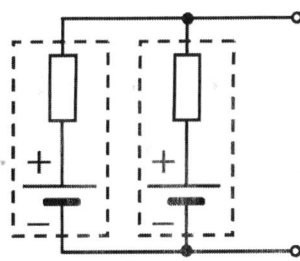

8.2.5 Parallelschaltung von Gleichspannungsquellen

Werden Gleichspannungsquellen in Reihe geschaltet, so addieren sich die Teilspannungen (nach ihrer Polarität) zur Gesamtspannung, die meist höher ist als die Teilspannungen (Absicht der Spannungserhöhung). Auch die Innenwiderstände der in Reihe geschalteten Spannungsquellen addieren sich. Der gesamte Innenwiderstand wird größer.

Bei der Parallelschaltung von Gleichspannungsquellen sind die Innenwiderstände der einzelnen Spannungsquellen parallel geschaltet (Abb. 8.7). Der **gesamte Innenwiderstand verkleinert** sich entsprechend.

Je kleiner der Innenwiderstand einer Spannungsquelle ist, desto größer ist der Strom, der ihr entnommen werden kann. Durch die Parallelschaltung von Spannungsquellen kann also der entnehmbare Strom vergrößert werden.

Trotz gleicher Spannung fließt aus der Spannungsquelle mit dem kleinsten Innenwiderstand der größte Teilstrom.

▶ **Bei der Parallelschaltung von Spannungsquellen müssen sämtliche Pluspole und sämtliche Minuspole miteinander verbunden werden.**

Auch ohne Lastwiderstand entsteht bei der Parallelschaltung von Spannungsquellen ein geschlossener Stromkreis. Damit kein Strom fließen kann, müssen im unbelasteten Zustand die parallel zu schaltenden Spannungsquellen gleich große Leerlaufspannungen haben. Wäre eine Spannung größer, so würde die Differenzspannung einen Strom durch die Spannungsquelle mit der kleineren Spannung hervorrufen. Die Stromstärke und die erzeugte Verlustleistung wäre vom Innenwiderstand der Spannungsquellen abhängig.

Das Problem der „Rückspeisung" muss besonders bei der Parallelschaltung von Netzteilen mit nicht exakt gleichen Leerlaufspannungen beachtet werden. Es besteht die Gefahr der Zerstörung eines Netzteiles. In der Praxis kommt jedoch eine Parallelschaltung von Gleichspannungsquellen selten vor. Sie wird durch die Auslegung einer Spannungsquelle auf den benötigten Nennstrom vermieden. Eine Reihenschaltung von Gleichspannungsquellen kommt dagegen häufig bei Geräten vor, die mit Batterien betrieben werden.

8.3 Parallelschaltung in der Praxis

8.3.1 Ersatz von Bauteilen

Wie durch die Reihenschaltung von Bauelementen kann auch durch deren Parallelschaltung ein bestimmter Ersatzwert gewonnen werden. Durch die Parallelschaltung von zwei Widerständen mit je $10\,\text{k}\Omega$ erhält man z. B. einen (Ersatz-)Widerstand mit $5\,\text{k}\Omega$.

Zu beachten ist, welche Toleranz sich für die Ersatzschaltung durch die Zusammenschaltung der einzelnen Bauteile ergibt, und ob diese Toleranz den Anforderungen entspricht.

Aufgabe 8.4
Zwei Widerstände $R_1 = 330\,\Omega$, $\pm 20\,\%$ und $R_2 = 100\,\Omega$, $\pm 10\,\%$ werden parallel geschaltet. Welchen Nennwert R_ges erhält man für den Ersatzwiderstand? Wie groß sind unter Berücksichtigung der Toleranzen der kleinste ($R_\text{ges,min}$) und der größte ($R_\text{ges,max}$) Widerstandswert der Parallelschaltung?

Lösung

$$R_\text{ges} = \frac{R_1 \cdot R_2}{R_1 + R_2} = \underline{\underline{76{,}7\,\Omega}};$$

$$R_{1,\text{min}} = 330\,\Omega - 66\,\Omega = 264\,\Omega; \quad R_{2,\text{min}} = 100\,\Omega - 10\,\Omega = 90\,\Omega$$

$$R_\text{ges,min} = \frac{R_{1,\text{min}} \cdot R_{2,\text{min}}}{R_{1,\text{min}} + R_{2,\text{min}}} = \underline{\underline{67{,}1\,\Omega}}$$

$$R_{1,\text{max}} = 330\,\Omega + 66\,\Omega = 396\,\Omega; \quad R_{2,\text{max}} = 100\,\Omega + 10\,\Omega = 110\,\Omega$$

$$R_\text{ges,max} = \frac{R_{1,\text{max}} \cdot R_{2,\text{max}}}{R_{1,\text{max}} + R_{2,\text{max}}} = \underline{\underline{86{,}1\,\Omega}}$$

Der Nennwert des Ersatzwiderstandes ist $76{,}7\,\Omega$. Aufgrund der Toleranzen kann der Widerstandswert zwischen $67{,}1\,\Omega$ und $86{,}1\,\Omega$ liegen.

8.3.2 Erweiterung des Messbereiches eines Amperemeters

Bei einer Strommessung wird das Amperemeter in den Stromkreis eingeschleift. Soll mit einem Amperemeter ein größerer Strom gemessen werden als derjenige, welcher dem Vollausschlag des Messwerkes entspricht, so muss ein Teil des Stromes am Amperemeter vorbeigeleitet werden. Dies geschieht durch einen Parallel- oder Nebenwiderstand, der auch **Shunt** genannt wird (Abb. 8.8).

8.3 Parallelschaltung in der Praxis

Abb. 8.8 Amperemeter mit Shunt zur Erweiterung des Messbereiches

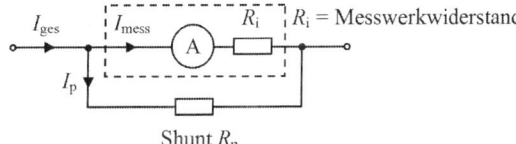

Da der Innenwiderstand eines Amperemeters möglichst klein sein soll, muss auch der Widerstandswert eines Shunts sehr klein sein. Besonders bei starker Erweiterung des Messbereiches ergeben sich sehr kleine Widerstandswerte für den Parallelwiderstand.

Am Shunt liegt der gleiche Spannungsabfall wie am Amperemeter. Soll für eine gewünschte Erweiterung des Messbereiches I_{ges} der Wert des Shunts berechnet werden, so muss vom Amperemeter der Spannungsabfall U_{voll} bekannt sein, der den Vollausschlag hervorruft, **oder** der Innenwiderstand R_i des Messwerks und der zum Vollausschlag zugehörige Strom I_{voll} (aus beiden lässt sich wieder der Spannungsabfall berechnen). Der Wert des Shunts errechnet sich nach dem ohmschen Gesetz aus dem Spannungsabfall des Instruments und dem durch den Shunt fließenden Strom.

Berechnung des Parallelwiderstandes eines Amperemeters:

$$R_p = \frac{R_i \cdot I_{voll}}{I_{ges} - I_{voll}} = \frac{U_{voll}}{I_{ges} - I_{voll}} \qquad (8.17)$$

Aufgabe 8.5
Ein Amperemeter mit einem Vollausschlag von 0,5 A und einem Messwerkwiderstand $R_i = 0{,}9\,\Omega$ soll auf einen Messbereich von 5,0 A erweitert werden. Welchen Wert muss der Shunt haben?

Lösung

$$R_p = \frac{0{,}9\,\Omega \cdot 0{,}5\,\text{A}}{5{,}0\,\text{A} - 0{,}5\,\text{A}} = \underline{\underline{0{,}1\,\Omega}}$$

Aufgabe 8.6
Ein Messinstrument hat einen Innenwiderstand von $R_i = 20\,\Omega$ und einen Vollausschlag von $I_{voll} = 3\,\text{mA}$. Es ist nach Abb. 8.9 mit einem Parallelwiderstand R_1 und einem Vorwiderstand R_2 beschaltet. Welcher Strommessbereich I_{ges} ergibt sich bei Anschluss an den Klemmen A-B und welcher Spannungsmessbereich U_{AC} bei Anschluss an den Klemmen A-C?

Abb. 8.9 Messinstrument mit Parallel- und Vorwiderstand

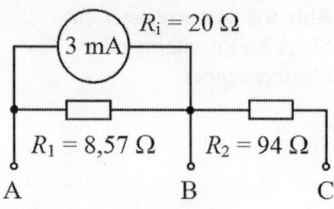

Abb. 8.10 Belasteter Spannungsteiler

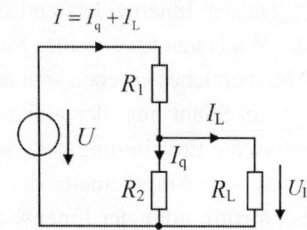

Lösung

Das Instrument hat seinen Vollausschlag bei $U_{\text{voll}} = R_i \cdot I_{\text{voll}} = 20\,\Omega \cdot 3\,\text{mA} = 60\,\text{mV}$.

$$I_{\text{ges}} = \frac{U_{\text{voll}}}{R_p} + I_{\text{voll}} = \frac{0{,}06\,\text{V}}{8{,}57\,\Omega} + 0{,}003\,\text{A} = 0{,}01\,\text{A} = 10\,\text{mA}$$

Bei Anschluss an den Klemmen A-B ergibt sich ein Strommessbereich von $\underline{\underline{I_{\text{ges}} = 10\,\text{mA}}}$.

Fließt durch die Klemmen A-C ein Strom von 10 mA, so fällt am Widerstand R_2 eine Spannung von 0,94 V ab und am Instrument liegt ein Spannungsabfall von 0,06 V (Vollausschlag). Der Spannungsmessbereich ist somit $\underline{\underline{U_{\text{AC}} = 1{,}0\,\text{V}}}$.

8.3.3 Der belastete Spannungsteiler

Wird an die Ausgangsanschlüsse eines Spannungsteilers ein Lastwiderstand R_L angeschlossen, so tritt eine Stromverzweigung auf und es fließt ein Laststrom I_L (Abb. 8.10). Der durch R_2 fließende Strom I_q wird **Querstrom** genannt, weil er quer zum Laststrom fließt.

Ist R_L unendlich groß (keine Last), so gilt die Spannungsteiler-Formel: $U_L = U \cdot \frac{R_2}{R_1 + R_2}$.

Da R_2 und R_L parallel geschaltet sind, wird der Ersatzwiderstand umso kleiner, je kleiner R_L ist. Dadurch wird auch R_2 in der Spannungsteiler-Formel, und somit auch U_L, kleiner.

8.3 Parallelschaltung in der Praxis

▶ **Die Spannung U_L an der Last ist umso kleiner, je kleiner R_L bzw. je größer der Laststrom I_L ist.**

Soll U_L möglichst unabhängig von der Last sein, so muss der Querstrom I_q groß gegenüber dem Laststrom I_L sein (R_2 muss klein gegenüber R_L sein). Da der Querstrom ein Verluststrom ist, sollte dieser andererseits möglichst klein (R_2 möglichst groß) gehalten werden.

In der Praxis legt man den **Querstrom mindestens doppelt so groß** aus wie den mittleren Laststrom (R_L doppelt so groß wie R_2). Bei veränderlicher Last ändert sich dann die Lastspannung nur wenig.

8.3.4 Berechnung des belasteten Spannungsteilers

8.3.4.1 Berechnung mit dem Querstromverhältnis

Bei der Berechnung des belasteten Spannungsteilers kann man von einem Verhältnis Querstrom zu Laststrom von $q = 2$ bis $q = 4$ ausgehen. Die Berechnung von R_1 und von R_2 erfolgt dann mit dem ohmschen Gesetz.

$$q = \frac{I_q}{I_L} \tag{8.18}$$

$$R_1 = \frac{U - U_L}{I_q + I_L} \tag{8.19}$$

$$R_2 = \frac{U_L}{I_q} \tag{8.20}$$

Aufgabe 8.7
Ein Spannungsteiler mit den Widerständen R_1, R_2 liegt an einer Spannung $U = 12\,\text{V}$. Der Laststrom beträgt $I_L = 10\,\text{mA}$. Das Querstromverhältnis wird zu $q = 3$ festgesetzt. Die Lastspannung soll $U_L = 2{,}0\,\text{V}$ betragen. Wie sind die Werte von R_1 und R_2 zu wählen? Welche Belastbarkeit müssen die Widerstände mindestens haben?

Lösung

$$I_q = I_L \cdot q = 10\,\text{mA} \cdot 3 = 30\,\text{mA}$$

$R_2 = \frac{U_L}{I_q} = \frac{2{,}0\,\text{V}}{30\,\text{mA}} = 66{,}66\,\Omega \approx 68\,\Omega$. Als Wert der Normreihe wird $\underline{R_2 = 68\,\Omega}$ gewählt.

$R_1 = \frac{U - U_L}{I_q + I_L} = \frac{12\,\text{V} - 2{,}0\,\text{V}}{40\,\text{mA}} = 250\,\Omega \approx \underline{240\,\Omega}$ (Wert der Normreihe)

Minimale Belastbarkeit von R_1: $10\,\text{V} \cdot 40\,\text{mA} = 0{,}4\,\text{W}$

Minimale Belastbarkeit von R_2: $2{,}0\,\text{V} \cdot 30\,\text{mA} = \overline{0{,}06\,\text{W}}$

8.3.4.2 Berechnung mit der Ersatzspannungsquelle

In Abb. 8.10 gilt: $I = I_q + I_L = \frac{U_L}{R_2} + I_L$ und $I = \frac{U - U_L}{R_1}$.

Durch Gleichsetzen und Auflösen nach U_L erhält man: $U_L = U \cdot \frac{R_2}{R_1 + R_2} - \frac{R_1 \cdot R_2}{R_1 + R_2} \cdot I_L$.

Der Term „$U \cdot \frac{R_2}{R_1 + R_2}$" stellt die Ausgangsspannung U_{L0} an R_2 eines unbelasteten Spannungsteilers dar.

Die Spannung U_L lässt sich somit darstellen als

$$\underline{\underline{U_L = U_{L0} - \frac{R_1 \cdot R_2}{R_1 + R_2} \cdot I_L.}} \tag{8.21}$$

Die Ausgangsspannung U_L eines belasteten Spannungsteilers entspricht seiner Leerlaufspannung U_{L0} abzüglich dem Spannungsabfall durch den Laststrom in der Parallelschaltung von R_1 und R_2 (Ersatz-Innenwiderstand).

Gl. 8.21 entspricht der Formel $U_L = U_0 - R_i \cdot I_L$ für die Klemmenspannung einer realen Spannungsquelle in Abhängigkeit des Laststromes. Der belastete Spannungsteiler kann durch eine Ersatzspannungsquelle dargestellt werden (Abb. 8.11).

Aufgabe 8.8

Ein Spannungsteiler mit den Widerständen $R_1 = 240\,\Omega$ und $R_2 = 68\,\Omega$ ist an eine Spannung $U = 12\,\text{V}$ angeschlossen.

a) Wie groß ist die Leerlaufspannung?
b) Welche Spannung liegt an der Last, wenn der Laststrom $I_L = 10\,\text{mA}$ beträgt?

Abb. 8.11 Ersatzschaltung eines belasteten Spannungsteilers

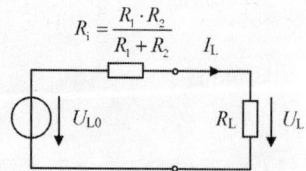

Lösung

a) $U_{L0} = U \cdot \frac{R_2}{R_1+R_2} = 12\,\text{V} \cdot \frac{68\,\Omega}{240\,\Omega+68\,\Omega} = \underline{2{,}65\,\text{V}}$

b) $U_L = U_{L0} - \frac{R_1 \cdot R_2}{R_1+R_2} \cdot I_L = 2{,}65\,\text{V} - \frac{240\,\Omega \cdot 68\,\Omega}{240\,\Omega+68\,\Omega} \cdot 10\,\text{mA} = 2{,}65\,\text{V} - 0{,}53\,\text{V} = \underline{2{,}12\,\text{V}}$

Man erkennt die Spannungsdifferenz $\Delta U_L = 0{,}12\,\text{V}$ gegenüber Aufgabe 8.7. Sie ergibt sich durch Rundung der dort berechneten Widerstandswerte von R_1 und R_2 auf erhältliche Normwerte.

8.4 Gemischte Schaltungen

Gemischte Schaltungen enthalten Reihenschaltungen und Parallelschaltungen. Der belastete Spannungsteiler ist z. B. eine gemischte Schaltung. Um Teilwiderstände oder den Gesamtwiderstand einer gemischten Schaltung zu berechnen, wandelt man die Reihen- und Parallelschaltungen schrittweise in ihre Ersatzschaltung um und fasst dabei Bauelemente zusammen. Dadurch lassen sich auch in der Schaltung verteilte Spannungen und Ströme bestimmen.

Aufgabe 8.9
Wie groß sind allgemein der Strom I_{ges} und die Spannung U_4 der Schaltung in Abb. 8.12.

Lösung
R_1 und R_2 liegen in Reihe und werden zusammengefasst zu $R_{12} = R_1 + R_2$.

R_{12} und R_3 sind parallel geschaltet und werden zusammengefasst zu $R_{123} = \frac{R_{12} \cdot R_3}{R_{12}+R_3}$.

R_{123} und R_4 sind wieder in Reihe geschaltet und werden zusammengefasst zu $R_{1234} = R_{123} + R_4$.

R_{1234} ist der Gesamtwiderstand der Widerstandsanordnung.

Abb. 8.12 Eine gemischte Schaltung

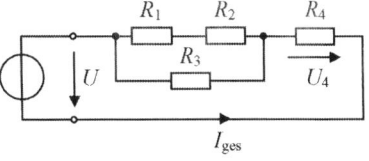

Abb. 8.13 Eine Abzweigschaltung

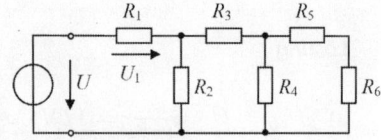

Da der Strom mit seinem Bezugspfeil entgegen der technischen Stromrichtung eingezeichnet ist, hat er ein negatives Vorzeichen.

$$-I_{ges} = \frac{U}{R_{1234}}; \quad I_{ges} = \frac{-U}{R_{1234}} = \frac{-U}{\frac{(R_1+R_2)\cdot R_3}{R_1+R_2+R_3} + R_4}$$

R_{123} und R_4 bilden einen Spannungsteiler.

$$U_4 = U \cdot \frac{R_4}{R_{1234}} = U \cdot \frac{R_4}{\frac{(R_1+R_2)\cdot R_3}{R_1+R_2+R_3} + R_4}$$

Aufgabe 8.10

Die Schaltung in Abb. 8.13 wird „Abzweigschaltung" genannt. Wie groß ist allgemein die Spannung U_1?

Lösung

Die Schaltung wird von rechts nach links „aufgerollt".

$$R_{56} = R_5 + R_6; \quad R_{456} = \frac{R_4 \cdot (R_5 + R_6)}{R_4 + R_5 + R_6}$$

$$R_{3456} = R_3 + R_{456} = R_3 + \frac{R_4 \cdot (R_5 + R_6)}{R_4 + R_5 + R_6}$$

$$= \frac{R_3 \cdot (R_4 + R_5 + R_6) + R_4 \cdot (R_5 + R_6)}{R_4 + R_5 + R_6}$$

$$R_{23456} = \frac{R_2 \cdot \frac{R_3 \cdot (R_4+R_5+R_6)+R_4 \cdot (R_5+R_6)}{R_4+R_5+R_6}}{R_2 + \frac{R_3 \cdot (R_4+R_5+R_6)+R_4 \cdot (R_5+R_6)}{R_4+R_5+R_6}}$$

$$R_{23456} = \frac{R_2 \cdot [R_3 \cdot (R_4 + R_5 + R_6) + R_4 \cdot (R_5 + R_6)]}{R_2 \cdot (R_4 + R_5 + R_6) + R_3 \cdot (R_4 + R_5 + R_6) + R_4 \cdot (R_5 + R_6)};$$

$$R_{123456} = R_1 + R_{23456}$$

Zur einfacheren Schreibweise wird ab jetzt kein Hauptnenner mehr verwendet.

$$U_1 = U \cdot \frac{R_1}{R_{123456}}$$

8.5 Stern-Dreieck- und Dreieck-Stern-Umwandlung

Es gibt auch Schaltungen, bei denen eine Zusammenfassung der Bauelemente durch Berücksichtigung ihrer Reihen- und Parallelschaltungen nicht möglich ist. Ein Beispiel zeigt Abb. 8.14.

Durch eine Stern-Dreieck- oder Dreieck-Stern-Umwandlung erhält man jedoch wieder eine Anordnung der Bauelemente, bei welcher Reihen- und Parallelschaltungen zusammengefasst werden können.

Als Dreieckschaltung wird die Schaltung in Abb. 8.15a und als Sternschaltung die Anordnung in Abb. 8.15b bezeichnet.

Die Dreieckschaltung kann in eine Sternschaltung und die Sternschaltung in eine Dreieckschaltung umgewandelt werden. Auf eine Herleitung der Formeln wird hier verzichtet.

Die Formeln zur Dreieck-Stern-Umwandlung sind:

$$r_1 = \frac{R_2 \cdot R_3}{R_1 + R_2 + R_3} \tag{8.22}$$

$$r_2 = \frac{R_1 \cdot R_3}{R_1 + R_2 + R_3} \tag{8.23}$$

$$r_3 = \frac{R_1 \cdot R_2}{R_1 + R_2 + R_3} \tag{8.24}$$

Abb. 8.14 Keine direkte Zusammenfassung der Widerstände möglich

Abb. 8.15 Dreieckschaltung (**a**) und Sternschaltung (**b**)

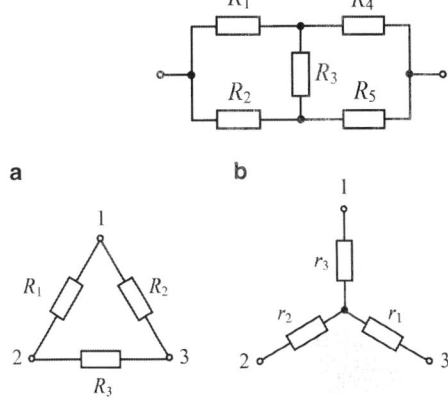

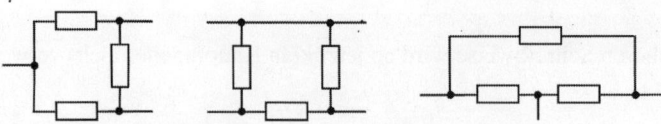

Abb. 8.16 Dreieckschaltungen unterschiedlich gezeichnet

Abb. 8.17 Sternschaltungen unterschiedlich gezeichnet

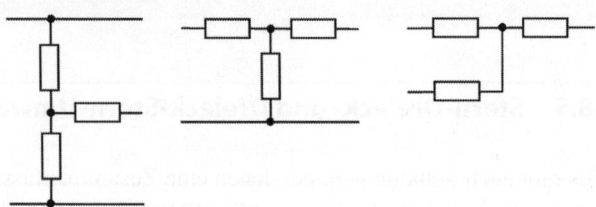

Merkregel: Jeder der drei Sternwiderstände ergibt sich aus dem Produkt der beiden jeweils anliegenden Dreieck-Seitenwiderstände, dividiert durch den Umfangswiderstand des Dreiecks.

Die Formeln zur Stern-Dreieck-Umwandlung sind:

$$R_1 = r_2 + r_3 + \frac{r_2 \cdot r_3}{r_1} \tag{8.25}$$

$$R_2 = r_1 + r_3 + \frac{r_1 \cdot r_3}{r_2} \tag{8.26}$$

$$R_3 = r_1 + r_2 + \frac{r_1 \cdot r_2}{r_3} \tag{8.27}$$

Man beachte, dass man die Dreieck- und Sternschaltung auch anders zeichnen kann (Abb. 8.16 und Abb. 8.17). Es bedarf einiger Übung, um die jeweilige Schaltung in einem Schaltbild zu erkennen, da die Schaltbilder beliebig gedreht oder umgeklappt werden können.

Aufgabe 8.11
Gegeben ist Schaltung in Abb. 8.18 mit den Werten $U = 15\,\text{V}$, $R_1 = R_2 = 10\,\Omega$, $R_3 = 30\,\Omega$, $R_4 = R_5 = 20\,\Omega$. Wie groß ist der Strom I?

Lösung
Die Schaltung in Abb. 8.18 wird umgezeichnet (Abb. 8.19), man erhält die Anordnung der Widerstände entsprechend Abb. 8.14.

8.5 Stern-Dreieck- und Dreieck-Stern-Umwandlung

Die Dreieckschaltung aus R_1, R_2, R_3 in Abb. 8.19 wird in eine Sternschaltung umgewandelt (Abb. 8.20).

$$R_{123} = R_1 + R_2 + R_3 = 10\,\Omega + 10\,\Omega + 30\,\Omega = 50\,\Omega;$$

$$r_1 = \frac{R_1 \cdot R_2}{R_{123}}; \quad r_2 = \frac{R_1 \cdot R_3}{R_{123}}; \quad r_3 = \frac{R_2 \cdot R_3}{R_{123}}$$

$$R_1 \cdot R_2 = 100\,\Omega; \quad R_1 \cdot R_3 = 300\,\Omega;$$

$$R_2 \cdot R_3 = 300\,\Omega \Rightarrow r_1 = 2\,\Omega; \quad r_2 = 6\,\Omega; \quad r_3 = 6\,\Omega$$

Die Reihen- und Parallelschaltungen der Widerstände können jetzt zusammengefasst werden.

$$R_{24} = r_2 + R_4 = 26\,\Omega; \quad R_{35} = r_3 + R_5 = 26\,\Omega$$

Die Ersatzwiderstände R_{24} und R_{35} liegen parallel und sind gleich groß. Als Ersatzwiderstand ergibt sich $R_{2435} = 13\,\Omega$.

Der Gesamtwiderstand der Widerstandsanordnung ist $r_1 + R_{2435} = 2\,\Omega + 13\,\Omega = 15\,\Omega$.

Den Strom I erhält man nach dem ohmschen Gesetz: $\underline{I = 1\,\text{A}}$.

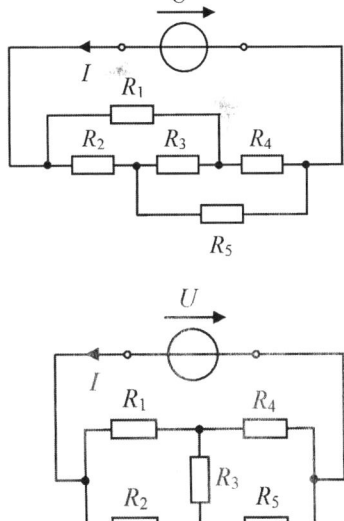

Abb. 8.18 Der Strom I ist zu berechnen

Abb. 8.19 Die Abb. 8.18 anders gezeichnet

Abb. 8.20 Dreieckschaltung umgewandelt in eine Sternschaltung

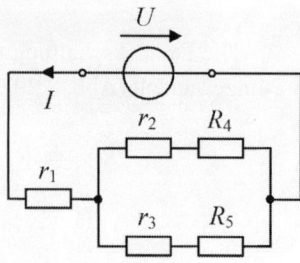

8.6 Umwandlung von Quellen

Obwohl die Ersatzstromquelle bisher nur kurz erwähnt wurde, soll nun die Transformation von Spannungsquellen in Stromquellen und umgekehrt besprochen werden, da Stromquellen bei der Analyse von Netzwerken mit verstärkenden Elementen (z. B. Transistoren) in deren Ersatzschaltbildern vorkommen.

Die Berechnung einer komplizierten Schaltung ist leichter, wenn nur Spannungsquellen oder nur Stromquellen in der Schaltung vorkommen.

Die Umwandlung einer Spannungsquelle in eine Stromquelle zeigt Abb. 8.21.

Die Umwandlung einer Stromquelle in eine Spannungsquelle zeigt Abb. 8.22.

Ersatzspannungsquelle und Ersatzstromquelle beschreiben gleichwertig den aktiven Zweipol.

Eine direkte Umwandlung der Quellen ist nur dann möglich, wenn in **Reihe zur Spannungsquelle** oder **parallel zur Stromquelle** ein **Bauelement** liegt, das man bei der Umwandlung als Innenwiderstand der Quelle betrachten kann. Bei der idealen Spannungsquelle ist $R_i = 0$ und die Ersatzgröße I_q der transformierten Stromquelle würde unendlich groß. Bei der idealen Stromquelle ist R_i unendlich groß und die Ersatzgröße U_q der transformierten Spannungsquelle würde unendlich groß.

Abb. 8.21 Umwandlung einer Spannungsquelle in eine Stromquelle

Abb. 8.22 Umwandlung einer Stromquelle in eine Spannungsquelle

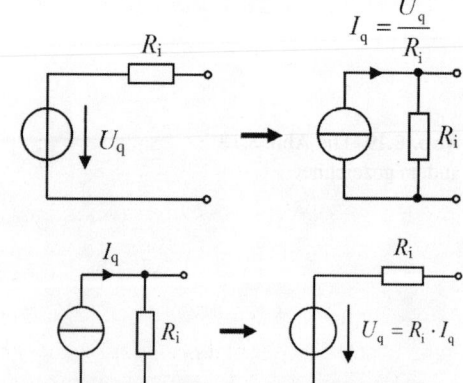

8.7 Analyse von Netzwerken

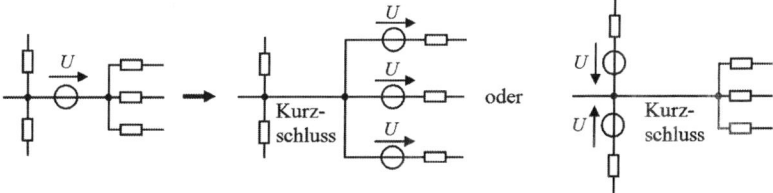

Abb. 8.23 Verlegen einer idealen Spannungsquelle

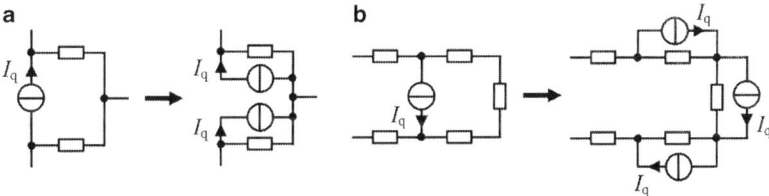

Abb. 8.24 Verlegen einer idealen Stromquelle

Liegen ideale Quellen für sich *alleine in einem Zweig* einer Schaltung, so müssen sie erst *verlegt* werden, ehe eine Umwandlung möglich ist. Für das Verschieben einer idealen Spannungsquelle zeigt Abb. 8.23 zwei Möglichkeiten. Das Verlegen einer idealen Stromquelle ist jeweils als Beispiel in Abb. 8.24a und Abb. 8.24b dargestellt. Da zu den verlegten Spannungs- bzw. Stromquellen ein Bauelement in Reihe bzw. parallel liegt, können sie umgewandelt werden.

8.7 Analyse von Netzwerken

Die Analyse von Netzwerken beinhaltet die Berechnung von Strömen und Spannungen (oder anderer Größen wie Widerständen, Leistungen) in einer beliebigen elektrischen Schaltung, in der nicht nur eine, sondern auch mehrere Spannungs- und/oder Stromquellen vorkommen können. Durch Anwendung der Kirchhoff'schen Gesetze lassen sich beliebige Netzwerke berechnen.

Netzwerke bestehen aus der Zusammenschaltung von Bauelementen zu beliebig komplizierten Schaltungen. In Netzwerken unterscheidet man Zweige, Knoten und Maschen. Ein **Zweig** ist der direkte Strompfad zwischen zwei Punkten (Knoten), in ihm fließt ein **Zweigstrom**. Die positive Stromrichtung eines Zweiges wird durch einen entsprechenden Bezugspfeil festgelegt. Die Spannung zwischen zwei Endpunkten eines Zweiges wird als **Zweigspannung** bezeichnet. Ein **Knoten** ist eine Stromverzweigung, also ein Punkt im Netzwerk, in dem mindestens zwei oder mehrere Zweige zusammenstoßen. Oder anders gesagt: Der Endpunkt eines Zweiges oder der gemeinsame Endpunkt mehrerer Zweige ist ein Knoten. **Sind Knoten ideal leitend miteinander verbunden, so können sie zu**

Abb. 8.25 Beispiel für die unterschiedliche Darstellung identischer Graphen

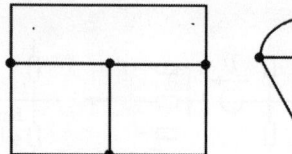

einem einzigen Knoten zusammengefasst werden. Als **Knotenpunktspannung** ist die Spannung eines Knotens gegenüber einem beliebigen Bezugspunkt (meist Masse) definiert. Eine **Masche** ist ein über mehrere Zweige geschlossener Umlauf, in ihr fließt ein **Maschenstrom**. Als **Baum** oder *vollständigen Baum* bezeichnet man die Verbindung aller Knoten auf einem **nicht** geschlossenen Weg. Die übrigen (entfernten) Zweige werden **Verbindungszweige** (oder Glieder) genannt. Zu einem Netzwerk gibt es i. a. viele mögliche Bäume.

Werden in der zeichnerischen Darstellung die Elemente eines Netzwerkes durch einfache Linien ersetzt, so erhält man den **Graphen** des Netzwerkes. Der Netzwerkgraph stellt ein „Skelett" (die Struktur oder Topologie) des Netzwerkes dar. Der Graph eines Netzwerkes kann zeichnerisch unterschiedlich dargestellt werden, ein Beispiel zeigt Abb. 8.25.

Die folgenden Sätze werden ohne Herleitung angegeben.

1. Hat ein Netzwerk k Knoten, so können

$$\underline{k_u = k - 1} \tag{8.28}$$

linear unabhängige Knotengleichungen aufgestellt werden. Eine der möglichen Knotengleichungen ist eine Linearkombination der unabhängigen Knotengleichungen.
2. In einem Netzwerk mit k Knoten besitzt der Baum

$$\underline{z = k - 1} \tag{8.29}$$

Zweige. Die Anzahl der linear unabhängigen Knotengleichungen ist gleich der Anzahl der Baumzweige.
3. Hat ein Netzwerk z Zweige und k Knoten, so können

$$\underline{m = z - k + 1} \tag{8.30}$$

linear unabhängige Maschengleichungen aufgestellt werden.

Maschen sind linear unabhängig, wenn sie genau *einen Verbindungszweig* enthalten, *der zu keiner anderen Masche gehört*. Linear unabhängige Maschengleichungen ergeben sich durch Verwendung der kleinsten Maschen eines Netzwerkes. Diese entsprechen den *inneren* Maschen, sozusagen den „Löchern" im Graphen des Netzwerkes. Eine Masche außen um das ganze Netzwerk herum sollte also nicht als Maschengleichung verwendet werden.

8.7 Analyse von Netzwerken

Abb. 8.26 Beispiel eines Netzwerkes

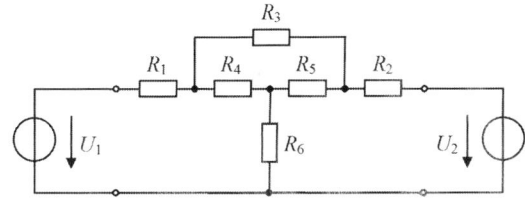

Die Gefahr ist sonst groß, dass man nach einiger Rechnung ein unsinniges Ergebnis wie $R_2 = R_2$ oder $5 = 5$ erhält.

In Abb. 8.26 ist ein Beispiel eines Netzwerkes mit zwei Spannungsquellen dargestellt. Das Netzwerk besitzt $z = 6$ Zweige und $k = 4$ Knoten. Der Graph des Netzwerkes mit den sieben möglichen, verschiedenen Maschen (sie sind gestrichelt gezeichnet) ist in Abb. 8.27 gezeichnet. Beispiele möglicher Bäume (die Verbindungszweige sind gestrichelt gezeichnet) zeigt Abb. 8.28.

8.7.1 Die Maschenanalyse

Voraussetzung für die Maschenanalyse ist, dass im Netzwerk nur Spannungsquellen vorkommen. Vorhandene Stromquellen werden zuerst in Spannungsquellen umgewandelt.

Die Größen der Spannungsquellen und der Widerstände im Netzwerk werden als bekannt vorausgesetzt.

Gesucht sind die Zweigströme und die Zweigspannungen.

Erster Schritt
Man zeichnet den Graphen des Netzwerkes und wählt einen beliebigen Baum aus.

Zweiter Schritt
In die gegebene Schaltung werden für alle Spannungen und Ströme Richtungspfeile eingetragen. Die Richtungspfeile der Spannungsquellen werden vom Plus- zum Minuspol weisend eingetragen. Strompfeile erhalten entsprechend dem Erzeuger-Zählpfeilsystem die entgegengesetzte Richtung zu den Spannungspfeilen der Spannungsquellen. Den Richtungspfeilen der Spannungsabfälle an den Widerständen wird nach dem Verbraucher-Zählpfeilsystem die gleiche Orientierung gegeben wie den zugehörigen Strompfeilen. Die Spannungspfeile an den Widerständen erhalten also die gleiche Richtung wie die zugeord-

Abb. 8.27 Graph des Netzwerkes von Abb. 8.26 mit den sieben möglichen, verschiedenen Maschen (*gestrichelt*)

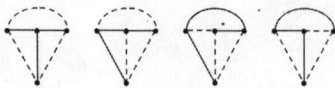

Abb. 8.28 Beispiele möglicher Bäume des Netzwerkes von Abb. 8.26, die Verbindungszweige sind *gestrichelt*

neten Strompfeile. Solange das Erzeuger- und Verbraucher-Zählpfeilsystem eingehalten wird, sind die Richtungen der Strom- und Spannungspfeile frei wählbar.

Dritter Schritt
Alle Maschen mit nur **einem Verbindungs**zweig werden durch einen Umlaufpfeil gekennzeichnet, der die Richtung des Umlaufens der Masche festlegt. Wählt man eine Masche mit mehreren Verbindungszweigen, so sind die Gleichungen in Schritt vier nicht linear unabhängig, und das Gleichungssystem ist nicht lösbar. Die *Umlaufrichtung* der Masche kann *willkürlich* gewählt werden.

Vierter Schritt
Für jede so festgelegte Masche des Netzwerkes wird entsprechend dem zweiten Kirchhoff'schen Gesetz eine Gleichung aufgestellt. Jede Maschengleichung wird niedergeschrieben, indem alle Spannungen der Masche vorzeichenrichtig aufsummiert und gleich null gesetzt werden.

Für ein Netzwerk mit z Zweigen und k Knoten erhält man durch dieses Vorgehen ein Gleichungssystem mit $m = z - k + 1$ Maschengleichungen.

Fünfter Schritt
Die Spannungsabfälle an den Widerständen werden nach dem ohmschen Gesetz durch die zugehörigen Ströme ausgedrückt. Bei einiger Übung kann dies auch sofort in Schritt vier erfolgen.

Sechster Schritt
Die Ströme in den Zweigen des Baumes werden entsprechend dem ersten Kirchhoff'schen Gesetz durch die Ströme der Verbindungszweige ausgedrückt, und in das oben gewonnene Gleichungssystem eingesetzt. Für ein Netzwerk mit k Knoten sind dazu $k - 1$ Knotengleichungen aufzustellen.

Siebter Schritt
Das Gleichungssystem mit m Gleichungen und m Unbekannten (den gesuchten Strömen in den Verbindungszweigen) wird gelöst.

Auf diese Weise werden die unbekannten Ströme in den Verbindungszweigen bestimmt. Ist die Spannung eines Verbindungszweiges gesucht, so kann diese anschließend einfach nach dem ohmschen Gesetz berechnet werden.

8.7 Analyse von Netzwerken

Abb. 8.29 Gegebenes Netzwerk zur Untersuchung mit der Maschenanalyse

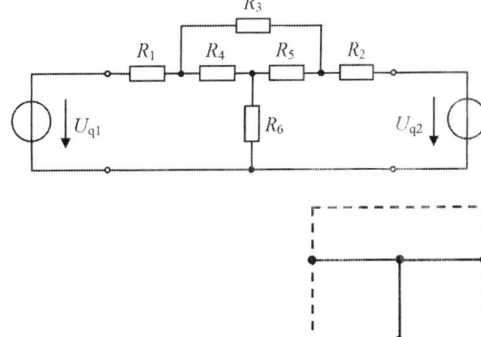

Abb. 8.30 Gewählter Baum mit *gestrichelt* gezeichneten Verbindungszweigen

Die Ströme in den Zweigen des Baumes wurden bereits in Schritt sechs durch die Ströme in den Verbindungszweigen ausgedrückt und lassen sich, nachdem diese bekannt sind, leicht berechnen. Ebenso können anschließend die Spannungen der Zweige des Baumes nach dem ohmschen Gesetz leicht berechnet werden.

Beispiel zur Maschenanalyse

Gegeben ist das Netzwerk in Abb. 8.29 mit Widerständen und zwei Gleichspannungsquellen.

Gesucht sind die Ströme I_1 bis I_6 durch die Widerstände R_1 bis R_6 und die Spannungsabfälle U_1 bis U_6 an diesen Widerständen.

Erster Schritt

Zeichnen des Graphen und Wahl des Baumes (Abb. 8.30). Die Verbindungszweige sind gestrichelt.

Zweiter und dritter Schritt

(Willkürliche) Orientierung der Spannungen, Ströme und Maschen (Abb. 8.31).

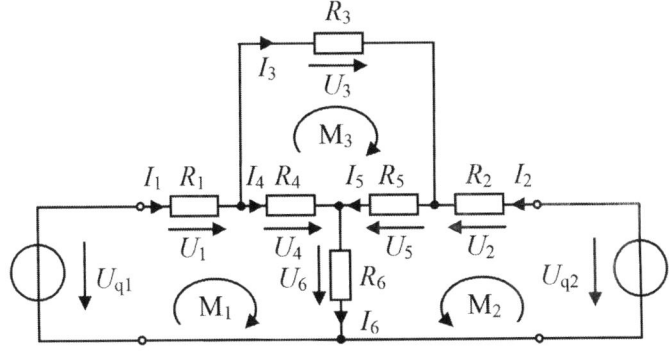

Abb. 8.31 Das Netzwerk nach Abb. 8.29 mit orientierten Spannungen, Strömen und Maschen

Vierter Schritt
Aufstellen der Maschengleichungen

M_1: $U_1 + U_4 + U_6 - U_{q1} = 0$
M_2: $U_2 + U_5 + U_6 - U_{q2} = 0$
M_3: $U_3 + U_5 - U_4 = 0$

Fünfter Schritt
Einsetzen der Spannungsabfälle an den Widerständen

M_1: $R_1 \cdot I_1 + R_4 \cdot I_4 + R_6 \cdot I_6 - U_{q1} = 0$
M_2: $R_2 \cdot I_2 + R_5 \cdot I_5 + R_6 \cdot I_6 - U_{q2} = 0$
M_3: $R_3 \cdot I_3 + R_5 \cdot I_5 - R_4 \cdot I_4 = 0$

Sechster Schritt
Ausdrücken der Ströme in den Zweigen des Baumes durch die Ströme in den Verbindungszweigen

$$I_4 = I_1 - I_3; \quad I_5 = I_2 + I_3; \quad I_6 = I_1 + I_2$$

und Einsetzen in die Maschengleichungen

M_1: $R_1 \cdot I_1 + R_4 \cdot (I_1 - I_3) + R_6 \cdot (I_1 + I_2) - U_{q1} = 0$
M_2: $R_2 \cdot I_2 + R_5 \cdot (I_2 + I_3) + R_6 \cdot (I_1 + I_2) - U_{q2} = 0$
M_3: $R_3 \cdot I_3 + R_5 \cdot (I_2 + I_3) - R_4 \cdot (I_1 - I_3) = 0$

Siebter Schritt
Vereinfachen und Lösen des Gleichungssystems

M_1: $I_1 \cdot (R_1 + R_4 + R_6) + I_2 \cdot R_6 - I_3 \cdot R_4 - U_{q1} = 0$
M_2: $I_1 \cdot R_6 + I_2 \cdot (R_2 + R_5 + R_6) + I_3 \cdot R_5 - U_{q2} = 0$
M_3: $-I_1 \cdot R_4 + I_2 \cdot R_5 + I_3 (R_3 + R_4 + R_5) = 0$

Dies sind drei Gleichungen mit den drei Unbekannten I_1, I_2, I_3.

Wird dieses Gleichungssystem von Hand allgemein gelöst (ohne eingesetzte Zahlenwerte für die Widerstände und Spannungsquellen), so ist dies mit einem erheblichen Rechenaufwand verbunden. Es ergeben sich Ausdrücke für die Ströme mit einer Länge von ca. zwei Seiten DIN A4 Querformat. Die Wahrscheinlichkeit eines Rechenfehlers ist entsprechend groß.

Für das Beispiel werden deshalb folgende Zahlenwerte gewählt:

$R_1 = 100\,\Omega; \quad R_2 = 330\,\Omega; \quad R_3 = 470\,\Omega; \quad R_4 = 1\,\text{k}\Omega; \quad R_5 = 2{,}2\,\text{k}\Omega;$
$R_6 = 220\,\Omega; \quad U_{q1} = 5\,\text{V}; \quad U_{q2} = 10\,\text{V}$

8.7 Analyse von Netzwerken

Daraus folgt: $R_1 + R_4 + R_6 = 1320\,\Omega$; $R_2 + R_5 + R_6 = 2750\,\Omega$; $R_3 + R_4 + R_5 = 3670\,\Omega$
Die Maschengleichungen lauten jetzt:

M_1: $1320\,\Omega \cdot I_1 + 220\,\Omega \cdot I_2 - 1000\,\Omega \cdot I_3 - 5\,\text{V} = 0$
M_2: $220\,\Omega \cdot I_1 + 2750\,\Omega \cdot I_2 + 2200\,\Omega \cdot I_3 - 10\,\text{V} = 0$
M_3: $-1000\,\Omega \cdot I_1 + 2200\,\Omega \cdot I_2 + 3670\,\Omega \cdot I_3 = 0$

Auflösen von M_1 nach I_1 ergibt:

$$I_1 = \frac{-1}{6} \cdot I_2 + \frac{25}{33} \cdot I_3 + \frac{1}{264}\,\text{A}$$

Einsetzen von I_1 in M_2:

$$220\,\Omega \cdot \left(\frac{-1}{6} \cdot I_2 + \frac{25}{33} \cdot I_3 + \frac{1}{264}\,\text{A}\right) + 2750\,\Omega \cdot I_2 + 2200\,\Omega \cdot I_3 - 10\,\text{V} = 0$$

Vereinfachen:

$$\frac{8140}{3}\,\Omega \cdot I_2 + \frac{7100}{3}\,\Omega \cdot I_3 - \frac{55}{6}\,\text{V} = 0$$

Auflösen nach I_2:

$$I_2 = \frac{-355}{407} \cdot I_3 + \frac{1}{296}\,\text{A}$$

Einsetzen von I_1 in M_3:

$$-1000\,\Omega \cdot \left(\frac{-1}{6} \cdot I_2 + \frac{25}{33} \cdot I_3 + \frac{1}{264}\,\text{A}\right) + 2200\,\Omega \cdot I_2 + 3670\,\Omega \cdot I_3 = 0$$

Einsetzen von I_2, dann ist nur noch I_3 als Unbekannte in der Gleichung:

$$-1000\,\Omega \cdot \left[\frac{-1}{6} \cdot \left(\frac{-355}{407} \cdot I_3 + \frac{1}{296}\,\text{A}\right) + \frac{25}{33} \cdot I_3 + \frac{1}{264}\,\text{A}\right]$$
$$+ 2200\,\Omega \cdot \left(\frac{-355}{407} \cdot I_3 + \frac{1}{296}\,\text{A}\right) + 3670\,\Omega \cdot I_3 = 0$$

Auflösen nach I_3:

$$I_3 = \frac{-685}{138.076}\,\text{A}; \quad \underline{\underline{I_3 = -4{,}961 \cdot 10^{-3}\,\text{A}}}$$

I_3 einsetzen in I_2:

$$I_2 = \frac{-355}{407} \cdot I_3 + \frac{1}{296}\,\text{A} = \frac{23.407}{3.037.672}\,\text{A}; \quad \underline{\underline{I_2 = 7{,}706 \cdot 10^{-3}\,\text{A}}}$$

I_2 und I_3 einsetzen in I_1:

$$I_1 = \frac{-1}{6} \cdot (7{,}706 \cdot 10^{-3}\,\text{A}) + \frac{25}{33} \cdot (-4{,}961 \cdot 10^{-3}\,\text{A}) + \frac{1}{264}\,\text{A}; \quad \underline{\underline{I_1 = -1{,}255 \cdot 10^{-3}\,\text{A}}}$$

Die Richtungen der Ströme wurden beim Einzeichnen in das Schaltbild willkürlich gewählt.

Aus den negativen Vorzeichen von I_1 und I_3 ist ersichtlich, dass diese Ströme in Wirklichkeit entgegen der in das Schaltbild eingezeichneten Richtung fließen.

Die restlichen Ströme I_4, I_5, I_6 sind jetzt leicht zu berechnen.

In Schritt sechs war: $I_4 = I_1 - I_3$; $I_5 = I_2 + I_3$; $I_6 = I_1 + I_2$.

Daraus folgt unmittelbar:

$$\underline{\underline{I_4 = 3{,}706 \cdot 10^{-3}\,\text{A}}}; \quad \underline{\underline{I_5 = 2{,}745 \cdot 10^{-3}\,\text{A}}}; \quad \underline{\underline{I_6 = 6{,}451 \cdot 10^{-3}\,\text{A}}}.$$

Nachdem jetzt alle Zweigströme bekannt sind, lassen sich auch die Zweigspannungen nach dem ohmschen Gesetz leicht berechnen.

Es ist z. B.: $U_1 = R_1 \cdot I_1 = 100\,\Omega \cdot (-1{,}255\,\text{mA}) = -0{,}1255\,\text{V} = -125{,}5\,\text{mV}$.

Die Spannung U_1 ist in Wirklichkeit der Richtung im Schaltbild entgegengesetzt, welche willkürlich eingetragen wurde. Dies folgt auch aus dem negativen Vorzeichen von I_1 (Flussrichtung dieses Stromes von rechts nach links durch R_1) in Verbindung mit dem Verbraucher-Zählpfeil-System. Durch das negative Vorzeichen von I_3 muss auch der Spannungspfeil von U_3 gegenüber der willkürlich eingezeichneten Richtung umgedreht werden.

Durch das negative Vorzeichen von I_1 ergibt sich mit dem Spannungspfeil von U_{q1}, dass Strom- und Spannungsrichtung bei der Quelle U_{q1} gleich gerichtet sind. Dies entspricht nicht dem Erzeuger-Zählpfeil-System, bei dem Strom- und Spannungspfeil entgegengesetzt gerichtet sind. In die Quelle U_{q1} wird durch die Quelle U_{q2} ein Strom eingespeist, die Quelle U_{q1} wirkt wie ein Verbraucher.

Auf die gleiche Art wie die Spannung U_1 lassen sich die restlichen Zweigspannungen mit dem ohmschen Gesetz berechnen.

Wie man beim Lösen des Systems der Maschengleichungen gesehen hat, ist die Rechenarbeit von Hand sehr mühevoll, selbst wenn Zahlenwerte eingesetzt werden. Sind für ein kompliziertes Netzwerk viele unbekannte Ströme und Spannungen zu bestimmen, so ist dies von Hand schwer zu bewältigen.

Mit einem PC kann man sich unter Anwendung geeigneter *Mathematikprogramme* die Rechenarbeit wesentlich erleichtern. Möglichkeiten hierzu bieten z. B. die Programme „Mathcad" oder „Maple".

Sind die Maschengleichungen (siebter Schritt) aufgestellt, so können die unbekannten Größen mit Mathcad oder Maple in kurzer Zeit berechnet werden. Mit diesen Programmen ist es sogar möglich, die Maschengleichungen nach den gesuchten Strömen allgemein aufzulösen (ohne eingesetzte Zahlenwerte). Bei dem Netzwerk aus unserem Beispiel dauert auch dies am PC nur Bruchteile von Sekunden.

Eine andere Möglichkeit zur Netzwerkanalyse bieten spezielle *Simulationsprogramme*, auf die hier nur kurz hingewiesen wird. Mit ihnen kann das Schaltbild eines elektrischen Netzwerkes am PC gezeichnet und das Netzwerk simuliert werden. Für die Simulation müssen keine Maschen- oder Knotengleichungen aufgestellt werden. Als Ergebnis

8.7 Analyse von Netzwerken

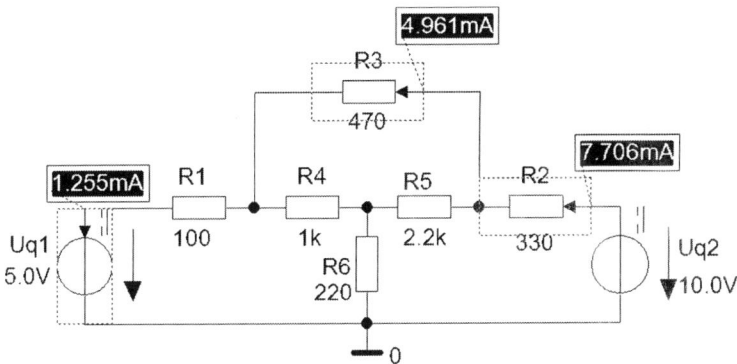

Abb. 8.32 Simulation eines Netzwerkes mit PSpice ($k = k\Omega$, Dezimalpunkt statt Komma). Die Richtungen der drei Ströme kennzeichnen *Pfeile*, ihre Werte werden angezeigt

der Simulation erhält man die unbekannten Größen. Sind die speisenden Quellen keine Gleichspannungen, sondern zeitabhängig, so erhält man als Ergebnis am Bildschirm auch den zeitlichen Verlauf der Ausgangsgrößen wie bei einem Oszilloskop. Wird ein Bauteilwert geändert, so kann nach einer erneuten Simulation, die meist weniger als eine Sekunde dauert, der Einfluss auf die Ausgangsgrößen sofort beurteilt werden.

Mit dem Programm „PSpice" wurde obiges Beispiel zur Maschenanalyse simuliert. Wird die Anzeige von Strömen im Programm aktiviert, so erhält man als Ergebnis das Schaltbild in Abb. 8.32.

Nach der Simulation können die Werte der gesuchten Ströme und ihre Richtungen sofort am Bildschirm abgelesen werden. Amperemeter können beim Zeichnen eines Netzwerkes in einen beliebigen Zweig gelegt werden. Auch Voltmeter lassen sich an beliebigen Knoten anschließen. Die Höhe der Spannungen (sowie deren zeitlicher Verlauf) wird nach der Simulation am Bildschirm angezeigt. PSpice bietet noch wesentlich mehr Möglichkeiten zur Analyse eines Netzwerkes, auf die hier nicht eingegangen wird.

Ein weiteres Programm zur Simulation von Netzwerken ist „NI Multisim". Das Schaltbild unseres Beispiels zur Maschenanalyse mit einigen berechneten Strömen und Spannungen zeigt Abb. 8.33. Auch bei diesem Simulationsprogramm zur Netzwerkanalyse können Messgeräte (z. B. Generatoren, Multimeter, Frequenzzähler, Oszilloskop, Mess-Tastköpfe) an beliebigen Stellen im Schaltplan eingefügt und die Ergebnisse abgelesen werden.

Die bisher genannten Programme sind entweder kostenpflichtig oder als preiswertere Studentenversion mit eingeschränktem Funktionsumfang erhältlich. Deshalb hier ein Hinweis: Das Simulationsprogramm „LTspice" der Fa. Linear Technology kann als kostenlose Version im Internet heruntergeladen werden. Das Programm unterliegt hinsichtlich Größe der Schaltung und Simulationsmöglichkeiten keinerlei Einschränkungen. Nach kurzer Einarbeitungszeit bezüglich der Bedienung bietet dieses Programm eine ausgezeichnete Alternative, sich mit einem Programm zur Analyse von elektronischen Netzwerken vertraut zu machen und eigene Schaltungen zu entwerfen und zu testen.

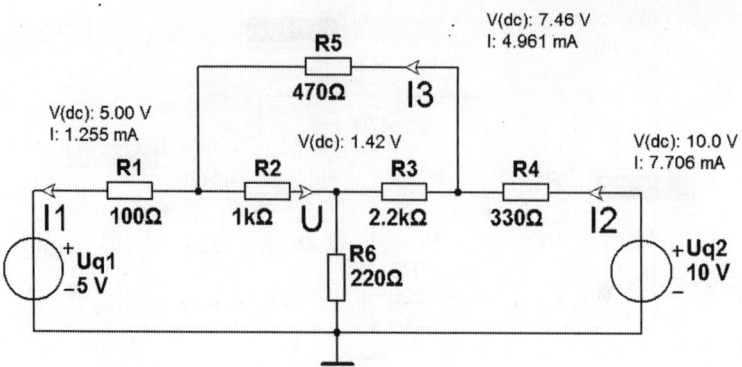

Abb. 8.33 Simulation des Beispiels zur Maschenanalyse mit NI Multisim

8.7.2 Die Knotenanalyse

Die Knotenanalyse wird auch Knotenpotenzial-Verfahren genannt.

In einem Netzwerk kann jedem Knotenpunkt ein **elektrisches Potenzial** zugeordnet werden. Unter dem Potenzial eines Knotenpunktes versteht man diejenige elektrische Spannung, die der betreffende Knotenpunkt gegenüber einem beliebig wählbaren Bezugspunkt hat. Als *Bezugspunkt* oder *Bezugsknoten* wird fast immer die *Masse* oder ein mit der *Erde* verbundener Punkt gewählt. Sein **Potenzial ist null** und gegen ihn werden alle Spannungen der übrigen Knoten, die *Knotenspannungen*, gemessen.

Sind alle Knotenspannungen eines Netzwerkes bekannt, so ist die gesamte Strom- bzw. Spannungsverteilung des Netzwerkes festgelegt und es können alle übrigen Werte berechnet werden. Würde man nämlich alle Knoten mit dem Bezugsknoten kurzschließen, also alle Knotenspannungen zu null machen, so wäre das Netzwerk spannungsfrei. Somit können keine Spannungen im Netzwerk vorhanden sein, die von den Spannungen der Knotenpunkte gegenüber dem Bezugsknoten unabhängig sind.

Die Anwendung der Knotenanalyse ist besonders dann zweckmäßig, wenn das Netzwerk aus Stromquellen gespeist wird. In den Ersatzschaltbildern von verstärkenden Elementen (z. B. Transistoren) werden in der Regel (gesteuerte) Stromquellen angegeben. Die Knotenanalyse ist daher für die Analyse von Verstärkerschaltungen von Bedeutung.

Entgegen der Maschenanalyse ist bei der Knotenanalyse das Zeichnen des Graphen des Netzwerkes und die Wahl eines Baumes *nicht* erforderlich.

Gegeben sei ein aus Strom- oder Spannungsquellen gespeistes Netzwerk mit k Knoten.

Die Größen der Quellen und der Widerstände im Netzwerk werden als bekannt vorausgesetzt.

Gesucht sind die gegenüber einem willkürlich gewählten Bezugsknoten positiv orientierten Knotenpunktspannungen und die Zweigströme.

8.7 Analyse von Netzwerken

Abb. 8.34 Beispiel zum Aufstellen der Knotenpunktgleichungen

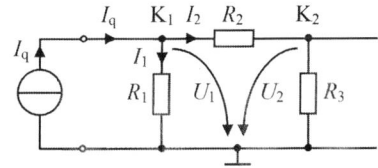

Erster Schritt

Man wählt einen beliebigen Bezugsknoten.

Der Massepunkt, dem gegenüber alle Spannungen in der Schaltung gemessen werden, bietet sich als Bezugsknoten an.

Zweiter Schritt

Von jedem der übrigen Knoten wird gegenüber dem Bezugsknoten eine Knotenspannung eingeführt. Im Schaltbild wird somit jeder übrige Knoten mit einer Spannung U_i ($i = 1 \ldots k - 1$) bezeichnet.

Dritter Schritt

Für ein Netzwerk mit k Knoten sind $k - 1$ Gleichungen aufzustellen.

Dazu werden für jeden Knoten die Knotenpunktgleichungen niedergeschrieben (Knotenregel). Die hierzu benötigten Ströme werden durch die Knotenspannungen ausgedrückt.

Ein Beispiel zum Erstellen der Knotenpunktgleichungen zeigt Abb. 8.34.

Für Knoten K_1 ergibt sich die Gleichung: $I_q - I_1 - I_2 = 0$ oder $I_1 + I_2 - I_q = 0$. Mit $I_1 = \frac{U_1}{R_1}$ und $I_2 = \frac{U_1 - U_2}{R_2}$ folgt für Knoten K_1:

$$U_1 \cdot \left(\frac{1}{R_1} + \frac{1}{R_2} \right) - U_2 \cdot \frac{1}{R_2} - I_q = 0.$$

Werden zur kürzeren Schreibweise die Widerstände durch ihre Leitwerte ausgedrückt, so ergibt sich für Knoten K_1: $U_1 \cdot (G_1 + G_2) - U_2 \cdot G_2 - I_q = 0$

Vierter Schritt

Die gesuchten Knotenspannungen in den Gleichungen werden isoliert. Sie treten dann in den Gleichungen als Faktoren auf.

Das Gleichungssystem mit $k - 1$ Gleichungen und $k - 1$ Unbekannten (den gesuchten Knotenspannungen) wird gelöst.

Auf diese Weise werden die unbekannten Spannungen der Knoten bestimmt. Ist der Strom durch einen Verbindungszweig gesucht, so kann dieser anschließend einfach nach dem ohmschen Gesetz berechnet werden. Vorher ist die Spannung zwischen den Knoten des Zweiges durch Subtraktion der Knotenspannungen zu bestimmen.

Abb. 8.35 Gegebenes Netzwerk zur Untersuchung mit der Knotenanalyse

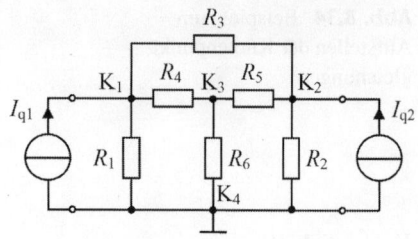

Beispiel zur Knotenanalyse

Gegeben ist das bereits aus der Maschenanalyse bekannte Netzwerk von Abb. 8.29. Die Spannungsquellen wurden in Stromquellen umgewandelt. Wir erhalten das Netzwerk in Abb. 8.35. Gesucht sind die Knotenspannungen gegen einen zu wählenden Bezugspunkt.

Erster Schritt

Als Bezugsknoten wird Knoten K_4 gewählt (im Schaltbild Abb. 8.35 als Masse eingezeichnet).

Zweiter Schritt

Den übrigen Knoten wird eine Knotenspannung zugeordnet. Im Schaltbild Abb. 8.35 ist dies durch K_1, K_2 und K_3 symbolisiert, also durch einfaches Durchnummerieren der Knoten in beliebiger Reihenfolge.

Dritter Schritt

Aufstellen der Knotengleichungen

Knoten K_1: $U_1 \cdot G_1 + (U_1 - U_3) \cdot G_4 + (U_1 - U_2) \cdot G_3 - I_{q1} = 0$
Knoten K_2: $U_2 \cdot G_2 + (U_2 - U_3) \cdot G_5 + (U_2 - U_1) \cdot G_3 - I_{q2} = 0$
Knoten K_3: $(U_1 - U_3) \cdot G_4 + (U_2 - U_3) \cdot G_5 + U_3 \cdot G_6 = 0$

Vierter Schritt

Isolieren der Knotenspannungen und Lösen des Gleichungssystems

Knoten K_1: $U_1 \cdot (G_1 + G_3 + G_4) - U_2 \cdot G_3 - U_3 \cdot G_4 - I_{q1} = 0$
Knoten K_2: $-U_1 \cdot G_3 + U_2 \cdot (G_2 + G_3 + G_5) - U_3 \cdot G_5 - I_{q2} = 0$
Knoten K_3: $U_1 \cdot G_4 + U_2 \cdot G_5 - U_3 \cdot (G_4 + G_5 + G_6) = 0$

Dies sind drei Gleichungen mit den drei Unbekannten U_1, U_2, U_3.

Die allgemeine Lösung des Gleichungssystems ohne eingesetzte Zahlenwerte ergibt sehr lange Ausdrücke für die gesuchten Knotenspannungen.

Für das Beispiel werden deshalb wieder die Zahlenwerte wie bei der Maschenanalyse gewählt:

$$R_1 = 100\,\Omega; \quad R_2 = 330\,\Omega; \quad R_3 = 470\,\Omega; \quad R_4 = 1\,\text{k}\Omega;$$
$$R_5 = 2{,}2\,\text{k}\Omega; \quad R_6 = 220\,\Omega$$

8.7 Analyse von Netzwerken

Bei der Maschenanalyse war: $U_{q1} = 5\,\text{V}$; $U_{q2} = 10\,\text{V}$.

Für I_{q1} ergibt sich $I_{q1} = \frac{U_{q1}}{R_1} = 50\,\text{mA}$ und für I_{q2} erhält man $I_{q2} = \frac{U_{q2}}{R_2} = 30{,}303\,\text{mA}$.
Wird das Gleichungssystem mit den Zahlenwerten gelöst, so erhält man:

$$\underline{U_1 = 5{,}125.47\,\text{V}}, \quad \underline{U_2 = 7{,}457.16\,\text{V}}, \quad \underline{U_3 = 1{,}419.18\,\text{V}}.$$

Die Knotenspannungen sind jetzt berechnet und es können alle anderen Zweigspannungen und Zweigströme bestimmt werden.

Für den Strom durch R_3 ergibt sich z. B.: $I_3 = \frac{U_2 - U_1}{R_3} = \underline{4{,}961\,\text{mA}}$. Dies ist der gleiche Wert wie bei der Maschenanalyse.

Ob zur Analyse eines Netzwerkes die Maschen- oder die Knotenanalyse verwendet wird, kann willkürlich entschieden werden. Zweckmäßig ist jedoch die *Knotenanalyse*, wenn das Netzwerk relativ *wenig Knoten* bei *vergleichsweise vielen Maschen* hat. Für die Analyse benötigt man dann nur eine geringe Anzahl von Gleichungen und der Rechenaufwand kann klein gehalten werden.

8.7.3 Der Überlagerungssatz

In einem Netzwerk mit mehreren (mindestens zwei) Quellen können Zweigströme oder Zweigspannungen bestimmt werden, indem nacheinander **alle Quellen außer einer zu null** gesetzt werden.

Wird eine ideale Spannungsquelle zu null gesetzt (deaktiviert), so ist sie durch einen Kurzschluss zu ersetzen.
Wird eine ideale Stromquelle zu null gesetzt (deaktiviert), so ist sie durch einen Leerlauf zu ersetzen (aus dem Netzwerk zu entfernen).

Es dürfen nur ideale Quellen zu null gesetzt werden. Die zu realen Quellen gehörenden Innenwiderstände bleiben im passiven Netzwerk bei Anwendung des Überlagerungssatzes unverändert bestehen.

Nach der Berechnung jedes Wirkanteils einer Quelle werden die **Anteile summiert**, man erhält dadurch die gesamte Zweigspannung oder den gesamten Zweigstrom, wenn alle Quellen wirken.

Nach diesem *Superpositionsprinzip* kann man sich häufig das Anschreiben der Kirchhoff'schen Gleichungen sparen und erhält das Ergebnis durch einfache Addition der Wirkanteile. Der Rechenaufwand wird allerdings umso größer, je mehr Quellen im Netzwerk vorhanden sind.

Von Vorteil ist der Überlagerungssatz, wenn nur wenige Größen zu bestimmen sind und wenn sich durch das Deaktivieren von Quellen einfache Netzwerkstrukturen wie z. B. Reihen- oder Parallelschaltungen ergeben, die leicht zusammengefasst werden können.

Abb. 8.36 Gegebenes Netzwerk zur Untersuchung mit dem Überlagerungssatz

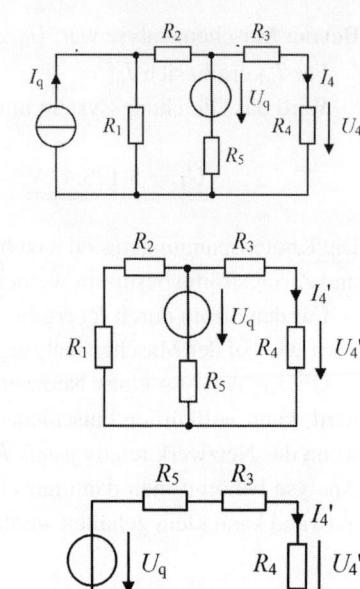

Abb. 8.37 Netzwerk von Abb. 8.36 mit deaktivierter Stromquelle

Abb. 8.38 Vereinfachtes Netzwerk von Abb. 8.37

Beispiel zum Überlagerungssatz

Gegeben ist das Netzwerk in Abb. 8.36. Gesucht sind die Spannung U_4 und der Strom I_4.

Der Widerstand R_1 kann als Innenwiderstand der Stromquelle und der Widerstand R_5 als Innenwiderstand der Spannungsquelle angesehen werden. Zuerst wird die Stromquelle I_q zu null gesetzt und die Wirkung der Spannungsquelle U_q berechnet. Das Netzwerk von Abb. 8.36 mit deaktivierter (herausgenommener) Stromquelle zeigt Abb. 8.37. Um darin die Größen U_4' und I_4' zu berechnen, kann das Netzwerk noch einmal umgeformt und vereinfacht werden. Es braucht nur die Schaltung nach Abb. 8.38 betrachtet zu werden.

Nach der Spannungsteiler-Formel erhält man $U_4' = U_q \cdot \frac{R_4}{R_3 + R_4 + R_5}$.

$$I_4' = \frac{U_4'}{R_4} = U_q \cdot \frac{1}{R_3 + R_4 + R_5}$$

Jetzt wird die Spannungsquelle zu null gesetzt und die Wirkung der Stromquelle berechnet.

Das Schaltbild von Abb. 8.36 mit deaktivierter (kurzgeschlossener) Spannungsquelle zeigt Abb. 8.39. Die darin enthaltene Stromquelle wird in eine Spannungsquelle umgewandelt (Abb. 8.40).

8.7 Analyse von Netzwerken

Abb. 8.39 Netzwerk von Abb. 8.36 mit deaktivierter Spannungsquelle

Abb. 8.40 Schaltbild nach Umwandlung der Stromquelle in Abb. 8.39 in eine Spannungsquelle

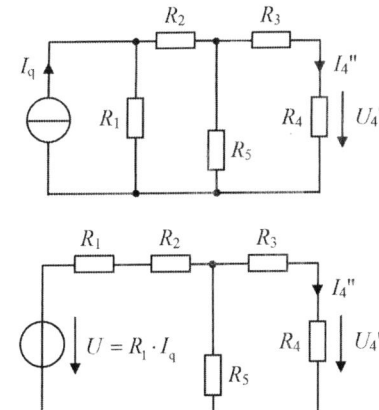

Nach der Spannungsteiler-Formel ist die Spannung an R_5:

$$U_5 = R_1 \cdot I_q \cdot \frac{\frac{(R_3+R_4)\cdot R_5}{R_3+R_4+R_5}}{R_1 + R_2 + \frac{(R_3+R_4)\cdot R_5}{R_3+R_4+R_5}};$$

$$U_5 = R_1 \cdot I_q \cdot \frac{(R_3 + R_4) \cdot R_5}{(R_1 + R_2)\cdot(R_3 + R_4 + R_5) + (R_3 + R_4)\cdot R_5}$$

Die Spannung U_5 liegt auch an der Reihenschaltung von R_3, R_4.

$$U_4'' = R_1 \cdot I_q \cdot \frac{(R_3 + R_4)\cdot R_5}{(R_1 + R_2)\cdot(R_3 + R_4 + R_5) + (R_3 + R_4)\cdot R_5} \cdot \frac{R_4}{R_3 + R_4}$$

$$I_4'' = \frac{U_4''}{R_4} = R_1 \cdot I_q \cdot \frac{(R_3 + R_4)\cdot R_5}{(R_1 + R_2)\cdot(R_3 + R_4 + R_5) + (R_3 + R_4)\cdot R_5} \cdot \frac{1}{R_3 + R_4}$$

Die Teilergebnisse werden jetzt addiert.

$$U_4 = U_4' + U_4'' = U_q \cdot \frac{R_4}{R_3 + R_4 + R_5}$$
$$+ R_1 \cdot I_q \cdot \frac{(R_3 + R_4)\cdot R_5}{(R_1 + R_2)\cdot(R_3 + R_4 + R_5) + (R_3 + R_4)\cdot R_5} \cdot \frac{R_4}{R_3 + R_4}$$

$$I_4 = I_4' + I_4'' = U_q \cdot \frac{1}{R_3 + R_4 + R_5}$$
$$+ R_1 \cdot I_q \cdot \frac{(R_3 + R_4)\cdot R_5}{(R_1 + R_2)\cdot(R_3 + R_4 + R_5) + (R_3 + R_4)\cdot R_5} \cdot \frac{1}{R_3 + R_4}$$

Für ein Zahlenbeispiel mit $R_1 = 20\,\text{k}\Omega$, $R_2 = 100\,\Omega$, $R_3 = 330\,\Omega$, $R_4 = 1\,\text{k}\Omega$, $R_5 = 10\,\Omega$, $U_q = 10\,\text{V}$, $I_q = 100\,\text{mA}$ ergibt sich: $\underline{U_4 = 8{,}2\,\text{V}}$ und $\underline{I_4 = 8{,}2\,\text{mA}}$.

8.7.4 Der Satz von der Ersatzspannungsquelle

Soll ausschließlich der Strom in **einem** bestimmten Zweig eines Netzwerkes berechnet werden, so kann dies mit einer Ersatzspannungsquelle erfolgen. Man kann sich das gesamte übrige Netzwerk, das diesen Zweig umgibt, ersetzt denken durch eine Spannungsquelle mit Innenwiderstand.

Der **Widerstand**, durch den der **zu bestimmende Strom** fließt, wird als Lastwiderstand angesehen und zunächst **entfernt** (der Zweig wird aufgetrennt). Die **Leerlaufspannung der Ersatzspannungsquelle** ergibt sich als zu **berechnende Spannung** zwischen den **Anschlusspunkten des aufgetrennten Zweiges**. Das restliche Netzwerk wird anschließend auf einen einzigen Ersatzwiderstand reduziert. Dazu werden ideale Spannungsquellen im Netzwerk, die ja den Innenwiderstand null haben, durch einen Kurzschluss ersetzt und der **Widerstand zwischen den Anschlusspunkten des aufgetrennten Zweiges** bestimmt. Der Ersatzwiderstand ist dann der **Innenwiderstand der Ersatzspannungsquelle**. An die so ermittelte Spannungsquelle mit Innenwiderstand wird der Lastwiderstand angeschlossen. Der Strom kann jetzt leicht aus der Spannung, und der Reihenschaltung aus Innenwiderstand und Lastwiderstand berechnet werden.

Erster Schritt
Der Zweig mit dem zu bestimmenden Strom wird aufgetrennt.

Zweiter Schritt
Die Spannung zwischen den aufgetrennten Knotenpunkten wird berechnet. Sie wird einer idealen Spannungsquelle zugeordnet.

Dritter Schritt
Ideale Spannungsquellen des Netzwerkes werden kurzgeschlossen. Der Widerstand zwischen den aufgetrennten Knotenpunkten wird berechnet. Er wird als Innenwiderstand der in Schritt zwei ermittelten Spannungsquelle zugeordnet.

Vierter Schritt
An die in Schritt drei ermittelte Ersatzspannungsquelle wird der Widerstand des aufgetrennten Zweiges angeschlossen. Der Strom in dem unverzweigten Stromkreis wird berechnet.

Anmerkung Sowohl der Satz von der Ersatzspannungsquelle, als auch der Überlagerungssatz gelten nur bei einem *linearen* Netzwerk, bei dem sämtliche Widerstände und Quellenspannungen von den Stromstärken unabhängig sind.

Beispiel zur Ersatzspannungsquelle
Gegeben ist das Netzwerk in Abb. 8.41. Gesucht sind I_L und U_L.

Erster Schritt
Der Zweig mit dem zu bestimmenden Strom wird aufgetrennt (Abb. 8.42).

8.7 Analyse von Netzwerken

Abb. 8.41 Gegebenes Netzwerk zur Untersuchung mit dem Satz von der Ersatzspannungsquelle

Abb. 8.42 Netzwerk von Abb. 8.41 mit aufgetrenntem Zweig

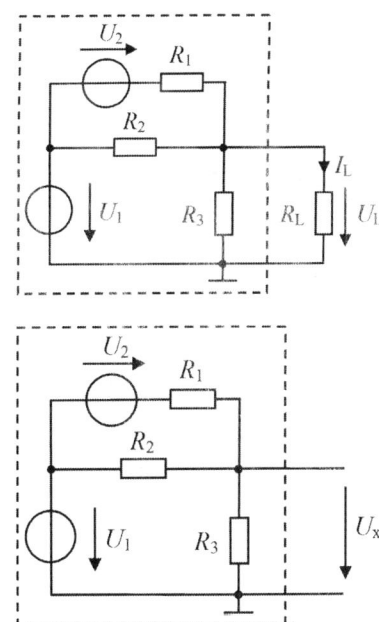

Zweiter Schritt

Die Spannung U_x an den aufgetrennten Klemmen wird bestimmt. Es wird der Überlagerungssatz angewandt.

Bei Kurzschluss von U_2 erhält man:

$$U_{1x} = U_1 \cdot \frac{R_3}{\frac{R_1 \cdot R_2}{R_1 + R_2} + R_3}$$

Bei Kurzschluss von U_1 erhält man:

$$U_{2x} = -U_2 \cdot \frac{\frac{R_2 \cdot R_3}{R_2 + R_3}}{R_1 + \frac{R_2 \cdot R_3}{R_2 + R_3}} = -U_2 \cdot \frac{R_2 \cdot R_3}{R_1 \cdot (R_2 + R_3) + R_2 \cdot R_3}$$

$$U_x = U_{1x} + U_{2x} = U_1 \cdot \frac{R_3}{\frac{R_1 \cdot R_2}{R_1 + R_2} + R_3} - U_2 \cdot \frac{R_2 \cdot R_3}{R_1 \cdot (R_2 + R_3) + R_2 \cdot R_3}$$

Dritter Schritt

Kurzschließen der Spannungsquellen (ergibt Abb. 8.43), Ermittlung des Widerstandes zwischen den Punkten des aufgetrennten Zweiges.

$$\frac{1}{R_x} = \frac{1}{R_1} + \frac{1}{R_2} + \frac{1}{R_3}; \quad R_x = \frac{R_1 \cdot R_2 \cdot R_3}{R_2 \cdot R_3 + R_1 \cdot R_3 + R_1 \cdot R_2}$$

R_x ist der Innenwiderstand der Ersatzspannungsquelle.

Abb. 8.43 Netzwerk von Abb. 8.41 mit kurzgeschlossenen Spannungsquellen

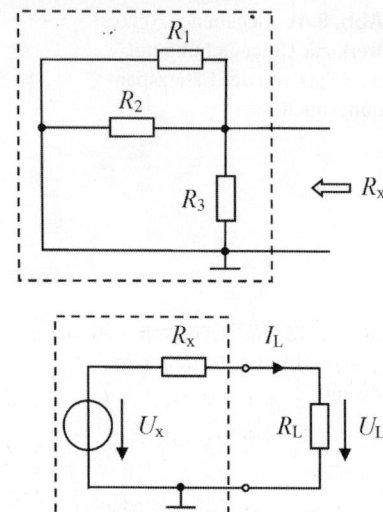

Abb. 8.44 Ersatzspannungsquelle mit Widerstand des aufgetrennten Zweiges

Vierter Schritt

An die Ersatzspannungsquelle wird der Widerstand des aufgetrennten Zweiges angeschlossen (Abb. 8.44) und der Strom I_L sowie die Spannung U_L berechnet.

$$I_L = \frac{U_x}{R_x + R_L} = \frac{U_1 \cdot \frac{R_3}{\frac{R_1 \cdot R_2}{R_1 + R_2} + R_3} - U_2 \cdot \frac{R_2 \cdot R_3}{R_1 \cdot (R_2 + R_3) + R_2 \cdot R_3}}{\frac{R_1 \cdot R_2 \cdot R_3}{R_2 \cdot R_3 + R_1 \cdot R_3 + R_1 \cdot R_2} + R_L}$$

$$I_L = \frac{U_1 \cdot R_3 \cdot (R_1 + R_2) - U_2 \cdot R_2 \cdot R_3}{R_1 \cdot R_2 \cdot R_3 + R_L \cdot (R_2 \cdot R_3 + R_1 \cdot R_3 + R_1 \cdot R_2)}; \quad U_L = R_L \cdot I_L$$

Für ein Zahlenbeispiel mit $R_1 = 10\,\Omega$, $R_2 = 22\,\Omega$, $R_3 = 330\,\Omega$, $R_L = 470\,\Omega$, $U_1 = 10\,\text{V}$, $U_2 = 5\,\text{V}$ erhält man: $\underline{I_L = 13{,}48\,\text{mA}}$ und $\underline{U_L = 6{,}33\,\text{V}}$.

Aufgabe 8.12

Gegeben ist das Netzwerk in Abb. 8.45 mit zwei Spannungsquellen.
Folgende Werte sind gegeben:

$$U_{q1} = 12\,\text{V}, \quad U_{q2} = 24\,\text{V}, \quad R_1 = 100\,\Omega, \quad R_2 = 47\,\Omega, \quad R_3 = 22\,\Omega$$

Gesucht sind die Ströme durch die Widerstände und die Spannungsabfälle an den Widerständen.

Die Berechnung ist jeweils mittels Maschenanalyse, Knotenanalyse, Überlagerungssatz und dem Satz von der Ersatzspannungsquelle durchzuführen.

Abb. 8.45 Netzwerk mit zwei Spannungsquellen

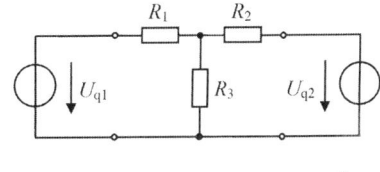

Abb. 8.46 Graph mit Baum

Lösung

a) Maschenanalyse

Es wird der Graph mit dem Baum gezeichnet (Abb. 8.46).
 Im Schaltbild erfolgt eine Orientierung der Spannungen, Ströme und Maschen (Abb. 8.47).
 Die Maschengleichungen werden aufgestellt.

M_1: $U_1 + U_3 - U_{q1} = 0 \Rightarrow I_1 \cdot R_1 + I_3 \cdot R_3 - U_{q1} = 0$
M_2: $U_2 + U_3 - U_{q2} = 0 \Rightarrow I_2 \cdot R_2 + I_3 \cdot R_3 - U_{q2} = 0$

Mit $I_3 = I_1 + I_2$ folgt:

M_1: $I_1 \cdot R_1 + (I_1 + I_2) \cdot R_3 - U_{q1} = 0 \Rightarrow I_1 \cdot (R_1 + R_3) + I_2 \cdot R_3 - U_{q1} = 0$
M_2: $I_2 \cdot R_2 + (I_1 + I_2) \cdot R_3 - U_{q2} = 0 \Rightarrow I_1 \cdot R_3 + I_2 \cdot (R_2 + R_3) - U_{q2} = 0$

Dies sind zwei Gleichungen mit den zwei unbekannten Strömen I_1 und I_2. Einsetzen der Zahlenwerte:

M_1: $I_1 \cdot 122\,\Omega + I_2 \cdot 22\,\Omega - 12\,\text{V} = 0$
M_2: $I_1 \cdot 22\,\Omega + I_2 \cdot 69\,\Omega - 24\,\text{V} = 0$

M_1 wird nach I_1 aufgelöst, das Ergebnis in M_2 eingesetzt.

$$I_1 = \frac{12\,\text{V} - I_2 \cdot 22\,\Omega}{122\,\Omega} \quad \text{in} \quad M_2: \quad \frac{12\,\text{V} - I_2 \cdot 22\,\Omega}{122\,\Omega} \cdot 22\,\Omega + I_2 \cdot 69\,\Omega - 24\,\text{V} = 0$$

Abb. 8.47 Schaltbild mit orientierten Spannungen, Strömen und Maschen

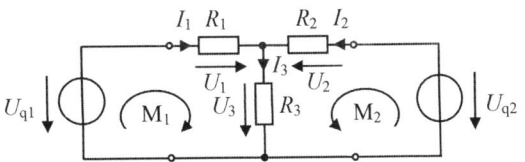

In dieser Gleichung kommt nur noch die Unbekannte I_2 vor, nach ihr wird aufgelöst.

$$-I_2 \cdot 22\,\Omega \cdot 22\,\Omega + I_2 \cdot 69\,\Omega \cdot 122\,\Omega = 24\,\text{V} \cdot 122\,\Omega - 12\,\text{V} \cdot 22\,\Omega$$

$$I_2 \cdot 7934\,\Omega^2 = 2664\,\text{V}\Omega; \quad \underline{\underline{I_2 = 0{,}335\,\text{A}}}$$

I_2 wird in I_1 eingesetzt: $I_1 = \frac{12\,\text{V} - 0{,}335\,\text{A} \cdot 22\,\Omega}{122\,\Omega}; \quad \underline{\underline{I_1 = 0{,}038\,\text{A}}}$

$$I_3 = I_1 + I_2; \quad \underline{\underline{I_3 = 0{,}373\,\text{A}}}$$

Die Spannungen U_1, U_2, U_3 ergeben sich nach dem ohmschen Gesetz.

$$U_1 = R_1 \cdot I_1 = \underline{\underline{3{,}8\,\text{V}}}; \quad U_2 = R_2 \cdot I_2 = \underline{\underline{15{,}7\,\text{V}}}; \quad U_3 = R_3 \cdot I_3 = \underline{\underline{8{,}2\,\text{V}}}$$

b) Knotenanalyse

Die Ströme werden eingezeichnet und die Knoten durchnummeriert (Abb. 8.48). Als Bezugsknoten wird K_2 gewählt. Zu berechnen ist die Spannung U_3 des Knoten K_1.

$$G_1 = \frac{1}{R_1} = 10^{-2}\,\text{S}; \quad G_2 = \frac{1}{R_2} = 2{,}127{.}66 \cdot 10^{-2}\,\text{S}; \quad G_3 = \frac{1}{R_3} = 4{,}545{.}45 \cdot 10^{-2}\,\text{S}$$

Knoten K_1: $I_1 + I_2 - I_3 = 0$

$$I_1 = \frac{U_{q1} - U_3}{R_1} = G_1 \cdot (U_{q1} - U_3); \quad I_2 = \frac{U_{q2} - U_3}{R_2} = G_2 \cdot (U_{q2} - U_3);$$

$$I_3 = \frac{U_3}{R_3} = G_3 \cdot U_3$$

Die Ströme eingesetzt in Knoten K_1:

$$G_1 \cdot (U_{q1} - U_3) + G_2 \cdot (U_{q2} - U_3) - G_3 \cdot U_3 = 0 \Rightarrow U_3 = \frac{G_1 \cdot U_{q1} + G_2 \cdot U_{q2}}{G_1 + G_2 + G_3}$$

Mit eingesetzten Zahlenwerten ergibt sich: $\underline{\underline{U_3 = 8{,}2\,\text{V}}}$

Mit der Spannung U_3 können jetzt die Spannungsabfälle an R_1 und R_2 und die Ströme I_1, I_2, I_3 berechnet werden, worauf hier verzichtet wird.

c) Überlagerungssatz

Zuerst wird die Spannungsquelle U_{q2} deaktiviert (Abb. 8.49).

8.7 Analyse von Netzwerken

Abb. 8.48 Netzwerk mit eingezeichneten Strömen und nummerierten Knoten

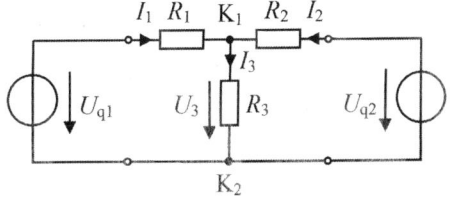

Abb. 8.49 U_{q2} wurde deaktiviert

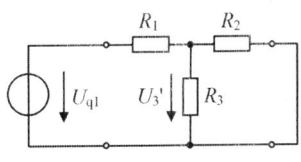

Abb. 8.50 U_{q1} wurde deaktiviert

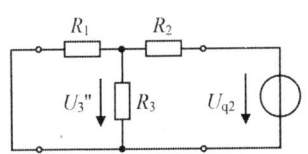

An U_3 hat U_{q1} folgenden Anteil: $U_3' = U_{q1} \cdot \dfrac{\frac{R_2 \cdot R_3}{R_2+R_3}}{R_1+\frac{R_2 \cdot R_3}{R_2+R_3}} = 1{,}56\,\text{V}$

Jetzt wird die Spannungsquelle U_{q1} deaktiviert (Abb. 8.50).

U_{q2} hat an U_3 den Anteil: $U_3'' = U_{q2} \cdot \dfrac{\frac{R_1 \cdot R_3}{R_1+R_3}}{R_2+\frac{R_1 \cdot R_3}{R_1+R_3}} = 6{,}65\,\text{V}$

$$U_3 = U_3' + U_3''; \quad \underline{U_3 = 8{,}2\,\text{V}}$$

Mit U_3 können alle anderen Spannungen und Ströme berechnet werden, worauf hier wieder verzichtet wird.

d) Satz von der Ersatzspannungsquelle

Der Zweig mit R_3 wird aufgetrennt und die Spannung U_x zwischen den aufgetrennten Punkten bestimmt (Abb. 8.51)

Zur Bestimmung von U_x wird der Überlagerungssatz angewandt.

$$U_x' = U_{q1} \cdot \frac{R_2}{R_1+R_2} = 3{,}8367\,\text{V}; \quad U_x'' = U_{q2} \cdot \frac{R_1}{R_1+R_2} = 16{,}3265\,\text{V}$$

$$U_x = U_x' + U_x'' = 20{,}1632\,\text{V}$$

Abb. 8.51 Der Zweig mit R_3 wurde aufgetrennt

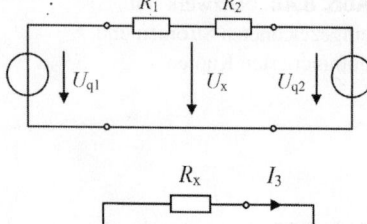

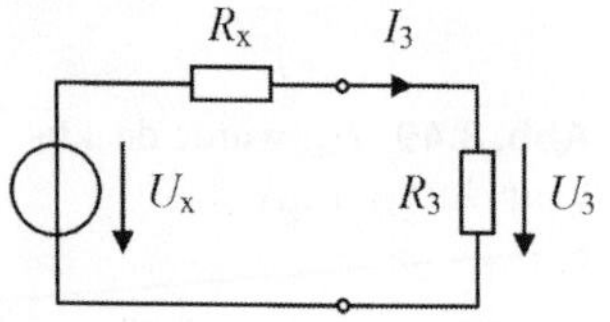

Abb. 8.52 Ersatzspannungsquelle

Der Widerstand R_x zwischen den aufgetrennten Punkten ist die Parallelschaltung von R_1 und R_2 und entspricht dem Innenwiderstand der Ersatzspannungsquelle in Abb. 8.52.

$$R_x = \frac{R_1 \cdot R_2}{R_1 + R_2} = 31{,}9727\,\Omega$$

R_3 wird an die Ersatzspannungsquelle angeschlossen und I_3 sowie U_3 bestimmt.

$$I_3 = \frac{U_x}{R_x + R_3}; \quad I_3 = 0{,}373\,\text{A}; \quad U_3 = I_3 \cdot R_3; \quad U_3 = 8{,}2\,\text{V}$$

Mit U_3 können alle anderen Spannungen und Ströme berechnet werden, worauf hier wieder verzichtet wird.

8.7.5 Bestimmung des Innenwiderstandes eines Netzwerkes

Jedes aktive lineare Netzwerk lässt sich bezüglich zweier beliebiger Klemmen durch eine Ersatzspannungs- oder Ersatzstromquelle nachbilden. Bezüglich der Klemmen verhalten sich beide Ersatzschaltungen genauso wie das ursprüngliche Netzwerk. Ob man eine Ersatzspannungs- oder Ersatzstromquelle verwendet, hängt von der jeweils vorliegenden Aufgabenstellung ab. Die Daten der Ersatzquellen können aus zwei der drei Größen **Leerlaufspannung**, **Kurzschlussstrom** und **Innenwiderstand** abgeleitet werden.

Der Innenwiderstand ist häufig am einfachsten zu bestimmen. **Von den Klemmen A und B aus schauen wir in das Netzwerk hinein und denken uns ideale Spannungsquellen kurzgeschlossen und ideale Stromquellen unterbrochen. Der Widerstand, den man dann sieht, ist der Innenwiderstand.**

Beispiel zur Bestimmung des Innenwiderstandes eines Netzwerkes zu dessen Darstellung als Ersatzspannungsquelle

Das Netzwerk links von den Klemmen A und B in Abb. 8.53 soll als Ersatzspannungsquelle dargestellt werden.

8.7 Analyse von Netzwerken

Abb. 8.53 In eine Ersatzspannungsquelle umzuwandelndes Netzwerk

Abb. 8.54 Die Spannungsquelle wurde in eine Stromquelle umgewandelt

Abb. 8.55 Schaltung nach Zusammenfassung der parallelen Stromquellen

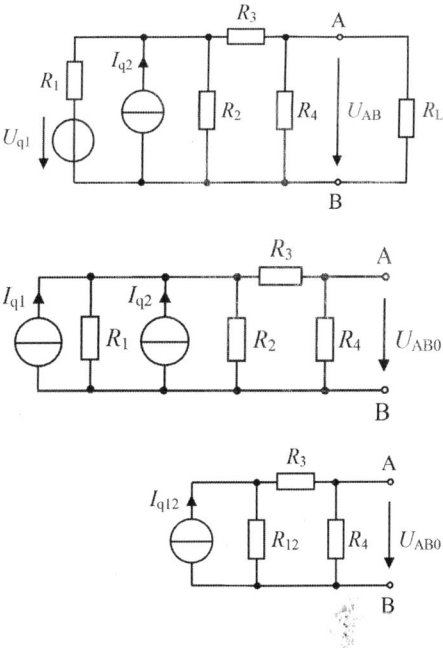

Gegeben: $U_{q1} = 10\,\text{V}$, $I_{q2} = 2\,\text{A}$, $R_1 = 2\,\Omega$, $R_2 = 0{,}5\,\Omega$, $R_3 = 3\,\Omega$, $R_4 = 6\,\Omega$, $R_L = 4\,\Omega$

Der Innenwiderstand R_i der Ersatzspannungsquelle mit den Klemmen A und B wird bestimmt, indem zunächst alle Spannungsquellen im Netzwerk kurzgeschlossen und alle Stromquellen aufgetrennt werden. Anschließend schaut man von den Klemmen A und B in das Netzwerk hinein und ermittelt den Widerstand, den man von dort aus sieht.

$$R_i = R_4 \parallel (R_1 \parallel R_2 + R_3); \quad R_i = R_4 \parallel \frac{R_1 R_2 + (R_1 + R_2) R_3}{R_1 + R_2};$$

$$R_i = 6\,\Omega \parallel 3{,}4\,\Omega; \quad \underline{R_i = 2{,}17\,\Omega}$$

Nun wird die Leerlaufspannung U_{AB0} bestimmt. Hierzu wird die Spannungsquelle U_{q1} in eine Stromquelle umgewandelt, R_L entfällt (Leerlauf). Man erhält das Netzwerk in Abb. 8.54.

Der Strom I_{q1} ist $I_{q1} = \frac{U_{q1}}{R_1} = 5\,\text{A}$.

Die beiden parallel liegenden Stromquellen werden zusammengefasst, es ergibt sich die Schaltung nach Abb. 8.55.

Es sind: $I_{q12} = I_{q1} + I_{q2} = 7\,\text{A}$; $R_{12} = \frac{R_1 \cdot R_2}{R_1 + R_2} = 0{,}4\,\Omega$.

Das Ergebnis wird wieder in eine Spannungsquelle umgewandelt (Abb. 8.56).

Es ist $U_{q12} = I_{q12} \cdot R_{12} = 2{,}8\,\text{V}$.

U_{AB0} ist nach der Spannungsteilerregel $U_{AB0} = U_{q12} \frac{R_4}{R_{12} + R_3 + R_4}$. $\underline{U_{AB0} = 1{,}79\,\text{V}}$

Es folgt die Darstellung des ursprünglichen Netzwerkes von Abb. 8.53 als Ersatzspannungsquelle (Abb. 8.57) mit $\underline{R_i = 2{,}17\,\Omega}$ und $\underline{U_{AB0} = 1{,}79\,\text{V}}$.

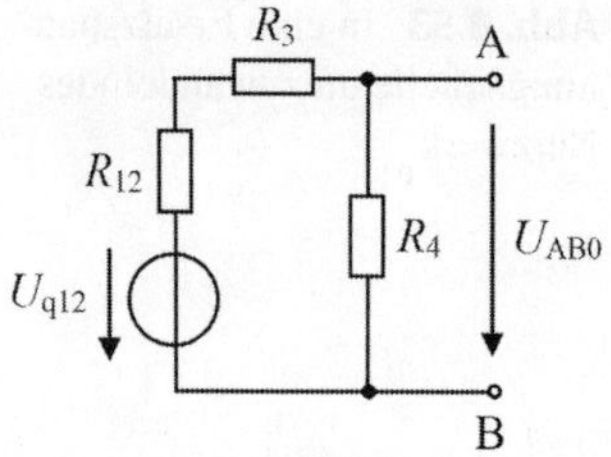

Abb. 8.56 Erneute Umwandlung in eine Spannungsquelle

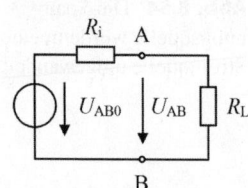

Abb. 8.57 Ursprüngliches Netzwerk von Abb. 8.53 als Ersatzspannungsquelle

8.8 Vierpole

Die Schaltung in Abb. 8.58 wird als **Brückenschaltung** bezeichnet.

Die Brückenschaltung hat zwei Klemmenpaare oder zwei „Tore". Eine solche Schaltung nennt man allgemein auch **Zweitor** oder **Vierpol**. Die allgemeine Darstellung eines Vierpols zeigt Abb. 8.59. Die Brückenschaltung ist ein Beispiel für einen einfachen Vierpol.

Bei einer Brückenschaltung wird an zwei gegenüberliegenden Eckpunkten eine Spannung eingespeist und an den beiden anderen Eckpunkten eine Spannung abgenommen oder gemessen.

Die Brückenschaltung wird hauptsächlich als **Messbrücke** zur sehr genauen Messung von Widerständen verwendet (Abb. 8.60).

Abb. 8.58 Brückenschaltung aus vier Widerständen

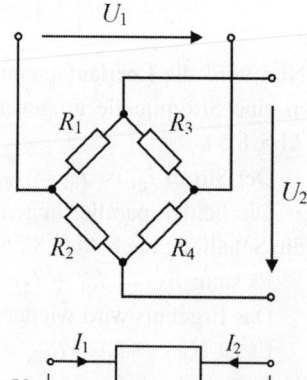

Abb. 8.59 Allgemeine Darstellung eines Vierpols

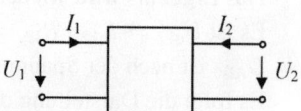

Abb. 8.60 Schaltung einer Messbrücke zur Messung von Widerständen

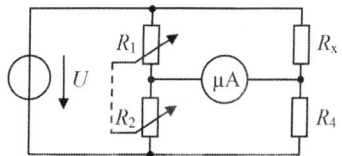

Die Messbrücke in Abb. 8.60 wird als Wheatstone'sche[2] Brücke bezeichnet. R_1 und R_2 bilden einen Spannungsteiler, ebenso der unbekannte Widerstand R_x und R_4. Ist die Ausgangsspannung beider Spannungsteiler gleich, so liegt zwischen ihren Mittelpunkten (an den Anschlüssen des Mikroamperemeters) keine Spannung. Man sagt, die Brücke ist **abgeglichen**, da im **Nullzweig** kein Strom fließt. Für den abgeglichenen Zustand der Brücke gilt (Abgleichbedingung der Wheatstone-Brücke):

$$\underline{\underline{\frac{R_1}{R_2} = \frac{R_x}{R_4}}} \qquad (8.31)$$

Der zu messende Widerstand R_x wird über Schraubklemmen mit der Messbrücke verbunden. R_1 und R_2 werden solange verändert, bis die Brücke abgeglichen ist und das Mikroamperemeter (ein Instrument mit Nullstellung in der Mitte der Skala) null anzeigt. Wird R_4 umschaltbar ausgeführt, so kann der Messbereich umgeschaltet werden. R_x kann bei entsprechender Ausführung der Anordnung direkt auf einer Skala abgelesen werden.

8.9 Zusammenfassung: Der verzweigte Gleichstromkreis

1. Erstes Kirchhoff'sches Gesetz (Knotenregel): Die Summe aller Ströme in einem Knoten ist null.
2. Zweites Kirchhoff'sches Gesetz (Maschenregel): Die Summe aller Spannungen in einer Masche ist null.
3. Der Gesamtwiderstand von n parallel geschalteten Widerständen ist:
$R_{ges} = \frac{1}{\frac{1}{R_1} + \frac{1}{R_2} + \ldots + \frac{1}{R_n}}$.
4. Stromteilerregel: Werden zwei parallel geschaltete Widerstände R_1 und R_2 von einem Strom I_{ges} durchflossen, so teilt sich der Strom auf.
Die Ströme sind: $I_1 = I_{ges} \cdot \frac{R_2}{R_1+R_2}$; $I_2 = I_{ges} \cdot \frac{R_1}{R_1+R_2}$
5. Für die Parallelschaltung von zwei Widerständen R_1 und R_2 gilt:
$R_{ges} = \frac{R_1 \cdot R_2}{R_1+R_2}$.
6. Für die Parallelschaltung von n Kondensatoren gilt: $C_{ges} = C_1 + C_2 + \ldots + C_n$.
7. Für die Parallelschaltung von n magnetisch nicht gekoppelten Spulen gilt:
$L_{ges} = \frac{1}{\frac{1}{L_1} + \frac{1}{L_2} + \ldots + \frac{1}{L_n}}$.

---

[2] Charles Wheatstone (1802–1875), engl. Physiker.

8. Für die Parallelschaltung von zwei magnetisch nicht gekoppelten Spulen gilt:
   $L_{ges} = \frac{L_1 \cdot L_2}{L_1 + L_2}$.
9. Werden Gleichspannungsquellen parallel geschaltet, so erhöht sich der entnehmbare Strom. Es besteht das Problem der Rückspeisung.
10. Durch die Parallelschaltung von Bauelementen können Ersatzwerte gewonnen werden.
11. Der Messbereich eines Amperemeters kann durch einen Shunt erweitert werden.
12. Berechnung des Parallelwiderstandes eines Amperemeters: $R_p = \frac{R_i \cdot I_{voll}}{I_{ges} - I_{voll}} = \frac{U_{voll}}{I_{ges} - I_{voll}}$
13. Vom unbelasteten Spannungsteiler ist der belastete Spannungsteiler zu unterscheiden.
14. Gemischte Schaltungen können durch Zusammenfassung von Bauelementen berechnet werden.
15. Eine Sternschaltung kann in eine Dreieckschaltung umgewandelt werden und umgekehrt.
16. Eine Spannungsquelle kann in eine Stromquelle umgewandelt werden und umgekehrt.
17. Bei einem Netzwerk gibt es einen Baum, Maschen, Zweige und Knoten. Ein Netzwerk kann durch einen Graphen dargestellt werden.
18. Ein Netzwerk kann mit der Maschenanalyse, der Knotenanalyse, durch den Überlagerungssatz oder mit dem Satz von der Ersatzspannungsquelle berechnet werden.

Wechselspannung und Wechselstrom 9

Zusammenfassung

Wechselgrößen werden durch ihre kennzeichnenden Parameter definiert und die verschiedenen Kennwerte betrachtet. Die Entstehung der Sinuskurve wird durch einen umlaufenden Zeiger erläutert und die Relevanz sinusförmiger Wechselgrößen betont. Es folgt die Berechnung von Effektivwert und Gleichrichtwert bei unterschiedlichen Kurvenformen der Zeitfunktionen. Die wichtigen Begriffe von Nullphasenwinkel und Phasenverschiebungswinkel werden im Zeitbereich vertieft. Eine Zeigerdarstellung von Sinusgrößen ergibt die Basis für Zeigerdiagramme. Das Ergebnis der Addition verschiedener Wechselspannungen zeigen entsprechende Kurven. Die Entwicklung von Fourierreihen, ein Beispiel zur Fourier-Analyse und die Erläuterung deren Bedeutung schließen diesen Abschnitt vertiefend ab.

9.1 Grundlegende Betrachtungen

In den Begriffen Gleichspannung und Gleichstrom bedeutet die Silbe „Gleich-", dass sich die Höhe von Spannung bzw. Strom im Verlauf der Zeit nicht ändert, sie stets gleich groß, also konstant bleibt.

Eine Gleichspannung hat eine gleichbleibende Höhe in Volt und ist somit als Funktion der Zeit konstant. Die Gleichspannung ist durch ihr positives oder negatives Vorzeichen gegenüber einem Bezugspunkt und durch ihren Spannungswert in Volt eindeutig definiert. Eine Gleichspannung bewirkt im geschlossenen Stromkreis einen (konstanten) Gleichstrom. Dieser fließt im äußeren Stromkreis nur in einer Richtung, definitionsgemäß vom Plus- zum Minuspol der Spannungsquelle (dies ist die technische Stromrichtung, die Bewegung der Elektronen erfolgt in entgegengesetzter Richtung).

Bildlich in einem Spannungs-Zeitdiagramm dargestellt ergibt die Gleichspannung eine gerade Linie bei einem bestimmten Wert im positiven oder negativen Bereich der Spannung (Abb. 9.1).

Abb. 9.1 Grafische Darstellung einer positiven und einer negativen Gleichspannung

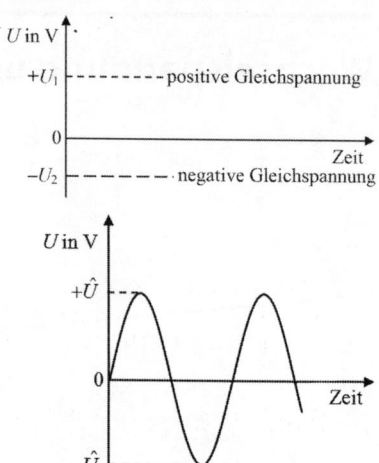

Abb. 9.2 Grafische Darstellung einer Wechselspannung (Sinusfunktion als Beispiel)

Ändert eine Spannung in bestimmten Zeitabständen ihre Richtung, so spricht man von Wechselspannung. Eine Wechselspannung wechselt immer wieder ihre Polarität, sie verläuft vom positiven in den negativen und wieder zurück in den positiven Spannungsbereich usw.; sie pendelt um die Nulllinie zwischen Plus und Minus hin und her. Abb. 9.2 zeigt als Beispiel das *Liniendiagramm* (auch *Zeitdiagramm* genannt) einer sinusförmigen Wechselspannung. *Bei Liniendiagrammen werden Größen kontinuierlich über die Zeit dargestellt.*

Die Höhe einer Wechselspannung ist von der Zeit abhängig. Eine Wechselspannung ist eine Funktion der Zeit und kann nicht nur durch Vorzeichen und Spannungshöhe definiert werden. Sie bewirkt im geschlossenen Stromkreis einen Wechselstrom, für dessen zeitlichen Verlauf sinngemäß dasselbe wie für die Wechselspannung gilt.

Bei Gleichstrom findet ein ständiger Elektronenfluss in nur einer Richtung statt. Bei Wechselstrom ändern die Elektronen entsprechend dem „wechselnden Druck" der Wechselspannungsquelle immer wieder ihre Bewegungsrichtung, sie pendeln in der Leitung hin und her. Dass mit Gleichstrom durch den Elektronenfluss in eine Richtung auch eine Weiterleitung von Energie verbunden ist, kann man sich noch vorstellen. Wie ist dies aber bei Wechselstrom, bei dem die Elektronen gar nicht richtig durch die Leitung fließen, sondern sich immer um einen Punkt in der Leitung hin und her bewegen?

Der Transport von Energie bei Wechselstrom kann durch den zentralen elastischen Stoß von Stahlkugeln veranschaulicht werden. Als Mobile gibt es eine Anordnung, bei der mehrere Stahlkugeln in einer Reihe und in gleicher Höhe an Fäden aufgehängt sind. Hebt man eine der äußeren Kugeln an und lässt sie los, so prallt sie auf die anderen und steht sofort still. Die entgegengesetzte äußere Kugel löst sich von der Reihe und bewegt sich allein ein Stück weiter, bis sie umkehrt und ihrerseits auf die Kugelreihe prallt. Jetzt läuft der gleiche Vorgang in anderer Richtung ab. Obwohl sich die inneren Kugeln der Reihe nicht bewegen, geben sie die Energie der äußeren aufprallenden Kugeln weiter. Ähnlich kann man sich das Hin- und Herpendeln der Elektronen und den damit verbundenen Energietransport in einer Leitung vorstellen, die von Wechselstrom durchflossen ist.

9.1 Grundlegende Betrachtungen

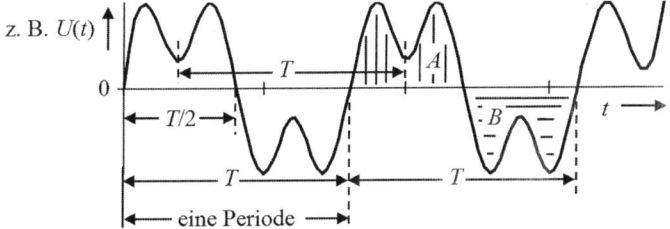

Abb. 9.3 Beispiel für einen nicht sinusförmigen, periodisch zeitabhängigen Verlauf

Nun noch einige allgemeine Worte zu Wechselgrößen. Bisher wurde in den Beispielen für Wechselspannung bzw. Wechselstrom eine sinusförmig verlaufende Funktion gezeigt. Die Sinusfunktion ist eine **periodische** Funktion. Bei einer periodischen Funktion tritt der in einem bestimmten Zeitpunkt vorhandene Funktionswert nach Ablauf einer bestimmten Zeit immer wieder auf. Der Funktionswert in einem bestimmten Zeitpunkt wird **Augenblickswert** oder **Momentanwert** genannt. Tritt nach Ablauf der **Periodendauer** „T" immer wieder der gleiche Momentanwert auf, so liegt eine periodisch zeitabhängige Funktion vor. Für sie gilt

$$f(t) = f(t + k \cdot T) \quad \text{mit} \quad k = 0, 1, 2, \ldots \tag{9.1}$$

Eine periodisch zeitabhängige Funktion kann auch einen nicht sinusförmigen Verlauf haben. Ein Beispiel ist in Abb. 9.3 dargestellt. Man kann eine Periode in Abb. 9.3 in eine Fläche A oberhalb und in eine Fläche B unterhalb der Zeitachse unterteilen. Sind beide Flächen gleich groß, so ist die dargestellte Größe eine Wechselgröße. Sind die Flächen nicht gleich groß, so kann die dargestellte Größe als Summe (als Überlagerung) eines Gleich- und eines Wechselanteils aufgefasst werden (Wechselgröße mit einem Offset, Mischgröße mit periodischem Verhalten und Gleichanteil). Zum Begriff „Offset" siehe auch Abschn. 3.3.5.3.

Zur Vertiefung

Kennwerte von Mischgrößen
Eine physikalische Größe wird als periodische Wechselgröße bezeichnet, wenn sie die Eigenschaft von Gl. 9.1 besitzt. In der Elektrotechnik ist der Begriff „Wechselgröße" mit einer zusätzlichen Einschränkung definiert. Eine elektrische Wechselgröße ist periodisch *und außerdem* ist ihr *arithmetischer Mittelwert null*. Dieser arithmetische Mittelwert wird auch als *linearer zeitlicher Mittelwert* bezeichnet. Umgangssprachlich ist dies der „Durchschnitt". Ein zeitlicher Mittelwert wird üblicherweise durch Überstreichen des jeweiligen Symbols gekennzeichnet. Der arithmetische Mittelwert $\overline{U}$ einer periodischen Spannung $U(t)$ oder $\overline{I}$ eines periodischen Stromes $I(t)$ heißt *Gleichanteil* oder *Gleichwert* (nicht zu verwechseln mit dem Gleich*richt*wert).

Der Gleichwert $\overline{U}$ (bzw. ebenso $\overline{I}$) kann nach Gl. 9.2 durch Integration der Zeitfunktion über eine Periode berechnet werden.

$$\overline{U} = \frac{1}{T} \cdot \int_0^T U(t)\, dt \qquad (9.2)$$

Liegt bei einer additiven Überlagerung einer Wechsel- und einer Gleichgröße

$$U_{\text{Misch}} = U_\sim + U_- \qquad (9.3)$$

eine so genannte *Mischgröße* bzw. *Mischspannung* U_{Misch} vor, so gibt der arithmetische Mittelwert den Gleichanteil der Mischgröße an.

Eine *Mischgröße* ist also nach Gl. 9.1 *periodisch*, aber ihr *Gleichanteil ist verschieden von null*:

$$\overline{U} \neq 0 \qquad (9.4)$$

Ein Mischsignal kann immer in eine Wechselgröße und in einen Gleichanteil zerlegt werden.

Bei einer rein sinusförmigen Wechselgröße ohne Gleichanteil ist der arithmetische Mittelwert gleich null. Z. B. sind die Flächen einer Sinusfunktion während einer Periode oberhalb und unterhalb der Abszisse gleich groß, positive und negative Funktionswerte heben sich bei der Addition zur Bildung des Mittelwertes gegenseitig auf.

Der arithmetische Mittelwert ist für zur Zeitachse symmetrische Wechselgrößen gleich null, für Gleichgrößen gleich dem Gleichwert und für Mischgrößen gleich dem positiven oder negativen Gleichanteil.

Bei Mischgrößen werden (bezogen auf eine Spannung) statt $\overline{U}$ auch die Formelzeichen U_-, $U_=$, U_{av} (av = average value) und U_{DC} (DC = direct current) benutzt.

Zur Kennzeichnung einer Mischgröße wird außer dem Gleichwert auch der *Effektivwert* verwendet, der in Abschn. 9.4.7 mit Gl. 9.29 definiert ist. Als weitere zwei Kenngrößen von Mischgrößen dienen der *Wechselanteil* und die *Welligkeit*.

Der Wechselanteil u (ebenso i) ist definiert als:

$$u = \sqrt{U^2 - (U_{\text{av}})^2} \qquad (9.5)$$

U = Effektivwert,
U_{av} = arithmetischer Mittelwert (Gleichwert, Gleichanteil).

Die Welligkeit ist definiert als Quotient aus Wechselanteil und Gleichanteil.

$$w = \frac{u}{U_{\text{av}}} = \frac{i}{I_{\text{av}}} \qquad (9.6)$$

Zusammenfassung

Für Mischgrößen gibt es vier Kenngrößen:

- Gleichwert (arithmetischer Mittelwert, Gleichanteil),
- Effektivwert,
- Wechselanteil,
- Welligkeit.

Ende Vertiefung

Eine Einteilung von Spannungen bzw. Strömen nach ihrem zeitlichen Verlauf ist nach folgendem Schema möglich.

1. **Gleichspannung, Gleichstrom**
   Symbol: „=" oder „−" oder „DC" als Index (**D**irect **C**urrent)
   Die Kennzeichnung erfolgt durch große Buchstaben: U bedeutet Gleichspannung.
   Achtung: In der Wechselstromtechnik kennzeichnet ein *großer Buchstabe als Formelzeichen einen Effektivwert!* Der Index „eff" wird nicht bzw. kaum verwendet.
2. **Sinusförmige Wechselspannungen und -ströme**
   Allgemein „AC" als Index (**A**lternating **C**urrent)
   Symbol: „∼" = technische Frequenz, „≈" = Tonfrequenz, „$\widetilde{\approx}$" = Hochfrequenz
   Der technische Frequenzbereich liegt bis zu einigen hundert, der Tonfrequenzbereich bis zu einigen tausend und der Hochfrequenzbereich ab einigen Millionen Schwingungen pro Sekunde.
   Die Kennzeichnung des Momentanwertes erfolgt durch die explizite Angabe der Zeitabhängigkeit, z. B. $U(t)$ für irgendeinen zeitlichen Verlauf oder durch kleine Buchstaben, wenn es sich um sinusförmige Größen handelt. Die harmonischen Schwingungen Sinus und Cosinus werden also immer durch $u(t)$ oder nur u für eine Wechselspannung bzw. $i(t)$ oder nur i für einen Wechselstrom angegeben.
3. **Nicht sinusförmige Spannungen und Ströme**
   3.1 Periodische nicht sinusförmige Spannungen und Ströme
   Hierzu gehört z. B. eine Rechteckspannung oder eine Sägezahnspannung. Als Symbol kann das jeweilige Zeichen des zeitlichen Verlaufs dienen. Die Signalform wird häufig durch den Namen des Signals beschrieben.
   Abb. 9.4 zeigt einige Beispiele für periodische, nicht sinusförmige Signale, die in der Praxis von Bedeutung sind.
   Bei einem periodischen Rechtecksignal kann die Einschaltzeit unterschiedlich zur Ausschaltzeit sein (Abb. 9.5). Ein solches Signal wird durch seinen *Tastgrad g* charakterisiert, der auch *Aussteuergrad* (duty cycle) genannt wird. Der Tastgrad gibt das Verhältnis der Impulsdauer (Einschaltzeit t_{ein}) zur Impulsperiodendauer T an, ist also eine Verhältniszahl mit einem Wert von 0 bis 1 bzw. 0 bis 100 %.
   Der arithmetische Mittelwert (Gleichanteil $\overline{U}$) einer Rechteckspannung kann durch

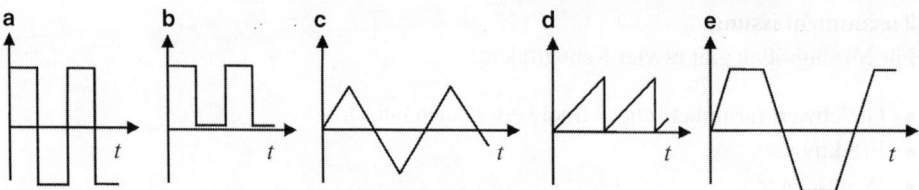

Abb. 9.4 **a** Rechtecksignal symmetrisch zu null; **b** Rechtecksignal; **c** Dreiecksignal; **d** Sägezahnsignal; **e** Trapezsignal symmetrisch zu null

Abb. 9.5 Periodisches Rechtecksignal mit Größen zur Definition von Tastgrad und Tastverhältnis

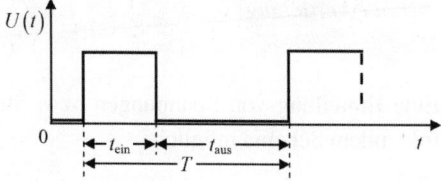

Variation des Tastgrades (entspricht einer Pulsweitenmodulation) geändert werden. Dies ist bei getakteten Stromversorgungen (Schaltnetzteilen) von Bedeutung. Das *Tastverhältnis V* ist in der Literatur unterschiedlich definiert, sowohl als Tastgrad, als auch als dessen Kehrwert oder auch als Verhältnis von Einzeit zu Auszeit.

$$g = \frac{t_{\text{ein}}}{T} = \frac{t_{\text{ein}}}{t_{\text{ein}} + t_{\text{aus}}} \tag{9.7}$$

$$V = g \quad \text{oder} \quad V = \frac{1}{g} \quad \text{oder} \quad V = \frac{t_{\text{ein}}}{t_{\text{aus}}} \tag{9.8}$$

Computer arbeiten mit Rechtecksignalen. Eine Sägezahnspannung (auch Kippschwingung genannt) kann z. B. in einem Fernsehgerät mit Elektronenstrahlröhre oder in einem Oszilloskop zur Ablenkung des Elektronenstrahls eingesetzt werden. Oft wird auch zwischen *analogen* und *digitalen* Signalen unterschieden. Ein analoges Signal kann innerhalb eines bestimmten Bereiches jeden beliebigen Wert annehmen. Eine sinusförmige Spannung ist z. B. ein analoges Signal. Ein digitales Signal ist dagegen *quantisiert*, d. h. es bleibt in einem bestimmten Zeitbereich konstant. Eine Rechteckspannung ist z. B. ein digitales Signal.

3.2 Aperiodische (nichtperiodische) Spannungen und Ströme

Aperiodische Signale besitzen häufig eine endliche Dauer. Zu diesen Zeitfunktionen gehört z. B. ein Einzelimpuls, eine exponentiell abklingende Funktion (siehe z. B. Abschn. 7.2 und 7.3) oder eine gedämpfte (in ihrer Amplitude abnehmende) Sinusschwingung (ein *transientes* Signal).

Auch die so genannte *Sprungfunktion* (ein in der Praxis am häufigsten benutztes Testsignal) ist ein aperiodisches Signal. Sie kann als Testfunktion auf den Eingang eines Netzwerkes (z. B. eines Vierpols) gegeben werden. Aus der *Sprungantwort* oder *Übergangsfunktion* am Ausgang des Netzwerkes wird auf die Übertragungseigenschaften des Netzwerkes bzw. des Systems geschlossen. In der Regelungs-

9.1 Grundlegende Betrachtungen

Abb. 9.6 Funktionsverlauf der Sprungfunktion

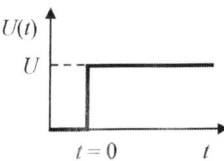

technik dient die Sprungfunktion zur Identifikation von Systemen, die systembeschreibenden Parameter können aus der Sprungantwort abgeleitet werden. Die Sprungantwort kennzeichnet eindeutig das dynamische Verhalten der Regelstrecke. In der Praxis entspricht die Sprungfunktion häufig dem Einschalten einer Gleichspannung U zum Zeitpunkt $t = 0$. Die Definition der Sprungfunktion als Spannung gibt Gl. 9.9 an. Den zeitlichen Verlauf zeigt Abb. 9.6.

$$U(t) = \begin{cases} 0 & \text{für } t < 0 \\ U & \text{für } t \geq 0 \end{cases} \quad (9.9)$$

4. **Zufälliger Zeitverlauf** Der zeitliche Verlauf eines Signals (einer Spannung oder eines Stromes) kann auch zufällig sein. Einen regellosen, nicht vorhersagbaren zeitlichen Verlauf einer Spannung zeigt Abb. 9.7. Ein solches nicht determiniertes Signal ist analytisch (durch einen mathematischen Ausdruck) nicht vollständig beschreibbar. Ein Zufallssignal wird durch statistische Kenngrößen der Wahrscheinlichkeitstheorie charakterisiert.

Störungen oder *Rauschen* sind zufällige Signale. Durch das Rauschen wird einem Signal eine Spannung überlagert, deren Höhe und Frequenz sich dauernd zufällig (stochastisch) ändert. Eine Rauschspannung entsteht z. B. an den Klemmen eines stromdurchflossenen Widerstandes durch die unbestimmten thermischen Bewegungen der frei beweglichen Elektronen im Widerstandsmaterial. Eine Rauschspannung ist eine unerwünschte Störspannung. Bei Widerständen ist ihre Höhe proportional zur absoluten Temperatur, ist also umso größer, je höher die Temperatur des Widerstandes ist.
– Stochastische Signale sind aber auch Signale, die eine Information tragen und zur Übertragung einer Nachricht dienen (Audio-, Video-, Datensignale). Wäre ein Nachrichtensignal ein determiniertes Signal, so könnte sich der Empfänger des Signals durch die Vorhersagbarkeit des zeitlichen Verlaufs selbst ausrechnen, wie der weitere Signalverlauf sein wird. Der Empfänger würde somit keine Information erhalten (außer der Tatsache, dass er z. B. ein sinusförmiges Signal empfängt).
Es sei hier kurz erwähnt, warum die sinusförmigen Signale eine sehr wichtige Rolle spielen. Es lässt sich mathematisch (durch die so genannte Fourier-Analyse) zeigen,

Abb. 9.7 Beispiel für den regellosen zeitlichen Verlauf einer Rauschspannung

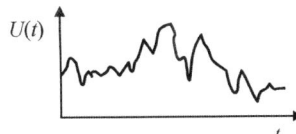

dass sich jedes nicht sinusförmige, aber periodische Signal durch eine Summe verschiedener Sinuskurven darstellen lässt. Für viele Überlegungen und Berechnungen kann deshalb der Einfachheit wegen die Sinuskurve zugrunde gelegt werden.

9.2 Entstehung der Sinuskurve, Liniendiagramm

Die Winkelfunktion „Sinus" gibt im rechtwinkligen Dreieck das Verhältnis der Länge der Kathete, die dem Winkel gegenüberliegt, zur Hypotenuse an. Das Liniendiagramm einer Sinuskurve wurde bereits in Abb. 2.5 und Abb. 9.2 gezeigt. Außer in einem Liniendiagramm kann eine Sinusfunktion auch durch einen in der x-, y-Ebene rotierenden Zeiger (ein einfacher Pfeil mit nur einer Pfeilspitze) dargestellt werden. Ein Liniendiagramm zeigt sehr anschaulich den sinusförmigen Verlauf einer Größe, der Wert der Größe ist zu jedem Augenblick ersichtlich. Liniendiagramme sind jedoch aufwendig zu zeichnen, besonders wenn mehrere Größen gleichzeitig dargestellt und zusätzlich miteinander verknüpft werden sollen. Die Verknüpfung von Sinusgrößen (z. B. durch Addition oder Subtraktion) mittels Liniendiagrammen muss häufig punktweise durchgeführt werden und ist entsprechend zeitraubend, das Ergebnis wird schnell unübersichtlich. Werden Sinusgrößen durch Zeiger dargestellt, so enthält ein solches Zeigerdiagramm eine vollständige Beschreibung eines sinusförmigen Wechselvorgangs. *Bei Zeigerdiagrammen werden Größen durch Zeiger symbolisiert.* Der Vorteil ist, dass Zeigerdiagramme, auch wenn sie aus mehreren Zeigern bestehen, wesentlich einfacher zu zeichnen sind als Liniendiagramme. Mit Zeigerdiagrammen können Phasen- und Betragsverhältnisse qualitativ übersichtlich abgebildet und plausibilisiert werden. Bei der Untersuchung einer Schaltung können, falls die grafische Genauigkeit ausreicht, auch quantitative Lösungen durch Messen von Längen und Winkeln erreicht werden. Im Folgenden wird deshalb gezeigt, wie das Liniendiagramm einer Sinuskurve aus einem in der x-, y-Ebene rotierenden Zeiger hervorgeht.

Die Entstehung einer Sinuskurve kann man sich mit einem Zeiger veranschaulichen, der sich mit konstanter Geschwindigkeit *gegen* den Uhrzeigersinn (linksdrehend, im mathematisch positiven Drehsinn eines Winkels) um den Mittelpunkt eines Kreises dreht. Dies ist in Abb. 9.8 dargestellt. Zeichnet man in einen Kreis rechtwinklige Dreiecke, bei denen die Länge der Hypotenuse h als Zeiger immer gleich dem Kreisradius mit $r = 1$ (Einheitskreis) ist, dann entspricht die Länge der dem Mittelpunktswinkel α gegenüberliegenden Kathete k jeweils den zu diesem Winkel gehörenden Sinuswert. Mit anderen Worten: Das Lot eines Zeigerpunktes auf die y-Achse ergibt den jeweiligen Augenblickswert der Sinuskurve. Je mehr Punkte man auf dem Kreisumfang aufträgt und sie entsprechend dem zugehörigen Winkel nach rechts in die Sinuskurve überträgt, umso genauer wird diese.

Beginnt die Drehbewegung mit der Ausgangsstellung des Zeigers zum Zeitpunkt $t = 0$ bei $\varphi = 0$, so wird der Winkel φ entsprechend

$$\varphi(t) = \omega \cdot t \qquad (9.10)$$

9.2 Entstehung der Sinuskurve, Liniendiagramm

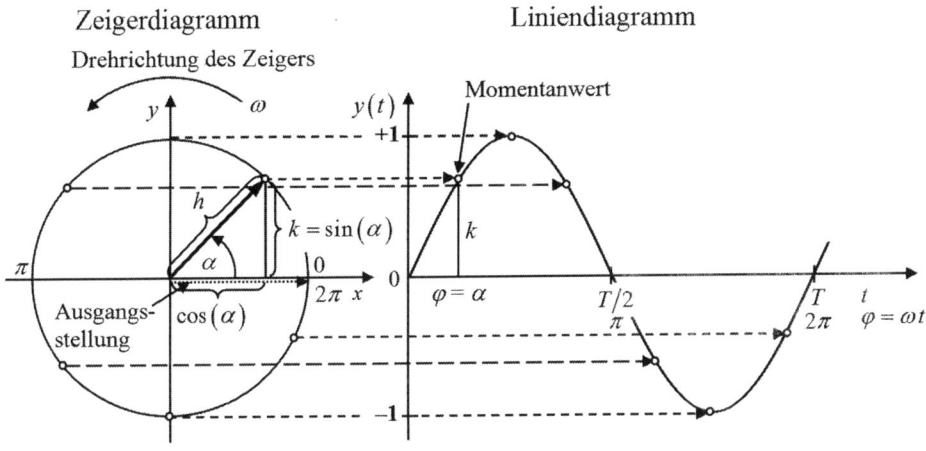

Abb. 9.8 Entstehung einer Sinuskurve durch einen rotierenden Zeiger

linear mit anwachsender Zeit größer. Somit ist

$$y(t) = \sin(\varphi) = \sin(\omega t) \qquad (9.11)$$

Der rotierende Zeiger wird auf die Ordinate des Zeigerdiagramms projiziert und *ergibt entsprechend dem momentanen Winkel punktweise die Momentanwerte der Sinuskurve im Liniendiagramm* zum Zeitpunkt $t = \varphi/\omega$.

Wird der Zeiger statt auf die Ordinate des Zeigerdiagramms auf dessen *Abszisse projiziert*, so erhalten wir statt der Sinusfunktion $y(t) = \sin(\omega t)$ die *Cosinusfunktion* $x(t) = \cos(\omega t)$. Der grundsätzlich Verlauf der Funktion als harmonische Größe bleibt bestehen. Sinus- und Cosinusfunktion unterscheiden sich ja nur durch den Nullphasenwinkel $\pi/2$. Es ist:

$$\sin(\omega t) = \cos(\omega t - \pi/2) \qquad (9.12)$$

Den gleichen Nullphasenwinkel $\pi/2$ erhalten wir auch, wenn die Drehbewegung zum Zeitpunkt $t = 0$ nicht bei $\varphi = 0$ sondern bei $\varphi = \pi/2$ startet. Ein von null verschiedener Nullphasenwinkel bedeutet, dass die Lage des Zeigers zu Beginn der Drehbewegung (zum Zeitpunkt $t = 0$) aus der Position bei $\varphi = 0$ auf eine Startposition $\varphi \neq 0$ verdreht ist.

Jetzt wird die Länge des Zeigers in Abb. 9.8 statt $h = 1$ zu $h = \hat{U}$ gewählt. Damit erhalten wir die in Abb. 9.9 dargestellten Verhältnisse. Der Radius des Kreises entspricht dem Scheitelwert $\hat{U}$ einer sinusförmigen Spannung

$$u(t) = \hat{U} \cdot \sin(\omega t). \qquad (9.13)$$

Der Zeiger ist ein *Scheitelwertzeiger* und es ist ein *Drehzeiger*, er rotiert mit der konstanten Winkelgeschwindigkeit ω, die gleich der Kreisfrequenz ω der sinusförmigen Wechselspannung ist.

Die x-Achse der Sinuskurve kann mit dem Drehwinkel φ des Zeigers oder mit der Zeit t beschriftet werden, da eine Zeigerumdrehung je nach Geschwindigkeit der Drehbewegung eine bestimmte Zeit benötigt. Nach dem Drehwinkel $\varphi = 2\pi = 360°$ bzw. der

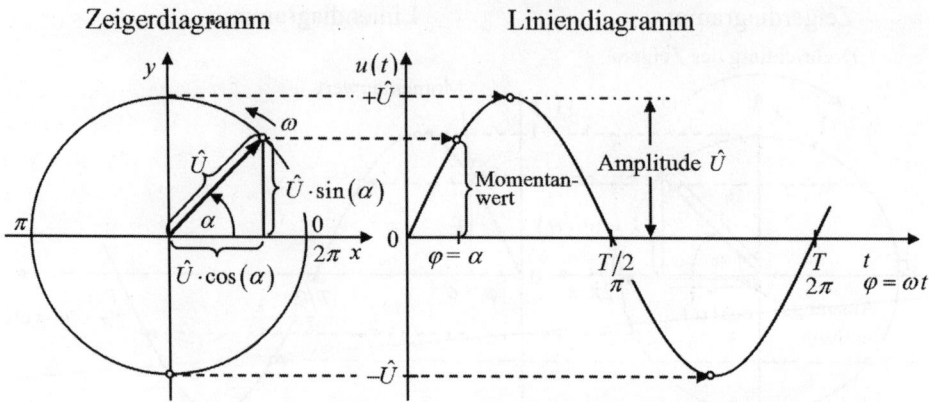

Abb. 9.9 Entstehung einer sinusförmigen Spannung durch einen rotierenden Spannungszeiger

Periodendauer $t = T$ ist eine Umdrehung des Zeigers bzw. eine Schwingung der Sinuskurve abgeschlossen.

Die vorangegangenen Überlegungen zeigen den Zusammenhang eines rotierenden Spannungszeigers mit dem Linien- bzw. Zeitdiagramm einer Sinusspannung. Im rotierenden Zeiger sind alle Informationen der Sinuslinie enthalten. Wir werden Zeigerdiagramme gelegentlich nutzen, um einfache Wechselstromnetzwerke zu untersuchen. Besonders bei der Verwendung komplexer Zahlen wird mit Zeigern gearbeitet. Die Betrachtungen bezüglich einer Spannung können natürlich genauso auf einen Strom übertragen werden.

Es wird hier bereits erwähnt, dass es statt Scheitelwertzeiger auch Effektivwertzeiger gibt, die in Zeigerdiagrammen zur Konstruktion der Zusammenhänge zwischen Spannungen und Strömen und deren Phasenverschiebungen verwendet werden. Wie noch gezeigt wird, ist ein Effektivwertzeiger um das $1/\sqrt{2}$-fache (ca. 0,7-fache) kürzer als der zugehörige Scheitelwertzeiger. Außerdem ist ein *Effektivwertzeiger* immer ein *ruhender* Zeiger. Ein *Effektivwertzeiger ist als Drehzeiger physikalisch sinnlos*, da der Scheitelwert der Sinusfunktion nur mit einem Scheitelwertzeiger erreicht wird.

Zur Erzeugung einer sinusförmigen Wechselspannung durch elektromagnetische Induktion eignet sich z. B. eine rechteckförmige Spule, die sich in einem homogenen Magnetfeld mit konstanter Geschwindigkeit um ihre Längsachse dreht (Prinzip eines Generators, siehe Abschn. 16.1).

9.3 Relevanz sinusförmiger Wechselgrößen

Sinusförmige Wechselspannungen und -ströme sind in der Elektrotechnik besonders bedeutsam. Sowohl in der Energietechnik als auch in der Nachrichtentechnik können Spannungen mit zeitlichem Sinusverlauf leicht erzeugt werden. Generatoren liefern sinusförmige Spannungen, Elektromotoren werden damit betrieben. Die Höhe einer Wechselspannung kann durch einen Transformator leicht herauf- oder herabgesetzt werden, dadurch sind unterschiedliche Anwendungen möglich. Hohe Wechselspannungen sind für unser

9.3 Relevanz sinusförmiger Wechselgrößen

Energieversorgungssystem wichtig, sie können mit relativ kleinen Verlusten übertragen werden.

Sinusförmige Wechselgrößen haben außerdem besondere Eigenschaften. Werden Sinusgrößen mit *gleicher Frequenz* (sie können durchaus phasenverschoben sein und unterschiedliche Amplituden besitzen) addiert oder subtrahiert, so ergibt sich wieder eine Sinusgröße mit der gleichen Frequenz. Auch die Differenziation und Integration einer Sinus- oder Cosinusfunktion ergibt wieder eine sinusförmige Größe. Die Frequenz bleibt durch alle diese Operationen unverändert. Dadurch gilt:

▶ **Bei Erregung eines linearen Netzwerkes mit einer sinusförmigen Größe verlaufen alle anderen Netzwerkgrößen ebenfalls sinusförmig mit gleicher Frequenz.**

In einem *linearen* Netzwerk werden also durch eine Sinusgröße wiederum Sinusgrößen gleicher Frequenz erzeugt. Größen mit neuen Frequenzen entstehen nicht und müssen somit auch nicht berechnet werden. Es ergibt sich als Vereinfachung:

Ist die Frequenz der Anregung eines linearen Systems bekannt, so genügt es zur Bestimmung der Übertragungseigenschaften, die Amplituden und Phasen der Netzwerkgrößen zu ermitteln.

Solche Berechnungen sind mit besonders wirkungsvollen Methoden möglich. Vor allem durch die Anwendung komplexer Zahlen kann die Berechnung von Wechselstromschaltungen auf die Berechnungsmethoden von Gleichstromschaltungen zurückgeführt werden.

Darüber hinaus ist die Sinusschwingung die grundlegende Funktion von allen möglichen Zeitfunktionen. Jede beliebige Zeitfunktion kann aus einer Summe von Sinus- und Cosinus-Zeitfunktionen mit unterschiedlichen Frequenzen zusammengesetzt werden. Diese FourierAnalyse wird in Abschn. 9.9 behandelt. Jede Kurvenform, die nicht sinusförmig ist, lässt sich also in eine Summe von Sinusgrößen zerlegen. Eine sinusförmige Zeitfunktion kann dagegen weder mathematisch noch physikalisch weiter zerlegt werden.

Damit in einer Schaltung nur sinusförmige Signale auftreten, müssen die folgenden Bedingungen erfüllt sein.

1. Die Schaltung wird mit einer oder mehreren sinusförmigen Größen einer bestimmten, festen Frequenz erregt. Alle Spannungs- und/oder Stromquellen in der Schaltung schwingen mit derselben konstanten Frequenz. Die Nulldurchgänge der sinusförmigen Größen müssen nicht gleichzeitig erfolgen, die Quellen müssen also nicht synchron schwingen.
2. Das Netzwerk ist linear, besteht also nur aus linearen Komponenten. Somit treten bei Erregung keine Frequenzänderungen, sondern ausschließlich Amplitudenänderungen und Phasenverschiebungen auf.
3. Es ist der stationäre Zustand erreicht. Einschwingvorgänge (Ausgleichsvorgänge, transiente Vorgänge) sind abgeschlossen. Die Dauer eines Einschwingvorgangs hängt nur von der Schaltung und nicht von der Frequenz der anregenden Größe ab.

9.4 Kennwerte von Wechselgrößen

9.4.1 Periodendauer

Die Zeit für den Ablauf einer vollständigen, sich wiederholenden Schwingung wird als Periodendauer „T" bezeichnet. Die Einheit der Periodendauer ist die Sekunde.

▶ **Das Einheitenzeichen für die Periodendauer ist „s", das Formelzeichen ist „T".**

$$[T] = \text{s} \tag{9.14}$$

9.4.2 Frequenz

Die Anzahl der vollen Schwingungen pro Sekunde nennt man Frequenz. Die Frequenz einer Spannung gibt an, wie oft in einer Sekunde eine Periode bzw. eine volle Schwingung ausgeführt wird. Die Einheit für die Frequenz ist *Hertz*[1].

▶ **Das Einheitenzeichen für die Frequenz ist „Hz", das Formelzeichen ist „f".**

$$[f] = \frac{1}{\text{s}} = \text{Hz (Hertz)} \tag{9.15}$$

Zwischen der Frequenz f und der Periodendauer T besteht die Beziehung:

$$f = \frac{1}{T} \tag{9.16}$$

Die sinusförmige Spannung des öffentlichen Versorgungsnetzes im Haushalt hat im europäischen Verbundsystem eine Frequenz von 50 Hz. Die Netzfrequenz des technischen Wechselstroms reicht von $16\frac{2}{3}$ Hz (Bahnstrom) bis 400 Hz beim Bordnetz von Flugzeugen. Gewöhnlich sind es 50 Hz in Europa bzw. 60 Hz in Nordamerika.

Der so genannte *Tonfrequenzbereich* (Sprache, Musik) liegt zwischen ca. 16 Hz und ca. 20.000 Hz. In der Kommunikationstechnik werden von Rundfunk- und Fernsehsendern viel höhere Frequenzen verwendet. Rundfunk-Mittelwellensender arbeiten mit Frequenzen von ca. 526 kHz bis ca. 1,6 MHz, Rundfunk-UKW-Sender liegen zwischen ca. 88 bis 108 MHz. Fernsehsender arbeiten mit Frequenzen bis zu einigen hundert MHz, Funkdienste (z. B. über Satelliten, Radioastronomie) benutzen Frequenzen bis zu einigen hundert GHz.

---
[1] Heinrich Hertz (1857–1894), deutscher Physiker.

Abb. 9.10 Möglichkeiten zur Beschriftung der Abszisse einer Wechselgröße

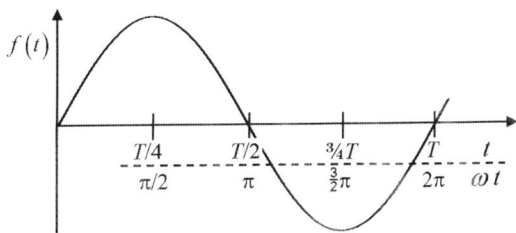

Frequenzen zwischen ca. 15 Hz und 30 kHz nennt man *Niederfrequenz* (Abkürzung: NF), Frequenzen darüber werden als *Hochfrequenz* bezeichnet (Abkürzung: HF). Diese Grenzen sind willkürlich gelegt und können auch bei anderen Frequenzen gezogen werden.

9.4.3 Kreisfrequenz

Beim Sinussignal versteht man unter **Winkelgeschwindigkeit** oder **Kreisfrequenz** die Geschwindigkeit des sich drehenden Winkels. Durch diese Geschwindigkeitsangabe wird man vom Radius des Kreises unabhängig. Der Umfang eines Kreises (der vom Zeiger zurückgelegte Weg bei einer vollen Umdrehung) ist $2 \cdot \pi \cdot r$. Für einen Kreis mit dem Radius $r = 1$ ergibt sich somit:

$$\omega = \frac{\text{Weg}}{\text{Zeit}} = \frac{2 \cdot \pi}{T} \tag{9.17}$$

Mit $T = \frac{1}{f}$ folgt die Definition der Kreisfrequenz

$$\omega = 2 \cdot \pi \cdot f \tag{9.18}$$

Diese Frequenzbezeichnung ist äußerst wichtig, darf aber nur für sinusförmige Spannungen und Ströme angewendet werden. Die Einheit für die Kreisfrequenz ist $1/s$ (*nicht* Hertz!).

▶ **Die Einheit für die Kreisfrequenz ist 1/s, das Formelzeichen ist „ω".**

$$[\omega] = \frac{1}{s} \tag{9.19}$$

Aus der Definition der Kreisfrequenz folgen zwei Möglichkeiten zur Beschriftung der Abszisse einer Wechselgröße (Abb. 9.10). Die *Beschriftung* erfolgt *entweder* mit der *Zeit t* durch Angabe eines Teiles oder Vielfachen der Periodendauer T *oder* mit dem *Drehwinkel* durch Angabe eines Teiles oder Vielfachen des Winkels $\varphi = \omega \cdot t = 2\pi = 360°$.

9.4.4 Wellenlänge

Statt der Frequenz f wird oft die Wellenlänge λ angegeben.

▶ **Die Einheit für die Wellenlänge ist m (Meter), das Formelzeichen ist „λ".**

$$[\lambda] = \mathrm{m} \quad (\text{Meter}) \tag{9.20}$$

Hochfrequente Wellen (z. B. eines Radiosenders) breiten sich annähernd mit Lichtgeschwindigkeit (ca. 300.000 km/s) aus. Für die Umrechnung zwischen der Frequenz in Hertz und der Wellenlänge in Meter gilt:

$$\underline{\underline{\lambda = \frac{c}{f}}} = \frac{3 \cdot 10^8 \,\mathrm{m/s}}{f} \tag{9.21}$$

λ in m,
c = Lichtgeschwindigkeit im Vakuum in m/s,
f in 1/s.

9.4.5 Amplitude

Als **Amplitude**, **Scheitelwert**, *Maximalwert* oder *Spitzenwert* wird der Höchstwert einer halben Schwingung des positiven oder negativen Ausschlags eines zu null symmetrischen Signals bezeichnet. Die Amplitude ist der Maximalwert der *Elongation* (Auslenkung) der Schwingung aus der Ruhelage. Der Scheitelwert wird üblicherweise mit einem Dach über dem Formelzeichen gekennzeichnet, z. B. $\hat{U}$ (sprich: U Scheitel). Man beachte, dass der Scheitelwert im Gegensatz zum zeitabhängigen Momentanwert oft (aber nicht einheitlich) mit einem Großbuchstaben bezeichnet wird.

Beispiel $u(t) = \hat{U} \cdot \sin(\omega t)$; in der Literatur findet man auch $u(t) = \hat{u} \cdot \sin(\omega t)$.

▶ **Die Einheit für den Scheitelwert der Schwingung einer Spannung ist V (Volt), das Formelzeichen ist $\hat{U}$.**

$$\left[\hat{U}\right] = \mathrm{V} \tag{9.22}$$

Für den Scheitelwert eines Stromes gilt:

$$\left[\hat{I}\right] = \mathrm{A} \quad (\text{Ampere}) \tag{9.23}$$

9.4 Kennwerte von Wechselgrößen

Da der Scheitelwert für eine Sinusschwingung mit konstanter Amplitude eine bestimmte feste Größe darstellt und nicht zeitabhängig ist, werden in diesem Werk für Scheitelwerte nur Großbuchstaben verwendet.

▶ **Vor einer periodischen Zeitfunktion wie Sinus oder Cosinus einer Spannung oder eines Stromes steht immer ein Scheitelwert!**

In den Spannungsangaben $u(t) = 10\,\text{V} \cdot \sin(\omega t)$ oder $u(t) = 20\,\text{V} \cdot \sin\left(\omega t + \frac{\pi}{4}\right)$ sind also die Zahlenwerte 10 V bzw. 20 V Amplituden (und auf keinen Fall Effektivwerte).

Anmerkung Bei einem Signal, bei dem die Amplitude zeitabhängig ist und wie z. B. bei einer gedämpften Sinusschwingung im Laufe der Zeit abnimmt, wäre es sinnvoll, den Scheitelwert mit einem Kleinbuchstaben zu schreiben.

9.4.6 Spitze-Spitze-Wert

Als **Spitze-Spitze-Wert** oder **Spitze-Tal-Wert** bezeichnet man den Wert zwischen der niedrigsten und der größten Auslenkung eines periodischen Signals. Er wird mit dem Index „SS" versehen, z. B. U_{SS}. Häufig wird statt „SS" der Index „PP" für **p**eak-to-**p**eak value verwendet.

Bei einer sinusförmigen Spannung gilt:

$$U_{SS} = 2 \cdot \hat{U}. \qquad (9.24)$$

Der Spitze-Spitze-Wert eines Signals wird hauptsächlich mit einem Oszilloskop oder einem speziell hierfür geeigneten Messgerät gemessen. Von Bedeutung ist der Spitze-Spitze-Wert eines Signals in der Praxis z. B. in der Fernseh- oder Impulstechnik bei der Messung von Rechtecksignalen, die unsymmetrisch zu null sind.

9.4.7 Effektivwert

Eine Gleichspannung ist durch eine einzige Zahl, die Höhe der Spannung, festgelegt.

Wie kann der Wert einer Wechselgröße durch eine einzige Zahl angegeben werden, wenn sich ihr Augenblickswert dauernd ändert? Durch die alleinige Angabe des Scheitelwertes würde der übrige zeitliche Verlauf der Wechselgröße (Kurvenform und Frequenz) nicht berücksichtigt werden.

Durch die *mittlere* Wirkung einer Spannung oder eines Stromes kann auch eine Wechselgröße durch eine einzige Zahl charakterisiert werden. Der *Effektivwert* (der wirksame Wert) gibt den *zeitlichen Mittelwert der Wirkung* einer Spannung oder eines Stromes *in einem Zeitintervall* an. *Durch ihren Effektivwert wird jede Wechselgröße (Spannung,*

Strom) mit einer Gleichspannung bzw. mit Gleichstrom durch eine einzige Zahl vergleichbar.

Wird ein technisches System durch eine Größe angeregt, so kann die Wirkung zu einem ganz bestimmten Zeitpunkt berechnet werden. Dies kann sehr aufwendig sein, ist aber auch nur selten notwendig. Wichtige Zusammenhänge lassen sich oft viel einfacher durch die Angabe eines zeitlichen Mittelwertes erklären. Bestimmte Größen (z. B. die Energiemenge für eine geleistete Arbeit) können damit leichter bestimmt werden. Durch zeitliche Mittelwerte werden periodische Wechselgrößen kurz beschrieben. Die Angabe des genauen zeitlichen Funktionsverlaufes und seine mathematische Auswertung sind oft nicht nötig.

Da die Elektronen im Wechselstromkreis nur hin und her pendeln, fließen durch den Leiter im zeitlichen Mittel keine Elektronen. Schaltet man ein Gleichstrom-Amperemeter (Drehspulinstrument) mit Nullpunkt in der Mitte der Skala in einen Wechselstromkreis, durch den ein sinusförmiger Strom mit einer Frequenz von nur einigen Hertz fließt, so pendelt der Zeiger um den Nullpunkt. Erhöht man die Frequenz, so pendelt der Zeiger immer schneller um den Nullpunkt und bleibt wegen der mechanischen Trägheit des Messwerkes schließlich im Nullpunkt stehen.

Die Elektronen erzeugen aber in einem Wechselstromkreis beim Hin- und Herpendeln ebenso Wärme wie ein Gleichstrom, bei dem die Elektronen nur in eine Richtung fließen. Die Wärmewirkung (Wärmeleistung) des Wechselstromes kann somit zu seiner Kennzeichnung der Wirksamkeit bzw. Größe herangezogen werden. Wenn ein Energiefluss berechnet werden soll, so ist der Mittelwert einer Leistung oder einer Energie wichtig, die Leistung zu einem bestimmten Zeitpunkt interessiert meist nicht. Soll die Wirkung einer Wechsel- oder einer Mischgröße bestimmt werden, so wird zweckmäßigerweise ein mittlerer Wert der Größe angegeben. Der Effektivwert gibt den zeitlichen Mittelwert der Wirkung eines Stromes oder einer Spannung in einem Zeitabschnitt an. Die folgende Definition ist für einen beliebigen zeitlichen Verlauf eines periodischen Stromes gültig.

▶ **Der Effektivwert eines Wechselstromes beliebiger Kurvenform entspricht dem Wert eines Gleichstromes, der in einem ohmschen Widerstand innerhalb der Zeit *T* (Periodendauer) dieselbe Wärmeenergie erzeugt wie der Wechselstrom.**

Der Effektivwert einer Wechselspannung wird auf die gleiche Weise definiert.

Die Wärmeleistung $p(t)$ als Augenblicksleistung eines Wechselstromes $i(t)$ in einem ohmschen Widerstand R erhält man nach:

$$p(t) = i^2(t) \cdot R \qquad (9.25)$$

Hat der Strom $i(t)$ z. B. die Kurvenform $i(t) = \hat{I} \cdot \sin(\omega t)$ mit $\hat{I} = 2$ A, so ergibt sich mit einem festgelegten Wert $R = 1\,\Omega$ für die Augenblicksleistung $p(t)$ der in Abb. 9.11 angegebene Verlauf.

9.4 Kennwerte von Wechselgrößen

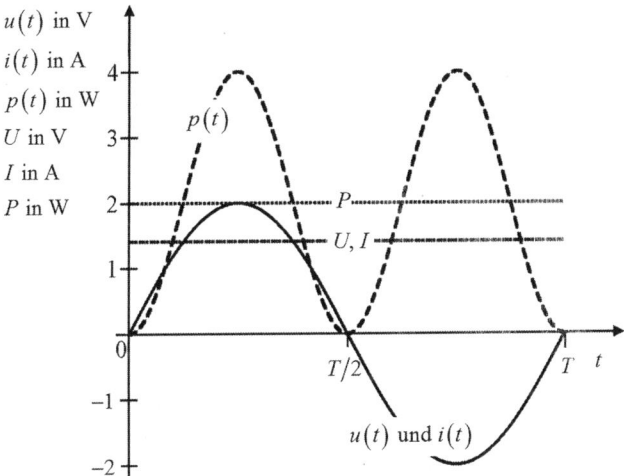

Abb. 9.11 Das Quadrat eines sinusförmigen Wechselstromes und sein Effektivwert ($R = 1\,\Omega$)

Zur weiteren allgemeinen Berechnung des Effektivwertes gilt:
Die Fläche unter der Kurve $i^2(t)$ von $t = 0$ bis $t = T$ entspricht der im Widerstand R erzeugten Wärmeleistung während einer Periode des Stromes und wird durch ein Integral berechnet.

In einer Periode der Periodendauer T beträgt die erzeugte Wärmeenergie:

$$W = \int_0^T p(t)\,dt = R \cdot \int_0^T i^2(t)\,dt \tag{9.26}$$

Die mittlere erzeugte Wärmeleistung während der Zeit T ist:

$$P = \frac{W}{T} = \frac{R}{T} \cdot \int_0^T i^2(t)\,dt \tag{9.27}$$

P ist der zeitliche Mittelwert der Augenblicks-Wärmeleistung $p(t)$.

Im gleichen Widerstand R erzeugt ein Gleichstrom die Wärmeleistung $P = I^2 \cdot R$
Beide Leistungen werden gleichgesetzt:

$$I^2 \cdot R = \frac{R}{T} \cdot \int_0^T i^2(t)\,dt. \tag{9.28}$$

Nach I aufgelöst folgt der Effektivwert des Wechselstromes:

$$I = \sqrt{\frac{1}{T} \int_0^T i^2(t)\, dt} \qquad (9.29)$$

Gl. 9.29 gilt entsprechend auch für den Effektivwert U einer Wechselspannung. Sie gilt für *beliebige Kurvenformen* und erlaubt, bei gegebenem zeitlichen Verlauf von Wechselspannung oder -strom, die Berechnung des Effektivwertes.

Da die Wärmewirkung mit dem Quadrat des Stromes zunimmt, wird zur Berechnung des Effektivwertes das Quadrat der Augenblickswerte und daraus der zeitliche Mittelwert (quadratische Mittelwert) gebildet; aus dem Ergebnis wird die Wurzel gezogen.

Setzt man einen sinusförmigen Strom $i(t) = \hat{I} \cdot \sin(\omega t)$ in Gl. 9.29 ein und wertet diese aus (worauf hier verzichtet wird), so erhält man eine wichtige Beziehung zwischen Effektivwert und Scheitelwert eines sinusförmigen Stromes.

$$I = \frac{\hat{I}}{\sqrt{2}} \qquad (9.30)$$

Für sinusförmige Spannungen gilt entsprechend:

$$U = \frac{\hat{U}}{\sqrt{2}} \qquad (9.31)$$

Man beachte, dass der Wert $\sqrt{2}$ **nur für sinusförmige** Wechselgrößen gilt.

In Abb. 9.11 hat also die Effektivspannung den Wert $U = \frac{2\,\text{V}}{\sqrt{2}} = 1{,}4\,\text{V}$ und der Effektivstrom den Wert $I = \frac{2\,\text{A}}{\sqrt{2}} = 1{,}4\,\text{A}$.

Der *Effektivwert von Wechselgrößen* wird mit *Großbuchstaben*, nur selten bei Bedarf mit dem Index „eff" angegeben. U und I sind also entweder Gleichspannung und Gleichstrom oder die Effektivwerte von Wechselspannung und Wechselstrom. Eine Verwechslung von Gleich- und Wechselgröße ist kaum möglich, man weiß schließlich, ob man sich im Gleich- oder Wechselstrombereich bewegt.

▶ **Der Zahlenwert einer Wechselgröße ohne besonderen Zusatz drückt den Effektivwert aus.**

Die allgemein bekannten 230 V der Steckdose im Haushalt sind der Effektivwert der Netzwechselspannung. Der Scheitelwert beträgt $\hat{U} = 230\,\text{V} \cdot \sqrt{2} = 230\,\text{V} \cdot 1{,}414 = 325\,\text{V}$.

Wichtig für die Praxis:

Messinstrumente sind oft für die Anzeige des Effektivwertes einer sinusförmigen Wechselgröße kalibriert.

9.4 Kennwerte von Wechselgrößen

Bei anderen Kurvenformen erhält man eine vom Effektivwert abweichende Anzeige, falls das Messprinzip nicht auf der Bildung des quadratischen Mittelwertes beruht. Messinstrumente mit einem Dreheisenmesswerk mitteln bei genügend hoher Frequenz den Ausdruck $i^2(t)$ über eine Periode und zeigen unabhängig von der Kurvenform den Effektivwert an.

Zur Vertiefung

Mit den Ergebnissen einer Fourier-Analyse (Abschn. 9.9) lässt sich der Effektivwert einer nicht sinusförmigen Wechselgröße auch aus den Effektivwerten der einzelnen Harmonischen bestimmen.

Die Berechnung des Effektivwertes ist jedoch nur näherungsweise möglich, da es unendlich viele Harmonische gibt. Die Effektivwerte der Oberschwingungen müssen ab einer zu wählenden Ordnungszahl als vernachlässigbar klein angesehen werden.

Für eine Spannung ergibt sich z. B.:

$$U = \sqrt{U_0^2 + \frac{\hat{U}_1^2}{2} + \frac{\hat{U}_2^2}{2} + \ldots} = \sqrt{U_0^2 + U_1^2 + U_2^2 + \ldots} \qquad (9.32)$$

U_0 = Gleichspannungskomponente,
$U_1, U_2 \ldots$ = Effektivwerte der einzelnen Harmonischen.

Ende Vertiefung

9.4.8 Gleichrichtwert

Eine Wechselgröße wird gleichgerichtet, indem die negativen Halbschwingungen ins Positive geklappt werden. Dies entspricht einer *Betragsbildung*. Der zeitliche Mittelwert des Betrages einer Wechselgröße wird als *Gleichrichtwert* bezeichnet. Durch den zeitunabhängigen Gleichrichtwert ist eine Wechselgröße ebenfalls (wie durch den Effektivwert) durch eine einzige Zahl gekennzeichnet.

Allgemein ist der Gleichrichtwert einer Wechselspannung

$$\overline{|u(t)|} = \frac{1}{T} \int_0^T |u(t)| dt \qquad (9.33)$$

Abb. 9.12 Der Betrag einer sinusförmigen Wechselspannung und ihr Gleichrichtwert

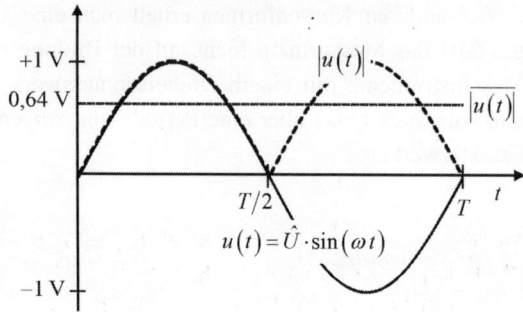

und eines Wechselstromes

$$\overline{|i(t)|} = \frac{1}{T} \int_0^T |i(t)| dt. \tag{9.34}$$

Nimmt man für $u(t) = \hat{U} \cdot \sin(\omega t)$ mit $\hat{U} = 1\,\text{V}$ an, so ergibt sich der Gleichrichtwert $\overline{|u(t)|}$ in Abb. 9.12.

Durch Auswertung von Gl. 9.33 für eine sinusförmige Spannung erhält man den Gleichrichtwert:

$$\overline{|u(t)|} = \frac{2}{\pi} \cdot \hat{U} \tag{9.35}$$

Die Höhe des der Gleichrichtwertes $\overline{|u(t)|}$ in Abb. 9.12 beträgt somit 0,64 V. Dabei wurde eine so genannte *Vollweggleichrichtung* angenommen, bei der jede negative Halbwelle der Sinusspannung in den positiven Bereich geklappt wird. Wird jede negative Halbwelle unterdrückt, wie es bei der *Einweggleichrichtung* der Fall ist, so ist der Gleichrichtwert nur halb so groß wie in Gl. 9.35 angegeben.

Der Gleichrichtwert wird auch *elektrolytischer Mittelwert* genannt. Der Gleichrichtwert eines sinusförmigen Stromes entspricht der elektrolytischen Wirkung eines gleich großen Gleichstromes.

In der Praxis ist der Gleichrichtwert z. B. beim Betrieb von Gleichrichterschaltungen von Bedeutung. Beim Laden eines Akkumulators ist die ihm zugeführte elektrische Ladung eine wichtige Größe. Die von einer Gleichrichterschaltung gelieferte Ladung ist vom Gleichrichtwert $\overline{|i(t)|}$ abhängig.

Aufgabe 9.1
Eine periodisch zeitabhängige Spannung hat den in Abb. 9.13 dargestellten Verlauf (Rechteckspannung symmetrisch zu null). Die Periodendauer ist T, der Scheitelwert beträgt $\hat{U} = 10\,\text{V}$.
Wie groß sind a) der Effektivwert und b) der Gleichrichtwert?

9.4 Kennwerte von Wechselgrößen

Abb. 9.13 Verlauf einer zu null symmetrischen Rechteckspannung

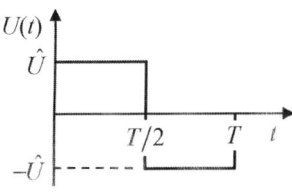

Lösung

a) Für den Effektivwert gilt $U = \sqrt{\frac{1}{T}\int_0^T U^2(t)\,dt}$.

Das Integral von $U^2(t)$ über t in den Grenzen $t = 0$ und $t = T$ entspricht der Fläche, die zwischen der Funktion $U^2(t)$ und der Abszissenachse in diesen Grenzen liegt.

Diese Fläche entspricht einem Rechteck der Höhe $\hat{U}^2$ und der Breite T, und ist $\hat{U}^2 \cdot T$.

$$\Rightarrow U = \sqrt{\frac{1}{T} \cdot \hat{U}^2 \cdot T} = \hat{U} = \underline{\underline{10\,\text{V}}}$$

b) Für den Gleichrichtwert gilt: $\overline{|U(t)|} = \frac{1}{T}\int_0^T |U(t)|\,dt$.

Das Integral des Betrages der Spannung über die Zeit t in den Grenzen $t = 0$ und $t = T$ entspricht der Fläche, die zwischen der Funktion $|U(t)|$ und der Abszisse in den genannten Grenzen liegt. Die Funktion $|U(t)|$ erhält man, indem man den negativen Teil der Rechteckschwingung nach oben klappt. Jetzt hat man ein Rechteck der Fläche $\hat{U} \cdot T \Rightarrow \overline{|U(t)|} = \frac{\hat{U} \cdot T}{T} = \hat{U} = \underline{\underline{10\,\text{V}}}$

Aufgabe 9.2

Gegeben ist die periodische Rechteckspannung (eine digitale Impulsfolge) in Abb. 9.14 mit $\hat{U} = 10\,\text{V}$. Nach Ablauf der Zeit T_ein fällt die Spannung auf null Volt ab und springt bei T wieder auf den Wert $\hat{U}$. Es gilt: $T_\text{ein} = \frac{1}{3} \cdot T$. Wie groß ist der Effektivwert von $U(t)$?

Abb. 9.14 Eine periodische Rechteckspannung

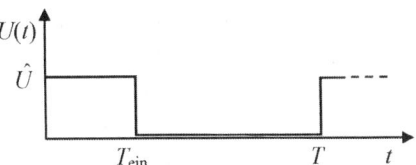

> **Lösung**
> Für den Effektivwert gilt $U = \sqrt{\frac{1}{T}\int_0^T U^2(t)\,dt}$.
> Das Integral von $t = 0$ bis $t = T$ über $U^2(t)$ entspricht der Fläche $\frac{1}{3}\cdot\hat{U}^2\cdot T \Rightarrow$
> $U = \sqrt{\frac{1}{T}\cdot\frac{1}{3}\cdot\hat{U}^2\cdot T} = \frac{\hat{U}}{\sqrt{3}} = \underline{\underline{5{,}77\,\text{V}}}$

9.4.9 Nullphasenwinkel

Verläuft eine Sinuskurve nicht durch den Ursprung des Koordinatensystems, so kann ihre zeitliche Verschiebung durch den **Nullphasenwinkel** (auch Anfangsphasenwinkel genannt) gekennzeichnet werden. Eine Sinusspannung mit einem Nullphasenwinkel wird beschrieben durch:

$$\underline{u(t) = \hat{U}\cdot\sin(\omega t \pm \varphi_u)} \tag{9.36}$$

φ_u = Nullphasenwinkel der Spannung
Für einen sinusförmigen Strom gilt analog:

$$\underline{i(t) = \hat{I}\cdot\sin(\omega t \pm \varphi_i)} \tag{9.37}$$

φ_i = Nullphasenwinkel des Stromes

Ist der Nullphasenwinkel φ_u oder φ_i *positiv*, so ist die Sinuskurve (das Liniendiagramm) vom Ursprung aus nach *links* verschoben, sie *eilt* einer Kurve durch den Ursprung *voraus*. Ist der Nullphasenwinkel *negativ*, so ist die Sinuskurve vom Ursprung aus nach *rechts* verschoben, sie *eilt* einer Kurve durch den Ursprung *nach*. Diese Zusammenhänge kann man sich leicht merken. Wenn man sich vorstellt, man bewegt sich auf einer bestimmten Höhe (unterhalb des Scheitelwertes) von links nach rechts parallel zur Zeitachse, so trifft man zuerst auf eine nach links verschobene Kurve, sie kommt zeitlich zuerst. Ist der Nullphasenwinkel positiv, so wird zum Drehwinkel ωt ein Wert addiert. Der Drehwinkel wird somit größer, die Drehung ist schon weiter fortgeschritten.

Die Entstehung des Nullphasenwinkels kann man sich auch im Zeigerdiagramm Abb. 9.8 bzw. Abb. 9.9 durch eine Startposition $\varphi \neq 0$ zu Beginn der Rotation des Drehzeigers vorstellen.

Der Nullphasenwinkel einer sinusförmigen Wechselgröße gibt deren Winkel bezogen auf den Ursprung $\omega t = 0$ als Bezugspunkt, also ihre Phasenverschiebung gegenüber dem Nullpunkt an. Der Zeitpunkt $t = 0$ kann aber grundsätzlich willkürlich gewählt werden. Die Werte der Nullphasenwinkel von Spannungen und Strömen sind daher für sich alleine betrachtet kaum von Interesse, sie werden erst bei der Betrachtung der gegenseitigen Phasenverschiebung von *zwei* sinusförmigen Wechselgrößen wichtig.

Der Schnittpunkt einer Sinuskurve mit der Abszisse, ab dem der Funktionswert positiv wird, heißt *positiver Nulldurchgang*.

9.4 Kennwerte von Wechselgrößen

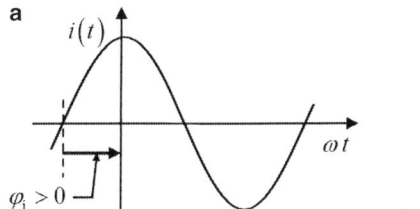
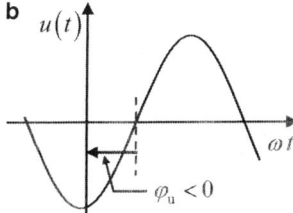

Abb. 9.15 Beispiele für einen positiven Nullphasenwinkel eines Stromes (**a**) und einen negativen Nullphasenwinkel einer Spannung (**b**)

> **In einem Liniendiagramm wird der Nullphasenwinkel von demjenigen positiven Nulldurchgang, welcher dem Ursprung am nächsten liegt, bis zum Ursprung bei $\omega t = 0$ eingezeichnet.**

Erfolgt beim Einzeichnen des Nullphasenwinkels das Fortschreiten von links nach rechts in positive ωt-Richtung, so ist der Nullphasenwinkel positiv ($\varphi_{u,i} > 0$), andernfalls negativ ($\varphi_{u,i} < 0$). Abb. 9.15 zeigt zwei Beispiele. Der Strom in Abb. 9.15a wird beschrieben durch $i(t) = \hat{I} \cdot \sin(\omega t + \varphi_i)$, der Nullphasenwinkel ist positiv. Die Spannung in Abb. 9.15b beschreibt der Ausdruck $u(t) = \hat{U} \cdot \sin(\omega t - \varphi_u)$, der Nullphasenwinkel ist negativ.

Wie man in Abb. 9.15 sieht, ist der *Nullphasenwinkel* eine *gerichtete Größe* und wird im Liniendiagramm mit einem einfachen Pfeil mit einem Anfang und einem Ende eingezeichnet. Eine Kennzeichnung mit einem Doppelpfeil oder einem Strich (mit oder ohne grafische Markierungen der Enden) ist falsch!

9.4.10 Phasenverschiebung

Treten in einem elektronischen Gerät Wechselgrößen mit gleicher Frequenz (z. B. Spannungen und Ströme) an einem Punkt der Schaltung zusammen auf, so können die Größen zeitlich gegeneinander verschoben sein. Diese Verschiebung wird als **Phasenverschiebung** bezeichnet. Eine der Größen bildet dabei immer die *Bezugsgröße*.

Treten bei zwei periodischen Vorgängen z. B. beide positiven Höchstwerte, die auch unterschiedlich groß sein können, im gleichen Zeitpunkt auf, so sagt man die Vorgänge sind „in Phase" oder „phasengleich". Werden dagegen bei beiden Vorgängen die Höchstwerte (oder ihre Nulldurchgänge) zu verschiedenen Zeitpunkten erreicht, so liegt zwischen den Größen eine „Phasenverschiebung" vor. Eine Phasenverschiebung kann zwischen Spannungen, zwischen Strömen oder zwischen einer Spannung und einem Strom vorliegen. Im Gegensatz zum Nullphasenwinkel gehören somit zum Winkel einer *Phasenverschiebung immer mindestens zwei Schwingungsvorgänge*. Am häufigsten interessiert die Phasenverschiebung zwischen einer Spannung und einem durch diese Spannung verursachten Strom.

·Eine Phasenverschiebung kann ebenso wie ein Nullphasenwinkel durch den Zeitunterschied (z. B. $\frac{1}{4}$ Periode oder $T/4$) oder durch den entsprechenden Winkel in Winkelgraden (z. B. 90°) bzw. im Bogenmaß (z. B. $\pi/2$) angegeben werden.

In einem Wechselstromnetzwerk sind im Allgemeinen Spannung und Strom eines Bauelementes nicht in Phase. Wegen Kapazitäten oder Induktivitäten sind sie zeitlich gegeneinander um den *Phasenwinkel* φ verschoben. Statt vom Phasenwinkel spricht man auch vom *Phasenverschiebungswinkel*. Diese Bezeichnung macht deutlicher, dass dieser Winkel zu zwei zeitlich gegeneinander verschobenen Schwingungen gehört. Bei einer Betrachtung dieser Phasenverschiebung zwischen Spannung und Strom wird nach DIN 40110 der **Strom** als **Bezugsgröße** gewählt. Als **Bezugskurve** wird also immer die **Stromkurve** gewählt, die durch den Ursprung $\omega t = 0$ als Bezugspunkt gelegt wird. Der Strom hat somit den Nullphasenwinkel $\varphi_i = 0$, es ist:

$$i(t) = \hat{I} \cdot \sin(\omega t). \tag{9.38}$$

Als Phasenverschiebungswinkel wird die Phasendifferenz, also die *Differenz der Nullphasenwinkel zweier Schwingungen* bezeichnet. Somit kann der Phasenwinkel φ aus den Nullphasenwinkeln berechnet werden.

$$\varphi = \varphi_{ui} = \varphi_u - \varphi_i \tag{9.39}$$

▶ $\varphi = \varphi_{ui}$ **gibt an, um welchen Winkel die Spannung dem Strom vorauseilt.**

Oft wird auch gefragt, um welchen Winkel der *Strom* der *Spannung* vorauseilt. Dies kann ebenfalls aus den Nullphasenwinkeln berechnet werden. Es gilt:

$$\varphi_{iu} = \varphi_i - \varphi_u = -\varphi \tag{9.40}$$

Man beachte, dass als φ nur φ_{ui} bezeichnet wird, nicht aber φ_{iu}.

Betrachten wir jetzt den Strom ohne Nullphasenwinkel von Gl. 9.38 und die Spannung

$$u(t) = \hat{U} \cdot \sin(\omega t + \varphi_u) \tag{9.41}$$

mit dem Nullphasenwinkel φ_u als variable Größe. Bezüglich des Phasenverschiebungswinkels $\varphi = \varphi_{ui}$ zwischen Spannung und Strom können drei Fälle unterschieden werden.

$\varphi > 0$: Die Spannung eilt dem Strom um den Winkel $\varphi = \varphi_u$ voraus. Gleichbedeutend ist die Aussage: Der Strom eilt der Spannung um $\varphi = \varphi_u$ nach. Die Spannungskurve ist gegenüber der Stromkurve (die durch den Ursprung $\omega t = 0$ geht) um $\varphi = \varphi_u$ nach links in $-\omega t$-Richtung verschoben. Bei $\omega t = 0$ hat $u(t)$ schon einen positiven Wert.

$\varphi = 0$: Spannung und Strom sind phasengleich, es ist $\varphi_u = \varphi_i = 0$.

9.4 Kennwerte von Wechselgrößen

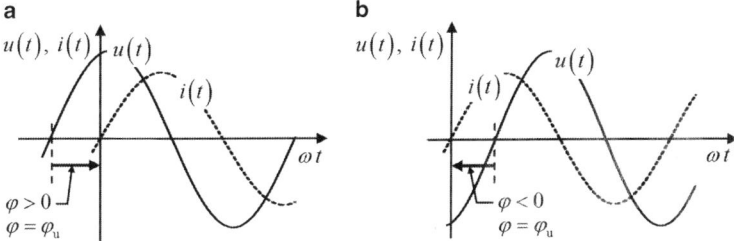

Abb. 9.16 Phasenverschiebungswinkel zwischen Spannung und Strom mit dem Strom als Bezugskurve durch den Ursprung, $\varphi > 0$ (**a**) und $\varphi < 0$ (**b**)

$\varphi < 0$: Die Spannung läuft dem Strom um den Winkel $\varphi = \varphi_u$ hinterher. Gleichbedeutend ist die Aussage: Der Strom eilt der Spannung um $\varphi = \varphi_u$ voraus. Die Spannungskurve ist gegenüber der Stromkurve (die durch den Ursprung $\omega t = 0$ geht) um $\varphi = \varphi_u$ nach rechts in $+\omega t$-Richtung verschoben. Bei $\omega t = 0$ hat $u(t)$ noch einen negativen Wert.

In Abb. 9.16 sind die beiden Fälle für $\varphi > 0$ und $\varphi < 0$ dargestellt. Daraus ist folgende Regel ersichtlich:

▶ **Im Liniendiagramm wird der Pfeil für den Phasenverschiebungswinkel vom Nulldurchgang der Spannungskurve zum Nulldurchgang der Stromkurve eingezeichnet.**

Zeigt der Pfeil für φ von links nach rechts in positive ωt-Richtung, so ist $\varphi > 0$. Zeigt der Pfeil für φ von rechts nach links in negative ωt-Richtung, so ist $\varphi < 0$. Da in Abb. 9.16 der Nullphasenwinkel des Stromes als Bezugsgröße null ist, stimmt der Phasenverschiebungswinkel φ mit dem Nullphasenwinkel φ_u der Spannung überein: $\varphi = \varphi_u$.

Den allgemeinen Fall, dass sowohl die Spannung als auch der Strom einen Nullphasenwinkel besitzen, zeigt Abb. 9.17. Die Bezugsgröße ist wieder der Strom.

Abb. 9.17a: Es ist $\varphi_u > 0$ und $\varphi_i < 0$, mit $\varphi = \varphi_u - \varphi_i$ ergibt sich $\varphi > 0$, der Strom eilt der Spannung um φ nach.

Abb. 9.17b: Es ist $\varphi_u < 0$ und $\varphi_i > 0$, mit $\varphi = \varphi_u - \varphi_i$ ergibt sich $\varphi < 0$, der Strom eilt der Spannung um φ voraus.

Bei der Fallunterscheidung des Phasenverschiebungswinkels wurde deutlich: Es gibt sprachlich zwei Möglichkeiten, ein und denselben Sachverhalt auszudrücken. Die Bedeutungen der Aussagen „die Spannung eilt dem Strom voraus" und „der Strom eilt der Spannung nach" sind gleich. Es wird jedoch empfohlen, bei der Betrachtung des Phasenverschiebungswinkels immer vom Strom auszugehen. Im Gegensatz zum Liniendiagramm muss nämlich in einem (wesentlich öfter verwendeten) Zeigerdiagramm der Phasenverschiebungswinkel φ immer vom Stromzeiger ausgehend zum Spannungszeiger hin eingetragen werden. Es empfiehlt sich, diese vom Strom ausgehende Betrachtungs-

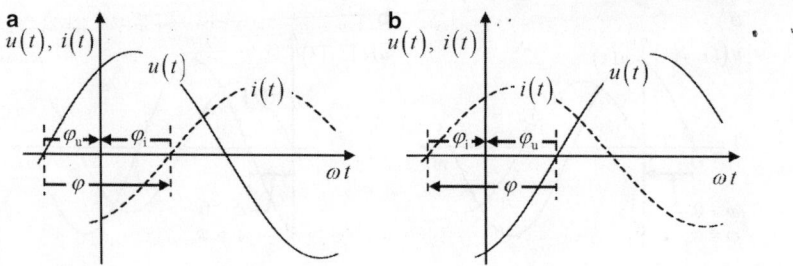

Abb. 9.17 Phasenverschiebungswinkel zwischen Spannung und Strom bei Nullphasenwinkeln von Spannung und Strom

Abb. 9.18 Zwei Rechteckspannungen mit einer Phasenverschiebung von 90°

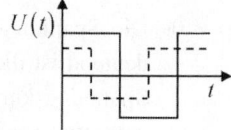

weise der Richtung des Phasenverschiebungswinkels für Linien- und Zeigerdiagramm einheitlich zu verwenden.

Kurz:

- φ ist positiv (> 0): Strom eilt nach,
- φ ist negativ (< 0): Strom eilt vor.

Anmerkung Der Begriff der Phasenverschiebung kann nicht nur auf sinusförmige Kurvenverläufe angewandt werden. Abb. 9.18 zeigt zwei Rechteckspannungen, die um 90° phasenverschoben sind.

Anmerkung Der Phasenwinkel φ zwischen Spannung und Strom darf nicht mit dem Winkel der Phasenverschiebung zwischen einer Eingangs- und Ausgangsspannung eines Netzwerkes (z. B. eines Vierpols) verwechselt werden, der oft in Abhängigkeit der Frequenz als $\varphi(\omega)$ angegeben wird.

9.5 Zusammenfassung: Kennwerte von Wechselgrößen

1. Das Liniendiagramm (Zeitdiagramm) der Sinusfunktion kann aus einem rotierenden Scheitelwertzeiger (Drehzeiger) gewonnen werden.
2. Wird ein lineares Netzwerk mit einer sinusförmigen Größe erregt, so verlaufen alle übrigen Netzwerkgrößen (Spannungen, Ströme) ebenfalls sinusförmig mit gleicher Frequenz.

9.6 Zeigerdiagramm

3. Kennwerte einer periodischen Wechselgröße sind: Periodendauer, Frequenz, Kreisfrequenz, Wellenlänge, Amplitude, Spitze-Spitze-Wert, Effektivwert, Gleichrichtwert und Nullphasenwinkel.
4. Wichtige Formeln für sinusförmige Größen: $f = \frac{1}{T}$; $\omega = 2 \cdot \pi \cdot f$; $U = \frac{\hat{U}}{\sqrt{2}}$.
5. Der Effektivwert eines Wechselstromes beliebiger Kurvenform ist
$I = \sqrt{\frac{1}{T} \int_0^T i^2(t)\, dt}$.
6. Der Gleichrichtwert eines Wechselstromes beliebiger Kurvenform ist
$\overline{|i(t)|} = \frac{1}{T} \int_0^T |i(t)|\, dt$.
7. Der Nullphasenwinkel ist eine gerichtete Größe.
8. Eine auf der Zeitachse aus dem Ursprung nach links verschobene Kurve eilt voraus und hat einen positiven Nullphasenwinkel ($\varphi_u > 0$), eine nach rechts verschobene Kurve eilt nach und hat einen negativen Nullphasenwinkel ($\varphi_u < 0$).
9. Im Liniendiagramm wird der Nullphasenwinkel als Pfeil von dem positiven Nulldurchgang, der dem Ursprung am nächsten liegt, bis zum Ursprung eingezeichnet. Zeigt der Pfeil in positive Richtung der Abszisse, so ist der Nullphasenwinkel positiv, andernfalls negativ.
10. Zwei periodische Wechselgrößen können zeitlich gegeneinander um einen Phasenverschiebungswinkel φ (Phasenwinkel) verschoben sein. Die Verschiebung heißt Phasenverschiebung.
11. Bei der Betrachtung einer Phasenverschiebung ist die Stromkurve durch den Ursprung des Koordinatensystems die Bezugskurve.
12. Der Phasenwinkel φ kann aus den Nullphasenwinkeln berechnet werden: $\varphi = \varphi_{ui} = \varphi_u - \varphi_i$. $\varphi = \varphi_{ui}$ gibt an, um welchen Winkel die Spannung dem Strom vorauseilt.
13. Es gilt: $\varphi_{iu} = \varphi_i - \varphi_u = -\varphi$. φ_{iu} gibt an, um welchen Winkel der Strom der Spannung vorauseilt.
14. Nur φ_{ui} wird φ als bezeichnet.
15. Im Liniendiagramm wird der Phasenverschiebungswinkel als Pfeil vom Nulldurchgang der Spannungskurve zum Nulldurchgang der Stromkurve eingezeichnet. Zeigt der Pfeil in positive Richtung der Abszisse, so ist der Phasenverschiebungswinkel positiv, andernfalls negativ.
16. Ist $\varphi_u > 0$ und $\varphi_i < 0$, so ist $\varphi > 0$, der Strom eilt der Spannung um φ nach.
17. Ist $\varphi_u < 0$ und $\varphi_i > 0$, so ist $\varphi < 0$, der Strom eilt der Spannung um φ voraus.

9.6 Zeigerdiagramm

9.6.1 Zeigerdarstellung von Sinusgrößen

In einem Liniendiagramm wird der sinusförmige Verlauf einer Wechselgröße sehr anschaulich dargestellt, die Funktionswerte sind für jeden Zeitpunkt ersichtlich. Sollen mehrere Liniendiagramme zusammen gezeichnet und zusätzlich einige der Größen miteinan-

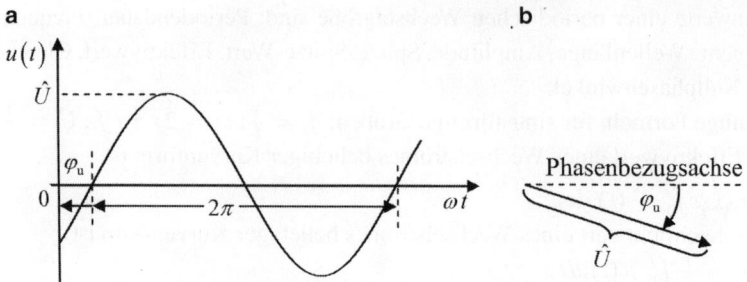

Abb. 9.19 Sinusförmige Spannung mit zugehöriger Zeigerdarstellung

der verknüpft werden, so wird der Aufwand allerdings groß und die Grafik unübersichtlich. Zur Wiedergabe von Sinusgrößen wird daher die Zeigerdarstellung bevorzugt, deren Vorteile bereits am Anfang von Abschn. 9.2 angesprochen wurden. *Ein Zeiger wird als einfacher Pfeil mit nur einer Pfeilspitze gezeichnet.*

Bei der Konstruktion der Sinuskurve wurde in Abschn. 9.2 ein Zeiger benutzt, der sich entgegen dem Uhrzeigersinn (im mathematisch positiven Drehsinn) um seinen Anfangspunkt im Mittelpunkt eines Kreises dreht, wobei sich die Pfeilspitze auf diesem Kreis bewegt. Je nach Stellung des Zeigers ergaben sich unterschiedliche Augenblickswerte zur Erstellung der Sinuskurve. Somit liefern aber die Länge und die jeweilige Position der Zeigerspitze alleine eine ausreichende Information über die Sinuskurve. Grundsätzlich enthält ein Zeigerdiagramm eine vollständige Beschreibung eines sinusförmigen Wechselvorgangs.

Die Drehzahl eines Zeigers entspricht der Frequenz einer sinusförmigen Wechselgröße. Eine Zeigerumdrehung entspricht einer Periode. Bei bekannter Frequenz reichen die Länge des Zeigers (entspricht dem Scheitelwert der Sinusgröße) und der Nullphasenwinkel aus, um die Sinusgröße eindeutig zu kennzeichnen. In einem Zeigerdiagramm werden Winkel zwischen 270° und 360° (der Zeiger liegt im 4. Quadranten) als negative Winkel zwischen $> -90°$ und $< -0°$ angegeben. Abb. 9.19 zeigt eine sinusförmige Spannung $u(t) = \hat{U} \cdot \sin(\omega t - \varphi_u)$ mit negativem Nullphasenwinkel zusammen mit der zugehörigen Zeigerdarstellung.

In Abb. 9.20 sind die auf der Sinuskurve $u(t) = \hat{U} \cdot \sin(\omega t)$ mit 1, 2 und 3 gekennzeichneten Punkte zusammen mit der gleichbedeutenden Darstellung durch einen Zeiger angegeben. Statt der anschaulichen Kurvendarstellung kann die einfacher zu zeichnende Zeigerdarstellung verwendet werden. Ein Drehzeiger ergibt jeweils eine „Momentaufnahme" aus dem dynamischen Ablauf der Sinuskurve.

Da die Augenblickswerte von Wechselgrößen meist nicht benötigt werden, kann man sich von der zeitbezogenen Vorstellung der zugehörigen Sinuskurven lösen. Es wird jetzt kein Drehzeiger mehr benötigt, der die Werte der Sinuskurve zu bestimmten Zeitpunkten wiedergibt. Es genügt die Betrachtung eines ruhenden Zeigers, der die Wechselgröße kennzeichnet. Aus dem Drehzeiger wird ein *ruhender Zeiger* (ein *Festzeiger*). Dies ist ent-

9.6 Zeigerdiagramm

Abb. 9.20 Sinuskurve einer Spannung mit der Zeigerdarstellung von drei Augenblickswerten

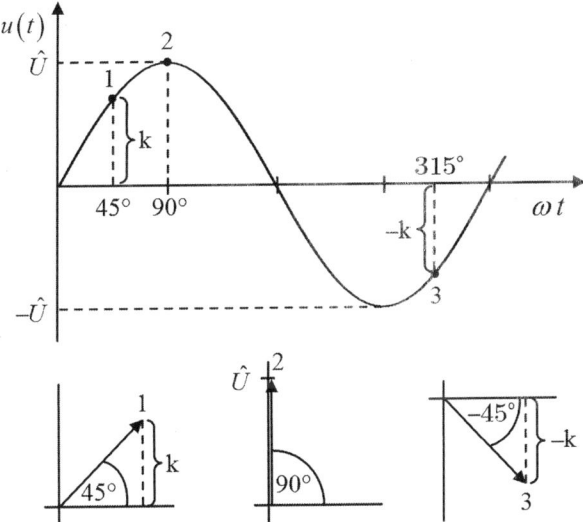

weder ein ruhender *Scheitelwertzeiger* oder ein um den Faktor $1/\sqrt{2}$ kürzerer, ruhender *Effektivwertzeiger*. Leistungen werden aus Effektivwerten berechnet, deshalb werden in Zeigerdiagrammen statt Scheitelwertzeigern meist Effektivwertzeiger verwendet.

Effektivwertzeiger sind **nur** als **ruhende** Zeiger physikalisch sinnvoll. Bei einem drehenden Effektivwertzeiger müsste der Effektivwert mit $\sqrt{2}$ multipliziert werden, um den Scheitelwert der zugehörigen Sinuskurve zu erhalten. Der rotierende Effektivwertzeiger würde wieder zum rotierenden Scheitelwertzeiger.

Falls Momentanwerte nicht von Interesse sind, enthält ein ruhendes Zeigerdiagramm die beiden Informationen, die bei Sinusgrößen relevant sind: Höhe der Sinusgröße als Zeigerlänge und Nullphasenwinkel. Ein Bezug zur Zeit wird nicht mehr gebraucht. Als *Bezugslinie für den Nullphasenwinkel* (sozusagen für den Zeitpunkt $t = 0$) wird im Zeigerdiagramm üblicherweise die *Horizontale* gewählt. Die **Horizontale** wird zur **Phasenbezugsachse**. Das Achsenkreuz kann weggelassen werden. So kommt man zu einem vereinfachten Zeigerdiagramm wie in Abb. 9.19 rechts dargestellt. Winkel, die gegenüber der Bezugslinie für den Nullphasenwinkel *im* Uhrzeigersinn (UZS) verdreht sind, sind negativ ($\varphi_u < 0$ in Abb. 9.19). Winkel, die *gegen* den UZS (das ist der mathematisch positive Drehsinn eines Winkels) verdreht sind, sind positiv (> 0).

Werden in einem Zeigerdiagramm mehrere Sinusgrößen gemeinsam dargestellt, so müssen **alle Sinusgrößen die gleiche Frequenz** haben. Würde ein Wechselstromnetzwerk aus Sinusquellen mit unterschiedlichen Frequenzen gespeist, so würden die Drehzeiger mit unterschiedlichen Winkelgeschwindigkeiten rotieren, sie hätten verschiedene Drehzahlen. Die Phasenverschiebung zwischen den Zeigern wäre dann nicht konstant, sie wäre vom Zeitpunkt der Betrachtung abhängig. Für alle Zeiger wird also eine einheitliche Winkelgeschwindigkeit vorausgesetzt, die Winkel zwischen den Zeigern bleiben somit stets konstant.

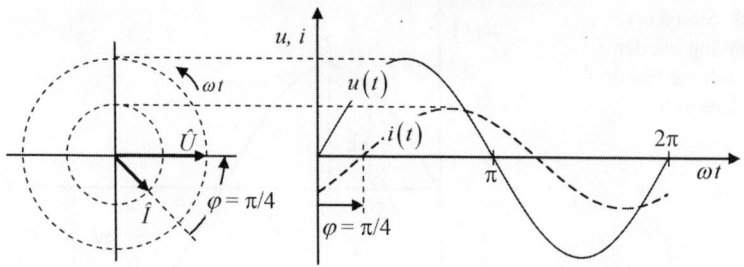

Abb. 9.21 Spannung und Strom mit einer Phasenverschiebung von $\pi/4$

Bei sinusförmigen Vorgängen ist es außerdem gleichgültig, zu welchem Zeitpunkt man mit der Betrachtung von Größen beginnt, da sich die Vorgänge jeweils nach einer Periodendauer wiederholen. Die Darstellung der Zeiger kann zu einem beliebigen Zeitpunkt erfolgen. Somit kann einem der Zeiger im Zeigerdiagramm eine beliebige Winkellage zugewiesen werden. Dieser Zeiger ist dann der **Bezugszeiger**. Vorteilhaft wird als Bezugszeiger ein Zeiger mit dem Nullphasenwinkel $\varphi_u = 0$ oder $\varphi_i = 0$ gewählt. Der Bezugszeiger wird in die Horizontale (nach rechts zeigend) eingezeichnet. Die Horizontale wird dadurch zur Phasenbezugsachse. Weitere Zeiger müssen dann im richtigen Winkel zum Bezugszeiger eingezeichnet werden. Beginnen wird man also ein Zeigerdiagramm möglichst mit Spannung oder Strom eines ohmschen Widerstandes, da diese Größen keinen Nullphasenwinkel aufweisen.

Der Vorteil des Zeigerdiagramms zeigt sich besonders, wenn zwei oder mehr gegeneinander phasenverschobene Sinusgrößen darzustellen sind oder miteinander verknüpft (z. B. addiert) werden sollen. Meist ist die Phasenverschiebung zwischen einem sinusförmigen Strom und einer sinusförmigen Spannung von Interesse. Wichtig ist also nur die relative Phasenverschiebung der beiden Größen zueinander, ein Bezug zu einem willkürlich festgelegten (bzw. festlegbaren) Nullpunkt ist nicht erforderlich. Da nur die relative Lage der Zeiger betrachtet wird ist es gleichgültig, in welcher Gesamtphasenlage das Zeigerbild dargestellt wird. Folglich kann das Achsenkreuz im Zeigerdiagramm entfallen. Da die Lage des Bezugszeigers frei gewählt werden kann, ist das **Zeigerdiagramm** auch **um einen beliebigen Winkel drehbar**.

Für Zeiger von Sinusgrößen gelten die geometrischen Additionsgesetze von Vektoren[2]. **Zeiger** können daher auch **parallel verschoben** werden.

Abb. 9.21 zeigt ein Beispiel, in dem der Strom der Spannung um 45° nacheilt. Das zugehörige Zeigerdiagramm ist in Abb. 9.22 dargestellt.

Der Vorteil der Zeigerdarstellung zeigt sich besonders bei der Addition von phasenverschobenen Sinusgrößen gleicher Frequenz. Bei der analytischen Lösung einer solchen Addition ist ein hoher Rechenaufwand erforderlich. Eine zeichnerische Lösung (Abb. 9.23) ist leicht durch die Konstruktion eines Parallelogramms durchführbar (geometrische Ad-

---

[2] Ein Zeiger ist jedoch kein Vektor. Für Zeiger und Vektoren gelten unterschiedliche Rechengesetze.

9.6 Zeigerdiagramm

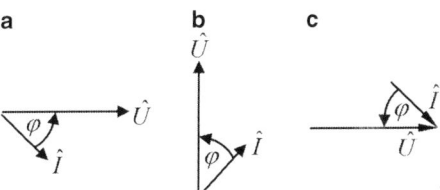

Abb. 9.22 Zeigerbild von Spannung und Strom entsprechend Abb. 9.21 mit einer Phasenverschiebung von 45° ($\pi/4$), ohne Achsenkreuz (**a**), Diagramm um (willkürlich) 90° verdreht (**b**), Stromzeiger parallel verschoben (**c**)

Abb. 9.23 Addition zweier phasenverschobener Wechselspannungen

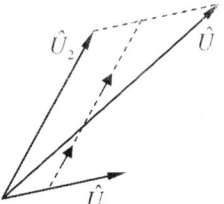

dition). $\hat{U}$ ist der Scheitelwert der Wechselspannung, die sich durch Addition der phasenverschobenen Wechselspannungen mit den Scheitelwerten $\hat{U}_1$ und $\hat{U}_2$ ergibt.

9.6.2 Phasenverschiebungswinkel im Zeigerdiagramm

Da in einem Zeigerdiagramm entsprechend den festgelegten Voraussetzungen alle Zeiger mit derselben Winkelgeschwindigkeit rotieren, bleiben die Winkel zwischen ihnen stets konstant. Die Phasenverschiebung zwischen ihnen ist also nicht vom Zeitpunkt der Betrachtung abhängig. Damit hat man die Freiheit, zumindest einem der Zeiger im Zeigerdiagramm eine beliebige Winkellage zu geben. Der Stromzeiger kann z. B. bei $\varphi = 0$ als Bezugszeiger eingetragen werden. Weitere Zeiger müssen dann im richtigen Winkel zu diesem Bezugszeiger eingetragen werden. Im Allgemeinen können die Zeiger zu einem beliebigen Zeitpunkt dargestellt werden.

Im Gegensatz zum Liniendiagramm muss im Zeigerdiagramm der Phasenverschiebungswinkel φ zwischen Spannung und Strom vom Strom- zum Spannungszeiger gezeichnet werden. Um φ vorzeichenrichtig zu erhalten, muss also **φ immer vom Strom- zum Spannungszeiger** eingetragen werden, wie in Abb. 9.24 an zwei Beispielen zu sehen ist.

Ob eine Größe einer anderen Größe vor- oder nacheilt, ist aus einem Zeigerdiagramm leicht entnehmbar. Wir stellen uns die Zeiger in einem x,y-Koordinatensystem mit ihren Anfangspunkten im Koordinatenursprung vor. Wir stellen uns weiterhin vor, dass wir uns im Koordinatensystem an einem Standort befinden, der außerhalb des Phasenverschiebungswinkels zwischen den beiden Zeigern ist. Bei einer Linksrotation (entgegengesetzt

Abb. 9.24 Beispiele für positive und negative Richtung des Nullphasenwinkels des Stromes und des resultierenden Phasenverschiebungswinkels im Zeigerdiagramm

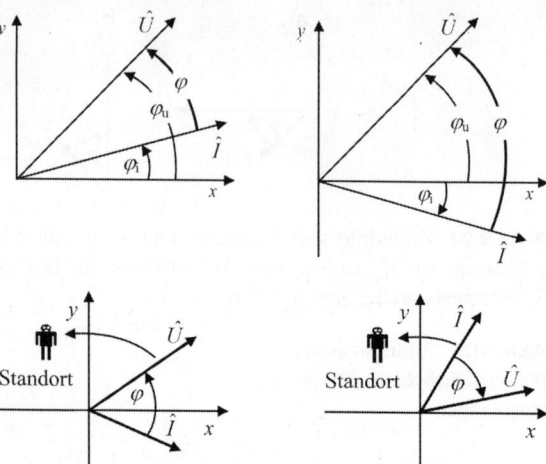

Abb. 9.25 Vor- und Nacheilen zwischen zwei Größen im Zeigerdiagramm

$\varphi > 0$: Strom eilt nach $\varphi < 0$: Strom eilt vor

zum UZS) kommt einer der beiden Zeiger zuerst auf uns zu. Es ist der Zeiger der Größe, die der anderen Größe vorauseilt.

Dieser Sachverhalt ist in Abb. 9.25 dargestellt.

9.7 Zusammenfassung: Zeigerdiagramm

1. Ein Zeiger ist ein einfacher Pfeil mit nur einer Pfeilspitze.
2. Zeigerdiagramme sind gleichwertige Darstellungen zu Liniendiagrammen, aber einfacher zu zeichnen.
3. Sind Momentanwerte nicht von Interesse, so können Sinusgrößen statt durch Drehzeiger durch ruhende Zeiger (Festzeiger) dargestellt werden. Ein ruhender Zeiger kann ein Scheitelwertzeiger oder ein Effektivwertzeiger sein. Effektivwertzeiger sind immer ruhende Zeiger.
4. Ein ruhendes Zeigerdiagramm enthält die bei Sinusgrößen relevanten Informationen: Die Höhe der Sinusgröße als Zeigerlänge (entweder Scheitelwert oder Effektivwert) und den Nullphasenwinkel.
5. Als Bezugslinie für den Nullphasenwinkel dient im Zeigerdiagramm üblicherweise die Horizontale, sie wird zur Phasenbezugsachse.
6. Das Achsenkreuz kann im Zeigerdiagramm entfallen.
7. Ein Zeigerdiagramm kann um einen beliebigen Winkel gedreht werden.
8. Bei der Konstruktion eines Zeigerdiagramms können einzelne Zeiger parallel verschoben werden.
9. Zeiger können wie Vektoren geometrisch addiert oder subtrahiert werden.
10. In einem Zeigerdiagramm müssen alle Sinusgrößen die gleiche Frequenz haben.
11. Der Phasenverschiebungswinkel (Phasenwinkel) ist eine gerichtete Größe.

12. Der Winkel zwischen Zeigern entspricht dem Phasenverschiebungswinkel zwischen den Größen.
13. Der Phasenverschiebungswinkel $\varphi = \varphi_{ui}$ ist in einem Zeigerdiagramm immer vom Strom- zum Spannungszeiger gerichtet. Es ist $\varphi > 0$, falls dabei die Drehrichtung des Winkels gegen den UZS erfolgt. Bei einer Drehrichtung im UZS ist $\varphi < 0$.

9.8 Zusammensetzung von Wechselspannungen

In elektronischen Schaltungen können an einem Widerstand zwei Wechselspannungen oder Wechselströme zugleich wirksam sein. Dies entspricht der Speisung eines Widerstandes aus der Reihenschaltung zweier Wechselspannungsquellen $u_1(t)$ und $u_2(t)$, siehe Abb. 9.26. Die Spannungen $u_1(t)$ und $u_2(t)$ setzen sich dabei zu einer resultierenden Spannung $u(t) = u_1(t) + u_2(t)$ zusammen. Um die resultierende Spannung zu erhalten, müssen die Augenblickswerte der Einzelspannungen addiert werden. Die durch Frequenz und Phase verschiedenen möglichen vier Fälle werden im Folgenden untersucht. Es werden jeweils die Kurvendarstellung und die zugehörigen Zeigerdiagramme gezeigt.

Anmerkung Wie bei Gleichspannung kann auch bei Wechselspannung ein Pfeil zur Kennzeichnung der beiden Punkte benutzt werden, zwischen denen die Wechselspannung liegt. Natürlich gibt der Pfeil bei Wechselspannung keine Polarität der Spannung an.

1. Fall
Frequenz und Phase beider Spannungen sind gleich.

In diesem Fall kann man die Effektiv- bzw. Maximalwerte normal addieren. In Abb. 9.27 ist dies für $u_1(t) = 1{,}0\,\text{V} \cdot \sin(\omega t)$ und $u_2(t) = 2{,}0\,\text{V} \cdot \sin(\omega t)$ dargestellt.

Abb. 9.26 Reihenschaltung von Wechselspannungen

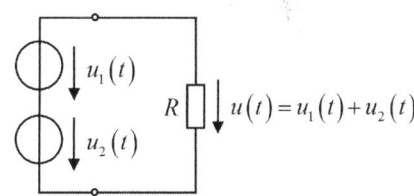

Abb. 9.27 Addition von Wechselspannungen gleicher Frequenz und Phase

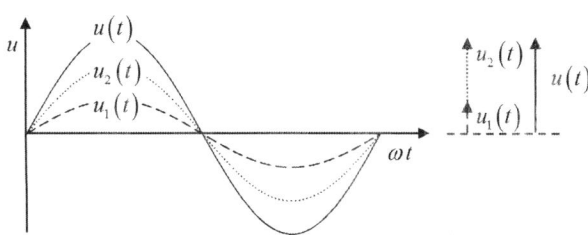

Abb. 9.28 Addition von zwei um 180° phasenverschobenen Wechselspannungen gleicher Frequenz

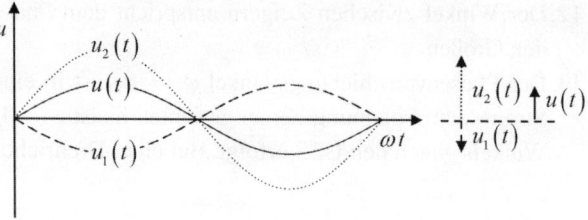

Abb. 9.29 Addition von zwei um irgend einen Winkel φ phasenverschobenen Wechselspannungen gleicher Frequenz (hier $\varphi = 90°$)

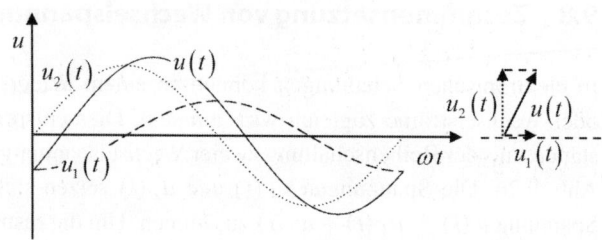

2. Fall

Die Frequenz beider Spannungen ist gleich. Die Phasenverschiebung beträgt 180°.

Die Momentanwerte der Spannungen werden unter Beachtung des Vorzeichens addiert. Diesen Fall zeigt Abb. 9.28 für $u_1(t) = -1{,}0\,\text{V} \cdot \sin(\omega t)$ und $u_2(t) = 2{,}0\,\text{V} \cdot \sin(\omega t)$.

Sind die Scheitelwerte der beiden Spannungen gleich groß, so heben sich die Spannungen auf. Die resultierende Spannung ist dann in jedem Augenblick null Volt.

3. Fall

Die Frequenz beider Spannungen ist gleich. Die Phasenverschiebung ist irgendein Wert.

Die resultierende Spannung wird entweder durch punktweise Addition der Kurven $u_1(t)$ und $u_2(t)$ oder durch geometrische Addition der Zeiger gewonnen. Bei der Zeigeraddition ergeben sich außer dem Betrag der resultierenden Spannung auch noch deren Phasenwinkel gegen die einzelnen Spannungen. Für $u_1(t) = 1{,}0\,\text{V} \cdot \sin\left(\omega t - \frac{\pi}{2}\right)$ und $u_2(t) = 2{,}0\,\text{V} \cdot \sin(\omega t)$ ist dieser Fall in Abb. 9.29 dargestellt.

4. Fall

Die Frequenzen beider Spannungen sind *nicht* gleich.

In diesem Fall ist die Phase unbedeutend und für die resultierende Spannung ergibt sich eine neue Frequenz. Ein Zeigerdiagramm kann nicht angegeben werden. Dieser Fall ist bei der Nachrichtenübertragung (Modulation und Mischung) von Bedeutung.

Für $u_1(t) = 1{,}0\,\text{V} \cdot \sin(\omega t)$ und $u_2(t) = 2{,}0\,\text{V} \cdot \sin(2 \cdot \omega t)$ ist dieser Fall in Abb. 9.30 dargestellt.

9.8 Zusammensetzung von Wechselspannungen

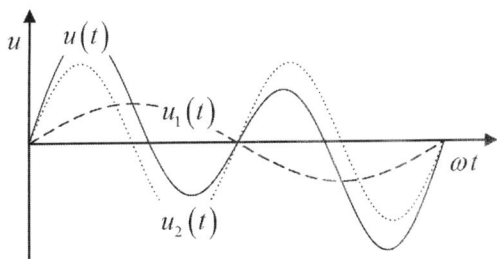

Abb. 9.30 Addition von Wechselspannungen verschiedener Frequenz

---

Aufgabe 9.3
Zwei sinusförmige Ströme sind phasengleich und haben die Effektivwerte $I_1 = 30\,\text{mA}$ und $I_2 = 50\,\text{mA}$. Wie groß ist die Summe der beiden Ströme?

Lösung
Da die Ströme in Phase sind, können ihre Effektivwerte unmittelbar addiert werden. $I_{ges} = 80\,\text{mA}$.

Aufgabe 9.4
Zwei sinusförmige Spannungen u_1 und u_2 gleicher Frequenz haben die Amplituden $\hat{U}_1 = 5\,\text{V}$ und $\hat{U}_2 = 10\,\text{V}$. Die Phasenverschiebung zwischen beiden Spannungen beträgt 90°, u_2 eilt u_1 voraus. Wie groß ist die Amplitude $\hat{U}$ der Summenspannung u? Wie groß ist die Phasenverschiebung zwischen der Summenspannung u und der Spannung u_2?

Lösung
Das Zeigerdiagramm zeigt Abb. 9.31.
Die Summenspannung bildet die Hypotenuse eines rechtwinkligen Dreiecks. Nach Pythagoras gilt: $u^2 = u_1^2 + u_2^2$ oder $u = \sqrt{u_1^2 + u_2^2} \Rightarrow \underline{\hat{U} = 11{,}18\,\text{V}}$
Der Winkel φ zwischen u und u_2 ist: $\sin(\varphi) = \frac{u_1}{u} \Rightarrow \varphi = \arcsin\left(\frac{u_1}{u}\right) \Rightarrow \underline{\varphi = 26{,}6°}$
Die Spannung u eilt der Spannung u_2 um 26,6° nach.

Abb. 9.31 Zeigerdiagramm
mit den Spannungen

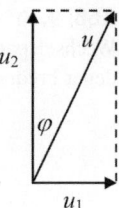

9.9 Oberschwingungen

In der Elektronik werden außer sinusförmigen Spannungen häufig nicht sinusförmige Signale (z. B. rechteck-, dreieck-, sägezahnförmige Spannungen) verwendet. Außerdem können in der Praxis nichtlineare Widerstände (z. B. Eisenkernspulen oder Halbleiterbauelemente) zu einer Veränderung der Sinusform von Spannungen und Strömen führen. Der Zusammenhang zwischen sinusförmigen und periodischen, nicht sinusförmigen Wechselgrößen wird im Folgenden untersucht.

Bei einer periodischen Spannung gilt $u(t) = u(t + T)$, wobei T die Periodendauer ist.

▶ **Eine periodische, nicht sinusförmige Spannung kann durch Überlagerung unendlich vieler, sinusförmiger Spannungen dargestellt werden.**

Die Überlagerung entspricht einer Summe bzw. einer punktweisen Addition der einzelnen Spannungen.

Jede periodische, nicht sinusförmige Funktion lässt sich nach Fourier[3] durch eine unendliche Summe verschiedener Sinuskurven mit unterschiedlichen Amplituden, Frequenzen und Nullphasenwinkeln darstellen.

Die einzelnen, sinusförmigen Spannungen bilden das **Spektrum** der periodischen, nicht sinusförmigen Spannung. Die unterschiedlichen Amplituden der einzelnen Sinusspannungen stellen das **Amplitudenspektrum**, die unterschiedlichen Nullphasenwinkel das **Phasenspektrum** dar. Die Frequenzen der einzelnen Sinusspannungen sind **ganz**zahlige Vielfache (**Harmonische**) der kleinsten vorkommenden Frequenz (der **Grundfrequenz**)

$$f_0 = \frac{\omega_0}{2 \cdot \pi} \qquad (9.42)$$

und bilden das **Frequenzspektrum**.

Die sinusförmige Teilschwingung mit der kleinsten vorkommenden Frequenz, der Grundfrequenz, wird als **Grundschwingung** oder als **1. Harmonische** bezeichnet. Die übrigen Schwingungen heißen Oberschwingungen oder höhere Harmonische und werden oft **Oberwellen** genannt. Man spricht von der 1. (oder 2., 3. usw.) Oberschwingung oder

---

[3] Joseph Fourier (1768–1830), französischer Mathematiker.

9.9 Oberschwingungen

Oberwelle bzw. der 2. (oder 3., 4. usw.) Harmonischen. Die 2. Harmonische entspricht der 1. Oberschwingung.

Die Grundfrequenz der 1. Harmonischen (der sinusförmigen Grundschwingung) entspricht der Frequenz der nicht sinusförmigen Spannung.

Der Zählindex ($n = 1, 2, 3, \ldots$) für das ganzzahlige Vielfache der kleinsten vorkommenden Frequenz heißt **Ordnungszahl** der betreffenden Oberschwingung. Die Ordnungszahl einer Harmonischen erhält man, wenn man ihre Frequenz durch die Frequenz der Grundschwingung teilt.

Zur Vertiefung

9.9.1 Fourier-Reihen

Mathematisch lässt sich eine periodische, nicht sinusförmige Spannung durch eine Fourier-Reihe (sinusförmige Teilschwingungen) darstellen.

$$u(t) = U + \hat{U}_1 \cdot \sin(\omega_0 t + \varphi_1) + \hat{U}_2 \cdot \sin(2 \cdot \omega_0 t + \varphi_2) + \ldots + \hat{U}_n \cdot \sin(n \cdot \omega_0 t + \varphi_n) \tag{9.43}$$

mit $n = 1, 2, 3, \ldots, \infty$
oder kürzer geschrieben

$$u(t) = U + \sum_{n=1}^{\infty} \hat{U}_n \cdot \sin(n \cdot \omega_0 t + \varphi_n) \tag{9.44}$$

Hierin sind:

$u(t)$ Momentanwert der Spannung zum Zeitpunkt t,
U Gleichspannungskomponente (zeitlicher Mittelwert, Gleichanteil),
$\hat{U}_n$ Scheitelwert (Scheitelspannung) der n-ten Harmonischen,
φ_n Nullphasenwinkel der n-ten Harmonischen,
n ganzzahliger Zählindex (Ordnungszahl),

$$\omega_0 = 2 \cdot \pi \cdot f_0 = \frac{2 \cdot \pi}{T_0},$$

mit $f_0 =$ Grundfrequenz, $T_0 =$ Periodendauer der nicht sinusförmigen Spannung.

Die Fourier-Reihe Gl. 9.44 stellt eine Zerlegung einer nicht sinusförmigen periodischen Funktion in eine Konstante (U) und in sinusförmige Teilschwingungen dar. Obwohl die Reihe aus unendlich vielen Gliedern besteht, kann sie mit genügender Genauigkeit meistens nach einigen Gliedern abgebrochen werden. Die nicht sinusförmige periodische Funktion wird meistens durch einige Glieder der Reihe ausreichend genau beschrieben.

Die Fourier-Reihe nach Gl. 9.44 kann durch Zerlegung in Sinus- und Cosinusglieder in anderer Form geschrieben werden. Eine Darstellung mit Sinus- und Cosinusgliedern ergibt:

$$u(t) = U + \sum_{n=1}^{\infty} a_n \cdot \sin(n \cdot \omega_0 t) + \sum_{n=1}^{\infty} b_n \cdot \cos(n \cdot \omega_0 t) \qquad (9.45)$$

In dieser Darstellung treten *keine Nullphasenwinkel* auf. Die Konstanten a_n und b_n werden als **Fourier-Koeffizienten** bezeichnet.

Mit der Periodendauer $T_0 = 2\pi/\omega_0$ berechnen sich die Fourier-Koeffizienten a_n und b_n und die Gleichspannungskomponente U:

$$a_n = \frac{2}{T_0} \int_0^{T_0} u(t) \cdot \sin(n\,\omega_0 t) dt \qquad (9.46)$$

$$b_n = \frac{2}{T_0} \int_0^{T_0} u(t) \cdot \cos(n\,\omega_0 t) dt \qquad (9.47)$$

$$U = \frac{1}{T} \int_0^{T_0} u(t) dt \qquad (9.48)$$

Die Lage des Integrationsintervalls ist gleichgültig und kann ebenso von $-T_0/2$ bis $+T_0/2$ erstreckt werden.

Speziell für die Periodendauer $T_0 = 2\pi$ ($\Rightarrow \omega_0 = 1$) gilt:

$$a_n = \frac{1}{\pi} \int_0^{2\pi} u(t) \cdot \sin(n\,t) dt \qquad (9.49)$$

$$b_n = \frac{1}{\pi} \int_0^{2\pi} u(t) \cdot \cos(n\,t) dt \qquad (9.50)$$

$$U = \frac{1}{2\pi} \int_0^{2\pi} u(t) dt \qquad (9.51)$$

9.9 Oberschwingungen

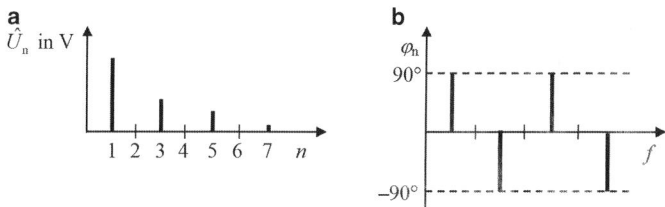

Abb. 9.32 Beispiel eines Amplitudenspektrums (**a**) und eines Phasenspektrums (**b**)

Zwischen den beiden Darstellungsformen einer Fourier-Reihe Gl. 9.44 und Gl. 9.45 gelten folgende Beziehungen:

$$\hat{U}_n = \sqrt{a_n^2 + b_n^2} \tag{9.52}$$

$$\varphi_n = \arctan\left(\frac{b_n}{a_n}\right) \tag{9.53}$$

Für die Gesamtheit aller n stellt $\hat{U}_n$ das **Amplitudenspektrum** und φ_n das **Phasenspektrum** dar (Abb. 9.32). Beide Spektren sind **Linienspektren**, sie werden als Linien in Abhängigkeit der Ordnungszahl n gezeichnet.

Man beachte, dass jede Ordnungszahl einer Frequenz entspricht. Die Abszisse eines Spektrums kann somit auch mit der Frequenz f bezeichnet werden.

Als **Fourier-Analyse** bezeichnet man die Zerlegung einer nicht sinusförmigen periodischen Funktion in einzelne sinusförmige Teilschwingungen. Es wird vorausgesetzt, dass eine nicht sinusförmige Funktion $f(\omega t)$ in mathematischer Form als Gleichung vorliegt. Zur Ermittlung der sinusförmigen Teilschwingungen sind die Fourier-Koeffizienten zu bestimmen.

▶ **Allgemein gilt: Je größer die Frequenz der sinusförmigen Teilschwingung wird, desto kleiner wird deren Amplitude!**

Wichtig: In den nachfolgend beschriebenen Sonderfällen darf nur der Wechselanteil der Funktion betrachtet werden. Ein in der Funktion enthaltener Gleichanteil muss vor der Betrachtung des Sonderfalles von der Funktion abgezogen werden.

In folgenden **Sonderfällen** vereinfacht sich die Bestimmung der Fourier-Koeffizienten.

1. Sonderfall

Es liegt eine reine Wechselgröße vor, die positiven und negativen Halbschwingungen schließen gleich große Flächen ein (Abb. 9.33). Der arithmetische Mittelwert einer solchen Funktion ist null.

⇒ **Der Gleichanteil ist null.** Es tritt z. B. keine Gleichspannungskomponente U auf.

Abb. 9.33 Funktionsgraph
1. Sonderfall

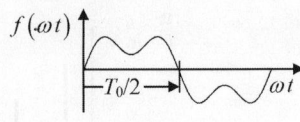

Abb. 9.34 Funktionsgraph
2. Sonderfall

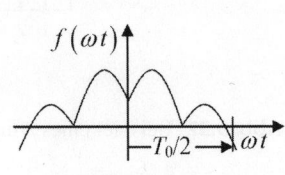

Abb. 9.35 Funktionsgraph
3. Sonderfall

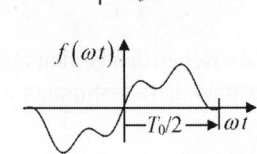

2. Sonderfall
Es gilt die Bedingung $f(\omega t) = f(-\omega t)$. Die Funktion ist gerade und symmetrisch zur y-Achse (Abb. 9.34).

⇒ **Die Reihe enthält nur Cosinus-Glieder ($a_n = 0$).**

3. Sonderfall
Es gilt die Bedingung $f(\omega t) = -f(-\omega t)$. Die Funktion ist ungerade und punktsymmetrisch zum Koordinatenursprung (Abb. 9.35).

⇒ **Die Reihe enthält nur Sinus-Glieder ($b_n = 0$).**

4. Sonderfall
Es gilt die Bedingung $f(\omega t) = f(\omega t + \pi)$. Die Halbperioden haben gleiche Form und gleiche Lage zur x-Achse (Abb. 9.36).

⇒ **Die Reihe enthält nur Sinus- und Cosinus-Glieder mit gerader Ordnungszahl.**

$(a_{2n+1} = 0, b_{2n+1} = 0)$

5. Sonderfall
Es gilt die Bedingung $f(\omega t) = -f(\omega t + \pi)$. Die Funktion ist alternierend, die Halbperioden haben gleiche Form, aber verschiedene Lage zur x-Achse (Abb. 9.37).

⇒ **Die Reihe enthält nur Sinus- und Cosinus-Glieder mit ungerader Ordnungszahl.**

Abb. 9.36 Funktionsgraph
4. Sonderfall

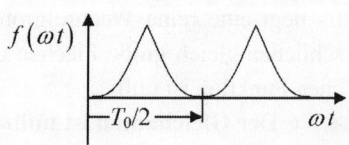

9.9 Oberschwingungen

Abb. 9.37 Funktionsgraph 5. Sonderfall

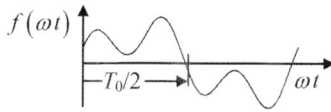

$a_{2n} = 0, b_{2n} = 0$

9.9.2 Beispiel zur Fourier-Analyse

Eine sägezahnförmige Spannung hat den Verlauf nach Abb. 9.38.

Es ist die Fourier-Reihe bis zur Ordnungszahl $n = 5$ zu ermitteln und das zugehörige Amplitudenspektrum zu zeichnen.

Lösung

Die Spannung hat den Scheitelwert $\hat{U} = 10\,\text{V}$ und die Periodendauer $T_0 = 2\pi$. Für die Bestimmung der Fourier-Koeffizienten wird die Gleichung der Funktion benötigt.

Der Kurvenverlauf stellt eine Gerade durch den Koordinatenursprung mit der Steigung $\frac{\hat{U}}{2\pi}$ dar. Die Gleichung der Funktion ist $f(t) = \frac{\hat{U}}{2\pi} \cdot t$.

Um Rechenarbeit von Hand und vor allem die Berechnung von Integralen zu vermeiden, erfolgt die weitere Lösung mit Mathcad.

$$\hat{U} := 10 \cdot \text{V}; \quad u(t) := \frac{\hat{U}}{2 \cdot \pi} \cdot t$$

Der Gleichspannungsanteil ist:

$$U := \frac{1}{2 \cdot \pi} \cdot \int_0^{2\cdot\pi} u(t)\,dt \Rightarrow U = 5\,\text{V}$$

Zählindex: $n := 1 \ldots 5$; Fourier-Koeffizienten: $a_n = \frac{1}{\pi} \int_0^{2\cdot\pi} u(t) \cdot \sin(n \cdot t)\,dt$

$\Rightarrow a_1 = -3{,}18\,\text{V}; \quad a_2 = -1{,}59\,\text{V}; \quad a_3 = -1{,}06\,\text{V}; \quad a_4 = -0{,}8\,\text{V}; \quad a_5 = -0{,}64\,\text{V}$

a_1 bis a_5 sind die Amplituden der ersten fünf Harmonischen.

Abb. 9.38 Spannung mit sägezahnförmigem Verlauf

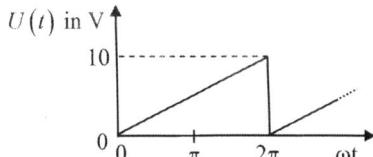

Zieht man von dem gegebenen Spannungsverlauf den Gleichspannungsanteil ab, so erhält man den Wechselspannungsanteil. Dessen zeitlicher Verlauf stellt eine ungerade Funktion dar mit der Bedingung $f(t) = -f(-t)$.

Es treten daher **nur Sinusglieder** auf. Dies wird nachgeprüft.

$$b_n = \frac{1}{\pi} \int_0^{2\cdot\pi} u(t) \cdot \cos(n \cdot t)\, dt \Rightarrow b_1 = 0\,\text{V};\quad b_2 = 0\,\text{V};\ldots;\quad b_n = 0\,\text{V}$$

Die Fourier-Reihe bis zum 5. Glied ist eine näherungsweise Darstellung (Approximation) der gegebenen Spannung und ergibt sich zu:

$$u_F(t) := U + \sum_{n=1}^{5} (a_n \cdot \sin(n \cdot t))$$

oder

$$u_F(t) := a_1 \cdot \sin(t) + a_2 \cdot \sin(2 \cdot t) + a_3 \cdot \sin(3 \cdot t) + a_4 \cdot \sin(4 \cdot t) + a_5 \cdot \sin(5 \cdot t) + U$$

Die einzelnen Harmonischen sind:

$$u_1(t) := a_1 \cdot \sin(t);\quad u_2(t) := a_2 \cdot \sin(2 \cdot t);\quad u_3(t) := a_3 \cdot \sin(3 \cdot t);$$
$$u_4(t) := a_4 \cdot \sin(4 \cdot t);\quad u_5(t) := a_5 \cdot \sin(5 \cdot t)$$

Die gegebene Spannung kann näherungsweise durch folgende Fourier-Reihe dargestellt werden:

$$u(t) = 5\,\text{V} - 3{,}18\,\text{V} \cdot \sin(\omega t) - 1{,}59\,\text{V} \cdot \sin(2\omega t) - 1{,}06\,\text{V} \cdot \sin(3\omega t) \ldots$$
$$\ldots - 0{,}80\,\text{V} \cdot \sin(4\omega t) - 0{,}64\,\text{V} \cdot \sin(5\omega t)$$

Festlegen der Schrittweite und des Bereiches für die grafische Darstellung (Abb. 9.39):

$$\Delta\phi := 1 \cdot \text{Grad};\quad \phi := 360 \cdot \text{Grad};\quad t := 0, \Delta\phi \ldots \phi$$

Das zugehörige Amplitudenspektrum zeigt Abb. 9.40.

9.9 Oberschwingungen

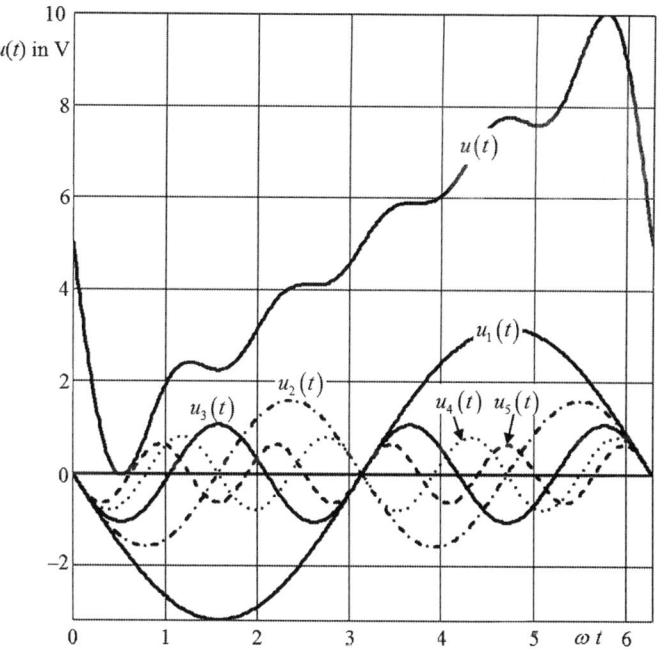

Abb. 9.39 Angenäherte Sägezahnspannung mit den ersten fünf Harmonischen

Abb. 9.40 Amplitudenspektrum der Sägezahnspannung

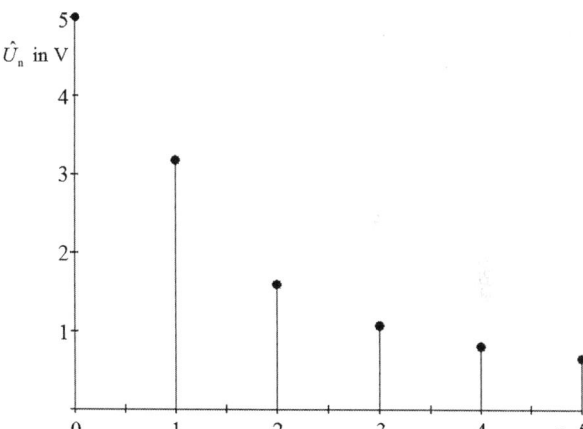

Ende Vertiefung

9.9.3 Bedeutung der Fourier-Analyse

9.9.3.1 Störungen

Haben die periodischen nicht sinusförmigen Signale mit unterschiedlicher Form gleiche Scheitelwerte, so können ihre Amplitudenspektren (die Höhe von Spektrallinien mit gleicher Ordnungszahl) miteinander verglichen werden.

Bei einem solchen Vergleich erkennt man, dass die Amplitudenspektren unterschiedlich schnell abnehmen.

▶ **Je steiler die Flanken der Signale sind, desto größer sind die Amplituden der Oberwellen.**

Bei rechteck- und sägezahnförmigen Signalen sind die Amplituden der Oberwellen viel größer als z. B. bei dreieckförmigen oder abgerundeten Signalen.

In der Praxis sind Oberwellen mögliche Ursache für Störungen.

Entstehen Oberwellen in elektrischen Geräten, so können sie sich über Anschlussleitungen oder als Hochfrequenzenergie (Strahlung) ausbreiten. Sie bilden dann **Störquellen** für andere elektronische Geräte und können bei diesen ein Fehlverhalten hervorrufen bzw. bis zu deren Funktionsausfall führen.

Durch Maßnahmen zur **elektromagnetischen Verträglichkeit (EMV)** wird die gegenseitige elektromagnetische Beeinflussung von elektrischen Geräten herabgesetzt.

EMV-Maßnahmen können zur Vermeidung der Entstehung von Störungen dienen. So können z. B. die Rechtecksignale eines Mikroprozessors „verschliffen" (abgerundet) ausgebildet werden, so dass die Amplituden der Oberwellen und damit deren Strahlungsenergie kleiner wird. Ein Metallgehäuse schirmt elektromagnetische Störungen ab und verringert die Wirkung einer Baugruppe als Störquelle. Zuleitungen können mit speziellen Schaltungen (Filter) versehen werden, so dass keine leitungsgebundenen Störungen nach außen dringen.

EMV-Maßnahmen können auch zur Abschwächung aufgenommener Störungen bzw. zur Erhöhung der Störfestigkeit eines Gerätes dienen. Eine Störsenke (ein Gerät, das elektromagnetische Störungen aufnimmt) kann durch ein Metallgehäuse abgeschirmt werden. Mit Leitungen verbundene Eingänge können durch Entstörfilter (z. B. Schaltungen mit Kondensatoren und Drosseln) vor Störungen geschützt werden.

Das Amplitudenspektrum eines *periodischen nicht sinusförmigen* Signals ist ein *Linienspektrum*. Störungen können durch solche Signale nur bei einzelnen Frequenzen auftreten. *Unperiodische Signale* (z. B. ein Einzelimpuls) weisen ein *kontinuierliches Amplitudenspektrum* auf. Störungen durch diese Signale können breitbandig, d. h. bei jeder Frequenz auftreten.

Anmerkung Eine Zeitfunktion lässt sich grundsätzlich auf zwei gleichwertige Arten darstellen: Als Zeitfunktion im Zeitbereich und als Spektrum (spektrale Darstellung) im Frequenzbereich. Durch Fourier-Reihen ergeben sich bei periodischen nicht sinusförmigen

Spannungen diskrete Linienspektren. Durch die Fourier- bzw. Laplace-Transformation lassen sich beliebige, auch nicht periodische Zeitsignale im Frequenzbereich beschreiben, wobei sich bei nicht periodischen Zeitsignalen kontinuierliche Spektren ergeben.

9.9.3.2 Nicht sinusförmige Vorgänge in linearen Schaltungen

Von Bedeutung ist die Fourier-Analyse in der Praxis auch für die Betrachtung von nicht sinusförmigen Vorgängen in linearen Schaltungen. Werden nicht sinusförmige Wechselgrößen in sinusförmige Teilschwingungen zerlegt, so können Netzwerke mit den gleichen Lösungsverfahren berechnet werden, die für sinusförmige Vorgänge gelten.

Z. B. kann man sich eine Spannungsquelle, die eine nicht sinusförmige Spannung liefert, ersetzt denken durch mehrere in Reihe geschaltete Spannungsquellen, die jeweils sinusförmige Spannungen liefern. Die Gesamtwirkung (den fließenden Strom oder eine Teilspannung) erhält man durch Überlagerung der durch die einzelnen Spannungsquellen hervorgerufenen Teilwirkungen. Voraussetzung für dieses Verfahren ist allerdings, dass im Netzwerk keine nichtlinearen Widerstände (z. B. Dioden, Transistoren) vorhanden sind. Vgl. hierzu auch Abschn. 9.8.

9.9.4 Klirrfaktor

Von einer **Verzerrung** spricht man, wenn die Kurvenform einer Wechselgröße von der Sinusform abweicht. Der Grad der Verzerrung wird durch den Klirrfaktor ausgedrückt. Ist keine Gleichspannungskomponente vorhanden, so versteht man unter dem Klirrfaktor k das Verhältnis des Effektivwertes aller Oberschwingungen zu dem Effektivwert der Gesamtschwingung.

$$k = \frac{\sqrt{U_2^2 + U_3^2 + \ldots}}{\sqrt{U_1^2 + U_2^2 + \ldots}} \qquad (9.54)$$

$U_1, U_2, \ldots$ = Effektivwerte der einzelnen Harmonischen

Komplexe Darstellung von Sinusgrößen

10

Zusammenfassung

Komplexe Zahlen werden eingeführt, die Grundbegriffe der komplexen Rechnung erläutert und das Rechnen im komplexen Bereich wird geübt. Die grafische Darstellung komplexer Zahlen als Zeiger und in den möglichen Darstellungsarten der Komponentenform, Exponentialform und trigonometrischen Form zeigen unterschiedliche Möglichkeiten zur Berechnung von Betrag und Phase und zur Umwandlung der Formen ineinander. Spannung, Strom und Widerstand werden als komplexe Größen dargestellt und die Vorteile des Gebrauchs komplexer Größen herausgestellt. Im komplexen Bereich werden Scheitelwert- und Effektivwertzeiger, rotierende und ruhende Zeiger betrachtet. Die Transformation einer im Zeitbereich gegebenen Spannung oder eines Stromes in den komplexen Bereich und umgekehrt wird geschult.

Mit Zeigern lassen sich sinusförmige Wechselgrößen einfach darstellen. Die notwendige grafische Darstellung ist jedoch oft umständlich und ungenau. Mit Hilfe der komplexen Rechnung kann man ein Zeigerdiagramm mathematisch beschreiben.

10.1 Grundbegriffe der komplexen Rechnung

Wird als Koordinatenkreuz des Zeigerbildes für die Abszisse die **reelle** und für die Ordinate die **imaginäre Achse** genommen, so lässt sich die gegenseitige Lage von gerichteten elektrischen Größen verhältnismäßig einfach bestimmen. Die Ebene dieses Achsenkreuzes heißt Gauß'sche[1] Zahlenebene. Auf der waagrechten Achse (Abszisse) werden die reellen Zahlen (0, 1, 2 usw.) aufgetragen. Auf der senkrechten Achse (Ordinate) werden die **imaginären Zahlen** (j, $2j$, usw.) aufgetragen. Für die **imaginäre Einheit** wird in der

---

[1] Carl Friedrich Gauß (1777–1855), deutscher Mathematiker.

Elektrotechnik gemäß DIN 1302 der Buchstabe „*j*" verwendet, um Verwechslungen mit dem Buchstaben „*i*", der für den zeitabhängigen Strom verwendet wird, zu vermeiden.

Die Einheit der imaginären Zahlen ist:

$$j = \sqrt{-1} \tag{10.1}$$

Die imaginäre Einheit *j* gibt es in Wirklichkeit nicht, sie ist keine reelle (reale) Größe, da sich die Quadratwurzel aus -1 nicht ziehen lässt. Aufgrund ihres mathematischen Verhaltens sind jedoch imaginäre bzw. komplexe Zahlen für Berechnungen in der Wechselstromlehre sehr gut geeignet.

Die Summe aus einer reellen Zahl und einer imaginären Zahl heißt **komplexe Zahl**.

Zur Unterscheidung von einer reellen Größe wird das Formelzeichen einer komplexen Größe gemäß DIN 1304-1 und DIN 5483-3 unterstrichen, z. B. ist U eine reelle Spannung (eine Gleichspannung oder ein Effektivwert), $\underline{U}$ (sprich: *U* komplex) ist eine komplexe Spannung (eine Spannung in komplexer Darstellung). Als *Symbol einer komplexen Zahl* wird also ein *unterstrichener Buchstabe* verwendet.

Die Größe „*Z*" (*nicht* unterstrichen!) ist der **Betrag** (und damit eine reelle Größe) der komplexen Zahl $\underline{Z}$. Es gilt:

$$Z = |\underline{Z}| \tag{10.2}$$

Der Betrag einer komplexen Zahl wird weiter unten näher erläutert. Man sieht jedoch bereits: Ob ein Formelzeichen unterstrichen wird oder nicht, ist von entscheidender Bedeutung. Dementsprechend ist beim Niederschreiben von Berechnungen in komplexer Darstellung große Sorgfalt erforderlich.

Eine komplexe Zahl $\underline{Z}$ kann in der Gauß'schen Zahlenebene durch einen Punkt grafisch dargestellt werden. Zur Kennzeichnung verläuft ein komplexer Zeiger als Ortsvektor vom Ursprung zum betreffenden Punkt. Zu jeder komplexen Zahl $\underline{Z}$ gibt es eine konjugiert komplexe Zahl $\underline{Z}^*$ (sprich: Z konjugiert komplex). Beide komplexe Zahlen unterscheiden sich nur durch das Vorzeichen ihres Imaginärteils. In Abb. 10.1 ist als Beispiel die komplexe Zahl $\underline{Z} = 2 + 2j$ und deren konjugiert komplexe Zahl $\underline{Z}^* = 2 - 2j$ dargestellt.

Eine komplexe Zahl kann in drei unterschiedlichen Formen dargestellt werden, die prinzipiell zueinander gleichwertig sind. Für bestimmte Rechenoperationen sind die verschiedenen Darstellungsarten jedoch unterschiedlich gut geeignet.

1. Komponentenform (algebraische Form)

Die Komponentenform eignet sich besonders gut für die *Addition* und *Subtraktion* komplexer Zahlen.

Die komplexe Zahl $\underline{Z}$ kann nach den Regeln der Addition von Zeigern als Summe von zwei Komponenten wiedergegeben werden.

Es ist

$$\underline{Z} = R + j \cdot X \tag{10.3}$$

$R =$ **Realteil** von $\underline{Z}$,
$X =$ **Imaginärteil** von $\underline{Z}$.

10.1 Grundbegriffe der komplexen Rechnung

Abb. 10.1 Darstellung einer komplexen und der konjugiert komplexen Zahl in der Gauß'schen Zahlenebene

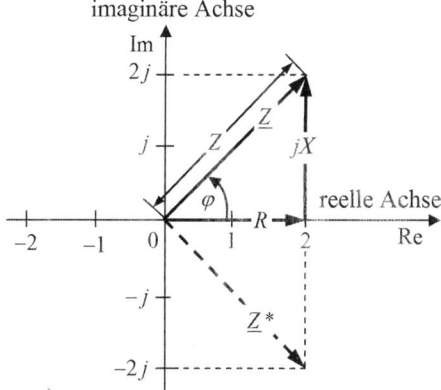

Achtung In der Darstellung $\underline{Z} = R + j \cdot X$ ist „R" kein Widerstand sondern der Realteil der komplexen Zahl $\underline{Z}$.

Re $\{\underline{Z}\}$ und Im $\{\underline{Z}\}$ sind abgekürzte Schreibweisen für Real- und Imaginärteil von $\underline{Z}$.

Der **Betrag der komplexen Zahl** (die **Zeigerlänge**) ist:

$$|\underline{Z}| = Z = \sqrt{R^2 + X^2} \tag{10.4}$$

Der Richtungswinkel φ einer komplexen Zahl ist von ihrer Lage in der komplexen Ebene abhängig.

Eine komplexe Zahl $\underline{Z} = a + jb$ ($a, b \neq 0$) liegt

im 1. Quadrant, falls $a, b > 0$,
im 2. Quadrant, falls $a < 0, b > 0$,
im 3. Quadrant, falls $a < 0, b < 0$,
im 4. Quadrant, falls $a > 0, b < 0$.

Je nach Quadrant ist der Winkel φ:

1. Quadrant:

$$\varphi = \arctan\left(\frac{|b|}{|a|}\right), \tag{10.5}$$

2. Quadrant:

$$\varphi = \pi - \arctan\left(\frac{|b|}{|a|}\right), \tag{10.6}$$

3. Quadrant:

$$\varphi = \pi + \arctan\left(\frac{|b|}{|a|}\right), \tag{10.7}$$

4. Quadrant:

$$\varphi = -\arctan\left(\frac{|b|}{|a|}\right). \tag{10.8}$$

Sonderfälle:

$a > 0,\ b = 0$: $\varphi = 0$,
$a = 0,\ b > 0$: $\varphi = \frac{\pi}{2}$ (90°),
$a < 0,\ b = 0$: $\varphi = \pi$ (180°),
$a = 0,\ b < 0$: $\varphi = -\frac{\pi}{2}$ (−90°).

Der Winkel φ kann der komplexen Zahl $\underline{Z}$ durch folgende Schreibweise zugeordnet werden:

$$\varphi = \angle \underline{Z} \qquad (10.9)$$

Gl. 10.9 wird gelesen als: „φ gleich Winkel von Z komplex."

2. Exponentialform
Eine gleichwertige andere Darstellung einer komplexen Zahl ist die **Exponentialform**.

$$\underline{Z} = Z \cdot e^{j\varphi} \qquad (10.10)$$

In Gl. 10.10 ist „e" die Euler'sche Zahl 2,718... (Basis des natürlichen Logarithmus), $Z = |\underline{Z}|$ ist der **Betrag der komplexen Zahl** (Länge des Zeigers) und φ ist der Richtungswinkel von $\underline{Z}$.

Die Exponentialform eignet sich besonders für die *Multiplikation* und *Division* komplexer Zahlen.

Statt durch Real- und Imaginärteil kann eine komplexe Zahl also auch durch ihren Betrag und Winkel festgelegt werden. Dies entspricht der Angabe von Polarkoordinaten.

Herleitung der Exponentialform

$$|\underline{Z}| = Z = \sqrt{R^2 + X^2}; \quad \varphi = \arctan\left(\frac{X}{R}\right); \quad R = \operatorname{Re}\{\underline{Z}\} = Z \cdot \cos(\varphi);$$

$$X = \operatorname{Im}\{\underline{Z}\} = Z \cdot \sin(\varphi)$$

Mit $\underline{Z} = R + j \cdot X$ folgt $\underline{Z} = Z \cdot [\cos(\varphi) + j \cdot \sin(\varphi)]$.
Mit dem Euler'schen Satz $\cos(\varphi) + j \cdot \sin(\varphi) = e^{j\varphi}$ ergibt sich $\underline{Z} = Z \cdot e^{j\varphi}$.

3. Trigonometrische Form
Die trigonometrische Form ist eine dritte, gleichwertige Darstellung einer komplexen Zahl. Mit ihr wird in der Elektrotechnik nur selten gerechnet. Sie wird häufig zur Umwandlung einer gegebenen Exponentialform oder einer sinusförmigen Zeitfunktion in die Komponentenform verwendet.

Mit der Angabe des Realteils

$$R = Z \cdot \cos(\varphi) \qquad (10.11)$$

und des Imaginärteils

$$X = Z \cdot \sin(\varphi) \qquad (10.12)$$

10.1 Grundbegriffe der komplexen Rechnung

folgt aus Gl. 10.3 die trigonometrische Form:

$$\underline{Z} = Z \cdot [\cos(\varphi) + j \cdot \sin(\varphi)] \tag{10.13}$$

Wie bereits erwähnt, gibt es zu jeder komplexen Zahl $\underline{Z}$ eine **konjugiert komplexe Zahl** $\underline{Z}^*$. Beide unterscheiden sich nur durch das Vorzeichen des Imaginärteils.

Aufgabe 10.1
Wie lautet die konjugiert komplexe Zahl zu $\underline{Z} = R + j \cdot X = Z \cdot e^{j\varphi}$?

Lösung

$$\underline{Z}^* = R - j \cdot X = Z \cdot e^{-j\varphi}$$

Aufgabe 10.2
Wandeln Sie die Exponentialform $\underline{Z} = 15 \cdot e^{j35°}$ in die Komponentenform um.

Lösung

$$\underline{Z} = Z \cdot (\cos\varphi + j \cdot \sin\varphi) = 15 \cdot (0{,}82 + j \cdot 0{,}57) = \underline{12{,}3 + j \cdot 8{,}55}$$

Aufgabe 10.3
Wandeln Sie die gegebene Zeitfunktion einer Wechselspannung
$u(t) = 24\,\text{V} \cdot \sin(\omega t + 15°)$ in einen komplexen, ruhenden Scheitelwertzeiger in Komponentenform um.

Lösung

$$\underline{\hat{U}} = 24\,\text{V} \cdot (\cos 15° + j \cdot \sin 15°) = 24\,\text{V} \cdot (0{,}966 + j \cdot 0{,}259)$$
$$\underline{\hat{U}} = (23{,}18 + j \cdot 6{,}22)\,\text{V}$$

10.1.1 Rechenregeln für imaginäre Zahlen

Unter Berücksichtigung der Regeln für die Potenzrechnung gilt:

$$j^2 = -1 (\sqrt{-1} \cdot \sqrt{-1} = -1) \tag{10.14}$$

$$j^3 = -j (j^2 \cdot j = -1 \cdot j = -j) \tag{10.15}$$

$$j^4 = +1 (j^2 \cdot j^2 = -1 \cdot -1 = +1) \tag{10.16}$$

j^3 kann auch geschrieben werden als $j^3 = \frac{1}{j} = -j$ ($j^3 = \frac{j^4}{j} = \frac{1}{j}$).

Addition

$$ja + jb = j(a+b) \tag{10.17}$$

Subtraktion

$$ja - jb = j(a-b) \tag{10.18}$$

Multiplikation

$$ja \cdot jb = -a \cdot b \tag{10.19}$$

Division

$$ja : jb = a : b \tag{10.20}$$

Betrag (Länge des Zeigers)

$$|\pm j \cdot a| = a \tag{10.21}$$

Aus der grafischen Darstellung einer imaginären Zahl kann abgeleitet werden:

1. Die Multiplikation einer reellen Größe mit j bedeutet eine Drehung des Zeigers dieser Größe um 90° im mathematisch positiven Sinn (entgegen dem Uhrzeigersinn).
2. Die Multiplikation einer reellen Größe mit j^2 bedeutet eine Drehung des Zeigers dieser Größe um 180° im mathematisch positiven Sinn.
3. Die Multiplikation einer reellen Größe mit $-j = \frac{1}{j}$ bedeutet eine Drehung des Zeigers dieser Größe um $-90°$.

10.1.2 Rechenregeln für komplexe Zahlen

Hier werden nur die wichtigsten Rechenregeln für komplexe Zahlen betrachtet.

Addition und Subtraktion in der Komponentenform
Für Addition und Subtraktion eignet sich gut die Komponentenform. Die reellen und die imaginären Komponenten werden für sich addiert bzw. subtrahiert.

10.1 Grundbegriffe der komplexen Rechnung

Addition:

$$\underline{Z}_1 + \underline{Z}_2 = (R_1 + jX_1) + (R_2 + jX_2) = R_1 + R_2 + j(X_1 + X_2) \quad (10.22)$$

$$\underline{Z}_1 + \underline{Z}_1^* = (R_1 + jX_1) + (R_1 - jX_1) = 2R_1 \quad (10.23)$$

Subtraktion:

$$\underline{Z}_1 - \underline{Z}_2 = (R_1 + jX_1) - (R_2 + jX_2) = R_1 - R_2 + j(X_1 - X_2) \quad (10.24)$$

$$\underline{Z}_1 - \underline{Z}_1^* = (R_1 + jX_1) - (R_1 - jX_1) = j2X_1 \quad (10.25)$$

Multiplikation und Division in der Exponentialform

Für die Multiplikation und Division eignet sich am besten die Exponentialform.

Bei der Multiplikation werden die Beträge multipliziert und die Richtungswinkel addiert.

Multiplikation:
Ist $\underline{Z}_1 = Z_1 \cdot e^{j\varphi_1}$ und $\underline{Z}_2 = Z_2 \cdot e^{j\varphi_2}$ so ist

$$\underline{Z}_1 \cdot \underline{Z}_2 = Z_1 \cdot Z_2 \cdot e^{j(\varphi_1 + \varphi_2)} \quad (10.26)$$

Man beachte die Zusammenhänge $Z_1 = |\underline{Z}_1| = \sqrt{R_1^2 + X_1^2}$ und $\varphi_1 = \arctan\left(\frac{X_1}{R_1}\right)$.

Bei der Division werden die Beträge dividiert und die Richtungswinkel subtrahiert.
Division:

$$\frac{\underline{Z}_1}{\underline{Z}_2} = \frac{Z_1}{Z_2} \cdot e^{j(\varphi_1 - \varphi_2)} \quad (10.27)$$

Multiplikation in der Komponentenform

$$\underline{Z}_1 \cdot \underline{Z}_2 = (R_1 + jX_1)(R_2 + jX_2) = R_1 R_2 - X_1 X_2 + j \cdot (R_1 X_2 + R_2 X_1) \quad (10.28)$$

$$\underline{Z}_1^* \cdot \underline{Z}_2^* = (R_1 - jX_1)(R_2 - jX_2) = R_1 R_2 - X_1 X_2 - j \cdot (R_1 X_2 + R_2 X_1) \quad (10.29)$$

$$\underline{Z}_1^* \cdot \underline{Z}_2 = (R_1 - jX_1)(R_2 + jX_2) = R_1 R_2 + X_1 X_2 + j \cdot (R_1 X_2 - R_2 X_1) \quad (10.30)$$

$$\underline{Z}_1 \cdot \underline{Z}_1^* = (R_1 + jX_1)(R_1 - jX_1) = R_1^2 + X_1^2 \quad (10.31)$$

Multiplikation in trigonometrischer Form

$$\underline{Z}_1 = Z_1 \cdot (\cos\varphi_1 + j \cdot \sin\varphi_1); \quad \underline{Z}_2 = Z_2 \cdot (\cos\varphi_2 + j \cdot \sin\varphi_2); \quad Z_1 = |\underline{Z}_1|;$$
$$Z_2 = |\underline{Z}_2|$$

$$\underline{Z}_1 \cdot \underline{Z}_2 = Z_1 Z_2 [\cos(\varphi_1 + \varphi_2) + j \cdot \sin(\varphi_1 + \varphi_2)] \quad (10.32)$$

Division in der Komponentenform

Ein Bruch aus komplexen Zahlen der Form $\underline{Z} = \frac{R_1+jX_1}{R_2+jX_2}$ kann in eine reelle und in eine imaginäre Komponente zerlegt werden, indem der Zähler und der Nenner mit dem konjugiert komplexen Wert des Nenners multipliziert wird. Der komplexe Bruch wird also **konjugiert komplex erweitert**. Unter Berücksichtigung von $j^2 = -1$ ist:

$$\underline{Z} = \frac{R_1 + jX_1}{R_2 + jX_2} \cdot \frac{R_2 - jX_2}{R_2 - jX_2} = \frac{R_1R_2 - jR_1X_2 + jR_2X_1 + X_1X_2}{R_2^2 - jR_2X_2 + jR_2X_2 + X_2^2}$$

$$= \underbrace{\frac{R_1R_2 + X_1X_2}{R_2^2 + X_2^2}}_{\text{Realteil}} + j \cdot \underbrace{\frac{R_2X_1 - R_1X_2}{R_2^2 + X_2^2}}_{\text{Imaginärteil}} \qquad (10.33)$$

Division in trigonometrischer Form

$\underline{Z}_1 = Z_1 \cdot (\cos\varphi_1 + j \cdot \sin\varphi_1); \quad \underline{Z}_2 = Z_2 \cdot (\cos\varphi_2 + j \cdot \sin\varphi_2); \quad Z_1 = |\underline{Z}_1|;$
$Z_2 = |\underline{Z}_2|$

$$\frac{\underline{Z}_1}{\underline{Z}_2} = \frac{Z_1}{Z_2}[\cos(\varphi_1 - \varphi_2) + j \cdot \sin(\varphi_1 - \varphi_2)] \qquad (10.34)$$

Reziproker Wert (Kehrwert)

$$\frac{1}{\underline{Z}} = \frac{1}{Z \cdot e^{j\varphi}} = \frac{1}{Z} \cdot e^{-j\varphi} \qquad (10.35)$$

$$\frac{1}{\underline{Z}} = \frac{1}{R + jX} = \frac{1}{R + jX} \cdot \frac{R - jX}{R - jX} = \frac{R}{R^2 + X^2} - j\frac{X}{R^2 + X^2} \qquad (10.36)$$

$$\frac{1}{\underline{Z}^*} = \frac{1}{Z \cdot e^{-j\varphi}} = \frac{1}{Z} \cdot e^{j\varphi} \qquad (10.37)$$

$$\frac{1}{\underline{Z}^*} = \frac{1}{R - jX} = \frac{1}{R - jX} \cdot \frac{R + jX}{R + jX} = \frac{R}{R^2 + X^2} + j\frac{X}{R^2 + X^2} \qquad (10.38)$$

Potenzieren in trigonometrischer Form

$$\underline{Z} = Z \cdot (\cos\varphi + j \cdot \sin\varphi); \quad Z = |\underline{Z}|$$
$$(\underline{Z})^n = Z^n \cdot [\cos(n \cdot \varphi) + j \cdot \sin(n \cdot \varphi)] \qquad (10.39)$$

Potenzieren in Exponentialform

$$\underline{Z} = Z \cdot e^{j\varphi}; \quad Z = |\underline{Z}|$$
$$(\underline{Z})^n = Z^n \cdot e^{jn\varphi} \qquad (10.40)$$

Euler'sche Formel

$$\underline{\underline{\cos\varphi + j \cdot \sin\varphi = e^{j\varphi}}} \qquad (10.41)$$

Aufgabe 10.4
Wandeln Sie die komplexe Zahl $\underline{Z} = 10 + j \cdot 10$ in die Exponentialform um.

Lösung

$$Z = \sqrt{10^2 + 10^2} = 10 \cdot \sqrt{2}; \quad \varphi = \arctan\left(\frac{10}{10}\right) = 45°$$

$$\underline{Z} = 10 \cdot \sqrt{2} \cdot e^{j \cdot 45°}$$

Betrag eines Bruches aus komplexen Zahlen

Gegeben ist der komplexe Bruch $\underline{Z} = \frac{\underline{Z}_1}{\underline{Z}_2}$. Gesucht ist der Betrag Z.

Eine Möglichkeit wäre, den komplexen Bruch konjugiert komplex zu erweitern, also Zähler und Nenner mit dem konjugiert komplexen Wert des Nenners zu multiplizieren, wie in Gl. 10.33. Anschließend müssten Real- und Imaginärteil getrennt und dann der Betrag nach Gl. 10.4 ermittelt werden. Viel schneller ist die folgende Vorgehensweise, bei der die Beträge von Zähler und Nenner einzeln gebildet werden.

$$Z = |\underline{Z}| = \left|\frac{\underline{Z}_1}{\underline{Z}_2}\right| = \frac{|\underline{Z}_1|}{|\underline{Z}_2|} \qquad (10.42)$$

Dabei sind mehrere Faktoren in Zähler und Nenner möglich.

$$Z = |\underline{Z}| = \frac{|\underline{Z}_{1Z}| \cdot |\underline{Z}_{2Z}| \cdot \ldots \cdot |\underline{Z}_{nZ}|}{|\underline{Z}_{1N}| \cdot |\underline{Z}_{2N}| \cdot \ldots \cdot |\underline{Z}_{nN}|} \qquad (10.43)$$

Winkel eines Bruches aus komplexen Zahlen

Gegeben ist $\underline{Z} = \frac{\underline{Z}_1}{\underline{Z}_2}$. Gesucht ist der Winkel von $\underline{Z}$.

$$\angle \underline{Z} = \angle\left(\frac{\underline{Z}_1}{\underline{Z}_2}\right) = \angle \underline{Z}_1 - \angle \underline{Z}_2 \qquad (10.44)$$

Die Winkel von Zähler und Nenner werden subtrahiert.

Winkel eines Produktes aus komplexen Zahlen

Gegeben ist $\underline{Z} = \underline{Z}_1 \cdot \underline{Z}_2$. Gesucht ist der Winkel von $\underline{Z}$.

$$\angle \underline{Z} = \angle(\underline{Z}_1 \cdot \underline{Z}_2) = \angle \underline{Z}_1 + \angle \underline{Z}_2 \qquad (10.45)$$

Die Winkel der Faktoren werden addiert.

Aufgabe 10.5

Bestimmen Sie den Betrag Z und den Winkel $\varphi = \angle \underline{Z}$ der komplexen Zahl $\underline{Z} = \frac{5-7j}{2+3j}$ und geben Sie ihre Exponentialform an.

Lösung

$$Z = \frac{\sqrt{5^2 + 7^2}}{\sqrt{2^2 + 3^2}} = \underline{\underline{2{,}39}}$$

$$\angle \underline{Z} = \angle(5 - 7j) - \angle(2 + 3j) = -\arctan\left(\frac{7}{5}\right) - \arctan\left(\frac{3}{2}\right) = \underline{\underline{-110{,}8°}}$$

$\angle \underline{Z}$ liegt im 3. Quadranten, deshalb kann der negative Winkel $-110{,}8°$ in einen positiven Winkel umgerechnet werden. Dies müsste allerdings nicht unbedingt erfolgen.

$$\angle \underline{Z} = 360° - 110{,}8° = \underline{\underline{249{,}2°}}$$

Exponentialform: $\underline{\underline{\underline{Z} = 2{,}39 \cdot e^{j \cdot 249{,}2°}}}$ oder $\underline{\underline{\underline{Z} = 2{,}39 \cdot e^{-j \cdot 110{,}8°}}}$

Alternativ als Division:

$$\underline{Z} = \frac{\sqrt{5^2 + 7^2} \cdot e^{j \cdot (-\arctan(\frac{7}{5}))}}{\sqrt{2^2 + 3^2} \cdot e^{j \cdot \arctan(\frac{3}{2})}}; \quad \underline{Z} = \frac{\sqrt{74} \cdot e^{-j \cdot 54{,}46°}}{\sqrt{13} \cdot e^{j \cdot 56{,}31°}} = 2{,}39 \cdot e^{-j \cdot 54{,}46° - j \cdot 56{,}31°};$$

$$\underline{\underline{\underline{Z} = 2{,}39 \cdot e^{-j \cdot 110{,}8°}}}$$

$\underline{\underline{Z = 2{,}39}}$; $\quad \underline{\underline{\angle \underline{Z} = -110{,}8°}}$

Aufgabe 10.6

Wie lauten Realteil R und Imaginärteil X der komplexen Zahl $\underline{Z} = 10 \cdot e^{-j \cdot 60°}$

Lösung

Umwandlung der Exponentialform in die Komponentenform:

$$\underline{Z} = 10 \cdot (\cos(-60°) + j \cdot \sin(-60°)); \quad \underline{Z} = 5{,}0 - j \cdot 8{,}66; \quad \underline{\underline{R = 5{,}0}};$$

$\underline{\underline{X = -8{,}66}}$

10.1 Grundbegriffe der komplexen Rechnung

Abb. 10.2 Zeigerdiagramm von Spannung und Strom in der komplexen Zahlenebene, der Strom eilt der Spannung um 90° nach

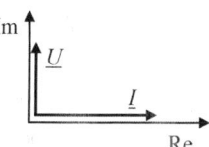

10.1.3 Vorteile komplexer Zahlen

Worin liegt der Vorteil, Zeiger als komplexe Zahlen darzustellen?

1. Vorteil

Aus der komplexen Zahlendarstellung ist auch ohne Zeigerbild die Phasenverschiebung (speziell um plus oder minus 90°) zwischen Spannung und Strom sofort ersichtlich.

2. Vorteil

Durch die Rechnung mit komplexen Zahlen können Zeiger ohne grafische Darstellung miteinander verknüpft (z. B. addiert) werden.

Zu Vorteil 1

Betrachten wir einen Zeiger für Spannung und einen Zeiger für Strom. Die Phasenverschiebung zwischen Spannung und Strom soll 90° betragen. Der Widerstand R soll abhängig von der Frequenz sein und mit $R(\omega)$ bezeichnet werden.

Eilt der Strom der Spannung nach, so kann der Strom auf der positiven reellen Achse und die Spannung auf der positiven imaginären Achse angetragen werden (Abb. 10.2). Aus dem ohmschen Gesetz für Gleichstrom $U = I \cdot R$ wird $\underline{U} = \underline{I} \cdot j \cdot R(\omega)$. Aus der reellen Spannung U ist die komplexe Spannung $\underline{U}$ geworden und aus dem reellen Strom I der komplexe Strom $\underline{I}$. Aus dem reellen Widerstand R ist der komplexe Widerstand $j \cdot R(\omega)$ geworden.

Eilt der Strom der Spannung voraus, so kann der Strom auf der positiven reellen Achse angetragen werden und die Spannung auf der negativen imaginären Achse (Abb. 10.3a). Aus dem ohmschen Gesetz für Gleichstrom $U = I \cdot R$ wird $\underline{U} = \underline{I} \cdot -j \cdot R(\omega)$ oder $\underline{U} = \underline{I} \cdot \frac{1}{j} \cdot R(\omega)$.

Abb. 10.3 Der Strom eilt der Spannung um 90° voraus

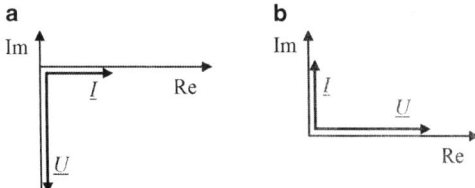

Das Zeigerbild kann auch um 90° gegen den UZS gedreht werden (Abb. 10.3b), da $\underline{I} = \dfrac{U}{-j \cdot R(\omega)}$ oder $\underline{I} = j \cdot \dfrac{U}{R(\omega)}$.

Aus dem **Vorzeichen von j** erkennt man sofort, **ob eine Größe** auf der linken Seite der Gleichung einer anderen Größe auf der rechten Seite der Gleichung **um 90° vorauseilt oder nacheilt**.

$+j$ bedeutet: Die Größe eilt um **90° voraus**.
$-j$ **oder** $1/j$ bedeutet: Die Größe eilt **um 90° nach**.

Ob die x-Achse die Spannung oder den Strom angibt, ist gleichgültig. Es muss nur die positive oder negative Phasenverschiebung um 90° zwischen Spannung und Strom durch das Vorzeichen von j entsprechend berücksichtigt werden.

Zu Vorteil 2

Ein Bauteil A hat bei der Kreisfrequenz ω_0 den Widerstand $R(\omega_0)$, die Spannung eilt dem Strom um 90° **voraus**. Ein anderes Bauteil B hat bei der Kreisfrequenz ω_0 den doppelten Widerstand $2 \cdot R(\omega_0)$, die Spannung eilt dem Strom um 90° **nach**.

Für Bauteil A gilt: $\underline{U} = \underline{I} \cdot j \cdot R(\omega_0)$ mit dem komplexen Widerstand $j \cdot R(\omega_0)$.

Für Bauteil B gilt: $\underline{U} = -\underline{I} \cdot j \cdot 2 \cdot R(\omega_0)$ (negatives Vorzeichen von j, da die Spannung dem Strom nacheilt) mit dem komplexen Widerstand $-2 \cdot j \cdot R(\omega_0)$.

Beide Bauteile werden jetzt in Reihe geschaltet.

Der komplexe Widerstand der Reihenschaltung beider Bauteile ergibt sich durch Addition der einzelnen Widerstände zu $j \cdot R(\omega_0) - 2 \cdot j \cdot R(\omega_0) = -j \cdot R(\omega_0)$.

Für die Reihenschaltung gilt somit: $\underline{U} = \underline{I} \cdot -j \cdot R(\omega_0)$. Daraus ist ersichtlich: Bei der Reihenschaltung beider Bauteile eilt die Spannung dem Strom um 90° nach.

Liegt an der Reihenschaltung beider Bauteile eine Spannung mit dem Scheitelwert $\hat{U}$, so fließt im Stromkreis der Strom $\hat{I}$.

Es gilt: $\hat{U} = \hat{I} \cdot |-j \cdot R(\omega_0)|$.

Ist z. B. $R(\omega_0) = 4\,\Omega$ und $\hat{U} = 8\,\text{V}$, so ist $\hat{I} = \dfrac{\hat{U}}{|-j \cdot R(\omega_0)|} = \dfrac{8\,\text{V}}{4\,\Omega} = 2\,\text{A}$. Die Zeigerbilder für dieses Zahlenbeispiel zeigt Abb. 10.4.

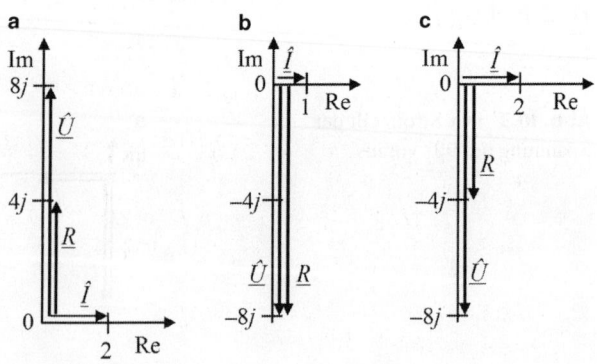

Abb. 10.4 Zeigerbild für Bauteil A (**a**), Bauteil B (**b**) und deren Reihenschaltung (**c**)

10.1 Grundbegriffe der komplexen Rechnung

Abb. 10.5 Addition zweier Zeiger durch Addition komplexer Größen

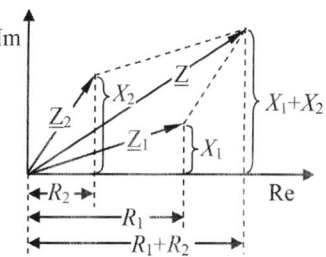

Die komplexe Rechnung ist eine Weiterentwicklung des Zeigerdiagramms. Jede Zeigerspitze kann durch eine komplexe Zahl in der Form $\underline{Z} = R + jX$ dargestellt werden. Sind zwei Zeiger vorhanden, so sei $\underline{Z}_1 = R_1 + jX_1$ und $\underline{Z}_2 = R_2 + jX_2$.
Die Summe der beiden komplexen Zahlen

$$\underline{Z} = \underline{Z}_1 + \underline{Z}_2 = R_1 + jX_1 + R_2 + jX_2 = R_1 + R_2 + j(X_1 + X_2)$$

ergibt die Darstellung der geometrischen Summe der beiden Zeiger (Abb. 10.5). Um zwei Wechselstromzeiger zu addieren, braucht man also nur die komplexen Größen zu addieren (Gl. 10.22). Das Entsprechende gilt für die Subtraktion (Gl. 10.24).
Für die Darstellung

$$\underline{Z} = Z \cdot e^{j\varphi} \qquad (10.46)$$

einer komplexen Größe gilt

$$Z = \sqrt{R^2 + X^2} \qquad (10.47)$$

R = Realteil,
X = Imaginärteil.

Z ist der Betrag oder die Länge des Zeigers, φ ist der Winkel des Zeigers mit der reellen Achse.
Somit ist $\tan\varphi = \frac{X}{R}$ bzw.

$$\varphi = \arctan\left(\frac{X}{R}\right) \qquad (10.48)$$

Die Multiplikation zweier Zeiger $\underline{Z}_1 = Z_1 \cdot e^{j\varphi_1}$ und $\underline{Z}_2 = Z_2 \cdot e^{j\varphi_2}$ ergibt $\underline{Z} = Z_1 \cdot Z_2 \cdot e^{j(\varphi_1 + \varphi_2)}$.
Es ergibt sich ein Zeiger, dessen Betrag gleich dem Produkt der beiden Beträge und dessen Winkel mit der reellen Achse gleich der Summe der beiden Winkel ist. Der Zeiger $\underline{Z}_1$ wird um den Betrag von $\underline{Z}_2$ gestreckt und um den Winkel von $\underline{Z}_2$ links herum gedreht.
Aus der Rechnung mit komplexen Größen ist ersichtlich:

▶ **Eine Gleichung mit komplexen Größen enthält alle Aussagen des Zeigerdiagramms.**

Die Gleichung $\underline{U} = \underline{I} \cdot jR$ (R ist ein Widerstand) sagt z. B. aus:

1. Der Betrag von $\underline{U}$ geht aus dem Betrag von $\underline{I}$ dadurch hervor, dass man den Betrag von $\underline{I}$ mit R multipliziert.
2. Der Strom eilt der Spannung um 90° nach.

Setzt man $\underline{Z} = jR$, so wird $\underline{Z}$ als komplexer Widerstand oder **Impedanz** bezeichnet.

Mit den komplexen Wechselstromgrößen kann man genauso rechnen wie bei Gleichstrom. An die Stelle der reellen Größen bei Gleichstrom treten beim Wechselstrom die komplexen Größen. So wie bei Gleichstrom das ohmsche Gesetz $U = R \cdot I$ mit reellen Größen gilt, gibt es für Wechselstrom das ohmsche Gesetz mit komplexen Größen in der Form

$$\underline{U} = \underline{Z} \cdot \underline{I}. \tag{10.49}$$

Die Länge eines Zeigers von Spannung oder Strom entspricht **entweder** dem **Scheitelwert oder** dem **Effektivwert** und ergibt sich in der komplexen Darstellung, wenn man den absoluten Betrag der komplexen Zahl bildet: $I = |\underline{I}|$, $U = |\underline{U}|$, $\hat{I} = |\underline{\hat{I}}|$, $\hat{U} = |\underline{\hat{U}}|$.

10.1.4 Sinusförmige Wechselspannung in komplexer Darstellung

Sinusförmige Wechselgrößen lassen sich durch Zeiger darstellen. Werden Zeiger in die komplexe Ebene eingetragen, so kann man sie durch komplexe Ausdrücke beschreiben. Mit Hilfe der komplexen Rechnung können Verknüpfungen (z. B. eine Addition) dann rechnerisch statt nur grafisch vorgenommen werden.

Gegeben sei die sinusförmige Wechselspannung $u(t) = \hat{U} \cdot \sin(\omega t + \varphi)$. Der Winkel φ kann der Nullphasenwinkel φ_u der Spannung sein, um den diese aus dem Nullpunkt des Koordinatensystems verschoben ist, dann gilt $\varphi = \varphi_u$. Der Winkel φ kann auch ein Winkel sein, um den die Spannung einem Strom $i(t) = \hat{I} \cdot \sin(\omega t)$ vorauseilt, der den Nullphasenwinkel $\varphi_i = 0$ hat und als Bezugsgröße durch den Nullpunkt des Koordinatensystems verläuft. Dann ist der Nullphasenwinkel der Spannung gleich dem Phasenverschiebungswinkel zwischen Spannung und Strom und es gilt $\varphi = \varphi_u = \varphi_{ui}$.

Die Spannung lässt sich durch einen mit der Winkelgeschwindigkeit ω rotierenden Zeiger wiedergeben, der in die komplexe Ebene eingetragen wird. Die Länge des Zeigers entspricht dem Scheitelwert $\hat{U}$ der Spannung. Im Zeitpunkt $t = 0$ schließt der Zeiger mit der positiv reellen Achse den Nullphasenwinkel φ ein. Zum Zeitpunkt t hat der Zeiger den Winkel ωt zurückgelegt (Abb. 10.6).

Der in der komplexen Ebene rotierende Zeiger kann im Zeitpunkt t durch einen komplexen Ausdruck in Exponentialform beschrieben werden.

$$\underline{u}(t) = \hat{U} \cdot e^{j(\omega t + \varphi)} \tag{10.50}$$

Abb. 10.6 Ein Spannungszeiger in der komplexen Ebene

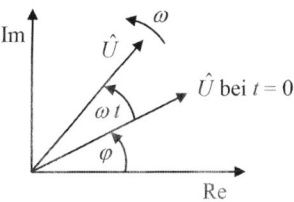

$\underline{u}(t)$ wird als komplexe Spannung bezeichnet. $\underline{u}(t)$ ist ein komplexer, *rotierender* Scheitelwertzeiger, ein *Drehzeiger*.

In der Komponentenform erhält man $\underline{u}(t) = \hat{U} \cdot \cos(\omega t + \varphi) + j \cdot \hat{U} \cdot \sin(\omega t + \varphi)$.

Auf die Verwendung von rotierenden Zeigern kann verzichtet werden, wenn die Augenblickswerte von Wechselgrößen nicht interessieren (dies ist häufig der Fall). Wird für eine Momentaufnahme des rotierenden Zeigerdiagramms der Zeitpunkt $t = 0$ gewählt, so schließt der Zeiger $\hat{U}$ mit der positiven reellen Achse den Nullphasenwinkel φ ein und wird durch

$$\underline{u}(t) = \hat{U} \cdot e^{j\varphi} \tag{10.51}$$

dargestellt. Aus dem komplexen Drehzeiger ist ein komplexer *ruhender* Zeiger (*Festzeiger*) geworden, da der Drehfaktor $e^{j\omega t}$ entfallen ist. Man beachte hierzu das Potenzgesetz $e^{j\omega t + j\varphi} = e^{j\omega t} \cdot e^{j\varphi}$. Gl. 10.51 beschreibt einen komplexen, ruhenden Scheitelwertzeiger. Er beinhaltet alle Angaben einer sinusförmigen Wechselspannung, nämlich Amplitude und Nullphasenwinkel, die für die Berechnung von Größen in einem Netzwerk nötig sind, wenn keine Augenblickswerte bestimmt werden sollen.

Für die komplexe Darstellung sinusförmiger Wechselströme gilt sinngemäß dasselbe wie für sinusförmige Wechselspannungen.

Zur Vertiefung

Die Cosinusfunktion und die Sinusfunktion sind periodisch und harmonisch. Es sind wichtige Funktionen in der Nachrichtentechnik. Sie haben eine zentrale Bedeutung in der Modulationstechnik und dienen als Testfunktionen. Ein Cosinus-Signal kann als Wobbelsignal mit variabler Frequenz zur Ermittlung des frequenzabhängigen Verhaltens (Frequenzgang) einer Schaltung bzw. eines Systems verwendet werden. Verhalten und Darstellung sinusförmiger Signale im Zeitbereich als Liniendiagramm und als Zeiger wurden bereits in den Abschn. 9.4.9, 9.4.10 und 9.6 erörtert, hier erfolgt eine kurze Wiederholung. Die komplexe Darstellung der harmonischen Schwingung wird nachfolgend vertieft.

Für die Darstellung des zeitlichen Verlaufes eines stationären, harmonischen Signals wird hier die Bezeichnung einer Spannung $u(t)$ gewählt. Abhängig von der Wahl des Nullpunktes kann eine harmonische Schwingung als Sinus- oder als Cosinusschwingung dargestellt werden, denn es gilt:

$$\cos(\omega t) = \sin(\omega t + 90°) \tag{10.52}$$

Der Momentanwert einer sinusförmigen Wechselspannung kann also entweder durch

$$u(t) = \hat{U} \cdot \cos(\omega t + \varphi) \qquad (10.53)$$

oder durch

$$u(t) = \hat{U} \cdot \sin(\omega t + \varphi) \qquad (10.54)$$

in einem Liniendiagramm dargestellt werden. Der Phasenwinkel φ kann ein Nullphasenwinkel $\varphi = \varphi_u$ oder zugleich ein Winkel sein, um den die Spannung einem Strom $i(t) = \hat{I} \cdot \sin(\omega t)$ vorauseilt, der als Bezugsgröße wegen seines Nullphasenwinkels $\varphi_i = 0$ durch den Nullpunkt des Koordinatensystems verläuft. In diesem Fall ist der Phasenverschiebungswinkel zwischen Spannung und Strom entsprechend Gl. 9.39: $\varphi = \varphi_u = \varphi_{ui}$.

Wird die Spannung in einem Zeigerdiagramm statt in einem Liniendiagramm dargestellt, so hat das Zeigerdiagramm die gleiche Aussagekraft, da die Projektion des Drehzeigers den zeitlichen Verlauf der Momentanwerte wiedergibt. Bei der Projektion der Zeigerspitze auf die Abszisse erhält man die Cosinus- und auf die Ordinate die Sinusfunktion.

Statt eine Spannung durch einen umlaufenden Zeiger im Reellen (im Originalbereich, Zeitbereich) darzustellen, wird jetzt der rotierende Zeiger in die komplexe Zahlenebene gelegt und die Spannung somit im Komplexen (im Bildbereich) abgebildet. Anstelle der reellen (realen) Spannung (der mit reellen Zahlen beschreibbaren, real im Zeitbereich existierenden und messbaren Spannung)

$$u(t) = \hat{U} \cdot \sin(\omega t + \varphi) \quad \text{bzw.} \quad u(t) = \hat{U} \cdot \cos(\omega t + \varphi)$$

definieren wir dadurch im Komplexen (im Bereich der komplexen Zahlen, man spricht vom „Bildbereich") eine komplexe Spannung als komplexe Zeitfunktion $\underline{u}(t)$ in trigonometrischer Form:

$$\underline{u}(t) = \underbrace{\hat{U} \cdot \cos(\omega t + \varphi)}_{\operatorname{Re}\{\underline{u}(t)\}} + j \cdot \underbrace{\hat{U} \cdot \sin(\omega t + \varphi)}_{\operatorname{Im}\{\underline{u}(t)\}} \qquad (10.55)$$

Es ergibt sich ein Zeiger in der komplexen Ebene mit der Länge $\hat{U}$, der mit der Winkelgeschwindigkeit $\omega = \frac{d\varphi}{dt}$ rotiert (ein **Drehzeiger**) und zum Zeitpunkt „t" mit der reellen Achse den Winkel $\omega t + \varphi$ einschließt (Abb. 10.7). Dieser in der komplexen Ebene umlaufende Zeiger bzw. die komplexe Zeitfunktion $\underline{u}(t)$ gibt den **komplexen Momentanwert** an.

Kurz: **Komplexer Drehzeiger = komplexer Momentanwert**.

Man beachte: Der komplexe Momentanwert ist eine rein gedachte, nicht messbare Größe. Eine komplexe Spannung oder einen komplexen Strom gibt es in der Realität nicht, man spricht deshalb von der *symbolischen Methode* mit komplexen Operatoren.

Abb. 10.7 Darstellung einer komplexen Zeitfunktion als Drehzeiger

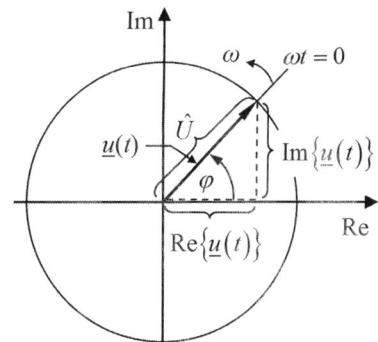

Mit der Euler'schen Formel $\cos(x) + j \cdot \sin(x) = e^{jx}$ wird die Komponentenform von Gl. 10.55 umgeschrieben in die Exponentialform:

$$\underline{u}(t) = \hat{U} \cdot e^{j(\omega t + \varphi)} \tag{10.56}$$

Diese komplexe Zeitfunktion enthält die volle Information der reellen Zeitfunktion $u(t) = \hat{U} \cdot \cos(\omega t + \varphi)$.

Mit dem Potenzgesetz $x^{a+b} = x^a \cdot x^b$ wird die Exponentialform Gl. 10.56 in Faktoren zerlegt.

$$\underbrace{\underline{u}(t) = \hat{U} \cdot e^{j(\omega t + \varphi)}}_{\text{komplexer Momentanwert}} = \underbrace{\hat{\underline{U}} \cdot e^{j\varphi}}_{\substack{\hat{\underline{U}} = \text{ruhender Zeiger} \\ = \text{komplexe Amplitude}}} \cdot \underbrace{e^{j\omega t}}_{\substack{\text{rotierender Einheitszeiger} \\ \text{(Drehfaktor)}}} = \underbrace{\hat{\underline{U}} \cdot e^{j\omega t}}_{\substack{\text{Exponentialform mit} \\ \text{komplexer Amplitude}}}$$

(10.57)

Der Ausdruck

$$\underline{\hat{\underline{U}}} = \hat{U} \cdot e^{j\varphi} \tag{10.58}$$

wird als **komplexe Amplitude** oder komplexer Scheitelwert bezeichnet. Die Zeit „t" kommt in der komplexen Amplitude nicht vor, die komplexe Amplitude ist ein **ruhender Zeiger** (Festzeiger). In $\hat{\underline{U}}$ sind die zeitunabhängigen Größen der harmonischen Schwingung zusammengefasst, die Amplitude $\hat{U}$ und der Phasenwinkel φ. Die komplexe Amplitude entspricht dem bei $\omega t = 0$ ruhenden Zeiger mit dem Betrag $\hat{U}$ und dem Phasenwinkel φ. Dieser komplexe Amplitudenzeiger wird mit der Kreisfrequenz ω herumgedreht, und zwar durch den **Drehfaktor** (Zeitfaktor) $e^{j\omega t}$. Der komplexe Momentanwert wurde in einen zeitunabhängigen Faktor (die komplexe Amplitude) und in einen zeitabhängigen Faktor (den rotierenden Einheitszeiger) zerlegt. Entsprechend kann die komplexe Zeitfunktion $\underline{u}(t)$ als Produkt aus komplexer Amplitude und Drehfaktor geschrieben werden (Gl. 10.57 rechts).

Anmerkung An der komplexen Amplitude kann man *nicht* mehr erkennen, ob die zugeordnete Größe eine Sinus- oder eine Cosinusfunktion ist.

Unter Berücksichtigung der Beziehung $U = \hat{U}/\sqrt{2}$ für eine sinusförmige Spannung erhalten wir

$$\underline{U} = \frac{\hat{U}}{\sqrt{2}} \cdot e^{j\varphi} \qquad (10.59)$$

Die Größe $\underline{U}$ wird als **komplexer Effektivwert** (komplexe Effektivspannung) bezeichnet.

Für die komplexe Darstellung sinusförmiger Wechselströme gilt sinngemäß das Gleiche wie für sinusförmige Wechselspannungen.

Oft sind Momentanwerte nicht von Interesse. Dann können sinus- und cosinusförmige Größen durch ihre komplexen Amplituden beschrieben werden. Nur selten wird der Augenblickswert einer Spannung zu einer bestimmten Zeit nach einem festgelegten Nullpunkt zu bestimmen sein.

In einem linearen Netzwerk ist für alle Schaltelemente die gleiche Frequenz wirksam. Für die Berechnung von Amplituden oder Effektivwerten in einem Netzwerk genügt es bei sinusförmiger Erregung in der Regel, die komplexe Amplitude zu betrachten. Der Zeitfaktor $e^{j\omega t}$ ist für alle Größen gleich, er bedeutet eine Rotation des Zeigersystems. Bleibt der Zeitfaktor unberücksichtigt, so werden die Zeiger zu ruhenden Zeigern, entweder zu Scheitelwert- oder zu Effektivwertzeigern.

Meist interessieren nur die Phasenbeziehungen von komplexen Größen untereinander und deren Amplituden- oder Effektivwerte. Man rechnet dann vorzugsweise mit ruhenden Zeigern.

Zusammenhang zwischen harmonischer Schwingung und komplexer Zeitfunktion
Es gilt:

$$e^{jx} = \cos(x) + j \cdot \sin(x);$$

$$e^{-jx} = \cos(x) - j \cdot \sin(x) \Rightarrow e^{jx} + e^{-jx} = 2 \cdot \cos(x) \Rightarrow \cos(x) = \frac{1}{2}\left(e^{jx} + e^{-jx}\right);$$

somit ist

$$\begin{aligned}
u(t) &= \hat{U} \cdot \cos(\omega t + \varphi) \\
&= \frac{\hat{U}}{2}\left(e^{j(\omega t + \varphi)} + e^{-j(\omega t + \varphi)}\right) \\
&= \frac{\hat{U}}{2} \cdot e^{j\varphi} \cdot e^{j\omega t} + \frac{\hat{U}}{2} \cdot e^{-j\varphi} \cdot e^{-j\omega t} \\
&= \frac{1}{2}\left(\underline{U} \cdot e^{j\omega t} + \underline{U}^* \cdot e^{-j\omega t}\right) \\
&= \frac{1}{2}\underline{u}(t) + \frac{1}{2}\underline{u}^*(t) \\
&= \text{Re}\{\underline{u}(t)\}
\end{aligned}$$

10.1 Grundbegriffe der komplexen Rechnung

Abb. 10.8 Darstellung der Cosinusfunktion durch zwei Drehzeiger im Komplexen

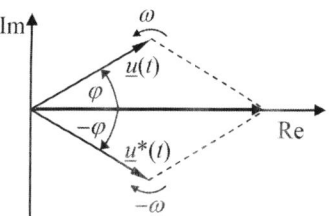

Der physikalische Augenblickswert ist also der Realteil des komplexen Augenblickswertes.

Die reelle Schwingung wird mathematisch unter formaler Verwendung von $-\omega$ aus zwei komplexen Schwingungen zusammengesetzt. Die negative Kreisfrequenz $-\omega$ hat keine physikalische Bedeutung.

Die Cosinusfunktion kann in der komplexen Ebene als Summe von zwei Drehzeigern mit entgegengesetzter Drehrichtung dargestellt werden (Abb. 10.8). Die Summe ist in jedem Augenblick reell.

Anklingende und abklingende (gedämpfte) Schwingung

Für eine abgekürzte Schreibweise wird statt $j\omega$ häufig der Buchstabe „s" (oder „p") verwendet.

$$\underline{\underline{s = j\omega}} \tag{10.60}$$

Für exponentiell ansteigende ($\sigma > 0$) oder abfallende ($\sigma < 0$) Quellengrößen gilt:

$$\underline{\underline{s = \sigma + j \cdot \omega}} \tag{10.61}$$

Die Größe „s" wird dann als komplexer Frequenzparameter oder kurz als **komplexe Frequenz** bezeichnet.

Erfolgt außer der Rotation des Drehzeigers noch eine zeitliche Änderung (exponentielles An- oder Abklingen) der Zeigerlänge (Amplitude), so folgt für die komplexe Frequenz der ansteigenden oder abklingenden Schwingung Gl. 10.61 mit

s = komplexe Frequenz der Schwingung e^{st},

σ = Exponent, der die Längenänderung des Drehzeigers beschreibt,

ω = Kreisfrequenz des Drehzeigers.

Für die Schwingung e^{st} folgt: $e^{st} = e^{(\sigma + j\omega)t} = e^{\sigma t} \cdot e^{j\omega t}$

$e^{\sigma t}$ = Faktor des exponentiellen An- bzw. Abklingens.

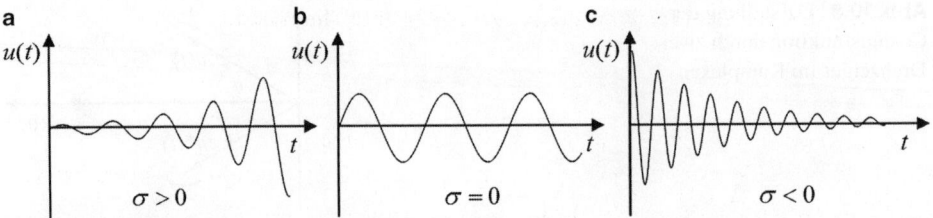

Abb. 10.9 Anklingende (**a**), ungedämpfte (**b**) und abklingende (**c**) Schwingung

Man erhält für

- $\sigma > 0$ eine anklingende Schwingung (Abb. 10.9a),
- $\sigma = 0$ eine ungedämpfte Schwingung (Abb. 10.9b),
- $\sigma < 0$ eine abklingende (gedämpfte) Schwingung (Abb. 10.9c).

Ende Vertiefung

Grenzen der komplexen Schaltungsanalyse
Berechnungen im Komplexen sind **nicht** geeignet

- für nicht eingeschwungene Systeme (transiente Ausgleichsvorgänge sind nicht abgeklungen),
- für nichtlineare Systeme,
- bei nicht sinusförmiger Anregung,
- bei gleichzeitiger Anregung mit unterschiedlichen Frequenzen.

10.1.5 Der komplexe Widerstand

Bei Gleichstrom gilt für einen ohmschen Widerstand das ohmsche Gesetz:

$$R = \frac{U}{I} \tag{10.62}$$

Bei Wechselstrom ergibt sich allgemein als Widerstand zwischen zwei beliebigen Punkten eines Netzwerkes ein komplexer Widerstand $\underline{Z}$ mit einer reellen Komponente R und einer imaginären Komponente X.

$$\underline{Z} = R + jX \tag{10.63}$$

R = Wirkwiderstand oder *Resistanz*,
X = Blindwiderstand oder *Reaktanz*.

10.1 Grundbegriffe der komplexen Rechnung

▸ **R und X sind reelle Widerstandswerte mit der Einheit Ohm.**

$$[R] = [X] = \Omega \text{ (Ohm)} \qquad (10.64)$$

Der komplexe Widerstand $\underline{Z}$ wird **Impedanz** genannt. Seine Definition „Spannung dividiert durch Strom" entspricht der des Gleichstromwiderstandes, die miteinander verknüpften Größen sind aber jetzt alle komplex. Der lineare Zusammenhang

$$\underline{Z} = \frac{\underline{U}}{\underline{I}} \qquad (10.65)$$

wird als **komplexes ohmsches Gesetz** bezeichnet.

Die Größe $\underline{Z}$ ist im komplexen Bereich eine außerordentlich nützliche Rechengröße, hat aber keine direkte physikalische Bedeutung. Deshalb wird $\underline{Z}$ auch als *Widerstandsoperator* bezeichnet. Dagegen findet in einem ohmschen Widerstand bei Stromfluss eine nicht umkehrbare Wandlung von elektrischer Energie in Wärmeenergie statt.

▸ **In einem Wirkwiderstand wird durch die Elektronenbewegung Wärme erzeugt.**

▸ **In einem Blindwiderstand wird keine Wärme erzeugt.**

Im Gegensatz zu Spannung und Strom ist die Impedanz immer eine von der Zeit unabhängige Größe. Die Absolutwerte der Nullphasenwinkel φ_u und φ_i von Spannung und Strom in Gl. 10.65 müssen nicht bekannt sein. Wichtig ist der Phasenverschiebungswinkel zwischen Spannung und Strom $\varphi = \varphi_{ui} = \varphi_u - \varphi_i$, wie aus nachfolgender Umformung Gl. 10.66 zu sehen ist.

$$\underline{Z} = \frac{\underline{U}}{\underline{I}} = \frac{U \cdot e^{j\varphi_u}}{I \cdot e^{j\varphi_i}} = Z \cdot e^{j(\varphi_u - \varphi_i)} = Z \cdot e^{j\varphi} \qquad (10.66)$$

Wie jede komplexe Größe kann der komplexe Wechselstromwiderstand in drei unterschiedlichen, zueinander gleichwertigen Formen dargestellt werden.

Komponentenform:
$$\underline{Z} = R + jX \qquad (10.67)$$

Exponentialform:
$$\underline{Z} = Z \cdot e^{j\varphi} \qquad (10.68)$$

Trigonometrische Form:
$$\underline{Z} = Z \cdot [\cos(\varphi) + j \cdot \sin(\varphi)] \qquad (10.69)$$

Der Betrag der Impedanz mit der Einheit Ohm wird als **Scheinwiderstand** bezeichnet. Er ergibt sich entsprechend Gl. 10.4 aus der geometrischen Addition der reellen und imaginären Komponente der Impedanz.

$$Z = |\underline{Z}| = \frac{U}{I} = \sqrt{R^2 + X^2}; \quad [Z] = \Omega \text{ (Ohm)} \tag{10.70}$$

Als komplexe Größe besitzt die Impedanz nicht nur einen Betrag in Ohm, sondern auch einen Winkel in rad (Radiant) oder in Winkelgrad. Der Phasenwinkel der Impedanz ist:

$$\varphi = \angle(\underline{U}, \underline{I}) = \arctan\left(\frac{X}{R}\right) \tag{10.71}$$

Entsprechend Gl. 10.66 entspricht der Phasenwinkel des komplexen Widerstandes nach Vorzeichen und Betrag der Phasenverschiebung zwischen Spannung und Strom am Widerstand. Falls darauf hingewiesen werden soll, dass es sich um den Winkel einer Impedanz handelt, kann statt φ auch φ_z geschrieben werden.

$$\varphi = \varphi_z = \varphi_{ui} = \varphi_u - \varphi_i = \arctan\left(\frac{X}{R}\right) \tag{10.72}$$

Ist $\text{Im}\{\underline{Z}\} > 0$ (positiv) bzw. $\varphi_z > 0$, so eilt der Strom durch die Impedanz der Spannung an der Impedanz nach. Es liegt *überwiegend induktives Verhalten* vor.

Ist $\text{Im}\{\underline{Z}\} < 0$ (negativ) bzw. $\varphi_z < 0$, so eilt der Strom durch die Impedanz der Spannung an der Impedanz voraus. Es liegt *überwiegend kapazitives Verhalten* vor.

Somit kann der **Phasenverschiebungswinkel** φ zwischen Spannung und Strom an einem Wechselstromwiderstand **entweder**

aus den Nullphasenwinkeln entsprechend $\varphi = \varphi_u - \varphi_i$ **oder**

aus dem Phasenwinkel der Impedanz entsprechend $\varphi = \arctan\left(\frac{X}{R}\right)$ bestimmt werden.

Der Kehrwert des komplexen Widerstandes ist der **komplexe Leitwert** oder die **Admittanz**.

$$\underline{Y} = \frac{1}{\underline{Z}} \tag{10.73}$$

Auch bei der Admittanz sind drei Darstellungsarten möglich.

Komponentenform:

$$\underline{Y} = \frac{1}{\underline{Z}} = G + j \cdot B \tag{10.74}$$

G = *Wirkleitwert* oder *Konduktanz*,
B = *Blindleitwert* oder *Suszeptanz*.

G und B sind reelle Widerstandswerte mit der Einheit Siemens.

Exponentialform:

$$\underline{Y} = \frac{\underline{I}}{\underline{U}} = \frac{I \cdot e^{j\varphi_i}}{U \cdot e^{j\varphi_u}} = Y \cdot e^{j(\varphi_i - \varphi_u)} = Y \cdot e^{j\varphi_y} = Y \cdot e^{-j\varphi} \quad (10.75)$$

▶ **Der Phasenwinkel der Admittanz ist der negative Phasenwinkel der Impedanz.**

$$\varphi_y = \varphi_i - \varphi_u = \varphi_{iu} = -\varphi = \arctan\left(\frac{B}{G}\right) \quad (10.76)$$

Trigonometrische Form:

$$\underline{Y} = Y \cdot [\cos(\varphi) + j \cdot \sin(\varphi)] \quad (10.77)$$

Der Betrag der Admittanz wird **Scheinleitwert** genannt.

$$Y = |\underline{Y}| = \frac{I}{U} = \sqrt{G^2 + B^2}; \quad [G] = [B] = 1/\Omega = S \quad \text{(Siemens)} \quad (10.78)$$

Umrechnung der Widerstands- in die Leitwertform

$$G = \frac{R}{R^2 + X^2} \quad (10.79)$$

$$B = -\frac{X}{R^2 + X^2} \quad (10.80)$$

Umrechnung der Leitwert- in die Widerstandsform

$$R = \frac{G}{G^2 + B^2} \quad (10.81)$$

$$X = -\frac{B}{G^2 + B^2} \quad (10.82)$$

10.2 Zusammenfassung: Komplexe Darstellung von Sinusgrößen

1. Durch die komplexe Rechnung lassen sich Zeigerdiagramme mathematisch beschreiben.
2. Eine komplexe Zahl besteht aus der Summe einer reellen und einer imaginären Zahl. Eine komplexe Zahl $\underline{Z} = R + jX$ hat einen Realteil R und einen Imaginärteil X.
3. Die imaginäre Einheit ist $j = \sqrt{-1}$.
4. Komplexe Zahlen werden unterstrichen.
5. Eine komplexe Zahl kann in der Gauß'schen Zahlenebene mit reeller und imaginärer Achse grafisch durch einen Punkt dargestellt werden. Die Visualisierung kann durch einen Zeiger vom Koordinatenursprung zum betreffenden Punkt erfolgen.

6. Gleichwertige Darstellungsarten für komplexe Zahlen sind die Komponentenform, die Exponentialform und die trigonometrische Form.
7. Für komplexe Zahlen gibt es Rechenregeln.
8. Vorteil komplexer Zahlen bei Netzwerken mit sinusförmigen Wechselgrößen: Durch die Rechnung mit komplexen Zahlen ist die grafische Darstellung von Zeigern nicht notwendig. Aufwendige Berechnungen im Zeitbereich (häufig mit schwierigen trigonometrischen Umformungen) werden durch einfachere Berechnungen ersetzt.
9. Mit komplexen Wechselstromgrößen kann man genauso rechnen wie bei Gleichstrom.
10. Eine sinusförmige Wechselspannung wird im Zeitbereich durch

$$u(t) = \hat{U} \cdot \sin(\omega t + \varphi)$$

beschrieben, in komplexer Darstellung durch $\underline{u}(t) = \hat{U} \cdot e^{j(\omega t + \varphi)}$.
11. Ein komplexer Widerstand $\underline{Z} = R + jX$ wird Impedanz genannt. R ist der Wirkwiderstand (Resistanz), X ist der Blindwiderstand (Reaktanz).
12. Als Scheinwiderstand wird der Betrag $Z = |\underline{Z}| = \sqrt{R^2 + X^2}$ des komplexen Widerstandes (Betrag der Impedanz) bezeichnet.
13. In einem Wirkwiderstand wird Wärme erzeugt, in einem Blindwiderstand nicht.
14. Der komplexe Leitwert $\underline{Y} = G + jB$ heißt Admittanz.
15. G ist der Wirkleitwert oder die Konduktanz, B ist der Blindleitwert oder die Suszeptanz.
16. Als Scheinleitwert wird der Betrag $Y = |\underline{Y}| = \sqrt{G^2 + B^2}$ des komplexen Leitwertes (Betrag der Admittanz) bezeichnet.
17. Eine sinusförmige Größe kann als komplexer Zeiger dargestellt werden.
18. Rotiert ein komplexer Zeiger (ist es ein Drehzeiger), so stellt er einen komplexen Momentanwert dar, es ist ein rotierender Scheitelwertzeiger der Form $\underline{u}(t) = \hat{U} \cdot e^{j(\omega t + \varphi)}$.
19. Als ruhender Zeiger (Festzeiger) ist es ebenfalls ein Scheitelwertzeiger. In ihm sind Amplitude und Nullphasenwinkel der Sinusgröße enthalten und somit alle für Berechnungen notwendigen Größen, wenn Momentanwerte nicht interessieren. Ein solcher Zeiger $\underline{\hat{U}} = \hat{U} \cdot e^{j\varphi}$ wird als komplexe Amplitude bezeichnet.
20. Ein um den Faktor $1/\sqrt{2}$ kürzerer Effektivwertzeiger der Form $\underline{U} = \frac{\hat{U}}{\sqrt{2}} \cdot e^{j\varphi}$ ist immer ein ruhender Zeiger.

Einfache Wechselstromkreise 11

Zusammenfassung

Es werden Eigenschaften und Wirkungsweise der Bauelemente ohmscher Widerstand, Spule und Kondensator im Wechselstromkreis betrachtet. Die Funktionen der Reihenschaltungen von ohmschem Widerstand und Spule und von ohmschem Widerstand und Kondensator werden berechnet. Im komplexen Bereich kommen Zeigerdiagramme zum Einsatz. Die Übertragungsfunktion mit ihren wichtigsten Eigenschaften wird eingeführt. Das Verstärkungsmaß in Dezibel führt zum Bodediagramm und den Begriffen Dämpfung und Grenzfrequenz. Vereinfachungen durch eine Normierung der Übertragungsfunktion werden erläutert. Unterschiedliche Methoden zur Erstellung von Bode-Diagrammen werden aufgezeigt. RC-Tief- und Hochpass ergeben Beispiele zur Verwendung der komplexen Rechnung unter Benutzung von Übertragungsfunktionen und Bode-Diagrammen. Die bei den Reihenschaltungen durchgeführten Berechnungen werden für die Parallelschaltungen von Widerstand und Spule und von Widerstand und Kondensator fortgesetzt.

An eine Wechselspannungsquelle mit sinusförmiger Spannung werden verschiedene Anordnungen aus Widerständen, Spulen und Kondensatoren angeschlossen. Die zwischen Strom und Spannung bestehende Abhängigkeit wird ermittelt. Dies erfolgt zunächst sowohl im (reellen) Zeitbereich (Originalbereich), als auch mit Hilfe der komplexen Rechnung (im Bildbereich), um einen Vergleich der beiden Verfahren zu ermöglichen. Bei der Darstellung im Zeitbereich sind die physikalischen Vorgänge besser vorstellbar. Betrachtet man jedoch nicht nur sehr einfache Schaltungen, so ist das Verfahren gegenüber der komplexen Darstellung sehr aufwendig. Im weiteren Verlauf wird daher nur noch die komplexe Rechnung angewandt.

Bei der Phasenverschiebung φ, die zwischen Spannung und Strom besteht, wird der Strom als Bezugsgröße (verlaufend durch $\omega t = 0$ bzw. mit $\varphi_i = 0$) gewählt. Die Richtung von φ ist vom Strom ausgehend hin zur Spannung festgelegt. Das heißt: Eilt die Spannung dem Strom voraus, so ist φ positiv, eilt die Spannung dem Strom nach, so ist φ negativ. Kurz:

- U eilt I voraus (I eilt U nach): $\varphi > 0$, im Zeigerdiagramm kommt linksdrehend zuerst der U-Zeiger, dann der I-Zeiger. Im Liniendiagramm ist die U-Kurve gegenüber der I-Kurve nach links verschoben.
- U eilt I nach (I eilt U voraus): $\varphi < 0$, die Verhältnisse in Zeiger- und Liniendiagramm sind umgekehrt zum ersten Fall.

11.1 Ohm'scher Widerstand im Wechselstromkreis

Zuerst erfolgt eine Betrachtung im Zeitbereich. An eine sinusförmige Wechselspannungsquelle $u(t) = \hat{U} \cdot \sin(\omega t + \varphi_u)$ ist ein idealer ohmscher Widerstand R angeschlossen (Abb. 11.1).

Es handelt sich um ein lineares Netzwerk, deshalb ist der durch den Widerstand fließende Strom $i(t)$ ebenfalls sinusförmig, wie in Abschn. 9.3 festgestellt wurde. Der kirchhoffsche Maschensatz gilt in Abb. 11.1 in jedem Augenblick.

$$u(t) - R \cdot i(t) = 0 \tag{11.1}$$

Das ohmsche Gesetz des Gleichstromkreises wird somit auf Augenblickswerte im Wechselstromkreis bzw. auf dessen zeitabhängige Größen übertragen. D. h. das ohmsche Gesetz ist auch im Wechselstromkreis gültig.

$$\underline{u(t) = R \cdot i(t)} \tag{11.2}$$

Mit $u(t) = \hat{U} \cdot \sin(\omega t + \varphi_u)$ folgt für den Strom durch den Widerstand:

$$i(t) = \frac{u(t)}{R} = \frac{\hat{U} \cdot \sin(\omega t + \varphi_u)}{R} = \frac{\hat{U}}{R} \cdot \sin(\omega t + \varphi_u) \tag{11.3}$$

In Gl. 11.3 ist

$$\frac{\hat{U}}{R} = \hat{I} \tag{11.4}$$

Der Strom durch den Widerstand ist also

$$i(t) = \hat{I} \cdot \sin(\omega t + \varphi_u) \tag{11.5}$$

Abb. 11.1 Ohm'scher Widerstand im Wechselstromkreis

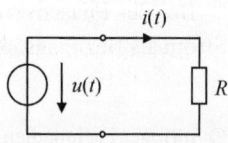

11.1 Ohm'scher Widerstand im Wechselstromkreis

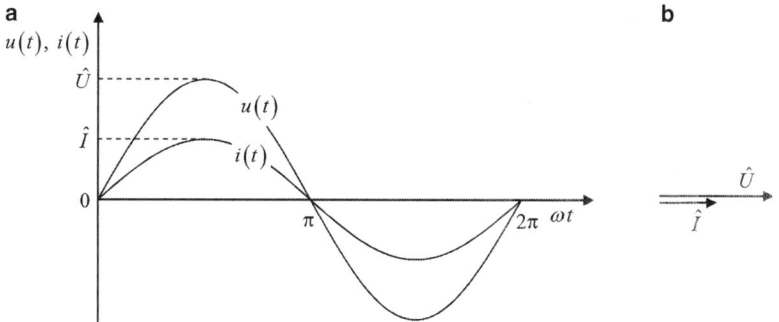

Abb. 11.2 Ohm'scher Widerstand im Wechselstromkreis. Zeitlicher Verlauf von Spannung und Strom (**a**) und zugehöriges Zeigerdiagramm (**b**)

Mit dem Nullphasenwinkel φ_i des Stromes folgt:

$$i(t) = \hat{I} \cdot \sin(\omega t + \varphi_i) = \hat{I} \cdot \sin(\omega t + \varphi_u) \tag{11.6}$$

Daraus folgt:
$$\varphi_i = \varphi_u \tag{11.7}$$

Allgemein gilt:
$$\varphi = \varphi_{ui} = \varphi_u - \varphi_i \tag{11.8}$$

Für den ohmschen Widerstand ist also:

$$\varphi = \varphi_{ui} = 0 \tag{11.9}$$

Der Strom durch den ohmschen Widerstand hat folglich nicht nur den gleichen Kurvenverlauf, sondern auch die gleiche Phasenlage wie die Spannung! Man sagt: **Strom und Spannung sind in Phase.**

Nach Gl. 11.4 entspricht der Quotient der Scheitelwerte $\frac{\hat{U}}{\hat{I}}$ dem Widerstandswert R.

$$\frac{\hat{U}}{\hat{I}} = R = \text{const.} \tag{11.10}$$

Am ohmschen Widerstand sind Strom und Spannung gleichphasig. Die Extremwerte bzw. Nulldurchgänge beider Kurven treten im Liniendiagramm zu gleichen Zeitpunkten auf (Abb. 11.2a). Die beiden Zeiger von Spannung und Strom liegen im Zeigerdiagramm (Abb. 11.2b) parallel, da der Phasenwinkel zwischen beiden null ist. Entsprechend $\varphi = 0$ werden beide Zeiger in die Horizontale als Phasenbezugsachse gelegt.

Bei $\omega t = \frac{\pi}{2}$ erreicht der Strom seinen Scheitelwert $\hat{I} = \frac{\hat{U}}{R}$. Dividiert man beide Seiten durch $\sqrt{2}$, so erhält man die Beziehung zwischen den Effektivwerten von Spannung und Strom. Im Vergleich zu Gl. 11.2 mit zeitlich veränderlichen Größen erhalten wir das von der Gleichstromtechnik her bekannte ohmsche Gesetz mit Effektivwerten:

$$I = \frac{U}{R} \tag{11.11}$$

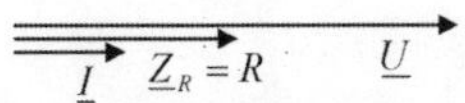

Abb. 11.3 Ohm'scher Widerstand im Wechselstromkreis, Zeigerdiagramm mit komplexen Zeigern

Der Widerstand R wird als ohmscher Widerstand oder als **Wirkwiderstand** bezeichnet. Der Kehrwert $G = \frac{1}{R}$ heißt **Wirkleitwert**.

Der **Wirkwiderstand ist frequenzunabhängig**, d. h. der Wert des ohmschen Widerstandes ist unabhängig von der Zeit und der Frequenz der angeschlossenen Wechselspannungsquelle konstant.

Jetzt wird die Schaltung nach Abb. 11.1 im komplexen Bereich (Bildbereich, Frequenzbereich) untersucht. Die Wechselspannungsquelle wird durch $u(t) = \hat{U} \cdot \sin(\omega t + \varphi_\mathrm{u})$ beschrieben, der fließende Strom ist allgemein $i(t) = \hat{I} \cdot \sin(\omega t + \varphi_\mathrm{i})$.

Spannung und Strom werden in den komplexen Bereich transformiert.

$$\underline{u}(t) = \hat{U} \cdot e^{j\,\varphi_\mathrm{u}} \cdot e^{j\,\omega t} \tag{11.12}$$

$$\underline{i}(t) = \hat{I} \cdot e^{j\,\varphi_\mathrm{i}} \cdot e^{j\,\omega t} \tag{11.13}$$

Beim ohmschen Widerstand gibt es zwischen Spannung und Strom keine Phasenverschiebung, die beiden Größen sind unmittelbar linear voneinander abhängig. Nach Gl. 11.7 ist $\varphi_\mathrm{i} = \varphi_\mathrm{u}$.

Entsprechend Gl. 11.2 gilt die Bauteilgleichung

$$R = \frac{u(t)}{i(t)} = \frac{\underline{u}(t)}{\underline{i}(t)} \tag{11.14}$$

Die komplexen Größen werden eingesetzt.

$$R = \frac{\underline{u}(t)}{\underline{i}(t)} = \underline{Z}_\mathrm{R} = \frac{\hat{U} \cdot e^{j\varphi_\mathrm{u}} \cdot e^{j\omega t}}{\hat{I} \cdot e^{j\varphi_\mathrm{u}} \cdot e^{j\omega t}} = \frac{\hat{U}}{\hat{I}} = \frac{\sqrt{2} \cdot U}{\sqrt{2} \cdot I} = \frac{U}{I} = \frac{\underline{U}}{\underline{I}} \tag{11.15}$$

Die komplexen Effektivwerte von Strom und Spannung entsprechen den Effektivwerten im Zeitbereich: $U = \underline{U}$ und $I = \underline{I}$.

Der komplexe Widerstand $\underline{Z}_\mathrm{R}$ des ohmschen Widerstandes besteht nur aus einem Realteil, dem Wirkwiderstand $R = \underline{Z}_\mathrm{R}$. Der Blindwiderstand ist $X_\mathrm{R} = 0$. Ein ohmscher Widerstand kann als ein komplexer Widerstand angesehen werden, der nur eine reelle, aber keine imaginäre Komponente hat.

Somit liefert die komplexe Rechnung das gleiche Ergebnis wie die Rechnung im Zeitbereich

1. für die Beziehung zwischen den Effektivwerten von Spannung und Strom
2. für die Phase zwischen Spannung und Strom.

Die rotierenden Zeiger von Spannung und Strom haben in jedem Zeitpunkt die gleiche Richtung, da beide in Phase sind.

Das Zeigerbild mit komplexen Zeigern (Effektivwertzeiger von Spannung und Strom) ist in Abb. 11.3 dargestellt.

11.2 Spule im Wechselstromkreis

Fließt ein Gleichstrom durch eine Spule, so wirkt als Widerstand nur der rein ohmsche Widerstand des Drahtes. Da dieser im Allgemeinen vernachlässigbar klein ist, sind Spulen für Gleichstrom kein Hindernis, Spulen lassen Gleichstrom durch. Ist der ohmsche Widerstand einer Spule im (nur theoretisch möglichen) Idealfall $R = 0\,\Omega$, so spricht man von einer **idealen Spule**.

Fließt ein Wechselstrom durch eine Spule, so wird an ihr eine Selbstinduktionsspannung erzeugt, die nach der Lenz'schen Regel der anliegenden Wechselspannung entgegengerichtet ist. Die Selbstinduktionsspannung wirkt einer Strom**änderung** durch die Spule entgegen, die Stromstärke kann deshalb ihren Höchstwert nicht erreichen. Je höher die Frequenz ist (je schneller die Wechselstromänderungen erfolgen), desto weniger Zeit hat der Strom, um seinen Maximalwert zu erreichen. Die Selbstinduktionsspannung wird umso größer, je größer die Induktivität der Spule ist. **Eine Spule lässt Wechselstrom umso schlechter durch, je höher die Frequenz des Wechselstromes und je größer die Induktivität der Spule ist.**

Die Höhe der Selbstinduktionsspannung ist proportional zur Größe der Strom**änderung**. Bei einem sinusförmigen Strom durch die Spule ist die Stromänderung beim Maximum der Sinuskurve am kleinsten (null) und bei den Nulldurchgängen der Sinuskurve am größten.

▶ **Bei einer idealen Spule eilt der Strom der Spannung um $\pi/2 = 90°$ (1/4 Periode) nach.**

Da die Selbstinduktionsspannung den Strom durch die Spule verkleinert, ist ihre Wirkung wie die eines Widerstandes im Stromkreis. Dieser durch die Induktion hervorgerufene Widerstand wird **induktiver Widerstand X_L** genannt. Je größer die Frequenz wird und je größer die Induktivität der Spule ist, desto größer ist X_L.

Der induktive Widerstand einer Spule ist:

$$X_L = \omega \cdot L = 2 \cdot \pi \cdot f \cdot L \tag{11.16}$$

X_L in Ohm (Ω),
f in Hertz (1/s),
L in Henry ($\Omega \cdot$ s).

In einem stromdurchflossenen ohmschen Widerstand entsteht durch „Elektronenreibung" stets Wärme (Joule'sche Wärme), er ist ein Wirkwiderstand. Der induktive Widerstand X_L ist nur scheinbar durch eine Behinderung des Stromanstiegs vorhanden, in ihm kann keine Wärme entstehen. Man spricht deshalb von einem **Blindwiderstand**.

Dieser allgemeinen Betrachtung einer idealen Spule im Wechselstromkreis folgt nun eine analytische Untersuchung im Zeitbereich.

Abb. 11.4 Ideale Spule im Wechselstromkreis

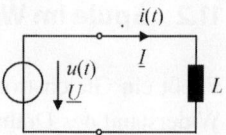

Für die Augenblickswerte von Spannung und Strom einer Spule gilt

$$u(t) = L \cdot \frac{di(t)}{dt} \tag{11.17}$$

Dies ist die **Bauteilgleichung einer Spule**.

Umgeformt ergibt sich $u(t) = L \cdot \frac{di(t)}{dt}$ oder $\frac{di(t)}{dt} = \frac{u(t)}{L}$.

Mit $u(t) = \hat{U} \cdot \sin(\omega t)$ folgt $\frac{di(t)}{dt} = \frac{\hat{U}}{L} \cdot \sin(\omega t)$.

Durch Integration ergibt sich $i(t) = \frac{\hat{U}}{L} \cdot \int \sin(\omega t) \, dt = -\frac{\hat{U}}{L \cdot \omega} \cos(\omega t) + C$.

Die Integrationskonstante C würde die additive Überlagerung eines Gleichstromes bedeuten. Dies ist nicht der Fall, die speisende Spannung ist eine reine Sinusspannung ohne Offset. Deshalb ist die Konstante C gleich null.

Somit folgt:

$$i(t) = -\frac{\hat{U}}{L \cdot \omega} \cos(\omega t) \tag{11.18}$$

Der Strom eilt der Spannung um 90° nach. Der Scheitelwert des Stromes ergibt sich für $t = 0$ als $\hat{I} = -\frac{\hat{U}}{L \cdot \omega}$.

Werden beide Seiten durch $\sqrt{2}$ dividiert, so erhält man die Beziehung zwischen den Effektivwerten von Spannung und Strom $I = \frac{U}{\omega \cdot L}$.

Der Ausdruck $X_L = \omega \cdot L$ entspricht formal dem eines Widerstandes im ohmschen Gesetz und wird als **induktiver Blindwiderstand** bezeichnet. Als Einheit wird ebenso wie beim Wirkwiderstand Ohm (Ω) verwendet.

In komplexer Form gilt für die Beziehung zwischen Spannung und Strom einer Spule $\underline{U} = L \cdot \frac{d\underline{I}}{dt}$.

Mit dem sinusförmigen Strom durch die Spule $\underline{I} = I \cdot e^{j \omega t}$ ergibt sich durch differenzieren $\underline{U} = j\omega L \cdot I \cdot e^{j \omega t} = j\omega L \cdot \underline{I}$. Die komplexe Spannung eilt also dem komplexen Strom um 90° voraus, zwischen den Beträgen (Effektivwerten) von Spannung und Strom besteht die Beziehung $I = \frac{U}{\omega \cdot L}$.

Der Ausdruck

$$\underline{Z}_L = j \cdot X_L = j\omega L \tag{11.19}$$

ist der komplexe (rein imaginäre) Blindwiderstand der Spule.

Abb. 11.4 zeigt die ideale Spule im Wechselstromkreis mit den Bezeichnungen der reellen Spannungen und Strömen im Zeitbereich und den zugehörigen komplexen Größen im Bildbereich. In Abb. 11.5a sind die zeitlichen Verläufe von Spannung und Strom und in Abb. 11.5b die Zeigerdiagramme im Reellen (oben) und im Komplexen (unten) jeweils als Scheitelwertzeiger dargestellt.

11.2 Spule im Wechselstromkreis

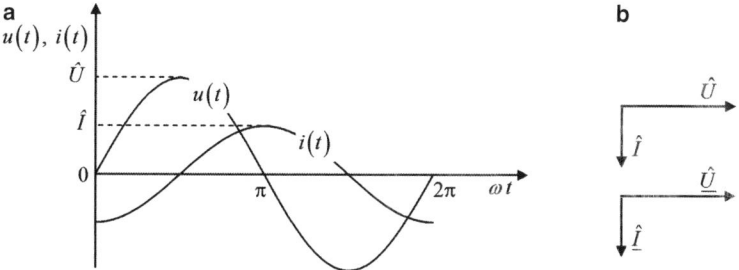

Abb. 11.5 Ideale Spule im Wechselstromkreis. Zeitlicher Verlauf von Spannung und Strom (**a**) und zugehörige Zeigerdiagramme (**b**)

Aufgabe 11.1
Wie groß ist der induktive Blindwiderstand X_L einer idealen Spule mit $L = 2\,\text{mH}$ bei der Frequenz $f = 2\,\text{MHz}$?

Lösung
$$X_L = 2\pi f\,L = 2\pi \cdot 2 \cdot 10^6\,\text{s}^{-1} \cdot 2 \cdot 10^{-3}\,\Omega\,\text{s} = \underline{25.133\,\Omega}$$

Aufgabe 11.2
Wie groß ist die Induktivität einer idealen Spule, die bei der Frequenz $f = 50\,\text{Hz}$ einen induktiven Widerstand von $X_L = 6\,\Omega$ aufweist?

Lösung
$$L = \frac{X_L}{2\pi f} = \frac{6\,\Omega}{2 \cdot \pi \cdot 50\,\text{Hz}} = \underline{19\,\text{mH}}$$

Aufgabe 11.3
Zwei ideale (magnetisch nicht gekoppelte) Spulen mit der Induktivität $L_1 = 100\,\text{mH}$ und $L_2 = 75\,\text{mH}$ sind in Reihe geschaltet. Wie groß ist der Wechselstromwiderstand dieser Schaltung bei der Frequenz $f = 50\,\text{Hz}$?

Lösung

$$X_L = X_{L1} + X_{L2} = 2\pi f(L_1 + L_2) = 2 \cdot \pi \cdot 50\,\text{Hz} \cdot 0{,}175\,\text{H} = \underline{\underline{55\,\Omega}}$$

Aufgabe 11.4
Eine ideale Spule mit der Induktivität $L = 10\,\text{mH}$ liegt an einer sinusförmigen Spannung der Frequenz $f = 1\,\text{kHz}$. Der im Stromkreis fließende Strom hat den Effektivwert $I = 100\,\text{mA}$. Wie groß ist der Effektivwert der anliegenden Spannung?

Lösung

$$U = \omega L \cdot I = 2\pi \cdot 10^3\,\text{Hz} \cdot 10^{-2}\,\text{H} \cdot 0{,}1\,\text{A} = \underline{\underline{6{,}3\,\text{V}}}$$

11.3 Kondensator im Wechselstromkreis

Im Folgenden wird ein idealer Kondensator angenommen, d. h. ein Kondensator mit unendlich großem Isolationswiderstand (Widerstand des Dielektrikums, also des Materials zwischen den Elektroden des Kondensators) und vernachlässigbar kleinem Serienwiderstand (Widerstand der Zuleitungen und Kontaktierungen).

Wird an einen Kondensator eine Gleichspannung gelegt, so fließt nach dem Aufladevorgang kein Strom. Der geladene Kondensator hat für Gleichstrom einen unendlich großen Widerstand.

Liegt an einem Kondensator Wechselspannung an, so findet an den Kondensatorelektroden ständig eine Polaritätsänderung statt. Es erfolgt fortwährend eine Umladung des Kondensators. Der Elektronenüberschuss entsteht abwechselnd auf der einen und auf der anderen Elektrode. Als Folge dieser Umladungen ergibt sich in den Anschlussleitungen des Kondensators ein Strom, der immer seine Richtung wechselt, wobei die Elektronen über die Anschlussleitungen zwischen beiden Elektroden hin- und herfließen. **Im Stromkreis fließt also ein Wechselstrom, der Kondensator lässt Wechselstrom (scheinbar) hindurch.** Scheinbar deshalb, weil keine Elektronen durch das Dielektrikum des Kondensators direkt von Elektrode zu Elektrode fließen. Der in den Zuleitungen auftretende Wechselstrom beruht auf der wechselnden Verschiebung der Elektronen von Elektrode zu Elektrode, dies zeigt schematisch Abb. 11.6.

Der Wechselstrom durch die Umladevorgänge des Kondensators wird umso größer, je größer die Kapazität des Kondensators ist und je mehr Elektronen pro Zeiteinheit hin- und herfließen, d. h. je höher die Frequenz der Wechselspannung ist. Der Widerstand eines

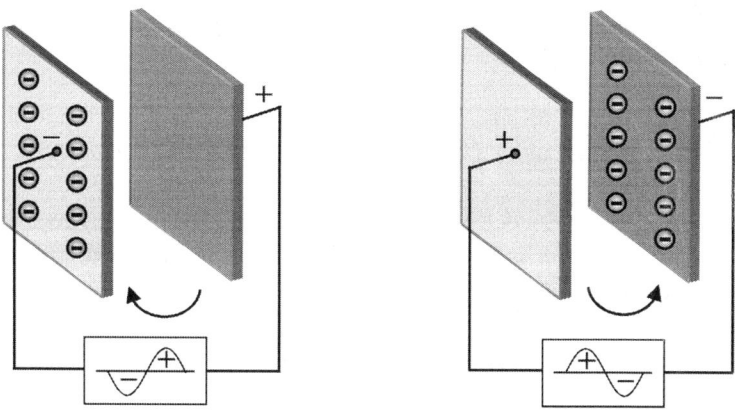

Abb. 11.6 Schematische Darstellung des Elektronenflusses bei einem Kondensator an Wechselspannung. Entsprechend der Polarität der Wechselspannung entsteht fortwährend eine Umpolung der Kondensatorelektroden mit wechselnder Elektronenbesetzung

Kondensators ist somit umgekehrt proportional zu seiner Kapazität und zur Frequenz der Wechselspannung.

▶ **Ein Kondensator lässt Wechselstrom umso besser durch, je höher die Frequenz des Wechselstromes und je größer die Kapazität des Kondensators ist.**

Der kapazitive Widerstand eines Kondensators ist:

$$X_C = \frac{1}{\omega \cdot C} = \frac{1}{2 \cdot \pi \cdot f \cdot C} \qquad (11.20)$$

X_C in Ohm (Ω),
f in Hertz (1/s),
C in Farad (s/Ω).

Da der kapazitive Widerstand nur ein scheinbarer Widerstand ist, erzeugt der durch ihn fließende Strom keine Wärme. Der kapazitive Widerstand X_C eines Kondensators ist ein Blindwiderstand (wie der induktive Widerstand X_L einer Spule).

Wird ein Kondensator mit Gleichspannung geladen, so ist der Ladestrom am Anfang am größten, während die Spannung am Kondensator am kleinsten ist. Nach einer Exponentialkurve nimmt der Ladestrom dann ab und die Spannung am Kondensator zu. Dies gilt prinzipiell auch für die Umladungen durch Wechselspannung mit dem Unterschied, dass die Lade- und Entladevorgänge ständig im Rhythmus der wechselnden Polaritäten der Kondensatorelektroden ablaufen. Zuerst muss ein Strom fließen, bevor am Kondensator eine Spannung liegt. Bei einer sinusförmigen Spannung am Kondensator ist bei den Nulldurchgängen der Sinuskurve der Strom am größten. Da der Strom dem sinusförmigen Verlauf der Spannung folgt, erhält man für den Strom eine um 90° nach links verschobene Sinuskurve und damit eine Cosinuskurve.

▶ **Bei einem idealen Kondensator eilt der Strom der Spannung um $\pi/2 = 90°$ (1/4 Periode) voraus.**

Der allgemeinen Betrachtung eines idealen Kondensators im Wechselstromkreis soll nun eine analytische Untersuchung im Zeitbereich und anschließend in komplexer Form folgen.

Für die Ladung eines Kondensators mit Gleichstrom gilt im eingeschwungenen Zustand: $Q = C \cdot U$. Bei Wechselspannung besteht für die Augenblickswerte von Ladung und Spannung die Beziehung $q(t) = C \cdot u(t)$. Wird die Spannung um Δu erhöht, so erhöht sich auch die im Kondensator gespeicherte Ladung um Δq. Daraus folgt $\Delta q = C \cdot \Delta u$ oder durch Übergang zu infinitesimalen (sehr kleinen) Größen $dq = C \cdot du$. Diese Ladungsänderung kann auch durch $dq = i \cdot dt$ dargestellt werden (allgemein gilt $Q = I \cdot t$).

Werden jetzt $dq = C \cdot du$ und $dq = i \cdot dt$ gleichgesetzt und nach i aufgelöst, so erhält man

$$i(t) = C \cdot \frac{du(t)}{dt} \tag{11.21}$$

Dies ist die Beziehung zwischen den Augenblickswerten von Strom und Spannung am Kondensator und ist somit die **Bauteilgleichung des Kondensators**.

Mit $u(t) = \hat{U} \cdot \sin(\omega t)$ der Spannungsquelle folgt:

$$i(t) = C \cdot \frac{du(t)}{dt} = C \cdot \frac{d\left[\hat{U} \cdot \sin(\omega t)\right]}{dt} = \omega \cdot C \cdot \hat{U} \cdot \cos(\omega t)$$

Die Kurvenform des Stromes stimmt also mit derjenigen der Spannung überein, jedoch eilt der Strom der Spannung um 90° vor. Geht man bei der Angabe des Phasenwinkels (wie üblich) vom Strom aus, so beträgt die *Phasenverschiebung zwischen Spannung und Strom* $\varphi = -90°$, d.h. *die Spannung ist gegenüber dem Strom um 90° nacheilend phasenverschoben*.

Für $t = 0$ ergibt sich aus $i(t) = \omega C \hat{U} \cdot \cos(\omega t)$ der Scheitelwert des Stromes zu $\hat{I} = \omega C \hat{U}$.

Werden beide Seiten durch $\sqrt{2}$ dividiert, so erhält man die Beziehung zwischen den Effektivwerten von Spannung und Strom $I = \omega C U$.

Der Ausdruck

$$X_C = \frac{1}{\omega \cdot C} \tag{11.22}$$

entspricht formal dem eines Widerstandes im ohmschen Gesetz und wird als **kapazitiver Blindwiderstand** oder kurz kapazitiver Widerstand bezeichnet. Als Einheit wird ebenso wie beim Wirkwiderstand Ohm (Ω) verwendet.

Der kapazitive Widerstand ist ebenso wie der induktive Widerstand frequenzabhängig. Der induktive Widerstand wird jedoch mit wachsender Frequenz größer, der kapazitive Widerstand dagegen kleiner.

11.3 Kondensator im Wechselstromkreis

Abb. 11.7 Idealer Kondensator im Wechselstromkreis

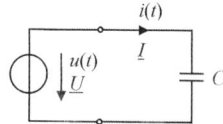

In komplexer Darstellung gilt für die Beziehung zwischen Strom und Spannung eines Kondensators $\underline{I} = C \cdot \frac{d\underline{U}}{dt}$. Mit der sinusförmigen Spannung am Kondensator $\underline{U} = U \cdot e^{j\omega t}$ folgt durch differenzieren $\underline{I} = j\omega C U \cdot e^{j\omega t}$ oder $\underline{I} = j\omega C \cdot \underline{U}$.

Dieses Ergebnis bedeutet, dass zwischen den Effektivwerten von Spannung und Strom die Beziehung $I = \omega C U$ besteht und **der Strom um 90° der Spannung vorauseilt**.

$$\underline{Z}_C = \frac{1}{j \cdot X_C} = \frac{1}{j\omega C} \tag{11.23}$$

ist der komplexe (rein imaginäre) Blindwiderstand des Kondensators.

Abb. 11.7 zeigt den idealen Kondensator im Wechselstromkreis mit den Bezeichnungen der reellen Spannungen und Strömen im Zeitbereich und den zugehörigen komplexen Größen im Bildbereich. In Abb. 11.8a sind die zeitlichen Verläufe von Spannung und Strom und in Abb. 11.8b die Zeigerdiagramme im Reellen (oben) und im Komplexen (unten) jeweils als Scheitelwertzeiger dargestellt.

> **Aufgabe 11.5**
> Welchen Wechselstromwiderstand (kapazitiven Blindwiderstand) hat ein Kondensator mit der Kapazität $C = 1\,\mu F$ bei der Frequenz $f = 1\,kHz$? Wie hoch ist der Effektivwert des Stromes, wenn an den Kondensator die Spannung $u(t) = 10V \cdot \sin(\omega t)$ mit der Frequenz $f = 1\,kHz$ angelegt wird?

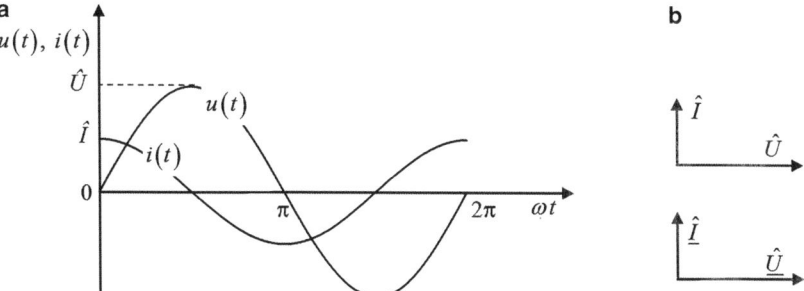

Abb. 11.8 Idealer Kondensator im Wechselstromkreis. Zeitlicher Verlauf von Spannung und Strom (**a**) und zugehörige Zeigerdiagramme (**b**)

> **Lösung**
> Der kapazitive Blindwiderstand ist $X_C = \frac{1}{2\pi f C} = \frac{1}{6{,}28 \cdot 10^3 \text{ Hz} \cdot 10^{-6} \text{ F}} = \underline{159{,}2\,\Omega}$.
> Der Effektivwert der Sinusspannung ist $U = \frac{\hat{U}}{\sqrt{2}} = \frac{10\,\text{V}}{1{,}41} = 7{,}1\,\text{V}$.
> Der Effektivwert des Stromes ergibt sich zu
> $I = \omega\,C\,U = 2\pi f\,C\,U = 6{,}28 \cdot 10^3 \text{ Hz} \cdot 10^{-6} \text{ F} \cdot 7{,}1\,\text{V} = \underline{45\,\text{mA}}$.

11.4 Reihenschaltung aus ohmschem Widerstand und Spule

11.4.1 Komplexer Frequenzparameter „s"

In den letzten beiden Abschnitten wurde deutlich, dass die Berechnung von Wechselstromkreisen im reellen Zeitbereich wesentlich aufwendiger ist (und z. B. Kenntnisse der Differenzial- und Integralrechnung erfordert) als die komplexe Darstellung.

▶ **Ab hier wird wegen der einfacheren Darstellung nur noch die komplexe Rechnung angewandt.**

Für eine abgekürzte Schreibweise von $j\omega$ wird jetzt der komplexe Frequenzparameter „s" eingeführt.

$$\underline{s = j \cdot \omega} \tag{11.24}$$

Der Parameter s ist eine unabhängige Variable im Frequenzbereich und wird kurz als **komplexe Frequenz** bezeichnet. Die von s abhängigen Variablen (die Funktionen von s) können z. B. komplexe Spannungen, Ströme oder Widerstände sein.

Beispiel für die Anwendung:
Für eine ideale Spule im Wechselstromkreis gilt: $\underline{U} = j\omega L \cdot \underline{I}$. Mit $s = j\omega$ erhält man $\underline{U} = s\,L \cdot \underline{I}$ oder $\underline{U}(s) = \underline{Z}_L(s) \cdot \underline{I}$.

Hierin ist $\underline{Z}_L(s) = s\,L = j\,\omega\,L$ der komplexe Blindwiderstand der Spule und $\underline{U} = \underline{U}(s)$ die komplexe Effektivspannung an der Induktivität. Sowohl $\underline{Z}_L(s)$ als auch $\underline{U}(s)$ sind Funktionen von s und damit abhängig von der Frequenz. Dies stimmt damit überein, dass auch im reellen Zeitbereich der Widerstand der Spule und die Spannung an der Spule von der Frequenz der angelegten Quellenspannung abhängig sind.

Aus der Kurzschreibweise $\underline{U} = \underline{Z}_L \cdot \underline{I}$ erkennt man das ohmsche Gesetz. Der komplexe Widerstand einer idealen Spule ist: $\underline{Z}_L = s\,L$. Er wird umso größer, je größer die Frequenz wird.

Für einen idealen Kondensator gilt entsprechend: $\underline{U} = \frac{1}{j\omega C} \cdot \underline{I}$ oder $\underline{U} = \frac{1}{sC} \cdot \underline{I}$ oder $\underline{U} = \underline{Z}_C \cdot \underline{I}$. Hierin ist $\underline{Z}_C = \frac{1}{sC}$ der komplexe Blindwiderstand des Kondensators. Er wird umso kleiner, je größer die Frequenz wird.

▶ **Der komplexe Widerstand der Spule ist:**

$$\underline{\underline{Z}_L = s\,L} \tag{11.25}$$

11.4 Reihenschaltung aus ohmschem Widerstand und Spule

Abb. 11.9 Wechselstromkreis mit Induktivität und Reihenwiderstand

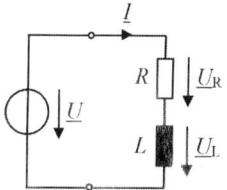

▶ **Der komplexe Widerstand des Kondensators ist:**

$$\underline{Z}_C = \frac{1}{sC} \tag{11.26}$$

Wird s anstatt $j\omega$ benutzt, so ist die Schreibarbeit geringer, wenn Netzwerke mit mehreren Kondensatoren und Spulen berechnet werden.

11.4.2 Anwendung von s bei der RL-Reihenschaltung

An eine Wechselspannungsquelle ist eine Reihenschaltung aus einer idealen Spule und einem ohmschen Widerstand angeschlossen (Abb. 11.9).

Die Spannungsquelle hat den komplexen Effektivwert $\underline{U} = U$. Der komplexe Widerstand der Spule ist $\underline{Z}_L = sL$. Der komplexe Widerstand der Reihenschaltung von R und L ist $\underline{Z} = R + \underline{Z}_L = R + sL$.

Damit ist nach dem ohmschen Gesetz $\underline{I} = \frac{\underline{U}}{\underline{Z}} = \frac{\underline{U}}{R+sL}$ oder $\underline{U} = (R+sL) \cdot \underline{I}$.

Die Spannungen $\underline{U}_R$ und $\underline{U}_L$ ergeben sich zu $\underline{U}_R = R \cdot \underline{I}$ und $\underline{U}_L = sL \cdot \underline{I}$. Aus $\underline{U} = \underline{U}_R + \underline{U}_L$ erhält man durch Einsetzen wieder $\underline{U} = R \cdot \underline{I} + sL \cdot \underline{I} = (R + sL) \cdot \underline{I}$.

Der komplexe Widerstand (die Impedanz) der Reihenschaltung von R und L ist $\underline{Z} = R + sL$.

$\underline{Z}$ wird kurz als komplexer Widerstand bezeichnet.

Der Betrag Z einer komplexen Zahl $\underline{Z}$ (die Länge des Zeigers) ist $Z = \sqrt{\text{Re}\{\underline{Z}\}^2 + \text{Im}\{\underline{Z}\}^2}$.

Der **Scheinwiderstand** (der Betrag des komplexen Widerstandes, der reelle Gesamtwiderstand) der Reihenschaltung von R und L ist somit $Z = |\underline{Z}| = \sqrt{R^2 + (\omega L)^2}$.

▶ **Man beachte: Der Scheinwiderstand ist der Betrag des komplexen Widerstandes (Betrag der Impedanz).**

Der Scheinwiderstand hat die Einheit Ohm. Er ist derjenige Widerstand, mit welchem ein Zweipol als Zusammenschaltung von Wirk- und Blindwiderständen bei einer bestimmten Frequenz wirkt.

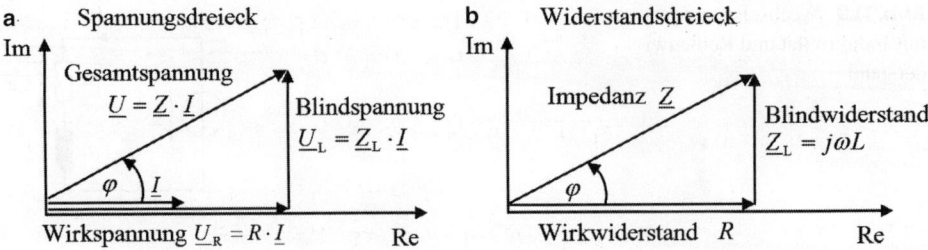

Abb. 11.10 Zeigerdiagramm des komplexen Stromes und der komplexen Spannungen (**a**) und komplexes Widerstandsdreieck (**b**) bei der Reihenschaltung von Wirkwiderstand und Spule

Der Wert des Scheinwiderstandes ergibt sich durch geometrische (vektorielle) Addition von Wirkwiderstand und Blindwiderstand, und **nicht** durch einfache (arithmetische) Addition der Einzelwiderstände.

Für die weitere Betrachtung werden nun die Größen $\underline{I}$, $\underline{U}$, $\underline{U}_R$ und $\underline{U}_L$ in einem komplexen Zeigerdiagramm dargestellt (Abb. 11.10a). In der komplexen Ebene wird der Strom $\underline{I}$ in die reelle Achse gelegt. Dies bietet sich an, da es im Stromkreis nur einen Strom $\underline{I}$ gibt und der Strom durch den ohmschen Widerstand eine reelle Größe ist. Die reelle Achse bildet die Bezugsachse. Die Teilspannung $\underline{U}_R = R \cdot \underline{I}$ am Wirkwiderstand ist mit dem Strom $\underline{I}$ in Phase und wird daher ebenfalls auf der reellen Achse in positiver Richtung (gleiche Richtung wie der Strom) eingetragen. Die Teilspannung $\underline{U}_L = sL \cdot \underline{I} = j\omega L \cdot \underline{I}$ eilt dem Strom I um 90° voraus ($+j$ bedeutet Vorauseilung um 90°). $\underline{U}_L$ wird daher senkrecht nach oben eingetragen, beginnend an der Spitze von $\underline{U}_R$, da sich beide Teilspannungen zur Gesamtspannung $\underline{U}$ addieren. Die Gesamtspannung $\underline{U} = \underline{Z} \cdot \underline{I}$ ergibt sich als geometrische Summe der Teilspannungen $\underline{U}_R$ und $\underline{U}_L$ und bildet die Hypotenuse eines rechtwinkligen Dreiecks. Der Winkel φ zwischen der Stromachse und der Gesamtspannung $\underline{U}$ ist der Phasenwinkel, um den die Spannung $\underline{U}$ dem Strom $\underline{I}$ vorauseilt.

Man beachte, dass sich die Spannungen geometrisch addieren. Es gilt: $\underline{U}^2 = \underline{U}_R^2 + \underline{U}_L^2$.

Teilt man im Zeigerdiagramm Abb. 11.10a alle Spannungen durch den Strom $\underline{I}$, so erhält man das in Abb. 11.10b dargestellte **Widerstandsdreieck**. Spannungsdreieck und Widerstandsdreieck sind sich ähnlich, ihre Winkel stimmen überein.

Aus dem Widerstandsdreieck sieht man, dass nach Pythagoras gilt:
$Z = |\underline{Z}| = \sqrt{R^2 + (\omega L)^2}$.

Somit folgt für die Effektivwerte von Strom und Spannung:
$U = |\underline{Z}| \cdot I = \sqrt{R^2 + (\omega L)^2} \cdot I$.

U ist hier die Länge des komplexen Zeigers der Gesamtspannung $\underline{U}$ im Spannungsdreieck.

Für die Scheitelwerte von Strom und Spannung gilt entsprechend: $\hat{U} = |Z| \cdot \hat{I}$.

Aus Abb. 11.10b kann man ablesen:

$$\varphi = \arctan\left(\frac{\omega L}{R}\right).$$

11.4 Reihenschaltung aus ohmschem Widerstand und Spule

Mit der Formel für φ lässt sich aus den Zahlenwerten der Frequenz, der Induktivität und des ohmschen Widerstandes der Phasenwinkel φ zwischen Gesamtspannung U und Strom I berechnen.

Aus $\varphi = \varphi_{ui} = \varphi_u - \varphi_i$ kann mit $\varphi_i = \varphi_u - \varphi$ der Nullphasenwinkel des Stromes bestimmt werden.

Damit ist bei sinusförmiger Spannungsquelle durch den Phasenwinkel und die Scheitelwerte von Strom und Spannung auch der zeitliche Verlauf von Strom und Spannung bestimmbar.

Ist die Spannungsquelle z. B. $u(t) = \hat{U} \cdot \sin(\omega t)$, wobei der Nullphasenwinkel der Spannung nicht gegeben und somit $\varphi_u = 0$ ist, so ergibt sich der Strom zu

$$i(t) = \hat{I} \cdot \sin(\omega t + \varphi_i)$$

$$\text{mit} \quad \hat{I} = \frac{\hat{U}}{|Z|} = \frac{\hat{U}}{\sqrt{R^2 + (\omega L)^2}} \quad \text{und} \quad \varphi_i = -\arctan\left(\frac{\omega L}{R}\right).$$

Die Frequenz f, die Induktivität L und der Widerstandswert R sind bestimmte, konstante Werte.

In der Praxis ist eine Reihenschaltung aus Wirkwiderstand und idealer Spule bei der Beschreibung der Ersatzschaltung einer realen Spule, sowie beim RL-Tiefpass und RL-Hochpass von Bedeutung.

Aufgabe 11.6

Eine ideale Spule mit der Induktivität $L = 100\,\text{mH}$ ist mit einem ohmschen Widerstand $R = 100\,\Omega$ in Reihe geschaltet. Die Schaltung wird aus der Netzwechselspannung mit $U = 230\,\text{V}, 50\,\text{Hz}$ gespeist.

a) Wie groß ist der Effektivwert I und der Scheitelwert $\hat{I}$ des Stromes in der Schaltung?
b) Um welchen Phasenwinkel φ in Winkelgrad ist der Strom I gegenüber der Spannung U verschoben? Welcher Zeit entspricht diese Phasenverschiebung?
c) Welche Teilspannungen U_R und U_L treten am Widerstand R und an der Induktivität L auf?
d) Skizzieren Sie das Zeigerdiagramm für I, U, U_R und U_L.
e) Zeichnen Sie den zeitlichen Verlauf von Gesamtspannung $u(t)$ und Strom $i(t)$ für eine Periodendauer des Stromes. Zum Zeitpunkt $t = 0$ sei der Nulldurchgang des Stromes.
f) Die Funktion $\varphi(f)$ wird **Frequenzgang** von φ genannt. Skizzieren Sie die Funktion im Bereich $f = 0$ bis $f = 2000\,\text{Hz}$. Erstellen Sie hierzu eine Wertetabelle in Schritten von $\Delta f = 250\,\text{Hz}$. Erläutern Sie den Verlauf der Funktion $\varphi(f)$.

g) Skizzieren Sie den Frequenzgang $|\underline{Z}(f)|$ des Scheinwiderstandes im Bereich $f = 0$ bis $f = 1000\,\text{Hz}$. Tragen Sie in die Zeichnung die Konstante des Widerstandes R ein und die Gerade $y = \omega L$. Erläutern Sie den Verlauf der Funktion $|\underline{Z}(f)|$.

Lösung

a) Der komplexe Widerstand (die Impedanz) der Reihenschaltung ist $\underline{Z} = R + sL$. Der Scheinwiderstand ist

$$|\underline{Z}| = \sqrt{R^2 + (\omega L)^2} = \sqrt{100^2 + (2\pi \cdot 50 \cdot 0{,}1)^2}\,\Omega = 105\,\Omega.$$

Bei der Frequenz $f = 50\,\text{Hz}$ und den gegebenen Bauteilwerten ist im Stromkreis ein Widerstand von $105\,\Omega$ wirksam.
Der Effektivwert des Stromes ist $I = \frac{U}{|\underline{Z}|} = \frac{230\,\text{V}}{105\,\Omega}$;
$\underline{I = 2{,}2\,\text{A}} \Rightarrow \hat{I} = 2{,}2\,\text{A} \cdot \sqrt{2} = \underline{3{,}1\,\text{A}}$

b) $\varphi = \arctan\left(\frac{\omega L}{R}\right)$; $\varphi = \arctan\left(\frac{2\pi \cdot 50\,\text{s}^{-1} \cdot 0{,}1\,\Omega\text{s}}{100\,\Omega}\right) = \underline{17{,}4°}$
Der Strom eilt der Spannung um $17{,}4°$ nach.
Der Winkel kann in eine Zeit der Phasenverschiebung umgerechnet werden.
$360° \mathrel{\widehat{=}} 20\,\text{ms}$; $17{,}4° \mathrel{\widehat{=}} x\,\text{ms}$; $x = \frac{17{,}4° \cdot 20\,\text{ms}}{360°} = \underline{0{,}97\,\text{ms}}$

c) $U_R = R \cdot I = 100\,\Omega \cdot 2{,}2\,\text{A} = \underline{220\,\text{V}}$; $U_L = \omega L \cdot I = 31{,}4\,\Omega \cdot 2{,}2\,\text{A} = \underline{69\,\text{V}}$
Probe: Die Gesamtspannung U ergibt sich zu $U = \sqrt{(220\,\text{V})^2 + (69\,\text{V})^2} = 230\,\text{V}$.

d) Eine (nicht maßstäbliche) Skizze des Zeigerdiagramms zeigt Abb. 11.11.

e) Zeitlicher Verlauf von Gesamtspannung und Strom
Die Periodendauer des Stromes ist $T = \frac{1}{f} = \frac{1}{50\,\text{s}^{-1}} = 20\,\text{ms}$.
Zum Zeitpunkt $t = 0$ soll der Strom null sein. Der Strom wird deshalb ohne Nullphasenwinkel angesetzt: $i(t) = \hat{I} \cdot \sin(\omega t) = 3{,}1\,\text{A} \cdot \sin(314\,\text{s}^{-1} \cdot t)$.

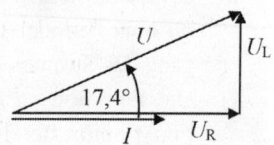

Abb. 11.11 Skizze des Zeigerdiagramms

Die Spannung eilt dem Strom voraus. Die Spannungskurve hat einen positiven Phasenwinkel und ist auf der Zeitachse gegenüber der Stromkurve nach links verschoben.

$$u(t) = \hat{U} \cdot \sin(\omega t + \varphi_u) = 230\,\text{V} \cdot \sqrt{2} \cdot \sin\left(314\,\text{s}^{-1} \cdot t + \varphi_u\right)$$
$$= 325\,\text{V} \cdot \sin\left(314\,\text{s}^{-1} \cdot t + 17{,}4°\right)$$

Der Strom erreicht als Zahlenwert gesehen einen viel kleineren Scheitelwert als die Spannung und wird mit dem Faktor 100 skaliert (multipliziert), damit er in das gleiche Achsenkreuz eingetragen werden kann. Beide Kurven zeigt Abb. 11.12.

f) Frequenzgang von $\varphi(f)$

Den Frequenzgang der Phasenverschiebung, der als Phasengang bezeichnet wird, zeigt Abb. 11.13.

$\varphi = \arctan\left(\frac{2\pi L}{R} \cdot f\right)$; mit der Konstanten $c = \frac{2\pi L}{R} = 6{,}28 \cdot 10^{-3}\,\text{s}$ folgt $\varphi = \arctan(c \cdot f)$.

Wertetabelle:

f in Hz	0	250	500	750	1000	1250	1500	1750	2000
φ in Grad	0	57,5	72,3	78	81	82,7	83,9	84,8	85,5

Die punktierte Linie in Abb. 11.13 stellt den genauen Verlauf der Kurve dar, die Schrittweite beträgt $f = 5\,\text{Hz}$ statt wie in der Wertetabelle 250 Hz.
Erläuterung der Kurve: Bei $f = 0$ bewirkt die Induktivität keine Phasenverschiebung. Je größer die Frequenz wird, desto mehr nähert sich die Kurve der maximalen Phasenverschiebung zwischen Spannung und Strom von 90°.

g) Abb. 11.14: Frequenzgang von $|\underline{Z}(f)|$

$$|\underline{Z}(f)| = \sqrt{R^2 + 4\pi^2 L^2 f^2}$$

Die Funktion kann mittels einer Wertetabelle oder z. B. mit Mathcad gezeichnet werden.
Für $f = 0$ ist im Stromkreis nur der ohmsche Widerstand $R = 100\,\Omega$ wirksam. Je größer die Frequenz der speisenden Spannungsquelle wird, desto mehr nähert sich der wirksame Widerstand im Stromkreis dem Blindwiderstand ωL der Spule. Wird die Frequenz unendlich groß, so wird auch der wirksame Widerstand unendlich groß.

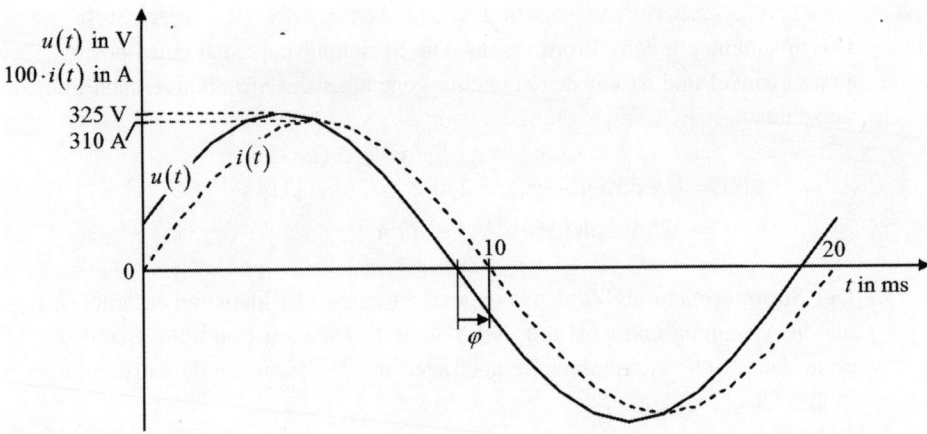

Abb. 11.12 Zeitlicher Verlauf von Gesamtspannung und Strom in einer Periodendauer des Stromes

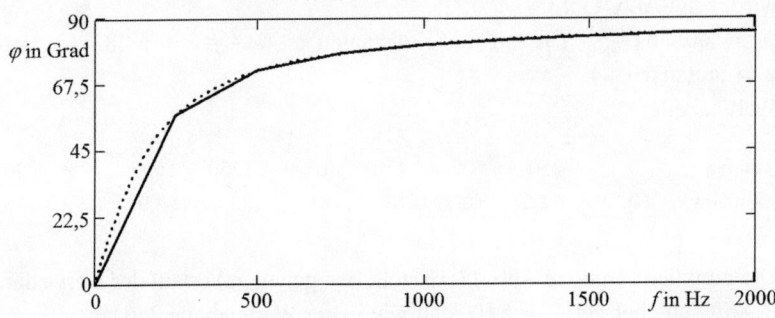

Abb. 11.13 Der Frequenzgang von φ

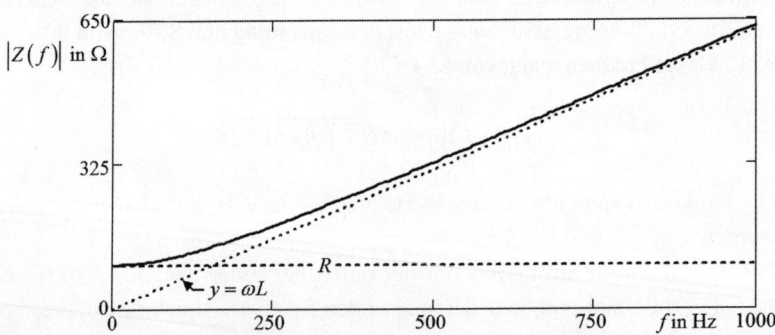

Abb. 11.14 Frequenzgang des Scheinwiderstandes

11.5 Reihenschaltung aus ohmschem Widerstand und Kondensator

An eine Wechselspannungsquelle ist eine Reihenschaltung aus einem idealen Kondensator und einem ohmschen Widerstand angeschlossen (Abb. 11.15).

Die Spannungsquelle hat den komplexen Effektivwert $\underline{U} = U$.

Der komplexe Widerstand des Kondensators ist $\underline{Z}_C = \frac{1}{sC}$.

Der komplexe Widerstand (die Impedanz) der Reihenschaltung von R und C ist:

$$\underline{Z} = R + \underline{Z}_C = R + \frac{1}{sC} = R + \frac{1}{j\omega C} \cdot \frac{j}{j} = R - j \cdot \frac{1}{\omega C}.$$

Der Betrag des komplexen Widerstandes ist $|\underline{Z}| = \sqrt{R^2 + \left(\frac{1}{\omega C}\right)^2}$.

Damit gilt nach dem ohmschen Gesetz für den Betrag (Effektivwert) des Stromes:

$$I = \frac{U}{|\underline{Z}|} = \frac{U}{\sqrt{R^2 + \left(\frac{1}{\omega C}\right)^2}}$$

Für die Scheitelwerte gilt entsprechend: $\hat{I} = \frac{\hat{U}}{|\underline{Z}|}$.

Für die komplexen Teilspannungen $\underline{U}_R$ und $\underline{U}_C$ gilt:

$$\underline{U}_R = R \cdot \underline{I} = \underline{U} \cdot \frac{R}{R + \frac{1}{j\omega C}} = \underline{U} \cdot \frac{j\omega RC}{1 + j\omega RC}$$

$$\underline{U}_C = \frac{1}{sC} \cdot \underline{I} = \frac{1}{j\omega C} \cdot \underline{I} = -j \frac{1}{\omega C} \cdot \underline{I}$$

bzw. $\quad \underline{U}_C = \underline{U} \cdot \dfrac{\frac{1}{j\omega C}}{R + \frac{1}{j\omega C}} = \underline{U} \cdot \dfrac{1}{1 + j\omega RC}.$

Die Beträge dieser Teilspannungen sind:

$$U_R = R \cdot I = U \cdot \frac{R}{\sqrt{R^2 + \left(\frac{1}{j\omega C}\right)^2}}$$

$$U_C = \frac{1}{\omega C} \cdot I = U \cdot \frac{1}{\sqrt{1 + (\omega RC)^2}}$$

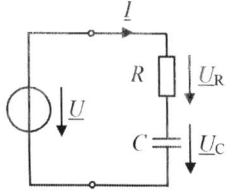

Abb. 11.15 Wechselstromkreis mit Kondensator und Reihenwiderstand

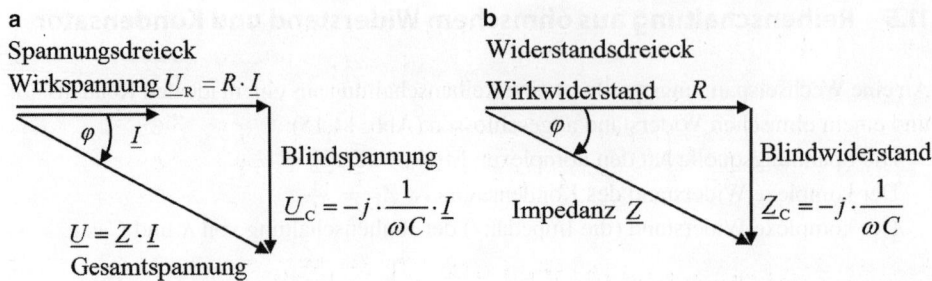

Abb. 11.16 Zeigerdiagramm des komplexen Stromes und der komplexen Spannungen (**a**) und komplexes Widerstandsdreieck (**b**) bei der Reihenschaltung von Wirkwiderstand und Kondensator

Nun wird das komplexe Zeigerdiagramm konstruiert (Abb. 11.16a). Der Strom $\underline{I}$ wird als Bezugsgröße gewählt und waagerecht angetragen. Die Teilspannung $\underline{U}_R$ ist mit $\underline{I}$ in Phase. Bei der Teilspannung $\underline{U}_C$ steht j im Nenner (bzw. $-j$ im Zähler), sie eilt dem Strom um 90° nach und wird senkrecht nach unten aufgetragen. Der Pfeil von $\underline{U}_C$ beginnt an der Spitze des Pfeiles von $\underline{U}_R$, da sich beide Spannungen zur Gesamtspannung $\underline{U}$ addieren. Aus der geometrischen Addition von $\underline{U}_R$ und $\underline{U}_C$ ergibt sich die Gesamtspannung $\underline{U}$. Werden alle Spannungen durch den Strom $\underline{I}$ geteilt, so erhält man das Widerstandsdreieck (Abb. 11.16b). Das Achsenkreuz in der komplexen Ebene wurde weggelassen.

Da sich die Spannungen im rechtwinkligen Dreieck geometrisch addieren ist $U^2 = U_R^2 + U_C^2$.

Für den Phasenwinkel zwischen Gesamtspannung U und Strom I gilt $\varphi = -\arctan\left(\frac{|\underline{U}_C|}{|\underline{U}_R|}\right)$.

Das Vorzeichen von φ ist negativ, da der Winkel vom Strom- zum Spannungszeiger *im Uhrzeigersinn* gerichtet ist.

Mit den Beträgen der Teilspannungen ergibt sich:

$$\varphi = -\arctan\left(\frac{\frac{1}{\omega C} \cdot I}{R \cdot I}\right) = -\arctan\left(\frac{1}{\omega RC}\right).$$

Es ist $\varphi < 0$, das negative Vorzeichen von φ bedeutet, dass der Strom der Spannung vorauseilt. Es liegt überwiegend kapazitives Verhalten vor.

Mit $\varphi_i = \varphi_u - \varphi$ ist für $\varphi_u = 0$ der Nullphasenwinkel des Stromes $\varphi_i = +\arctan\left(\frac{1}{\omega RC}\right)$.

Im Liniendiagramm ist der Strom aus dem Ursprung nach links verschoben, er eilt der Spannung voraus.

Der zeitliche Verlauf des Stromes ist:

$$i(t) = \hat{I} \cdot \sin(\omega t + \varphi_i) = \frac{U \cdot \sqrt{2} \cdot \sin\left(\omega t + \arctan\left(\frac{1}{\omega RC}\right)\right)}{\sqrt{R^2 + \left(\frac{1}{\omega C}\right)^2}}.$$

11.5 Reihenschaltung aus ohmschem Widerstand und Kondensator

Aufgabe 11.7
Eine Glühlampe mit den Nenndaten 230 V, 60 W soll mit einem Kondensator in Reihe geschaltet an einer Spannung von 380 V, 50 Hz betrieben werden. Wie groß muss die Kapazität des Kondensators sein, damit an der Glühlampe 230 V liegen?

Lösung
Die Glühlampe entspricht einem ohmschen Widerstand. Die Anordnung bildet eine Reihenschaltung aus ohmschem Widerstand und Kondensator. Aus den Daten der Glühlampe erhält man ihren ohmschen Widerstand $R = \frac{U^2}{P} = \frac{(230\,V)^2}{60\,W} = 882\,\Omega$ und ihren Nennstrom $I = \frac{P}{U} = \frac{60\,W}{230\,V} = 0{,}26\,A$.

Der komplexe Widerstand der Reihenschaltung ist: $\underline{Z} = R + \frac{1}{j\omega C}$.

Der Betrag dieses Widerstandes ist $|\underline{Z}| = \sqrt{R^2 + \frac{1}{\omega^2 C^2}}$.

Die Gleichung wird nach C aufgelöst. Quadrieren beider Seiten ergibt:
$|\underline{Z}|^2 = R^2 + \frac{1}{\omega^2 C^2}$; $\omega^2 C^2 = \frac{1}{|\underline{Z}|^2 - R^2}$; $C = \frac{1}{\omega \cdot \sqrt{(|\underline{Z}|^2 - R^2)}}$.

Damit im Stromkreis der Strom $I = 0{,}26\,A$ fließt, muss nach dem ohmschen Gesetz gelten: $|\underline{Z}| = \frac{U}{I} = \frac{380\,V}{0{,}26\,A} = 1462\,\Omega$. Somit ist $C = \frac{1}{2\pi 50\,s^{-1}\sqrt{(1462\,\Omega)^2 - (882\,\Omega)^2}}$;
$\underline{C = 2{,}7\,\mu F}$.

Alternative Lösung
Für die Spannungen gilt $\underline{U}^2 = \underline{U}_R^2 + \underline{U}_C^2$.

Am Kondensator muss die Spannung
$|\underline{U}_C| = \sqrt{|\underline{U}|^2 - |\underline{U}_R|^2} = \sqrt{380^2 - 230^2}\,V = 302\,V$ abfallen.

Aus $\underline{Z}_C = \frac{1}{j\omega C}$ folgt $|\underline{Z}_C| = \frac{1}{\omega C}$. Nach dem ohmschen Gesetz ist $|\underline{Z}_C| = \frac{|\underline{U}_C|}{|\underline{I}_C|} = \frac{U_C}{I_C}$.

Durch die Glühlampe fließt der Strom $I = \frac{P}{U} = \frac{60\,W}{230\,V} = 0{,}26\,A$. Dieser Strom fließt auch durch den Kondensator, $I_C = 0{,}26\,A$. Aus $\frac{1}{\omega C} = \frac{U_C}{I_C}$ folgt $C = \frac{I_C}{\omega \cdot U_C} = \frac{0{,}26\,A}{2\pi\,50\frac{1}{s}\cdot 302\,V}$.

$$\underline{C = 2{,}7\,\mu F}$$

11.6 RC-Reihenschaltung in der Praxis

Ehe auf die praktische Anwendung von *RC*- bzw. *RL*-Reihenschaltungen eingegangen wird, werden noch einige wichtige Definitionen besprochen, die es erleichtern, die Eigenschaften dieser Reihenschaltungen zu analysieren und sie grafisch darzustellen.

11.6.1 Die Übertragungsfunktion

Vorbemerkung: Hier werden nur die grundlegenden Eigenschaften der Übertragungsfunktion behandelt. Der Begriff der Übertragungsfunktion spielt eine zentrale Rolle in der Theorie und Analyse von Netzwerken.

Ein Vierpol ist eine Schaltung mit zwei Eingangsklemmen und zwei Ausgangsklemmen. Die Übertragung eines Eingangssignals vom Eingang zum Ausgang wird durch die Übertragungsfunktion beschrieben.

Die Übertragungsfunktion (auch **Systemfunktion** oder komplexer Frequenzgang genannt) gestattet die Berechnung des Ausgangssignals als Funktion des Eingangssignals. Sie stellt einen mathematischen Ausdruck dar, in dem Art und Größe der Bauelemente und ihre Zusammenschaltung im Vierpol berücksichtigt sind. Die Übertragungsfunktion ist eine Funktion der komplexen Frequenz s.

Die Übertragungsfunktion wird hier allgemein als $\underline{H}(s)$ bezeichnet.

Ist das Eingangssignal $\underline{U}_e$ und das Ausgangssignal $\underline{U}_a$, so ist $\underline{H}(s)$ definiert als

$$\underline{H}(s) = \frac{\underline{U}_a}{\underline{U}_e} = \frac{\text{Wirkung}}{\text{Ursache}} \qquad (11.27)$$

Abb. 11.17 zeigt einen Vierpol mit dem Eingangssignal $\underline{U}_e$, mit der die Übertragungsstrecke kennzeichnenden Übertragungsfunktion $\underline{H}(s)$ und mit dem Ausgangssignal $\underline{U}_a$.

Wird in $\underline{H}(s)$ für s der Ausdruck $j\omega$ eingesetzt und die Funktion so umgeformt, dass Realteil (Re) und Imaginärteil (Im) getrennt vorliegen, so ergibt sich der Betrag von $\underline{H}(j\omega)$ zu $|\underline{H}(j\omega)| = \sqrt{\text{Re}^2 + \text{Im}^2}$.

Jetzt kann der Betrag des Ausgangssignals als Funktion des Eingangssignals berechnet werden (Berechnung der Ausgangsamplitude aus der Eingangsamplitude und dem Betrag der Übertragungsfunktion).

$$|\underline{U}_a(\omega)| = |\underline{U}_e(\omega)| \cdot |\underline{H}(j\omega)| \qquad (11.28)$$

Abb. 11.17 Vierpol mit Eingangssignal, Übertragungsfunktion und Ausgangssignal

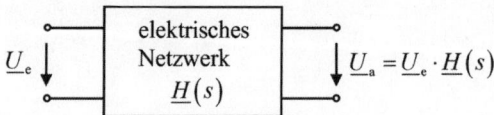

$|\underline{H}(j\omega)|$ gibt das Verhältnis von Ausgangs- zu Eingangsspannung an und wird als **Amplitudengang** (oft kurz als „Betrag") bezeichnet. $|\underline{H}(j\omega)|$ **ist eine Funktion der Frequenz** f.

Wird in $|\underline{H}(j\omega)|$ eine bestimmte, **konstante** Frequenz f_0 eingesetzt, so erhält man die Größe (Amplitude) der Ausgangsspannung U_a bei der Frequenz f_0 durch Multiplikation der Eingangsamplitude mit $|\underline{H}(j\omega_0)|$.

Die Phasenverschiebung zwischen Ausgangs- und Eingangssignal kann ebenfalls aus $\underline{H}(s)$ berechnet werden. Der Phasenwinkel $\varphi(\omega)$ des Ausgangssignals gegen das Eingangssignal ist definiert als der Winkel von $\underline{H}(s)$.

$$\varphi(\omega) = \angle \underline{H}(s) \qquad (11.29)$$

Die Funktion $\varphi(\omega)$ wird als **Phasengang** (oft kurz als „Phase") bezeichnet.

In $\underline{H}(s)$ wird für s der Ausdruck $j\omega$ eingesetzt und die Funktion so umgeformt, dass Realteil und Imaginärteil getrennt vorliegen. Dann ergibt sich der Phasengang $\varphi(\omega)$ aus der Übertragungsfunktion als

$$\varphi(\omega) = \arctan\left(\frac{\text{Im}\{\underline{H}(j\omega)\}}{\text{Re}\{\underline{H}(j\omega)\}}\right) \qquad (11.30)$$

Im = Imaginärteil von $\underline{H}(s)$,
Re = Realteil von $\underline{H}(s)$.

Somit erhält man φ als Funktion von ω bzw. f.

Wird in $\varphi(\omega)$ eine bestimmte, **konstante** Frequenz f_0 eingesetzt, so erhält man die Phasenverschiebung des Ausgangssignals gegen das Eingangssignal bei der Frequenz f_0.

Achtung: Den Winkel der Phasenverschiebung erhält man nach Gl. 11.30 in Radiant im Bogenmaß.

Zur Umrechnung in Grad muss mit $\frac{180°}{\pi}$ multipliziert werden!

Die Phasenverschiebung beträgt maximal 180°. $\varphi(\omega)$ kann z. B. in den Bereichen $+90°$ bis $-90°$, $+90°$ bis $0°$, von $0°$ bis $-90°$ oder $0°$ bis $-180°$ als kontinuierliche Kurve verlaufen. Je nach Netzwerk kann bei einer bestimmten Frequenz auch ein sprunghafter Wechsel von $+90°$ auf $-90°$ oder umgekehrt, oder von $-180°$ auf $+180°$ oder umgekehrt stattfinden („springen" der Phase oder „*Phasensprung*").

Zu beachten ist: Die beschriebene Vorgehensweise zur Bestimmung des Frequenzgangs von Amplitude und Phase ist nur für *periodische* Eingangssignale und für den *eingeschwungenen* Zustand des Systems (energieloser Anfangszustand) erlaubt.

Da sich die Phase aus Teilen der Übertragungsfunktion berechnet, können für ein System Amplitudengang und Phasengang nicht gleichzeitig willkürlich vorgeschrieben werden. In der Praxis müssen diesbezüglich oft Kompromisse eingegangen werden.

Die Übertragungsfunktion $\underline{H}(s)$ **kann aus einer Netzwerkanalyse gewonnen werden.**

Wichtig: Sämtliche Verfahren, welche zur Analyse von Gleichstromkreisen verwendet wurden, wie Spannungsteilerformel, Maschenanalyse, Knotenanalyse usw., können auch zur Ermittlung von $\underline{H}(s)$ verwendet werden. Dabei sind für Kondensatoren und Spulen deren komplexe Widerstände zu verwenden.

Der Vorteil der Rechnung mit komplexen Größen wird dabei noch einmal ersichtlich. Zur Analyse des Netzwerkes durch Aufstellung von $\underline{H}(s)$ werden nur algebraische Gleichungen benötigt und keine Differenzialgleichungen, die bei der Analyse von Netzwerken mit speichernden Elementen (Kondensatoren, Spulen) im reellen Zeitbereich notwendig wären.

Zur Vertiefung

Eigenschaften von $\underline{H}(s)$

$\underline{H}(s)$ ist i. a. eine gebrochene rationale Funktion.

Allgemein kann $\underline{H}(s)$ in der Form $\underline{H}(s) = \frac{\underline{Z}(s)}{\underline{N}(s)} = \frac{a_n s^n + a_{n-1} s^{n-1} + \ldots + a_1 s + a_0}{b_m s^m + b_{m-1} s^{m-1} + \ldots + b_1 s + b_0}$ als Quotient zweier Polynome $\underline{Z}(s)$ und $\underline{N}(s)$ geschrieben werden.

Die Koeffizienten a und b der Polynome sind durch die Bauelemente des Netzwerkes gegeben, sie sind stets reell.

Nullstellen und **Pole** sind die wesentlichen Merkmale einer gebrochenen rationalen Funktion. Die Nullstellen erhält man als Lösungen (auch Wurzeln genannt) des Zählerpolynoms $\underline{Z}(s) = 0$ und die Pole als Lösungen des Nennerpolynoms $\underline{N}(s) = 0$. Die Anzahl der Nullstellen bzw. Pole entspricht dem Grad (der höchsten Potenz) des betreffenden Polynoms. Sowohl die Nullstellen, als auch die Pole sind entweder reell oder paarweise konjugiert komplex. Es können auch vielfache Nullstellen und Pole der Art $(s - s_0)^n$ bzw. $(s - s_\infty)^n$ auftreten.

Wurden die Wurzeln des Zählerpolynoms s_{01}, s_{02} usw. und des Nennerpolynoms $s_{\infty 1}$, $s_{\infty 2}$ usw. berechnet, so lässt sich $\underline{H}(s)$ **in Form von Linearfaktoren** schreiben:

$$\underline{H}(s) = K \cdot \frac{(s - s_{01})(s - s_{02})(s - s_{03})\ldots}{(s - s_{\infty 1})(s - s_{\infty 2})(s - s_{\infty 3})\ldots} \qquad (11.31)$$

Aus dieser Form ist sofort ersichtlich, dass $\underline{H}(s)$ verschwindet (der Zähler wird null), wenn s einen der Werte der Nullstellen annimmt. Nimmt s einen der Werte der Pole an, so wird der Nenner null und damit $\underline{H}(s)$ unendlich groß. Die Pole nennt man auch **Eigenfrequenzen** des Systems.

Wird ein Netzwerk mit einer Eingangsspannung gespeist, deren Frequenz gleich der Frequenz einer Nullstelle ist, so wird die Ausgangsspannung zu null. Ist die Frequenz der Eingangsspannung gleich der Frequenz eines Poles, so wird die Ausgangsspannung unendlich groß (nur theoretisch, da jedes reale System eine durch Verluste bedingte Dämpfung besitzt).

Die Eigenfrequenz wird auch **Resonanzfrequenz** genannt.

Eigenfrequenz und Resonanzfrequenz sind nur im dämpfungsfreien Fall gleich groß.

Der Fall der Resonanz hat in der Technik große Bedeutung. Viele mechanische Gebilde sind schwingungsfähig und können sich durch äußere periodische Kräfte, welche mit der Eigenfrequenz einwirken, „aufschaukeln". Der unbeabsichtigte Resonanzfall (Erregerfrequenz = Eigenfrequenz des Systems) kann bis zur mechanischen Zerstörung führen. Beim elektrischen Parallelschwingkreis dient der beabsichtigte Resonanzfall dazu, bei einer bestimmten Frequenz (der Resonanzfrequenz) eine möglichst große Spannung zu erhalten und diese somit aus Spannungen mit unterschiedlichen Frequenzen hervorzuheben, um sie herauszufiltern und weiterverarbeiten zu können.

Das Berechnen der Wurzeln von Zähler- und Nennerpolynom von $\underline{H}(s)$ ist dann einfach, wenn die Polynome quadratische Gleichungen sind. Das Aufspalten von Polynomen höheren Grades ist z. B. nach dem Horner-Schema ebenfalls möglich. Dies soll hier jedoch nicht besprochen werden, da die Behandlung komplizierter Übertragungsfunktionen mit einem PC wesentlich sinnvoller und schneller ist.

▶ **Für die Berechnung von $|\underline{H}(j\omega)|$ und $\varphi(\omega)$ beachte man zwei wichtige Regeln.**

$\underline{Z}_1, \underline{Z}_2, \underline{Z}_3, \underline{Z}_4$ sind komplexe Zahlen.

1. **Zur Berechnung von $|\underline{H}(j\omega)|$**

    Soll der Betrag des Bruches $|\underline{H}(j\omega)| = \left|\frac{\underline{Z}_1}{\underline{Z}_2}\right|$ gebildet werden, so gilt:

    $|\underline{H}(j\omega)| = \frac{|\underline{Z}_1|}{|\underline{Z}_2|}$.

    Indem man die Beträge von Zähler und Nenner einzeln bildet und die Ergebnisse dividiert, kann man sich evtl. viel Rechenarbeit zur Umformung des Bruches in einen Real- und einen Imaginärteil sparen.

    Soll der Betrag des Bruches $|\underline{H}(j\omega)| = \left|\frac{\underline{Z}_1 \cdot \underline{Z}_2}{\underline{Z}_3 \cdot \underline{Z}_4}\right|$ gebildet werden, so gilt:

    $|\underline{H}(j\omega)| = \frac{|\underline{Z}_1| \cdot |\underline{Z}_2|}{|\underline{Z}_3| \cdot |\underline{Z}_4|}$.

    Die Beträge der komplexen Zahlen in Zähler und Nenner können also einzeln gebildet werden. Dabei können in Zähler und Nenner beliebig viele Faktoren stehen.

2. **Zur Berechnung von $\varphi(\omega)$**

    Für den Winkel ($\angle$) eines Bruches zweier komplexer Zahlen gilt:

    $\angle\left(\frac{\underline{Z}_1}{\underline{Z}_2}\right) = \angle \underline{Z}_1 - \angle \underline{Z}_2$.

    Anstatt $\underline{H}(j\omega)$ so umzuformen, dass Realteil und Imaginärteil getrennt vorliegen, um daraus den Winkel zu bestimmen, kann man nehmen: **Winkel des Zählers minus Winkel des Nenners.**

    Der Winkel eines Produktes zweier komplexer Zahlen ist: $\angle(\underline{Z}_1 \cdot \underline{Z}_2) = \angle \underline{Z}_1 + \angle \underline{Z}_2$.

    Ist $\underline{H}(j\omega) = \frac{\underline{Z}_1 \cdot \underline{Z}_2}{\underline{Z}_3 \cdot \underline{Z}_4}$ so ist $\varphi(\omega) = \angle \underline{H}(j\omega) = \angle \underline{Z}_1 + \angle \underline{Z}_2 - \angle \underline{Z}_3 - \angle \underline{Z}_4$.

    In Zähler und Nenner können beliebig viele Faktoren stehen.

Die Berechnung von $|\underline{H}(j\omega)|$ und von $\varphi(\omega)$ ist also dann besonders einfach, wenn $H(j\omega)$ in Form von Linearfaktoren vorliegt.

Ende Vertiefung

11.6.2 Verstärkungsmaß, Dezibel

Interessieren sowohl sehr kleine, als auch sehr große Werte auf einer Koordinatenachse, so wird ein logarithmischer Maßstab verwendet. Dieser beginnt nicht bei null, sondern bei einem von null verschiedenen positiven Wert. Durch diesen Maßstab können mehrere Zehnerpotenzen auf einer Achse dargestellt werden. Sind beide Achsen logarithmisch unterteilt, so spricht man von einer doppelt logarithmischen Skala. Abb. 11.18 zeigt als Beispiel den Graph der Funktion $f(x) = \log(x)$ im Bereich $x = 1{,}1$ bis $x = 100.000$.

Die Verstärkung einer Spannung (oder eines Stromes) $V = U_a/U_e$ ist als Verhältniswert zwischen Ausgangs- und Eingangsgröße ein einheitenloses, relatives Maß und wird als Verstärkungs**faktor** bezeichnet. Um große Bereiche von Verhältniswerten überschaubar darzustellen, werden sie nach Alexander Graham Bell[1] logarithmisch dargestellt. Die Pseudoeinheit „Bel" ist ein Maß für den dekadischen Logarithmus einer Verhältnisgröße. Verwendet wird nur die kleinere Einheit **Dezibel** (Abkürzung „dB", 1 dB = 0,1 B). Die Verstärkung in dB wird im Gegensatz zum linearen Verstärkungsfaktor als Verstärkungs**maß** bezeichnet.

Die Definition der Spannungsverstärkung als Verstärkungsmaß in dB ist

$$V_{U.dB} = 20\,\text{dB} \cdot \log\left(\frac{U_a}{U_e}\right) \tag{11.32}$$

Aus dem Verstärkungsmaß in dB kann der lineare Verstärkungsfaktor berechnet werden:

$$V = \frac{U_a}{U_e} = 10^{\frac{V_{U.dB}}{20\,\text{dB}}} \tag{11.33}$$

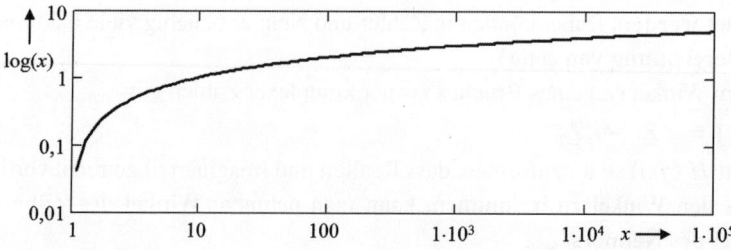

Abb. 11.18 Beispiel für die Darstellung einer Funktion mit doppelt logarithmischem Maßstab

---

[1] A. G. Bell (1847–1922), amerik. Physiologe und Erfinder des Telefons.

11.6 RC-Reihenschaltung in der Praxis

Tab. 11.1 Angabe einiger dB-Werte

$U_a : U_e$	1 : 1	2 : 1	10 : 1	100 : 1	1000 : 1	10 000 : 1	$1 : \sqrt{2}$	1 : 2	1 : 10	1 : 100	1 : 1000
dB	0	6	20	40	60	80	-3	-6	-20	-40	-60

$V_{U,dB}$ in Gl. 11.33 mit Vorzeichen einsetzen!

Die **Leistungs**verstärkung in dB ist wegen des quadratischen Zusammenhanges zwischen Spannung bzw. Strom und Leistung definiert als

$$V_{P,dB} = 10\,\text{dB} \cdot \log\left(\frac{P_a}{P_e}\right) \tag{11.34}$$

Früher wurde statt Dezibel auch das Neper (Np) verwendet. Definition:

$$V_{U,Np} = \ln\left(\frac{U_a}{U_e}\right)\,\text{Np} \tag{11.35}$$

Umrechnung: $1\,\text{Np} = 8{,}686\,\text{dB}$; $1\,\text{dB} = 0{,}115\,\text{Np}$.

Werden mehrere, sich gegenseitig nicht belastende Übertragungswege in Reihe geschaltet, so **addieren** sich die einzelnen dB-Werte, die einzelnen **Übertragungsfunktionen multiplizieren** sich.

Ist das Verhältnis von Ausgangs- zu Eingangsspannung größer 1, so spricht man von **Verstärkung**, der **dB-Wert** wird **positiv**. Ist das Verhältnis von Ausgangs- zu Eingangsspannung kleiner 1, so spricht man von **Dämpfung**, der **dB-Wert** wird **negativ**.

Beispiel für die Umrechnung von $\frac{U_a}{U_e}$ in dB:

$$U_a = 5\,\text{V}, \quad U_e = 2\,\text{V}; \quad 5/2 = 2{,}5 \Rightarrow \quad \text{größer 1}$$
$$\Rightarrow \quad \text{Verstärkung mit} \quad 20\,\text{dB} \cdot \log(2{,}5) = \underline{+7{,}96\,\text{dB}}$$
$$U_a = 2\,\text{V}, \quad U_e = 5\,\text{V}; \quad 2/5 = 0{,}4 \Rightarrow \quad \text{kleiner 1}$$
$$\Rightarrow \quad \text{Dämpfung mit} \quad 20\,\text{dB} \cdot \log(0{,}4) = \underline{-7{,}96\,\text{dB}}$$

Beispiel für die Berechnung von U_a, wenn U_e und das Verstärkungsmaß gegeben sind:

$$U_e = 5\,\text{V}; \quad V_{U,dB} = -7{,}96\,\text{dB} \Rightarrow U_a = 10^{-\frac{7{,}96\,\text{dB}}{20\,\text{dB}}} \cdot 5\,\text{V}; \quad \underline{U_a = 2\,\text{V}}$$

In Tab. 11.1 sind einige dB-Werte zu den Verhältnissen von Ausgangs- zu Eingangsspannung angegeben.

11.6.3 Bode-Diagramm

Die grafische Darstellung des Amplituden- *und* Phasengangs mit logarithmischer Bewertung wird als **Bode-Diagramm** bezeichnet. Manchmal wird auch nur eines der Diagramme als Bode-Diagramm angegeben, obwohl zum Bode-Diagramm beide Darstellungen gehören.

Die grafische Darstellung von $|\underline{H}(j\omega)|$ erfolgt in einem Achsenkreuz mit doppelt logarithmischem Maßstab. Dies bedeutet, dass die x-Achse, auf der ω aufgetragen wird, einen logarithmischen Maßstab hat, und ebenso die y-Achse, auf der $|\underline{H}(j\omega)|$ (die Amplitude) aufgetragen wird. Eine Dekade (Zehnerschritt) der Amplitude entspricht einer Dekade der Frequenz.

$|\underline{H}(j\omega)|$ wird dann als logarithmisches Verhältnis von Ausgangs- zu Eingangsspannung in der Einheit **Dezibel** (abgekürzt „dB") als Verstärkungsmaß angegeben.

Das Verhältnis von Ausgangs- zu Eingangsspannung mit der Größe Dezibel (Amplitudengang in Dezibel) ist definiert als:

$$|\underline{H}(j\omega)|_{dB} = 20\,\text{dB} \cdot \log\left(\frac{U_a(\omega)}{U_e(\omega)}\right) = 20\,\text{dB} \cdot \log\left(|\underline{H}(j\omega)|\right) \qquad (11.36)$$

Liegt am Eingang eines Systems eine sinusförmige Spannung mit konstanter Amplitude, so lässt sich aus der grafischen Darstellung des Amplitudengangs (Teil des Bode-Diagramms) ablesen, wie sich die Amplitude der Ausgangsspannung ändert, wenn die Frequenz der Eingangsspannung geändert wird.

Die grafische Darstellung des Phasengangs (Teil des Bode-Diagramms) zeigt die Phasenverschiebung der Ausgangsspannung gegen die Eingangsspannung in Abhängigkeit der Frequenz der Eingangsspannung.

Zur Konstruktion des Bode-Diagramms könnten noch allgemeine Regeln angegeben werden, z. B. die Beiträge der Nullstellen und Pole zur Dämpfung, der Dämpfungsanstieg pro Dekade usw. Da die Erstellung eines Bode-Diagramms einer komplizierten Übertragungsfunktion am schnellsten mit Hilfe eines PCs erfolgt, werden hier keine Konstruktionsregeln für ein Bode-Diagramm angegeben, sondern in einem anderen Abschnitt das entsprechende Vorgehen unter Verwendung von Mathcad erläutert.

11.6.4 Dämpfung

Statt des Amplitudengangs in Form eines Bode-Diagramms wird oft der Verlauf der **Dämpfung $a(\omega)$** angegeben. Die Dämpfung ist definiert als

$$a(\omega) = 20\,\text{dB} \cdot \log\left(\frac{|U_e(\omega)|}{|U_a(\omega)|}\right) = 20\,\text{dB} \cdot \log\left(\frac{1}{|\underline{H}(j\omega)|}\right) \qquad (11.37)$$

Je kleiner die Ausgangsspannung wird, wenn die Eingangsspannung konstant ist und ihre Frequenz wächst, desto größer wird die Dämpfung.

11.6.5 Grenzfrequenz

Die Frequenz, bei der

$$|\underline{H}(j\omega)| = \frac{1}{\sqrt{2}} \approx 0{,}7 \qquad (11.38)$$

gilt, wird als *Grenzfrequenz* f_g oder *Eckfrequenz* bezeichnet. Bei der Grenzfrequenz ist die Ausgangsspannung auf das 0,7-fache (dies **entspricht −3 dB**) der Eingangsspannung abgefallen: **Grenzfrequenz f_g = −3 dB-Frequenz**.

11.6.6 Normierte Übertragungsfunktion

Da die Grenzfrequenz ω_g je nach Bauteilwerten jeden beliebigen Wert annehmen kann, ist es für allgemeine Darstellungen zweckmäßig, die **normierte Frequenz**

$$\Omega = \frac{\omega}{\omega_n} \qquad (11.39)$$

bzw.

$$s_n = \frac{s}{\omega_n} \qquad (11.40)$$

einzuführen. Trotz unterschiedlicher Dimensionierung können damit Netzwerke vom gleichen Typ durch eine einzige Übertragungsfunktion beschrieben werden, und die Systemeigenschaften sind in normierter Form leichter und übersichtlicher zu ermitteln. Die **normierende** Frequenz ω_n kann beliebig so gewählt werden, dass die Übertragungsfunktion die gewünschte einfache Gestalt annimmt und einheitenlos wird (Ω bzw. s_n sind reine einheitenlose Zahlen). Die Normierung erfolgt durch Substitution, für ω wird $\Omega \cdot \omega_n$ bzw. für s wird $s_n \cdot \omega_n$ in die Übertragungsfunktion eingesetzt.

Beispiel zur Normierung
Gegeben sei $\underline{H}(j\omega) = \frac{1}{1+j\omega RC}$.

Ein Pol ist bei $1 + j\omega RC = 0$, also bei $j\omega = -\frac{1}{RC}$.

Bei welcher Frequenz ω der Pol liegt, ist abhängig von der Dimensionierung des Widerstandes R und des Kondensators C.

Der Betrag der Übertragungsfunktion ist $|\underline{H}(j\omega)| = \frac{1}{\sqrt{1+(\omega RC)^2}}$.

Die Grenzfrequenz, bei der $|\underline{H}(j\omega)| = \frac{1}{\sqrt{2}}$ ist, berechnet sich durch Vergleich der Nenner mit $\omega^2 R^2 C^2 = 1$ zu $\omega_g = \frac{1}{RC}$. Die Grenzfrequenz ist abhängig von der Bauteildimensionierung.

Wie schon öfter wird hier ω statt mit Kreisfrequenz kurz mit Frequenz bezeichnet.

Wählt man als normierende Frequenz $\omega_n = \frac{1}{RC}$, so erhält man mit $\omega = \Omega \cdot \omega_n = \Omega \cdot \frac{1}{RC}$ die normierte Form der Übertragungsfunktion $\underline{H}(j\Omega) = \frac{1}{1+j\Omega}$.

Unabhängig von der Dimensionierung liegt jetzt der Pol stets bei $j\Omega = -1$. Die Grenzfrequenz, bei der $|\underline{H}(j\Omega)| = \frac{1}{\sqrt{2}}$ ist, liegt unabhängig von der Bauteildimensionierung bei $\Omega_g = 1$.

Aus diesem Beispiel kann man sehen, dass die Normierung einer Übertragungsfunktion sehr einfach und schnell erfolgen kann, wenn in $\underline{H}(j\omega)$ für $R = 1\,\Omega, C = 1\,\text{F}, L = 1\,\text{H}$ eingesetzt wird. Bei Anwendung auf unser Beispiel erhalten wir aus $\underline{H}(j\omega) = \frac{1}{1+j\omega RC}$ sofort die normierte Form $\underline{H}(j\omega_n) = \frac{1}{1+j\omega_n}$.

> **Regel zur Normierung einer Übertragungsfunktion**
> In $\underline{H}(s)$ wird für alle Bauelemente $R = 1\,\Omega, C = 1\,\text{F}, L = 1\,\text{H}$ eingesetzt.

11.6.7 Der *RC*-Tiefpass

Die in den letzten drei Abschnitten gewonnenen Kenntnisse dienen nun zur Analyse und Veranschaulichung der praktischen Eigenschaften einer *RC*-Reihenschaltung als Filter.

Mit Filtern lassen sich Signale unterschiedlicher Frequenzen voneinander trennen. Signale, die in einem bestimmten Frequenzbereich liegen, werden übertragen, unerwünschte Signale, die außerhalb dieses Frequenzbereiches liegen, werden unterdrückt. Ein Signal kann mit einem Filter z. B. von Störanteilen befreit, und so das eigentliche Nutzsignal in sauberer, aufbereiteter Form gewonnen werden.

Der *RC*-Tiefpass ist ein Filter, das niedrige (tiefe) Frequenzen unverändert überträgt und hohe Frequenzen unterdrückt. Tiefe Frequenzen können das Filter „passieren". Spannungen am Eingang mit hohen Frequenzen sind am Ausgang in ihrer Amplitude abgeschwächt und zusätzlich ist die Ausgangsspannung gegen die Eingangsspannung phasenverschoben.

Ein idealer Tiefpass lässt Spannungen mit Frequenzen bis zu einem bestimmten maximalen Frequenzwert ohne Abschwächung der Amplitude und ohne Phasenverschiebung der Ausgangs- gegen die Eingangsspannung durch (**Durchlassbereich**) und sperrt Spannungen mit Frequenzen oberhalb dieser Frequenzgrenze völlig (**Sperrbereich**). Abb. 11.19a zeigt diesen idealen Frequenzgang $A(f)$ als Amplitude A in Abhängigkeit der Frequenz f. In der Praxis ist dies nur annähernd zu erreichen, der Übergang von Durchlass- zu Sperrbereich erfolgt nicht sprunghaft (Abb. 11.19b). Je steiler der Übergang von Durchlass- zu Sperrbereich ist, desto größer ist der Aufwand zur Realisierung des Filters.

Im einfachsten Fall besteht ein *RC*-Tiefpass aus einem Widerstand und einem Kondensator. Eine *RC*-Reihenschaltung (Abb. 11.20a) wird so umgezeichnet, dass die an ihr liegende Spannung U zur Eingangsspannung U_e eines Vierpols und die Spannung U_C am Kondensator zur Ausgangsspannung U_a dieses Vierpols wird (Abb. 11.20b).

11.6 RC-Reihenschaltung in der Praxis

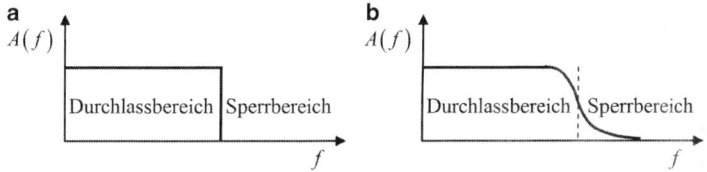

Abb. 11.19 Amplitudengang eines idealen (**a**) und realen (**b**) Tiefpasses

Abb. 11.20 RC-Reihenschaltung mit speisender Spannung (**a**) und umgezeichnet als Vierpol, mit Eingangs- und Ausgangsspannung (**b**)

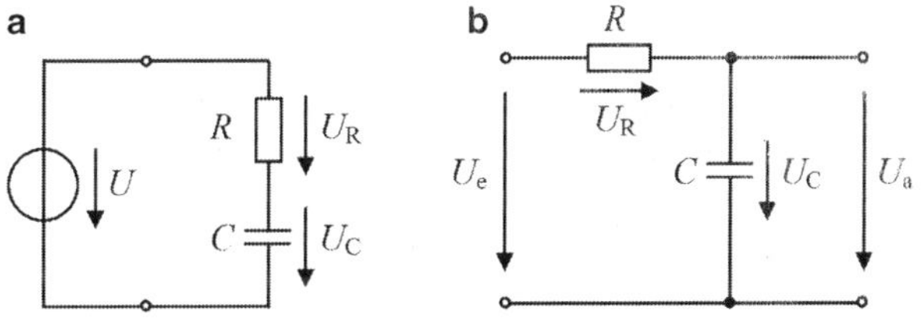

Das Verhalten der Ausgangsspannung U_a wird nun *in Abhängigkeit der Frequenz* der Eingangsspannung U_e betrachtet.

Für eine erste qualitative Untersuchung ist es sinnvoll, U_a bei sehr tiefen (bzw. bei Gleichspannung mit $f = 0\,\text{Hz}$) und bei sehr hohen (bzw. unendlich hohen) Frequenzen der Eingangsspannung zu ermitteln.

Ist U_e eine Gleichspannung, so sperrt der Kondensator C und es ist $U_a = U_e$. Man beachte, dass hier *keine* Einschwingvorgänge betrachtet werden. Je höher die Frequenz von U_e wird, desto besser lässt der Kondensator die an ihm liegende Wechselspannung durch, und desto kleiner wird die Ausgangsspannung U_a. Bei unendlich hoher Frequenz von U_e leitet C unendlich gut (Kurzschluss) und U_a wird null.

Die Schaltung wird nun mit der komplexen Rechnung analysiert.

1. Schritt: Netzwerkanalyse (Ermitteln der Übertragungsfunktion)

Nach der Spannungsteilerformel ist $\underline{U}_a = \underline{U}_e \cdot \frac{\underline{Z}_C}{R + \underline{Z}_C}$ mit $\underline{Z}_C = \frac{1}{sC}$ als komplexer Widerstand des Kondensators. Das Verhältnis von Ausgangs- zu Eingangsspannung ist:

$$\frac{\underline{U}_a}{\underline{U}_e} = \frac{\underline{Z}_C}{R + \underline{Z}_C} = \frac{\frac{1}{sC}}{R + \frac{1}{sC}} = \frac{1}{1 + sRC}.$$

Die Übertragungsfunktion ist also $\underline{H}(s) = \frac{\underline{U}_a}{\underline{U}_e} = \frac{1}{1+sRC}$.

Der betrachtete RC-Tiefpass wird als Tiefpass 1. Ordnung bezeichnet, da „s" in der Übertragungsfunktion mit der höchsten Potenz „1" vorkommt.

2. Schritt: Bestimmung des Amplitudengangs durch Betragsbildung von $\underline{H}(j\omega)$

In $\underline{H}(s)$ wird $s = j\omega$ eingesetzt und $|\underline{H}(j\omega)|$ gebildet.

$$|\underline{H}(j\omega)| = \left|\frac{1}{1 + j\omega RC}\right| = \frac{|1|}{|1 + j\omega RC|} = \frac{1}{\sqrt{1^2 + (\omega RC)^2}} = \frac{1}{\sqrt{1 + \omega^2 R^2 C^2}}$$

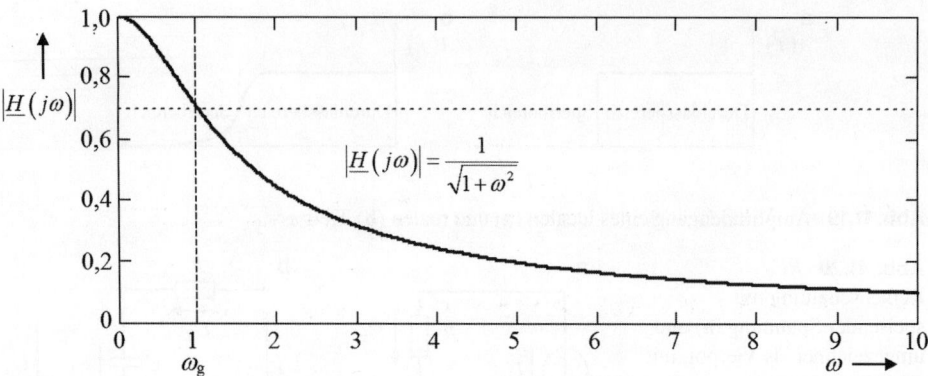

Abb. 11.21 Betrag der normierten Übertragungsfunktion (Verhältnis von U_a zu U_e) im linearen Maßstab

Daraus ist ersichtlich: Ist $\omega = 0$ (Gleichspannung am Eingang), so ist $|\underline{H}(j\omega)| = 1$ und somit $\underline{U}_a = \underline{U}_e$ bzw. $U_a = U_e$.

Nach Gl. 11.28 ist $|\underline{U}_a(\omega)| = |\underline{U}_e(\omega)| \cdot |\underline{H}(j\omega)|$. Der Tiefpass lässt Gleichspannung ungehindert durch.

Wird ω unendlich groß, so wird der Nenner von $|\underline{H}(j\omega)|$ unendlich groß und somit $|\underline{H}(j\omega)| = 0$. Damit wird $U_a = 0$.

Spannungen mit sehr hohen Frequenzen erscheinen nicht mehr am Ausgang.

Werte von $|\underline{H}(j\omega)|$ zwischen den Grenzen $\omega = 0$ und $\omega = \infty$ müssen mit eingesetzten Werten für R und C berechnet werden. Setzt man zur Normierung $R = C = 1$, so erhält man den Betragsverlauf (Amplitudengang) nach Abb. 11.21.

Bei der normierten Frequenz $\omega_g = 1$ ist der Betrag auf $\frac{1}{\sqrt{2}} \approx 0{,}7$ abgefallen. Dies ist die Grenzfrequenz.

Wie wichtig es ist, die Regeln des Rechnens mit komplexen Zahlen zu beherrschen, soll folgende umständliche Bestimmung von $|\underline{H}(j\omega)|$ durch Zerlegung von $\underline{H}(j\omega)$ in Real- und Imaginärteil zeigen.

$$\underline{H}(j\omega) = \frac{1}{1+j\omega RC} = \frac{1}{1+j\omega RC} \cdot \frac{1-j\omega RC}{1-j\omega RC} = \frac{1-j\omega RC}{1+(\omega RC)^2}$$

$$= \frac{1}{1+(\omega RC)^2} - j\frac{\omega RC}{1+(\omega RC)^2}$$

$H(j\omega)$ wurde so umgeformt, dass Real- und Imaginärteil getrennt vorliegen. Der Betrag ist:

$$|\underline{H}(j\omega)| = \sqrt{\text{Re}^2 + \text{Im}^2} = \sqrt{\left(\frac{1}{1+(\omega RC)^2}\right)^2 + \left(\frac{\omega RC}{1+(\omega RC)^2}\right)^2}$$

$$|\underline{H}(j\omega)| = \sqrt{\frac{1+(\omega RC)^2}{(1+(\omega RC)^2)^2}} = \sqrt{\frac{1}{1+\omega^2 R^2 C^2}} = \frac{1}{\sqrt{1+\omega^2 R^2 C^2}}$$

11.6 RC-Reihenschaltung in der Praxis

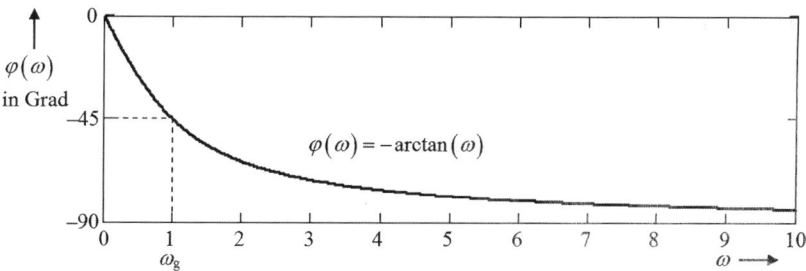

Abb. 11.22 Normierte Phasenverschiebung $\varphi(\omega)$ von U_a gegen U_e als Funktion der Frequenz

Dieses Ergebnis kann man unter Berücksichtigung von $|\underline{H}(j\omega)| = \left|\frac{\underline{Z_1}}{\underline{Z_2}}\right| = \frac{|\underline{Z_1}|}{|\underline{Z_2}|}$ *sofort* angeben.

3. Schritt: Berechnung des Phasengangs $\varphi(\omega)$

Der Winkel des Zählers von $\underline{H}(j\omega)$ ist null, da der Zähler eine reelle Zahl ist. Der Winkel des Nenners von $\underline{H}(j\omega)$ ist $\varphi(\omega) = \arctan\left(\frac{\text{Im}}{\text{Re}}\right) = \arctan\left(\frac{\omega RC}{1}\right) = \arctan(\omega RC)$.

Der Winkel von $\underline{H}(j\omega)$ ist $\angle$ Zähler $-\angle$ Nenner.

$$\varphi(\omega) = 0 - \arctan(\omega RC) = -\arctan(\omega RC)$$

Einsetzen der Grenzwerte $\omega = 0$ und $\omega = \infty$: $\varphi(0) = 0$, $\varphi(\infty) = -\frac{\pi}{2}$.

Für Gleichspannung am Eingang ist die Phasenverschiebung der Ausgangsspannung U_a gegen die Eingangsspannung U_e gleich null, für sehr hohe Frequenzen nähert sie sich $-\pi/2$ ($-90°$).

Werte von $\varphi(\omega)$ zwischen den Grenzen $\omega = 0$ und $\omega = \infty$ müssen mit eingesetzten Werten für R und C berechnet werden. Setzt man $R = C = 1$ (Normierung), so erhält man den Phasenverlauf nach Abb. 11.22.

Bei der normierten Frequenz $\omega_g = 1$ (Grenzfrequenz) beträgt die Phasenverschiebung $-45°$.

4. Schritt: Zeichnen von Amplituden- und Phasengang als Bode-Diagramm

Die grafische Darstellung von Amplituden- und Phasengang gibt einen guten Überblick der Systemeigenschaften, ist jedoch von Hand sowohl im linearen als auch logarithmischen Maßstab mühevoll. Mit dem Taschenrechner müssen für unterschiedliche ω die Funktionswerte berechnet und in eine Grafik eingetragen werden.

Aus Abb. 11.21 und Abb. 11.22 ist ersichtlich, dass die Graphen in linearem Maßstab nur in einem relativ kleinen Bereich von ω dargestellt sind. Soll der Funktionsgraph über mehrere Dekaden von ω dargestellt werden, weil Funktionswerte sowohl für kleine als auch sehr große Werte von ω interessieren, so verwendet man ein Bode-Diagramm mit logarithmischem Maßstab.

Die Erstellung von Bode-Diagrammen geht mit Hilfe eines PC und Mathcad wesentlich schneller als von Hand. Hier wird ein Vorgehen für Mathcad vorgestellt, welches es ermöglicht, für **beliebige** Übertragungsfunktionen $\underline{H}(s)$ den Amplituden- und Phasengang von $\underline{H}(j\omega)$, sowie die Dämpfung $a(\omega)$ als Bode-Diagramm auszugeben.

11.6.8 Bode-Diagramme mit Mathcad

Es wurde „Mathcad 6.0 für Studenten" verwendet.

1. **Niedrigste Kreisfrequenz (in s^{-1}):** $\omega_{min} := 0{,}01$
2. **Höchste Kreisfrequenz (in s^{-1}):** $\omega_{max} := 100$
3. **Anzahl der Punkte:** $N := 100$
4. **Bereich für den Graphen:** $i := 0 \ldots N$
5. **Schrittweite:** $n := \log\left(\frac{\omega_{min}}{\omega_{max}}\right) \cdot \frac{1}{N}$
6. **Bereichsvariable:** $\omega_i := \omega_{max} \cdot 10^{i \cdot n}$

$$s_i := j \cdot \omega_i$$

7. **Übertragungsfunktion:** $H(s) := \frac{1}{1+s}$
8. **Betrag in dB:** $V_i := 20 \cdot \log(|H(j \cdot \omega_i)|)$ (V ist U_a/U_e)
   Obere Achsengrenze: $B := \max(V)$ **Untere Achsengrenze:** $D := \min(V)$
9. **Zur Umrechnung der Phasenverschiebung $\phi(\omega)$ von Radiant in Grad:** $G := \frac{180}{\pi}$
10. **Berechnung des Winkels:** $\phi_i := G \cdot \arg(H(j \cdot \omega_i))$
    Obere Achsengrenze: $a := \max(\phi)$ **Untere Achsengrenze:** $b := \min(\phi)$
11. **Dämpfung:** $d_i := 20 \cdot \log\left(\frac{1}{|H(j \cdot \omega_i)|}\right)$ **Obere Achsengrenze $-D$, untere $-B$**

Erläuterungen zur Anwendung
Eingabe von veränderlichen Größen:

Bei Punkt 1. wird die niedrigste Frequenz eingeben.
Bei Punkt 2. wird die höchste Frequenz eingeben.
Bei Punkt 3. wird festgelegt, wie viele Punkte der Kurve berechnet werden.
Bei Punkt 7. ist die jeweilige Übertragungsfunktion einzutragen.
Die fett geschriebenen Teile sind erklärende Textbereiche in Mathcad.
Die y-Achsen werden automatisch auf die maximal benötigten Bereiche skaliert.

Hinweise für die Eingabe in Mathcad

- Diagramm für den Amplitudengang: Obere Achsengrenze auf B und untere Achsengrenze auf D setzen.
- Diagramm für den Phasengang: Obere Achsengrenze auf a und untere Achsengrenze auf b setzen.

11.6 *RC*-Reihenschaltung in der Praxis

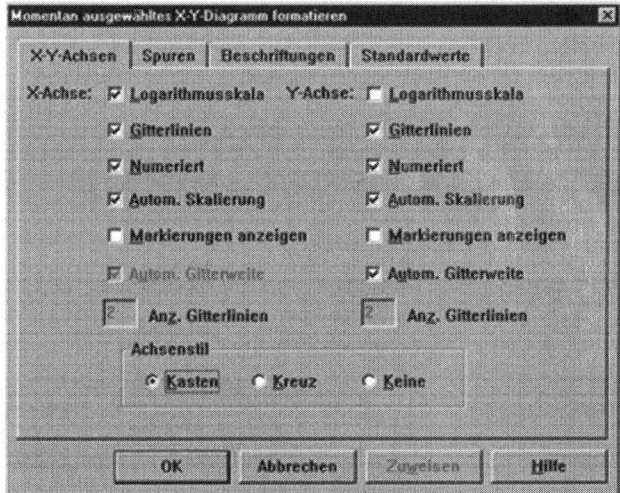

Abb. 11.23 Einstellungen in Mathcad für das Diagramm des Amplitudengangs

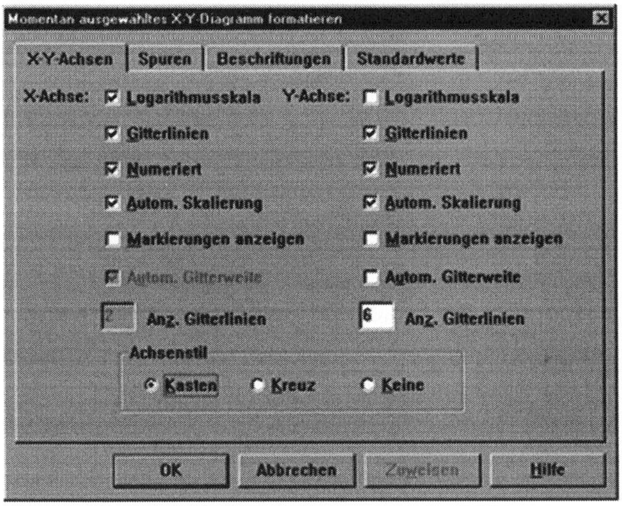

Abb. 11.24 Einstellungen in Mathcad für das Diagramm des Phasengangs

- Diagramm für die Dämpfung: Obere Achsengrenze auf $-D$ und untere Achsengrenze auf $-B$ setzen.
- Die Literalindizes „min" und „max" werden mit der Punkt-Taste eingegeben (z. B. $\omega.\min$).
- Der Matrixindex „i" (z. B. bei ω_i) wird mit der Taste für die eckige Klammer [eingegeben (natürlich nicht bei Punkt 4) und bei $10^{i \cdot n}$). *Beispiel*: $\omega[i$

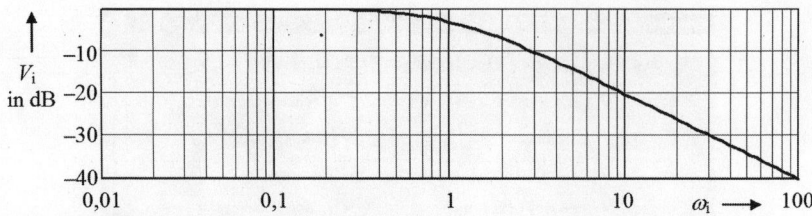

Abb. 11.25 Bode-Diagramm des Amplitudengangs

Abb. 11.26 Bode-Diagramm des Phasengangs

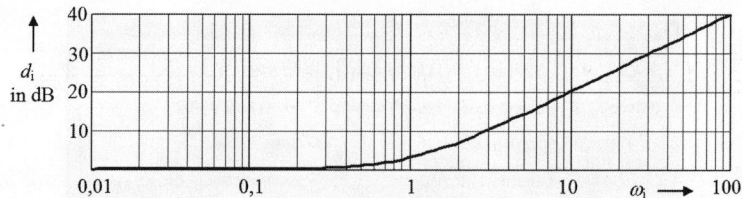

Abb. 11.27 Bode-Diagramm der Dämpfung

Die Einstellungen in Mathcad für das Bildformat sind in Abb. 11.23 für das Diagramm des Amplitudengangs und in Abb. 11.24 für das Diagramm des Phasengangs dargestellt.

Für den *RC*-Tiefpass 1. Ordnung erhält man als Ausgabe in Mathcad das Diagramm für den Amplitudengang (Abb. 11.25), das Diagramm für den Phasengang (Abb. 11.26) und das Diagramm für den Verlauf der Dämpfung (Abb. 11.27).

Wie man sieht, ist die Dämpfung der an der *x*-Achse gespiegelte Verlauf des Amplitudengangs.

In obigem Beispiel wurde die *normierte* Übertragungsfunktion $\underline{H}(s) = \frac{1}{1+s}$ des *RC*-Tiefpasses aus Abschn. 11.6.7 verwendet.

Soll für bestimmte Werte von Widerstand *R* und Kondensator *C* die Amplitude der Ausgangsspannung oder deren Phasenverschiebung gegen die Eingangsspannung bestimmt werden, so können die Werte für *R* und *C* in *H*(*s*) unter Punkt 7 in Mathcad eingesetzt werden.

Beispiel Die nicht normierte Übertragungsfunktion des *RC*-Tiefpasses ist $\underline{H}(s) = \frac{1}{1+sRC}$.

11.6 RC-Reihenschaltung in der Praxis

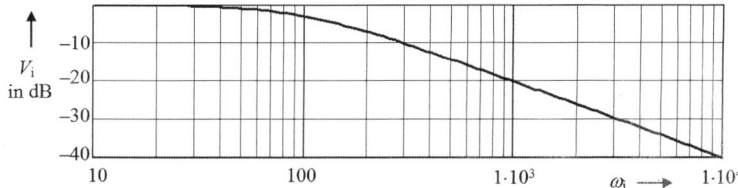

Abb. 11.28 Amplitudengang des RC-Tiefpasses 1. Ordnung bei konkreten Werten von R und C

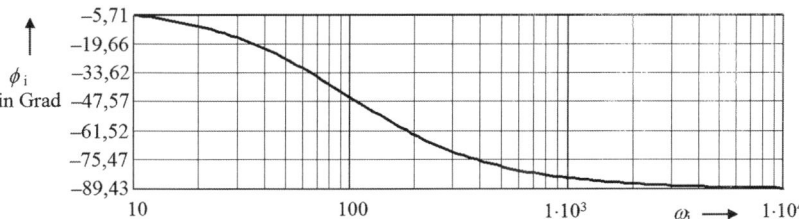

Abb. 11.29 Phasengang des RC-Tiefpasses 1. Ordnung bei konkreten Werten von R und C

Es sei $R = 10\,\text{k}\Omega$, $C = 1\,\mu\text{F} \Rightarrow RC = 10^{-2}\,\text{s}$.

Änderungen in Mathcad sind: $\omega_{\min} = 10$; $\omega_{\max} = 10.000$; $\underline{H}(s) = \frac{1}{1+s\cdot 10^{-2}}$.

Mathcad berechnet sofort nach den Änderungen alle Werte neu, und man erhält die Bode-Diagramme Abb. 11.28 und Abb. 11.29.

Aus dem Amplitudengang kann z. B. entnommen werden, dass für die gewählte Bauteildimensionierung bei der Kreisfrequenz $\omega = 1000\,\text{s}^{-1}$ die Amplitude der Ausgangsspannung nur noch 1/10 (entspricht $-20\,\text{dB}$) der Amplitude der Eingangsspannung beträgt. Die Phasenverschiebung der Ausgangs- gegen die Eingangsspannung ist bei dieser Frequenz ca. $-85°$.

11.6.9 Filterung eines gestörten Sinussignals

In Abb. 11.30 ist die Anwendung eines RC-Tiefpasses zur Filterung eines Sinussignals dargestellt. Dem Nutzsignal der sinusförmigen Eingangsspannung (gestrichelt gezeichnet) mit 5 V Amplitude und einer Frequenz von 10 Hz ist eine ebenfalls sinusförmige Spannung mit 1 V Amplitude und einer Frequenz von 200 Hz als Störsignal überlagert (Abb. 11.31). Die Eingangsspannung U_e des Filters ist also eine Sinusschwingung mit einer überlagerten Störung. Am Ausgang des Filters erhält man die „gesäuberte" Ein-

Abb. 11.30 Filterung eines Signals mit einem RC-Tiefpass

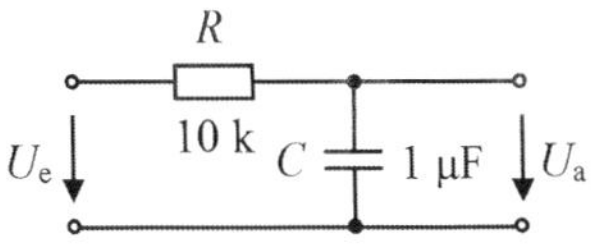

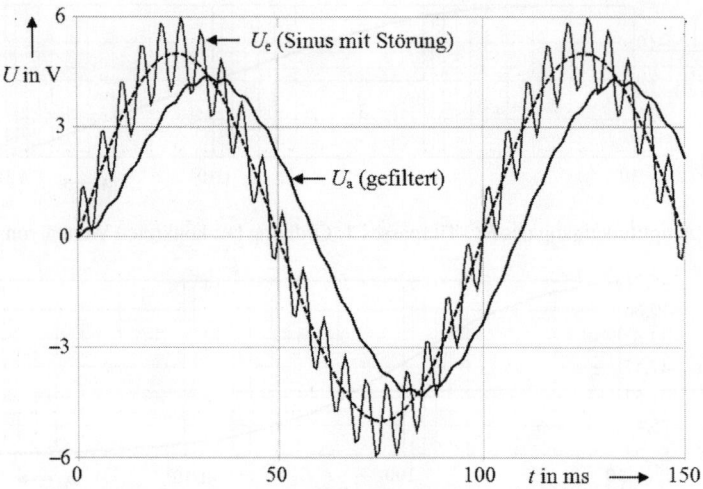

Abb. 11.31 Gestörte Eingangsspannung und gefilterte Ausgangsspannung

gangsspannung. Die Amplitude des Ausgangssignals U_a ist allerdings kleiner als 5 V, da auch das Nutzsignal (die Spannung mit 10 Hz) gedämpft wird. Die Spannung mit der höheren Frequenz von 200 Hz wird fast vollständig unterdrückt. Zu sehen ist auch die Phasenverschiebung zwischen Eingangssignal U_e und Ausgangssignal U_a.

11.6.10 Der *RC*-Hochpass

Der *RC*-Hochpass ist ein Filter, das hohe Frequenzen unverändert überträgt und tiefe Frequenzen unterdrückt. Hohe Frequenzen können das Filter „passieren". Spannungen am Eingang mit tiefen Frequenzen sind am Ausgang in ihrer Amplitude abgeschwächt, und zusätzlich ist die Ausgangsspannung gegen die Eingangsspannung phasenverschoben.

Ein idealer Hochpass lässt Spannungen mit Frequenzen ab einem bestimmten minimalen Wert ohne Abschwächung der Amplitude und ohne Phasenverschiebung der Ausgangs- gegen die Eingangsspannung durch (Durchlassbereich) und sperrt Spannungen mit Frequenzen unterhalb dieser Frequenzgrenze völlig (Sperrbereich). Abb. 11.32a zeigt diesen idealen Frequenzgang $A(f)$ als Amplitude A in Abhängigkeit der Frequenz f. In der Praxis ist dies nur annähernd zu erreichen, der Übergang von Sperr- zu Durchlassbereich erfolgt nicht sprunghaft (Abb. 11.32b). Je steiler der Übergang von Sperr- zu Durchlassbereich ist, desto größer ist der Aufwand zur Realisierung des Filters.

Im einfachsten Fall besteht ein *RC*-Hochpass aus einem Widerstand und einem Kondensator (Abb. 11.33).

Das Verhalten der Ausgangsspannung U_a soll nun wieder wie beim Tiefpass *in Abhängigkeit der Frequenz* der Eingangsspannung U_e betrachtet werden.

11.6 RC-Reihenschaltung in der Praxis

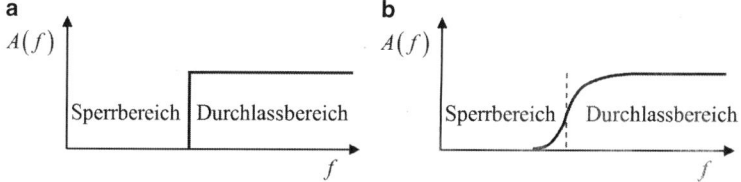

Abb. 11.32 Amplitudengang eines idealen (**a**) und realen (**b**) Hochpasses

Abb. 11.33 Einfachster RC-Hochpass

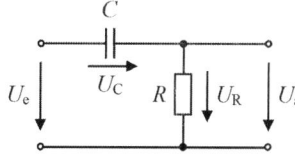

Für eine erste qualitative Untersuchung ist es sinnvoll, U_a bei sehr tiefen Frequenzen (bzw. bei Gleichspannung) und bei sehr hohen (bzw. unendlich hohen) Frequenzen der Eingangsspannung zu ermitteln.

Ist U_e eine Gleichspannung, so sperrt der Kondensator C und es ist $U_a = 0$ V. Je höher die Frequenz von U_e wird, desto besser lasst der Kondensator die Eingangswechselspannung durch, und desto größer wird die Amplitude der Ausgangsspannung U_a. Bei unendlich hoher Frequenz von U_e wird $U_a = U_e$. Die Schaltung wird nun mit der komplexen Rechnung analysiert.

Berechnung des Amplitudengangs $|\underline{H}(j\omega)|$

Nach der Spannungsteilerformel ist das Verhältnis von Ausgangs- zu Eingangsspannung bzw. die Übertragungsfunktion: $\underline{H}(s) = \frac{\underline{U_a}}{\underline{U_e}} = \frac{R}{R+\frac{1}{sC}}$. Mit $s = j\omega$ erhält man den Amplitudengang: $|\underline{H}(j\omega)| = \frac{R}{\sqrt{R^2+\frac{1}{\omega^2 C^2}}}$.

Für $\omega = 0$ wird $\frac{1}{\omega^2 C^2}$ unendlich und somit $|\underline{H}(j\omega)| = 0$. Für Gleichspannung am Eingang ist $\underline{U}_a = 0$.

Für $\omega \to \infty$ (ω gegen unendlich) wird $\frac{1}{\omega^2 C^2}$ null und somit $|\underline{H}(j\omega)| = 1$, d. h. $\underline{U}_a = \underline{U}_e$.

Berechnung des Phasengangs $\varphi(\omega) = \angle\underline{H}(j\omega)$

Durch Umformung von $\underline{H}(s)$ und mit $s = j\omega$ erhält man $\underline{H}(j\omega) = \frac{j\omega RC}{1+j\omega RC}$.

Der Winkel des *Zählers* von $\underline{H}(j\omega)$ ist $\varphi_Z = \arctan\left(\frac{\omega RC}{0}\right) = \arctan(\infty) = \frac{\pi}{2}$.
Der Winkel des *Nenners* von $\underline{H}(j\omega)$ ist $\varphi_N = \arctan\left(\frac{\omega RC}{1}\right) = \arctan(\omega RC)$.
Da gilt $\angle\underline{H}(j\omega) = \varphi_Z - \varphi_N$, folgt: $\varphi(\omega) = \frac{\pi}{2} - \arctan(\omega RC)$.

Für $\omega = 0$ ist $\varphi(0) = \frac{\pi}{2}$. Für sehr kleine Frequenzen von U_e beträgt die Phasenverschiebung der Ausgangs- gegen die Eingangsspannung nahezu 90°.

Da $\arctan(\infty) = \frac{\pi}{2} \Rightarrow \varphi(\infty) = \frac{\pi}{2} - \frac{\pi}{2} = 0$. Für sehr hohe Frequenzen von U_e ist die Phasenverschiebung der Ausgangs- gegen die Eingangsspannung fast 0°.

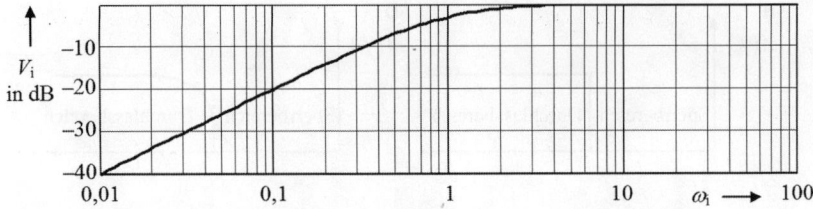

Abb. 11.34 Amplitudengang des normierten RC-Hochpasses 1. Ordnung

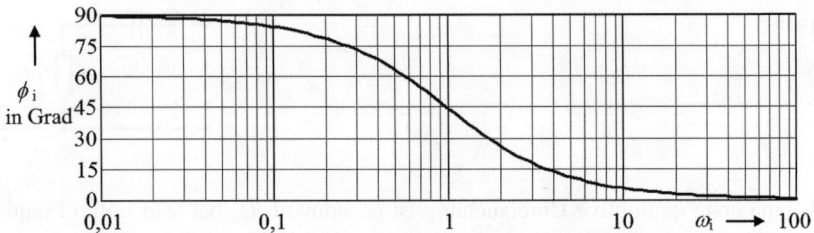

Abb. 11.35 Phasengang des normierten RC-Hochpasses 1. Ordnung

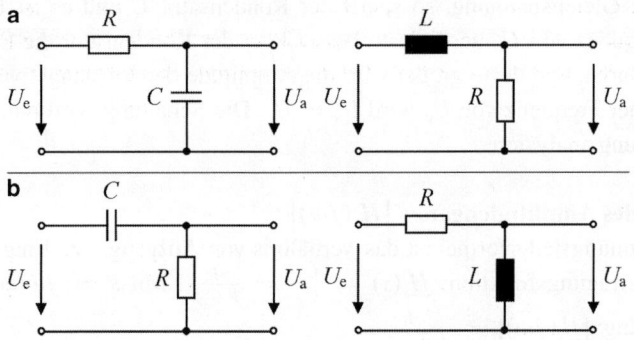

Abb. 11.36 RC- und LR-Tiefpass (**a**) und CR- und RL-Hochpass (**b**)

Mit $R = C = 1$ zur Normierung erhält man als Bode-Diagramme den Amplitudengang (Abb. 11.34) und den Phasengang (Abb. 11.35). Damit die Grenzwerte besser erkannt werden können, wurde beim Phasengang die obere Grenze auf 90° und die untere Grenze auf 0° gesetzt. Bei $\omega = 0{,}01$ wäre die Phasenverschiebung kleiner als 90° und bei $\omega = 100$ größer als 0°.

Ein Tiefpass kann nicht nur mit einem RC-Glied sondern auch mit einer Reihenschaltung aus Spule und Widerstand realisiert werden (Abb. 11.36a). Ebenso kann ein Hochpass nicht nur mit einem RC-Glied sondern auch mit einer Reihenschaltung aus Widerstand und Spule realisiert werden (Abb. 11.36b).

11.7 Reihenschaltung aus Spule, Widerstand und Kondensator

Ein Tiefpass kann auch aus einer Reihenschaltung aus einer Spule, einem Widerstand und einem Kondensator aufgebaut werden (Abb. 11.37).

Der Reihenschwingkreis ist auch eine Reihenschaltung aus Spule, Widerstand und Kondensator, wird jedoch in einem extra Abschn. 15.2 behandelt.

Nach der Spannungsteilerformel ergibt sich die Übertragungsfunktion:

$$\underline{H}(s) = \frac{U_a}{U_e} = \frac{\frac{1}{sC}}{sL + R + \frac{1}{sC}} = \frac{1}{s^2 LC + sRC + 1}; \Rightarrow$$

$$\underline{H}(j\omega) = \frac{1}{-\omega^2 LC + j\omega RC + 1} = \frac{1}{1 - \omega^2 LC + j\omega RC}; \Rightarrow$$

$$|\underline{H}(j\omega)| = \frac{1}{\sqrt{(1 - \omega^2 LC)^2 + \omega^2 R^2 C^2}}$$

Es gilt: $\lim_{\omega \to 0} |\underline{H}(j\omega)| = 1$ und $\lim_{\omega \to \infty} |\underline{H}(j\omega)| = 0$, d. h. für ω gegen 0 wird $|\underline{H}(j\omega)|$ gleich 1 und für ω gegen unendlich wird $|\underline{H}(j\omega)|$ gleich 0. Ist U_e eine Gleichspannung ($\omega = 0$), so ist $U_a = U_e$. Ist U_e eine Wechselspannung sehr bzw. unendlich hoher Frequenz ($\omega \to \infty$), so ist $U_a = 0$. Nach der Normierung $L = R = C = 1$ erhält man den Amplitudengang des Bode-Diagramms in Abb. 11.38.

Man beachte, dass die Amplitude des Ausgangssignals bei der normierten Kreisfrequenz $\omega = 10$ bereits um 40 dB abgefallen ist. Bei einem einfachen RC-Tiefpass waren es nur 20 dB. Vergleichen Sie hierzu den Amplitudengang in Abb. 11.25.

Der Grund für die größere Dämpfung bei diesem RLC-Tiefpass ist, dass **zwei Energie speichernde Bauelemente** eingesetzt werden. Es handelt sich um einen **Tiefpass 2. Ordnung**. Dies ist auch aus dem *Grad des Nennerpolynoms* von $\underline{H}(s)$ ersichtlich; die höchste Potenz von s ist zwei.

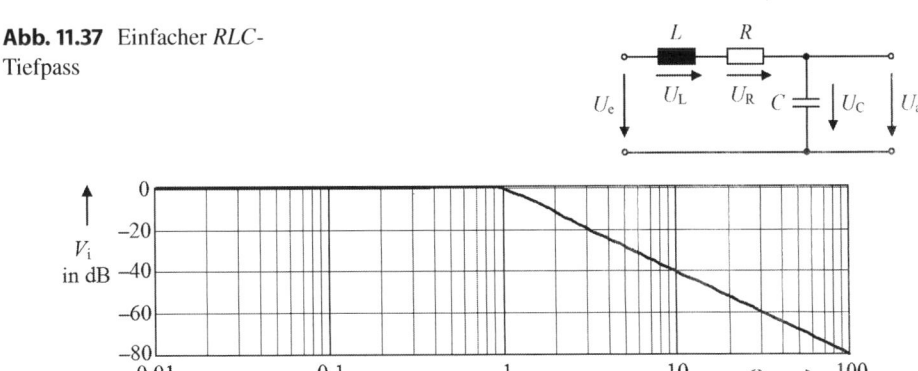

Abb. 11.37 Einfacher RLC-Tiefpass

Abb. 11.38 Amplitudengang eines LRC-Tiefpasses

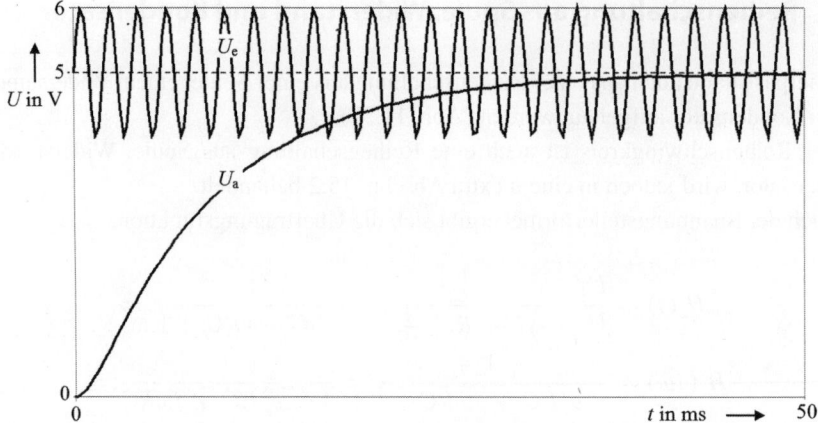

Abb. 11.39 Filterung einer Gleichspannung mit sinusförmigem Störsignal mit einem *RLC*-Tiefpass

Allgemein entspricht die Ordnung des Filters (und die höchste Potenz von s in der Übertragungsfunktion) der Anzahl der Energie speichernden Bauelemente (Kondensatoren, Spulen). Je höher die Ordnung eines Tiefpasses ist, desto stärker werden hohe Frequenzen gedämpft. **Ist „n" die Ordnung des Tiefpasses, so nimmt das Ausgangssignal mit $n \cdot 20$ dB pro Frequenzdekade ab.**

Im Folgenden wird eine praktische Anwendung eines *LRC*-Tiefpasses gezeigt. Eine Gleichspannung von 5 V ist von einem sinusförmigen Störsignal der Amplitude 1 V und der Frequenz 500 Hz überlagert (U_e). Die Daten des *LRC*-Tiefpasses nach Abb. 11.37 sind: $L = 10$ mH, $R = 10\,\Omega$, $C = 1000\,\mu$F. Wie in Abb. 11.39 zu sehen, steigt die Ausgangsspannung U_a durch den Ladevorgang des Kondensators langsam auf ihren Endwert von 5 V an. U_a ist von der Störspannung des Eingangssignals befreit.

11.8 Parallelschaltung aus Widerstand und Spule

Die Impedanz der Parallelschaltung in Abb. 11.40a ist: $\frac{1}{\underline{Z}} = \frac{1}{R} + \frac{1}{sL} \Rightarrow \underline{Z} = \frac{sRL}{R+sL}$.
Für $s = j\omega$ folgt: $Z = |\underline{Z}| = \frac{\omega RL}{\sqrt{R^2+\omega^2L^2}}$.

Der Betrag (der Effektivwert) des Gesamtstromes ist $I = \frac{U}{Z} = U \cdot \frac{\sqrt{R^2+\omega^2L^2}}{\omega RL}$.
Durch den ohmschen Widerstand fließt der Teilstrom $\underline{I}_R = \frac{U}{R}$. Er ist mit $\underline{U}$ in Phase.
Durch die Spule fließt der Teilstrom $\underline{I}_L = \frac{U}{j\omega L}$. Er eilt $\underline{U}$ um 90° nach (j ist im Nenner).
Aus der geometrischen Addition der Teilströme ergibt sich der Gesamtstrom $I = \sqrt{I_R^2 + I_L^2}$.

Das zugehörige Zeigerdiagramm ist in Abb. 11.40b dargestellt.

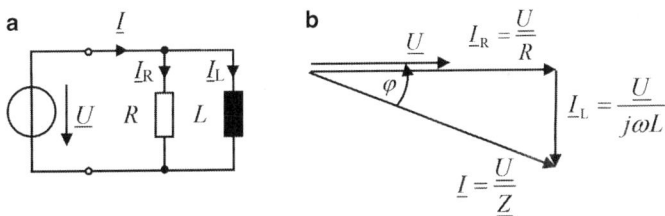

Abb. 11.40 Parallelschaltung aus R und L (**a**) mit Zeigerdiagramm (**b**)

Nun wird die Phasenverschiebung φ zwischen Gesamtspannung U und Gesamtstrom I aus dem Winkel des komplexen Widerstandes $\underline{Z} = \frac{j\omega L R}{R + j\omega L}$ bestimmt.

$$\underline{Z} = \frac{j\omega L R}{R + j\omega L} = \frac{j\omega L R \cdot (R - j\omega L)}{R^2 + \omega^2 L^2} = \frac{\omega^2 L^2 R}{R^2 + \omega^2 L^2} + j \cdot \frac{\omega L R^2}{R^2 + \omega^2 L^2}$$

$$\varphi = \angle \underline{Z} = \arctan\left(\frac{\frac{\omega L R^2}{R^2 + \omega^2 L^2}}{\frac{\omega^2 L^2 R}{R^2 + \omega^2 L^2}}\right) = \arctan\left(\frac{\omega L R^2}{\omega^2 L^2 R}\right) = \arctan\left(\frac{R}{\omega L}\right)$$

Der Phasenwinkel zwischen Spannung U und Strom I ist $\varphi = \arctan\left(\frac{R}{\omega L}\right)$.

Es ist eine alternative Berechnung der Phasenverschiebung φ möglich.

$\underline{Z} = \frac{j\omega L R}{R + j\omega L} = \frac{\underline{Z}_1}{\underline{Z}_2}$. Mit $\angle \underline{Z} = \angle \underline{Z}_1 - \angle \underline{Z}_2$ folgt $\angle \underline{Z}_1 = \arctan\left(\frac{\omega L R}{0}\right) = \arctan(\infty) = \frac{\pi}{2}$ und $\angle \underline{Z}_2 = \arctan\left(\frac{\omega L}{R}\right)$; $\angle \underline{Z} = \angle \underline{Z}_1 - \angle \underline{Z}_2 = \frac{\pi}{2} - \arctan\left(\frac{\omega L}{R}\right)$. Mit $\frac{\pi}{2} - \arctan\left(\frac{1}{x}\right) = \arctan(x)$ folgt $\varphi = \angle \underline{Z} = \arctan\left(\frac{R}{\omega L}\right)$.

11.9 Parallelschaltung aus Widerstand und Kondensator

Der Widerstand der Parallelschaltung in Abb. 11.41a ist: $\frac{1}{\underline{Z}} = \frac{1}{R} + sC \Rightarrow \underline{Z} = \frac{R}{1+sRC}$.

Für $s = j\omega$ folgt: $Z = |\underline{Z}| = \frac{R}{\sqrt{1+\omega^2 R^2 C^2}}$.

Der Betrag (Effektivwert) des Gesamtstromes ist $I = \frac{U}{Z} = U \cdot \frac{\sqrt{1+\omega^2 R^2 C^2}}{R}$.

Das Zeigerdiagramm zeigt Abb. 11.41b.

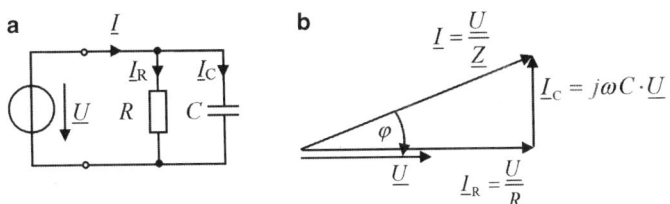

Abb. 11.41 Parallelschaltung aus R und C (**a**) mit Zeigerdiagramm (**b**)

Durch den ohmschen Widerstand fließt der Teilstrom $\underline{I}_R = \frac{U}{R}$. Er ist mit $\underline{U}$ in Phase.
Durch den Kondensator fließt der Teilstrom $\underline{I}_C = \frac{U}{\frac{1}{j\omega C}} = \underline{U} \cdot j\omega\, C$. Er eilt $\underline{U}$ um 90° voraus.

Aus der geometrischen Addition der Teilströme ergibt sich der Gesamtstrom $I = \sqrt{I_R^2 + I_C^2}$.

Der Phasenwinkel zwischen Spannung U und Strom I ist $\angle \underline{Z}$.

$$\varphi = \angle \underline{Z} = \angle R - \angle(1 + j\omega RC) = 0 - \arctan\left(\frac{\omega RC}{1}\right); \quad \varphi = -\arctan(\omega RC).$$

11.10 Bode-Diagramm mit Excel-Tool

Außer mit Mathematikprogrammen wie Mathcad oder Maple kann ein Bode-Diagramm auch mit einem kostenlosen Excel-Tool erstellt werden. Mit dem Tool können folgende Diagramme erzeugt (geplottet) werden:

1. Bode-Diagramm: Amplitudengang,
2. Bode-Diagramm: Phasengang,
3. Real- und Imaginärteil von $\underline{H}(s)$,
4. Ortskurve des Frequenzgangs als Parameterdarstellung von ω (Nyquist-Diagramm),
5. Sprungantwort $h(t)$.

Das Tool ist leistungsstark und dennoch leicht zu bedienen. Das Excel-Tool „**bode-v2.xls**" kann im Internet von folgender Adresse heruntergeladen werden:
   http://www.stiny-leonhard.de/zudown.htm

Die Autoren dieses Tools sind Leonhard Stiny (der Autor dieses Buches) und Herr Prof. Dr. Helmut Ulrich von der Ostbayerischen Technischen Hochschule Regensburg. Das Tool ist Freeware, das Copyright liegt bei den Autoren.

11.11 Zusammenfassung: Einfache Wechselstromkreise

1. Ein ohmscher Widerstand ist ein Wirkwiderstand, in ihm entsteht Wärme.
2. Beim ohmschen Widerstand sind Strom und Spannung in Phase. Der komplexe Widerstand ist rein reell, der Imaginärteil ist null.
3. Eine Spule lässt Wechselstrom umso schlechter durch, je höher die Frequenz des Wechselstromes und je größer die Induktivität der Spule ist.
4. Bei einer idealen Spule eilt der Strom der Spannung um $\pi/2 = 90°$ nach.
5. Der induktive Blindwiderstand in Ohm einer idealen Spule ist $X_L = \omega L$.

11.11 Zusammenfassung: Einfache Wechselstromkreise

6. Ein Kondensator lässt Wechselstrom umso besser durch, je höher die Frequenz des Wechselstromes und je größer die Kapazität des Kondensators ist.
7. Bei einem idealen Kondensator eilt der Strom der Spannung um $\pi/2 = 90°$ voraus.
8. Der kapazitive Blindwiderstand in Ohm eines idealen Kondensators ist $X_C = \frac{1}{\omega C}$.
9. Der komplexe Blindwiderstand einer Spule ist $\underline{Z}_L = sL = j\omega L$.
10. Der komplexe Blindwiderstand eines Kondensators ist $\underline{Z}_C = \frac{1}{sC} = \frac{1}{j\omega C}$.
11. Ein komplexer Widerstand (eine Impedanz) ist die Zusammenschaltung eines Wirkwiderstandes und eines Blindwiderstandes.
12. Ein Scheinwiderstand mit der Einheit Ohm ist der Absolutwert (Betrag) eines komplexen Widerstandes (Betrag einer Impedanz).
13. Definition einer Übertragungsfunktion: $\underline{H}(s) = \frac{\underline{U}_a}{\underline{U}_e} = \frac{\text{Wirkung}}{\text{Ursache}}$.
14. $|\underline{H}(j\omega)|$ wird als Amplitudengang bezeichnet.
15. Die Phasenverschiebung (der Phasengang) zwischen Ausgangs- und Eingangssignal ist $\varphi(\omega) = \angle \underline{H}(s)$.
16. Das Verstärkungsmaß in dB einer Spannung ist definiert als $V_{U.dB} = 20\,\text{dB} \cdot \log\left(\frac{U_a}{U_e}\right)$.
17. Ein Bode-Diagramm ist die grafische Darstellung des Amplituden- und/oder Phasengangs im doppelt logarithmischen Maßstab.
18. Als Grenzfrequenz wird die -3 dB-Frequenz bezeichnet.
19. Zur Normierung einer Übertragungsfunktion setzt man $R = C = L = 1$.
20. Ein Tiefpass und ein Hochpass sind Filter.
21. Es gibt zwei Möglichkeiten, den Phasenverschiebungswinkel $\varphi = \varphi_{ui} = \angle(\underline{U}, \underline{I})$ zwischen Wechselspannung und Wechselstrom zu bestimmen.
    1. Möglichkeit: Aus den Nullphasenwinkeln mit $\varphi = \varphi_u - \varphi_i$.
    2. Möglichkeit: Aus dem Winkel des komplexen Widerstandes mit $\varphi = \angle \underline{Z}$.

22. Es gibt zwei Möglichkeiten zu bestimmen, ob sich ein komplexer Widerstand an seinen beiden Klemmen überwiegend kapazitiv (der Strom eilt der Spannung voraus) oder überwiegend induktiv (der Strom eilt der Spannung nach) verhält.
    1. Möglichkeit: Aus dem Vorzeichen des Imaginärteils der Impedanz $\underline{Z} = R \pm j \cdot X$ in Komponentenform. Ist $\text{Im}\{\underline{Z}\} < 0$ (negativ), so ist das Verhalten überwiegend kapazitiv. Ist $\text{Im}\{\underline{Z}\} > 0$ (positiv), so ist das Verhalten überwiegend induktiv.
    2. Möglichkeit: Aus dem Vorzeichen des Phasenverschiebungswinkels φ, der aus den Nullphasenwinkeln oder aus dem komplexen Widerstand bestimmt wurde. Ist $\varphi < 0$ (negativ), so ist das Verhalten überwiegend kapazitiv. Ist $\varphi > 0$ (positiv), so ist das Verhalten überwiegend induktiv.

Ersatzschaltungen für Bauelemente 12

> **Zusammenfassung**
>
> Die elektrische Leitung wird mit ihrer Ersatzschaltung angegeben. Die parasitären Eigenschaften der Bauelemente werden untersucht. Eigenkapazität und Eigeninduktivität des ohmschen Widerstandes sind bei den technischen Ausführungen von Widerständen zu beachten. Die Verluste in Spulen durch den Drahtwiderstand und den Skineffekt sowie Hysterese- und Wirbelstromverluste werden ebenso behandelt wie die Verluste in Kondensatoren.

In Schaltplänen elektrischer Schaltungen werden für die Bauteile Symbole benutzt, welche nicht reale, sondern ideale Bauelemente darstellen. Das Symbol für einen ohmschen Widerstand drückt aus, dass zwischen zwei Schaltungspunkten ein reiner Wirkwiderstand liegt. Der Strich als Symbol einer elektrischen Verbindung gibt an, dass zwei Schaltungspunkte mit unendlich kleinem Widerstand miteinander verbunden sind, z. B. durch einen unendlich gut leitenden Draht.

Ohm'sche Widerstände, Spulen und Kondensatoren sind als ideale Bauelemente nicht zu verwirklichen. Eine Spule hat z. B. außer ihrer Induktivität stets auch einen ohmschen Widerstand, der durch den Widerstand des Drahtes gebildet wird. Zusätzlich bestehen zwischen den Windungen der Spule Kapazitäten. Bei gewickelten Drahtwiderständen bilden die Kapazitäten zwischen den Drahtwindungen eine Kapazität, welche dem idealen ohmschen Widerstand parallel liegt.

Diejenigen unerwünschten Größen, die ein reales Bauteil neben seiner erwünschten Haupteigenschaft besitzt, werden als **parasitäre** Größen bezeichnet. Ein ohmscher Widerstand hat parasitäre Kapazitäten und Induktivitäten. Eine Spule hat außer ihrer Haupteigenschaft der Induktivität auch einen parasitären ohmschen Widerstand und parasitäre Windungskapazitäten. Ein Kondensator hat wegen des nicht unendlich hohen Widerstandes des Dielektrikums einen parasitären Wirkwiderstand parallel zur idealen Kapazität liegen.

Häufig (besonders bei hohen Frequenzen) müssen parasitäre Größen von Bauteilen elektrischer Schaltungen berücksichtigt werden. Erfolgt dies nicht, so können reale Eigenschaften und Messungen aufgebauter Schaltungen erheblich von deren theoretischen Eigenschaften und Berechnungen abweichen.

Die Berücksichtigung parasitärer Größen bei realen Bauelementen erfolgt durch elektrische Schaltungen, die als **Ersatzschaltungen** bezeichnet werden. Diese Ersatzschaltungen sind in solcher Weise aus idealen Bauelementen zusammengesetzt, dass die Eigenschaften des betrachteten realen Bauteils genügend genau beachtet werden.

12.1 Die elektrische Leitung

Jede elektrische Leitung, z. B. eine Drahtleitung, hat einen Widerstand größer null Ohm. Kann der Widerstand einer Leitung z. B. wegen der großen Leitungslänge, des geringen Leiterquerschnitts oder des hohen spezifischen Widerstandes des Leitermaterials nicht vernachlässigt werden, so ist dies im Schaltbild durch einen ohmschen Widerstand zu berücksichtigen. In dem Beispiel in Abb. 12.1 wird der Leitungswiderstand zwischen Spannungsquelle (Kraftwerk) und Verbraucher von Hin- und Rückleiter durch einen einzigen Widerstand R berücksichtigt.

Jeder Draht hat eine gewisse Oberfläche, die als Elektrode eines Kondensators aufgefasst werden kann. Zugleich besitzt ein Draht, auch wenn er nicht zu einer Spule aufgewickelt ist, eine bestimmte Induktivität. Eine Doppeldrahtleitung aus zwei parallel verlegten Drähten kann deshalb durch die Ersatzschaltung in Abb. 12.2 dargestellt werden. Dabei wurde der Ableitungsbelag parallel zum *Kapazitätsbelag* C' vernachlässigt.

Die auf eine Längeneinheit bezogenen Größen R', L' und C' werden als **Leitungsbeläge** bezeichnet. *Beispiel*: $R' = 100\,\mathrm{m}\,\Omega/\mathrm{m}$, $L' = 600\,\mathrm{nH/m}$, $C' = 50\,\mathrm{pF/m}$. Durch die *induktive Kopplung* der Induktivitätsbeläge und die *kapazitive Kopplung* des Kapazitätsbelags kommt es bei parallel liegenden Signalleitungen zum so genannten **Übersprechen**. Dabei werden die Signale der einen Leitung auf die andere Leitung übertragen und erscheinen dort als Störsignale. Um die Verkopplungen durch die Leitungsbeläge gering zu halten, verwendet man in der Praxis häufig verdrillte Leitungen.

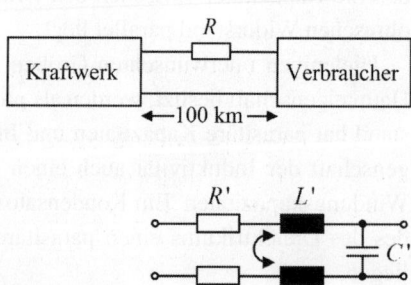

Abb. 12.1 Berücksichtigung des Leiterwiderstandes zwischen Kraftwerk und Verbraucher im Schaltbild

Abb. 12.2 Ersatzschaltung einer Doppeldrahtleitung

Abb. 12.3 Ersatzschaltung eines Widerstandes mit Eigeninduktivität L und Eigenkapazität C

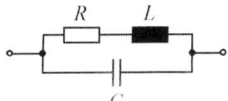

12.2 Widerstand mit Eigenkapazität und Eigeninduktivität

Wird ein Draht mit hohem spezifischen Widerstand auf einen Keramikzylinder aufgewickelt, so erhält man einen Drahtwiderstand. Zwischen den einzelnen Drahtwindungen bestehen (unerwünschte) parasitäre Kapazitäten und Induktivitäten. Diese wirken zwischen den verschiedensten Stellen des Widerstandes und können zusammengefasst werden. Näherungsweise kann dann ein Widerstand durch das Ersatzschaltbild in Abb. 12.3 wiedergegeben werden.

Jeder ohmsche Widerstand enthält parasitäre Kapazitäten und Induktivitäten. Die Größen der Eigeninduktivität L und der Eigenkapazität C sind von der technischen Ausführung (Aufbau und Material) des jeweiligen Widerstandes abhängig. Gewickelte Drahtwiderstände haben besonders hohe Eigeninduktivitäten und sind daher bei hohen Frequenzen ungeeignet.

Der Betrag der Impedanz der Reihenschaltung aus R und L ist

$$|\underline{Z}| = \sqrt{R^2 + (\omega L)^2} \tag{12.1}$$

und somit frequenzabhängig.

Schichtwiderstände in einer Ausführung als Rohrzylinder mit aufgebrachter Widerstandsschicht sind sehr induktivitätsarm und verhalten sich auch hinsichtlich ihrer parasitären Kapazitäten günstig. Diese Gruppe von Widerständen ist deshalb auch für hohe Frequenzen besonders gut geeignet.

12.3 Verluste in Spulen

12.3.1 Wicklungsverluste

Verluste treten in einer Spule auf, wenn elektrische Energie in Wärme umgeformt wird. Durch den ohmschen Widerstand des Spulendrahtes enthält jede Spule neben ihrer Induktivität auch einen ohmschen Wirkwiderstand. Die bei Spulen verwendeten Frequenzen sind meistens nicht so hoch, dass die Windungskapazitäten für das elektrische Verhalten der Spule berücksichtigt werden müssen. Somit ergibt sich eine einfache Ersatzschaltung einer realen Spule für niedrige und mittlere Frequenzen (Abb. 12.4a). Das zugehörige Widerstandsdreieck ist in Abb. 12.4b dargestellt.

Abb. 12.4 Ersatzschaltung einer realen Spule mit Wicklungswiderstand R (**a**) und zugehöriges Widerstandsdreieck (**b**)

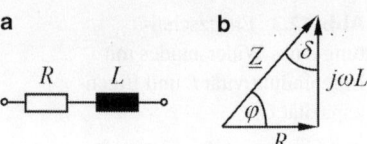

Der Phasenwinkel φ der realen Spule weicht infolge des vorhandenen Wirkwiderstandes R von 90° ab, der Strom eilt also der Spannung um weniger als 90° nach.

Der Winkel $\delta = 90° - \varphi$ wird als **Verlustwinkel** bezeichnet. In der Praxis wird eine Spule durch ihren **Verlustfaktor** „tan(δ)" bzw. durch ihre **Güte** „Q" charakterisiert.

Allgemein ist der Verlustfaktor zur Beschreibung der Verluste in einem Zweipol definiert als

$$\tan(\delta) = \frac{\text{im Zweipol verbrauchte Wirkleistung}}{\text{vom Zweipol aufgenommene Blindleistung}} \quad (12.2)$$

oder

$$\tan(\delta) = \frac{\text{Wirkanteil des Scheinwiderstandes}}{\text{Blindanteil des Scheinwiderstandes}} \quad (12.3)$$

Bei einer Spule ist der Verlustfaktor:

$$\underline{\tan(\delta) = \frac{R}{\omega L} = \frac{1}{Q}} \quad (12.4)$$

Die Güte einer Spule ist:

$$\underline{Q = \frac{\omega L}{R} = \frac{1}{\tan(\delta)}} \quad (12.5)$$

Bei Gleichstrom werden die Verluste ausschließlich durch den ohmschen Widerstand R des Spulendrahtes verursacht. Bei Wechselstrom werden die Spulenverluste im Wesentlichen durch den Skineffekt, Hysterese- und Wirbelstromverluste zusätzlich erhöht.

12.3.2 Verluste durch den Skineffekt

Durch den **Skineffekt** wird der ohmsche Widerstand des Drahtes vergrößert. Fließt durch einen Leiter Gleichstrom, so ist die Stromdichte, d. h. die Stromstärke pro mm² Leiterquerschnitt, über den ganzen Leiterquerschnitt gleich. Der Skineffekt (Hauteffekt) besagt, dass bei sehr hohen Frequenzen der Strom fast nur noch in einer dünnen Schicht an der Leiteroberfläche fließt, während tiefer im Inneren des Leiters fast kein Strom mehr fließt. Der Grund hierfür ist, dass vor allem in der Leitermitte durch Induktion eine Gegenspannung erzeugt wird, deren Größe zur Leiteroberfläche hin exponentiell abnimmt. Als Folge fließen im Inneren des Leiters keine Elektronen und die Stromdichte nimmt in Richtung zur Leiteroberfläche hin zu. **Der Skineffekt erhöht also den ohmschen Widerstand eines**

12.3 Verluste in Spulen

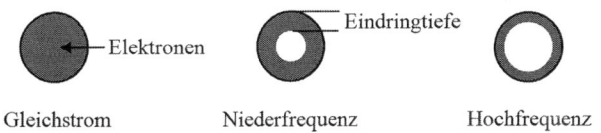

Abb. 12.5 Schematische Darstellung der Stromverdrängung bei verschiedenen Frequenzen (Querschnitt durch einen Draht)

Leiters, da das Innere des Leiters weitgehend stromlos ist und somit der wirksame Leiterquerschnitt verringert wird. Schematisch zeigt dies Abb. 12.5. Die ungleichmäßige Verteilung des Stromes über den Leiterquerschnitt wird als **Stromverdrängung** bezeichnet.

Der Skineffekt nimmt mit steigender Frequenz zu. Bei Hochfrequenz fließt der gesamte Strom fast nur auf der Leiteroberfläche. Bei 0,5 MHz beträgt die Eindringtiefe bei einem Kupferdraht 0,1 mm, bei 50 MHz nur noch 10 µm.

Eine gute Ausnützung des Leiterquerschnitts erhält man, wenn der Radius des Leiters etwa so groß wie die Eindringtiefe gewählt wird. Spulen aus so dünnem Draht hätten einen hohen ohmschen Widerstand. Deshalb schaltet man eine Anzahl sehr dünner isolierter Einzeldrähte parallel. Die Adern (Einzeldrähte) sind so miteinander verdrillt, dass jede einzelne Ader einmal in der Mitte und dann wieder außen liegt. Man erhält so eine Hochfrequenzlitze (**HF-Litze**) mit gleichmäßiger Stromverteilung und geringem Widerstand für Wechselstrom. Der Anwendungsbereich von HF-Litze liegt in einem Frequenzbereich von ca. 100 kHz bis 4 MHz. In der Praxis ist darauf zu achten, dass alle Drähtchen der Spulenanschlüsse sauber von der Isolation befreit und beim Verlöten angeschlossen werden.

Die Auswirkung der Stromverdrängung bei hohen Frequenzen lässt sich auch verringern, indem man den Durchmesser, und damit die Oberfläche des Leiters vergrößert, und außerdem die Oberfläche des Leiters versilbert. Dies führt zu oberflächenversilberten Luftspulen mit hoher Güte.

12.3.3 Hystereseverluste

Bei Spulen mit ferromagnetischem Kern (zur Erhöhung der Induktivität ohne Mehrwindungen) werden Verluste durch die so genannten **Hystereseverluste** (Ummagnetisierungsverluste) hervorgerufen. Fließt durch eine Spule mit Eisenkern ein Wechselstrom, so wird in jeder Stromperiode die Hystereseschleife durchlaufen. Die von der Hysteresekurve eingeschlossene Fläche entspricht einer Energie, die während jeder Periode aufgebracht werden muss und in Wärme umgewandelt wird. Der Spulenkern erwärmt sich. Da die Weiss'schen Bezirke durch das magnetische Wechselfeld ständig umklappen, steigen die Hystereseverluste mit zunehmender Frequenz. Die Hystereseverluste werden klein, wenn das ferromagnetische Kernmaterial eine schmale Hystereseschleife mit geringer Remanenz und geringer Koerzitivkraft besitzt.

12.3.4 Wirbelstromverluste

Bei Wechselstrom werden die Verluste von Spulen mit Kern durch die **Wirbelstromverluste** erhöht. Durchdringt ein sich änderndes Magnetfeld ein elektrisch leitendes Material (z. B. ein Metallteil), so werden in diesem durch Induktion Spannungen erzeugt. Das Metallteil stellt einen in sich geschlossenen Stromkreis dar. Aufgrund des Induktionsgesetzes und der Lenz'schen Regel fließen im Metallteil Ströme in solcher Richtung, dass das magnetische Feld im Metallteil geschwächt wird. Da die Wege dieser Ströme nicht exakt festliegen, spricht man von **Wirbelströmen**.

Wirbelströme im Spulenkern verkleinern die Induktivität der Spule, erwärmen den Kern und stellen somit Verluste dar. Wirbelstromverluste steigen proportional mit dem Quadrat der Frequenz an. Wirbelströme werden vermieden bzw. klein gehalten, wenn als Kernmaterial elektrisch nicht leitendes oder schlecht leitendes Material (mit trotzdem hoher Permeabilität) verwendet wird. Bei Eisenkernen und niedrigen Frequenzen werden Wirbelströme weitgehend vermieden, wenn der Kern aus einem Stapel dünner, voneinander isolierter Bleche besteht (*Beispiel*: Transformator). Bei höheren Frequenzen müssen die Kerne feiner unterteilt werden. **Ferritkerne** bestehen aus Eisenoxidverbindungen und haben magnetische Eigenschaften. Sie sind aber gleichzeitig Isolierstoffe, in ihnen können fast keine Wirbelströme entstehen, die Wirbelstromverluste sind sehr gering.

12.4 Verluste im Kondensator

Das Dielektrikum eines Kondensators besitzt stets eine gewisse Leitfähigkeit, auch wenn diese noch so gering ist. Wird ein Kondensator an Gleichspannung betrieben, so ergibt sich durch den endlichen Isolationswiderstand ein sehr kleiner Leckstrom. Der Isolationswiderstand ist jedoch im Allgemeinen so groß, dass er vernachlässigt werden kann. Ebenso kann in der Regel der sehr kleine Zuleitungswiderstand vernachlässigt werden. Ist bei Betrieb mit Wechselspannung die Frequenz nicht sehr hoch, so kann auch die Eigeninduktivität des Kondensators vernachlässigt werden.

Wesentlich wichtiger ist bei Betrieb des Kondensators mit Wechselspannung, dass die Dipole im Dielektrikum durch die Wechselspannung ständig umorientiert werden. Hierdurch wird im Dielektrikum Wärme erzeugt. Dieser Verlust könnte mit dem Ummagnetisierungsverlust im Eisen verglichen werden. Der Verlust ist hauptsächlich von der Beschaffenheit des Dielektrikums abhängig und steigt mit zunehmender Frequenz. In der Ersatzschaltung des realen Kondensators ergibt sich ein Wirkwiderstand (Verlustwiderstand R) parallel zum idealen Kondensator (Abb. 12.6a). Das zugehörige Leitwertdreieck ist in Abb. 12.6b dargestellt.

Der Phasenwinkel φ des realen Kondensators weicht infolge des vorhandenen Wirkwiderstandes R von 90° ab, der Strom eilt also der Spannung um weniger als 90° voraus. Der Winkel δ ist der **Verlustwinkel**. Der **Verlustfaktor** eines Kondensators ist definiert

12.5 Zusammenfassung: Ersatzschaltungen für Bauelemente

Abb. 12.6 Ersatzschaltung eines Kondensators mit Verlustwiderstand R und zugehöriges Leitwertdreieck

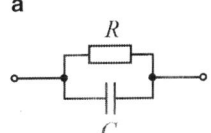
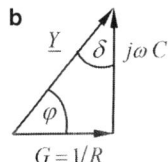

als der Tangens des Winkels δ.

$$\tan(\delta) = \frac{1}{\omega RC} \tag{12.6}$$

In den Datenblättern der Hersteller von Kondensatoren wird die Abhängigkeit des Verlustfaktors $\tan(\delta)$ von der Frequenz angegeben.

Aufgabe 12.1
Für die Frequenz $f = 5\,\text{kHz}$ ist die Ersatzschaltung eines Kondensators durch die Parallelschaltung einer Kapazität $C = 100\,\text{nF}$ und des Verlustwiderstandes $R = 5\,\text{M}\Omega$ gegeben. Wie groß sind der Verlustfaktor $\tan(\delta)$ und der Verlustwinkel δ?

Lösung

$$\tan(\delta) = \frac{1}{\omega RC} = \frac{1}{5 \cdot 10^6\,\Omega \cdot 2\pi \cdot 5000\,\text{Hz} \cdot 10^{-7}\,\text{F}} = 6{,}4 \cdot 10^{-5} \Rightarrow \delta = 3{,}67 \cdot 10^{-3\,\circ}$$

12.5 Zusammenfassung: Ersatzschaltungen für Bauelemente

1. Ideale Bauelemente sind nicht realisierbar, reale Bauelemente besitzen parasitäre Größen.
2. Reale Bauelemente werden durch Ersatzschaltungen beschrieben, die aus idealen Bauelementen zusammengesetzt sind.
3. Durch induktive oder kapazitive Kopplung erfolgt ein Übersprechen zwischen Leitungen (Einkopplung von Störungen).
4. Ein ohmscher Widerstand hat eine Eigeninduktivität und eine Eigenkapazität.
5. Der Verlustfaktor einer Spule ist $\tan(\delta) = \frac{R}{\omega L} = \frac{1}{Q}$.
   $R = $ Wicklungswiderstand,
   $Q = $ Güte.
6. Bei Wechselstrom erhöht der Skineffekt den Wirkwiderstand eines Leiters.
7. Bei Spulen *mit* Kern entstehen Hystereseverluste (Ummagnetisierungsverluste) und Wirbelstromverluste.
8. Der Verlustfaktor eines Kondensators ist $\tan(\delta) = \frac{1}{\omega RC}$.
   $R = $ Verlustwiderstand (Isolationswiderstand des Dielektrikums)

Leistung im Wechselstromkreis 13

> **Zusammenfassung**
>
> Es werden die verschiedenen Leistungsarten mit ihren Formel- und Einheitenzeichen eingeführt. Es folgen Berechnungen von Wirk-, Blind- und Scheinleistung sowie von Leistungsfaktoren und Wirkungsgraden von verschiedenen Verbrauchern in Wechselstromkreisen. Die Blindleistungskompensation bei ohmsch-induktiven Verbrauchern wird behandelt.

13.1 Reine Wirkleistung

Liegt ein ohmscher Widerstand an einer Wechselspannungsquelle (Abb. 13.1), so sind Strom und Spannung in Phase. Die vom Generator an den Widerstand abgegebene Leistung errechnet sich aus

$$p(t) = u(t) \cdot i(t) \tag{13.1}$$

Die Leistung p wird im Widerstand vollständig in Wärme umgesetzt. Da der Strom im ohmschen Widerstand eine Wärme erzeugt, also eine Wirkung hervorruft, wird der ohmsche Widerstand **Wirkwiderstand** und die Leistung **Wirkleistung** genannt.

Ist die an R liegende Spannung $u(t) = \hat{U} \cdot \sin(\omega t)$, so ist der im Kreis fließende Strom $i(t) = \hat{I} \cdot \sin(\omega t)$. Somit ist die Leistung $p(t)$, die als **Augenblicksleistung** bezeichnet wird:

$$p(t) = u(t) \cdot i(t) = \hat{U} \cdot \hat{I} \cdot [\sin(\omega t)]^2 \tag{13.2}$$

Unter Verwendung von $[\sin(x)]^2 = 1/2 \cdot [1 - \cos(2x)]$ erhalten wir für die Augenblicksleistung

$$p(t) = \frac{\hat{U} \cdot \hat{I}}{2} \cdot [1 - \cos(2\omega t)] = U \cdot I \cdot [1 - \cos(2\omega t)] \tag{13.3}$$

Im Allgemeinen ist der Augenblickswert einer Leistung nicht von Interesse. Es interessiert vielmehr die mittlere Leistung (der zeitliche oder arithmetische Mittelwert der Leistung),

Abb. 13.1 Ohm'scher Widerstand im Wechselstromkreis

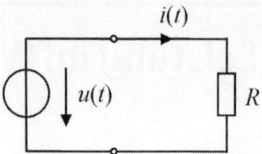

welche dem Verbraucher zugeführt wird. **Die mittlere Leistung ist als Wirkleistung definiert.**

Die mittlere Leistung erhält man, indem über eine Periodendauer integriert und durch die Periodendauer T dividiert wird.

$$P = \frac{1}{T} \int_0^T \hat{U} \cdot \sin(\omega t) \cdot \hat{I} \cdot \sin(\omega t) d t = \frac{\hat{U} \cdot \hat{I}}{2} \quad (13.4)$$

Mit den Effektivwerten $U = \frac{\hat{U}}{\sqrt{2}}$ und $I = \frac{\hat{I}}{\sqrt{2}}$ erhält man durch Einsetzen von $\hat{U} = U \cdot \sqrt{2}$ und $\hat{I} = I \cdot \sqrt{2}$ die Wirkleistung $P = U \cdot I$. Sie hat wie die Leistung im Gleichstromkreis die Einheit Watt.

Die Wirkleistung am ohmschen Widerstand im Wechselstromkreis ist genauso wie im Gleichstromkreis:

$$P = U \cdot I = \frac{U^2}{R} = I^2 \cdot R \quad (13.5)$$

P = Wirkleistung in Watt,
U = Effektivwert der Wechselspannung,
I = Effektivwert des Wechselstromes.

Den zeitlichen Verlauf von Spannung $u(t)$, Strom $i(t)$, Augenblicksleistung $p(t)$ und Wirkleistung P am ohmschen Widerstand im Wechselstromkreis zeigt Abb. 13.2. Man beachte, dass die Werte der Augenblicksleistung am ohmschen Widerstand stets positiv sind, die Leistung fließt zu jedem Zeitpunkt vom Generator zum Verbraucher.

13.2 Reine Blindleistung

Wird ein idealer Kondensator an eine Wechselspannungsquelle angeschlossen (Abb. 13.3), so eilt der Strom der Spannung um 90° voraus. Die am Kondensator liegende Spannung ist $u(t) = \hat{U} \cdot \sin(\omega t)$, der Strom ist $i(t) = \hat{I} \cdot \sin\left(\omega t + \frac{\pi}{2}\right)$.

Die Leistung errechnet sich aus

$$p(t) = u(t) \cdot i(t) = \hat{U} \cdot \hat{I} \cdot \sin(\omega t) \cdot \sin\left(\omega t + \frac{\pi}{2}\right) \quad (13.6)$$

Mit $\sin\left(\omega t + \frac{\pi}{2}\right) = \cos(\omega t)$ und $\sin(\omega t) \cdot \cos(\omega t) = 1/2 \cdot \sin(2\omega t)$ folgt:

$$p(t) = \frac{\hat{U} \cdot \hat{I}}{2} \cdot \sin(2\omega t) = U \cdot I \cdot \sin(2\omega t) \quad (13.7)$$

13.2 Reine Blindleistung

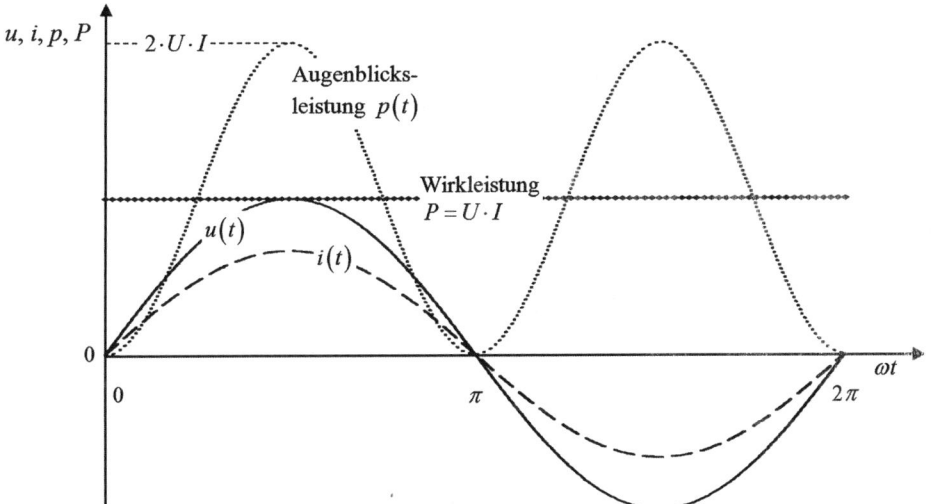

Abb. 13.2 Zeitlicher Verlauf von Spannung, Strom, Augenblicksleistung und Wirkleistung am ohmschen Widerstand

Abb. 13.3 Kondensator im Wechselstromkreis

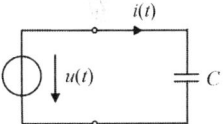

Den zeitlichen Verlauf von Spannung $u(t)$, Strom $i(t)$ und Augenblicksleistung $p(t)$ zeigt Abb. 13.4.

Wie in Abb. 13.4 zu sehen ist, ergeben sich für die Augenblicksleistung $p(t)$ abwechselnd positive und negative Werte. Über eine Periode gesehen ist der Mittelwert null. Dies bedeutet:

▶ **Ein idealer Kondensator nimmt keine Wirkleistung auf.**

Die Wirkleistung ist zwar null, die Augenblicksleistung nimmt jedoch von null aus verschiedene Werte an. In der ersten Viertelperiode der Spannung ist die Augenblicksleistung positiv. Der Kondensator wird aufgeladen, aus der Spannungsquelle fließt Energie in den Kondensator hinein. In der zweiten Viertelperiode der Spannung ist die Augenblicksleistung negativ. Der Kondensator entlädt sich, wobei die im Kondensator gespeicherte Energie in die Spannungsquelle zurückfließt. In der anschließenden negativen Halbschwingung der Spannung wiederholt sich dieser Vorgang entsprechend. Zwischen Spannungsquelle und Kondensator fließt also dauernd Energie hin und her. Die dabei auftretende Leistung ändert periodisch ihre Richtung, ihr Mittelwert ist null.

Diese Leistung ruft keine Wärmewirkung hervor, sie wird als **Blindleistung** bezeichnet.

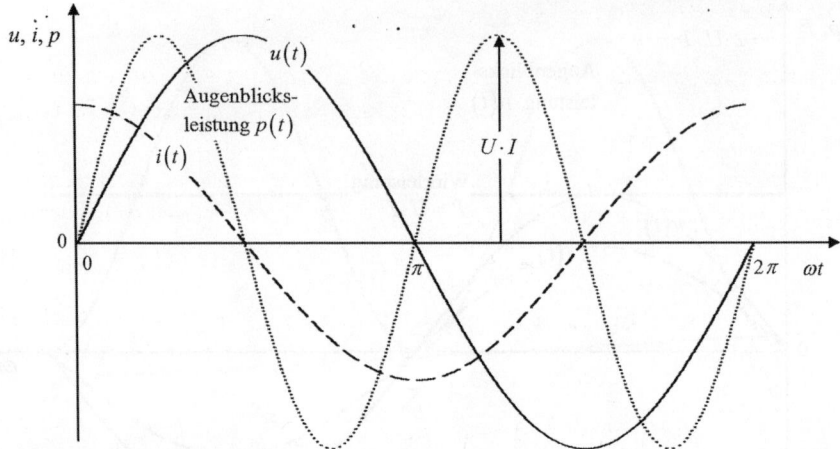

Abb. 13.4 Zeitlicher Verlauf von Spannung, Strom und Augenblicksleistung am Kondensator

Wird der Kondensator in Abb. 13.3 durch eine Spule ersetzt, so laufen die Vorgänge analog ab. Die in einer Viertelperiode von der Spannungsquelle gelieferte Energie wird im Magnetfeld der Spule gespeichert und fließt in der nächsten Viertelperiode in die Spannungsquelle zurück.

▶ **Eine ideale Spule nimmt keine Wirkleistung auf.**

Zur quantitativen Angabe der Blindleistung wurde für einen Verbraucher, der aus einem reinen Blindwiderstand besteht, folgendes festgelegt:

Der Betrag der Blindleistung ist das Produkt der Effektivwerte von Spannung und Strom.

Zur Unterscheidung von der Wirkleistung wird für die Blindleistung als Einheit nicht „Watt" verwendet, sondern „var" oder „VAR" als Abkürzung für Volt Ampère reactiv.

▶ **Das Einheitenzeichen für die Blindleistung ist „var", das Formelzeichen ist „Q".**

Ist der Verbraucher induktiv, so ist der Strom durch die Spule $I = \frac{U}{\omega L}$. Daraus folgt für die induktive Blindleistung einer Spule:

$$Q_L = U \cdot I = I^2 \cdot \omega L = \frac{U^2}{\omega L} \qquad (13.8)$$

Ist der Verbraucher kapazitiv, so ist der Strom durch den Kondensator $I = U \cdot \omega C$. Daraus folgt für die kapazitive Blindleistung eines Kondensators:

$$Q_C = U \cdot I = U^2 \cdot \omega C = \frac{I^2}{\omega C} \qquad (13.9)$$

13.3 Wirk- und Blindleistung

In den beiden Abschn. 13.1 und 13.2 bestand der Verbraucher entweder aus einem reinen Wirkwiderstand oder aus einem reinen Blindwiderstand. Besteht der Verbraucher aus einem komplexen Widerstand (Widerstand mit Wirk- und Blindanteil = Impedanz), so kann er stets als Reihenschaltung eines Wirkwiderstandes und eines Blindwiderstandes dargestellt werden (eine Parallelschaltung kann stets in eine Reihenschaltung umgewandelt werden). In der Impedanz wird eine dem Wirkanteil entsprechende Wirkleistung und eine dem Blindanteil entsprechende Blindleistung erzeugt. Wirkleistung und Blindleistung sind vom Phasenwinkel zwischen Spannung und Strom abhängig. Dieser Sachverhalt wird an einer Reihenschaltung aus einem ohmschen Widerstand und einer Spule erläutert (Abb. 13.5a).

In Abb. 13.5b ist noch einmal das Zeigerdiagramm der Spannungen der *RL*-Reihenschaltung gezeigt. Sind U und I die Effektivwerte der Spannung und des Stromes, so ist die Teilspannung am Widerstand $U_R = R \cdot I$ und die Teilspannung an der Spule $U_L = \omega L \cdot I$. Mit den Winkelbeziehungen des rechtwinkligen Dreiecks lassen sich die Teilspannungen auch ausdrücken als $U_R = U \cdot \cos(\varphi)$ und $U_L = U \cdot \sin(\varphi)$.

Die Wirkleistung, welche dem ohmschen Widerstand zugeführt wird, lässt sich somit wiedergeben als $P = U_R \cdot I = U \cdot I \cdot \cos(\varphi)$. Die Blindleistung, die der Spule zugeführt wird, ist $Q = U_L \cdot I = U \cdot I \cdot \sin(\varphi)$. Die gleichen Beziehungen erhält man, wenn die Spule durch einen Kondensator ersetzt wird.

Die Wirkleistung im komplexen Widerstand ist somit

$$P = U \cdot I \cdot \cos(\varphi) \tag{13.10}$$

U, I = Effektivwerte,
φ = Phasenverschiebungswinkel zwischen Spannung und Strom.

Die Blindleistung im komplexen Widerstand ist

$$Q = U \cdot I \cdot \sin(\varphi) \tag{13.11}$$

U, I = Effektivwerte,
φ = Phasenverschiebungswinkel zwischen Spannung und Strom.

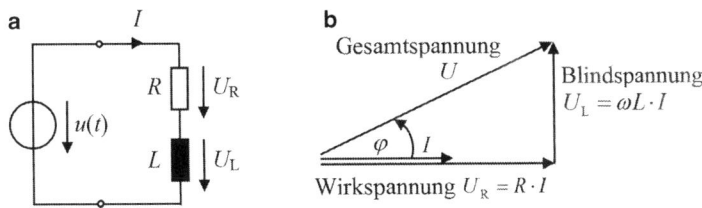

Abb. 13.5 *RL*-Reihenschaltung an sinusförmiger Wechselspannung (**a**) mit Zeigerbild (**b**)

13.4 Scheinleistung

Bei einem beliebigen Verbraucher ist die Scheinleistung des Wechselstroms das Produkt aus Effektivspannung und Effektivstrom.

$$S = U \cdot I \qquad (13.12)$$

U, I = Effektivwerte.

Zur Unterscheidung von Wirk- und Blindleistung wird die Einheit der Scheinleistung in „Volt Ampere" (Abkürzung: VA) angegeben.

▶ **Das Einheitenzeichen für die Scheinleistung ist „VA", das Formelzeichen ist „S".**

Aus Gl. 13.10, 13.11 und 13.12 ergeben sich die Beziehungen zwischen Wirk- und Scheinleistung und zwischen Blind- und Scheinleistung.

$$P = S \cdot \cos(\varphi) \qquad (13.13)$$

$$Q = S \cdot \sin(\varphi) \qquad (13.14)$$

Die Leistungsgrößen S, P und Q lassen sich in Form eines rechtwinkligen Dreiecks darstellen, welches als **Leistungsdreieck** bezeichnet wird und die Beziehung zwischen Schein-, Wirk- und Blindleistung wiedergibt (Abb. 13.6).

Die Beziehung zwischen Schein-, Wirk- und Blindleistung ist:

$$S^2 = P^2 + Q^2 \qquad (13.15)$$

Die Scheinleistung ist die geometrische Summe aus Wirk- und Blindleistung.
Die Wirkleistung ist stets kleiner oder höchstens gleich der Scheinleistung.
Das Verhältnis von Wirkleistung zu Scheinleistung nennt man **Leistungsfaktor** $\cos(\varphi)$.

$$\cos(\varphi) = \frac{P}{S} \quad (0 \leq \cos(\varphi) \leq 1) \qquad (13.16)$$

Abb. 13.6 Leistungsdreieck

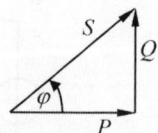

Bei der Leistung im Wechselstromkreis sind folgende Fälle zu unterscheiden:

- Im Stromkreis befindet sich nur ein ohmscher Widerstand. Es besteht keine Phasenverschiebung zwischen Spannung und Strom, daher ist $\cos(\varphi) = 1$. In diesem Fall ist die Wirkleistung gleich der Scheinleistung.
- Im Stromkreis befindet sich nur ein induktiver oder nur ein kapazitiver Blindwiderstand. Die Phasenverschiebung zwischen Spannung und Strom ist dann $\pm 90°$, also $\cos(\varphi) = 0$. In diesem Fall ist die Wirkleistung gleich null, obwohl im Stromkreis ein Wechselstrom fließt („wattloser Strom"). Die Scheinleistung ist gleich der Blindleistung.
- Im Stromkreis sind Widerstände verschiedener Art vorhanden (Wirk- und Blindwiderstände). Je größer die Phasenverschiebung ist, umso höher muss die Stromstärke des Wechselstroms sein, damit eine bestimmte Leistung an den Verbraucher abgegeben wird. Der Anteil der Blindleistung pendelt zwischen Verbraucher und Spannungsquelle nutzlos hin und her und belastet zusätzlich die Leitungen der Stromversorgung. Der Phasenwinkel φ muss deshalb möglichst klein gehalten werden.

13.5 Blindleistungskompensation

Die unerwünschte Blindleistung wird umso kleiner, je kleiner der Phasenwinkel φ ist. Bei Verbrauchern mit überwiegend induktivem Widerstand (z. B. Transformatoren, Motorwicklungen) erreicht man eine Verkleinerung des Phasenwinkels durch Parallelschalten eines Kondensators zum Verbraucher. Der parallel geschaltete Kondensator wird als **Phasenschieberkondensator** bezeichnet. Die Wirkungsweise dieses Kondensators wird durch die Schaltung in Abb. 13.7a erläutert.

Der Strom I durch den ohmsch-induktiven Verbraucher eilt der Spannung U um den Phasenwinkel φ nach (Abb. 13.7b). Der Strom I_C durch den Kondensator eilt der Spannung U um 90° voraus. Werden die Ströme I und I_C geometrisch addiert, so ergibt sich der von der Spannungsquelle gelieferte Gesamtstrom I', welcher der Spannung U nur noch um den kleineren Phasenwinkel φ' nacheilt. Durch den parallel geschalteten Kondensator

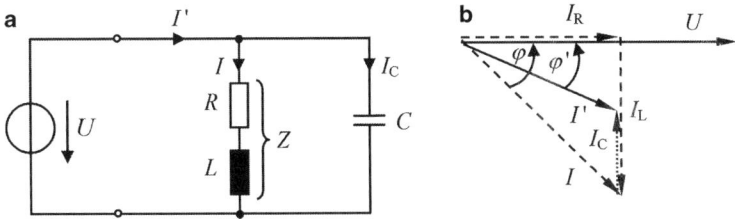

Abb. 13.7 Ohmsch-induktiver Verbraucher mit Phasenschieberkondensator zur Blindleistungskompensation, Schaltung (**a**) und Zeigerdiagramm (**b**)

nimmt der Strom I auf I' ab. Sowohl die Spannungsquelle als auch die Leitungen zum Verbraucher werden dadurch entlastet.

Der vom ohmsch-induktiven Verbraucher aufgenommene induktive Blindstrom wird durch den entgegengesetzt gerichteten kapazitiven Blindstrom ganz oder teilweise (je nach Größe der Kapazität C) kompensiert. Man spricht von einer **Blindstrom-** oder **Blindleistungskompensation**.

Die Kapazität C kann so gewählt werden, dass der Gesamtleistungsfaktor $\cos(\varphi') = 1$ wird. In der Praxis erfolgt nur eine Kompensation auf ca. $\cos(\varphi') = 0{,}9$. Eine größere Kompensation würde den Gesamtstrom nur noch wenig verringern.

Die kompensierte Blindleistung ΔQ ist:

$$\Delta Q = P \cdot \left[\tan(\varphi) - \tan(\varphi')\right] \qquad (13.17)$$

φ = Phasenwinkel ohne Kondensator,
φ' = Phasenwinkel mit Kondensator,
P = Wirkleistung.

Die nötige Kapazität zur Verkleinerung des Phasenwinkels φ auf φ' ist:

$$C = \frac{P}{U^2 \cdot \omega} \cdot \left[\tan(\varphi) - \tan(\varphi')\right] \qquad (13.18)$$

φ = Phasenwinkel ohne Kondensator,
φ' = Phasenwinkel mit Kondensator,
P = Wirkleistung,
U = effektive Spannung,
ω = Kreisfrequenz.

Aufgabe 13.1
Ein Verbraucher liegt an der Netzwechselspannung mit $U = 230$ V und nimmt den Strom $I = 3{,}0$ A auf. Die Spannung eilt dem Strom um $\varphi = 35°$ voraus.
  Wie groß sind Wirkleistung P, Blindleistung Q, Scheinleistung S und der Leistungsfaktor $\cos(\varphi)$ des Verbrauchers?

Lösung
Zuerst wird die Scheinleistung berechnet: $S = U \cdot I = 230\,\text{V} \cdot 3{,}0\,\text{A} = \underline{\underline{690\,\text{VA}}}$.
  Die Blindleistung ist $Q = S \cdot \sin(\varphi) = 690\,\text{VA} \cdot \sin(35°) = \underline{\underline{395{,}8\,\text{var}}}$.
  Die Wirkleistung ist $P = S \cdot \cos(\varphi) = \underline{\underline{565{,}2\,\text{W}}}$.
  Der Leistungsfaktor ist $\cos(\varphi) = \cos(35°) = \underline{\underline{0{,}82}}$.

13.5 Blindleistungskompensation

Aufgabe 13.2

Eine Bohrmaschine mit dem Leistungsfaktor $\cos(\varphi) = 0{,}9$ wird an der Netzsteckdose ($U = 230$ V) betrieben und nimmt die Wirkleistung $P = 1{,}0$ kW auf. Wie groß ist der Strom I?

Lösung

$$I = \frac{P}{U \cdot \cos(\varphi)} = \frac{1000 \text{ W}}{230 \text{ V} \cdot 0{,}9} = \underline{\underline{4{,}8 \text{ A}}}$$

Aufgabe 13.3

Ein Elektromotor hat einen Leistungsfaktor $\cos(\varphi) = 0{,}5$. Er wird mit der Netzwechselspannung $U = 230$ V, $f = 50$ Hz betrieben, wobei er die Wirkleistung $P = 700$ W aufnimmt. Durch Parallelschalten eines Kondensators soll der Leistungsfaktor auf $\cos(\varphi) = 0{,}9$ erhöht werden.

a) Welchen Strom I nimmt der Motor ohne Kondensator auf?
b) Wie groß muss die Kapazität C des Kondensators sein?
c) Wie groß ist der Strom I' bei einem parallel geschalteten Kondensator?
d) Wie groß ist die kompensierte Blindleistung ΔQ?

Lösung

a) $I = \frac{P}{U \cdot \cos(\varphi)} = \frac{700 \text{ W}}{230 \text{ V} \cdot 0{,}5} = \underline{\underline{6{,}1 \text{ A}}}$

b) Aus $\cos(\varphi) = 0{,}5$ folgt der Phasenwinkel $\varphi = \arccos(0{,}5) = 60°$ ohne Kondensator.
Aus $\cos(\varphi) = 0{,}9$ folgt der Phasenwinkel $\varphi = \arccos(0{,}9) = 25{,}8°$ mit Kondensator.
Aus $C = \frac{P}{U^2 \cdot \omega} \cdot [\tan(\varphi) - \tan(\varphi')]$ folgt:

$$C = \frac{700 \text{ W}}{(230 \text{ V})^2 \cdot 2\pi \cdot 50 \text{ Hz}} \cdot [\tan(60°) - \tan(25{,}8°)] = \underline{\underline{52{,}6 \text{ μF}}}.$$

c) $I' = \frac{P}{U \cdot \cos(\varphi)} = \frac{700 \text{ W}}{230 \text{ V} \cdot 0{,}9} = \underline{\underline{3{,}4 \text{ A}}}$

d) $\Delta Q = P \cdot [\tan(\varphi) - \tan(\varphi')] = 700 \text{ W} \cdot [\tan(60°) - \tan(25{,}8°)] = \underline{\underline{874 \text{ var}}}$

13.6 Zusammenfassung: Leistung im Wechselstromkreis

1. Ein ohmscher Widerstand ist ein Wirkwiderstand (Wärmewirkung, Wirkleistung).
2. Die Wirkleistung am ohmschen Widerstand ist $P = U \cdot I$.
3. Der lineare zeitliche Mittelwert (Gleichanteil) einer periodischen Funktion $f(t)$ mit der Periodendauer T ist $\overline{f(t)} = F_0 = \frac{1}{T} \cdot \int_0^T f(t)\, dt$.
4. Als Wirkleistung ist der lineare zeitliche Mittelwert (Gleichanteil) der Augenblicksleistung definiert.
5. Ein idealer Kondensator und eine ideale Spule nehmen keine Wirkleistung, sondern nur eine Blindleistung auf.
6. Das Formelzeichen der Wirkleistung ist P, die Einheit ist W (Watt).
7. Das Formelzeichen der Blindleistung ist Q, die Einheit ist var.
8. Das Formelzeichen der Scheinleistung ist S, die Einheit ist VA.
9. Wirkleistung P und Blindleistung Q einer Impedanz:
   $P = U \cdot I \cdot \cos(\varphi);\ Q = U \cdot I \cdot \sin(\varphi)$
10. Definition der Scheinleistung: $S = U \cdot I$ mit U, I = Effektivwerte.
11. Beziehungen zwischen Wirk-, Blind- und Scheinleistung:
    $P = S \cdot \cos(\varphi);\ Q = S \cdot \sin(\varphi);\ S^2 = P^2 + Q^2$
12. Definition des Leistungsfaktors: $\cos(\varphi) = \frac{P}{S}$.
13. Mit einem Phasenschieberkondensator kann an einem ohmsch-induktiven Verbraucher eine Blindleistungskompensation erfolgen.

14 Transformatoren (Übertrager)

> **Zusammenfassung**
>
> Begonnen wird mit einfachen Berechnungen beim idealen Transformator bzw. Übertrager ohne Verluste. Zunächst steht die Transformation von Spannungen und Widerständen im Vordergrund. Der verlustlose Übertrager mit Streuung ergibt einfache Zusammenhänge, welche durch die Einführung der Gegeninduktivität und des Kopplungsfaktors vervollständigt werden. Der Amplitudengang des Übertragers zeigt seine Frequenzabhängigkeit. Zum Übertrager zwischen ohmschen Widerständen werden Berechnungsformeln angegeben.

14.1 Grundprinzip

Die magnetischen Feldlinien einer stromdurchflossenen Spule verlaufen zum Teil auch durch eine zweite Spule, die sich in der Nähe befindet. Man sagt: Die Spulen sind **magnetisch gekoppelt**. Bei einem Transformator wird die aus einer Wechselspannungsquelle gespeiste Primärspule als **Primärwicklung** (P) und die magnetisch gekoppelte Sekundärspule als **Sekundärwicklung** (S) bezeichnet. Man spricht von der Primärseite (Eingangsseite) und Sekundärseite (Ausgangsseite) des Transformators. Meist wird der Primärseite Energie von einem Generator zugeführt und die Sekundärseite führt Energie an einen Verbraucher R ab (Abb. 14.1).

Durchdringen **alle** Feldlinien, die in der Primärspule erzeugt werden, auch die Sekundärspule, so ist die Kopplung **fest** (100 %ige Kopplung, **Kopplungsfaktor** $k = 1$), ansonsten wird die Kopplung als **lose** bezeichnet ($k < 1$).

Eine 100 %ige Kopplung ist nur theoretisch möglich und nur annähernd (z. B. $k = 0{,}98$) mit einem geschlossenen Kern aus ferromagnetischem Material (Eisenkern) realisierbar. Der **Hauptfluss** durchdringt jeweils beide Spulen. Der **Streufluss** (das Streufeld) durchdringt nur die Spule, durch deren Strom der magnetische Fluss hervorgerufen wird. Er durchdringt z. B. die Sekundärspule nicht.

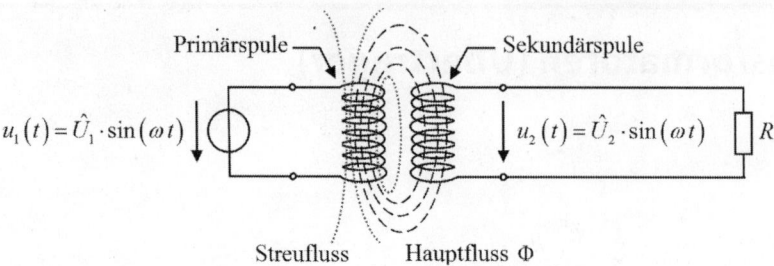

Abb. 14.1 Prinzip des Transformators, magnetisch gekoppelte Spulen

Ein Transformator besteht normalerweise aus zwei Spulen. Beide Spulen werden von einem wechselnden Magnetfeld durchdrungen, welches in der Primärspule durch Anlegen einer Wechselspannung beliebiger Frequenz erzeugt wird. In der Sekundärspule erzeugt das wechselnde Magnetfeld durch Induktion eine Wechselspannung mit gleicher Frequenz.

In der Praxis spricht man von einem Transformator (kurz Trafo), wenn ein Einsatz zur Energieübertragung erfolgt (übertragene Leistung > ca. 1 Watt). Netztransformatoren dienen meistens zur Erniedrigung, aber auch zur Erhöhung der Netzspannung, werden also nur bei einer festen Frequenz (z. B. 50 Hz) betrieben. Dient ein Transformator weniger der Energieübertragung, sondern wird in der Nachrichtentechnik eingesetzt, so wird er gewöhnlich als **Übertrager** bezeichnet. Übertrager müssen im Allgemeinen ein breites Frequenzband übertragen. Dies erfordert geringe Streuinduktivitäten und geringe Wicklungskapazitäten.

Praktische Anwendungsbeispiele eines Übertragers sind:

- Transformation eines Widerstandes auf einen gewünschten Wert, z. B. Anpassung eines Verbrauchers an den Innenwiderstand einer Quelle,
- Potenzialtrennung (galvanische Trennung), z. B. Abtrennen einer Gleichspannung.

14.2 Transformator mit Eisenkern

Damit möglichst alle in der Primärspule erzeugten Magnetfeldlinien die Sekundärspule durchsetzen, verwendet man einen geschlossenen Eisenkern aus Blechen, auf den sowohl Primär- als auch Sekundärwicklung aufgebracht sind. Für den Kern von Transformatoren mit einer Betriebsfrequenz von 50 Hz wird *Dynamoblech* aus einer Eisen-Silizium-Legierung mit einer maximalen Flussdichte von ca. 2 Tesla verwendet. Im Nieder- und Mittelfrequenzbereich werden bei Übertragern Schalenkerne aus Ferrit eingesetzt. In Abb. 14.2a ist das Prinzip eines Transformators mit Eisenkern dargestellt. Abb. 14.2b zeigt einen kleinen Einphasen-Netztransformator mit einer Nennleistung von 10 VA. Oben ist die Primärwicklung (230 V, 50 Hz) mit dünnem Kupferlackdraht, unten ist die Sekundärwicklung (10 V) mit dickerem Draht. Deutlich zu sehen sind die Lötanschlüsse der Wicklungen, die im Spulenkörper aus Kunststoff mit zwei Wickelkammern ein-

14.2 Transformator mit Eisenkern

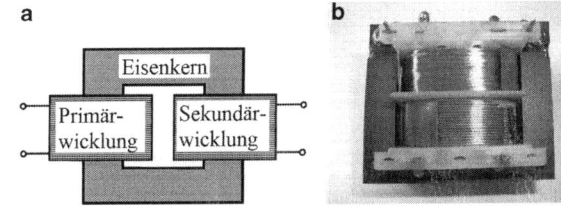

Abb. 14.2 Transformator mit Eisenkern, Prinzip (**a**) und Foto eines Kleintransformators (**b**)

gespritzt sind. Die Kunststofffolien, welche die Wicklungen abdecken und die Drähte vor mechanischen Beschädigungen schützen, wurden für das Foto aufgeschnitten und teilweise entfernt.

Der Blechkern wird in genormten Größen hergestellt und besteht aus Blechen mit einer Dicke von ca. 0,05 mm bis 1 mm. Die Bleche sind gegenseitig durch eine dünne Oxidschicht, Lack oder Papier isoliert. Durch die Aufteilung des Kerns in einzelne Lamellen wird die Bildung starker Wirbelströme verhindert, die Wirbelstromverluste werden reduziert.

Je nach Form der Bleche unterscheidet man z. B. zwischen M-Schnitt (Abb. 14.3a) und EI-Schnitt (Abb. 14.3b). Beim M-Schnitt lässt sich die einseitig losgestanzte Mittelzunge in den Spulenkörper einführen. Ist ein Luftspalt notwendig, so wird dieser durch eine Verkürzung der Mittelzunge realisiert. Die Bleche werden dann einseitig geschichtet, d. h. immer von der gleichen Seite in den Spulenkörper eingeführt. Ist ein Luftspalt unerwünscht, so schichtet man die Bleche wechselseitig, die Mittelzunge wird einmal von der einen Seite und dann von der anderen Seite in den Spulenkörper eingeführt. Die einzelnen Bleche werden über Schrauben zusammengehalten. Die Außenfläche des Eisenkerns ist mit Lack gegen Korrosion geschützt. Mit angeschraubten Winkeln lässt sich der Transformator auf einem Chassis befestigen. Der Spulenkörper (Abb. 14.3c) besteht häufig aus einem Stück Kunststoff oder Hartpapier, welches auf der Mittelzunge sitzt, und auf dem Primär- und Sekundärwicklung übereinander gewickelt sind. Prinzipiell können Primär- und Sekundärwicklung übereinander, nebeneinander oder auch getrennt auf zwei Schenkeln des Eisenkerns angebracht werden. In den Spulenkörper können auch Lötfahnen als elektrische Anschlüsse eingepresst sein. Es sei erwähnt, dass derart aufgebaute Netztransformatoren Brummgeräusche durch die Transformatorbleche verursachen können.

Bei den teureren, so genannten Schnittbandkernen hält ein Spannband den Transformator zusammen und vermeidet Brummgeräusche. Zusätzlich sind bei Schnittbandkernen die Bleche dünner. Durch spezielle Zusammensetzung und Behandlung der Bleche ergeben sich geringe Ummagnetisierungsverluste und eine geringe magnetische Streuung, die Verlustleistung ist besonders klein.

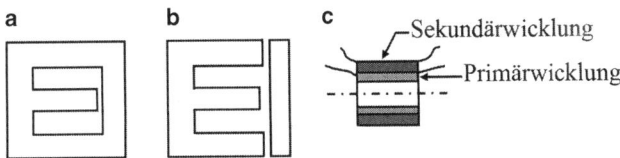

Abb. 14.3 Kernblech mit M-Schnitt (**a**), EI-Schnitt (**b**) und Spulenkörper mit Wicklungen (**c**)

14.3 Der verlustlose, streufreie Transformator

Um die Wirkungsweise des Transformators näher zu erläutern, wird die Anordnung in Abb. 14.4 betrachtet.

An die Primärwicklung mit N_1 Windungen ist zwischen den Klemmen 1 und 2 eine ideale, sinusförmige Spannungsquelle U_1 angeschlossen. Der Strom I_1 ruft einen magnetischen Fluss Φ_1 hervor, der auch die Sekundärwicklung mit N_2 Windungen durchsetzt. Die Richtung von Φ_1 ergibt sich aus der Rechte-Hand-Regel für Leiter (Schraubenregel, Korkenzieherregel). Da der Transformator als streufrei angenommen wird, durchsetzt Φ_1 die Sekundärwicklung vollständig (zu 100 %). Nach dem Induktionsgesetz wird durch Φ_1 in der Sekundärwicklung eine Spannung U_2 induziert. Da an der Ausgangsseite ein Verbraucher R_2 angeschlossen ist, fließt im Sekundärkreis ein Strom I_2, der einen magnetischen Fluss Φ_2 erzeugt. Nach der Regel von Lenz ist I_2 so gerichtet, dass das durch ihn erzeugte Magnetfeld (bzw. der Fluss Φ_2) dem induzierenden Fluss Φ_1 entgegengerichtet ist.

Der Windungssinn der Sekundärwicklung ist linksgängig: Blickt man von Klemme 3 oder 4 ausgehend in Richtung der Längsachse der Sekundärwicklung, so ist diese links herum aufgewickelt. Aus der Regel von Lenz, dem Windungssinn der Sekundärwicklung und der Schraubenregel lässt sich die Richtung von I_2 feststellen. Der Strom I_2 muss in Klemme 3 hinein- und aus Klemme 4 herausfließen, nur dann sind Φ_1 und Φ_2 entgegengerichtet. Für eine positive Zählpfeilrichtung ist bei diesen Verhältnissen die Richtung des Zählpfeils der Spannung U_2 von Klemme 4 zur Klemme 3. Wäre der Windungssinn der Sekundärwicklung rechtsgängig, so würden sich die Richtungen von I_2 und U_2 umdrehen.

Die Flussrichtungen von Φ_1 und Φ_2 bzw. die Richtung von I_2 können alternativ auch mit der Rechte-Hand-Regel der Spule festgestellt werden.

Abb. 14.5a zeigt zwei allgemeine Schaltzeichen des Transformators. Die Polarität der Ausgangsspannung ist vom Windungssinn der Primär- und Sekundärwicklung abhängig. Die Phasenverschiebung der Ausgangsspannung gegen die Eingangsspannung ist 0° oder 180°. Dies wird im Schaltbild des Transformators oft durch einen Punkt an einer der Anschlussklemmen der Primär- und Sekundärseite gekennzeichnet. In Abb. 14.5b sind Eingangs- und Ausgangsspannung gleichphasig, in Abb. 14.5c ist die Ausgangsspannung gegen die Eingangsspannung um 180° phasenverschoben.

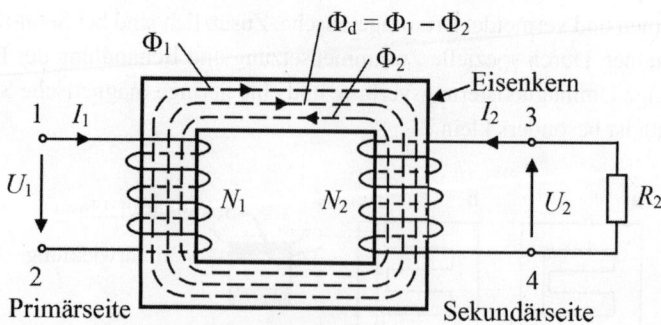

Abb. 14.4 Zur Wirkungsweise des Transformators

14.3 Der verlustlose, streufreie Transformator

Abb. 14.5 Schaltsymbol des Transformators mit Kennzeichnung der Polarität

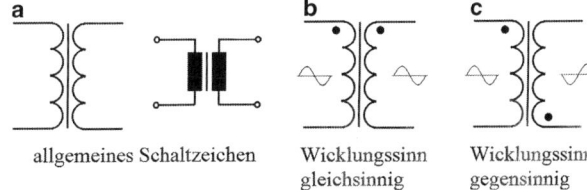

allgemeines Schaltzeichen   Wicklungssinn gleichsinnig   Wicklungssinn gegensinnig

14.3.1 Transformation der Spannungen

Primär- und Sekundärwicklung werden von der Differenz Φ_d der magnetischen Flüsse Φ_1 und Φ_2 durchsetzt ($\Phi_d = \Phi_1 - \Phi_2$). In der Primärwicklung wird durch Φ_d die Spannung $U_1 = N_1 \cdot \frac{d\Phi_d}{dt}$ und in der Sekundärwicklung die Spannung $U_2 = N_2 \cdot \frac{d\Phi_d}{dt}$ induziert. Durch Division folgt hieraus: $\frac{U_1}{U_2} = \frac{N_1}{N_2}$.

Für die Transformation der Spannungen gilt somit:

$$\frac{U_1}{U_2} = \frac{N_1}{N_2} = ü \tag{14.1}$$

▶ **Die Spannungen verhalten sich direkt wie die Windungszahlen.**

Das Verhältnis der Windungszahlen wird auch als **Übersetzungsverhältnis „ü"** bezeichnet.

Für die Induktivität L_1 der Primärwicklung und L_2 der Sekundärwicklung wird ohne Herleitung angegeben:

$$\frac{U_1}{U_2} = \sqrt{\frac{L_1}{L_2}} = ü \tag{14.2}$$

14.3.2 Transformation der Stromstärken

Unter der Voraussetzung, dass keine Verluste auftreten, ist die an der Sekundärseite abgegebene Leistung gleich der an der Primärseite aufgenommenen Leistung: $S = U_1 \cdot I_1 = U_2 \cdot I_2$. Daraus folgt: $\frac{I_1}{I_2} = \frac{U_2}{U_1}$ und mit Gl. 14.1 erhält man $\frac{I_1}{I_2} = \frac{N_2}{N_1}$.

Für das Verhältnis von Primär- zu Sekundärstrom in Abhängigkeit der Windungszahlen von Primär- und Sekundärwicklung gilt somit:

$$\frac{I_1}{I_2} = \frac{N_2}{N_1} = \frac{U_2}{U_1} = \frac{1}{ü} \tag{14.3}$$

▶ **Die Ströme verhalten sich umgekehrt wie die Windungszahlen bzw. Spannungen.**

Gelten für einen Transformator sowohl Gl. 14.1 als auch Gl. 14.3, so spricht man von einem **idealen Transformator**. Physikalisch gesehen wäre hierzu ein Kern mit unendlich großer Permeabilität notwendig.

Für die Sekundärseite bedeutet Gl. 14.3:

▶ **Hohe Spannung ⇒ kleiner Strom oder kleine Spannung ⇒ hoher Strom.**

Durch Heruntertransformieren einer Wechselspannung kann man sehr hohe Stromstärken erhalten. In der Praxis macht man von diesem Prinzip bei elektrischen Schmelzöfen Gebrauch.

Ist die Sekundärseite eines Transformators nicht ausschließlich mit einem ohmschen, sondern mit einem kapazitiven oder induktiven (oder einem beliebigen komplexen) Widerstand abgeschlossen, so tritt im Sekundärkreis eine Phasenverschiebung zwischen Spannung und Strom auf. Auch bei einer Phasenverschiebung auf Primär- und Sekundärseite gilt beim idealen Transformator nach dem Energieerhaltungssatz: Die vom Primärkreis aufgenommene Leistung ist gleich der im Sekundärkreis verbrauchten Leistung.

$$U_1 \cdot I_1 \cdot \cos(\varphi_1) = U_2 \cdot I_2 \cdot \cos(\varphi_2) \tag{14.4}$$

Ist der Transformator unbelastet (Sekundärseite offen), so wird in der Sekundärspule zwar eine Spannung induziert, aber es entsteht kein Strom und damit keine Rückwirkung der Sekundärspule auf die Primärspule. Unter der Voraussetzung, dass der induktive Widerstand der Primärspule wesentlich größer ist als ihr ohmscher Wicklungswiderstand ($\omega L_1 \gg R_{W1}$), hat der Primärstrom gegenüber der Primärspannung eine Phasenverschiebung von 90°. Auf der Primärseite fließt dann ein wattloser Strom (Leerlaufstrom).

14.3.3 Transformation des Widerstandes

Der Widerstand auf der Primärseite des Transformators ist $R_1 = \frac{U_1}{I_1}$ (siehe Abb. 14.4).

Mit $U_1 = ü \cdot U_2$ und $I_1 = \frac{1}{ü} \cdot I_2$ folgt $R_1 = \frac{ü \cdot U_2}{\frac{1}{ü} \cdot I_2} = ü^2 \cdot \frac{U_2}{I_2}$. Der Quotient $\frac{U_2}{I_2}$ ist aber der Widerstand R_2 auf der Sekundärseite des Transformators. Somit folgt:

$$R_1 = ü^2 \cdot R_2 = \left(\frac{N_1}{N_2}\right)^2 \cdot R_2 \tag{14.5}$$

$$ü = \sqrt{\frac{R_1}{R_2}} \tag{14.6}$$

▶ **Der Abschlusswiderstand wird mit dem Quadrat des Windungszahlverhältnisses (bzw. des Übersetzungsverhältnisses) auf die Primärseite transformiert.**

Abb. 14.6 Eingangswiderstand des idealen Transformators

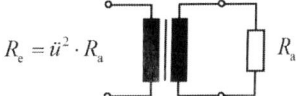

Für die Transformation des Widerstandes (Verhältnis von Eingangs- zu Ausgangswiderstand) gilt somit:

$$\underline{\frac{R_1}{R_2} = \frac{N_1^2}{N_2^2} = \frac{U_1 \cdot I_2}{U_2 \cdot I_1} = \ddot{u}^2} \tag{14.7}$$

Dies bedeutet, dass beim idealen Transformator der Eingangswiderstand R_e an den beiden Klemmen der Primärseite gleich ist dem mit $\ddot{u}^2$ multiplizierten Abschlusswiderstand R_a an den beiden Klemmen der Sekundärseite (Abb. 14.6).

In der Praxis ist die Widerstandstransformation von Bedeutung, wenn Widerstände an Wechselspannungsquellen angepasst werden müssen. Zwei Verstärkerstufen lassen sich durch einen Übertrager koppeln. Durch die Wahl des Übersetzungsverhältnisses kann z. B. eine Leistungsanpassung beider Stufen erreicht werden, indem die Übersetzung so gewählt wird, dass der übersetzte Widerstand auf der Sekundärseite gleich dem Innenwiderstand der Quelle auf der Primärseite ist. Mit einem Ausgangstransformator kann bei einem Audioverstärker eine Leistungsanpassung des Lautsprechers (= Verbraucher) an die letzte Verstärkerstufe (= Erzeuger, Quelle) erreicht werden.

14.4 Der verlustlose Transformator mit Streuung

Ein vollkommen streufreier Transformator kann nicht hergestellt werden. Der von der Primärwicklung erzeugte Fluss Φ_1 durchsetzt die Sekundärwicklung nur zu einem Teil, entsprechendes gilt für den Fluss Φ_2. Die Verkopplung von Primär- und Sekundärwicklung kann durch ein Vierpol-Ersatzschaltbild dargestellt werden (Abb. 14.7). Man beachte, dass dort auf der Ausgangsseite der Strom I_2 aus der oberen Klemme heraus- und nicht hineinfließt. Diese Zählpfeilrichtung des Erzeugerzählpfeilsystems ist entsprechend dem Energiefluss von der Primär- zur Sekundärseite mit dort angeschlossener Last oft sinnvoll.

Die Größe „M" wird als **Gegeninduktivität** bezeichnet und ist ein Maß für die Verkopplung der Magnetflüsse. Das Ersatzschaltbild in Abb. 14.7 stellt zwei über die Gegeninduktivität M gekoppelte Spulen dar. Die Beziehungen zwischen den Größen des Ersatz-

Abb. 14.7 Ersatzschaltbild des verlustlosen Transformators mit Streuung

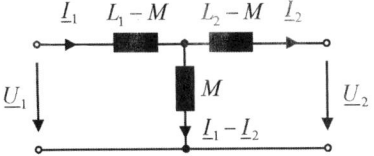

schaltbildes werden ohne Herleitung angegeben. Die Gleichungen für den Transformator mit Streuung, die eine Beziehung der komplexen Spannungen und Ströme herstellen, sind:

$$\underline{U}_1 = j\omega \cdot (L_1 - M) \cdot \underline{I}_1 + j\omega M \cdot (\underline{I}_1 - \underline{I}_2)$$
$$\underline{U}_2 = -j\omega \cdot (L_2 - M) \cdot \underline{I}_2 + j\omega M \cdot (\underline{I}_1 - \underline{I}_2)$$
(14.8)

Der **Kopplungsfaktor k** ist definiert als Nutzfluss dividiert durch den gesamten erzeugten Fluss (jeweils für Primär- und Sekundärseite).

Für den Kopplungsfaktor der Primärseite mit der Sekundärseite gilt:

$k_{12} =$ (gesamter primärer Fluss $-$ primärer Streufluss): (gesamter primärer Fluss)

Der Kopplungsfaktor der Sekundär- mit der Primärseite ist:

$k_{21} =$ (gesamter sekundärer Fluss $-$ sekundärer Streufluss): (gesamter sekundärer Fluss)

Bei symmetrisch aufgebauten Transformatorkernen ist $k_{12} = k_{21} = k$.

Für den streubehafteten Transformator gilt stets $k < 1$. Ein typischer Wert ist $k = 0{,}95$.

Zwischen der Gegeninduktivität und dem Kopplungsfaktor besteht die Beziehung:

$$M = k \cdot \sqrt{L_1 \cdot L_2}$$
(14.9)

Für den streufreien Transformator ist $k = 1$ und $M = \sqrt{L_1 \cdot L_2}$.

Der Kopplungsfaktor kann bei bekannten oder gemessenen Induktivitäten von Primär- und Sekundärspule aus der Leerlaufspannung der Sekundärseite ermittelt werden.

$$k = \frac{U_2}{U_1} \cdot \sqrt{\frac{L_1}{L_2}}$$
(14.10)

Aufgabe 14.1

Von einem Transformator sind folgende Werte gegeben:

$$U_1 = 100\,\text{mV}, \quad U_2 = 50\,\text{mV}, \quad L_1 = 60\,\mu\text{H}, \quad L_2 = 20\,\mu\text{H}.$$

Bestimmen Sie den Wert des Kopplungsfaktors k und der Gegeninduktivität M.

Lösung

$$k = \frac{U_2}{U_1} \cdot \sqrt{\frac{L_1}{L_2}}; \quad \underline{\underline{k = 0{,}87}}$$
$$M = k \cdot \sqrt{L_1 \cdot L_2} = \underline{\underline{30\,\mu\text{H}}}$$

14.6 Frequenzverhalten des NF-Übertragers

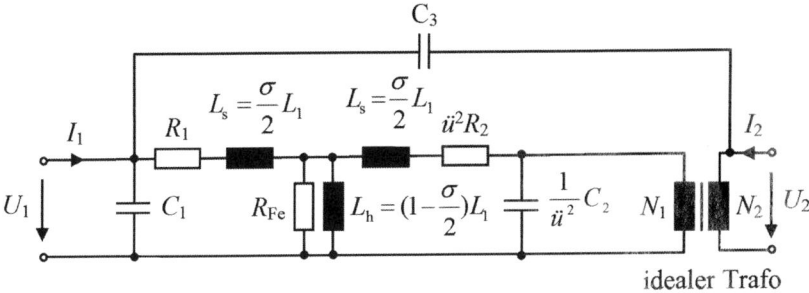

Abb. 14.8 Ersatzschaltbild des realen Transformators für $\sigma \ll 1$

Statt des Kopplungsfaktors wird häufig der Streufaktor σ verwendet.

$$\sigma = 1 - k^2 = 1 - \frac{M^2}{L_1 \cdot L_2} \qquad (14.11)$$

Das Ersatzschaltbild nach Abb. 14.7 weist für praktische Zwecke den Nachteil auf, dass es im Allgemeinen ein negatives Element enthält (für $M < 0$ oder L_1 bzw. $L_2 < M$), insbesondere dann, wenn sich L_1 und L_2 stark unterscheiden. In vielen Fällen wird deshalb das Ersatznetzwerk des realen Transformators in Abb. 14.8 bevorzugt, bei dem auch gleich Verluste im Eisenkern sowie Wicklungswiderstände und -kapazitäten berücksichtigt sind.

14.5 Der reale Transformator

Die Kondensatoren C_1 und C_2 in Abb. 14.8 stellen die Kapazitäten der Wicklungen dar. Kondensator C_3 berücksichtigt die Kapazität zwischen den Wicklungen. Die Widerstände R_1 und R_2 kennzeichnen den ohmschen Widerstand der Wicklungen. Die Verluste im Eisenkern (Wirbelstrom- und Hystereseverluste) werden durch R_{Fe} repräsentiert. Primäres und sekundäres Streufeld werden durch Streuinduktivitäten L_s dargestellt. Hat die Eingangsspannung U_1 eine sehr niedrige Frequenz, so fließt auch ohne an der Ausgangsseite angeschlossene Last ein Strom durch die Primärwicklung des Transformators (bei Gleichspannung wirkt nur der ohmsche Wicklungswiderstand). Dies wird durch die so genannte Hauptinduktivität L_h berücksichtigt. Ein idealer Transformator bildet den Abschluss des Ersatzschaltbildes.

14.6 Frequenzverhalten des NF-Übertragers

Das Ersatznetzwerk in Abb. 14.8 wird verwendet, um das Übertragungsverhalten eines linearen Übertragers in Abhängigkeit der Frequenz zu betrachten. – Wird die Primärseite eines Übertragers aus einer Spannungsquelle mit Innenwiderstand gespeist, so wirkt die

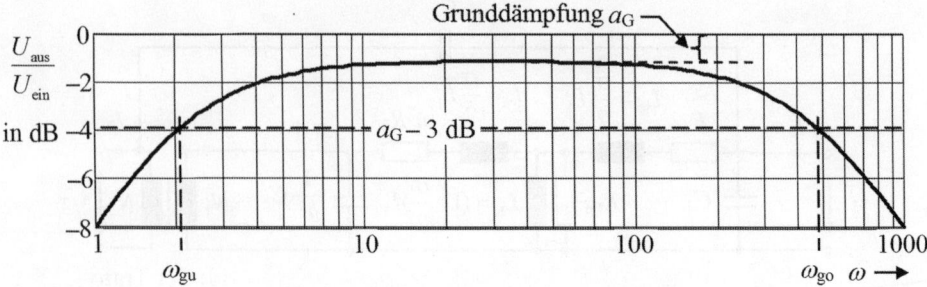

Abb. 14.9 Amplitudengang eines Übertragers (schematisches Beispiel)

Hauptinduktivität als Hochpass. Niedrige Frequenzen werden gedämpft, für Gleichspannung stellt L_h (bis auf ihren Wicklungswiderstand) einen Kurzschluss dar. Für den Einsatz des Übertragers bestimmt also L_h die untere Frequenzgrenze. Je größer L_h ist, desto niedrigere Frequenzen können übertragen werden. Bei hohen Frequenzen der Primärspannung wirken sich verstärkt die Streuinduktivitäten und die Wicklungskapazitäten dämpfend aus. Eine hohe Hauptinduktivität ist nur mit vielen Windungen realisierbar, welche gleichzeitig die Streuinduktivitäten und die Wicklungskapazitäten vergrößern. Aus diesem Grund ist es schwierig, einen Übertrager zu realisieren, der Frequenzen in einem weiten Bereich ungedämpft überträgt. Die Grunddämpfung a_G des Übertragers ist die Folge von R_1, R_2 und R_{Fe}.

Ein Übertrager bildet einen **Bandpass**, tiefe und hohe Frequenzen werden gedämpft, während mittlere Frequenzen (bis auf die Grunddämpfung) ungedämpft übertragen werden. Die untere Grenzfrequenz ist ω_{gu}, die obere ω_{go}. Abb. 14.9 zeigt ein Beispiel für den Amplitudengang eines Übertragers.

14.7 Übertrager zwischen ohmschen Widerständen

Für zwei Spezialfälle wird nun das Verhalten des Übertragers untersucht, wenn Primär- und Sekundärseite mit einem reellen (ohmschen) Widerstand abgeschlossen sind. Die Primärseite wird aus einer Spannungsquelle U_1 mit dem Innenwiderstand R_i gespeist. Auf der Sekundärseite ist ein Verbraucher mit dem reellen Widerstand R_a angeschlossen. Gesucht ist jeweils die Ausgangsspannung U_2 des Übertragers als Funktion der Quellenspannung U_1 und des Übersetzungsverhältnisses $ü$.

14.7.1 Idealer Übertrager unter Vernachlässigung der Wicklungswiderstände

Abb. 14.10a zeigt einen idealen Übertrager, dessen Primärseite aus der Spannungsquelle U_1 mit dem Innenwiderstand R_i gespeist wird. Auf der Sekundärseite ist der Verbraucher R_a angeschlossen. In Abb. 14.10b ist das Ersatzschaltbild dargestellt.

14.7 Übertrager zwischen ohmschen Widerständen

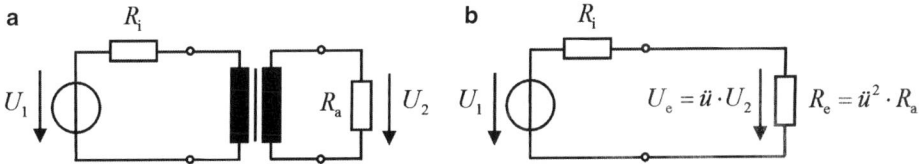

Abb. 14.10 Idealer Übertrager zwischen reellen Widerständen (**a**) und Ersatznetzwerk (**b**)

Der Abschlusswiderstand erscheint transformiert als $R_e = ü^2 \cdot R_a$ auf der Eingangsseite und kann dort statt des Übertragers direkt eingezeichnet werden. Für den idealen Übertrager ist $U_1 = ü \cdot U_2$. Die Spannung U_2 ergibt sich aus der Spannungsteilerformel.

$$U_2 = U_1 \cdot \frac{ü \cdot R_a}{R_i + ü^2 \cdot R_a} \tag{14.12}$$

14.7.2 Idealer Übertrager mit Wicklungswiderständen

In Abb. 14.11 sind die Wicklungswiderstände *nicht* vernachlässigt.

R_1 und R_2 sind die ohmschen Widerstände der Primär- und Sekundärwicklung. Da der sekundäre Wicklungswiderstand mit R_a in Reihe liegt, erscheint er mit $ü^2$ transformiert ebenfalls (wie R_a) auf der Eingangsseite. Die Spannung U_2 errechnet sich wieder nach der Spannungsteilerformel.

$$U_2 = U_1 \cdot \frac{ü \cdot R_a}{R_i + R_1 + ü^2 \cdot (R_2 + R_a)} \tag{14.13}$$

Bei Leistungsanpassung ist der Lastwiderstand gleich dem Innenwiderstand der Quelle. An den Verbraucherwiderstand wird dann soviel Leistung wie möglich abgegeben. Im obigen Fall ist *Leistungsanpassung* gegeben, wenn gilt:

$$ü^2 \cdot R_a = R_i + R_1 + ü^2 \cdot R_2 \tag{14.14}$$

Abb. 14.11 Ersatznetzwerk des idealen Übertragers beim Betrieb zwischen reellen Widerständen unter Berücksichtigung der Wicklungswiderstände

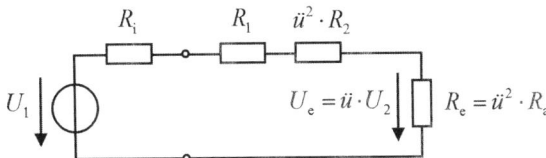

Abb. 14.12 Schaltskizze für die Messung von $ü$

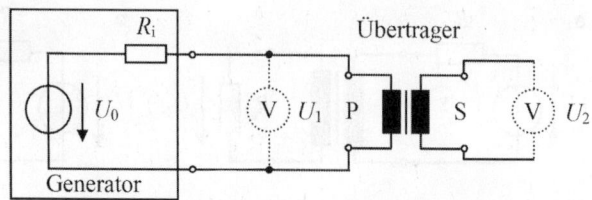

Aufgabe 14.2
Zur Verfügung stehen ein Sinusgenerator mit einstellbarer Frequenz und einem Innenwiderstand von $R_i = 50\,\Omega$ sowie ein für den Frequenzbereich geeignetes Voltmeter für Wechselspannung. Beschreiben Sie, wie mit diesen Geräten das Übersetzungsverhältnis $ü$ eines Übertragers gemessen werden kann. Geben Sie eine Schaltskizze für die Messung an.

Lösung
Die Schaltskizze für die Messung zeigt Abb. 14.12.

Beschreibung der Messung

Die Frequenz des Generators wird auf z. B. 100 Hz eingestellt. Bei sekundärem Leerlauf wird mit dem Voltmeter die Spannung U_1 an der Primärwicklung des Übertragers gemessen. Anschließend wird mit dem Voltmeter die Spannung U_2 an der Sekundärwicklung gemessen.

Das Übersetzungsverhältnis ergibt sich zu $ü = \frac{U_1}{U_2}$. Die Angabe des Generatorinnenwiderstandes R_i wird nicht benötigt.

Ergibt sich bei der eingestellten Frequenz ein zu kleiner (schlecht ablesbarer, ungenauer) Wert von U_2, so wurde die Frequenz entweder zu klein ($f \ll \omega_{gu}$) oder zu hoch ($f \gg \omega_{go}$) gewählt; U_2 ist zu stark gedämpft. Die Frequenz wird am besten solange verändert, bis sich für U_2 ein Maximum ergibt. Anschließend wird U_1 gemessen.

Aufgabe 14.3
Eine sinusförmige Spannungsquelle mit den Daten $U = 10\,\text{V}$, $f = 50\,\text{Hz}$, $R_i = 100\,\Omega$ speist die Primärseite mit $N_1 = 270$ Windungen eines idealen Übertragers. Die Sekundärseite des Übertragers mit $N = 90$ Windungen ist mit einem ohmschen Widerstand $R_a = 100\,\Omega$ abgeschlossen.

14.7 Übertrager zwischen ohmschen Widerständen

a) Wie groß ist die Ausgangsspannung U_2 des Übertragers?
b) Wie groß ist der Sekundärstrom I_a durch R_a?
c) Wie groß ist der Primärstrom I_1?
d) Wie groß müsste R_a sein, damit Leistungsanpassung vorliegt?
e) Um wie viel Prozent ist die in $R_a = 100\,\Omega$ verbrauchte Leistung geringer als sie maximal sein könnte?

Lösung

a) U_2 berechnet sich nach Gl. 14.12 zu $U_2 = U_1 \cdot \frac{\ddot{u} \cdot R_a}{R_i + \ddot{u}^2 \cdot R_a}$.
   Mit $\ddot{u} = \frac{270}{90} = 3$ folgt $U_2 = 10\,\text{V} \cdot \frac{3 \cdot 100\,\Omega}{100\,\Omega + 3^2 \cdot 100\,\Omega} = \underline{3{,}0\,\text{V}}$.

b) $I_a = \frac{U_2}{R_a} = \frac{3\,\text{V}}{100\,\Omega} = \underline{30{,}0\,\text{mA}}$

c) $I_1 = \frac{I_a}{\ddot{u}} = \frac{30\,\text{mA}}{3} = \underline{10{,}0\,\text{mA}}$ oder $I_1 = \frac{U_1}{R_i + \ddot{u}^2 \cdot R_a} = \frac{10\,\text{V}}{100\,\Omega + 9 \cdot 100\,\Omega} = \underline{10{,}0\,\text{mA}}$

d) Für Leistungsanpassung muss der Lastwiderstand gleich dem Innenwiderstand der Quelle sein. Als Lastwiderstand erscheint der Abschlusswiderstand R_a mit $\ddot{u}^2$ transformiert auf der Primärseite. Es muss gelten:

$$\ddot{u}^2 \cdot R_a = R_i \Rightarrow R_a = \frac{R_i}{\ddot{u}^2} = \frac{100\,\Omega}{9} = \underline{11{,}1\,\Omega}.$$

Für $R_a = 11{,}1\,\Omega$ liegt Leistungsanpassung vor.

e) Für $R_a = 100\,\Omega$ ergibt sich die in R_a verbrauchte Leistung zu
$P_a = U_2 \cdot I_a = 3{,}0\,\text{V} \cdot 30{,}0\,\text{mA} = 90\,\text{mW}$.
Für $R_a = 11{,}1\,\Omega$ errechnen sich $U_2 = 1{,}66\,\text{V}$ und $I_a = 150\,\text{mA}$.
$P_{a,\max} = 1{,}66\,\text{V} \cdot 0{,}15\,\text{A} = 0{,}25\,\text{W}$.
Ohne U_2 und I_a erneut für den Fall $R_a = 11{,}1\,\Omega$ berechnen zu müssen, hätte man sofort nach der Formel $P_{a,\max} = \frac{U_1^2}{4 \cdot R_i} = \frac{(100\,\text{V})^2}{400\,\Omega} = 0{,}25\,\text{W}$ rechnen können.
$\frac{P_{a,\max} - P_a}{P_{a,\max}} = \frac{250\,\text{mW} - 90\,\text{mW}}{250\,\text{mW}} = 0{,}64$; Für $R_a = 100\,\Omega$ ist die in R_a verbrauchte Leistung um $\underline{64\,\%}$ niedriger als bei Leistungsanpassung.

Aufgabe 14.4
Ein Transformator im Starkstromnetz (Abb. 14.13a) ist durch eine Ersatzschaltung ohne Verluste in Abb. 14.13b hinreichend gut angenähert.
$\underline{Z}_2$ ist ein komplexer Widerstand. Die Spannung auf der Primärseite ist:

$$u_1(t) = 10 \cdot \sqrt{2}\,\text{kV} \cdot \cos(\omega_0 \cdot t) \quad \text{mit} \quad \omega_0 = 2\pi \cdot 50\,\text{Hz}.$$

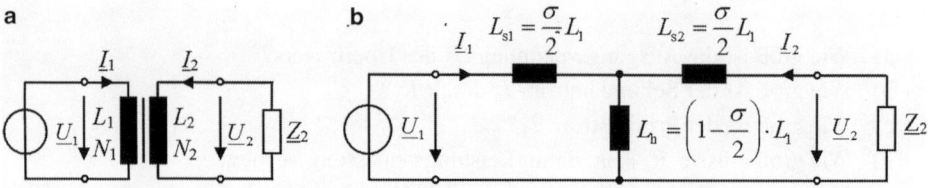

Abb. 14.13 Transformator im Starkstromnetz (a) und Ersatzschaltung (b)

Das Verhältnis der Windungszahlen von Primär- und Sekundärwicklung ist $\frac{N_1}{N_2} = 40$.

Bei $f_0 = 50$ Hz ist $\omega_0 \cdot L_{s1} = 5\,\Omega$. Bei sekundärem Leerlauf ($|Z_2| \to \infty$) ist der Primärstrom $|I_1| = \sqrt{2}$ A.

Bestimmen Sie die Werte der Hauptinduktivität L_h und des Streufaktors σ.

Lösung

Bei sekundärem Leerlauf ist $\underline{I}_2 = 0$ und L_h wird nur von $\underline{I}_1$ durchflossen. Der komplexe Widerstand von L_{s1} ist $s \cdot L_{s1}$ und der von L_h ist $s \cdot L_h$.

Nach der Maschenregel ist $\underline{I}_1 \cdot s \cdot L_{s1} + \underline{I}_1 \cdot s \cdot L_h - \underline{U}_1 = 0 \Rightarrow \frac{U_1}{I_1} = s \cdot L_{s1} + s \cdot L_h$.

Für $s = j\omega$: $j\omega_0 \cdot L_{s1} = j \cdot 5\,\Omega$ und $j\omega_0 \cdot L_h = j \cdot 100\,\text{Hz} \cdot \pi \cdot L_h$.

Die Einheit der Induktivität ist s · Ω (Sekunde mal Ohm), Hz = 1/s.

Somit ist $\frac{U_1}{I_1} = j \cdot 5\,\Omega + j \cdot 100 \cdot \pi \cdot L_h\,\Omega = j \cdot (5 + 100 \cdot \pi \cdot L_h)\,\Omega$

Der Betrag ist $\frac{|U_1|}{|I_1|} = \sqrt{(5 + 100 \cdot \pi \cdot L_h)^2\,\Omega^2} = (5 + 100 \cdot \pi \cdot L_h)\,\Omega$

Mit $|\underline{U}_1| = 10^4 \cdot \sqrt{2}$ V und $|\underline{I}_1| = \sqrt{2}$ A folgt:

$$\frac{10^4 \cdot \sqrt{2}\,\text{V}}{\sqrt{2}\,\text{A}} = (5 + 100 \cdot \pi \cdot L_h)\,\Omega \quad \text{oder} \quad 10^4 = 5 + 100 \cdot \pi \cdot L_h.$$

$$L_h = \frac{10^4 - 5}{100 \cdot \pi} = \frac{10^2}{\pi} - \frac{1}{20 \cdot \pi}; \quad \underline{L_h = 31{,}8\,\text{H}}$$

Aus $\omega_0 \cdot L_{s1} = 5\,\Omega$ folgt $L_{s1} = \frac{5\,\Omega}{100\,\pi\,\text{Hz}} = \frac{1}{20\pi}$ H

Gleichung 1: $L_1 = \frac{2 \cdot L_{s1}}{\sigma}$; Gleichung 2: $L_1 = \frac{L_h}{1 - \frac{\sigma}{2}} \Rightarrow$

Gleichsetzen und über Kreuz multiplizieren: $2 \cdot L_{s1} \cdot \left(1 - \frac{\sigma}{2}\right) = \sigma \cdot L_h$

Nach σ aufgelöst: $\sigma = \frac{2 \cdot L_{s1}}{L_{s1} + L_h}; \sigma = \frac{\frac{1}{10\pi}}{\frac{1}{20\pi} + \frac{10^2}{\pi} - \frac{1}{20\pi}}; \underline{\sigma = \frac{1}{10^3}}$

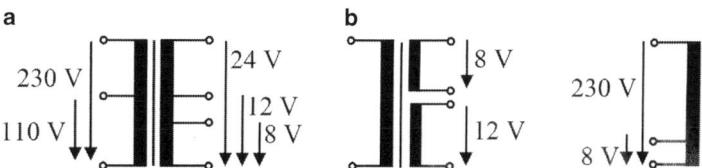

Abb. 14.14 Trafo für zwei Netzspannungen und drei Sekundärspannungen durch Anzapfungen (**a**), Trafo mit zwei Sekundärspannungen durch getrennte Sekundärwicklungen (**b**), Spartransformator (**c**)

14.8 Spezielle Ausführungen von Transformatoren

Oft soll ein Transformator für unterschiedliche Spannungen des öffentlichen Stromversorgungsnetzes (z. B. 110 V im Ausland und 230 V in Deutschland) einsetzbar sein. Dies wird durch eine Anschlussmöglichkeit bei verschiedenen Windungszahlen der Primärwicklung erreicht (Abb. 14.14a).

Um bei einem Transformator auf der Sekundärseite mehrere Spannungen unterschiedlicher Größe zu erhalten, kann die Sekundärwicklung mehrere „Anzapfungen" enthalten. Dabei wird jeweils bei einer der gewünschten Spannung entsprechenden Windungszahl ein Anschluss der Sekundärwicklung an die Anschlussleiste des Transformators herausgeführt (Abb. 14.14a). Natürlich können unterschiedliche Sekundärspannungen auch durch mehrere Sekundärwicklungen gewonnen werden (Abb. 14.14b).

Beim so genannten **Spartransformator** wird die Sekundärwicklung durch einen Teil der Primärwicklung gebildet (Abb. 14.14c). Ein großer Nachteil des Spartransformators ist, dass die beiden Wicklungen galvanisch nicht getrennt, sondern leitend miteinander verbunden sind. Es besteht die Gefahr der Berührung der Netzspannung.

14.9 Zusammenfassung: Transformatoren (Übertrager)

1. Ein Transformator beruht auf dem Prinzip magnetisch gekoppelter Spulen. Er besteht aus Primär- und Sekundärwicklung, welche fest (Eisenkern) oder lose gekoppelt sind.
2. Je nach Einsatz spricht man vom Transformator (Energieübertragung) oder Übertrager (Nachrichtentechnik).
3. Die Polarität der Ausgangsspannung ist vom Windungssinn der Primär- und Sekundärwicklung abhängig.
4. Für den idealen Transformator gelten folgende Formeln:

$$\frac{U_1}{U_2} = \frac{N_1}{N_2} = ü; \quad \frac{U_1}{U_2} = \sqrt{\frac{L_1}{L_2}} = ü; \quad \frac{I_1}{I_2} = \frac{N_2}{N_1} = \frac{U_2}{U_1} = \frac{1}{ü};$$

$$R_1 = ü^2 \cdot R_2 = \left(\frac{N_1}{N_2}\right)^2 \cdot R_2; \quad ü = \sqrt{\frac{R_1}{R_2}}$$

5. Beim Transformator mit Streuung besteht zwischen der Gegeninduktivität und dem Kopplungsfaktor die Beziehung: $M = k \cdot \sqrt{L_1 \cdot L_2}$
6. Definition des Streufaktors: $\sigma = 1 - k^2 = 1 - \frac{M^2}{L_1 \cdot L_2}$
7. Ein realer Übertrager bildet einen Bandpass. Signale mit tiefen und hohen Frequenzen werden gedämpft, Signale mit mittleren Frequenzen fast ungedämpft übertragen.

Schwingkreise 15

> **Zusammenfassung**
> Zuerst werden Berechnungen beim Reihenschwingkreis ohne Verluste, dann mit Verlusten durchgeführt. Der Zustand der Resonanz mit den zugehörigen Größen der Parameter wird besonders beachtet. Bilder zum Frequenzgang der Widerstände und des Stromes sowie Resonanzkurven erleichtern das Verständnis. Mögliche Einsatzfälle von Reihenschwingkreisen werden besprochen. Auch der Parallelschwingkreis wird zunächst ohne Verluste und dann mit Verlusten betrachtet. Sowohl beim Reihen- als auch Parallelschwingkreis erhöhen Zeigerdiagramme den Überblick und das Verständnis der Betriebsbedingungen. Auch bei den Parallelschwingkreisen werden Einsatzmöglichkeiten angegeben. Bandfilter werden mit ihren Kopplungsarten und Eigenschaften betrachtet.

Eine elektrische Schaltung, die mindestens eine Kapazität und mindestens eine Induktivität enthält, nennt man auch Schwingkreis oder Resonanzkreis. Beim Reihenschwingkreis liegen Kapazität und Induktivität in Reihe, beim Parallelschwingkreis sind sie parallel geschaltet. Nachfolgend wird das Widerstandsverhalten und der Frequenzgang beider Arten von Schwingkreisen betrachtet. Dabei wird vorwiegend vorausgesetzt, dass die Frequenz der am Schwingkreis anliegenden Wechselspannung verändert wird, ihre Höhe jedoch konstant bleibt.

15.1 Reihenschwingkreis ohne Verluste

Der verlustfreie Reihenschwingkreis (Abb. 15.1) besteht aus einer idealen Spule und einem idealen Kondensator (und ist somit nicht herstellbar). Er enthält *keinen* dämpfenden ohmschen Widerstand.

Legt man an einen Schwingkreis eine Wechselspannung, so wird er zu erzwungenen elektromagnetischen Schwingungen angeregt. Der Kondensator des Schwingkreises wird

Abb. 15.1 Verlustfreier Reihenschwingkreis

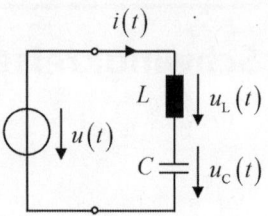

durch die anliegende Wechselspannung abwechselnd aufgeladen, entladen und mit umgekehrter Polarität wieder aufgeladen. Ist der Kondensator vollständig aufgeladen, so liegt ein Maximum der in ihm gespeicherten Energie E_E vor. Ist er vollständig entladen, so ist die gespeicherte Energie minimal. Ebenso periodisch ändert sich das Magnetfeld der Spule und die im Magnetfeld gespeicherte Energie E_M.

Der Strom $i(t)$ eilt der Spannung $u_L(t)$ an der Spule um 90° nach und der Spannung $u_C(t)$ am Kondensator um 90° voraus. Dies bedeutet: Ist die im Magnetfeld der Spule gespeicherte Energie maximal, so ist die im Kondensator gespeicherte Energie minimal und umgekehrt.

Die im Magnetfeld der Spule gespeicherte Energie ist

$$E_L(t) = \frac{1}{2} \cdot L \cdot [i(t)]^2 \tag{15.1}$$

und die im Kondensator gespeicherte Energie ist

$$E_C(t) = \frac{1}{2} \cdot C \cdot [u(t)]^2. \tag{15.2}$$

Trägt man den sinusförmigen Strom $i(t)$, die Spannungen $u_L(t)$ und $u_C(t)$, sowie $E_L(t)$ und $E_C(t)$ entlang der Zeitachse auf, so erhält man die Grafik Abb. 15.2. Man erkennt, dass die gespeicherte Energie zwischen Kondensator und Spule hin- und herpendelt. Die Summe der elektrischen und magnetischen Energie ist in jedem Augenblick gleich groß. Beim Maximum von E_L ist E_C minimal und umgekehrt. Diese periodische Umwandlung von elektrischer und magnetischer Feldenergie kennzeichnet eine elektromagnetische Schwingung.

Der Blindwiderstand der Reihenschaltung aus Spule und Kondensator ist:

$$\underline{Z} = j\omega L + \frac{1}{j\omega C} = j\omega L - j\frac{1}{\omega C} = j \cdot \left(\omega L - \frac{1}{\omega C}\right) \tag{15.3}$$

mit dem Betrag

$$Z = |\underline{Z}| = \omega L - \frac{1}{\omega C}. \tag{15.4}$$

$Z = |\underline{Z}|$ stellt die Differenz einer Geraden $X_L(\omega) = L \cdot \omega$ und einer Hyperbel $X_C(\omega) = \frac{1}{C} \cdot \frac{1}{\omega}$ dar.

Der Betrag des Stromes I ist $I = \frac{U}{Z}$.

15.1 Reihenschwingkreis ohne Verluste

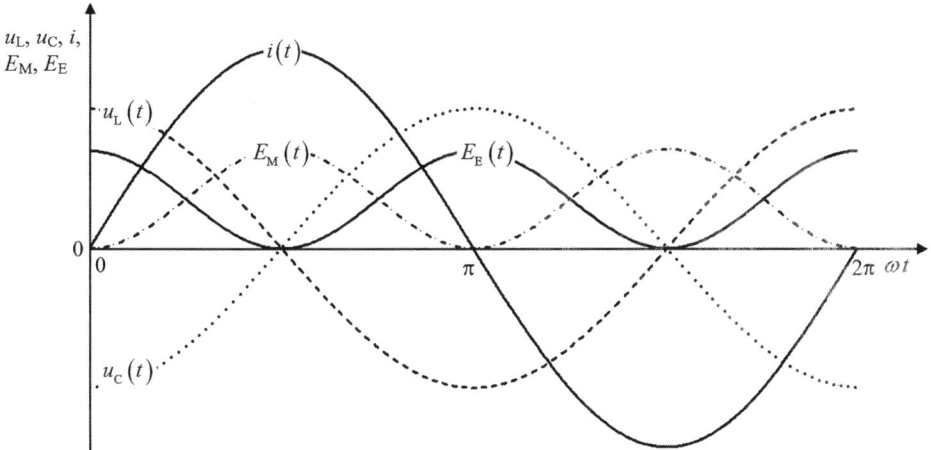

Abb. 15.2 Verlauf des Stromes, der Spannungen und Energien beim verlustfreien Reihenschwingkreis

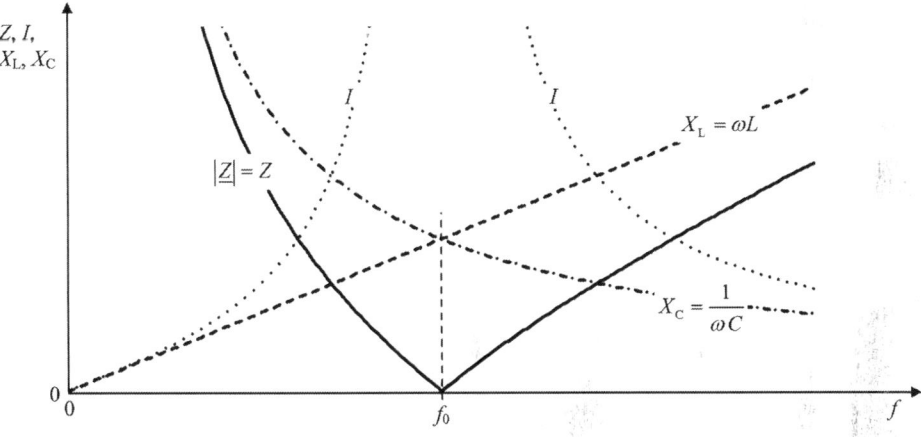

Abb. 15.3 Frequenzgang der Widerstände und des Stromes beim verlustfreien Reihenschwingkreis

Mit $L = 1\,\text{H}$, $C = 1\,\text{F}$, $U = 1\,\text{V}$ zur Normierung ergibt sich der Verlauf der Funktionen $X_L(f)$, $X_C(f)$, $Z(f)$ und $I(f)$ in Abb. 15.3.

Bei einer Änderung der Frequenz von $f = 0\,\text{Hz}$ (Gleichspannung) ausgehend soll nun die Auswirkung auf $|\underline{Z}|$ betrachtet werden (C und L haben feste Werte). Bei Gleichspannung sperrt der Kondensator und es ist $|\underline{Z}| = \infty$. Mit steigender Frequenz nimmt X_C ab und X_L zu. Da X_C **bis zur Frequenz f_0 überwiegt**, stellt der Kreis einen überwiegend **kapazitiven** Widerstand dar. Der Strom I eilt der Spannung U voraus.

Bei einer bestimmten Frequenz werden im Schnittpunkt beider Kurven X_C und X_L gleich groß, nun ist $\omega L = \frac{1}{\omega C}$. Die beiden Widerstände heben sich auf und der Gesamtwiderstand ist $0\,\Omega$.

Die Frequenz f_0, bei der dieser Zustand auftritt, wird **Resonanzfrequenz** genannt.

Wird die Frequenz weiter erhöht, so überwiegt X_L. Die Schaltung wirkt **ab f_0 mit zunehmender Frequenz** überwiegend wie ein **induktiver** Widerstand. Der Strom I eilt der Spannung U nach.

Wird die Frequenz unendlich groß, so wird auch der Widerstand unendlich ($|\underline{Z}| = \infty$).

Der Zustand der Resonanz kann nicht nur durch Veränderung der Frequenz, sondern natürlich auch durch Änderung der Werte von L oder C erreicht werden kann.

Zur Berechnung der Resonanzfrequenz braucht man nur die **Resonanzbedingung** $X_L = X_C$ oder $\omega L = \frac{1}{\omega C}$ betrachten.

Es folgt: $\omega^2 = \frac{1}{LC}$ bzw. $\omega = \frac{1}{\sqrt{LC}}$. Mit $f_0 = \frac{\omega_0}{2\pi}$ erhält man die Resonanzfrequenz. ω_0 ist die Resonanz**kreis**frequenz.

Die Gleichung zur Berechnung der Resonanzkreisfrequenz

$$\omega_0 = \frac{1}{\sqrt{LC}} \tag{15.5}$$

bzw. zur Berechnung der Resonanzfrequenz

$$f_0 = \frac{1}{2\pi \cdot \sqrt{LC}} \tag{15.6}$$

wird als **Thomson**[1]**-Gleichung** bezeichnet.

Die Einheiten in den Gln. 15.5 und 15.6 sind:

$$[f_0] = \text{Hz} = \text{s}^{-1}, \quad [\omega_0] = \text{s}^{-1}, \quad [L] = \text{H} = \Omega \cdot \text{s}, \quad [C] = \text{F} = \text{s}/\Omega.$$

Mit der Thomson-Gleichung kann die Resonanzfrequenz oder mit $T_0 = \frac{1}{f_0} = 2\pi \cdot \sqrt{LC}$ die Schwingungsdauer der ungedämpften elektrischen Schwingung berechnet werden.

Da der Widerstand des verlustfreien Reihenschwingkreises im Resonanzfall null Ohm ist, würde bei ungedämpfter Reihenresonanz der Strom unendlich groß werden (siehe Abb. 15.3).

15.2 Reihenschwingkreis mit Verlusten

Ein verlustfreier (idealer) Schwingkreis lässt sich nicht herstellen, da stets ein Verlustwiderstand vorhanden ist. Die Verluste in Spule und Kondensator lassen sich durch einen ohmschen Widerstand in Reihe zum verlustfreien Schwingkreis berücksichtigen (Abb. 15.4). Der Wirkwiderstand R stellt die Summe aller reellen Widerstände dar, z. B. ohmsche Leitungswiderstände, dielektrische Verluste, Skineffekt-, Wirbelstrom- und Ummagnetisierungsverluste.

Die Impedanz der Reihenschaltung aus R, L, C ist

$$\underline{Z} = R + j \cdot \left(\omega L - \frac{1}{\omega C}\right) \tag{15.7}$$

---

[1] W. Thomson (1824–1907), engl. Physiker, im Adelsstand Lord Kelvin.

15.2 Reihenschwingkreis mit Verlusten

Abb. 15.4 Reihenschwingkreis mit Verlusten

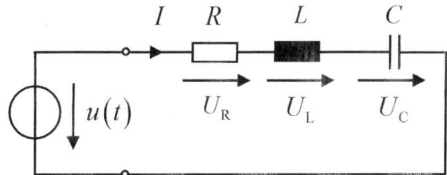

mit dem Betrag

$$Z = |\underline{Z}| = \sqrt{R^2 + \left(\omega L - \frac{1}{\omega C}\right)^2}. \tag{15.8}$$

Im Resonanzfall ergeben die Blindwiderstände zusammen null Ohm, es bleibt nur noch der ohmsche Widerstand R übrig, der als **Resonanzwiderstand** bezeichnet wird. Der Scheinwiderstand (Betrag der Impedanz) ist dann reell, so dass **Strom und Spannung in Phase** sind, dies ist **das Kennzeichen der Resonanz**.

Auch beim Reihenschwingkreis mit Verlusten ergibt sich aus der Resonanzbedingung $X_L = X_C$ oder $\omega L = \frac{1}{\omega C}$ die Thomson-Gleichung zur Berechnung der Resonanzfrequenz.

In Abb. 15.5 ist wieder der Verlauf der Funktionen $X_L(f)$, $X_C(f)$, $Z(f)$ und $I(f)$ dargestellt.

In der Praxis ist der Resonanzwiderstand R sehr klein und erreicht Werte bis zu einigen Ohm.

Da sich im Resonanzfall die beiden Blindwiderstände aufheben, ist der Strom I bei der Resonanzfrequenz f_0 am größten. Dadurch können bei Resonanz die an den Blindwiderständen X_L und X_C auftretenden Spannungen U_L und U_C erheblich größer werden (z. B. bis zu 100 oder 150-fach) als die Versorgungsspannung U.

Man spricht deshalb beim Reihenschwingkreis auch von **Spannungsresonanz**.

Bei Resonanz sind die beiden Spannungsabfälle U_L und U_C gleich groß und um 180° phasenverschoben.

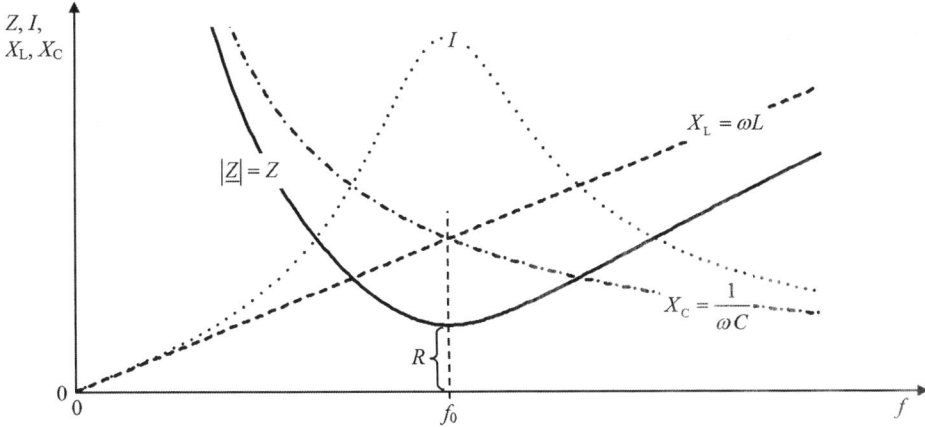

Abb. 15.5 Frequenzgang der Widerstände und des Stromes beim Reihenschwingkreis mit Verlusten

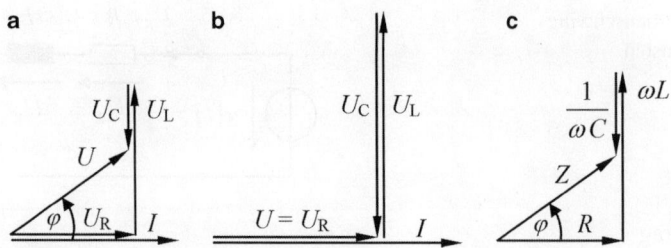

Abb. 15.6 Zeigerdiagramme für den verlustbehafteten Reihenschwingkreis. Spannungen allgemein, Verhalten überwiegend induktiv (**a**), Spannungen bei Resonanz mit $\varphi = 0$ (**b**), Widerstände bei überwiegend induktivem Verhalten (**c**)

Die Größe der Spannungsüberhöhung wird durch das Verhältnis von Spannungsabfall am Blindwiderstand zu Versorgungsspannung gekennzeichnet und wird **Gütefaktor Q** genannt.

Mit $U_L = I \cdot \omega_0 L$, $U_C = I \cdot \frac{1}{\omega_0 C}$, $U = I \cdot R$ und $\omega_0 = \frac{1}{\sqrt{LC}}$ folgt für den Gütefaktor:

$$Q = \frac{U_L}{U} = \frac{U_C}{U} = \frac{\omega_0 L}{R} = \frac{1}{\omega_0 R C} = \frac{1}{R}\sqrt{\frac{L}{C}}. \tag{15.9}$$

Nebenrechnung: $\frac{\omega_0 L}{R} = \frac{1}{R} \cdot \frac{L}{\sqrt{LC}} = \frac{1}{R} \cdot \sqrt{\frac{L^2}{LC}} = \frac{1}{R} \cdot \sqrt{\frac{L}{C}}$

Der Kehrwert des Gütefaktors heißt **Dämpfung d**.

$$d = \frac{1}{Q} = \frac{R}{\omega_0 L} = \omega_0 R C = R \cdot \sqrt{\frac{C}{L}} \tag{15.10}$$

Mit der Resonanzkreisfrequenz ω_0 ist der Betrag der Blindwiderstände

$$X_0 = \omega_0 L = \frac{1}{\omega_0 C}. \tag{15.11}$$

X_0 wird als **Kennwiderstand** des Schwingkreises bezeichnet.

Mit der Resonanzbedingung $\omega_0 L = \frac{1}{\omega_0 C}$ bzw. $\omega_0 = \frac{1}{\sqrt{LC}}$ gilt auch

$$X_0 = \sqrt{\frac{L}{C}}. \tag{15.12}$$

Die Zeigerdiagramme für den verlustbehafteten Reihenschwingkreis zeigt Abb. 15.6.

Den Phasenwinkel zwischen Spannung und Strom erhält man aus

$$\tan(\varphi) = \frac{U_L - U_C}{U_R} = \frac{\omega L - \frac{1}{\omega C}}{R}$$

$$\varphi = \arctan\left(\frac{\omega L - \frac{1}{\omega C}}{R}\right) \tag{15.13}$$

Abb. 15.7 zeigt den Phasengang des verlustbehafteten Reihenschwingkreises.

15.2 Reihenschwingkreis mit Verlusten

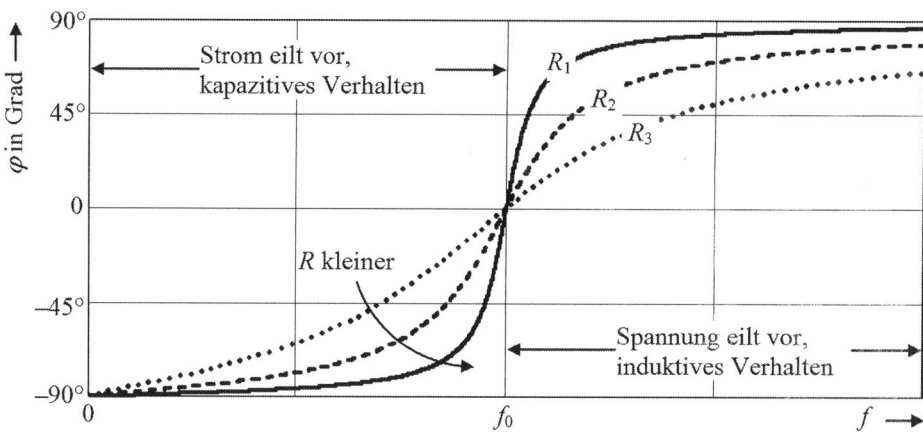

Abb. 15.7 Verlauf des Phasenwinkels beim verlustbehafteten Reihenschwingkreis in Abhängigkeit der Frequenz für drei verschiedene Werte des Wirkwiderstandes R ($R_1 < R_2 < R_3$)

Bei Frequenzen unterhalb der Resonanzfrequenz f_0 ist der Wechselstromwiderstand des Kondensators größer als der der Spule, es gilt $\frac{1}{\omega C} > \omega L$. Wegen $\arctan(-x) = -\arctan(x)$ wird in diesem Frequenzbereich φ negativ: $\varphi(\omega) < 0$. Der Reihenschwingkreis entspricht mehr einer RC-Reihenschaltung mit kapazitivem Verhalten. Geht die Frequenz gegen null, so überwiegt der Einfluss des Kondensators und der Phasenwinkel nähert sich dem Wert $-90°$.

Bei der Resonanzfrequenz f_0 verschwindet der Blindwiderstand ($\text{Im}\{\underline{Z}\} = 0$), der Widerstand des Schwingkreises ist rein ohmsch, somit ist $\varphi = 0$.

Bei Frequenzen oberhalb der Resonanzfrequenz ist der Wechselstromwiderstand der Spule größer als der des Kondensators, es gilt $\omega L > \frac{1}{\omega C}$, für den Phasenwinkel gilt nun $\varphi(\omega) > 0$ (φ ist positiv). Die Schaltung entspricht einer RL-Reihenschaltung mit induktivem Verhalten. Geht die Frequenz gegen unendlich, so überwiegt der Einfluss der Induktivität und der Phasenwinkel nähert sich dem Wert $+90°$.

Je kleiner der Wirkwiderstand R ist, umso sprungartiger erfolgt die Änderung des Phasenwinkels in der Umgebung der Resonanzfrequenz f_0.

Würde man in Abb. 15.4 zum Kondensator einen Wirkwiderstand parallel schalten und dann die Resonanzfrequenz bestimmen, so würde man ein Ergebnis erhalten, das von dem in Gl. 15.5 bzw. 15.6 (Thomson-Gleichung) abweicht.

Die Bedingung für Resonanz ist, dass die Blindwiderstände verschwinden und somit Strom und Spannung in Phase sind. Um dies zu erreichen, kann man folgendermaßen vorgehen.

▶ **Allgemeine Ermittlung der Resonanzfrequenz einer Schaltung**

1. **Berechnung des komplexen Widerstandes (Impedanz) der Schaltung.**
2. **Imaginärteil gleich null setzen und nach der (Kreis-)Frequenz auflösen.**

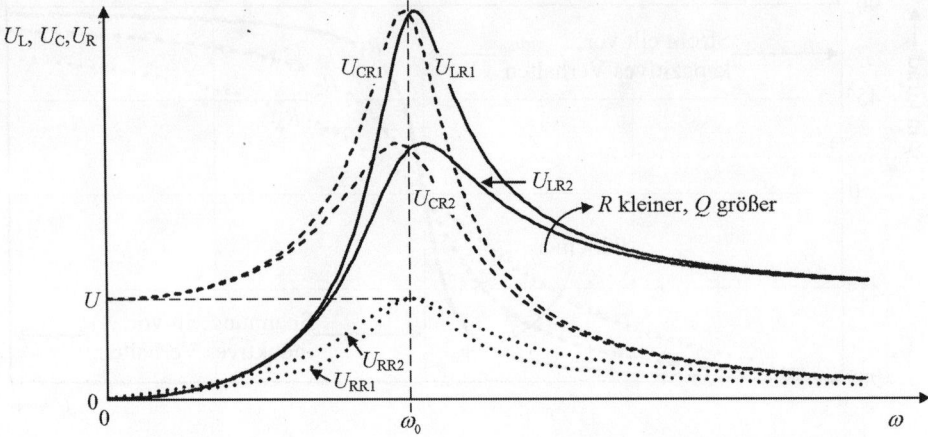

Abb. 15.8 Resonanzkurven der Teilspannungen U_L, U_C, U_R eines Reihenschwingkreises

Für die Beträge der in Abb. 15.4 eingezeichneten Größen ergeben sich die Werte:

$$I = \frac{U}{|Z|} = \frac{U}{\sqrt{R^2 + \left(\omega L - \frac{1}{\omega C}\right)^2}}; \quad U_R = I \cdot R; \quad U_L = I \cdot \omega L; \quad U_C = I \cdot \frac{1}{\omega C}.$$

Abb. 15.8 zeigt den Amplitudengang der an den Blindwiderständen und am Wirkwiderstand auftretenden Teilspannungen U_L, U_C und U_R jeweils bei zwei unterschiedlichen Dämpfungen (bei zwei unterschiedlichen Werten des Wirkwiderstandes R, wobei $R_1 < R_2$ ist). Die Versorgungsspannung U ist konstant.

Diese Kurven werden auch **Resonanzkurven** genannt.

Je kleiner der Wirkwiderstand R wird, umso größer werden die Maximalwerte von U_L und U_C bei der Resonanzkreisfrequenz ω_0. Mit kleiner werdendem R nimmt die Dämpfung ab und der Gütefaktor Q zu.

U_L und U_C können größer als die erregende Spannung U werden. Dies wird als **Resonanzüberhöhung** bezeichnet. Im Resonanzfall liegt am Wirkwiderstand R die speisende Spannung U.

Die Maximalwerte der Spannungen U_L und U_C liegen bei einer von ω_0 abweichenden Kreisfrequenz. Diese Abweichung ist jedoch in der Regel sehr gering und meistens bedeutungslos. Für $Q \gg 1$ liegen die Maximalwerte von U_L und U_C praktisch bei ω_0.

Nach den Resonanzkurven der Teilspannungen wird nun die Resonanzkurve des Stromes betrachtet (Abb. 15.9). Der Strom ist bei der Resonanzkreisfrequenz ω_0 am größten. Je kleiner R wird, umso größer ist das Strommaximum.

Wird der bei der Resonanzkreisfrequenz auftretende Strom I_0 durch $\sqrt{2}$ geteilt, so ergeben sich die Kreisfrequenzen ω_1 und ω_2. Die so definierte Frequenz

$$b = \frac{\omega_2 - \omega_1}{2\pi} \tag{15.14}$$

15.2 Reihenschwingkreis mit Verlusten

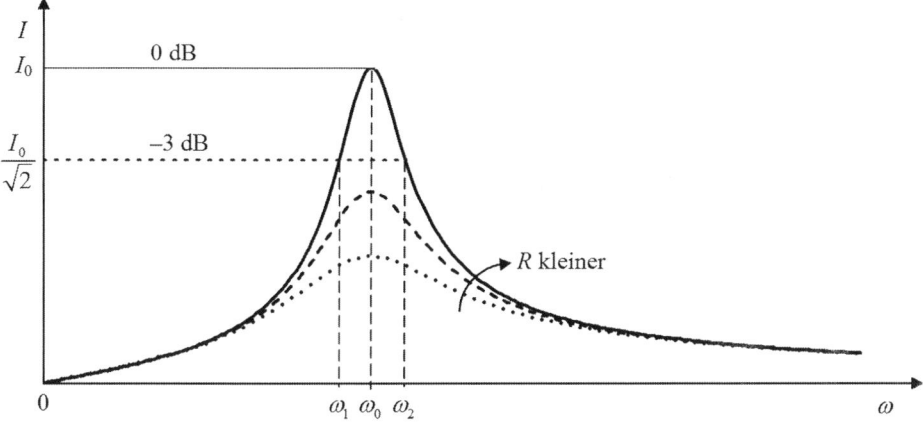

Abb. 15.9 Amplitudengang (Resonanzkurve) des Stromes bei einem Reihenschwingkreis

wird als **Bandbreite** des Schwingkreises bezeichnet. Die zu ω_1 und ω_2 gehörenden Frequenzen f_1 und f_2 heißen **untere** bzw. **obere Grenzfrequenz**. Bei ihnen ist der Strom gegenüber I_0 um 3 dB kleiner, er ist von 0 dB auf -3 dB abgesunken. Der Phasenwinkel zwischen Spannung und Strom beträgt $\pm 45°$ (bei ω_1 ist $\varphi = -45°$, bei ω_2 ist $\varphi = +45°$).

Bei den Kreisfrequenzen ω_1 und ω_2 ist der Scheinwiderstand des Reihenschwingkreises um den Faktor $\sqrt{2}$ größer als der Scheinwiderstand $Z = R$ im Resonanzfall. Somit gilt für die Beträge der Widerstände:

$$\sqrt{R^2 + \left(\omega_1 L - \frac{1}{\omega_1 C}\right)^2} = \sqrt{R^2 + \left(\omega_2 L - \frac{1}{\omega_2 C}\right)^2} = \sqrt{2} \cdot R$$

Daraus folgt durch Quadrieren:

$$R^2 + \left(\omega_1 L - \frac{1}{\omega_1 C}\right)^2 = R^2 + \left(\omega_2 L - \frac{1}{\omega_2 C}\right)^2 = 2 \cdot R^2$$

Somit muss die Klammer zum Quadrat gleich R^2 sein, denn $R^2 + R^2 = 2 \cdot R^2$.

$$\left(\omega_1 L - \frac{1}{\omega_1 C}\right)^2 = \left(\omega_2 L - \frac{1}{\omega_2 C}\right)^2 = R^2 \quad \text{oder}$$

$$\left|\omega_1 L - \frac{1}{\omega_1 C}\right| = \left|\omega_2 L - \frac{1}{\omega_2 C}\right| = R$$

Weil $\omega_1 < \omega_2$ ist, ergibt sich $\omega_1 L - \frac{1}{\omega_1 C} = -R$ und $\omega_2 L - \frac{1}{\omega_2 C} = R$. Es folgt:

$$LC\omega_1^2 + RC\omega_1 - 1 = 0 \quad \text{und} \quad LC\omega_2^2 - RC\omega_2 - 1 = 0$$

Auflösen der quadratischen Gleichungen nach ω_1 und ω_2 ergibt die Lösungen:

$$\omega_1 = \frac{-RC + \sqrt{R^2C^2 + 4LC}}{2LC}; \quad \omega_2 = \frac{RC + \sqrt{R^2C^2 + 4LC}}{2LC}$$

Einsetzen dieser Ergebnisse in $b = \frac{\omega_2 - \omega_1}{2\pi}$ ergibt

$$b = \frac{1}{2\pi} \frac{RC + \sqrt{R^2C^2 + 4LC} + RC - \sqrt{R^2C^2 + 4LC}}{2LC} = \frac{1}{2\pi} \frac{2RC}{2LC} = \frac{1}{2\pi} \frac{R}{L}$$

Die **Bandbreite des Reihenschwingkreises** ist

$$b = \frac{\omega_2 - \omega_1}{2\pi} = \frac{1}{2\pi} \cdot \frac{R}{L} \qquad (15.15)$$

Die Bandbreite kann auch anders dargestellt werden.
Aus der Dämpfung $d = \frac{1}{\omega_0} \cdot \frac{R}{L}$ folgt $\frac{R}{L} = d \cdot \omega_0$.
In Gl. 15.15 eingesetzt erhält man:

$$b = \frac{1}{2\pi} \cdot d \cdot \omega_0 = d \cdot f_0 = \frac{f_0}{Q} \qquad (15.16)$$

Der Wirkwiderstand R beeinflusst die Breite der Resonanzkurve. Je kleiner R ist, desto schmaler und steiler ist die Resonanzkurve rechts und links von der Resonanzfrequenz f_0.

Die Bandbreite ist in der Praxis eine wichtige Kenngröße eines Schwingkreises. Besteht die speisende Spannung U aus einer Überlagerung mehrerer Teilspannungen mit unterschiedlichen Frequenzen, so wird durch diejenige Teilspannung der größte Strom erzeugt, deren Frequenz mit der Resonanzfrequenz des Reihenschwingkreises übereinstimmt. Mit einem Reihenschwingkreis kann daher eine Frequenz aus einem Frequenzgemisch „herausgesiebt", d. h. unterdrückt werden. Damit dieses „Sieben" möglichst ohne die Mitnahme von Signalen mit benachbarten Frequenzen erfolgt, muss die Resonanzkurve auf beiden Seiten der Resonanzfrequenz möglichst steil abfallen. Je kleiner die Bandbreite eines Reihenschwingkreises ist, umso besser ist seine Wirkung als **Siebglied** und umso höher ist die **Trennschärfe** des Kreises als **Bandsperre**. Eine Bandsperre dient zur **Unterdrückung** von Spannungen in einem bestimmten Frequenzbereich und lässt nur Signale mit Frequenzen unterhalb der unteren Grenzfrequenz f_1 und oberhalb der oberen Grenzfrequenz f_2 durch. Signale mit Frequenzen um die Resonanzfrequenz f_0 werden stark gedämpft, da Spannungen mit dieser Frequenz durch den kleinen Resonanzwiderstand des Reihenschwingkreises fast kurzgeschlossen werden.

▶ **Bei Einsatz eines Reihenschwingkreises als Bandsperre wird die Spannung über der Serienschaltung von Spule und Kondensator abgegriffen (Abb. 15.10a).**

15.2 Reihenschwingkreis mit Verlusten

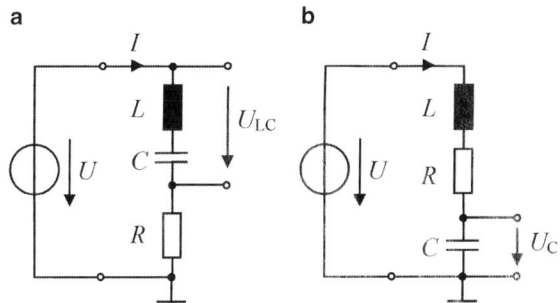

Abb. 15.10 Abgriff der Spannungen beim Reihenschwingkreis, Bandsperre als Siebglied zur Unterdrückung einer Frequenz (**a**), Bandpass zum Hervorheben einer Frequenz (**b**)

Der Reihenschwingkreis kann auch als **Bandpassfilter** zur **Hervorhebung** eines Signals mit einer bestimmten Frequenz (der Resonanzfrequenz) verwendet werden. Die Spannungen an Spule und Kondensator sind bei der Resonanzfrequenz wegen der Spannungsresonanz wesentlich größer als die speisende Spannung (Generatorspannung).

▶ **Bei Einsatz eines Reihenschwingkreises als Bandpassfilter wird die Spannung entweder an der Spule oder am Kondensator abgegriffen (Abb. 15.10b).**

Am häufigsten wird ein Reihenschwingkreis als Siebglied zur Unterdrückung unerwünschter Frequenzen (als Bandsperre) eingesetzt.

Je schmaler und spitzer die Resonanzkurve eines Reihenschwingkreises ist, d. h. je kleiner seine Bandbreite ist, desto stärker werden Spannungen mit Frequenzen in unmittelbarer Nähe der Resonanzfrequenz unterdrückt bzw. hervorgehoben.

Die Bandbreite eines Reihenschwingkreises ist umso kleiner, je

- kleiner der Wirkwiderstand R,
- größer die Induktivität L,
- kleiner die Kapazität C ist.

Zum Schluss der Behandlung des Reihenschwingkreises werden noch spezielle Details und Definitionen angegeben.

Betrachtet man die Resonanzkurve aus Abb. 15.9 genauer, so erkennt man, dass die Kurve nicht symmetrisch zur Resonanzfrequenz f_0 ist (Abb. 15.11).

Durch die Asymmetrie ergibt sich $f_2 - f_0 > f_0 - f_1$. Die Resonanzfrequenz ist nicht die arithmetische Mitte, sondern wird als geometrische Mitte erfasst.

Unter Berücksichtigung der Asymmetrie der Resonanzkurve ist die Resonanzfrequenz

$$f_0 = \sqrt{f_1 \cdot f_2}. \tag{15.17}$$

$f_1 =$ untere, $f_2 =$ obere Grenzfrequenz

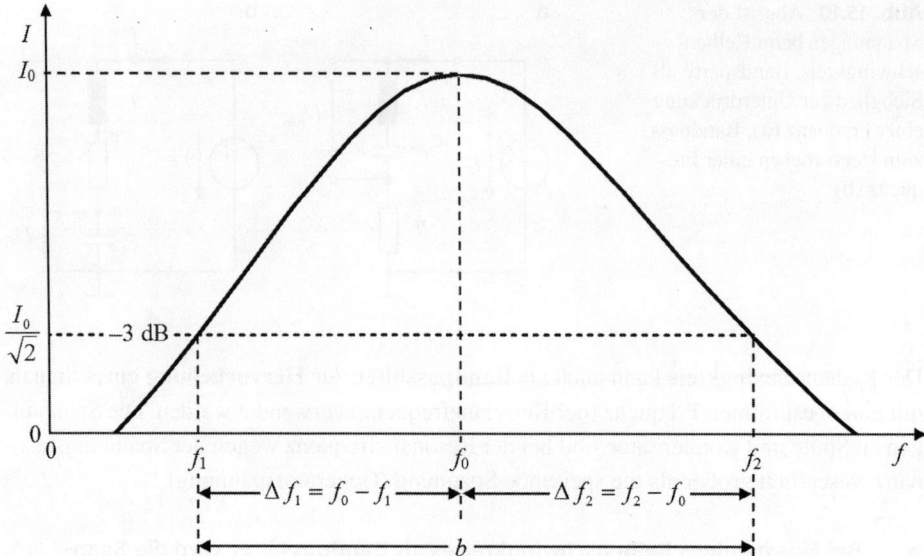

Abb. 15.11 Zur Asymmetrie der Resonanzkurve

Die Größen

$$\Delta f_1 = f_0 - f_1 \qquad (15.18)$$

$$\Delta f_2 = f_2 - f_0 \qquad (15.19)$$

werden als **absolute Verstimmung** Δf bezeichnet.

Für Verstimmungen $\Delta f \leq 0{,}05 \cdot f_0$ kann mit $\Delta f_1 = \Delta f_2 = \Delta f = f_0 - f_1 = f_2 - f_0$ gerechnet werden. Die Bandbreite ist dann näherungsweise $b \approx 2 \cdot \Delta f$.

Die **relative Verstimmung** x ergibt sich aus der absoluten Verstimmung geteilt durch f_0:

$$x_1 = \frac{\Delta f_1}{f_0} = \frac{f_0 - f_1}{f_0} \qquad (15.20)$$

$$x_2 = \frac{\Delta f_2}{f_0} = \frac{f_2 - f_0}{f_0}. \qquad (15.21)$$

Für kleine Verstimmungen gilt $x = x_1 \approx x_2$.

Die **Doppelverstimmung** y ist definiert als

$$y = \frac{f}{f_0} - \frac{f_0}{f} \qquad (15.22)$$

15.2 Reihenschwingkreis mit Verlusten

Die **Selektion** s als Kenngröße für die Trennschärfe ist definiert als

$$s = Q \cdot y \qquad (15.23)$$

Die Selektion ist das Verhältnis des Scheinwiderstandes Z bei der betrachteten Frequenz zu der Größe des Resonanzwiderstandes R_0.

Ist u_0 die Spannung am Wirkwiderstand R_0 bei Resonanz und f die betrachtete Frequenz, so gilt:

$$s = \frac{Z}{R_0} = \frac{u_0}{u_f} = Q \cdot y \qquad (15.24)$$

Damit kann die Spannung u_f am Wirkwiderstand R_0 für eine Frequenz berechnet werden, die bei einer beliebigen Frequenz f statt bei der Resonanzfrequenz f_0 liegt.

Aufgabe 15.1
Bei einem Reihenschwingkreis sei der Wicklungswiderstand der Spule nicht vernachlässigbar und der Kondensator verlustbehaftet. Zeichnen Sie das Ersatzschaltbild und bestimmen Sie die Resonanzkreisfrequenz der Schaltung in allgemeiner Form.

Lösung
Die Ersatzschaltung des verlustbehafteten Reihenschwingkreises zeigt Abb. 15.12.

Der Leitwert der Parallelschaltung des Kondensators C und seines Verlustwiderstandes R_C ist $\frac{1}{R_C} + j\omega C$.

Der komplexe Widerstand der Schaltung ist somit $\underline{Z} = R_L + j\omega L + \frac{1}{\frac{1}{R_C} + j\omega C}$.

Zur Trennung in Real- und Imaginärteil werden Zähler und Nenner des letzten Summanden mit dem konjugiert komplexen Wert des Nenners multipliziert.

$$\underline{Z} = R_L + j\omega L + \frac{\frac{1}{R_C} - j\omega C}{\left(\frac{1}{R_C}\right)^2 + (\omega C)^2}$$

$$= R_L + \frac{\frac{1}{R_C}}{\left(\frac{1}{R_C}\right)^2 + (\omega C)^2} + j\omega L - j\frac{\omega C}{\left(\frac{1}{R_C}\right)^2 + (\omega C)^2}$$

Abb. 15.12 Reihenschwingkreis mit verlustbehafteter Induktivität und Kapazität

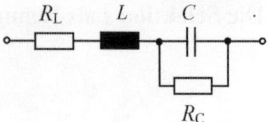

Der Imaginärteil wird null gesetzt (Resonanzbedingung) und nach ω aufgelöst.

$$\omega L - \frac{\omega C}{\left(\frac{1}{R_C}\right)^2 + (\omega C)^2} = 0;$$

$$\omega \cdot \left(\omega^2 L C^2 + \frac{L}{R_C^2} - C\right) = 0 \quad \text{(quadratische Gleichung für } \omega\text{)}$$

Die Lösung $\omega = 0$ ist trivial und physikalisch sinnlos.
Die quadratische Gleichung für ω hat die (positive) Lösung:

$$\omega = \frac{\sqrt{-4LC^2 \cdot \left(\frac{L}{R_C^2} - C\right)}}{2LC^2} = \frac{\sqrt{4LC^3 - \frac{4L^2C^2}{R_C^2}}}{2LC^2} = \frac{\sqrt{\frac{4LC^3 R_C^2 - 4L^2C^2}{R_C^2}}}{2LC^2}$$

$$= \frac{\sqrt{\frac{4C^2 \cdot (LCR_C^2 - L^2)}{R_C^2}}}{2LC^2}$$

Durch Wurzelziehen und Kürzen folgt mit $\omega = \omega_0$:

$$\omega_0 = \frac{1}{R_C LC}\sqrt{LCR_C^2 - L^2} = \sqrt{\frac{1}{LC} - \frac{1}{R_C^2 C^2}}$$

Die Resonanzkreisfrequenz sinkt gegenüber dem Wert $\omega_0 = \frac{1}{\sqrt{LC}}$ bei $R_C = \infty$.
Je kleiner der Wert von R_C wird, desto niedriger wird die Resonanzkreisfrequenz.

Aufgabe 15.2
Der in Abb. 15.13 dargestellte Reihenschwingkreis mit der Induktivität $L = 20\,\text{mH}$ soll eine Resonanzfrequenz $f_0 = 10\,\text{kHz}$ und eine Bandbreite $b = 500\,\text{Hz}$ haben. Welche Werte müssen die Kapazität C und der Wirkwiderstand R besitzen?

15.2 Reihenschwingkreis mit Verlusten

Abb. 15.13 Ein Reihenschwingkreis

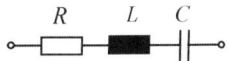

Lösung

Die Formel $f_0 = \frac{1}{2\pi \cdot \sqrt{LC}}$ wird nach C aufgelöst:

$$C = \frac{1}{f_0^2 \cdot 4\pi^2 \cdot L} = \frac{1}{(10^4\,\text{s}^{-1})^2 \cdot 4\pi^2 \cdot 0{,}02\,\text{H}} = \underline{\underline{12{,}6\,\text{nF}}}$$

Aus der Formel für die Dämpfung $d = \frac{R}{\omega_0 \cdot L}$ folgt $R = d \cdot \omega_0 \cdot L$ und mit $d = \frac{b}{f_0}$ ist $R = b \cdot 2\pi \cdot L = \underline{\underline{62{,}8\,\Omega}}$.

Aufgabe 15.3

Ein Reihenschwingkreis mit $R = 15\,\Omega$, $C = 330\,\text{pF}$, $L = 250\,\mu\text{H}$ liegt an einer Wechselspannung $u(t) = 0{,}1\,\text{V} \cdot \sin(\omega t)$.

1. Fall: Der Innenwiderstand der Spannungsquelle ist vernachlässigbar klein ($R_i = 0\,\Omega$).
2. Fall: Der Innenwiderstand der Spannungsquelle beträgt $R_i = 120\,\Omega$.

Gesucht ist für beide Fälle die Resonanzfrequenz f_0, bei Erregung des Schwingkreises mit f_0 die Güte Q, der im Stromkreis fließende Strom $\hat{I}$ und der Spannungsabfall $\hat{U}_L$ und $\hat{U}_C$ an Spule und Kondensator.

Lösung

1. Fall:

$$f_0 = \frac{1}{2\pi \cdot \sqrt{LC}} = \frac{1}{2\pi \cdot \sqrt{250 \cdot 10^{-6}\,\text{H} \cdot 330 \cdot 10^{-12}\,\text{F}}} = \underline{\underline{554{,}1\,\text{kHz}}}$$

$$Q = \frac{1}{R}\cdot\sqrt{\frac{L}{C}} = \frac{1}{15\,\Omega}\cdot\sqrt{\frac{250 \cdot 10^{-6}\,\text{H}}{330 \cdot 10^{-12}\,\text{F}}} = \underline{\underline{58}}$$

$$\hat{I} = \frac{0{,}1\,\text{V}}{15\,\Omega} = \underline{\underline{6{,}7\,\text{mA}}}; \quad \hat{U}_L = \hat{U}_C = Q \cdot 0{,}1\,\text{V} = \underline{\underline{5{,}8\,\text{V}}}$$

2. Fall:

Die Resonanzfrequenz bleibt unverändert $f_0 = 554,1\,\text{kHz}$.

Der Innenwiderstand der Spannungsquelle liegt mit $R = 15\,\Omega$ in Reihe.

$$Q = \frac{1}{120\,\Omega + 15\,\Omega} \cdot \sqrt{\frac{250 \cdot 10^{-6}\,\text{H}}{330 \cdot 10^{-12}\,\text{F}}} = \underline{\underline{6,45}}$$

$$\hat{I} = \frac{0,1\,\text{V}}{120\,\Omega + 15\,\Omega} = \underline{\underline{741\,\mu\text{A}}}; \quad \hat{U}_L = \hat{U}_C = Q \cdot 0,1\,\text{V} = \underline{\underline{645\,\text{mV}}}$$

Aufgabe 15.4

Ein Reihenschwingkreis hat die Resonanzfrequenz $f_0 = 5,5\,\text{MHz}$ und die Güte $Q = 80$. Er wird aus einer sinusförmigen Wechselspannung der Frequenz $f = 5,7\,\text{MHz}$ gespeist. Um wie viel dB (Dezibel) wird die Spannung am Wirkwiderstand R gegenüber dem Resonanzfall gedämpft?

Lösung

Die Doppelverstimmung y ist $y = \frac{f}{f_0} - \frac{f_0}{f} = \frac{5,7}{5,5} - \frac{5,5}{5,7} = 0,071.45$.

Die Selektion ist $s = Q \cdot y = 5,761$. Damit ist $u_f = \frac{u_0}{s} = \frac{1}{5,716} \cdot u_0 = 0,1749 \cdot u_0$.

Die Spannung am Wirkwiderstand R ist bei der Frequenz $5,7\,\text{MHz}$ um den Faktor $0,1749$ kleiner als bei der Resonanzfrequenz $5,5\,\text{MHz}$. Dies entspricht einem Wert von $\underline{\underline{-15\,\text{dB}}}$.

$$\left(20 \cdot \log\left(\frac{1}{5,716}\right) = -15,14\right).$$

15.3 Parallelschwingkreis ohne Verluste

Beim verlustfreien Parallelschwingkreis sind eine ideale Spule und ein idealer Kondensator parallel geschaltet (Abb. 15.14).

Der komplexe Blindwiderstand der Parallelschaltung aus Spule und Kondensator ist

$$\underline{Z} = \frac{1}{\frac{1}{j\omega L} + j\omega C} = j \cdot \frac{\omega L}{1 - \omega^2 LC} = j \cdot \frac{1}{\frac{1}{\omega L} - \omega C} \qquad (15.25)$$

15.3 Parallelschwingkreis ohne Verluste

Abb. 15.14 Verlustfreier Parallelschwingkreis

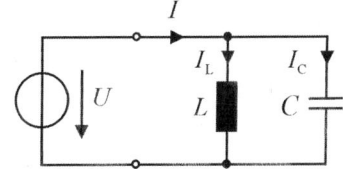

mit dem Betrag

$$|\underline{Z}| = \frac{1}{\left|\frac{1}{\omega L} - \omega C\right|}. \tag{15.26}$$

Der Betrag des Stromes I ist $I = \frac{U}{|\underline{Z}|}$. Der Teilstrom I_L hat den Betrag $I_L = \frac{U}{\omega L}$.

I_L als Funktion von ω stellt eine Hyperbel dar: $I_L(\omega) = \frac{U}{L} \cdot \frac{1}{\omega}$.

I_L eilt der Spannung U um 90° nach.

Der Teilstrom I_C hat den Betrag $I_C = \frac{U}{\frac{1}{\omega C}} = U \cdot C \cdot \omega$.

Dies ist die Gleichung einer Geraden $I_C(\omega) = UC \cdot \omega$.

I_C eilt der Spannung U um 90° voraus.

Zwischen I_L und I_C besteht also eine Phasenverschiebung von 180°.

Mit $L = 1$ H, $C = 1$ F, $U = 1$ V ergibt sich für den Verlauf von $|\underline{Z}|, I_L, I_C$ und I in Abhängigkeit der Frequenz die Grafik in Abb. 15.15.

Für $f = 0$ Hz (Gleichspannung) sperrt der Kondensator und die ideale Spule leitet unendlich gut. Es ist $|\underline{Z}| = Z = 0\,\Omega$, der Strom I würde unendlich groß werden. Mit steigender Frequenz nimmt der Widerstand des Kondensators ab (I_C nimmt zu) und der Widerstand der Spule nimmt zu (I_L nimmt ab). Da der Widerstand der Spule **bis**

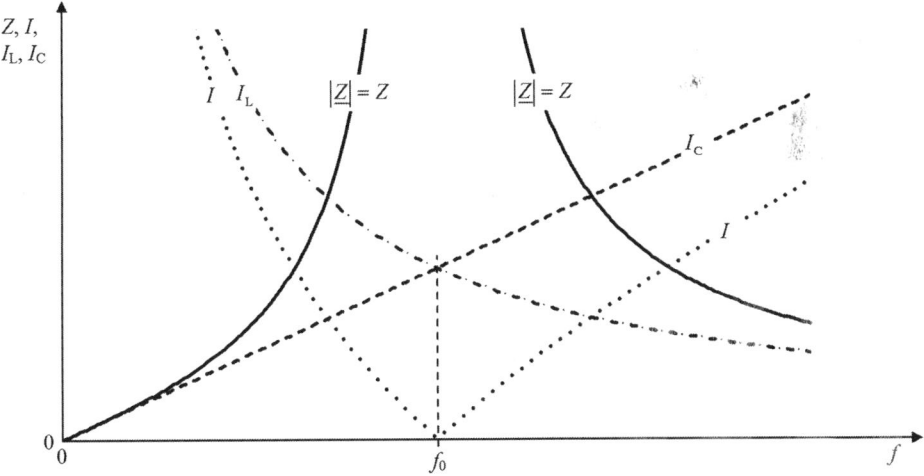

Abb. 15.15 Frequenzgang der Ströme und des Widerstandes beim verlustfreien Parallelschwingkreis

zur Frequenz f_0 kleiner als der des Kondensators ist, stellt der Kreis einen überwiegend **induktiven** Widerstand dar (bei der Parallelschaltung bestimmt bekanntlich der kleinste Widerstand den Gesamtwiderstand). Der Strom I eilt der Spannung U nach.

Bei einer bestimmten Frequenz werden die Widerstände von Spule und Kondensator gleich groß (Schnittpunkt der Kurven I_L und I_C). Die Ströme I_L und I_C sind gleich groß und heben sich auf, da sie um 180° phasenverschoben sind. Der Gesamtstrom I wird dadurch null, für den Widerstand des Kreises gilt $|\underline{Z}| = \infty$. Die Frequenz f_0, bei der dieser Zustand auftritt, wird wie beim Reihenschwingkreis **Resonanzfrequenz** genannt.

Wird die Frequenz größer als die Resonanzfrequenz, so wird der Widerstand des Kondensators kleiner als der Widerstand der Spule. Die Schaltung wirkt **ab f_0 mit zunehmender Frequenz** überwiegend wie ein **kapazitiver** Widerstand. Der Strom I eilt der Spannung U voraus.

Wird die Frequenz unendlich groß, so wird der Widerstand $|\underline{Z}| = 0\,\Omega$.

Man beachte, dass im Resonanzfall zwar in der Zuleitung kein Strom I fließt, **im** Kreis die Ströme I_L und I_C aber vorhanden sind.

Im Resonanzfall sind die Blindwiderstände von Spule und Kondensator gleich groß. Die Resonanzbedingung lautet daher beim Parallelschwingkreis genauso wie beim Reihenschwingkreis $X_L = X_C$.

Aus der Resonanzbedingung folgt wie beim Reihenschwingkreis die Thomson-Gleichung Gl. 15.6 zur Berechnung der Resonanzfrequenz.

15.4 Parallelschwingkreis mit Verlusten

Die stets vorhandenen Verluste lassen sich durch einen ohmschen Widerstand parallel zu Spule und Kondensator berücksichtigen (Abb. 15.16).

Die Schaltung hat den komplexen Widerstand (die Impedanz)

$$\underline{Z} = \frac{1}{\frac{1}{R} + \frac{1}{j\omega L} + j\omega C} = \frac{1}{\frac{1}{R} - j\frac{1}{\omega L} + j\omega C} = \frac{1}{\frac{1}{R} - j \cdot \left(\frac{1}{\omega L} - \omega C\right)} \qquad (15.27)$$

mit dem Betrag

$$|\underline{Z}| = \frac{1}{\sqrt{\left(\frac{1}{R}\right)^2 + \left(\frac{1}{\omega L} - \omega C\right)^2}}. \qquad (15.28)$$

Im Resonanzfall gilt $\frac{1}{\omega L} = \omega C$ und somit $|\underline{Z}| = R$.

Abb. 15.16 Parallelschwingkreis mit Verlusten

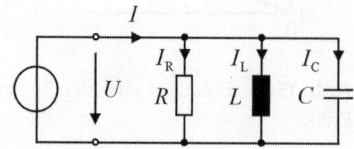

15.4 Parallelschwingkreis mit Verlusten

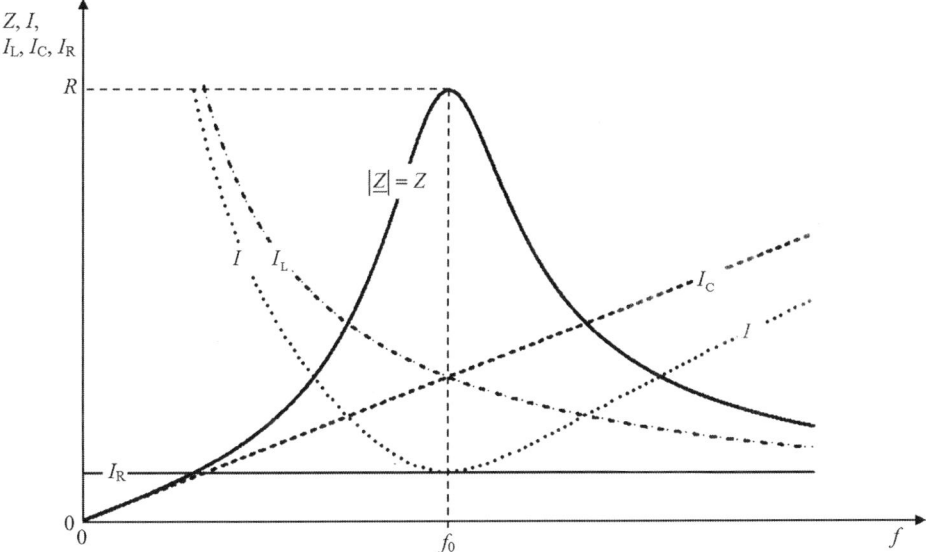

Abb. 15.17 Frequenzgang des Widerstandes und der Ströme beim Parallelschwingkreis mit Verlusten

Im Resonanzfall ist der Resonanzwiderstand gleich dem Wirkwiderstand R und nicht mehr unendlich groß. Strom und Spannung sind dann in Phase (Kennzeichen der Resonanz).

In Abb. 15.17 ist wieder der Verlauf von $|\underline{Z}|$, I_L, I_C und I in Abhängigkeit der Frequenz dargestellt.

Bei tiefen Frequenzen überwiegt der Einfluss der Induktivität. Da die Induktivität bei sehr niedrigen Frequenzen fast wie ein Kurzschluss wirkt, geht die Spannung am Parallelschwingkreis gegen null und der Gesamtstrom gegen unendlich. Der Teilstrom I_L strebt betrags- und winkelmäßig gegen I. Der Gesamtstrom eilt der Spannung um annähernd 90° nach (induktives Verhalten).

Bei Resonanz sind die beiden Teilströme I_L und I_C gleich groß und heben sich auf, da sie um 180° phasenverschoben sind. Strom und Spannung sind in Phase ($\varphi = 0$). Der Gesamtstrom I nimmt mit $I_R = U/R$ sein Minimum ein. Der Gesamtwiderstand nimmt seinen maximalen Wert $Z = R$ an. Die Spannung am Schwingkreis wird maximal.

Bei sehr hohen Frequenzen überwiegt der Einfluss der Kapazität. Sie wirkt nahezu wie ein Kurzschluss. Der Teilstrom I_C strebt betrags- und winkelmäßig gegen I. Der Gesamtstrom eilt der Spannung um annähernd 90° voraus (kapazitives Verhalten).

Wegen der Resonanzbedingung $X_L = X_C$ gilt auch beim Parallelschwingkreis mit Verlusten die Thomson-Gleichung zur Berechnung der Resonanzfrequenz.

In der Praxis erreicht der Resonanzwiderstand Werte bis zu einigen zehn Kiloohm.

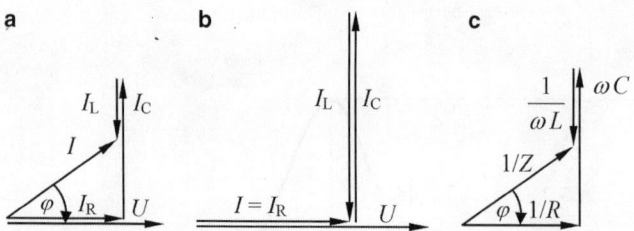

Abb. 15.18 Zeigerdiagramme für den verlustbehafteten Parallelschwingkreis. Ströme allgemein, Verhalten überwiegend kapazitiv (**a**), Ströme bei Resonanz mit $\varphi = 0$ (**b**), Widerstände bei überwiegend kapazitivem Verhalten (**c**)

Die in den Blindwiderständen fließenden Teilströme I_L und I_C können bei Resonanz erheblich größer werden als der Gesamtstrom I.

Man spricht deshalb beim Parallelschwingkreis auch von **Stromresonanz**.

Die Größe der Stromüberhöhung wird durch das Verhältnis von Blindstrom zu Gesamtstrom gekennzeichnet und wird **Gütefaktor Q** genannt.

Mit $I_L = \frac{U}{\omega_0 L}$, $I_C = U\omega_0 C$, $I = \frac{U}{R}$ und $\omega_0 = \frac{1}{\sqrt{LC}}$ folgt für den Gütefaktor des Parallelschwingkreises:

$$Q = \frac{I_L}{I} = \frac{I_C}{I} = \frac{R}{\omega_0 \cdot L} = \omega_0 \cdot R \cdot C = R \cdot \sqrt{\frac{C}{L}}. \tag{15.29}$$

Der Kehrwert des Gütefaktors heißt, ebenso wie beim Reihenschwingkreis, **Dämpfung d**.

$$d = \frac{1}{Q} = \frac{\omega_0 \cdot L}{R} = \frac{1}{\omega_0 \cdot R \cdot C} = \frac{1}{R} \cdot \sqrt{\frac{L}{C}} \tag{15.30}$$

Ein Vergleich der Gln. 15.9 und 15.30 sowie der Gln. 15.10 und 15.29 zeigt, dass die Güte des Reihenschwingkreises formal der Dämpfung des Parallelschwingkreises und die Dämpfung des Reihenschwingkreises formal der Güte des Parallelschwingkreises entspricht.

Die Zeigerdiagramme für den verlustbehafteten Parallelschwingkreis zeigt Abb. 15.18.

Den Betrag des Phasenwinkels zwischen Spannung und Strom erhält man aus $\tan(\varphi) = \frac{I_C - I_L}{I_R} = R \cdot \left(\omega C - \frac{1}{\omega L}\right)$.

Wird der Strom als Bezug gewählt, so ergibt sich für φ ein negatives Vorzeichen. Im Zeigerdiagramm eilt der Strom der Spannung voraus. Um vom Stromzeiger zum Spannungszeiger zu gehen, muss man sich vom Stromzeiger *im* Uhrzeigersinn zum Spannungszeiger bewegen. Mathematisch ist ein Winkel im Uhrzeigersinn ein negativer Winkel. Vorzeichenrichtig erhält man für den Phasenwinkel zwischen Spannung und Strom:

$$\varphi = -\arctan\left[R \cdot \left(\omega C - \frac{1}{\omega L}\right)\right] \tag{15.31}$$

15.4 Parallelschwingkreis mit Verlusten

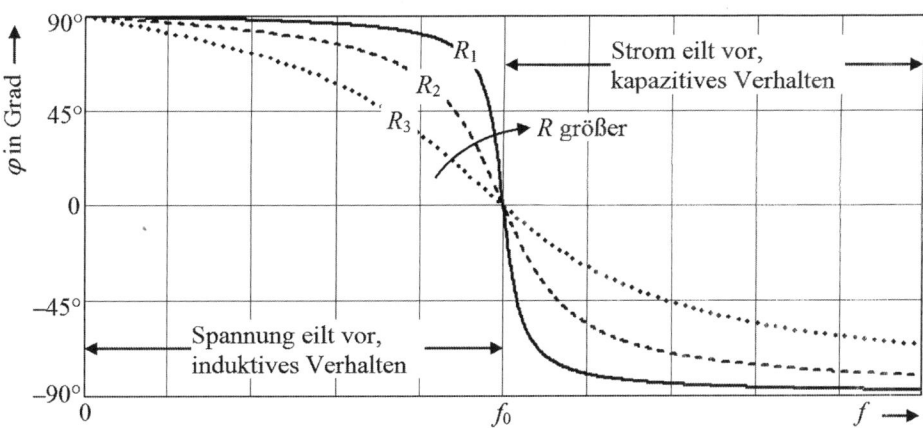

Abb. 15.19 Verlauf des Phasenwinkels beim verlustbehafteten Parallelschwingkreis für drei verschiedene Werte des Wirkwiderstandes R ($R_1 > R_2 > R_3$)

Dieser Phasenwinkel kann mit richtigem Vorzeichen auch direkt aus dem Winkel der Impedanz hergeleitet werden. Entsprechend der bereits betrachteten Impedanz des Parallelschwingkreises mit Verlusten (Gl. 15.27)

$$\underline{Z} = \frac{1}{\frac{1}{R} - j \cdot \left(\frac{1}{\omega L} - \omega C\right)}$$

folgt:

$$\varphi = 0 - \arctan\left(-\frac{\frac{1}{\omega L} - \omega C}{\frac{1}{R}}\right) = -\arctan\left[R \cdot \left(\omega C - \frac{1}{\omega L}\right)\right].$$

Abb. 15.19 zeigt den Phasengang des verlustbehafteten Parallelschwingkreises. Bei der Resonanzfrequenz f_0 ist $\varphi = 0$. Je größer der Wirkwiderstand R ist, umso sprungartiger erfolgt die Änderung des Phasenwinkels in der Umgebung der Resonanzfrequenz f_0.

Die Resonanzkurven des Widerstandes eines Parallelschwingkreises für drei verschiedene Werte des Wirkwiderstandes R ($R_1 > R_2 > R_3$) zeigt Abb. 15.20. Die zu ω_1 und ω_2 gehörenden Frequenzen f_1 und f_2 heißen untere und obere Grenzfrequenz. Je größer der Wirkwiderstand R wird, umso größer werden die Maximalwerte von $|Z|$ bei der Resonanzfrequenz f_0. Mit größer werdendem R nimmt die Dämpfung ab und der Gütefaktor Q zu.

Bei der Resonanzfrequenz f_0 ist der Widerstand des Parallelschwingkreises am größten und der von der Schaltung aufgenommene Gesamtstrom am kleinsten. Der Parallelschwingkreis kann in der Praxis daher als **Sperrkreis** zur Unterdrückung eines Signals mit einer unerwünschten Frequenz eingesetzt werden. Die Funktionsweise entspricht dann der Filtereigenschaft einer Bandsperre mit schmalem Frequenzbereich.

Besteht die speisende Spannung U aus einer Überlagerung mehrerer Teilspannungen mit unterschiedlichen Frequenzen, so wird derjenige Teilstrom, dessen Frequenz gleich

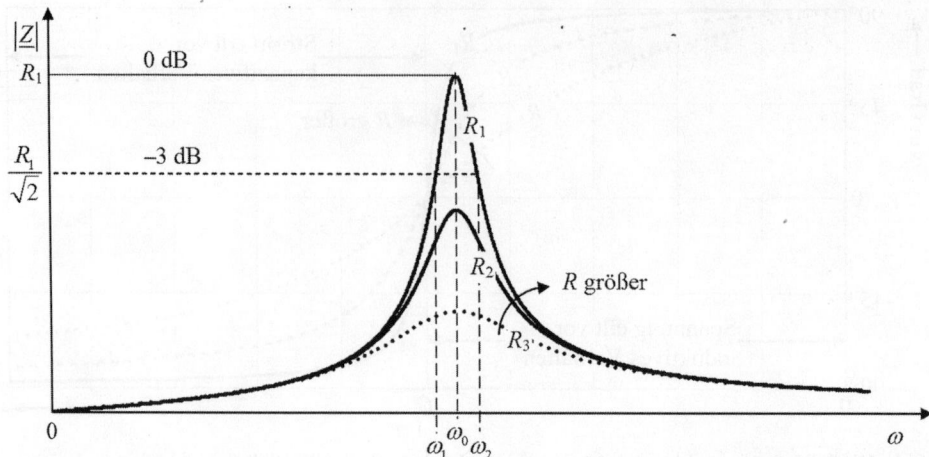

Abb. 15.20 Verlauf des Widerstandes beim Parallelschwingkreis für drei verschiedene Dämpfungen

Abb. 15.21 Parallelschwingkreis als Sperrkreis

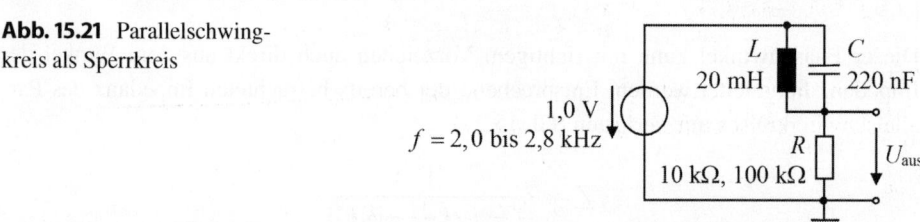

der Resonanzfrequenz ist, durch den hohen Widerstand des Schwingkreises nahezu „gesperrt". **Beim Einsatz als Sperrkreis wird die weiter zu verarbeitende Spannung an einem Widerstand R in Reihe zum Parallelschwingkreis abgegriffen.** Ein Schaltungsbeispiel ist in Abb. 15.21 dargestellt. Abb. 15.22 zeigt die Resonanzkurven der Schaltung für zwei verschiedene Werte des Widerstandes R. Je größer R wird, desto schmaler werden die Resonanzkurven, umso besser werden nur Signale mit einer Frequenz um die Resonanzfrequenz von

$$f_0 = \frac{1}{2\pi \cdot \sqrt{LC}} = \frac{1}{2\pi \cdot \sqrt{20 \cdot 10^{-3}\,\text{H} \cdot 220 \cdot 10^{-9}\,\text{F}}} = 2400\,\text{Hz}$$

herum durchgelassen. *Signale mit Frequenzen unter- und oberhalb der Resonanzfrequenz werden also umso stärker unterdrückt, je größer R ist.* Die Spule wurde als ideal angenommen, der ohmsche Widerstand der Spulenwicklung wurde also mit $R_L = 0\,\Omega$ vernachlässigt.

In Abb. 15.23 ist der ohmsche Widerstand der Spulenwicklung mit $R_L = 3{,}0\,\Omega$ *nicht* vernachlässigt. Wie in Abb. 15.24 im Vergleich zu Abb. 15.22 zu sehen ist, wird durch den Wicklungswiderstand die Eigenschaft, Signale mit der Resonanzfrequenz zu sperren, schlechter.

15.4 Parallelschwingkreis mit Verlusten

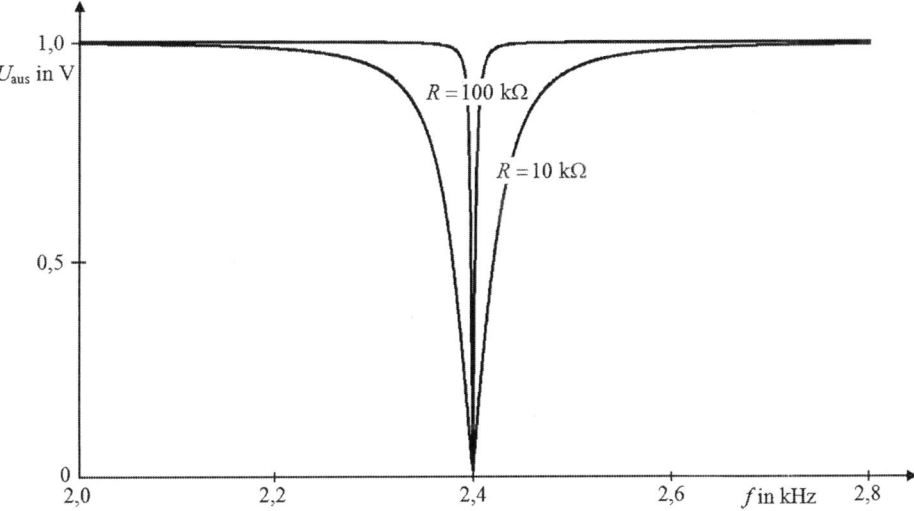

Abb. 15.22 Resonanzkurven der Ausgangsspannung bei zwei verschiedenen Güten des Sperrkreises von Abb. 15.21

Abb. 15.23 Sperrkreis mit Berücksichtigung des Wicklungswiderstandes R_L der Spule

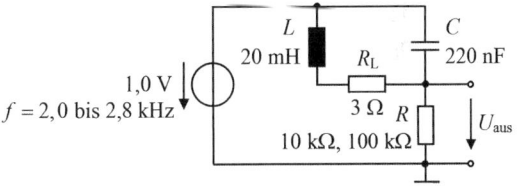

Der Parallelschwingkreis kann nicht nur als Sperrkreis, sondern auch als **Abstimmkreis** zur Hervorhebung eines Signals mit einer bestimmten Frequenz verwendet werden. Die Funktionsweise entspricht dann einem Bandpassfilter mit schmalem Frequenzbereich.

In der Hochfrequenztechnik wird der Parallelschwingkreis häufig als Abstimmkreis eingesetzt. Dieser dient z. B. beim Radioempfänger dazu, eine bestimmte Trägerfrequenz eines Senders aus den verschiedenen Frequenzen der Sender hervorzuheben. Je näher die Frequenzen zweier Sender nebeneinander liegen, desto schwieriger sind die Sender zu trennen, und umso höher muss die Güte des Schwingkreises sein. Derjenige Sender, dessen Frequenz der Resonanzfrequenz des Parallelschwingkreises entspricht, ruft an diesem die größte Spannung hervor, welche verstärkt und weiter verarbeitet werden kann. Als Abstimmkreis wird nicht der Reihenschwingkreis, sondern fast ausschließlich der Parallelschwingkreis verwendet.

Bei Resonanz ruft diejenige Teilspannung, deren Frequenz der Resonanzfrequenz entspricht, am Parallelschwingkreis den größten Spannungsabfall hervor. **Beim Einsatz als Abstimmkreis wird deshalb die weiter zu verarbeitende Spannung direkt am Parallelschwingkreis abgegriffen.** Damit Spannungen mit Frequenzen, die nicht bei der

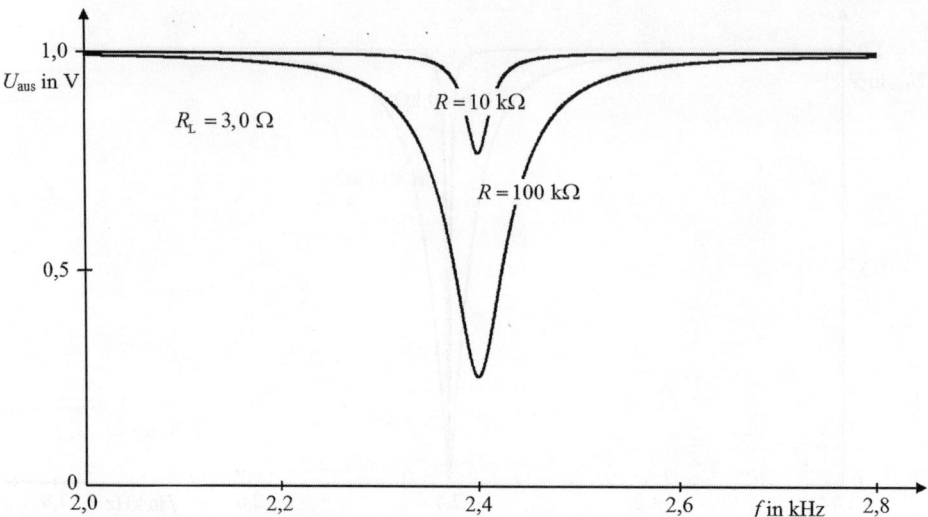

Abb. 15.24 Zu Abb. 15.23, Resonanzkurven der Ausgangsspannung

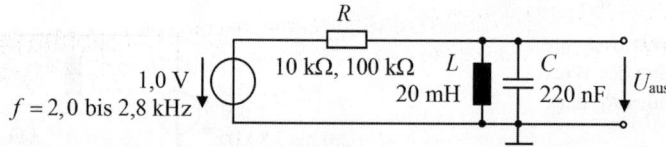

Abb. 15.25 Parallelschwingkreis als Abstimmkreis. Der Innenwiderstand der idealen Spannungsquelle wird durch den Reihenwiderstand R vergrößert

Resonanzfrequenz liegen, durch den kleinen Widerstand des Parallelschwingkreises zusammenbrechen, muss der Innenwiderstand der speisenden Spannungsquelle hoch sein oder durch einen Widerstand R in Reihe zum Parallelschwingkreis künstlich vergrößert werden. Da dieser Widerstand parallel zum Schwingkreis liegt (eine ideale Spannungsquelle hat den Innenwiderstand $0\,\Omega$), wird die Güte des Schwingkreises umso höher, je größer dieser Widerstand ist.

Ein Beispiel für den Parallelschwingkreis als Abstimmkreis (allerdings nicht für einen Rundfunksender, sondern im niederfrequenten Bereich) zeigt Abb. 15.25. Die Resonanzkurven der Ausgangsspannung zeigt Abb. 15.26 für zwei verschiedene Werte von R. Die Durchlasskurve um die Resonanzfrequenz herum ist umso schmaler, je größer der Widerstandswert von R ist.

Soll ein Schwingkreis auf verschiedene Resonanzfrequenzen einstellbar sein, so kann dies entweder durch eine Veränderung von L oder, wie in der Praxis üblich und viel einfacher realisierbar, von C geschehen. Zur Veränderung der Kapazität C können Drehkondensatoren eingesetzt werden. Diese in ihrem Kapazitätswert veränderlichen Kondensatoren spielten früher beim Abgleich des Eingangskreises eines Rundfunkempfängers eine große Rolle, heute werden sie kaum noch verwendet. Abb. 15.27 zeigt einen Drehkondensator.

15.4 Parallelschwingkreis mit Verlusten

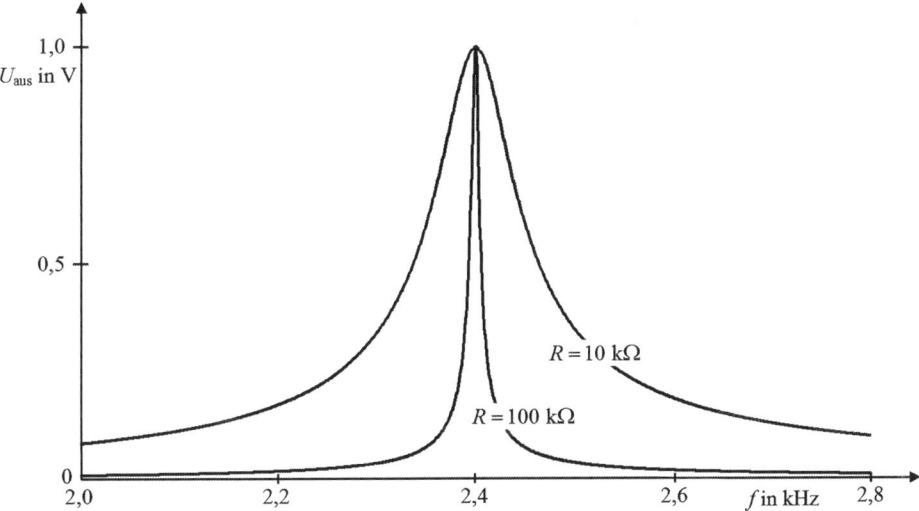

Abb. 15.26 Resonanzkurven der Ausgangsspannung bei zwei verschiedenen Güten des Abstimmkreises von Abb. 15.25

Abb. 15.27 Ein Drehkondensator mit einstellbarem Kapazitätswert

Drehkondensatoren bestehen aus einem feststehenden Stapel von Metallplatten, *Stator* genannt, und aus einem auf einer Achse drehbar montierten Plattenpaket, dem *Rotor*. Die beiden Plattenpakete greifen kammartig ineinander. Durch Drehen des Rotorpaketes werden die sich gegenüberstehenden, wirksamen Elektrodenoberflächen des Kondensators verändert, die Kapazität ist eine Funktion des Drehwinkels. Um größere Kapazitäten zu erreichen, sind jeweils die Platten des Rotorpaketes und des Statorpaketes leitend miteinander verbunden. Bei Drehkondensatoren wird vorwiegend Luft als Dielektrikum verwendet. Der funktionale Verlauf der Kapazität in Abhängigkeit des Drehwinkels richtet sich nach dem Querschnitt der Platten.

Liegen Sender sehr nahe nebeneinander (wie z. B. im Kurzwellenbereich, einem Frequenzbereich der Funkamateure), so werden bereits durch geringe Drehbewegungen am Drehkondensator mehrere Sender überstrichen. Da ein Drehkondensator häufig ein großes Variationsverhältnis hat, ist er ohne zusätzliche Hilfsmittel oft nicht für eine Feinabstimmung geeignet.

a 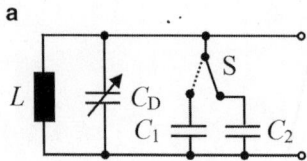 b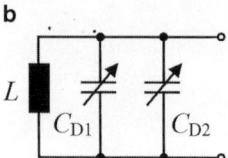

Abb. 15.28 Umschaltbare Bandspreizung mit Parallelkapazität (**a**) und „Kurzwellenlupe" mit zusätzlichem Drehkondensator C_{D2} (**b**)

Durch eine **Bandspreizung** wird eine Bereichseinengung des Abstimmbereiches erzielt. Von den in der Praxis benutzten Schaltungen zur Bandspreizung werden hier nur zwei Beispiele angegeben (Abb. 15.28).

Erwähnt sei, dass eine Abstimmung und Bandspreizung in modernen Schaltungen mit Kapazitätsdioden erfolgt.

Wird der bei der Resonanzfrequenz auftretende Widerstand durch $\sqrt{2}$ geteilt, so ergeben sich die in Abb. 15.20 eingetragenen Kreisfrequenzen ω_1 und ω_2 mit den zugehörenden Frequenzen f_1 und f_2. Diese werden, wie beim Reihenschwingkreis, als untere Grenzfrequenz f_1 und obere Grenzfrequenz f_2 bezeichnet. Bei den Grenzfrequenzen ist der Widerstand gegenüber seinem Maximum bei f_0 um 3 dB kleiner (der Gesamtstrom I ist um den Faktor $\sqrt{2}$, d. h. um 3 dB größer) und der Phasenwinkel zwischen Spannung und Strom beträgt $\pm 45°$. Die Frequenz $b = f_2 - f_1$ ist die Bandbreite des Schwingkreises.

Wie beim Reihenschwingkreis kann die Bandbreite auch durch $b = d \cdot f_0$ dargestellt werden. Dabei ist f_0 die Resonanzfrequenz des Schwingkreises und d die in Gl. 15.30 angegebene Dämpfung.

Die beim Reihenschwingkreis besprochenen Punkte bezüglich Asymmetrie der Resonanzkurve, absoluter und relativer Verstimmung, Doppelverstimmung sowie Selektion gelten analog auch beim Parallelschwingkreis.

Aufgabe 15.5
Die Kapazitäten zweier Schwingkreise verhalten sich wie 9 zu 4. In welchem Verhältnis stehen die Resonanzfrequenzen der beiden Schwingkreise?

Lösung
Die Resonanzfrequenzen der beiden Schwingkreise sind

$$f_1 = \frac{1}{2\pi \cdot \sqrt{L_1 C_1}} \quad \text{und} \quad f_2 = \frac{1}{2\pi \cdot \sqrt{L_2 C_2}}.$$

15.4 Parallelschwingkreis mit Verlusten

Abb. 15.29 Gesucht ist die Resonanzfrequenz der Schaltung

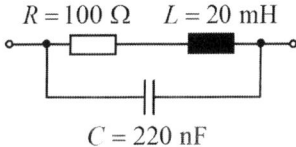

Das Verhältnis der Resonanzfrequenzen ist $\frac{f_1}{f_2} = \frac{\sqrt{L_2 C_2}}{\sqrt{L_1 C_1}}$. Aus $\frac{C_1}{C_2} = \frac{9}{4}$ folgt $C_1 = \frac{9}{4} \cdot C_2$.

Damit ist $\frac{f_1}{f_2} = \sqrt{\frac{4 \cdot L_2 C_2}{9 \cdot L_1 C_2}}$; $\underline{\frac{f_1}{f_2} = \frac{2 \cdot \sqrt{L_2}}{3 \cdot \sqrt{L_1}}}$.

Aufgabe 15.6
Wie groß ist die Resonanzfrequenz der in Abb. 15.29 dargestellten Schaltung?

Lösung
Der komplexe Leitwert der Schaltung ist

$$\underline{Y} = j\omega C + \frac{1}{R + j\omega L} = j\omega C + \frac{R - j\omega L}{R^2 + (\omega L)^2}$$
$$= j\omega C + \frac{R}{R^2 + (\omega L)^2} - j\frac{\omega L}{R^2 + (\omega L)^2}.$$
$$\underline{Y} = \frac{R}{R^2 + (\omega L)^2} + j \cdot \left(\omega C - \frac{\omega L}{R^2 + (\omega L)^2}\right)$$

Die Blindleitwerte (und damit die Blindwiderstände) verschwinden, wenn der Imaginärteil zu null gesetzt wird.

$$\omega C - \frac{\omega L}{R^2 + (\omega L)^2} = 0; \quad \omega C \cdot (R^2 + \omega^2 L^2) - \omega L = 0;$$
$$\omega \cdot (L^2 C \omega^2 + R^2 C - L) = 0$$

Die Lösung $\omega = 0$ ist trivial und physikalisch sinnlos.
Die quadratische Gleichung für ω hat die (positive) Lösung

$$\omega = \frac{\sqrt{-4L^2 C(R^2 C - L)}}{2L^2 C} = \frac{\sqrt{LC - R^2 C^2}}{LC}; \quad \omega = \sqrt{\frac{LC - R^2 C^2}{L^2 C^2}} = \sqrt{\frac{1}{LC} - \left(\frac{R}{L}\right)^2}.$$

Unter Berücksichtigung von $f = \frac{\omega}{2\pi}$ und $f = f_0$ ergibt sich mit den gegebenen Zahlenwerten der Bauelemente: $f_0 = \frac{1}{2\pi} \cdot \sqrt{\frac{1}{20 \cdot 10^{-3} \cdot 220 \cdot 10^{-9}} - \left(\frac{10^2}{20 \cdot 10^{-3}}\right)^2}$ Hz; $f_0 = 2{,}26\,\text{kHz}$

Durch die Berücksichtigung des Wicklungswiderstandes R der Spule sinkt die Resonanzfrequenz gegenüber dem Wert $\frac{1}{2\pi \cdot \sqrt{LC}} = 2{,}4\,\text{kHz}$ bei $R = 0\,\Omega$.
Je größer der Wert von R wird, umso niedriger wird die Resonanzfrequenz.

Aufgabe 15.7
Ein Parallelschwingkreis wird als Abstimmkreis eingesetzt und hat die Resonanzfrequenz $f_0 = 550\,\text{kHz}$ und die Güte $Q = 70$. Er wird mit einer sinusförmigen Wechselspannung der Frequenz $f = 570\,\text{kHz}$ gespeist. Um wie viel dB wird die am Parallelschwingkreis abgegriffene Spannung gegenüber dem Resonanzfall gedämpft?

Lösung
Die Doppelverstimmung y ist $y = \frac{f}{f_0} - \frac{f_0}{f} = \frac{570\,\text{kHz}}{550\,\text{kHz}} - \frac{550\,\text{kHz}}{570\,\text{kHz}} = 0{,}071.45$.
Die Selektion ist $s = Q \cdot y = 5{,}00$.
Damit ist $u_{\Delta f} = \frac{u_0}{s} = 0{,}2 \cdot u_0$. Dies entspricht einem Wert von $\underline{\underline{-13{,}9\,\text{dB}}}$.

$(20 \cdot \log(0{,}2) = -13{,}9)$.

Aufgabe 15.8
Ein Parallelschwingkreis hat die Resonanzfrequenz $f_0 = 4\,\text{MHz}$ und die Güte $Q = 100$. Der Wert des Kondensators ist $C = 75\,\text{pF}$. Wie groß ist der Widerstand R_{0P} des Parallelschwingkreises bei Resonanz? Wie groß ist der Resonanzwiderstand R_{0R} eines Reihenschwingkreises, der aus denselben Bauteilen besteht?

Lösung
Bei Resonanz ist $X_L = X_C = \frac{1}{\omega C} = \frac{1}{2\pi \cdot 4 \cdot 10^6\,\text{Hz} \cdot 75 \cdot 10^{-12}\,\text{F}} = 530\,\Omega$

> Beim Parallelschwingkreis ist der Resonanzwiderstand Q-mal größer als einer der beiden Blindwiderstände. Somit ist $R_{0P} = 530\,\Omega \cdot 100$; $\underline{R_{0P} = 53\,\text{k}\Omega}$.
>
> Beim Reihenschwingkreis ist der Resonanzwiderstand $\overline{Q\text{-mal}}$ kleiner als einer der beiden Blindwiderstände. $R_{0R} = 530\,\Omega : 100$; $\underline{R_{0R} = 5{,}3\,\Omega}$.

15.5 Zeitverhalten elektrischer Schwingkreise

Ein idealer (verlustloser) Schwingkreis würde nach einer einmaligen Energiezufuhr ungedämpft weiterschwingen, die Amplitude der Schwingung würde gleich groß bleiben. Jeder reale elektrische Schwingkreis enthält aber einen unvermeidlichen Wirkwiderstand, durch den Energie in Wärme umgewandelt wird. Wird dem realen Schwingkreis ständig im richtigen Rhythmus Energie zugeführt, so entsteht ebenfalls eine ungedämpfte Schwingung mit gleichbleibender Amplitude.

Wird an einen Schwingkreis eine sinusförmige Wechselspannung gelegt, deren Frequenz in der Nähe der Resonanzfrequenz des Schwingkreises liegt, so wird der Schwingkreis einschwingen. Der **Einschwingvorgang** ist dadurch gekennzeichnet, dass die Amplitude im Laufe der Zeit zunimmt, bis sie schließlich die gleichbleibende Größe der **ungedämpften Schwingung** erreicht hat.

Reißt die Energiezufuhr ab oder ist die zugeführte Energie kleiner als die durch Verluste in Wärme umgewandelte Energie, so entsteht eine **gedämpfte** Schwingung. Bei einer gedämpften Schwingung nimmt die Amplitude im Laufe der Zeit ab und geht gegen null. Dies ist der **Ausschwingvorgang**. Eine gedämpfte Schwingung entsteht auch, wenn parallel zu einem geladenen Kondensator eine reale Spule (mit Wicklungswiderstand) angeschaltet wird.

Das Zu- bzw. Abnehmen der Amplitude erfolgt nach einer Exponentialkurve.

Das Ergebnis der Erregung eines Parallelschwingkreises mit einer sinusförmigen Wechselspannung der Frequenz $f = 550\,\text{kHz}$ und der Amplitude $1{,}0\,\text{V}$ zeigt Abb. 15.30. Während des Einschwingvorgangs steigt die Amplitude der Spannung am Schwingkreis exponentiell an (Zeitabschnitt a), bleibt dann konstant (Zeitabschnitt b) und klingt nach dem Ausschalten der erregenden Spannung bei 15 µs während des Ausschwingvorgangs exponentiell ab (Zeitabschnitt c).

15.6 Grundsätzliche Kopplungsarten

Soll einem Schwingkreis Energie zugeführt oder entnommen werden, so muss dem Kreis entweder ein Generator oder ein Belastungswiderstand R angekoppelt werden. Statt eines ohmschen Belastungswiderstandes kann auch ein zweiter Schwingkreis angekoppelt werden.

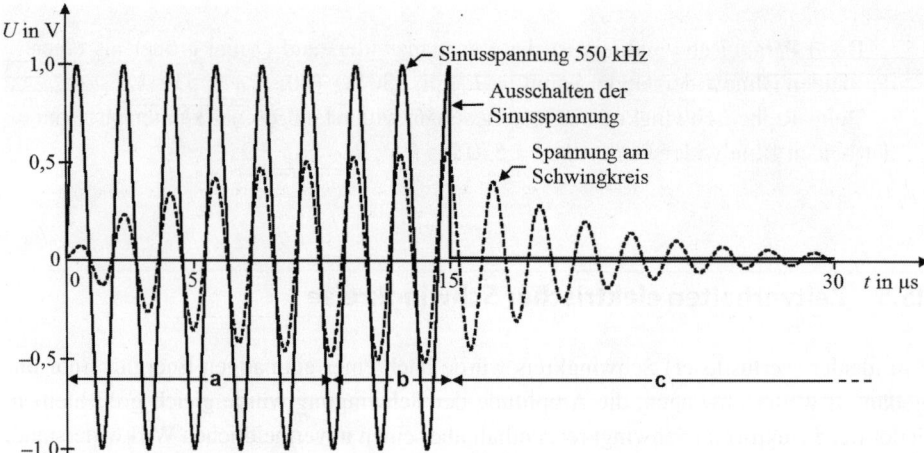

Abb. 15.30 Schwingkreis mit **a** Einschwingvorgang, **b** ungedämpfter Schwingung, **c** Ausschwingvorgang bzw. gedämpfter Schwingung

Abb. 15.31 Galvanische Kopplung zur Energiezuführung (**a**) und zur Energieentnahme (**b**)

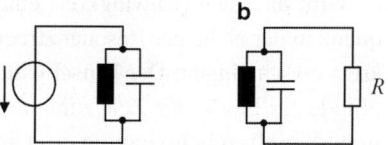

Zu beachten ist in jedem Fall, dass der Anteil des ohmschen Widerstandes, der angekoppelt ist (z. B. der Innenwiderstand des Generators, der Verlustwiderstand des zweiten Kreises usw.), den Schwingkreis zusätzlich dämpft.

Man unterscheidet folgende grundsätzliche Arten der Kopplung.

15.6.1 Galvanische Kopplung

Bei der galvanischen Kopplung wird entweder der Generator (Abb. 15.31a) oder der Belastungswiderstand R (Abb. 15.31b) direkt an den Kreis angeschlossen. Von Nachteil ist dabei sehr häufig die leitende, gleichstrommäßige Verbindung. Der Belastungswiderstand R kann z. B. der Eingangswiderstand einer angeschalteten Verstärkerstufe sein.

15.6.2 Induktive Kopplung

Bei der induktiven Kopplung wird die Energie mit Hilfe des magnetischen Feldes übertragen (wie bei einem Transformator). Die für den Transformator gültigen Gesetze bezüglich Übersetzungsverhältnis und Kopplungsfaktor gelten hier ebenfalls. Von Vorteil ist die galvanische Trennung des Generators (Abb. 15.32a) bzw. des Lastwiderstandes R (Abb. 15.32b) vom Schwingkreis.

Abb. 15.32 Induktive Kopplung zur Energiezuführung (**a**) und zur Energieentnahme (**b**)

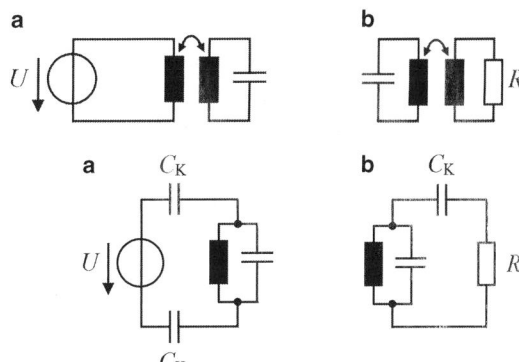

Abb. 15.33 Kapazitive Kopplung zur Energiezuführung (**a**) und zur Energieentnahme (**b**)

15.6.3 Kapazitive Kopplung

Bei der kapazitiven Kopplung erfolgt die Verbindung durch zwei Kondensatoren (Abb. 15.33a) oder durch einen Kondensator (Abb. 15.33b). Der Kopplungsgrad wird durch die Größe der Kopplungskondensatoren C_K bestimmt.

15.6.4 Fußpunktkopplung

Bei der Fußpunktkopplung (Abb. 15.34) wird die Spule oder der Kondensator eines Schwingkreises durch eine Reihenschaltung in zwei Teile zerlegt. Die Ankopplung erfolgt nur an einem Teil des Blindwiderstandes. Der Kopplungsgrad ist durch das Verhältnis des zur Kopplung verwendeten Teiles X_K zum gesamten Blindwiderstand bestimmt.

15.7 Bandfilter

Eine besondere Anwendung von Schwingkreisen sind Bandfilter. Ein Schwingkreis kann zur Hervorhebung oder Unterdrückung **einer** Frequenz verwendet werden. Je größer die Güte des Schwingkreises ist, desto stärker wird die Spannung mit der Resonanzfrequenz hervorgehoben oder unterdrückt.

Soll nicht nur eine Frequenz, sondern ein ganzes Frequenz**band** (ein bestimmter Frequenzbereich) übertragen und z. B. anschließend verstärkt werden, so müsste man als

Abb. 15.34 Fußpunktkopplungen

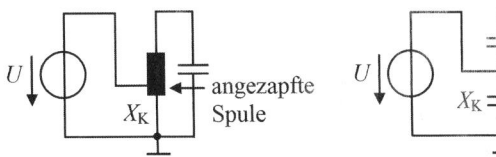

Resonanzkurve eine Rechteckkurve fordern. Bei der Übertragung von Musik ist ein Frequenzband mit einer Breite von ca. 20 Hz bis 15 kHz zu übertragen. Innerhalb dieses Frequenzbandes (Durchlassbereich) sollen alle Frequenzen gleich stark hervorgehoben werden. Unterhalb und oberhalb der Frequenzgrenzen (Sperrbereiche) sollen alle Frequenzen möglichst stark unterdrückt (gedämpft) werden. Dieser Sachverhalt führt zur geforderten Rechteckform der Resonanzkurve. Mit einem Bandfilter ist diese Forderung annähernd realisierbar.

Ein Bandfilter besteht häufig aus zwei oder mehreren gekoppelten Schwingkreisen. Bei einem zweikreisigen Bandfilter sind zwei Schwingkreise je nach Schaltung induktiv oder kapazitiv gekoppelt. Mit einem **Bandfilter** wird eine **größere Bandbreite** erzielt als mit einem einzelnen Schwingkreis.

▶ **Bei einem einfachen Resonanzkreis sind Bandbreite und Flankensteilheit starr miteinander verknüpft, beim Bandfilter sind diese beiden Größen zu einem gewissen Grad voneinander unabhängig.**

Die Bandbreite eines Bandfilters wird hauptsächlich vom Kopplungsgrad bestimmt, die Flankensteilheit ist vor allem von der Güte der Schwingkreise abhängig.

Je nach Kopplungsgrad unterscheidet man **unterkritische** (sehr lose), **kritische** und **überkritische** (sehr feste) Kopplung. Bei der unterkritischen Kopplung ist $k < d$, bei der kritischen Kopplung ist $k = d$ und bei der überkritischen Kopplung ist $k > d$ (k = Kopplungsgrad, d = Dämpfung).

Sind zwei Schwingkreise sehr lose (unterkritisch) gekoppelt, so ist die Gesamtkurve der normalen Resonanzkurve eines einzelnen Schwingkreises ähnlich. Wird die Kopplung erhöht, so wird die Gesamtkurve breiter und die Flanken werden steiler. Bei weiterer

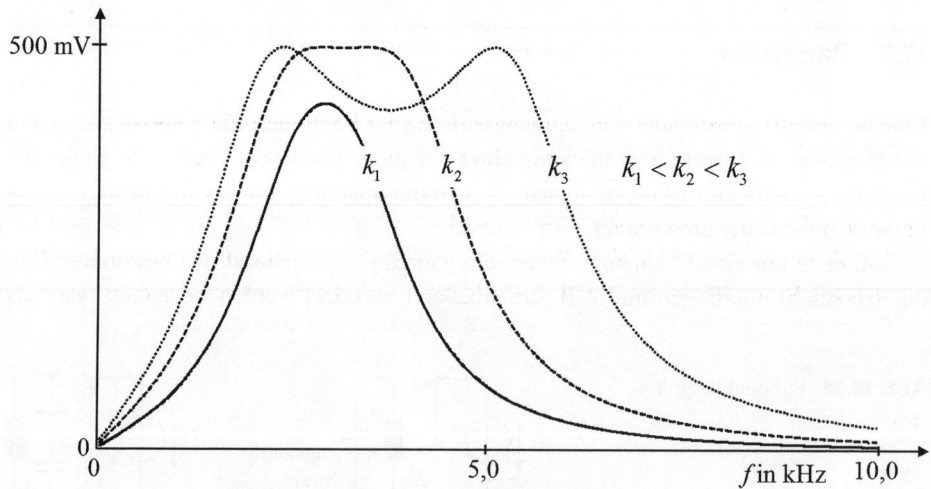

Abb. 15.35 Resonanzkurven eines Bandfilters bei verschiedenen Kopplungsgraden

15.8 Kopplungsarten bei Bandfiltern

Vergrößerung der Kopplung beginnt bei der kritischen Kopplung in der Mitte der Kurve eine **Einsattelung** zu entstehen. Bei überkritischer Kopplung zeigt die Kurve in der Mitte eine deutliche Einsattelung zwischen zwei **Höckern**, wobei sich Bandbreite und Flankensteilheit noch vergrößern. Diese Resonanzkurven eines Bandfilters bei verschiedenen Kopplungsgraden zeigt Abb. 15.35.

Beim Bandfilter sind die beiden Einzelkreise auf dieselbe Frequenz abgestimmt. Die Kreise beeinflussen sich jedoch und verstimmen sich gegenseitig so, dass die oben beschriebenen Kurven entstehen. Zu beachten ist, dass der Kopplungsgrad im Allgemeinen sehr gering ist und auch sehr genau stimmen muss. Bei Kreisen der Güte $Q = 200$ tritt die kritische Kopplung bereits bei $k = 0{,}005 = 0{,}5\,\%$ auf.

Die Frequenzen der Höckermaxima f_1 links und f_2 rechts von der Resonanzfrequenz f_0 lassen sich mit den Gln. 15.32 und 15.33 berechnen.

$$f_1 = \frac{2\pi f_0}{\sqrt{1 + \sqrt{k^2 - d^2}}} \tag{15.32}$$

$$f_2 = \frac{2\pi f_0}{\sqrt{1 - \sqrt{k^2 - d^2}}} \tag{15.33}$$

▶ **Beim Bandfilter ändert sich die Bandbreite durch Veränderung des Kopplungsgrades.**

Durch die Dämpfung der Kreise bzw. durch zusätzliche Dämpfungswiderstände lässt sich die Kurvenform noch etwas der idealen Rechteckform annähern.

Bei ungleichen Dämpfungen der Kreise definiert man statt der kritischen Kopplung auch die *transitionale* Kopplung k_{tr}, bei der die Resonanzkurve am flachsten verläuft.

$$k_{\mathrm{tr}} = \sqrt{\frac{1}{2}(d_1^2 + d_2^2)} \tag{15.34}$$

15.8 Kopplungsarten bei Bandfiltern

Die Kopplung zwischen den Einzelkreisen kann auf unterschiedliche Weise erfolgen. Vorwiegend wird die induktive Kopplung durch einen Übertrager oder einen gemeinsamen Spulenteil (Koppelspule) angewandt. Verwendung findet auch die kapazitive Kopplung, wobei zwischen *Kopfpunkt-* und *Fußpunktkopplung* unterschieden wird.

15.8.1 Transformatorische Kopplung

Die transformatorische Kopplung ist eine induktive Kopplung unter Verwendung eines Übertragers (Abb. 15.36). Bilden Primär- und Sekundärspule eines Übertragers die In-

Abb. 15.36 Transformatorische Kopplung eines Bandpassfilters

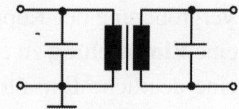

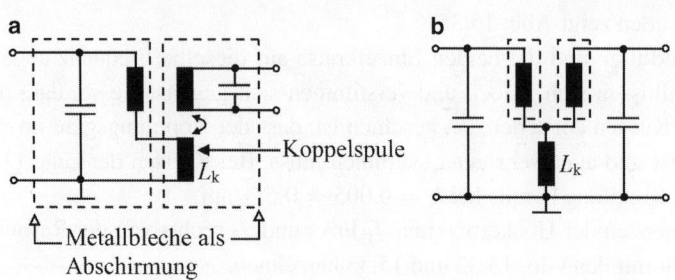

Abb. 15.37 Zwei Arten der induktiven Kopplung mit Koppelspule bei einem Bandfilter

duktivitäten zweier Schwingkreise, so spricht man von transformatorischer Kopplung. Die Kopplung erfolgt durch das Magnetfeld.

Der Kopplungsgrad ist durch folgende Beziehung festgelegt:

$$k = \frac{M}{\sqrt{L_1 \cdot L_2}} \qquad (15.35)$$

k = Kopplungsfaktor,
M = Gegeninduktivität des Übertragers,
L_1 = Induktivität der Primärspule,
L_2 = Induktivität der Sekundärspule.

15.8.2 Induktive Kopplung mit Koppelspule

Eine weitere Möglichkeit der induktiven Kopplung der Schwingkreise eines Bandfilters ist die Verwendung einer Koppelspule. Zwei Arten dieser Kopplung zeigt Abb. 15.37.

Sind beide Schwingkreise durch Metallbleche (Gehäuse z. B. aus Kupfer oder Aluminium) umgeben, so sind sie durch diese **Abschirmung** gegenseitig magnetisch entkoppelt (Abb. 15.37a). Im Blech entstehen Wirbelströme, welche selbst ein hochfrequentes Magnetfeld erzeugen, das aber dem primären Feld entgegengesetzt ist. Dieses Gegenfeld hebt die magnetische Wirkung der Spule für das Raumgebiet außerhalb des Abschirmgehäuses auf. Es sei darauf hingewiesen, dass eine Erdung (bzw. Verbindung mit Masse) der Abschirmung nicht notwendig ist. Befindet sich ein Teil der Primärspule (die Koppelspule L_k) in der Nähe der Sekundärspule, so hängt der Kopplungsgrad nur von der geometrischen Anordnung beider Spulen ab (Abstand, Kernmaterial, Windungszahlen).

Abb. 15.38 Kapazitive Kopfpunktkopplung bei einem Bandfilter

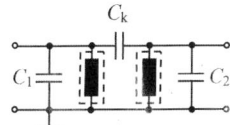

Beide Spulen der Schwingkreise können auch in zwei Teile aufgeteilt werden (Abb. 15.37b). Die beiden unteren Teile werden in einer gemeinsamen Koppelspule vereinigt, welche mit der Masse des Filters verbunden ist. Sofern die beiden anderen Spulen durch eine Abschirmung entkoppelt sind, ist der Kopplungsgrad nur von der Induktivität (Windungszahl) der Koppelspule abhängig.

15.8.3 Kapazitive Kopfpunktkopplung

Die kapazitive Kopfpunktkopplung wird auch als *kapazitive Spannungskopplung* bezeichnet. Bei ihr werden zwei identische Schwingkreise über einen kleinen Koppelkondensator C_k verbunden (Abb. 15.38). Sind die Spulen abgeschirmt, so ist der Kopplungsgrad von der Kapazität des Koppelkondensators abhängig und nimmt mit steigender Kapazität von C_k zu. Ist C_k gegenüber C_1 und C_2 klein, so kann der Kopplungsgrad des Bandfilters angenähert nach Gl. 15.36 berechnet werden.

$$k \approx \frac{C_k}{\sqrt{C_1 \cdot C_2}} \qquad (15.36)$$

15.8.4 Kapazitive Fußpunktkopplung

Die kapazitive Fußpunktkopplung wird auch als *kapazitive Stromkopplung* bezeichnet. Bei ihr wird ein gemeinsamer Kondensatorteil, der Koppelkondensator C_f verwendet, der mit der Masse des Filters verbunden ist (Abb. 15.39). Sofern sich die übrigen Bauteile nicht gegenseitig beeinflussen, erfolgt die Kopplung durch den Kondensator C_f. Der Kopplungsgrad wird umso größer, je kleiner C_f wird. Der Kopplungsgrad lässt sich angenähert nach Gl. 15.37 berechnen. Es sei noch angemerkt, dass der Kopfpunkt auch als „heißes Ende", und der Fußpunkt als „kaltes Ende" bezeichnet wird.

$$k \approx \frac{\sqrt{C_1 \cdot C_2}}{C_f} \qquad (15.37)$$

Abb. 15.39 Kapazitive Fußpunktkopplung bei einem Bandfilter

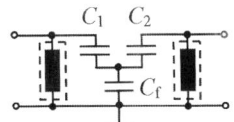

15.9 Zusammenschaltung von Schwingkreisen

Selektive Filter wie Bandpass und Bandsperre können auch durch Zusammenschalten von Schwingkreisen realisiert werden.

15.9.1 LC-Bandpass

Als Bandpass kann grundsätzlich ein Reihenschwingkreis eingesetzt werden, wobei ein Signal mit der Resonanzfrequenz f_0 am besten durchgelassen wird. Die Bandbreite lässt sich vergrößern, wenn mit einem auf die gleiche Resonanzfrequenz abgestimmten Parallelschwingkreis die zu sperrenden Frequenzen kurzgeschlossen werden. Je nach Kopplungsgrad (verschiedene Werte von R_1 in der Schaltung nach Abb. 15.40) ergeben sich auch hier die Höcker eines überkritisch gekoppelten Bandfilters, welche im Amplitudengang Abb. 15.41 für $R_1 = 250\,\Omega$ zu sehen sind.

In Abb. 15.40 kann R_1 der Innenwiderstand der Spannungsquelle und R_2 der Eingangswiderstand einer nachfolgenden Verstärkerschaltung sein.

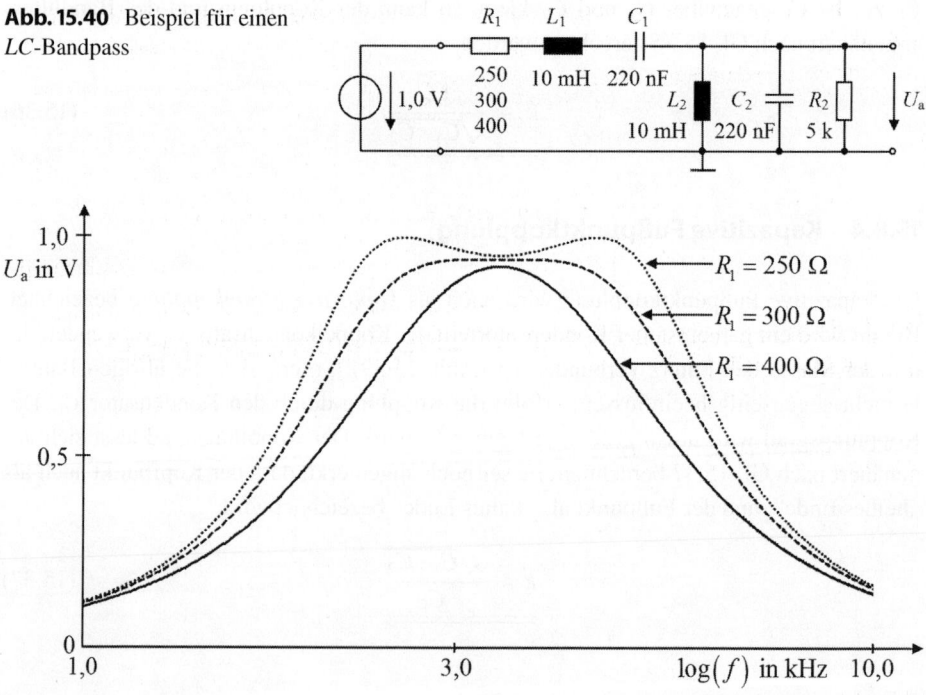

Abb. 15.40 Beispiel für einen LC-Bandpass

Abb. 15.41 Amplitudengang des LC-Bandpasses nach Abb. 15.40

15.9.2 *LC*-Bandsperre

Als Bandsperre kann grundsätzlich ein Parallelschwingkreis eingesetzt werden, wobei ein Signal mit der Resonanzfrequenz f_0 am stärksten gesperrt wird. Die Bandbreite lässt sich vergrößern, wenn mit einem auf die gleiche Resonanzfrequenz abgestimmten Reihenschwingkreis die zu sperrenden Frequenzen zusätzlich kurzgeschlossen werden (Abb. 15.42). Den Amplitudengang der *LC*-Bandsperre nach Abb. 15.42 zeigt Abb. 15.43.

Anmerkung Bei den bisher betrachteten Schwingkreisen handelt es sich um **geschlossene** Schwingkreise. Eine Sendeantenne (z. B. ein elektrischer Dipol in Form eines ausgestreckten Drahtes) stellt einen **offenen** Schwingkreis dar, bei dem sich das elektromagnetische Feld im freien Raum ausbildet. Strom- und Spannungswerte sind längs des Dipols räumlich verteilt. An den Enden des Dipols ist die Spannung stets maximal und der Strom null, während in der Mitte die Spannung null und der Strom maximal ist. Beim schwingenden Dipol bildet der Leitungsstrom eine stehende Welle. Anschaulich kann ein elektrischer Dipol mit einer schwingenden Saite verglichen werden.

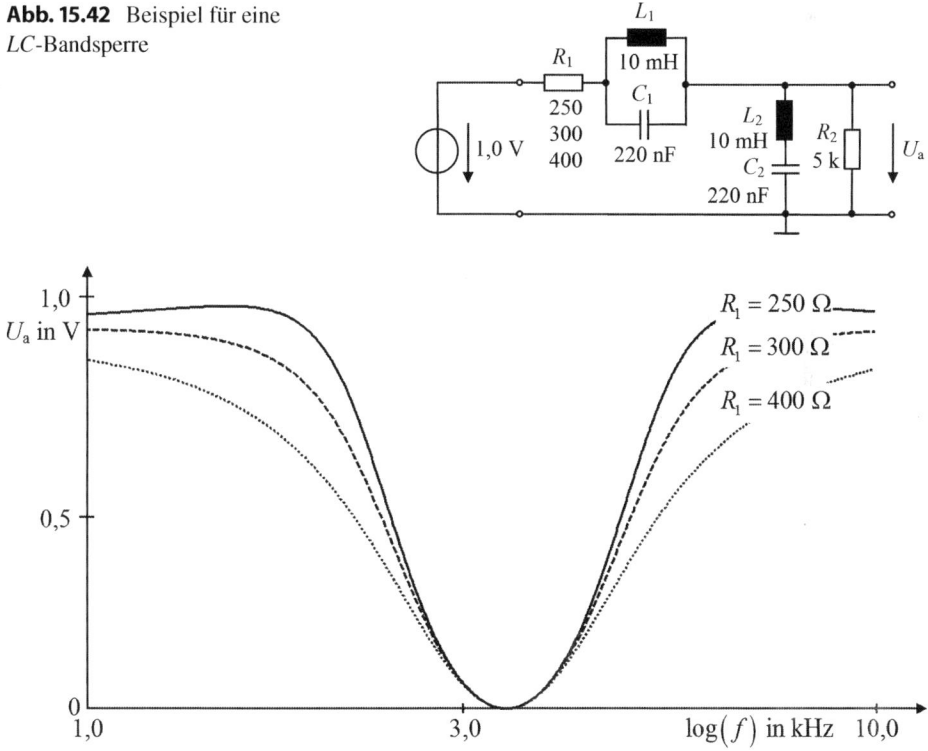

Abb. 15.42 Beispiel für eine *LC*-Bandsperre

Abb. 15.43 Amplitudengang der *LC*-Bandsperre nach Abb. 15.42

15.10 Zusammenfassung: Schwingkreise

1. Bei einem Schwingkreis wird periodisch eine Energieform in eine andere Energieform umgewandelt.
2. Ein elektrischer Schwingkreis besteht aus mindestens einer Induktivität und einer Kapazität.
3. Bei Resonanz gilt bei jedem Schwingkreis:
   Induktiver und kapazitiver Widerstand sind gleich groß.
   Strom und Spannung sind in Phase.
   Der Resonanzwiderstand ist ein ohmscher Widerstand (Wirkwiderstand).
4. Thomson-Gleichung zur Berechnung der Resonanzkreisfrequenz: $\omega_0 = \frac{1}{\sqrt{L \cdot C}}$.
5. Allgemeine Ermittlung der Resonanzfrequenz einer Schaltung: Komplexen Widerstand (oder Leitwert) berechnen, Imaginärteil null setzen und nach der Frequenz auflösen.
6. Reihenschwingkreis bei Resonanz (Spannungsresonanz):
   Der Widerstand des Kreises ist am kleinsten und der Strom am größten.
   Resonanzwiderstand = Reihen-Verlustwiderstand
   Die Teilspannungen an L und C sind Q-mal größer als die angelegte Spannung.
7. Parallelschwingkreis bei Resonanz (Stromresonanz):
   Der Widerstand ist von außen her betrachtet am größten, und der zugeführte Strom am kleinsten.
   Resonanzwiderstand = Parallel-Verlustwiderstand
   Im Kreis ist der Strom Q-mal größer als in der Zuleitung.
8. Die Resonanzwirkung wird umso besser, je höher die Güte des Kreises ist (je kleiner die Verluste sind).
9. Die Bandbreite wird umso kleiner, je größer die Güte des Kreises ist.
10. Außerhalb des Resonanzzustandes ist der Widerstand jedes Schwingkreises entweder induktiv oder kapazitiv.
11. Schwingkreise können als Filter verwendet werden.
12. Ein Bandfilter besteht aus gekoppelten Schwingkreisen derselben Resonanzfrequenz.
13. Beim Bandfilter hängt die Form der Resonanzkurve vom Kopplungsgrad und vom Verlustwiderstand der Kreise ab.

Mehrphasensysteme 16

Zusammenfassung

Begonnen wird mit der Erzeugung von Drehstrom und der Stern- sowie der Dreieckschaltung des Generators. Verschiedene Verbraucher im Drehstromsystem werden betrachtet: Sternschaltung des Verbrauchers mit und ohne Mittelleiter und Verbraucher in Dreieckschaltung. Mit der komplexen Rechnung werden die Außenleiterströme und der Mittelleiterstrom bestimmt. Für die Dreieckschaltung des Verbrauchers werden Außenleiterströme, Strangströme und Strangspannungen sowie Strangimpedanzen berechnet. Für Leistungsberechnungen bei Drehstrom sind Formeln angegeben.

16.1 Erzeugung von Drehstrom

Zunächst wird das Prinzip des Wechselstromgenerators erläutert. Rotiert eine rechteckige Spule der Fläche A mit konstanter Winkelgeschwindigkeit ω in einem homogenen Magnetfeld B, so wird in ihr eine sinusförmige Spannung induziert (Abb. 16.1). Für die Flussumschlingung Ψ einer Spule in einem homogenen Magnetfeld gilt (siehe Gl. 3.31):

$$\Psi = N \cdot \Phi = N \cdot B \cdot A \cdot \cos(\alpha) \qquad (16.1)$$

Wegen der Rotation der Spule ändert sich der magnetische Fluss durch die Spule in Abhängigkeit des Drehwinkels α. Mit dem Induktionsgesetz erhält man durch Differenzieren die in der Spule induzierte Spannung.

$$u_i(t) = -\frac{d\Psi}{dt} = -\frac{d[N \cdot B \cdot A \cdot \cos(\alpha)]}{dt} = -\frac{d[N \cdot B \cdot A \cdot \cos(\omega t)]}{dt} \qquad (16.2)$$

$$u_i(t) = N \cdot B \cdot A \cdot \omega \cdot \sin(\omega t) \qquad (16.3)$$

Die Konstante $\hat{U} = N \cdot B \cdot A \cdot \omega$ ist der Scheitelwert der induzierten Sinusspannung $u(t) = \hat{U} \cdot \sin(\omega t)$.

Abb. 16.1 Rotierende Spule in einem Magnetfeld zur Erzeugung einer sinusförmigen Spannung

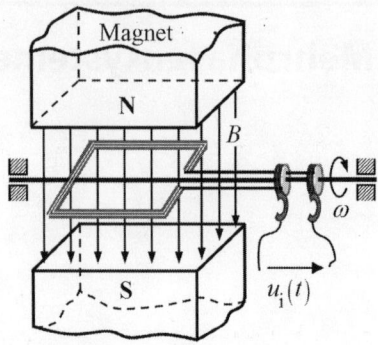

Werden auf der Drehachse mehrere, um bestimmte Winkel gegeneinander versetzte Spulen angeordnet, so werden in ihnen Spannungen induziert, die um diese Winkel zueinander phasenverschoben sind. Falls alle Spannungen den gleichen Scheitelwert haben und um den gleichen Winkel gegeneinander verschoben sind, handelt es sich um ein symmetrisches Mehrphasensystem.

Das symmetrische Dreiphasensystem oder Drehstromsystem ist in der Energietechnik von besonderer Bedeutung. Zur Erzeugung von **Drehstrom** sind beim Drehstromgenerator drei gleiche, um je 120° versetzte Spulen angebracht. Die Spulen werden auch als „Strang" oder „Phase" bezeichnet. In den Spulen werden drei gleich große Wechselspannungen induziert, die gegenseitig jeweils um 120° phasenverschoben sind.

Die Spannungen lassen sich durch folgende Gleichungen darstellen.

$$u_1(t) = \hat{U} \cdot \sin(\omega t) \tag{16.4}$$

$$u_2(t) = \hat{U} \cdot \sin(\omega t - 120°) \tag{16.5}$$

$$u_3(t) = \hat{U} \cdot \sin(\omega t - 240°) \tag{16.6}$$

Als komplexe Effektivwertzeiger in Exponential- und Komponentenform geschrieben:

$$\underline{U}_1 = U \cdot e^{j \cdot 0°} = U \tag{16.7}$$

$$\underline{U}_2 = U \cdot e^{-j \cdot 120°} = U \cdot \left(-\frac{1}{2} - j \cdot \frac{\sqrt{3}}{2}\right) \tag{16.8}$$

$$\underline{U}_3 = U \cdot e^{-j \cdot 240°} = U \cdot e^{+j \cdot 120°} = U \cdot \left(-\frac{1}{2} + j \cdot \frac{\sqrt{3}}{2}\right) \tag{16.9}$$

Abb. 16.2a zeigt das Liniendiagramm und Abb. 16.2b das Zeigerbild der Spannungen im Drehstromnetz.

Aus $\hat{U} \cdot [\sin(\omega t) + \sin(\omega t + 120°) + \sin(\omega t - 120°)] = 0$ folgt:

Addiert man die drei Kurven der Strangspannungen punktweise, so zeigt sich, dass die Summe der drei Spannungen bzw. Ströme in jedem Augenblick gleich null ist.

16.1 Erzeugung von Drehstrom

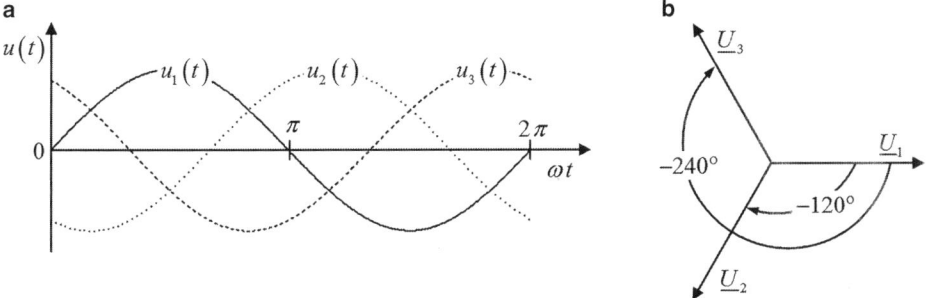

Abb. 16.2 Liniendiagramm (**a**) und Zeigerbild (**b**) der drei Strangspannungen des Drehstroms

Die drei Wicklungen eines Drehstromgenerators werden als **Stränge U, V, W** bezeichnet. Ein Drehstromverbraucher setzt sich ebenfalls aus drei Verbrauchersträngen zusammen. Um an den Drehstromgenerator einen Verbraucher anzuschließen, könnte man für jeden Strang zwei Leitungen vom Generator zum Verbraucher führen, insgesamt also sechs Leitungen. Die drei Stränge können jedoch untereinander in besonderer Weise verkettet (verschaltet) werden, so dass weniger als sechs Leitungen notwendig sind. Es gibt zwei Arten der Verkettung, die **Sternschaltung** und die **Dreieckschaltung**. *Sowohl die Spannungsquellen als auch die Verbraucherstränge können in Stern- oder in Dreieckschaltung verkettet sein.*

16.1.1 Sternschaltung des Generators

Die Anfangspunkte der drei Generatorstränge sind in einem Punkt N, dem **Sternpunkt** oder **Mittelpunkt**, zusammengeschaltet. Dieser Punkt wird als vierter, so genannter **Mittelleiter** oder **Neutralleiter** (früher als Null-Leiter bezeichnet) zum Verbraucher geführt. Der Neutralleiter kann auch geerdet sein, zusammengefasst mit dem Schutzleiter PE (protection earth) wird er als PEN-Leiter bezeichnet (Kennfarbe grün-gelb). Der Neutralleiter wird nur dann gebraucht, wenn sowohl die drei Spannungsquellen des Generators als auch die drei Impedanzen des Verbrauchers in Stern geschaltet sind und ihre Sternpunkte verbunden werden sollen.

Die Verbindungsleitungen zwischen Generator und Verbraucher der drei übrigen Wicklungsanschlüsse werden als **Außenleiter** und nach Norm mit L1, L2, L3 (früher R, S, T) bezeichnet. Es sind die gegenüber Erde und Neutralleiter spannungsführenden Leiter. Die Außenleiter sind an die Außenpunkte U1, V1, W1 des Generators angeschlossen. Zusammen mit dem Neutralleiter entsteht so ein *Vierleiter-Drehstromsystem*. Wird auf die Herausführung des Mittelpunktes verzichtet, so spricht man von einem *Dreileitersystem*. Abb. 16.3a zeigt einen Drehstromgenerator in Sternschaltung, in Abb. 16.3b ist die Struktur der Schaltung anders gezeichnet.

Die an jeder Wicklung des Drehstromgenerators liegende Spannung $\underline{U}_1, \underline{U}_2, \underline{U}_3$ wird als **Strangspannung**, *Phasenspannung* oder *Sternspannung* bezeichnet. Eine Sternspannung kann man nur in einem Vierleitersystem messen.

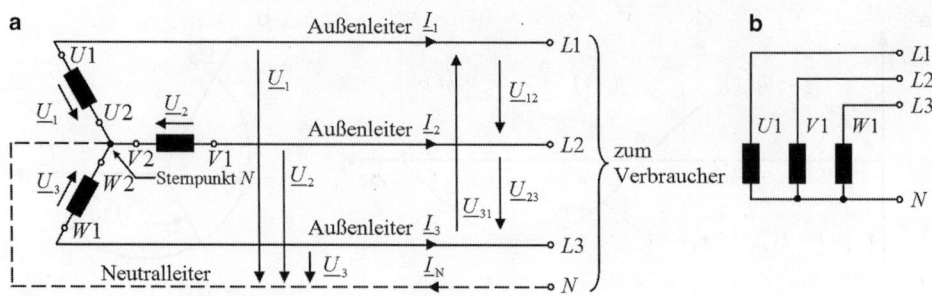

Abb. 16.3 Drehstromgenerator in Sternschaltung (a), Struktur anders gezeichnet (b)

Abb. 16.4 Zeigerbild eines Drehstromsystems mit Strang- und Außenleiterspannungen

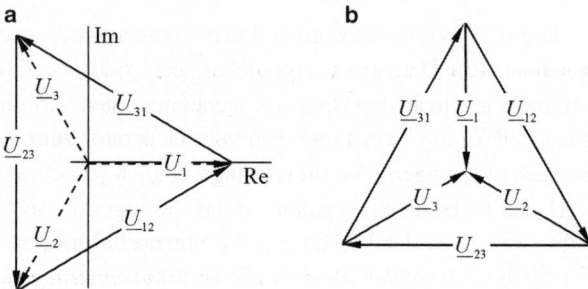

Die zwischen zwei Außenleitern liegenden Spannungen $\underline{U}_{12}$, $\underline{U}_{23}$, $\underline{U}_{31}$ werden **Außenleiterspannungen** oder kurz Leiterspannungen genannt. Die Ströme $\underline{I}_1$, $\underline{I}_2$, $\underline{I}_3$ heißen Außenleiterströme, $\underline{I}_N$ ist der Strom des Neutralleiters.

Für die Außenleiterspannungen gilt:

$$\underline{U}_{12} = \underline{U}_1 - \underline{U}_2 \tag{16.10}$$

$$\underline{U}_{23} = \underline{U}_2 - \underline{U}_3 \tag{16.11}$$

$$\underline{U}_{31} = \underline{U}_3 - \underline{U}_1 \tag{16.12}$$

Werden die Komponentenformen der Spannungen in den Gln. 16.7, 16.8 und 16.9 in die Gln. 16.10, 16.11 und 16.12 eingesetzt, so lassen sich die Außenleiterspannungen zusammenfassen.

$$\underline{U}_{12} = \sqrt{3} \cdot U \cdot e^{j \cdot 30°} \tag{16.13}$$

$$\underline{U}_{23} = \sqrt{3} \cdot U \cdot e^{-j \cdot 90°} \tag{16.14}$$

$$\underline{U}_{31} = \sqrt{3} \cdot U \cdot e^{j \cdot 150°} \tag{16.15}$$

Das Zeigerbild der Strangspannungen in Abb. 16.2b kann jetzt mit den Zeigern der Außenleiterspannungen ergänzt werden. Das Ergebnis ist in Abb. 16.4a dargestellt. Eine andere gebräuchliche Darstellung der Strang- und Außenleiterspannungen zeigt Abb. 16.4b.

16.1 Erzeugung von Drehstrom

Aus den Zeigerbildern ist ersichtlich, dass die Summe der Spannungen null ist.

$$\underline{U}_1 + \underline{U}_2 + \underline{U}_3 = 0 \tag{16.16}$$

$$\underline{U}_{12} + \underline{U}_{23} + \underline{U}_{31} = 0 \tag{16.17}$$

Der **Betrag der Strangspannung** (**Sternspannung**) wird oft mit U_{Str} oder U_Y bezeichnet, wobei der Index „Y" die Sternschaltung symbolisiert.

Der **Betrag der Außenleiterspannung** wird auch **Dreieckspannung** genannt, eine gebräuchliche **Abkürzung** ist U_L oder U_Δ.

Für Strang- und Leiterströme gelten die gleichen Indizes wie für die Spannungen.

Der Effektivwert der drei Strangspannungen ist bei einem (üblichen) **symmetrischen System** gleich groß.

$$\underline{U_1 = U_2 = U_3 = U_Y = U} \tag{16.18}$$

Der Effektivwert der drei Außenleiterspannungen ist ebenfalls gleich groß.

$$\underline{U_{12} = U_{23} = U_{31} = U_\Delta = \sqrt{3} \cdot U} \tag{16.19}$$

Somit gilt für den Zusammenhang zwischen U_Δ und U_Y:

$$\underline{U_\Delta = \sqrt{3} \cdot U_Y} \tag{16.20}$$

Bei einem Drehstromgenerator in Sternschaltung sind die Außenleiterspannungen um den Faktor $\sqrt{3} = 1{,}732$ größer als die Strangspannungen.

▶ **Außenleiterspannung** $= \sqrt{3} \cdot$ **Strangspannung**

Das Drehstromsystem des europäischen Verbundnetzes stellt im öffentlichen Stromversorgungsnetz eine Strangspannung von 230 V und somit eine Außenleiterspannung von 400 V zur Verfügung.

$$\underline{U_Y = 230\,\text{V}} \quad \text{(Strangspannung)} \tag{16.21}$$

$$\underline{U_\Delta = 400\,\text{V}} \quad \text{(Außenleiterspannung)} \tag{16.22}$$

16.1.2 Dreieckschaltung des Generators

Die drei Wicklungsstränge des Generators sind hintereinander zu einem geschlossenen Stromkreis in Dreieck geschaltet. Die drei entstehenden Punkte $L1, L2, L3$ werden zum Verbraucher geführt und bilden die Außenleiter (Abb. 16.5). Es gibt keinen Mittelleiter.

Die Außenleiterspannungen sind gleich den Strangspannungen, dem Betrage nach gleich groß und gegeneinander um 120° phasenverschoben.

▶ **Außenleiterspannung = Strangspannung**

Die Fernübertragung elektrischer Energie bei sehr hoher Spannung (z. B. 380 kV) erfolgt mit einem solchen Dreileiter-Drehstromnetz.

Abb. 16.5 Drehstromgenerator in Dreieckschaltung

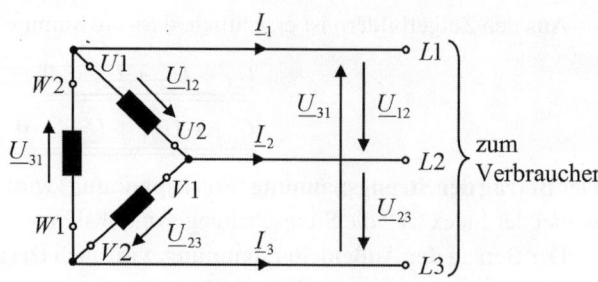

16.2 Verbraucher im Drehstromsystem

Ein Drehstromverbraucher besteht meist aus drei einzelnen, entweder in Stern oder in Dreieck geschalteten Widerständen (allgemein: Impedanzen). Bei der Sternschaltung des Verbrauchers sind Schaltungen mit und ohne angeschlossenen Mittelleiter möglich.

16.2.1 Sternschaltung des Verbrauchers mit Mittelleiter

Die drei Verbraucherwiderstände können verschiedene Werte haben und komplex sein. Sie sind deshalb mit $\underline{Z}_1, \underline{Z}_2, \underline{Z}_3$ bezeichnet. Die Sternschaltung eines Drehstromverbrauchers mit Mittelleiter zeigt Abb. 16.6.

An den Widerständen eines Drehstromverbrauchers in Sternschaltung mit Mittelleiter liegen oft die Strangspannungen des Generators in Sternschaltung. Setzt man für die Strangspannungen $U_1 = U_2 = U_3 = U_Y = U$, so gilt für die komplexen Spannungen an den Verbraucherwiderständen bei jeweils 120° Phasenverschiebung der Spannungen:

$$\underline{U}_1 = U \cdot e^{j \cdot 0°} = U \tag{16.23}$$

$$\underline{U}_2 = U \cdot e^{-j \cdot 120°} \tag{16.24}$$

$$\underline{U}_3 = U \cdot e^{-j \cdot 240°} = U \cdot e^{+j \cdot 120°} \tag{16.25}$$

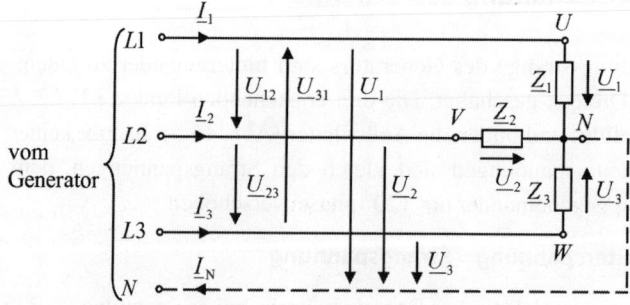

Abb. 16.6 Drehstromverbraucher in Sternschaltung mit Mittelleiter

16.2 Verbraucher im Drehstromsystem

Für die komplexen Außenleiterströme gilt dann:

$$\underline{I}_1 = \frac{\underline{U}_1}{\underline{Z}_1} \tag{16.26}$$

$$\underline{I}_2 = \frac{\underline{U}_2}{\underline{Z}_2} \tag{16.27}$$

$$\underline{I}_3 = \frac{\underline{U}_3}{\underline{Z}_3} \tag{16.28}$$

Aus der Knotenregel lässt sich der komplexe Mittelleiterstrom berechnen.

$$\underline{I}_N = \underline{I}_1 + \underline{I}_2 + \underline{I}_3 \tag{16.29}$$

Bei einem **symmetrischen** Dreiphasensystem gilt:

$$\underline{Z}_1 = \underline{Z}_2 = \underline{Z}_3 = \underline{Z} \quad \text{und} \quad \underline{I}_N = 0 \tag{16.30}$$

▶ **Bei symmetrischer Belastung kann der Mittelleiter entfallen.**

Sind die einzelnen Strangwiderstände der Last verschieden, so liegt unsymmetrische Belastung vor, durch den Neutralleiter fließt dann ein Ausgleichsstrom. Aus dem Neutralleiterstrom $\underline{I}_N = 0$ darf man allerdings nicht folgern, dass die Belastung symmetrisch ist. Auch bei unsymmetrischer Belastung kann der Neutralleiterstrom null sein.

Da die Leiterströme auch durch die Verbraucherstränge fließen, gilt bei der Sternverkettung:

▶ **Leiterströme = Strangströme**

Die Strangspannungen liegen jeweils zwischen einem Außenpunkt und dem Sternpunkt, die Leiterspannungen liegen zwischen den Leitern. Wie bei der Sternschaltung des Generators gilt somit auch bei der Sternschaltung des Verbrauchers mit Mittelleiter:

▶ **Außenleiterspannung $= \sqrt{3} \cdot$ Strangspannung**

16.2.2 Sternschaltung des Verbrauchers ohne Mittelleiter

Ein Drehstromverbraucher in Sternschaltung ohne Mittelleiter ist in Abb. 16.7 dargestellt. Der Verbrauchersternpunkt N^* ist *nicht* mit dem Mittelleiter N des Drehstromnetzes verbunden. Zwischen N^* und N besteht eine Spannung $\underline{U}_N \neq 0\,\text{V}$, wenn bei unsymmetrischer Belastung die Verbraucherwiderstände $\underline{Z}_1, \underline{Z}_2, \underline{Z}_3$ verschiedene Werte haben.

Abb. 16.7 Drehstromverbraucher in Sternschaltung ohne Mittelleiter

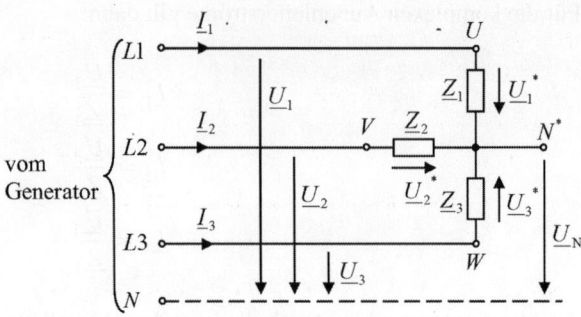

Für die Ströme $\underline{I}_1$, $\underline{I}_2$ und $\underline{I}_3$ gilt dann mit den Leitwerten $\underline{Y}_1 = \frac{1}{\underline{Z}_1}$, $\underline{Y}_2 = \frac{1}{\underline{Z}_2}$, $\underline{Y}_3 = \frac{1}{\underline{Z}_3}$:

$$\underline{I}_1 = \underline{U}_1^* \cdot \underline{Y}_1 = (\underline{U}_1 - \underline{U}_N) \cdot \underline{Y}_1 \tag{16.31}$$

$$\underline{I}_2 = \underline{U}_2^* \cdot \underline{Y}_2 = (\underline{U}_2 - \underline{U}_N) \cdot \underline{Y}_2 \tag{16.32}$$

$$\underline{I}_3 = \underline{U}_3^* \cdot \underline{Y}_3 = (\underline{U}_3 - \underline{U}_N) \cdot \underline{Y}_3 \tag{16.33}$$

Die Außenleiterströme eines Drehstromverbrauchers in Sternschaltung ohne Mittelleiter sind:

$$\underline{I}_1 = (\underline{U}_1 - \underline{U}_N) \cdot \underline{Y}_1 \tag{16.34}$$

$$\underline{I}_2 = (\underline{U}_2 - \underline{U}_N) \cdot \underline{Y}_2 \tag{16.35}$$

$$\underline{I}_3 = (\underline{U}_3 - \underline{U}_N) \cdot \underline{Y}_3 \tag{16.36}$$

Nach der Knotenregel muss die Summe der Ströme gleich null sein.

$$(\underline{U}_1 - \underline{U}_N) \cdot \underline{Y}_1 + (\underline{U}_2 - \underline{U}_N) \cdot \underline{Y}_2 + (\underline{U}_3 - \underline{U}_N) \cdot \underline{Y}_3 = 0 \tag{16.37}$$

Nach $\underline{U}_N$ aufgelöst ergibt sich für die Spannung des Drehstromverbraucher-Sternpunktes ohne angeschlossenen Mittelleiter:

$$\underline{U}_N = \frac{\underline{U}_1 \cdot \underline{Y}_1 + \underline{U}_2 \cdot \underline{Y}_2 + \underline{U}_3 \cdot \underline{Y}_3}{\underline{Y}_1 + \underline{Y}_2 + \underline{Y}_3} \tag{16.38}$$

Für die Spannungen $\underline{U}_1$, $\underline{U}_2$ und $\underline{U}_3$ in Gl. 16.38 können die in den Gln. 16.23, 16.24 und 16.25 angegebenen Ausdrücke eingesetzt werden. Nach Berechnung von U_N können die Außenleiterströme nach den Gln. 16.34, 16.35 und 16.36 bestimmt werden.

16.2 Verbraucher im Drehstromsystem

Abb. 16.8 Unsymmetrischer Drehstromverbraucher in Sternschaltung mit angeschlossenem Mittelleiter (Schaltungsbeispiel)

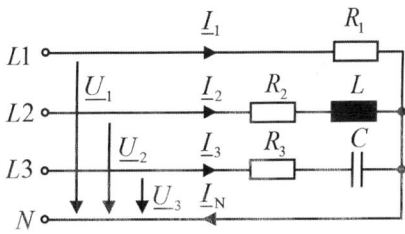

Man bezeichnet die **Belastung** als **symmetrisch**, wenn die Beträge der drei Verbraucherwiderstände gleich sind ($Z_1 = Z_2 = Z_3 = Z$). Die drei Außenleiterströme I_1, I_2, I_3 sind dann dem Betrage nach gleich groß. Da sie um jeweils 120° gegeneinander phasenverschoben sind, ist ihre geometrische Summe gleich null. Damit wird auch der Mittelleiterstrom $I_N = 0$, und der **Mittelleiter kann entfallen**.

Bei symmetrischer Belastung liegt jeder Verbraucherwiderstand an der Strangspannung. Für den in jedem Außenleiter fließenden Strom des Drehstromverbrauchers in Sternschaltung ergibt sich:

$$\underline{I} = \frac{U_{\text{Str}}}{\underline{Z}} = \frac{U_L}{\sqrt{3} \cdot \underline{Z}} \tag{16.39}$$

Aufgabe 16.1
An ein 400 V/230 V-Drehstromnetz sind Verbraucherwiderstände nach Abb. 16.8 angeschlossen. Die Frequenz ist 50 Hz. Zu bestimmen sind die komplexen Außenleiterströme $\underline{I}_1$, $\underline{I}_2$, $\underline{I}_3$ und der komplexe Mittelleiterstrom $\underline{I}_N$ in Exponentialform. Für die Bauelemente gelten folgende Werte: $R_1 = 330\,\Omega$, $R_2 = 220\,\Omega$, $R_3 = 150\,\Omega$, $L = 0{,}8\,\text{H}$, $C = 9{,}0\,\mu\text{F}$.

Lösung
An den komplexen Widerständen der Stränge liegen nach den Gln. 16.23, 16.24 und 16.25 die Spannungen:

$$\underline{U}_1 = 230\,\text{V}$$
$$\underline{U}_2 = 230\,\text{V} \cdot e^{-j \cdot 120°}$$
$$\underline{U}_3 = 230\,\text{V} \cdot e^{-j \cdot 240°} = 230\,\text{V} \cdot e^{+j \cdot 120°}$$

Die Strangimpedanzen sind:

$$\underline{Z}_1 = R_1 = 330\,\Omega$$

$$\underline{Z}_2 = R_2 + j\omega L = (220 + j \cdot 2 \cdot \pi \cdot 50 \cdot 0{,}8)\,\Omega$$

$$= 334{,}0\,\Omega \cdot e^{j \cdot \arctan\left(\frac{80\pi}{220}\right)} = 334{,}0\,\Omega \cdot e^{j \cdot 48{,}8°}$$

$$\underline{Z}_3 = R_3 + \frac{1}{j\omega C} = \left(150 + \frac{1}{j \cdot 2 \cdot \pi \cdot 50 \cdot 9{,}0 \cdot 10^{-6}}\right)\,\Omega = (150 - j \cdot 353{,}7)\,\Omega$$

$$\underline{Z}_3 = 384{,}2\,\Omega \cdot e^{-j \cdot \arctan\left(\frac{353{,}7}{150}\right)} = 384{,}2\,\Omega \cdot e^{-j \cdot 67°}$$

Die Außenleiterströme sind:

$$\underline{I}_1 = \frac{\underline{U}_1}{\underline{Z}_1} = \frac{230\,\text{V}}{330\,\Omega} = \underline{0{,}7\,\text{A}}$$

$$\underline{I}_2 = \frac{\underline{U}_2}{\underline{Z}_2} = \frac{230\,\text{V} \cdot e^{-j \cdot 120°}}{334{,}0\,\Omega \cdot e^{j \cdot 48{,}8°}} = 0{,}69\,\text{A} \cdot e^{-j \cdot 168{,}8°} = \underline{0{,}69\,\text{A} \cdot e^{j \cdot 191{,}2°}}$$

$$\underline{I}_3 = \frac{\underline{U}_3}{\underline{Z}_3} = \frac{230\,\text{V} \cdot e^{j \cdot 120°}}{384{,}2\,\Omega \cdot e^{-j \cdot 67°}} = \underline{0{,}6\,\text{A} \cdot e^{j \cdot 187°}}$$

Der komplexe Mittelleiterstrom ist $\underline{I}_N = \underline{I}_1 + \underline{I}_2 + \underline{I}_3$.

Die Exponentialformen werden für die Addition in die Komponentenform umgewandelt.

$$\underline{I}_1 = 0{,}7\,\text{A}$$

$$\underline{I}_2 = (-0{,}68 - j \cdot 0{,}13)\,\text{A}$$

$$\underline{I}_3 = (-0{,}6 - j \cdot 0{,}07)\,\text{A}$$

$$\underline{I}_N = (-0{,}58 - j \cdot 0{,}2)\,\text{A} = \underline{0{,}6\,\text{A} \cdot e^{j \cdot 199°}}$$

Aufgabe 16.2

Bei einem Drehstromnetz ohne Mittelleiter ist die Außenleiterspannung $U = 400\,\text{V}$. An ihm sind Verbraucherwiderstände nach Abb. 16.9 angeschlossen. Zu bestimmen sind die Außenleiterströme I_1, I_2 und I_3.

16.2 Verbraucher im Drehstromsystem

Abb. 16.9 Unsymmetrischer Drehstromverbraucher in Sternschaltung ohne angeschlossenen Mittelleiter (Schaltungsbeispiel)

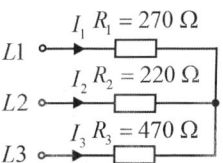

Lösung
Die Verbraucherwiderstände haben die Leitwerte

$$Y_1 = \frac{1}{R_1} = 3{,}70\,\text{mS}, \quad Y_2 = \frac{1}{R_2} = 4{,}55\,\text{mS}, \quad Y_3 = \frac{1}{R_3} = 2{,}13\,\text{mS}.$$

Die Strangspannung des Drehstromnetzes hat den Betrag
$U_{\text{Str}} = \frac{U_L}{\sqrt{3}} = \frac{400\,\text{V}}{\sqrt{3}} = 230\,\text{V}.$

Die Strangspannungen sind somit:

$$\underline{U}_1 = U \cdot e^{j \cdot 0°} = U$$
$$\underline{U}_2 = U \cdot e^{-j \cdot 120°}$$
$$\underline{U}_3 = U \cdot e^{-j \cdot 240°} = U \cdot e^{+j \cdot 120°}$$

Die Spannung $\underline{U}_N$ des Drehstromverbraucher-Sternpunktes ohne angeschlossenen Mittelleiter ist $\underline{U}_N = \frac{\underline{U}_1 \cdot \underline{Y}_1 + \underline{U}_2 \cdot \underline{Y}_2 + \underline{U}_3 \cdot \underline{Y}_3}{\underline{Y}_1 + \underline{Y}_2 + \underline{Y}_3}$.

$$\underline{U}_N = \frac{230\,\text{V} \cdot \left(3{,}70\,\text{mS} + e^{-j \cdot 120°} \cdot 4{,}55\,\text{mS} + e^{-j \cdot 240°} \cdot 2{,}13\,\text{mS}\right)}{10{,}38\,\text{mS}}$$

$$\underline{U}_N = (7{,}98 - j \cdot 46{,}44)\,\text{V}$$

Nach Gl. 16.34 bis 16.36 sind die Außenleiterströme:

$\underline{I}_1 = (\underline{U}_1 - \underline{U}_N) \cdot \underline{Y}_1$
$\underline{I}_2 = (\underline{U}_2 - \underline{U}_N) \cdot \underline{Y}_2$
$\underline{I}_3 = (\underline{U}_3 - \underline{U}_N) \cdot \underline{Y}_3$
$\underline{I}_1 = [230\,\text{V} - (7{,}98 - j \cdot 46{,}44)\,\text{V}] \cdot 3{,}70\,\text{mS}; \quad \underline{I_1 = 0{,}84\,\text{A}}$
$\underline{I}_2 = [230\,\text{V} \cdot (\cos(-120°) + j \cdot \sin(-120°)) - (7{,}98 - j \cdot 46{,}44)\,\text{V}] \cdot 4{,}55\,\text{mS};$
$\underline{I_2 = 0{,}89\,\text{A}}$
$\underline{I}_3 = [230\,\text{V} \cdot (\cos(-240°) + j \cdot \sin(-240°)) - (7{,}98 - j \cdot 46{,}44)\,\text{V}] \cdot 2{,}13\,\text{mS};$
$\underline{I_3 = 0{,}59\,\text{A}}$

Abb. 16.10 Symmetrischer Drehstromverbraucher in Sternschaltung ohne angeschlossenen Mittelleiter (Schaltungsbeispiel)

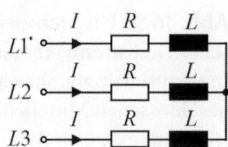

Aufgabe 16.3

Ein Drehstromnetz ohne Mittelleiter hat die Außenleiterspannung $U = 400$ V und die Frequenz 50 Hz. An ihm sind Verbraucherwiderstände nach Abb. 16.10 mit $R = 60\,\Omega$, $L = 0{,}25$ H angeschlossen. Bestimmen Sie den Strom I in jedem Außenleiter.

Lösung

Jeder komplexe Widerstand ist

$$\underline{Z} = R + j\omega L = (60 + j \cdot 2 \cdot \pi \cdot 50 \cdot 0{,}25)\,\Omega = (60 + j \cdot 78{,}54)\,\Omega$$

Der Betrag ist:

$$Z = \sqrt{60^2 + 78{,}54^2}\,\Omega = 98{,}84\,\Omega$$

Bei symmetrischer Belastung ist der Strom in jedem Außenleiter nach Gl. 16.39: $\underline{I} = \frac{U_{Str}}{\underline{Z}} = \frac{U_1}{\sqrt{3}\cdot\underline{Z}}$. In jedem Außenleiter fließt der Strom $I = \frac{400\,\text{V}}{\sqrt{3}\cdot Z} = \underline{\underline{2{,}34\,\text{A}}}$

16.2.3 Dreieckschaltung des Verbrauchers

Aus Abb. 16.11 ist direkt ersichtlich: Außenleiterspannung = Strangspannung. Die drei Außenleiterspannungen $\underline{U}_{12}$, $\underline{U}_{23}$, $\underline{U}_{31}$ haben den gleichen Betrag U und sind gegeneinander um 120° phasenverschoben.

$$\underline{U}_{12} = U \tag{16.40}$$

$$\underline{U}_{23} = U \cdot e^{-j\cdot 120°} \tag{16.41}$$

$$\underline{U}_{31} = U \cdot e^{+j\cdot 120°} \tag{16.42}$$

16.2 Verbraucher im Drehstromsystem

Abb. 16.11 Drehstromverbraucher in Dreieckschaltung

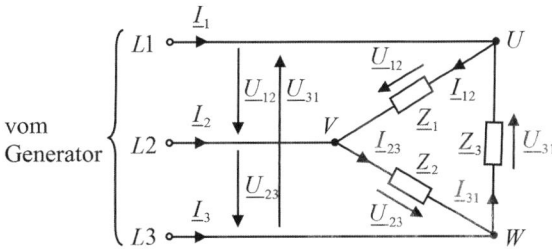

Für die Ströme in den Verbraucherslrängen gilt somit:

$$\underline{I}_{12} = \frac{\underline{U}_{12}}{\underline{Z}_1} \tag{16.43}$$

$$\underline{I}_{23} = \frac{\underline{U}_{23}}{\underline{Z}_2} \tag{16.44}$$

$$\underline{I}_{31} = \frac{\underline{U}_{31}}{\underline{Z}_3} \tag{16.45}$$

Für die Außenleiterströme gilt nach der Knotenregel:

$$\underline{I}_1 = \underline{I}_{12} - \underline{I}_{31} \tag{16.46}$$

$$\underline{I}_2 = \underline{I}_{23} - \underline{I}_{12} \tag{16.47}$$

$$\underline{I}_3 = \underline{I}_{31} - \underline{I}_{23} \tag{16.48}$$

Bei **symmetrischer Belastung** $\underline{Z}_1 = \underline{Z}_2 = \underline{Z}_3$ haben die Strangströme den gleichen Betrag und sind um jeweils 120° gegeneinander phasenverschoben. Es gilt:

$$\underline{I}_{12} = \underline{I}_{23} = \underline{I}_{31} = \underline{I}_{\text{Str}} \tag{16.49}$$

Die Außenleiterströme sind ebenfalls gleich groß:

$$\underline{I}_1 = \underline{I}_2 = \underline{I}_3 = \underline{I}_{\text{L}} \tag{16.50}$$

In Analogie zu den Spannungen bei der Sternschaltung kann für die Ströme bei der Dreieckschaltung abgeleitet werden:

$$\underline{I}_{\text{L}} = \sqrt{3} \cdot I_{\text{Str}} \tag{16.51}$$

▶ **Außenleiterstrom $= \sqrt{3} \cdot$ Strangstrom**
  Bei der Dreieckschaltung des Verbrauchers sind die Außenleiterströme um den Faktor $\sqrt{3}$ größer als die Strangströme.

Abb. 16.12 Symmetrischer Drehstromverbraucher in Dreieckschaltung (Schaltungsbeispiel)

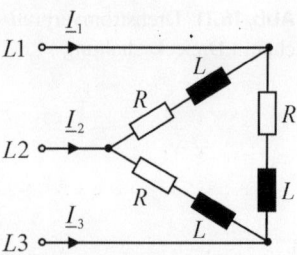

Aufgabe 16.4

Ein Drehstromnetz hat die Außenleiterspannung $U = 400\,\text{V}$ und die Frequenz 50 Hz. An ihm sind Verbraucherwiderstände nach Abb. 16.12 angeschlossen. Es sind $R = 160\,\Omega$ und $L = 0{,}4\,\text{H}$. Bestimmen Sie die Ströme I_1, I_2 und I_3 in den Außenleitern.

Lösung

Jeder Strang hat den komplexen Widerstand

$$\underline{Z} = R + j\omega L = (160 + j \cdot 2 \cdot \pi \cdot 50 \cdot 0{,}4)\,\Omega = (160 + j \cdot 125{,}66)\,\Omega.$$

Der Betrag jedes Strangwiderstandes ist $Z = \sqrt{160^2 + 125{,}66^2}\,\Omega = 203{,}5\,\Omega$.
In jedem Strang fließt der Strom $I_{\text{Str}} = \frac{400\,\text{V}}{203{,}5\,\Omega} = 1{,}966\,\text{A}$.
Da die Belastung symmetrisch ist, gilt $I_{\text{L}} = \sqrt{3} \cdot I_{\text{Str}}$.
Somit sind die Außenleiterströme: $\underline{I_1 = I_2 = I_3 = 3{,}41\,\text{A}}$

16.3 Leistung bei Drehstrom

Die gesamte vom Drehstromgenerator abgegebene Augenblicksleistung ist gleich der Summe der Augenblicksleistungen der einzelnen Stränge. Dies gilt unabhängig davon, ob der Verbraucher in Stern oder in Dreieck geschaltet ist. Zu unterscheiden ist zwischen symmetrischer und unsymmetrischer Belastung.

Die folgenden Formeln werden ohne Herleitung angegeben.
Bei *symmetrischer Belastung* ist im Drehstromsystem:

$$\underline{P = \sqrt{3} \cdot U \cdot I \cdot \cos(\varphi) = S \cdot \cos(\varphi)} \tag{16.52}$$

$$\underline{S = \sqrt{3} \cdot U \cdot I = \sqrt{P^2 + Q^2}} \tag{16.53}$$

$$\underline{Q = \sqrt{3} \cdot U \cdot I \cdot \sin(\varphi) = S \cdot \sin(\varphi)} \tag{16.54}$$

16.3 Leistung bei Drehstrom

P = Wirkleistung in W (Watt),
S = Scheinleistung in VA,
Q = Blindleistung in var,
U = Effektivwert der Außenleiterspannung,
I = Effektivwert des Außenleiterstromes,
φ = Phasenwinkel zwischen **Strang**spannung und **Strang**strom (!)

Bei *unsymmetrischer Belastung* ist die Wirkleistung im Drehstromsystem:

$$P = U_1 \cdot I_1 \cdot \cos(\varphi_1) + U_2 \cdot I_2 \cdot \cos(\varphi_2) + U_3 \cdot I_3 \cdot \cos(\varphi_3) \qquad (16.55)$$

U_1, U_2, U_3 = Effektivwerte der Generator-Strangspannungen,
I_1, I_2, I_3 = Effektivwerte der Außenleiterströme,
$\varphi_1, \varphi_2, \varphi_3$ = Phasenwinkel zwischen Generator-Strangspannungen und Außenleiterströmen.

Aufgabe 16.5
Ein Drehstromnetz mit der Außenleiterspannung $U = 400$ V speist einen symmetrischen Verbraucher. In den drei Anschlussleitungen fließt jeweils der Strom $I = 3{,}0$ A. Der Leistungsfaktor des Verbrauchers ist $\cos(\varphi) = 0{,}7$. Wie groß sind die vom Verbraucher aufgenommene Wirk-, Blind- und Scheinleistung?

Lösung
Wirkleistung: $P = \sqrt{3} \cdot U \cdot I \cdot \cos(\varphi) = \sqrt{3} \cdot 400 \text{ V} \cdot 3 \text{ A} \cdot 0{,}7$; $\underline{P = 1454{,}9 \text{ W}}$
Blindleistung: $\varphi = \arccos(0{,}7) = 45{,}6°$;
$Q = \sqrt{3} \cdot U \cdot I \cdot \sin(\varphi) = \sqrt{3} \cdot 400 \text{ V} \cdot 3 \text{ A} \cdot \sin(45{,}6°)$

$$\underline{Q = 1485 \text{ var}}$$

Scheinleistung: $S = \sqrt{3} \cdot U \cdot I = \sqrt{3} \cdot 400 \text{ V} \cdot 3 \text{ A}$; $\underline{S = 2078{,}5 \text{ VA}}$

Anmerkung Werden drei Spulen von einem Drehstromgenerator gespeist, so entstehen drei getrennte magnetische Felder, die den drei Spannungen entsprechen. Versetzt man die drei Spulen um 120°, so entsteht ein gemeinsames magnetisches **Drehfeld**, weil der Strom in den einzelnen Wicklungen nacheinander sein Maximum erreicht. Bei einer Netzfrequenz von 50 Hz läuft das Drehfeld 50-mal in der Sekunde um. Dieses Drehfeld findet bei Drehstrommotoren Verwendung und gibt dem Drehstrom seinen Namen.

Erwähnt sei, dass bei der Übertragung von Drehstrom gegenüber der Übertragung von Wechselstrom 13 % weniger Stromwärmeverluste in den Leitungen entstehen.

16.4 Zusammenfassung: Mehrphasensysteme

1. Beim Drehstromsystem sind die drei Spannungen um je 120° gegeneinander phasenverschoben.
2. Ein Drehstromgenerator kann in Stern oder in Dreieck geschaltet werden.
3. Man unterscheidet zwischen den Außenleitern (Phasen) und den Strängen.
4. Drehstromgenerator in Sternschaltung: Außenleiterspannung = $\sqrt{3}\cdot$Strangspannung.
5. Drehstromgenerator in Dreieckschaltung: Außenleiterspannung = Strangspannung.
6. Ein Drehstromverbraucher kann in Stern (mit oder ohne Mittelleiter) oder in Dreieck geschaltet werden.
7. Verbraucher in Sternschaltung mit Mittelleiter
   Spannungen an den Verbraucherwiderständen $\underline{Z}_1, \underline{Z}_2, \underline{Z}_3$:
   $\underline{U}_1 = U \cdot e^{j \cdot 0°} = U, \underline{U}_2 = U \cdot e^{-j \cdot 120°}, \underline{U}_3 = U \cdot e^{-j \cdot 240°} = U \cdot e^{+j \cdot 120°}$.
   Außenleiterströme: $\underline{I}_1 = \frac{\underline{U}_1}{\underline{Z}_1}, \underline{I}_2 = \frac{\underline{U}_2}{\underline{Z}_2}, \underline{I}_3 = \frac{\underline{U}_3}{\underline{Z}_3}$.
   Mittelleiterstrom: $\underline{I}_N = \underline{I}_1 + \underline{I}_2 + \underline{I}_3$
8. Verbraucher in Sternschaltung ohne Mittelleiter
   Außenleiterströme: $\underline{I}_1 = (\underline{U}_1 - \underline{U}_N) \cdot \underline{Y}_1, \underline{I}_2 = (\underline{U}_2 - \underline{U}_N) \cdot \underline{Y}_2,$
   $\underline{I}_3 = (\underline{U}_3 - \underline{U}_N) \cdot \underline{Y}_3.$
   Spannung des Drehstromverbraucher-Sternpunktes: $\underline{U}_N = \frac{\underline{U}_1 \cdot \underline{Y}_1 + \underline{U}_2 \cdot \underline{Y}_2 + \underline{U}_3 \cdot \underline{Y}_3}{\underline{Y}_1 + \underline{Y}_2 + \underline{Y}_3}$
   Strom in jedem Außenleiter bei symmetrischer Belastung: $I = \frac{U_{Str}}{Z} = \frac{U_1}{\sqrt{3}\cdot Z}$
9. Verbraucher in Dreieckschaltung
   Strangströme: $\underline{I}_{12} = \frac{\underline{U}_{12}}{\underline{Z}_1}, \underline{I}_{23} = \frac{\underline{U}_{23}}{\underline{Z}_2}, \underline{I}_{31} = \frac{\underline{U}_{31}}{\underline{Z}_3}$.
   Außenleiterströme: $\underline{I}_1 = \underline{I}_{12} - \underline{I}_{31}, \underline{I}_2 = \underline{I}_{23} - \underline{I}_{12}, \underline{I}_3 = \underline{I}_{31} - \underline{I}_{23}$.
   Außenleiterströme bei symmetrischer Belastung: $I_L = \sqrt{3} \cdot I_{Str}$
10. Leistung bei symmetrischer Belastung:

$$P = \sqrt{3} \cdot U \cdot I \cdot \cos(\varphi) = S \cdot \cos(\varphi),$$
$$S = \sqrt{3} \cdot U \cdot I = \sqrt{P^2 + Q^2},$$
$$Q = \sqrt{3} \cdot U \cdot I \cdot \sin(\varphi) = S \cdot \sin(\varphi).$$

Analyse allgemeiner Wechselstromnetze 17

Zusammenfassung

Zunächst wird die Bestimmung der Impedanz gemischter Zweipolschaltungen geübt. Mit Hilfe der komplexen Rechnung und unter Anwendung bisher erlernter Analysemethoden (z. B. Maschenanalyse, Überlagerungssatz) werden unterschiedliche Wechselstromnetzwerke analysiert. Angewandt werden dabei Übertragungsfunktionen und das Bodediagramm zur Darstellung von Amplituden- und Phasengang.

Als Erweiterung eines einfachen Stromkreises ist ein elektrisches Netzwerk eine Schaltung mit mindestens einer Stromverzweigung. Bei der Analyse eines Netzwerks werden die Ströme und Spannungen in den Zweigen des Netzes ermittelt oder andere Größen, z. B. Leistungen oder Widerstände, berechnet. Die Anwendung der komplexen Rechnung ist meist eine Voraussetzung für die Berechnung von Wechselstromnetzen. Durch die komplexe Rechnung bleiben die notwendigen mathematischen Kenntnisse auf die „normale" Algebra beschränkt und das Lösen von Differenzial- bzw. Integralgleichungen ist nicht erforderlich.

Alle Betrachtungen beziehen sich ausschließlich auf den *eingeschwungenen Zustand* der Netzwerke.

In der Gleichstromtechnik gilt bekanntlich das ohmsche Gesetz. Liegt an einer Spannung U ein ohmscher Widerstand R mit dem Leitwert $G = \frac{1}{R}$, so kann der fließende Strom nach $I = \frac{U}{R} = U \cdot G$ berechnet werden. Durch die Anwendung komplexer Größen wird das ohmsche Gesetz auf Wechselstromkreise erweitert und es ist dort genauso gültig wie bei Gleichstromkreisen. Wie schon in Abschn. 10.1 erwähnt, werden in diesem Werk Formelzeichen komplexer Größen grundsätzlich unterstrichen.

Ein komplexer Widerstand wird mit $\underline{Z}$ (Leitwert $\underline{Y} = \frac{1}{\underline{Z}}$) bezeichnet. Liegt an einer sinusförmigen Spannung U ein Verbraucher mit dem komplexen Widerstand $\underline{Z}$, so gilt für den fließenden Strom $\underline{I} = \frac{U}{\underline{Z}} = U \cdot \underline{Y}$.

Bei der Analyse von Gleichstromnetzen waren neben dem ohmschen Gesetz die Kirchhoff'schen Gesetze die Grundlage aller Methoden zur Netzwerkberechnung. Auch bei der Berechnung von Wechselstromnetzen behalten die Kirchhoff'schen Gesetze ihre Gültigkeit. Durch die Anwendung der komplexen Rechnung erhält man somit bei der Analyse von Wechselstromnetzen Gleichungen, die genauso aufgebaut sind wie die Gleichungen bei der Analyse von Gleichstromnetzen. Daher gilt:

▶ **Alle Methoden zur Berechnung von Gleichstromnetzen wie Maschenanalyse, Knotenanalyse, Satz von der Ersatzspannungsquelle, Überlagerungssatz können auch zur Berechnung von Wechselstromnetzen angewendet werden.**

Da die Verfahren zur Analyse von Gleichstromnetzen bereits ausführlich behandelt wurden, werden ihre Anwendung bei der Analyse von Wechselstromnetzen anhand einiger Beispiele erläutert und geübt.

Aufgabe 17.1
Zunächst noch einige Beispiele zum Rechnen mit komplexen Zahlen.
  Von den folgenden komplexen Zahlen $\underline{z} = a + jb$ sind jeweils der Betrag $z = |\underline{z}|$ und die Phase φ in Grad zu bestimmen. Geben Sie jeweils auch die exponentielle Form (Polarform) $\underline{z} = z \cdot e^{j\varphi}$ der komplexen Zahlen an.
  Hinweis: Veranschaulichen Sie sich die Lage der komplexen Zahlen in der Gauß'schen Ebene und achten Sie dadurch auf den richtigen Quadranten bei der Ermittlung von φ.
a) $\underline{z} = j$ **b)** $\underline{z} = -j$ **c)** $\underline{z} = -1$ **d)** $\underline{z} = 11 + j$ **e)** $\underline{z} = -6 + 2j$ **f)** $\underline{z} = -6 - 5j$
g) $\underline{z} = 6 - 2j$

Lösung

a) $z = 1; \varphi = 90°; \underline{z} = e^{j \cdot 90°}$

b) $z = 1; \varphi = -90°; \underline{z} = e^{-j \cdot 90°}$

c) $z = 1; \varphi = 180°; \underline{z} = e^{j \cdot 180°}$

d) $z = \sqrt{11^2 + 1^2} = 11{,}05$; 1. Quadrant: $\varphi = \arctan\left(\frac{1}{11}\right) = 5{,}2°$;
   $\underline{z} = 11{,}05 \cdot e^{j \cdot 5{,}2°}$

e) $z = \sqrt{6^2 + 2^2} = 6{,}3$; 2. Quadrant: $\varphi = 180° - \arctan\left(\frac{2}{6}\right) = 161{,}6°$;
   $\underline{z} = 6{,}3 \cdot e^{j \cdot 161{,}6°}$

f) $z = \sqrt{6^2 + 5^2} = 7{,}8$; 3. Quadrant: $\varphi = 180° + \arctan\left(\frac{5}{6}\right) = 219{,}8°$;
   $\underline{z} = 7{,}8 \cdot e^{j \cdot 219{,}8°}$

g) $z = \sqrt{6^2 + 2^2} = 6{,}3$; 4. Quadrant: $\varphi = -\arctan\left(\frac{2}{6}\right) = -18{,}4°$;
   $\underline{z} = 6{,}3 \cdot e^{-j \cdot 18{,}4°}$

Aufgabe 17.2

Vereinfachen Sie die folgenden komplexen Zahlen:

a) $\underline{z}_1 = (2+5j) + (3+8j)$ b) $\underline{z}_2 = (3+2j) - (4-5j)$
c) $\underline{z}_3 = (2+3j) \cdot (4-2j)$ d) $\underline{z}_4 = \frac{2+4j}{3-6j}$

Lösung

a) $\underline{z}_1 = 2 + 3 + 5j + 8j = \underline{\underline{5 + 13j}}$;

b) $\underline{z}_2 = 3 - 4 + 2j + 5j = \underline{\underline{-1 + 7j}}$

c) Zur Multiplikation wird am besten die Polarform angewandt.
$2 + 3j = 3{,}6 \cdot e^{j \cdot 56{,}3°}$; $4 - 2j = 4{,}5 \cdot e^{-j \cdot 26{,}6°}$;
$\underline{z}_3 = 3{,}6 \cdot 4{,}5 \cdot e^{j \cdot [56{,}3° + (-26{,}6°)]} = \underline{\underline{16{,}2 \cdot e^{j \cdot 29{,}7°}}}$

Bei Bedarf wird in die arithmetische Form (Komponentenform) umgewandelt.

$$\underline{z}_3 = 16{,}2 \cdot [\cos(29{,}7°) + j \cdot \sin(29{,}7°)] = \underline{\underline{14 + 8j}}$$

d) Auch für die Division wird die Polarform verwendet.
$2 + 4j = 4{,}5 \cdot e^{j \cdot 63{,}4°}$; $3 - 6j = 6{,}7 \cdot e^{-j \cdot 63{,}4°}$;
$\underline{z}_4 = \frac{4{,}5}{6{,}7} \cdot e^{j \cdot [63{,}4° - (-63{,}4°)]} = \underline{\underline{0{,}67 \cdot e^{j \cdot 126{,}8°}}}$
Umwandlung in die arithmetische Form ergibt:

$$\underline{z}_4 = 0{,}67 \cdot [\cos(126{,}8°) + j \cdot \sin(126{,}8°)] = \underline{\underline{-0{,}4 + 0{,}54j}}$$

Aufgabe 17.3

Zur Analyse von Wechselstromnetzen muss häufig der komplexe Widerstand einer Schaltung berechnet werden.

Geben Sie den komplexen Widerstand $\underline{Z}(j\omega)$ sowie dessen Betrag $|\underline{Z}(j\omega)|$ und den Phasenwinkel $\varphi = \angle \underline{Z}$ der Impedanzen der Schaltungen in Abb. 17.1a bis f an. Geben Sie jeweils nach zwei unterschiedlichen Kriterien an, ob der Strom der Spannung voraus- oder nacheilt.

$\varphi = \angle \underline{Z}$ entspricht dem Phasenverschiebungswinkel zwischen einer am Zweipol angelegten Spannung und dem Strom durch den Zweipol. Siehe zur Wiederholung Abschn. 10.1.5: Der komplexe Widerstand.

Lösung

a) $\underline{Z}(j\omega) = R + j\omega L$; $\text{Im}\{\underline{Z}(j\omega)\} > 0$: Der Strom eilt der Spannung nach.
$|\underline{Z}(j\omega)| = \sqrt{R^2 + (\omega L)^2}$; $\angle \underline{Z} = \arctan\left(\frac{\omega L}{R}\right)$:

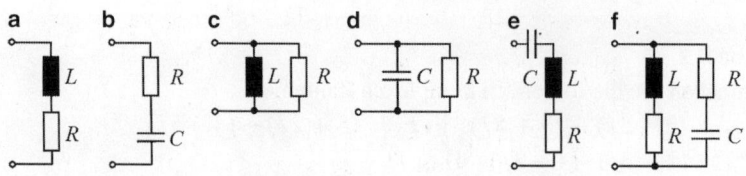

Abb. 17.1 Beispiele zur Berechnung komplexer Widerstände

Der Winkel $\angle \underline{Z} = \varphi = \varphi_{ui}$ ist positiv, der Strom eilt der Spannung nach. Siehe zur Wiederholung Abschn. 9.6.2: Phasenverschiebungswinkel im Zeigerdiagramm.

b) $\underline{Z}(j\omega) = R + \frac{1}{j\omega C} = R - j \cdot \frac{1}{\omega C}$; $\operatorname{Im}\{\underline{Z}(j\omega)\} < 0$: Der Strom eilt der Spannung voraus.

$|\underline{Z}(j\omega)| = \sqrt{R^2 + \left(\frac{1}{\omega C}\right)^2}$; $\angle \underline{Z} = \arctan\left(-\frac{1}{\omega RC}\right) = -\arctan\left(\frac{1}{\omega RC}\right)$

$\angle \underline{Z} < 0$: Der Strom eilt der Spannung voraus.

c) $\underline{Z}(j\omega) = \frac{R \cdot j\omega L}{R + j\omega L} = \frac{j\omega RL \cdot (R - j\omega L)}{(R + j\omega L)(R - j\omega L)} = \frac{\omega^2 RL^2 + j\omega R^2 L}{R^2 + \omega^2 L^2} = \frac{\omega^2 RL^2}{R^2 + \omega^2 L^2} + j\frac{\omega R^2 L}{R^2 + \omega^2 L^2}$

$\operatorname{Im}\{\underline{Z}(j\omega)\} > 0$: Der Strom eilt der Spannung nach.

$|\underline{Z}(j\omega)| = \sqrt{\left(\frac{\omega^2 RL^2}{R^2 + \omega^2 L^2}\right)^2 + \left(\frac{\omega R^2 L}{R^2 + \omega^2 L^2}\right)^2} = \sqrt{\frac{\omega^4 R^2 L^4 + \omega^2 R^4 L^2}{(R^2 + \omega^2 L^2)^2}}$

$= \sqrt{\frac{(R^2 + \omega^2 L^2) \cdot \omega^2 R^2 L^2}{(R^2 + \omega^2 L^2)^2}}$

$|\underline{Z}(j\omega)| = \frac{\omega RL}{\sqrt{R^2 + \omega^2 L^2}}$; $\quad \angle \underline{Z} = \arctan\left(\frac{\frac{\omega R^2 L}{R^2 + \omega^2 L^2}}{\frac{\omega^2 RL^2}{R^2 + \omega^2 L^2}}\right) = \arctan\left(\frac{R}{\omega L}\right)$

$\angle \underline{Z} > 0$: Der Strom eilt der Spannung nach.
Wesentlich einfachere Rechnung für den Betrag:
$\underline{Z}(j\omega) = \frac{R \cdot j\omega L}{R + j\omega L}$; Man erinnere sich: $|\underline{Z}| = \left|\frac{\underline{Z}_1}{\underline{Z}_2}\right| = \frac{|\underline{Z}_1|}{|\underline{Z}_2|}$.
Es folgt sofort: $|\underline{Z}(j\omega)| = \frac{\omega RL}{\sqrt{R^2 + \omega^2 L^2}}$.
Alternative Rechnung für den Phasenwinkel:
$\underline{Z}(j\omega) = \frac{1}{\frac{1}{R} + \frac{1}{j\omega L}} = \frac{1}{\frac{1}{R} - j\frac{1}{\omega L}}$; Man erinnere sich: $\angle\left(\frac{\underline{Z}_1}{\underline{Z}_2}\right) = \angle \underline{Z}_1 - \angle \underline{Z}_2$.
Der Zähler von $\underline{Z}(j\omega)$ ist eine positive reelle Zahl, der Winkel ist 0.

$\angle \underline{Z} = 0 - \arctan\left(\frac{-\frac{1}{\omega L}}{\frac{1}{R}}\right) = -\arctan\left(-\frac{R}{\omega L}\right) = \arctan\left(\frac{R}{\omega L}\right)$

d) $\underline{Z}(j\omega) = \frac{R \cdot \frac{1}{j\omega C}}{R + \frac{1}{j\omega C}} = \frac{R}{1 + j\omega RC} = \frac{R \cdot (1 - j\omega RC)}{1 + \omega^2 R^2 C^2} = \frac{R}{1 + \omega^2 R^2 C^2} - j \cdot \frac{\omega R^2 C}{1 + \omega^2 R^2 C^2}$

$\operatorname{Im}\{\underline{Z}(j\omega)\} < 0$: Der Strom eilt der Spannung voraus.

Für den Betrag folgt aus $\underline{Z}(j\omega) = \frac{R}{1+j\omega RC}$ sofort $|\underline{Z}(j\omega)| = \frac{R}{\sqrt{1+\omega^2 R^2 C^2}}$.

$$\angle \underline{Z} = -\arctan\left(\frac{\frac{\omega R^2 C}{1+\omega^2 R^2 C^2}}{\frac{R}{1+\omega^2 R^2 C^2}}\right) = -\arctan(\omega RC)$$

$\angle \underline{Z} < 0$: Der Strom eilt der Spannung voraus.

e) $\underline{Z}(j\omega) = R + j\omega L + \frac{1}{j\omega C} = R + j \cdot \left(\omega L - \frac{1}{\omega C}\right);$
$|\underline{Z}(j\omega)| = \sqrt{R^2 + \left(\omega L - \frac{1}{\omega C}\right)^2}$

$$\angle \underline{Z} = \arctan\left(\frac{\omega L - \frac{1}{\omega C}}{R}\right)$$

Siehe Abschn. 15.2: Für Resonanz ist $\varphi = 0$, wenn $\omega L = \frac{1}{\omega C}$ ist.
Für $\omega L < \frac{1}{\omega C}$ ist $\text{Im}\{\underline{Z}(j\omega)\} < 0$ und $\angle \underline{Z} < 0$, der Strom eilt der Spannung voraus. Es liegt überwiegend kapazitives Verhalten vor.
Für $\omega L > \frac{1}{\omega C}$ ist $\angle \underline{Z} > 0$ und $\angle \underline{Z} > 0$, der Strom eilt der Spannung nach. Es liegt überwiegend induktives Verhalten vor.

f) $\underline{Z}(j\omega) = \frac{(R+j\omega L)\cdot\left(R+\frac{1}{j\omega C}\right)}{(R+j\omega L)+\left(R+\frac{1}{j\omega C}\right)} = \frac{(R+j\omega L)\cdot\left(R-j\frac{1}{\omega C}\right)}{2R+j\cdot\left(\omega L-\frac{1}{\omega C}\right)}$

Auf eine weitere Umformung wird verzichtet.

Da gilt $\left|\frac{\underline{Z}_1\cdot \underline{Z}_2}{\underline{Z}_3}\right| = \frac{|\underline{Z}_1|\cdot|\underline{Z}_2|}{|\underline{Z}_3|}$ folgt $|\underline{Z}(j\omega)| = \frac{\sqrt{R^2+(\omega L)^2}\cdot\sqrt{R^2+\left(\frac{1}{\omega C}\right)^2}}{\sqrt{4R^2+\left(\omega L-\frac{1}{\omega C}\right)^2}}$

Auf eine weitere Umformung wird verzichtet, Zahlenwerte könnten direkt eingesetzt werden.

Da gilt $\angle\frac{\underline{Z}_1\cdot \underline{Z}_2}{\underline{Z}_3} = \angle\underline{Z}_1 + \angle\underline{Z}_2 - \angle\underline{Z}_3$ folgt

$\angle \underline{Z} = \arctan\left(\frac{\omega L}{R}\right) - \arctan\left(\frac{1}{\omega RC}\right) - \arctan\left(\frac{\omega L - \frac{1}{\omega C}}{2R}\right)$

Aus diesem Beispiel wird ersichtlich, dass bereits bei relativ einfachen Schaltungen die Bestimmung des komplexen Widerstandes bzw. dessen Phasenwinkels zu großem Rechenaufwand führen kann.

Aufgabe 17.4

Welchen Strom I liefert die Spannungsquelle in der Schaltung nach Abb. 17.2 und wie groß ist die Phasenverschiebung $\varphi = \varphi_{ui}$ zwischen Spannung und Strom? Der zeitliche Verlauf der Spannung ist $u(t) = \hat{U} \cdot \sin(\omega t)$.

Gegeben: $\hat{U} = 14{,}142$ V, $f = 500$ Hz, $R = 30\,\Omega$, $C_1 = 1\,\mu\text{F}$, $C_2 = 2{,}2\,\mu\text{F}$

Abb. 17.2 Einfaches Beispiel zur Berechnung eines Wechselstrom-Netzwerkes

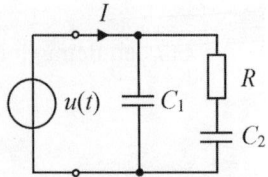

Lösung

Der Eingangswiderstand der Schaltung ist $\underline{Z}(j\omega)$.

$$\underline{Z}(j\omega) = \frac{\frac{1}{j\omega C_1} \cdot \left(R + \frac{1}{j\omega C_2}\right)}{\frac{1}{j\omega C_1} + R + \frac{1}{j\omega C_2}} = \frac{-\frac{1}{\omega^2 C_1 C_2} + \frac{R}{j\omega C_1}}{R + \frac{C_1 + C_2}{j\omega C_1 C_2}} = \frac{-\frac{1}{\omega^2 C_1 C_2} - j \cdot \frac{R}{\omega C_1}}{R - j \cdot \frac{C_1 + C_2}{\omega C_1 C_2}}$$

$$|\underline{Z}(j\omega)| = \frac{\sqrt{\left(\frac{1}{\omega^2 C_1 C_2}\right)^2 + \left(\frac{R}{\omega C_1}\right)^2}}{\sqrt{R^2 + \left(\frac{C_1 + C_2}{\omega C_1 C_2}\right)^2}}$$

Mit eingesetzten Zahlenwerten ergibt sich:

$$|\underline{Z}(j\omega)| = \frac{\sqrt{\left(\frac{1}{4\pi^2 \cdot 500^2 \cdot 10^{-6} \cdot 2{,}2 \cdot 10^{-6}}\right)^2 + \left(\frac{30}{2\pi \cdot 500 \cdot 10^{-6}}\right)^2}}{\sqrt{30^2 + \left(\frac{10^{-6} + 2{,}2 \cdot 10^{-6}}{2\pi \cdot 500 \cdot 10^{-6} \cdot 2{,}2 \cdot 10^{-6}}\right)^2}} \; \Omega = 101 \, \Omega$$

Mit $\hat{U} = 14{,}142\,\text{V}$ hat der gesuchte Strom den Scheitelwert $\hat{I} = \frac{14{,}142\,\text{V}}{101\,\Omega} = 140\,\text{mA}$.

Der Effektivwert I ist somit: $I = \frac{\hat{I}}{\sqrt{2}} = \frac{140\,\text{mA}}{\sqrt{2}} = \underline{99\,\text{mA}}$.

Der Phasenwinkel von $\underline{Z}(j\omega)$ ist:

$$\angle \underline{Z}(j\omega) = 180° + \arctan\left(\frac{\frac{R}{\omega C_1}}{\frac{1}{\omega^2 C_1 C_2}}\right) - \left[-\arctan\left(\frac{\frac{C_1+C_2}{\omega C_1 C_2}}{R}\right)\right]$$

$$\angle \underline{Z}(j\omega) = \arctan(\omega R C_2) + \arctan\left(\frac{C_1 + C_2}{\omega R C_1 C_2}\right)$$

Nach Einsetzen der Zahlenwerte erhält man $\varphi = 278° = \underline{-82°}$.

$\varphi < 0$: Der Strom eilt der Spannung um $\underline{82°}$ voraus.

Hinweis: Sind wie in diesem Beispiel die Größen der Bauelemente zahlenmäßig gegeben, so kann und sollte das Rechnen mit den allgemeinen Bauteilbezeichnungen vermieden werden, wenn dies nicht explizit verlangt ist. Man umgeht dadurch

Abb. 17.3 Beispiel zur Maschenanalyse eines Wechselstromnetzes

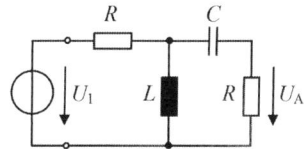

große allgemeine Ausdrücke, bei denen man schnell Rechenfehler macht. Deshalb wird die alternative Lösung mit sofort eingesetzten Zahlenwerten gezeigt.

Der Widerstand der Reihenschaltung aus R und C_2 ist

$$\underline{Z}'(j\omega) = 30\,\Omega + \frac{1}{j \cdot 2 \cdot \pi \cdot 500 \cdot 2{,}2 \cdot 10^{-6}}\,\Omega; \quad \underline{Z}'(j\omega) = (30 - j \cdot 144{,}7)\,\Omega.$$

Der Widerstand von C_1 ist $\frac{1}{j \cdot 2 \cdot \pi \cdot 500 \cdot 10^{-6}}\,\Omega = -j \cdot 318{,}3\,\Omega$.

Damit ist $\underline{Z}(j\omega) = \frac{-j \cdot 318{,}3 \cdot (30 - j \cdot 144{,}7)}{-j \cdot 318{,}3 + 30 - j \cdot 144{,}7}\,\Omega = \frac{-46.058 - j \cdot 9549}{30 - j \cdot 463}\,\Omega$.

$$|\underline{Z}(j\omega)| = \frac{\sqrt{46.058^2 + 9549^2}}{\sqrt{30^2 + 463^2}}\,\Omega = 101\,\Omega$$

$$I = \frac{\hat{U}}{\sqrt{2} \cdot |\underline{Z}(j\omega)|} = \frac{14{,}142\,\text{V}}{\sqrt{2} \cdot 101\,\Omega} = \underline{\underline{99\,\text{mA}}}$$

Der Phasenwinkel von $\underline{Z}(j\omega)$ ist

$$\varphi = 180° + \arctan\left(\frac{9549}{46.058}\right) - \left[-\arctan\left(\frac{463}{30}\right)\right] = 180° + 11{,}7° - (-86{,}3°)$$

$$\underline{\underline{\varphi = 278° = -82°}}$$

$\varphi < 0$: Der Strom eilt der Spannung um 82° voraus.

Aufgabe 17.5

Bestimmen Sie mittels einer Maschenanalyse die Spannungs-Übertragungsfunktion $\underline{H}(s) = \frac{\underline{U}_A}{\underline{U}_1}$ der Schaltung in Abb. 17.3. Überprüfen Sie das Ergebnis durch die Grenzbetrachtungen $s = 0$ und $s = \infty$.

Die Spannungsquelle hat den zeitlichen Verlauf $u_1(t) = \hat{U} \cdot \cos(\omega t)$ mit $\hat{U} = 100\,\text{V}$, $\omega = 1000\,\text{s}^{-1}$.

Ermitteln Sie die Größen $\hat{U}_A$ und $\varphi_A(\omega)$ der Ausgangsspannung $u_A(t) = \hat{U}_A \cdot \cos(\omega t + \varphi_A(\omega))$.

Gegeben: $R = 100\,\Omega$, $C = 1\,\mu\text{F}$, $L = 1\,\text{mH}$.

Abb. 17.4 Graph des Netzwerkes in Abb. 17.3 und Wahl des Baumes

Lösung

1. Schritt: Zeichnen des Graphen und Wahl des Baumes, die Verbindungszweige sind gestrichelt gezeichnet (Abb. 17.4).

2. und 3. Schritt: Willkürliche (unter Berücksichtigung von Erzeuger- und Verbraucher-Zählpfeilsystem) Orientierung der Spannungen, Ströme und Maschen (Abb. 17.5).

4. Schritt: Aufstellen der Maschengleichungen.

M_1: $\underline{U}_R + \underline{U}_L - \underline{U}_1 = 0$
M_2: $\underline{U}_C + \underline{U}_A - \underline{U}_L = 0$

5. Schritt: Einsetzen der Spannungsabfälle an den Widerständen.

M_1: $R \cdot \underline{I}_1 + sL \cdot \underline{I}_3 - \underline{U}_1 = 0$
M_2: $\frac{1}{sC} \cdot \underline{I}_2 + \underline{U}_A - sL \cdot \underline{I}_3 = 0$

6. Schritt: Ausdrücken der Ströme in den Zweigen des Baumes durch die Ströme in den Verbindungszweigen.

$$\underline{I}_1 - \underline{I}_2 - \underline{I}_3 = 0; \quad \underline{I}_3 = \underline{I}_1 - \underline{I}_2$$

Einsetzen in die Maschengleichungen:

M_1: $R \cdot \underline{I}_1 + sL \cdot (\underline{I}_1 - \underline{I}_2) - \underline{U}_1 = 0; \underline{I}_1 \cdot (R + sL) - \underline{I}_2 \cdot sL - \underline{U}_1 = 0$
M_2: $\frac{1}{sC} \cdot \underline{I}_2 + \underline{U}_A - sL \cdot (\underline{I}_1 - \underline{I}_2) = 0; -\underline{I}_1 \cdot sL + \underline{I}_2 \cdot \left(\frac{1}{sC} + sL\right) + \underline{U}_A = 0$

7. Schritt: Lösen des Gleichungssystems mit den zwei Unbekannten $\underline{I}_1$ und $\underline{I}_2$. Auflösen von M_1 nach $\underline{I}_1$ ergibt: $\underline{I}_1 = \frac{\underline{U}_1 + \underline{I}_2 \cdot sL}{R + sL}$.

Abb. 17.5 Eintragen der Maschen, Spannungen und Ströme

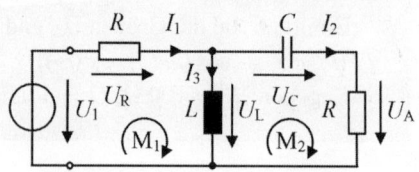

Mit $\underline{I}_2 = \frac{\underline{U}_A}{R}$ und Einsetzen von $\underline{I}_1$ in M_2 folgt:

$$-\frac{\underline{U}_1 + \frac{\underline{U}_A}{R} \cdot sL}{R + sL} \cdot sL + \frac{\underline{U}_A}{R} \cdot \left(\frac{1}{sC} + sL\right) + \underline{U}_A = 0$$

Durch Auflösen nach $\underline{U}_1$ erhält man: $\underline{U}_1 = \underline{U}_A \frac{s^2 2LRC + s(R^2C+L)+R}{s^2 LRC}$

Damit ist $\underline{H}(s) = \frac{\underline{U}_A}{\underline{U}_1} = \frac{s^2 LRC}{s^2 2LRC + s(R^2C+L)+R}$.

Überprüfung:

$\underline{H}(s=0) = 0$ und damit $\underline{U}_A = 0$.

Für $s = 0$ (Gleichspannung) sperrt der Kondensator und es ist $\underline{U}_A = 0$.

$$\underline{H}(s=\infty) = \lim_{s \to \infty} \frac{LRC}{2LRC + \frac{R^2C+L}{s} + \frac{R}{s^2}} = \frac{1}{2}$$

Für $s = \infty$ (die Frequenz ist unendlich groß) sperrt die Spule und der Kondensator bildet einen Kurzschluss, er leitet unendlich gut. Die Schaltung bildet dann einen Spannungsteiler aus zwei gleichen Widerständen.

Die Ausgangsspannung ist $\underline{U}_A = \underline{U}_1 \cdot \frac{R}{2R} = \frac{1}{2} \cdot \underline{U}_1$.

Mit $s = j\omega$ bzw. $s^2 = -\omega^2$ und eingesetzten Zahlenwerten folgt:

$$\underline{U}_A = 10^2 \frac{-(10^3)^2 \cdot 10^{-3} \cdot 10^2 \cdot 10^{-6}}{-(10^3)^2 \cdot 2 \cdot 10^{-3} \cdot 10^2 \cdot 10^{-6} + j \cdot 10^3 (100^2 \cdot 10^{-6} + 10^{-3}) + 100} \text{V}$$

$$\underline{U}_A = \frac{-10}{99{,}8 + j \cdot 11} \text{V} = (-0{,}099 + j \cdot 0{,}0109) \text{V};$$

$$|\underline{U}_A| = \sqrt{0{,}099^2 + 0{,}0109^2} \text{V} = 99{,}6 \text{ mV}$$

$$\hat{U}_A = 99{,}6 \text{ mV} \approx 0{,}1 \text{V};$$

Die komplexe Zahl $\underline{U}_A = (-0{,}099 + j \cdot 0{,}0109)$ V liegt im 2. Quadranten. Die Phasenverschiebung der Ausgangsspannung U_A gegenüber der Eingangsspannung U_1 bei der gegebenen Kreisfrequenz ist somit:

$$\varphi_A(\omega = 1000 \text{ s}^{-1}) = \angle \underline{U}_A = 180° - \arctan\left(\frac{0{,}0109}{0{,}099}\right);$$

$$\varphi_A(\omega = 1000 \text{ s}^{-1}) = 173{,}7°$$

$$\text{arc}(\varphi_A) = \frac{\pi \cdot 173{,}7°}{180°} = 3{,}032 \text{ rad} \quad \text{(Winkel im Bogenmaß)}$$

Als Zeitfunktion ist die Ausgangsspannung:

$$u_A(t) = 0{,}1 \text{V} \cdot \cos(1000 \text{ s}^{-1} \cdot t + 173{,}7°) = 0{,}1 \text{V} \cdot \cos(1000 \text{ s}^{-1} \cdot t + 3)$$

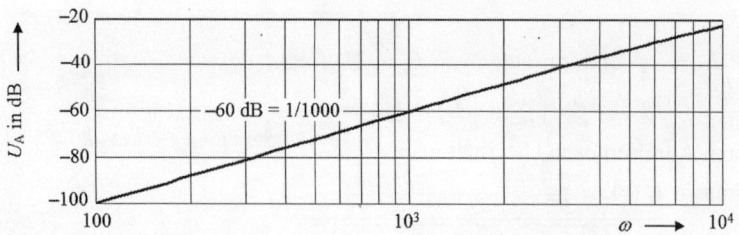

Abb. 17.6 Amplitudengang der Ausgangsspannung nach Abb. 17.3

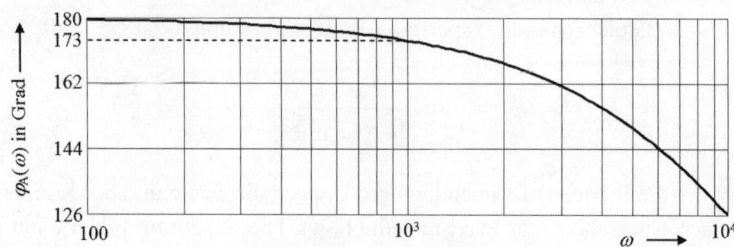

Abb. 17.7 Phasengang der Ausgangsspannung nach Abb. 17.3

Mit unserem Mathcad-Programm können wir noch den Amplitudengang (Abb. 17.6) und Phasengang (Abb. 17.7) des Netzwerkes plotten.

Es sei hier noch einmal darauf hingewiesen, dass in der Praxis der Einsatz von PC-Simulationsprogrammen zur Netzwerkanalyse sehr schnell zum Ziel führt und dadurch das Aufstellen von Gleichungen sowie deren mathematische Umformungen nicht nötig sind.

Aufgabe 17.6
Bestimmen Sie den Eingangswiderstand $\underline{Z}(s)$ der Schaltung in Abb. 17.8. Für welchen Wert von C wird $\underline{Z}(s)$ frequenzunabhängig?

Abb. 17.8 Zu bestimmen ist der Eingangswiderstand

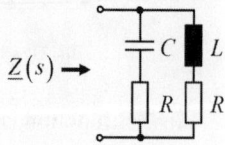

Abb. 17.9 Maxwell-Wien-Brücke zur Messung verlustbehafteter Induktivitäten

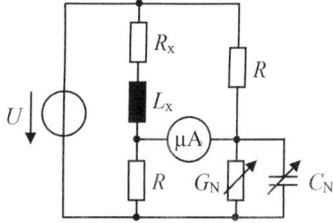

Lösung
Nach Aufgabe 17.3f ist

$$\underline{Z}(s) = \frac{(R+sL)\cdot\left(R+\frac{1}{sC}\right)}{R+sL+R+\frac{1}{sC}} = \frac{R^2 + \frac{R}{sC} + sRL + \frac{L}{C}}{2R+sL+\frac{1}{sC}}$$

$$= \frac{sR^2C + R + s^2RLC + sL}{s2RC + s^2LC + 1} = \frac{R\left(s2RC + s^2LC + 1\right) + sL - sR^2C}{s2RC + s^2LC + 1}$$

$$= R + \frac{s\left(L - R^2C\right)}{s2RC + s^2LC + 1}$$

Für $L - R^2 \cdot C = 0$ bzw. $\underline{\underline{C = \frac{L}{R^2}}}$ ist $\underline{Z}(s) = R$ und damit frequenzunabhängig.

Aufgabe 17.7
Wechselstrommessbrücken werden zur Messung komplexer Widerstände verwendet. Wird als Speisespannung der Brücke eine sinusförmige Wechselspannung verwendet, so gilt wie bei der Wheatstone'schen Brücke auch für komplexe Widerstände der Brückenzweige die Abgleichbedingung (im Nullzweig fließt kein Strom):

Das Produkt diagonal gegenüberliegender Brückenzweige ist gleich.

Die Maxwell-Wien-Brücke dient zur Messung von verlustbehafteten Induktivitäten.

Für welche Werte der Elemente G_N und C_N ist die Maxwell-Wien-Brücke in Abb. 17.9 abgeglichen? Es gelten die Werte: $\omega = 10^5 \, s^{-1}$, $R = 500\,\Omega$, $R_x = 800\,\Omega$, $L_x = 10\,mH$.

Lösung
Die Brücke ist abgeglichen, wenn gilt: $R^2 = (R_x + sL_x) \cdot \frac{1}{G_N + sC_N}$;
$R_x + sL_x = R^2 \cdot G_N + s \cdot R^2 \cdot C_N$

Damit die Gleichung gilt, müssen Real- und Imaginärteil auf beiden Seiten der Gleichung übereinstimmen.

Abb. 17.10 Zu berechnende Schaltung

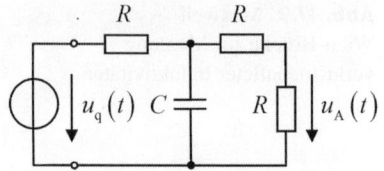

Die Realteile werden gleichgesetzt:

$$R_x = R^2 \cdot G_N; \quad G_N = \frac{R_x}{R^2}; \quad \underline{G_N = 3{,}2 \cdot 10^{-3}\,\Omega^{-1}}; \quad R_N = 312{,}5\,\Omega$$

Die Imaginärteile werden gleichgesetzt:

$$sL_x = sR^2 C_N; \quad C_N = \frac{L_x}{R^2}; \quad C_N = 4 \cdot 10^{-8}\,\mathrm{F}; \quad \underline{C_N = 40\,\mathrm{nF}}$$

Wie man sieht, hängt der Brückenabgleich nicht von der Frequenz der Speisespannung ab.

Aufgabe 17.8

Gegeben ist die Schaltung in Abb. 17.10.

Die Eingangsspannung ist $u_q(t) = \left[0{,}6 + \sin^3(\omega_0 \cdot t)\right]$ V.

Wie lautet die Übertragungsfunktion $\underline{H}(s) = \frac{\underline{U}_A(s)}{\underline{U}_q(s)}$?

Berechnen Sie $u_A(t)$ mithilfe von $\underline{H}(s)$. Es ist $\omega_0 = \frac{1}{RC}$.

Lösung

Die Schaltung mit Größen zur Berechnung zeigt Abb. 17.11.

$$\underline{I}_2 = \frac{\underline{U}_A}{R}; \quad \underline{U}_2 = 2R\underline{I}_2 = 2\underline{U}_A; \quad \underline{I}_1 = \underline{U}_2 \cdot sC = 2 \cdot \underline{U}_A \cdot sC;$$

$$\underline{I}_0 = \underline{I}_1 + \underline{I}_2 = 2\underline{U}_A \cdot sC + \frac{\underline{U}_A}{R} = \underline{U}_A \cdot \left(s2C + \frac{1}{R}\right)$$

$$\underline{U}_q = \underline{I}_0 \cdot R + \underline{U}_2 = \underline{U}_A \cdot (s2RC + 1) + 2\underline{U}_A; \quad \underline{U}_q = \underline{U}_A \cdot (s2RC + 3)$$

$$\underline{H}(s) = \frac{\underline{U}_A}{\underline{U}_q} = \frac{1}{s2RC + 3}$$

$$u_q(t) = \left[0{,}6 + \sin^3(\omega_0 t)\right] \text{ V}$$

Abb. 17.11 Schaltung nach Abb. 17.10 mit Berechnungsgrößen

I0
R
U2
R
I1
I2
Uq
C
R
UA

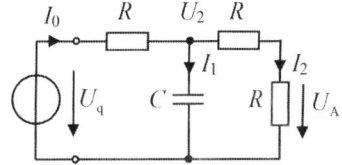

Aus einer mathematischen Formelsammlung wird entnommen:

$$\sin^3(\alpha) = \frac{3}{4}\sin(\alpha) - \frac{1}{4}\sin(3\cdot\alpha).$$

Somit ist $u_q(t) = 0{,}6 + \frac{3}{4}\sin(\omega_0 t) - \frac{1}{4}\sin(3\omega_0 t)$.

Die Spannungsquelle $u_q(t)$ kann durch eine Reihenschaltung von drei Spannungsquellen dargestellt werden (Abb. 17.12).

Nach dem Überlagerungssatz addieren sich die Wirkanteile jeder Quelle.

Wirkanteil von U_{q1}: $s = 0$; $\underline{U}_{A1} = \underline{H}(0)\cdot\underline{U}_{q1} = \frac{1}{3}\cdot 0{,}6\,\mathrm{V} = 0{,}2\,\mathrm{V}$
Wirkanteil von U_{q2}: $s = j\omega_0$; $\underline{U}_{A2} = \underline{H}(j\omega_0)\cdot\underline{U}_{q2} = \frac{1}{2j+3}\cdot\frac{3}{4} = \frac{3}{12+8j}\,\mathrm{V}$
Wirkanteil von U_{q3}: $s = 3j\omega_0$; $\underline{U}_{A3} = \underline{H}(3j\omega_0)\cdot\underline{U}_{q3} = \frac{1}{6j+3}\cdot\left(-\frac{1}{4}\right) = \frac{-1}{12+24j}\,\mathrm{V}$

Die Beträge der Wirkanteile sind:

$$|\underline{U}_{A1}| = 0{,}2\,\mathrm{V};\quad |\underline{U}_{A2}| = \frac{3}{\sqrt{12^2+8^2}} = 0{,}2\,\mathrm{V};\quad |\underline{U}_{A3}| = \frac{|-1|}{\sqrt{12^2+24^2}} = 0{,}037\,\mathrm{V}$$

Die Phasenwinkel der Wirkanteile sind:

$$\varphi_1 = \angle\underline{U}_{A1} = 0°$$

$$\varphi_2 = \angle\underline{U}_{A2} = 0° - \arctan\left(\frac{8}{12}\right) = -33{,}7°$$

$$\varphi_3 = \angle\underline{U}_{A3} = 180° - \arctan\left(\frac{24}{12}\right) = 116{,}6°$$

Abb. 17.12 Zerlegung der Eingangsspannung in die Reihenschaltung von drei Spannungsquellen

Uq1 = 0,6 V Gleichspannung
Uq2 = 3/4 V
Uq3 = −1/4 V

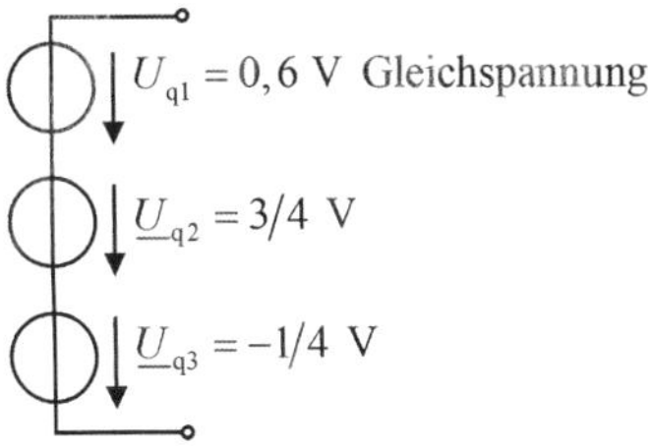

Als Zeitfunktionen sind die einzelnen Wirkanteile:

$$u_{A1}(t) = 0{,}2\,\text{V}; \quad u_{A2}(t) = 0{,}2\,\text{V} \cdot \sin(\omega_0 t - 33{,}7°);$$
$$u_{A3}(t) = -0{,}037\,\text{V} \cdot \sin(3\omega_0 t + 116{,}6°)$$

Die Ausgangsspannung $u_A(t)$ ergibt sich durch Addition der einzelnen Wirkanteile.

$$u_A(t) = u_{A1}(t) + u_{A2}(t) + u_{A3}(t)$$
$$\underline{\underline{u_A(t) = 0{,}2\,\text{V} + 0{,}2\,\text{V} \cdot \sin(\omega_0 t - 33{,}7°) - 0{,}037\,\text{V} \cdot \sin(3\omega_0 t + 116{,}6°)}}$$

Halbleiterdioden 18

Zusammenfassung

Zunächst wird der pn-Übergang ohne äußere Spannung betrachtet. Bei äußerer Spannung in Durchlass- und in Sperrrichtung werden die Bewegungsrichtungen der Ladungsträger im Halbleiter erläutert und der Verlauf von Spannungen und Stromen diskutiert. Dies führt zur vollständigen Kennlinie des pn-Übergangs mit seiner mathematischen Beschreibung durch die Shockley-Formel. Die Eigenschaften der Diode werden mit verschiedenen Modellen und Ersatzschaltungen beprochen, die vom idealen immer mehr zum realen Verhalten verfeinert werden. Die Linearisierung der Diodenkennlinie in einem Arbeitspunkt wird gezeigt. Charakteristische Parameter der Diodenkennlinie werden betrachtet und ihre Bedeutungen erläutert. Die Verlustleistung bei Halbleiterbauelementen wird anhand der Diode ausführlich untersucht. Verschiedene Arten von Dioden werden mit ihren Daten und Eigenschaften vorgestellt. Arbeitspunkt und Widerstandsgerade ergeben die Grundlage für die rechnerische und grafische Analyse eines nichtlinearen Stromkreises. Anwendungen von Dioden werden bei Gleichrichter- und Schutzschaltungen sowie Anwendungen in der Digitaltechnik gezeigt.

18.1 Der pn-Übergang ohne äußere Spannung

Die grundlegenden Eigenschaften von Halbleitern und die Elektrizitätsleitung in ihnen wurden bereits in Abschn. 1.7 besprochen.

In einem n-Halbleiter ist die Konzentration (Menge) der Elektronen viel größer als die Konzentration der Löcher. In einem p-Halbleiter ist dagegen die Konzentration der Löcher viel größer als die Konzentration der Elektronen. Beide Arten von Halbleitern zeigt Abb. 18.1.

Erzeugt man in einem Halbleiterblock aus Germanium oder Silizium durch entsprechende Dotierungen ein p-Gebiet und unmittelbar daran flächig angrenzend ein n-Gebiet,

Abb. 18.1 Konzentration von
Elektronen und Löchern beim
p- und n-Halbleiter

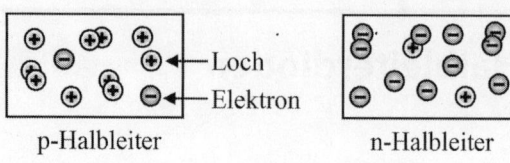

p-Halbleiter   n-Halbleiter

so bezeichnet man die Zone der aneinandergrenzenden Bereiche als **pn-Übergang**. Den physikalischen Eigenschaften des pn-Übergangs liegt die Funktion von Halbleiterdioden und Transistoren zugrunde.

Beide dotierte Hälften des Halbleiterblocks sind vor einem Zusammenfügen für sich elektrisch neutral, es gibt genau so viel Atomrümpfe wie frei bewegliche Ladungsträger (Abb. 18.2). In der p-Hälfte sind positive Ladungsträger (Löcher) und in der n-Hälfte sind negative Ladungsträger (Elektronen) frei beweglich.

Werden die Halbleiterblöcke zusammengefügt, so dringen durch den Konzentrationsunterschied und infolge der thermischen Eigenbewegung Löcher aus der p-Hälfte in die n-Hälfte und Elektronen aus der n-Hälfte in die p-Hälfte ein. Dieser selbsttätige Vorgang der Ladungsträgerwanderung als Folge *thermischer Bewegung* und bedingt durch ein *räumliches Konzentrationsgefälle* wird **Diffusion** genannt (Abb. 18.3).

Man könnte jetzt annehmen, dass innerhalb des gesamten Halbleiterblocks die Elektronen und Löcher aufeinander zuwandern und rekombinieren (sich neutralisierend vereinigen). Es müsste dann nach einiger Zeit ein Konzentrationsausgleich innerhalb des ganzen Halbleiterblocks stattgefunden haben. Tatsächlich führt die Diffusion jedoch nicht zu einem nennenswerten Konzentrationsausgleich, da sie durch elektrische Gegenkräfte begrenzt wird und die Wanderbewegung der Ladungsträger nach kurzer Zeit zum Stillstand kommt.

Beim Diffundieren (Eindringen, Einwandern) der Ladungsträger in das gegenüberliegende Gebiet verschwinden durch Rekombination die meisten beweglichen positiven und negativen Ladungsträger links und rechts der Grenzlinie. So entsteht eine schmales Übergangsgebiet, welches als **Grenzschicht** bezeichnet wird, in dem sich nur noch

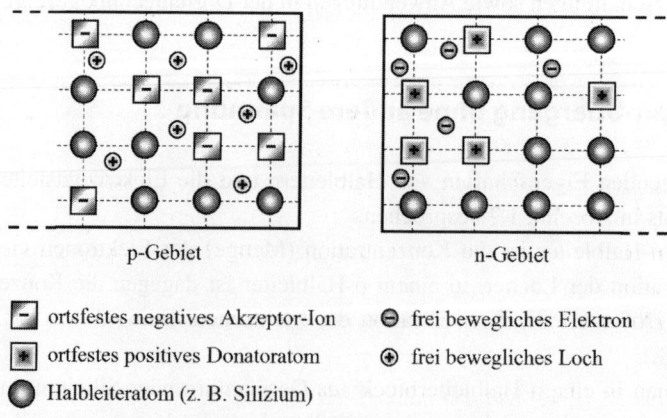

Abb. 18.2 p- und n-dotierte, elektrisch neutrale Halbleiterblöcke vor dem Zusammenfügen

18.1 Der pn-Übergang ohne äußere Spannung

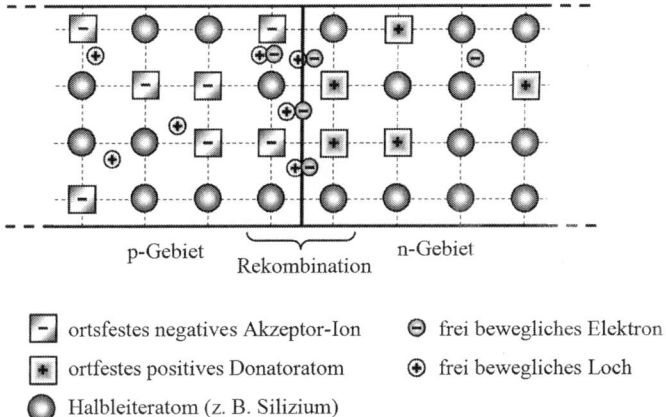

- ortsfestes negatives Akzeptor-Ion
- ortfestes positives Donatoratom
- Halbleiteratom (z. B. Silizium)
- ⊖ frei bewegliches Elektron
- ⊕ frei bewegliches Loch

Abb. 18.3 Diffusion an einem pn-Übergang. Die frei beweglichen Elektronen und Löcher wandern nach dem Zusammenfügen der Halbleiterblöcke zunächst aufeinander zu und rekombinieren im pn-Grenzgebiet

Abb. 18.4 Abstoßende Kräfte in der gerade entstehenden Raumladungszone während der Diffusion

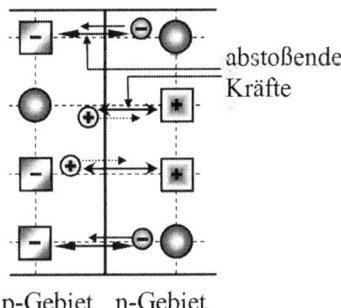

sehr wenige bewegliche Ladungsträger befinden. Die Grenzschicht ist an beweglichen Ladungsträgern verarmt und wird auch **Verarmungszone** genannt. In der Grenzschicht verbleiben nur die ortsfesten, unbeweglichen Ladungen der fest in das Halbleitergitter eingebauten ionisierten Fremdatome (Akzeptoren und Donatoren). Auf der p-Seite der Grenzschicht befinden sich die negativen Ionen der Akzeptoren, auf der n-Seite die positiven Ionen der Donatoren. Dadurch ist die Grenzschicht auf der p-Seite negativ und auf der n-Seite positiv geladen, als Folge der Diffusion entsteht auf der p-Seite der Grenzschicht eine negative und auf der n-Seite eine positive Ladung. Die Ladungen sind nicht wie beim Plattenkondensator flächenhaft, sondern räumlich verteilt. Man spricht von einer Raumladung bzw. einer **Raumladungszone**. Außerhalb der schmalen Grenzschicht bleiben p- und n-Gebiet elektrisch neutral.

Die ortsfesten Ladungen in der Grenzschicht wirken einer weiteren Diffusion entgegen. Die aus dem n-Material kommenden Elektronen werden von den ortsfesten negativen Ladungen auf der p-Seite der Grenzschicht zurückgestoßen. Die aus dem p-Material kommenden Löcher werden von den positiven Ladungen auf der n-Seite der Grenzschicht

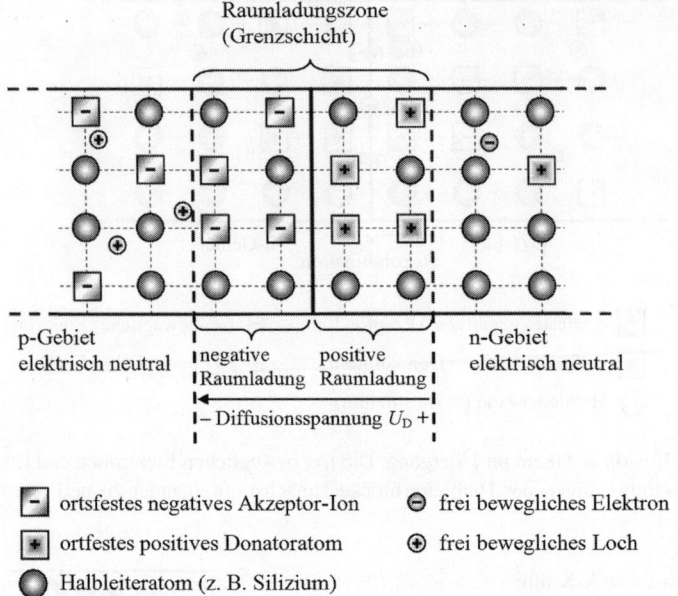

Abb. 18.5 Grenzschicht ohne frei bewegliche Ladungsträger nach der Rekombination von Ladungsträgern. In der Sperrschicht bleiben nur die ortsfesten Akzeptoren und Donatoren, daraus resultiert die Diffusionsspannung U_D

zurückgestoßen. Diese abstoßenden Kräfte, die während des Diffusionsvorgangs in der entstehenden Raumladungszone wirken, zeigt Abb. 18.4.

Die Diffusion der beweglichen Ladungsträger begrenzt sich durch diese abstoßenden Kräfte in der entstehenden Raumladungszone selbst, der pn-Halbleiter blockiert den Diffusionsstrom selbst an seiner Übergangsstelle. In der Grenzschicht befinden sich fast keine beweglichen Ladungsträger und es ergibt sich in ihr ein Zustand, der weitgehend dem eines Isolators entspricht. Die Grenzschicht hat einen sehr hohen Widerstand und wird deshalb auch als **Sperrschicht** (junction) bezeichnet. Die Raumladungszone mit ihren ortsfesten Ladungen ist in Abb. 18.5 dargestellt.

Ein weiterer Fluss von Ladungsträgern über die Sperrschicht hinweg kommt erst wieder durch äußere Einflüsse zustande, wie das Anlegen einer Spannung an den Halbleiterblock oder dessen Erwärmung oder Bestrahlung mit Licht.

Die ortsfesten Ladungen in der Grenzschicht entsprechen durch den Potenzialunterschied einer elektrischen Spannung, die **Diffusionsspannung** U_D genannt wird (Abb. 18.5). Sie bildet eine „Spannungsbarriere" an der Sperrschicht, die einen weiteren Konzentrationsausgleich der beweglichen Ladungsträger durch Diffusion verhindert.

Die *Diffusionsspannung* ist ein wichtiger *Materialkennwert*. Die Werte sind:

- $U_D \approx 0{,}3 \ldots 0{,}4\,\text{V}$ für Germanium,
- $U_D \approx 0{,}6 \ldots 0{,}8\,\text{V}$ für Silizium,
- $U_D \approx 1{,}1 \ldots 1{,}3\,\text{V}$ für Galliumarsenid.

18.2 Der pn-Übergang mit äußerer Spannung

Die Diffusionsspannung wird umso höher, je höher die Konzentrationsunterschiede der Ladungsträger sind und je höher die Temperatur des Halbleiters ist.

Die Breite der Grenzschicht (Sperrschichtweite W) beträgt ca. 1 μm.

18.2 Der pn-Übergang mit äußerer Spannung

18.2.1 Äußere Spannung in Durchlassrichtung

Abb. 18.6a zeigt einen pn-Übergang ohne äußere Spannung, es besteht der gleiche Zustand wie in Abb. 18.5. Die Breite der Sperrschicht ist W_0, die Diffusionsspannung hat den Betrag U_{D0}.

Der pn-Halbleiterblock wird mit Anschlusselektroden versehen. Eine äußere Gleichspannung U_F wird so angelegt, dass ihr Pluspol am p-Gebiet und ihr Minuspol am n-Gebiet liegt. Durch diese Polung wirkt die äußere Spannung U_F der inneren Diffusionsspannung U_D entgegen. Die an der Grenzschicht wirkende Spannung U_D wird verkleinert oder sogar aufgehoben. In Abb. 18.6b sieht man, dass die Diffusionsspannung vom Betrag U_{D0} auf den kleineren Wert U_{DF} abnimmt. Am pn-Übergang wirkt die innere Spannung

$$U_{DF} = U_{D0} - U_F. \tag{18.1}$$

Durch den Abbau der Potenzialdifferenz über dem pn-Übergang werden frei bewegliche Ladungsträger von der äußeren Spannung in die Grenzschicht hineingetrieben, die Raumladung wird dadurch teilweise abgebaut. Die Sperrschicht wird schmaler, ihre Breite nimmt von W_0 auf W_F ab, sie wird für bewegliche Ladungsträger durchlässig. Von der äußeren Spannungsquelle werden die Elektronen im n-Gebiet und die Löcher im p-Gebiet in Richtung Sperrschicht und darüber hinaus getrieben, wo sie rekombinieren. Da die äußere Spannungsquelle ständig Ladungsträger nachliefert, fließt ein Strom durch den pn-Halbleiterkristall. Im p-Gebiet besteht dieser Strom aus einer Löcherströmung von $+U_F$ nach $-U_F$ und im n-Gebiet aus einer Elektronenströmung von $-U_F$ nach $+U_F$.

Da ein Strom durch den Halbleiter fließt, sagt man, der pn-Übergang ist in **Durchlassrichtung** (Vorwärtsrichtung, Flussrichtung) geschaltet. Die dazu erforderliche äußere Spannung bezeichnet man als Flussspannung oder **Durchlassspannung** U_F (Index F für forward = vorwärts), den entstehenden Strom als **Durchlassstrom** I_F. Vergrößert man U_F von $U_F = 0$ V ausgehend, so nimmt I_F stark zu. Die Zunahme von I_F erfolgt zunächst nach einer Exponentialfunktion, bei größerer Spannung nimmt I_F annähernd linear mit der Spannung zu. Mit einer Strom-Spannungs-Messung kann in der Praxis die Durchlasskennlinie eines pn-Übergangs punktweise aufgenommen werden (Abb. 18.7). R_V ist ein Vorwiderstand (Schutzwiderstand), damit der maximal erlaubte Durchlassstrom I_{Fmax} nicht überschritten werden kann. Abb. 18.8 zeigt die Durchlasskennlinien des pn-Übergangs für Germanium und Silizium.

$$R_V \geq \frac{U_{B\,max}}{I_{F\,max}} \tag{18.2}$$

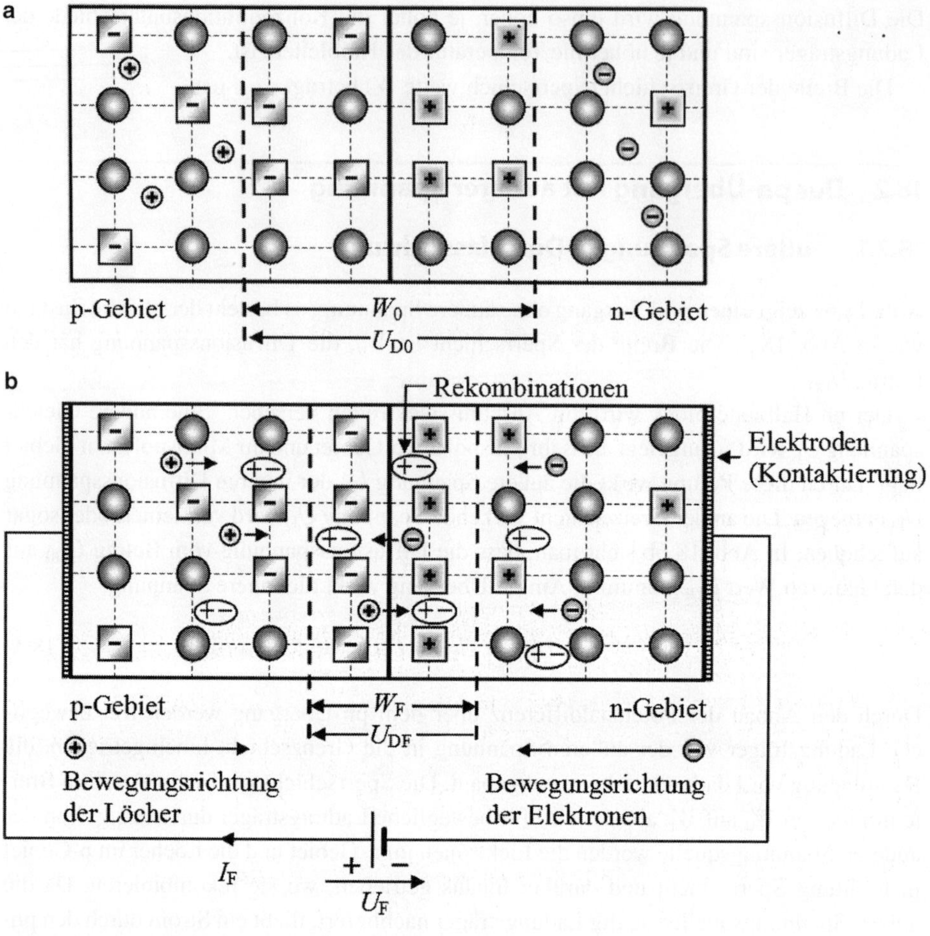

Abb. 18.6 pn-Übergang mit äußerer Spannung in Durchlassrichtung, die Grenzschicht ist schmaler als ohne äußere Spannung

Abb. 18.7 Messschaltung zur punktweisen Aufnahme der Durchlasskennlinie eines pn-Übergangs

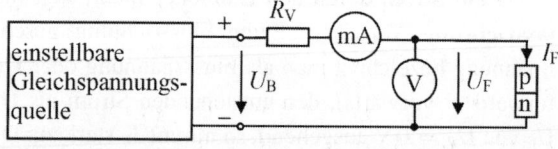

Je nach dem Material des pn-Übergangs, Germanium oder Silizium, ergibt sich als Durchlasskennlinie eine entlang der Abszisse parallel verschobene Kurve (Abb. 18.8). Wird der gerade Teil der Durchlasskurve als Tangente an die Kurve nach unten verlängert, so ergibt der Schnittpunkt mit der Abszisse die **Schleusenspannung** U_S. Statt Schleusenspannung werden auch die Begriffe *Schwellspannung*, Knickspannung, Flussspannung und Durchlassspannung verwendet. Die beiden letzten Bezeichnungen sollten jedoch allgemein (ohne Festlegung auf eine bestimmte Größe) für eine Spannung benützt werden,

18.2 Der pn-Übergang mit äußerer Spannung

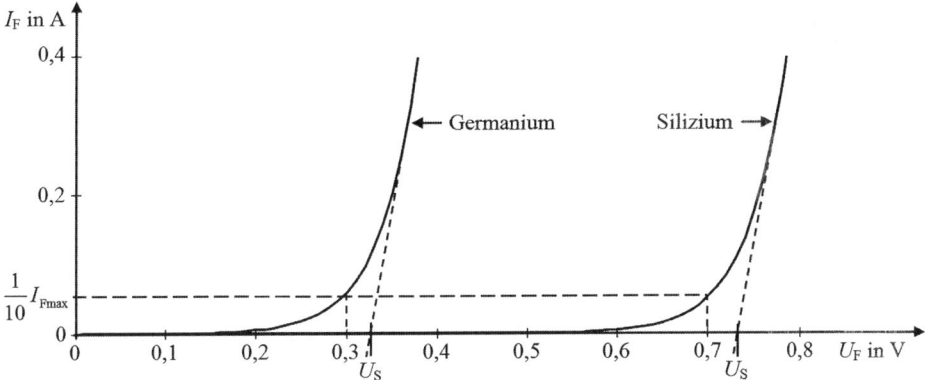

Abb. 18.8 Prinzipielle Durchlasskennlinie eines Ge- und Si-pn-Übergangs

die in Durchlassrichtung am pn-Übergang anliegt. – Erst ab einem bestimmten Wert der Durchlassspannung $U_F > U_S$ ergibt sich grob gesehen ein nennenswerter Durchlassstrom. Der Kennwert U_S liegt bei Germanium im Bereich von ca. 0,3 bis 0,4 V, bei Silizium zwischen ca. 0,6 und 0,8 V. Aus diesen Werten ist ersichtlich:

▶ **Die Schleusenspannung U_S entspricht der Diffusionsspannung U_D.**

Erst wenn die äußere Spannung U_F größer wird als die innere Diffusionsspannung U_D, beginnt der Stromfluss durch den pn-Übergang merklich (aber dann sehr steil) anzusteigen.

Der Durchlassstrom darf einen bestimmten Maximalwert I_{Fmax} (dies ist ein Datenblattwert) nicht überschreiten, sonst wird der pn-Übergang thermisch zerstört. Die Schleusenspannung kann auch als Spannungswert definiert werden, bei dem ca. ein Zehntel des maximal zulässigen Durchlassstromes fließt (siehe Abb. 18.8).

18.2.2 Äußere Spannung in Sperrrichtung

18.2.2.1 Bereich konstanten Sperrstroms

Abb. 18.9a zeigt wie Abb. 18.6a einen pn-Übergang ohne äußere Spannung, es besteht der gleiche Zustand wie in Abb. 18.5. Die Breite der Sperrschicht ist W_0, die Diffusionsspannung hat den Betrag U_{D0}.

Eine äußere Gleichspannung U_R wird jetzt so angelegt, dass ihr Pluspol am n-Gebiet und ihr Minuspol am p-Gebiet liegt. Durch diese Polung wirken die äußere Spannung U_R und die innere Diffusionsspannung U_D in gleicher Richtung, U_R erhöht die Diffusionsspannung U_D. In Abb. 18.9b sieht man, dass die Diffusionsspannung vom Betrag U_{D0} auf den größeren Wert U_{DR} zunimmt. Am pn-Übergang wirkt die innere Spannung

$$U_{DR} = U_{D0} + U_R. \tag{18.3}$$

Freie Elektronen im n-Gebiet wandern in Richtung Pluspol von U_R und die freien Löcher im p-Gebiet wandern in Richtung Minuspol von U_R. Die Grenzschicht verarmt dadurch noch stärker an beweglichen Ladungsträgern. Die ursprüngliche Sperrschicht wird

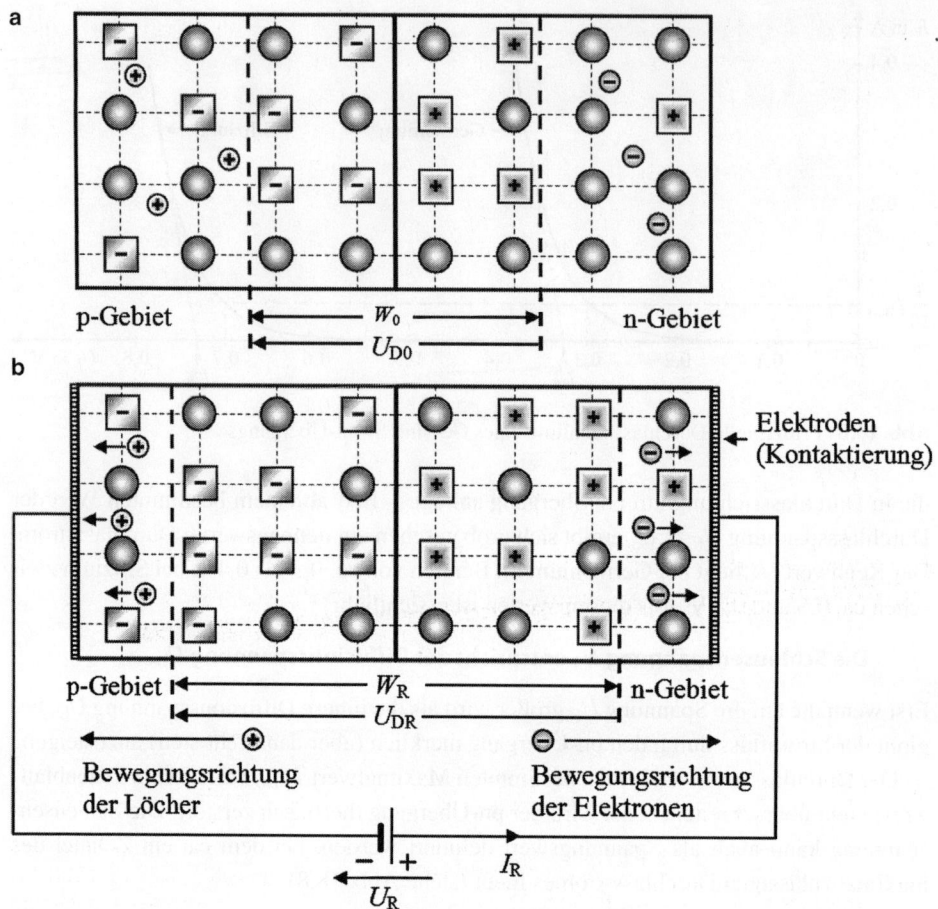

Abb. 18.9 pn-Übergang mit äußerer Spannung in Sperrrichtung, die Grenzschicht ist breiter als ohne äußere Spannung

erheblich breiter und deren Widerstand noch erhöht. Es fließt kein Strom durch den pn-Halbleiter. Die ortsfesten positiven Ladungen im n-Gebiet und die ortsfesten negativen Ladungen im p-Gebiet begrenzen die Verbreiterung der Sperrschicht, sodass sich diese nicht beliebig weit ausdehnen kann. Es stellt sich ein Gleichgewichtszustand zwischen der Wirkung der angelegten äußeren Spannung und der Raumladung der ortsfesten Ionen ein.

Da bei dieser Beschaltung fast kein Strom fließt, ist der Halbleiter in **Sperrrichtung** geschaltet.

In Wirklichkeit fließt jedoch auch bei der Beschaltung des pn-Übergangs in Sperrrichtung ein sehr kleiner Strom. Die Ursache hierfür ist, dass bereits bei normaler Raumtemperatur in der Grenzschicht Elektronenpaarbindungen thermisch aufgebrochen und dadurch paarweise bewegliche Ladungsträger (Elektronen und Löcher) erzeugt werden. Die Anzahl dieser Ladungsträgerpaare ist gering und bei fester Temperatur konstant. Die Löcher wandern zum Minuspol von U_R und die Elektronen wandern zum Pluspol von U_R. Es fließt ein kleiner konstanter **Sperrstrom** I_R (Index R für **r**everse current = Rückwärtsstrom). Der Sperrstrom wird bei konstanter Halbleitertemperatur durch die Größe der Sperrspannung fast nicht beeinflusst, da er durch die Anzahl der in einer Zeiteinheit thermisch erzeugten Ladungsträger bestimmt wird. Die **Sperrspannung** U_R könnte auch mit $-U_F$, und der Sperrstrom I_R mit $-I_F$ bezeichnet werden. Der Sperrstrom wird auch *Sperrsättigungsstrom* genannt, da er einen konstanten, gesättigten Wert hat. Er wird für ein bestimmtes Bauelement oft mit I_S statt allgemein mit I_R bezeichnet. Der Sperrsättigungsstrom wird von den Dotierungsverhältnissen und den Strukturen des pn-Übergangs bestimmt. Er ist ein charakteristischer Bauelementeparameter und somit ein Datenblattwert.

Da die Anzahl der thermisch erzeugten Ladungsträgerpaare mit steigender Temperatur stark zunimmt, steigt auch der Sperrstrom bei Erhöhung der Halbleitertemperatur stark an.

▶   **Der Sperrstrom ist exponentiell von der Temperatur abhängig.**

Der Wert des Sperrstroms hängt vom Halbleitermaterial ab. Bei Germanium liegt der Sperrstrom im µA-Bereich. Bei Silizium ist er wesentlich kleiner und liegt im nA oder pA-Bereich. Bei Silizium verdoppelt sich der Sperrstrom bei einer Temperaturerhöhung von 6 °C.

18.2.2.2 Durchbruchbereich

Erhöht man die Sperrspannung immer mehr, so steigt ab einem bestimmten Wert der Sperrspannung ($-U_{BR}$) der Sperrstrom plötzlich sehr stark an (Abb. 18.11). Der pn-Übergang verliert seine Sperrfähigkeit. Wird jetzt die Sperrspannung nur geringfügig vergrößert, so nimmt der Sperrstrom sehr stark zu. Man sagt, es erfolgt ein Durchbruch, der pn-Übergang befindet sich im Durchbruchbereich. Der Durchbruch kann auf zwei Arten erfolgen.

Zenerdurchbruch

Beim Zenerdurchbruch werden in hoch dotierten Halbleitern infolge der hohen inneren Feldstärke Ladungsträger freigesetzt. Die elektrischen Kräfte in der Sperrschicht werden so groß, dass Valenzelektronen aus ihren Bindungen gerissen werden. In der Grenzschicht entstehen plötzlich zahlreiche bewegliche Ladungsträgerpaare und es kommt ein großer Strom zustande. Diese Erscheinung nennt man *Zenereffekt* (entdeckt durch C. Zener[1]).

Lawinendurchbruch

Die durch Difusion in die Raumladungszone eindringenden oder durch thermische Generation erzeugten beweglichen Elektronen werden durch die angelegte Spannung zu so hohen Geschwindigkeiten beschleunigt, dass sie durch ihre kinetische Energie andere Valenzelektronen durch Stöße aus ihren Bindungen schlagen. Diese neuen freien Elektronen

---
[1] Clarence Melvin Zener (1905–1993), amerikanischer Physiker und Elektrotechniker.

Abb. 18.10 Messschaltung zur punktweisen Aufnahme der Sperrkennlinie eines pn-Übergangs

Abb. 18.11 Prinzipdarstellung der Sperrkennlinie eines pn-Übergangs, eingetragene Zahlenwerte als Beispiel

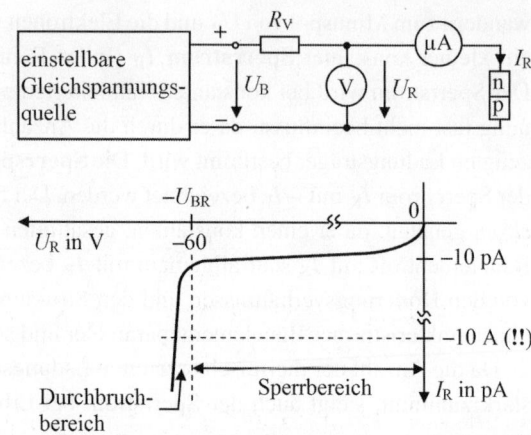

werden wieder beschleunigt und führen ebenfalls zu einer Stoßionisation. Die Anzahl der beweglichen Ladungsträger in der Grenzschicht nimmt dadurch lawinenartig zu. Man nennt deshalb diese Erscheinung Lawineneffekt (auch **Avalanche**-Effekt).

Welcher der beiden Effekte vorliegt und bei welcher Größe der Sperrspannung er auftritt, hängt von der Dotierung des Halbleitermaterials ab.

Der Sperrstrom im Durchbruchbereich darf natürlich einen bestimmten Maximalwert nicht überschreiten. Wird durch einen vorgeschalteten Widerstand der Strom begrenzt, der durch den Zener- oder Lawinendurchbruch entsteht, so wird der pn-Übergang nicht zerstört. Erfolgt keine Strombegrenzung, so geht der Durchbruch in einen **Wärmedurchbruch** über. Durch die Stromwärme steigt die Temperatur des Halbleiters und damit seine Eigenleitfähigkeit. Dieser Vorgang wird durch den steigenden Strom bis zur Zerstörung des Kristalls fortgesetzt. Durch den Wärmedurchbruch wird der pn-Übergang zerstört.

Die Sperrkennlinie kann wieder mit einer Strom-Spannungs-Messung punktweise aufgenommen werden (Abb. 18.10). Den prinzipiellen Verlauf der Sperrkennlinie eines pn-Übergangs zeigt Abb. 18.11.

18.2.3 Vollständige Kennlinie eines pn-Übergangs

Die Kennlinie in Abb. 18.12 zeigt den Durchbruch-, Sperr- und Durchlassbereich eines pn-Übergangs.

Wird eine äußere Spannung U_F in Durchlassrichtung an den pn-Übergang angelegt, so fließt schon bei kleiner Spannung ein erheblicher Strom, der bei Erhöhung der Spannung stark zunimmt. Im unteren Bereich der Durchlasskennlinie steigt der Strom exponentiell an, mit größer werdendem Strom geht der Anstieg in eine Gerade über (siehe „Bahnwiderstand", Abschn. 18.3 sowie Abb. 18.20 und Abb. 18.18). Die Spannung, ab der ein starker Stromanstieg erfolgt, heißt *Schleusenspannung* U_S. Sie entspricht der Diffusionsspannung des pn-Übergangs und liegt bei Germanium- und Schottky-Dioden bei ca. 0,3...0,4 V

18.2 Der pn-Übergang mit äußerer Spannung

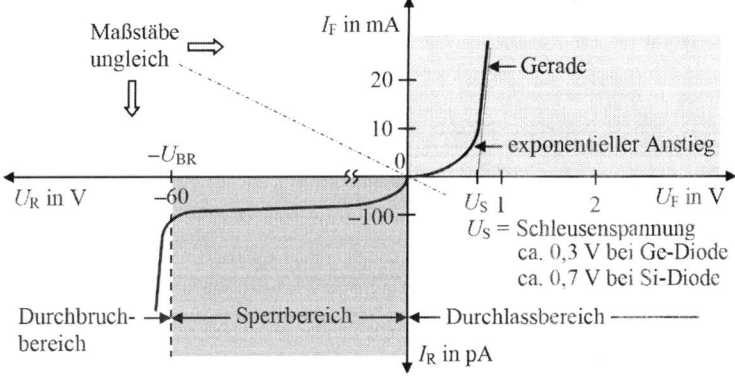

Abb. 18.12 Vollständige Strom-Spannungs-Kennlinie eines pn-Übergangs (Prinzip), eingetragene Zahlenwerte als Beispiel

und bei Silizium-pn-Dioden bei ca. 0,6...0,8 V.

$$U_S = 0{,}3 \ldots 0{,}4 \text{ V} \quad \text{bei Ge-Diode}$$
$$U_S = 0{,}6 \ldots 0{,}8 \text{ V} \quad \text{bei Si-Diode} \tag{18.4}$$

Bei Leistungsdioden und Strömen im Ampere-Bereich kann die Schleusenspannung auch deutlich größer sein (z. B. 1,2 V), da zusätzlich zur inneren Flussspannung ein Spannungsabfall an den Bahn- und Anschlusswiderständen auftritt.

Bei umgekehrter Polarität der äußeren Spannung (in Sperrrichtung) fließt nur ein sehr kleiner Sperrstrom, wenn die Spannung nicht bis in den Durchbruchbereich hinein erhöht wird. Der Sperrsättigungsstrom I_S oder I_R ist nur wenig von der Sperrspannung abhängig. Da der Strom in Sperrrichtung (abgesehen vom Durchbruchbereich) sehr viel kleiner als in Durchlassrichtung ist, wurde für den Sperrstrom in Abb. 18.12 ein anderer Maßstab gewählt als für den Durchlassstrom. Dadurch entsteht der spitze Knickpunkt der Kennlinie im Nullpunkt des Koordinatensystems.

Die technische Ausführung eines Halbleiters mit den beschriebenen Eigenschaften des pn-Übergangs wird als **Halbleiterdiode** (kurz: Diode) bezeichnet. Ihr Schaltsymbol zeigt Abb. 18.13. Die beiden Anschlüsse einer Diode heißen Anode A und Kathode K. Die Pfeilspitze des Schaltzeichens gibt die Richtung des Durchlassstromes I_F an. Da die beiden Seiten einer Diode durch die unterschiedlichen Dotierungen verschieden sind, liegen polare, nicht vertauschbare Anschlüsse vor. Um bei der praktischen Anwendung einer Di-

Abb. 18.13 Schaltzeichen einer idealen Diode

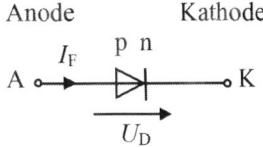

Abb. 18.14 Funktionsprinzip einer Diode als Ventil

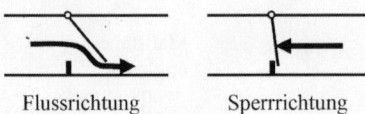

Flussrichtung Sperrrichtung

ode die beiden Anschlüsse unterscheiden zu können, ist auf dem Diodengehäuse oft ein Strich angebracht, der dem Strich im Schaltsymbol auf der Seite der Kathode entspricht. Diese Anschlusskennzeichnung kann man sich leicht merken.

Eine Diode wirkt für den elektrischen Strom wie ein Ventil: Strom wird nur in einer Richtung durchgelassen. Die elektrische Funktion einer Diode als Stromventil kann prinzipiell mit der Funktion eines mechanischen Ventils veranschaulicht werden (Abb. 18.14). In Flussrichtung kann der Materiestrom (entspricht dem Elektronenstrom) durch das Ventil fließen, in Sperrrichtung wird ein Fluss durch das geschlossene Ventil verhindert.

18.3 Beschreibung der Diode durch Gleichungen

18.3.1 Shockley[2]-Gleichung

Die Kennlinie einer (idealen) Diode kann mathematisch durch die „Shockley-Formel" Gl. 18.5 beschrieben werden.

$$I_D(U_D) = I_S \cdot \left(e^{\frac{U_D}{U_T}} - 1\right) = I_S \cdot \left[\exp\left(\frac{U_D}{U_T}\right) - 1\right] \quad (18.5)$$

$I_D(U_D)$ = Strom durch die Diode in Abhängigkeit der Spannung U_D an der Diode,
U_D = an die Diode angelegte äußere Spannung, Flussspannung $U_D = U_F > 0$ positiv einsetzen, Sperrspannung $U_D = U_R < 0$ negativ einsetzen
I_S = Sperrsättigungsstrom oder Sättigungssperrstrom (ein Datenblattwert), ca. $10^{-14} \ldots 10^{-6}$ A,
e = Euler'sche Zahl (2,718...),

$$U_T = \frac{k \cdot T}{e} \quad (18.6)$$

ist die **Temperaturspannung**, bei Raumtemperatur $T = 300$ K ist $U_T \approx 26$ mV,

k = Boltzmann-Konstante = $1{,}380.658 \cdot 10^{-23} \frac{J}{K}$,
T = absolute Temperatur in Kelvin (K) der Sperrschicht (nicht der Umgebung!),
  $T = 273{,}15$ K $+ \vartheta$, ϑ = Temperatur in °C,
e = Betrag der Elementarladung = $1{,}6 \cdot 10^{-19}$ C.

---
[2] William Bradford Shockley (1910–1989), amerikanischer Physiker.

18.3 Beschreibung der Diode durch Gleichungen

Die Schreibweise exp(x) statt e^x dient nur dazu, den Ausdruck des Exponenten x größer und damit gut lesbar schreiben zu können.

Im Durchlassbereich ist in Gl. 18.5 U_D positiv, im Sperrbereich negativ einzusetzen. Die Gleichung gilt *nicht* im Durchbruchbereich, da bei ihrer Herleitung die elektrischen Erscheinungen beim Durchbruch nicht berücksichtigt werden.

Gl. 18.5 gilt auch nur für die „innere Diode". Sie berücksichtigt nur die Vorgänge in der Grenzschicht und nicht den elektrischen Widerstand der sich an die Grenzschicht anschließenden p- und n-Gebiete, der als **Bahnwiderstand** bezeichnet wird. Wie bereits erwähnt: *Die Durchlasskennlinie geht nach einem exponentiellen Anstieg mit zunehmender Durchlassstromstärke durch den Spannungsabfall am Bahnwiderstand in eine Gerade über.*

Diese Abweichungen durch den Bahnwiderstand lassen sich im Durchlassbereich in Gl. 18.5 durch einen *Nichtidealitätsfaktor* n_D (*Nichtidealitätsexponent, Korrekturfaktor, Emissionskoeffizient*) im Exponenten von Gl. 18.5 berücksichtigen. Der Wert von n_D liegt im Bereich:

$$1 \leq n_D \leq 2 \tag{18.7}$$

Reale Dioden können somit durch folgende Gleichung beschrieben werden:

$$I_D(U_D) = I_S \cdot \left(e^{\frac{U_D}{n_D \cdot U_T}} - 1\right) = I_S \cdot \left[\exp\left(\frac{U_D}{n_D \cdot U_T}\right) - 1\right] \tag{18.8}$$

18.3.2 Vereinfachung für den Durchlassbereich

Im Durchlassbereich kann ab $U_D > 0{,}2\,\text{V}$ die „−1" in Gl. 18.5 bzw. 18.8 gegenüber dem Exponentialglied vernachlässigt werden. Für $e^{\frac{U_D}{n_D \cdot U_T}} \gg 1$ gilt dann die Näherung:

$$I_D(U_D) = I_S \cdot e^{\frac{U_D}{n_D \cdot U_T}} = I_S \cdot \exp\left(\frac{U_D}{n_D \cdot U_T}\right) \quad (U_D > 0{,}2\,\text{V},\ 1 \leq n_D \leq 2) \tag{18.9}$$

Bestimmung von n_D

Nimmt man zwei Punkte mit den Werten $(I_{D1}; U_{D1})$ und $(I_{D2}; U_{D2})$ zu Hilfe, die im unteren, exponentiell ansteigenden Teil auf der Durchlasskennlinie liegen, so kann mit Gl. 18.9 der Nichtidealitätsfaktor n_D einer Diode bestimmt werden.

$$\frac{I_D}{I_S} = e^{\frac{U_D}{n_D \cdot U_T}} \tag{18.10}$$

Potenzgesetz:

$$\frac{a^x}{a^z} = a^{x-z} \tag{18.11}$$

$$\frac{\frac{I_{D1}}{I_S}}{\frac{I_{D2}}{I_S}} = \frac{e^{\frac{U_{D1}}{n_D \cdot U_T}}}{e^{\frac{U_{D2}}{n_D \cdot U_T}}} \tag{18.12}$$

$$\frac{I_{D1}}{I_{D2}} = e^{\frac{U_{D1} - U_{D2}}{n_D \cdot U_T}} \tag{18.13}$$

$$\ln\left(\frac{I_{D1}}{I_{D2}}\right) = \frac{U_{D1} - U_{D2}}{n_D \cdot U_T} \tag{18.14}$$

$$n_D = \frac{U_{D1} - U_{D2}}{U_T} \cdot \frac{1}{\ln\left(\frac{I_{D1}}{I_{D2}}\right)} \tag{18.15}$$

Gl. 18.9 kann durch Logarithmieren beider Seiten der Gleichung nach der Spannung an der Diode aufgelöst werden. Für die Spannung folgt in diesem Fall:

$$U_D(I_D) = n \cdot U_T \cdot \ln\left(\frac{I_D}{I_S}\right) \tag{18.16}$$

Bei großen Durchlassströmen muss der Spannungsabfall $I_D \cdot R_B$ am Bahnwiderstand R_B berücksichtigt werden, der zusätzlich zur Spannung am pn-Übergang auftritt.

$$U_D(I_D) = n \cdot U_T \cdot \ln\left(\frac{I_D}{I_S}\right) + I_D \cdot R_B \tag{18.17}$$

18.3.3 Vereinfachung für den Sperrbereich

Obwohl die Shockley-Formel streng genommen nur für den Durchlassbereich gilt, wird sie manchmal auch für den Sperrbereich verwendet. Der tatsächliche Strom ist aber wegen Defekten in der Kristallstruktur (Einlagerungen, Verspannungen) im Sperrbetrieb erheblich größer als mit der Shockley-Formel berechnet.

Mit der vereinfachten Form Gl. 18.9 kann der Sperrsättigungsstrom berechnet werden.

$$I_S = \frac{I_D}{e^{\frac{U_D}{n_D \cdot U_T}}} \tag{18.18}$$

Mit guter Näherung kann im Sperrbereich auch vereinfachend ein fast *konstanter Strom*

$$I_D = -I_S \tag{18.19}$$

angenommen werden, der als Sperrsättigungsstrom im Datenblatt einer Diode zu finden ist.

18.3 Beschreibung der Diode durch Gleichungen

Aufgabe 18.1

Bestimmen Sie mit den zwei gegebenen Wertepaaren auf der Durchlasskennlinie einer Diode ($I_{D1} = 0{,}1$ mA; $U_{D1} = 0{,}51$ V), ($I_{D2} = 0{,}01$ mA; $U_{D2} = 0{,}40$ V) den Nichtidealitätsfaktor n_D der Diode bei der Sperrschichttemperatur $\vartheta = 95\,°C$.

Lösung

$$T = 273{,}15\,\text{K} + \vartheta, \quad \vartheta = 95\,°C; \quad T = 368{,}15\,\text{K}$$

$$U_T = \frac{k \cdot T}{e} = \frac{1{,}38 \cdot 10^{-23}\,\frac{\text{J}}{\text{K}} \cdot 368{,}15\,\text{K}}{1{,}6 \cdot 10^{-19}\,\text{C}} = \frac{5{,}08 \cdot 10^{-21}\,\text{Ws}}{1{,}6 \cdot 10^{-19}\,\text{As}} = 32\,\text{mV}$$

$$n_D = \frac{U_{D1} - U_{D2}}{U_T} \cdot \frac{1}{\ln\left(\frac{I_{D1}}{I_{D2}}\right)} = \frac{0{,}51\,\text{V} - 0{,}40\,\text{V}}{0{,}032\,\text{V}} \cdot \frac{1}{\ln\left(\frac{0{,}1\,\text{mA}}{0{,}01\,\text{mA}}\right)}$$

$$= 3{,}44 \cdot \frac{1}{\ln(10)} = \underline{\underline{1{,}5}}$$

Aufgabe 18.2

Durch eine Diode fließt ein Strom von $I_D = 5{,}0$ mA. An der Diode fällt dabei eine Spannung von $U_D = 0{,}50$ V ab. Aus Temperaturmessungen ist die Sperrschichttemperatur der Diode mit $\vartheta = 130\,°C$ bekannt. Wie groß ist der Sättigungssperrstrom I_S der Diode?

Lösung

$$U_T = \frac{k \cdot T}{e} = \frac{1{,}38 \cdot 10^{-23}\,\frac{\text{J}}{\text{K}} \cdot 403{,}15\,\text{K}}{1{,}6 \cdot 10^{-19}\,\text{C}} = 35\,\text{mV}$$

$$I_S = \frac{I_D}{e^{\frac{U_D}{n_D \cdot U_T}}};$$

da nichts Anderes bekannt ist wird angenommen: $n_D = 1$.

$$I_S = \frac{0{,}005\,\text{A}}{e^{\frac{0{,}50\,\text{V}}{0{,}035\,\text{V}}}} = \underline{\underline{3{,}1\,\text{nA}}}$$

18.4 · Linearisierung der Durchlasskennlinie in einem Arbeitspunkt

18.4.1 Arbeitspunkt

Oft wird ein elektronisches Bauelement in einem festen **Arbeitspunkt AP** betrieben. Für die Definition eines Arbeitspunktes gilt allgemein:

Ein Arbeitspunkt wird durch ein Wertepaar $(U_A; I_A)$ **von Gleichspannung und Gleichstrom auf einer Kennlinie** *des Bauelementes festgelegt.*

Die für den Arbeitspunkt geltenden Gleichgrößen werden üblicherweise durch den Index „AP" oder „A" gekennzeichnet. Wird an eine Diode eine Gleichspannung $U_{D.A}$ angelegt, so gehört zu dieser Spannung ein Gleichstrom $I_{D.A}$ durch die Diode. Das Wertepaar $(U_{D.A}; I_{D.A})$ kennzeichnet einen Arbeitspunkt AP *auf der Kennlinie* der Diode (Abb. 18.15).

Im Zusammenhang mit den Gleichgrößen eines Arbeitspunktes spricht man auch von Ruhegrößen, z. B. einer *Ruhespannung* oder einem *Ruhestrom*.

Im Folgenden wird der Begriff *Aussteuerung* verwendet, der hier zunächst definiert wird.

Unter einer *Aussteuerung* wird in der Elektronik das Anlegen einer sich zeitlich ändernden Größe (einer Signalspannung oder eines Signalstromes) an die Steuerelektrode eines aktiven Bauelementes verstanden. Diese Steuerelektrode ist beim Bipolartransistor die Basis, beim Feldeffekttransistor das Gate und bei einer Schaltungsanordnung der Eingang einer Schaltung oder eines Gerätes, z. B. eines Verstärkers. Die Ausgangsgröße soll gegenüber der Eingangsgröße meist verstärkt sein, also eine größere Amplitude haben. Außerdem soll die Verstärkung meist *linear* erfolgen, damit das Ausgangssignal gegenüber dem Eingangssignal nicht verzerrt (verformt) ist. Ist das Ausgangssignal nicht proportional zum Eingangssignal, so enthält die Ausgangsgröße nach Fourier Signalanteile mit neuen Frequenzen, es ergibt sich ein größerer Klirrfaktor. Damit die Verstärkung linear bleibt, darf das Eingangssignal bestimmte Grenzen nicht überschreiten. Diese Grenzen definieren den *Aussteuerbereich*. Eine *Vollaussteuerung* liegt gerade noch innerhalb des Aussteuerbereiches. Wird der Aussteuerbereich überschritten, so liegt eine *Übersteuerung* vor. Meist ergeben sich dann Verzerrungen oder Begrenzungen des Ausgangssignals.

Häufig werden Halbleiterbauelemente so betrieben, dass eine Aussteuerung mit kleinen Signalen um den Arbeitspunkt herum erfolgt. Das Verhalten des Bauelementes wird dann als *Kleinsignalverhalten* bezeichnet. Aufgrund des kleinen Bereiches der Aussteuerung kann das Halbleiterbauelement für diesen kleinen Bereich als linear betrachtet werden. Die nichtlineare Kennlinie kann dann durch eine Tangente an die Kennlinie im Arbeitspunkt ersetzt werden.

Mit der im Arbeitspunkt linearisierten Kennlinie nach Abb. 18.15 können zwei charakteristische Größen einer Diode, der Gleichstromwiderstand und der Wechselstromwiderstand erläutert werden.

18.4 Linearisierung der Durchlasskennlinie in einem Arbeitspunkt

Abb. 18.15 Kennlinie einer Diode mit Arbeitspunkt AP

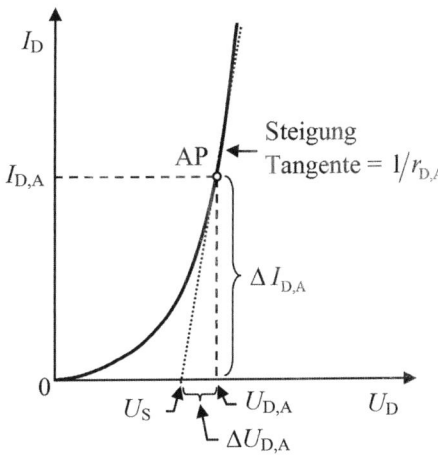

18.4.2 Gleichstromwiderstand

Wird die Diode im Arbeitspunkt AP betrieben, so liegt an der Diode die Spannung $U_{D.A}$ und durch sie fließt der Strom $I_{D.A}$. Der *Gleichstromwiderstand* der Diode, der auch als *absoluter Widerstand* bezeichnet wird, ist dann:

$$R_{D.A} = \frac{U_{D.A}}{I_{D.A}} \qquad (18.20)$$

18.4.3 Wechselstromwiderstand

Der *Wechselstromwiderstand* einer Diode wird auch als *differenzieller* oder *dynamischer* Widerstand bezeichnet. Er ist bedeutsam für Wechselsignale mit kleiner Amplitude, die den Gleichgrößen im Arbeitspunkt überlagert werden. Der differenzielle Widerstand im Arbeitspunkt errechnet sich aus dem Steigungsdreieck zu

$$r_{D.A} = \frac{\Delta U_{D.A}}{\Delta I_{D.A}} \qquad (18.21)$$

Daraus folgt:

$$r_{D.A} = \left.\frac{dU_D}{dI_D}\right|_{AP} = \frac{1}{\left.\frac{dI_D}{dU_D}\right|_{AP}} \qquad (18.22)$$

Der differenzielle Widerstand entspricht dem Kehrwert der Steigung der Tangente an die Diodenkennlinie im Arbeitspunkt.

Wie bereits erwähnt, schneidet die Verlängerung der Tangente an die Diodenkennlinie die Abszisse bei der Schleusenspannung U_S, so auch in Abb. 18.15. Mit der Spannung $U_{D.A}$ und dem Strom $I_{D.A}$ sowie dem differenziellen Widerstand $r_{D.A}$ kann die Schleusenspannung dargestellt werden als

$$U_S = U_{D.A} - \Delta U_{D.A} = U_{D.A} - r_{D.A} \cdot \Delta I_{D.A} = U_{D.A} - r_{D.A} \cdot I_{D.A} \tag{18.23}$$

Durch Differenzieren von Gl. 18.5 nach U_D kann man herleiten:

$$r_{D.A} = \frac{n_D \cdot U_T}{I_{D.A}} \tag{18.24}$$

Umformung zur Bestimmung des Nichtidealitätsexponenten n_D:

$$n_D = r_{D.A} \cdot \frac{I_{D.A}}{U_T} \tag{18.25}$$

Da bei der Herleitung von Gl. 18.24 von Gl. 18.5 für die ideale Diode ausgegangen wird, ist Gl. 18.24 nur für kleine differenzielle Widerstände (also sehr steile Durchlasskennlinien mit $r_{D.A} <$ ca. 1 Ω) ausreichend genau. Ansonsten sollte der differenzielle Widerstand mit einem Steigungsdreieck ermittelt und die Schleusenspannung mit Gl. 18.23 oder grafisch mit der Kennlinientangente bestimmt werden.

Von praktischer Bedeutung ist der differenzielle Widerstand einer Diode bei der Eingangskennlinie eines npn-Bipolartransistors. Die Basis-Emitter-Strecke ist ein pn-Übergang, ihre Strom-Spannungs-Kennlinie entspricht der einer Diode. Bei einer Spannungssteuerung wird durch eine Basis-Emitter-Gleichspannung ein Arbeitspunkt auf der Eingangskennlinie des Transistors festgelegt. Kleine Wechselsignale werden dem Arbeitspunkt überlagert und können verstärkt (mit größerer Amplitude) am Arbeitswiderstand abgegriffen werden.

Der differenzielle Widerstand einer Diode im Durchlassbereich liegt in der *Größenordnung* von einigen Ohm bis einigen hundert Ohm.

18.5 Näherungen für die Diodenkennlinie

18.5.1 Die ideale Diode

Um das statische Verhalten einer Diode zu beschreiben, können unterschiedliche Näherungen für die Diodenkennlinie verwendet werden. Beginnend mit der idealen Diode können schrittweise bestimmte Gegebenheiten berücksichtigt werden, um sich der exakten Beschreibung einer realen Diode zu nähern.

Die ideale Diode lässt Strom nur in einer Richtung fließen. In Durchlassrichtung verhält sich die ideale Diode wie ein Kurzschluss. In Sperrrichtung wird der Strom vollkommen

18.5 Näherungen für die Diodenkennlinie

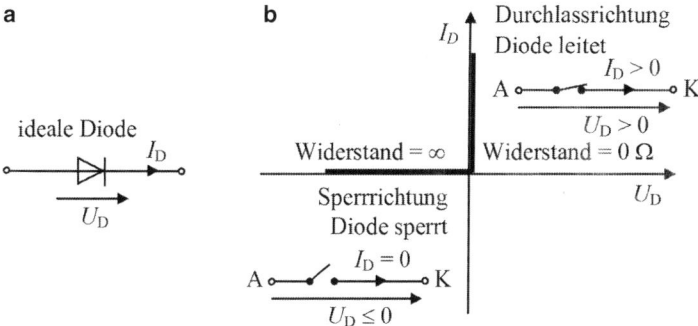

Abb. 18.16 Schaltsymbol (**a**) und Kennlinie (**b**) einer idealen Diode mit mechanischen Schaltern als Ersatzschaltungen für Sperr- und Durchlassbereich

gesperrt, die ideale Diode verhält sich wie ein Leerlauf. In einer groben Näherung kann die Diode somit als idealer Schalter angenommen werden, der im Sperrbereich geöffnet und im Durchlassbereich geschlossen ist (Abb. 18.16). Die ideale Diode würde in Durchlassrichtung einen Strom fließen lassen, ohne dass an ihr selbst ein Spannungsabfall entsteht.

Aus der Kennlinie der idealen Diode ist ersichtlich, dass eine Diode ein nichtlineares Bauelement ist. Die Abhängigkeit des Stromes I_D von der Spannung U_D ist nicht linear, da die Kennlinie keine durchgehende Gerade ist. Bei der gekrümmten Kennlinie einer realen Diode (z. B. Abb. 18.8) ist diese Nichtlinearität noch besser zu erkennen.

Eine Diode ist ein nichtlineares Bauelement. Der Strom als Funktion der Spannung hat einen nichtlinearen Verlauf. Das ohmsche Gesetz ist nicht für den gesamten Bereich der Kennlinie anwendbar.

18.5.2 Berücksichtigung der Schleusenspannung

Oft ist es sinnvoll, die Schleusenspannung einer Diode in deren Ersatzschaltbild als eigene Spannungsquelle anzugeben. Somit wird in einem Schaltbild sofort der Spannungsabfall über der Diode ersichtlich. Die Kennlinie der idealen Diode (Abb. 18.16b) verschiebt sich dadurch nach rechts bis zur Schleusenspannung U_S (Abb. 18.17a). Die Diode selbst ist dann natürlich als ideale Diode nach Abb. 18.16 anzusehen und wird hier zur Kennzeichnung gestrichelt eingekreist (Abb. 18.17b).

18.5.3 Berücksichtigung des Bahnwiderstandes

Bei der Herleitung von Gl. 18.5 wird angenommen, dass die ganze Spannung U_D an der Sperrschicht abfällt, bzw. dass der Widerstand der Sperrschicht groß gegenüber dem Widerstand des übrigen p- und n-Gebietes ist. Bei großen Strömen ist diese Annahme nicht

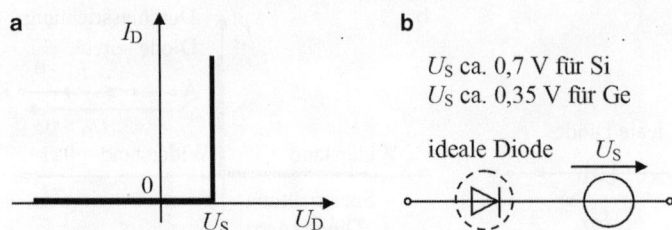

Abb. 18.17 Kennlinie (**a**) und Ersatzschaltbild (**b**) mit Schleusenspannung einer Diode

mehr zulässig. Der elektrische Widerstand des Halbleitermaterials sowie die Widerstände der Anschlüsse (Übergangswiderstände an den Kontakten) sind bei großen Strömen nicht mehr vernachlässigbar. Zusammengefasst werden diese Widerstände im **Bahnwiderstand** R_B, der oft als R_S bezeichnet wird.

Der Bahnwiderstand bewirkt eine Linearisierung der Kennlinie für große Ströme. Der exponentielle Stromanstieg geht mit zunehmender Durchlassstromstärke in eine Gerade über, da sich in horizontaler Richtung zum exponentiellen Anstieg der Diodenkennlinie ein linearer Ast addiert. In der Reihenschaltung von Diode und Widerstand addieren sich deren Spannungswerte für jeden Stromwert.

$$U_D = U'_D + I_D \cdot R_B \qquad (18.26)$$

U'_D = innere Diodenspannung,
U_D = äußere Diodenspannung.

Der sehr steile Anstieg der Kennlinie einer idealen Diode ab der Schleusenspannung wird also bei der realen Diode durch den Bahnwiderstand flacher (Abb. 18.18).

Der Bahnwiderstand liegt in der *Größenordnung* von 0,01 Ω bei Leistungsdioden bis 10 Ω bei Kleinsignaldioden.

Wird in der Näherung für die Diodenkennlinie auch der Bahnwiderstand R_B berücksichtigt, so erhält man eine genauere Annäherung der Diodenkennlinie durch gebrochene Geraden (stückweise lineare Approximation).

Der Bahnwiderstand kann im Ersatzschaltbild der Diode durch die Reihenschaltung eines ohmschen Widerstandes mit einer idealen Diode berücksichtigt werden (Abb. 18.19). Die ideale Diode ist zur Kennzeichnung gestrichelt eingekreist.

Wird bei der stückweise linearisierten Kennlinie zusätzlich zum Bahnwiderstand R_B auch die Schleusenspannung U_S berücksichtigt, so erhält man eine noch genauere Näherung der realen Diodenkennlinie (Abb. 18.20).

Bei großen Strömen wird der differenzielle Widerstand r_D sehr klein. Er ist mit dem Bahnwiderstand R_B in Reihe geschaltet. Für niedrige Frequenzen und kleine Wechselspannungssignale lässt sich die Diode in ihrem Arbeitspunkt durch die Kleinsignal-Ersatzschaltung Abb. 18.21 darstellen. Sie eignet sich für Gleichspannung und Signalfrequenzen unter ca. 20 kHz.

18.5 Näherungen für die Diodenkennlinie

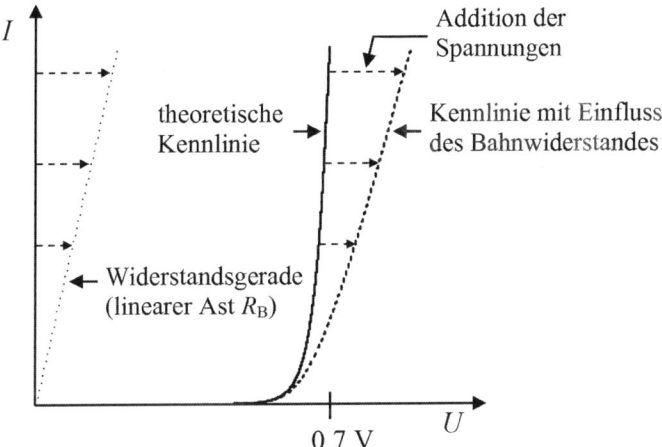

Abb. 18.18 Einfluss des Bahnwiderstandes auf die Durchlasskennlinie

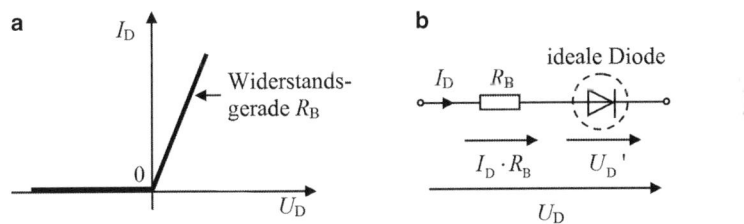

Abb. 18.19 Stückweise lineare Kennlinie (**a**) und Ersatzschaltbild (**b**) einer Diode ohne Schleusenspannung, aber mit Bahnwiderstand

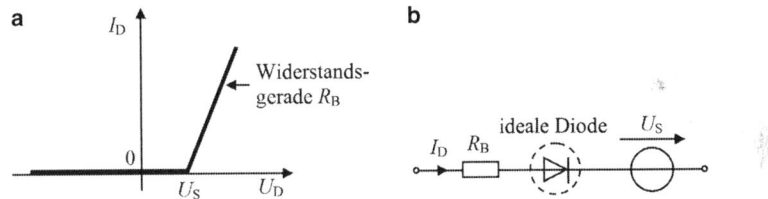

Abb. 18.20 Stückweise lineare Kennlinie (**a**) und Ersatzschaltbild (**b**) einer Diode mit Schleusenspannung und mit Bahnwiderstand

Abb. 18.21 Statisches Kleinsignalmodell von Dioden

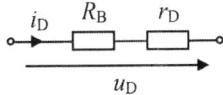

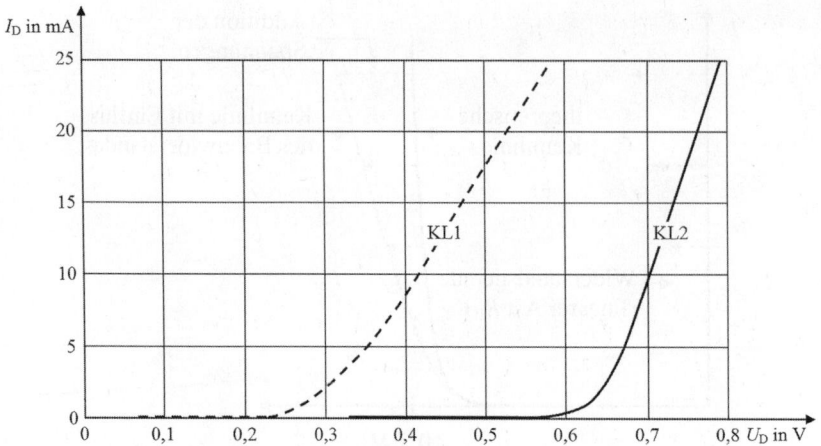

Abb. 18.22 Kennlinien von zwei Dioden

Aufgabe 18.3

Gegeben sind in Abb. 18.22 die Kennlinien KL1 und KL2 von zwei Dioden.

a) Welche Kennlinie gehört zu einer Germaniumdiode und welche zu einer Siliziumdiode? Bestimmen Sie die Schleusenspannungen U_{S1} und U_{S2} der beiden Dioden.

b) Für beide Kennlinien liegen die Arbeitspunkte AP1 und AP2 bei $I_D = 10$ mA. Zeichnen Sie die Arbeitspunkte in die Grafik Abb. 18.22 ein. Bestimmen Sie für beide Arbeitspunkte die Spannungsabfälle $U_{D1,A}$ und $U_{D2,A}$ an den Dioden sowie die absoluten Widerstände $R_{D1,A}$ und $R_{D2,A}$ der Dioden im jeweiligen Arbeitspunkt.

c) Wie groß sind die Sperrsättigungsströme I_{S1} und I_{S2} der Dioden bei Raumtemperatur? Setzen Sie $n_{D1} = n_{D2} = 1$.

d) Berechnen Sie die differenziellen Widerstände r_{D1} und r_{D2} der Dioden in den gegebenen Arbeitspunkten.

e) Berechnen Sie die Schleusenspannungen der Dioden aus den Ergebnissen der Teilaufgaben a und d. Bestimmen Sie bei einer Diskrepanz der Ergebnisse die differenziellen Widerstände genauer und berechnen Sie die Schleusenspannungen erneut.

Lösung

a) An die Kennlinien werden die in Abb. 18.23 gepunktet gezeichneten Tangenten angelegt. Die Tangente an KL1 schneidet die Abszisse bei 0,3 V, dies entspricht einer Schleusenspannung $U_{S1} = 0{,}3\,\text{V}$. KL1 gehört also nach Gl. 18.4 zu einer *Germaniumdiode*. Die Tangente an KL2 schneidet die Abszisse bei 0,64 V, dies entspricht einer Schleusenspannung $U_{S2} = 0{,}64\,\text{V}$. KL2 gehört also nach Gl. 18.4 zu einer *Siliziumdiode*.

b) Jeweils vom Arbeitspunkt das Lot auf die Abszisse: $U_{D1,A} = 0{,}42\,\text{V}$; $U_{D2,A} = 0{,}70\,\text{V}$

$$R_{D1,A} = \frac{U_{D1,A}}{I_D} = \frac{0{,}42\,\text{V}}{10\,\text{mA}} = \underline{\underline{42\,\Omega}}; \quad R_{D2,A} = \frac{U_{D2,A}}{I_D} = \frac{0{,}70\,\text{V}}{10\,\text{mA}} = \underline{\underline{70\,\Omega}}$$

c) $I_S = \frac{I_D}{e^{\frac{U_D}{n_D \cdot U_T}}}$; bei Raumtemperatur $T = 300\,\text{K}$ ist $U_T \approx 26\,\text{mV}$.

$$I_{S1} = \frac{0{,}01\,\text{A}}{e^{\frac{0{,}42\,\text{V}}{0{,}026\,\text{V}}}} = \underline{\underline{0{,}9\,\text{nA}}}; \quad I_{S2} = \frac{0{,}01\,\text{A}}{e^{\frac{0{,}70\,\text{V}}{0{,}026\,\text{V}}}} = \underline{\underline{20\,\text{fA}}}$$

d) Für beide Arbeitspunkte gilt: $r_{D,A} = \frac{n_D \cdot U_T}{I_{D,A}} = \frac{1 \cdot 0{,}026\,\text{V}}{0{,}01\,\text{A}} = \underline{\underline{2{,}6\,\Omega}}$

e) $U_S = U_{D,A} - r_{D,A} \cdot I_{D,A}$
$U_{S1} = 0{,}42\,\text{V} - 2{,}6\,\Omega \cdot 0{,}01\,\text{A} = \underline{0{,}39\,\text{V}}$; Teilaufgabe a: $\underline{U_{S1} = 0{,}3\,\text{V}}$
$U_{S2} = 0{,}70\,\text{V} - 2{,}6\,\Omega \cdot 0{,}01\,\text{A} = \overline{0{,}67\,\text{V}}$; Teilaufgabe a: $\overline{U_{S2} = 0{,}64\,\text{V}}$
Woher kommt der Unterschied?
In Abb. 18.23 ist zu erkennen, dass die Steigung der beiden Kennlinien in den Arbeitspunkten unterschiedlich ist. Die differenziellen Widerstände r_{D1} und r_{D2} der Dioden werden deshalb mit Steigungsdreiecken, die aus den Tangenten gebildet werden, genauer bestimmt.

$$r_{D1} = \frac{0{,}6\,\text{V} - 0{,}3\,\text{V}}{0{,}025\,\text{A}} = \underline{\underline{12\,\Omega}}; \quad r_{D2} = \frac{0{,}8\,\text{V} - 0{,}64\,\text{V}}{0{,}025\,\text{A}} = \frac{0{,}16\,\text{V}}{0{,}025\,\text{A}} = \underline{\underline{6{,}4\,\Omega}}$$

$U_{S1} = 0{,}42\,\text{V} - 12\,\Omega \cdot 0{,}01\,\text{A} = \underline{0{,}3\,\text{V}}$, Übereinstimmung mit Teilaufgabe a.
$U_{S2} = 0{,}70\,\text{V} - 6{,}4\,\Omega \cdot 0{,}01\,\text{A} = \underline{0{,}64\,\text{V}}$, Übereinstimmung mit Teilaufgabe a.

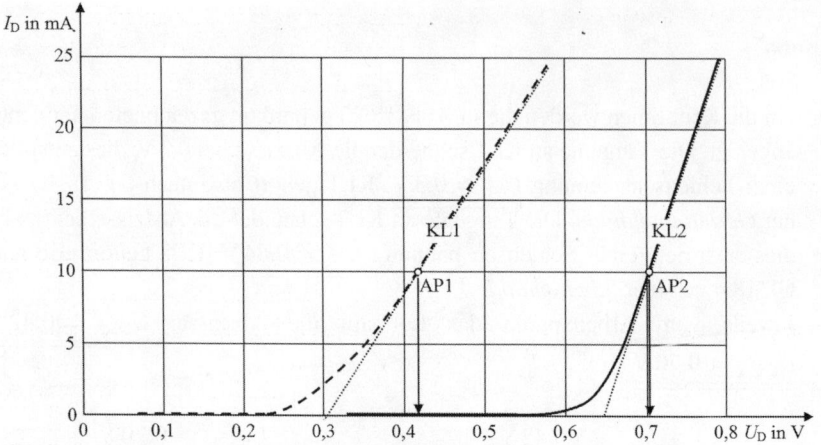

Abb. 18.23 Kennlinien der zwei Dioden mit Tangenten und Arbeitspunkten

Aufgabe 18.4

Gegeben ist in Abb. 18.24 die Durchlasskennlinie einer Diode.

a) Welche Art der Darstellung ist hier für die Kennlinie gewählt?
b) Warum ist die Kennlinie im unteren Teil fast eine Gerade und im oberen Teil gekrümmt?
c) Zeichnen Sie den Arbeitspunkt $I_{D,A} = 30\,\text{mA}$ in Abb. 18.24 ein. Berechnen Sie, ausgehend von diesem Arbeitspunkt, den Bahnwiderstand R_B der Diode.

Lösung

a) Die Spannung auf der Abszisse ist linear, der Strom auf der Ordinate ist logarithmisch unterteilt. Die Kennlinie ist somit in einer halblogarithmischen Darstellung gezeichnet.

b) Bei einer linearen Einteilung beider Achsen ist die Durchlasskennlinie gekrümmt und stark ansteigend. Durch die halblogarithmische Darstellung wird die Kennlinie zu einer Geraden. Wird der Bahnwiderstand vernachlässigt, so ist die gesamte Kennlinie eine Gerade, in Abb. 18.25 gestrichelt eingezeichnet. Wird der Bahnwiderstand berücksichtigt, so addiert sich bei hohen Strömen in horizontaler Richtung zur inneren Diodenspannung U_D' der Spannungsabfall $I_D \cdot R_B$. Dadurch ist die Kennlinie im oberen Teil (bei hohen Strömen) gekrümmt. Die Spannung an der Diode ist dann $U_D = U_D' + I_D \cdot R_B$. Wie man

Abb. 18.24 Durchlasskennlinie einer Diode

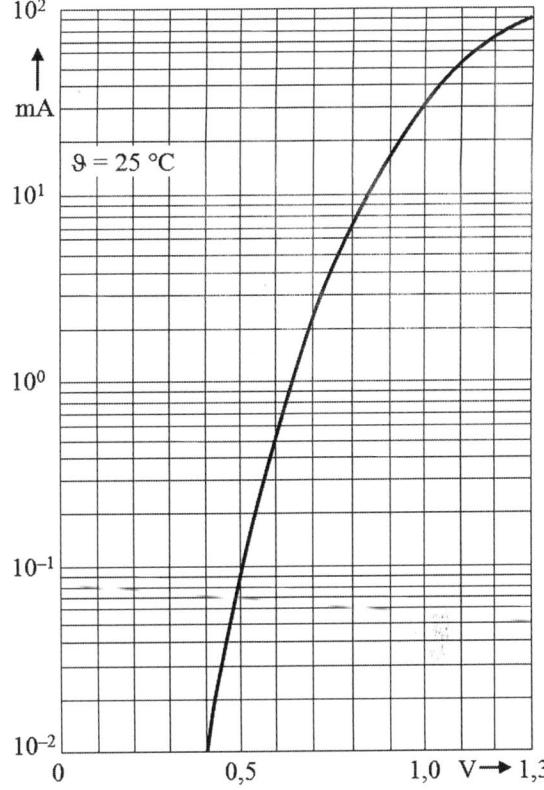

sieht, wirkt sich die Addition des Spannungsabfalls am Bahnwiderstand umso stärker aus, je größer der Strom I_D durch die Diode wird.

c) Aus $U_D = U'_D + I_D \cdot R_B$ folgt $R_B = \frac{U_{D,A} - U'_{D,A}}{I_{D,A}}$.
Aus Abb. 18.25: $U_{D,A} = 0{,}76\,\text{V}$, $U'_{D,A} = 1{,}0\,\text{V}$.
Der Spannungsabfall am Bahnwiderstand ist: $U_{D,A} - U'_{D,A} = 1{,}0\,\text{V} - 0{,}76\,\text{V}$.

$$R_B = \frac{1{,}0\,\text{V} - 0{,}76\,\text{V}}{0{,}03\,\text{A}} = \underline{\underline{8{,}0\,\Omega}}$$

Aufgabe 18.5

Für eine Diode gilt der Nichtidealitätsexponent $n_D = 1{,}2$, der Sperrsättigungsstrom ist $I_S = 1\,\text{pA}$. An den Klemmen der Diode wird bei Raumtemperatur (300 K) eine Spannung $U_D = 900\,\text{mV}$ bei einem Strom von $I_D = 30\,\text{mA}$ gemessen. Wie groß ist der Bahnwiderstand R_B der Diode?

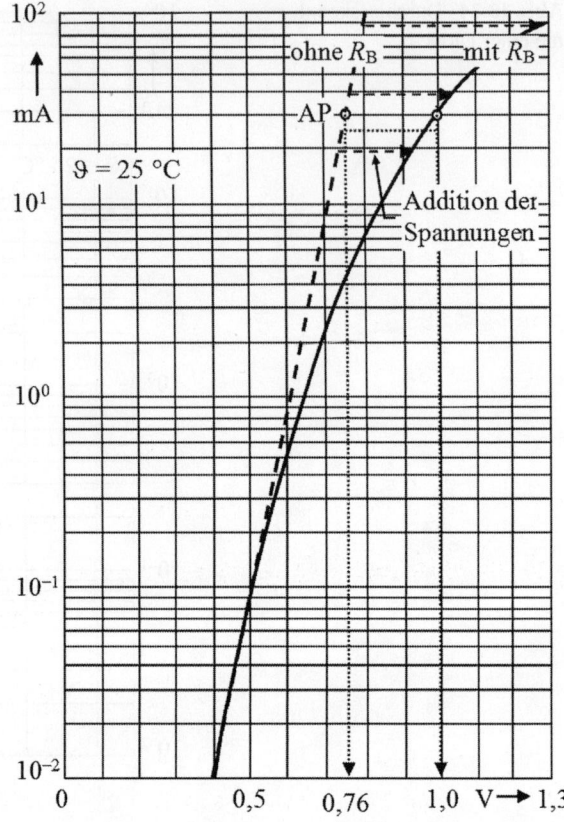

Abb. 18.25 Durchlasskennlinie der Diode unter Vernachlässigung des Bahnwiderstandes als gestrichelt gezeichnete Gerade, mit Arbeitspunkt und mit Addition von innerer Diodenspannung und Spannungsabfall am Bahnwiderstand

Lösung

Der Spannungsabfall an der Diode ohne Bahnwiderstand wäre nach Gl. 18.16:

$$U_\mathrm{D}(I_\mathrm{D}) = n \cdot U_\mathrm{T} \cdot \ln\left(\frac{I_\mathrm{D}}{I_\mathrm{S}}\right); \quad U_\mathrm{D} = 1{,}2 \cdot 0{,}026\,\mathrm{V} \cdot \ln\left(\frac{0{,}03\,\mathrm{A}}{10^{-12}\,\mathrm{A}}\right) = 753\,\mathrm{mV}$$

An den Klemmen wird die Spannung $U_\mathrm{D} = 900\,\mathrm{mV}$ gemessen. Die Differenz $900\,\mathrm{mV} - 753\,\mathrm{mV} = 147\,\mathrm{mV}$ fällt am Bahnwiderstand ab. Es folgt:

$$R_\mathrm{B} = \frac{0{,}147\,\mathrm{V}}{0{,}03\,\mathrm{A}} = \underline{\underline{4{,}9\,\Omega}}$$

18.6 Kenn- und Grenzwerte von Dioden

In den Datenblättern der Hersteller von Dioden werden Kennwerte angegeben, die zur Charakterisierung der Diodeneigenschaften dienen.

Alle für Anwendungen wichtigen Parameter sind in den Datenblättern der jeweiligen Diodentypen zusammengestellt. Man unterscheidet bei den Parametern zwischen Kennwerten und Grenzwerten.

Kennwerte (electrical characteristics) sind Parameter, die den typischen Betrieb einer Diode beschreiben. Kenndaten werden in *statische* und *dynamische* Daten eingeteilt. Statische Kenndaten beschreiben den Betrieb mit Gleichstrom, dynamische Kenndaten informieren über das Verhalten bei Wechselstrom- und Impulsbetrieb.

Beispiele für Kenndaten

- Durchlassspannung U_F bei einem bestimmten Durchlassstrom I_F
- Sperrstrom I_R für eine bestimmte Sperrspannung U_R, auch in Abhängigkeit der Temperatur
- Sperrschichtkapazität (Diodenkapazität) C_D in Abhängigkeit der Sperrspannung
- Sperrerholzeit oder Sperrverzögerungszeit (t_{rr} = reverse recovery time), ein dynamischer Kennwert. Zeit, die eine Diode braucht, um vom Durchlassbetrieb nach dem Umpolen der Spannung in den Sperrbetrieb zu schalten.

Grenzwerte (maximum ratings) dürfen unter keinen Umständen überschritten werden, sonst kann das Bauelement zerstört werden. Häufig ist Folgendes nicht bekannt: Beim Betrieb eines Bauelementes mit einem Grenzwert darf es zwar nicht zerstört werden, es muss aber nicht funktionieren!

Beispiele für Grenzdaten

- Maximale Sperrspannung $U_{R.max}$, bis zu welcher der Sperrstrom unter einem bestimmten Grenzwert bleibt
- Durchbruchspannung U_{BR}, ab dieser Spannung steigt der Rückwärtsstrom steil an
- Maximaler Dauerflussstrom $I_{F.max}$ (mit Kühlbedingungen)
- Maximale Dauer-Verlustleistung $P_{V.max} = U_D \cdot I_D$
- Maximale Sperrschichttemperatur ϑ_j
- Lagerungstemperaturbereich ϑ_{stg}

18.7 Schaltverhalten von Dioden

Bei Schaltvorgängen (und natürlich auch beim Betrieb mit sinusförmiger Wechselspannung) treten durch den pn-Übergang bedingte kapazitive Effekte auf. Es wurde bereits beschrieben, wie sich eine Spannungsänderung auf die Dicke der Sperrschicht auswirkt, und welche Änderung der in der Sperrschicht vorhandenen Ladungsträger damit verbunden ist. Wird die Sperrspannung um einen bestimmten Betrag erhöht, so dehnt sich die Sperrschicht weiter aus, und damit wird auch die gesamte in der Sperrschicht enthaltene Ladung der ortsfesten Ladungsträger größer.

Dies bedeutet: Die Sperrschicht wirkt prinzipiell wie ein Kondensator.

Dieser Sachverhalt wird durch die **Sperrschichtkapazität** c_S beschrieben. Die Sperrschichtkapazität wird mit zunehmender Sperrspannung kleiner. Dies kann man sich durch einen Vergleich mit einem Plattenkondensator veranschaulichen, dessen Kapazität mit größer werdendem Plattenabstand kleiner wird (mit größer werdender Sperrspannung wird die Sperrschicht breiter).

Ohne Herleitung wird die Abhängigkeit der Sperrschichtkapazität von der Sperrspannung angegeben:

$$c_S \approx \frac{1}{\sqrt{U_D + |U_R|}} \quad (18.27)$$

U_D = Diffusionsspannung,
U_R = Sperrspannung.

Der Wert der Sperrschichtkapazität c_S liegt in der *Größenordnung* ein bis einige pF.

Wird ein pn-Übergang in Durchlassrichtung betrieben, so tritt neben der Sperrschichtkapazität ein weiterer Speichermechanismus auf. Wird die Durchlassspannung um einen bestimmten Betrag erhöht, so wird auch die Anzahl der Minoritätsladungsträger im Bahngebiet vergrößert. Dies entspricht einer Ladungsspeicherung und damit einem kapazitiven Verhalten, welches durch die **Diffusionskapazität** c_D gekennzeichnet wird. Man kann herleiten, dass die Diffusionskapazität exponentiell mit der Durchlassspannung zunimmt, also in weit stärkerem Maße spannungsabhängig ist als die Sperrschichtkapazität.

Der Wert der Diffusionskapazität c_D liegt in der *Größenordnung* einige hundert pF bis einige nF.

18.7.1 Diode einschalten

Zunächst ist die Diode hochohmig. Beim Einschalten wird die Diode vom Sperrzustand in den Durchlasszustand gebracht. Die Spannung an der Diode zwischen Anode und Kathode wird von einem negativen Wert (z. B. -2 V) auf einen positiven Wert (z. B. $+2$ V) umgeschaltet. Dabei entsteht fast keine Verzögerung zwischen Schaltspannung und Diodenspannung bzw. Diodenstrom (schmale Umladestromspitze in Abb. 18.26). Die *Durchlassverzögerungszeit* ist wesentlich kleiner als die Sperrverzögerungszeit, da beim Umschalten in den Durchlasszustand nur die kleine Sperrschichtkapazität wirkt. Eine Umladestromspitze entsteht nur bei sehr schnellem Umschalten mit einer Flankensteilheit der Schaltspannung im ps-Bereich.

18.7 Schaltverhalten von Dioden

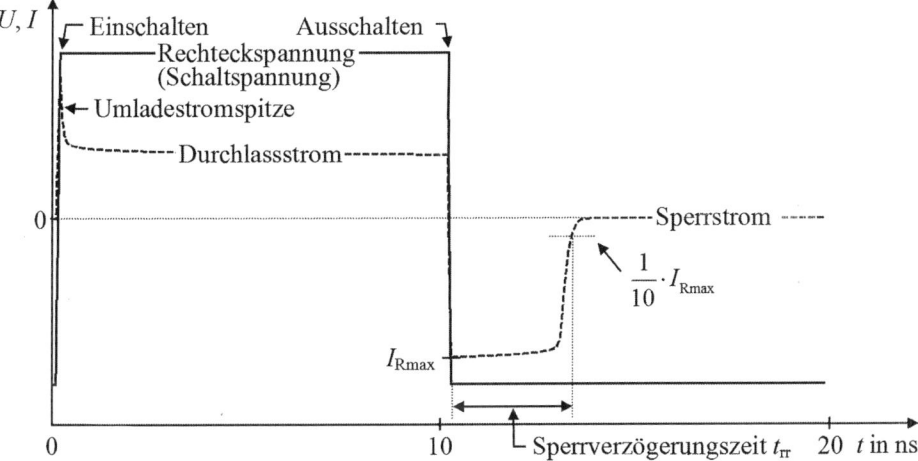

Abb. 18.26 Schaltverhalten einer Si-pn-Diode (Typ: 1N4148)

18.7.2 Diode ausschalten

Schaltet man die Spannung an einer Diode plötzlich von Fluss- in Sperrrichtung um (die Diode wird ausgeschaltet und in den hochohmigen Zustand gebracht), so müssen die Ladungsträger in der Sperrschicht erst abfließen, bis sich der sehr kleine Sperrsättigungsstrom einstellen kann. Im Augenblick des Umschaltens der Spannung in Sperrrichtung fließt daher in Sperrrichtung ein relativ großer Strom I_{Rmax} (maximaler Sperrstrom, auch *Ausräumstrom* genannt), der nach der Sperrverzögerungszeit auf den „normalen" Sperrstrom (Sperrsättigungsstrom) zurückgeht (Abb. 18.26).

Die *Sperrverzögerungszeit* t_{rr} (Sperrerholzeit, Rückwärtserholzeit, reverse recovery time) kennzeichnet das Ausschaltverhalten einer Diode. Sie ist die Zeitspanne, innerhalb welcher der Sperrstrom nach einem plötzlichen Umschalten der Spannung an der Diode von Durchlass- in Sperrrichtung auf einen bestimmten Bruchteil (z. B. 1/10) seines größten Wertes I_{Rmax} abgesunken ist. Die Sperrverzögerungszeit liegt in der *Größenordnung* von ns bei Schaltdioden bis ca. 100 µs bei Leistungsdioden.

▶ **Die Diffusionskapazität ist wesentlich größer als die Sperrschichtkapazität.**

Deshalb ist auch die **Sperrverzögerungszeit wesentlich größer als die Durchlassverzögerungszeit**.

Eine große Sperrverzögerungszeit wirkt sich bei hohen Frequenzen bzw. kurzen Impulsen negativ aus. Kommt die Periodendauer bzw. die Impulsdauer in Sperrrichtung in die Größenordnung der Sperrverzögerungszeit, dann verliert die Diode immer mehr ihre Gleichrichterwirkung.

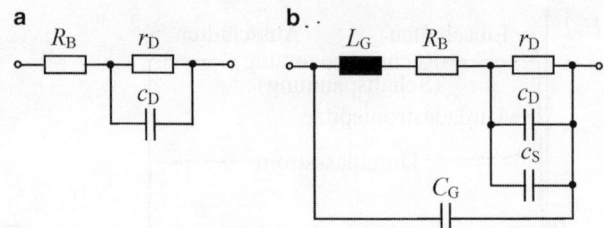

Abb. 18.27 Kleinsignal-ersatzschaltbild für den Niederfrequenzbereich (a) und den Hochfrequenzbereich (b)

Die statische Ersatzschaltung einer Diode nach Abb. 18.21 eignet sich nur für niedrige Signalfrequenzen. Für höhere Frequenzen und für Schaltvorgänge müssen zusätzliche Eigenschaften der Diode berücksichtigt werden. Man erhält so ein *Wechselstrom-Kleinsignalersatzschaltbild* einer Diode für die Aussteuerung mit kleinen Wechselspannungssignalen. Darin werden nicht nur Widerstände sondern auch Kapazitäten und Induktivitäten berücksichtigt. Ein NF-Ersatzschaltbild zeigt Abb. 18.27a, das Ersatzschaltbild für den HF-Bereich ist in Abb. 18.27b dargestellt.

Die Parameter in Abb. 18.27 sind:

R_B = Bahnwiderstand (0,01 bis 10 Ω),
r_D = differenzieller Widerstand,
c_S = Sperrschichtkapazität (1 bis einige pF),
c_D = Diffusionskapazität (nur in Flußrichtung wirksam, hundert pF bis einige nF),
C_G = Gehäusekapazität (0,1 bis 1 pF),
L_G = Gehäuse- und Zuleitungsinduktivität (1 bis 10 nH).

18.8 Temperaturabhängigkeit der Diodenkennlinie

Vor allem der Sperrstrom und die Durchlassspannung einer Diode sind abhängig von der Temperatur. Diese Temperaturabhängigkeit der Diodenkennlinie ist in der Praxis besonders zu beachten.

18.8.1 Temperaturabhängigkeit des Sperrstromes

Der Sperrstrom einer Diode steigt *exponentiell* mit der Temperatur an und ist somit stark von der Temperatur abhängig. Bei konstanter Sperrspannung nimmt der Diodenstrom einer Siliziumdiode mit der Temperatur nach einem Potenzgesetz mit 7 %/K zu. Bei einer Temperaturerhöhung um x Kelvin gegenüber der Temperatur ϑ_0 ist der geänderte Wert des Diodenstromes I_D:

$$I_D\left(\vartheta_0 + x\,\mathrm{K}\right) = I_D\left(\vartheta_0\right) \cdot (1{,}07)^x \quad (18.28)$$

18.8 Temperaturabhängigkeit der Diodenkennlinie

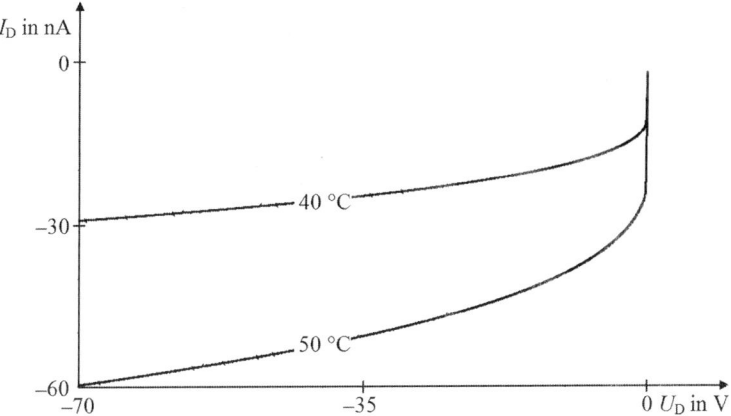

Abb. 18.28 Sperrkennlinie einer Diode (1N4148) bei zwei verschiedenen Temperaturen

Entsprechend $(1{,}07)^{10} = 1{,}967 \approx 2$ verdoppelt sich der Sperrstrom annähernd pro $10\,°\text{C}$ Temperaturerhöhung. Bei $-70\,\text{V}$ ist in Abb. 18.28 der Sperrstrom bei $50\,°\text{C}$ mit $-60\,\text{nA}$ ca. doppelt so groß wie bei $40\,°\text{C}$ mit (fast) $-30\,\text{nA}$.

Vorsicht! Um den Sperrstrom bei einer um x Kelvin gegenüber ϑ_0 erhöhten Temperatur zu berechnen, genügt es nicht, die Temperaturspannung U_T für $\vartheta_0 + x\,\text{K}$ zu berechnen und diesen Wert in die Shockley-Formel Gl. 18.5 einzusetzen. Bei dieser Vorgehensweise bleibt die Temperaturabhängigkeit des Sperrsättigungsstromes I_S unberücksichtigt.

Aufgabe 18.6
Der Sperrstrom einer Siliziumdiode beträgt $I_R = 20\,\text{nA}$ bei $25\,°\text{C}$ und der Sperrspannung $U_R = 20\,\text{V}$. Wie groß ist der Sperrstrom bei der Sperrschichttemperatur $150\,°\text{C}$?

Lösung
$\vartheta_0 = 25\,°\text{C};\quad I_R = I_D(\vartheta_0) = 20\,\text{nA};\quad I_D(150\,°\text{C}) = 20\,\text{nA} \cdot 1{,}07^{125} = \underline{94\,\mu\text{A}}$

Auch der Zener- und Lawinendurchbruch sind temperaturabhängig. Mit wachsender Temperatur können die Valenzelektronen leichter aus ihren Bindungen gerissen werden. Der Zenereffekt tritt daher schon bei kleinerer äußerer Spannung auf. Mit wachsender Temperatur nimmt aber auch die Beweglichkeit der Ladungsträger wegen der stärkeren Gitterschwingungen ab. Der Lawinendurchbruch tritt daher erst bei größerer äußerer Spannung auf.

18.8.2 Temperaturabhängigkeit der Durchlassspannung

Bei konstantem Diodenstrom (Parallele zur Spannungsachse) verschiebt sich die Strom-Spannungskennlinie mit steigender Temperatur zu kleinerer Durchlassspannung (nach links). Die Änderung der Durchlassspannung beträgt bei einer Siliziumdiode ca. $-2\,\mathrm{mV}/°\mathrm{C}$. Der Spannungsabfall an der Diode in Durchlassrichtung nimmt also mit zunehmender Temperatur um ca. $2\,\mathrm{mV/K}$ ab. In Abb. 18.29 ist diese Verschiebung der Durchlasskennlinie mit wachsender Temperatur zu kleinerer Durchlassspannung dargestellt. Abb. 18.30 zeigt das Anwachsen des Diodendurchlassstromes mit steigender Temperatur.

18.9 Diode und Verlustleistung

Fließt Strom durch eine Diode, so muss die speisende Spannungsquelle Arbeit aufwenden. Sie berechnet sich zu:

$$W = U \cdot I \cdot t; \quad [W] = \mathrm{Ws} = \mathrm{J\,(Joule)} \tag{18.29}$$

Diese von der Spannungsquelle gelieferte elektrische Arbeit wird im Halbleiter in Wärme umgewandelt und ist die elektrische Verlustleistung:

$$P_\mathrm{V} = \frac{W}{t} = U \cdot I; \quad [P_\mathrm{V}] = \mathrm{W\,(Watt)} \tag{18.30}$$

Durch die Verlustleistung erhöht sich die Temperatur des Halbleiters gegenüber der Umgebung. Die Temperatur des Halbleiters steigt an, bis im Gleichgewicht die vom Halbleiter

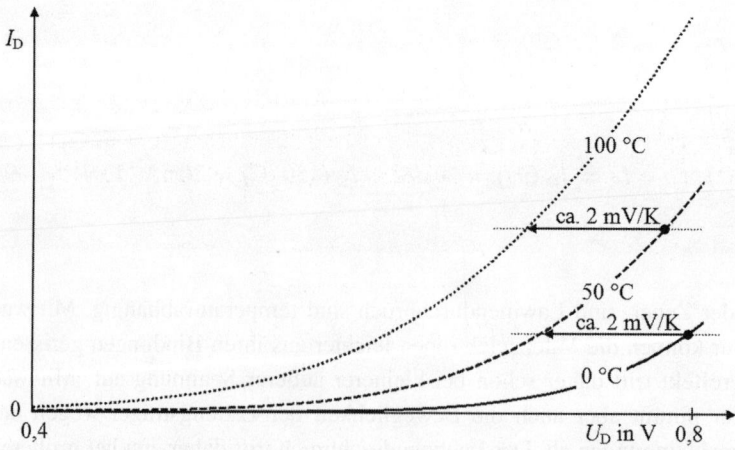

Abb. 18.29 Durchlasskennlinie einer Diode (1N4148) bei drei verschiedenen Temperaturen

18.9 Diode und Verlustleistung

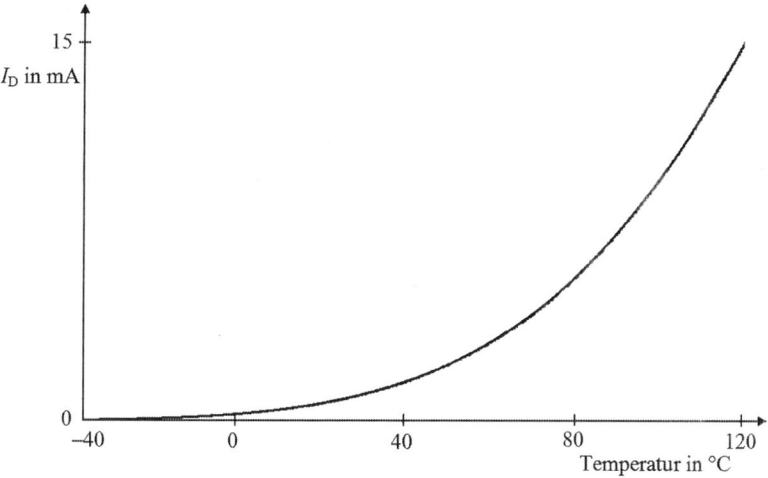

Abb. 18.30 Diodendurchlassstrom (1N4148) in Abhängigkeit der Temperatur

an die Umgebung abgeleitete Wärmeleistung P_{th} genauso groß ist wie die elektrische Verlustleistung P_V im Halbleiter.

Mit dem Begriff des **Wärmewiderstandes R_{th}** (Wärmeübergangswiderstand) erhält man einen einfachen Zusammenhang zwischen der Verlustleistung und der sich ergebenden Temperaturerhöhung des Halbleiters. Die Begriffe Strom, Spannung und Widerstand aus der Elektrotechnik werden auf die Wärmeleitung übertragen.

Sind zwei Körper A und B wärmeleitend miteinander verbunden, so ergibt sich eine Wärmeströmung von A nach B, wenn die Temperatur T_A des Körpers A höher als die Temperatur T_B des Körpers B ist (Abb. 18.31).

Das Verhältnis der in der Zeit t strömenden Wärmemenge Q zur Zeit t ist der **Wärmestrom P_{th}**.

$$P_{th} = \frac{Q}{t}; \quad [P_{th}] = W(\text{Watt}) \tag{18.31}$$

Die Einheit des Wärmestromes P_{th} ist Watt, wie die Einheit der elektrischen Verlustleistung. Der Wärmestrom P_{th} ist proportional zum Temperaturunterschied $T_A - T_B$ und umgekehrt proportional zum Wärmewiderstand R_{th} zwischen den Orten A und B.

$$P_{th} = \frac{T_A - T_B}{R_{th}} = \frac{\Delta T}{R_{th}} \tag{18.32}$$

Gl. 18.32 wird als **ohmsches Gesetz der Wärmelehre** bezeichnet.

Der Temperaturunterschied ΔT zwischen dem Ort A und dem Ort B wird **Übertemperatur** genannt.

ΔT kann in K (Kelvin) oder in °C (Grad Celsius) eingesetzt werden. Da es sich um eine Temperaturdifferenz handelt, ist eine Umrechnung nicht nötig.

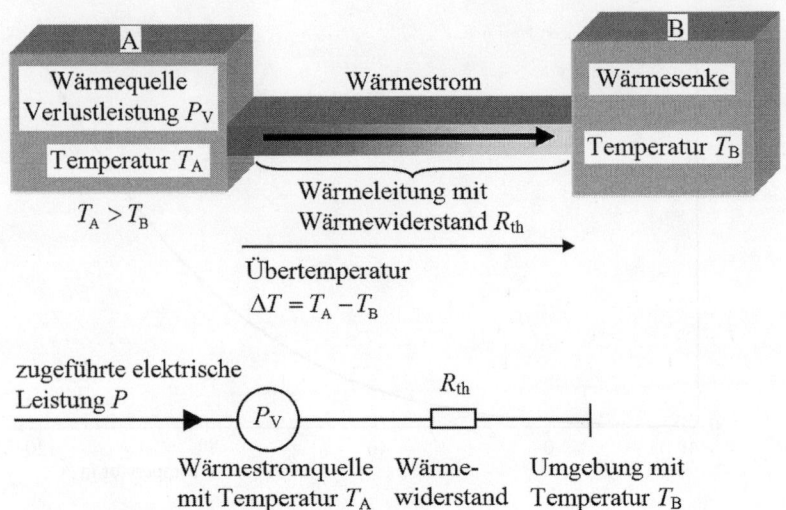

Abb. 18.31 Zur Erläuterung des Wärmewiderstandes

Aus Gl. 18.32 folgt:

$$R_{th} = \frac{T_A - T_B}{P_{th}} = \frac{\Delta T}{P_{th}}; \quad [R_{th}] = \text{K/W} = {}^\circ\text{C/W} \qquad (18.33)$$

Der Wärmewiderstand ist das Verhältnis des Temperaturunterschiedes zum erzeugten Wärmestrom.

R_{th} kennzeichnet die Fähigkeit eines Stoffes bzw. einer thermischen Verbindung, Wärme zu leiten. Wie man sieht, bestehen in der Formel für R_{th} folgende Analogien zu den elektrischen Größen: $R_{th} \leftrightarrow R, T \leftrightarrow U, P \leftrightarrow I$.

Der Wärmewiderstand kann sich aus mehreren Einzelwiderständen (thermischen Verbindungen) in Parallel- oder Reihenschaltung zusammensetzen. Die Berechnung des Gesamtwiderstandes erfolgt nach den für elektrische Widerstände geltenden Gleichungen.

Nach dem Gesetz von Wiedemann[3]–Franz[4] ist ein *guter elektrischer Leiter* gleichzeitig ein *guter Wärmeleiter*.

Bei Halbleiterdioden ist die Temperaturerhöhung der Sperrschicht gegenüber der Umgebung von Interesse. Für den Wärmewiderstand R_{thJU} zwischen Sperrschicht (junction) und Umgebung gilt:

$$R_{thJU} = \frac{T_J - T_U}{P_{th}} \qquad (18.34)$$

T_J = Sperrschichttemperatur,
T_U = Temperatur der Umgebungsluft.

---

[3] Gustav Heinrich Wiedemann (1826–1899), deutscher Physiker.
[4] Rudolph Franz (1826–1902), deutscher Physiker.

18.9 Diode und Verlustleistung

Im Gleichgewicht ist der Wärmestrom P_{th} gleich der elektrischen Verlustleistung P_V.

$$R_{thJU} = \frac{T_J - T_U}{P_V} \qquad (18.35)$$

Durch Umstellen der Gleichung lässt sich die Temperatur der Sperrschicht bestimmen.

$$T_J = R_{thJU} \cdot P_V + T_U \qquad (18.36)$$

Die Temperatur der Sperrschicht eines Halbleiterbauelementes darf einen bestimmten Maximalwert nicht überschreiten, da das Bauteil sonst zerstört oder seine Lebensdauer erheblich reduziert wird. Typische Maximalwerte der Sperrschichttemperatur sind 90 °C für Germanium und 200 °C für Silizium. Sollen Geräte eine hohe Lebensdauer haben, so muss die Sperrschichttemperatur bei Betrieb wesentlich unter den Maximalwerten liegen, z. B. bei 130 °C. Als grobe Regel kann dienen: *Eine Erhöhung der Sperrschichttemperatur um 10 °C kann die Lebensdauer eines Bauteils halbieren.*

Um eine unzulässig hohe Temperatur der Sperrschicht zu vermeiden, muss in der Praxis für eine gute Ableitung der Wärme vom Halbleiterbauteil gesorgt werden. Je höher die Verlustleistung im Halbleiterbauelement ist, desto niedriger muss der Wärmewiderstand R_{thJU} gemacht werden. Bei Halbleiterbauelementen kleiner Leistung wird die Wärme vom Gehäuse unmittelbar an die Umgebungsluft abgegeben. Hier könnte R_{thJU} z. B. durch künstliche Belüftung (Ventilator) verkleinert werden. Leistungshalbleiter haben meist ein Metallgehäuse, welches gut wärmeleitend mit einem metallischen Kühlkörper verbunden wird. In diesem Fall wird der Wärmewiderstand zwischen Gehäuse und Umgebung durch den Kühlkörper herabgesetzt. Die Kühlung erfolgt meist durch **Konvektion**, d. h. durch selbsttätigen Austausch von warmer und kalter Luft in senkrechter Richtung. Der Wärmewiderstand eines Kühlkörpers wird umso kleiner, je größer seine Oberfläche ist. Diese kann durch Kühlrippen vergrößert werden, die jedoch senkrecht stehen sollten, damit warme Luft senkrecht aufsteigen kann.

Setzt sich die Strecke für den Wärmestrom aus mehreren Wärmewiderständen zusammen, so werden diese addiert, um den gesamten Wärmewiderstand zu erhalten.

Werden folgende Abkürzungen definiert

R_{thJG} = Wärmewiderstand Sperrschicht zu Gehäuse = innerer Wärmewiderstand, festgelegt durch den inneren Aufbau des Bauteils

R_{thGK} = Wärmewiderstand Gehäuse zu Kühlkörper, gegeben durch die mechanische Verbindung zwischen Gehäuse und Kühlkörper

R_{thKU} = Wärmewiderstand Kühlkörper zu Umgebung, bestimmt durch Material und Geometrie des Kühlkörpers

R_{thJU} = gesamter Wärmewiderstand zwischen Sperrschicht und Umgebung

so gilt

$$R_{thJU} = R_{thJG} + R_{thGK} + R_{thKU} \qquad (18.37)$$

Erläuterung zur Entstehung von R_{thGK}:

Da bei Leistungshalbleitern ein spannungsführender Teil des Halbleiterkristalls oft mit dem Metallgehäuse verbunden ist, wird unter Umständen eine Isolation erforderlich. Hierzu wurde früher häufig eine Glimmerscheibe eingesetzt, heute wird eine spezielle, gut wärmeleitende Kunststofffolie verwendet. Das Isoliermaterial stellt einen thermischen Übergangswiderstand zwischen Gehäuse und Kühlkörper dar.

Die maximale Temperatur T_U der Umgebungsluft ist für den Betrieb eines Gerätes und damit für ein Halbleiterbauelement meist durch den Einsatz des Gerätes gegeben, z. B. 55 °C für Geräte im Haushalt, oder 85 °C und mehr für Anwendungen in einem Kraftfahrzeug.

In den Datenblättern von Halbleiterbauelementen ist häufig die maximale Verlustleistung bei einer bestimmten Gehäusetemperatur (meist 25 °C) angegeben, die im Dauerbetrieb nicht überschritten werden darf. Ist die maximale Umgebungstemperatur T_U, die maximale Sperrschichttemperatur T_J sowie der gesamte Wärmewiderstand R_{thJU} gegeben, so kann nachgeprüft werden, ob das Bauelement durch eine im Betrieb auftretende elektrische Verlustleistung P_V überlastet ist.

Durch Umstellen folgt aus Gl. 18.36: Es muss

$$P_V \leq \frac{T_J - T_U}{R_{thJU}} \qquad (18.38)$$

sein, damit die maximal zulässige Sperrschichttemperatur nicht überschritten und das Bauteil zerstört wird.

Ist in einem Datenblatt die maximal zulässige Verlustleistung in Abhängigkeit von der Gehäusetemperatur in Form einer Kurve gegeben, so kann sofort abgelesen werden, ob die im Betrieb auftretende elektrische Verlustleistung P_V bei gegebener Umgebungstemperatur T_U zulässig oder zu hoch ist.

Anmerkung Die Temperaturempfindlichkeit von Halbleiterbauelementen ist auch beim Einlöten zu berücksichtigen.

Aufgabe 18.7
Durch eine Silizium-Halbleiterdiode fließt ein Gleichstrom $I = 0{,}9$ A. Der Spannungsabfall an der Diode beträgt $U = 0{,}7$ V. Die Umgebungstemperatur ist $T_U = 70$ °C. Der gesamte Wärmewiderstand zwischen Sperrschicht und Umgebung beträgt $R_{thJU} = 90$ °C/W. Wie hoch ist die Sperrschichttemperatur T_J? Ist die Diode überlastet?

18.9 Diode und Verlustleistung

Lösung
$T_J = R_{thJU} \cdot P_V + T_U$; $T_J = 90\,°C/W \cdot 0{,}9\,A \cdot 0{,}7\,V + 70\,°C$; $\underline{T_J = 126{,}7\,°C}$

Da die maximal erlaubte Sperrschichttemperatur einer Siliziumdiode ca. 200 °C beträgt, ist die Diode nicht überlastet.

Aufgabe 18.8
Bei einer Umgebungstemperatur von $T_U = 50\,°C$ soll die maximale Sperrschichttemperatur eines Halbleiterbauelementes 150 °C nicht übersteigen. Aus dem Datenblatt des Bauteils wird entnommen: „$R_{th\,j\text{-case}}$ Thermal resistance junction-case = max 3 °C/W" und „$R_{th\,j\text{-amb}}$ Thermal resistance junction-ambient = max 50 °C/W". Das Bauteil ist über eine elektrisch isolierende Wärmeleitfolie mit dem Wärmewiderstand 0,5 °C/W mechanisch mit einem Kühlkörper verbunden. Im Bauteil entsteht eine Verlustleistung von 10 W. Welchen Wärmewiderstand darf der Kühlkörper höchstens haben? Wie groß dürfte die Verlustleistung ohne Kühlkörper maximal sein?

Lösung
Der Wärmewiderstand Sperrschicht zu Gehäuse ist $R_{thJG} = 3\,°C/W$. Der Wärmewiderstand Gehäuse zu Kühlkörper ist $R_{thGK} = 0{,}5\,°C/W$. Für den gesamten Wärmewiderstand zwischen Sperrschicht und Umgebung gilt somit $R_{thJU} = R_{thJG} + R_{thGK} + R_{thKU} = 3{,}5\,°C/W + R_{thKU}$.
Es ist $P_V = 10\,W$, $T_J = 150\,°C$.
$T_J = R_{thJU} \cdot P_V + T_U$; $150\,°C - 50\,°C = 3{,}5\,°C/W \cdot 10\,W + R_{thKU} \cdot 10\,W$;
$(100\,°C - 35\,°C) : 10\,W = R_{thKU}$; $\underline{R_{thKU} = 6{,}5\,°C/W}$
Der Kühlkörper darf höchstens einen Wärmewiderstand von 6,5 K/W haben.
Ist der Wärmewiderstand zwischen Sperrschicht und Umgebung $R_{thJU} = 50\,°C/W$, so beträgt die maximal erlaubte Verlustleistung $P_V = \frac{T_J - T_U}{R_{thJU}} = \frac{150\,°C - 50\,°C}{50\,°C/W} = \underline{\underline{2\,W}}$.

Aufgabe 18.9
Das Datenblatt einer Diode enthält das Diagramm in Abb. 18.32. Was sagt das Diagramm aus?

Abb. 18.32 Diagramm in einem Datenblatt einer Diode

Temperaturabhängigkeit der zulässigen Gesamtverlustleistung $P_{tot} = f(T_U)$

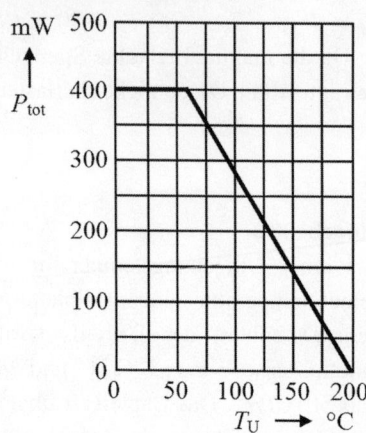

Lösung

Das Diagramm ist eine Grenzkurve für die Verlustleistung als Funktion der Umgebungstemperatur (Lastminderungskurve).

Ist I der Gleichstrom durch die Diode und U der Spannungsabfall an der Diode, so ergibt sich die Verlustleistung zu $P_V = U \cdot I$. Für eine bestimmte Umgebungstemperatur T_U muss P_V unterhalb der Kurve liegen oder höchstens auf ihr.

18.10 Arten von Dioden

18.10.1 Universaldioden

Dioden können nach folgenden Kriterien unterschieden werden:

- Grundmaterial (z. B. Germanium oder Silizium)
- Größe (Signal-, Leistungsdiode)
- Funktionsprinzip (z. B. Zenerdiode, Tunneldiode, Kapazitätsdiode)
- Anwendung (z. B. Universal-, Gleichrichter-, Schalter-, Abstimm-, Mikrowellendiode).

Germaniumdioden wurden früher häufig in der HF-Technik eingesetzt. Ihre Durchlassspannung ist ca. 0,3 V. Sie sollen keiner Temperatur über 100 °C ausgesetzt werden. Von den Siliziumdioden (Durchlassspannung ca. 0,7 V) leiten sich alle noch zu erläuternden Spezialdioden ab. Siliziumdioden können bis zu Temperaturen von 200 °C universell eingesetzt werden.

18.10 Arten von Dioden

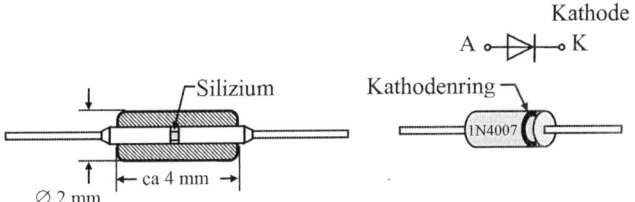

Abb. 18.33 Kleindiode

Dioden großer Leistung haben ein Metallgehäuse zur Wärmeableitung. Signaldioden haben meist ein kleines Glas- oder Plastikgehäuse.

Spitzen- oder Punktkontaktdioden stellen eine veraltete Bauform dar. Die guten HF-Eigenschaften dieser Germaniumdioden (bedingt durch kleine Kapazitäten) werden heute auch von Siliziumplanardioden (Flächendioden) erreicht, bei denen die Sperrschicht flächenhaft ausgebildet ist.

Wichtig für die Praxis:

Bei bedrahteten Kleindioden wird die Kathode durch einen Ring auf dem Gehäuse gekennzeichnet! Der Ring entspricht dem Strich im Schaltzeichen.

Aufbau und Gehäuse einer Kleindiode zeigt Abb. 18.33.

18.10.2 Spezialdioden

18.10.2.1 Schottkydiode

Die Schottkydiode[5] wird auch Hot Carrier-Diode genannt, da die bei Vorwärtspolung vom n-Silizium in das Metall injizierten Elektronen relativ energiereich sind und als „heiße Elektronen" bezeichnet werden. Bei der Schottkydiode ist eine Metallfläche direkt mit einem n-Halbleitermaterial (Si) verbunden. Eine Schottkydiode ist eine Metall-Halbleiter-Diode, der Stromfluss erfolgt nur durch Elektronen. Bereits bei einer Durchlassspannung von ca. 0,35 V entsteht ein steiler Stromanstieg. Je nach Typ ist die Sperrspannung sehr klein, die maximale Sperrspannung liegt bei ca. 50 bis 100 V. Der Sperrstrom ist mit ca. 20 nA größer und auch stärker von der Sperrspannung abhängig als bei einer pn-Diode.

Es gibt keine Diffusionskapazität, die gespeicherte Ladung bleibt äußerst klein, da die Elektronen im Metall sehr beweglich sind. Die Speicherzeit und damit die Schaltzeit vom Durchlass- in den Sperrzustand ist deshalb extrem klein. Wegen der guten HF-Eigenschaften von Schottkydioden durch die extrem kurze Umladezeit der gespeicherten Ladung werden sie im Bereich hoher und höchster Frequenzen (bis 40 GHz) sowie als sehr schnelle Schalter (Schaltzeit $t \approx 10 \ldots 100\,\text{ps}$) in logischen Schaltungen eingesetzt. Das Schaltzeichen einer Schottkydiode ist in Abb. 18.34 dargestellt.

---

[5] Walter Schottky (1886–1956), deutscher Physiker.

Abb. 18.34 Schaltzeichen einer Schottkydiode

18.10.2.2 Gunn-Diode

Eine Gunn-Diode[6] besteht aus einem Kristall aus Gallium-Arsenid (GaAs), bei dem unterschiedlich stark n-dotierte Halbleiterbereiche hintereinander angeordnet sind. Es ist keine Sperrschicht vorhanden. An die Elektroden wird eine ausreichend hohe Gleichspannung angelegt. Die Beweglichkeit der Ladungsträger nimmt in einem gewissen Bereich des elektrischen Feldes stark ab. Mit wachsender Spannung fällt somit der Strom, statt dass er ansteigt. Durch die spannungsabhängige Geschwindigkeit der Ladungsträger entsteht an der Kathode eine Zone mit negativem differenziellen Widerstand. Als Resultat bilden sich Zonen mit abwechselnd hoher und niedriger Elektronendichte aus. Eine Elektronenanhäufung wandert mit sehr großer Geschwindigkeit durch den Kristall zur Anode. Die Wanderzone gibt ihre Ladung an der Anode ab, gleichzeitig entsteht an der Kathode eine neue Raumladungsdomäne, die wieder zur Anode läuft. Im Stromkreis entsteht dadurch eine elektrische Schwingung.

Gunn-Dioden werden als Oszillatoren zur Schwingungserzeugung für sehr hohe Frequenzen im GHz-Bereich benutzt (1 bis einige 100 GHz), z. B. in Kleinradarsendern mit einer Leistung <300 mW.

18.10.2.3 pin-Diode

Bei der pin-Diode befindet sich zwischen je einem hoch dotierten p- und n-leitenden Silizium eine Zone von fast eigenleitendem Silizium. Diese ist sehr schwach dotiert und damit hochohmig. Der pn-Übergang ist durch die eigenleitende i-Schicht getrennt (i = intrinsic = intrinsisch = eigenleitend). Unterhalb von ca. 10 MHz verhält sich die pin-Diode wie eine normale Diode mit Gleichrichtereigenschaft. Ab etwa 10 MHz verhält sich die pin-Diode wie ein ohmscher Widerstand, dessen Größe von dem fließenden Diodenstrom abhängt. Liegt zusätzlich zu einem hochfrequenten Signal eine in Durchlassrichtung gepolte Gleichspannung an der pin-Diode an, so lässt sich der Diodenwiderstand in Abhängigkeit des Durchlassstromes I_0 um einige Zehnerpotenzen von wenigen Ohm bis zu mehreren Kiloohm verändern (Abb. 18.35).

pin-Dioden werden in der Hochfrequenztechnik u. a. als gleichstromgesteuerte Widerstände oder als gleichspannungsgesteuerte elektronische Schalter eingesetzt. Wegen der breiten Raumladungszone im hochohmigen i-Gebiet sind pin-Dioden für hohe Sperrspannungen und somit als Gleichrichter für hohe Spannungen geeignet.

Eine pin-Diode hat kein besonderes Schaltzeichen, dieses entspricht dem einer „normalen" Diode Abb. 18.13.

---

[6] Jon Battiscombe Gunn (1928–2008), britischer Physiker.

Abb. 18.35 Widerstandskennlinie einer pin-Diode in Abhängigkeit des Durchlass-Steuerstromes

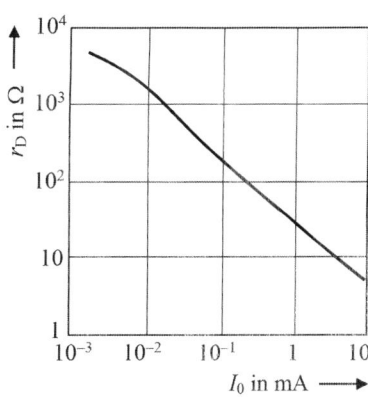

18.10.2.4 Kapazitätsdiode

Die Kapazitätsdiode oder Kapazitätsvariationsdiode wird auch als *Varicap* (variable capacitance) oder *Varaktor* (variable reactor) bezeichnet. Gebräuchliche Schaltzeichen zeigt Abb. 18.36. Eine Kapazitätsdiode wird als gleichspannungsgesteuerte Kapazität verwendet.

Bei Beanspruchung einer Diode in Durchlassrichtung liegt parallel zum sehr niedrigen Durchlasswiderstand r_F die Diffusionskapazität c_D, die von der Durchlassspannung abhängig ist. Dies entspricht einem Kondensator mit sehr hohem Verlustfaktor. Eine technische Anwendung als Kapazität, deren Größe durch eine Gleichspannung verändert werden kann, ist daher im Durchlassbereich nicht möglich. In Flussrichtung stellt eine Kapazitätsdiode eine normale Diode dar.

Bei Betrieb einer Diode in Sperrrichtung liegt parallel zum sehr hohen Sperrwiderstand r_R die Sperrschichtkapazität c_S. Die Diode wirkt jetzt wie ein verlustarmer Kondensator. Da die Sperrschichtkapazität bei Erhöhung der Sperrspannung durch die Verbreiterung der Sperrschicht kleiner wird, lässt sich eine in Sperrrichtung betriebene Diode technisch als Kondensator verwenden, dessen Kapazität mit der Sperrspannung geändert werden kann. In Sperrrichtung wirkt eine Kapazitätsdiode also wie ein durch eine Gleichspannung einstellbarer Kondensator.

Ein Drehkondensator wird häufig durch eine Kapazitätsdiode ersetzt. Mit einer Kapazitätsdiode kann die Resonanzfrequenz eines Schwingkreises mit einer Gleichspannung gesteuert werden. Kapazitätsdioden werden hauptsächlich zum Abstimmen von Schwingkreisen benutzt, z. B. für die automatische Scharfabstimmung in Empfängern. Aus GaAs können Kapazitätsdioden für Frequenzen bis über 1000 GHz hergestellt werden. Durch

Abb. 18.36 Gebräuchliche Schaltzeichen der Kapazitätsdiode (**a** veraltet, **b** neu)

Abb. 18.37 Beispiel einer Schwingkreisabstimmung mit einer Kapazitätsdiode

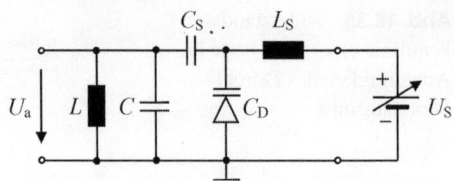

eine spezielle Dotierung liegt der Variationsbereich der Kapazität bei ca. zehn bis einigen hundert pF. Die maximale Sperrspannung beträgt ca. 30 bis 60 V. Die Kapazitäts-Sperrspannungskennlinie einer Kapazitätsdiode verläuft nichtlinear.

Durch eine veränderliche Gleichspannung U_S kann die Resonanzfrequenz eines LC-Schwingkreises verändert werden (Abb. 18.37). Die Steuergleichspannung U_S wird zur Frequenzabstimmung der Kapazitätsdiode C_D über die Induktivität L_S zugeführt. Die Induktivität L_S hält durch ihren für hohe Frequenzen hohen Widerstand die HF-Wechselspannung des Schwingkreises von der Steuerspannungsquelle U_S fern. Die Gleichspannungsquelle U_S würde sonst die hochfrequente Ausgangsspannung U_a kurzschließen. Für den Gleichstrom stellt L_S einen kleinen Widerstand dar, die Abstimmspannung U_S liegt als Sperrspannung an der Kapazitätsdiode C_D an. Die HF-Spannung U_a wird so von der Steuerspannung U_S entkoppelt. Um einen Einfluss auf die Resonanzfrequenz zu verhindern, muss $L_S \gg L$ dimensioniert werden. Der Koppelkondensator C_S verbindet den Wechselstromweg zwischen Schwingkreis und Kapazitätsdiode C_D und verhindert gleichzeitig, dass die Steuergleichspannung U_S am Schwingkreis anliegt und durch die Induktivität L des Schwingkreises kurzgeschlossen wird.

Kapazitätsdioden können auch zur **Amplitudenmodulation** und **Frequenzmodulation** einer HF-Spannung eingesetzt werden.

Durch eine Modulation wird einer hochfrequenten Sinusspannung (Trägerspannung) mit einer Fremdspannung (Modulationsspannung) eine niederfrequente Information (z. B. Sprache, Musik) aufgeprägt. Durch die Amplitudenmodulation (AM) schwankt die Am-

Abb. 18.38 Amplitudenmodulation

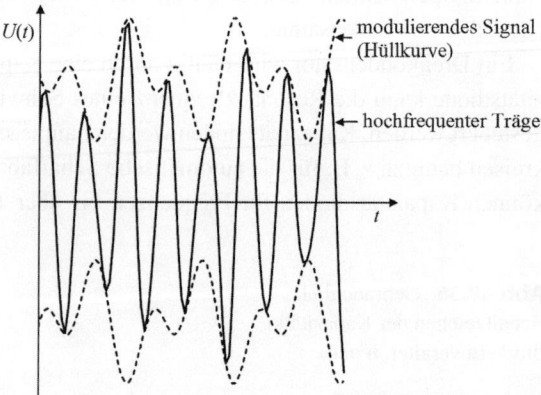

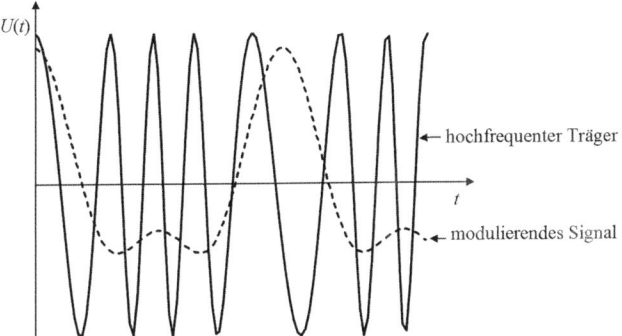

Abb. 18.39 Frequenzmodulation

plitude der Trägerspannung im Rhythmus der Information. Die *Amplitude des Trägers ändert sich* je nach dem Augenblickswert der Amplitude des modulierenden Signals (Abb. 18.38).

Bei der Frequenzmodulation (FM) ändert sich die Momentanfrequenz der Trägerspannung entsprechend der aufgeprägten Information. Die *Momentanfrequenz des Trägers ändert sich* je nach dem augenblicklichen Amplitudenwert des modulierenden Signals (Abb. 18.39).

Die modulierte Hochfrequenz wird von einem Sender ausgestrahlt. Die niederfrequente Nachricht muss in einem Empfänger vom Träger abgelöst werden, ehe sie weiterverarbeitet (z. B. verstärkt) werden kann. Das Trennen der Nachricht vom Träger wird **Demodulation** genannt. Für AM kann im einfachsten Fall als Demodulator eine Diode dienen (Abb. 18.40), die jeweils nur die in Durchlassrichtung gepolte Halbwelle durchlässt (HF-Gleichrichtung). Die niederfrequente Nachricht (sie ist in der Hüllkurve enthalten) wird dann durch Siebung von der Hochfrequenz getrennt und kann verstärkt werden.

Die Amplitudenmodulation wird beim Mittelwellen-Rundfunk, die Frequenzmodulation beim UKW-Rundfunk verwendet.

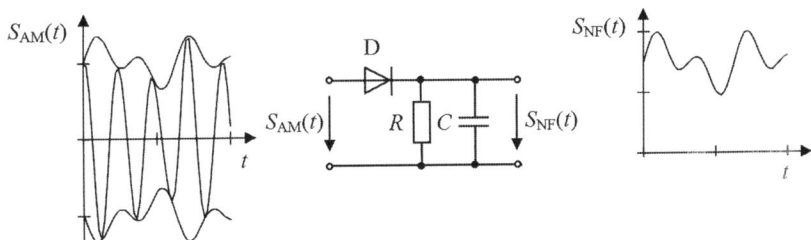

Abb. 18.40 Prinzip der Hüllkurvendemodulation eines AM-Signals mit einer Diode

18.10.2.5 Tunneldiode

Tunneldioden werden nach ihrem Entdecker auch Esaki[7]-Dioden genannt. Durch sehr starke Dotierung des Halbleitermaterials ergibt sich eine extrem schmale Sperrschicht. Bereits bei einer bestimmten kleinen Durchlassspannung kann die dünne Sperrschicht von zahlreichen Ladungsträgern durchstoßen (durchtunnelt) werden. Dieser Tunneleffekt ist ein quantenmechanischer Effekt. Das Schaltzeichen der Tunneldiode ist in Abb. 18.41 dargestellt.

Die Strom-Spannungskennlinie einer Si-Tunneldiode zeigt Abb. 18.42. Die Durchlasskurve einer Tunneldiode steigt im Gebiet der Durchlassspannung bis ca. 0,1 V steil bis zu einem Höckerwert von z. B. 5 mA an. Bei Einsetzen des Tunneleffektes nimmt mit einer Vergrößerung der Durchlassspannung der Durchlassstrom **ab**. Der Abfall erfolgt extrem schnell bis zu einem Talpunkt. Im Bereich zwischen Höcker und Talpunkt ist die Kennlinie fallend, es ist ein **negativer Widerstandsbereich**, der eine **Verstärkung** bedeutet (da der Strom abnimmt, obwohl die Spannung zunimmt). Wird die Durchlassspannung über den Wert des Talpunktes hinaus vergrößert, so nimmt der Durchlassstrom wieder zu und die Kennlinie geht in die Form der normalen Dioden-Durchlasskennlinie über.

Im Sperrbereich fließt bei einer Tunneldiode bereits bei kleiner Spannung ein erheblicher Strom, da infolge der sehr hohen Dotierungen bereits bei kleinen Spannungen ein Durchbrucheffekt einsetzt.

Die *Tunneldiode* besitzt also *keine Sperrwirkung*.

Für technische Anwendungen ist der fallende Kennlinienteil der Tunneldiode zu beachten. Der negative Widerstand kann als Oszillator zur Erzeugung von Schwingungen bis in

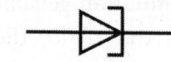

Abb. 18.41 Schaltzeichen der Tunneldiode

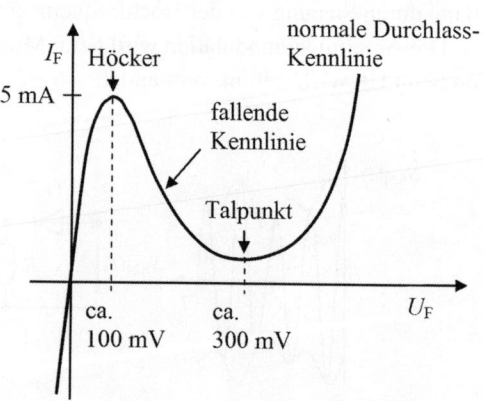

Abb. 18.42 Kennlinie einer Tunneldiode

---

[7] Leo Esaki, *12. März 1925, japanischer Physiker.

Abb. 18.43 Schaltzeichen der Fotodiode

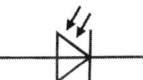

den GHz-Bereich benutzt werden. Tunneldioden wurden auch als sehr schnelle Schalter (bis ca. 20 ps) in logischen Schaltungen eingesetzt.

Obwohl Tunneldioden interessante technische Eigenschaften besitzen, haben sie heute keine praktische Bedeutung mehr. Sie wurden von Transistoren abgelöst.

18.10.2.6 Fotodiode

Das Schaltzeichen der Fotodiode zeigt Abb. 18.43.

Bei einem pn-Übergang wird der Sperrstrom von Ladungsträgern gebildet, die durch das thermische Aufbrechen von Elektronenpaarbindungen entstehen. Auftreffendes Licht (Photonen, Lichtquanten) kann durch seine Energie ebenfalls Elektronenpaarbindungen aufbrechen. Dies wird bei Fotodioden ausgenutzt. Die Sperrschicht einer Fotodiode wird an der „Oberfläche" des Halbleiters im Bereich der Eindringtiefe der Strahlung angeordnet. Durch den inneren Fotoeffekt wird Licht an einem pn-Übergang in einen elektrischen Strom umgewandelt, indem durch die Energie einfallender Photonen zusätzliche freie Ladungsträger im Inneren des Halbleitermaterials erzeugt werden. Der Sperrstrom einer in Sperrrichtung betriebenen Fotodiode steigt mit der Beleuchtungsstärke an.

Im *Diodenbetrieb* mit $U_D < 0$, $I_D < 0$ werden Fotodioden mit einer äußeren Spannung in Sperrrichtung betrieben (Abb. 18.44a). Ohne Lichteinfall in die Raumladungszone fließt nur ein kleiner Sperrstrom, der dem Sättigungssperrstrom I_S einer normalen Siliziumdiode entspricht und als *Dunkelstrom* bezeichnet wird. Werden durch die Absorbtion von Licht in der Raumladungszone Elektron-Loch-Paare erzeugt, so erhöht sich der Sperrstrom. Die Sperrkennlinie der Diode verschiebt sich in negative Stromrichtung. Der Sperrstrom hängt von der Stärke der Beleuchtung ab und kann als Maß für die Lichtintensität (gemessen in Lux = lx) verwendet werden. Das Kennlinienfeld zeigt Abb. 18.44b. Darin sind:

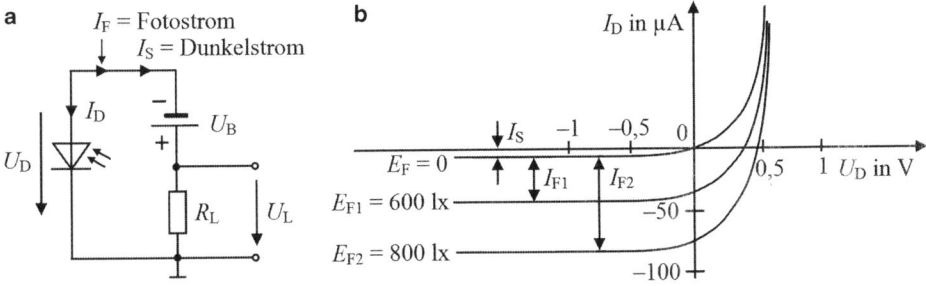

Abb. 18.44 Diodenbetrieb der Fotodiode (**a**) und Kennlinienfeld einer Fotodiode bei Bestrahlung des pn-Übergangs mit Licht (**b**)

E_F = Beleuchtungsstärke,
I_S = Sättigungssperrstrom (Dunkelstrom),
I_F = Fotostrom.

Im *Kurzschlussbetrieb* mit $U_D = 0$, $I_D < 0$ ist keine äußere Spannungsquelle vorhanden und der Lastwiderstand R_L ist sehr klein. Dieser Betrieb dient zur Helligkeitsmessung, die Anwendung erfolgt z. B. bei einem Belichtungsmesser. Es fließt ein Kurzschlussstrom, der über mehr als acht Zehnerpotenzen linear von der Beleuchtungsstärke abhängt.

Im *Elementbetrieb* mit $U_D > 0$, $I_D < 0$ wird die Fotodiode ohne äußere Spannung betrieben. Sie gibt an einen Lastwiderstand eine Leistung ab und wird dann als *Fotoelement* oder *Solarzelle* bezeichnet, die Lichtenergie in elektrische Energie umwandelt.

18.10.2.7 Lumineszenzdiode (Leuchtdiode, LED)

Lumineszenzdioden werden auf der Basis von z. B. Gallium-Arsenid-Phosphid-Verbindungen (GaAsP) hergestellt. Die Lumineszenzdiode wird auch Leuchtdiode oder kurz **LED** (**L**ight **E**mitting **D**iode) genannt. Eine LED sendet bei Betrieb in Durchlassrichtung Strahlung aus. Wird bei der Rekombination von Elektron-Loch-Paaren deren Energie als Lichtquanten frei, so spricht man von strahlender Rekombination. Meist liegt die Wellenlänge der Strahlung im Bereich des sichtbaren Lichts mit den Farben Rot, Grün oder Gelb, auch Blau und Weiß sind möglich. Es können aber auch unsichtbare Infrarotstrahlen emittiert werden. Es gibt spezielle Ausführungen blinkender oder je nach Polung der Anschlussspannung in unterschiedlichen Farben leuchtende LEDs. LEDs werden als optische Anzeigeelemente mit kleinen Abmessungen und kleiner Leistung, zur Signal- und Datenübertragung und als Leuchtmittel statt Glühlampen eingesetzt. Sie besitzen eine sehr hohe Lebensdauer. Das Schaltzeichen der Leuchtdiode zeigt Abb. 18.45. Leuchtdioden unterschiedlicher Bauart sind in Abb. 18.46 dargestellt.

Die Sperrspannung von LEDs ist je nach Typ mit 3 V bis 6 V sehr niedrig. Der typische Durchlassstrom im Betrieb liegt bei 2 mA bis maximal ca. 20 mA.

In fast allen Fällen muss daher in Reihe mit der LED ein ohmscher Vorwiderstand R_V zur Strombegrenzung geschaltet werden (Abb. 18.47a).

Abb. 18.45 Schaltzeichen einer Leuchtdiode

Abb. 18.46 Leuchtdioden verschiedener Bauart, es sind runde, dreieckige oder viereckige Formen üblich

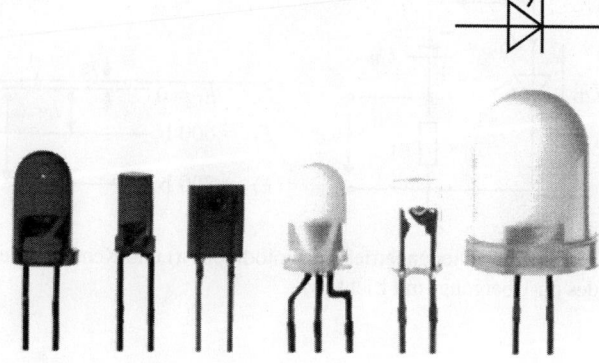

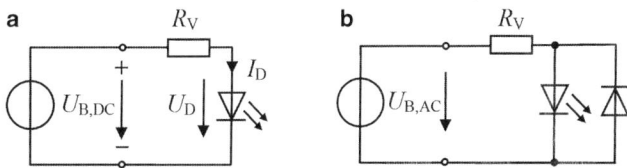

Abb. 18.47 Betrieb einer LED an Gleichspannung (**a**) und Wechselspannung (**b**)

Er berechnet sich zu:

$$R_V = \frac{U_B - U_D}{I_D} \qquad (18.39)$$

U_B = Speisespannung,
U_D = Durchlassspannung,
I_D = Durchlassstrom.

Wird eine LED statt an Gleichspannung (Abb. 18.47a) an Wechselspannung betrieben (Abb. 18.47b), so muss durch eine zur LED antiparallel geschaltete Diode die Sperrspannung der LED auf 0,6 V begrenzt werden.

18.10.2.8 Z-Diode (Zener-Diode)

Z-Dioden werden ausschließlich aus Silizium hergestellt. In Durchlassrichtung ist die Kennlinie identisch mit der Kennlinie einer normalen Siliziumdiode. In Sperrrichtung hat die Kennlinie einer Z-Diode jedoch einen ganz scharfen Knick an der Stelle, wo der Durchbruch einsetzt. Die Kennlinie verläuft im Durchbruchbereich sehr steil. Dadurch ist in diesem Bereich der dynamische Innenwiderstand Gl. 18.40 sehr niedrig. Dies kann zur **Stabilisierung** (Konstanthaltung) einer Gleichspannung oder zur Spannungsbegrenzung ausgenutzt werden.

Z-Dioden sind für den Dauerbetrieb im Durchbruchbereich ausgelegt. Zener- und Lawinendurchbruch führen deshalb nicht zu einer Zerstörung, solange durch einen Vorwiderstand für eine Strombegrenzung gesorgt und die maximal zulässige Verlustleistung $U_Z \cdot I_Z$ nicht überschritten wird. Die Durchbruchspannung U_{BR} wird bei Z-Dioden als Z-Spannung U_Z bezeichnet. Z-Dioden werden mit Z-Spannungen von ca. 3,0 V bis zu einigen hundert Volt hergestellt. Die Abstufung der Z-Spannung beträgt dabei teilweise weniger als ein Volt.

Eine Z-Diode wird im Durchbruchbereich betrieben.

Das Schaltzeichen der Z-Diode zeigt Abb. 18.48.

Abb. 18.48 Schaltzeichen der Z-Diode

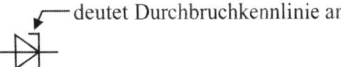

Abb. 18.49 Kennlinie der Z-Diode in Sperrrichtung und dynamischer Innenwiderstand

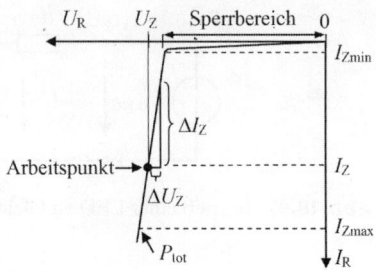

Liegt der Arbeitspunkt einer Z-Diode auf der Durchbruchkennlinie, so bewirkt eine große Stromänderung ΔI_Z nur eine kleine Spannungsänderung ΔU_Z (Abb. 18.49). Somit ergibt sich eine stabilisierende Wirkung für die Gleichspannung U_Z. Sie ist nur wenig von Laständerungen abhängig und bleibt fast konstant.

Die Stabilisierung wird umso besser, je steiler die Kennlinie verläuft, je kleiner also der dynamische Innenwiderstand r_Z ist. Dieser ist das Verhältnis von Spannungs- zu Stromänderung:

$$r_Z = \frac{\Delta U_Z}{\Delta I_Z} \tag{18.40}$$

Im Datenblatt einer Z-Diode wird vom Hersteller ein Arbeitspunkt angegeben, in dem die Z-Diode betrieben werden soll. Der Arbeitspunkt wird durch I_Z und U_Z festgelegt, wobei U_Z die Zenerspannung (Z-Spannung) ist.

Die Gleichspannung zur Versorgung einer elektronischen Schaltung darf nur um einen bestimmten, kleinen Betrag schwanken. Eine einfache Stabilisierung einer solchen Gleichspannung kann mit einer Z-Diode realisiert werden. Die Versorgungsspannung einer elektronischen Schaltung wird mit einer Z-Diode unabhängig von Schwankungen der speisenden Eingangs-Gleichspannung konstant gehalten, sie bleibt auch bei Schwankungen des in die Schaltung hineinfließenden Stromes konstant. Die Ausgangsspannung einer Schaltung zur Spannungsstabilisierung mit einer Z-Diode ist also nicht nur gegen *Schwankungen der Betriebsspannung*, sondern auch gegen *Belastungsschwankungen* stabilisiert. Eine Schaltung zur Spannungsstabilisierung zeigt Abb. 18.50.

Man beachte, dass die Z-Diode in der Schaltung in Abb. 18.50 mit ihrer Kathode am Pluspol der Eingangsspannung liegt, der Betrieb erfolgt im Durchbruchbereich.

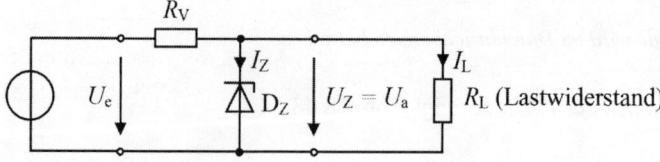

Abb. 18.50 Spannungsstabilisierung mit Z-Diode

18.10 Arten von Dioden

Für die Dimensionierung der Schaltung in Abb. 18.50 sind folgende Forderungen zu erfüllen:

1. R_V muss so klein sein, dass auch bei der niedrigsten vorkommenden Eingangsspannung U_{emin} und bei größtem vorkommenden Laststrom I_{Lmax} die Diode noch im Zenerbereich arbeitet, d. h. dass $I_Z \geq I_{Zmin}$ ist.
2. Die im Datenblatt angegebene maximal zulässige Verlustleistung P_{Zmax} (P_{tot}) der Z-Diode darf nicht überschritten werden. Es kann auch der maximal zulässige Sperrstrom I_{Zmax} angegeben sein, der nicht überschritten werden darf.

Zu Forderung 1 Für die Spannungen in Abb. 18.50 erhält man mit einer Maschengleichung den Zusammenhang:

$$U_e = (I_Z + I_L) \cdot R_V + U_Z \tag{18.41}$$

Nach I_Z aufgelöst:

$$I_Z = \frac{U_e - U_Z - I_L \cdot R_V}{R_V} \tag{18.42}$$

Der kleinste Z-Strom I_Z tritt auf, wenn U_e minimal ist sowie U_Z und somit I_L maximal sind.

Wird jetzt nach dem maximalen Wert von R_V aufgelöst, so erhält man:

$$R_V \leq \frac{U_{emin} - U_{Zmax}}{I_{Zmin} + I_{Lmax}} \tag{18.43}$$

Setzt man die im Datenblatt angegebenen Werte des Arbeitspunktes ein ($U_{Zmax} = U_Z$ und $I_{Zmin} = I_Z$), so erhält man zur Dimensionierung des Widerstandswertes von R_V in Abb. 18.50:

$$R_V = \frac{U_{emin} - U_Z}{I_Z + I_{Lmax}} \tag{18.44}$$

Die maximale Verlustleistung an R_V, für die der Vorwiderstand R_V ausgelegt werden muss, ergibt sich aus:

$$P_{RV} = \frac{(U_{emax} - U_Z)^2}{R_V} \tag{18.45}$$

Zu Forderung 2 Die höchstzulässige Verlustleistung kann als Hyperbel in das Kennlinienfeld von Z-Dioden mit verschiedenen Z-Spannungen eingetragen werden. Daraus ergeben sich Arbeitspunkte auf den Kennlinien, die nur im Arbeitsbereich oder maximal auf der Hyperbel liegen dürfen. Es dürfen nur Spannungen und Ströme bis zu dieser Kurve benutzt werden.

Die Verlustleistungshyperbel (Abb. 18.51) ergibt sich nach:

$$I_Z = \frac{P_{Zmax}}{U_Z} \tag{18.46}$$

Abb. 18.51 Verlustleistungs-hyperbel bei Z-Dioden

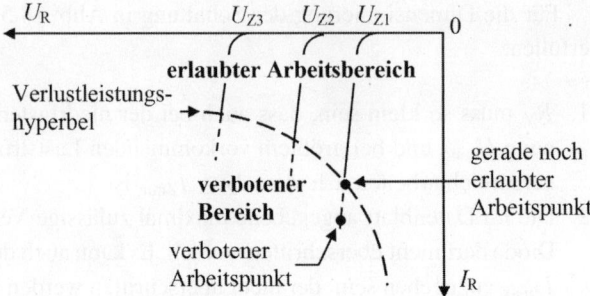

Für die Z-Diode muss gelten:

$$P_{Zmax} \geq U_{Zmax} \cdot I_{Zmax} \tag{18.47}$$

Der größte Z-Strom I_Z tritt auf, wenn der Laststrom I_L klein (oder null) ist, und die Spannung über R_V groß ist (und damit U_e groß und U_Z klein sind).

Somit erhält man:

$$P_{Zmax} \geq U_{Zmax} \cdot \left(\frac{U_{emax} - U_{Zmin}}{R_V} - I_{Lmin} \right) \tag{18.48}$$

Wird wieder der Wert $U_{Zmax} = U_{Zmin} = U_Z$ des Arbeitspunktes aus dem Datenblatt eingesetzt, so ergibt sich für die Dimensionierung der Leistung der Z-Diode in Abb. 18.50:

$$P_{Zmax} \geq U_Z \cdot \left(\frac{U_{emax} - U_Z}{R_V} - I_{Lmin} \right) \tag{18.49}$$

Die eingesetzte Z-Diode muss eine Leistung nach Datenblatt von mindestens P_{Zmax} haben.

Das Verhältnis

$$G = \frac{\Delta U_e}{\Delta U_a} \tag{18.50}$$

einer Änderung der Eingangsspannung zu der dadurch entstehenden Änderung der Ausgangsspannung wird für Wechselspannungen als **Glättungsfaktor** und für Gleichspannungen als **absoluter Stabilisierungsfaktor** bezeichnet.

Der dynamische Innenwiderstand r_Z und der Lastwiderstand R_L liegen parallel.

Nach der Spannungsteilerformel ist:

$$U_a = U_e \cdot \frac{\frac{1}{\frac{1}{r_Z} + \frac{1}{R_L}}}{R_V + \frac{1}{\frac{1}{r_Z} + \frac{1}{R_L}}} \tag{18.51}$$

Es folgt:

$$\frac{U_e}{U_a} = 1 + R_V \cdot \left(\frac{1}{r_Z} + \frac{1}{R_L} \right) \tag{18.52}$$

18.10 Arten von Dioden

Für den absoluten Stabilisierungsfaktor folgt mit $R_L = \text{const.}$:

$$G = \frac{\Delta U_e}{\Delta U_a} = 1 + R_V \cdot \left(\frac{1}{r_Z} + \frac{1}{R_L}\right) \tag{18.53}$$

mit $\Delta U_e = U_{emax} - U_{emin}$.

Für $R_V \gg r_Z$ und $R_L \gg r_Z$ wird $G \approx \frac{R_V}{r_Z}$.

Der absolute Stabilisierungsfaktor steigt linear mit U_e und R_V an. Soll er möglichst groß sein (gute Stabilisierung), so wird man für R_V den höchsten zulässigen Wert nehmen und U_e möglichst hoch wählen. Für eine hohe Eingangsspannung U_e wird allerdings wegen des großen Spannungsabfalls an R_V die Verlustleistung an R_V groß. Einen guten Kompromiss erreicht man mit $U_e = 2 \cdot U_a$ bis $U_e = 4 \cdot U_a$.

Werden die auf die Nennwerte bezogenen Spannungsänderungen ins Verhältnis gesetzt, so erhält man den **relativen Stabilisierungsfaktor S**.

$$S = \frac{\frac{\Delta U_e}{U_e}}{\frac{\Delta U_a}{U_a}} = \frac{\Delta U_e \cdot U_a}{\Delta U_a \cdot U_e} \tag{18.54}$$

$$S = G \cdot \frac{U_a}{U_e} \tag{18.55}$$

Dabei ist für U_e zu wählen:

$$U_e = U_{emin} + \frac{\Delta U_e}{2} \tag{18.56}$$

Temperaturabhängigkeit der Z-Spannung

Da Lawinen- und Zenerdurchbruch temperaturabhängig sind, ist auch die Zenerspannung U_Z (Durchbruchspannung) abhängig von der Temperatur. Im Bereich $U_Z <$ ca. 5,5 V überwiegt der Zenereffekt, welcher mit steigender Temperatur zunimmt. Bei Z-Dioden mit $U_Z < 5,5$ V wird daher die Z-Spannung mit zunehmender Temperatur kleiner. Im Bereich $U_Z >$ ca. 8 V überwiegt der Lawineneffekt, der mit steigender Temperatur abnimmt. Bei Z-Dioden mit $U_Z > 8$ V wird daher die Z-Spannung mit zunehmender Temperatur größer. In einem Bereich zwischen 5,5 V und 8 V ist die Z-Spannung unabhängig von der Temperatur, da Zener- und Lawineneffekt gleich stark auftreten und sich ihre gegenläufigen Temperaturabhängigkeiten kompensieren.

Der **Temperaturkoeffizient T_K** einer Z-Diode wird in ihrem Datenblatt angegeben und beschreibt die Abhängigkeit der Z-Spannung von der Temperatur. Der T_K ist unterhalb von ca. 6 V negativ und oberhalb von ca. 8 V positiv, bei ca. 6 bis 8 V ist der T_K null.

Der T_K der Z-Spannung ist:

$$T_K = \frac{\Delta U_Z}{U_Z \cdot \Delta T} \tag{18.57}$$

T_K = Temperaturkoeffizient in $\frac{1}{K}$

Ändert sich die Halbleiter- bzw. Umgebungstemperatur um den Betrag ΔT, so ändert sich die Z-Spannung um den Betrag:

$$\underline{\Delta U_Z = U_Z \cdot \Delta T \cdot T_K} \tag{18.58}$$

U_Z = Z-Spannung bei 25 °C

Die Z-Spannung einer Z-Diode mit U_Z = ca.6 V ist von der Temperatur kaum abhängig. Bei höheren Z-Spannungen können für eine geringe Temperaturabhängigkeit von U_Z entweder Z-Dioden mit 6 V-Spannungen in Reihe geschaltet werden, oder es wird mit der Z-Diode eine Siliziumdiode in Durchlassrichtung in Reihe geschaltet. Weiterhin können Z-Dioden mit positivem und negativen T_K in Reihe geschaltet werden.

Z-Dioden, deren Z-Spannung sich kaum mit der Zeit und der Temperatur ändern, sind als temperaturkompensierte Referenzdioden (T_K-Z-Dioden) erhältlich. Sie dienen zur Erzeugung einer sehr konstanten Referenzspannung, die in einer elektronischen Schaltung z. B. eine Bezugs- oder Vergleichsgröße ist.

Ändert man den durch eine Z-Diode fließenden Strom, so ändert sich auch die Verlustleistung, und damit die Sperrschichttemperatur. Die Z-Spannung U_Z ändert sich somit nicht nur mit der Temperatur, sondern bei langsamen Laständerungen auch mit dem Strom I_Z durch die Z-Diode.

Wie bereits erwähnt, werden Z-Dioden für Z-Spannungen von ca. 1,8 V bis ca. 400 V mit verschiedenen Toleranzen der Z-Spannung und mit unterschiedlichen Leistungen (Belastbarkeiten) hergestellt.

Noch ein Hinweis für die Praxis: Ein Elektrolytkondensator parallel zur Z-Diode zur Erhöhung der Glättung ist meist nicht sinnvoll, da er nur wirksam ist, wenn sein Wechselstromwiderstand kleiner als r_Z ist.

Aufgabe 18.10

Aus dem Datenblatt einer Z-Diode wird entnommen U_Z = 13,0 V bei 25 °C, $T_K = 5 \cdot 10^{-4} \, \text{K}^{-1}$. Die Umgebungstemperatur ist T_U = 55 °C. Um welchen Betrag ändert sich die Z-Spannung, welchen Wert nimmt sie an?

Lösung

$\Delta U_Z = 13{,}0 \, \text{V} \cdot (55\,°\text{C} - 25\,°\text{C}) \cdot 5 \cdot 10^{-4}$; $\underline{\Delta U_Z = 0{,}195 \, \text{V}}$; $\underline{U_Z = 13{,}195 \, \text{V}}$ bei 55 °C

18.10 Arten von Dioden

Aufgabe 18.11

Eine elektronische Schaltung benötigt zur Spannungsversorgung eine Gleichspannung von 10,0 V. Damit die Schaltung richtig arbeitet, darf die Speisespannung von 10,0 V um maximal ±100 mV schwanken. Die Schaltung hat an den beiden Klemmen für die Speisespannung den konstanten Eingangswiderstand 1 kΩ. Zur Verfügung steht eine Gleichspannungsquelle, deren Spannung zwischen $U_{emin} = 38{,}0$ V und $U_{emax} = 45{,}0$ V schwanken kann. Mit einer Z-Diode soll diese Spannung auf 10,0 V stabilisiert werden.

Im Datenblatt der Z-Diode steht: $U_Z = 10{,}0$ V, $P_{tot} = 0{,}4$ W, $r_Z = 8{,}5\,\Omega$, $I_Z = 12{,}5$ mA.

a) Zeichnen Sie das Schaltbild für die Spannungsstabilisierung.
b) Welchen Wert muss der Vorwiderstand R_V haben?
c) Wie groß ist die maximale Verlustleistung an R_V?
d) Welche maximale Verlustleistung P_{Zmax} entsteht an der Z-Diode?
e) Wie groß ist der absolute und der relative Stabilisierungsfaktor G bzw. S?
f) Um welchen Betrag ändert sich maximal die Spannung am Lastwiderstand R_L? Ist die Spannung stabil genug?

Lösung

a) Das Schaltbild ist in Abb. 18.52 dargestellt.
b) An der Z-Diode stellt sich die Spannung $U_Z = U_a = 10$ V ein, welche am Lastwiderstand anliegt. Der Laststrom I_L berechnet sich zu
$I_L = \frac{U_Z}{R_L} = \frac{10\,\text{V}}{1\,\text{k}\Omega} = 10$ mA.
Da der Lastwiderstand konstant ist, gilt $I_L = I_{Lmin} = I_{Lmax}$.
Aus $R_V = \frac{U_{emin} - U_Z}{I_Z + I_{Lmax}}$ erhält man $R_V = \frac{38\,\text{V} - 10\,\text{V}}{12{,}5\,\text{mA} + 10\,\text{mA}}$; $R_V = 1244\,\Omega$
Es wird gewählt: $\underline{R_V = 1200\,\Omega}$.

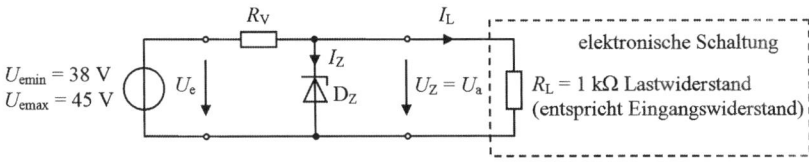

Abb. 18.52 Schaltbild für die Spannungsstabilisierung mit Z-Diode

c) Die Verlustleistung an R_V ist $P_{RV} = \frac{(U_{emax}-U_Z)^2}{R_V}$; $P_{RV} = \frac{(45\,V-10\,V)^2}{1200\,\Omega}$; $\underline{\underline{P_{RV} = 1{,}02\,W}}$

Es wird ein Widerstand mit einer Belastbarkeit von 1,5 W gewählt.

d) An der Z-Diode entsteht maximal die Verlustleistung

$$P_{Zmax} = U_Z \cdot \left(\frac{U_{emax}-U_Z}{R_V} - I_{Lmin}\right).$$

$$P_{Zmax} = 10\,V \cdot \left(\frac{45\,V - 10\,V}{1200\,\Omega} - 0{,}01\,A\right); \quad \underline{\underline{P_{Zmax} = 0{,}19\,W}}$$

Die Z-Diode ist nicht überlastet, da $P_{Z\,max} = 0{,}19\,W$ deutlich kleiner als $P_{tot} = 0{,}4\,W$ ist.

e) Der absolute Stabilisierungsfaktor ist $G = 1 + R_V \cdot \left(\frac{1}{r_Z} + \frac{1}{R_L}\right)$.

$$G = 1 + 1200\,\Omega \cdot \left(\frac{1}{8{,}5\,\Omega} + \frac{1}{1000\,\Omega}\right); \quad \underline{\underline{G = 143}}$$

Der relative Stabilisierungsfaktor ist $S = G \cdot \frac{U_a}{U_e}$ mit $U_e = U_{emin} + \frac{\Delta U_e}{2}$.

$$S = 143 \cdot \frac{10\,V}{38\,V + \frac{45\,V-38\,V}{2}}; \quad \underline{\underline{S = 34{,}5}}$$

f) Aus $G = \frac{\Delta U_e}{\Delta U_a}$ folgt $\Delta U_a = \frac{\Delta U_e}{G}$; $\Delta U_a = \frac{45\,V-38\,V}{143}$

Die stabilisierte Ausgangsspannung ändert sich maximal um $\underline{\underline{\Delta U_a = 50\,mV}}$. Sie ist stabil genug, da die Speisespannung der Schaltung um maximal ±100 mV schwanken darf.

18.10.2.9 Suppressor-Diode

Die Suppressor-Diode (auch TAZ-Diode = **T**ransient **A**bsorbtion **Z**ener oder TVS-Diode = **T**ransient **V**oltage **S**uppressor genannt) dient zum Schutz von Geräten und Baugruppen vor energiehaltigen und evtl. zerstörend wirkenden Spannungsspitzen und Impulsen. Sie kann innerhalb von Picosekunden Impulsleistungen bis über 1000 W bei einer Impulsdauer von ca. 1 ms absorbieren. Sie schützt spannungsempfindliche Bauteile und Ein- und Ausgänge elektronischer Schaltungen vor einmaligen, kurzzeitigen Überspannungsimpulsen, wie sie durch das Schalten induktiver Lasten oder durch elektrostatische Entladungen entstehen können.

18.11 Arbeitspunkt und Widerstandsgerade

Die Berechnung von Netzwerken, die aus linearen Zweipolen (R, L, C) und linearen Quellen zusammengesetzt sind, ist relativ einfach, weil alle Spannungen und Ströme in einem linearen Zusammenhang stehen. Enthält das Netzwerk außer ohmschen Widerständen auch Induktivitäten und/oder Kapazitäten, so hätte man lineare Differenzialgleichungen zu lösen. Durch die Verwendung komplexer Größen ergeben sich wieder rein algebraische Gleichungen. Somit können in einem linearen System alle Spannungen und Ströme durch das Lösen von linearen Gleichungen explizit, also in geschlossener Form nach einer Variablen aufgelöst, angegeben werden.

Enthält eine Schaltung auch **nichtlineare Zweipole** (Bauteile mit einer nichtlinearen I-U-Kennlinie), so ist das **ohmsche Gesetz nicht anwendbar** und die Schaltung kann im Allgemeinen nicht direkt berechnet werden. In diesem Fall ist jedoch eine **grafische Lösung** zur Bestimmung der Strom- und Spannungsverhältnisse der Schaltung möglich, falls die I-U-Kennlinie des nichtlinearen Bauteils aus dem Datenblatt oder einer Messung bekannt ist.

Als einfaches Beispiel wird ein Stromkreis mit einer idealen Spannungsquelle U_0, einem Widerstand R und einer Diode als nichtlineares Bauelement betrachtet (Abb. 18.53a). Die Kennlinie der Diode ist gegeben (Abb. 18.53b).

Gegeben ist die Spannung U_0, gesucht werden die Spannungen U_D und U_R sowie der Strom I.

Nach der Maschenregel ergibt sich:

$$-U_0 + U_D + R \cdot I = 0 \tag{18.59}$$

$$I = \frac{U_0 - U_D}{R} \tag{18.60}$$

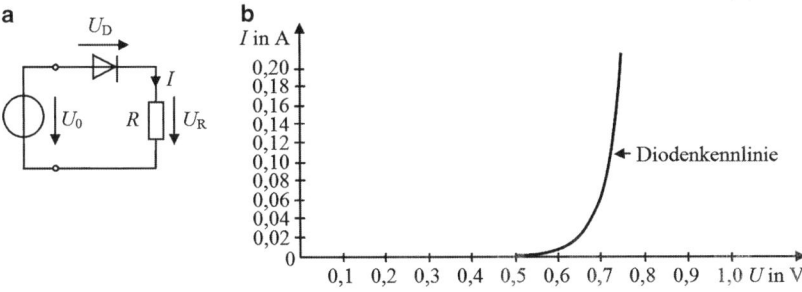

Abb. 18.53 Stromkreis mit Diode als nichtlineares Bauelement (**a**) und Diodenkennlinie (**b**)

Der Strom durch die Diode ist nach Gl. 18.5: $I = I_S \cdot \left(e^{\frac{U_D}{U_T}} - 1 \right)$. Der Nichtidealitätsexponent wurde zu $n_D = 1$ gesetzt. Für $U_D > 0{,}2\,\text{V}$ gilt nach Gl. 18.9 vereinfacht:

$$I_D(U_D) = I_S \cdot e^{\frac{U_D}{U_T}} \tag{18.61}$$

Die beiden Ströme sind gleich.

$$\frac{U_0 - U_D}{R} = I_S \cdot e^{\frac{U_D}{U_T}} \tag{18.62}$$

Durch Umstellen, Logarithmieren beider Seiten und mit $\ln(e) = 1$ folgt:

$$U_D = U_T \cdot \ln\left(\frac{U_0 - U_D}{R \cdot I_S} \right) \tag{18.63}$$

Gl. 18.63 ist eine transzendente (nicht algebraische) Gleichung, sie ist nicht linear. Die Spannung U_D kann nicht explizit (d. h. in geschlossener Form nach der Variablen U_D aufgelöst) angegeben werden. Es kann mathematisch nur mit numerischen Verfahren eine Näherungslösung bestimmt werden. Dieser Aufwand kann mit einer grafischen Lösung vermieden werden.

Die Lösung wird jetzt auf zeichnerischem Weg bestimmt. Hierzu wird zuerst eine Art „Kochrezept", eine schrittweise Anleitung für den Stromkreis in Abb. 18.53a angegeben. Danach ergibt eine rechnerische Vorgehensweise einen allgemein anwendbaren Lösungsweg für die grafische Lösung.

18.11.1 Widerstandsgerade, einfache Anleitung

In die Kennlinie der Diode wird eine **Widerstandsgerade** oder **Arbeitsgerade** eingetragen.

Um die Widerstandsgerade festzulegen, werden zwei Punkte dieser Geraden benötigt.

1. Punkt: Auf der Abszisse wird die Spannung U_0 gekennzeichnet.
2. Punkt: Auf der Ordinate wird der Strom $I = U_0/R$ gekennzeichnet.

Diese beiden Punkte bestimmen die Widerstandsgerade, sie werden miteinander verbunden.

Zur Bestimmung der Widerstandsgeraden wurden die Schnittpunkte mit den Koordinatenachsen gewählt, weil die Gerade umso genauer gezeichnet werden kann, je weiter die Punkte voneinander entfernt liegen, welche die Gerade festlegen, und weil die Berechnung des Stromwertes $I = U_0/R$ für $U_D = 0$ einfach ist.

Als Zahlenwerte werden jetzt gewählt: $U_0 = 1{,}0\,\text{V}$, $R = 5{,}0\,\Omega$. Die Grafik mit Diodenkennlinie und Widerstandsgerade zeigt Abb. 18.54. Die beiden soeben bestimmten

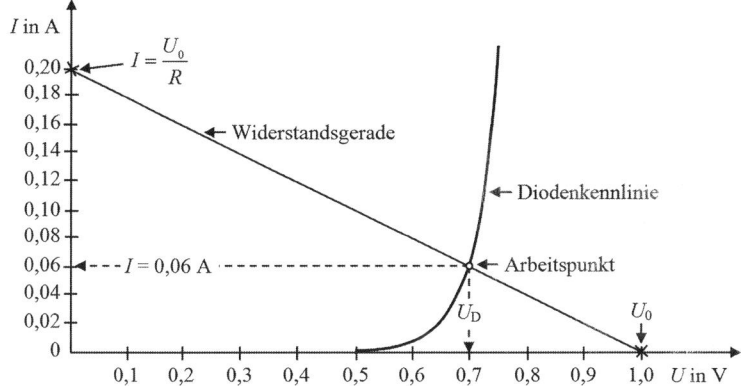

Abb. 18.54 Diodenkennlinie und Widerstandsgerade

Punkte (U_0 und $I = U_0/R$) sind darin mit einem Kreuz gekennzeichnet, die Widerstandsgerade ist eingetragen.

Der Schnittpunkt der Widerstandsgeraden mit der Diodenkennlinie ist der **Arbeitspunkt** der Schaltung. Im Arbeitspunkt ist sowohl die Maschengleichung als auch die Beziehung zwischen Spannung und Strom am nichtlinearen Bauelement erfüllt. Die Lage des Arbeitspunktes ergibt sich je nach Wahl des Widerstandswertes von R. Der im Stromkreis fließende Strom kann direkt abgelesen werden: $I = 0{,}06\,\text{A}$. Ebenso kann die Spannung an der Diode für den Arbeitspunkt unmittelbar zu $U_D = 0{,}7\,\text{V}$ aus der Zeichnung entnommen werden. Die abgelesenen Werte sind allgemein natürlich mit einer Ungenauigkeit der Zeichnung und des Ablesens behaftet.

Die weiterhin gesuchte Größe U_R wird mit dem abgelesenen Wert des Stromes I berechnet. $U_R = R \cdot I = 5{,}0\,\Omega \cdot 0{,}06\,\text{A} = 0{,}30\,\text{V}$.

Die Summe $U_D + U_R$ ergibt $U_0 = 1{,}0\,\text{V}$, wie es nach der Maschengleichung (Gl. 18.59) der Fall sein muss. Ergäbe sich ein anderer, in der Nähe von 1,0 V liegender Wert, so wäre dies ist durch die Ungenauigkeit der Zeichnung und das Ablesen der Werte aus der Zeichnung bedingt.

Hinweis: Wäre die Spannungsquelle U_0 keine ideale, sondern eine reale Spannungsquelle mit dem Innenwiderstand R_i gewesen, so hätte man beide Widerstände zu einem Ersatzwiderstand $R_{ges} = R_i + R$ zusammenfassen können.

Wie man leicht sieht, hat dieses einfache Verfahren zur Ermittlung der Widerstandsgeraden einen entscheidenden Nachteil: Die Größe der Spannungsquelle U_0 und der Stromwert $I = U_0/R$ müssen im Zeichnungsbereich der Diodenkennlinie liegen. Dies ist besonders für U_0 oft nicht erfüllt, da die Kennlinie einer Diode meist nur bis zu wenigen Volt gezeichnet ist.

18.11.2 Widerstandsgerade, rechnerisches Verfahren

Ist die Widerstandsgerade sehr flach oder sehr steil, so sind die Schnittpunkte der Widerstandsgeraden mit den Koordinatenachsen nicht immer so bestimmbar, dass sie innerhalb des Zeichnungsbereiches der Diodenkennlinie liegen. Für diesen Fall wird zuerst die Maschengleichung aufgestellt, die wir bereits in Gl. 18.59 angegeben haben:

$$-U_0 + U_D + U_R = 0 \qquad (18.64)$$

Die Größe für die Spannung am Widerstand R ist $U_R = R \cdot I$. Sie wird in Gl. 18.64 eingesetzt und die Gleichung wird nach dem Strom I aufgelöst. Wir erhalten die **Gleichung der Widerstandsgeraden**:

$$\underline{\underline{I(U_D) = -\frac{1}{R} \cdot U_D + \frac{U_0}{R}}} \qquad (18.65)$$

Gl. 18.65 entspricht einer Gleichung der Form $y = -a \cdot x + b$. Dies ist die Gleichung einer Geraden mit negativer Steigung $-1/R$ und dem Achsenabschnitt U_0/R auf der Ordinate.

Wir können jetzt die in Abschn. 18.11.1 schematisch ermittelten und in Abb. 18.54 eingetragenen Punkte der Widerstandsgeraden berechnen.

Für $U_D = 0$ erhalten wir den Punkt $I = U_0/R$ auf der Ordinate.

Für $I = 0$ erhalten wir den Punkt U_0 auf der Abszisse.

Natürlich entsprechen die berechneten Werte den schematisch ermittelten Werten. Der große Vorteil der Verwendung der Gleichung der Widerstandsgeraden ist aber, dass wir jetzt Punkte auf der Widerstandsgeraden berechnen können, die innerhalb des Zeichnungsbereiches der Diodenkennlinie liegen statt weit außerhalb.

Liegt *ein* Schnittpunkt der Widerstandsgeraden mit einer Koordinatenachse im Zeichnungsbereich, so setzt man in die Gleichung der Widerstandsgeraden einen von diesem Schnittpunkt möglichst weit entfernt (aber im Zeichnungsbereich) liegenden Wert der Diodenspannung U_D ein und berechnet den zugehörigen Stromwert I_D. Somit hat man wieder zwei Punkte, durch welche die Widerstandsgerade festgelegt ist.

Liegt *kein* Schnittpunkt der Widerstandsgeraden mit den Koordinatenachsen im Zeichnungsbereich, so setzt man in die Gleichung der Widerstandsgeraden zwei möglichst weit entfernte Werte der Diodenspannung U_{D1} und U_{D2} ein und berechnet die zugehörigen Stromwerte I_{D1} und I_{D2}, um zwei Geradenpunkte zu erhalten.

Für das Beispiel in Abb. 18.53a werden jetzt die Zahlenwerte $U_0 = 5{,}0\,\text{V}$ und $R = 25{,}0\,\Omega$ gewählt. Als Schnittpunkt der Widerstandsgeraden mit der Ordinate erhält man:

$$I = \frac{U_0}{R} = \frac{5{,}0\,\text{V}}{25{,}0\,\Omega} = 0{,}2\,\text{A}$$

Der Schnittpunkt der Widerstandsgeraden mit der Abszisse liegt bei $U_D = U_0 = 5{,}0\,\text{V}$ und damit außerhalb des Zeichnungsbereiches (wir nehmen an, dieser soll nicht vergrößert

18.11 Arbeitspunkt und Widerstandsgerade

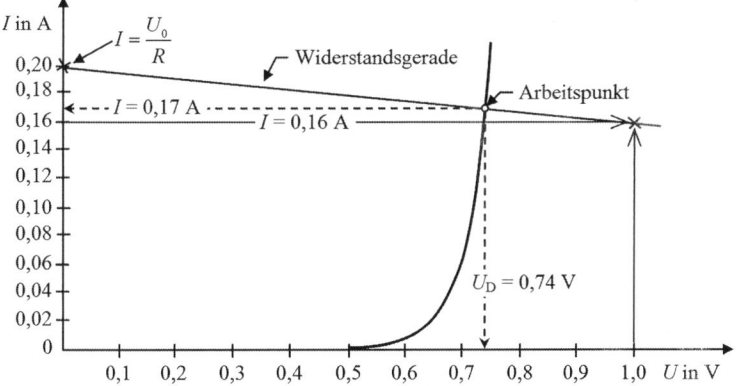

Abb. 18.55 Festlegung einer flachen Widerstandsgeraden

werden). Wird in die Gleichung der Widerstandsgeraden $U_D = 1{,}0\,\text{V}$ eingesetzt, so folgt $I = 0{,}16\,\text{A}$.

Durch die zwei Punkte $U_{D1} = 0\,\text{V}$, $I_{D1} = 0{,}2\,\text{A}$ und $U_{D2} = 1{,}0\,\text{V}$, $I_{D2} = 0{,}16\,\text{A}$ ist die Widerstandsgerade festgelegt. Das Ergebnis zeigt Abb. 18.55.

18.11.3 Widerstandsgerade, Strahlensatz

Eine flache Widerstandsgerade, deren Schnittpunkt mit der Spannungsachse nicht im Zeichnungsbereich der Diodenkennlinie liegt, kann auch mit dem Strahlensatz konstruiert werden. Die Anwendung des Strahlensatzes zur Bestimmung der Widerstandsgeraden ist in Abb. 18.56 dargestellt. Der Spannungswert U_1 ist darin eine beliebig wählbare Spannung, die innerhalb des Zeichnungsbereiches der Diodenkennlinie liegt.

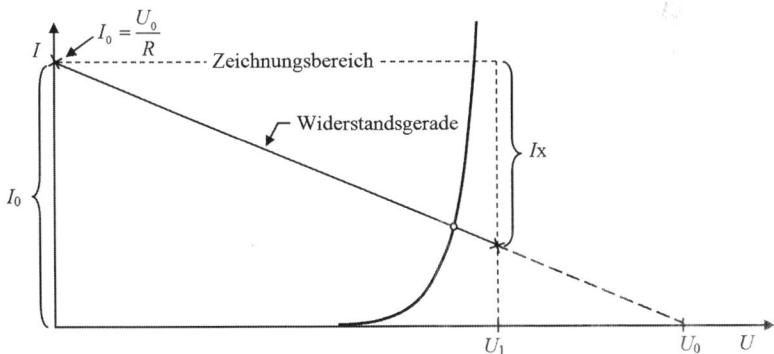

Abb. 18.56 Anwendung des Strahlensatzes zur Konstruktion einer Widerstandsgeraden mit geringer Steigung

Die Strecke I_x zur Festlegung des zweiten Punktes der Widerstandsgeraden wird mit dem Strahlensatz berechnet.

$$\frac{U_1}{U_0} = \frac{I_x}{I_0} \tag{18.66}$$

$$\underline{\underline{I_x = I_0 \cdot \frac{U_1}{U_0}}} \tag{18.67}$$

Mit den Werten aus Abb. 18.55 ergibt sich:

$$I_x = 0{,}2\,\text{A} \cdot \frac{1{,}0\,\text{V}}{5{,}0\,\text{V}} = 40\,\text{mA} \tag{18.68}$$

Dieser Wert stimmt mit Abb. 18.55 überein.

18.11.4 Mathematische Näherungslösung durch Iteration

Zur Vertiefung

In der numerischen Mathematik gibt es unterschiedliche Verfahren zur näherungsweisen Lösung einer transzendenten Gleichung. Wir wollen hier nur ein einfaches Iterationsverfahren anwenden, ohne Fehlerabschätzungen vorzunehmen oder Konvergenzkriterien zu betrachten.

Wir verwenden hierzu die Form

$$x = f(x) \tag{18.69}$$

als typischen Iterationsansatz für die Ermittlung einer Nullstelle:

$$\begin{aligned} x_0 &= \text{Startwert} \\ x_1 &= f(x_0) \\ x_2 &= f(x_1) \\ &\vdots \\ x_{n+1} &= f(x_n)\,(n=0,1,2,\ldots) \end{aligned} \tag{18.70}$$

Für Gl. 18.69 nehmen wir Gl. 18.63:

$$\underline{\underline{U_{\text{D},n+1} = U_\text{T} \cdot \ln\left(\frac{U_0 - U_{\text{D},n}}{R \cdot I_\text{S}}\right)}} \tag{18.71}$$

18.11 Arbeitspunkt und Widerstandsgerade

Wie man sieht, muss zur Anwendung dieses Verfahrens der Wert des Sperrsättigungsstromes I_S bekannt sein.

Der Sperrstrom I_S (in Datenblättern meist als I_R = reverse current bezeichnet) ist ein Kennwert einer Diode und wird in Datenblättern häufig bei verschiedenen Sperrspannungen und verschiedenen Temperaturen, auch als Grafik, angegeben.

Für unser Beispiel in Abb. 18.54 berechnen wir I_S. Mit $I_D = 0,06$ A und $U_D = 0,7$ V folgt $I_S = \frac{I_D}{e^{\frac{U_D}{U_T}}} = 1,22 \cdot 10^{-13}$ A.

Mit $U_T = 0,026$ V, $U_0 = 1,0$ V, $R = 5\,\Omega$, $I_S = 1,22 \cdot 10^{-13}$ A und dem Startwert $U_{D,0} = 0,6$ V (der Spannungsabfall an einer Si-Diode ist ca. 0,6 bis 0,7 V) ergibt sich folgende Iteration.

$$U_{D,1} = 0,707.43 \text{ V}$$
$$U_{D,2} = 0,699.30 \text{ V}$$
$$U_{D,3} = 0,700.02 \text{ V}$$
$$U_{D,4} = 0,699.95 \text{ V}$$
$$U_{D,5} = 0,699.96 \text{ V}$$
$$U_{D,6} = 0,699.96 \text{ V}$$

Diese Werte können auch leicht mit dem Taschenrechner ausgerechnet werden. Nach dem 6. Schritt ändert sich der Wert für U_D nicht mehr, die Iteration kann beendet werden. Das Ergebnis $U_D = 0,7$ V stimmt sehr gut mit der zeicherischen Lösung Abb. 18.54 überein.

Jetzt wird mit der Iteration noch das Ergebnis von Abb. 18.55 nachgeprüft.

Mit $U_T = 0,026$ V, $U_0 = 5,0$ V, $R = 25\,\Omega$, $I_S = 1,22 \cdot 10^{-13}$ A und dem Startwert $U_{D,0} = 0,7$ V ergibt sich jetzt die Iteration:

$$U_{D,1} = 0,727.34 \text{ V}$$
$$U_{D,2} = 0,727.17 \text{ V}$$
$$U_{D,3} = 0,727.17 \text{ V}$$

Gerundetes Ergebnis: $U_D = 0,73$ V. Auch hier stimmt das Ergebnis der Iteration gut mit der zeichnerischen Lösung in Abb. 18.55 überein.

Ende Vertiefung

Aufgabe 18.12
Gegeben ist die Schaltung mit einer Diode (Abb. 18.57a) und die zur Diode gehörige, stückweise linearisierte Kennlinie (Abb. 18.57b). Der Strom I ist zeichnerisch zu bestimmen. Es gelten die Werte: $R_1 = 1,0\,\Omega$, $R_2 = 15\,\Omega$, $U_0 = 2,0$ V, $U_1 = 1,2$ V.

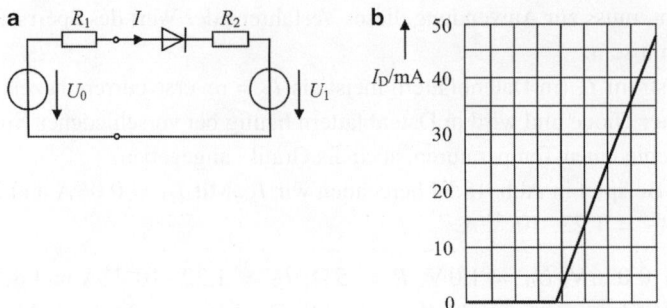

Abb. 18.57 Schaltung mit Diode (**a**) und stückweise linearisierte Kennlinie der Diode (**b**)

Abb. 18.58 Ersatzschaltung mit zusammengefassten Spannungsquellen und Widerständen

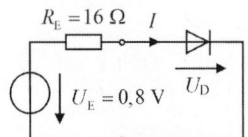

Lösung

Die beiden Spannungsquellen können zu einer Ersatzspannungsquelle mit dem Wert $U_E = U_0 - U_1 = 0{,}8\,\text{V}$ zusammengefasst werden. Ebenso können die beiden Widerstände zu einem Ersatzwiderstand mit dem Wert $R_E = R_1 + R_2 = 16\,\Omega$ zusammengefasst werden. Damit erhält man die Schaltung in Abb. 18.58.

Die Maschengleichung ergibt $-U_E + R_E \cdot I + U_D = 0$. Sie wird nach dem Strom I aufgelöst.

Die Gleichung für die Widerstandsgerade ist: $I = -\frac{1}{R_E} \cdot U_D + \frac{U_E}{R_E}$.

Festlegung von zwei Punkten der Widerstandsgeraden:

Für $U_D = 0$ erhält man $I = 50\,\text{mA}$. Für $I = 0$ ergibt sich $U_D = U_E = 0{,}8\,\text{V}$. Die zwei Punkte werden in die Diodenkennlinie eingezeichnet und zur Widerstandsgeraden verbunden. Das Ergebnis zeigt Abb. 18.59. Der Schnittpunkt der Widerstandsgeraden mit der Diodenkennlinie ergibt den Arbeitspunkt der Schaltung. Aus dem Diagramm wird abgelesen: $\underline{I \approx 11\,\text{mA}}$.

Anmerkung Die Aufgabe kann auch rechnerisch gelöst werden, wenn die Diode durch ihr Ersatzschaltbild mit Schleusenspannung und mit Bahnwiderstand dargestellt wird. Man erhält das Schaltbild Abb. 18.60.

Das Ersatzschaltbild der Diode entspricht einer Ersatzspannungsquelle mit einem Innenwiderstand R_B, dessen Wert aus der Diodenkennlinie bestimmt werden kann. Aus der Kennlinie wird entnommen: $U_S = 0{,}58\,\text{V}$. Bei dem willkürlich gewählten Wert $U_D = 0{,}9\,\text{V}$ ist $I_D = 37\,\text{mA}$.

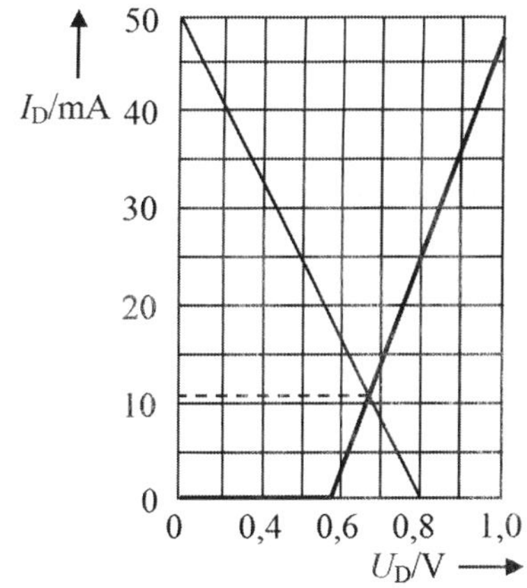

Abb. 18.59 Diodenkennlinie und Widerstandsgerade

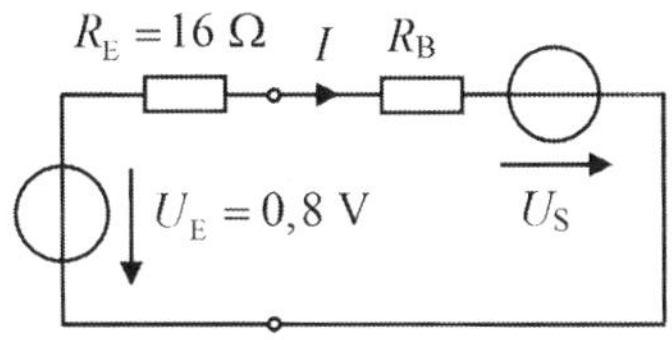

Abb. 18.60 Diode ersetzt durch Bahnwiderstand und Schleusenspannung

Der Wert von R_B errechnet sich zu $R_B = \frac{\Delta U}{\Delta I} = \frac{0{,}9\,\text{V} - 0{,}58\,\text{V}}{37\,\text{mA} - 0\,\text{mA}} = 8{,}6\,\Omega$.
Der Strom I ist $I = \frac{0{,}8\,\text{V} - 0{,}58\,\text{V}}{16\,\Omega + 8{,}6\,\Omega} \cdot \underline{I \approx 9\,\text{mA}}$.
Der Unterschied der Ergebnisse beträgt 2 mA, er ergibt sich durch Ungenauigkeiten beim Ablesen grafischer Werte bei beiden Verfahren.

Aufgabe 18.13

Mit einer Z-Diode mit dem Vorwiderstand R wird eine Referenzspannung erzeugt (Abb. 18.61a). Bestimmen Sie grafisch mit der gegebenen Kennlinie der Z-Diode (Abb. 18.61b) und mit einer Widerstandsgeraden allgemein die Änderung der Z-Spannung ΔU_Z, wenn sich die Eingangsspannung U um ΔU ändert.

Lösung

Die Maschengleichung ergibt $U - U_Z - R \cdot I = 0$. Nach I aufgelöst erhält man die Gleichung für die Widerstandsgerade (WG) $I = -\frac{1}{R} \cdot U_Z + \frac{U}{R}$. Für $I = 0$ ist der Schnittpunkt der Widerstandsgeraden mit der Abszisse $U_Z = U$ (Abb. 18.62).

Für $U_Z = 0$ ist der Schnittpunkt der Widerstandsgeraden mit der Ordinate $I = \frac{U}{R}$. Der Schnittpunkt der Widerstandsgeraden mit der Diodenkennlinie ergibt den

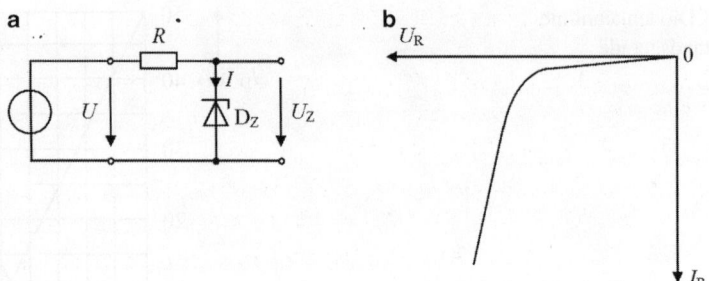

Abb. 18.61 Schaltung mit Z-Diode (**a**) und Kennlinie der Z-Diode (**b**)

Abb. 18.62 Änderung der Z-Spannung bei Änderung der Eingangsspannung

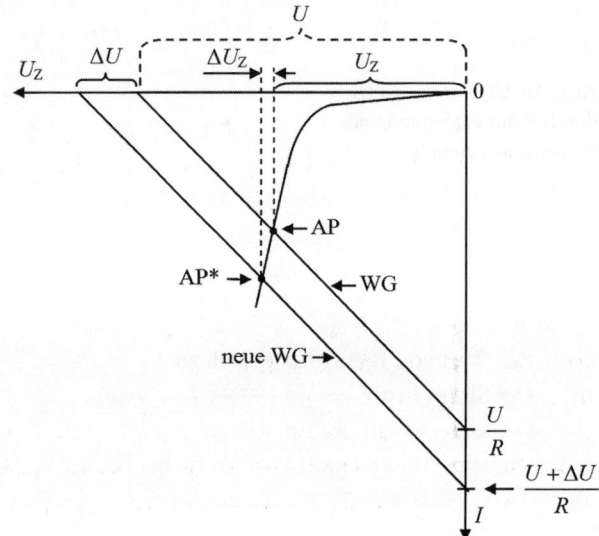

Arbeitspunkt AP. Ändert sich die Eingangsspannung U um ΔU, so ergibt sich eine neue Widerstandsgerade und ein neuer Arbeitspunkt AP*. Aus dem Abszissenwert von AP* lässt sich die Referenzspannungsänderung ΔU_Z ablesen. Diese ist umso kleiner, je steiler die Durchbruchkennlinie der Z-Diode ist.

18.12 Anwendungen von Dioden

Die Anwendung von Spezialdioden wurde bereits bei deren Erläuterung genannt. Eine in der Praxis sehr wichtige Anwendung von Dioden ist die Gleichrichtung von Wechselspannung. Zusätzlich werden in diesem Abschnitt einige weitere Anwendungen von Dioden beschrieben.

18.12 Anwendungen von Dioden

18.12.1 Gleichrichtung von Wechselspannungen

Fast jedes elektronische Gerät benötigt eine Stromversorgung, welche eine oder mehrere Gleichspannungen liefert. Bei höheren Leistungen ist der Betrieb aus Batterien unwirtschaftlich. Die Gleichspannung wird dann mit einem Netzgerät durch Transformieren und Gleichrichten der Netzwechselspannung erzeugt. Da eine Diode den Strom nur in einer Richtung fließen lässt, eignet sie sich durch diese Ventilwirkung zur Gleichrichtung, zur Umwandlung von Wechselspannung/-strom in Gleichspannung/-strom. Je nach Anzahl und Anordnung der Dioden unterscheidet man verschiedene Gleichrichterschaltungen, deren Aufbau und Eigenschaften im Folgenden erörtert werden.

Gleichrichterschaltungen werden in *ungesteuerte* und *gesteuerte* Gleichrichter eingeteilt. Bei ungesteuerten Gleichrichtern sind die Ventile Dioden. Die Ausgangsspannung ist in ihrer Höhe *nicht* frei einstellbar, sie wird durch die Amplitude der Eingangsspannung und die Art der Schaltung bestimmt. Bei gesteuerten Gleichrichtern verwendet man als Ventile solche Bauelemente, bei denen der Zeitpunkt des Übergangs vom Sperr- in den Leitzustand während des zeitlichen Ablaufs einer Wechselspannung wählbar ist. Dies sind z. B. Thyristoren. Die Höhe der Ausgangsspannung ist bei gesteuerten Gleichrichtern einstellbar.

18.12.1.1 Einweggleichrichtung ohne Ladekondensator

Die einfachste Schaltung zur Gleichrichtung besteht nur aus einer Diode (Abb. 18.63). Die Schaltung wird als Einweggleichrichter oder als Einpuls-Mittelpunktschaltung M1 bezeichnet. Die Eingangsspannung $u(t) = \hat{U} \cdot \sin(\omega t)$ ist eine sinusförmige Wechselspannung, die Ausgangsspannung ist die gleichgerichtete Spannung $U_L(t)$ am Lastwiderstand R_L. Der Lastwiderstand kann auch stellvertretend für die überwiegend ohmsche Last einer mit Gleichspannung zu versorgenden Elektronikschaltung betrachtet werden.

Nur während der positiven Halbwellen der Eingangswechselspannung $u(t) = \hat{U} \cdot \sin(\omega t)$ ist die Diode in Durchlassrichtung gepolt und der Strom kann durch den Lastwiderstand R_L fließen. Für die negativen Halbwellen der Wechselspannung ist die Diode in Sperrrichtung gepolt, sie werden durch die Gleichrichterdiode gesperrt. Ideal wirkt die Diode jetzt wie ein offener Schalter. Wegen des sehr geringen Sperrstromes der Diode gibt es während der negativen Halbwellen praktisch keine Stromänderungen, die fließenden Ströme sind mit Werten z. B. im µA-Bereich bedeutungslos klein.

Es werden also nur die positiven Netzhalbwellen ausgenutzt. Am Lastwiderstand R_L entsteht eine *stark pulsierende Gleichspannung* $U_L(t)$ mit nur einer Sinushalbwelle pro

Abb. 18.63 Einweggleichrichtung von Wechselspannung ohne Ladekondensator

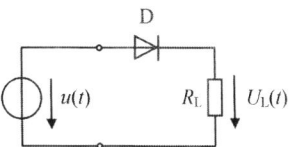

Abb. 18.64 Wechselspannung $u(t)$ vor und Mischspannung $U_L(t)$ nach einer Einweggleichrichtung

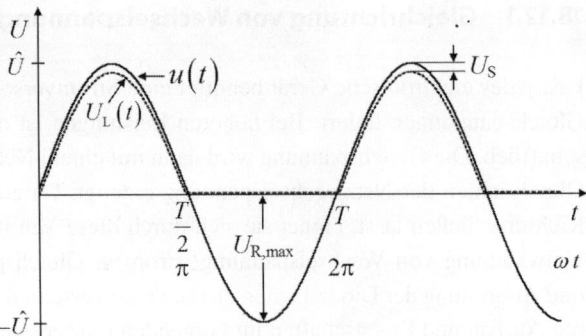

Periode der Wechselspannung (siehe Gl. 18.84). Diese Spannung ist eine *Mischspannung*. Das Ergebnis der Einweggleichrichtung $U_L(t)$ zusammen mit der Eingangswechselspannung $u(t)$ zeigt Abb. 18.64.

Die Amplituden der positiven Sinushalbwellen nach der Diode sind um den Wert der Schleusenspannung U_S der Diode kleiner als die Scheitelwerte der Wechselspannung vor der Diode.

$$\hat{U}_L = \hat{U} - U_S \tag{18.72}$$

Ist $\hat{U} \gg U_S$, so kann die Schleusenspannung U_S vernachlässigt werden. Bei der idealen Diode ist $U_S = 0$.

Gl. 18.72 gilt für den Leerlauffall ohne Last, also für $R_L = \infty$. Wie hoch die Gleichspannung mit angeschlossener Last ist, hängt vom Innenwiderstand der Wechselspannungsquelle $u(t)$ ab.

Maximale Sperrspannung

Während der negativen Halbwellen der Wechselspannung liegen deren Amplituden $-\hat{U}$ an der Diode in Sperrrichtung an. Bei der Einweggleichrichtung ohne Ladekondensator muss deshalb die maximale Sperrspannung $U_{R.max}$ der Diode mindestens dem Scheitelwert der Eingangswechselspannung entsprechen. Bei der Auswahl der Diode muss beachtet werden:

$$U_{R.max} \geq \hat{U} \tag{18.73}$$

Zur Vertiefung

Für die Mischspannung $U_L(t)$ von Abb. 18.63 bzw. Abb. 18.64 werden nun die Kenngrößen Effektivwert, Gleichwert, Wechselanteil und Welligkeit bestimmt. Als Beispiel wird dazu angenommen:

$$u(t) = \sqrt{2} \cdot 230\text{V} \cdot \sin(\omega t) \quad \text{mit} \quad f = 50\,\text{Hz},$$
$$U_S = 0{,}7\,\text{V} \quad \text{(Schleusenspannung einer Si-Diode)}.$$

18.12 Anwendungen von Dioden

Die Periodendauer ist somit $T = 1/f = 20\,\text{ms}$, die Amplitude der Lastspannung ist

$$\hat{U}_L = \hat{U} - U_S = 324{,}6\,\text{V}.$$

Effektivwert

$$(U_L)^2 = \frac{1}{T} \cdot \int_0^T [U_L(t)]^2\,dt = \frac{(\hat{U}_L)^2}{T} \cdot \int_0^{\frac{T}{2}} [\sin(\omega t)]^2\,dt \qquad (18.74)$$

Das Integral über die erste halbe Periode reicht aus, da das Signal während der zweiten halben Periode null ist.
Es wird substituiert: $\omega t = x$. Es ist: $[\sin(x)]^2 = \frac{1}{2} \cdot \left[1 - \frac{1}{2} \cdot \cos(2x)\right]$.

$$(U_L)^2 = \frac{(\hat{U}_L)^2}{T} \cdot \int_0^{\frac{T}{2}} [\sin(x)]^2\,dx = \frac{(\hat{U}_L)^2}{T} \cdot \left[\frac{1}{2} \cdot x - \frac{1}{4} \cdot \sin(2x)\right]_0^{\frac{T}{2}} \qquad (18.75)$$

$$(U_L)^2 = \frac{(\hat{U}_L)^2}{T} \cdot \left[\frac{1}{2} \cdot \frac{T}{2} - \frac{1}{4} \cdot \underbrace{\sin(T)}_{0} - (0 - 0)\right] = \frac{(\hat{U}_L)^2}{4} \qquad (18.76)$$

$$U_L = \sqrt{\frac{(\hat{U}_L)^2}{4}} = \frac{\hat{U}_L}{2} = \frac{324{,}6\,\text{V}}{2} = \underline{\underline{162{,}3\,\text{V}}} \qquad (18.77)$$

Gleichwert

$$\overline{U}_L = \frac{1}{T} \cdot \int_0^T U_L(t)\,dt = \frac{\hat{U}_L}{2\cdot\pi} \cdot \int_0^{\pi} \sin(x)\,dx = \frac{\hat{U}_L}{2\cdot\pi} \cdot [-\cos(x)]_0^{\pi} \qquad (18.78)$$

$$\overline{U}_L = \frac{\hat{U}_L}{2\cdot\pi} \cdot [-\cos(\pi) + \cos(0)] = \frac{\hat{U}_L}{2\cdot\pi} \cdot [-(-1) + 1] \qquad (18.79)$$

$$\overline{U}_L = \frac{\hat{U}_L}{\pi} = \frac{324{,}6\,\text{V}}{\pi} = \underline{\underline{103{,}3\,\text{V}}} \qquad (18.80)$$

Wechselanteil

$$u = \sqrt{(U_L)^2 - (\overline{U}_L)^2} = \sqrt{(162{,}3\,\text{V})^2 - (103{,}3\,\text{V})^2} = \underline{\underline{125{,}2\,\text{V}}} \qquad (18.81)$$

Welligkeit

$$w = \frac{u}{\overline{U}_L} = \frac{125{,}2\,\text{V}}{103{,}3\,\text{V}} = \underline{\underline{1{,}21}} \qquad (18.82)$$

Ende Vertiefung

18.12.1.2 Einweggleichrichtung mit Ladekondensator

Die pulsierende Gleichspannung kann durch einen zum Lastwiderstand parallel geschalteten Kondensator C_L (**Ladekondensator** oder Glättungskondensator) geglättet werden (Abb. 18.65). Zur Glättung der Spannung wird meist ein Elektrolytkondensator mit einigen hundert bis einigen tausend μF verwendet. Wegen der großen Toleranz des Kapazitätswertes von Elektrolytkondensatoren sollte in der Praxis ein um ca. 30 % größerer Kapazitätswert verwendet werden, als er berechnet wurde.

Die zur Schaltung Abb. 18.65 gehörenden Spannungen zeigt Abb. 18.66. Diese sind:

1. Die Eingangswechselspannung

$$u(t) = \hat{U} \cdot \sin(\omega t) \qquad (18.83)$$

2. Die Ausgangsspannung $U_L(t)$ mit Diode, aber ohne Ladekondensator C_L. Sie wird beschrieben durch:

$$\begin{aligned} U_L(t) &= \hat{U}_L \cdot \sin(\omega t) = \left(\hat{U} - U_S\right) \cdot \sin(\omega t) &&\text{für } 0 \leq t \leq T/2 \\ U_L(t) &= 0 &&\text{für } T/2 \leq t \leq T \end{aligned} \qquad (18.84)$$

U_S = Schleusenspannung der Diode

3. Die Ausgangsspannung $U_L(t)$ mit Diode und mit Ladekondensator C_L. Dies ist die Gleichspannung mit einer Restwelligkeit.

Wird die Eingangswechselspannung größer als die Ausgangsspannung am Kondensator, so leitet die Diode und der Kondensator C_L wird während der Zeit t_{lade} auf den Wert

$$\hat{U}_L = \hat{U} - U_S \qquad (18.85)$$

Abb. 18.65 Einweggleichrichtung von Wechselspannung mit Ladekondensator

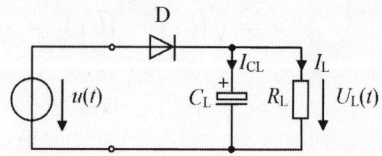

18.12 Anwendungen von Dioden

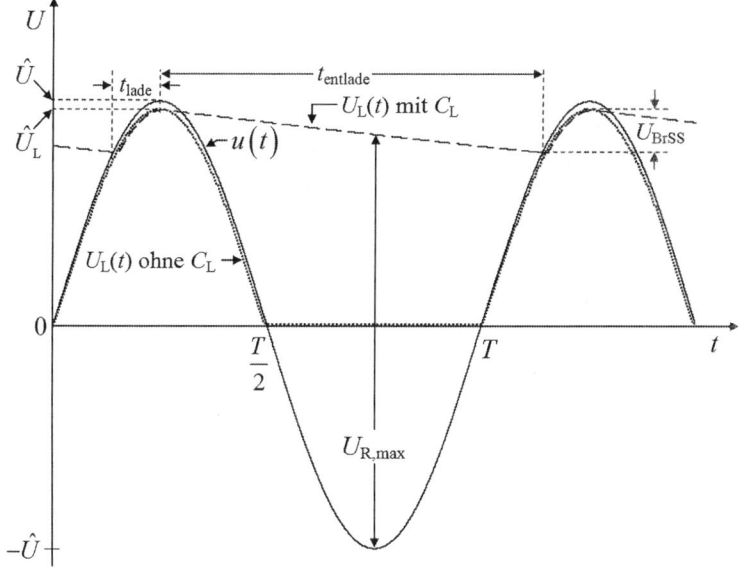

Abb. 18.66 Eingangs- und Lastspannung ohne und mit Ladekondensator bei der Einweggleichrichtung

aufgeladen. Der Strom durch die Diode teilt sich jetzt auf in den Ladestrom I_{CL} des Kondensators und in den Laststrom I_L durch den Lastwiderstand R_L (Abb. 18.65). Für den Laststrom I_L gilt:

$$\hat{I}_L = \frac{\hat{U}_L}{R_L} \quad (18.86)$$

Die Diode leitet nur während der kurzen Zeit t_{lade}, etwas vor und kurz nach dem Scheitelwert $\hat{U}$. Wird die Eingangswechselspannung kurz nach dem Scheitelwert $\hat{U}$ kleiner als die Ausgangsspannung, so sperrt die Diode. Der Kondensator wird jetzt über den Lastwiderstand R_L während der Zeitspanne $t_{entlade}$ teilweise entladen, bis die Eingangswechselspannung wieder um die Schleusenspannung U_S größer ist als die Spannung am Kondensator. Dann leitet die Diode wieder und der Kondensator wird wieder aufgeladen.

Während $t_{entlade}$ wirkt C_L als Spannungsquelle. Die Lücken in der stark pulsierenden Gleichspannung ohne Ladekondensator (während der negativen Netzhalbwellen) werden durch die Ladung des Ladekondensators teilweise aufgefüllt.

Während der Zeit $t_{entlade}$ wird der Kondensator C_L über den Lastwiderstand R_L nach einer e-Funktion mit der Zeitkonstanten $\tau = R_L \cdot C_L$ entladen. Der Entladevorgang beginnt bei Erreichen des Scheitelwertes $\hat{U}$ der Eingangswechselspannung mit dem Wert $U_L(t) = \hat{U}_L$. Am Ende des Entladevorgangs (nach ca. einer Periode T) hat die Ausgangsspannung den Wert $U_L(t) = \hat{U}_L - U_{BrSS}(t)$. Die Größe U_{BrSS} ist die so genannte **Restwelligkeit**. Für eine große Zeitkonstante $R_L \cdot C_L \gg T$ (bei großem Ladekondensator C_L) ist U_{BrSS} klein. Von der nach einer e-Funktion abfallenden Spannung $U_L(t)$ sieht man deshalb meist keinen gekrümmten Funktionsverlauf, sondern nur eine kleine Spannungsänderung, die dann wie eine Gerade aussieht.

Die nach der Glättung verbleibende Spannungsschwankung U_{BrSS} (Restwelligkeit) wird **Brummspannung** genannt. Sie hat ihren Namen von einem hörbaren, tiefen Brummen eines Phonoverstärkers, in dem diese Spannung auftritt und zusammen mit dem Nutzsignal verstärkt wird. Auch aus dem Lautsprecher einer Türsprechanlage kann bei einer Versorgung mit schlecht geglätteter Gleichspannung ein solches Brummen kommen.

Die Höhe der Brummspannung ist zum Verbraucherstrom direkt und zur Größe des Ladekondensators umgekehrt proportional.

Zur Vertiefung

Für eine kleine Brummspannung U_{BrSS} ist $U_L(t)$ mit dem Wert $\hat{U}_L = \hat{U} - U_S$ nahezu konstant. Damit ist der Kondensator-Entladestrom nahezu konstant und gleich dem Laststrom I_L durch den Lastwiderstand R_L (vgl. Gl. 18.86):

$$\hat{I}_L = \frac{\hat{U}_L}{R_L} \tag{18.87}$$

Mit diesen Annahmen lässt sich die Brummspannung abschätzen.

Solange die Diode sperrt, nimmt $U_L(t)$ nach einer e-Funktion ab:

$$U_L(t) = \hat{U}_L \cdot e^{-\frac{t}{R_L \cdot C_L}} \tag{18.88}$$

Am Ende des Entladevorgangs, also nach ca.

$$t = T \tag{18.89}$$

ist $U_L(t)$ um U_{BrSS} kleiner:

$$U_L(t = T) = \hat{U}_L - U_{BrSS} = \hat{U}_L \cdot e^{-\frac{t}{R_L \cdot C_L}} \tag{18.90}$$

Die Zeitkonstante $\tau = R_L \cdot C_L$ wird mit $R_L \cdot C_L \gg T$ möglichst groß gewählt, damit die Brummspannung möglichst klein wird.

Die e-Funktion kann in eine Taylor-Reihe entwickelt und die Reihe nach dem linearen Term abgebrochen werden. Aus

$$e^{-x} \approx 1 - x \tag{18.91}$$

und $t = T$ folgt näherungsweise

$$e^{-\frac{t}{R_L \cdot C_L}} \approx 1 - \frac{T}{R_L \cdot C_L} \tag{18.92}$$

18.12 Anwendungen von Dioden

Aus Gl. 18.90 erhält man:

$$U_{BrSS} \approx \hat{U}_L \cdot \frac{T}{R_L \cdot C_L} \qquad (18.93)$$

Die Zeit T ist die Summe aus Lade- und Entladezeit des Kondensators. Sie hängt von der Art der Gleichrichterschaltung bzw. von der schaltungsbedingten Anzahl der Scheitelwerte in einer Periode der gleichgerichteten Spannung *ohne* Ladekondensator ab.

Bei der Einweggleichrichtung mit einem Maximum pro Periode der gleichgerichteten Spannung ohne Ladekondensator ist die **Brummfrequenz** $f_{Br} = 50\,\text{Hz}$ und ist somit gleich der Netzfrequenz.

Es gilt:

$$T = \frac{1}{f_{Br}} \qquad (18.94)$$

f_{Br} = Brummfrequenz

Allgemein entspricht die Brummfrequenz bei einer Gleichrichterschaltung für das Stromversorgungsnetz mit 50 Hz:

$$f_{Br} = Anz_{max} \cdot 50\,\text{Hz} \qquad (18.95)$$

Anz_{max} = Anzahl der Maxima in einer Periode der gleichgerichteten Spannung *ohne* Ladekondensator, abhängig von der Art der Gleichrichterschaltung

Gl. 18.95 wird in den Abschn. 18.12.1.3 und 18.12.1.4 benötigt.

Aus Gl. 18.93 folgt mit der Brummfrequenz die Faustformel:

$$\underline{\underline{U_{BrSS} \approx \frac{\hat{U}_L}{f_{Br} \cdot R_L \cdot C_L}}} \quad \text{für} \quad \underline{\underline{\frac{\tau}{T} \geq 50}} \qquad (18.96)$$

U_{BrSS}	= Brummspannung in Volt Spitze-Spitze,
$\hat{U}_L$	= Scheitelwert der Spannung am Lastwiderstand R_L
	= Scheitelwert der Brummspannung,
f_{Br}	= Brummfrequenz in s^{-1},
R_L	= Lastwiderstand in Ohm,
C_L	= Ladekondensator in Farad,
$\tau = R_L \cdot C_L$	= Zeitkonstante in Sekunden,

$T = 20\,\text{ms}$ für $f_{Br} = 50\,\text{Hz}$.

Grenzen der Faustformel

Ein Vergleich der Ergebnisse von Simulationen mit berechneten Werten von U_{BrSS} ergab, dass die berechneten Werte größer als die Ergebnisse der Simulationen waren.

Gl. 18.96 ist nur eine Faustformel zur Abschätzung von U_{BrSS}. Diese Formel ist in vielen Fachbüchern und Formelsammlungen zu finden, ein Gültigkeitsbereich wie in Gl. 18.96 wird aber in der Literatur meist nicht angegeben.

Der Unterschied zwischen berechneten und simulierten Werten liegt in der vereinfachenden Annahme von Gl. 18.89. Die Entladezeit des Ladekondensators ist *nicht* gleich der Periodendauer T, da diese ja die Summe aus Lade- und Entladezeit ist.

Wird die Dauer der Entladezeit des Ladekondensators C_L mit t_e bezeichnet, so ist am Ende des Entladevorgangs, also nach der Zeit $t = t_e$ (statt wie in Gl. 18.89 als Vereinfachung $t = T$), die Ausgangsspannung $U_L(t)$ um U_{BrSS} kleiner. Statt Gl. 18.90 erhält man:

$$U_L(t = t_e) = \hat{U}_L - U_{BrSS} = \hat{U}_L \cdot e^{-\frac{t_e}{R_L \cdot C_L}} \tag{18.97}$$

Bei gleicher Vorgehensweise wie ab Gl. 18.91 ergibt sich statt Gl. 18.93:

$$U_{BrSS} \approx \hat{U}_L \cdot \frac{t_e}{R_L \cdot C_L} \tag{18.98}$$

Die Entladezeit t_e hängt von der Periodendauer T der Eingangswechselspannung, den Werten der Bauteile C_L und R_L und von der Art der Gleichrichterschaltung ab.

Wie in Abb. 18.66 zu sehen ist, wird die Entladezeit t_e bestimmt vom Maximum der Brummspannung (mit ca. 0,5 % Verzögerung ziemlich genau das Maximum der Eingangswechselspannung) bis zum Schnittpunkt der Entladekurve von C_L (also der Brummspannung) mit dem nachfolgenden, ansteigenden Ast der Sinus-Eingangswechselspannung. Zur Bestimmung von t_e müsste die nachfolgende Gleichung nach t_e aufgelöst werden:

$$\hat{U}_L \cdot e^{-\frac{t_e}{R_L \cdot C_L}} = \hat{U}_L \cdot \sin\left(\frac{\pi}{2} + \omega \cdot t_e\right) \quad \text{mit} \quad \omega = \frac{2\pi}{T} \tag{18.99}$$

Da eine analytische Auflösung dieser transzendenten Gleichung nach t_e nicht möglich ist, müsste die Bestimmung von t_e numerisch nach einer iterativen oder grafischen Methode erfolgen. Um diesen Aufwand zu vermeiden, wird hier eine auf Simulationen basierte, korrigierte Faustformel angegeben.

Anwendung der Faustformel

Für den praktischen Gebrauch wird hier für die Netzfrequenz von 50 Hz entsprechend der Periodendauer $T = 20$ ms eine Tabelle (Tab. 18.1) angegeben, aus der ein Korrekturfaktor k für Gl. 18.96 bzw. Gl. 18.93 entnommen werden kann. Die Tabellenwerte von k wurden aus Simulationen ermittelt. Für

$$1{,}5 \leq \frac{\tau}{T} \leq 50 \tag{18.100}$$

wird der nach Gl. 18.96 bzw. Gl. 18.93 berechnete Wert mit dem Korrekturfaktor multipliziert.

Die korrigierte Gl. 18.96 ist dann:

$$U_{BrSS} = \frac{k \cdot \hat{U}_L}{f_{Br} \cdot R_L \cdot C_L} \quad \text{für} \quad 1{,}5 \leq \frac{\tau}{T} \leq 50, \tag{18.101}$$

k aus Tab. 18.1

Tab. 18.1 Korrekturfaktoren für berechnete Brummspannungen

τ/T	k
1,5	0,64
2,5	0,73
5,0	0,82
12,5	0,90
25,0	0,93
50,0	0,95

Für $\tau/T > 50$ stimmen die nach Gl. 18.96 bzw. Gl. 18.93 berechneten Werte mit den simulierten Werten überein. Die Brummspannung ist dann so klein, dass die berechneten Werte nicht korrigiert werden müssen.

Ende Vertiefung

Bestimmung der Brummspannung aus dem Gleichstrom durch den Lastwiderstand
Der Scheitelwert $\hat{U}_L$ der Spannung am Lastwiderstand R_L entspricht bei kleiner Brummspannung der Gleichspannung $U_{L.DC}$ an der Last:

$$\hat{U}_L = U_{L.DC} \qquad (18.102)$$

Bei einem mittleren Gleichstrom $I_{L.DC}$ durch den Lastwiderstand R_L wird damit aus Gl. 18.96:

$$U_{BrSS} = \frac{I_{L.DC}}{f_{Br} \cdot C_L} \qquad (18.103)$$

Bei gegebenem Gleichstrom $I_{L.DC}$ durch den Lastwiderstand R_L und maximal erlaubter Größe der Brummspannung in V_{SS} kann der Glättungskondensator dimensioniert werden:

$$C_L = \frac{I_{L.DC}}{f_{Br} \cdot U_{BrSS}} \qquad (18.104)$$

Die Eingangswechselspannungsquelle wurde als ideal mit dem Innenwiderstand $R_i = 0$ angenommen. Für genauere Betrachtungen muss z. B. der Innenwiderstand der Sekundärseite eines Transformators berücksichtigt werden.

Maximale Sperrspannung
An der Diode tritt die maximale Sperrspannung auf, wenn die Eingangswechselspannung ihren negativen Scheitelwert erreicht. Die an der Diode liegende Sperrspannung setzt sich dann aus der Spannung U_L (die etwas kleiner als $\hat{U}$ ist) und dem negativen Scheitelwert der Wechselspannung zusammen.

Bei der Einweggleichrichtung mit Ladekondensator sollte deshalb die maximale Sperrspannung $U_{R.max}$ der Diode mindestens dem doppelten Scheitelwert der Eingangswechselspannung entsprechen. Bei der Auswahl der Diode muss beachtet werden:

$$\underline{U_{R.max} \geq 2 \cdot \hat{U}} \tag{18.105}$$

Um eine gewisse Sicherheit zu gewährleisten, kann der Wert von $U_{R.max}$ um den Faktor 1,25 größer gewählt werden.

Die Einweggleichrichtung wird kaum noch eingesetzt, sie ist nur für kleine Leistungen bis ca. 5 W (z. B. einfache Ladegeräte) geeignet. Wird die Wechselspannung der Sekundärseite eines Transformators entnommen, so fließt der Gleichstrom auch durch diese Sekundärwicklung. Dadurch wird der Eisenkern vormagnetisiert. Damit bei der maximalen Gleichstromleistung der Transformator nicht in die magnetische Sättigung kommt, muss seine Wechselstromleistung wesentlich größer sein.

Aufgabe 18.14

Betrachtet wird die Schaltung einer Einweggleichrichtung nach Abb. 18.65. Der Scheitelwert der Eingangswechselspannung ist $\hat{U} = 5{,}7$ V. Die Schleusenspannung der Diode ist $U_S = 0{,}7$ V. Es gelten die Werte: $C_L = 10.000\,\mu\text{F}$, $R_L = 50\,\Omega$, $f = 50$ Hz. Wie groß ist die Brummspannung U_{BrSS}?

Lösung

$$U_{BrSS} = \frac{\hat{U}_L}{f_{Br} \cdot R_L \cdot C_L} = \frac{\hat{U} - U_S}{f_{Br} \cdot R_L \cdot C_L} = \frac{5{,}7\,\text{V} - 0{,}7\,\text{V}}{50\,\text{s}^{-1} \cdot 50\,\Omega \cdot 10.000 \cdot 10^{-6}\,\frac{\text{s}}{\Omega}} = \underline{200\,\text{mV}}$$

Wird die Diode als ideal betrachtet, so ergibt sich:

$$U_{BrSS} = \frac{\hat{U}}{f_{Br} \cdot R_L \cdot C_L} = \frac{5{,}7\,\text{V}}{50\,\text{s}^{-1} \cdot 50\,\Omega \cdot 10.000 \cdot 10^{-6}\,\frac{\text{s}}{\Omega}} = \underline{228\,\text{mV}}$$

Alternative Rechnung:

Der Scheitelwert der Lastspannung ist $\hat{U}_L = \hat{U} - U_S = 5{,}0$ V. Die Periodendauer ist $T = \frac{1}{f} = \frac{1}{50\,\text{s}^{-1}} = 20$ ms. Die Zeitkonstante ist $\tau = R_L \cdot C_L = 50\,\Omega \cdot 10.000 \cdot 10^{-6}\,\frac{\text{s}}{\Omega} = 500$ ms.

In einer Periode fällt die Lastspannung ab auf den Wert:

$$U_{L,min} = \hat{U}_L \cdot e^{-\frac{T}{\tau}} = 5{,}0\,\text{V} \cdot e^{-\frac{20\,\text{ms}}{500\,\text{ms}}} = 5{,}0\,\text{V} \cdot 0{,}96 = 4{,}8\,\text{V}$$

Die Brummspannung ist somit $U_{BrSS} = \hat{U}_L - U_{L,min} = 5{,}0\,\text{V} - 4{,}8\,\text{V} = \underline{200\,\text{mV}}$.

18.12 Anwendungen von Dioden

Aufgabe 18.15

Eine Schaltung zur Einweggleichrichtung einer sinusförmigen Wechselspannung mit $f = 50\,\text{Hz}$ soll an eine ohmsche Last R_L eine Gleichspannung von $U_\text{L,DC} = 15{,}0\,\text{V}$ bei einem Strom von $I_\text{L,DC} = 0{,}1\,\text{A}$ liefern. Die Brummspannung U_BrSS darf maximal $0{,}4\,\text{V}$ betragen. Die Schleusenspannung der Diode liegt bei $U_\text{S} = 0{,}7\,\text{V}$. Wie groß muss der Wert des Ladekondensators C_L mindestens sein?

Lösung

Der Lastwiderstand ist $R_\text{L} = \frac{U_\text{L,DC}}{I_\text{L,DC}} = \frac{15{,}0\,\text{V}}{0{,}1\,\text{A}} = 150\,\Omega$.

$$C_\text{L} = \frac{\hat{U} - U_\text{S}}{U_\text{BrSS} \cdot f_\text{Br} \cdot R_\text{L}} = \frac{15{,}7\,\text{V} - 0{,}7\,\text{V}}{0{,}4\,\text{V} \cdot 50\,\text{s}^{-1} \cdot 150\,\Omega} = \underline{\underline{5000\,\mu\text{F}}}$$

Alternative Rechnung:

$$C_\text{L} = \frac{I_\text{L,DC}}{U_\text{BrSS} \cdot f_\text{Br}} = \frac{0{,}1\,\text{A}}{0{,}4\,\text{V} \cdot 50\,\text{s}^{-1}} = \underline{\underline{5000\,\mu\text{F}}}$$

18.12.1.3 Mittelpunktschaltung

Einweggleichrichter sind zwar einfach aufgebaut, haben aber eine höhere Welligkeit der Ausgangsspannung und einen schlechteren Wirkungsgrad als Vollweggleichrichter.

Beim Einweggleichrichter wird der Ladekondensator nur während der positiven Halbwelle der Eingangswechselspannung aufgeladen. Beim **Vollweggleichrichter** wird der Ladekondensator während *jeder* Halbwelle aufgeladen. Die Entladezeit des Ladekondensators und die Höhe der Brummspannung werden halbiert. Die Brummfrequenz wird verdoppelt.

Eine mögliche Vollweggleichrichterschaltung ist die Mittelpunktschaltung (Abb. 18.67). Die Schaltung wird als Vollweggleichrichter oder als Zweipuls-Mittelpunktschaltung M2 bezeichnet.

Abb. 18.67 Vollweggleichrichtung mit Mittelpunktschaltung

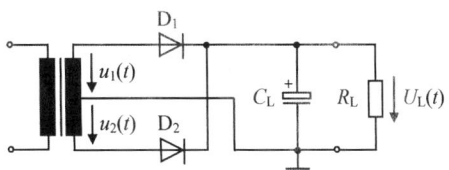

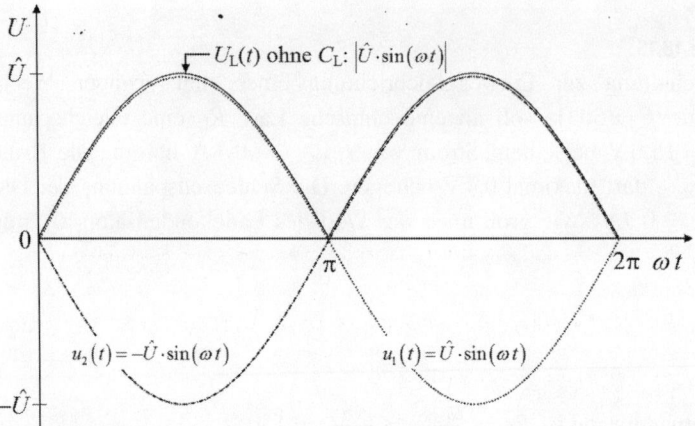

Abb. 18.68 Verlauf der Eingangswechselspannungen und der Lastspannung ohne Ladekondensator bei der Mittelpunktschaltung

Für die Mittelpunktschaltung wird ein Transformator mit Mittelanzapfung der Sekundärwicklung benötigt. Die Mittelanzapfung liegt an Masse und dient als Bezugspunkt. Zwischen seinen äußeren Anschlüssen der Sekundärwicklung muss der Transformator die doppelte Spannung liefern wie der Transformator bei Einweggleichrichtung. Die beiden Spannungen $u_1(t)$ und $u_2(t)$ sind außerdem um 180° phasenverschoben. Ist $u_1(t) = \hat{U} \cdot \sin(\omega t)$, so ist $u_2(t) = -\hat{U} \cdot \sin(\omega t)$. Diese Phasenverschiebung kann erreicht werden, indem eine der sekundären Teilwicklungen entgegengesetzten Wicklungssinn zur anderen Teilwicklung hat.

Die Dioden D_1 und D_2 bilden jeweils eine Einweggleichrichterschaltung. Während der positiven Halbwelle von $u_1(t)$, also von 0 bis $T/2$ bzw. π, leitet D_1. In dieser Zeit ist die Halbwelle von $u_2(t)$ negativ und D_2 sperrt. Während der negativen Halbwelle von $u_1(t)$, also von $T/2$ bis T bzw. 2π, sperrt D_1. In dieser Zeit ist die Halbwelle von $u_2(t)$ positiv und D_2 leitet. Der Ladekondensator C_L wird also abwechselnd über D_1 und D_2 aufgeladen.

Den Verlauf der Eingangsspannungen $u_1(t)$, $u_2(t)$ sowie der Lastspannung $U_L(t)$ ohne Ladekondensator zeigt Abb. 18.68. Die Lastspannung $U_L(t)$ ohne und mit Ladekondensator ist in Abb. 18.69 dargestellt.

Bei der Mittelpunktschaltung treten zwei Maxima in einer Periode der gleichgerichteten Spannung auf. Die Brummfrequenz ist nach Gl. 18.95:

$$f_{Br} = 100\,\text{Hz} \tag{18.106}$$

Die Brummspannung ist nur halb so groß wie bei der Einwegschaltung. Die Mittelpunktschaltung liefert also eine bessere Gleichspannung als der Einweggleichrichter, benötigt aber einen teureren Transformator mit Mittelanzapfung.

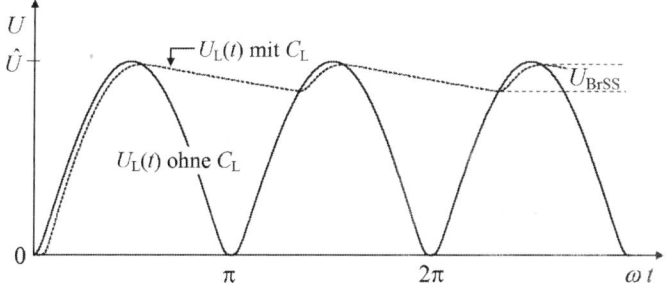

Abb. 18.69 Verlauf der Ausgangsspannung beim Vollweggleichrichter mit Ladekondensator

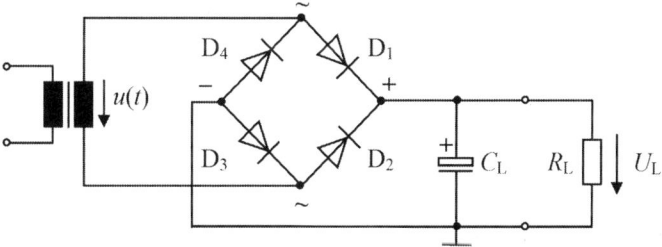

Abb. 18.70 Vollweggleichrichtung mit Brückenschaltung

Maximale Sperrspannung

Die maximale Sperrspannung liegt bei $\pi/2$ an der Diode D_2 an, wenn D_1 leitet und D_2 sperrt. An der Anode von D_2 liegt dann $-\hat{U}_2$ und an der Kathode liegt $+\hat{U}_1 - U_S$ an. Die gleiche Betrachtung kann für die Diode D_1 angestellt werden. Mit $\hat{U}_1 = \hat{U}_2 = \hat{U}$ folgt: Bei der Mittelpunktschaltung *mit oder ohne* Ladekondensator muss die maximale Sperrspannung $U_{R.max}$ der Dioden mindestens dem doppelten Scheitelwert der Wechselspannung einer der beiden Sekundärwicklungen entsprechen. Bei der Auswahl der Dioden muss beachtet werden:

$$U_{R,max} \geq 2 \cdot \hat{U} \quad (18.107)$$

Ein um den Sicherheitsfaktor 1,25 größerer Wert ist ratsam.

18.12.1.4 Brückenschaltung

Eine andere Vollweggleichrichterschaltung ist die Brückenschaltung (Abb. 18.70). Die Schaltung wird als Einphasenbrückenschaltung oder als Zweipuls-Brückenschaltung B2 bezeichnet. Sie ist heute die Standardschaltung für die Gleichrichtung einer einphasigen Wechselspannung.

Der Ladekondensator C_L wird wieder während jeder Halbwelle der Eingangswechselspannung aufgeladen. Die Ausgangsspannung entspricht Abb. 18.69.

Während der positiven Halbwelle leiten D_1 und D_3, während der negativen Halbwelle leiten D_4 und D_2. Bei jeder Halbwelle leiten somit zwei in Reihe geschaltete Dioden. Damit entsteht ein Spannungsverlust von $2 \cdot U_S \approx 2 \cdot 0,7$ V.

Die Ausgangsspannung des Brückengleichrichters ohne Last ($R_L = \infty$) beträgt:

$$\underline{\hat{U}_L = \hat{U} - 2 \cdot U_S} \tag{18.108}$$

Vorteile der Brückenschaltung sind, dass nur die halbe Transformatorspannung auf der Sekundärseite wie bei der Mittelpunktschaltung und keine Anzapfung der Sekundärwicklung benötigt wird.

Maximale Sperrspannung

Außerdem müssen wegen der Reihenschaltung von jeweils zwei Dioden diese bei der Brückenschaltung mit oder ohne Ladekondensator nur für die halbe Sperrspannung wie bei der Einwegschaltung mit Ladekondensator oder wie bei der Mittelpunktschaltung ausgelegt sein.

Bei der Auswahl der Dioden muss beachtet werden:

$$\underline{U_{R.max} \geq \hat{U}} \tag{18.109}$$

Ein um den Sicherheitsfaktor 1,25 größerer Wert ist ratsam.

Die Brummfrequenz ist bei der Brückenschaltung wie bei der Mittelpunktschaltung:

$$\underline{f_{Br} = 100\,\text{Hz}} \tag{18.110}$$

Sowohl bei der Mittelpunktschaltung als auch bei der Brückenschaltung kann Gl. 18.101 zur Berechnung der Brummspannung verwendet werden.

Die Höhe der Gleichspannung mit angeschlossener Last hängt vom Innenwiderstand R_i der Wechselspannungsquelle (Widerstand der Tranformatorwicklung) und von der Belastung (dem entnommenen Strom) ab. Die Leerlaufgleichspannung wird noch um den Spannungsabfall an R_i verringert. Der Spannungsabfall U_S an den Dioden ist natürlich ebenfalls entsprechend der Diodenkennlinie nichtlinear vom Laststrom abhängig. Wegen der Nichtlinearität ist für die Dimensionierung einer Gleichrichterschaltung eine Simulation sehr hilfreich.

Um den Aufbau von Gleichrichterschaltungen zu vereinfachen, bieten die Hersteller komplette Gleichrichtersätze in einem Kunststoff- oder Metallgehäuse an. Silizium-Brückengleichrichter sind als Bauteil in SMD-Technik (Abb. 18.71a) oder mit Steck-Lötkontakten (Abb. 18.71b) erhältlich.

18.12.2 Schutzdiode, Freilaufdiode

Die Wirkungsweise einer Freilaufdiode wurde bereits in Abschn. 7.3.3 erläutert. Wird der Strom durch eine Induktivität (z. B. die Wicklung eines Relais) abgeschaltet, so wird durch die starke und schnelle Änderung des Magnetfeldes eine hohe Spannung induziert,

18.12 Anwendungen von Dioden

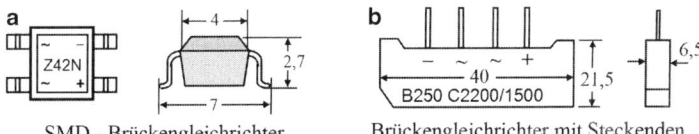

Abb. 18.71 Bauformen von Brückengleichrichtern, in SMD-Technik (**a**), mit Steck-Lötkontakten (**b**)

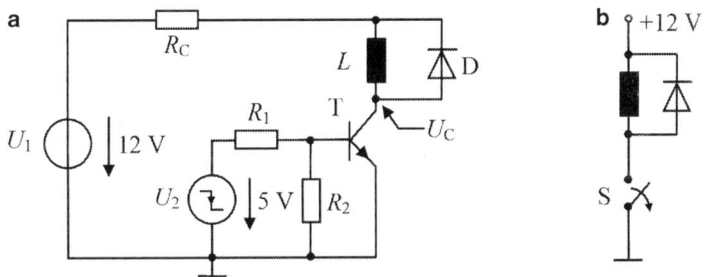

Abb. 18.72 Transistor als Schalter (**a**) und Ersatzschaltbild (**b**)

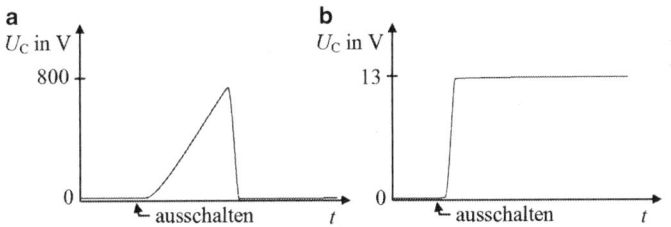

Abb. 18.73 Verlauf von U_C ohne (**a**) und mit Freilaufdiode (**b**)

die den schaltenden Transistor T zerstören kann. Durch eine zur Spule parallel geschaltete Diode D wird die induzierte Spannung auf die Flussspannung der Diode (ca. 0,7 V bis 1,2 V) begrenzt (Abb. 18.72).

Die Spule L könnte die Wicklung eines 12 V Relais sein, die von der Spannung U_1 gespeist wird. Springt die Steuerspannung U_2 von 5 V auf 0 V, so wird die Kollektor-Emitter-Strecke des Transistors T hochohmig (man sagt, der Transistor sperrt), und der Strom durch die Spule wird ausgeschaltet. Ohne Freilaufdiode entsteht am Kollektor (Spannung U_C) eine hohe Spannungsspitze. Mit Freilaufdiode wird U_C auf einen unschädlichen Wert begrenzt (Abb. 18.73). – Die zeitliche Dauer der Spannungsspitze sei hier nicht von Interesse.

18.12.3 Eingangsschutzschaltung einer Baugruppe

Führen die Steckerkontakte einer Baugruppe direkt auf die Eingänge elektronischer Bauteile (z. B. auf IO-Ports eines Mikrocontrollers), so besteht die Gefahr der Zerstörung

Abb. 18.74 Eingangsschutz-schaltung einer elektronischen Baugruppe

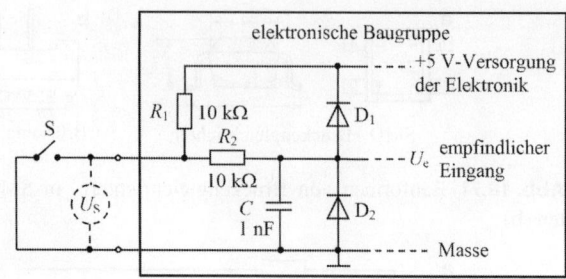

der Bauteile durch hohe Spannungsspitzen oder negative Spannungen, falls diese, bedingt durch die Betriebsumgebung, auf die Eingänge gelangen können. Bei elektronischen Baugruppen im Auto ist dieser Fall häufig gegeben. Die Eingänge müssen dann gegen Spannungen außerhalb des erlaubten Bereiches geschützt werden. Dies kann durch eine Schaltung mit Dioden erfolgen (Abb. 18.74).

Eine Baugruppe soll z. B. den Zustand eines Schalters S einlesen, ob dieser geöffnet oder geschlossen ist. Normalerweise würde der Schalter direkt an einen Eingang der elektronischen Schaltung angeschlossen werden. Falls jedoch eine Störspannung U_S auf den Eingang gelangen kann, die den erlaubten Bereich der Eingangsspannung übersteigt, so kann die Baugruppe zerstört werden. Der empfindliche Eingang wird deshalb geschützt. Ist U_S negativ, so leitet die Diode D_2, und die Spannung U_e am Eingang wird auf ca. $-0{,}7$ V begrenzt. Der Widerstand R_2 begrenzt dabei den Strom durch die Diode D_2. Ist U_S positiv, so leitet D_1, und U_e kann einen Wert von ca. 5,7 V nicht übersteigen. Den Strom durch D_1 begrenzt auch in diesem Fall R_2. R_2 und C bilden außerdem ein Tiefpassfilter gegen schnelle Spannungsspitzen.

Der Widerstand R_1 ist ein Pullup-Widerstand der dafür sorgt, dass die Eingangsspannung U_e bei geöffnetem Schalter S den Wert $+5$ V hat. Ist der Schalter S geschlossen, so ist $U_e = 0$ V.

In Abb. 18.75 ist die Arbeitsweise der Eingangsschutzschaltung zu sehen. Als Störspannung wurde wegen der einfachen Darstellung eine sinusförmige Spannung mit einer Amplitude von 50 V angenommen. Wie man sieht, wird diese auf 5,7 V bei den positiven und auf $-0{,}7$ V bei den negativen Halbwellen begrenzt. Wird der Schalter S eingeschaltet, so nimmt U_e den Wert null an.

Abb. 18.75 Begrenzung der Amplitude einer Störspannung am Eingang einer Baugruppe

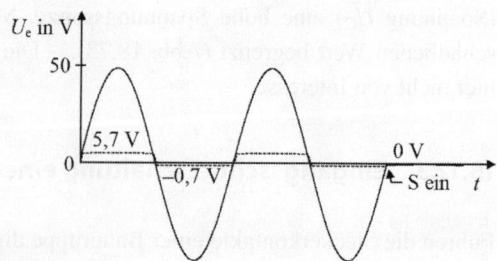

Ein amplitudenbegrenzter Wert von 5,7 V wird bei Spannungsspitzen nur von kurzer Dauer sein, und kann deshalb vom Mikrocontroller nicht als geöffneter Schalter interpretiert werden. Auch deshalb nicht, weil der Zustand des Schalters auf alle Fälle im Abstand von einigen Millisekunden mehrfach eingelesen und mit dem vorhergehenden Zustand verglichen werden muss, um das mechanische Prellen der Schalterkontakte (mehrfaches Öffnen und Schließen der Kontakte nach einer Schalterbetätigung) zu berücksichtigen.

18.12.4 Dioden in der Digitaltechnik

Halbleiterdioden lassen sich als Schalter verwenden, die durch die angelegte Spannung betätigt werden. Eine Spannung in Durchlassrichtung ruft die Schalterstellung „Ein" hervor, eine Spannung in Sperrrichtung die Schalterstellung „Aus". Da keine mechanisch bewegten Teile vorhanden sind, lassen sich hohe Schaltgeschwindigkeiten erreichen.

In Computern und anderen Geräten zur Nachrichtenverarbeitung werden derartige schnelle Schalter in großer Zahl benötigt. Ein Computer arbeitet nur mit den Zuständen „Ein" (entspricht „Spannung ist da") und „Aus" (entspricht „keine Spannung da"). Der Zustand „Ein" wird auch mit „**High**", der Zustand „Aus" mit „**Low**" bezeichnet. Es werden die Abkürzungen H (= High) und L (= Low) benutzt. High wird auch als **logische „1"** und Low als **logische „0"** bezeichnet. Man spricht von einem **Bit**, das „1" oder „0" sein kann. Die „1" und „0" sind die einzigen Elemente des **binären Zahlensystems** (**Dualzahlensystems**), in dem jede Zahl des dezimalen Zahlensystems darstellbar ist.

Der absolute Betrag der Spannung ist für die Zustände High und Low nicht von Interesse. Es kann z. B. festgelegt werden, dass alle Spannungen, die kleiner als 0,8 V sind, dem Zustand Low entsprechen und alle Spannungen, die größer als 2,0 V sind, dem Zustand High. Zwischenwerte der Spannung treten nur beim Schalten auf und werden in der Digitaltechnik – im Gegensatz zur Analogtechnik – nicht ausgewertet.

Schnelle Schaltdioden werden bei der Datenverarbeitung zur logischen Verknüpfung von Informationen (z. B. von Zahlen) verwendet. Die zu verknüpfenden Informationen werden binär kodiert (verschlüsselt) und bestehen danach aus einer Folge logischer „1"en und „0"en. An den Dateneingängen einer logischen Schaltung liegen dann verschiedene Rechteckimpulse. Am Ausgang der logischen Schaltung erscheint eine Impulsfolge, deren Form von der Art der logischen Verknüpfung abhängt.

Zwei Grundschaltungen zur logischen Verknüpfung sind die UND-Verknüpfung sowie die ODER-Verknüpfung. Sind E_1 und E_2 die beiden Eingänge und A der Ausgang der logischen Schaltung, so gelten die Regeln der Tab. 18.2 zur Verknüpfung.

Werden in Abb. 18.76 die beiden Eingangsimpulsfolgen UND-verknüpft, so ergibt sich die gezeichnete Impulsfolge am Ausgang.

Die beiden logischen Grundverknüpfungen UND bzw. ODER kann man sich mit einer Reihen- bzw. Parallelschaltung von Schaltern leicht veranschaulichen, wie in Abb. 18.77 dargestellt ist.

Tab. 18.2 UND- bzw. ODER-Verknüpfung

UND-Verknüpfung			ODER-Verknüpfung		
E_1	E_2	A	E_1	E_2	A
0	0	0	0	0	0
0	1	0	0	1	1
1	0	0	1	0	1
1	1	1	1	1	1

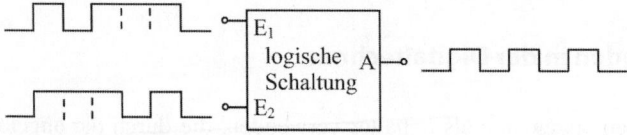

Abb. 18.76 Logische Verknüpfung von zwei Impulsfolgen

Abb. 18.77 Darstellung der UND- bzw. ODER-Verknüpfung mit Schaltern

Die Schalter entsprechen den Eingängen E_1 und E_2. Ein geöffneter Schalter entspricht „0", ein geschlossener Schalter entspricht „1". Bei der UND-Verknüpfung genügt es, dass einer der Eingänge „0" ist, damit der Ausgang ebenfalls „0" wird. Bei der ODER-Verknüpfung wird der Ausgang „1", falls nur einer der Eingänge „1" ist. Als Symbol für die UND-Verknüpfung wird das Zeichen „∧" verwendet, für die ODER-Verknüpfung das Zeichen „∨".

Die logische Schaltung zur UND- bzw. ODER Verknüpfung von Impulsfolgen lässt sich mit Dioden realisieren (Abb. 18.78).

Eine Schaltung zur logischen Verknüpfung von Signalen wird auch als **Gatter** bezeichnet.

Ist einer der beiden Eingänge des Dioden-UND-Gatters 0 V, so entspricht die Ausgangsspannung U_a der Durchlassspannung der entsprechenden Diode ($\approx 0{,}7$ V). Sind

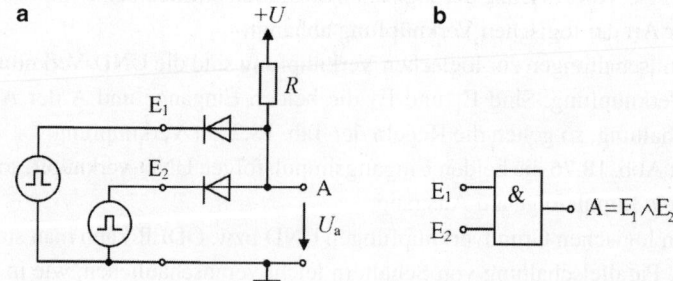

Abb. 18.78 Schaltung zur UND-Verknüpfung (**a**) und Verknüpfungssymbol (**b**)

18.12 Anwendungen von Dioden

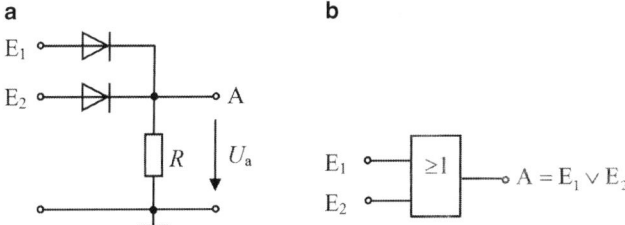

Abb. 18.79 Schaltung zur ODER-Verknüpfung (**a**) und Verknüpfungssymbol (**b**)

beide Eingänge 0 V, so wird die Ausgangsspannung durch die höhere der Durchlassspannungen der Dioden bestimmt. Auf alle Fälle liegt die Ausgangsspannung unterhalb einer bestimmten Schwelle (z. B. $U_a < 1$ V), falls auch nur einer der Eingänge auf 0 V liegt.

Sind alle Eingänge auf positivem Potenzial (z. B. $+U$), so sperren die Dioden und für die Ausgangsspannung gilt $U_a = +U$.

Nimmt man z. B. für $+U = 5$ V an, so hat die Ausgangsimpulsfolge eine Spannung zwischen +5 V und ca. 0,7 V. Der zeitliche Verlauf der Impulsfolge am Ausgang entspricht einer UND-Verknüpfung der Eingangsimpulsfolgen.

Auch ein ODER-Gatter lässt sich mit Dioden realisieren (Abb. 18.79).

Die Ausgangsspannung U_a ist nur dann 0 V, wenn alle Eingänge 0 V sind. Liegt auch nur einer der Eingänge auf positivem Potenzial (z. B. auf +5 V), so leitet die zugehörige Diode und es ergibt sich eine Ausgangsspannung, die um die Durchlassspannung der Diode unterhalb der Eingangsspannung liegt.

Die Anzahl der Eingänge der Schaltungen zur UND- bzw. ODER-Verknüpfung kann durch zusätzliche Dioden beliebig erweitert werden.

18.12.5 Begrenzung einer Wechselspannung

Frequenzfilter sind Schaltungen, deren Übertragungseigenschaften frequenzabhängig sind. Amplitudenfilter sind Schaltungen, deren Übertragungseigenschaften von der Amplitude abhängig sind. Der Amplitudentiefpass, auch als Begrenzer bezeichnet, lässt Signale kleiner Amplitude (nahezu) unverändert durch. Sobald die Amplitude jedoch einen bestimmten positiven oberen oder negativen unteren Wert überschreitet, wird das

Abb. 18.80 Begrenzerschaltung mit Zenerdioden

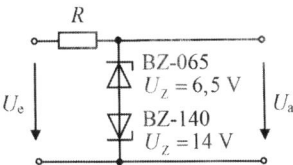

Abb. 18.81 Begrenzung einer Sinusspannung mit zwei Zenerdioden

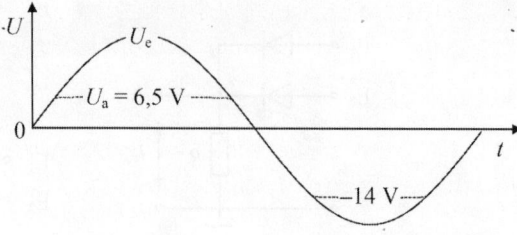

Abb. 18.82 Begrenzerschaltung mit normalen Dioden

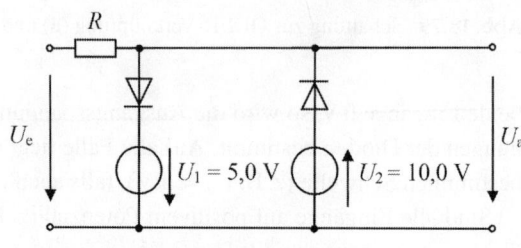

Abb. 18.83 Asymmetrische Begrenzung einer Sinusspannung

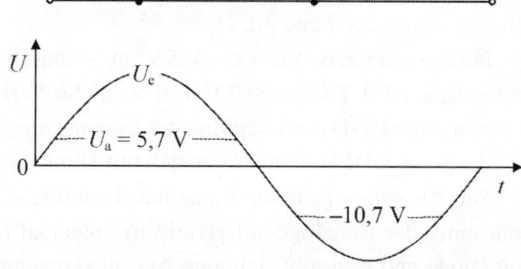

Ausgangssignal auf diese Grenzwerte begrenzt. Eine Begrenzerschaltung wird auch „Clipper-Schaltung" genannt. Mit Dioden können Amplitudenfilter realisiert werden.

Durch zwei entgegengesetzt in Reihe geschaltete Zenerdioden kann z. B. eine Wechselspannung in ihren Amplituden auf die Werte der Zenerspannungen, die als Begrenzungsschwellen unterschiedlich sein können, begrenzt werden (Abb. 18.80). Die Amplitude der Wechselspannung wird bei den Zenerspannungen „abgeschnitten". Das Ergebnis zeigt Abb. 18.81.

Die Begrenzung einer Wechselspannung kann auch mit normalen Dioden erfolgen, die antiparallel geschaltet sind. Zur Festlegung der Begrenzungsschwellen kann den einzelnen Dioden eine Spannung in Reihe geschaltet werden (Abb. 18.82). Man beachte, dass sich die Durchlassspannungen der Dioden zu den in Reihe geschalteten Spannungen U_1 und U_2 addieren, und jeweils diese Summe die Begrenzungsschwelle bildet (Abb. 18.83).

18.13 Zusammenfassung: Halbleiterdioden

1. Der pn-Übergang eines Halbleiters bildet die Grundlage einer Halbleiterdiode.
2. Eine Diode besitzt „Ventilwirkung". In Durchlassrichtung lässt sie Strom durch, in Sperrrichtung nicht.

18.13 Zusammenfassung: Halbleiterdioden

3. Die Kennlinie einer Diode ist nichtlinear.
4. Es gibt Germaniumdioden (Schleusenspannung ca. 0,35 V) und Siliziumdioden (Schleusenspannung ca. 0,7 V).
5. Die Anschlüsse einer Diode heißen Anode und Kathode.
6. Bei Kleindioden wird die Kathode durch einen Ring auf dem Gehäuse gekennzeichnet.
7. Durchbruchserscheinungen bei Dioden sind der Zenerdurchbruch und der Lawinendurchbruch (Avalanche-Effekt).
8. Eine Diode darf nie ohne strombegrenzenden Vorwiderstand betrieben werden.
9. Die Kennlinie einer Diode wird mathematisch durch die Shockley-Formel beschrieben.
10. Eine Diode wird durch statische und dynamische Kennwerte beschrieben.
11. Der Sperrstrom einer Diode ist sehr klein. Er steigt exponentiell mit der Temperatur an.
12. Im Durchlassbereich wird die I-U-Kennlinie mit steigender Temperatur steiler. Die Änderung der Durchlassspannung beträgt bei einer Siliziumdiode ca. $-2\,\text{mV}/°\text{C}$.
13. Bei Dioden gibt es einen Gleichstrom- und einen Wechselstromwiderstand.
14. Eine Schottkydiode besitzt eine kleine Durchlassspannung (ca. 0,35 V) und schaltet sehr schnell.
15. Eine LED wird zur optischen Anzeige von Betriebszuständen verwendet.
16. Mit Zenerdioden können Spannungen stabilisiert werden.
17. Mit dem Arbeitspunkt und der Widerstandsgeraden können die Strom-Spannungsverhältnisse einer Schaltung mit einem nichtlinearen Bauteil grafisch bestimmt werden.
18. Anwendungen von Dioden sind z. B.: Gleichrichtung von Wechselspannung, Freilaufdiode, Schutz spannungsempfindlicher Eingänge, elektronische Schalter, logische Verknüpfung digitaler Signale, Amplitudenbegrenzung von Signalen.

Bipolare Transistoren 19

Zusammenfassung

Der Beginn handelt von Aufbau und Eigenschaften sowie Definition und Richtung von Spannungen und Strömen. Die Wirkungsweise mit den Bewegungen der Ladungsträger und den zugehörigen Strömen wird bei verschiedenen äußeren Spannungen betrachtet. Nach den Grundschaltungen des Transistors folgt die Betrachtung grundsätzlicher Betriebsarten als Verstärker und als Schalter. Die Bedeutung der Eingangskennlinie und eines darauf befindlichen Arbeitspunktes wird vorgestellt. Es folgt die Beschreibung der Steuerkennlinie mit dem Unterschied von Spannungs- und Stromsteuerung. Das Ausgangskennlinienfeld ist für die Analyse einer Transistorschaltung wichtig, die unterschiedlichen Arbeitsbereiche werden untersucht. Es folgen die verschiedenen Arten der Stromverstärkung je nach Grundschaltung mit ihren Frequenzabhängigkeiten. Die drei Grundschaltungen werden mit ihren Eigenschaften im Detail betrachtet und Formeln zur Berechnung hergeleitet oder angegeben. Die Gegenkopplung wird als wichtiges Schaltungskonzept eingeführt und ihre Wirkung aufgezeigt. Formale und physikalische Ersatzschaltungen werden zur Analyse von Verstärkerschaltungen angegeben. Es folgen einige spezielle Schaltungen mit Bipolartransistoren, z. B. Darlington-, Bootstrap-, Kaskodeschaltung, Konstantstromquelle und Differenzverstärker. Der Transistor als Schalter wird ausführlich behandelt. Der Einsatz von Transistoren in der Digitaltechnik wird mit einigen schaltungstechnischen Realisierungen logischer Grundfunktionen einführend beschrieben.

19.1 Definition und Klassifizierung von Transistoren

Die bisher behandelten Netzwerke waren aus **passiven** Bauelementen zusammengesetzt. Ohmsche Widerstände, Kondensatoren und Spulen sind wichtige passive und lineare Bauelemente. Eine Diode ist ein passives, aber nichtlineares Bauteil. Mit einem Transformator kann man zwar Spannungen bzw. Ströme heraufsetzen, die Leistung am Ausgang ist jedoch nie größer als am Eingang. Folglich ist auch ein Transformator ein passives Bauteil.

▶ **Von passiven Bauelementen wird die Leistung $P > 0$ aufgenommen; sie sind elektrische Verbraucher.**

Soll ein elektrisches Signal verstärkt (vergrößert) werden, um z. B. die Verluste einer Übertragung auszugleichen, so benötigt man **aktive** Bauelemente. Mit einem aktiven Bauelement kann mit einer kleinen Steuerleistung am Eingang eine große Leistung am Ausgang **gesteuert** werden. Mit Halbleiterbauelementen erfolgt diese Steuerung stufenlos und proportional zur Steuerleistung am Eingang. Man erhält einen linearen Verstärker. Aktive Bauelemente erzeugen oder liefern keine Leistung, mit ihnen kann nur mit einer kleinen Leistung am Eingang eine große Leistung am Ausgang gesteuert werden. Eine Ausnahme bilden die unabhängigen Spannungsquellen, welche zu den aktiven Bauelementen gehören und Energie liefern.

Mit aktiven Halbleiterbauelementen lassen sich *gesteuerte Quellen* realisieren, deren Ausgangswert von einem Eingangssignal abhängt, und die mehr Leistung abgeben als aufnehmen. Eine Hilfsenergiequelle (Netzgerät, Batterie als Betriebsspannungsquelle) liefert die für die Verstärkung notwendige Leistung.

Der Transistor ist ein aktives Halbleiterbauelement. Ein Transistor hat zwei Hauptaufgaben: Er dient zum **Verstärken** oder **Schalten** elektrischer Signale.

Transistoren haben drei Anschlüsse. Einer davon ist der Steueranschluss, der den Stromfluss zwischen den beiden anderen Anschlüssen steuert. Daraus erklärt sich auch der Name Transistor, er entstand als Kunstwort aus „transfer" und „resistor" mit der Bedeutung (steuerbarer) „Übertragungswiderstand".

Je ein Anschluss kann als Eingang bzw. Ausgang einer Verstärkeranordnung betrachtet werden (siehe auch Abb. 19.13). Den dritten Anschluss benutzen Eingang und Ausgang gemeinsam. Je nach Schaltungsart wird eine Verstärkung (Vergrößerung) einer Spannung, eines Stromes oder einer Leistung erzielt. Die für die Verstärkung erforderliche Energie wird einer Gleichspannungsquelle entnommen, der **Betriebsspannung**, (meistens mit U_B bezeichnet).

Die verschiedenen Arten von Transistoren unterscheiden sich z. B. nach Wirkungsweise, Aufbau, Herstellungsverfahren, Anwendungsgebiet, Leistung und Frequenzbereich. Eine mögliche Klassifizierung der unterschiedlichen Transistortypen erfolgt nach den an der Wirkungsweise beteiligten Arten von Ladungsträgern. Somit unterscheidet man zwei Hauptfamilien: **Bipolare** und **unipolare** Transistoren. Bei den bipolaren Transistoren (Abk.: BJT[1]) sind Elektronen *und* Löcher an der Wirkungsweise des Transistors beteiligt.

Dagegen sind bei den unipolaren Transistoren, die als **Feldeffekttransistoren** (Abk.: FET) bezeichnet werden, entweder *nur* Elektronen oder *nur* Löcher wirksam. Bei einem FET wird nahezu kein Eingangsstrom benötigt, während bei einem Bipolartransistor die Stromverstärkung B immer einen bestimmten Wert hat (typ. 10 ... 1000) und eine für den Bipolartransistor charakteristische Größe ist.

---

[1] Englisch: **b**ipolar **j**unction **t**ransistor.

19.2 Aufbau des Bipolartransistors

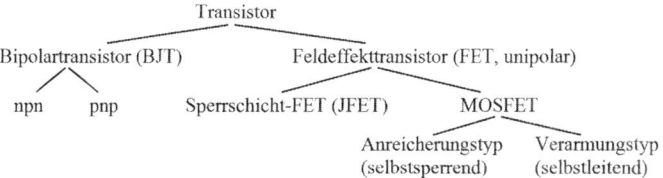

Abb. 19.1 Klassifizierung der verschiedenen Transistorfamilien

Bipolare Transistoren können je nach der Aufeinanderfolge (je nach Polarität) des dotierten Halbleitermaterials in **npn-** oder **pnp-Transistoren** eingeteilt werden, wobei man jeweils wiederum zwischen Germanium- und Silizium-Transistoren unterscheidet.

Ein Schema zur Einteilung von Transistoren ist in Abb. 19.1 dargestellt.

Sind die elektrischen Eigenschaften zweier npn- und pnp-Transistoren fast gleich, so spricht man von *Komplementär*-Transistoren (die beiden Typen eines Pärchens ergänzen sich). Als *Äquivalenztypen* bezeichnet man Transistoren, die in fast allen Daten und der Polarität (außer z. B. der Gehäuseform) übereinstimmen.

Ein bipolarer Transistor wird in diesem Abschnitt oft nur kurz Transistor genannt.

19.2 Aufbau des Bipolartransistors

Ein bipolarer Transistor ist ein Halbleiterkristall, der aus drei unterschiedlich dotierten, schichtweise aufeinander folgenden Gebieten besteht, welche zwei pn-Übergänge bilden. Die Folge der Gebiete ist entweder n-p-n oder p-n-p (Abb. 19.2). Das mittlere Gebiet ist sehr dünn (etwa 1 μm bis 50 μm) und nur schwach dotiert. Jedes Gebiet ist mit einer sperrschichtfreien Anschlusselektrode versehen. Die drei Gebiete bzw. die nach außen geführten Anschlüsse bezeichnet man als **Emitter**, **Basis** und **Kollektor**.

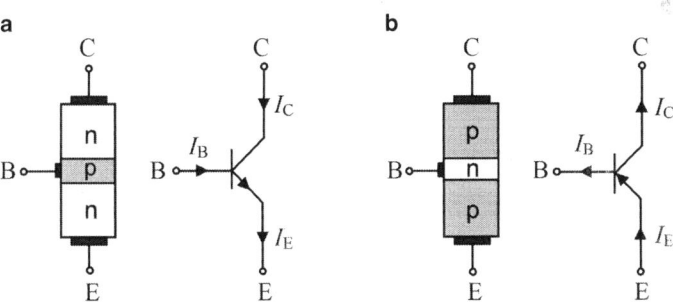

Abb. 19.2 Schematische Darstellung der Gebietsfolge eines npn-Transistors mit Schaltzeichen (**a**) und eines pnp-Transistors (**b**). Die Basis ist übertrieben breit gezeichnet. Der Emitterpfeil im Schaltzeichen zeigt (wie bei der Diode auch) in die technische Stromrichtung (vom p-Gebiet zum n-Gebiet entsprechend der Flussrichtung der Löcher und entgegengesetzt der Flussrichtung der Elektronen)

Abb. 19.3 Prinzipieller Aufbau eines bipolaren npn-Transistors im Schnitt (Flächentransistor in Planartechnologie)

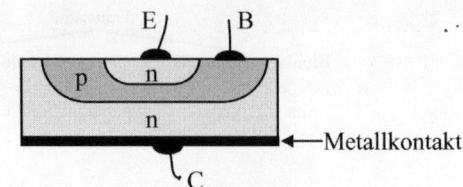

Emitter Das Wort ist lateinischen Ursprungs (emittere = aussenden) und bedeutet soviel wie „Aussender". Von einem n-Emitter werden Elektronen und von einem p-Emitter Löcher abgegeben oder „emittiert". Das Kurzzeichen für Emitter ist „E". Das Emittergebiet ist meist sehr stark dotiert (z. B. Anzahl der Donatoren 10^{17} cm^{-3}).

Basis Der Basisanschluss ist der Steueranschluss. Die Basis ist eine schmale Schicht zwischen Emitter und Kollektor. Sie kann ebenfalls n- oder p-dotiert sein. Das Kurzzeichen für Basis ist „B". Das Basisgebiet ist um ca. zwei Größenordnungen schwächer dotiert als das Emittergebiet.

Kollektor Dieses Wort stammt auch aus dem Lateinischen (colligere = sammeln) und bedeutet soviel wie „Sammler". Den Kollektor kann man als eine Art Auffangelektrode für die vom Emitter kommenden Ladungsträger betrachten. Das Kurzzeichen für Kollektor ist „C" (collector). Das Kollektorgebiet hat eine noch geringere Dotierung als das Basisgebiet.

Alte Bauformen von Bipolartransistoren sind Spitzentransistor, Legierungstransistor und Mesatransistor. Abb. 19.3 zeigt schematisch, wie ein heute üblicher bipolarer npn-Transistor in Planartechnologie aufgebaut ist.

Der Transistor-Halbleiterkristall ist von einem schützenden Gehäuse aus Plastik oder Metall umgeben, aus dem die drei Anschlüsse als Anschlussdrähte oder Anschlussfahnen herausgeführt sind. Beispiele für Gehäuseformen von Transistoren zeigt Abb. 19.4. Tran-

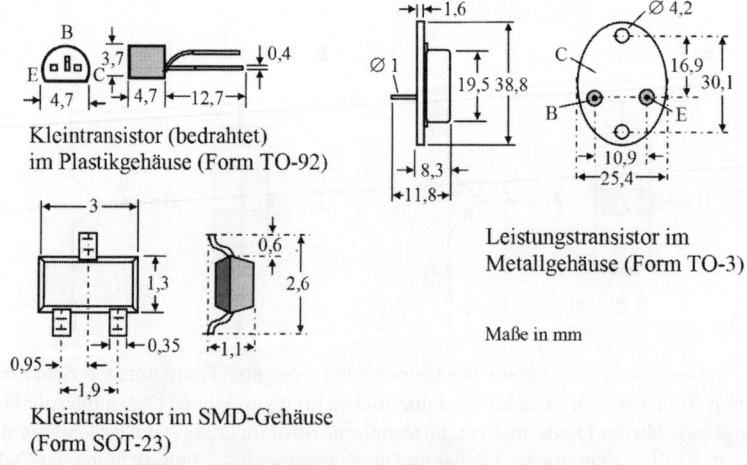

Abb. 19.4 Beispiele für verschiedene Gehäuseformen von Transistoren

sistoren für größere Leistungen im Metallgehäuse werden häufig direkt auf dem Chassis oder auf einem Kühlkörper befestigt. SMD ist die Abkürzung für *Surface Mounted Device*, oberflächenmontierbares Bauelement. SMD-Bauelemente werden auf der Oberfläche einer Leiterplatte verlötet, im Gegensatz zu bedrahteten Bauelementen, die in Durchsteckmontage verarbeitet werden. – Die Erläuterungen von Abschn. 18.9 über die Verlustleistung bei Dioden gelten sinngemäß auch für den Transistor.

19.3 Richtung von Strömen und Spannungen beim Transistor

Mit seinen äußeren Stromkreisen stellt ein Transistor ein vermaschtes elektrisches Netzwerk dar. Die Richtungen von Spannungen und Strömen müssen eindeutig gekennzeichnet werden (Abb. 19.5). Dies geschieht normalerweise durch die willkürliche Festlegung von Bezugsrichtungen.

Für den Transistor wird hier die Wahl getroffen:
Bei Betrieb des Transistors als Verstärker (Normalbetrieb) weisen alle Klemmenströme I_B, I_E und I_C positive Vorzeichen auf. Fließt ein Strom in Wirklichkeit entgegengesetzt zu dieser Bezugsrichtung, so erhält sein Zahlenwert oder sein Formelzeichen ein negatives Vorzeichen.

Für die Spannungen sind bestimmte Bezugsrichtungen nicht vorgeschrieben. Der Zahlenwert oder das Formelzeichen einer Spannung erhält ein positives Vorzeichen, wenn das Potenzialgefälle die gleiche Richtung hat wie die gewählte Bezugsrichtung. In einem Schaltbild kann die Bezugsrichtung durch einen Bezugspfeil (dieser kann auch gebogen sein) oder durch Zusatzbuchstaben beim Formelzeichen angegeben werden, z. B. ist U_{EB} die Spannung zwischen Emitter und Basis. Der Zahlenwert oder das Formelzeichen hat ein positives Vorzeichen, wenn das Potenzial der zuerst genannten Elektrode höher ist als das der zweiten Elektrode. Es könnte z. B. heißen: $U_{CB} = 8\,\text{V}$ (der Kollektor ist positiv gegenüber der Basis, der Bezugspfeil zeigt vom Kollektor zur Basis) oder $U_{BC} = -8\,\text{V}$ oder $-U_{BC} = 8\,\text{V}$.

Allgemein gilt:
$$U_{XY} = -U_{YX} \tag{19.1}$$

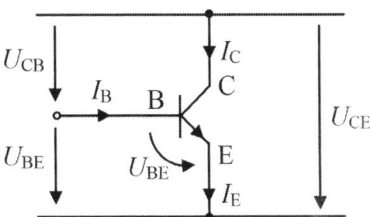

Abb. 19.5 Zur Bezugsrichtung der äußeren Spannungen und Ströme beim Transistor. U_{CB} = Spannung Kollektor-Basis, U_{BE} = Spannung Basis-Emitter, U_{CE} = Spannung Kollektor-Emitter, I_C = Kollektorstrom, I_B = Basisstrom, I_E = Emitterstrom

Bei Spannungen ergibt die Reihenfolge der Indizes zugleich eine Aussage über die vereinbarte Spannungsrichtung. Wird nur ein Index verwendet, so ist der Bezugspunkt die Masse (z. B. ist die Kollektorspannung U_C das Potenzial am Kollektor bezogen auf Masse = Spannung Kollektor gegen Masse).

Nach den Kirchhoff'schen Sätzen gilt:

$$I_E = I_B + I_C \tag{19.2}$$

$$U_{CE} = U_{CB} + U_{BE} \tag{19.3}$$

Anmerkung Die Bezugsrichtung für den Emitterstrom I_E wird häufig in entgegengesetzter Richtung festgelegt. Nach der Knotenregel ist dann $I_B + I_C + I_E = 0$ und I_E ist im Normalbetrieb negativ.

Beim Einsatz des Transistors zum Verstärken oder Schalten von Signalen arbeitet er meist im *Normalbetrieb*, bei dem die Basis-Emitter-Diode in Flussrichtung und die Kollektor-Basis-Diode in Sperrrichtung betrieben wird. Wird bei Schaltanwendungen auch die Kollektor-Basis-Diode (zeitweise) in Flussrichtung betrieben, so ist dies der *Sättigungsbetrieb*. Im *Sperrbetrieb* sind beide gesperrt. Beim selten verwendeten *Inversbetrieb* mit deutlich kleinerem Stromverstärkungsfaktor sind Kollektor und Emitter vertauscht.

19.4 Wirkungsweise

Zur Erläuterung der Wirkungsweise des Bipolartransistors werden im weiteren Verlauf ausschließlich npn-Transistoren betrachtet. Sie haben größere technische Bedeutung als pnp-Transistoren, da sie gegenüber diesen eine höhere Stromverstärkung und kürzere Schaltzeiten besitzen. Dies ist durch die größere Beweglichkeit der Elektronen gegenüber den Löchern im Halbleitermaterial bedingt.

Bezogen auf das Potenzial des Emitters hat ein npn-Transistor eine positive Basis- und eine positive Kollektor-Betriebsspannung.

Bei pnp-Transistoren sind Dotierung und Polarität der Ladungsträger gegenüber npn-Transistoren vertauscht. Die Ergebnisse für npn-Transistoren lassen sich direkt auf **pnp-Transistoren** übertragen, wenn das **Vorzeichen aller Spannungen und Ströme umgekehrt** wird. In einer Schaltung kann man npn-Transistoren durch pnp-Typen ersetzen und umgekehrt, wenn man gleichzeitig die Betriebsgleichspannungen (und natürlich auch die Elektrolytkondensatoren) umpolt.

Eine Diode hat nur einen pn-Übergang, ein Transistor arbeitet mit zwei pn-Übergängen. Ein Transistor besteht im Prinzip aus zwei gegeneinander in Reihe geschalteten Dioden, die eine gemeinsame p- bzw. n-Schicht besitzen. Die Verteilung der beweglichen Ladungsträger in den verschiedenen Gebieten zeigt Abb. 19.6, wobei keine äußere Spannung angeschlossen ist. Wie bereits bei der Diode besprochen, bilden sich an den pn-Übergängen Sperrschichten aus, in denen sich fast keine beweglichen Ladungsträger befinden und die deshalb stromsperrend wirken.

Abb. 19.6 npn-Transistor ohne äußere Spannung mit Verteilung der beweglichen Ladungsträger (**a**) und Dioden-Ersatzschaltbild (**b**). Die Basisschicht ist übertrieben breit gezeichnet

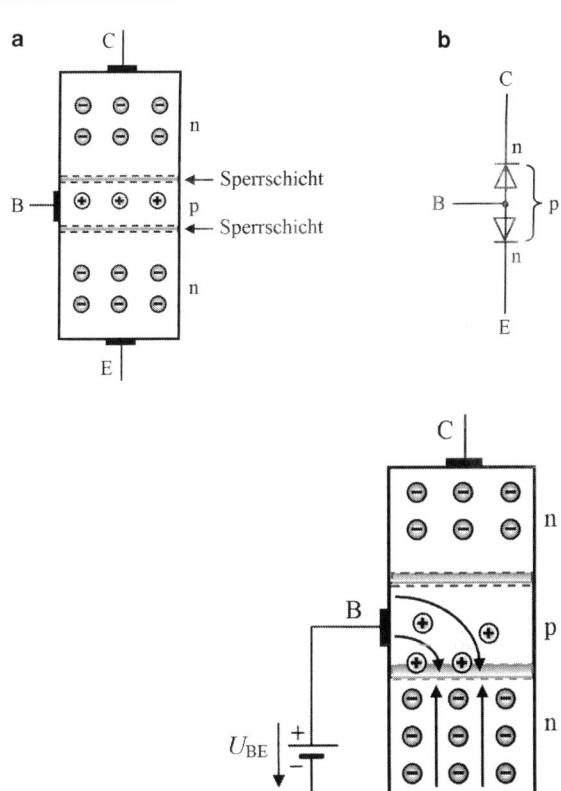

Abb. 19.7 npn-Transistor mit Durchlassspannung im Eingangskreis und offenem Ausgangskreis. Da es sich hier um Gedankenexperimente handelt, wurden strombegrenzende Widerstände in den Schaltbildern weggelassen

Anmerkung Das Dioden-Ersatzschaltbild gibt zwar die Funktion des Transistors nicht vollständig wieder, ermöglicht aber einen Überblick über die auftretenden Sperr- und Durchlassspannungen.

Wird zunächst nur *eine* äußere Gleichspannungsquelle U_{BE} (für Silizium >0,7 V) *in Durchlassrichtung* an die Basis-Emitter-Diode (Eingangskreis) mit ihrem Minuspol an den Emitter und mit ihrem Pluspol an die Basis angeschlossen, so wird die Sperrschicht abgebaut (Abb. 19.7). Es fließt im Basis-Emitter-Stromkreis ein relativ großer **Durchlassstrom** I_E, dessen **Größe von der Spannung U_{BE} abhängt**, entsprechend der Strom-Spannungs-Kennlinie im Durchlassbereich einer Diode. Der Strom besteht im Emittergebiet aus einer Elektronenströmung und im Basisgebiet aus einer Löcherströmung. Da das *Emittergebiet sehr viel stärker als das Basisgebiet dotiert* ist, ist der Elektronenstrom vom Emitter zur Basis wesentlich größer als der Löcherstrom von der Basis zum Emitter.

Wird bei offenem Eingangskreis (Basis-Emitter-Kreis) ebenfalls nur *eine* äußere Gleichspannung U_{CB} in *Sperrrichtung* der Kollektor-Basis-Diode zwischen Kollektor und Basis angeschlossen, so fließt im Kollektor-Basis-Stromkreis nur ein sehr kleiner Sperrstrom, der durch die wenigen thermisch erzeugten Ladungsträgerpaare hervorge-

Abb. 19.8 npn-Transistor mit Sperrspannung im Ausgangskreis und offenem Eingangskreis

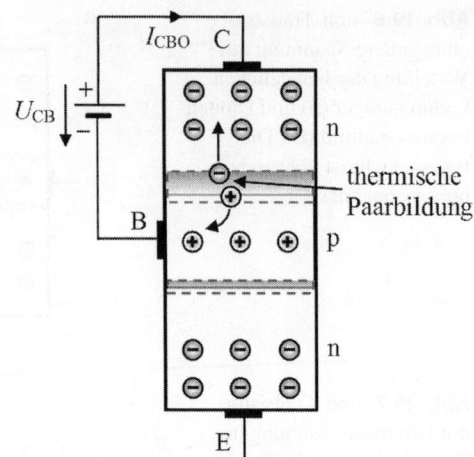

rufen wird. Er wird als Kollektor-Basis-Reststrom I_{CBO} bezeichnet und ist gleich dem Sperrstrom der Kollektor-Basis-Diode (Abb. 19.8). Der dritte Index „O" (wie **O**pen) in I_{CBO} bedeutet, dass der 3. Anschluss offen ist.

Werden *beide* Spannungen U_{BE} und U_{CB} gleichzeitig angelegt, so fließt wie in Abb. 19.7 vom Emitter aus der große Durchlassstrom I_E in Form eines Elektronenstromes durch das Emitter-n-Gebiet. Dieser Elektronenstrom überquert die in Durchlassrichtung vorgespannte Emitter-Basis-Grenzschicht und gelangt in das nur schwach dotierte Basis-p-Gebiet. Ein kleiner Teil der Elektronen rekombiniert hier mit den im Basisgebiet vorherrschenden Löchern und bildet den Basisstrom I_B. Die *Basisschicht ist wesentlich dünner als die mittlere freie Weglänge eines Elektrons* (als der Weg, der von einem freien Elektron zwischen zwei Zusammenstößen mit anderen Teilchen zurücklegt werden kann). Deshalb durchquert die überwiegende Mehrzahl der Elektronen (>99%) infolge der ihrer Strombewegung überlagerten Wärmebewegung (Diffusion) die dünne Basiszone und dringt bis in die Basis-Kollektor-Grenzschicht vor[2]. Dort werden die Elektronen durch die positive Kollektor-Basis-Spannung U_{CB} in das Kollektorgebiet gezogen und durchqueren es als Elektronenstrom. Die Spannungen und Ströme zeigen Abb. 19.9 und Abb. 19.10.

Man beachte, dass die Richtungen der Ströme in den Anschlussdrähten die technischen Stromrichtungen wiedergeben und entgegengesetzt zu den Strömungsrichtungen der Ladungsträger sind.

An der Kollektorelektrode rekombinieren die in das Kollektorgebiet gezogenen Elektronen mit den über den Zuleitungsdraht heranströmenden Löchern, die im Draht den Kollektorstrom I_C bilden. Obwohl die Kollektor-Basis-Grenzschicht durch die Spannung U_{CB} in Sperrrichtung vorgespannt ist, fließt ein Kollektorstrom I_C, der fast so groß ist wie

---

[2] Dieser Elektronenstrom wird als *Transferstrom* bezeichnet.

19.4 Wirkungsweise

Abb. 19.9 npn-Transistor mit Durchlassspannung im Eingangskreis und Sperrspannung im Ausgangskreis

Abb. 19.10 Ströme beim npn-Transistor, andere Darstellung der Abb. 19.9

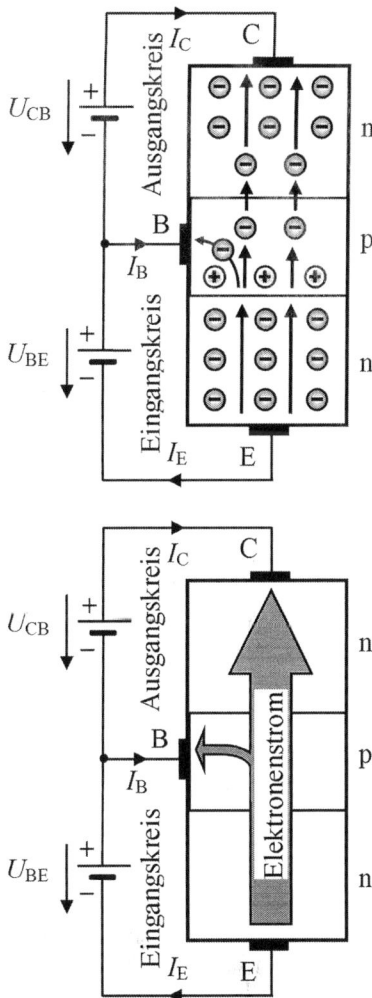

der Emitterstrom I_E. Der Anteil der Ladungsträger, die vom Emitter über die Basis bis zum Kollektor gelangen, ist ca. 20 bis 800-mal größer als der Elektronenstrom der Basis.

Da der Kollektorstrom vom Typ her ein Sperrstrom ist, ist er im Prinzip von der Höhe der angelegten Kollektor-Basis-Spannung U_{CB} unabhängig.

Der Sperrstrom I_{CBO} durch die Kollektor-Basis-Diode ist sehr klein und meist vernachlässigbar.

Zusammenfassung

Die in Flussrichtung gepolte Basis-Emitter-Diode injiziert die Ladungsträger in die Basis, die in Sperrrichtung gepolte Kollektor-Basis-Diode saugt sie ab.

Der Basisanschluss hat die Funktion einer Steuerelektrode. Durch ein Verändern der Basisspannung bzw. des Basisstromes läßt sich die Größe des Elektronenstromes vom Emitter zum Kollektor vergrößern oder verkleinern. **Der große Kollektorstrom ist durch den kleinen Basisstrom steuerbar. Darauf beruht die Anwendung des Transistors als Verstärker.**

Durch Verändern der Spannung U_{BE} kann der Wert des injizierten Emitterelektronenstromes $-I_E$ entsprechend einer Diodenkennlinie eingestellt werden. Dieser Strom geht ohne nennenswerte Einbuße in den Kollektorelektronenstrom $-I_C$ über, und zwar fast unabhängig vom Wert der Spannung U_{CB}. Die hierdurch gegebene Steuerungsmöglichkeit ist die wesentliche Eigenschaft des Transistors.

Hauptmerkmal eines Transistors
Es fließt ein Kollektorstrom I_C, der ein bestimmtes Vielfaches des Basisstromes I_B beträgt.

Das **Verhältnis von Kollektor- zu Basisstrom** wird als **Gleichstromverstärkungsfaktor B** (meist nur als Stromverstärkungsfaktor, Gleichstromverstärkung oder nur als Stromverstärkung) bezeichnet. Auch die Bezeichnungen Großsignalstromverstärkung oder Großsignalverstärkung sind üblich.

$$B = \frac{I_C}{I_B} \tag{19.4}$$

Der Wert von B liegt bei Kleinsignaltransistoren im Bereich von ca. 100 bis 800, bei Leistungstransistoren zwischen 10 und 100. Die Streuung von B ist herstellungsbedingt relativ groß.

Da die Steuerung des Kollektorstromes in der Schaltung nach Abb. 19.10 vom Basis-Emitter-Kreis ausgeht, wird dieser als **Eingangskreis** bezeichnet. Weil der Kollektorstrom gesteuert wird, ist der Kollektor-Basis-Kreis der **Ausgangskreis** der Schaltung.

Wie bereits erwähnt ist damit auch verständlich, warum der Name Transistor ein Kunstwort ist und aus „**trans**fer res**istor**" zusammengesetzt wurde. Damit wird auf die Wirkungsweise des Transistors hingewiesen, nämlich auf die Übertragung einer Widerstandsänderung von einem pn-Übergang zum anderen (Prinzip eines „steuerbaren elektrischen Widerstandes" als Verstärkerelement).

Als Merkregel, wann ein Transistor leitet, kann dienen (die Basis ist in der „Mitte"):

- Ein n**p**n-Transistor leitet, wenn die Basis **p**ositiv ist.
- Ein p**n**p-Transistor leitet, wenn die Basis **n**egativ ist.

Um die Funktion eines Transistors anschaulich zu erklären, soll hier ein Vergleich mit einem Wasserkreislauf stattfinden (Abb. 19.11). Eine drehbare Klappe entspricht in ihrer Funktion als Steuerelement der Basis. Sie sperrt einen großen Wasserstrom, der dem Kollektorstrom in technischer Stromrichtung entspricht. Entsprechend dem Druck eines kleinen Wasserstromes, welcher dem Basisstrom entspricht, wird die Drehklappe ein Stück

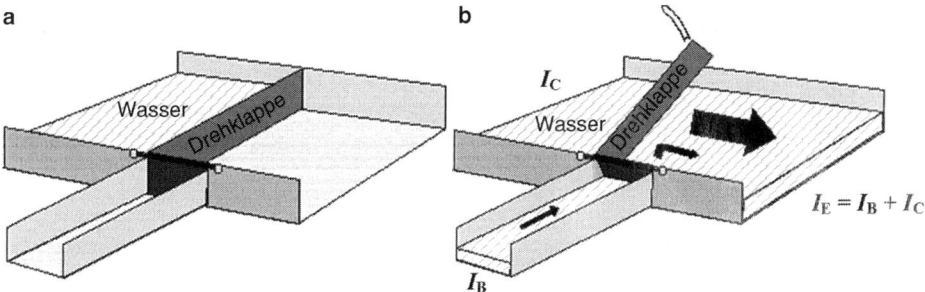

Abb. 19.11 Funktionsmodell eines Transistors mittels eines Wasserkreislaufes, Transistor sperrt (**a**), Transistor leitet (**b**)

geöffnet. Nun kann der große Wasserstrom (Kollektorstrom) fließen, zu dem sich der kleine Wasserstrom (Basisstrom) addiert. Ein kleiner Strom am Steuerelement hat eine starke Schwankung des Stromes am Ausgang zur Folge.

Auch hier gilt die Knotenregel: Der in Basis und Kollektor hineinfließende Strom kommt am Emitter wieder heraus. Außerdem erkennt man: Ist kein großer Wasserstrom (Kollektorstrom) vorhanden, so kann durch Drehen der Klappe auch keiner erzeugt werden. Der Transistor steuert mit einer kleinen Leistung eine große Leistung, kann aber keine Leistung erzeugen.

19.5 Die drei Grundschaltungen des Transistors

Bei den bisherigen Betrachtungen war die Basis der gemeinsame Anschlusspunkt des Eingangs- und des Ausgangskreises. Diese Grundschaltung des Transistors wird als **Basisschaltung** bezeichnet. Bei gleichen inneren Vorgängen kann der Transistor auch in zwei anderen Grundschaltungen betrieben werden. In der **Emitterschaltung** ist der Emitter, in der **Kollektorschaltung** ist der Kollektor der gemeinsame Anschlusspunkt von Eingangs- und Ausgangskreis. Die drei Grundschaltungen des Transistors werden jeweils nach dem Anschluss benannt, der auf konstantem Potenzial liegt bzw. der mit Ein- und Ausgang verbunden ist (Abb. 19.12).

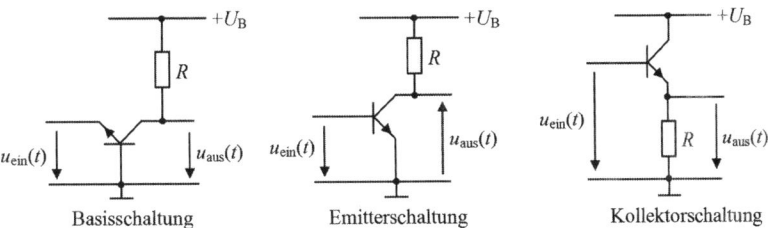

Abb. 19.12 Grundschaltungen eines npn-Transistors

Die drei Grundschaltungen unterscheiden sich wesentlich in ihren typischen Eigenschaften z. B. bezüglich Eingangs-, Ausgangswiderstand, Strom-, Spannungs-, Leistungsverstärkung, woraus sich ihre Anwendungen ableiten.

19.6 Betriebsarten

Zwei grundsätzliche Betriebsarten eines Transistors sind je nach Verwendungszweck der **Betrieb als linearer Verstärker** und der **Betrieb als Schalter**.

19.6.1 Verstärkerbetrieb

Ein linearer elektronischer Verstärker hat die Aufgabe, die kleine Amplitude eines elektrischen Signals am Eingang auf einen gewünschten Wert am Ausgang zu vergrößern (Abb. 19.13). Die Verstärkung soll möglichst linear, d. h. ohne Verzerrung oder Verfälschung der Kurvenform des Originalsignals erfolgen. Verzerrungen durch eine nichtlineare, gekrümmte Kennlinie des Verstärkers führen zu einem merklichen Klirrfaktor. Ändert man den Basisstrom eines Transistors in positiver und negativer Richtung um gleiche Beträge, so soll im Idealfall auch der Kollektorstrom im gleichen Verhältnis schwanken. Dies ist eine lineare Aussteuerung des Transistors im Verstärkerbetrieb (siehe auch Abb. 19.24).

Der Betrieb des Transistors als Verstärker heißt **Normalbetrieb** oder **Vorwärtsbetrieb**. Man sagt, der Transistor arbeitet im **aktiven Bereich** oder im normalen Arbeitsbereich, in dem eine lineare Verstärkung stattfindet. Diesen Betrieb zeigt Abb. 19.14.

Im Normalbetrieb werden die äußeren Gleichspannungen an den Transistor immer so angelegt, dass der Übergang Basis-Emitter in Durchlassrichtung und der Übergang Kollektor-Basis in Sperrrichtung gepolt ist. Im aktiven Bereich ist die Basis-Emitter-Diode immer leitend und die Kollektor-Basis-Diode immer gesperrt.

Bei der Anwendung des Transistors als Verstärker liegt im Ausgangskreis stets ein Lastwiderstand R_L (Arbeitswiderstand). Außerdem ist die Gleichspannung U_B (Betriebsspannung) im Ausgangskreis größer als die Gleichspannung U_{BE} im Eingangskreis. U_{BE} bewirkt nach Polung und Größe, dass die Basis-Emitter-Diode leitet und der Gleichstrom I_B fließt. Der Gleichspannung U_{BE} ist eine kleine Wechselspannung $u_B(t)$ überlagert. Dadurch wird I_B ein kleiner Wechselstrom $i_B(t)$ überlagert. Ändert sich die Eingangs-

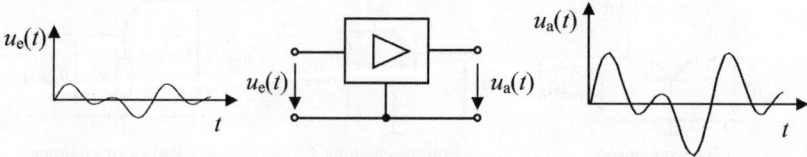

Abb. 19.13 Schematische Darstellung eines Verstärkers mit Ein- und Ausgangssignal

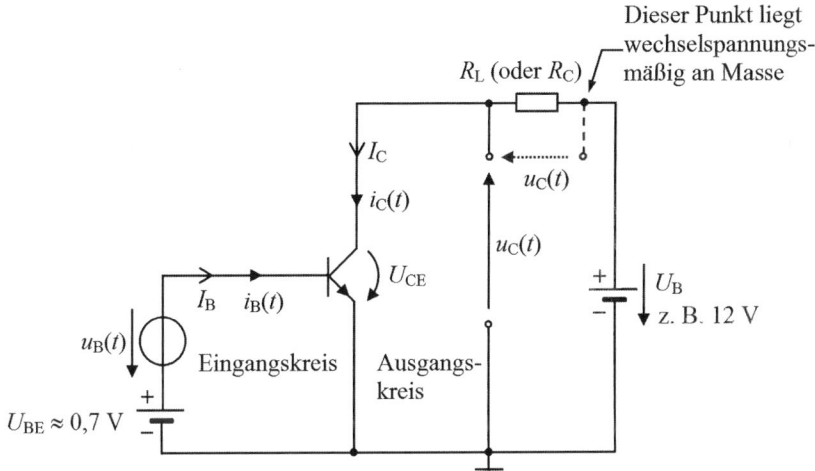

Abb. 19.14 Prinzipielle Arbeitsweise des Transistors als Verstärker (Emitterschaltung)

spannung um ΔU_{BE}, so ergibt dies entsprechend der Steuerwirkung des Eingangskreises eine starke Änderung ΔI_C des Ausgangsstromes. Dadurch entsteht am Lastwiderstand eine Spannungsänderung $\Delta I_C \cdot R_L$, die viel größer ist als die Eingangsspannungsänderung ΔU_{BE}. Die Eingangsspannung $u_B(t)$ wird also verstärkt und liegt als Spannungsabfall $u_C(t)$ am Lastwiderstand R_L. Die Spannung $u_B(t)$ im Eingangskreis steuert im Ausgangskreis den Strom $i_C(t)$, der die verstärkte Spannung $u_C(t)$ ergibt.

Da eine Gleichspannungsquelle für Wechselstrom durchlässig ist (sie wirkt wie ein sehr großer Kondensator und kann wechselspannungsmäßig durch einen Kurzschluss ersetzt werden), muss $u_C(t)$ nicht über zwei Klemmen an R_L abgegriffen werden, sondern kann von einem Punkt am Kollektor gegen Masse abgenommen werden (vgl. Abb. 19.12, Emitterschaltung). Der Betrag der Ausgangsspannungsänderung ist somit ΔU_{CE}.

R_L wird häufig mit R_C bezeichnet, da der Widerstand am Kollektor angeschlossen ist.

Bei der Emitterschaltung ist die Ausgangsspannung gegenüber der Eingangsspannung um $\varphi = 180°$ phasenverschoben. Wird die Basis positiver, so nimmt der Kollektorstrom zu, $u_C(t)$ wird größer und der Kollektor negativer (Pfeilspitze von $u_C(t)$ = negatives Potenzial).

19.6.2 Schalterbetrieb

Vom Betrieb des Transistors als Verstärker ist der Betrieb als elektronischer Schalter zu unterscheiden. Unter Schalterbetrieb eines Transistors versteht man, dass dieser nur zwei verschiedene Schaltzustände einnimmt. Obwohl ein Schalterbetrieb in allen drei Grundschaltungen (Basis-, Kollektor-, Emitterschaltung) möglich ist, wird meist die Emitterschaltung bevorzugt, da hierbei sowohl eine Strom- als auch eine Spannungsverstärkung

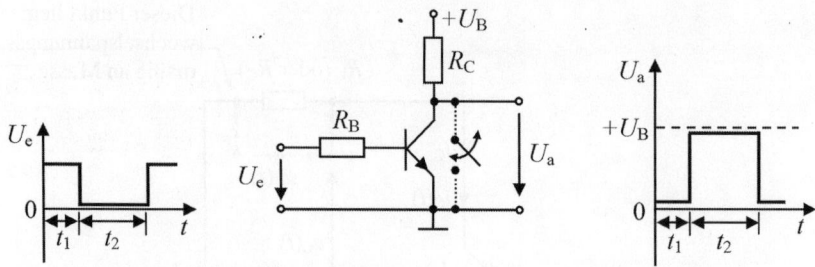

Abb. 19.15 Prinzipschaltung für einen Transistor als Schalter (das Schaltersymbol soll die Wirkungsweise veranschaulichen)

auftreten. Im Schalterbetrieb wird die Basis mit einer impulsförmigen Spannung so angesteuert, dass die Kollektor-Emitter-Strecke schlagartig leitet oder sperrt (Abb. 19.15). Die Spannung über dem Transistor (Spannung zwischen Kollektor und Emitter) nimmt in Abhängigkeit von dessen Schaltzustand nur zwei, voneinander verschiedene Werte ein.

Bei eingeschaltetem Transistor (U_e ist positiv) leitet der Transistor den Strom, die Ausgangsspannung U_a (= U_{CE}) ist nahezu 0 V. Der Schalter schließt kurz, ist eingeschaltet.

Bei gesperrtem Transistor ($U_e = 0$ oder negativ) leitet der Transistor den Strom nicht, die Ausgangsspannung ist fast gleich der Speisespannung $+U_B$. Der Schalter sperrt, ist ausgeschaltet.

Beim Betrieb des Transistors als Schalter wird zwischen dem **Sperrbereich** und dem **Übersteuerungs-** oder **Sättigungsbereich** des Kollektorstromes hin- und hergeschaltet.

Im *Sperrbetrieb* sind die äußeren Gleichspannungen an den Transistor so angelegt, dass sowohl der Übergang Basis-Emitter als auch der Übergang Kollektor-Basis in Sperrrichtung gepolt ist. Die Basis-Emitter-Diode und die Kollektor-Basis-Diode sperren.

Im *Sättigungsbetrieb* liegen die äußeren Gleichspannungen am Transistor so an, dass sowohl der Übergang Basis-Emitter als auch der Übergang Kollektor-Basis in Durchlassrichtung gepolt ist. Die Basis-Emitter-Diode und die Kollektor-Basis-Diode leiten.

Je nachdem, mit welcher Polarität die äußeren Gleichspannungen an den Basis-Emitter-Übergang und an den Kollektor-Basis-Übergang angelegt werden, unterscheidet man unterschiedliche Betriebsarten des Transistors, über die Tab. 19.1 einen Überblick gibt.

Tab. 19.1 Betriebsarten eines npn-Transistors mit den zugehörigen Spannungen U_{BE}, U_{CB}

U_{BE}	D_E	U_{CB}	D_C	Betriebsart
> 0	leitet	> 0	sperrt	Normalbetrieb (Verstärkerbetrieb, Vorwärtsbetrieb, aktiver Bereich)
< 0	sperrt	> 0	sperrt	Sperrbetrieb
> 0	leitet	< 0	leitet	Betrieb im Sättigungs- (Übersteuerungs-)Bereich
< 0	sperrt	< 0	leitet	Inversbetrieb[a] (Rückwärtsbetrieb)

[a] Der Inversbetrieb hat nur bei bestimmten Anwendungen des Transistors als Schalter eine Bedeutung.

Abb. 19.16 Diodenersatzschaltbild eines npn-Transistors in Emitterschaltung

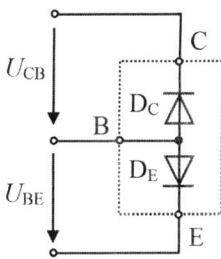

Der Spannungspfeil dreht seine Richtung um, falls $U_{XY} < 0$ ist!

Für einen schnellen Überblick des Durchlass- oder Sperrzustandes vom Basis-Emitter- sowie Kollektor-Basis-Übergang dient das einfache Diodenersatzschaltbild eines npn-Transistors in Emitterschaltung (Abb. 19.16).

Zusammenfassung der Betriebsarten

a) Betrieb nach Verwendungszweck: Als Verstärker oder elektronischer Schalter.
b) Betrieb nach angelegten Gleichspannungen (evtl. verbunden mit dem Betrieb nach Verwendungszweck): Normalbetrieb, Sperrbetrieb, Sättigungsbetrieb, Inversbetrieb.
c) Betrieb in einer der drei Grundschaltungen: Basis-, Emitter-, Kollektorschaltung.

Beim Transistor wird häufig von **statischen** und **dynamischen Eigenschaften** (bzw. Verhalten) gesprochen. Statische Eigenschaften betreffen die Gleichspannungen und -ströme. Der Gleichstromverstärkungsfaktor $B = I_C/I_B$ ist z. B. eine statische Kenngröße eines Transistors. Die Eingangskennlinie $I_B = f(U_{BE})$ (Basisstrom als Funktion der Basis-Emitter-Spannung, entspricht der Durchlasskennlinie einer Diode, siehe Abb. 19.17) ist eine statische Kennlinie. Als dynamisches Verhalten bezeichnet man das Verhalten des Transistors bei einer Aussteuerung mit Wechselgrößen. Dynamische Eigenschaften sind z. B. der Wechselstromverstärkungsfaktor $\beta = i_C/i_B$ oder die Phasenverschiebung zwischen Eingangs- und Ausgangssignal.

Wichtig sind auch die Begriffe „**Großsignal-**" und „**Kleinsignal-**" mit einem Zusatz, z. B. Großsignalaussteuerung oder Kleinsignalstromverstärkung (= Wechselstromverstärkungsfaktor).

Befindet sich das Signal, mit dem der Transistor angesteuert wird, in der Größenordnung weniger (zehn) Millivolt wie z. B. bei einem Vorverstärker, so handelt es sich um eine Kleinsignalaussteuerung. Eine Kleinsignalaussteuerung erfolgt um einen festen Arbeitspunkt bei linearen Zusammenhängen zwischen Wechselströmen und Wechselspannungen unter Ausnutzung nur kleiner Teile der nichtlinearen Kennlinien. Die kleinen Teile der Kennlinien können dann als linear angesehen werden. Kleinsignalwerte sind differenzielle Werte (kleine Werte bzw. kleine Wertänderungen), die zu einem bestimmten Arbeitspunkt gehören. Der Widerstand zwischen Basis und Emitter für kleine Wechselsignale ist z. B. der differenzielle (oder dynamische) Eingangswiderstand des Transistors $r_{BE} = \Delta U_{BE}/\Delta I_B$ (bei $U_{CE} = $ const.).

Alle Werte und Kennlinien, die mit den äußeren Gleichspannungen in Verbindung stehen, gehören zu einer Großsignalaussteuerung. Eine Großsignalaussteuerung findet z. B. auch in einem Endverstärker (Leistungsverstärker) statt. Schaltvorgänge gehören ebenfalls zu einer Großsignalaussteuerung.

▶ **Gleichgrößen werden groß geschrieben.**

U_B ist z. B. eine Gleichspannung. I_C ist ein Gleichstrom. R_C ist ein ohmscher Widerstand, ein Bauelement mit einem Widerstandswert in Ohm.

▶ **Kleinsignalgrößen (Wechselgrößen) werden klein geschrieben.**

u_e ist z. B. eine Signalspannung am Eingang. i_C ist ein Signalstrom. r_e ist ein Wechselstromeingangswiderstand, eine Eigenschaft mit einem Widerstandswert in Ohm.

19.7 Kennlinien des Transistors

Wie bei Dioden gibt es auch bei Transistoren Kennlinien, welche den Zusammenhang zwischen Spannung und Strom beschreiben und etwas über bestimmte Eigenschaften und Funktionen von Transistoren aussagen. Da ein Transistor mehr als zwei Anschlüsse besitzt, gibt es mehrere Beziehungen zwischen den bei ihm auftretenden Spannungen und Strömen.

Im Folgenden werden die wichtigsten Kennlinien *für die Emitterschaltung* eines npn-Transistors behandelt.

19.7.1 Eingangskennlinie

Allgemein gibt die Eingangskennlinie den Eingangsstrom in Abhängigkeit der Eingangsspannung bei konstant gehaltener Ausgangsspannung an. Mathematisch wird dies folgendermaßen ausgedrückt:

$$I_e = f(U_e)|_{U_a = \text{const.}} \tag{19.5}$$

Die Bedingung, für welche die Formel gilt, wird unten an den senkrechten Strich neben der Formel geschrieben.

Beim Transistor ist der Eingangsstrom der Basisstrom I_B, die Eingangsspannung ist die Basis-Emitter-Spannung U_{BE} und die Ausgangsspannung ist die Kollektor-Emitter-Spannung U_{CE}. Statt Gl. 19.5 ergibt sich:

$$I_B = f(U_{BE})|_{U_{CE} = \text{const.}} \tag{19.6}$$

19.7 Kennlinien des Transistors

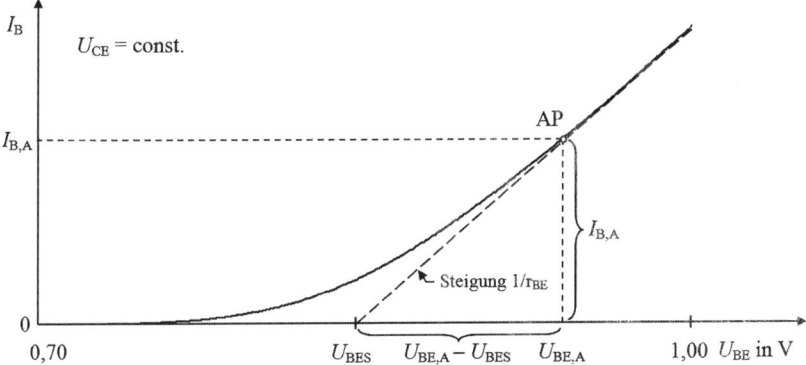

Abb. 19.17 Eingangskennlinie eines Bipolartransistors

Die Eingangskennlinie gibt den Zusammenhang zwischen dem Basisstrom I_B und der Basis-Emitter-Gleichspannung U_{BE} (**Basisvorspannung** oder *Basisruhespannung* genannt) im Eingangskreis an. Die Eingangskennlinie $I_B = f(U_{BE})$ entspricht einer Diodenkennlinie im Durchlassbereich, da die Basis-Emitter Diode im Normalbetrieb leitet. Die simulierte Eingangskennlinie eines npn-Bipolartransistors BC548B ist in Abb. 19.17 in einem doppelt-linearen Maßstab dargestellt. Bei einer Auftragung mit linear eingeteilter Spannungs- und logarithmisch eingeteilter Stromachse (eine halblogarithmische Darstellung, wie sie in Datenblättern üblich ist) ergibt sich statt des exponentiellen Kurvenverlaufs eine Gerade! – Die Abhängigkeit der Eingangskennlinie von der angelegten Kollektor-Emitter-Spannung U_{CE} ist sehr gering. Sie wird als *Spannungsrückwirkung* bezeichnet und kann in der Praxis meist vernachlässigt werden. Wird U_{CE} größer, so verschiebt sich die Eingangskennlinie etwas nach rechts in Richtung größerer U_{BE}-Werte.

Zur Vertiefung

Da die Eingangskennlinie einer Diodenkennlinie im Durchlassbereich entspricht, kann sie durch eine Exponentialgleichung beschrieben werden. Die Gleichung ist (wie Gl. 18.9) vereinfacht, die „−1" in der Shockley-Gleichung wurde vernachlässigt.

$$I_B(U_{BE}) = I_{BS} \cdot e^{\frac{U_{BE}}{U_T}} \quad (19.7)$$

I_B = Basisstrom,
U_{BE} = Basis-Emitter-Spannung,
I_{BS} auch als I_S oder I_{EBO} bezeichnet. Dies ist ein Sperrstrom, der *Emitterreststrom* oder *Emitter-Basis-Reststrom* genannt wird und bei gesperrter Basis-Emitter-Diode und offenem Kollektorkontakt (3. Index O wie open) gemessen wird. Dies ist ein

Transistor-Parameter (Emitter cut-off current), der im Datenblatt angegeben wird. Die Größenordnung ist wie bei Dioden im Bereich von einigen nA bis μA.
U_T = Temperaturspannung.

Wird in einem Arbeitspunkt AP eine Tangente an die Eingangskennlinie angelegt, so schneidet sie die Abszisse bei der Spannung U_{BES}, der Basis-Emitter-Schleusenspannung (Basis-Emitter-Schwellenspannung). Durch diese Linearisierung der Eingangskennlinie im Arbeitspunkt kann eine Näherung im Arbeitspunkt erfolgen:

$$I_{B.A} \approx \frac{U_{BE.A} - U_{BES}}{r_{BE}} \qquad (19.8)$$

$I_{B.A}$ = Basisstrom im Arbeitspunkt,
$U_{BE.A}$ = Basis-Emitter-Spannung im Arbeitspunkt,
U_{BES} = Basis-Emitter-Schleusenspannung,
r_{BE} = differenzieller (dynamischer) Eingangswiderstand, als *Kleinsignaleingangswiderstand* oder *Wechselstromeingangswiderstand* bezeichnet.

Beim Eingangswiderstand wird zwischen dem reinen Gleichstrombetrieb und dem Signalstrom- bzw. Wechselstrombetrieb unterschieden. Der statische Eingangswiderstand (Gleichstromwiderstand, Gleichstromeingangswiderstand) errechnet sich in einem Arbeitspunkt wie bei einer Diode zu:

$$R_e = \frac{U_{BE.A}}{I_{B.A}} \qquad (19.9)$$

Der differenzielle Eingangswiderstand (Wechselstromeingangswiderstand) r_{BE} ist bedeutsam für Wechselsignale am Eingang mit kleiner Amplitude, die den Gleichgrößen im Arbeitspunkt überlagert werden. Er gibt die Belastung an, die ein Transistoreingang für eine steuernde Signalspannungsquelle darstellt und wird für die Berechnung eines Verstärkers benötigt. Der differenzielle Eingangswiderstand in einem bestimmten Arbeitspunkt errechnet sich aus dem Kehrwert der Tangentensteigung in diesem Arbeitspunkt (siehe Abb. 19.17) zu:

$$r_{BE} = \left. \frac{\partial U_{BE}}{\partial I_B (U_{BE})} \right|_{AP} \qquad (19.10)$$

Die partielle Differenziation kann entfallen, wenn die Abhängigkeit des Basisstromes I_B von der Kollektor-Emitterspannung U_{CE} als zweite Variable (neben U_{BE}) vernachlässigt wird. Es ergibt sich der einfache Differenzialquotient:

$$r_{BE} = \left. \frac{dU_{BE}}{dI_B} \right|_{AP} \qquad (19.11)$$

19.7 Kennlinien des Transistors

Der Differenzialquotient kann als Differenzenquotient mit den Größen des Steigungsdreiecks einfacher dargestellt werden (Abb. 19.17):

$$r_{BE} = \left.\frac{\Delta U_{BE}}{\Delta I_B}\right|_{AP} \tag{19.12}$$

Aus Gl. 19.8 erhalten wir:

$$r_{BE} = \frac{U_{BE.A} - U_{BES}}{I_{B.A}} \tag{19.13}$$

Durch Differenzieren der Diodenkennlinie Gl. 19.7 nach U_{BE} erhält man eine Näherungsformel für r_{BE}.

$$\frac{dI_B}{dU_{BE}} = \frac{1}{U_T} \cdot I_{BS} \cdot e^{\frac{U_{BE}}{U_T}} = \frac{1}{r_{BE}} = \frac{I_B}{U_T} \tag{19.14}$$

Somit ist r_{BE} näherungsweise:

$$r_{BE} \approx \frac{U_T}{I_B} \tag{19.15}$$

Diese Näherung vernachlässigt den Basisbahnwiderstand R_{BB}, der in der Größenordnung von einigen hundert Ohm liegen kann.

Für *kleine* Stromänderungen gilt näherungsweise (Vorgriff auf Abschn. 19.7.2.2, siehe Gl. 19.29):

$$I_C = \beta \cdot I_B \tag{19.16}$$

β = Kleinsignalstromverstärkungsfaktor

Mit der Größe β folgt für r_{BE}:

$$r_{BE} \approx \frac{\beta \cdot U_T}{I_C} \tag{19.17}$$

Dem differenziellen Eingangswiderstand r_{BE} entspricht der Vierpolparameter (h-Parameter) h_{11e}.

$$r_{BE} = h_{11e} \tag{19.18}$$

r_{BE} liegt für Basisströme im μA-Bereich in der Größenordnung von einigen hundert Ohm bis einige kΩ. Der Gleichstromeingangswiderstand R_e in einem Arbeitspunkt ist wesentlich höher als der differenzielle Eingangswiderstand r_{BE}.

Ende Vertiefung

Die Eingangskennlinie ist von der Temperatur abhängig, dies ergibt eine *Temperaturdrift* des Basisstroms.

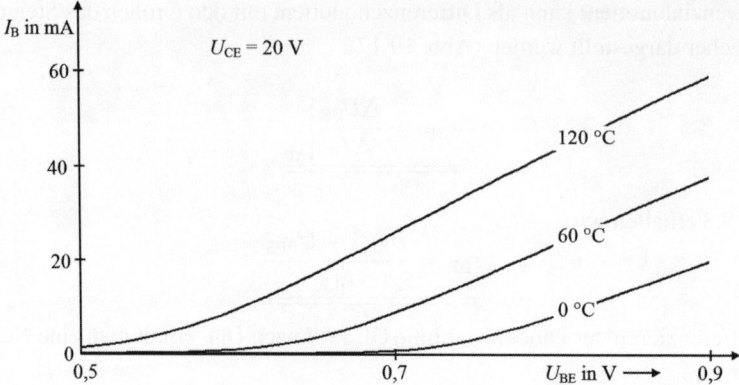

Abb. 19.18 Eingangskennlinie eines Transistors bei drei verschiedenen Temperaturen, Basisstrom I_B als Funktion von U_{BE}

Der Basisstrom nimmt mit steigender Temperatur zu (vergleiche Abschn. 18.8, Temperaturabhängigkeit der Diodenkennlinie).

Die Eingangskennlinie verschiebt sich mit steigender Temperatur nach links (Abb. 19.18). Dies entspricht einem Sinken der Basis-Emitter-Spannung. U_{BE} sinkt mit steigender Temperatur um ca. 2 mV/°C.

Da der Basisstrom mit der Temperatur zunimmt, steigt auch der Kollektorstrom mit der Temperatur an. Dies ist in Abb. 19.19 dargestellt. Die zugehörige Schaltung zur Simulation der Abhängigkeit des Kollektorstromes von der Temperatur zeigt Abb. 19.20.

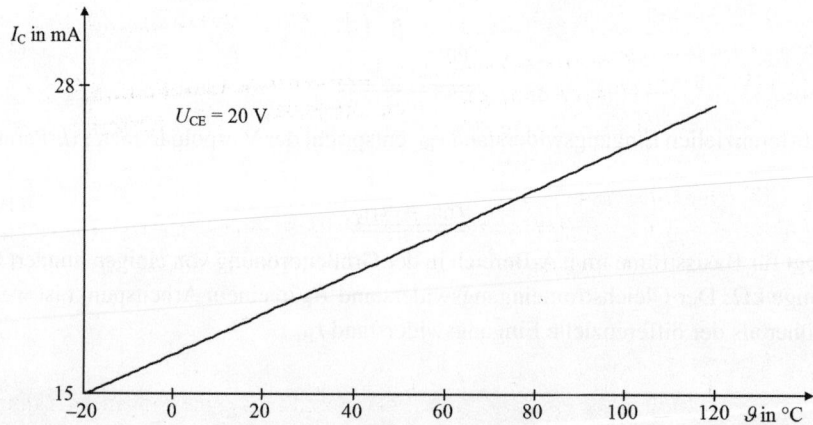

Abb. 19.19 Kollektorstrom I_C als Funktion der Temperatur bei konstantem Basisstrom

Abb. 19.20 Schaltung zur Simulation der Abhängigkeit des Kollektorstromes von der Temperatur

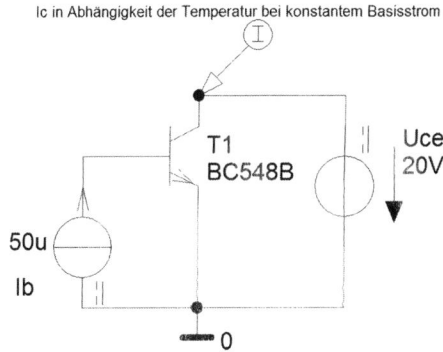

19.7.2 Übertragungskennlinie (Steuerkennlinie)

Allgemein gibt die Übertragungskennlinie den Ausgangsstrom in Abhängigkeit der Eingangsspannung bei konstant gehaltener Ausgangsspannung an. Mathematisch wird dies folgendermaßen ausgedrückt:

$$I_a = f(U_e)|_{U_a = \text{const.}} \tag{19.19}$$

Für die Aussteuerung der Basis eines Bipolartransistors zur Einstellung eines Arbeitspunktes gibt es zwei Möglichkeiten:

1. Bei der *Spannungssteuerung* wird an die Basis gegenüber dem Emitter eine Gleichspannung angelegt. In die Basis fließt dadurch ein Strom, dessen Größe von U_{BE} abhängig ist. Diese Art der Aussteuerung wurde im vorangegangenen Abschn. 19.7.2.1 besprochen.
2. Bei der *Stromsteuerung* (Abschn. 19.7.2.2) wird die Basis von einer Konstantstromquelle mit einem festen, eingeprägten Strom angesteuert. Dieser Konstantstrom ist unabhängig von einer Steuerspannung.

Da die Übertragungskennlinien beim Bipolartransistor von der Ausgangsspannung U_{CE} abhängig sind, sollte immer angegeben werden, für welche Kollektor-Emitter-Spannung diese Kennlinien gelten.

19.7.2.1 Spannungssteuerung

Beim Transistor ist der Ausgangsstrom der Kollektorstrom I_C, die Eingangsspannung ist die Basis-Emitter-Spannung U_{BE} und die Ausgangsspannung ist die Kollektor-Emitter-Spannung U_{CE}.

Statt Gl. 19,19 ergibt sich:

$$I_C = f(U_{BE})|_{U_{CE}=\text{const.}} \qquad (19.20)$$

Die Abhängigkeit des Kollektorstromes von der Basis-Emitter-Steuerspannung U_{BE} ist durch folgende Gleichung gegeben:

$$I_C(U_{BE}) = I_{CS} \cdot e^{\frac{U_{BE}}{U_T}} \qquad (19.21)$$

I_C = Kollektorstrom,
U_{BE} = Basis-Emitter-Spannung,
I_{CS} = ein Sperrstrom, der Kollektor-Emitter-Reststrom genannt wird (bei sperrgepolter Basis-Kollektor-Diode, beide pn-Übergänge sind gesperrt). Je nach Art der Messung bezeichnet als
- I_{CEO} bei $I_B = 0$ (offener Basiskontakt, 3. Index O wie open),
- I_{CES} bei $U_{BE} = 0$ (Basis gegen den Emitter kurzgeschlossen, 3. Index S wie shorted).

Dies ist ein Transistor-Parameter (Collector cut-off current), der im Datenblatt angegeben wird. Die Größenordnung ist wie bei Dioden im Bereich von einigen nA bis μA (stark abhängig von der Temperatur).

U_T = Temperaturspannung.

Die simulierte Spannungs-Steuerkennlinie eines npn-Bipolartransistors 2N2222 ist in Abb. 19.21 dargestellt.

Zur Vertiefung

Damit wir nicht partiell differenzieren müssen, wird die Abhängigkeit des Kollektorstromes I_C von der Kollektor-Emitter-Spannung U_{CE} vernachlässigt. Differenzieren von Gl. 19.21 nach U_{BE} ergibt die Steigung der Spannungs-Steuerkennlinie in einem Punkt der Kennlinie:

$$S = \frac{dI_C(U_{BE})}{dU_{BE}} = \frac{1}{U_T} \cdot I_{CS} \cdot e^{\frac{U_{BE}}{U_T}} = \frac{I_C}{U_T} \qquad (19.22)$$

Wird in einem Arbeitspunkt AP eine Tangente an die Spannungs-Steuerkennlinie angelegt, so schneidet sie die Abszisse bei der Spannung U_{BES}, der Basis-Emitter-Schleusenspannung (Basis-Emitter-Schwellenspannung). Die Steigung der Tangente im Arbeitspunkt AP ist:

$$S = g_{21} = \left.\frac{\Delta I_C}{\Delta U_{BE}}\right|_{AP} = \left.\frac{dI_C}{dU_{BE}}\right|_{AP} = \left.\frac{i_C}{u_{BE}}\right|_{AP} = \frac{I_{C.A}}{U_T} \qquad (19.23)$$

19.7 Kennlinien des Transistors

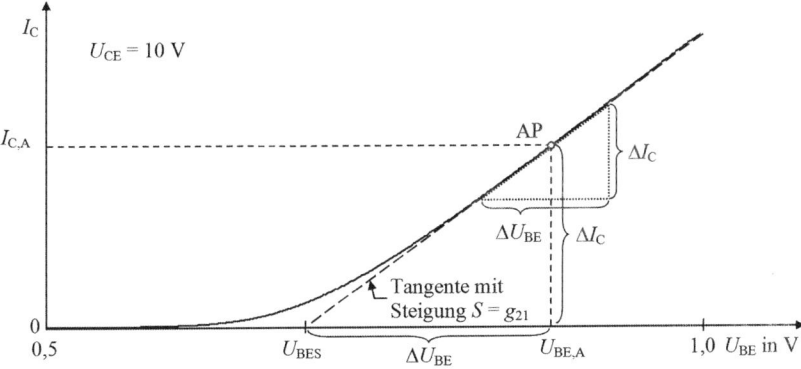

Abb. 19.21 Spannungs-Steuerkennlinie $I_C = f(U_{BE})$ (Emitterschaltung)

Mit dem Kleinsignalstromverstärkungsfaktor β (Vorgriff auf Abschn. 19.7.2.2, siehe Gl. 19.29) und $r_{BE} \approx \frac{\beta \cdot U_T}{I_C}$ (siehe Gl. 19.17) folgt:

$$S = g_{21} = \frac{\beta}{r_{BE}} \qquad (19.24)$$

Ende Vertiefung

Die **Steilheit** S (Steigung der Tangente an die Spannungs-Steuerkennlinie im AP) wird auch als g_{21} oder als g_m bezeichnet. Sie stellt formal einen differenziellen Leitwert dar und wird *Übertragungssteilheit* genannt. Sie gibt die Empfindlichkeit des Kollektorstromes I_C auf eine Änderung der Eingangsspannung U_{BE} in einem Arbeitspunkt an. Die Einheit der Übertragungssteilheit ist:

$$[g_{21}] = \frac{mA}{V} \qquad (19.25)$$

Das große Steigungsdreieck in Abb. 19.21 mit den Eckpunkten U_{BES}, $U_{BE,A}$ und AP kann natürlich als ähnliches (kleineres) Dreieck in den Arbeitspunkt AP verschoben werden, in Abb. 19.21 ist dieses Dreieck punktiert gezeichnet.

19.7.2.2 Stromsteuerung

Verwenden wir als Eingangsgröße statt der Basis-Emitter-Spannung U_{BE} den Basisstrom I_B, so ergibt sich statt Gl. 19.19 bzw. Gl. 19.20:

$$I_C = f(I_B)|_{U_{CE}=\text{const.}} \qquad (19.26)$$

Die Strom-Steuerkennlinie Gl. 19.26 zeigt den Kollektorstrom I_C in Abhängigkeit des Basisstroms I_B als steuernde Größe bei konstanter Spannung U_{CE}. Der Ausgangsstrom

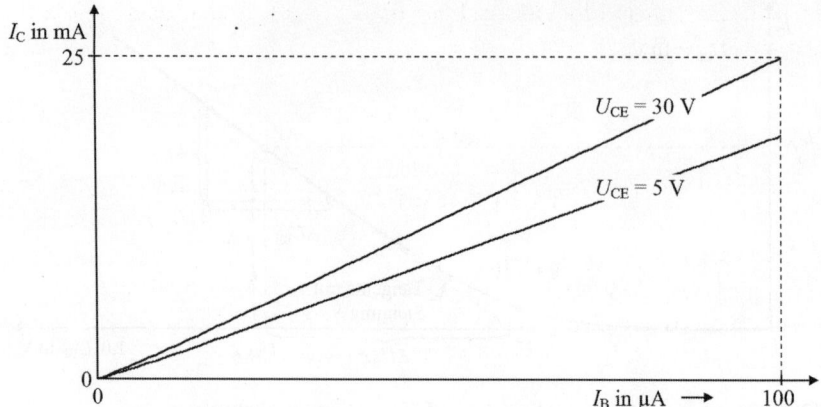

Abb. 19.22 Strom-Steuerkennlinie eines npn-Transistors in Emitterschaltung

I_C ist ziemlich gut direkt proportional zum Basisstrom I_B, die Strom-Steuerkennlinie ist näherungsweise eine vom Ursprung ausgehende Gerade.

Die simulierte Strom-Steuerkennlinie eines npn-Bipolartransistors 2N2222 ist in Abb. 19.22 dargestellt. Aus der Strom-Steuerkennlinie kann als wichtige Kenngröße des Transistors der **Gleichstromverstärkungsfaktor** B (*Gleichstromverstärkung*, statische Stromverstärkung, Großsignalverstärkung) entnommen werden.

$$B = \frac{I_C}{I_B} \quad (19.27)$$

In Abb. 19.22 ist $B = \frac{I_C}{I_B} = \frac{25 \cdot 10^{-3} \, A}{100 \cdot 10^{-6} \, A} = 250$ für $U_{CE} = 30$ V.

Um einen auf der Strom-Steuerkennlinie gegebenen Arbeitspunkt herum könnte B natürlich auch aus $\Delta I_C / \Delta I_B$ bestimmt werden.

Der Grund für die direkte Proportionalität zwischen Kollektor- und Basisstrom ist, dass die Gleichstromverstärkung B durch die Stärke der Dotierung der einzelnen Schichten des Transistors bestimmt wird. B ist also hauptsächlich von Materialverhältnissen abhängig, die durch den Aufbau des Transistors festgelegt sind, weniger von anderen Einflussgrößen. Hiermit sollte auch klar sein, dass ein Transistor einen Strom nicht wirklich verstärkt, wie der Begriff Stromverstärkung vermuten lassen könnte. Ein Transistor kann ja keinen Strom erzeugen. Als ein stromgesteuertes Halbleiterbauelement steuert der Transistor nur einen großen durch einen kleinen Stromfluss.

Die Strom-Steuerkennlinie kann wegen dem Zusammenhang zwischen kleinem Eingangsstrom und großem Ausgangsstrom auch als Strom-Verstärkungskennlinie bezeichnet werden.

Wie in Abb. 19.22 ersichtlich, erhält man durch den Early-Effekt für unterschiedliche Werte der Kollektor-Emitter-Spannung U_{CE} als Kennlinien-Parameter auch unterschiedliche Strom-Steuerkennlinien.

19.7 Kennlinien des Transistors

Der Vierpolparameter (*h*-Parameter) h_{FE} (große Indizes!) entspricht in Datenblättern dem Gleichstromverstärkungsfaktor B.

$$\underline{B = h_{FE}} \tag{19.28}$$

Der Gleichstromverstärkungsfaktor kann bei Transistoren des gleichen Typs sehr unterschiedlich sein. Für Kleintransistoren sind typische Werte $B = 100\ldots800$ und für Leistungstransistoren $B = 10\ldots100$.

Der Stromverstärkungsfaktor B wird deshalb zur Unterscheidung von Transistoren des gleichen Typs verwendet. Die Transistoren werden in unterschiedliche Verstärkungsgruppen eingeteilt, die durch Kennbuchstaben A, B, C unterschieden werden.

Beispiel

$$\text{BC 107A mit } B = 100\ldots250,$$
$$\text{BC 107B mit } B = 250\ldots450,$$
$$\text{BC 107C mit } B = 450\ldots800.$$

Anmerkung In der Fachliteratur und in Datenblättern wird an das Formelzeichen B häufig der Index N (also B_N) geschrieben, als Kennzeichen für die Vorwärtsstromverstärkung im Normalbetrieb. Die Rückwärtsstromverstärkung im Inversbetrieb mit vertauschtem Kollektor und Emitter wird dagegen mit B_I bezeichnet und weist deutlich kleinere Werte auf als B_N. Da die Grundschaltungen unterschiedliche Stromverstärkung haben, ist auch ein von der Grundschaltung abhängiger Index üblich, z. B. B_{EN} für Stromverstärkung in Emitterschaltung, Normalbetrieb.

Aufgabe 19.1
Bestimmen Sie näherungsweise den Eingangswiderstand $r_{BE} = h_{11e}$ für einen Leistungstransistor mit $B = h_{FE} = 45$ bei einem Kollektorstrom $I_C = 5{,}0\,\text{A}$ und Raumtemperatur.

Lösung
Mit der Näherungsformel Gl. 19.15 ist $r_{BE} \approx \dfrac{U_T \cdot B}{I_C} = \dfrac{0{,}026\,\text{V} \cdot 45}{5{,}0\,\text{A}} = \underline{0{,}234\,\Omega}$.

Bei Leistungstransistoren mit kleiner Stromverstärkung ist ein so kleiner Eingangswiderstand normal.

Für *kleine* Stromänderungen ist der **Kleinsignalstromverstärkungsfaktor** β (Wechselstromverstärkung, Kleinsignalverstärkung, differenzielle Stromverstärkung) definiert als:

$$\beta = \left.\frac{\Delta I_C}{\Delta I_B}\right|_{AP} = \left.\frac{dI_C}{dI_B}\right|_{AP} = \left.\frac{i_C}{i_B}\right|_{AP} \tag{19.29}$$

Die Werte des Gleichstromverstärkungsfaktors B und des Kleinsignalstromverstärkungsfaktors β sind im Allgemeinen unterschiedlich und abhängig vom fließenden Kollektorstrom (Gleichstrom, also abhängig vom Arbeitspunkt).

▶ **Ein Wechselstromsignal wird mit einem anderen Faktor verstärkt als ein Gleichstromwert.**

Wegen dem Early-Effekt ist

$$\beta > B \tag{19.30}$$

im Bereich von kleinen Kollektorströmen (ca. $I_C < 100\,\mu A$),

$$\beta < B \tag{19.31}$$

im Bereich von großen Kollektorströmen (ca. $I_C > 50\,mA$).

Für einen mittleren Bereich des Kollektorstromes, in dem $B\,(I_C)$ in etwa konstant ist (in dem der Gleichstromverstärkungsfaktor nahezu unabhängig vom Kollektorstrom ist, z. B. im Bereich von ca. $1\,mA \leq I_C \leq 50\,mA$), gilt in guter Näherung:

$$\beta \approx B \tag{19.32}$$

19.7.2.3 Spannungs- und Stromsteuerung im Vergleich

Die *Spannungssteuerung* des Transistors hat große *Nachteile* gegenüber der *Stromsteuerung*.

Die Spannungs-Steuerkennlinie ist stark nichtlinear, die Strom-Steuerkennlinie dagegen ist (fast) linear. Bei einer Anwendung des Transistors als Verstärker schwankt das Eingangssignal um einen Arbeitspunkt auf der Spannungs- oder Strom-Steuerkennlinie. Wird der Transistor an der Basis mit einer Wechselspannung bzw. mit einem Wechselstrom gesteuert, so pendeln diese Werte im Rhythmus der Steuerspannung bzw. des Steuerstromes um eine Ruheeinstellung, die dem gewählten Arbeitspunkt entspricht.

Wird der Arbeitspunkt auf der Spannungs-Steuerkennlinie mit einer Gleichspannungsquelle eingestellt, z. B. $U_{BE} = 0{,}7\,V$ wie in Abb. 19.14, so entstehen folgende Nachteile:

1. Durch die nichtlineare Spannungs-Steuerkennlinie ergeben gleich große Schwankungen der Spannung um den Arbeitspunkt *keine* gleich großen Schwankungen des Kollektorstromes um dessen Ruhewert und damit auch *keine* gleich großen Schwankungen der verstärkten Spannung am Lastwiderstand um den Ruhepunkt, siehe Abb. 19.14.

19.7 Kennlinien des Transistors

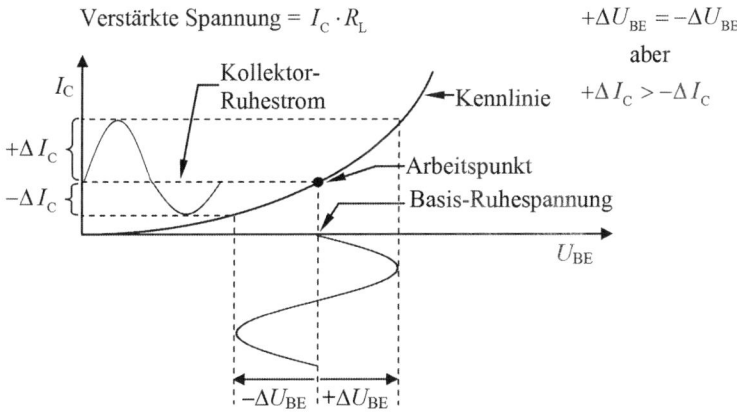

Abb. 19.23 Nichtlineare Verstärkung bei der Spannungssteuerung durch gekrümmte Kennlinie

Die Verstärkung ist nicht linear, das Ausgangssignal ist verzerrt (Abb. 19.23). Eine Spannungsänderung an der Basis von $+50\,\text{mV}$ und $-50\,\text{mV}$ (um 0,7 V herum) kann z. B. eine Kollektorstromänderung von $+20\,\text{mA}$ und $-5\,\text{mA}$ um den Ruhepunkt des Kollektorstromes ergeben.

2. Da der Kollektorstrom I_C durch die Krümmung der Spannungs-Steuerkennlinie stark von U_{BE} abhängt, muss die Basisvorspannung sehr genau eingestellt werden. Ändert sich die Vorspannung z. B. durch ungenügende Stabilisierung der Versorgungsspannung, so ändert sich unerwünschterweise auch die Verstärkung.
3. Der Basisstrom und damit auch der gesteuerte Kollektorstrom ändert sich stark mit der Temperatur. Der Arbeitspunkt ist temperaturabhängig und kann „davonlaufen". Die Schaltung hat eine schlechte Temperaturstabilität, da der Arbeitspunkt mit der Temperatur driftet. Dadurch ändert sich nicht nur die Verstärkung, sondern es kann durch eine weitere Temperaturerhöhung und durch ein erneutes Anwachsen des Kollektorstromes (thermisches „Aufschaukeln") zu einer Überlastung und Zerstörung des Transistors kommen. Diese thermische Instabilität durch Eigenerwärmung wird als *Mitlaufeffekt* bezeichnet.

Bei der Stromsteuerung wird der Arbeitspunkt auf der fast linearen Strom-Steuerkennlinie mit einer Konstantstromquelle eingestellt, z. B. $I_B = 100\,\mu A$ Gleichstrom. Werden diesem Basisruhestrom Schwankungen überlagert, so ergeben sich um den Kollektorruhestrom herum gleich große Schwankungen des Kollektorstromes, die Verstärkung ist linear (Abb. 19.24). Da sich der Basisstrom und damit der Kollektorstrom bei Temperaturschwankungen nicht ändert (der Basisstrom ist eingeprägt), ist der Arbeitspunkt temperaturstabil und driftet nicht.

Hinweis: Dass die Wechselgrößen auf der Abszisse in Abb. 19.23 und Abb. 19.24 mit größeren Amplituden gezeichnet sind als die Wechselgrößen auf der jeweiligen Ordinate

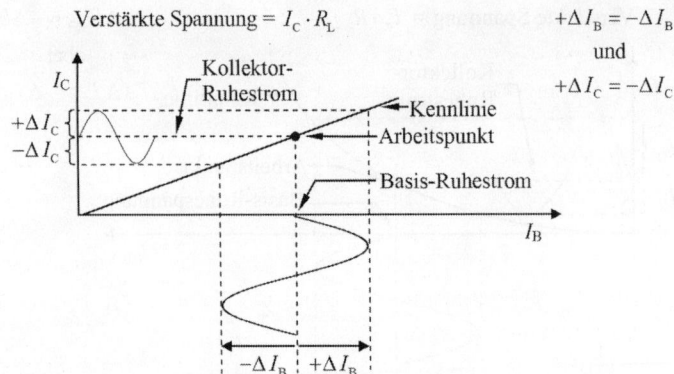

Abb. 19.24 Verzerrungsfreie Verstärkung bei der Stromsteuerung durch lineare Kennlinie

bedeutet natürlich nicht, dass diese Eingangswerte größer sind als die Ausgangswerte. Im Arbeitspunkt ist ja z. B. $\Delta I_C = \beta \cdot \Delta I_B$.

Nach $I_C = B \cdot I_B$ ist der Kollektorstrom von der Stromverstärkung abhängig. Wie in Abschn. 19.8.1 gezeigt wird, nimmt B mit steigender Temperatur zu. Somit bleibt der Nachteil, dass I_C auch bei der Stromsteuerung von der Temperatur abhängt, jedoch in kleinerem Maße als bei der Spannungssteuerung. Nachteilig ist ebenfalls, dass B bei verschiedenen Transistoren des gleichen Typs fertigungsbedingt stark unterschiedliche Werte haben kann und dadurch evtl. ein Abgleich des Ruhestromes erforderlich ist.

19.7.2.4 Einstellung des Arbeitspunktes

Bei der Spannungssteuerung ist zur Einstellung des Arbeitspunktes (zur Erzeugung der Basisvorspannung U_{BE}) nicht unbedingt eine extra Gleichspannungsquelle erforderlich, sie soll aus Kostengründen vermieden werden. U_{BE} kann durch einen Spannungsteiler erzeugt werden (Abb. 19.25). Der *Querstrom* des Spannungsteilers R_1, R_2 sollte etwa das *Zehnfache des Basisstromes* betragen, damit der Spannungsteiler als unbelastet angesehen werden kann.

Bei der Stromsteuerung kann die Konstantstromquelle zur Erzeugung des Basisruhestromes durch einen hochohmigen Widerstand in Reihe mit der Betriebsspannungsquelle

Abb. 19.25 Einfache Verstärkerstufe, Einstellung des Arbeitspunktes mit einem Spannungsteiler R_1, R_2

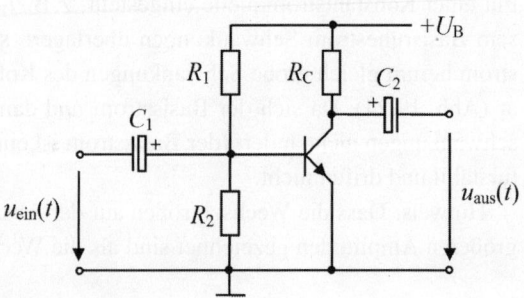

realisiert werden (siehe auch Abschn. 4.6). Die Schaltung entspricht genau Abb. 19.25, nur dass der Widerstand R_2 entfällt. Von der Betriebsspannung $+U_B$ wird über R_1 (einige hundert kΩ) der Basis ein Strom eingeprägt.

Häufig sollen nur Wechselspannungen (Signalspannungen) verstärkt werden. Damit eine Beeinflussung des Arbeitspunktes durch einen Gleichspannungsanteil der Eingangsspannung vermieden wird, muss der Transistoreingang von der Signalquelle gleichspannungsmäßig getrennt werden. Deshalb wird die Wechselspannung der Basis über einen **Koppelkondensator** C_1 zugeführt (Abb. 19.25). Ein Kondensator C_2 am Ausgang (Abb. 19.25) erlaubt das Abnehmen der verstärkten Wechselspannung ohne Änderung der Gleichspannungsverhältnisse am Ausgang oder dient als Koppelkondensator zur nächsten Verstärkerstufe. Durch Koppelkondensatoren wird allerdings die Verstärkung bei tiefen Frequenzen verringert. Die Kondensatoren sind groß genug zu wählen, dass die Verstärkung im ganzen Frequenzbereich noch ausreicht.

19.7.3 Ausgangskennlinien

Bei den Ausgangskennlinien muss zwischen der Art der Aussteuerung am Eingang unterschieden werden.

Spannungssteuerung
Allgemein gibt die Ausgangskennlinie den Ausgangsstrom in Abhängigkeit der Ausgangsspannung bei konstant gehaltener Eingangsspannung an. Mathematisch wird dies folgendermaßen ausgedrückt:

$$I_a = f\ (U_a)|_{U_e = \text{const.}} \tag{19.33}$$

Stromsteuerung
Allgemein gibt die Ausgangskennlinie den Ausgangsstrom in Abhängigkeit der Ausgangsspannung bei konstant gehaltenem Eingangsstrom an. Mathematisch wird dies folgendermaßen ausgedrückt:

$$I_a = f\ (U_a)|_{I_e = \text{const.}} \tag{19.34}$$

Werden mehrere Ausgangskennlinien in dieselbe Grafik eingetragen, so erhält man eine Kurvenschar, das *Ausgangskennlinienfeld*.

Das Ausgangskennlinienfeld ist das wichtigste Diagramm um das Verhalten eines Transistors zu beurteilen oder eine Schaltung zu dimensionieren. Eine Transistorschaltung wird durch die Wahl der Lage des Arbeitspunktes im Ausgangskennlinienfeld an eine bestimmte Aufgabe angepasst, z. B. ob die Schaltung kleine Signale verstärken oder als Schalter wirken soll.

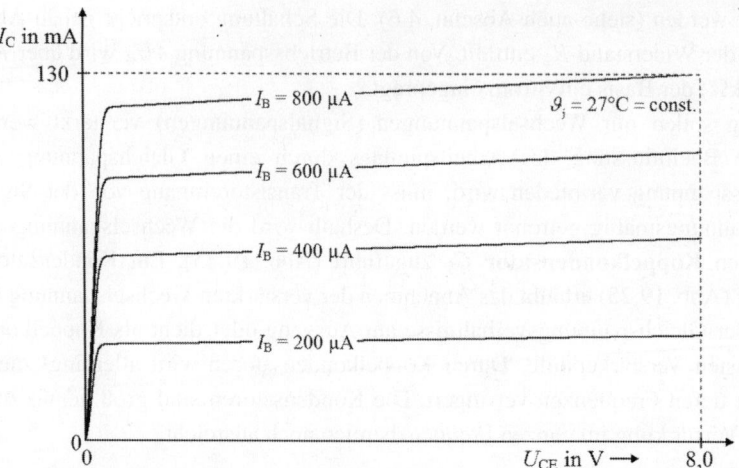

Abb. 19.26 Ausgangskennlinienfeld eines npn-Transistors in Emitterschaltung mit I_B als Parameter

Bei der Spannungssteuerung zeigt das Ausgangskennlinienfeld mit mehreren Kurven den Zusammenhang $I_C = f(U_{CE})|_{U_{BE}=\text{const.}}$ zwischen dem Kollektorstrom I_C und der Kollektor-Emitter-Spannung U_{CE} im Ausgangskreis, wobei der Parameter U_{BE} für jede Kennlinie einen unterschiedlichen, aber festen Wert hat.

Bei der Stromsteuerung zeigt das Ausgangskennlinienfeld mit mehreren Kurven den Zusammenhang $I_C = f(U_{CE})|_{I_B=\text{const.}}$ zwischen dem Kollektorstrom I_C und der Kollektor-Emitter-Spannung U_{CE} im Ausgangskreis, wobei der Parameter I_B für jede Kennlinie einen unterschiedlichen, aber festen Wert hat.

Im Ausgangskennlinienfeld bei Spannungssteuerung nimmt der Abstand der Ausgangskennlinien mit stufenweiser Erhöhung der Eingangsspannung U_{BE} durch die Krümmung der Eingangskennlinie stark zu. Wegen der in Abschn. 19.7.2.3 beschriebenen Nachteile der Spannungssteuerung wird in der Praxis meist die *Stromsteuerung* verwendet. Im Ausgangskennlinienfeld bei Stromsteuerung ergeben sich Kennlinien mit gleichbleibendem Abstand, wenn der Eingangsstrom I_B in gleichmäßigen Stufen erhöht wird. Ein Beispiel eines simulierten Ausgangskennlinienfeldes des Transistors 2N2222 zeigt Abb. 19.26. Zu jeder Ausgangskennlinie gehört ein fester Basisstrom I_B.

Je nach Lage des Arbeitspunktes im Ausgangskennlinienfeld werden mehrere Arbeitsbereiche unterschieden, die nachfolgend beschrieben werden.

19.7.3.1 Aktiver Bereich

Kennzeichnend für die Ausgangskennlinien ist ihr fast horizontaler Verlauf in einem weiten Bereich von U_{CE}. In diesem Bereich ist der Kollektorstrom I_C weitgehend von der Kollektor-Emitter-Spannung U_{CE} unabhängig. Der Grund dafür ist, dass die Stärke des Elektronenstromes aus dem Emitter durch den Durchlasszustand der Basis-Emitter-Diode

19.7 Kennlinien des Transistors

bestimmt wird. Die Basis-Emitter-Diode leitet mehr oder weniger gut und reguliert den vom Emitter kommenden Elektronenstrom. Die Basis-Kollektor-Diode sperrt, eigentlich könnte also gar kein Kollektorstrom fließen. Hier ist aber der geometrische Aufbau des Transistors ein wichtiger Faktor. Da die Basisschicht sehr dünn ist, gelangen die meisten der vom Emitter kommenden Ladungsträger durch die Basis in die ladungsträgerfreie Diffusionsschicht (depletion layer) der Basis-Kollektor-Diode. Dort werden sie vom Kollektor „eingesammelt". Die Spannung U_{CE} stellt somit nur eine Hilfsfunktion beim Absaugen der Elektronen dar, wenn diese aus der Basis in den Kollektor übertreten. Die Stärke des Kollektorstromes beeinflusst U_{CE} nicht. Der Kollektorstrom ist ein von der Sperrspannung unabhängiger Sperrstrom.

In diesem Zusammenhang wird häufig von **Ladungsträgerinjektion** gesprochen. Mit diesem Begriff wird allgemein der Übergang von Ladungsträgern von einem n-dotierten in ein p-dotiertes Gebiet (oder umgekehrt) aufgrund einer von außen angelegten Spannung bezeichnet.

Zur Vertiefung

Die Stromverstärkung B bzw. β soll möglichst groß sein, der Kollektorstrom soll ja durch einen möglichst kleinen Basisstrom gesteuert werden können. Das bedeutet, dass möglichst wenig vom gesamten Emitterstrom I_E für den Basisstrom I_B (oder andere Verluste) anfallen soll. Dies kann durch verschiedene Maßnahmen optimiert werden:

- Der Strom über die Basis-Emitter-Diode setzt sich aus Elektronen und Löchern zusammen. Es können aber nur die Majoritätsladungsträger des Emitters (Elektronen bei npn-, Löcher bei pnp-Transistoren) zum Kollektor diffundieren. Die Ladungsträgerinjektion vom Emitter muss daher die der Basis weit überwiegen. Deshalb wird der *Emitter erheblich höher dotiert als die Basis*.
- Die Ladungsträger sollen in der Basis möglichst wenige Partner zur Rekombination finden. Deshalb wird die *Basisschicht niedrig dotiert*.
- Die Ladungsträger sollen möglichst vollständig zum Kollektor gelangen. Dies erreicht man durch eine *sehr dünne Basisschicht*.
- Im Kollektorgebiet soll nichts verloren gehen. Dies erreicht man durch einen geometrischen Aufbau mit *großer Kollektorfläche*. Die Basis-Kollektor-Fläche wird größer ausgelegt als die Basis-Emitter-Fläche, damit möglichst viele Elektronen den Kollektor erreichen.

Die so genannte *Planartechnik* ist in der Mikroelektronik ein Verfahren zur Herstellung von Halbleiterbauelementen und integrierten Schaltungen. Alle Transistoren werden heute in Planartechnik hergestellt. Dabei wird eine große Siliziumscheibe (Wafer) mit einem

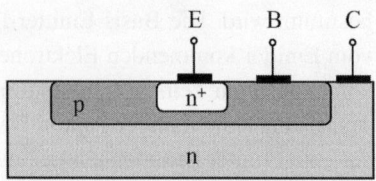

Abb. 19.27 Schematischer Querschnitt durch einen npn-Planartransistor, n^+ bedeutet stark dotiert

Durchmesser bis zu 30 cm auf einer Seite bearbeitet. Mit Hilfe von Verfahren der Photolithographie werden in mehrstufigen Prozessen zweidimensionale (planare, zur Oberfläche parallele) Strukturen realisiert. Verschiedene Dotierungssubstanzen werden in mehreren Schritten aufgedampft und eindiffundiert oder durch *Ionenimplantation* (Beschuss des Substratmaterials mit beschleunigten Dotierstoffatomen hoher Energie) in das Grundmaterial eingebracht. Abschließend wird die Oberfläche durch Oxidation zu SiO_2 passiviert. Im letzten Prozessschritt werden Metallkontakte und -verbindungen aufgedampft. Auf diese Weise werden sehr viele gleichartige Einzelbauteile (*Chips*) gleichzeitig und dadurch sehr kostengünstig hergestellt. Am Ende des Fertigungsprozesses wird die große Scheibe in die Einzelchips zerteilt. Diese werden dann einzeln getestet und konfektioniert. Den schematischen Aufbau eines npn-Bipolartransistors in Planartechnik zeigt Abb. 19.27.

Ende Vertiefung

In dem Bereich des flachen Verlaufs der Ausgangskennlinien liegt der Arbeitspunkt eines Transistors bei der Anwendung als Verstärker von kleinen Signalen. Dieser Bereich wird als *linearer* oder als *aktiver* Bereich bezeichnet. Den Einsatz als Verstärker, bei dem die Basis-Emitter-Diode in Flussrichtung und die Kollektor-Basis-Diode in Sperrichtung betrieben wird und in dem $U_{CE} \geq U_{BE}$ ist, nennt man *Normalbetrieb* (forward region). Der Basisstrom wird um den Kleinsignalstromverstärkungsfaktor β verstärkt am Kollektor wiedergegeben. Nach Gl. 19.29 gilt:

$$\underline{\underline{\Delta I_C = \beta \cdot \Delta I_B}} \tag{19.35}$$

Der leichte Anstieg der Ausgangskennlinien im aktiven Bereich ist auf den so genannten **Early-Effekt**[3] zurückzuführen. Wächst U_{CE} und damit U_{CB}, so verschiebt sich die Kollektor-Basis-Grenzschicht weiter in die Basis, die Basis wird „dünner" und damit I_C größer. Die *Durchgreifspannung* ist erreicht, wenn U_{CE} so groß wird, dass die Kollektor-Basis-Grenzschicht die Basis-Emitter-Grenzschicht berührt (die Basisdicke also null wird) und ein sehr hoher Strom fließen kann, weil der Kollektor mit dem Emitter praktisch kurz-

---

[3] James M. Early (1922–2004), amerikanischer Elektroingenieur.

geschlossen wird. Es tritt ein „punch-through" auf, ein Durchbruch mit der Gefahr der Zerstörung des Bauteils.

Werden die leicht ansteigenden Ausgangskennlinien nach links verlängert, so schneiden alle die Spannungsachse U_{CE} annähernd in einem Punkt, der *Early-Spannung* U_A. Diese liegt bei npn-Transistoren im Bereich -30 bis -150 V, bei pnp-Transistoren im Bereich -30 bis -75 V.

Der Early-Effekt wird hier nicht näher betrachtet.

19.7.3.2 Sättigungsbereich (Übersteuerungsbereich)

Je größer der Basisstrom I_B wird, desto besser leitet ein Transistor, man sagt, desto mehr steuert er durch. Die Spannung U_{CE} wird dabei immer kleiner. In der Nähe der I_C-Achse wird U_{CE} so klein, dass nicht nur die Basis-Emitter-Diode sondern auch die Basis-Kollektor-Diode leitet. Der Grund ist, dass $U_{CE} \leq U_{BE}$ und somit $U_{CB} \leq 0$ wird. Die Basis-Kollektor-Diode lässt dann den Elektronenstrom wieder in die Basis zurückfließen. Zur Veranschaulichung der Spannungsverhältnisse kann hier das Diodenersatzschaltbild Abb. 19.16 hilfreich sein.

Der Spannungswert $U_{CB} = 0$ bildet die Grenze zwischen aktivem Bereich und *Sättigungsbereich* (auch als *Übersteuerungsbereich* bezeichnet), der links von dieser Grenzlinie im Bereich $0 < U_{CE} \leq U_{CE.sat}$ liegt.

Im Sättigungsbereich ist die Kollektorspannung nicht groß genug, um die in die Basis-Kollektor-Grenzschicht diffundierenden Ladungsträger abzusaugen. Bei Germanium- und Silizium-Kleinsignaltransistoren hat $U_{CE.sat}$ einen Wert von ca. 0,2 V. Bei Leistungstransistoren kann $U_{CE.sat}$ ca. 1 bis 2 V betragen.

Man beachte in diesem Zusammenhang die unterschiedliche Verwendung des Begriffes Sättigung. Unter einem gesättigten Wert wird in der Elektronik üblicherweise ein fast konstanter (gleichbleibender, eben gesättigter) Wert verstanden. Mit dem Begriff Sättigungsbereich ist hier eine Sättigung mit Ladungsträgern gemeint, die nicht abgesaugt werden können.

Liegt ein Arbeitspunkt *auf* der Sättigungsgrenzlinie $U_{CB} = 0$, so leitet der Transistor. Beim Betrieb als Schalter entspricht dies dem Zustand „Ein" des Schalters.

Ein auf der Grenzlinie $U_{CB} = 0$ liegender Arbeitspunkt kann durch weiteres Erhöhen von I_B auf eine Kennlinie mit größerem I_B in den Übersteuerungsbereich hinein verschoben werden. Der Transistor leitet jetzt noch besser, er ist *übersteuert*. Die Kollektor-Emitter-Strecke erreicht ihren kleinsten Widerstandswert und die Kollektor-Emitter-Spannung U_{CE} nimmt ihren kleinstmöglichen Wert $U_{CE.sat}$ an. $U_{CE.sat}$ wird meist nur *Sättigungsspannung*, aber auch *Kollektor-Emitter-Sättigungsspannung, Kollektorrestspannung* oder *Kniespannung* genannt und ist eine charakteristische Größe eines Transistors. An der Grenze zu $U_{CE.sat}$ knicken die Kennlinien aus dem fast horizontalen Verlauf scharf nach unten ab und verlaufen näherungsweise durch den Ursprung des Kennlinienfeldes.

In einem übersteuert arbeitenden Transistor entsteht durch den geringsten Spannungsabfall beim Zustand „Ein" eine kleinere Verlustleistung $P_V = U_{CE.sat} \cdot I_C$ als in einem

Arbeitspunkt auf der Grenzlinie $U_{CB} = 0$. Beim Betrieb als Schalter wird deshalb der Arbeitspunkt für den Zustand „Ein" fast immer in den Übersteuerungsbereich gelegt.

Der *Übersteuerungsfaktor* oder *Übersteuerungsgrad ü* (in der Praxis im Bereich zwischen 2 und 5 bis 10) ist definiert als das Verhältnis der Basisströme bei maximaler Übersteuerung und an der Sättigungsgrenze. Er ist ein Maß für die Stärke der Übersteuerung.

$$\underline{ü = \frac{I_{B.ü}}{I_{B.sat}}} \tag{19.36}$$

$I_{B.ü}$ = Basisstrom der notwendig ist, um den Transistor in die maximal mögliche Übersteuerung zu bringen

$I_{B.sat}$ = Basisstrom auf der Sättigungsgrenzlinie bei $U_{CB} = 0$

19.7.3.3 Sperrbereich

Im gesperrten Zustand des Transistors sind beide Dioden in Sperrrichtung gepolt, sowohl die Basis-Emitter-Diode als auch die Basis-Kollektor-Diode. Die Kollektor-Emitter-Strecke ist hochohmig, beim Betrieb als Schalter entspricht dies dem Zustand „Aus". Die Spannung U_{CE} ist groß, der Basisstrom I_B und der Kollektorstrom I_C (und damit der Emitterstrom I_E) sind sehr klein. Für viele Anwendungen kann für den Sperrbereich $I_C = I_E = I_B = 0$ angenommen werden.

Ein beim Betrieb in Sperrrichtung fließender Sperrstrom wird als *Reststrom* (*cut-off current*) bezeichnet. Restströme müssen besonders beim Betrieb des Transistors als Schalter berücksichtigt werden, da sie die Schaltereigenschaften ungünstig beeinflussen können. Alle Restströme sind stark temperaturabhängig und nehmen mit steigender Temperatur zu.

In Abb. 19.28 sind die drei Arbeitsbereiche Sättigungsbereich, aktiver Bereich und Sperrbereich im Ausgangskennlinienfeld eines npn-Transistors dargestellt. Ebenfalls eingetragen sind Grenzwerte, die im Betrieb nicht überschritten werden dürfen. Solche Grenzwerte sind der maximal erlaubte Kollektorstrom I_{Cmax} und die maximal erlaubte Kollektor-Emitter-Spannung U_{CEmax}. Auch die *Verlustleistungshyperbel* (oft nur *Leistungshyperbel* genannt) ist eingetragen. **Ein Arbeitspunkt darf nicht oberhalb der Verlustleistungshyperbel liegen, sonst ist der Transistor überlastet.** Dies gilt besonders beim Betrieb als Verstärker. Wird beim Betrieb als Schalter bei mehrfachem Umschalten zwischen „Aus" und „Ein" die Verlustleistungshyperbel vom Arbeitspunkt durchsprungen, so sind besondere Untersuchungen nötig, z. B. die Messung der Gehäusetemperatur. Mit einer Lastminderungskurve kann dann überprüft werden, ob die thermische Belastung in einem erlaubten Bereich liegt.

Im Transistor entsteht die Verlustleistung:

$$\underline{P_V = I_C \cdot U_{CE}} \tag{19.37}$$

19.7 Kennlinien des Transistors

Die maximal erlaubte Verlustleistung P_V steht immer im Datenblatt eines Transistors. Die *Gleichung für die Verlustleistungshyperbel* ist:

$$I_C = \frac{P_V}{U_{CE}} \qquad (19.38)$$

Ist P_V gegeben, so kann die Verlustleistungshyperbel im Ausgangskennlinienfeld konstruiert werden. Man braucht nur für einige Werte von U_{CE} mit Gl. 19.38 die zugehörigen I_C-Werte berechnen und diese näherungsweise durch Geradenstücke verbinden.

19.7.3.4 Differenzieller Ausgangswiderstand

Der *differenzielle* (oder *dynamische*) *Ausgangswiderstand* r_{CE} des Transistors in einem gegebenen Arbeitspunkt (also bei einem bestimmten Basisruhestrom) kann dem Ausgangskennlinienfeld entnommen werden. Er wird auch als *Kleinsignalausgangswiderstand* oder *Wechselstromausgangswiderstand* bezeichnet. Er lässt sich aus der Steigung der Ausgangskennlinie in einem Arbeitspunkt bestimmen (Abb. 19.28).

$$r_{CE} = \left.\frac{\Delta U_{CE}}{\Delta I_C}\right|_{I_B=\text{const.}} = \left.\frac{\partial U_{CE}}{\partial I_C}\right|_{I_B=\text{const.}} \qquad (19.39)$$

Mit der Early-Spannung U_A besteht der Zusammenhang:

$$r_{CE} \approx \frac{U_A}{I_{C,AP}} \qquad (19.40)$$

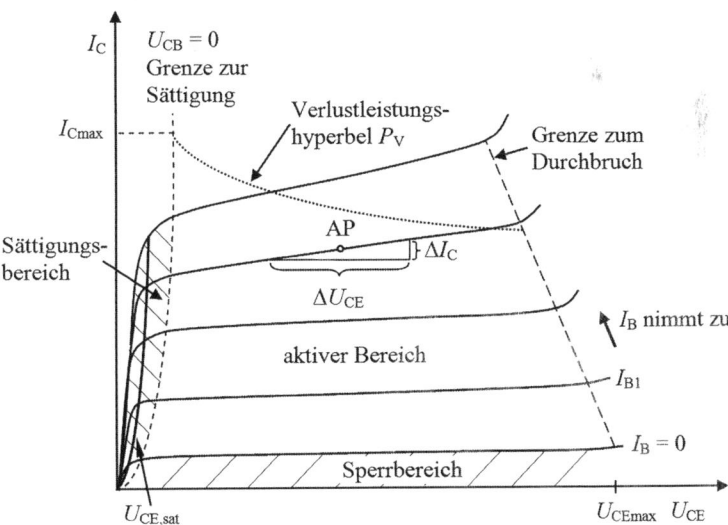

Abb. 19.28 Arbeitsbereiche im Ausgangskennlinienfeld eines npn-Transistors

Abb. 19.29 Bestimmung von β in einem Arbeitspunkt im Ausgangskennlinienfeld

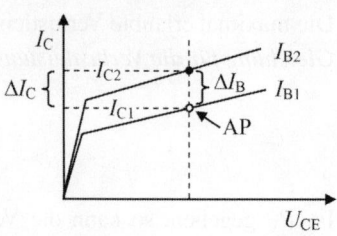

r_{CE} ist definiert bei wechselspannungsmäßig offenem Eingang, also bei Leerlauf am Eingang bezüglich einer Signalspannung.

Typische differenzielle Ausgangswiderstände liegen in der Größenordnung von 1 bis 100 kΩ.

19.7.3.5 Bestimmung von B und β aus dem Ausgangskennlinienfeld

Sowohl die Gleichstromverstärkung B als auch die Wechselstromverstärkung β können für einen gegebenen Arbeitspunkt aus dem Ausgangskennlinienfeld entnommen werden.

Bestimmung von B

Der Arbeitspunkt liegt auf einer Ausgangskennlinie mit einem bestimmten I_B-Wert als Parameter. Vom Arbeitspunkt aus geht man waagrecht nach links bis zur Ordinate und liest den zugehörigen I_C-Wert ab. Es ist dann:

$$B = \frac{I_C}{I_B} \qquad (19.41)$$

Bestimmung von β

Der Arbeitspunkt liegt auf einer Ausgangskennlinie mit einem I_{C1}-Wert des Kollektorstromes und einem I_{B1}-Wert als Parameter. Man bleibt auf einer Senkrechten im Arbeitspunkt und geht bis zu einer zweiten Ausgangskennlinie mit einem I_{C2}-Wert des Kollektorstromes und einem I_{B2}-Wert als Parameter. **Die Werte ΔI_C und ΔI_B hat man sich somit im Arbeitspunkt selbst geschaffen** (Abb. 19.29). Es ist jetzt:

$$\beta = \frac{\Delta I_C}{\Delta I_B} = \frac{I_{C2} - I_{C1}}{I_{B2} - I_{B1}} \qquad (19.42)$$

19.7.4 Vierquadranten-Kennlinienfeld, Arbeitspunkt, Lastgerade

Eingangs-, Ausgangs- und Strom-Steuerkennlinie können in einem Kennlinienfeld mit vier Quadranten zusammengefasst werden (Abb. 19.30). In den einzelnen Quadranten werden dargestellt:

19.7 Kennlinien des Transistors

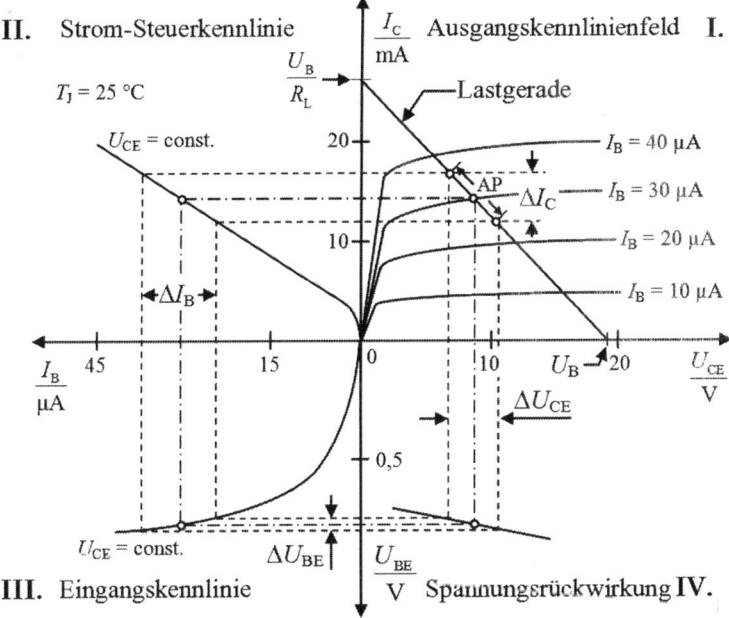

Abb. 19.30 Vierquadranten-Kennlinienfeld eines npn-Transistors mit Zahlenwerten als Beispiel. Eingetragen sind die Lastgerade und die Arbeitspunkte in den vier Quadranten

1. Quadrant: Ausgangskennlinienfeld $I_C = f(U_{CE})$.
2. Quadrant: Strom-Steuerkennlinie $I_C = f(I_B)$.
3. Quadrant: Eingangskennlinie $I_B = f(U_{BE})$.
4. Quadrant: *Spannungsrückwirkung* $U_{BE} = f(U_{CE})$.

Die Rückwirkung von U_{CE} auf U_{BE} ist sehr gering. Sie kann meist vernachlässigt werden und wird deshalb nicht näher betrachtet.

Das Vierquadranten-Kennlinienfeld wird heute nicht mehr zur grafischen Dimensionierung sondern nur noch für Lehrzwecke verwendet, da es die Zusammenhänge der einzelnen Größen und Parameter sehr anschaulich und übersichtlich darstellt. Moderne Datenblätter verwenden stattdessen tabellierte Werte.

Ohne Steuersignal im Eingangskreis stellt sich im Ausgangskennlinienfeld durch die äußere Beschaltung des Transistors ein fester Betriebspunkt ein, der als **Arbeitspunkt AP** bezeichnet wird. Er ist durch die **Betriebsspannung** $+U_B$, den **Lastwiderstand** R_L (Arbeitswiderstand R_C) und einen **gewählten Basisstrom** I_B festgelegt.

Die **Maschengleichung im Ausgangskreis** des Transistors in Emitterschaltung ergibt (siehe Abb. 19.14):

$$-U_B + I_C \cdot R_L + U_{CE} = 0 \qquad (19.43)$$

Daraus folgt die **Gleichung der Lastgeraden** oder *Arbeitsgeraden* $I_C = f(U_{CE})$:

$$I_C(U_{CE}) = -\frac{1}{R_L} \cdot U_{CE} + \frac{U_B}{R_L} \qquad (19.44)$$

Die Gleichung stellt eine Gerade mit negativer Steigung dar. Für $I_C = 0$ schneidet die Gerade die Abszisse bei $U_{CE} = U_B$. Mit $U_{CE} = 0$ ergibt sich der Schnittpunkt der Geraden mit der Ordinate zu $I_C = U_B/R_L$.

Durch Verbinden der beiden Schnittpunkte kann die Gerade in das Ausgangskennlinienfeld eingetragen werden. Der *Arbeitspunkt* (AP) wird festgelegt durch den Schnittpunkt dieser Geraden mit einer $I_C(U_{CE})$-Kurve, deren Basisstrom I_B gewählt wird. Durch die Festlegung des Arbeitspunktes im Ausgangskennlinienfeld ist der Arbeitspunkt im 2., 3. und 4. Quadranten ebenfalls festgelegt. Der gewählte Basis-Ruhestrom ist durch eine geeignete Schaltung (z. B. nach Abschn. 19.7.2.4) zu erzeugen. Bei Spannungssteuerung kann dies z. B. durch einen Spannungsteiler zur Erzeugung der aus der Eingangskennlinie abgelesenen, zum Arbeitspunkt gehörenden Basisvorspannung erfolgen. Bei Stromsteuerung wird der Basis ein aus der Strom-Steuerkennlinie abgelesener, zum Arbeitspunkt gehörender Basis-Ruhestrom aus einer Konstantstromquelle eingeprägt.

Beim Einsatz des Transistors als Verstärker wird man eine Lage des Ruhearbeitspunktes (Arbeitspunkt ohne Aussteuerung im Eingangskreis) im aktiven Bereich in etwa in der Mitte der U_{CE}-Achse wählen. Wird der Eingangskreis durch ein Signal ΔU_{BE} bzw. ΔI_B angesteuert, so wandert dem Signal entsprechend der Betriebspunkt vom eingestellten Arbeitspunkt AP ausgehend auf der Lastgeraden hin und her. Die sich dadurch ergebende Ausgangswechselspannung und der Ausgangswechselstrom lassen sich auf den Koordinatenachsen ablesen. Es sind die verstärkten Werte ΔU_{CE} und ΔI_C. Ist die Lage des Ruhearbeitspunktes nicht ca. in der Mitte der U_{CE}-Achse, so kann bei großer Verstärkung oder großen Eingangssignalen die benötigte Schwankungsbreite ΔU_{CE} nicht groß genug sein. Das Ausgangssignal wird dann auf einer oder auf beiden Seiten „abgeschnitten" (begrenzt) und somit verzerrt. Die Verstärkung ist dann nicht mehr linear.

Beim Einsatz des Transistors als Schalter springt der Arbeitspunkt bei entsprechender Aussteuerung im Eingangskreis zwischen einer Lage im Sperrbereich („Aus") und im Übersteuerungsbereich („Ein") hin und her.

Statt die Gleichung der Lastgeraden durch eine Maschengleichung im Ausgangskreis aufzustellen, kann diese auch nach einem einfachen Verfahren („Kochrezept") in das Ausgangskennlinienfeld eingetragen werden.

1. Die Betriebsspannung $+U_B$ wird auf der U_{CE}-Achse eingetragen.
2. Der Strom $I_C = U_B/R_L$ wird auf der I_C-Achse eingetragen.
3. Beide Punkte werden zur Lastgeraden verbunden.

Der Nachteil dieser Vorgehensweise: Sie funktioniert nicht immer. Ist die Betriebsspannung $+U_B$ größer als der auf der U_{CE}-Achse zur Verfügung stehende Bereich, so kann der Schnittpunkt der Lastgeraden mit der Abszisse nicht eingetragen werden. Ist der Ausgangskreis verändert und es befindet sich z. B. ein Widerstand zur Gleichstromgegenkopplung in der Emitterleitung (siehe Abschn. 19.11.2), so kann das einfache Vorgehen nach dem Kochrezept ebenfalls nicht angewandt werden. Das Verfahren mit dem Aufstellen der Maschengleichung im Ausgangskreis funktioniert dagegen immer. Man vergleiche hierzu auch die bei der Diode beschriebenen Vorgehensweisen in den Abschn. 18.11.2, 18.11.3 und 18.11.4.

19.8 Abhängigkeiten der Stromverstärkung

Gleich- und Wechselstromverstärkung sind vom Arbeitspunkt, von der Temperatur, von der Art der Grundschaltung und von der Frequenz abhängig.

19.8.1 Stromverstärkung in Abhängigkeit von Arbeitspunkt und Temperatur

Hier wird die Stromverstärkung der Emitterschaltung als die am häufigsten eingesetzte Grundschaltung betrachtet. Sowohl die Gleichstromverstärkung B als auch die Wechselstromverstärkung β sind für sehr kleine und sehr große Kollektorströme I_C unterschiedlich groß. Abb. 19.31 zeigt den Verlauf von B und β in Abhängigkeit von I_C bei einer festen Kollektor-Emitter-Spannung U_{CE}. Mit kleiner werdender Kollektor-Emitter-Spannung U_{CE} verschieben sich die Kurven nach unten. Bei Kleinsignaltransistoren wird das Maximum der Stromverstärkung typischerweise im Bereich des Kollektorstromes von $I_C \approx 1\ldots 10\,\text{mA}$ erreicht, bei Leistungstransistoren liegt das Maximum im Ampere-Bereich. In der Praxis erfolgt der Einsatz von Transistoren im Bereich $\beta > B$, da im Bereich $\beta < B$ sowohl die Stromverstärkung als auch die Schaltgeschwindigkeit und die Grenzfrequenzen reduziert werden.

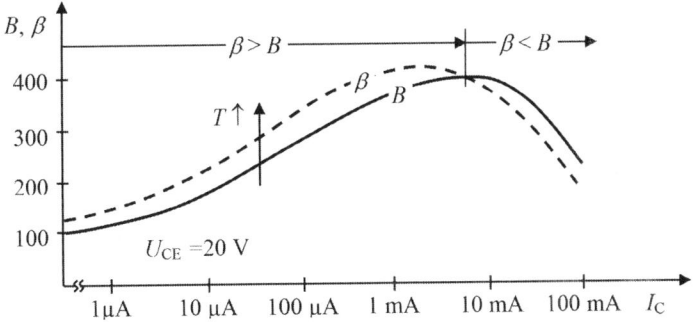

Abb. 19.31 Typischer Verlauf der Stromverstärkungen B und β bei einem Kleinsignaltransistor

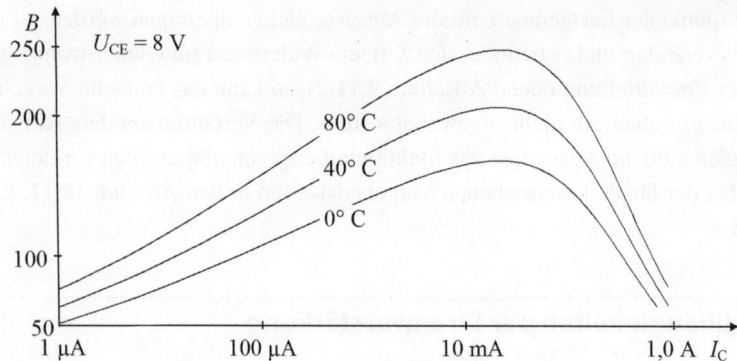

Abb. 19.32 Typischer Verlauf der Stromverstärkung bei einem Kleinsignaltransistor in Abhängigkeit der Temperatur

Es folgt eine kurze Erklärung für die Abhängigkeit der Stromverstärkung von der Höhe des Kollektorstromes.

Bei kleinen Kollektorströmen ist eine der Vereinfachungen von Shockley nicht mehr gültig. Es ist die Vereinfachung mit der Aussage, dass in den Raumladungszonen keine Rekombinationen von Ladungsträgern stattfinden. Natürlich rekombinieren auch in den Raumladungszonen immer Ladungsträger, nur können bei ausreichend großen Emitter- bzw. Kollektorströmen diese Rekombinationsströme vernachlässigt werden. Mit abnehmendem Kollektorstrom wird der durch diese Vereinfachung hervorgerufene Fehler größer. Bei kleinen Kollektorströmen muss die Rekombination von Ladungsträgern in der Basis-Emitter-Raumladungszone berücksichtigt werden. Dies führt zu einer Abweichung von der idealen Kennlinie der Basis-Emitter-Diode.

Die Verringerung der Stromverstärkung bei höheren Kollektorströmen wird durch die so genannte *Basisaufweitung* hervorgerufen, die als *Kirk-Effekt* bezeichnet wird. Sie erfolgt vor allem durch einen Abbau der Raumladungszone zwischen Basis und Kollektor im Sättigungsfall. Es tritt eine starke Injektion am Basis-Kollektor-Übergang auf und es erfolgt eine stärkere Rekombination in der Basis.

Die Stromverstärkung B ist auch von der Temperatur abhängig, sie nimmt mit steigender Temperatur zu. Ihr Temperaturkoeffizient ist positiv und beträgt ca. 0,6 %.

Den typischen Verlauf von B in Abhängigkeit der Temperatur zeigt Abb. 19.32. Die Kurven wurden durch eine Simulation mit dem Transistor 2N2222 gewonnen. Die Lage des Maximums von B kann bei unterschiedlichen Transistortypen sehr verschieden sein. Leistungstransistoren haben das Maximum von β bei höheren Strömen.

19.8.2 Stromverstärkung in Abhängigkeit der Grundschaltung

19.8.2.1 Stromverstärkung der Emitterschaltung

Wird in der Emitterschaltung der Basis-Emitter-Gleichspannung eine kleine Wechselspannung überlagert, so führt der Wechselstrom i_B im Eingangskreis zu einem verstärkten Wechselstrom i_C im Ausgangskreis. Diese *Wechselstromverstärkung* ist eine Kleinsignalstromverstärkung. Sie ist für einen festgelegten Arbeitspunkt AP mit I_C, U_{CE} und bei der Frequenz $f = 1$ kHz definiert als $\beta = \frac{i_C}{i_B}\big|_{AP}$.

In der Praxis wird die *Gleichstromverstärkung B* angegeben.

$$B = \frac{I_C}{I_B} \gg 1 \tag{19.45}$$

Die Gleichstromverstärkung B entspricht bei kleinen Stromänderungen mit ausreichender Genauigkeit der Wechselstromverstärkung β.

Da I_C wesentlich größer als I_B ist ($I_C \gg I_B$), hat B einen Wert erheblich größer als 1 ($B \gg 1$).

In den Transistor-Datenblättern findet man oft nur die Größe β, die häufig auch als „h_{fe}" bezeichnet wird. Hier besteht Verwechslungsgefahr! Man beachte die Groß- und Kleinschreibung der Indizes: B wird in den Datenblättern auch „h_{FE}" genannt (DC current gain, static forward current transfer ratio).

Die Kleinsignalstromverstärkung eines Transistors in Emitterschaltung ist:

$$\beta = \frac{i_C}{i_B}\bigg|_{U_{CE}=\text{const.}} \tag{19.46}$$

In guter Näherung gilt:

$$\beta \approx B \gg 1 \tag{19.47}$$

Die Stromverstärkung ist eine für den Transistortyp charakteristische Größe. Die Werte von B liegen, abhängig vom Transistortyp, im Bereich von 10 bis 100 bei Leistungstransistoren und im Bereich von 100 bis 1000 bei Kleinsignaltransistoren. In der Praxis ist zu beachten, dass B zwischen unterschiedlichen Exemplaren des gleichen Transistortyps erheblich streuen kann (z. B. $B = 100$ bis 300). In den Datenblättern werden oft minimaler, typischer und maximaler Wert von β angegeben.

Für β wird häufig das Wort Kurzschlussstromverstärkung statt Stromverstärkung verwendet. Das Wort „Kurzschluss" bedeutet, dass bei der Messung von β der Ausgangskreis zwischen Kollektor und Emitter *wechselstrommäßig* kurzgeschlossen ist.

Eine Prinzipschaltung zur Messung der Gleichstromverstärkung zeigt Abb. 19.33.

Abb. 19.33 Bestimmung der Stromverstärkung (Prinzip)

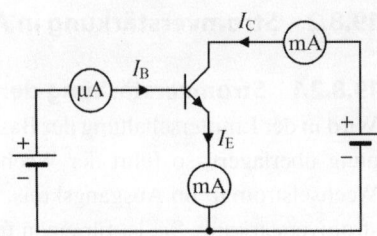

19.8.2.2 Stromverstärkung der Basisschaltung

Die Gleichstromverstärkung A gibt das Verhältnis von Kollektor- zu Emitterstrom in der Basisschaltung an:

$$A = \frac{I_C}{I_E} < 1 \qquad (19.48)$$

Es gilt die Knotengleichung $I_E = I_B + I_C$ bzw. $I_C = I_E - I_B$. I_C ist also um den Basisstrom I_B kleiner als I_E. Da $I_C < I_E$ ist, wird $A < 1$.

A liegt im Bereich 0,95 bis 0,999. Somit ist:

$$A \approx 1 \qquad (19.49)$$

Für *kleine* Änderungen von Emitter- und Kollektorstrom wird die Wechselstromverstärkung α verwendet.

$$\alpha = \left.\frac{i_C}{i_E}\right|_{AP} \qquad (19.50)$$

Für die meisten Anwendungen gilt:

$$\alpha \approx A \qquad (19.51)$$

19.8.2.3 Stromverstärkung der Kollektorschaltung

Für die Kollektorschaltung müsste als Gleichstromverstärkung C wieder das Verhältnis von Emitter- zu Basisstrom (Ausgangs- zu Eingangsstrom) angegeben werden:

$$C = \frac{I_E}{I_B} \qquad (19.52)$$

Es gilt wieder die Knotengleichung $I_E = I_B + I_C$. Da $I_B \ll I_C$ und somit $I_E \approx I_C$ ist, ergibt sich in guter Näherung:

$$C = \frac{I_C}{I_B} \qquad (19.53)$$

Gl. 19.53 entspricht Gl. 19.45. Die Gleichstromverstärkung C der Kollektorschaltung entspricht annähernd der Gleichstromverstärkung B der Emitterschaltung. Deshalb wird für die Kollektorschaltung meist keine eigene Gleichstromverstärkung definiert. Wird eine Wechselstromverstärkung der Kollektorschaltung definiert, so wird sie meist mit γ bezeichnet.

19.8.2.4 Umrechnung der Stromverstärkungen

Die Stromverstärkungen der Grundschaltungen können ineinander umgerechnet werden.

$$B = \frac{A}{1-A} \tag{19.54}$$

$$\beta = \frac{\alpha}{1-\alpha} \tag{19.55}$$

$$A = \frac{B}{B+1} \tag{19.56}$$

$$\alpha = \frac{\beta}{\beta+1} \tag{19.57}$$

$$C = \frac{1}{1-A} = B+1 \approx B \tag{19.58}$$

$$\gamma = \frac{1}{1-\alpha} = \beta+1 \approx \beta \tag{19.59}$$

19.8.3 Stromverstärkung in Abhängigkeit der Frequenz, Grenzfrequenzen

Gibt man auf den Eingang eines Transistorverstärkers ein sinusförmiges Eingangssignal und betrachtet die verstärkte Ausgangsspannung, so nimmt deren Amplitude mit wachsender Frequenz der Eingangsspannung ab. Der Grund ist: **Die Stromverstärkung sinkt mit wachsender Frequenz** (und damit die Spannungsverstärkung).

Bei hohen Frequenzen kann man für einen Transistor ein Funktionsersatzschaltbild angeben, das aus einem Netzwerk von Widerständen (Basis-, Emitter-, Kollektor-Bahnwiderstände) und Kapazitäten (Sperrschicht-, Diffusionskapazität) sowie einer Stromquelle besteht. Dieses Wechselstrom-Ersatzschaltbild aus inneren Widerständen und Kapazitäten des Transistors *wirkt für die steuernde Frequenz wie ein Tiefpass erster Ordnung*. Somit tritt mit zunehmender Frequenz nicht nur ein Verstärkungsabfall sondern auch eine Phasenverschiebung zwischen Eingangs- und Ausgangsgröße auf.

Die Frequenz, bei der die Stromverstärkung β in Emitterschaltung um 3 dB auf ca. 70 % (auf das $1/\sqrt{2}$-fache) ihres Wertes β_0 bei der niedrigen Frequenz 1 kHz abgesunken ist, heißt β**-Grenzfrequenz** f_β oder **3 dB-Grenzfrequenz** (Abb. 19.34). Oberhalb der β-Grenzfrequenz (zu höheren Frequenzen hin) nimmt die Stromverstärkung mit 20 dB pro Frequenzdekade ab. Die β-Grenzfrequenz ist die Grenzfrequenz des Transistors in Emitterschaltung bei Betrieb mit eingeprägtem Basisstrom.

In gleicher Weise ist die α**-Grenzfrequenz** f_α der Basisschaltung definiert (Abb. 19.34). Es ist:

$$\underline{\underline{f_\alpha > f_\beta}} \tag{19.60}$$

Als **Transitfrequenz** f_T (Transitgrenzfrequenz, unity gain frequency, transition frequency) bezeichnet man diejenige Frequenz, bei der die Stromverstärkung auf den Wert Eins abgesunken ist (Abb. 19.34):

$$\underline{\beta}(f_T) = 1 \quad (\text{d. h. } I_C = I_B) \tag{19.61}$$

Die Transitfrequenz hängt sehr stark vom Kollektorstrom und damit vom Arbeitspunkt ab. In Datenblättern wird die Transitfrequenz als Kurven $f_T(I_C)$ mit U_{CE} als Parameter angegeben.

Zwischen der β-Grenzfrequenz und der Transitfrequenz besteht die Beziehung:

$$f_T = \beta_0 \cdot f_\beta \tag{19.62}$$

Die Transitfrequenz wird auch als **Verstärkungs-Bandbreite-Produkt** (gain-bandwidth-product, *GBW*) bezeichnet.

Mit der α-Grenzfrequenz f_α ist die Transitfrequenz:

$$f_T = \alpha_0 \cdot f_\alpha \approx f_\alpha \tag{19.63}$$

Während die 3 dB-Grenzfrequenz nur selten in Datenblättern zu finden ist, wird die Transitfrequenz sehr häufig angegeben.

Die komplexe Übertragungsfunktion von einem Tiefpass 1. Ordnung mit der Grenzfrequenz f_g ist (man betrachte hierzu auch Abschn. 11.6.5 und 11.6.7):

$$\underline{H}(j\omega) = K \cdot \frac{1}{1 + j \cdot \frac{\omega}{\omega_g}} \tag{19.64}$$

K = Konstante,
ω_g = 3 dB-Grenzfrequenz.

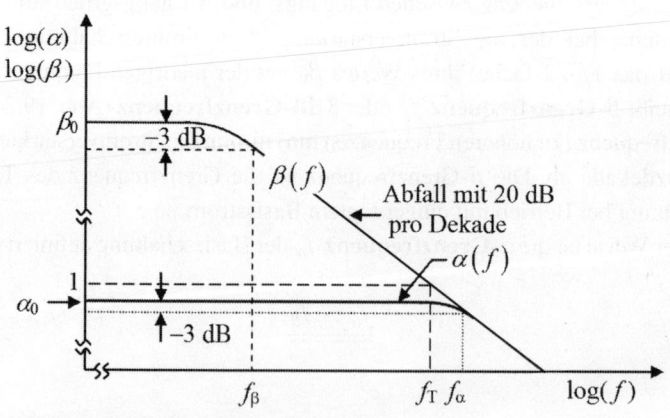

Abb. 19.34 Frequenzabhängigkeit der Stromverstärkungen und Grenzfrequenzen

19.8 Abhängigkeiten der Stromverstärkung

Der Amplitudengang ist:

$$|\underline{H}(j\omega)| = K \cdot \frac{1}{\sqrt{1 + j \cdot \left(\frac{\omega}{\omega_g}\right)^2}} \quad (19.65)$$

Der Phasengang ist:

$$\varphi(\omega) = -\arctan\left(\frac{\omega}{\omega_g}\right) \quad (19.66)$$

Das Tiefpassverhalten erster Ordnung der Stromverstärkung kann mit der komplexen Stromverstärkung $\underline{\beta}$ dargestellt werden.

$$\underline{\beta} = \beta_0 \cdot \frac{1}{1 + j \cdot \frac{f}{f_\beta}} \quad (19.67)$$

Der Betrag von $\underline{\beta}$ ergibt den Verlauf von β in Abhängigkeit der Frequenz:

$$\beta(f) = \frac{\beta_0}{\sqrt{1 + \left(\frac{f}{f_\beta}\right)^2}} \quad (19.68)$$

Der Phasengang ist:

$$\varphi(\beta) = -\arctan\left(\frac{f}{f_\beta}\right) \quad (19.69)$$

Sucht man in der Emitterschaltung bei einer bestimmten Arbeitsfrequenz f_A den Wert der Stromverstärkung β_A, so erhält man diesen aus:

$$\beta_A = \frac{\beta_0}{\sqrt{1 + \left(\frac{f_A}{f_\beta}\right)^2}} = \frac{\beta_0}{\sqrt{1 + \left(\frac{\beta_0 \cdot f_A}{f_T}\right)^2}} \quad (19.70)$$

> **Aufgabe 19.2**
> Ein Transistor hat die Transitfrequenz $f_T = 300\,\text{MHz}$ und die Stromverstärkung $\beta_0 = 100$. Wie groß ist die Stromverstärkung β_A in Emitterschaltung bei der Arbeitsfrequenz $f_A = 10\,\text{MHz}$?

Lösung

$$\beta_A = \frac{100}{\sqrt{1 + \left(\frac{100 \cdot 10 \cdot 10^6 \, \text{Hz}}{300 \cdot 10^6 \, \text{Hz}}\right)}} = \underline{28{,}7}$$

Bei der Frequenz $f_A = 10\,\text{MHz}$ hat die Stromverstärkung nur noch den Wert $\beta_A = 28{,}7$.

19.9 Wahl des Arbeitspunktes

19.9.1 Erlaubter Arbeitsbereich

Beim Betrieb eines Transistors sind für die Lage des Arbeitspunktes einige Grenzen zu beachten, um Überlastungen, die zur Zerstörung führen können, zu vermeiden.

1. Der vom Hersteller angegebene Maximalwert des Kollektor(dauer)stromes $I_{C\text{max}}$ darf nicht überschritten werden ($I_C < I_{C\text{max}}$), sonst kann ein interner Anschlussdraht (*Bonddraht*) schmelzen.
2. Die Kollektor-Emitter-Spannung muss unter dem vom Hersteller angegeben Höchstwert $U_{CE\text{max}}$ (Durchbruchspannung) liegen ($U_{CE} < U_{CE\text{max}}$). Wird diese Grenze überschritten, kann ein Lawinendurchbruch erfolgen.
3. Die Verlustleistung muss kleiner sein als die vom Hersteller angegebene maximal zulässige Verlustleistung P_{tot}, sonst wird der Transistor thermisch überlastet. Es muss gelten: $U_{CE} \cdot I_C < P_{\text{tot}}$. Der Arbeitspunkt muss also unterhalb der Verlustleistungshyperbel $U_{CE} \cdot I_C = P_{\text{tot}} = \text{const.}$ liegen. In der doppelt logarithmischen Darstellung des SOA-Diagramms entspricht die Verlustleistungshyperbel einer Geraden. P_{tot} ist eine Funktion der Umgebungstemperatur und nimmt mit zunehmender Umgebungstemperatur ab. Die zulässige Verlustleistung ist bei gegebener Umgebungstemperatur aus der Lastminderungskurve des Herstellers zu entnehmen, wobei eventuelle Kühlmaßnahmen zu berücksichtigen sind.
4. Bei größeren Werten von U_{CE} kann ein *zweiter Durchbruch* auftreten (*Durchbruch 2. Art*, sekundärer Durchbruch). Dieser Durchbruch erfolgt durch örtliche Stromkonzentrationen, die zu lokalen Überhitzungen der Sperrschicht im Zentrum des Transistors und zu dessen Zerstörung führen. Durch den zweiten Durchbruch wird bei größeren Kollektor-Emitter-Spannungen der maximal zulässige Kollektorstrom auf kleinere Werte begrenzt.

Diese Grenzen des erlaubten Arbeitsbereiches werden vom Hersteller oft in einem **SOA-Diagramm** (**S**afe **O**perating **A**rea) angegeben (auch als SOAR-Diagramm bezeichnet). Die Menge der erlaubten Arbeitspunkte liegt innerhalb der grauen Fläche in Abb. 19.35.

19.9 Wahl des Arbeitspunktes

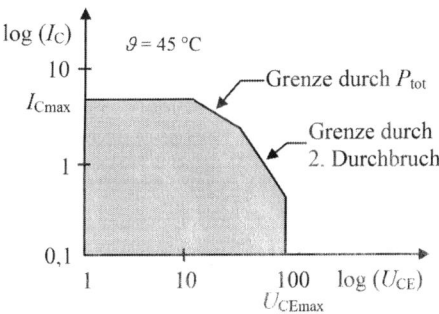

Abb. 19.35 SOA-Diagramm eines Bipolartransistors (Zahlenwerte als Beispiel)

Für den Pulsbetrieb werden in den Datenblättern häufig extra Grenzkurven mit unterschiedlichen Pulsdauern angegeben.

19.9.2 Betriebsarten als Verstärker

Neben dieser vom Typ abhängigen Eingrenzung des erlaubten Arbeitsbereiches eines Transistors kann sich die Lage des Arbeitspunktes je nach Aufgabe des Transistors richten. Hier wird die Lage des Arbeitspunktes im Verstärkerbetrieb betrachtet. Die Lage des Arbeitspunktes im Schalterbetrieb wurde in den Abschn. 19.6.2, 19.7.3.2, 19.7.3.3 und 19.7.4 behandelt.

1. Im Verstärkerbetrieb eines einzelnen Transistors soll dieser symmetrisch um den Arbeitspunkt herum ausgesteuert werden, damit Ausgangswechselstrom und -spannung möglichst genau dem Eingangssignal entsprechen. Um nichtlineare Verzerrungen des Ausgangssignals zu vermeiden, darf der Arbeitspunkt nur im linearen Teil der fast horizontal verlaufenden Kennlinien des Ausgangskennlinienfeldes liegen. Für eine Großsignalverstärkung (das Eingangssignal steuert einen weiten Bereich der Eingangskennlinie aus) wird der Arbeitspunkt in die Mitte des ausnutzbaren Teiles der Lastgeraden gelegt (AP1 in Abb. 19.37). Bei einer Leistungsendstufe mit nur einem Transistor

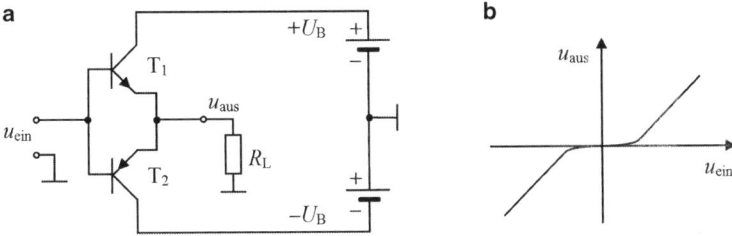

Abb. 19.36 Gegentakt-Endstufe im B-Betrieb (komplementäre Ausgangsstufe) (**a**) und Verstärkungskennlinie (**b**)

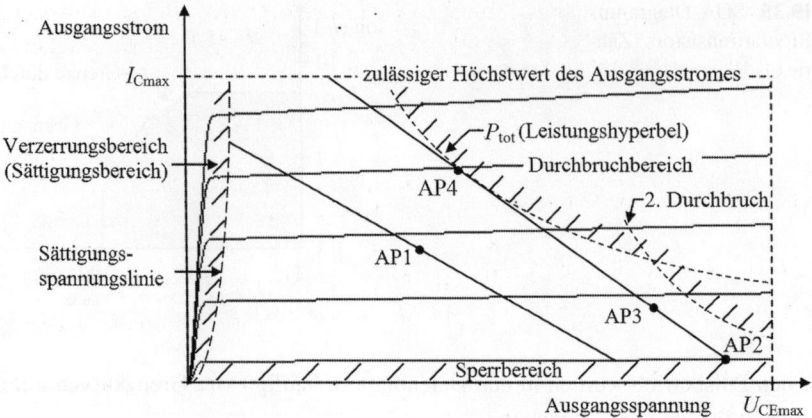

Abb. 19.37 Ausgangskennlinienfeld mit erlaubtem Arbeitsbereich für den Verstärkerbetrieb

wird dies als **A-Betrieb** (Eintakt-A-Betrieb) bezeichnet. Beim A-Betrieb wird eine Betriebsspannung mit nur einer Polarität benötigt, z. B. $U_B = +15$ V. Man vergleiche hierzu auch die Abschn. 19.6.1 und 19.7.4.

2. Beim **B-Betrieb** von zwei Transistoren in einer Leistungsendstufe (Abb. 19.36a) wird jeder der beiden Komplementärtransistoren (ein npn- und ein pnp-Typ) nur in einer Richtung durch das Eingangssignal ausgesteuert. Je nach Polarität der Eingangsspannung sperrt ein Transistor und der andere verstärkt. Ist u_{ein} positiv, so leitet bzw. verstärkt der npn-Transistor T_1, der pnp-Transistor T_2 sperrt. Für $u_{ein} < 0$ ist es umgekehrt. Das Ausgangssignal jeder der beiden Transistoren soll möglichst genau einer Halbwelle des Eingangssignals entsprechen. Der Arbeitspunkt wird an das untere Ende der Lastgeraden gelegt (AP2 in Abb. 19.37). Die Schaltungsart des B-Betriebs wird auch als **Gegentaktschaltung** (Gegentakt-Endstufe) oder *komplementärer Emitterfolger* bezeichnet (push-pull-stage). Beim B-Betrieb wird eine bipolare Spannungsversorgung, also eine Betriebsspannung mit zwei Polaritäten benötigt, z. B. $U_B = \pm 15$ V.

3. Bei reinem B-Betrieb treten für kleine Eingangsspannungen *Übernahmeverzerrungen* auf, da der Aussteuerungsbereich den nichtlinearen Teil der Eingangs- bzw. Verstärkungskennlinie einschließt (Bereich in der Nähe des Ursprungs in Abb. 19.36b). Deshalb wird der Arbeitspunkt oft nicht ganz an das untere Ende der Lastgeraden gelegt (AP3 in Abb. 19.37). Erreicht wird dies durch einen kleinen Basisruhestrom der Transistoren T_1 und T_2 mittels den Basisanschlüssen vorgeschalteter Gleichspannungsquellen. Dieser Betrieb wird **AB-Betrieb** genannt.

4. Die größte Ausgangsleistung ergibt sich, wenn der Arbeitspunkt auf der Leistungshyperbel liegt und die Lastgerade eine Tangente an die Leistungshyperbel im Arbeitspunkt ist (AP4 in Abb. 19.37).

5. Die Sättigungsspannung $U_{CE.sat}$ begrenzt die Lage des Arbeitspunktes im linken Teil des Ausgangskennlinienfeldes (Verzerrungsbereich). Gerät der kleinste Au-

genblickswert der Ausgangsspannung U_{CE} in den Bereich des steilen Anstiegs des Ausgangsstromes, so ergeben sich starke Verzerrungen des Ausgangssignals. Durch die Aussteuerung des Eingangs darf der Arbeitspunkt auf der Lastgeraden nur in einen Betriebspunkt wandern, der noch im flach verlaufenden Teil des Ausgangskennlinienfeldes liegt.

6. Der Sperrbereich begrenzt die Lage des Arbeitspunktes nach unten. Der kleinste Augenblickswert des Ausgangsstromes muss größer sein als der Ausgangsstrom ohne Aussteuerung am Eingang. Wandert der Arbeitspunkt durch die Aussteuerung des Eingangs in einen Betriebspunkt innerhalb des Sperrbereiches, so kann der Ausgangsstrom dem Eingangsstrom nicht mehr proportional folgen, und das Ausgangssignal wird verzerrt.
7. Bei Kleinsignalverstärkung (Vorverstärker) kann man den Arbeitspunkt möglichst nahe an den Koordinatennullpunkt des Ausgangskennlinienfeldes legen, um den Leistungsverbrauch niedrig zu halten.

19.10 Die Grundschaltungen im Detail

19.10.1 Die Emitterschaltung

Die Eingangskennlinie hat bei Germanium- und Siliziumtransistoren qualitativ denselben Verlauf und entspricht der Durchlasskennlinie einer Diode. Die Basis-Emitter-Durchlassspannung im Arbeitspunkt AP ist $U_{BE,A}$ und beträgt bei Germaniumtransistoren ca. 0,3 V und bei Siliziumtransistoren ca. 0,7 V (Abb. 19.38b).

19.10.1.1 Wechselstromeingangswiderstand

Eine Signalspannungsquelle am Eingang wird mit dem dynamischen (dem differenziellen) Wechselstromeingangswiderstand r_{BE} des Transistors belastet (Abb. 19.38a), siehe auch Abschn. 19.7.1.

$$r_{BE} = \frac{\Delta U_{BE}}{\Delta I_B} \tag{19.71}$$

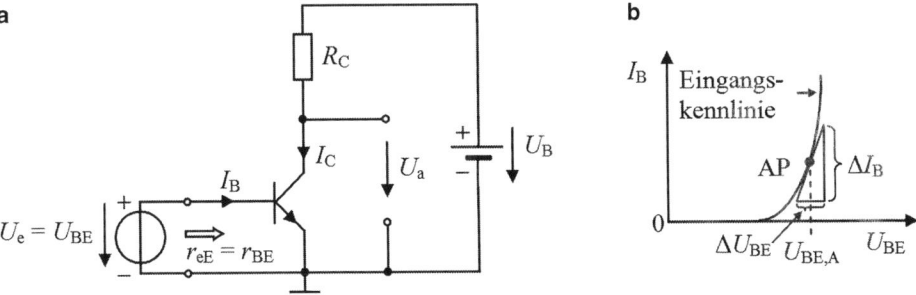

Abb. 19.38 Transistor in Emitterschaltung (**a**) und Eingangskennlinie (**b**)

r_{BE} ist der differenzielle Durchlasswiderstand der Basis-Emitter-Diode (Abb. 19.38b) im Arbeitspunkt. Mit zunehmendem Basisstrom nimmt r_{BE} ab, da wegen der größer werdenden Steilheit der Kennlinie die zu einer Basisstromänderung ΔI_B gehörende Änderung der Basis-Emitter-Spannung ΔU_{BE} kleiner wird. Die Steigung $\Delta I_B / \Delta U_{BE}$ der Tangente im Arbeitspunkt ist gleich dem Kehrwert von r_{BE}. Um die Steigung der Tangente zu berechnen, wird die Gleichung einer Diodenkennlinie Gl. 18.5 differenziert.

Aus $I_B = I_R \cdot \left(e^{\frac{U_{BE}}{U_T}} - 1 \right)$ oder $I_B = I_R \cdot e^{\frac{U_{BE}}{U_T}} - I_R$ erhält man:

$$\frac{d I_B}{d U_{BE}} = \underbrace{I_R \cdot e^{\frac{U_{BE}}{U_T}}}_{\approx I_B} \cdot \frac{1}{U_T} \approx \frac{I_B}{U_T} \tag{19.72}$$

Der Kehrwert gibt mit $I_B = \frac{I_C}{B}$ den Eingangswiderstand der Emitterschaltung (die Steilheit S wird in Gl. 19.77 definiert):

$$\underline{\underline{r_{eE} = r_{BE} = \frac{U_T}{I_B} = \frac{U_T \cdot B}{I_C} = \frac{\beta}{S}}} \tag{19.73}$$

Zur Nomenklatur: In r_{eE} bedeutet der erste Index Eingangswiderstand, der zweite Index Emitterschaltung.

U_T ist die Temperaturspannung (siehe Gl. 18.6).

Bei $T = 300\,\mathrm{K}$ (27 °C) ist $U_T \approx 26\,\mathrm{mV}$. Bei 22 °C ist $U_T = 25{,}4\,\mathrm{mV} \approx 25\,\mathrm{mV}$.

Damit erhält man bei Kleinsignaltransistoren mit Basisströmen von 100 nA bis 100 µA **je nach Lage des Arbeitspunktes** (!) Wechselstromeingangswiderstände zwischen ca. 250 kΩ und 250 Ω.

Da I_C in Gl. 19.73 im Nenner steht, nimmt der Eingangswiderstand mit größer werdendem Kollektorstrom einen kleineren Wert an, der die Signalspannungsquelle belastet. Durch den Spannungsabfall am Innenwiderstand der Signalspannungsquelle tritt dann nur ein Teil ihrer Leerlaufspannung als Eingangsspannung auf. Bei einer hochohmigen Signalspannungsquelle (mit hohem Innenwiderstand) wählt man deshalb einen kleinen Kollektorstrom.

19.10.1.2 Wechselstromausgangswiderstand

Der Wechselstromausgangswiderstand zwischen Kollektor und Emitter des Transistors lässt sich für einen bestimmten Arbeitspunkt aus dem Ausgangskennlinienfeld ablesen, siehe auch Abschn. 19.7.3.4.

Im flachen Teil der Ausgangskennlinien besitzt der Ausgangswiderstand

$$\underline{\underline{r_{CE} = \frac{\Delta U_{CE}}{\Delta I_C}}} \tag{19.74}$$

große Werte, da zu einer bestimmten Änderung der Kollektor-Emitter-Spannung ΔU_{CE} eine kleine Änderung ΔI_C gehört. Meist liegt r_{CE} bei Kleinsignaltransistoren in der Größenordnung von einigen 100 kΩ.

19.10 Die Grundschaltungen im Detail   585

Bei der Emitterschaltung mit einem Arbeitswiderstand R_C sind r_{CE} und R_C über die Betriebsspannungsquelle U_B *wechselstrommäßig parallel* geschaltet. Damit ergibt sich unter Vernachlässigung der Spannungsrückwirkung der Ausgangswiderstand der Emitterschaltung (das Zeichen ∥ bedeutet parallel):

$$r_{aE} = R_C \parallel r_{CE} \approx R_C \qquad (19.75)$$

Für $R_C \ll r_{CE}$ kann r_{CE} vernachlässigt werden.

Wird die Verstärkerschaltung nach Abb. 19.38 aus einer Signalspannungsquelle mit dem Innenwiderstand R_i angesteuert, so beeinflusst dies den Ausgangswiderstand nicht. Wird die Spannungsrückwirkung vernachlässigt, so bleibt bei sich ändernder Ausgangsspannung der Basisstrom I_B konstant und R_i kann sich auf den Ausgangswiderstand nicht auswirken.

19.10.1.3 Wechselspannungsverstärkung

An der Eingangskennlinie in Abb. 19.38b erkennt man, dass eine kleine Änderung der Eingangsspannung $\Delta U_e = \Delta U_{BE}$ eine große Änderung ΔI_B des Basisstromes zur Folge hat.

Es ist $\Delta I_B = \frac{\Delta U_e}{r_{BE}}$. Durch die Änderung des Basisstromes ergibt sich eine Änderung des Kollektorstromes $\Delta I_C = \beta \cdot \Delta I_B = \beta \cdot \frac{\Delta U_e}{r_{BE}}$.

Der Kollektorstrom fließt durch den Arbeitswiderstand R_C und erzeugt eine Änderung der Ausgangsspannung $\Delta U_a = -\Delta I_C \cdot R_C$. Das Minuszeichen ergibt sich, da die Spannung ΔU_a und damit die Spannung an R_C entgegengesetzt zur Stromrichtung ΔI_C ist. Weiter folgt: $\Delta U_a = -\beta \cdot \frac{R_C}{r_{BE}} \cdot \Delta U_e$.

$$V_{uE} = -\frac{\Delta U_a}{\Delta U_e} = -\beta \cdot \frac{R_C}{r_{BE}} \qquad (19.76)$$

Am Minuszeichen erkennt man die bereits in Abschn. 19.6 erläuterte Phasendrehung von 180° zwischen Eingangs- und Ausgangsspannung.

Die Steigung der Tangente im Arbeitspunkt einer Spannungs-Steuerkennlinie wird **Steilheit S** genannt, siehe auch Abschn. 19.7.2.1.

$$S = \left.\frac{\Delta I_C}{\Delta U_{BE}}\right|_{AP} = \frac{\beta}{r_{BE}} \qquad (19.77)$$

Mit $\Delta I_C = \beta \cdot \Delta I_B$ und $\Delta U_{BE} = \Delta I_B \cdot r_{BE}$ kann man die Steilheit auch ausdrücken als $S = \frac{\beta}{r_{BE}}$.

Die Spannungsverstärkung ist dann:

$$V_{uE} = -S \cdot R_C \qquad (19.78)$$

Wird $r_{BE} = \frac{U_T \cdot B}{I_C}$ in $V_{uE} = -\beta \cdot \frac{R_C}{r_{BE}}$ eingesetzt, so erhält man:

$$V_{uE} = -\frac{\beta}{B} \cdot \frac{I_C \cdot R_C}{U_T} \tag{19.79}$$

Das Produkt $I_C \cdot R_C$ ist der Gleichspannungsabfall U_{Rc} am ohmschen Kollektorwiderstand R_C im Arbeitspunkt.

Mit $\beta \approx B$ folgt für die Spannungsverstärkung:

$$V_{uE} = -\frac{U_{Rc}}{U_T} = -\frac{I_C \cdot R_C}{U_T} \tag{19.80}$$

Zusammengefasst ist die Wechselspannungsverstärkung der Emitterschaltung:

$$V_{uE} = -\frac{\Delta U_a}{\Delta U_e} = -\beta \cdot \frac{R_C}{r_{BE}} = -S \cdot R_C = -\frac{U_{Rc}}{U_T} = -\frac{I_C \cdot R_C}{U_T} \tag{19.81}$$

Oft wird nur der absolute Betrag (der positive Wert) von V_{uE} angegeben, da es klar ist, dass die Emitterschaltung eine Phasendrehung von 180° bewirkt.

Die Wechselspannungsverstärkung der Emitterschaltung kann angenähert aus dem Gleichspannungsabfall U_{Rc} am Kollektorwiderstand im Arbeitspunkt berechnet werden. Bedingung: $R_C \ll r_{CE}$. Für eine möglichst hohe Spannungsverstärkung wird U_{Rc} so groß wie möglich gewählt.

Wichtig für die Praxis

Will man eine überschlägige Abschätzung der Spannungsverstärkung vornehmen, so setzt man an: $U_T = 25\,\text{mV}$ bei $22\,°C$ bzw. $\frac{1}{U_T} = 40\,\frac{1}{V}$. Die Wechselspannungsverstärkung ist dann:

$$V_{uE} = -40 \cdot U_{Rc} = -40 \cdot I_C \cdot R_C \tag{19.82}$$

19.10.1.4 Leistungsverstärkung

Die Wechselstromverstärkung β der Emitterschaltung hat einen Wert erheblich größer als 1 ($\beta \gg 1$). Die Spannungsverstärkung ist ebenfalls $\gg 1$. Da mit einer Emitterstufe sowohl eine Stromverstärkung als auch eine Spannungsverstärkung erzielt wird, findet auch eine Leistungsverstärkung $\gg 1$ statt.

Die Leistung im Eingangskreis ist $P_e = U_e \cdot I_B$. Die Ausgangsspannung ist $U_a = V_{uE} \cdot U_e$ und der Ausgangsstrom ist $I_C = \beta \cdot I_B$.

Die Leistung im Ausgangskreis ist somit:

$$P_a = V_{uE} \cdot U_e \cdot \beta \cdot I_B \tag{19.83}$$

Die Leistungsverstärkung der Emitterschaltung ist:

$$V_{pE} = \frac{P_a}{P_e} = \beta \cdot V_{uE} \tag{19.84}$$

19.10 Die Grundschaltungen im Detail

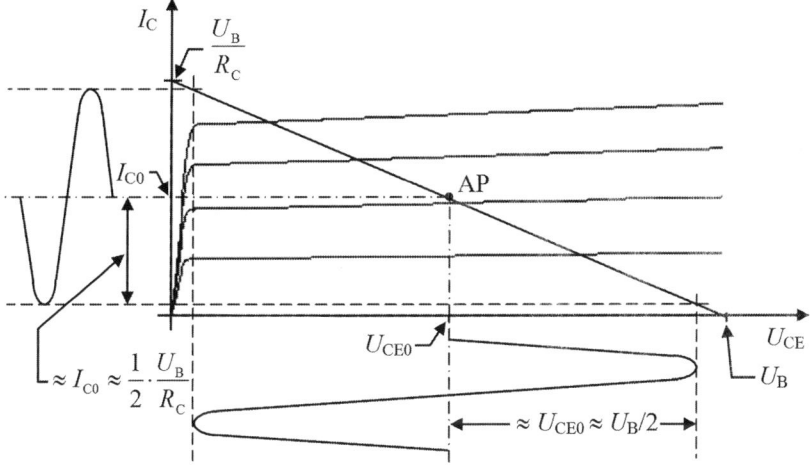

Abb. 19.39 Ausgangskennlinienfeld der Emitterschaltung bei Leistungsverstärkung im Eintakt-A-Betrieb

Unter Vernachlässigung der Verlustleistung im Eingangskreis wird ohne wechselstrommäßige Aussteuerung am Eingang im Transistor die Verlustleistung $P_V \approx U_{CE} \cdot I_C$ in Wärme umgesetzt.

Bei der Emitterschaltung als Großsignalverstärker im A-Betrieb (Eintakt-A-Betrieb) liegt der Arbeitspunkt in der Mitte der Lastgeraden (Abb. 19.39).

Es fließt der Kollektorruhestrom (Gleichstrom):

$$I_{C0} = \frac{1}{2} \cdot \frac{U_B}{R_C} \tag{19.85}$$

Die Kollektor-Emitter-Spannung (Gleichspannung) ist ca.:

$$U_{CE0} = \frac{U_B}{2} \tag{19.86}$$

Die *Gleichstrom-Verlustleistung* im Transistor ist somit ohne wechselstrommäßige Aussteuerung:

$$P_V = U_{CE0} \cdot I_{C0} = \frac{U_B^2}{4 \cdot R_C} \tag{19.87}$$

Dieselbe Gleichstrom-Verlustleistung tritt im Lastwiderstand R_C auf, da an ihm die gleiche Spannung und der gleiche Strom auftreten. Insgesamt nimmt die Schaltung folgende Leistung auf:

$$P_g = 2 \cdot P_V = \frac{U_B^2}{2 \cdot R_C} \tag{19.88}$$

Eine sinusförmige Aussteuerung am Eingang ergibt am Ausgang einen Scheitelwert des Kollektorstromes von ca. I_{C0} und einen Scheitelwert der Ausgangsspannung von ca. U_{CE0}. Es gilt $P = 1/2 \cdot \hat{U} \cdot \hat{I}$. Die an den Lastwiderstand R_C abgegebene *Wechselstromleistung* ist somit:

$$P_\sim = \frac{U_B^2}{8 \cdot R_C} \qquad (19.89)$$

Der Wirkungsgrad als Verhältnis von abgegebener Nutzleistung (Effektivwert der im Widerstand umgesetzten Wechselleistung) zu insgesamt aufgenommener Leistung (Effektivwert der von der Betriebsspannungsquelle aufgebrachten Leistung) ist:

$$\eta = \frac{P_\sim}{P_g} = \frac{\frac{U_B^2}{8 \cdot R_C}}{\frac{U_B^2}{2 \cdot R_C}} = \frac{1}{4} \qquad (19.90)$$

Somit ist der Wirkungsgrad $\eta = 0{,}25 = 0{,}25\,\%$.

Wegen des geringen maximalen Wirkungsgrades $\eta = 25\,\%$ wird die Schaltung nur für Kleinleistungsverstärker eingesetzt.

Bei wechselstrommäßiger Aussteuerung vermindert sich die Gleichstrom-Verlustleistung im Transistor um die an den Lastwiderstand abgegebene Wechselstromleistung, da die aus der Betriebsspannungsquelle zugeführte Gleichstromleistung P_g von der Aussteuerung unabhängig ist und konstant bleibt.

Die Gleichstrom-Verlustleistung im Transistor ist dann:

$$P_v = P_V - P_\sim = \frac{U_B^2}{8 \cdot R_C} \qquad (19.91)$$

Die Verlustleistung im Transistor ist ohne Eingangssignal am größten.

19.10.1.5 Verhalten bei hohen Frequenzen

Oberhalb der Grenzfrequenz f_β sinkt die Kleinsignalstromverstärkung β ab, während die Gleichstromverstärkung B konstant bleibt. Es gilt dann nicht mehr $\beta \approx B$, sondern β ist abhängig von der Frequenz: $\beta = \beta(f)$. Wird dies in $V_{uE} = -\frac{\beta}{B} \cdot \frac{I_C \cdot R_C}{U_T}$ mit $I_C \cdot R_C = U_{Rc}$ eingesetzt, so erhalten wir den Frequenzgang der Wechselspannungsverstärkung der Emitterschaltung.

$$V_{uE} = -\frac{\beta(f)}{B} \cdot \frac{U_{Rc}}{U_T} \qquad (19.92)$$

Man erkennt, dass V_{uE} den gleichen Frequenzgang hat wie β und ab der Grenzfrequenz f_β abnimmt (siehe auch Abb. 19.34).

Zusätzlich wird der Frequenzgang der Wechselspannungsverstärkung durch die äußere Beschaltung und durch innere Kapazitäten des Transistors bestimmt. Ein Koppelkondensator am Eingang lässt tiefe Frequenzen schlecht durch und ergibt mit der Transistor-Eingangsimpedanz und anderen wechselstrommäßig parallel dazu liegenden Eingangswiderständen (z. B. durch einen Basisspannungsteiler) einen Hochpass. Im Ausgangskreis bildet sich ein Tiefpass, der durch parallel zu R_C liegende Transistorkapazitäten und einer kapazitiven Last (bzw. der Eingangskapazität der nächsten Verstärkerstufe) bestimmt wird. Für eine derart aufgebaute komplette Verstärkerstufe erhält man den Frequenzgang eines Bandpasses.

19.10.2 Die Basisschaltung

19.10.2.1 Wechselstromeingangswiderstand

Der Eingangswiderstand der Basisschaltung (Abb. 19.40) ist viel niedriger als der Eingangswiderstand der Emitterschaltung, da die Signalspannungsquelle mit dem Emitterstrom belastet wird. Unter der Annahme, dass Basis- und Kollektorstrom von U_{CE} unabhängig sind, berechnet sich der Eingangswiderstand zu:

$$r_{eB} = \frac{\Delta U_{BE}}{\Delta I_E}; \quad \Delta U_{BE} = \Delta I_B \cdot r_{BE}; \quad \Delta I_E \approx \Delta I_C = \beta \cdot \Delta I_B$$

Daraus folgt mit Gl. 19.73 und $B \approx \beta$ der Eingangswiderstand der Basisschaltung:

$$r_{eB} = \frac{r_{BE}}{\beta} = \frac{U_T}{I_C} = \frac{1}{S} \tag{19.93}$$

19.10.2.2 Wechselstromausgangswiderstand

Die Kollektor-Basis-Strecke wird in Sperrrichtung betrieben und stellt einen vernachlässigbar hohen Widerstand dar. Wechselstrommäßig parallel zu R_C liegt der Widerstand

Abb. 19.40 Transistor in Basisschaltung

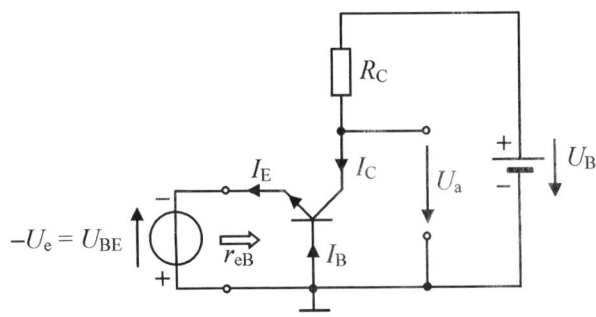

• der Kollektor-Emitter-Strecke r_{CE}. Somit besitzt die Basisschaltung den selben Wechselstromausgangswiderstand wie die Emitterschaltung.

$$r_{aB} = R_C \| r_{CE} \approx R_C \tag{19.94}$$

19.10.2.3 Wechselspannungsverstärkung

Die Basisschaltung besitzt dieselbe Spannungsverstärkung wie die Emitterschaltung. Da $U_{BE} = -U_e$ ist, befindet sich die Ausgangsspannung U_a mit der Eingangsspannung U_e in Phase.

$$V_{uB} = V_{uE} \tag{19.95}$$

19.10.2.4 Leistungsverstärkung

Die Stromverstärkung der Basisschaltung ist $\alpha < 1$. Die Spannungsverstärkung ist $\gg 1$. Damit ist die Leistungsverstärkung in einem mittleren Größenbereich und wesentlich kleiner als bei der Emitterschaltung.

Die Leistung im Eingangskreis ist $P_e = U_e \cdot I_E$. Die Ausgangsspannung ist $U_a = V_{uB} \cdot U_e$ und der Ausgangsstrom ist $I_C = \alpha \cdot I_E$. Die Leistung im Ausgangskreis ist somit $P_a = V_{uB} \cdot U_e \cdot \alpha \cdot I_E$. Damit ergibt sich die Leistungsverstärkung der Basisschaltung:

$$V_{pB} = \frac{P_a}{P_e} = \alpha \cdot V_{uB} \tag{19.96}$$

19.10.2.5 Verhalten bei hohen Frequenzen

Die *Basisschaltung* weist *sehr gute HF-Eigenschaften* auf, da die Basis auf Masse liegt und dadurch eine hervorragende Trennung zwischen Eingang und Ausgang gewährleistet ist. Sie wird zur Verstärkung von Signalen mit hohen Frequenzen in HF-Verstärkern eingesetzt, z. B. im Antennenteil von Fernseh- und Rundfunkgeräten.

Bei der Basisschaltung liegt parallel zum Eingang eine wesentlich kleinere innere Kapazität des Transistors als bei der Emitterschaltung. Zusammen mit dem Innenwiderstand der Signalquelle bildet diese Kapazität einen Tiefpass mit einer viel höheren Grenzfrequenz als bei der Emitterschaltung. Die α-Grenzfrequenz f_α der Basisschaltung liegt sehr viel höher als die β-Grenzfrequenz f_β der Emitterschaltung. f_α liegt in der Nähe der Transitfrequenz f_T, siehe auch Abb. 19.34.

Es gilt: $f_\alpha \approx f_T$ für $\alpha \approx 1$ und mit $f_T = \beta \cdot f_\beta$ ist:

$$f_\alpha \approx \beta \cdot f_\beta \tag{19.97}$$

Abb. 19.41 Transistor in Kollektorschaltung

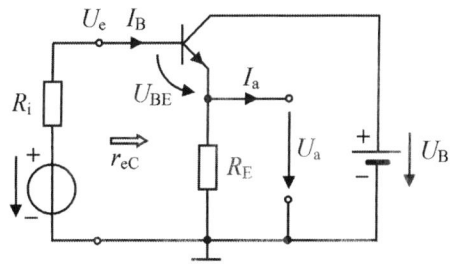

19.10.3 Die Kollektorschaltung

19.10.3.1 Wechselstromeingangswiderstand

Es wird der Wechselstromeingangswiderstand der Kollektorschaltung (Abb. 19.41) berechnet.

$$r_{eC} = \frac{\Delta U_e}{\Delta I_B}; \quad \Delta I_B = \frac{\Delta U_{BE}}{r_{BE}} = \frac{\Delta U_e - \Delta U_a}{r_{BE}}; \quad \Delta U_a = \Delta I_E \cdot R_E;$$

$$\Delta I_E \approx \Delta I_C = \beta \cdot \Delta I_B;$$

$$\Delta U_a = \beta \cdot \Delta I_B \cdot R_E; \quad \Delta I_B = \frac{\Delta U_e - \beta \cdot \Delta I_B \cdot R_E}{r_{BE}};$$

$$\Delta I_B \cdot r_{BE} = \Delta U_e - \beta \cdot \Delta I_B \cdot R_E;$$

$$\Delta I_B \cdot (r_{BE} + \beta \cdot R_E) = \Delta U_e$$

$$r_{eC} = \frac{\Delta U_e}{\Delta I_B} = r_{BE} + \beta \cdot R_E = r_{eE} + \beta \cdot R_E \tag{19.98}$$

Mit $r_{eE} = r_{BE} = \frac{U_T}{I_B}$ nach Gl. 19.73 folgt:

$$\underline{\underline{r_{eC} = \frac{U_T}{I_B} + \beta \cdot R_E = \beta \cdot \left(\frac{U_T}{I_C} + R_E\right)}} \tag{19.99}$$

Mit $r_{eE} = r_{BE} = \frac{U_T}{I_B} \ll \beta \cdot R_E$ ist:

$$\underline{\underline{r_{eC} \approx \beta \cdot R_E}} \tag{19.100}$$

▶ **Der Wechselstromeingangswiderstand der Kollektorschaltung ist sehr groß.**

Für $R_E = 470\,\Omega$ und $\beta = 300$ ergibt sich z. B. $r_{eC} = 141\,\text{k}\Omega$.

19.10.3.2 Wechselstromausgangswiderstand

Zur Berechnung des Ausgangswiderstandes wird der Ausgangsstrom um ΔI_a geändert und die Ausgangsspannungsänderung ΔU_a bei konstanter Eingangsspannung U_e (d. h. $R_i = 0$) berechnet.

$$r_{aC} = \frac{\Delta U_a}{\Delta I_a}; \quad \Delta I_B = \frac{\Delta U_{BE}}{r_{BE}} = \frac{\Delta U_e - \Delta U_a}{r_{BE}};$$

wegen

$$\Delta U_e = 0: \quad \Delta I_B = \frac{-\Delta U_a}{r_{BE}}.$$

Unter Vernachlässigung der Spannungsrückwirkung ist $\Delta I_C = \beta \cdot \Delta I_B$.

Aus der Schaltung folgt nach der Knotenregel: $\Delta I_E \approx \Delta I_C = \frac{\Delta U_a}{R_E} + \Delta I_a$.

Einsetzen ergibt: $\frac{\Delta U_a}{R_E} + \Delta I_a = -\beta \cdot \frac{\Delta U_a}{r_{BE}}$; umformen: $\Delta U_a \cdot \left(\frac{1}{R_E} + \frac{\beta}{r_{BE}}\right) = -\Delta I_a$;

$$-\frac{\Delta U_a}{\Delta I_a} = \frac{1}{\frac{1}{R_E} + \frac{\beta}{r_{BE}}}; \quad r_{aC} = \frac{R_E \cdot r_{BE}}{\beta R_E + r_{BE}}; \quad \text{mit } r_{BE} = \frac{U_T \cdot \beta}{I_C}$$

folgt der Ausgangswiderstand der Kollektorschaltung:

$$\underline{\underline{r_{aC} = \frac{R_E \cdot U_T}{R_E \cdot I_C + U_T}}} \tag{19.101}$$

Mit $\beta \cdot R_E \gg r_{BE}$ ist:

$$\underline{\underline{r_{aC} \approx \frac{U_T}{I_C}}} \quad \text{(für } R_i \approx 0\text{)} \tag{19.102}$$

▶ **Der Ausgangswiderstand der Kollektorschaltung ist sehr niedrig.**

Für $U_T = 26\,\text{mV}$ und $I_C = 1\,\text{mA}$ ergibt sich z. B. $r_{aC} = 26\,\Omega$.

Ist die Signalspannungsquelle hochohmig ($R_i > 0$), so muss der Einfluss von R_i auf r_{aC} beachtet werden. Setzt man statt $\Delta I_B = \frac{-\Delta U_a}{r_{BE}}$ in obiger Rechnung $\Delta I_B = \frac{-\Delta U_a}{R_i + r_{BE}}$ ein, so erhält man das Ergebnis:

$$r_{aC} = \frac{R_E (r_{BE} + R_i)}{\beta R_E + r_{BE} + R_i} \approx \frac{r_{BE} + R_i}{\beta} \tag{19.103}$$

$$\underline{\underline{r_{aC} \approx \frac{R_i}{\beta} + \frac{U_T}{I_C}}} \quad \text{(für } R_i > 0\text{)} \tag{19.104}$$

Die Kollektorschaltung wird als **Impedanzwandler** benutzt, da der Eingangswiderstand sehr groß und der Ausgangswiderstand sehr klein ist. Wird ein niederohmiger Verbraucher

19.10 Die Grundschaltungen im Detail

aus einer hochohmigen Spannungsquelle gespeist, so verringert sich die Klemmenspannung der Spannungsquelle entsprechend der Spannungsteilung an Innen- und Lastwiderstand (siehe Abschn. 4.5.1). Will man z. B. zwei Verstärkerstufen in Basisschaltung in Reihe schalten, so ist dies nicht unmittelbar möglich, da der Ausgangswiderstand der ersten Stufe sehr hoch, der Eingangswiderstand der zweiten Stufe aber sehr niedrig ist. Eine zwischengeschaltete Transistorstufe in Kollektorschaltung passt den niedrigen Eingangswiderstand der zweiten Verstärkerstufe in Basisschaltung an den hohen Ausgangswiderstand der ersten Stufe an.

19.10.3.3 Wechselspannungsverstärkung

Da die Basis-Emitter-Diode im Eingangskreis in Durchlassrichtung betrieben wird, stellt sich für eine Eingangsspannung $U_e >$ ca.0,6V eine Basis-Emitter-Spannung U_{BE} von ca. 0,6 V ein. Damit wird $U_a \approx U_e - 0{,}6$ V. Es fließt ein Kollektorstrom, der an R_E einen Spannungsabfall hervorruft. Wird U_e vergrößert, so nimmt der Kollektorstrom und damit der Spannungsabfall an R_E zu, wobei sich U_{BE} wegen der steilen Eingangskennlinie nur geringfügig vergrößert. Die Ausgangsspannung nimmt somit in fast gleichem Maße zu wie die Eingangsspannung und ist mit dieser in Phase. Die Wechselspannungsverstärkung der Kollektorschaltung ist:

$$V_{uC} = \frac{\Delta U_a}{\Delta U_e} \approx 1 \quad (\leq 1) \tag{19.105}$$

Die Kollektorschaltung wird üblicherweise als **Emitterfolger** oder *Spannungsfolger* bezeichnet, da das Emitterpotenzial dem Basispotenzial nachfolgt.

19.10.3.4 Leistungsverstärkung

Die Leistung im Eingangskreis ist $P_e = U_e \cdot I_B$. Die Ausgangsspannung ist $U_a = V_{uC} \cdot U_e$ und der Strom im Ausgangskreis ist $I_C = \gamma \cdot I_B$. Die Leistung im Ausgangskreis ist somit $P_a = V_{uC} \cdot U_e \cdot \gamma \cdot I_B$. Damit ergibt sich die Leistungsverstärkung mit $\gamma = \beta + 1 \approx \beta$ aus:

$$V_{pC} = \frac{P_a}{P_e} = \gamma \cdot V_{uC} \approx \beta \cdot V_{uC} \tag{19.106}$$

19.10.3.5 Verhalten bei hohen Frequenzen

Die obere Grenzfrequenz f_γ der Kollektorschaltung hat den gleichen Wert wie die obere Grenzfrequenz f_β der Emitterschaltung:

$$f_\gamma = f_\beta \tag{19.107}$$

Einen Vergleich der Eigenschaften der drei Grundschaltungen des Bipolartransistors zeigt Tab. 19.2.

Tab. 19.2 Vergleich der drei Transistor-Grundschaltungen (Zahlenwerte sind nur grobe Richtwerte)

	Basisschaltung	Emitterschaltung	Kollektorschaltung
Eingangswiderstand	klein 5 Ω bis 100 Ω	mittel 1 kΩ bis 10 kΩ	groß 10 kΩ bis 500 kΩ
Ausgangswiderstand	sehr groß bis 500 kΩ	mittel 1 kΩ bis 10 kΩ	klein 5 Ω bis 100 Ω
Spannungsverstärkung	groß bis 1000	groß bis 1000	< 1
Leistungsverstärkung	mittel bis 1000	sehr groß bis 10 000	klein bis 100
Grenzfrequenz	hoch f_α bis 5 GHz	mittel f_β bis 20 MHz	mittel f_γ bis 20 MHz
Phasenwinkel U_a zu U_e	$\varphi = 0°$	$\varphi = 180°$	$\varphi = 0°$
Stromverstärkung	< 1 $0{,}95 < \alpha < 0{,}99$	groß $\beta = 10$ bis 1000	groß $\gamma = \beta + 1$

19.11 Rückkopplung

Mit Rückkopplung bezeichnet man die (teilweise) Rückführung eines Signals vom Ausgang (z. B. eines Verstärkers) über ein (im Allgemeinen passives) Netzwerk auf den Eingang. Wird durch die Rückkopplung die Verstärkung vermindert, so spricht man von **Gegenkopplung**. Wird durch die Rückkopplung die Verstärkung vergrößert, so spricht man von **Mitkopplung**. Bei der Gegenkopplung wird das Eingangssignal durch das rückgeführte Signal verkleinert, bei der Mitkopplung vergrößert. Daraus folgt, dass bei der Gegenkopplung das rückgekoppelte Signal gegenüber dem Eingangssignal im Idealfall um 180° phasenverschoben ist, und dass bei Mitkopplung das rückgeführte Signal mit dem Eingangssignal in Phase ist.

Wird eine Wechselgröße rückgekoppelt, so spricht man von *Signalrückkopplung* (Wechselspannungs- bzw. Wechselstrom-Rückkopplung, dynamische Rückkopplung). Bei der Rückkopplung einer schwankenden Gleichgröße spricht man von Gleichspannungs- bzw. Gleichstrom-Rückkopplung (statische Rückkopplung).

Eine Signal*mit*kopplung kann bei einem Oszillator gewollt zur Erzeugung selbsterregter elektrischer Schwingungen dienen. Eine Signalgegenkopplung kann sich bei einer Verstärkerschaltung aber auch unbeabsichtigt in eine Signalmitkopplung verwandeln. Aufgrund der Phasenverschiebung in Verstärkerstufen und im Rückkopplungsnetzwerk ist das rückgekoppelte Signal um weniger als 180° gegenüber dem Eingangssignal phasenverschoben. Nimmt die Phasenverschiebung des Verstärkers (z. B. durch Kapazitäten) mit der Frequenz zu, so ist bei einer bestimmten Frequenz das rückgekoppelte Signal mit dem Eingangssignal in Phase. Bei dieser Frequenz besitzt der Verstärker keine Gegenkopplung mehr, sondern eine Mitkopplung. Es treten unerwünschte, selbsterregte Schwingungen auf. Dies wird als Schwingen der Schaltung bezeichnet. Die Stabilitätsbedingungen sind dann nicht mehr erfüllt.

Obwohl durch die Gegenkopplung die Verstärkung verringert wird, überwiegen ihre Vorteile.

Eine Signalgegenkopplung wirkt sich günstig auf die Verstärkereigenschaften aus. Eingangs- und Ausgangsimpedanz einer Verstärkerstufe lassen sich durch eine Signalgegenkopplung verändern und die einzelnen Stufen leichter aneinander anpassen. Auch der Frequenzgang einer Verstärkerstufe kann geändert werden. Durch eine Gegenkopplung mit ohmschen Widerständen wird die Verstärkung vermindert und die obere Grenzfrequenz und damit die Bandbreite erhöht, wobei das Verstärkungs-Bandbreite-Produkt konstant bleibt. Durch frequenzabhängige Gegenkopplungen mit kapazitiven oder induktiven Rückkopplungsimpedanzen kann der Frequenzgang eines Verstärkers beeinflusst werden. Verzerrungen aufgrund der nichtlinearen Kennlinien der Transistoren werden durch eine Gegenkopplung reduziert.

Durch eine Gleichstrom- oder Gleichspannungs-Gegenkopplung wird der Arbeitspunkt stabilisiert. Die Verstärkerschaltung wird dadurch gegenüber Schwankungen der Temperatur und der Betriebsspannung sowie Exemplarstreuungen weitgehend unempfindlich.

Allgemein gibt es vier Möglichkeiten der Gegenkopplung. Die rückgekoppelte Größe kann parallel zum Verstärkerausgang, also als Ausgangs*spannung*, abgegriffen und dem Gegenkopplungsnetzwerk zugeführt werden. In diesem Fall spricht man von **Spannungsgegenkopplung**. Verstärkerausgang und Eingang des Gegenkopplungsnetzwerkes sind dann parallel geschaltet. Die andere Möglichkeit ist, dass der Ausgangs*strom* in das Gegenkopplungsnetzwerk fließt, dies ist eine **Stromgegenkopplung**. Verstärkerausgang und Eingang des Gegenkopplungsnetzwerkes sind dann in Reihe geschaltet. Am Verstärkereingang kann die rückgekoppelte Größe entweder als Spannung oder als Strom eingespeist werden. Entsprechend sind Verstärkereingang und Ausgang des Gegenkopplungsnetzwerks entweder parallel oder in Reihe geschaltet. Diese vier Möglichkeiten der Gegenkopplung sind in Abb. 19.42 dargestellt.

Folgen mehrere Verstärkerstufen aufeinander, so kann auch von einer der nachfolgenden Stufen auf die erste Verstärkerstufe zurückgekoppelt werden. Für die Verstärkung ist es dabei gleichgültig, ob z. B. bei einem zweistufigen Verstärker über alle zwei Stufen um 20 dB (Abb. 19.43a) oder in jeder Stufe nur um 10 dB (Abb. 19.43b) gegengekoppelt wird. Für den Nutzen der Gegenkopplung ist dies aber *nicht* gleichgültig. Unerwünschte Schwankungen der Verstärkerelemente, der Betriebsspannung usw. werden im ersten Fall um 20 dB verkleinert, im zweiten Fall nur um 10 dB. Eine Gegenkopplung über mehrere Verstärkerstufen ist also günstiger, jedoch ist es schwieriger, die Schaltung stabil zu halten und ein Schwingen zu vermeiden.

In Abb. 19.43 sind Funktionsgruppen (Verstärker V_1, V_2) in einem Block zusammengefasst. Eine solche Darstellung wird **Blockschaltbild** genannt. Komplizierte und umfangreiche Grundschaltungen lassen sich durch ein Blockschaltbild besser überblicken.

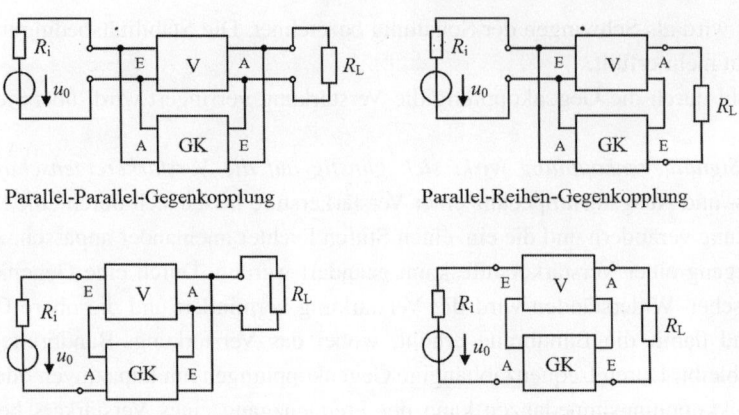

Abb. 19.42 Die vier Möglichkeiten der Gegenkopplung. V = Verstärker, GK = Gegenkopplungsnetzwerk, E = Eingang, A = Ausgang

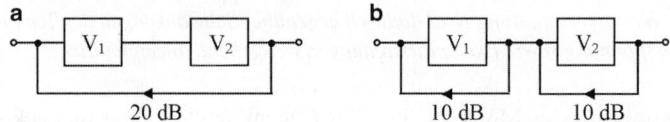

Abb. 19.43 Möglichkeiten der Gegenkopplung bei einem zweistufigen Verstärker (*Beispiel*: insgesamt 20 dB)

Die Darstellung ist außerdem noch weiter vereinfacht, indem Hin- und Rückleitungen der einzelnen Blöcke durch nur eine Verbindung ersetzt sind. Diese Einzelverbindung hat nicht mehr die Bedeutung eines tatsächlich vorhandenen elektrischen Leiters, sondern kennzeichnet nur den Signalweg (Signalfluss) und bringt zum Ausdruck, dass der einzelne Block ein Signal, welches eine Spannung oder ein Strom sein kann, erhält oder abgibt.

19.11.1 Allgemeine Folgen der Gegenkopplung

Am Beispiel der Reihen-Parallel-Gegenkopplung (Abb. 19.44) wird nun der Einfluss der Gegenkopplung auf die Verstärkung, auf den Eingangswiderstand und auf den Frequenzgang eines Verstärkers untersucht.

Abb. 19.44 Zum Einfluss der Gegenkopplung

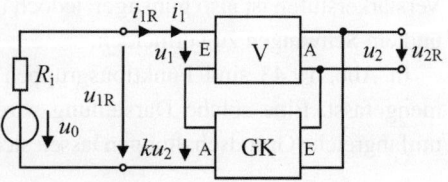

19.11.1.1 Wechselspannungsverstärkung

Die Spannungsverstärkung ohne Gegenkopplung (**Leerlaufverstärkung**) ist:

$$V = \frac{u_2}{u_1} \qquad (19.108)$$

Mit Gegenkopplung ist die Spannungsverstärkung:

$$V_R = \frac{u_{2R}}{u_{1R}} \qquad (19.109)$$

Es gilt: $u_{2R} = u_2$ und $u_{1R} = u_1 + k \cdot u_2$.
Somit ist:

$$V_R = \frac{u_{2R}}{u_{1R}} = \frac{u_2}{u_1 + k \cdot u_2} = \frac{\frac{u_2}{u_1}}{1 + k \cdot \frac{u_2}{u_1}} = \frac{V}{1 + k \cdot V} \qquad (19.110)$$

Die Spannungsverstärkung bei Gegenkopplung ist:

$$\underline{\underline{V_R = \frac{V}{1 + k \cdot V}}} \qquad (19.111)$$

Gegenkopplung liegt vor für $|1 + k \cdot V| > 1$ und somit $V_R < V$.
Mitkopplung liegt vor für $|1 + k \cdot V| < 1$ und somit $V_R > V$.
Ist $k \cdot V = -1$, so wird V_R unendlich groß und es tritt eine konstante Selbsterregung auf (Oszillator).
Der Ausdruck

$$\underline{g = k \cdot V} \qquad (19.112)$$

wird **Schleifenverstärkung** des rückgekoppelten Verstärkers genannt.

Der **Gegenkopplungsfaktor k** gibt an, welcher Bruchteil der Ausgangsspannung des Verstärkers auf seinen Eingang zurückgeführt wird und ist definiert als das Verhältnis der Gegenkopplungsspannung zur Ausgangsspannung.
Mit $u_R = k \cdot u_2$ ist der Gegenkopplungsfaktor definiert als:

$$\underline{\underline{k = \frac{u_R}{u_2}}} \qquad (19.113)$$

Der Ausdruck „$G = 1 + k \cdot V$" wird als **Gegenkopplungsgrad** bezeichnet. Er ist das Verhältnis zwischen der Leerlaufverstärkung V und der Verstärkung V_R mit Gegenkopplung und gibt an, um welchen Faktor die Leerlaufverstärkung durch die Gegenkopplung herabgesetzt wird.

$$\underline{\underline{G = \frac{V}{V_R}}} = \frac{V}{\frac{V}{1+k \cdot V}} = \underline{\underline{1 + k \cdot V}} \qquad (19.114)$$

$$\underline{\underline{G \approx k \cdot V \quad \text{für} \quad k \cdot V \gg 1}} \qquad (19.115)$$

Ist das Produkt $k \cdot V$ bei einer Gegenkopplung groß gegen 1, so ergibt sich eine von der Leerlaufverstärkung V fast unabhängige Verstärkung:

$$V_R = \frac{1}{k} \qquad (19.116)$$

Dies wird durch eine große Leerlaufverstärkung erreicht, wie folgende Rechnung zeigt:

$$V_R = \frac{V}{1 + k \cdot V} = \frac{1}{\frac{1}{V} + k} \approx \frac{1}{k} \quad \text{für} \quad V \gg 1$$

Die Verstärkung V_R hängt dann nur noch von der Größe k ab, welche durch passive Bauelemente (z. B. ohmsche Widerstände) mit kleinen Toleranzen, geringen Temperaturabhängigkeiten und zu vernachlässigenden Nichtlinearitäten bestimmt wird. Mit anderen Worten: Der Faktor k des passiven Rückkopplungsnetzwerkes ist kaum Schwankungen unterworfen. V_R ändert sich deshalb nicht, falls V schwankt infolge von Exemplarstreuungen, Temperaturänderungen, Nichtlinearitäten oder Größenänderungen durch Alterung der Bauteile.

Um zu ermitteln, wie sich Änderungen von V auf V_R auswirken, wird V_R (Gl. 19.111) unter Anwendung der Quotientenregel nach V differenziert.

$$\frac{dV_R}{dV} = \frac{1 + k \cdot V - k \cdot V}{(1 + k \cdot V)^2} = \frac{1}{(1 + k \cdot V)^2} \qquad (19.117)$$

Auflösen nach dV_R ergibt:

$$dV_R = \frac{1}{(1 + k \cdot V)^2} \cdot dV \qquad (19.118)$$

Die Änderung der Verstärkung ΔV_R des gegengekoppelten Verstärkers durch eine Änderung der Verstärkung ΔV des nicht gegengekoppelten Verstärkers ist:

$$\Delta V_R = \frac{1}{(1 + k \cdot V)^2} \cdot \Delta V \qquad (19.119)$$

Die relative Verstärkungsänderung ist somit:

$$\frac{\Delta V_R}{V_R} = \frac{\frac{1}{(1+k \cdot V)^2} \cdot \Delta V}{\frac{V}{1+k \cdot V}} = \frac{1}{1 + k \cdot V} \cdot \frac{\Delta V}{V} \qquad (19.120)$$

Die relative Verstärkungsänderung des gegengekoppelten Verstärkers ist also um den Faktor

$$\frac{1}{(1 + k \cdot V)} = \frac{1}{G} \approx \frac{1}{k \cdot V} \qquad (19.121)$$

kleiner gegenüber der relativen Verstärkungsänderung des nicht gegengekoppelten Verstärkers.

Beispiel: Die Leerlaufverstärkung sei $V = 10.000$, die Verstärkung mit Gegenkopplung sei $V_R = 100$. Damit ist der Gegenkopplungsgrad $G = V/V_R = 100$. Ändert sich die Leerlaufverstärkung um $10\,\%$ ($\Delta V = 1000$), so ändert sich V_R um $0{,}1\,\%$ ($\Delta V_R = 0{,}1$).

Eine Änderung der Leerlaufverstärkung V kann von einer nichtlinearen Übertragungskennlinie herrühren. Die Gegenkopplung verbessert daher auch die Linearität der Übertragungskennlinie.

19.11.1.2 Wechselstromeingangswiderstand
Aus Abb. 19.44 ergibt sich:

$$r_{eR} = \frac{u_{1R}}{i_{1R}} = \frac{u_{1R}}{i_1} = \frac{u_1 + k \cdot u_2}{i_1} = \frac{u_1 + k \cdot V \cdot u_1}{i_1} = \frac{u_1}{i_1} \cdot (1 + k \cdot V) = r_e \cdot (1 + k \cdot V) \tag{19.122}$$

Der Wechselstromeingangswiderstand eines am Eingang in Reihe gegengekoppelten Verstärkers ist somit:

$$\underline{r_{eR} = r_e \cdot (1 + k \cdot V)} \tag{19.123}$$

Da die Eingangsspannung des am Eingang in Reihe gegengekoppelten Verstärkers steigt, wird sein Eingangswiderstand größer. Der Eingangswiderstand r_e des nicht gegengekoppelten Verstärkers vergrößert sich um den Faktor $(1 + k \cdot V)$ und ergibt den Eingangswiderstand r_{eR} des am Eingang in Reihe gegengekoppelten Verstärkers.

19.11.1.3 Frequenzgang
In Abschn. 11.6.7 haben wir einen Tiefpass erster Ordnung am Beispiel eines RC-Tiefpasses kennengelernt.

Die normierte Übertragungsfunktion war dort:

$$\underline{H}(j\omega) = \frac{\underline{U}_a}{\underline{U}_e} = \frac{1}{1 + j\omega} \tag{19.124}$$

Die Ausgangsspannung U_a konnte nicht größer als die Eingangsspannung U_e werden, da es sich um ein passives Netzwerk handelte, U_a wurde mit zunehmender Frequenz kleiner.

Wir nehmen jetzt an, dass eine nicht gegengekoppelte Verstärkerstufe bezüglich des Frequenzganges der Verstärkung das Verhalten eines Tiefpasses erster Ordnung aufweist.

Die Verstärkung der Stufe ist damit:

$$\underline{H}(j\omega) = \underline{V} = \frac{V_0}{1 + j \cdot \frac{\omega}{\omega_\beta}} \tag{19.125}$$

V_0 = Verstärkung unterhalb der Grenzfrequenz ω_β,
ω_β = Grenzfrequenz (gegeben durch die Stromverstärkung des Transistors).

Für die gegengekoppelte Verstärkerstufe ergibt sich der Frequenzgang der Verstärkung:

$$\underline{V}_R = \frac{\underline{V}}{1 + k \cdot \underline{V}} = \frac{\frac{V_0}{1+j\cdot\frac{\omega}{\omega_\beta}}}{1 + k \cdot \frac{V_0}{1+j\cdot\frac{\omega}{\omega_\beta}}} = \frac{V_0}{1 + j \cdot \frac{\omega}{\omega_\beta} + k \cdot V_0}$$

$$= \frac{V_0}{k \cdot V_0 \cdot \left(\frac{1}{k \cdot V_0} + j \cdot \frac{\omega}{k \cdot V_0 \cdot \omega_\beta} + 1\right)} = \frac{1}{k \cdot \left(\frac{1}{k \cdot V_0} + j \cdot \frac{\omega}{k \cdot V_0 \cdot \omega_\beta} + 1\right)}$$

Mit $k \cdot V_0 \gg 1$ und $\omega_{\beta R} = k \cdot V_0 \cdot \omega_\beta$ folgt:

$$\underline{V}_R = \frac{1}{k \cdot \left(1 + j \cdot \frac{\omega}{\omega_{\beta R}}\right)} \qquad (19.126)$$

Mit $V_{0R} = \frac{1}{k}$ folgt:

$$\underline{V}_R = \frac{V_{0R}}{1 + j \cdot \frac{\omega}{\omega_{\beta R}}} \qquad (19.127)$$

Dies ist ebenfalls der Frequenzgang eines Tiefpasses erster Ordnung.

Mit $k = \frac{1}{V_{0R}}$ folgt aus $\omega_{\beta R} = k \cdot V_0 \cdot \omega_\beta$:

$$\omega_{\beta R} = \frac{V_0}{V_{0R}} \cdot \omega_\beta \qquad (19.128)$$

Damit ergibt sich das **Verstärkungs-Bandbreite-Produkt**:

$$\underline{\underline{\omega_{\beta R} \cdot V_{0R} = \omega_\beta \cdot V}} \qquad (19.129)$$

Gl. 19.129 sagt aus, dass das **Produkt aus Verstärkung und Bandbreite konstant** ist und durch die Gegenkopplung nicht beeinflußt wird. Somit kann durch Verringerung der Verstärkung die Bandbreite vergrößert werden (Abb. 19.45). Die Bandbreite wird um den Faktor vergrößert, um den die Verstärkung herabgesetzt wird. **Ein Verstärker hat also entweder eine hohe Verstärkung oder eine große Bandbreite, aber nicht beides gleichzeitig.**

Abb. 19.45 Durch Gegenkopplung wird die Verstärkung kleiner und die Bandbreite größer

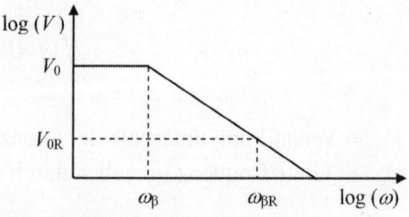

19.11.2 Emitterstufe mit Gegenkopplung

19.11.2.1 Gleichstrom-Gegenkopplung

Zum Stabilisieren des Arbeitspunktes eines Transistors ist eine Gleichstrom-Gegenkopplung sehr gut geeignet (Abb. 19.46).

Die Gleichstrom-Gegenkopplung wird durch den Emitterwiderstand R_E (ca. 10... 1000 Ω) hervorgerufen. Wie aus Abb. 19.46b zu ersehen ist, handelt es sich um eine Reihen-Reihen-Gegenkopplung. Steigt infolge einer Temperaturerhöhung der Kollektorstrom und damit der Emitterstrom, so steigt ebenfalls der Gleichspannungsabfall $U_{RE} = I_E \cdot R_E$ (mit $I_E \approx I_C$).

Nach einer Maschengleichung ist $U_{BE} = U_{R2} - U_{RE}$. Wird U_{RE} größer, so wird U_{BE} kleiner. Somit sinkt der Kollektorstrom wieder, und der temperaturbedingten Stromsteigerung wird entgegengewirkt.

Der Gleichspannungsabfall U_{RE} muss stets kleiner bleiben als U_{R2}, da sich sonst die Richtung von U_{BE} umkehrt und kein Verstärkerbetrieb mehr vorliegt. Unter Einhaltung dieser Bedingung ist die stabilisierende Wirkung dieser Gleichstrom-Gegenkopplung umso besser, je größer R_E gemacht wird.

Damit keine zusätzliche Wechselstrom-Gegenkopplung auftritt, wird R_E durch einen Kondensator C_E in Abb. 19.46a wechselstrommäßig überbrückt. Dadurch werden Wechselspannungen an R_E kurzgeschlossen und nicht auf den Eingang der Verstärkerstufe zurückgeführt.

19.11.2.2 Wechselstrom-Gegenkopplung

Ist eine zusätzliche Signalgegenkopplung erwünscht, so muß C_E in Abb. 19.46a entfallen. Soll die Signalgegenkopplung schwächer als die Gleichstrom-Gegenkopplung sein, so kann mit C_E ein Widerstand in Reihe geschaltet werden. Der Ausgangswechselstrom erzeugt an R_E einen Wechselspannungsabfall, der wegen der Phasenumkehr der Emitterschaltung im Eingangskreis gegenphasig zur Eingangswechselspannung in Reihe liegt. Die Wechselstrom-Gegenkopplung wirkt umso besser, je niedriger der Innenwiderstand

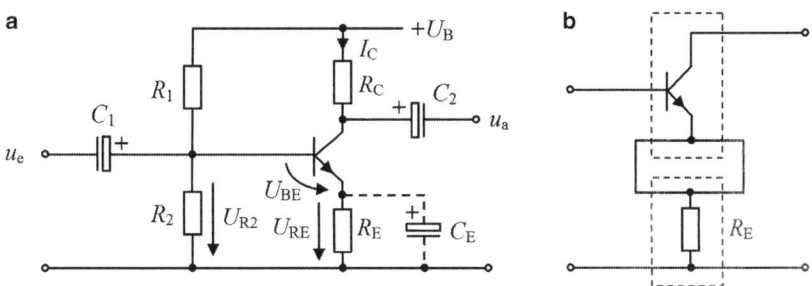

Abb. 19.46 Emitterstufe mit Stromgegenkopplung (**a**) und vereinfachte Vierpoldarstellung (**b**), die Koppelkondensatoren C_1, C_2 sind mit eingezeichnet

der Signalquelle am Eingang der Verstärkerstufe ist. Da Eingangswechselspannung und Gegenkopplungswechselspannung in Reihe liegen, muss eine Spannungssteuerung vorliegen. Bei Stromsteuerung aus einer Signalquelle mit hohem Innenwiderstand ist die Gegenkopplungswechselspannung fast ohne Wirkung.

Durch R_C und R_E fließt fast der gleiche Strom i_C. Damit ist $u_a = -i_C \cdot R_C$ und $u_{RE} = i_C \cdot R_E$. Der Gegenkopplungsfaktor k als Verhältnis von Gegenkopplungswechselspannung zu Ausgangswechselspannung (Gl. 19.113) berechnet sich damit zu $k = \frac{u_{RE}}{u_a} = \frac{i_C \cdot R_E}{-i_C \cdot R_C}$.

$$k = -\frac{R_E}{R_C} \qquad (19.130)$$

Daraus erhält man mit Gl. 19.111:

$$V_R = \frac{V}{1 - \frac{R_E}{R_C} \cdot V} \qquad (19.131)$$

mit der Leerlaufverstärkung Gl. 19.81

$$V = V_{uE} = -\frac{i_C \cdot R_C}{U_T} \qquad (19.132)$$

Einsetzen ergibt die Wechselspannungsverstärkung der Emitterschaltung bei Wechselstrom-Gegenkopplung:

$$\underline{V_R = \frac{-R_C \cdot i_C}{U_T + R_E \cdot i_C} \approx -\frac{R_C}{R_E}} \qquad (19.133)$$

Der Wechselstromeingangswiderstand ist nach Gl. 19.123:

$$r_{eR} = r_e \cdot (1 + k \cdot V) \qquad (19.134)$$

Mit $r_e = r_{eE} = \frac{U_T \cdot B}{i_C}$ nach Gl. 19.73 und $V = V_{uE}$ nach Gl. 19.81 erhält man:

$$r_{eR} = \frac{U_T \cdot B}{i_C} + \frac{U_T \cdot B}{i_C} \cdot \frac{R_E}{R_C} \cdot \frac{i_C \cdot R_C}{U_T} \qquad (19.135)$$

Nach Kürzen folgt der Wechselstromeingangswiderstand der Emitterschaltung bei Reihen-Gegenkopplung am Eingang:

$$\underline{r_{eR} = \frac{U_T \cdot B}{i_C} + B \cdot R_E} \qquad (19.136)$$

Durch die Wechselstrom-Gegenkopplung der Emitterstufe nimmt die Spannungsverstärkung ab, während der Wechselstromeingangswiderstand erhöht wird.

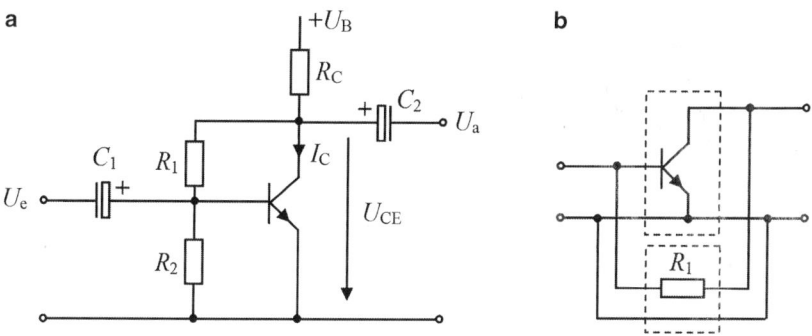

Abb. 19.47 Emitterstufe mit Spannungsgegenkopplung (**a**) und vereinfachte Vierpoldarstellung (**b**)

19.11.2.3 Gleichspannungs-Gegenkopplung

Ebenso wie die Gleichstrom-Gegenkopplung eignet sich auch die Gleichspannungs-Gegenkopplung (Abb. 19.47) zum Stabilisieren des Arbeitspunktes eines Transistors.

Wie man aus Abb. 19.47b sieht, handelt es sich um eine Parallel-Parallel-Gegenkopplung. Der Spannungsteiler R_1, R_2 zur Erzeugung der Basisvorspannung wird nicht an $+U_B$ angeschlossen, sondern an den Kollektor. Steigt bei einer Erhöhung der Temperatur der Kollektorgleichstrom I_C an, so erhöht sich der Gleichspannungsabfall an R_C, und die Kollektor-Emitter-Spannung U_{CE} vermindert sich. Da U_{CE} den Spannungsteiler R_1, R_2 speist, sinkt dadurch auch die Basisvorspannung und damit der Basisstrom, der Kollektorstrom nimmt wieder ab.

19.11.2.4 Wechselspannungs-Gegenkopplung

Durch die Gleichspannungs-Gegenkopplung tritt gleichzeitig eine Wechselspannungs-Gegenkopplung auf. Über den Widerstand R_1 wird vom Kollektor ein Teil der Ausgangswechselspannung, welche gegenphasig zur Eingangswechselspannung ist, auf die Basis zurückgeführt. Dadurch sinkt die Wechselspannungsverstärkung.

19.12 Ersatzschaltungen des Transistors

Die Untersuchung des Signalverhaltens von Transistoren wird wesentlich erleichtert, wenn man für den Transistor eine Ersatzschaltung benutzt. Die komplizierten inneren Zusammenhänge des Transistors werden dann nicht mehr betrachtet. Statt dessen verwendet man eine Ersatzschaltung aus linearen Schaltelementen (R, C) und Signalersatzquellen. Diese linearen Ersatzschaltungen gelten natürlich nur für Aussteuerungen, für die man das Verhalten des Transistors als linear ansehen und die Kennlinienkrümmungen vernachlässigen kann, d. h. für die Kleinsignalverstärkung.

Die Ersatzschaltungen können auf zwei verschiedene Arten aufgestellt werden.

1. Man geht von Vierpolgleichungen aus und bildet eine Ersatzschaltung, die den Vierpolgleichungen rein formal entspricht. Die Ersatzschaltung gibt die physikalischen Vorgänge im Inneren des Transistors **nicht** wieder. Eine solche Ersatzschaltung wird **formale Ersatzschaltung** genannt.
2. Ausgehend von den physikalischen Vorgängen im Inneren des Transistors kommt man zu einer Ersatzschaltung, deren Elemente eine bestimmte physikalische Bedeutung haben. Eine derartige Ersatzschaltung wird **Funktionsersatzschaltung** oder **physikalische Ersatzschaltung** genannt.

19.12.1 Die formale Ersatzschaltung

Für das zu verstärkende Signal verkörpert der Transistor eine „Schaltung" mit zwei Eingangs- und zwei Ausgangsklemmen. Betrachtet man den Transistor also „von außen her", so stellt er einen Vierpol dar (Abb. 19.48).

Ein Vierpol oder Zweitor ist ein Netzwerk mit zwei Eingangsklemmen (dem Eingangstor) und zwei Ausgangsklemmen (dem Ausgangstor). Es wird angenommen, dass hineinfließender und herausfließender Strom des jeweiligen Tors gleich groß sind.

Das elektrische Verhalten linearer Vierpole läßt sich eindeutig durch zwei Gleichungen beschreiben. Diese **Vierpolgleichungen** verknüpfen die elektrischen Eingangsgrößen (u_1, i_1) mit den elektrischen Ausgangsgrößen (u_2, i_2). Von den Eingangs- und Ausgangsgrößen können zwei als abhängige Variable (gesteuerte Größen) und zwei als unabhängige Variable (steuernde Größen) aufgefasst werden. Der lineare Zusammenhang zwischen den Eingangs- und Ausgangsgrößen wird durch konstante, nur vom inneren Aufbau des Vierpols abhängige Faktoren hergestellt, die **Vierpolparameter** genannt werden. Ohne den inneren Aufbau und die Wirkungsweise des Vierpols zu kennen, können die Vierpolparameter durch Messungen an den Eingangs- und Ausgangsklemmen bestimmt werden.

Es gibt mehrere Arten von Vierpolparametern.

Für niedrige Frequenzen (bis einige zehn kHz) werden die h-Parameter als Kenngrößen für Transistoren benutzt. Man bezeichnet die h-Parameter als **Hybridparameter**, da sie unterschiedliche Einheiten haben (Widerstand, Leitwert, einheitenlos). Die h-Parameter

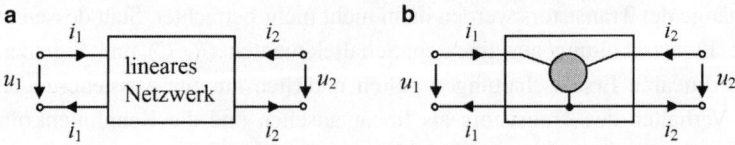

Abb. 19.48 Allgemeiner linearer Vierpol (**a**) und Transistor als Vierpol in beliebiger Grundschaltung (**b**)

19.12 Ersatzschaltungen des Transistors

sind reelle Zahlen, solange bei niedrigen Frequenzen die Ladungsträgerlaufzeiten und die Kapazitäten des Transistors vernachlässigt werden können.

Bei hohen Frequenzen (bis ca. 100 MHz) verwendet man die Vierpolgleichungen mit y-Parametern, die alle die Einheit von Leitwerten haben, und daher auch **Leitwertparameter** genannt werden. Bei hohen Frequenzen sind Signalspannungen und -ströme nicht mehr in Phase, daher sind die y-Parameter komplexe Größen.

Bei sehr hohen Frequenzen (> ca. 100 MHz) werden in den Vierpolgleichungen die s-Parameter (**Streuparameter**) verwendet. Die verschiedenen Arten der Vierpolparameter lassen sich ineinander umrechnen (die Formeln werden hier nicht angegeben).

Die Vierpolgleichungen mit h-Parametern lauten (Definition der Spannungs- und Stromrichtungen siehe Abb. 19.48):

$$u_1 = h_{11} \cdot i_1 + h_{12} \cdot u_2$$
$$i_2 = h_{21} \cdot i_1 + h_{22} \cdot u_2 \tag{19.137}$$

u und i sind hierin die Scheitelwerte kleiner, sinusförmiger Signalspannungen und -ströme.

Die Zahlenwerte der h-Parameter sind abhängig von Typ, Grundschaltung, Arbeitspunkt und Exemplarstreuungen des Transistors.

Die h-Parameter einer bestimmten Grundschaltung können über hier nicht aufgeführte Formeln für eine andere Grundschaltung umgerechnet werden.

Aus den h-Parametern lassen sich mittels Formeln (von denen hier nur einige angegeben werden) auch Werte des Betriebsverhaltens berechnen. Dies sind z. B. Wechselstromeingangswiderstand, Wechselstromausgangswiderstand oder Spannungsverstärkung des am Eingang aus einer Signalquelle mit Innenwiderstand R_i gespeisten und am Ausgang mit einem Arbeitswiderstand R_L abgeschlossenen Transistorvierpols.

Mit $\Delta h = h_{11} \cdot h_{22} - h_{21} \cdot h_{12}$ gilt z. B.:

$$V_u = \frac{-h_{21} \cdot R_L}{h_{11} + \Delta h \cdot R_L} \tag{19.138}$$

$$r_e = \frac{h_{11} + \Delta h \cdot R_L}{1 + h_{22} \cdot R_L} \tag{19.139}$$

$$r_a = \frac{h_{11} + R_i}{\Delta h + h_{22} \cdot R_i} \tag{19.140}$$

Diese Gleichungen gelten für alle Grundschaltungen. Der Wert der einzelnen Vierpolparameter ist jedoch von der Grundschaltung, dem Arbeitspunkt und vom Transistortyp abhängig.

Wie man sieht, sind Signaleingangs- und Signalausgangswiderstand nicht nur von den Eigenschaften des Transistors selbst (von den h-Parametern) sondern auch von R_L bzw. R_i abhängig.

Die h-Parameter können für einen gegebenen Arbeitspunkt aus den statischen Kennlinien des Transistors aus der Steigung der Kennlinie (bzw. der Tangente) im Arbeitspunkt grafisch entnommen werden. Im Kennlinienfeld sind alle Größen Gleichspannungen oder

Abb. 19.49 Ermittlung der h-Parameter aus dem Vierquadranten-Kennlinienfeld bei Emitterschaltung

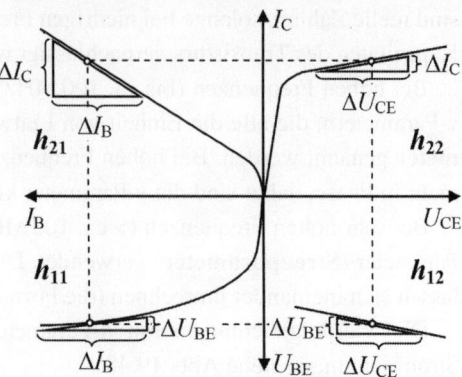

Gleichströme. Die Vierpolparameter sind aber als dynamische Größen durch Wechselspannungen oder Wechselströme definiert. Sie können trotzdem aus dem Kennlinienfeld ermittelt werden, wenn die Wechselgrößen als eine Änderung von Gleichgrößen interpretiert werden. Der formelmäßigen Festlegung der Vierpolparameter kann zugleich eine Vorschrift für die messtechnische Erfassung der Parameter entnommen werden (Abb. 19.49).

Die einzelnen Größen in Abb. 19.49 sind:

$$h_{11e} = \left.\frac{\Delta U_{BE}}{\Delta I_B}\right|_{U_{CE}=\text{konstant}} = \left.\frac{u_{BE}}{i_B}\right|_{u_{CE}=0\,\text{V}} \tag{19.141}$$

h_{11e} = Steigung der Eingangskennlinie im Arbeitspunkt (Eingangswiderstand in Ohm bei Kurzschluss am Ausgang).

Kurzschluss bedeutet hier, dass das Ausgangskleinsignal u_{CE} kurzgeschlossen wird, nicht aber die Arbeitspunktspannung U_{CE}. Auf diese Weise wird die Kopplung zwischen der Ausgangsspannung und der gesteuerten Quelle $h_{12} \cdot u_{CE}$ im Eingangskreis aufgehoben und man kann den Eingangswiderstand h_{11} unverfälscht messen.

$$h_{12e} = \left.\frac{\Delta U_{BE}}{\Delta U_{CE}}\right|_{I_B=\text{konstant}} = \left.\frac{u_{BE}}{u_{CE}}\right|_{i_B=0\,\text{A}} \tag{19.142}$$

h_{12e} = Steigung der Spannungsrückwirkungskennlinie im Arbeitspunkt (Spannungsrückwirkung bei offenem Eingang, einheitenlos).

Damit die unerwünschte Rückwärtsverstärkung gemessen werden kann, darf kein Laststrom im Eingangskreis fließen: $i_B = 0$ A, aber Ruhestrom $I_B \neq 0$ A!

$$h_{21e} = \left.\frac{\Delta I_C}{\Delta I_B}\right|_{U_{CE}=\text{konstant}} = \left.\frac{i_C}{i_B}\right|_{u_{CE}=0\,\text{V}} \tag{19.143}$$

$h_{21e} = \beta$ = Steigung der Strom-Steuerkennlinie im Arbeitspunkt (Stromverstärkung β bei Kurzschluss am Ausgang, einheitenlos).

Abb. 19.50 Zu den Vierpolgleichungen des Transistors in Emitterschaltung

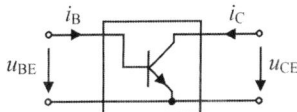

Durch den Kurzschluss am Ausgang wird erreicht, dass kein Strom über h_{22} abfließt.

$$h_{22e} = \left.\frac{\Delta I_C}{\Delta U_{CE}}\right|_{I_B=\text{konstant}} = \left.\frac{i_C}{u_{CE}}\right|_{i_B=0\,\text{A}} \quad (19.144)$$

h_{22e} = Steigung der Ausgangskennlinie im Arbeitspunkt (Ausgangsleitwert in Siemens bei offenem Eingang).

Für den Transistor in Emitterschaltung gelten somit die Vierpolgleichungen Gl. 19.145, deren Spannungen und Ströme in Abb. 19.50 zu sehen sind.

$$u_{BE} = h_{11e} \cdot i_B + h_{12e} \cdot u_{CE}$$
$$i_C = h_{21e} \cdot i_B + h_{22e} \cdot u_{CE} \quad (19.145)$$

Beispiel für die Angabe der h-Parameter im Datenblatt eines Transistors für die Emitterschaltung:

Arbeitspunkt $I_C = 1\,\text{mA}$, $U_{CE} = 6\,\text{V}$; Messfrequenz = 1 kHz.

$h_{11e} = 5\,\text{k}\Omega$ Eingangswiderstand; $h_{12e} = 8 \cdot 10^{-6}$ Spannungsrückwirkung, einheitenlos.

$h_{21e} = 250$ Stromverstärkung β, einheitenlos; $h_{22e} = 20\,\mu\text{S}$ Ausgangsleitwert.

Die formalen Zusammenhänge der Vierpolgleichungen lassen sich in einem formalen Ersatzschaltbild veranschaulichen (Abb. 19.51a). **Es ist für alle Grundschaltungen gleich, aber die Werte der Vierpolparameter sind je nach Grundschaltung unterschiedlich.**

Durch Vernachlässigung der Spannungsrückwirkung ($h_{12} = 0$) und unter Berücksichtigung, dass der Kollektor-Emitter-Widerstand R_2 sehr groß ist, erhält man das vereinfachte Ersatzschaltbild (Abb. 19.51b).

In Abb. 19.51a sind die Spannungsquelle mit dem Wert $h_{12} \cdot u_{CE}$ und die Stromquelle mit dem Wert **$h_{12} \cdot i_B$ gesteuerte Quellen**.

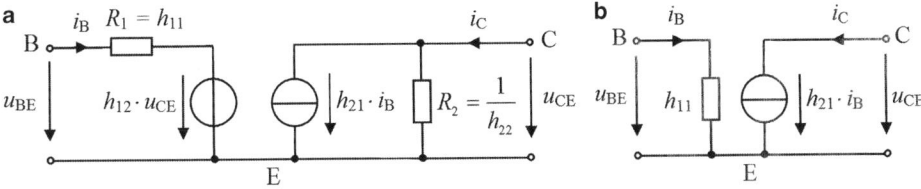

Abb. 19.51 Formales Ersatzschaltbild eines Transistors mit h-Parametern (**a**), vereinfachtes formales Ersatzschaltbild (**b**)

Der Begriff der gesteuerten Quelle wird zur Beschreibung verstärkender Elemente wie z. B. Transistoren benutzt. An den Klemmen einer unabhängigen Spannungsquelle liegt eine Leerlaufspannung U_q, die von Spannung oder Strom in irgendeinem anderen Teil des Netzwerks unabhängig ist. Eine unabhängige Stromquelle liefert einen von ihrer Belastung und von Spannung oder Strom in irgendeinem anderen Teil des Netzwerks unabhängigen (eingeprägten) Strom I_q. Bei gesteuerten (abhängigen) Quellen hängen Leerlaufspannung und Kurzschlussstrom von Spannung oder Strom in irgendeinem anderen Teil des Netzwerks ab. Unabhängige und gesteuerte Quellen sind aktive Netzwerkelemente. Die Abhängigkeit einer gesteuerten Quelle von einer bestimmten Spannung oder einem bestimmten Strom an einer anderen Stelle im Netzwerk wird durch einen konstanten **Steuerkoeffizienten** k ausgedrückt, falls die Abhängigkeit zeitunabhängig ist. Im Gegensatz zur unabhängigen Quelle ist bei der gesteuerten Quelle die Leerlaufspannung U_q bzw. der Kurzschlußstrom I_q nicht konstant, sondern proportional einer Steuerspannung oder einem Steuerstrom.

Da sowohl eine Spannungsquelle als auch eine Stromquelle jeweils spannungs- oder stromgesteuert sein kann, gibt es vier mögliche Arten gesteuerter Quellen.

Mit k = Steuerkoeffizient, U_1 = Steuerspannung, I_1 = Steuerstrom sind die gesteuerten Quellen:

$U_q = k \cdot U_1$ spannungsgesteuerte Spannungsquelle,
$U_q = k \cdot I_1$ stromgesteuerte Spannungsquelle,
$I_q = k \cdot U_1$ spannungsgesteuerte Stromquelle,
$I_q = k \cdot I_1$ stromgesteuerte Stromquelle.

In Abb. 19.51b beschreibt die stromgesteuerte Stromquelle $h_{21} \cdot i_B = \beta \cdot i_B$ den Kollektorstrom i_C in Abhängigkeit der Stromverstärkung β und des Basisstromes i_B. Die spannungsgesteuerte Spannungsquelle $h_{12} \cdot u_{CE}$ beschreibt die Spannungsrückwirkung des Ausgangskreises auf den Eingangskreis in Abhängigkeit des Parameters für die Spannungsrückwirkung h_{12} und der Kollektor-Emitter-Spannung.

Durch seine Vierpolparameter wird das Signalverhalten eines Transistors vollständig beschrieben. Ihrer Stellung in den Vierpolgleichungen entsprechend fasst man deshalb die Vierpolparameter in einem Anordnungsschema zusammen, das man als **Matrix** bezeichnet. Die h-Matrix ist:

$$H = \begin{pmatrix} h_{11} & h_{12} \\ h_{21} & h_{22} \end{pmatrix} \qquad (19.146)$$

Als **Determinante** der h-Matrix bezeichnet man die häufig vorkommende Verknüpfung der Matrixelemente:

$$\Delta h = h_{11} \cdot h_{22} - h_{21} \cdot h_{12} \qquad (19.147)$$

Besonders Vorteilhaft ist die Matrizenschreibweise bei Schaltungen, die aus mehreren Vierpolen bestehen. Die Parameter des Gesamtvierpols lassen sich dann aus den Parametern der Einzelvierpole nach relativ einfachen Regeln der Matrizenrechnung bestimmen.

Die Vierpolparameter einer Schaltung mit Gegenkopplung lassen sich z. B. berechnen, indem man die Gegenkopplungsschaltung ebenfalls als Vierpol auffasst.

Es sei noch angemerkt, dass aus den Vierpolparametern die Elemente des physikalischen Ersatzschaltbildes und umgekehrt aus den Elementen der physikalischen Funktionsersatzschaltung die Vierpolparameter berechnet werden können.

19.12.2 Die physikalische Ersatzschaltung

Die Elemente der Funktionsersatzschaltung haben eine bestimmte physikalische Bedeutung. Damit die Ersatzschaltung nicht unnötig kompliziert wird, verwendet man für den Gültigkeitsbereich von Genauigkeit und Frequenz nur die unbedingt nötigen Elemente. Bei niedrigen Frequenzen werden innere Kapazitäten des Transistors vernachlässigt, das Funktionsersatzschaltbild besteht nur aus reellen Widerständen und einer gesteuerten Stromquelle.

Die Werte der Elemente der Funktionsersatzschaltung sind *abhängig* vom *Arbeitspunkt*, jedoch *unabhängig* von der *Grundschaltung* des Transistors. Das Funktionsersatzschaltbild muss nur für die jeweilige Grundschaltung umgezeichnet werden.

Man unterscheidet nach der Zeichnungsform zwischen T- und π-Ersatzschaltbild. In Abb. 19.52 ist für die Emitterschaltung eine einfache, physikalische Ersatzschaltung in π-Form für niedrige Frequenzen angegeben.

R_{BB} ist der Basisbahnwiderstand, der Widerstand vom äußeren Basisanschluss bis zur Basis-Emitter-Grenzschicht, in Abb. 19.52 eigentlich mit $\beta \cdot r_e$ in Reihe liegend. Der Wert von R_{BB} liegt je nach Transistortyp in der Größenordnung von $1\,\Omega$ bis $100\,\Omega$. R_{BB} kann gegenüber $\beta \cdot r_e$ meist vernachlässigt werden ($R_{BB} = 0\,\Omega$) und ist deshalb in Abb. 19.52 nicht eingezeichnet.

r_e ist der differenzielle Durchlasswiderstand der Basis-Emitter-Diode im Arbeitspunkt. Aus dem Ruhegleichstrom $|I_E| \approx |I_C|$ berechnet sich r_e aus:

$$r_e \approx \frac{U_T}{|I_E|} \qquad (19.148)$$

Bei Kleinsignaltransistoren liegt r_e je nach Transistortyp zwischen $0{,}1\,\Omega$ und $10\,\Omega$.

r_{CE} ist der differenzielle Ausgangswiderstand, in Abb. 19.52 eigentlich parallel zur Stromquelle bzw. zu den Ausgangsklemmen von u_{CE} liegend. Der Wert von r_{CE} liegt oft

Abb. 19.52 Einfache π-Funktionsersatzschaltung eines Transistors in Emitterschaltung (NF-Bereich)

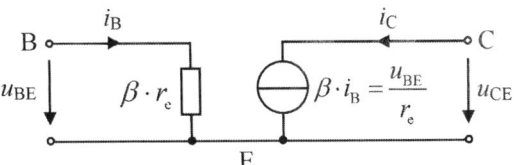

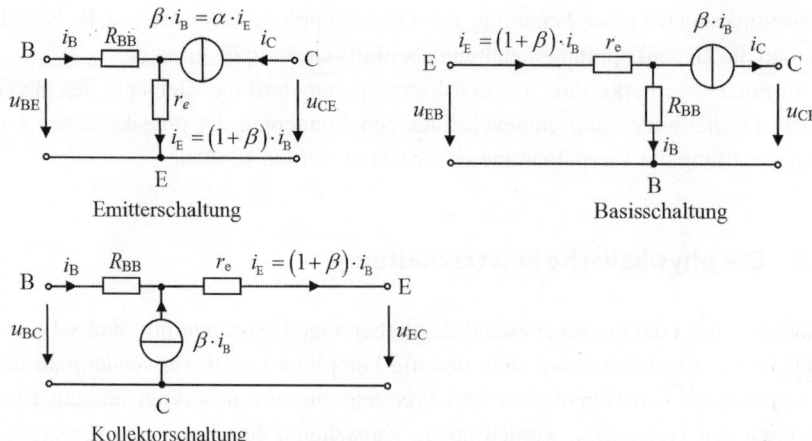

Abb. 19.53 Physikalische T-Ersatzschaltbilder der drei Grundschaltungen eines Transistors

in der Größenordnung von 1 bis 10 MΩ. Dieser Wert ist wesentlich größer als der Arbeitswiderstand mit meist einigen 10 kΩ im Kollektorkreis, der bei der Emitterschaltung wechselstrommäßig parallel zu r_{CE} liegt. Mit $r_{CE} = \infty$ ist deshalb r_{CE} ebenfalls vernachlässigt und in Abb. 19.52 nicht eingezeichnet.

Für die drei Grundschaltungen werden hier noch die physikalischen T-Ersatzschaltbilder des Transistors angegeben (Abb. 19.53).

Aufgabe 19.3
Gegeben ist die Transistorschaltung nach Abb. 19.54. Die Umgebungstemperatur beträgt 22 °C. Die Sättigungsspannung des Transistors ist $U_{CE,sat} = 0{,}3$ V.

a) Welche Wechselspannungsverstärkung V_{uE} besitzt die Transistorschaltung in Abb. 19.54?
b) Wie groß darf u_e maximal sein, damit u_a unverzerrt bleibt?
c) Wie groß ist der Wechselstromeingangswiderstand r_{eE} der Schaltung?
d) Wie groß ist der Wechselstromausgangswiderstand r_{aE} der Schaltung?
e) Wie kann der Wechselstromeingangswiderstand r_{eE} der Schaltung messtechnisch bestimmt werden?
f) Wie groß ist die Wechselspannungsverstärkung V_{uE}, wenn u_a mit $R_L = 10\,\text{k}\Omega$ belastet wird?
g) Berechnen Sie den Amplitudengang $|\underline{H}\,(j\omega)| = \frac{|u_e(\omega)|}{|u_q(\omega)|}$ für den Fall, dass u_q über einen Koppelkondensator C eingekoppelt wird. Welche Charakteristik des Frequenzgangs erhält man? Wie groß ist die Wechselspannungsverstärkung V_{uE} für $C = 1\,\mu\text{F}$, $f = 10\,\text{Hz}$?

Abb. 19.54 Schaltung zu Aufgabe 19.3

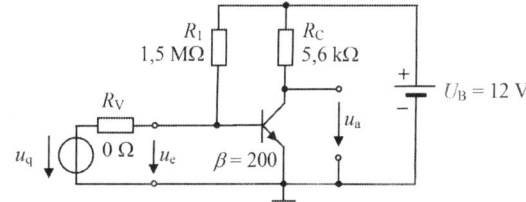

Lösung

a) Die Basis-Emitter-Strecke stellt eine leitende Diode dar. Damit beträgt die Basis-Emitter-Gleichspannung ca. $U_{BE} = 0{,}7\,\text{V}$.
An R_1 liegt somit die Gleichspannung $U_{R1} = U_B - U_{BE} = 12{,}0\,\text{V} - 0{,}7\,\text{V} = 11{,}3\,\text{V}$. Durch R_1 fließt der Gleichstrom $I_B = \frac{U_{R1}}{R_1} = \frac{11{,}3\,\text{V}}{1{,}5\,\text{M}\Omega} = 7{,}5\,\mu\text{A}$. Dieser Strom fließt in die Basis des Transistors.
Mit $B \approx \beta = 200$ ergibt sich der Kollektorgleichstrom zu $I_C = B \cdot I_B = 1{,}5\,\text{mA}$. Bei 22 °C ist $U_T = 25{,}4\,\text{mV}$.
Nach Gl. 19.81 ist $V_{uE} = -\frac{I_C \cdot R_C}{U_T} = -\frac{1{,}5\,\text{mA} \cdot 5{,}6\,\text{k}\Omega}{25{,}4\,\text{mV}}$; $\underline{V_{uE} = -330}$.

b) An R_C liegt die Gleichspannung $U_{RC} = I_C \cdot R_C = 1{,}5\,\text{mA} \cdot 5{,}6\,\text{k}\Omega = 8{,}4\,\text{V}$. Die Kollektorspannung U_a kann nur Werte zwischen $12{,}0\,\text{V} - 8{,}4\,\text{V} = 3{,}6\,\text{V}$ und $U_{CE,sat} = 0{,}3\,\text{V}$ annehmen. u_e darf den Wert $\frac{3{,}6\,\text{V} - 0{,}3\,\text{V}}{330} = 0{,}01\,\text{V}$ nicht überschreiten, damit die positiven und negativen Spitzen von u_a nicht begrenzt werden. Für ein unverzerrtes Ausgangssignal muss $\underline{u_e \leq 10\,\text{mV}}$ sein.

c) Der Wechselstromeingangswiderstand ist nach Gl. 19.73: $r_{eE} = \frac{U_T}{I_B}$; $\underline{r_{eE} = 3{,}39\,\text{k}\Omega}$.

d) Der Wechselstromausgangswiderstand ist nach Gl. 19.75: $r_{aE} \approx R_C$; $\underline{r_{aE} = 5{,}6\,\text{k}\Omega}$.

e) Der Wechselstromeingangswiderstand kann nach der Spannungsteilermethode gemessen werden. Mit einem Wechselspannungs-Voltmeter wird u_q und mit einem zweiten Wechselspannungs-Voltmeter wird u_e gemessen. Der Vorwiderstand R_V wird solange erhöht, bis $u_e = u_q/2$ ist (bzw. bei linearer Verstärkung, bis u_a auf die Hälfte des Wertes bei $R_V = 0$ abgesunken ist). Der Wert von R_V entspricht dann dem Eingangswiderstand. Bei dieser Methode wird deutlich, dass der Innenwiderstand der speisenden Spannungsquelle u_q mit dem Eingangswiderstand der Schaltung einen Spannungsteiler bildet.

f) Wird u_a mit einem Lastwiderstand R_L (z. B. dem Eingangswiderstand der nachfolgenden Verstärkerstufe) belastet, so liegt R_L dynamisch (wechselstrommäßig) parallel zu R_C, da die Gleichspannungsquelle U_B für Wechselstrom einen

Abb. 19.55 Ersatzschaltbild mit Koppelkondensator C und Eingangswiderstand r_{eE}

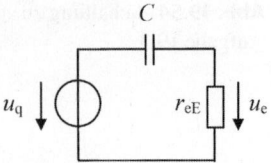

Kurzschluss darstellt. Die Parallelschaltung von R_L und R_C ergibt $3590\,\Omega$. Die Wechselspannungsverstärkung ist somit

$$V_{uE} = -\frac{I_C \cdot R_C}{U_T} = -\frac{1{,}5\,\text{mA} \cdot 3590\,\Omega}{25{,}4\,\text{mV}}; \quad \underline{V_{uE} = -212}.$$

g) Der Wechselstromeingangswiderstand r_{eE} bildet mit dem Koppelkondensator C einen frequenzabhängigen Spannungsteiler (Abb. 19.55). Es ergibt sich der Frequenzgang von einem RC-Hochpass.

Es ist $\underline{U}_e(j\omega) = u_q \cdot \frac{r_{eE}}{r_{eE} + \frac{1}{j\omega C}}$ und somit $|\underline{H}(j\omega)| = \frac{|\underline{U}_e(j\omega)|}{u_q} = \frac{r_{eE}}{\sqrt{r_{eE}^2 + \frac{1}{\omega^2 C^2}}}$.

Mit $r_{eE} = 3{,}39\,\text{k}\Omega$, $C = 1\,\mu\text{F}$, $f = 10\,\text{Hz}$ ist $|\underline{H}(j\omega)| = 0{,}2$.
Die Wechselspannungsverstärkung ist dann $0{,}2 \cdot V_{uE} \Rightarrow \underline{V_{uE} = -66}$.

Aufgabe 19.4

Die Emitterschaltung in Abb. 19.56 ist so zu dimensionieren, dass die Wechselspannungsverstärkung $V_{uE} = -20$ beträgt. Die Schaltung soll am Eingang maximal aussteuerbar sein.

Vorgegeben sind:
Betriebsspannung $U_B = 9{,}0\,\text{V}$,
Stromverstärkung des Si-Transistors $B \approx \beta = 300$.

Abb. 19.56 Emitterschaltung

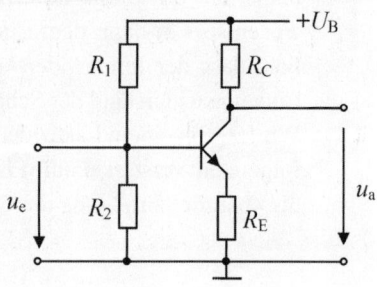

19.12 Ersatzschaltungen des Transistors

Lösung
Es handelt sich um eine Emitterschaltung mit Gleichstrom- und Wechselstrom-Gegenkopplung.

Damit die Schaltung am Eingang maximal aussteuerbar ist und u_a dabei unverzerrt bleibt, muss U_{CE} symmetrisch um den Arbeitspunkt herum maximal schwanken können. Dies ist der Fall, wenn gilt: $U_{CE} = U_B/2$. Der Arbeitspunkt liegt dann in der Mitte der Arbeitsgeraden. Der Kollektorgleichstrom ist im Prinzip frei wählbar. Es wird angesetzt: $I_C = 1$ mA. Die Wechselspannungsverstärkung ist nach Gl. 19.133 überschlägig $V_R \approx -\frac{R_C}{R_E}$.

Mit $I_E \approx I_C$ gilt im Ausgangskreis die Maschengleichung
$I_C \cdot R_C + U_{CE} + I_C \cdot R_E - U_B = 0$.

Mit $U_{CE} = U_B/2$ und $R_E = -\frac{R_C}{V_R}$ eingesetzt wird der Kollektorwiderstand berechnet.

$$I_C \cdot R_C + \frac{U_B}{2} - I_C \cdot \frac{R_C}{V_R} - U_B = 0; \quad R_C \cdot \left(I_C - \frac{I_C}{V_R}\right) = \frac{U_B}{2};$$

$$R_C = \frac{U_B \cdot V_R}{2 \cdot I_C \cdot (V_R - 1)}$$

$$R_C = \frac{9\,\text{V} \cdot (-20)}{2 \cdot 1\text{mA} \cdot (-20 - 1)}; \quad R_C = 4{,}286\,\text{k}\Omega.$$

Es wird der nächste Wert aus der Normreihe E24 mit 4,3 kΩ gewählt: $\underline{R_C = 4{,}3\,\text{k}\Omega}$.

Aus der Verstärkung und dem Kollektorwiderstand wird der Emitterwiderstand berechnet.

$R_E = \frac{R_C}{|V_R|} = \frac{4{,}3\,\text{k}\Omega}{20} = 215\,\Omega$. Der Normwert aus der Reihe E48 ist $\underline{R_E = 215\,\Omega}$.

Der Spannungsteiler R_1, R_2 dient zur Erzeugung der Basisvorspannung (zur Einstellung des Arbeitspunktes). Damit der Spannungsteiler als unbelastet angesehen werden kann und die Gleichstromverhältnisse stabil werden, wird das Querstromverhältnis mit 1:10 angesetzt. Durch den Widerstand R_2, an dem die Gleichspannung U_{R2} liegt, soll also der 10-fache Basisstrom fließen. Somit folgt für R_2: $R_2 = \frac{U_{R2}}{10 \cdot I_B}$. Die Spannung U_{R2} ist die Summe aus der Basis-Emitter-Spannung des Silizium-Transistors mit ca. 0,7 V und dem Spannungsabfall an R_E mit $215\,\Omega \cdot 1\text{mA} = 0{,}215\,\text{V}$. Somit ist $U_{R2} = 0{,}915\,\text{V}$.

Der Basisstrom ergibt sich aus $I_B = \frac{I_C}{\beta} = \frac{1\text{mA}}{300} = 3{,}33\,\mu\text{A}$.

Damit ist $R_2 = \frac{0{,}915\,\text{V}}{33{,}3\,\mu\text{A}} = 27{,}48\,\text{k}\Omega$. Gewählt wird aus der E48-Reihe: $\underline{R_2 = 27{,}4\,\text{k}\Omega}$.

An R_1 liegt die Gleichspannung $U_B - U_{R2}$. Durch R_1 fließt der Gleichstrom $10 \cdot I_B + I_B$. Es folgt:

$R_1 = \frac{U_B - U_{R2}}{11 \cdot I_B} = \frac{9\,\text{V} - 0{,}915\,\text{V}}{11 \cdot 3{,}33\,\mu\text{A}}; \quad R_1 = 220{,}7\,\text{k}\Omega$. Aus der E12-Reihe wird gewählt: $\underline{R_1 = 220\,\text{k}\Omega}$.

> Mit den jetzt bekannten Bauteilen ist die Wechselspannungsverstärkung überschlägig berechnet:
>
> $V_u \approx -\frac{R_C}{R_E} \approx -\frac{4{,}3\,\text{k}\Omega}{215\,\Omega} \approx -20$. Nach dem genaueren Teil der Gl. 19.133 ist die Verstärkung:
>
> $V_u = \frac{-R_C \cdot I_C}{U_T + R_E \cdot I_C} = -\frac{4{,}3\,\text{k}\Omega \cdot 1\,\text{mA}}{25{,}4\,\text{mV} + 215\,\Omega \cdot 1\,\text{mA}} = -17{,}9$. Die überschlägig berechnete Verstärkung ist um ca. 10 % höher als die genauer berechnete Verstärkung.
>
> Vergrößert man den Arbeitswiderstand R_C im Verhältnis $\frac{V_{\text{soll}}}{V_{\text{ist}}} = \frac{-20}{-17{,}9} = 1{,}1173$ auf den Wert $4{,}3\,\text{k}\Omega \cdot 1{,}1173 = 4{,}8\,\text{k}\Omega$ (Normwert der E48-Reihe $4{,}87\,\text{k}\Omega$), so hat die Schaltung die gewünschte Verstärkung.

19.13 Spezielle Schaltungen mit Bipolartransistoren

19.13.1 Darlington-Schaltung

Reicht die Stromverstärkung eines einzigen Transistors (z. B. bei einem Leistungsverstärker) nicht aus, so kann der Basis des Ausgangstransistors ein Emitterfolger vorgeschaltet werden. Die dadurch entstehende Darlington-Schaltung (Abb. 19.57) wirkt wie ein einzelner Transistor mit sehr hoher Stromverstärkung. Die Gesamtstromverstärkung ist:

$$\underline{\underline{B_{\text{ges}} = B_1 \cdot B_2}} \qquad (19.149)$$

Darlington-Transistoren gibt es für viele Anwendungen fertig eingebaut in einem Gehäuse.

19.13.2 Bootstrap-Schaltung

Der Wechselstromeingangswiderstand einer Verstärkerstufe in Kollektor- oder Emitterschaltung kann mit einer als „Bootstrap" bezeichneten Methode erheblich vergrößert werden.

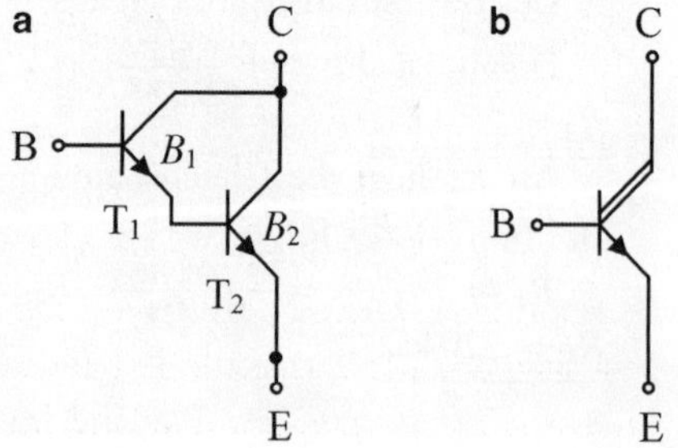

Abb. 19.57 Schaltung (a) und Schaltzeichen (b) eines npn-Darlington-Transistors

19.13 Spezielle Schaltungen mit Bipolartransistoren

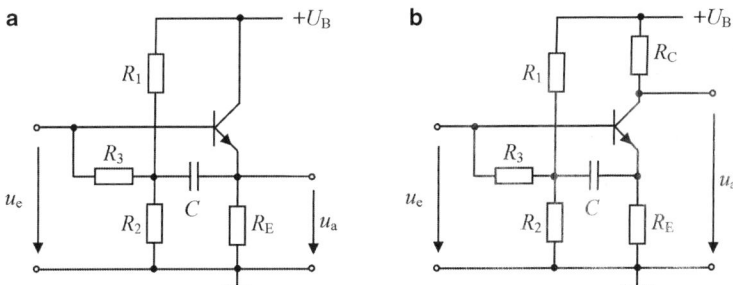

Abb. 19.58 Bootstrap-Schaltung bei einer Kollektor- (**a**) und einer Emitterschaltung (**b**)

Bei der Kollektorschaltung (Abb. 19.58a) und auch bei der Emitterschaltung mit Stromgegenkopplung (Abb. 19.58b) wird ein Teil der am Emitterwiderstand anstehenden Signalspannung (Ausgangsspannung u_a) über den Bootstrapkondensator C und den Widerstand R_3 auf den Eingang u_e zurückgeführt. Durch diese Rückkopplung wird zwar die Spannungsverstärkung kleiner, aber der Eingangswiderstand erhöht sich. Mit der Bootstrap-Schaltung kann man Eingangswiderstände von einigen MΩ erreichen.

Bei der Emitterschaltung mit Stromgegenkopplung darf allerdings kein Kondensator C_E parallel zum Emitterwiderstand R_E geschaltet sein (siehe Abb. 19.46), da dieser die Signalrückkopplung aufheben würde.

19.13.3 Kaskodeschaltung

Bei der Emitterschaltung wirkt parallel zum Eingang die so genannte **Miller-Kapazität** C_M. Dies ist die um den Faktor $(V_{uE} + 1)$ vergrößerte Basis-Kollektor-Sperrschichtkapazität C_{BK}.

$$C_M = C_{BK} \cdot (V_{uE} + 1) \qquad (19.150)$$

Die dynamische Vergrößerung der Basis-Kollektor-Kapazität wird als **Miller-Effekt** bezeichnet. Durch ihn wird die Eingangskapazität mit steigender Verstärkung (mit größer werdendem Arbeitswiderstand R_C) stark erhöht. Dies wirkt sich bei hohen Frequenzen negativ aus.

Bei der Kaskodeschaltung (Abb. 19.59) wird dieser Nachteil vermieden, sie vermeidet den Miller-Effekt und ist damit breitbandiger als ein Verstärker in Emitterschaltung.

Bei der Kaskodeschaltung werden die Vorteile der Emitterschaltung (relativ hoher Eingangswiderstand) mit denen der Basisschaltung (hohe Bandbreite) kombiniert. Der Eingangstransistor T_1 arbeitet in Emitterschaltung und der Ausgangstransistor T_2 in Basisschaltung. Da die beiden Transistoren ausgangsseitig in Reihe geschaltet sind, ergibt sich die für die Kaskodeschaltung typische Verbindung von Kollektor und Emitter der beiden Transistoren. Der Transistor T_1 hat den sehr kleinen Eingangswiderstand der Basisschaltung von T_2 als Arbeitswiderstand im Kollektorkreis. Wegen der niedrigen Spannungs-

Abb. 19.59 Eine Kaskodestufe

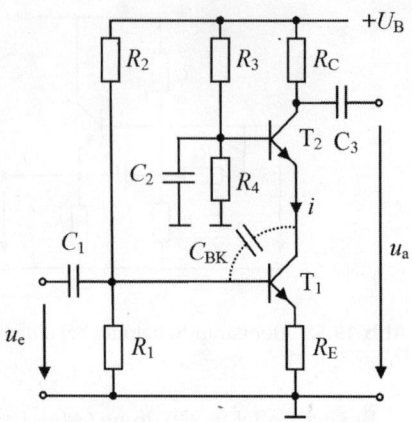

verstärkung von T_1 ist die wirksame Miller-Kapazität von T_1 gering. Dadurch hat die Kaskodeschaltung eine sehr kleine Eingangskapazität wie die Basisschaltung bei gleichzeitig relativ hohem Eingangswiderstand der Emitterschaltung.

Die Kaskodeschaltung hat mit zwei Transistoren die gleiche Verstärkung wie ein Transistor in Emitterschaltung. Wegen des kleinen Arbeitswiderstandes des Transistors T_1 führt sein Kollektor praktisch keine Signalspannung. Da das Kollektorpotenzial von T_1 beinahe konstant bleibt, arbeitet T_1 eigentlich in der Kollektorschaltung und dient nur der Stromverstärkung. Der Transistor T_1 setzt das Eingangssignal in den Signalstrom $i = u_e/R_E$ um und in der Basisschaltung von T_2 erfolgt die Spannungsverstärkung.

Die Kaskodestufe eignet sich gut für Breitbandverstärker mit Frequenzen bis weit über 100 MHz (breitbandige Messverstärker und Verstärkerstufen der Impulstechnik).

19.13.4 Konstantstromquelle

Wie man an den fast horizontal verlaufenden Kennlinien im Ausgangskennlinienfeld eines Transistors sieht (Abschn. 19.7.3), ist oberhalb von $U_{CE.sat}$ der Kollektorstrom I_C von U_{CE} weitgehend unabhängig. Durch eine Gegenkopplung verlaufen die Ausgangskennlinien noch flacher als ohne Gegenkopplung, der dynamische Innenwiderstand $\Delta U_{CE}/\Delta I_C$ wird noch größer. Eine ideale Konstantstromquelle (siehe auch Abschn. 4.6) hat einen unendlich großen Innenwiderstand. Mit einem Transistor lässt sich eine Konstantstromquelle mit sehr hohem Innenwiderstand realisieren (Abb. 19.60).

Annahmen sind: $I_L = I_C \approx I_E$ und $\beta \gg 1$. Es gilt: $U_{R2} + U_D = U_{BE} + U_E$.
Mit $U_D \approx U_{BE} \approx 0{,}7\,\text{V}$ folgt: $U_{R2} = U_E$.
Der konstante Ausgangsstrom I_L in Abb. 19.60 ist somit:

$$I_L = \frac{U_E}{R_E} = \frac{U_{R2}}{R_E} \qquad (19.151)$$

Abb. 19.60 Temperaturkompensierte Konstantstromquelle in Emitterschaltung mit Stromgegenkopplung

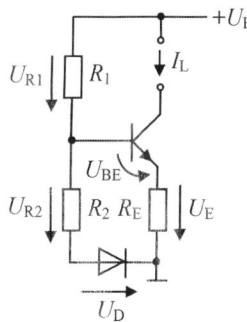

Schließt man an die Ausgangsklemmen einen ohmschen Widerstand an, so bleibt der Strom I_L durch den Widerstand unabhängig vom Wert des Widerstandes konstant. Dies gilt bis zu einem bestimmten oberen Wert des Widerstandes, ab dem $U_{CE} < U_{CE,sat}$ wird.

Der Spannungsteiler R_1, R_2 ist so niederohmig zu wählen, dass der Basisstrom des Transistors vernachlässigt werden kann.

Bei dieser Schaltung ist I_L nur dann konstant, wenn die Betriebsspannung U_B konstant ist.

Die Spannung U_D besitzt ungefähr den gleichen Temperaturgang von 2 mV/°C wie die Basis-Emitter-Spannung des Transistors. Durch diese Temperaturkompensation bleibt die Spannung U_E, und somit auch der Strom I_L unabhängig von der Temperatur konstant.

Aufgabe 19.5
Die Widerstände R_1, R_2 und R_E der Konstantstromquelle von Abb. 19.60 sind so zu dimensionieren, dass der konstante Ausgangsstrom $I_L = 1,0$ mA ist. Es ist $U_B = 12,0$ V.

Lösung
Es wird frei gewählt: $R_E = 10\,\mathrm{k\Omega}$. Nach Gl. 19.151 ist:
$U_{R2} = I_L \cdot R_E = 1,0\,\mathrm{mA} \cdot 10\,\mathrm{k\Omega} = 10\,\mathrm{V}$.

Für den Querstrom des Spannungsteilers R_1, R_2 wird 2,0 mA gewählt. Damit ist der Basisstrom des Transistors von einigen µA als Belastung des Spannungsteilers vernachlässigbar. Mit der Spannung an R_2 und dem durch ihn fließenden Strom von 2,0 mA liegt der Wert von R_2 fest: $R_2 = \frac{10\,\mathrm{V}}{2,0\,\mathrm{mA}} = 5\,\mathrm{k\Omega}$.

Der nächstliegende Normwert aus der Reihe E24 ist $\underline{R_2 = 5,1\,\mathrm{k\Omega}}$.

Aus $U_{R1} = U_B - U_{R2} - U_D$ folgt mit
$U_D \approx 0,7\,\mathrm{V}$: $U_{R1} = 12\,\mathrm{V} - 10\,\mathrm{V} - 0,7\,\mathrm{V} = 1,3\,\mathrm{V}$.
$R_1 = \frac{1,3\,\mathrm{V}}{2\,\mathrm{mA}} = 650\,\Omega$. Aus der Reihe E24 wird gewählt: $\underline{R_1 = 620\,\Omega}$.

Weicht I_L geringfügig vom Sollwert 1,0 mA ab, so kann I_L mit einem Trimmpotenziometer (z. B. mit 50 Ω) in Reihe mit R_1 geschaltet auf seinen genauen Sollwert eingestellt werden.

19.13.5 Differenzverstärker

Die Basis-Emitter-Spannung von bipolaren Transistoren driftet mit ca. 2 mV/°C (siehe Abb. 19.18. und Abb. 19.19). Solange man mit einem Transistor in Emitterschaltung nur Wechselspannungen verstärken will, kann man zur Stabilisierung des Arbeitspunktes die Gleichspannungsverstärkung mit Gegenkopplung V_R durch eine Gleichspannungs- oder Gleichstrom-Gegenkopplung weitgehend unabhängig von Temperaturänderungen machen, siehe Gl. 19.116. Die Gleichspannungsverstärkung wird dann klein gehalten. Will man jedoch auch Gleichspannungen ohne starken Einfluss der Temperatur verstärken, so muss die Temperaturdrift der Basis-Emitter-Spannung des Transistors kompensiert werden. Dies kann durch einen zweiten Transistor geschehen, der unter genau gleichen Bedingungen arbeitet wie der erste Transistor.

Die Grundschaltung eines Differenzverstärkers besteht aus einer symmetrisch aufgebauten Verstärkerstufe mit zwei Eingängen und zwei Ausgängen (Abb. 19.61). Die Ausgangsspannung kann zwischen den beiden Ausgängen als Differenzspannung abgenommen werden.

$$U_a = U_{a1} - U_{a2} \tag{19.152}$$

Mit einem Differenzverstärker können sowohl Gleich- als auch Wechselspannungen verstärkt werden. Beide Transistoren T_1, T_2 am Eingang eines Differenzverstärkers sind gepaart. Idealerweise besitzen sie die gleichen Eigenschaften (z. B. Stromverstärkung, Temperaturdrift der Basis-Emitter-Spannung usw.) und arbeiten bei gleicher Temperatur. Die beiden Schaltungshälften der Verstärkerstufe sind im Idealfall identisch, die beiden Kollektorwiderstände R_C haben den gleichen Wert.

Die Emitteranschlüsse der beiden Transistoren in Emitterschaltung sind mit einer gemeinsamen Konstantstromquelle verbunden, die in Abb. 19.61 zur Vereinfachung durch den hochohmigen Widerstand R_E gebildet wird (siehe auch Abschn. 4.6). Die Konstantstromquelle bestimmt den Arbeitspunkt des Differenzverstärkers. Der Emitterstrom I_K für beide Transistoren in der gemeinsamen Emitterleitung ist konstant. Somit ist auch die Summe der beiden Emitterströme konstant.

$$I_{E1} + I_{E2} = I_K = \text{const.} \tag{19.153}$$

Wird z. B. an die Basis von T_1 eine positive Spannung $U_{e1} > 0$ V angelegt und die Basis von T_2 dabei auf Nullpotenzial ($U_{e2} = 0$ V) gehalten, so werden der Emitter- und

19.13 Spezielle Schaltungen mit Bipolartransistoren

Abb. 19.61 Grundschaltung des Differenzverstärkers

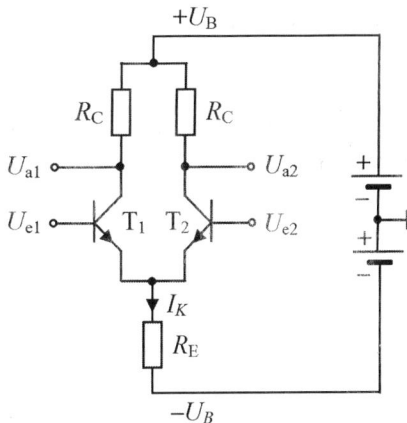

der Kollektorstrom von T_1 größer. Da die Summe der Emitterströme durch die Konstantstromquelle konstant gehalten wird, werden der Emitter- und der Kollektorstrom von T_2 entsprechend kleiner. Der Transistor mit der höheren Basis-Emitter-Spannung führt den höheren Strom. Da der Gesamtstrom durch beide Transistoren von der Stromquelle als konstant erzwungen wird, verringert sich der Strom durch den einen Transistor in dem Maße, in dem der Strom durch den anderen Transistor steigt. Wird an die Basis von beiden Transistoren die gleiche Spannung (Gleichtaktspannung $U_{e1} = U_{e2} = U_{gl}$) angelegt, so sind beide Kollektorströme und damit die Spannungsabfälle über den Kollektorwiderständen gleich groß. Die Ausgangsdifferenzspannung ist somit null ($U_a = U_{a1} - U_{a2} = 0$).

Ein Differenzverstärker verstärkt also nur die *Differenz* zweier Eingangsspannungen. Somit wird auch nur die Differenz der temperaturbedingten Drift der Basis-Emitter-Spannung verstärkt. Diese Driftdifferenz ist durch den gleichen Aufbau der beiden Transistoren und durch ihre gleichen Arbeitsbedingungen sehr klein.

Exemplarstreuungen der Transistorparameter und Temperaturänderungen haben durch das Prinzip der Differenzverstärkung nur noch einen sehr geringen Einfluss auf das Ausgangssignal des Verstärkers.

Der Differenzverstärker wird meist symmetrisch mit zwei gleich großen Betriebsspannungen $\pm U_B$ versorgt. Die Arbeitspunkte der beiden Transistoren können dann so berechnet werden, dass ihre Basisanschlüsse das Bezugspotenzial Masse haben, wenn sie nicht angesteuert werden.

Will man nur eine einzige Eingangsspannung verstärken, so legt man einen der beiden Eingänge auf Nullpotenzial. Häufig wird auch nur einer der beiden Ausgänge verwendet.

Differenzverstärker werden u. a. in der Messtechnik benutzt. Die Eingänge von Operationsverstärkern sind meistens als Differenzverstärker ausgeführt.

Gegenüber einer einfachen Emitterschaltung hat der Differenzverstärker auch den Vorteil geringerer Verzerrungen, da sich geradzahlige Oberschwingungen jeweils gegenseitig aufheben.

Die Phasenlagen von U_{e1} und U_{a2} sind gleich. Dagegen ist U_{a2} gegenüber U_{e2} um 180° phasenverschoben. Der Eingang U_{e1} entspricht dem nicht invertierenden, der Eingang U_{e2} dem invertierenden Eingang beim Operationsverstärker.

Ohne Herleitung wird die Verstärkung einer Spannungsdifferenz zwischen beiden Eingängen angegeben:

$$|V_D| = \frac{I_C \cdot R_C}{2 \cdot U_T} \qquad (19.154)$$

Die Phasenlage der Ausgangsspannung ist durch das Vorzeichen der Differenzverstärkung V_D zu berücksichtigen.

Wichtig sind im Zusammenhang mit Differenzverstärkern die Begriffe „Gleichtakt-" (z. B. Gleichtaktunterdrückung) und „Differenz-" (z. B. Differenzverstärkung). Bei einer **Gleichtaktaussteuerung** werden beide Eingänge mit gleicher Amplitude und in gleicher Phasenlage ausgesteuert (gleichsinnige Aussteuerung). Bei einer **Differenzaussteuerung** sind die beiden Eingangssignale i. a. gegenphasig zueinander, oder sie unterscheiden sich in der Amplitude.

Bei einer Gleichtaktaussteuerung liegt an beiden Eingängen dieselbe Spannung bzw. beide Eingänge ändern sich gleichsinnig um denselben Betrag (phasen- und amplitudengleiche Aussteuerung beider Eingänge). Durch die herstellungsbedingte, nicht vollkommene Gleichheit der Daten der beiden Transistoren kommt es zu einer unerwünschten **Gleichtaktverstärkung** V_{gl}. Auch die Gleichtaktverstärkung führt zu einem kleinen Ausgangssignal. Sie beträgt:

$$V_{gl} = \frac{R_C}{2 \cdot R_E} \qquad (19.155)$$

Die **Gleichtaktunterdrückung** G gibt an, um welchen Faktor eine an beiden Eingängen gleiche Spannung geringer verstärkt wird als eine Spannungsdifferenz zwischen beiden Eingängen. Eine übliche Abkürzung für die Gleichtaktunterdrückung ist **CMRR** (**C**ommon **M**ode **R**ejection **R**atio).

Die Gleichtaktunterdrückung ist:

$$G = \frac{V_D}{V_{gl}} = \frac{I_C \cdot R_E}{U_T} \qquad (19.156)$$

In Datenblättern wird die Gleichtaktunterdrückung nicht als linearer Faktor G sondern mit der Bezeichnung *CMRR* als logarithmisches Maß in dB angegeben.

Beispiel: $I_C = 1\,\text{mA}$, $R_E = 10\,\text{k}\Omega$. $G = \frac{0{,}001\,\text{A} \cdot 10.000\,\Omega}{0{,}0254\,\text{V}} = 394$;

$$CMRR = 20 \cdot \log(394) = \underline{51{,}9\,\text{dB}}.$$

Gute Differenzverstärker können mehr als 100 dB Gleichtaktunterdrückung haben, d. h., die Gleichtaktspannung wird um den Faktor 100.000 weniger verstärkt als die Differenzspannung.

Je größer der Emitterwiderstand R_E wird, umso kleiner wird die Gleichtaktverstärkung bzw. umso größer wird die Gleichtaktunterdrückung. Es ist jedoch sinnlos, R_E bei konstanter negativer Betriebsspannung zu erhöhen, um eine hohe Gleichtaktunterdrückung zu erhalten, da der Kollektorstrom I_C in gleichem Maße abnimmt und dadurch die Gleichtaktunterdrückung so gut wie konstant bleibt. Für eine besonders hohe Gleichtaktunterdrückung ersetzt man den Emitterwiderstand R_E durch eine Konstantstromquelle.

Beim idealen Differenzverstärker führt eine Eingangsspannungsdifferenz von $U_{e1} - U_{e2} = 0\,\text{V}$ zu gleichen Ausgangsspannungen $U_{a1} = U_{a2}$.

Beim realen Differenzverstärker erhält man wegen geringfügigen, herstellungsbedingten Unterschieden der Transistordaten den Zustand $U_{a1} = U_{a2}$ nur für eine Differenz der Eingangsspannungen $U_O = U_{e1} - U_{e2} \neq 0$. Die Spannung U_O heißt **Offsetspannung** und liegt bei bipolaren Differenzverstärkern im Bereich von wenigen µV bis mV.

Eine Korrektur (Kompensation) der Offsetspannung kann mit einem Nullpunkteinsteller erfolgen. Für den Offsetabgleich legt man beide Eingänge des Differenzverstärkers auf Masse (null Volt) und schließt zwischen den beiden Ausgängen ein Voltmeter an. Ein an zwei Pins des Differenzverstärkers angeschlossenes Trimm-Potenziometer wird solange verstellt, bis die Spannungsdifferenz zwischen beiden Ausgängen null Volt beträgt.

19.13.6 Selektivverstärker

Ein Verstärker mit einem ohmschen Kollektorwiderstand wird meist von tiefen Frequenzen bis zu einer oberen Grenzfrequenz verwendet. Selektivverstärker übertragen nur ein sehr schmales Frequenzband. Soll nur ein bestimmtes Frequenzband verstärkt werden, wobei die Mitte dieses Frequenzbereiches so hoch liegt, dass eine Verstärkung mit einem Verstärker mit ohmschem Kollektorwiderstand nicht möglich ist, so kann man einen Selektivverstärker (**Resonanzverstärker**) verwenden. Dieser besitzt statt des ohmschen Arbeitswiderstandes einen Parallelschwingkreis. Bei der Resonanzfrequenz des Schwingkreises erreicht die Verstärkung einen hohen Wert. Die Dämpfung des Schwingkreises bestimmt die Bandbreite des Resonanzverstärkers.

Eine wichtige Anwendung sind Zwischenfrequenz-Verstärker (ZF-Verstärker) in Funkempfängern. Selektivverstärker werden auch in Eingangskreisen von Rundfunk- und Fernsehempfängern (Tunern) zur Abstimmung auf den jeweils gewünschten Sender und zur Unterdrückung der anderen Sender genutzt.

19.13.7 Oszillatoren

Harmonische Oszillatoren erzeugen Sinusschwingungen durch Mitkopplung eines Verstärkers. Die wichtigsten Oszillatoren sind: Quarzoszillator, RC-Oszillator und LC-Oszillator.

Abb. 19.62 Schaltzeichen des Quarzes

Beim **Quarzoszillator** bestimmt die Resonanzfrequenz des Schwingquarzes die Frequenz der Schwingung. Ein Quarz ist ein Kristall, an dessen Oberflächen elektrische Kontakte mit zwei Anschlüssen angebracht sind. Wird ein Quarzkristall mechanisch verformt, so entsteht an seinen Elektroden eine elektrische Spannung (so genannter **Piezoeffekt**). Wird eine elektrische Spannung an den Quarz angelegt, so verformt er sich (inverser Piezoeffekt). Durch eine elektrische Spannung lässt sich ein Quarz zu mechanischen Schwingungen anregen. Dadurch entsteht an den Quarzelektroden eine Wechselspannung, deren Frequenz exakt mit der sehr stabilen mechanischen Resonanzfrequenz des Quarzes übereinstimmt. Der Quarz verhält sich als mechanischer Resonator elektrisch wie ein Schwingkreis mit sehr hoher Güte. Im Resonanzfall wirkt ein Quarz wie ein rein ohmscher Widerstand.

Die Frequenz eines Quarzoszillators ist sehr temperaturstabil, die Abweichung liegt bei ca. $10^{-6} \ldots 10^{-9}$ Hz.

Quarze werden von etwa 10 kHz bis ca. 250 MHz verwendet. Statt eines Schwingquarzes kann auch ein billigerer Keramikresonator eingesetzt werden, der allerdings weniger frequenzstabil ist.

Das Schaltzeichen des Quarzes zeigt Abb. 19.62.

Beim **RC-Oszillator** wird die Schwingfrequenz durch ein *RC*-Netzwerk bestimmt. *RC*-Oszillatoren eignen sich für den Niederfrequenzbereich. Ein Beispiel für einen *RC*-Oszillator ist der Phasenschieberoszillator (Abb. 19.63). Bei ihm erfolgt die für den Schwingeinsatz notwendige Phasenverschiebung des rückgekoppelten Signals durch drei *RC*-Hochpassglieder oder drei *RC*-Tiefpassglieder mit 60° Phasenverschiebung je *RC*-Glied. Zusammen mit der Phasenverschiebung einer Emitterschaltung von 180° ergibt sich die für den Schwingeinsatz notwendige Phasenverschiebung von $\varphi = 360° = 0°$.

Abb. 19.63 Beispiel für einen *RC*-Sinus-Oszillator mit *RC*-Hochpass-Phasenschieberkette

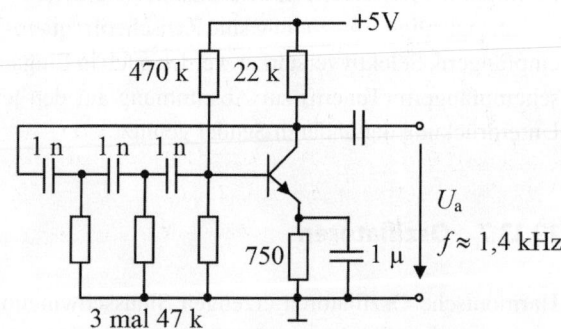

Beim *LC*-**Oszillator** bestimmt ein *LC*-Kreis die Schwingfrequenz. *LC*-Oszillatoren werden wegen der teuren Spulen mit ihren nicht idealen Eigenschaften nur selten eingesetzt.

19.14 Der Transistor als Schalter

Bei den bisherigen Anwendungen wurde der Transistor als stetig steuerbares Element zum *Verstärken* elektrischer Signale angewandt. Es handelte sich um lineare Schaltungen der *Analogtechnik*. Das Kollektorruhepotenzial lag zwischen den Aussteuerungsgrenzen $U_{CE,sat}$ und U_B und eine Aussteuerung erfolgte um diesen Arbeitspunkt. Bei einer linearen Schaltung wird die Aussteuerung am Eingang so klein gehalten, dass die Ausgangsspannung eine lineare Funktion der Eingangsspannung ist. Die Ausgangsspannung darf deshalb die Aussteuerungsgrenzen nicht erreichen oder überschreiten, da sonst Verzerrungen des verstärkten Signals auftreten.

Ein Transistor lässt sich als schneller, kontaktloser Schalter verwenden (siehe auch Abschn. 19.6.2).

Wird der Transistor als Schalter eingesetzt, so kann zwischen einem Einsatz in der *Analogtechnik* zum *Schalten von Lasten* und einem Einsatz in der *Digitaltechnik* zum *Schalten von Spannungen logischer Zustände* unterschieden werden.

Beim Schalten einer Last wird der Transistor dazu benutzt, im leitenden Zustand den Stromfluss durch einen Verbraucher ein- und im sperrenden Zustand auszuschalten. Mit einem Transistor kann z. B. ein Relais ein- und ausgeschaltet werden. Ein Beispiel wird in Abschn. 19.14.5.1 besprochen.

Schaltungen der Digitaltechnik arbeiten nur mit zwei Betriebszuständen. Von Interesse ist nur, ob eine Spannung größer als ein bestimmter Wert U_H oder kleiner als ein bestimmter Wert U_L ist, wobei gilt: $U_L < U_H$. Ist die Spannung größer als U_H, so sagt man, sie ist im Zustand „High" (Abk. „H" oder „1"). Ist die Spannung kleiner als U_L, sagt man, sie befindet sich im Zustand „Low" (Abk. „L" oder „0"). Der Wert der Spannungen U_H und U_L hängt von der verwendeten Schaltungstechnik ab, bei der Wahl der beiden Spannungsniveaus ist man im Prinzip völlig frei. Der Übergang von U_H auf U_L oder umgekehrt wird als Schalten eines logischen Signals bezeichnet. Spannungen zwischen U_L und U_H treten nur *während* des Schaltvorganges auf. Beim Betrieb als Schalttransistor[4] in der Digitaltechnik soll bei einer sprunghaften Änderung der Eingangsgröße der Ausgang möglichst verzögerungsfrei und verformungsfrei zwischen den Zuständen „H" und „L" wechseln. Zu Dioden in der Digitaltechnik siehe auch Abschn. 18.12.4. Die Anwendung von Transistoren in der Digitaltechnik wird in Abschn. 19.15 behandelt.

---

[4] Der Begriff Schalttransistor kann sich auf die Anwendung eines Transistors als Schalter oder auf einen Transistor mit speziellen Eigenschaften, z. B. besonders kurzen Schaltzeiten, beziehen.

Abb. 19.64 Transistor als Schalter in Emitterschaltung

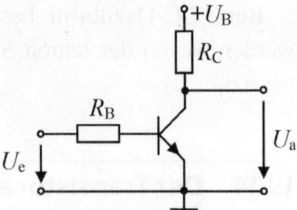

Der Betrieb als Schalttransistor weicht stark von einer linearen Verstärkeranwendung (Kleinsignalbetrieb) ab. Verfahren wie z. B. die Rechnung mit Vierpolparametern sind daher nicht anwendbar.

Bei der Verwendung eines *Transistors als Schalter* betreibt man diesen fast immer in der *Emitterschaltung* (Abb. 19.64). Beim Schalttransistor werden nun zunächst die beiden statischen Zustände „Ein" und „Aus" und dann das dynamische Verhalten beim Übergang zwischen den beiden Zuständen betrachtet.

19.14.1 Schalttransistor im Sperrzustand

Ein Si-npn-Transistor sperrt, d. h. es fließt kein Emitterstrom und nur ein sehr kleiner Kollektorstrom, wenn die Basis negativ gegenüber dem Emitter ist. Bei einem Si-npn-Transistor muss die Basis nicht unbedingt negatives Potenzial gegenüber dem Emitter besitzen, damit der Transistor ausreichend sperrt. Es genügt, wenn die Basis-Emitter-Spannung zwar in Durchlassrichtung anliegt, jedoch sehr klein ist (z. B. < 100 mV). Ist die Eingangsspannung U_e in Abb. 19.64 sehr klein (kleiner als die Basis-Emitter-Schleusenspannung U_{BES}), so sperrt der Transistor. Die Basis-Emitter-Diode und die Kollektor-Basis-Diode sperren. Der Emitterstrom wird $I_E = 0$. Im Ausgangskreis fließt nur noch der sehr kleine Kollektor-Basis-Reststrom I_{CBO} (Sperrstrom der Kollektor-Basis-Diode). Im Ausgangskennlinienfeld (Abb. 19.65) stellt sich auf der Arbeitsgeraden der Arbeitspunkt AP1 am Beginn des Sperrbereiches des Transistors ein. Die zum Arbeitspunkt AP1 gehörende Kollektor-Emitter-Spannung U_{CEH} entspricht der Ausgangsspannung U_a und liegt in ihrem Wert nahe bei $+U_B$. Die Ausgangsspannung ist im Zustand „H". Durch den Transistor und den Arbeitswiderstand R_C fließt kein Strom, der Transistor als Schalter ist im Zustand „Aus".

Man kann sich den Transistor im Sperrzustand vereinfacht auch als einen idealen mechanischen Schalter vorstellen, der geöffnet ist (siehe hierzu auch Abschn. 19.6.2.). Dieser bildet einen unendlich großen Widerstand. Der geöffnete Schalter sperrt den Stromfluss zwischen seinen Kontakten vollständig, über (zwischen) den beiden Anschlüssen liegt aber eine hohe Spannung. Da durch den Transistor kein Strom fließt, liegt ja der Kollektor in Abb. 19.64 (fast) auf dem Potenzial $+U_B$.

19.14 Der Transistor als Schalter

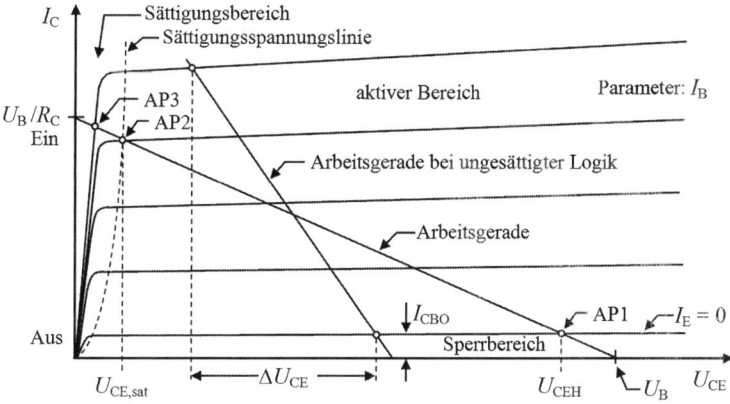

Abb. 19.65 Ausgangskennlinienfeld mit Arbeitspunkten beim Betrieb des Transistors als Schalter (nicht maßstabsgerecht)

19.14.2 Schalttransistor im Durchlasszustand

Ist die Eingangsspannung U_E groß, so leitet der Transistor, d. h. es fließt ein Kollektor- und Emitterstrom $I_C \approx I_E$. Hat die Eingangsspannung U_{BE} die gleiche Größe wie die Ausgangsspannung U_{CE}, so ist $U_{CB} = 0$ und es stellt sich der Arbeitspunkt AP2 an der Grenze zum Sättigungsbereich (an der Übersteuerungsgrenze, auf der Sättigungsspannungslinie) ein. Die Basis-Emitter-Diode leitet und die Kollektor-Basis-Diode sperrt gerade noch. Die zum Arbeitspunkt AP2 gehörende Kollektor-Emitter-Spannung $U_{CE,sat}$ entspricht wieder der Ausgangsspannung U_a und beträgt ca. 0,2 V. Die Ausgangsspannung ist im Zustand „L". Durch den Transistor und den Arbeitswiderstand R_C fließt jetzt ein Strom, der Transistor als Schalter ist im Zustand „Ein".

Man kann sich den Transistor im Durchlasszustand wieder vereinfacht als einen idealen mechanischen Schalter vorstellen, der geschlossen ist. Dieser bildet einen unendlich kleinen Widerstand. Der geschlossene Schalter leitet den Stromfluss zwischen seinen Kontakten ideal, über (zwischen) den beiden Anschlüssen liegt daher eine kleine Spannung (da der Widerstand zwischen den Kontakten klein ist). Da durch den Transistor ein Strom fließt, sind Kollektor und Emitter in der Modellvorstellung (fast) miteinander verbunden, der Kollektor in Abb. 19.64 liegt (fast) auf dem Potenzial der Masse.

Macht man durch Erhöhung von U_{BE} den Basisstrom größer, so wird U_{CB} negativ und auch die Kollektor-Basis-Diode leitet (zusätzlich zur Basis-Emitter-Diode). Dadurch wird die Ladungsträgerkonzentration in der Basiszone vergrößert, da die Kollektorspannung nicht groß genug ist, um die in die Basis-Kollektor-Grenzschicht diffundierenden Ladungsträger abzusaugen. Das Innere des Transistors wird von Ladungsträgern überschwemmt, es findet eine *Sättigung mit Ladungsträgern* statt. Dieser Bereich $0 < U_{CE} < U_{CE,sat}$ ist der Sättigungs- oder *Übersteuerungsbereich*. Der Arbeitspunkt verlagert sich in den Sättigungsbereich hinein zu AP3. Die zu AP3 gehörende Kollektor-Emitter-Spannung ist noch kleiner als $U_{CE,sat}$. Durch die Arbeit innerhalb des Sättigungsbereiches ergibt sich eine besonders gute Durchlasseigenschaft des Transistors.

Um einen Transistor sicher einzuschalten wird der Basisstrom I_B meist größer gewählt als derjenige, der zum Erreichen der Sättigungsgrenze erforderlich ist. Erhält der Transistor einen größeren Basisstrom als er für den Betrieb an der Sättigungsgrenze erforderlich ist, so wird der Transistor *übersteuert* und er arbeitet *in* der *Sättigung*.

Das Verhältnis des Basisstromes $I_{B,ü}$ für einen Arbeitspunkt im gesättigten Bereich (AP3 in Abb. 19.65) zum Basisstrom $I_{B,sat}$ für einen Arbeitspunkt an der Sättigungsgrenze (AP2 in Abb. 19.65) heißt **Übersteuerungsfaktor** $ü$. Er ist ein Maß für den Grad der Übersteuerung.

$$\underline{\underline{ü = \frac{I_{B,ü}}{I_{B,sat}}}} \tag{19.157}$$

Arbeitet der Transistor in der Sättigung, so ist $ü > 1$. In der Praxis wird mit Übersteuerungsfaktoren $ü = 2 \ldots 10$ gearbeitet. Größere Werte von $ü$ ergeben meist nur noch eine geringe Verkleinerung von $U_{CE,sat}$, aber eine starke Vergrößerung der Ausschaltzeit.

Eine Erhöhung des Basisstromes über den Punkt der maximalen Übersteuerung hinaus (AP3 in Abb. 19.65) ändert an der Kollektor-Emitter-Spannung nichts mehr (macht sie nicht mehr wesentlich kleiner).

Durch eine Übersteuerung werden folgende Punkte erreicht:

- Verkleinerung von $U_{CE,sat}$,
- Verkürzung der Einschaltzeit (siehe Tab. 19.3),
- Verlängerung der Ausschaltzeit (siehe Tab. 19.3),
- Verbesserung der Störsicherheit durch Vergrößerung des Abstandes der Spannungen, die zum Umschalten zwischen „Ein" und „Aus" bzw. umgekehrt führen.

19.14.3 Dynamisches Schaltverhalten

Um das zeitliche Verhalten eines Schalttransistors zu charakterisieren, betrachtet man seine Reaktion am Ausgang auf eine Aussteuerung mit einem rechteckförmigen Impuls am Eingang. Der Ausgangsimpuls ist gegenüber dem Eingangsimpuls verformt und zeitlich verzögert (Abb. 19.66).

Ist der Basisstrom null, so fließt im Ausgangskreis nur ein sehr kleiner Sperrstrom. Der Strom im Ausgangskreis ist annähernd null. Springt der eingeprägte Basisstrom auf den Wert $I_{B,ein}$, so steigt der Kollektorstrom infolge der Sperrschichtkapazitäten nicht ebenfalls sprunghaft an, sondern nimmt allmählich zu, bis er seinen Endwert $I_{C,ein}$ im Durchlasszustand erreicht. Geht nach einiger Zeit der Basisstrom schlagartig auf null, so fließt die im Basisraum vorhandene Ladung ab. Es entsteht so ein „umgekehrter" Basisstrom $I_{B,aus}$, den man als **Ausräumstrom** bezeichnet. Fällt der Ausräumstrom gegen null ab, so sinkt auch der Kollektorstrom ziemlich steil auf null.

19.14 Der Transistor als Schalter

Abb. 19.66 Zeitlicher Verlauf des Ausgangsstromes eines Schalttransistors (*unten*) bei rechteckigem Impuls am Eingang (*oben*)

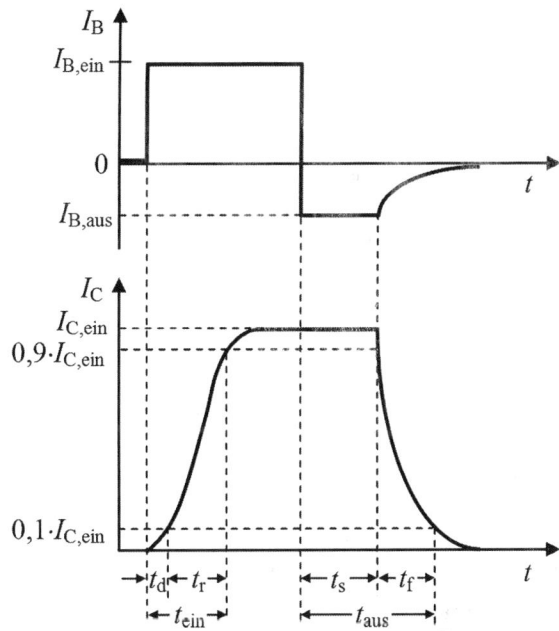

Tab. 19.3 Zur Definition der Schaltzeiten eines Transistors

Formelzeichen	Deutsche Bezeichnung	Englische Bezeichnung
t_d	Verzögerungszeit	delay time
t_r	Anstiegszeit	rise time
$t_{ein} = t_d + t_r$	Einschaltzeit	turn on time, t_{on}
t_s	Speicherzeit	storage time
t_f	Abfallzeit	fall time
$t_{aus} = t_s + t_f$	Ausschaltzeit	turn off time, t_{off}

Gemäß Abb. 19.66 unterscheidet man bei einem solchen Schaltvorgang die Zeiten in Tab. 19.3.

Als Schwellen für die Definition der Zeiten gelten jeweils $0,1 \cdot I_{C,ein}$ und $0,9 \cdot I_{C,ein}$.

Die Schaltzeiten liegen im Bereich von einigen ns bis wenigen µs.

Das Verhältnis des Ausräumstromes $I_{B,aus}$ zum Basisstrom $I_{B,sat}$ an der Sättigungsgrenze wird als **Ausräumfaktor** a bezeichnet.

$$a = \frac{I_{B,aus}}{I_{B,sat}} \tag{19.158}$$

Die Schaltzeiten sind vom Transistortyp und von der Auslegung der Schaltung (vom Übersteuerungsfaktor und vom Ausräumfaktor) abhängig. Von der Dauer des Steuerimpulses sind die Schaltzeiten u. a. ebenfalls abhängig. Die Schaltzeiten bleiben nur konstant, wenn die Dauer des Steuerimpulses um ein Mehrfaches größer ist als die Schaltzeiten. Bei kürzer werdendem Steuerimpuls nimmt insbesondere die Speicherzeit ab.

Die Einschaltzeit t_ein wird umso kürzer, je größer der Übersteuerungsfaktor gemacht wird. Andererseits erhöht sich durch die Übersteuerung beim Ausschalten die Speicherzeit t_s und damit die Ausschaltzeit t_aus. Die Speicherzeit t_s wird umso kürzer, je größer der Ausräumfaktor a ist.

19.14.4 Verkürzung der Schaltzeiten

Die Speicherzeit läßt sich durch Vergrößerung des Ausräumstromes, z. B. durch Anlegen einer Spannung $-U_\text{BE}$ in Sperrrichtung verkürzen. Durch die Erhöhung des Ausräumfaktors ergibt sich jedoch gleichzeitig eine Vergrößerung der Einschaltverzögerung t_d. Durch schaltungstechnische Maßnahmen kann man erreichen, dass die Übersteuerung nur während des Einschaltvorganges und eine Erhöhung des Ausräumstromes nur während des Ausschaltvorganges wirksam ist. Realisiert wird dies durch ein RC-Glied in der Basisleitung (Abb. 19.67a). Die Umladeströme des Kondensators C bilden den Übersteuerungsstrom beim Einschalten und den Ausräumstrom beim Ausschalten des Transistors. Im stationären Zustand ist für den Basisstrom die Reihenschaltung aus R und R_b ($R_\text{b} > R$) ausschlaggebend. Im Wesentlichen bestimmt R_b die Begrenzung des Basisstromes. Die Werte von R und C sind abhängig von der Dauer des Steuerimpulses, für ein sicheres Schalten können sie z. B. experimentell ermittelt werden.

Die größte der Schaltzeiten, die Speicherzeit t_s, tritt auf, wenn man einen zuvor gesättigten Transistor ($U_\text{CE} = U_\text{CE.sat}$) sperrt. Die Speicherzeit läßt sich stark verkleinern, wenn man den „Ein"-Betriebspunkt nicht in den Sättigungsbereich, sondern in den aktiven Bereich legt. Die Kollektorspannung braucht dann nicht zwischen dem hohen Wert U_CEH und dem kleinen Wert $U_\text{CE.sat}$ (Abb. 19.65) hin- und her zu springen, sondern ändert sich beim Umschalten nur um den kleineren Betrag ΔU_CE. Dieses Prinzip der **ungesättigten Logik** wird bei schnellen Schaltern angewandt.

In Abb. 19.67b verhindert die Zenerdiode, dass die Kollektorspannung den Sättigungswert $U_\text{CE.sat}$ annimmt. Ist z. B. bei $U_\text{B} = 10\,\text{V}$ die Zenerspannung $U_\text{Z} = 8{,}2\,\text{V}$, so ist bei $I_\text{C.ein}$ der Wert der Kollektorspannung $U_\text{C} = 10\,\text{V} - 8{,}2\,\text{V} = 1{,}8\,\text{V}$. Eine Schottky-Antisättigungsdiode D_SA zwischen Basis und Kollektor stellt eine *Antisättigungsschaltung* dar, durch die der überschüssige Basisstrom abgeleitet wird.

19.14.5 Beispiele für die Anwendung von Schalttransistoren

Das Anwendungsgebiet von Schalttransistoren umfasst z. B. die Impulstechnik (Einsatz in der Fernseh- und Radartechnik), Impuls-Modulationsverfahren in der Nachrichtenübertragung und das große Gebiet der logischen Schaltungen in digitalen Rechnern oder kontaktlosen Steuerungen.

Die Grundschaltung (Abb. 19.64) kann allgemein anstelle eines Relais zum Ein- und Ausschalten eines Verbrauchers verwendet werden. In der Datenverarbeitung benutzt man

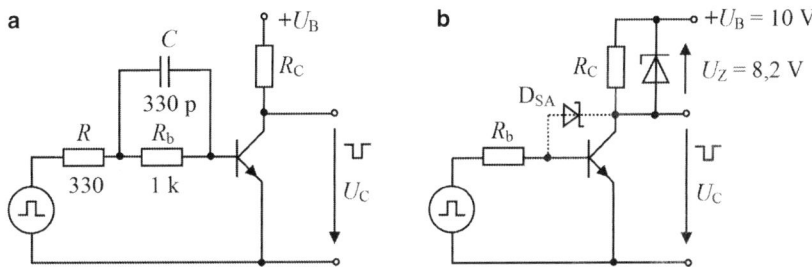

Abb. 19.67 Schaltungsmaßnahmen zur Verkürzung der Schaltzeiten (Zahlenwerte als Beispiel)

eine derartige Schaltstufe zur Signalumkehrung als **Inverter**, da die Ausgangsspannung entgegengesetzt zur Eingangsspannung verläuft.

In den folgenden Beispielen arbeiten die durchgeschalteten (eingeschalteten) Transistoren im Sättigungsgebiet. Zum Verständnis der Schaltungen sollte man sich vor Augen halten, dass die Kollektorspannung U_{CE} im durchgeschalteten Zustand des Transistors mit $U_{CE} = U_{CE.sat}$ sehr niedrig ist, d. h., der Kollektor weist fast Nullpotenzial auf. Im gesperrten Zustand liegt der Wert der Kollektorspannung nahe der Speisespannung U_B.

19.14.5.1 Schalten einer Last

Der Strom durch einen Verbraucher kann mit einem Transistor kontaktlos ein- und ausgeschaltet werden. Die Last kann z. B. der ohmsche Widerstand einer Glühlampe oder der ohmsch-induktive Widerstand R_L, L der Wicklung eines Relais sein (Abb. 19.68a). Mit den an eine entfernte Stelle geführten Anschlüssen des Relaisschalters kann eine angeschlossene Last hoher Leistung geschaltet werden (Abb. 19.68b). Mit einem logischen Signal kleiner Leistung kann so ein Verbraucher großer Leistung ein- und ausgeschaltet werden.

> **Aufgabe 19.6**
> Es steht eine Speisespannung $U_B = 20$ V zur Verfügung. Ein Relais, welches bei $I = 70$ mA sicher angezogen hat (den Schaltkontakt betätigt hat), besitzt den Wick-

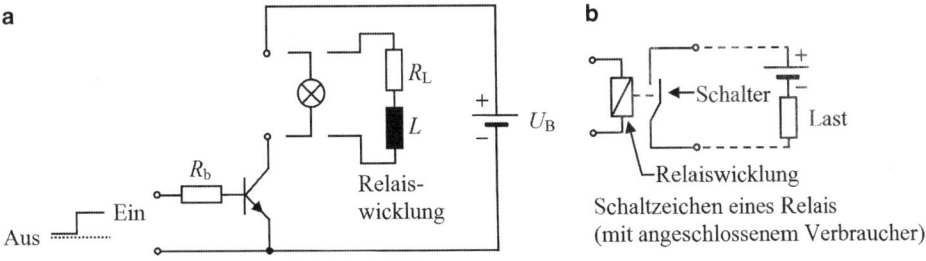

Abb. 19.68 Transistor als Schalter für einen Verbraucher

Abb. 19.69 Ausgangskennlinienfeld eines Schalttransistors

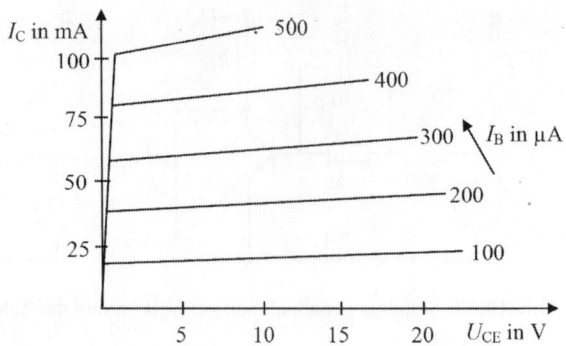

lungswiderstand $R = 200\,\Omega$. Das Relais soll mit einem Transistor gesteuert werden, dessen I_C-/U_{CE}-Kennlinienfeld (Abb. 19.69) gegeben ist.

Wie groß ist der minimale Strom, den die steuernde Spannungsquelle liefern muss, damit das Relais sicher anzieht? Wie groß darf der Basisvorwiderstand R_b maximal sein, wenn die Steuerspannung am Eingang 2,0 V beträgt? Wie groß ist die Leistungsverstärkung V_P? Was ist in der Praxis zu beachten?

Lösung

Zuerst wird die Widerstandsgerade $U_{CE} = U_B - I_C \cdot R_C$ in das I_C-/U_{CE}-Kennlinienfeld eingetragen (Abb. 19.70). Sie schneidet die Abszisse bei $U_B = 20\,\text{V}$ und die Ordinate bei $20\,\text{V}/200\,\Omega = 100\,\text{mA}$. Für $I_C = 70\,\text{mA}$ erhält man den Arbeitspunkt AP mit $U_{CE} = 6\,\text{V}$ und $I_B \approx 350\,\mu\text{A}$.

Die steuernde Spannungsquelle wird also mit $\underline{350\,\mu\text{A}}$ belastet. Dies ist der minimale Strom den sie liefern muss, damit im Kollektorkreis 70 mA fließen und das Relais sicher anzieht.

Die Basis-Emitter-Spannung beträgt ca. 0,7 V. Mit der Steuerspannung von 2 V ergibt sich der Wert von R_b zu: $R_b = \frac{2{,}0\,\text{V} - 0{,}7\,\text{V}}{350\,\mu\text{A}}$; $\underline{R_{b,\text{max}} \approx 3{,}7\,\text{k}\Omega}$.

Um das Relais zum Anziehen zu bringen, benötigt man die Leistung $P_2 = 200\,\Omega \cdot (70\,\text{mA})^2 = 0{,}98\,\text{W}$.

Die steuernde Spannungsquelle muss aber nur die Leistung $P_1 = 2\,\text{V} \cdot 350\,\mu\text{A} = 0{,}7\,\text{mW}$ liefern.

Die Leistungsverstärkung beträgt somit $\underline{V_P = 1400}$.

Im praktischen Einsatz wird man wegen der Streuung der Stromverstärkung und ihrer Änderung mit der Temperatur einen höheren Basisstrom wählen, damit das Relais auch sicher anspricht.

19.14 Der Transistor als Schalter

Abb. 19.70 Ausgangskennlinienfeld mit Widerstandsgerade

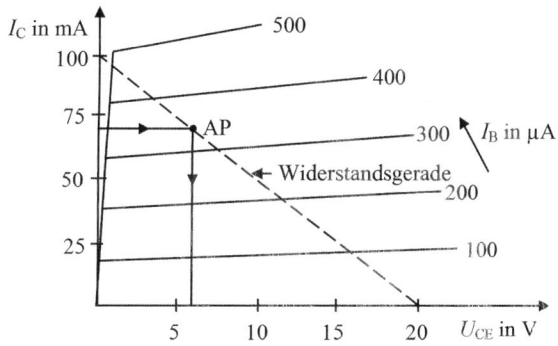

19.14.5.2 Astabile Kippschaltung (Multivibrator)

Ein Multivibrator ist eine selbstschwingende Kippschaltung und erzeugt periodische, rechteckförmige Spannungen (Rechteck-Generator). Die Grundschaltung eines Multivibrators zeigt Abb. 19.71.

Die beiden Transistoren T_1 und T_2 sind über RC-Glieder so miteinander gekoppelt, dass sie sich selbständig wechselseitig ein- und ausschalten. Die gesamte Periodendauer der entstehenden Rechteckschwingung ist $T = t_1 + t_2$. Die Zeiten t_1 und t_2 werden durch die Zeitkonstanten der RC-Glieder bestimmt.

$$t_1 = \ln(2) \cdot R_{B1} \cdot C_{B1} \approx 0{,}7 \cdot R_{B1} \cdot C_{B1} \qquad (19.159)$$

$$t_2 = \ln(2) \cdot R_{B2} \cdot C_{B2} \approx 0{,}7 \cdot R_{B2} \cdot C_{B2} \qquad (19.160)$$

Beim symmetrischen Multivibrator mit $R_B = R_{B1} = R_{B2}$ und $C_B = C_{B1} = C_{B2}$ ist:

$$T \approx 1{,}4 \cdot R_B \cdot C_B \qquad (19.161)$$

Damit die Transistoren bis in die Sättigung gesteuert werden, muss $R_{B1} < B_1 \cdot R_{C1}$ und $R_{B2} < B_2 \cdot R_{C2}$ (B_1, B_2 = Stromverstärkung) sein.

Der Verlauf der Ausgangsspannungen ist nicht ideal rechteckförmig, die Anstiegsflanke ist verrundet. Die Anstiegszeit läßt sich durch verschiedene Schaltungsmaßnahmen

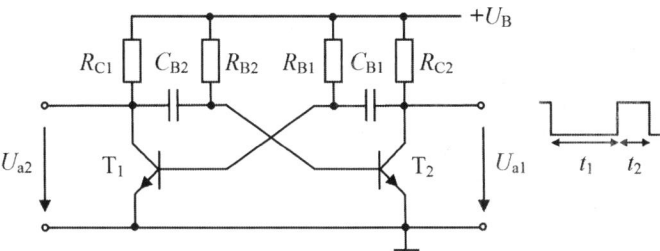

Abb. 19.71 Grundschaltung des Multivibrators

verkleinern. Die Ausgangsspannungen U_{a1} und U_{a2} sind komplementär, d. h., U_{a1} ist High, wenn U_{a2} Low ist und umgekehrt. Mit der Schaltung sind Rechteckschwingungen mit Frequenzen von ca. 1 Hz bis ca. 1 MHz erzeugbar.

19.14.5.3 Monostabile Kippschaltung (Univibrator, Monoflop)

Ein Monoflop wird durch einen kurzen, positiven Eingangsimpuls für eine bestimmte Zeit eingeschaltet und kippt dann wieder in den Ruhezustand zurück (Funktion eines Zeitschalters). Der Ruhezustand bleibt stabil erhalten, bis der nächste positive Eingangsimpuls einen neuen Kippvorgang auslöst. Das Monoflop dient zur Erzeugung eines Rechteckimpulses bestimmter Dauer, welcher durch einen Eingangsimpuls ausgelöst wird. Der Eingangsimpuls wird auch Triggerimpuls, kurz **Trigger**, genannt. Die Grundschaltung eines Monoflops ist in Abb. 19.72 dargestellt.

Die Dauer des Ausgangsimpulses (Verweilzeit) ist:

$$T \approx 0{,}7 \cdot R_1 \cdot C_B \qquad (19.162)$$

Ohne Eingangssignal ist T_2 leitend, weil er über R_1 eine positive Basisspannung erhält. Die Kollektorspannung U_{CE2} ist daher auf dem niedrigen Sättigungswert $U_{CE,sat}$. Diese kleine Spannung wird über den Spannungsteiler R_2, R_3 geteilt und der noch kleinere Bruchteil der Basis von T_1 zugeführt. An der Basis von T_1 liegt somit eine so kleine Spannung, dass T_1 sicher gesperrt ist. Die Ausgangsspannung U_a ist Low.

Der Spannungsteiler R_2, R_3 verbessert den Low-Störspannungsabstand am Eingang von T_1. Die Höhe einer Störspannung an der Basis von T_1, die T_1 leitend machen würde, muss mit diesem Spannungsteiler wesentlich größer sein als ohne ihn. Der Spannungsteiler verhindert auch, dass bereits ein kleiner Eingangsimpuls das Monoflop einschaltet.

Der Ruhezustand des Monoflops (U_a = Low) ist so lange stabil, bis durch einen kurzen, positiven Eingangsimpuls die Basis von T_1 positiv wird. Dadurch wird T_1 leitend und sein Kollektorpotenzial sinkt fast auf null. Der Kondensator C_B wird umgeladen, dadurch wird U_{BE2} negativ und T_2 sperrt. Die Ausgangsspannung U_a ist High. Über den Spannungsteiler R_2, R_3 wird U_a der Basis von T_1 zugeführt und dieser somit auch nach dem Ende des Eingangsimpulses leitend gehalten, bis die Umladung von C_B beendet ist. Dann wird U_{BE2}

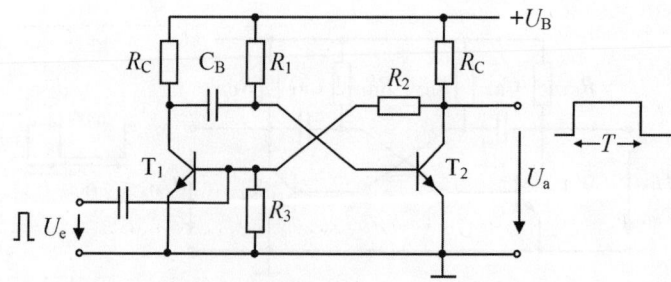

Abb. 19.72 Grundschaltung eines Monoflops

wieder positiv und T$_2$ leitend. Jetzt wird U_{BE1} so klein, dass T$_1$ sperrt. Dies entspricht dem Anfangszustand der stabil bleibt, bis der nächste Triggerimpuls einen neuen Kippvorgang auslöst.

Es sei erwähnt, dass die Schaltung sehr empfindlich gegenüber Störsignalen auf der Speisespannung ist. Beim Monoflop kann man zwischen nachtriggerbaren und nicht nachtriggerbaren Typen unterscheiden. Ist das Monoflop **retriggerbar**, so kann der Ausgangsimpuls durch einen Triggerimpuls am Eingang neu aktiviert werden, bevor die Dauer des Ausgangsimpulses abgelaufen ist. Der Ausgang bleibt dann für die Zeit T plus der bisher abgelaufenen Zeit auf High. Eine Möglichkeit der Anwendung ist z. B. ein Treppenhausautomat, bei dem durch Drücken einer Taste das Licht für eine bestimmte Zeit T eingeschaltet wird. Wird die Taste vor dem Erlöschen des Lichtes erneut gedrückt, so verlängert sich die Einschaltzeit ab diesem Zeitpunkt um T.

19.14.5.4 Bistabile Kippschaltung (Flipflop)

Wie der Name sagt, weist eine bistabile Kippschaltung zwei stabile statische Schaltzustände auf. Im ersten Zustand ist ein Transistor gesättigt (stromführend) und der andere Transistor sperrt. Im zweiten Zustand sperrt der vorher gesättigte Transistor und der andere leitet. Die Grundschaltung eines Flipflops ist in Abb. 19.73 dargestellt.

Ein Grundtyp eines Flipflops ist das RS-Flipflop. Die Eingänge werden mit S (Set) und R (Reset), die Ausgänge mit Q und $\overline{Q}$ bezeichnet. Der logische Zustand der Ausgänge ist komplementär, d. h., U_{a1} ist High, wenn U_{a2} Low ist und umgekehrt. Ein positiver Impuls am S-Eingang setzt den Q-Ausgang auf High (H). Ein positiver Impuls am R-Eingang bewirkt, daß der Q-Ausgang auf Low (L) zurückgesetzt wird.

Wird U_{e2} positiv, so leitet T$_2$ und T$_1$ sperrt. Dadurch wird $Q = H$ ($U_{a1} \approx U_B$) und $\overline{Q} = L$ ($U_{a2} \approx 0$). Durch die starke Rückkopplung über die Basiswiderstände R_{B1} und R_{B2} bleibt dieser Zustand erhalten, auch wenn der S-Eingang wieder Low wird. Wird U_{e1} positiv (oder U_{e2} negativ), so kippt das Flipflop in seinen Ausgangszustand zurück ($Q = L, \overline{Q} = H$).

Die Eingänge R und S dürfen nicht gleichzeitig positiv (oder negativ) sein, sonst ergibt sich kein definierter Schaltzustand, wenn R und S wieder Low werden. Eine Funktionstabelle (Tab. 19.4) gibt eine Übersicht über die Schaltzustände.

Abb. 19.73 Grundschaltung eines Flipflops

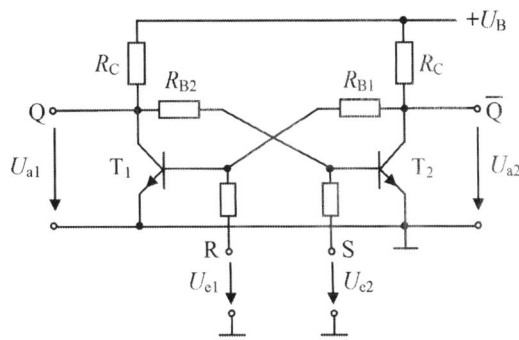

Tab. 19.4 Funktionstabelle des RS-Flipflops

R	S	Q	$\overline{Q}$
H	H	nicht definiert	nicht definiert
H	L	L	H
L	H	H	L
L	L	wie vorher	wie vorher

Legt man an den Eingang eines Flipflop eine periodische Rechteckspannung an, so erscheint am Ausgang des Flipflop eine Rechteckspannung der halben Frequenz. Ein Flipflop kann also zur *Frequenzteilung* angewandt werden. Durch mehrere in Reihe geschaltete Flipflops kann ein Impulszähler realisiert werden. Ein Flipflop kann zur Speicherung eines binären Zeichens, eines Bit, verwendet werden. In der digitalen Rechentechnik werden Flipflops als *Register* (ein Register besteht aus mehreren Speicherelementen) zur Speicherung binärer Signale verwendet.

19.14.5.5 Schmitt-Trigger

Der Schmitt-Trigger wandelt ein analoges in ein digitales Signal um. Die Ausgangsspannung kann in Abhängigkeit der Eingangsspannung nur zwei definierte Werte einnehmen. Der Schmitt-Trigger ist eine bistabile Schaltung mit der Funktion eines Schwellwertschalters. Ist die Eingangsspannung kleiner als ein bestimmter Wert $U_{e,ein}$, so hat die Ausgangsspannung den kleinen Wert $U_{a,min}$ nahe 0 V ($U_{CE,sat}$). Wächst die Eingangsspannung an und überschreitet den Wert $U_{e,ein}$, so springt die Ausgangsspannung auf einen hohen Wert $U_{a,max}$ nahe $+U_B$. Wird die Eingangsspannung dann wieder kleiner und unterschreitet den Wert $U_{e,aus}$, der etwas kleiner ist als $U_{e,ein}$, so springt die Ausgangsspannung auf den Wert $U_{a,min}$ zurück. Die Umschaltpegel hängen also von der Richtung des Schaltvorganges ab, der Einschaltpegel $U_{e,ein}$ und der Ausschaltpegel $U_{e,aus}$ sind unterschiedlich (Abb. 19.74). Die Differenz zwischen Ein- und Ausschaltpegel heißt **Schalthysterese** ΔU_{eH}.

$$\Delta U_{eH} = U_{e,ein} - U_{e,aus} \tag{19.163}$$

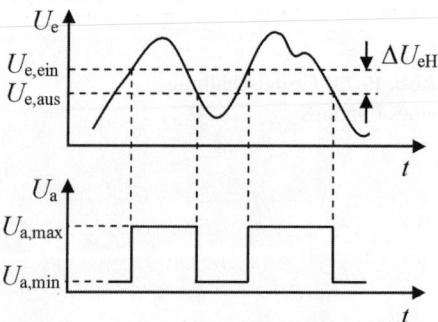

Abb. 19.74 Zusammenhang zwischen Eingangs- und Ausgangsspannung beim Schmitt-Trigger

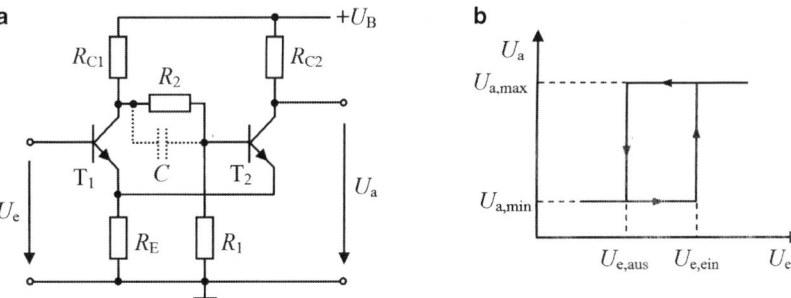

Abb. 19.75 Grundschaltung des Schmitt-Triggers (a) und Übertragungskennlinie (b)

Die Grundschaltung des Schmitt-Triggers zeigt Abb. 19.75a, in Abb. 19.75b ist seine Übertragungskennlinie dargestellt.

Ist U_e klein, so sperrt T_1. Über den Spannungsteiler R_{C1}, R_2, R_1 erhält die Basis von T_2 eine positive Vorspannung, so dass T_2 leitet und sich im Sättigungsbereich befindet. Es ist $U_a = U_{a,\min}$. Der Spannungsabfall an R_E wird durch den Emitterstrom von T_2 bestimmt. Wird U_e erhöht, so beginnt T_1 zu leiten. Seine Kollektorspannung und damit die Basisspannung von T_2 nimmt ab, T_2 beginnt zu sperren. Durch den kleiner werdenden Emitterstrom von T_2 wird der Spannungsabfall an R_E kleiner und damit die Basis von T_1 noch positiver. Der Strom durch T_1 steigt weiter an, der durch T_2 sinkt weiter ab. Durch die Rückkopplung erfolgt ein rasches Kippen in den Zustand, bei dem T_1 leitet und T_2 sperrt. Jetzt ist $U_a = U_{a,\max}$. Auf eine Beschreibung des Rückkippens in den Ausgangszustand, auf eine Erläuterung für den Grund der Hysterese sowie auf Angaben zur Dimensionierung des Schmitt-Triggers wird hier verzichtet. Es sei erwähnt, dass der Kondensator C zur Beschleunigung der Kippvorgänge eingefügt werden kann.

In der Praxis verwendet man einen Schmitt-Trigger zur Umwandlung einer Sinus- oder Dreieckspannung o. ä. in eine Rechteckspannung, zur Wiederherstellung (Regeneration) verformter Rechteckimpulse und als Amplitudenkomparator mit Hysterese zur Unterscheidung von Spannungen, die oberhalb oder unterhalb gegebener Schwellwerte liegen.

19.15 Transistoren in der Digitaltechnik

19.15.1 Kodes, Logische Funktionen, Schaltalgebra

Digitale[5] Schaltungen sind die Grundbausteine elektronischer Digitalrechner. In der Digitaltechnik arbeitet man mit **binären**[6] elektrischen Signalen, die nur zwei Spannungswerte aufweisen (High oder Low), siehe auch Abschn. 18.12.4. Die kleinste Einheit eines Zah-

---

[5] digitus (lat.) = Finger, Ziffer.
[6] binär = zweiwertig.

lensystems wird mit „**digit**" bezeichnet. Ein Digit einer binären Information kann nur die Werte „H" (logisch „1") oder „L" (logisch „0") haben und stellt ein **Bit** dar (zusammengesetzt aus engl. „**b**inary dig**it**"). Ein Bit ist die Kurzbezeichnung für die Nachrichtenmenge einer Binärstelle bzw. einer Binärziffer und ist somit das kleinste Informationsquantum. Die Dualzahl „101" beinhaltet z. B. die Nachrichtenmenge 3 Bit. Acht Bit werden als **Byte** bezeichnet. Achtung! Wegen der Potenzen von Zwei ist: 1 **Kilobyte** (KByte oder KB) = 1024 Bit.

Die Zuordnung H = 1 und L = 0 bezeichnet man als **positive Logik**. Die ebenfalls mögliche umgekehrte Zuordnung H = 0 und L = 1 wird als negative Logik bezeichnet.

Die Zeichen des dezimalen Zahlensystems sind die Ziffern 0 bis 9, während das duale (binäre) Zahlensystem nur die Zeichen 1 und 0 besitzt. Mehrere Zeichen werden in einem Zeichenverband zusammengefasst, welcher als „Wort" bezeichnet wird. Durch die Art der verwendeten Zeichensymbole, ihrer Anzahl und Stellung im Wort entsteht ein „Kodewort". Die Vorschrift für die Zusammensetzung eines Kodewortes nennt man **Kode**.

Ein Beispiel für eine Kodierung ist die Darstellung von Zahlen mittels Ziffern durch den Dezimalzahlenkode im Dezimalsystem. In ihm wird die Wertigkeit der einzelnen Ziffer durch ihre Stelle innerhalb der Ziffernfolge bestimmt.

So ist z. B. $7351_{10} = 7 \cdot 10^3 + 3 \cdot 10^2 + 5 \cdot 10^1 + 1 \cdot 10^0$.

Die einzelnen Ziffern sind den Potenzen von Zehn als Faktoren zugeordnet. So kann man mit nur zehn Ziffern jede beliebig große Zahl darstellen. Die Basis des Zahlensystems wird als Index hinter die Zahl geschrieben.

Im **Dualsystem** gibt es nur zwei Zeichen, die Ziffern 0 und 1 sind als Faktoren den Potenzen von Zwei zugeordnet. Ein Beispiel für eine Dualzahl ist $1101_2 = 1 \cdot 2^3 + 1 \cdot 2^2 + 0 \cdot 2^1 + 1 \cdot 2^0$. Als Dezimalzahl ist dies die Zahl 13. Verwendet man bei Dualzahlen eine feste Stellenzahl, so nennt man das niederwertigste Bit „**LSB**" (least significant bit), das höchstwertige Bit „**MSB**" (most significant bit). Die Darstellung negativer und gebrochener Zahlen im Dualsystem unterliegt bestimmten Gesetzen, die hier nicht erläutert werden.

Eine Dualzahl kann leicht in eine Dezimalzahl umgerechnet werden. Rechts beginnend, addiert man die Potenzen von Zwei derjenigen Stellen, an denen in der Dualzahl eine Eins steht.

Die Potenzen von Zwei sind von 2^0 bis 2^{12} von rechts nach links geschrieben:
4096, 2048, 1024, 512, 256, 128, 64, 32, 16, 8, 4, 2, 1.

Beispiel:
$$10110101_2 = 1 + 4 + 16 + 32 + 128 = 181_{10}.$$

Für den Menschen sind Dualzahlen sehr unübersichtlich. **Hexadezimalzahlen** stellen eine Zusammenfassung von Dualzahlen dar. Die vier Bit einer Hex-Zahl, mit denen sich sechzehn unterschiedliche Kombinationsmöglichkeiten ergeben, nennt man **Nibble**. Die Basis des Hexadezimalsystems ist sechzehn. Die hexadezimalen Zeichen sind die Ziffern 0 bis 9 und die Buchstaben A bis F für die Zahlen 10 bis 15.

19.15 Transistoren in der Digitaltechnik

Tab. 19.5 Dezimal-, Dual- und Hexzahlen von 0 bis 15

Dezimalzahl	Dualzahl	Hex-Zahl	Dezimalzahl	Dualzahl	Hex-Zahl
0	0000	0	8	1000	8
1	0001	1	9	1001	9
2	0010	2	10	1010	A
3	0011	3	11	1011	B
4	0100	4	12	1100	C
5	0101	5	13	1101	D
6	0110	6	14	1110	E
7	0111	7	15	1111	F

Eine andere Art der Zusammenfassung von Dualzahlen ist der **BCD-Kode** (**B**inary **C**oded **D**ecimal). Bei ihm werden mit vier Bit eine Stelle des Dezimalsystems kodiert.

Beispiele für Hexadezimalzahlen

$$C8_{16} = 12 \cdot 16^1 + 8 \cdot 16^0 = 200_{10}; \quad F2A_{16} = 15 \cdot 16^2 + 2 \cdot 16^1 + 10 \cdot 16^0 = 3882_{10}.$$

Beispiel für den BCD-Kode:

$$\underbrace{0100}_{4_{10}} \underbrace{0111}_{7_{10}} = 47_{10}.$$

Tab. 19.5 gibt die Zahlen 0 bis 15 als Dezimal-, Dual und Hexadezimalzahlen an.

Die Dualzahlen besitzen eine für elektronische Digitalrechner sehr nützliche Eigenschaft. Dualzahlen sind alle durch Folgen von nur zwei unterschiedlichen Ziffern gebildet, die durch den Zustand High oder Low repräsentiert werden können. Schaltungstechnisch kann man diese Zustände mit elektronischen Schaltern leicht verwirklichen. Mit logischen Schaltungen werden Signale des Zustandes „H" oder „L" miteinander verknüpft, um algebraische Operationen durchzuführen. Logische Schaltungen werden als **Gatter** bezeichnet, weil sie die Signale auf eine bestimmte Art und Weise durchlassen.

In der Schaltalgebra von C. Shannon[7], die auf den Arbeiten des Mathematikers G. Boole[8] (boolesche Algebra) beruht, sind die Gesetze zur Verknüpfung logischer Variablen festgelegt.

In der normalen Algebra kann eine Variable mehrere unterschiedliche Werte annehmen. Eine logische (binäre) Variable der Schaltalgebra kann nur zwei diskrete Werte annehmen, die logische Null und die logische Eins. In der von Aristoteles[9] stammenden klassischen Logik entspricht dies den Wahrheitswerten „falsch" und „wahr". Für die logische Null verwendet man das Zeichen „0", für die logische Eins das Zeichen „1". Es sei betont, dass diese Zeichen keine Zahlenwerte, sondern Wahrheitswerte darstellen. **Man kann diese**

---

[7] Claude E. Shannon (1920–2001), amerikanischer Ingenieur und Mathematiker.
[8] George Boole (1815–1864), britischer Mathematiker.
[9] Aristoteles (384–322 v. Chr.), griechischer Philosoph.

Wahrheitswerte schaltungstechnisch, z. B. mit elektronischen Schaltern, leicht verwirklichen. Ein Schalter besitzt auch zwei Betriebszustände (Zustandswerte), „geöffnet" und „geschlossen", denen man wieder die Zeichen „0" und „1" zuordnen kann. Wird bei einem elektronischen Schalter dem Spannungszustand High die logische 1, dem Spannungszustand Low die logische 0 zugeordnet, so entspricht dies der bereits erwähnten positiven Logik.

Für das Rechnen in der Schaltalgebra gelten bestimmte Gesetze.

Die unabhängige Variable wird als x, die abhängige Variable als y bezeichnet. Die drei grundlegenden Verknüpfungen zwischen diesen logischen Variablen sind die Konjunktion (UND-Verknüpfung), die Disjunktion (ODER-Verknüpfung) und die Negation (auch NICHT-Verknüpfung, Komplementierung oder Invertierung genannt).

Konjunktion (UND-Verknüpfung): $y = x_1 \wedge x_2$.
Disjunktion (ODER-Verknüpfung): $y = x_1 \vee x_2$.
Negation (Komplementierung): $y = \overline{x}$.

Als Zeichen für seine Invertierung wird eine logische Variable überstrichen.

Die UND- bzw. ODER-Verknüpfung kann auf beliebig viele Variablen erweitert werden.

Ähnlich der herkömmlichen Algebra gelten das assoziative, das kommutative und das distributive Gesetz. Auch die Klammerregeln entsprechen denen in der konventionellen Algebra mit der üblichen Operationsfolge für die Addition und die Multiplikation. Speziell für die Schaltalgebra gilt das Gesetz von De Morgan[10]. Den Begriff der Negation gibt es bei Zahlen überhaupt nicht. Eine Potenz wie x^2 tritt in der Schaltalgebra wegen der Tautologie[11] nicht auf. Die Rechenregeln der Schaltalgebra sind in Tab. 19.6 zusammengestellt.

Durch Umformungen lassen sich logische Gleichungen vereinfachen und die Anzahl der logischen Verknüpfungen reduzieren. Auch die Anzahl der unterschiedlichen Verknüpfungsarten kann dadurch minimal gehalten werden. Damit vermindert sich auch die Anzahl der notwendigen Schaltelemente bzw. unterschiedlicher Gatter. Dies ist eine sehr wichtige Aufgabe beim Entwurf logischer Schaltungen.

Das Aufsuchen möglichst einfacher und kurzer Ausdrücke zu einer gegebenen logischen Funktion (**Schaltfunktion**) nennt man **Minimisierung**.

Ein grafisches Minimisierungsverfahren, welches für Funktionen mit weniger als ca. sechs logischen Variablen geeignet ist, ist das **Karnaugh-Veitch-Diagramm**. Das algorithmische **Verfahren nach Quine-Mc Cluskey** ist zur rechnerischen Minimisierung einer Schaltfunktion mit vielen logischen Variablen geeignet. Beide Verfahren werden hier nicht erläutert.

---

[10] De Morgan (1806–1871), britischer Mathematiker.
[11] Eine Tautologie ist in der Logik eine allgemein gültige Aussage, die aus logischen Gründen immer wahr ist. Es ist eine Verknüpfung von Aussagen, die immer wahr ist, unabhängig davon, ob die eingesetzten Aussagen wahr oder falsch sind.

Tab. 19.6 Rechenregeln der Schaltalgebra

Grundgleichungen	
$x \wedge 0 = 0$	$x \vee 0 = x$
$x \wedge 1 = x$	$x \vee 1 = 1$
$\overline{0} = 1$	$\overline{1} = 0$
Kommutativgesetz	
$x_1 \wedge x_2 = x_2 \wedge x_1$	$x_1 \vee x_2 = x_2 \vee x_1$
Assoziativgesetz	
$x_1 \wedge (x_2 \wedge x_3) = (x_1 \wedge x_2) \wedge x_3$	$x_1 \vee (x_2 \vee x_3) = (x_1 \vee x_2) \vee x_3$
Distributivgesetz	
$x_1 \wedge (x_2 \vee x_3) = x_1 \wedge x_2 \vee x_1 \wedge x_3$	$x_1 \vee (x_2 \wedge x_3) = (x_1 \vee x_2) \wedge (x_1 \vee x_3)$
Absorptionsgesetz	
$x_1 \wedge (x_1 \vee x_2) = x_1$	$x_1 \vee (x_1 \wedge x_2) = x_1$
Tautologie	
$x \wedge x = x$	$x \vee x = x$
Gesetz für die Negation	
$x \wedge \overline{x} = 0$	$x \vee \overline{x} = 1$
Gesetz von De Morgan	
$\overline{x_1 \wedge x_2} = \overline{x_1} \vee \overline{x_2}$	$\overline{x_1 \vee x_2} = \overline{x_1} \wedge \overline{x_2}$
Doppelte Negation	
$\overline{\overline{x}} = x$	

Beispiele für die Vereinfachung einer logischen Funktion:

$$y = \overline{x_1} \wedge x_2 \wedge x_1 \wedge x_1 \wedge x_2 \wedge \overline{x_3} = \overline{x_1} \wedge x_1 \wedge x_2 \wedge \overline{x_3} = 0 \wedge x_2 \wedge \overline{x_3} = 0$$

$$y = (x_1 \wedge \overline{x_2}) \vee (x_1 \wedge x_2 \wedge \overline{x_1}) = (x_1 \wedge \overline{x_2}) \vee (0 \wedge x_2) = (x_1 \wedge \overline{x_2}) \vee 0 = x_1 \wedge \overline{x_2}$$

Eine Schaltfunktion kann nicht nur als boolescher Ausdruck in Form einer logischen Gleichung, sondern auch in Form einer **Wahrheitstabelle** (Wahrheitstafel, Funktionstabelle) dargestellt werden. In den Zeilen einer Wahrheitstabelle wird zu jeder der möglichen Wertekombinationen der Eingangsvariablen der durch die Verknüpfungsvorschrift gegebene Funktionswert geschrieben. Bei n Variablen ergeben sich somit 2^n Zeilen.

Die Zeilen der Wahrheitstabelle sind für die Eingangsvariablen leicht auszufüllen, da sie immer Dualzahlen darstellen, die von 0 beginnen. Man beachte dabei das Entstehen des 0/1-Musters und vergleiche mit Tab. 19.5: In der niederwertigsten (rechten) Stelle der Dualzahlen wechseln sich in den Zeilen die 0 und die 1 immer ab. In der nächsten Stelle wechseln sich 00 und 11 ab, in der nächsten Stelle 0000 und 1111 usw. – Der Wert für die Ausgangsvariable wird in jeder Zeile entsprechend der Funktionsvorschrift ermittelt.

In Abschn. 18.12.4, Tab. 18.2, wurden die Wahrheitstabellen für die UND- bzw. ODER-Verknüpfung angegeben. Dort wurde auch bereits gezeigt, daß sich logische Verknüpfungen anschaulich durch Schalter darstellen lassen.

Es folgt ein weiteres *Beispiel*.

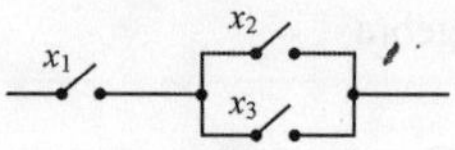

Abb. 19.76 Darstellung einer logischen Verknüpfung von logischen Variablen (einer Schaltfunktion) durch mechanische Schalter

Der logische Ausdruck $y = x_1 \wedge (x_2 \vee x_3)$ entspricht der Schaltung mit mechanischen Schaltern in Abb. 19.76.

Nur wenn Schalter x_1 *und* Schalter x_2 *oder* Schalter x_3 geschlossen sind, kann Strom fließen.

Ein geschlossener Schalter wird mit „1" bezeichnet. Die zugehörige Wahrheitstabelle zeigt Tab. 19.7.

Die Realisierung einer Schaltfunktion nennt man Zuordner oder **Schaltnetz**. Enthält ein logisches Netz Speicherelemente, wie z. B. Flipflops, deren Schaltzustände nicht allein von den momentanen logischen Zuständen, sondern auch von einer „Vorgeschichte" abhängen und den Ausgangswert mit beeinflussen, so nennt man dieses Netz **Schaltwerk**. Schaltwerke sind mit Hilfe der Schaltalgebra nur noch unvollkommen behandelbar. Die statische Logik mit Speichern und die zeitabhängige Logik mit Zeitfunktionselementen (z. B. Monoflops) werden unter dem Begriff *sequentielle Logik* zusammengefasst.

Digitale Verknüpfungsschaltungen als Schaltnetze werden für die unterschiedlichsten Steuer- und Rechenwerke benötigt. Der Entwurf solcher Schaltungen wird als Synthese von Schaltnetzen bezeichnet.

Die Schaltungssynthese erfolgt in fünf Schritten:

1. Festlegen der Ein- und Ausgangsvariablen sowie der Bedeutung von 0 und 1,
2. Erstellen der Wahrheitstabelle,
3. Aufstellen der Funktionsgleichungen,
4. Schaltungsoptimierung,
5. Erstellen des Schaltnetzes.

Tab. 19.7 Wahrheitstabelle der Schaltfunktion in Abb. 19.76

x_3	x_2	x_1	y
0	0	0	0
0	0	1	0
0	1	0	0
0	1	1	1
1	0	0	0
1	0	1	1
1	1	0	0
1	1	1	1

Abb. 19.77 Transistor in Emitterschaltung als Inverter

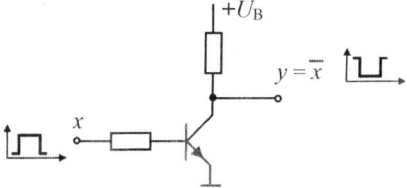

19.15.2 Schaltungstechnische Realisierung der logischen Grundfunktionen

Sämtliche logische Schaltungen bestehen aus drei Grundschaltungen, und zwar aus dem UND-Gatter, dem ODER-Gatter und dem Inverter (AND-Gate, OR-Gate, Inverter). Eine Reihenschaltung aus AND-Gatter und Inverter ergibt das NAND-Gatter (Not-And), aus OR-Gatter und Inverter das NOR-Gatter (Not-Or). Durch Kombination der drei Grundschaltungen kann man alle logischen Schaltungen aufbauen, um arithmetische Operationen mit Dualzahlen einschließlich der Multiplikation und Division durchzuführen. Als weiteres Grundelement kann ein Speicher, wie z. B. das Flipflop, angesehen werden.

Zur schaltungstechnischen Realisierung eines **Inverters** ist ein Schalttransistor in Emitterschaltung geeignet (Abb. 19.77). Das Eingangssignal wird durch die Phasendrehung von 180° invertiert.

▶ **Liegt am Eingang eines Inverters High, so ist der Ausgang Low und umgekehrt.**

In der Digitaltechnik interessiert man sich nicht für die Spannung als physikalische Größe, sondern nur für ihren logischen Zustand. Die Ein- und Ausgänge werden deshalb nicht mit U_e, U_a usw. bezeichnet, sondern direkt mit der logischen Variablen.

Ein **AND-Gatter** kann man im Prinzip aus einer Reihenschaltung (Abb. 19.78a), ein OR-Gatter aus einer Parallelschaltung (Abb. 19.78b) zweier Transistoren realisieren.

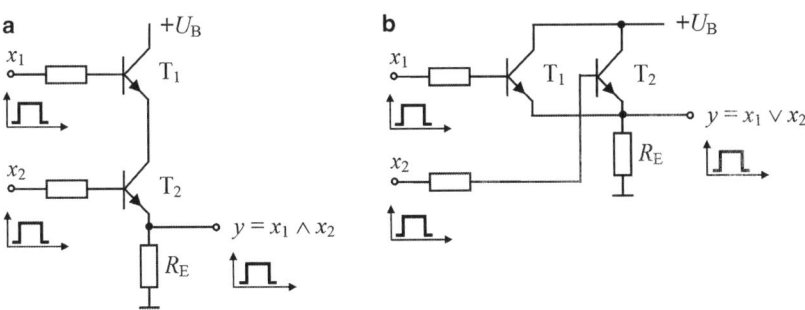

Abb. 19.78 Prinzipschaltung eines AND-Gatters (**a**) und eines OR-Gatters (**b**)

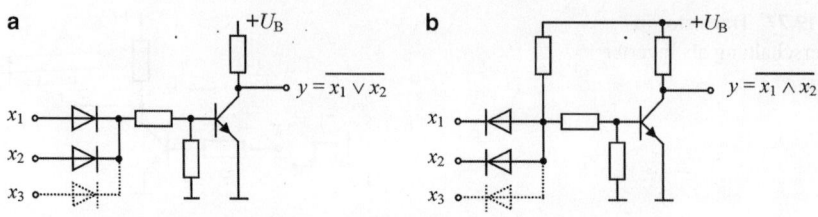

Abb. 19.79 Prinzip des DTL-NOR-Gatters (a) und DTL-NAND-Gatters (b)

Wirkungsweise des AND-Gatters

Ist beim AND-Gatter x_1 = Low, so sperrt T_1; ist x_2 = Low, so sperrt T_2. Nur wenn beide Eingänge, x_1 **und** x_2, auf High sind, leiten beide Transistoren und am Emitterwiderstand R_E von T_2 fällt eine Spannung ab, der Ausgang ist dann High.

▶ **Ist nur einer der Eingänge eines AND-Gatters auf Low, so ist der Ausgang Low.**

Wirkungsweise des OR-Gatters

Beim OR-Gatter sperrt T_1, wenn x_1 = Low ist; T_2 sperrt, wenn x_2 = Low ist. Ist nur einer der Eingänge, x_1 **oder** x_2, auf High, so leitet der zugehörige Transistor und am Emitterwiderstand R_E fällt eine Spannung ab, der Ausgang ist High.

▶ **Ist nur einer der Eingänge eines OR-Gatters auf High, so ist der Ausgang High.**

Schaltet man hinter den Ausgang eines AND- bzw. OR-Gatters einen Inverter, so erhält man ein NAND- bzw. ein NOR-Gatter.

Wie man mit Dioden ein AND- bzw. OR-Gatter realisieren kann, wurde bereits in Abschn. 18.12.4 beschrieben. Diese Technik wird abgekürzt als **DL-Technik** (Dioden-Logik) bezeichnet. Eine Kopplung mehrerer logischer Schaltungen in DL-Technik ist nicht ohne weiteres möglich, da durch den Spannungsabfall an den Dioden die Ausgangsspannung unter den High-Wert sinken kann.

Eine Erweiterung der DL-Technik ist die **DTL-Technik** (Dioden-Transistor-Logik). Bei ihr führen die logischen Verknüpfungen wieder Dioden aus und der Transistor wird für die Phasenumkehr und für die Verstärkung zum Ausgleich des Spannungsabfalls an den Dioden ausgenützt.

Wirkungsweise des DTL-NOR-Gatters

Ist in Abb. 19.79a auch nur einer der Eingänge High, so leitet die zugehörige Eingangsdiode. Über den Spannungsteiler erhält die Basis des Transistors eine positive Vorspannung, der Transistor leitet und der Ausgang ist Low. Sind alle Eingänge Low, so sperrt der Transistor und der Ausgang ist High.

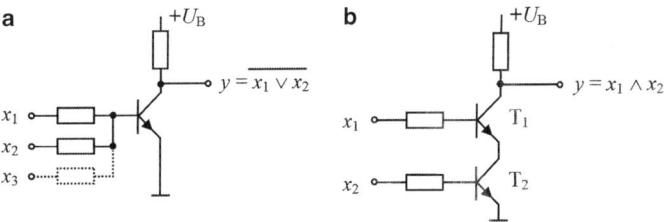

Abb. 19.80 RTL-NOR-Gatter (**a**) und RTL-NAND-Gatter (**b**)

Wirkungsweise des DTL-NAND-Gatters

Sind in Abb. 19.79b alle Eingänge High, so sperren die Eingangsdioden, die Basis des Transistors ist positiv, der Transistor leitet, der Ausgang ist Low. Ist auch nur einer der Eingänge Low, so leitet die zugehörige Eingangsdiode. Über den Basisspannungsteiler wird die Durchlassspannung der Diode heruntergeteilt. Das Basispotenzial des Transistors sinkt unter 0,6 V, der Transistor sperrt, der Ausgang ist High.

Mit der **RTL-Technik** (Widerstands-Transistor-Logik) lassen sich NAND- und NOR-Gatter recht einfach realisieren.

Wirkungsweise des RTL-NOR-Gatters

Ist in Abb. 19.80a auch nur einer der Eingänge High, so leitet der Transistor und der Ausgang ist Low. Sind alle Eingänge Low, so sperrt der Transistor und der Ausgang ist High.

Wirkungsweise des RTL-NAND-Gatters

Sind in Abb. 19.80b alle Eingänge High, so leiten die Transistoren und der Ausgang ist Low. Ist auch nur einer der Eingänge Low, so sperrt der zugehörige Transistor und der Ausgang ist High.

Mit der RTL- und DTL-Technik kann man Schaltfrequenzen bis ca. 2 MHz verarbeiten.

Die vorhergehend beschriebenen Schaltungen sind typisch für einen Aufbau mit einzelnen Bauteilen. Bei monolithisch integrierten Schaltungen, die auf einem einzigen Kristallplättchen (Silizium-Chip) sehr viele Transistoren enthalten, werden andere Schaltungstechniken angewandt. Die Abkürzung für „**integrierte Schaltung**" ist „**IC**" (Integrated Circuit).

In integrierten Schaltungen wird die **TTL-Technik** (Transistor-Transistor-Logik) eingesetzt. Die Eingangsdioden der DTL-Schaltungen sind hier durch die Basis-Emitter-Strecken eines Transistors mit mehreren Emittern ersetzt (Abb. 19.81). Durch den integrierten Aufbau des Multi-Emitter-Transistors können parasitäre Kapazitäten sehr klein gehalten, und dadurch wesentlich kürzere Schaltzeiten erreicht werden. Typische Schaltzeiten liegen bei einigen ns, die Leistungsaufnahme eines TTL-Gatters liegt bei einigen mW.

Abb. 19.81 Prinzip eines TTL-NAND-Gatters

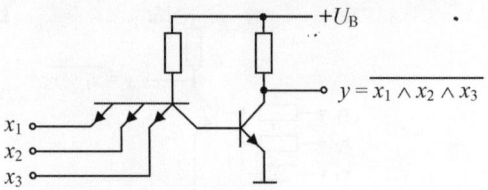

Noch kürzere Schaltzeiten bei reduziertem Leistungsverbrauch erreicht man mit **Low Power Schottky** Bausteinen (LS-ICs), bei denen Schottky-Dioden eine Sättigung der Transistoren verhindern. Die kürzesten Schaltzeiten (bis 1 ns) ergeben sich bei der **ECL-Technik** (emittergekoppelte Logik, emitter coupled logic). Dabei wird durch eine spezielle Schaltungstechnik verhindert, dass die Transistoren in die Sättigung kommen.

Erwähnt sei, dass gegenüber den bisher beschriebenen Logikfamilien mit ausschließlich bipolaren Transistoren auch mit Feldeffekttransistoren logische Schaltungen, diskret oder integriert, realisiert werden können.

Integrierte Schaltungen in **CMOS-Technik** (**C**omplementary **M**etal **O**xid **S**emiconductor) weisen eine besonders geringe Verlustleistung auf.

Werden mehrere logische Schaltungen miteinander verknüpft (Beispiel: Reihenschaltung aus AND-Gatter und Inverter), so wäre der Zeichenaufwand groß, wenn man immer alle Bauteile der realisierten Grundfunktionen zeichnen würde. Zur Vereinfachung wurden Schaltzeichen eingeführt, welche nur die logische Funktion kennzeichnen, aber nichts über den inneren Aufbau aussagen. Mit diesen Schaltzeichen entstehen **logische Schaltbilder**, die den Informations- oder Signalfluss kennzeichnen, aber keinerlei Aussage über die technische Ausführung dieser Schaltungen machen. Auch in den Datenbüchern digitaler ICs werden diese Schaltzeichen angegeben. Einige dieser Schaltzeichen nach IEC[12]-Norm werden hier aufgeführt (Abb. 19.82).

In integrierten Schaltungen sind meist mehrere dieser digitalen Funktionen realisiert, z. B. kann ein IC sechs Inverter oder vier NAND-Gatter oder zwei Monoflops enthalten.

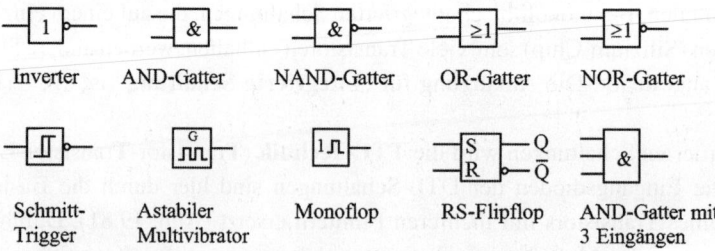

Abb. 19.82 Einige digitale Schaltsymbole für logische Funktionen

---

[12] IEC = International Electrotechnical Commission.

19.15 Transistoren in der Digitaltechnik

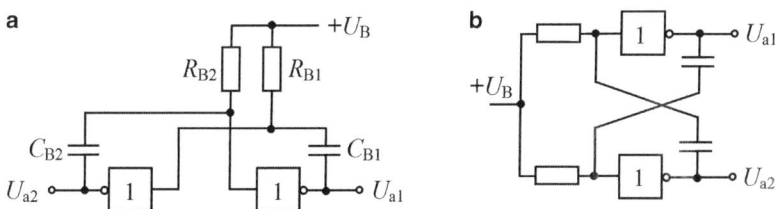

Abb. 19.83 Zu Abb. 19.71 äquivalente Darstellung (**a**) und umgezeichnet in eine übliche Form (**b**)

Im Datenblatt des ICs ist angegeben, an welchen Anschlüssen die Stromversorgung bzw. die Ein- und Ausgänge liegen.

Mit den digitalen Schaltzeichen lassen sich logische Grundschaltungen und Kippschaltungen einfacher zeichnen. Als Beispiel soll hier nur der Multivibrator dienen.

Wie man in Abb. 19.71 sieht, stellen die Transistoren zusammen mit ihren Kollektorwiderständen je einen Inverter in RTL-Technik dar. Unter Verwendung des logischen Schaltsymbols für einen Inverter erhält man die zu Abb. 19.71 äquivalente Darstellung in Form eines logischen Schaltbildes (Abb. 19.83).

Mit den digitalen Grundschaltungen können z. B. Komparatoren für den Vergleich zweier Zahlen, Addierer, Subtrahierer, Register und Impulszähler aufgebaut werden. Dieses Gebiet der digitalen Schaltungstechnik wird hier nicht weiter behandelt.

Aufgabe 19.7

Drei Maschinen werden von Elektromotoren angetrieben. Die Leistungsaufnahme der Motoren ist: Motor A = 1 kW, Motor B = 2 kW, Motor C = 4 kW. Die maximal verfügbare Netzleistung beträgt 4 kW und reicht für Motor C nur aus, wenn die beiden anderen Motoren nicht eingeschaltet werden. Der Zustand der Motoren (ein, aus) steht als logisches Signal zur Verfügung.

Zu entwerfen ist eine Schaltung, die ein Warnsignal ausgibt, wenn von den drei Motoren eine Leistung von mehr als 4 kW aus dem Netz entnommen wird.

Lösung

1. *Variablenfestlegung*
   Der Zustand des Motors A ist x_1. Motor aus: $x_1 = 0$. Motor ein: $x_1 = 1$.
   Der Zustand des Motors B ist x_2. Motor aus: $x_2 = 0$. Motor ein: $x_2 = 1$.
   Der Zustand des Motors C ist x_3. Motor aus: $x_3 = 0$. Motor ein: $x_3 = 1$.
   Der Zustand des Warnsignals ist y. Warnsignal aus: $y = 0$. Warnsignal ein: $y = 1$.

2. *Erstellen der Wahrheitstabelle*

	x_3	x_2	x_1	y	Leistung in kW	Bemerkung	Warnsignal
	0	0	0	0	0	kein Motor ein	Warnsignal aus
	0	0	1	0	1	A ein	Warnsignal aus
	0	1	0	0	2	B ein	Warnsignal aus
	0	1	1	0	3	A und B ein	Warnsignal aus
	1	0	0	0	4	C ein	Warnsignal aus
z_1	1	0	1	1	5	A und C ein	Warnsignal ein
z_2	1	1	0	1	6	B und C ein	Warnsignal ein
z_3	1	1	1	1	7	A, B und C ein	Warnsignal ein

3. *Aufstellen der Funktionsgleichung*
Die Funktionsgleichung wird mit der ODER-Normalform (disjunktive Normalform) aus der Wahrheitstabelle ermittelt (dies wurde bisher nicht erläutert). Als Zwischenfunktionen werden zunächst alle Konjunktionen derjenigen Zeilen gebildet, in denen $y = 1$ ist.

$$z_1 = x_1 \wedge \overline{x_2} \wedge x_3; \quad z_2 = \overline{x_1} \wedge x_2 \wedge x_3; \quad z_3 = x_1 \wedge x_2 \wedge x_3$$

Die gesuchte Funktion erhält man als die Disjunktion der Konjunktionen.

$$y = z_1 \vee z_2 \vee z_3 = (x_1 \wedge \overline{x_2} \wedge x_3) \vee (\overline{x_1} \wedge x_2 \wedge x_3) \vee (x_1 \wedge x_2 \wedge x_3)$$

4. *Schaltungsoptimierung (Vereinfachen der Funktionsgleichung)*
Ausklammern von x_3 ergibt: $y = [(x_1 \wedge \overline{x_2}) \vee (\overline{x_1} \wedge x_2) \vee (x_1 \wedge x_2)] \wedge x_3$.
Anders geschrieben: $y = [(x_1 \wedge \overline{x_2}) \vee (x_1 \wedge x_2) \vee (\overline{x_1} \wedge x_2)] \wedge x_3$.
Zwischenrechnung für die eckige Klammer:
$(x_1 \wedge \overline{x_2}) \vee (x_1 \wedge x_2) = x_1 \wedge (\overline{x_2} \vee x_2) = x_1$, da $\overline{x_2} \vee x_2 = 1$ und $x_1 \wedge 1 = x_1$
$x_1 \vee (\overline{x_1} \wedge x_2) = (x_1 \vee \overline{x_1}) \wedge (x_1 \vee x_2) = x_1 \vee x_2$, da $x_1 \vee \overline{x_1} = 1$ und $1 \wedge (x_1 \vee x_2) = x_1 \vee x_2$
Der Ausdruck für die eckige Klammer ist $x_1 \vee x_2$.
Somit ist $\underline{y = (x_1 \vee x_2) \wedge x_3}$.

5. *Erstellung des Schaltnetzes*
Die Schaltung zeigt Abb. 19.84.

Da ein IC häufig nur gleichartige Gatter enthält (z. B. vier AND-Gatter), bräuchte man für die Schaltung zwei ICs. Einige Gatter bleiben unbenutzt, soweit sie nicht in einem anderen Schaltungsteil gebraucht werden. Wird die Schaltung mit NOR-Gattern realisiert, so benötigt man zwar drei Gatter, aber nur ein IC (z. B. mit vier NOR-Gattern).

Abb. 19.84 Schaltnetz mit OR- und AND-Gatter

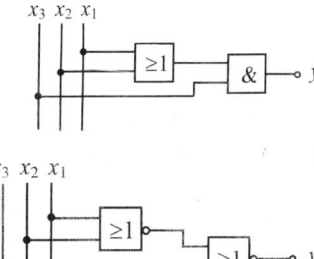

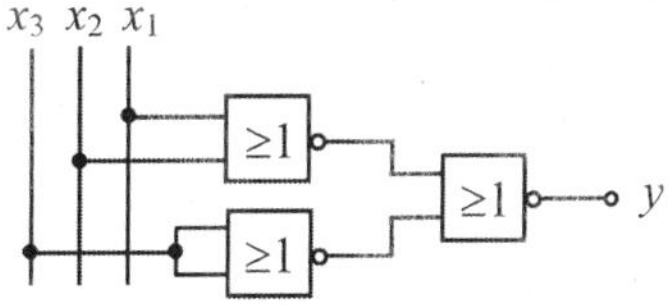

Abb. 19.85 Schaltnetz nur mit NOR-Gattern

Die Schaltung mit NOR-Gattern (Abb. 19.85) ergibt sich aus der Umformung der Funktionsgleichung.

$$y = (x_1 \vee x_2) \wedge x_3 = \overline{\overline{(x_1 \vee x_2) \wedge x_3}} = \overline{\overline{(x_1 \vee x_2)} \vee \overline{x_3}}$$

Wie man sieht, wirkt ein NOR-Gatter (ebenso wie ein NAND-Gatter) als Inverter, wenn man alle Eingänge des Gatters verbindet.

Anmerkung In der Praxis werden unbenutzte Eingänge von AND- und NAND-Gattern (häufig über einen Schutzwiderstand von $1\,\text{k}\Omega$) an die Versorgungsspannung angeschlossen. Unbenutzte Eingänge von OR- und NOR-Gattern legt man an Masse.

19.16 Zusammenfassung: Bipolare Transistoren

1. Ein Transistor ist ein aktives Halbleiterbauelement.
2. Es gibt bipolare (BJT) und unipolare (FET) Transistoren.
3. Bei den bipolaren Transistoren gibt es Germanium- und Silizium-, npn- und pnp-Typen.
4. Die Anschlüsse des bipolaren Transistors heißen Emitter, Basis und Kollektor.
5. Im Arbeitspunkt ist beim Germanium-Transistor U_{BE} ca. $0{,}3\,\text{V}$, beim Silizium-Transistor ca. $0{,}7\,\text{V}$.
6. Wirkt der Transistor als Verstärker, so steuert der kleine Basisstrom den großen Kollektorstrom.
7. Gleichstromverstärkungsfaktor des Transistors: $B = \frac{I_C}{I_B}$.
8. Ein npn-Transistor leitet, wenn die Basis positiv ist.
9. Ein pnp-Transistor leitet, wenn die Basis negativ ist.

10. Es gibt drei Grundschaltungen des Transistors: Basis-, Emitter- und Kollektorschaltung.
11. Ein Transistor kann als linearer Verstärker oder als Schalter betrieben werden.
12. Eingangs-, Ausgangs- und Steuerkennlinie beschreiben den Transistor.
13. Die Sättigungsspannung $U_{CE.sat}$ beträgt bei Kleinleistungstransistoren ca. 0,2 V bis 0,5 V, bei Leistungstransistoren ca. 1 bis 2 V.
14. Der Arbeitspunkt auf der Lastgeraden im Ausgangskennlinienfeld wird durch einen Basis-Ruhegleichstrom festgelegt.
15. Wechselstrom-Kleinsignalverstärkung in Emitterschaltung:

$$\beta = \frac{i_C}{i_B}\bigg|_{U_{CE}=\text{const}} \quad ; \beta \approx B \gg 1$$

16. Stromverstärkung in Basisschaltung: $\alpha = \frac{I_C}{I_E} < 1$
17. Stromverstärkung in Kollektorschaltung: $\gamma = \frac{1}{1-\alpha} = \beta + 1$
18. Umrechnung zwischen α und β: $\beta = \frac{\alpha}{1-\alpha}$ und $\alpha = \frac{\beta}{\beta+1}$
19. Die Stromverstärkung ist abhängig vom Arbeitspunkt und von der Temperatur.
20. Die Stromverstärkung sinkt mit wachsender Frequenz.
21. Beziehung zwischen der β-Grenzfrequenz und der Transitfrequenz: $f_T = \beta \cdot f_\beta$
22. Bei der Wahl des Arbeitspunktes sind bestimmte Grenzen des erlaubten Arbeitsbereiches zu beachten.
23. Eingangswiderstand der Emitterschaltung: $r_{eE} = r_{BE} = \frac{U_T}{I_B} = \frac{U_T \cdot B}{I_C} = \frac{\beta}{S}$
24. Ausgangswiderstand der Emitterschaltung: $r_{aE} = R_C \| r_{CE} \approx R_C$
25. Steilheit eines Transistors: $S = \frac{\Delta I_C}{\Delta U_{BE}} = \frac{\beta}{r_{BE}}$
26. Wechselspannungsverstärkung der Emitterschaltung:

$$V_{uE} = -\frac{\Delta U_a}{\Delta U_e} = -\beta \cdot \frac{R_C}{r_{BE}} = -S \cdot R_C = -\frac{U_{Rc}}{U_T} = -\frac{I_C \cdot R_C}{U_T}$$

27. Abschätzung der Wechselspannungsverstärkung der Emitterschaltung:

$$V_{uE} = -40 \cdot U_{Rc} = -40 \cdot I_C \cdot R_C$$

28. Leistungsverstärkung der Emitterschaltung: $V_{pE} = \frac{P_a}{P_e} = \beta \cdot V_{uE}$
29. Frequenzgang der Wechselspannungsverstärkung in Emitterschaltung:
$V_{uE} = -\frac{\beta(f)}{B} \cdot \frac{U_{Rc}}{U_T}$
30. Eingangswiderstand der Basisschaltung: $r_{eB} = \frac{r_{BE}}{\beta} = \frac{U_T}{I_C} = \frac{1}{S}$
31. Ausgangswiderstand der Basisschaltung: $r_{aB} = R_C \| r_{CE} \approx R_C$
32. Wechselspannungsverstärkung der Basisschaltung: $V_{uB} = V_{uE}$
33. Leistungsverstärkung der Basisschaltung: $V_{pB} = \frac{P_a}{P_e} = \alpha \cdot V_{uB}$
34. Eingangswiderstand der Kollektorschaltung: $r_{eC} = \frac{U_T}{I_B} + \beta \cdot R_E = \beta \cdot \left(\frac{U_T}{I_C} + R_E\right)$; $r_{eC} \approx \beta \cdot R_E$

19.16 Zusammenfassung: Bipolare Transistoren

35. Der Eingangswiderstand der Kollektorschaltung ist sehr groß.
36. Ausgangswiderstand der Kollektorschaltung: $r_{aC} \approx \frac{U_T}{I_C}$
37. Der Ausgangswiderstand der Kollektorschaltung ist sehr niedrig.
38. Wechselspannungsverstärkung der Kollektorschaltung: $V_{uC} = \frac{\Delta U_a}{\Delta U_e} \approx 1 (\leq 1)$
39. Leistungsverstärkung der Kollektorschaltung: $V_{pC} = \frac{P_a}{P_e} = \gamma \cdot V_{uC} \approx \beta \cdot V_{uC}$
40. Bei der Rückkopplung unterscheidet man Mitkopplung und Gegenkopplung.
41. Die Gegenkopplung verbessert die Eigenschaften eines Verstärkers, obwohl die Verstärkung abnimmt.
42. Das Produkt aus Verstärkung und Bandbreite ist konstant.
43. Ein Transistor kann durch eine formale oder eine physikalische Ersatzschaltung beschrieben werden.
44. Die formale Ersatzschaltung benutzt Vierpolgleichungen mit meist h-Parametern.
45. Ersatzschaltbilder des Transistors enthalten gesteuerte Quellen.
46. Spezielle Schaltungen sind die Darlington-, Bootstrap-, Kaskodeschaltung.
47. Der Differenzverstärker verstärkt die Differenz zweier Eingangsspannungen.
48. Harmonische Oszillatoren erzeugen Sinusschwingungen.
49. In der Digitaltechnik wird der Transistor als Schalter verwendet.
50. Ein Transistor als Schalter hat bestimmte Schaltzeiten.
51. Ein Transistor kann zum Schalten eines Verbrauchers benutzt werden.
52. Ein Multivibrator erzeugt periodische, rechteckförmige Spannungen.
53. Ein Monoflop erzeugt einen Rechteckimpuls bestimmter Dauer.
54. Ein Flipflop ist in der Digitaltechnik ein Speicherelement.
55. Der Schmitt-Trigger wandelt ein analoges in ein digitales Signal um (mit Hysterese).
56. Binäre Signale haben nur zwei Spannungswerte, High und Low.
57. Ein Bit entspricht einer Binärstelle (kleinste Informationseinheit).
58. Elektronische Digitalrechner arbeiten mit Dualzahlen, die mit elektronischen Schaltern leicht realisierbar sind.
59. Grundlegende Verknüpfungen logischer Variablen sind UND, ODER, NICHT.
60. Liegt am Eingang eines Inverters High, so ist der Ausgang Low und umgekehrt.
61. Ist nur einer der Eingänge eines AND-Gatters auf Low, so ist der Ausgang Low.
62. Ist nur einer der Eingänge eines OR-Gatters auf High, so ist der Ausgang High.
63. Gatter können in DL-, DTL-, RTL-, TTL-, ECL-, CMOS-Technik diskret oder integriert als IC realisiert werden.
64. Für logische Funktionen gibt es digitale Schaltzeichen.

Feldeffekttransistoren

20

Zusammenfassung

Die Bezeichnungen und die Klassifizierung der verschiedenen Arten von Feldeffekttransistoren ergeben eine übersichtliche Zusammenfassung. Erklärt werden Aufbau und Wirkungsweise sowie Kennlinien und Arbeitsbereiche des Sperrschicht-FET mit n-Kanal. Es folgen Beispiele zur Schaltungstechnik: Der FET im Verstärkerbetrieb in den drei Grundschaltungen Source-, Gate- und Drainschaltung, der Betrieb als steuerbarer Widerstand, als Konstantstromquelle und als Schalter. Der MOSFET wird mit seinen Eigenschaften und Kennlinien betrachtet und sein Einsatz als Lowside- und Highside-Schalter besprochen.

20.1 Bezeichnungen und Klassifizierung

Ein Feldeffekttransistor, abgekürzt FET, arbeitet nach einem ganz anderen Prinzip als ein bipolarer Transistor und er ist völlig anders aufgebaut. Ein bipolarer Transistor, bei dem die Stromleitung durch Elektronen *und* Löcher erfolgt, besteht aus drei p- und n-dotierten Halbleiterschichten mit unterschiedlicher Dotierung. Der Stromfluss wird durch einen Basis**strom** gesteuert, wobei die Aussteuerung eine gewisse Leistung erfordert.

Ein Feldeffekttransistor besteht dagegen aus einem Halbleiterblock mit nur einer Dotierung. Der FET wird als **unipolarer** Transistor bezeichnet, weil *nur* Elektronen *oder* Löcher an der Stromleitung im Halbleiterblock beteiligt sind. Der Stromfluss wird durch eine Steuer**spannung** gesteuert, die Steuerung des Ladungsträgerstromes erfolgt leistungslos, da $P = U \cdot I = 0$, wenn $I = 0$.

Durch die leistungslose Steuerung ergibt sich ein außerordentlich hoher Eingangswiderstand, der eine hohe Empfindlichkeit gegenüber statischen Entladungen am Gate zur Folge hat. Es besteht die Gefahr der Zerstörung bei Berührung der Anschlüsse.

Gegen thermische Instabilitäten sind FETs hingegen unempfindlich, da der Strom mit steigender Temperatur kleiner wird.

Ein FET hat normalerweise drei **Anschlüsse**: **Source** (S), **Gate** (G) und **Drain** (D).

Source kann man mit Quelle übersetzen und entspricht beim bipolaren Transistor dem Emitter. Gate bedeutet Tor, es ist die Steuerelektrode und entspricht der Basis. Mit dem Gate läßt sich der Widerstand zwischen Drain und Source steuern. Die Übersetzung für Drain ist Senke oder Abfluss. Der Drainanschluss entspricht dem Kollektor.

Den Strompfad, also das Gebiet des Halbleiterblocks, welches von Ladungsträgern (Elektronen oder Löcher) von Source nach Drain durchflossen wird, nennt man **Kanal** (channel).

Seinen Namen hat der Feldeffekttransistor daher, dass ein elektrisches Feld, welches senkrecht zur Stromflussrichtung wirkt, den Stromfluss steuert.

Den Begriff des Feldes haben wir bereits beim elektrischen Feld in Abschn. 3.3.8 und beim magnetischen Feld in Abschn. 3.4.1 kennengelernt. – Der Raum, in dem magnetische Kräfte wirksam sind, heißt Magnetfeld. Den Raum in der Umgebung eines elektrisch geladenen Körpers, in dem auf andere elektrische Ladungen Kräfte der Anziehung oder Abstoßung wirken, nennt man **elektrisches Feld**. So wie beim Magnetfeld wird ein elektrisches Feld durch elektrische Kraftlinien oder Feldlinien dargestellt. Die Feldlinien geben in jedem Punkt eines elektrischen Feldes die Richtung der auf eine positive Ladung wirkenden Kraft an. Elektrische Feldlinien treten stets senkrecht aus der Oberfläche eines leitenden Körpers aus und verlaufen von der positiven zur negativen Ladung, haben also Anfang und Ende. Im Gegensatz dazu sind magnetische Feldlinien stets in sich geschlossen. In Richtung der Feldlinien herrscht als Kraft „Zug", quer zu ihnen „Druck". Zwischen den Platten eines Plattenkondensators besteht z. B. ein homogenes elektrisches Feld mit parallelen und äquidistanten Feldlinien.

Ein auf den Halbleiterblock des FETs einwirkendes elektrisches Feld wirkt je nach seiner Stärke auf den Ladungsträgerfluss mehr oder weniger hindernd ein. FETs sind somit wie bipolare Transistoren als „steuerbare elektrische Widerstände" anzusehen.

Die grundlegende Wirkungsweise eines FET beruht somit auf einem elektrischen Feld. Durch die Änderung einer zwischen Gate und Source anliegenden Steuerspannung U_{GS} wird ein im Inneren des FETs aufgebautes elektrisches Feld verändert, durch welches

entweder die Breite (der Querschnitt) des Strom führenden Kanals
oder die Anzahl der darin enthaltenen Ladungsträger variiert wird.

Wir haben hier zwei völlig unterschiedliche Wirkungsmechanismen vorliegen: Die Beeinflussung des Querschnitts des leitenden Kanals *oder* die Änderung der Leitfähigkeit des Halbleitermaterials. Für die Ausführung des Gates und der daraus folgenden Steuerung des elektrischen Widerstandes gibt es somit zwei Möglichkeiten.

1. Das Gate bildet zusammen mit dem Halbleitermaterial des Kanals eine in Sperrrichtung betriebene Diode, deren Sperrschichtweite spannungsabhängig ist. Durch die

Spannungsabhängigkeit der Kanalabmessungen entsteht ein spannungsgesteuerter Widerstand. Nach diesem Prinzip arbeiten die *Sperrschicht-Feldeffekttransistoren*.
2. Das Gate ist durch einen Isolator vom Kanal getrennt. Das Gate und der Halbleiter des Kanals bilden einen Plattenkondensator mit dem Isolator als Dielektrikum. Durch Anlegen einer Steuerspannung U_{GS} zwischen Gate und Source wird der Kondensator aufgeladen. Dadurch werden zusätzliche Ladungsträger in den Kanal eingebracht und die Leitfähigkeit im Halbleiter wird erhöht. Die Steuerung des FETs bzw. die Änderung der Leitfähigkeit beruht in diesem Fall auf kapazitiven Effekten, indem im Kanal mehr oder weniger zur Leitung notwendige Ladungsträger influenziert werden. Nach diesem Prinzip arbeiten die *Isolierschicht-Feldeffekttransistoren*.

Wie soeben bei der Erläuterung der Wirkungsweise erwähnt, unterscheidet man **zwei Grundformen** des FETs: Den **Sperrschicht-Typ** und den **Isolierschicht-Typ**.

Von beiden Grundformen gibt es Ausführungen mit p- oder n-dotiertem Halbleitermaterial des Kanals. Sie unterscheiden sich hauptsächlich durch die Polarität der erforderlichen Betriebsspannungen. Da es wegen der einfacheren Herstellbarkeit und besseren Eigenschaften mehr n-Kanal-Typen gibt, erfolgen die weiteren Erläuterungen für diese Typen.

Beim **Sperrschicht-FET** (Junction-FET, JFET) ist das Gate vom Kanal durch einen in Sperrrichtung vorgespannten pn- bzw. np-Übergang getrennt. Bei Sperrschicht-FETs fließt der größte Kanalstrom (Drainstrom) bei der Gate-Source-Spannung $U_{GS} = 0\,\text{V}$. Deshalb werden sie als *selbstleitend* bezeichnet.

Beim **Isolierschicht-FET** (**M**etal-**O**xid-**S**emiconductor-**FET**, kurz **MOSFET**) isoliert eine dünne Oxidschicht des Halbleiters (SiO_2) das Gate vom Kanal. Beim Isolierschicht-Typ ist also die Reihenfolge des Aufbaus Metall/Oxid/Halbleiter. Unabhängig von der Polung des Gates kann bei einem MOSFET wegen der isolierenden Oxidschicht nie ein Gatestrom fließen.

Je nachdem, ob die angelegte Gate-Source-Spannung U_{GS} die Ladungsträger im Kanal verdrängt oder vermehrt, unterscheidet man bei den MOSFETs wiederum *selbstleitende* und *selbstsperrende* Ausführungen.

Entsprechend der Steuerung (Verdrängung oder Vermehrung von Ladungsträgern durch Influenz) gehören die selbstleitenden MOSFETs zum **Verarmungstyp** (depletion type), die selbstsperrenden zum **Anreicherungstyp** (enhancement type). Sperrschicht-FETs (JFET) existieren nur als Verarmungstypen.

Beim selbstleitenden MOSFET fließt der größte Drainstrom bei der Spannung $U_{GS} = 0\,\text{V}$. Beim selbstsperrenden MOSFET fließt bei $U_{GS} = 0\,\text{V}$ kein Drainstrom. Bei einem selbstsperrenden n-Kanal-MOSFET fließt erst dann ein Drainstrom, wenn U_{GS} größer als ein bestimmter positiver Wert wird.

Bei Sperrschicht-FETs liegt der beim Betrieb fließende Gate-Gleichstrom im pA-Bereich bei einem Eingangswiderstand von bis zu $> 10\,\text{G}\Omega$, bei MOSFETs $> 10^{12}\,\Omega$.

Bei MOSFETs ist das **Substrat** (Bulk) manchmal als vierter Anschluss (B) herausgeführt. In den meisten Fällen ist dieser Anschluss bei Einzeltransistoren intern mit dem Sourceanschluss verbunden.

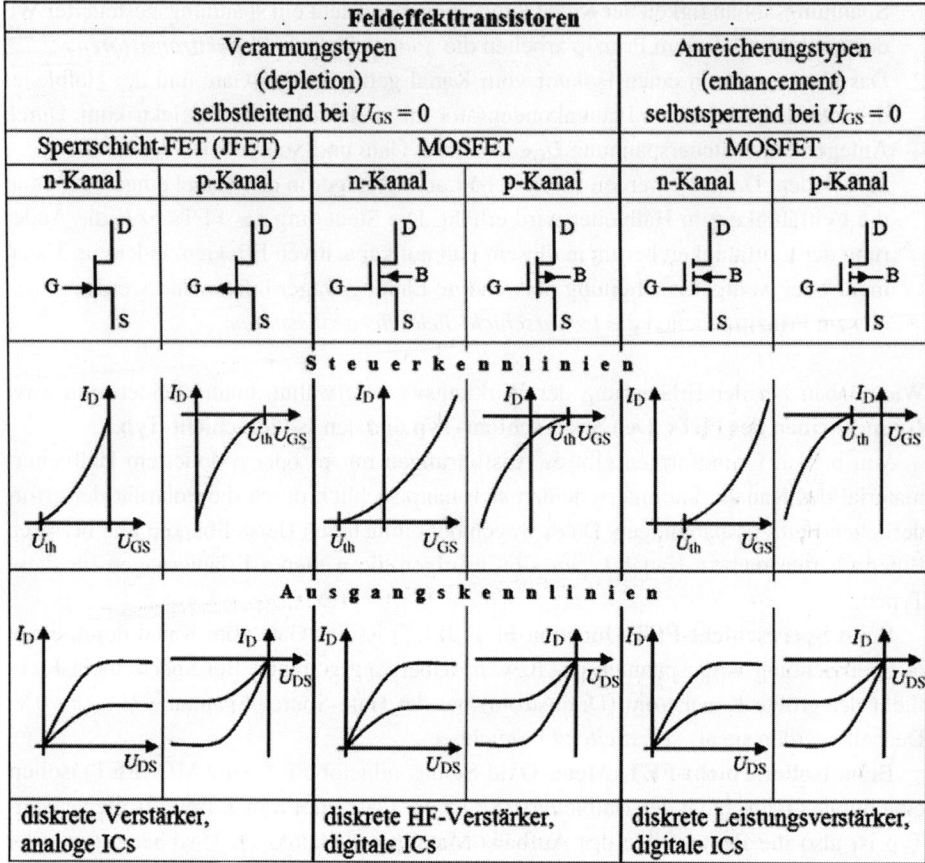

Abb. 20.1 Übersicht der verschiedenen Typen von Feldeffekttransistoren

Bei hochintegrierten Digitalschaltungen überwiegt der Einsatz von MOSFETs. Leistungs-MOSFETs (Power-FETs) werden bei Schaltanwendungen mit Drainströmen bis einigen zehn Ampere (Verlustleistung bis über 150 W) und in Verstärkerendstufen eingesetzt.

Abb. 20.1 gibt eine Übersicht über die sechs verschiedenen Typen von FETs. Zu den einzelnen Typen ist jeweils das Schaltzeichen und eine vereinfachte Darstellung der Steuer- (Übertragungs-) und Ausgangskennlinien angegeben. Die Steuerkennlinien unterscheiden sich hauptsächlich durch die Schwellenspannung U_{th} und die Ausgangskennlinien durch die Polarität des Drainstromes I_D.

Im Schaltzeichen deutet der durchgehende Strich zwischen Drain (D) und Source (S) bei den selbstleitenden Typen den für $U_{GS} = 0\,\text{V}$ stromführenden Kanal an. Bei den selbstsperrenden Typen ist der Kanal für $U_{GS} = 0\,\text{V}$ „unterbrochen" (gestrichelt) gezeichnet. Bei den MOSFETs ist die isolierte Gate-Elektrode durch eine Linie parallel zum Kanalstrich angedeutet. Bei Halbleitersymbolen zeigt ein Pfeil immer von „p" nach „n".

Unterschiede zwischen unipolaren und bipolaren Transistoren

- Der Hauptunterschied ist die fast verlustfreie, leistungslose Steuerung des FETs mit einer Spannung gegenüber der Aussteuerung eines bipolaren Transistors mit einem Strom. Der Eingangswiderstand eines FET ist sehr hoch.
- Beim FET sind am Stromfluss *entweder nur* Elektronen *oder nur* Löcher beteiligt.
- Beim Bipolartransistor erfolgt der gesteuerte Stromfluss über *zwei* Sperrschichten. FETs haben nur *eine einzige* interne Sperrschicht.
- Ein FET hat eine höhere Sättigungsspannung als ein bipolarer Transistor.
- Ein FET ist äußerst empfindlich gegen Überspannungen (statischen Entladungen) am Gate.
- Die Exemplarstreuungen von FET-Daten sind viel größer als diejenigen von bipolaren Transistoren.
- Im Vergleich zum bipolaren Transistor ist die Temperaturabhängigkeit eines FET geringer und die thermische Stabilität besser (der Drainstrom nimmt mit steigender Temperatur ab).
- Im Schalterbetrieb tritt bei bipolaren Transistoren im niederohmigen Zustand (Sättigung) eine große Speicherladung auf. Dies führt beim Ausschaltvorgang zu einer unerwünschten Speicherzeit. FETs zeigen keinen vergleichbaren Effekt und eignen sich als schnelle Schalter.
- MOSFETS besitzen bei hohen Frequenzen und hochohmigen Signalquellen im Allgemeinen günstigere Rauscheigenschaften als Bipolartransistoren.

Handhabung von MOSFETs

Wegen der sehr hohen statischen Eingangswiderstände können statische Entladungen beim Berühren der ungeschützten Gateanschlüsse das Bauelement vorschädigen oder zerstören. MOS-Bauelemente dürfen grundsätzlich nicht an den Anschlüssen berührt werden, wenn keine zusätzlichen äußeren Schutzvorrichtungen verwendet werden. MOS-Bauelemente dürfen nicht mit elektrostatisch aufladbaren Materialien (z. B. Kunststofftüten und -folien, Styropor) in Berührung kommen. Alle Geräte und Werkzeuge, die mit MOS-Bauelementen in Berührung kommen können, müssen auf gleichem Potenzial sein. Auch die Arbeitskraft und die Arbeitsplatte müssen dieses Potenzial haben. Vor Entnahme der MOS-Bauelemente und der mit ihnen bestückten Leiterplatten muss die elektrisch leitende Verpackung die leitende Arbeitsplatte berühren. Empfohlen wird, an MOS-Arbeitsplätzen alle Geräte, Werkzeuge und Vorrichtungen, wie z. B. Sitzplätze, Lötkolbenspitzen, Lötbänder und die leitenden Arbeitstischplatten an einen gemeinsamen Massepunkt zu legen, und diesen über einen Widerstand zu erden.

20.2 Sperrschicht-FET (JFET) mit n-Kanal

20.2.1 Aufbau und Arbeitsweise

Der Aufbau und die Arbeitsweise eines n-Kanal Sperrschicht-FETs wird mit der Prinzipdarstellung der Abb. 20.2 erläutert.

Abb. 20.2 Modell eines Sperrschicht-FETs (Längsschnitt)

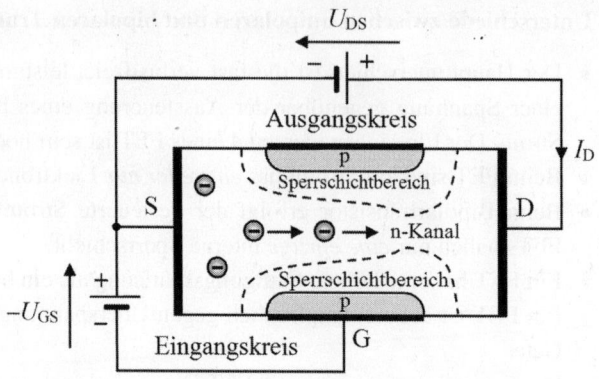

An den beiden Enden eines n-leitenden Silizium-Stäbchens sind zwei Elektroden angebracht, sie bilden die Anschlüsse Source (S) und Drain (D). Zwischen ihnen befindet sich der Kanal. Wird zwischen Drain und Source eine positive Spannung angelegt, ohne dass eine Spannung zwischen Gate (G) und Source vorhanden ist (Gate ist mit Source kurzgeschlossen), so fließen Elektronen fast ungehindert (entsprechend dem ohmschen Widerstand des Kanals) durch den Kanal vom Source- zum Drainanschluss. Bei $U_{GS} = 0\,\text{V}$ ist die Ausdehnung der Sperrschicht in den Kanal hinein minimal, der Kanal hat seine maximale Leitfähigkeit. Es fließt der maximal mögliche Kanalstrom, der als **Drain-Sättigungsstrom** I_{DSS} bezeichnet wird.

Der n-Kanal ist ringförmig von einer p-leitenden Schicht umgeben, die mit dem Gateanschluss verbunden ist. p-Schicht und n-Kanal bilden einen pn-Übergang. Legt man zwischen Gate und Source eine negative Spannung, so wird dieser pn-Übergang in Sperrrichtung betrieben. Die Sperrschicht (Verarmungszone mit wenig Elektronen) wird umso breiter und wächst umso stärker in den Kanal hinein, je größer die negative Gatespannung wird. Der stromführende Querschnitt des Kanals wird umso enger und damit dessen Widerstand umso größer, je negativer das Gate gegenüber Source wird. Somit kann der von Source nach Drain fließende Elektronenstrom durch die Höhe der negativen Gatespannung U_{GS} gesteuert werden. Die Steuerung erfolgt nahezu leistungslos, da der Steuerstrom ein sehr kleiner Sperrstrom ist.

Auch die Drain-Source-Spannung U_{DS} trägt zur Verengung des Kanals bei. Dadurch ist die Verengung unsymmetrisch und auf der Drainseite stärker ausgebildet.

Je negativer U_{GS} wird, desto enger wird der Kanal. Bei einer bestimmten Spannung $U_{GS} = U_P$, die Gate-Abschnürspannung oder nur **Abschnürspannung** (pinch-off voltage) genannt wird, kommt es auf der Drainseite zu einer Berührung der Sperrschichtbereiche, der Kanal wird vollständig abgeschnürt. Der Drainstrom I_D wird null.

Aus der beschriebenen Wirkungsweise ist zu erkennen, dass ein **Sperrschicht-FET immer selbstleitend** ist, durch die Aussteuerung mit U_{GS} kann die Leitfähigkeit nur verringert werden.

20.2 Sperrschicht-FET (JFET) mit n-Kanal

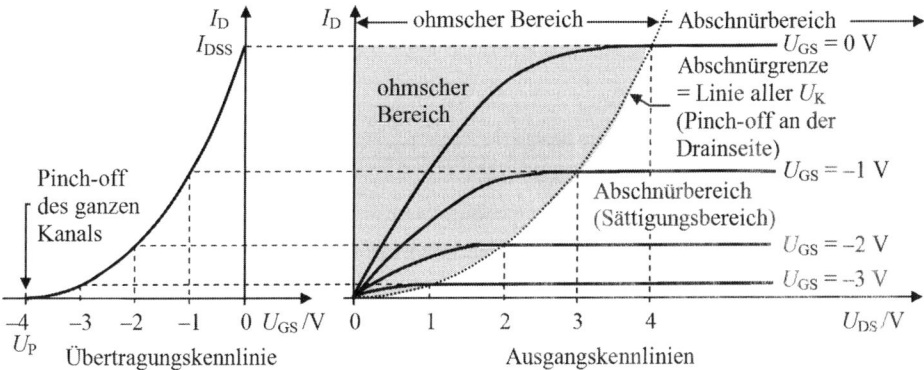

Abb. 20.3 n-Kanal JFET, Beispiel für den Verlauf der Übertragungskennlinie und des Ausgangskennlinienfeldes

20.2.2 Kennlinien und Arbeitsbereiche des JFETs

Das Verhalten eines FET kann am einfachsten anhand von Kennlinien erläutert werden. Sie beschreiben den Zusammenhang zwischen Strömen und Spannungen am Transistor für den Fall, dass alle Größen zeitlich nicht oder nur sehr langsam veränderlich sind.

20.2.2.1 Eingangskennlinie
Zur Eingangskennlinie von *Bipolar*transistoren siehe auch Abschn. 19.7.1.

Beim JFET wird der Eingangsstrom durch den sehr kleinen Sperrstrom im Bereich von einigen nA des pn-Übergangs gebildet. Beim MOSFET ist der Eingangsstrom ein Isolationsstrom, er ist noch kleiner und liegt im fA-Bereich. Deshalb: Bei Feldeffekttransistoren gibt es **keine Eingangskennlinie $I_G (U_{GS})$**. Sowohl beim JFET als auch beim MOSFET ist sie nicht sinnvoll.

20.2.2.2 Übertragungskennlinie
Die charakteristischen Kennlinien des JFETs sind die **Übertragungskennlinie $I_D (U_{GS})$** und das **Ausgangskennlinienfeld $I_D (U_{DS})$** (Abb. 20.3).

Zur Übertragungskennlinie von *Bipolar*transistoren siehe auch Abschn. 19.7.2.

Die Übertragungskennlinie (Steuerkennlinie) des JFETs gibt die Abhängigkeit des Drainstromes I_D von der Gate-Source-Spannung U_{GS} bei konstanter Drain-Source-Spannung U_{DS} an (Abb. 20.3). Wichtige Punkte der Übertragungskennlinie sind die Abschnürspannung U_P, bei der I_D praktisch null wird, und der Drain-Sättigungsstrom I_{DSS} bei $U_{GS} = 0$ V.

Die Abschnürspannung U_P ist somit eine charakteristische Größe der Steuerkennlinie. Wird U_P unterschritten, so sinkt der Drainstrom auf einen sehr kleinen Wert im nA-Bereich.

Oberhalb von U_P steigt der Drainstrom angenähert quadratisch mit U_{GS} an. Es ergibt sich der Zusammenhang zwischen Drainstrom I_D und Steuerspannung U_{GS} nach Gl. 20.1.

$$I_D(U_{GS}) = I_{DSS} \cdot \left(1 - \frac{U_{GS}}{U_P}\right)^2 \quad \text{für } U_{GS} > U_P \tag{20.1}$$

I_{DSS} = Drainstrom für $U_{GS} = 0$ V (Gate-Source-Strecke kurzgeschlossen).

Die Steigung der Übertragungskennlinie wird als **Steilheit** S (Übertragungssteilheit, transconductance) bezeichnet. Statt S wird auch g_{21} oder g_m verwendent. Diese Größe ist wichtig für die Anwendung des FETs als analoger Verstärker. Die Steilheit wird in mA/V angegeben, sie liegt im Bereich von 1 bis 10 mA/V. Sie hängt vom Arbeitspunkt auf der Übertragungskennlinie mit zugehöriger Spannung U_{GS} und zugehörigem Strom I_D ab, ist also je nach Arbeitspunkt verschieden groß. Der Zahlenwert von S kann für einen Arbeitspunkt mit einem Steigungsdreieck näherungsweise grafisch aus der Übertragungskennlinie entnommen werden.

$$S = \left.\frac{\Delta I_D}{\Delta U_{GS}}\right|_{U_{DS}=\text{const.}} = \left.\frac{d I_D}{d U_{GS}}\right|_{U_{DS}=\text{const.}} \tag{20.2}$$

Wird Gl. 20.1 in Gl. 20.2 eingesetzt und nach U_{GS} differenziert, so ergibt sich als andere Darstellung für S:

$$S = \frac{2 \cdot I_{DSS}}{U_P^2} \cdot (U_{GS} - U_P) = \frac{2 \cdot I_{DSS}}{U_P} \cdot \left(\frac{U_{GS}}{U_P} - 1\right) \tag{20.3}$$

Umformung:

$$S = \frac{-2 \cdot I_{DSS}}{U_P} \cdot \left(1 - \frac{U_{GS}}{U_P}\right) = \frac{-2 \cdot \sqrt{I_{DSS}}}{U_P} \cdot \left[\sqrt{I_{DSS}} \cdot \left(1 - \frac{U_{GS}}{U_P}\right)\right] \tag{20.4}$$

Die eckige Klammer in Gl. 20.4 entspricht $\sqrt{I_D(U_{GS})}$ aus Gl. 20.1. Wir erhalten:

$$S = \frac{-2 \cdot \sqrt{I_D \cdot I_{DSS}}}{U_P} = \frac{2 \cdot \sqrt{I_D \cdot I_{DSS}}}{|U_P|} \tag{20.5}$$

Die maximale Steilheit S_{max} ergibt sich bei der Steuerspannung $U_{GS} = 0$ V mit $I_D = I_{DSS}$ zu:

$$S_{max} = \frac{-2 \cdot I_{DSS}}{U_P} = \frac{2 \cdot I_{DSS}}{|U_P|} \tag{20.6}$$

Die Steuerkennlinie ist temperaturabhängig. Einerseits nimmt mit steigender Temperatur die Beweglichkeit der Ladungsträger ab, der Strom sinkt somit mit wachsender Temperatur. Andererseits hat die Diffusionsspannung einen negativen Temperaturkoeffizienten, wird also mit wachsender Temperatur kleiner. Dadurch wird die Sperrschichtweite reduziert und die wirksame Kanalfläche vergrößert. Folglich wird der Betrag der Abschnürspannung größer. Ist der Drainstrom groß, so überwiegt der Effekt der Verringerung der

Abb. 20.4 Temperaturabhängigkeit der Steuerkennlinie

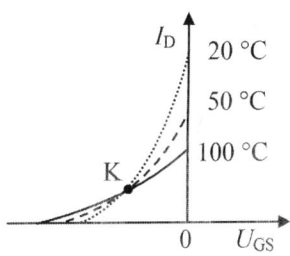

Beweglichkeit der Ladungsträger. Bei kleineren Werten von I_D überwiegt die Vergrößerung der wirksamen Kanalfläche. Diese Zusammenhänge gelten für JFETs mit nicht zu kleiner und nicht zu großer Kanalbreite.

Abb. 20.4 zeigt die Steuerkennlinie für drei verschiedene Temperaturen. Insgesamt wird die Steilheit der Übertragungskennlinie mit zunehmender Temperatur kleiner. Man erkennt, dass es einen Arbeitspunkt (Kompensationspunkt) K gibt, in dem der Drainstrom I_D von der Temperatur unabhängig ist. In der Praxis liegt der Arbeitspunkt meist rechts von K, man erhält deshalb bei steigender Temperatur ein *Absinken* des Stromes I_D. Eine thermische Instabilität (ein „Davonlaufen" des Arbeitspunktes mit steigender Temperatur wie beim Bipolartransistor) ist deshalb nicht zu befürchten.

20.2.2.3 Ausgangskennlinie

Zur Ausgangskennlinie von *Bipolar*transistoren siehe auch Abschn. 19.7.3.

Die Ausgangskennlinien geben die Abhängigkeit des Drainstromes I_D von der Drain-Source-Spannung U_{DS} mit der Gate-Source-Spannung U_{GS} als Parameter an (Abb. 20.3).

In der Umgebung des Koordinatenursprungs (bei kleinen Werten von U_{DS}) steigt der Drainstrom I_D zunächst proportional (linear) zu U_{DS} an. In diesem **ohmschen Bereich** verhält sich der FET wie ein ohmscher Widerstand, dessen Widerstandswert mit der Gate-Spannung U_{GS} gesteuert werden kann. Im ohmschen Bereich kann der JFET als elektronisch veränderbarer Widerstand betrachtet werden.

Vergleicht man das Ausgangskennlinienfeld des bipolaren Transistors in Abb. 19.28 mit dem Ausgangskennlinienfeld des JFETs in Abb. 20.3, so erkennt man, dass beim JFET die Steigung der Ausgangskennlinien im ohmschen Bereich von der steuernden Gate-Spannung U_{GS} abhängen. Die Kennlinien verlaufen wie ein Geradenbüschel. Beim bipolaren Transistor liegen die Ausgangskennlinien im Sättigungsbereich alle übereinander und sind vom steuernden Basisstrom fast unabhängig.

Im ohmschen Bereich gilt für den Drainstrom I_D:

$$I_D = \frac{I_{DSS}}{U_P^2} \cdot \left[2 \cdot U_{DS} \cdot (U_{GS} - U_P) - U_{DS}^2\right] \qquad (20.7)$$

An der **Abschnürgrenze** endet der ohmsche Bereich, die Kennlinien gehen in einen sehr flachen Bereich mit geringer Steigung, den **Abschnürbereich** oder **Sättigungsbereich** über. Die Grenze zwischen dem ohmschen Bereich und dem Sättigungsbereich bildet die

Linie der **Kniespannung** U_K, die auch *Drain-Source-Sättigungsspannung* $U_{DS.sat}$ genannt wird. Die Punkte aller Kniespannungen ergibt die Abschnürgrenze.

Für die Kniespannung U_K gilt:

$$\underline{\underline{U_K = U_{GS} - U_P}} \quad (U_{GS} \text{ und } U_P \text{ negativ einsetzen}) \tag{20.8}$$

Im Abschnürbereich oder Sättigungsbereich oberhalb der Abschnürgrenze ist der Drainstrom unabhängig von U_{DS} und bleibt weitgehend konstant. Der Abschnürbereich ist der am meisten genutzte Arbeitsbereich des FETs. Da dieser Bereich oft für Verstärkungsanwendungen benutzt wird, wird er auch *aktiver Bereich* genannt. Durch eine Gate-Source-Spannung U_{GS} wird in diesem Bereich der Drainstrom I_D entsprechend Gl. 20.1 gesteuert. Der JFET arbeitet in diesem Bereich als *spannungsgesteuerte Stromquelle*. – Man beachte die grundlegend verschiedene Definition des Wortes „Sättigungsbereich" beim bipolaren Transistor und beim FET. Im Sättigungsbereich des bipolaren Transistors tritt eine Sättigung von Ladungsträgern auf, da die Kollektor-Emitter-Spannung nicht groß genug ist, um die in die Kollektor-Basis-Grenzschicht diffundierenden Ladungsträger abzusaugen. Beim FET nimmt im Sättigungsbereich der Drainstrom einen fast konstanten, gesättigten Wert an.

Präziser als mit Gl. 20.1 wird I_D unter Berücksichtigung des leichten Anstiegs der Ausgangskennlinien im Sättigungsbereich angegeben.

$$\underline{\underline{I_D = I_{DSS} \cdot \left(1 - \frac{U_{GS}}{U_P}\right)^2 \cdot \left(1 + \frac{U_{DS}}{U_A}\right)}} \tag{20.9}$$

U_A = Early-Spannung

Wie beim bipolaren Transistor definiert man einen *differenziellen Ausgangswiderstand* (Kanalwiderstand, dynamischer Drain-Source-Widerstand) r_{DS}. Im *Abschnürbereich* ist dieser:

$$\underline{\underline{r_{DS} = \left.\frac{\Delta U_{DS}}{\Delta I_D}\right|_{U_{GS}=\text{const.}}}} \tag{20.10}$$

Richtwert: $r_{DS} = 100\,\text{k}\Omega \ldots 10\,\text{M}\Omega$.

Im *ohmschen* Bereich entspricht dieser differentielle Drain-Source-Widerstand dem Kehrwert der Steilheit S im jeweiligen Arbeitspunkt:

$$\underline{\underline{r_{DS} = \frac{\Delta U_{GS}}{\Delta I_D} = \frac{1}{S}}} \tag{20.11}$$

Je nach Größe von U_{GS} liegt r_{DS} zwischen ca. $5\,\text{k}\Omega$ bis $> 200\,\text{k}\Omega$.

20.3 Isolierschicht-FET (MOSFET) mit n-Kanal

20.3.1 Aufbau und Arbeitsweise

Der Isolierschicht-FET beruht auf der Idee, durch den Einfluss eines elektrischen Feldes die Leitfähigkeit eines Systems zu verändern. Die Grundlage des MOSFETs ist der MOS-Kondensator, der auf einer *MIS-Struktur* (Metall/Isolator/Semiconductor) beruht. Ist der Isolator Siliziumdioxid[1] SiO_2, so liegt eine *MOS-Struktur* (Metall/Oxid/Semiconductor) vor. Diese MOS-Struktur entsteht, wenn eine SiO_2-Schicht auf der einen Seite mit einer Metallplatte und auf der anderen Seite mit p-dotiertem Silizium verbunden wird. Die Kontaktierung mit der Metallplatte wird als Gate „G" und das unter dem Gateoxid liegende Silizium als Substrat (Grundmaterial) oder Bulk bezeichnet. Damit eine elektrische Spannung angelegt werden kann, wird auch das Bulk mit einem Metallkontakt versehen. Diese gesamte Anordnung ist der eines Plattenkondensators (mit der Oxidschicht als Dielektrikum) ähnlich und wird deshalb auch **MOS-Kondensator** genannt (Abb. 20.5).

Der neutrale Zustand liegt vor, wenn die Spannung zwischen Gate und Bulk null ist. Für $U_{GB} = 0\,\text{V}$ ist keine Ladung vorhanden, weder Gate noch Substrat sind aufgeladen. Dies wird als *Flachbandfall* bezeichnet.

Wird zwischen Gate und Bulk eine relativ kleine Gleichspannung $U_{GB} > 0\,\text{V}$ angelegt (Pluspol am Gate), so werden die Löcher (Majoritätsladungsträger) im Substrat durch das elektrische Feld in Richtung Bulkanschluss zurückgedrängt. In der Nähe der Isolierschicht bleiben negativ geladene Akzeptoren zurück, die eine Raumladungszone darstellen. Die Substratschicht in der Nähe der Isolierschicht verarmt an frei beweglichen Ladungsträgern.

Wird die positive Gatespannung vergrößert, so wird das Feld schließlich so groß, dass Elektronen (Minoritätsladungsträger) zur Substratoberfläche in der Nähe der Isolierschicht hin gezogen werden. Diese Ladungsverschiebung entspricht einer Wirkung durch Influenz. Die Elektronen werden sozusagen durch die negativ geladene Raumladungszone hindurch (das Feld ist stark genug, um die abstoßenden Kräfte zu überwinden) in das Grenzgebiet zwischen Bulk und Isolierschicht „hinter" die Raumladungszone gesaugt. Die Elektronen reichern sich dort in einer dünnen Grenzschicht an. Da die Menge der Elektronen hier jetzt um mehrere Zehnerpotenzen größer ist, als vorher Löcher da waren, wird diese dünne Grenzschicht „Inversionsschicht" genannt. In dieser Gegend ist der Leitungstyp des Halbleiters von p in n invertiert worden. Die Inversionsschicht bildet mit ihren frei beweglichen Elektronen einen n-leitenden Kanal. Dieser Kanal ist zum Substrat hin durch die negativ geladene Raumladungszone (verarmt an frei beweglichen Ladungsträgern) isoliert. Es hat sich also eine Substrat-Kanal-Diode gebildet.

Die Gatespannung, ab der ein leitender Kanal gebildet wird, heißt **Schwellenspannung** U_{th} (Schwellwertspannung, Einsatzspannung, threshold voltage).

Abb. 20.5 zeigt den MOS-Kondensator mit bereits ausgebildeter Inversionsschicht.

---

[1] Siliziumdioxid ist ein sehr guter elektrischer Isolator.

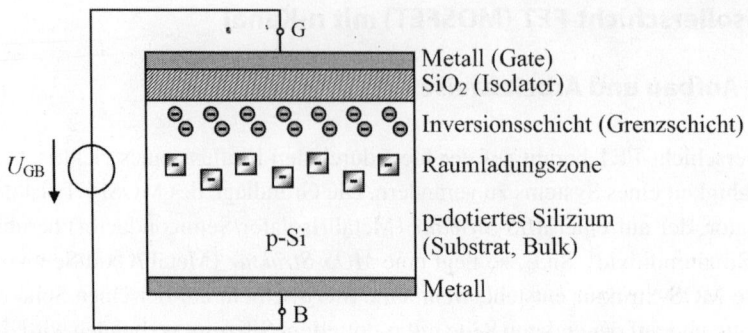

Abb. 20.5 MOS-Kondensator mit Inversionsschicht, Raumladungszone und „restlichem" Substrat

Stellen wir uns in Abb. 20.5 links und rechts von der Inversionsschicht je einen n-dotierten Anschluss vor. Ohne Spannung zwischen den beiden Anschlüssen würde zwischen ihnen kein Strom fließen. Wird an die Anschlüsse eine Gleichspannung angelegt, so entsteht eine leitende Verbindung, es fließt ein Strom durch den Kanal. Dies ist das Grundprinzip eines (selbstsperrenden) MOSFET vom Anreicherungstyp.

Hier wird nur dieser Typ von MOSFET näher besprochen.

Den prinzipiellen Aufbau eines selbstsperrenden n-Kanal MOSFETs vom Anreicherungstyp zeigt Abb. 20.6.

Das Grundmaterial (Substrat, Bulk) ist ein schwach p-dotierter ($n_A \approx 10^{15}\,\text{cm}^{-3}$) Siliziumeinkristall. In das Substrat sind in einem Abstand von ca. $0{,}5\ldots 5\,\mu\text{m}$ zwei stark n-dotierte ($n_D \approx 10^{20}\,\text{cm}^{-3}$) Gebiete eindiffundiert. Diese beiden n$^+$-Zonen sind mit Kontakten versehen, welche den Source- bzw. Drainanschluss bilden. Da sich zwischen den beiden n$^+$-Gebieten das p-Substrat befindet, entsteht eine npn-Struktur, die zunächst (wie ein bipolarer npn-Transistor ohne Basisstrom) keinen Stromfluss zulässt. Auf die Substratoberfläche wird zwischen den beiden n$^+$-Gebieten eine elektrisch isolierende Oxidschicht, das *Gateoxid* mit einer Dicke von ca. 20 nm aufgebracht. Eine metallische Schicht oberhalb des Gateoxids bildet mit einem Anschluss versehen das Gate. Bei einzelnen Transistoren ist der Bulk-Anschluss meist intern mit dem Sourceanschluss verbunden.

Nun wird die Arbeitsweise eines n-Kanal MOSFETs mit den unterschiedlichen Betriebszuständen bei verschieden großen Gate-Source- und Drain-Source-Spannungen betrachtet. Die Lage des Arbeitspunktes für den jeweiligen Betriebsfall ist in Abb. 20.10 dargestellt.

Abb. 20.6 Grundsätzlicher Aufbau eines MOSFETs vom Anreicherungstyp im Querschnitt, gesperrter Zustand

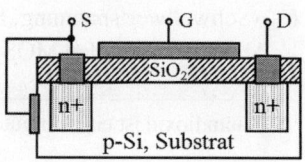

20.3 Isolierschicht-FET (MOSFET) mit n-Kanal

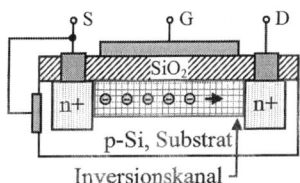

Abb. 20.7 n-Kanal MOS-FET (Anreicherungstyp) mit Inversionskanal mit gleichmäßigem Querschnitt, Betrieb im ohmschen Bereich

Arbeitspunkt AP1

Ohne positive Gleichspannung zwischen Gate und Source (für $U_{GS} = 0$ V) und bei gleichzeitig kleiner Drain-Source-Spannung liegt im Kanalbereich der Flachbandfall vor. Das Gebiet des späteren Kanals ist nicht leitfähig, da sich noch keine Inversionsschicht ausgebildet hat. Es fließt kein Strom I_D von Drain nach Source. Dieser gesperrte Zustand ohne Stromfluss (Sperrbetrieb) entspricht dem Zustand des MOSFETs in Abb. 20.6.

Arbeitspunkt AP2

Wird die Gleichspannung zwischen Gate und Source erhöht, so entsteht ab einem bestimmten Spannungswert unterhalb des Gates und auch unterhalb des Gateoxids, nämlich an der Grenzfläche zwischen Substrat und Gateoxid, eine Inversionsschicht. Es bildet sich der Kanal als n-leitende Verbindung zwischen Source und Drain aus. Der Kanal entsteht also erst, wenn die Steuerspannung U_{GS} groß genug ist und größer wird als die materialabhängige Schwellwertspannung U_{th} ($U_{GS} > U_{th}$). Das elektrische Feld des Gates verdrängt mit seinem positiven Potenzial (der Pluspol von U_{GS} liegt am Gate) infolge von Influenz die Löcher aus der Schicht direkt unter der Isolierung des Gates und zieht Elektronen dorthin an. Es bildet sich ein leitfähiger Inversionskanal. Ist $U_{DS} > 0$ V, so kann ein Strom I_D von Drain nach Source fließen. Die Elektronen fließen natürlich entgegengesetzt zur technischen Stromrichtung von Source nach Drain. Die Leitfähigkeit des Kanals und somit die Stärke des Stromes I_D kann mit der Gate-Source-Spannung U_{GS} gesteuert werden. Diese Steuerung erfolgt leistungslos, da kein Gatestrom fließt. Die Steuerung erfolgt außerdem linear, der MOSFET arbeitet im ohmschen Bereich (Widerstandsbereich). Wie beim JFET steigt im Ausgangskennlinienfeld der Drainstrom proportional (linear) zu U_{DS} an. Der Arbeitspunkt liegt im Ausgangskennlinienfeld auf einem linear ansteigenden Ast einer Ausgangskennlinie. Diesen leitenden Zustand mit ausgebildetem Inversionskanal und gleichmäßigem Kanalquerschnitt zeigt Abb. 20.7.

Arbeitspunkt AP3

Wird bei $U_{GS} > U_{th}$ die Drain-Source-Spannung U_{DS} erhöht, so wird die Inversionsschicht an der Drainseite schmaler, da der Drainstrom I_D entlang des Kanals einen Spannungsabfall erzeugt. Dadurch ist das elektrische Feld zwischen Gate und Substrat an der Drainseite kleiner als an der Sourceseite. An der Sourceseite sammeln sich folglich viel mehr Ladungsträger (Elektronen) an als an der Drainseite. Wegen des ungleichmäßigen Querschnitts des Kanals zeigt das Ausgangskennlinienfeld jetzt nicht mehr ohmsches Verhalten. Der Arbeitspunkt liegt im Ausgangskennlinienfeld im Bereich des *Übergangs* vom linearen Anstieg des Drainstromes I_D im ohmschen Bereich zum fast waagrechten Verlauf im Sättigungsbereich. Diesen leitenden Zustand mit ungleichmäßigem Kanalquerschnitt zeigt Abb. 20.8.

Abb. 20.8 n-Kanal MOSFET (Anreicherungstyp) mit ungleichmäßigem Kanalquerschnitt, Betrieb im Übergang vom ohmschen Bereich zum Sättigungsbereich

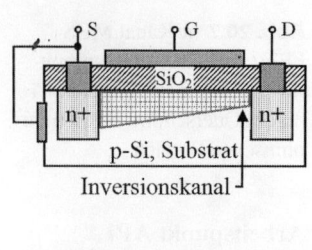

Abb. 20.9 n-Kanal MOSFET (Anreicherungstyp) mit abgeschnürtem Kanal, Betrieb im Sättigungsbereich

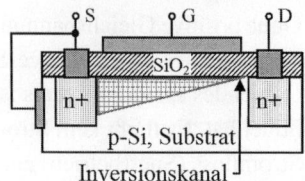

Abb. 20.10 Ausgangskennlinie mit der Lage der vier verschiedenen Arbeitspunkte ($U_{GS} > U_{th}$ für AP2, AP3 und AP4) für die vier unterschiedlichen Betriebszustände

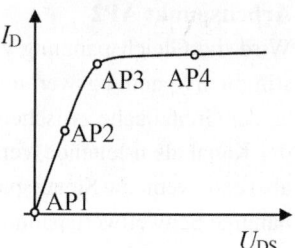

Arbeitspunkt AP4

Wird die Drain-Source-Spannung U_{DS} noch weiter erhöht, so verschwindet die Inversionsschicht an der Drainseite, es findet eine *Kanalabschnürung* statt. Die Abschnürung am drainseitigen Ende beginnt bei der Spannung (Abschnürgrenze):

$$\underline{U_K(U_{GS}) = U_{DSP} = U_{GS} - U_{th}} \qquad (20.12)$$

Wächst U_{DS} weiter, so wandert der Abschnürpunkt von Drain in Richtung Source. Ab Beginn der Abschnürung geht der Drainstrom in Sättigung, er nimmt einen von U_{DS} fast unabhängigen, beinahe konstanten (gesättigten) Wert an. Die Spannung U_{DSP} heißt *Drain-Abschnürspannung* oder *Drain-Source Pinch-off Voltage* oder *Kniespannung*. Im Sättigungsbereich arbeitet der MOSFET wie eine durch die Spannung U_{GS} gesteuerte Stromquelle. Den Betrieb des MOSFETs bei abgeschnürtem Kanal zeigt Abb. 20.9.

Wie bereits erwähnt, zeigt Abb. 20.10 die Lage der Arbeitspunkte auf der Ausgangskennlinie für die besprochenen vier Betriebsfälle.

20.3.2 Kennlinien und Arbeitsbereiche des MOSFETs

20.3.2.1 Eingangskennlinie

So wie beim JFET gibt es auch beim MOSFET keine Eingangskennlinie $I_G(U_{GS})$. Da das Gate beim MOSFET isoliert ist, kann kein Strom in den Gateanschluss fließen. Der Eingangsstrom ist ein Isolationsstrom, er liegt im Bereich von wenigen fA (10^{-15} A).

20.3 Isolierschicht-FET (MOSFET) mit n-Kanal

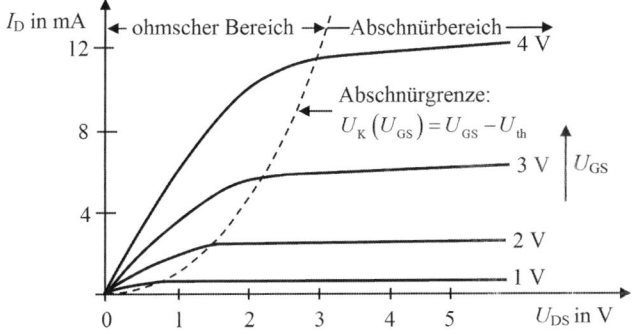

Abb. 20.11 Beispiel für ein Ausgangskennlinienfeld eines n-Kanal MOSFETs, Anreicherungstyp

20.3.2.2 Ausgangskennlinie

Die charakteristischen Kennlinien sind auch beim MOSFET (wie beim JFET) die **Übertragungskennlinie** $I_D(U_{GS})$ und das **Ausgangskennlinienfeld** $I_D(U_{DS})$.

Die Ausgangskennlinien geben die Abhängigkeit des Drainstromes I_D von der Drain-Source-Spannung U_{DS} mit der Gate-Source-Spannung U_{GS} als Parameter an (Abb. 20.11). Wir beginnen hier mit den Ausgangskennlinien, weil sich aus deren Beschreibung durch Gleichungen bestimmte Größen in der Übertragungskennlinie herleiten.

Der Verlauf der Ausgangskennlinien ist im ohmschen Bereich und im Abschnürbereich ähnlich wie beim JFET. Die Abschnürgrenze wurde bereits mit Gl. 20.12 angegeben, sie ist:

$$U_K(U_{GS}) = U_{GS} - U_{th} \tag{20.13}$$

Für den ohmschen Bereich und den Abschnürbereich werden für den Verlauf des Kanalstromes I_D der Ausgangskennlinien einfache Modellgleichungen ohne Herleitung angegeben.

Ohm'scher Bereich

Bedingung: $U_{GS} > U_{th}$ und $0 < U_{DS} < U_{GS} - U_{th}$

$$I_D(U_{GS}, U_{DS}) = K \cdot \left[(U_{GS} - U_{th}) \cdot U_{DS} - \frac{1}{2} \cdot U_{DS}^2\right] \tag{20.14}$$

Der Faktor K ist in Gl. 20.14 der *Steilheitsparameter* oder *Steilheitskoeffizient* mit der Einheit:

$$[K] = \frac{A}{V^2} = \frac{S}{V} \tag{20.15}$$

Beispiel:

$$K = 50 \, \frac{mA}{V^2}.$$

Der Steilheitskoeffizient K ist beim MOSFET ein Kennlinienparameter, der von Länge und Breite des Kanals, der Dielektrizitätszahl, der Dicke der Gate-Oxidschicht und der Elektronenbeweglichkeit im Kanal abhängt.

Abschnürbereich

Bedingung: $U_{GS} > U_{th}$ und $U_{DS} \geq U_{GS} - U_{th}$

Im Abschnürbereich ist I_D im Wesentlichen nur von U_{GS} abhängig.

$$I_D(U_{GS}) = \frac{K}{2} \cdot (U_{GS} - U_{th})^2 \qquad (20.16)$$

Der leichte Anstieg der Ausgangskennlinien beruht auf einem Effekt ähnlich dem Early-Effekt bei Bipolartransistoren. Wird eine (hier nicht weiter erläuterte) Kanallängen-Modulation berücksichtigt, so ergibt sich mit der Early-Spannung U_A:

$$I_D(U_{GS}, U_{DS}) = \frac{K}{2} \cdot (U_{GS} - U_{th})^2 \cdot \left(1 + \frac{U_{DS}}{U_A}\right) \qquad (20.17)$$

U_A = Early-Spannung

Der dynamische Kleinsignalausgangswiderstand r_{DS} ist im Abschnürbereich:

$$r_{DS} = \frac{\Delta U_{DS.AP}}{\Delta I_{D.AP}} = \frac{U_A}{I_{D.AP}} \qquad (20.18)$$

Ist in einem Datenblatt statt dem Steilheitskoeffizienten K die Übertragungssteilheit S (Steilheit, siehe nächster Abschnitt) für einen bestimmten Drainstrom angegeben, so kann K aus S ermittelt werden.

$$K \approx \frac{S^2}{2 \cdot I_{D.AP}} \qquad (20.19)$$

20.3.2.3 Übertragungskennlinie

Die Übertragungskennlinie (Steuerkennlinie) des MOSFETs gibt die Abhängigkeit des Drainstromes I_D von der Gate-Source-Spannung U_{GS} bei konstanter Drain-Source-Spannung U_{DS} an (Abb. 20.12).

Ein wichtiger Punkt der Übertragungskennlinie ist die *Schwellwertspannung* (*Schwellenspannung, Einsatzspannung*) U_{th}, ab der bei $U_{DS} > 0\,V$ ein Strom von Drain nach Source zu fließen beginnt.

Wird ein Arbeitspunkt AP auf der Übertragungskennlinie betrachtet, so ist die Steigung der Tangente in diesem Arbeitspunkt *im ohmschen Bereich*:

$$S = \left.\frac{\partial I_D}{\partial U_{GS}}\right|_{U_{DS}=\text{const.}} = K \cdot U_{DS.AP} \qquad (20.20)$$

20.4 Schaltungstechnik mit FETs (Beispiele)

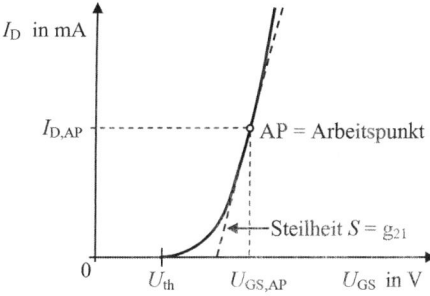

Abb. 20.12 Übertragungskennlinie $I_D = f(U_{GS})$ für U_{DS} = const. eines n-Kanal MOSFETs, Anreicherungstyp

Im Sättigungsbereich (Abschnürbereich) ergibt sich die Tangentensteigung im Arbeitspunkt durch Differenzieren von Gl. 20.16 nach U_{GS}:

$$S = \left.\frac{\partial I_D}{\partial U_{GS}}\right|_{U_{DS}=\text{const.}} = K \cdot (U_{GS} - U_{th}) \qquad (20.21)$$

Formal stellt S einen differenziellen Leitwert dar und wird *Übertragungssteilheit* oder *Steilheit* genannt. Eine andere Bezeichnung für S ist g_{21} oder g_m.

S gibt die Empfindlichkeit des Drainstromes I_D auf eine Änderung der Eingangsspannung U_{GS} in einem Arbeitspunkt an. Die Einheit der Übertragungssteilheit ist:

$$[g_{21}] = \frac{\text{mA}}{\text{V}} \qquad (20.22)$$

Wird Gl. 20.16 nach $(U_{GS} - U_{th})$ aufgelöst und in Gl. 20.21 eingesetzt, so erhält man die Übertragungssteilheit S in einem bestimmten Arbeitspunkt als Funktion des Drainstromes $I_{D.AP}$ im Sättigungsbereich:

$$S = \left.\frac{\partial I_D}{\partial U_{GS}}\right|_{U_{DS}=\text{const.}} = \sqrt{2 \cdot K \cdot I_{D.AP}} \qquad (20.23)$$

20.4 Schaltungstechnik mit FETs (Beispiele)

20.4.1 Die drei Grundschaltungen des Feldeffekttransistors

Wie beim Bipolartransistor gibt es auch beim Feldeffekttransistor drei Grundschaltungen: *Source-*, *Gate-* und *Drainschaltung* (Abb. 20.13). Überwiegend wird die Sourceschaltung verwendet, die mit der Emitterschaltung des bipolaren Transistors vergleichbar ist.

Tab. 20.1 stellt die Eigenschaften der drei FET-Grundschaltungen gegenüber.

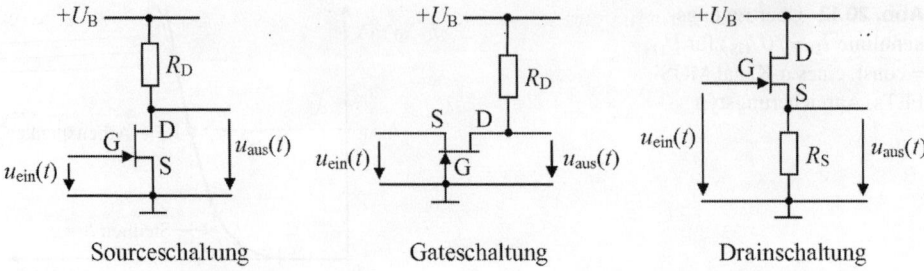

Abb. 20.13 Grundschaltungen des FET

Tab. 20.1 Vergleich der drei FET-Grundschaltungen (Zahlenwerte sind nur grobe Richtwerte)

Grundschaltung des FET	Gateschaltung	Sourceschaltung	Drainschaltung
Entspricht bei bipolaren Transistoren der	Basisschaltung	Emitterschaltung	Kollektorschaltung
Spannungsverstärkung	groß	groß	<1
Eingangswiderstand	klein	groß	sehr groß
Ausgangswiderstand	groß ($\approx 10\,k\Omega$)	groß ($\approx 10\,k\Omega$)	klein ($\approx 1\,k\Omega$)
Phasenwinkel u_a zu u_e	$\varphi = 0°$	$\varphi = 180°$	$\varphi = 0°$
Grenzfrequenz	hoch (<1 GHz)	klein (<1 MHz)	mittel (<10 MHz)
Anwendungsbereich	HF-Verstärker für sehr hohe Frequenzen	Gleichspannung, NF-/HF-Verstärker, Schalter	Impedanzwandler

20.4.2 Verstärkerbetrieb

20.4.2.1 Sourceschaltung

Berechnung der Wechselspannungsverstärkung:

$$V_{uS} = \frac{\Delta U_a}{\Delta U_e} \tag{20.24}$$

Mit $\Delta U_a = \Delta I_D \cdot R_D$ und $\Delta I_D = S \cdot \Delta U_e$ folgt die Spannungsverstärkung der Sourceschaltung:

$$\underline{V_{uS} = S \cdot R_D} \tag{20.25}$$

Zum Arbeitswiderstand R_D liegt wechselstrommäßig der Drain-Source-Widerstand r_{DS} parallel. Ist r_{DS} für Drainströme $I_D >$ ca. 5mA gegenüber R_D nicht mehr vernachlässigbar groß, so gilt:

$$\underline{V_{uS} = S \cdot (R_D \parallel r_{DS})} \tag{20.26}$$

Je kleiner der Drainstrom I_D gewählt wird, desto größer ist r_{DS} und desto größer ist die Spannungsverstärkung.

20.4 Schaltungstechnik mit FETs (Beispiele)

Die Ausgangsspannung hat gegenüber der Eingangsspannung eine Phasendrehung von 180°.
Der Eingangswiderstand

$$r_e = r_{GS} \tag{20.27}$$

ist sehr hoch, da fast kein Eingangsstrom fließt.
Der Wechselstromausgangswiderstand ist:

$$r_a = R_D \parallel r_{DS} \approx R_D \tag{20.28}$$

20.4.2.2 Gateschaltung

Spannungsverstärkung und Ausgangswiderstand sind identisch mit der Sourceschaltung.
Der Eingangswiderstand

$$r_e = 1/S \tag{20.29}$$

ist niedrig. Zwischen Eingang und Ausgang erfolgt keine Phasendrehung. Die Gateschaltung wird nur für Hochfrequenzverstärker verwendet.

20.4.2.3 Drainschaltung

Die Drainschaltung wird auch als Sourcefolger bezeichnet. Der Eingangswiderstand ist noch höher als der ohnehin schon sehr hohe Eingangswiderstand der Sourceschaltung. Der Ausgangswiderstand ist klein. Die Spannungsverstärkung ist nahezu eins. Es findet keine Phasendrehung statt.
Spannungsverstärkung der Drainschaltung:

$$V_{uD} = \frac{1}{1 + \frac{1}{S \cdot R_S}} \approx 1 \tag{20.30}$$

Ausgangswiderstand der Drainschaltung:

$$r_a = \frac{R_S}{1 + S \cdot R_S} \tag{20.31}$$

20.4.2.4 Verstärkung mit Gegenkopplung

Beim Betrieb des FETs als Verstärker wird durch eine Gate-Source-Spannung ein bestimmter Gleichstromarbeitspunkt mit zugehörigem Drain-Ruhestrom festgelegt. Die Gate-Source-Spannung für diesen Arbeitspunkt ist von Exemplar zu Exemplar des FETs stark unterschiedlich. Die Exemplarstreuungen der Abschnürspannung U_P beim JFET verschieben den Arbeitspunkt und ergeben exemplarabhängig unterschiedliche Verstärkungen. Zur Stabilisierung des Arbeitspunktes eignet sich ein Widerstand R_S in der Source-Leitung des FETs, der eine Gleichstromgegenkopplung bewirkt (Abb. 20.14). Der Sourcewiderstand bildet auch für das zu verstärkende Signal eine Gegenkopplung und

Abb. 20.14 Kleinsignalverstärker mit FET

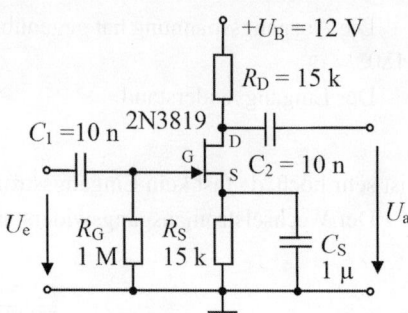

vermindert die Verstärkung. Ist dies unerwünscht, so kann parallel zum Sourcewiderstand ein Kondensator C_S geschaltet werden, der die Signalfrequenzen kurzschließt.

Ist die Signalquelle über einen Koppelkondensator mit dem Gate verbunden (Wechselspannungskopplung), so wird ein Widerstand R_G (1 MΩ bis 10 MΩ) vom Gate nach Masse geschaltet. Dieser Widerstand bestimmt im Wesentlichen den Eingangswiderstand des Kleinsignalverstärkers.

20.4.3 Betrieb als steuerbarer Widerstand

Für kleine Werte von U_{DS} gehen im ohmschen Bereich die Ausgangskennlinien als Geraden durch den Nullpunkt (vgl. Abb. 20.3 und Abb. 20.11) und entsprechen dem linearen Widerstandsverlauf eines ohmschen Widerstandes. Die Steigung der Kennlinien und somit der Widerstandswert von R_{DS} hängt von der Gate-Source-Spannung U_{GS} ab. Der Wert von R_{DS} läßt sich folglich durch U_{GS} verändern. Der FET verhält sich bei diesem Betrieb wie ein durch U_{GS} steuerbarer ohmscher Widerstand. Mit einem FET und einem Festwiderstand kann ein **spannungsgesteuerter Spannungsteiler** realisiert werden (Abb. 20.15).

Die Streuung der Kennlinien verläuft in Abhängigkeit von U_{GS} nicht gleichmäßig (nicht proportional zu U_{GS}). Daraus und aus der Krümmung der Kennlinien für größere Werte von U_{DS} ergibt sich eine Verzerrung der Ausgangsspannung des Spannungsteilers, die Schaltung ist nur für kleine Signale geeignet. Dieser Nachteil kann weitgehend durch entsprechende Schaltungsmaßnahmen zur Linearisierung des Ausgangskennlinienfeldes vermieden werden.

Der Spannungsteiler besteht aus einem Festwiderstand R und einem FET, dessen Drain-Source-Widerstand R_{DS} symbolisch in Abb. 20.15 eingezeichnet ist. Die Ausgangsspan-

Abb. 20.15 Spannungsgesteuerter Spannungsteiler mit FET

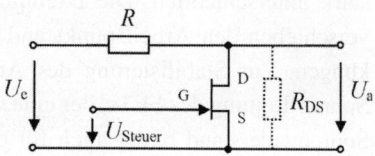

Abb. 20.16 FET als Konstantstromquelle

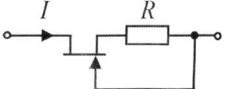

nung U_a ist null, wenn der FET sperrt und damit R_{DS} unendlich groß ist. Leitet der FET, so ist die Ausgangsspannung:

$$U_a = U_e \cdot \frac{R_{DS}}{R + R_{DS}} \tag{20.32}$$

Damit sich U_a mit $U_{Steuer} = -U_{GS}$ in einem weiten Bereich ändern läßt, sollte $R \gg R_{DS,min}$ sein.

20.4.4 Konstantstromquelle mit FET

Die Schaltung in Abb. 20.16 wirkt analog zu der Konstantstromquelle in Abschn. 19.13.4. Ein Vorteil ist, dass man keine extra Spannung benötigt, falls man einen selbstleitenden FET verwendet. Die Schaltung kann als Zweipol anstelle eines ohmschen Widerstandes eingesetzt werden. Für den gewünschten Strom I wird aus der Übertragungskennlinie die zugehörige Spannung U_{GS} abgelesen. Dann ist:

$$R = \frac{|U_{GS}|}{I} \tag{20.33}$$

20.4.5 Der FET als Schalter

Mit Feldeffekttransistoren lassen sich analoge Signale umschalten (Abb. 20.17). Besitzt ein aus FETs aufgebauter Umschalter n Eingänge und einen Ausgang, so leitet ein FET, während die anderen $n-1$ sperren. Die Wahl der Kanäle erfolgt über eine entsprechende Aussteuerung der Gates, z. B. ist nur eine Spannung U_{GS} positiv (FET leitet), während alle anderen U_{GS} negativ sind (FETs sperren). Fertige Bauteile, in vielen Varianten erhältlich und meist aus MOSFETs aufgebaut, gibt es als integrierte Schaltungen. Sie werden als **Analogmultiplexer** bezeichnet.

In digitalen ICs werden Feldeffekttransistoren zum Schalten logischer Signale eingesetzt. Gatter, Flip-Flops, Zähler usw. werden als monolithisch integrierte Schaltungen hergestellt.

Mit MOSFET-Leistungstransistoren (Power-MOSFET oder PMF) lassen sich hohe Ströme schalten. Dabei ist einer der wichtigsten Parameter des MOSFETs der Einschaltwiderstand $R_{DS,on}$, da er im eingeschalteten Zustand die Verlustleistung $P_{on} = I_D^2 \cdot R_{DS,on}$

Abb. 20.17 Prinzip eines Analogmultiplexers mit zwei Kanälen

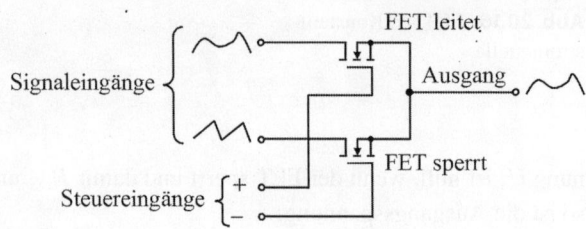

bestimmt. Power-MOSFETs sind mit einem $R_{DS,on}$ von wenigen mΩ erhältlich. Leistungen >250 W bei Drainströmen >50 A sind realisierbar. Anwendungsgebiete sind z. B. Relaisfunktionen, NF-Verstärker oder Motorsteuerungen.

Werden Power-MOSFETs zur Erhöhung der Leistung parallel geschaltet, so müssen die Gates durch einen Reihenwiderstand (typ. 10 Ω) in jeder Gate-Leitung entkoppelt oder durch separate Treiber angesteuert werden, um ein Schwingen zu vermeiden.

So genannte „intelligente" Leistungsschalter beinhalten Ansteuer- und Schutzschaltungen sowie andere Logikfunktionen auf einem Chip:

- Eingang und Statusausgang sind CMOS- oder TTL-kompatibel,
- ein Status-Ausgang meldet Zustände zurück,
- alle Ein- und Ausgänge sind gegen statische Entladungen geschützt (ESD-Schutz),
- beim Schalten induktiver Lasten werden negative Spannungsspitzen begrenzt,
- Über- bzw. Unterspannung werden erkannt,
- Kurzschluss oder Leerlauf der Last werden erkannt,
- es gibt Schutzfunktionen gegen Zerstörung durch Überstrom, Übertemperatur des Bauelementes,
- eine Ladungspumpe für den Betrieb als Highside-Schalter ist eingebaut.

20.4.6 Inversdiode

Der Herstellungsprozess eines Power-MOSFET bedingt, dass jeder PMF eine parasitäre Diode enthält, die der Drain-Source-Strecke antiparallel geschaltet ist (Abb. 20.18). Diese Diode wird als **Inversdiode** bezeichnet. Die Inversdiode hat bezüglich der Spannungen und Ströme die gleichen Daten wie der MOSFET, d. h., der maximal zulässige Strom durch die Inversdiode entspricht im Allgemeinen dem maximal zulässigen Drainstrom. Die Flussspannung dieser Diode liegt bei ca. 1 bis 1,5 V.

Abb. 20.18 Power-MOSFET mit parasitärer Inversdiode

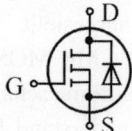

Aus Abb. 20.18 ist ersichtlich, daß ein PMF einen Strom nur in der Flussrichtung von Drain zu Source sperren kann, während man bei einem FET wegen seines symmetrischen Aufbaus Drain und Source prinzipiell vertauschen könnte.

Einerseits kann die Inversdiode beim Schalten induktiver Lasten als Freilaufdiode nützlich sein. Andererseits kann die Inversdiode ein Problem darstellen, vor allem in einer Netzwerkmasche mit einer Spannungsquelle und zwei in Reihe geschalteten PMF. Die Sperrverzögerungszeit der Inversdiode ist mit typisch einigen hundert Nanosekunden relativ groß. Während dieser Zeit kann es ohne zusätzlich Maßnahmen bei bestimmten Schaltungen zu hohen Stromspitzen und einer verlustleistungsbedingten Überlastung des PMF kommen.

20.4.7 Lowside-, Highside-Schalter

Beim Schalterbetrieb eines PMF kann man zwischen **Lowside-Schalter** und **Highside-Schalter** unterscheiden.

Beim Lowside-Schalter (Abb. 20.19a) ist die Last mit dem Pluspol der Spannungsversorgung verbunden, der Schalter (der MOSFET) liegt gegen Masse. Wird die mit dem Pluspol der Spannungsversorgung verbundene Leitung zur Last z. B. durch Beschädigung der Isolation unbeabsichtigt mit Masse verbunden, so kommt es zu einem Kurzschluss. Noch folgenschwerer kann es sein, wenn die Leitung zur Last auf der Drainseite gegen Masse kurzgeschlossen wird und es dadurch zu einem unbeabsichtigten, evtl. dauerndem Einschalten der Last kommt. Dies ist ein schwerwiegender Nachteil des Lowside-Schalters.

Beim Highside-Schalter (Abb. 20.19b) ist die eine Seite der Last mit Masse verbunden, der Schalter liegt zwischen der anderen Seite der Last und dem Pluspol der Spannungsversorgung. Bei masseseitiger Last benötigt man zu deren Stromversorgung im Prinzip nur eine einpolige, plusführende Leitung. Die Rückleitung kann über ein metallisches Teil der konstruktiven Auslegung (z. B. Kfz-Karosserie) erfolgen, welches mit dem Minuspol der Versorgungsspannung verbunden ist und die Masse bildet. Neben der Einsparung einer Leitung besteht der Vorteil, dass die Last nicht unbeabsichtigt eingeschaltet wird, wenn z. B. die Isolation der Zuleitung durchgescheuert wird und der blanke Draht mit dem Chassis in Berührung kommt.

Abb. 20.19 Lowside-Schalter (**a**) und Highside-Schalter (**b**)

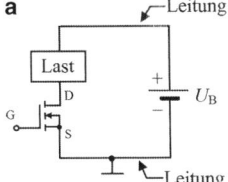
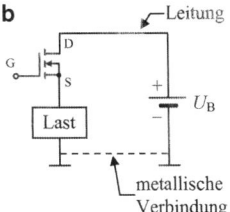

Abb. 20.20 Ladungspumpe zur Spannungsverdopplung als Gatespannungsgenerator

$$U_a = 2 \cdot (U_B - 0{,}7\,\text{V})$$

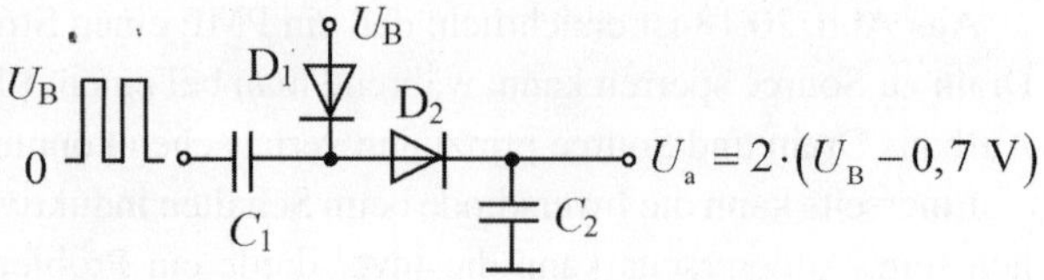

Ein kleiner Nachteil: Der Highside-Schalter benötigt zwischen Gate und Source eine Spannung U_{GS}, die um ca. 7 V bis 10 V über der Betriebsspannung U_B liegen muss. Steht eine solche Spannungsquelle nicht extra zur Verfügung, so kann U_{GS} mit einer **Ladungspumpe** erzeugt werden. Eine Ladungspumpe „zerhackt" eine Gleichspannung, die dann gleichgerichtet wird. So kann eine bereits vorhandene Gleichspannung mit einer Spannungsverdoppler-Schaltung in eine höhere umgesetzt werden. Die zum Zerhacken notwendige Rechteckspannung kann z. B. mit einem astabilen Multivibrator erzeugt werden.

Ist die Rechteckspannung am Eingang Low, so wird C_1 über D_1 auf $U_B - 0{,}7$ V aufgeladen. Diese Spannung addiert sich während der darauffolgenden Highzeit der Rechteckspannung zu U_B. Während der High-Halbperiode der Rechteckspannung liegt nach D_2 am Ausgang die Spannung $U_a = U_B - 0{,}7\,\text{V} + U_B - 0{,}7\,\text{V}$. Damit ist $U_a = 2 \cdot U_B - 1{,}4\,\text{V}$.

Der Ladekondensator C_2 kann entfallen, wenn die Eingangskapazität des PMF zur Spannungsglättung ausreicht.

Zum Ausschalten der so gewonnenen U_{GS}-Spannung kann z. B. die Spannungsversorgung des Gatespannungsgenerators über einen Kleinsignaltransistor ausgeschaltet werden, wobei ein Widerstand zwischen Gate und Masse (ca. 100 kΩ) für eine automatische Entladung des Gate sorgt. Die Drain-Source-Strecke wird dann hochohmig, der Schalter ist ausgeschaltet.

Diese kurze Einführung behandelt nur einige Grundlagen der Feldeffekttransistoren. Für ein weitergehendes Studium empfiehlt der Autor dieses Buches sein Werk „Aktive elektronische Bauelemente" (Springer-Verlag, 3. Auflage).

Aufgabe 20.1

Gegeben ist das Ausgangskennlinienfeld eines MOSFETs (Abb. 20.21).

Der Transistor T wird in der Schaltung nach Abb. 20.22 so betrieben, dass sich im Arbeitspunkt eine Ausgangsspannung $U_a = 4{,}0$ V einstellt.

a) Wie groß ist der Gatestrom I_G bei stationärer Ansteuerung des Transistors T? Welche Leistung P_{St} muss zur Ansteuerung des MOSFETs aufgebracht werden?

Abb. 20.21 Ausgangskennlinienfeld eines MOSFETs

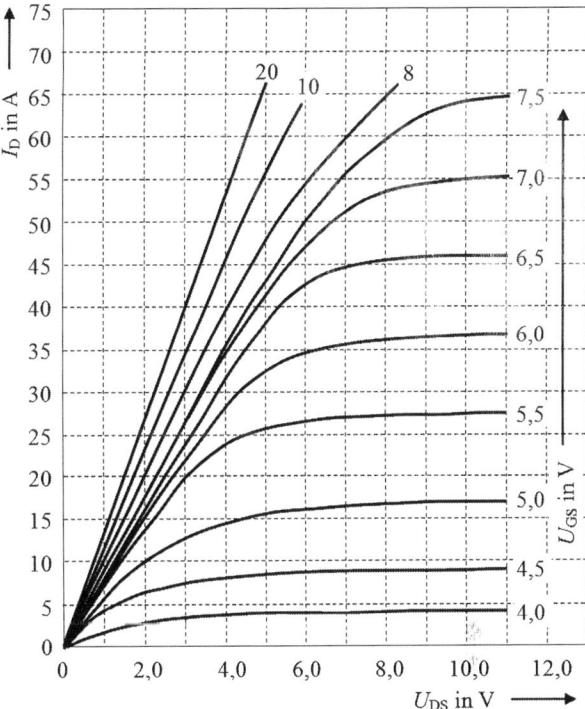

b) Stellen Sie die Gleichung der Lastgeraden auf, d. h. geben Sie den Drainstrom I_D als Funktion von U_a, R_D und U_B an. Zeichnen Sie die Arbeitsgerade AG in das Ausgangskennlinienfeld ein.

c) Tragen Sie den Arbeitspunkt AP in das Ausgangskennlinienfeld mit der Arbeitsgeraden ein und geben Sie den Wert der Gate-Source-Spannung $U_{GS,AP}$ im Arbeitspunkt an. Wie groß ist der Drainstrom $I_{D,AP}$ im Arbeitspunkt?

d) Wie groß ist die Ausgangsspannung U_a, wenn für die Widerstände R_1 und R_2 gilt: $R_2 = 5 \cdot R_1$?

e) Für den Transistor T ist im Datenblatt die in Abb. 20.23 gezeigte Lastminderungskurve angegeben. Ist der Transistor überlastet, wenn er bei einer Temperatur von 20 °C im Arbeitspunkt AP nach Teilaufgabe c) betrieben wird? Begründen Sie Ihre Antwort. Berechnen Sie für eine Gehäusetemperatur $T_C = 80$ °C die maximal erlaubte Verlustleistung $P_{V,80}$, die im Transistor entstehen darf.

Abb. 20.22 Transistorschaltung mit MOSFET

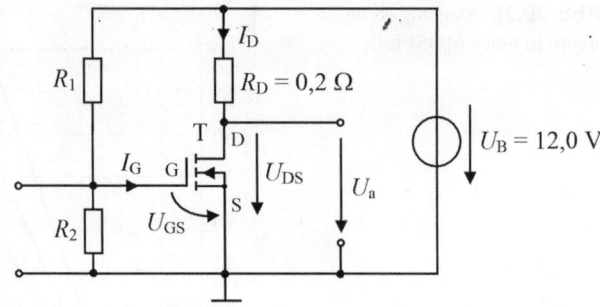

Abb. 20.23 Lastminderungskurve

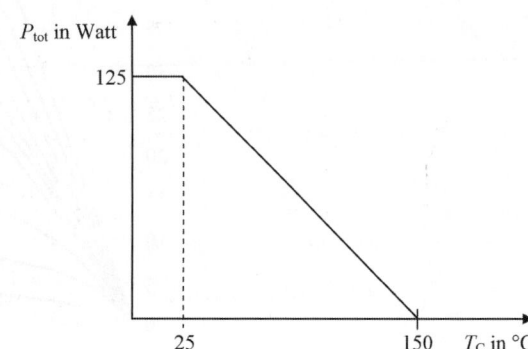

Lösung

a) Beim MOSFET ist das Gate isoliert. Bei stationärer Ansteuerung muss keine Gatekapazität umgeladen werden. $\underline{I_G = 0\,\text{A};\ P_{St} = 0\,\text{W}}$

b) Maschengleichung im Ausgangskreis: $-U_B + I_D \cdot R_D + U_{DS} = 0$; $\underline{I_D = -\frac{1}{R_D} \cdot U_{DS} + \frac{U_B}{R_D}}$
Zwei Punkte: $I_D = 0\,\text{V} \Rightarrow U_a = U_{DS} = U_B = 12\,\text{V}$
$U_a = U_{DS} = 0\,\text{V} \Rightarrow I_D = \frac{U_B}{R_D} = \frac{12\,\text{V}}{0,2\,\Omega} = 60\,\text{A}$
Die Punkte eintragen und durch die Arbeitsgerade verbinden (Abb. 20.24).

c) Für $U_a = U_{DS} = 4\,\text{V}$ schneidet die Arbeitsgerade die Ausgangskennlinie mit $U_{GS} = 8\,\text{V}$. Den Schnittpunkt AP eintragen. $\underline{U_{GS,AP} = 8\,\text{V};\ I_{D,AP} = 40\,\text{A}}$

d) Da $I_G = 0\,\text{A}$ ist, ist der Spannungsteiler aus R_1 und R_2 unbelastet.
$U_{R2} = U_{GS} = U_B \cdot \frac{R_2}{R_1 + R_2}$; mit $R_2 = 5 \cdot R_1$ folgt:
$U_{GS} = U_B \cdot \frac{5 \cdot R_1}{R_1 + 5 \cdot R_1} = \frac{5}{6} \cdot U_B = 10\,\text{V}$; der Schnittpunkt zwischen der Arbeitsgeraden und der Ausgangskennlinie für $U_{GS} = 10\,\text{V}$ ergibt $U_a = U_{DS} \approx 3,6\,\text{V}$.

e) Im Transistor entsteht im Arbeitspunkt die Verlustleistung
$P_V = U_{DS} \cdot I_D = 4,0\,\text{V} \cdot 40\,\text{A} = 160\,\text{W}$.
Nach der Lastminderungskurve beträgt die maximal erlaubte Verlustleistung $P_{tot} = 125\,\text{W}$.

20.4 Schaltungstechnik mit FETs (Beispiele)

Abb. 20.24 Ausgangskennlinienfeld mit Arbeitsgerade und Arbeitspunkt

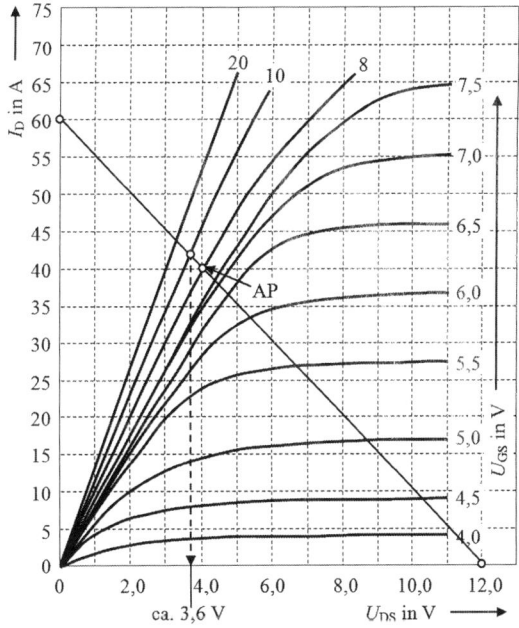

Der Transistor ist überlastet, da $P_V > P_{tot}$ ist.

$$P_V(T_C) = P_{tot} \cdot \frac{T_{max} - T_C}{T_{max} - T_{C,sp}}$$

Aus Lastminderungskurve: $P_{tot} = 125\,\text{W}$, $T_{max} = 150\,°\text{C}$, $T_{C,sp} = 25\,°\text{C}$

$$P_{V,80} = 125\,\text{W} \cdot \frac{150\,°\text{C} - 80\,°\text{C}}{150\,°\text{C} - 25\,°\text{C}}; \quad P_{V,80} = 0{,}56 \cdot 125\,\text{W} = \underline{70\,\text{W}}$$

Aufgabe 20.2
Der Transistor BUZ30A wird in der Schaltung nach Abb. 20.25 betrieben.
  In Abb. 20.26 ist das Ausgangskennlinienfeld des MOSFETs BUZ30A gegeben. Die Schwellenspannung des Transistors ist $U_{th} = 3{,}0\,\text{V}$.

a) Geben Sie eine geeignete Maschengleichung an und stellen Sie anschließend die Gleichung der Lastgeraden in allgemeiner Form auf, d. h. geben Sie den Drainstrom I_D als Funktion von U_a, R_D und U_B an.
b) Zeichnen Sie die vollständige Arbeitsgerade AG in Abb. 20.26 ein.

Abb. 20.25 MOSFET-Schaltung

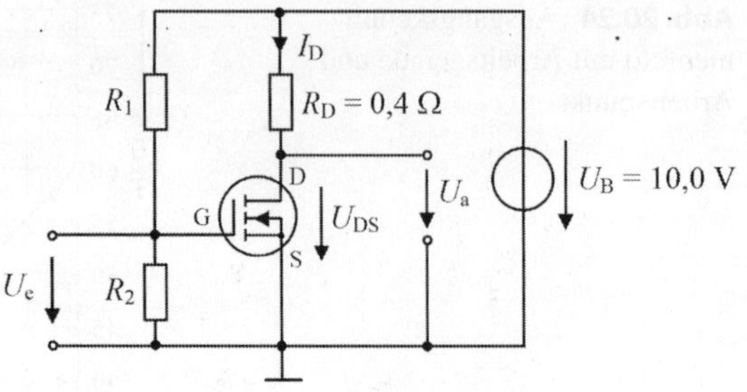

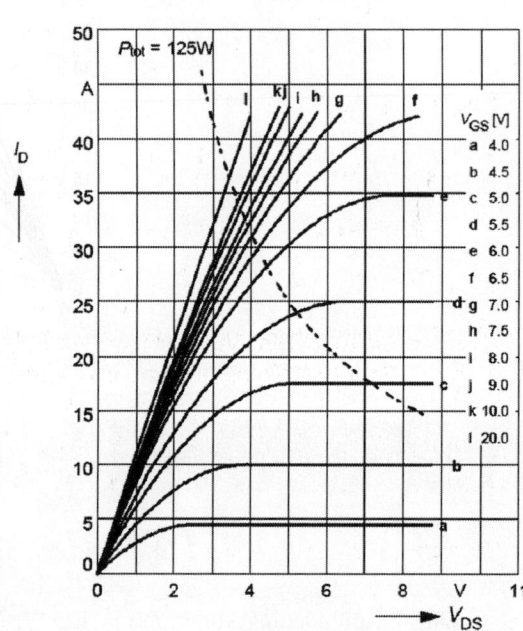

Abb. 20.26 Ausgangskennlinienfeld des MOSFETs BUZ30A

c) Kennzeichnen Sie den Arbeitspunkt mit einem Kreuz und der Beschriftung „AP" in Abb. 20.26 für den Fall $U_e = 4{,}5$ V. Wie groß sind Ausgangsspannung $U_{a,A}$ und Drainstrom $I_{D,A}$ im Arbeitspunkt?

d) Bestimmen Sie mit den Daten des Arbeitspunktes den Kennlinienparameter k_M des Transistors.

e) Wie groß ist die Übertragungssteilheit g_{21} des Transistors im Arbeitspunkt?

f) Welche Ausgangsspannung U_a ergibt sich für $R_1 = R_2$?

g) Wie kann aus der Lage des in c) ermittelten Arbeitspunktes im angegebenen Ausgangskennlinienfeld (ohne Rechnung) erkannt werden, dass der Transistor durch die in ihm entstehende Verlustleistung nicht überlastet ist?

20.4 Schaltungstechnik mit FETs (Beispiele)

Lösung

a) Maschengleichung: $-U_B + I_D \cdot R_D + U_a = 0$; $I_D = \frac{U_B - U_a}{R_D}$

b) Zwei Punkte: $I_D = 0\,\text{A} \Rightarrow U_a = U_{DS} = U_B = 10\,\text{V}$

$$U_a = U_{DS} = 0\,\text{V} \Rightarrow I_D = \frac{U_B}{R_D} = \frac{10\,\text{V}}{0{,}4\,\Omega} = 25\,\text{A}\,I_D = \frac{U_B}{R_D} = \frac{10\,\text{V}}{0{,}4\,\Omega} = 25\,\text{A}$$

Die Punkte eintragen, durch die Lastgerade verbinden (Abb. 20.27).

c) U_e entspricht U_{GS}. Schnittpunkt der Kennlinie „b" für $U_{GS} = 4{,}5\,\text{V}$ mit der Lastgeraden ergibt Arbeitspunkt AP. Kreuz und „AP" eintragen. Ablesen: $\underline{U_{a,A} = U_{DS} = 6\,\text{V},\ I_{D,A} = 10\,\text{A}}$

d) $I_D(U_{GS}) = k_M \cdot (U_{GS} - U_{th})^2$; $k_M = \frac{I_{D,A}(U_{GS})}{(U_{GS,A} - U_{th})^2}$; $k_M = \frac{10\,\text{A}}{(4{,}5\,\text{V} - 3{,}0\,\text{V})^2}$;

$$\underline{\underline{k_M = 6{,}66\,\frac{\text{A}}{\text{V}^2}}}$$

e) $g_{21} = 2 \cdot \sqrt{k_M} \cdot \sqrt{I_{D,A}}$; $g_{21} = 2 \cdot \sqrt{6{,}66\,\frac{\text{A}}{\text{V}^2}} \cdot \sqrt{10\,\text{A}}$; $\underline{g_{21} = 16{,}3\,\frac{\text{A}}{\text{V}}}$

f) Da kein Gatestrom fließt, ist der Spannungsteiler aus R_1 und R_2 unbelastet. $U_{R2} = U_e = U_{GS} = U_B \cdot \frac{R_2}{R_1 + R_2}$; mit $R_1 = R_2$ folgt: $U_{GS} = \frac{1}{2} \cdot U_B = 5{,}0\,\text{V}$

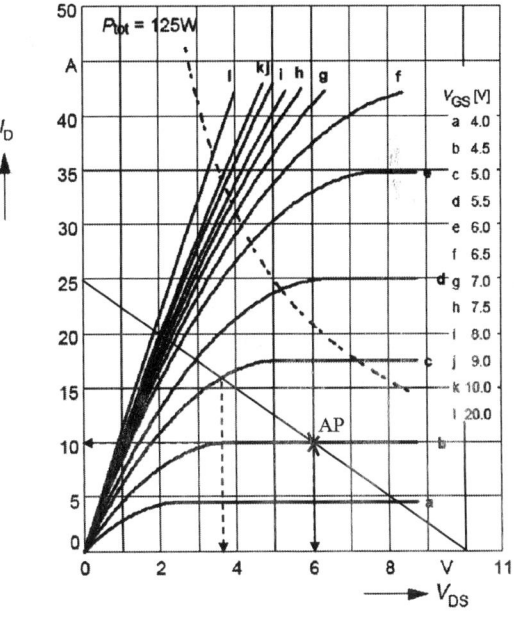

Abb. 20.27 Ausgangskennlinienfeld mit Lastgerade und Arbeitspunkt

Schnittpunkt zwischen Lastgerade und Ausgangskennlinie für $U_{GS} = 5{,}0\,\text{V}$ ergibt:

$$\underline{U_a = U_{DS} \approx 3{,}6\,\text{V}}$$

g) Der Arbeitspunkt liegt unterhalb der Verlustleistungshyperbel.

20.5 Zusammenfassung: Feldeffekttransistoren

1. Zwei wichtige Arten von FETs sind Sperrschicht-FET (JFET) und Isolierschicht-FET (MOSFET).
2. Die Anschlüsse eines FET heißen Source (S), Gate (G) und Drain (D).
3. Ein Feldeffekttransistor (FET) wird leistungslos durch eine Spannung gesteuert.
4. Der Eingangswiderstand eines FET ist sehr hoch.
5. FETs können durch statische Entladungen zerstört werden. Bestimmte Regeln zur Handhabung sind zu beachten.
6. In der integrierten Halbleitertechnik spielen MOSFETs eine wichtige Rolle.
7. Beim Power-MOSFET ist die Inversdiode zu beachten.
8. Grundlegende Betriebsarten als Schalter sind Highside- und Lowside-Schalter.
9. Eine Ladungspumpe dient zur Verdopplung einer Gleichspannung (Gatespannungsgenerator beim Highside-Schalter).
10. Der FET wird als unipolarer Transistor bezeichnet, weil *nur* Elektronen *oder* Löcher an der Stromleitung im Halbleiter beteiligt sind.
11. Zur Steuerung eines FET wird durch ein elektrisches Feld *entweder* die Breite (der Querschnitt) des Strom führenden Kanals *oder* die Anzahl der darin enthaltenen Ladungsträger variiert.
12. Ein Sperrschicht-FET ist immer selbstleitend.
13. Bei Feldeffekttransistoren gibt es keine Eingangskennlinie $I_G\,(U_{GS})$, da fast kein Eingangsstrom fließt.
14. Im Ausgangskennlinienfeld eines FET unterscheidet man den ohmschen Bereich und den Abschnürbereich (Sättigungsbereich).
15. Beim JFET ist die Übertragungskennlinie (Steuerkennlinie) gegeben durch:
$I_D\,(U_{GS}) = I_{DSS} \cdot \left(1 - \frac{U_{GS}}{U_P}\right)^2$.
16. Beim JFET ist die Steigung der Übertragungskennlinie die Steilheit S (Übertragungssteilheit). Sie ist: $S = \left.\frac{\Delta I_D}{\Delta U_{GS}}\right|_{U_{DS}=\text{const.}} = \left.\frac{d I_D}{d U_{GS}}\right|_{U_{DS}=\text{const.}}$;
$S = \frac{2 \cdot I_{DSS}}{U_P} \cdot \left(\frac{U_{GS}}{U_P} - 1\right)$; $S = \frac{2 \cdot \sqrt{I_D \cdot I_{DSS}}}{|U_P|}$.
17. Die maximale Steilheit S_{max} ergibt sich beim JFET bei der Steuerspannung $U_{GS} = 0\,\text{V}$ mit $I_D = I_{DSS}$ zu: $S_{max} = \frac{-2 \cdot I_{DSS}}{U_P} = \frac{2 \cdot I_{DSS}}{|U_P|}$.

20.5 Zusammenfassung: Feldeffekttransistoren

18. Die Steilheit der Übertragungskennlinie wird beim JFET mit zunehmender Temperatur kleiner.
19. Beim JFET gilt im ohmschen Bereich für den Drainstrom I_D:
$I_D = \frac{I_{DSS}}{U_P^2} \cdot [2 \cdot U_{DS} \cdot (U_{GS} - U_P) - U_{DS}^2]$.
20. Beim JFET gilt im Sättigungsbereich für den Drainstrom I_D:
$I_D = I_{DSS} \cdot \left(1 - \frac{U_{GS}}{U_P}\right)^2 \cdot \left(1 + \frac{U_{DS}}{U_A}\right)$; U_A = Early-Spannung
21. Beim JFET ist die Kniespannung $U_K = U_{GS} - U_P$ (U_{GS} und U_P negativ einsetzen).
22. Der differenzielle Ausgangswiderstand (Kanalwiderstand, dynamischer Drain-Source-Widerstand) r_{DS} ist beim JFET im Abschnürbereich $r_{DS} = \left.\frac{\Delta U_{DS}}{\Delta I_D}\right|_{U_{GS}=\text{const.}}$.
23. Die Grundlage des MOSFETs ist der MOS-Kondensator.
24. Beim n-Kanal MOSFET vom Anreicherungstyp ist die Abschnürgrenze:
$U_K(U_{GS}) = U_{GS} - U_{th}$
25. Im ohmschen Bereich gilt für den n-Kanal MOSFET vom Anreicherungstyp:
$I_D(U_{GS}, U_{DS}) = K \cdot \left[(U_{GS} - U_{th}) \cdot U_{DS} - \frac{1}{2} \cdot U_{DS}^2\right]$
K = Steilheitsparameter (Steilheitskoeffizient). $[K] = \frac{A}{V^2} = \frac{S}{V}$.
26. Im Abschnürbereich ist I_D im Wesentlichen nur von U_{GS} abhängig:
$I_D(U_{GS}) = \frac{K}{2} \cdot (U_{GS} - U_{th})^2$; $I_D(U_{GS}, U_{DS}) = \frac{K}{2} \cdot (U_{GS} - U_{th})^2 \cdot \left(1 + \frac{U_{DS}}{U_A}\right)$
27. Der dynamische Kleinsignalausgangswiderstand r_{DS} ist beim n-Kanal MOSFET vom Anreicherungstyp im Abschnürbereich: $r_{DS} = \frac{\Delta U_{DS,AP}}{\Delta I_{D,AP}} = \frac{U_A}{I_{D,AP}}$.
28. Ermittlung von K aus S: $K \approx \frac{S^2}{2 \cdot I_{D,AP}}$.
29. Im Sättigungsbereich gilt für den n-Kanal MOSFET vom Anreicherungstyp die Übertragungssteilheit: $S = \left.\frac{\partial I_D}{\partial U_{GS}}\right|_{U_{DS}=\text{const.}} = K \cdot (U_{GS} - U_{th})$.
30. Übertragungssteilheit S in einem bestimmten Arbeitspunkt im Sättigungsbereich:
$S = \left.\frac{\partial I_D}{\partial U_{GS}}\right|_{U_{DS}=\text{const.}} = \sqrt{2 \cdot K \cdot I_{D,AP}}$.
31. Es gibt drei Grundschaltungen: Source-, Gate- und Drainschaltung.
32. Die Spannungsverstärkung der Sourceschaltung ist $V_{uS} = S \cdot (R_D \parallel r_{DS})$.
33. Der Eingangswiderstand der Sourceschaltung ist sehr groß: $r_e = r_{GS}$.
34. Der Ausgangswiderstand der Sourceschaltung ist $r_a = R_D \parallel r_{DS} \approx R_D$.
35. Die Gateschaltung wird für Hochfrequenzverstärker verwendet.
36. Der Eingangswiderstand der Gateschaltung ist $r_e = 1/S$.
37. Die Spannungsverstärkung der Drainschaltung ist: $V_{uD} = \frac{1}{1 + \frac{1}{S \cdot R_S}} \approx 1$.
38. Der Ausgangswiderstand der Drainschaltung ist: $r_a = \frac{R_S}{1 + S \cdot R_S}$.
39. Mit einem FET und einem Festwiderstand kann ein spannungsgesteuerter Spannungsteiler realisiert werden.
40. Mit einem FET kann eine Konstantstromquelle realisiert werden.
41. Mit FETs kann ein Umschalter für analoge Signale (Analogmultiplexer) realisiert werden.
42. Beim Schalterbetrieb eines Power-MOSFET (PMF) kann man zwischen Lowside-Schalter und Highside-Schalter unterscheiden. Die Inversdiode ist zu beachten.

Operationsverstärker 21

Zusammenfassung

Es werden der interne Aufbau und die grundlegenden Eigenschaften des Operationsverstärkers betrachtet. Die Begriffe Leerlaufverstärkung, Eingangswiderstand, Übertragungskennlinie, Gleichtaktaussteuerung, Offsetspannung, Frequenz- und Sprungverhalten werden erläutert. Die Eigenschaften des idealen Operationsverstärkers ergeben die Grundlage für erste Berechnungen von Schaltungen mit Operationsverstärkern. Die Gegenkopplung führt zu den Konzepten des virtuellen Kurzschlusses und der virtuellen Masse, welche Berechnungen vereinfachen. Die Funktion der Gegentakt-Endstufe wird erläutert. Beispiele von Anwendungen als Komparator, nichtinvertierender und invertierender Verstärker, Impedanzwandler, Differenzierer, Addierer, Subtrahierer und Integrierer geben die Möglichkeit, unterschiedliche Schaltungsvarianten mit ihren speziellen Eigenschaften und Berechnungsformeln zu betrachten. Der Einsatz als PID-Regler und in aktiven Filtern rundet das Thema ab.

21.1 Begriffe, Anwendungsbereiche

Operationsverstärker (operational amplifier) sind analoge, aktive Bauelemente. Sie werden als integrierte Schaltung (IC) in Form eines Bauteils mit mehreren Anschlüssen im Handel angeboten.

Operationsverstärker können als Bauelement für die verschiedensten Verstärkeraufgaben zur Spannungs- oder Leistungsverstärkung eingesetzt werden. Wie der Name sagt, wurden Operationsverstärker ursprünglich zur Ausführung mathematischer Operationen in Analogrechnern angewandt. Daher kommt auch die ebenfalls gebräuchliche Bezeichnung „Rechenverstärker". Üblich ist die Abkürzung „OP" oder „OPV". Der Anwendungsbereich umfasst die Mess- und Regelungstechnik, NF-Technik, Signalformung und Signaländerung, Realisierung von Sinus- und Impulsgeneratoren.

Beim OPV sind diejenigen Teile, welche die eigentliche Verstärkung bewirken, in einem integrierten Schaltkreis zusammengefasst. Die besonderen Eigenschaften der Schaltung bzw. die Wirkungsweise des Verstärkers wird für den jeweiligen Verwendungszweck durch eine äußere Beschaltung des OPV erreicht. Der OPV ist somit ein universelles Verstärkungselement, dessen speziell gewünschte Übertragungseigenschaften durch eine geeignete äußere Beschaltung, vor allem durch die Rückkopplung, erzielt werden.

Ein OPV ist ein Differenzverstärker für Gleich- und Wechselspannungssignale mit sehr hoher Verstärkung, zwei hochohmigen Eingängen und einem niederohmigen Ausgang. Neben den Anschlüssen (Pins) für Masse, positive oder evtl. gleichzeitig benötigte negative Betriebsspannung sind evtl. noch Pins für den Abgleich der Offsetspannung oder zur Korrektur des Phasenfrequenzganges (Phasenkompensation, Frequenzkompensation) vorhanden. Ein Gehäuse kann mehrere OPs enthalten.

21.2 Interner Aufbau von Operationsverstärkern

Ein OPV ist ein mehrstufiger Verstärker, das Blockschaltbild zeigt Abb. 21.1. Damit ein OPV auch für Gleichspannungen geeignet ist und um die Strom- und Spannungsdrift möglichst klein zu halten, ist die Eingangsstufe als Differenzverstärker (siehe auch Abschn. 19.13.5) mit einem *invertierenden* und einem *nichtinvertierenden Eingang* ausgelegt. Ein Signal am nichtinvertierenden Eingang erscheint am Ausgang in der gleichen Phasenlage wie am Eingang, es ist nicht invertiert. Wird an den invertierenden Eingang ein Signal angelegt, so ist das Ausgangssignal invertiert, es ist gegenüber dem Eingangssignal um 180° phasenverschoben.

Je nach Typ des OPV kann die Eingangsstufe bipolare Transistoren oder zur Erhöhung des Eingangswiderstandes JFET- oder MOSFET-Transistoren enthalten.

Der Eingangsstufe folgt eine Stufe zur Spannungsverstärkung, welche für eine hohe Leerlaufspannungsverstärkung V_0 sorgt. Die erforderliche Ausgangsleistung liefert die darauffolgende Leistungsendstufe. Diese kann als Eintakt- oder Gegentaktendstufe (siehe Abschn. 19.9.2) ausgelegt sein. Ist der Ausgang mit einer Gegentaktendstufe versehen, so wird der OPV mit zwei symmetrischen Betriebsspannungen $+U_B$ und $-U_B$ betrieben.

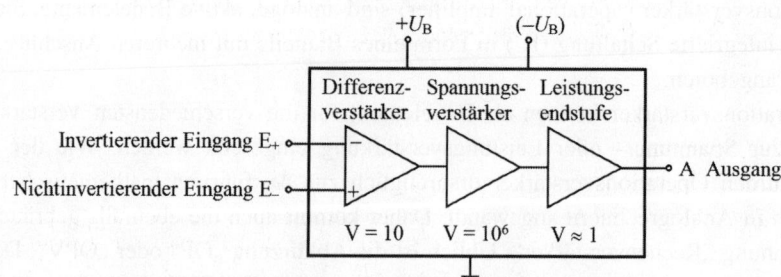

Abb. 21.1 Blockschaltbild des internen Aufbaus eines Operationsverstärkers (Werte für die Verstärkung sind Zahlenbeispiele)

21.2 Interner Aufbau von Operationsverstärkern

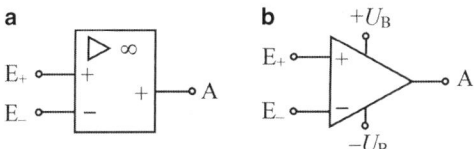

Abb. 21.2 Schaltzeichen für einen Operationsverstärker nach DIN 40900 Teil 13, wenig gebräuchlich (**a**), veraltetes, jedoch sehr gebräuchliches Symbol (**b**)

Abb. 21.3 Spannungen und Ströme bei einem Operationsverstärker (ohne Spannungsversorgung)

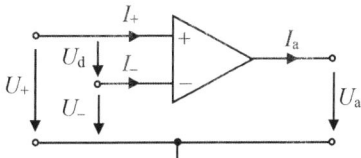

Der Vorteil einer Gegentaktendstufe liegt darin, dass der Ausgang exakt null Volt und auch negativ werden kann.

Die Speisespannung eines OPV sollte gut stabilisiert sein. Die Betriebsspannung kann z. B. je nach Typ bei bipolarer Versorgung im Bereich $U_B = \pm 2{,}2\,\text{V}$ bis $U_B = \pm 15\,\text{V}$ liegen.

Bei einer Eintaktendstufe (A-Betrieb) genügt eine Betriebsspannung $+U_B$. Wegen der Kollektor-Emitter-Sättigungsspannung $U_{CE.sat}$ eines Transistors kann der Ausgang allerdings nicht 0,0 Volt annehmen und natürlich auch nicht negativ werden.

Ist die Eintaktendstufe als Ausführung mit „offenem Kollektor" (Open-Collector-/ Open-Drain-Ausgang) realisiert, so ist ein externer Arbeitswiderstand (Pull-up-Widerstand) erforderlich.

Das Schaltzeichen des Operationsverstärkers (Abb. 21.2) in einem Schaltplan enthält meist nur die beiden Eingänge und den Ausgang, die Anschlüsse für die Spannungsversorgung werden nicht an jedem Symbol der Operationsverstärker gezeichnet.

Den Operationsverstärker mit seinen Spannungen und Strömen zeigt Abb. 21.3.

Zwei Beispiele für die Ausführungen von Operationsverstärker sind in Abb. 21.4 dargestellt.

Von den vier verschiedenen Typen von Operationsverstärkern wird hier nur der normale Operationsverstärker als Verstärker für Signalspanungen betrachtet. Transkonduktanz-, Transimpedanz- und Strom-Verstärker werden nicht behandelt.

Abb. 21.4 Ausführungen von Operationsverstärkern, in SMD-Technik (**a**), mit Steck-Lötkontakten (**b**)

21.3 Eigenschaften des Operationsverstärkers

21.3.1 Leerlaufspannungsverstärkung

Der Begriff *Leerlauf*spannungsverstärkung bedeutet *nicht*, dass am Ausgang des Operationsverstärkers keine Last angeschlossen ist (im Sinne einer Spannungsquelle ohne angeschlossenen Verbraucher im Leerlaufbetrieb), sondern dass keine externe Beschaltung als Gegenkopplung wirkt.

Da die Eingangsstufe ein Differenzverstärker ist, wird die Spannungs*differenz*

$$\underline{U_d = U_+ - U_-} \tag{21.1}$$

zwischen dem nichtinvertierenden und dem invertierenden Eingang mit dem Verstärkungsfaktor V_0 verstärkt.

Die Ausgangsspannung ist:

$$\underline{U_a = V_0 \cdot (U_+ - U_-) = V_0 \cdot U_d} \tag{21.2}$$

Gl. 21.2 kann als „*Grundgleichung*" des OPV ohne äußere Beschaltung bezeichnet werden. Damit Gl. 21.2 gilt, darf der OPV nicht übersteuert sein, die Eingangsspannungen dürfen bestimmte Werte nicht übersteigen (siehe Abschn. 21.3.4).

Der Wert V_0 wird als **Leerlaufverstärkung** (open loop gain), Leerlaufspannungsverstärkung, Differenzverstärkung oder offene Schleifenverstärkung bezeichnet.

Beim **idealen OPV** ist die **Leerlaufverstärkung unendlich groß**:

$$\underline{V_0 = \infty} \tag{21.3}$$

Die Definition der Leerlaufverstärkung beim Operationsverstärker ist:

$$\underline{V_0 = \frac{U_a}{U_+ - U_-} = \frac{U_a}{U_d} = \begin{cases} \frac{U_a}{U_+} & \text{für } U_- = 0\,\text{V} \\ -\frac{U_a}{U_-} & \text{für } U_+ = 0\,\text{V} \end{cases}} \tag{21.4}$$

Beim realen OPV wird V_0 vom Hersteller angegeben und liegt je nach Typ in der Größenordnung 10^4 bis 10^6. Man beachte, dass dies ein sehr großer Verstärkungsfaktor ist.

Der Wert von V_0 kann bei realen Operationsverstärkern des gleichen Typs (der gleichen Baureihe) von Exemplar zu Exemplar stark unterschiedlich, frequenz- und temperaturabhängig sein.

V_0 ist der Verstärkungsfaktor, mit dem die Differenz von zwei *Gleich*spannungen, die an den Eingängen liegen, verstärkt wird (DC-Leerlaufverstärkung).

In Datenblättern wird V_0 als logarithmischer dB-Wert (als Verstärkungs*maß*) angegeben.

$$\underline{V_{0.\text{dB}} = 20\,\text{dB} \cdot \log(V_0)} \tag{21.5}$$

Ist V_0 in dB gegeben, so ist der lineare Wert als Verstärkungs*faktor*:

$$\underline{V_0 = 10^{\frac{V_{0.\text{dB}}}{20\,\text{dB}}}} \tag{21.6}$$

21.3 Eigenschaften des Operationsverstärkers

Der nichtinvertierende und der invertierende Betrieb ergeben sich als Sonderfälle, wenn eine der Eingangsspannungen 0 V ist (der jeweilige Eingang ist gegen Masse kurzgeschlossen).

Ist $U_- = 0\,\text{V}$ (Eingang E_- auf Masse), so ist:

$$\underline{U_a = V_0 \cdot U_+} \tag{21.7}$$

Ausgangsspannung und Eingangsspannung sind gleichphasig, dies ist ein nichtinvertierender Betrieb.

Ist $U_+ = 0\,\text{V}$ (Eingang E_+ auf Masse), so ist:

$$\underline{U_a = V_0 \cdot (-U_-) = -V_0 \cdot U_-} \tag{21.8}$$

Die Ausgangsspannung ist in diesem Fall gegenüber der Eingangsspannung um 180° phasenverschoben, dies ist ein invertierender Betrieb.

21.3.2 Eingangswiderstände, Eingangsströme

Beim **idealen OPV** sind die **Eingangswiderstände unendlich groß**, die **Eingangsströme** sind daher **gleich null**.

$$\underline{R_{E+} = R_{E-} = \infty} \tag{21.9}$$

$$\underline{I_+ = I_- = 0\,\text{A}} \tag{21.10}$$

Beim realen OPV mit MOSFET-Eingangsstufe beträgt der Differenzeingangswiderstand zwischen den Eingängen E_+ und E_- bis zu 1 TΩ.

21.3.3 Ausgangswiderstand

Der **Ausgangswiderstand des idealen OPV ist null Ohm**.

$$\underline{R_a = 0\,\Omega} \tag{21.11}$$

Dies bedeutet, der ideale OPV verhält sich am Ausgang wie eine ideale (spannungsgesteuerte) Spannungsquelle mit dem Innenwiderstand $R_i = 0\,\Omega$. Der Wert der Ausgangsspannung wird also beim idealen OPV von einem am Ausgang angeschlossenen Lastwiderstand nicht beeinflusst, egal welchen Wert der Lastwiderstand hat.

Der Ausgangswiderstand eines realen OPV beträgt ca. 10 bis 100 Ω.

21.3.4 Übertragungskennlinie

Aus Gl. 21.2 $U_a = V_0 \cdot U_d$ (eine Geradengleichung durch den Ursprung) mit der Konstanten V_0 geht hervor, dass die Ausgangsspannung U_a linear von der Differenzeingangsspannung U_d abhängt..Die Übertragungskennlinie der Differenzverstärkung eines Operationsverstärkers mit bipolarer Spannungsversorgung ohne äußere Beschaltung ist in Abb. 21.5 dargestellt.

Dieser lineare Zusammenhang gilt im Bereich der **Ausgangsaussteuerbarkeit**:

$$-U_{a.min} \leq U_a \leq U_{a.max} \tag{21.12}$$

Der Bereich der Ausgangsaussteuerbarkeit liegt innerhalb des Versorgungsspannungsbereiches von $-U_B$ bis $+U_B$.

Da die Ausgangsspannung U_a nicht größer als die Betriebsspannung werden kann, bewirkt eine Vergrößerung von U_d ab einem bestimmten Wert $|U_{d.max}|$ keine Veränderung von U_a mehr. Die Ausgangsspannung bleibt dann konstant auf einem negativen oder positiven Sättigungswert ca. 1 Volt unterhalb der Versorgungsspannung, der OPV ist dann übersteuert. Die Ausgangsspannung kann also nicht außerhalb der Grenzen der Betriebsspannung liegen, sondern nur innerhalb des Aussteuerbereiches $-U_{a.min} \leq U_a \leq U_{a.max}$. Hierin sind $U_{a.max}$ die positive und $-U_{a.min}$ die negative Sättigungs-Ausgangsspannung des OPV. Der Abstand der Sättigungs-Ausgangsspannung zur Versorgungsspannung $\pm U_B$ beträgt jeweils ca. 1 bis 2 Volt.

Für die Grenzen der linearen Aussteuerbarkeit gilt somit:

$$U_a = U_{a.max} \text{ für } U_d \geq U_{d.max} \tag{21.13}$$

$$U_a = -U_{a.min} \text{ für } U_d \leq -U_{d.min} \tag{21.14}$$

Wegen der sehr großen Leerlaufverstärkung V_0 reicht eine sehr kleine Spannungsdifferenz $U_d = U_+ - U_-$ aus, damit die Ausgangsspannung U_a den jeweiligen Sättigungswert annimmt. Mit dem unbeschalteten OPV (ohne externes Gegenkopplungsnetzwerk)

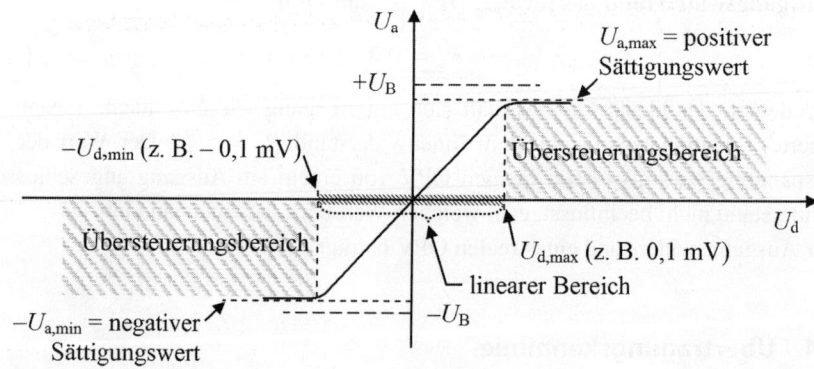

Abb. 21.5 Übertragungskennlinie $U_a = f(U_d)$ der Differenzverstärkung eines Operationsverstärkers

kann deshalb kaum eine sinnvolle Schaltung realisiert werden, die eine lineare Aussteuerung erlaubt. Nur beim Spannungskomparator (Abschn. 21.5.1.1) wird die extrem hohe Leerlaufverstärkung V_0 verwendet. Ansonsten wird entsprechend der Anforderung an die Schaltung die Leerlaufverstärkung durch eine externe Gegenkopplung auf den Wert V der **Betriebsverstärkung** reduziert. Die Eingangsspannung wird dann linear um den Faktor V verstärkt, welcher durch die externe Beschaltung des OPV bestimmt wird. Die Art und die Stärke der Gegenkopplung bestimmen den Einsatzzweck der Schaltung. Der OPV selbst hat immer die gleiche Verstärkung, die Leerlaufverstärkung V_0.

21.3.5 Gleichtaktverstärkung, Gleichtaktunterdrückung

Ein Gegentaktsignal oder Differenzsignal liegt zwischen zwei Anschlüssen. Die Differenzeingangsspannung U_d zwischen den beiden Eingängen eines Operationsverstärkers ist ein Gegentaktsignal. Werden beide Eingänge an eine Spannung gegenüber Masse gelegt (Abb. 21.6), so wird diese Betriebsart wird als *Gleichtaktaussteuerung* (Gleichtaktbetrieb) bezeichnet. Die beiden Eingängen gemeinsame Spannung gegenüber Masse nennt man *Gleichtaktspannung U_{gl}*.

Da an den beiden Eingängen U_+ und U_- die gleiche Spannung $U_+ = U_- = U_{gl}$ anliegt, ist nach Gl. 21.1 die Differenzeingangsspannung $U_d = 0$ V. Wird die Eingangsgleichtaktspannung U_{gl} verändert, so sollte sich die Ausgangsspannung U_a beim idealen OPV überhaupt nicht ändern, da idealerweise nur die Differenzeingangsspannung verstärkt wird (die jetzt null ist). Beim realen OPV ist jedoch eine *Gleichtaktverstärkung V_G* messbar.

Die Gleichtaktverstärkung (common mode gain) ist:

$$V_G = \frac{\Delta U_a}{\Delta U_{gl}} \quad (21.15)$$

Beim realen OPV wird beim Gleichtaktbetrieb die Ausgangsspannung nicht $U_a = V_0 \cdot U_d = 0$ V, sondern nimmt durch die unerwünschte Gleichtaktverstärkung, welche durch Unsymmetrien in der Eingangsstufe unvermeidbar ist, einen Wert $U_a \neq 0$ V an. Der Gleichtaktbetrieb ist kein normaler Betriebsfall eines OPV, er dient nur zur Messung der Gleichtaktverstärkung bzw. der Gleichtaktunterdrückung.

Die Gleichtakt*verstärkung* soll möglichst *klein* gegenüber der Leerlaufverstärkung V_0 sein.

Abb. 21.6 Zur Definition der Gleichtaktverstärkung, Gleichtaktbetrieb

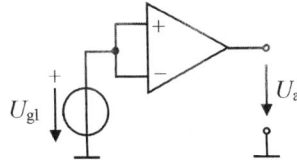

In den Datenblättern wird statt der Gleichtaktverstärkung die **Gleichtaktunterdrückung** *CMRR* (**C**ommon **M**ode **R**ejection **R**atio) in dB als logarithmisches Verhältnis zwischen V_0 und V_G angegeben.

$$CMRR = 20\text{dB} \cdot \log\left(\frac{V_0}{V_G}\right) \qquad (21.16)$$

Ist *CMRR* in dB gegeben, so kann aus der umgestellten Formel

$$V_G = \frac{V_0}{10^{\frac{CMRR}{20\text{dB}}}} \qquad (21.17)$$

bei gegebenem V_0 die Gleichtaktverstärkung V_G berechnet werden.

Die Gleichtaktunterdrückung gibt an, um wie viel mehr ein Differenzsignal gegenüber einem Gleichtaktsignal verstärkt wird.

Die Gleichtakt*unterdrückung* soll möglichst *groß* gegenüber der Leerlaufverstärkung V_0 sein.

CMRR kann mehr als 100 dB betragen. Dies bedeutet, daß die Gleichtaktspannung um mehr als den Faktor 100.000 weniger verstärkt wird als eine Differenzspannung.

Die Herstellerangaben in Datenblättern gelten meist für niedrige Frequenzen oder eine Aussteuerung mit Gleichspannung. Die Gleichtaktunterdrückung nimmt mit zunehmender Frequenz des Gleichtaktsignals stark ab.

21.3.6 Offsetspannung

Werden die beiden Eingänge U_+ und U_- auf Masse gelegt, so ist $U_+ = U_- = 0\,\text{V}$ und die Ausgangsspannung müsste $U_a = 0\,\text{V}$ sein. Dies ist beim realen Operationsverstärker wegen Unsymmetrien in der Eingangsstufe nicht der Fall. Dies bedeutet, dass die Übertragungskennlinie $U_a = f(U_d)$ (Abb. 21.5) eines realen Operationsverstärkers nicht durch den Nullpunkt verläuft, sondern um die *Offsetspannung* oder *Eingangsfehlspannung* (input offset voltage) U_O auf der U_d-Achse verschoben ist. U_O kann je nach OPV-Exemplar positiv oder negativ sein. Die Übertragungskennlinie eines Operationsverstärkers mit Offsetspannung hat dann innerhalb des linearen Aussteuerungsbereiches die Form:

$$U_a = V_0 \cdot (U_d + U_O) \qquad (21.18)$$

Damit das Ausgangsruhepotenzial null Volt wird, muss entweder die Offsetspannung U_O auf null abgeglichen oder am Eingang eine Spannung $U_d = U_O$ angelegt werden. Somit folgt:

Die Eingangsoffsetspannung U_O ist definiert als die Spannungsdifferenz zwischen beiden Eingängen, damit $U_a = 0\,\text{V}$ wird.

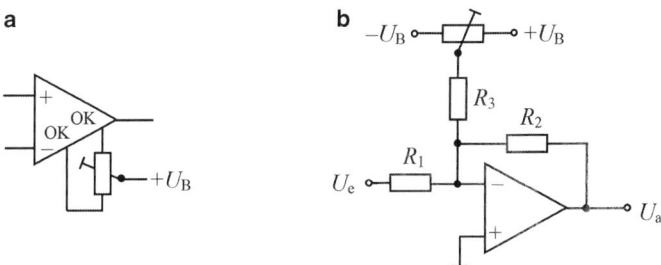

Abb. 21.7 Möglichkeiten zum Abgleich der Offsetspannung, mit extra Anschlüssen (**a**), externe Schaltung (**b**)

Die unerwünschte Offsetspannung liegt je nach OPV-Typ im Bereich einiger zehn μV bis einige mV und läßt sich kompensieren. Zum Abgleich der Offsetspannung kann ein Trimmpotenziometer an eigens dafür vorgesehene Pins des OPV angeschlossen werden (Abb. 21.7a). Eine andere Möglichkeit stellt eine äußere Abgleichbeschaltung dar, durch die dem Eingang U_+ oder U_- eine Gleichspannung zugeführt wird (Abb. 21.7b).

21.3.7 Frequenzverhalten

Durch die inneren Kapazitäten und Widerstände der einzelnen, aufeinanderfolgenden Verstärkerstufen eines OPV wirkt jede einzelne Verstärkerstufe wie ein Tiefpass 1. Ordnung. Ein Tiefpass 1. Ordnung entspricht dem Verhalten eines einfachen *RC*-Gliedes (siehe Abschn. 11.6.7 und 19.8.3). Ein OPV verhält sich somit durch die Reihenschaltung mehrerer Tiefpässe wie ein Tiefpasssystem höherer Ordnung mit einer großen Gleichspannungsverstärkung. Das frequenzabhängige Verhalten eines solchen mehrstufigen Verstärkers mit den Themen Amplituden- und Phasengang, Stabilität, Schwingbedingung und Frequenzgangkorrektur wird hier wegen des großen Umfangs dieser Thematik nicht behandelt.

Besprochen wird nur der Frequenzgang der Leerlaufspannungsverstärkung V_0 eines OPV ohne äußere Beschaltung. Dabei wird der OPV in seinem Frequenzgang als korrigiert (kompensiert) angenommen, damit er insgesamt in seinem Frequenzverhalten durch einen Tiefpass 1. Ordnung beschrieben werden kann. Durch eine *interne Frequenzgangkompensation* (Frequenzgangkorrektur, Frequenzkompensation) soll also vom Hersteller die höchste Grenzfrequenz der Verstärkerstufen mittels geeigneter Schaltungsmaßnahmen zu einer so niedrigen Frequenz gelegt worden sein, dass sich die Tiefpasseinflüsse der anderen Verstärkerstufen im Bereich der zu übertragenden Frequenzen des gesamten Verstärkers kaum noch bemerkbar machen. Diese interne Frequenzgangkompensation ergibt zwar eine stark eingeschränkte Bandbreite des OPV, erlaubt aber das Frequenzverhalten eines solchen Operationsverstärkers entsprechend einem *RC*-Glied einfach zu betrachten.

Der sehr hohe Wert der Leerlaufspannungsverstärkung V_0 ist für Gleichspannung spezifiziert. Beim realen Operationsverstärker ist V_0 frequenzabhängig:

$$V_0 = V_0(f) \qquad (21.19)$$

Bis zu niedrigen Frequenzen von einigen Hz der Eingangsspannung ist die Leerlaufverstärkung V_0 frequenz*un*abhängig. Ab der oberen Grenzfrequenz f_{go} wird die Leerlaufverstärkung mit zunehmender Signalfrequenz kleiner. Da es sich bei einem OPV um einen Verstärker mit gleichspannungsgekoppelten Verstärkerstufen handelt, ist die untere Grenzfrequenz 0 Hz. Die Bandbreite b ist gleich der oberen Grenzfrequenz f_{go}.

$$f_{gu} = 0\,\text{s}^{-1} \qquad (21.20)$$

$$b = f_{go} \qquad (21.21)$$

Die Phasenverschiebung zwischen der Ausgangsspannung U_a und der Differenz-Eingangsspannung U_d ist ebenfalls frequenzabhängig.

Somit sind Betrag und Phase der Leerlaufverstärkung V_0 frequenzabhängig, wobei häufig (bei interner Frequenzgangkompensation) die Beschreibung durch einen Tiefpass erster Ordnung ausreichend ist.

$$V(jf) = \frac{V_0}{1 + j \cdot \frac{f}{f_{go}}} \qquad (21.22)$$

V_0 = Leerlaufspannungsverstärkung,
f_{go} = obere Grenzfrequenz, bei der $|V(jf)|$ um 3 dB abgefallen ist (-3 dB-Grenzfrequenz).

Den Verlauf von V_0 in Abhängigkeit der Frequenz zeigt Abb. 21.8. Die Frequenz f_{go} wird allgemein als *Knickfrequenz* oder *Eckfrequenz* bezeichnet, da der Amplitudengang dort abknickt und eine Ecke hat, wenn er durch Geraden angenähert wird.

Oberhalb der -3 dB-Grenzfrequenz f_{go} nimmt die Leerlaufverstärkung V_0 um 20 dB pro Dekade ab. Bei der **Transitfrequenz** f_T (transit frequency, unity gain bandwidth) ist die Leerlaufverstärkung auf 0 dB bzw. $V_0 = 1{,}0$ abgesunken. Bei der Transitfrequenz, die typischerweise im MHz-Bereich liegt, ist die Nutzungsgrenze des OPV mit $U_a = U_e$ erreicht. Ab der Transitfrequenz verstärkt der OPV nicht mehr, sondern dämpft ein Eingangssignal.

Das Produkt

$$GBW = V \cdot f = f_T = \text{const.}\ (f \geq f_{go}) \qquad (21.23)$$

wird **Verstärkungs-Bandbreite-Produkt** genannt. Da der Amplitudengang oberhalb von f_{go} linear abfällt, ist das **Produkt aus Verstärkung und Bandbreite** für Frequenzen

21.3 Eigenschaften des Operationsverstärkers

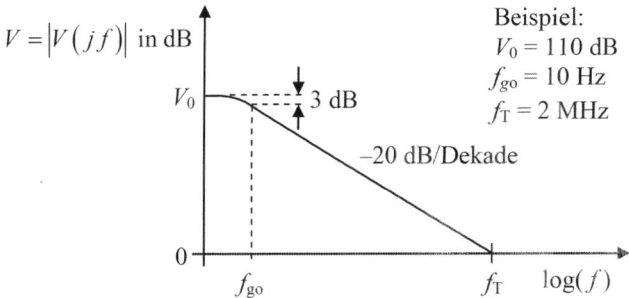

Abb. 21.8 Amplitudengang der Leerlaufspannungsverstärkung eines frequenzgangkompensierten Operationsverstärkers

$f \geq f_{go}$ **konstant** und **gleich der Transitfrequenz** f_T. Eine Zunahme der Frequenz um den Faktor 10 ist mit einer Abnahme der Verstärkung um den Faktor 10 verbunden.

Wird die Verstärkung des OPV durch eine Gegenkopplung reduziert, so erhöht sich in gleichem Maße die Grenzfrequenz. Es gilt:

$$V_0 \cdot f_{go} = V \cdot f_g = f_T \tag{21.24}$$

V_0 = Leerlaufspannungsverstärkung,
f_{go} = 3 dB-Grenzfrequenz bei V_0,
V = Spannungsverstärkung bei Gegenkopplung ($V < V_0$),
f_g = 3 dB-Grenzfrequenz bei V ($f_g > f_{go}$).

Durch Verringerung der Verstärkung kann die Bandbreite vergrößert werden. Die Bandbreite wird um den gleichen Faktor vergrößert, um den die Verstärkung durch eine Gegenkopplung herabgesetzt wird.

Hat ein OPV keine interne Frequenzgangkompensation, so muss diese durch eine geeignete externe Schaltung erfolgen. Beim beschalteten OPV kann es sonst durch Phasenverschiebungen der Verstärkerstufen zu einer Mitkopplung und zu selbstständigen Schwingungen kommen.

Aufgabe 21.1

Ein Operationsverstärker hat eine Leerlaufspannungsverstärkung von $V_{0,dB} = 130\,dB$ und eine Transitfrequenz $f_T = 4\,MHz$. Bestimmen Sie:

a) das Verstärkungs-Bandbreite-Produkt *GBW*,
b) die −3 dB-Grenzfrequenz f_{go},
c) die Leerlaufspannungsverstärkung V bei 40 kHz.

Lösung

a) Bei der Transitfrequenz ist die Verstärkung auf $V = 1{,}0$ abgesunken.

$GBW = V \cdot f = f_T; \quad GBW = 1{,}0 \cdot f_T = 1{,}0 \cdot 4\text{MHz} = \underline{4\,\text{MHz}}$

Oder: $GBW = f_T = \underline{4\,\text{MHz}}$.

b) $V_0 = 10^{\frac{V_{0,\text{dB}}}{20\,\text{dB}}}$; $V_0 = 3{,}16 \cdot 10^6$; $f_{go} = \frac{f_T}{V_0} = \frac{4 \cdot 10^6\,\text{Hz}}{3{,}16 \cdot 10^6} = \underline{1{,}27\,\text{Hz}}$

c) $V = \frac{GBW}{f} = \frac{4 \cdot 10^6\,\text{Hz}}{40 \cdot 10^3\,\text{Hz}} = \underline{100}$

21.3.8 Sprungverhalten

Die (Flanken-)**Anstiegszeit** t_r und (Flanken-)**Abfallzeit** t_f ist die Zeitdauer, welche die Ausgangsspannung benötigt, um von 10 % auf 90 % ihres Endwertes bzw. umgekehrt zu gelangen, wenn an den Eingang des OPV ein idealer Spannungssprung gelegt wird (Abb. 21.9).

Durch einen Spannungssprung am Eingang ergibt sich ein Überschwingen des Ausgangssignals, welches in einer gedämpften Schwingung auf einen Endwert abklingt. Als **Einschwingzeit** t_s (settling time) ist die Zeit vom Beginn der Sprungerregung bis zum endgültigen Eintauchen des Ausgangssignals in ein Fehlerband definiert (Abb. 21.9).

Die maximale **Anstiegsgeschwindigkeit** (Spannungsanstiegsrate, Slew Rate *SR*) kennzeichnet die maximal mögliche Änderung der Ausgangsspannung pro Zeiteinheit. Die Slew Rate wird in V/μs angegeben. Typisch sind Werte von einigen V/μs bis über 10 kV/μs. Kann die Ausgangsspannung infolge der zu kleinen Slew Rate eines OPV dem Eingangssignal nicht schnell genug folgen, so kommt es zu Anstiegsverzerrungen. Wichtig ist die Slew Rate bei der Verarbeitung von Rechtecksignalen mit sehr steilen Flanken.

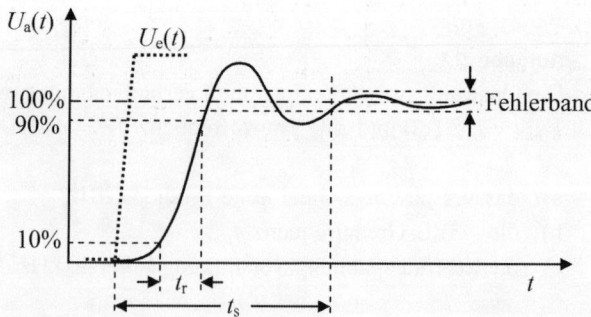

Abb. 21.9 Zur Definition von Anstiegszeit t_r und Einschwingzeit t_s bei Sprungerregung eines OPV

21.4 Der ideale Operationsverstärker

Nachdem die wichtigsten Kennwerte eines realen OPV besprochen wurden, wird nun der ideale OPV vorgestellt. Der ideale Operationsverstärker ist ein stark vereinfachtes Modell, in dem alle parasitären Eigenschaften realer Operationsverstärker vernachlässigt werden. Daher wird er vor allem bei einfachen Schaltungsberechnungen und Überschlagsrechnungen verwendet. Für komplexere Schaltungsberechnungen ist der ideale Operationsverstärker meistens ein zu stark vereinfachtes Modell, man sollte dann eine Software zur Schaltungssimulation verwenden.

Für ideale Operationsverstärker werden folgende Parameter angenommen (Tab. 21.1):

- Die Leerlaufspannungsverstärkung ist unendlich groß und frequenzunabhängig.
- Die Eingangswiderstände sind unendlich groß, die Eingangsströme sind somit null.
- Der Ausgangswiderstand ist null. Der Ausgang wirkt als ideale Spannungsquelle, es erfolgt keine Veränderung der Ausgangsspannung bei Belastung des Ausgangs.
- Es gibt keine Phasenverschiebung zwischen Ein- und Ausgang.
- Die 3 dB-Grenzfrequenz f_{go} ist unendlich groß.
- Bei Gegenkopplung ist die Differenzeingangsspannung $U_d = 0\,\text{V}$.
- Die Offsetspannung ist null.
- Die Gleichtaktunterdrückung ist unendlich groß.
- Die Anstiegsgeschwindigkeit (Slew Rate) ist unendlich groß.
- Es gibt keine Drift von Parametern infolge von Temperaturänderungen oder Alterung.

Tab. 21.1 Zusammenstellung der wichtigsten Kennwerte eines OPV

Kennwert	Symbol	typischer Wertebereich	idealer Wert
Leerlaufspannungsverstärkung (Differenzverstärkung)	V_0	$10^4 \ldots 10^6$	∞
Gleichtaktunterdrückung	CMRR	$10^6 \ldots 10^8$	∞
Eingangswiderstände	R_{E+}, R_{E-}	$1\,\text{M}\Omega \ldots 1\,\text{T}\Omega$	∞
Eingangsströme	I_+, I_-	einige pA bis µA	0
Eingangsoffsetspannung	U_O	$0{,}1 \ldots 10\,\text{mV}$	0
Ausgangsstrom	$I_{a,max}$	$5 \ldots 100\,\text{mA}$	beliebig
Ausgangswiderstand	R_a	$5 \ldots 200\,\Omega$	0
3 dB-Grenzfrequenz	f_{go}	$1 \ldots > 100\,\text{MHz}$	∞
Slew Rate	SR	$1 \ldots 10.000\,\text{V}/\mu\text{s}$	∞

21.5 Einsatz von Operationsverstärkern

21.5.1 Beschalteter Operationsverstärker

21.5.1.1 Spannungskomparator

Der Spannungskomparator ist eine *nichtlineare* Schaltung. In nichtlinearen Schaltungen wird der OPV bis in den Sättigungsbereich (bis zum positiven Sättigungswert $+U_{a,max}$ oder negativen Sättigungswert $-U_{a,min}$) ausgesteuert.

Der Spannungskomparator ist die einzige Schaltung, bei der die sehr hohe Leerlaufspannungsverstärkung V_0 verwendet wird. V_0 unterliegt bekanntlich hohen Exemplarstreuungen und einer Temperaturdrift, wobei diese Punkte durch die Aussteuerung bis in den Sättigungsbereich keinen Nachteil ergeben. V_0 wird als Spannungskomparator in einer *Betriebsart* als *Schalter* ausgenutzt, um bei einer Spannungsdifferenz U_d zwischen den beiden Eingängen die Ausgangsspannung in einen der beiden Sättigungszustände $-U_{a,min}$ oder $+U_{a,max}$ zu treiben. Abb. 21.10a zeigt die Schaltung eines Spannungskomparators, in Abb. 21.10b ist die zugehörige Übertragungskennlinie dargestellt.

Allgemein gilt:

$$U_a = V_0 \cdot U_d = V_0 \cdot (U_e - U_{ref}) \tag{21.25}$$

Mit $V_0 = \infty$ folgen daraus die beiden Fälle:

$$\underline{U_a = -U_{a,min} \text{ für } U_e < U_{ref} (U_d < 0)} \tag{21.26}$$

$$\underline{U_a = +U_{a,max} \text{ für } U_e > U_{ref} (U_d > 0)} \tag{21.27}$$

Bei idealisierter Übertragungskennlinie wird das Verhalten des Spannungskomparators durch die Gln. 21.26 und 21.27 beschrieben. Je nach Beschaltung der Eingänge E_+ und E_- mit U_e und U_{ref} gibt es nichtinvertierende (U_e an E_+) und invertierende (U_e an E_-) Komparatoren.

Durch den Vergleich der Eingangsspannung U_e mit der Referenzspannung U_{ref} kann somit festgestellt werden, ob U_e einen bestimmten Grenzwert U_{ref} über- oder unterschreitet. Mit geeigneten Sensoren könnte z. B. der Füllstand einer Flüssigkeit in einem Behälter überwacht werden, ob sich der Füllstand oberhalb oder unterhalb einer bestimmten Füllstandsmarke befindet.

In integrierten Komparator-ICs wird eine *Schalthysterese* (= Differenz zwischen Ein- und Ausschaltpegel) realisiert, um ein „Flattern" (schnelles und ständiges Umschalten

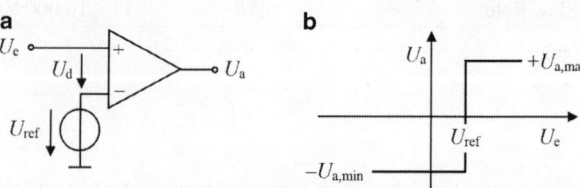

Abb. 21.10 OPV als nichtinvertierender Spannungskomparator, Schaltung (**a**) und idealisierte Übertragungskennlinie (**b**)

der Ausgangsspannung U_a) zu verhindern, wenn U_e nahe bei U_{ref} liegt und U_e von einer Störspannung überlagert ist. Eine Komparatorschaltung mit Hysterese wird als *Schwellwertschalter* oder *Schmitt-Trigger*[1] bezeichnet, siehe Abschn. 19.14.5.5.

21.5.1.2 Prinzip der Gegenkopplung

Das Prinzip der Rückkopplung als Mit- oder Gegenkopplung und ihre Folgen für die Wechselspannungsverstärkung, den Wechselstromeingangswiderstand und den Frequenzgang wurde bereits in Abschn. 19.11 erläutert. Die Gegenkopplung wurde in Abschn. 19.11.2 auf eine Transistor-Emitterstufe angewandt.

Hier wird die Gegenkopplung mit ihren Eigenschaften und Vorteilen bei Operationsverstärkern betrachtet. Die angegebenen Gleichungen und Beziehungen gelten nur, wenn der OPV nicht übersteuert ist. Der OPV wird als ideal angenommen, die Eingangswiderstände sind unendlich groß, die Eingangsströme somit null.

Wie in Abschn. 21.3.4 erwähnt, wird für eine Verstärkeranwendung eine bestimmte Betriebsverstärkung V des Operationsverstärkers benötigt, die sehr viel kleiner sein muss als die Leerlaufspannungsverstärkung V_0. Erreicht wird die Betriebsverstärkung durch eine äußere Beschaltung des Operationsverstärkers, die als Gegenkopplung wirkt. Die gesamte Schaltung zeigt Abb. 21.11.

Als Gegenkopplungsnetzwerk GK wirkt der Spannungsteiler aus R_1 und R_2. Bei einer Gegenkopplung wird ein Bruchteil $k \cdot U_a$ ($k \leq 1$) der Ausgangsspannung U_a auf den invertierenden Eingang zurückgeführt. In Abb. 21.11 erfolgt die Aufteilung von U_a in ein kleineres Teilsignal $k \cdot U_a$ durch den Spannungsteiler aus R_1 und R_2. Die Spannung an R_2 ist:

$$k \cdot U_a = \frac{R_2}{R_1 + R_2} \cdot U_a \tag{21.28}$$

Der Abschwächungsfaktor (Gegenkopplungsfaktor) k ist also:

$$k = \frac{R_2}{R_1 + R_2} \tag{21.29}$$

Die Teilausgangsspannung $k \cdot U_a$ liegt am invertierenden Eingang. Daraus folgt:

$$U_d = U_e - k \cdot U_a \tag{21.30}$$

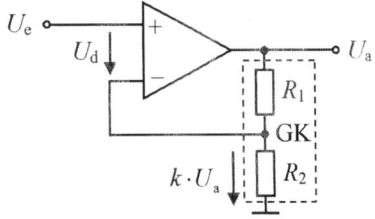

Abb. 21.11 Operationsverstärker mit Gegenkopplungsnetzwerk GK

---

[1] Otto Herbert Schmitt (1913–1989), amerikanischer Biophysiker.

Die Ausgangsspannung U_a ist somit:

$$U_a = V_0 \cdot U_d = V_0 \cdot (U_e - k \cdot U_a) \tag{21.31}$$

Gl. 21.31 wird nach U_a aufgelöst:

$$U_a = U_e \cdot \frac{V_0}{1 + k \cdot V_0} \tag{21.32}$$

Wird Gl. 21.32 auf beiden Seiten durch U_e dividiert, ergibt sich die Betriebsverstärkung V:

$$V = \frac{U_a}{U_e} = \frac{V_0}{1 + k \cdot V_0} \tag{21.33}$$

V_0 ist sehr groß bzw. beim idealen OPV unendlich groß. Auch wenn $k < 1$ ist, gilt also für die Schleifenverstärkung:

$$k \cdot V_0 \gg 1 \tag{21.34}$$

Somit ist:

$$V = \frac{U_a}{U_e} = \frac{V_0}{k \cdot V_0} = \frac{1}{k} \tag{21.35}$$

Die Betriebsverstärkung

$$V = \frac{1}{k} \tag{21.36}$$

hängt jetzt nur noch von dem Abschwächungsfaktor k ab, der sich nach Gl. 21.29 als Verhältnis von Widerstandswerten ergibt. Ohm'sche Widerstände sind sehr präzise und stabile Bauelemente, Alterung und Nichtlinearitäten sind meist vernachlässigbar. Sie sind mit kleinen Toleranzen ihres Widerstandswertes und mit kleinen Temperaturkoeffizienten zu günstigen Preisen erhältlich.

Die Betriebsverstärkung V ist nun nicht mehr von Exemplarstreuungen und Temperaturänderungen abhängig, wie es bei der Leerlaufspannungsverstärkung V_0 der Fall ist, sondern nur noch von stabilen ohmschen Widerständen.

Mit den Widerstandswerten des Gegenkopplungsnetzwerkes aus R_1, R_2 kann die gewünschte Betriebsverstärkung eingestellt werden.

$$V = \frac{1}{k} = \frac{R_1 + R_2}{R_2} = 1 + \frac{R_1}{R_2} \tag{21.37}$$

21.5.1.3 Auswirkungen der Gegenkopplung

Vorliegen einer Gegenkopplung
Ob eine Gegenkopplung in einer OPV-Schaltung vorliegt oder nicht, ist eine fundamentale Frage, die am Anfang jeder Betrachtung und Schaltungsanalyse stehen sollte. Wie kann man eine vorliegende Gegenkopplung leicht erkennen? Dazu hilft folgender Satz:

21.5 Einsatz von Operationsverstärkern

▶ **Gibt es irgendeine Signalverbindung vom Ausgang eines OPV zu seinem invertierenden Eingang, so liegt eine Gegenkopplung vor.**

Die Verbindung kann ein beliebiges Schaltungselement sein: Ein Draht, ein ohmscher Widerstand, ein Kondensator, eine Induktivität, eine Halbleiterstrecke. Die Verbindung kann auch über mehrere zusammengeschaltete Bauelemente führen. Die Bauelemente können auch nichtlinear sein.

Gegenkopplung und Differenzeingangsspannung U_d

Nun wird die Auswirkung der Gegenkopplung auf die Differenzeingangsspannung U_d untersucht. Wir verwenden hierzu wieder die Schaltung in Abb. 21.11.

Die folgenden Betrachtungen gelten für den ersten, unmittelbar dem Einschalten der Eingangsspannung U_e folgenden Zeitabschnitt. Der OPV weist eine begrenzte Reaktionsgeschwindigkeit auf. Die Anstiegsgeschwindigkeit der Ausgangsspannung (Slew Rate) ist aufgrund der Innenschaltung des OPV limitiert, z. B. auf $SR = 10\,\text{V}/\mu\text{s}$.

- Erster Zeitpunkt
  Die Eingangsspannung U_e wird eingeschaltet. Es sei z. B. die Eingangsspannung U_e ein positiver Gleichspannungswert von $U_e = +5\,\text{V}$. Die Ausgangsspannung U_a und damit die Spannung $k \cdot U_a$ an R_2 und somit auch die Spannung am invertierenden Eingang sind (noch) null Volt. Damit ist $U_d = +5\,\text{V}$. Da die Gegenkopplung wegen der noch nicht aufgebauten Gegenkopplungsspannung $k \cdot U_a$ noch nicht wirkt, verstärkt der OPV diese positive Differenzeingangsspannung $U_d = +5\,\text{V}$ mit der Leerlaufspannungsverstärkung $V_0 = \infty$. Im ersten Augenblick wird jetzt die Ausgangsspannung U_a auf einen positiven Wert ansteigen. Entsprechend dem Spannungsteilerverhältnis von R_1 und R_2 wird auch die Gegenkopplungsspannung $k \cdot U_a$ ansteigen.

$$k \cdot U_a = \frac{R_2}{R_1 + R_2} \cdot U_a \qquad (21.38)$$

Da $k \cdot U_a$ die Spannung am invertierenden Eingang ist, wird die Spannung U_d mit diesem Anstieg von $k \cdot U_a$ wie folgt kleiner:

$$U_d = U_e - k \cdot U_a \qquad (21.39)$$

- Zweiter Zeitpunkt
  Somit steigt die Ausgangsspannung U_a um einen gegenüber dem vorhergehenden Zeitpunkt kleineren Wert an. Durch den Spannungsteiler von R_1, R_2 gilt dies auch für den Anstieg der Gegenkopplungsspannung $k \cdot U_a$. Somit wird U_d ebenfalls wieder kleiner.
- Dritter Zeitpunkt
  Derselbe Vorgang wiederholt sich nun mit einer wiederum kleineren Spannung U_d. Die beschriebenen Vorgänge setzen sich solange fort, bis die Ausgangsspannung U_a gerade

so groß geworden ist, dass die Differenzeingangsspannung U_d durch die von U_a verursachte Gegenkopplungsspannung $k \cdot U_a$ zu null geworden ist. Dabei wird eine unendlich große Leerlaufspannungsverstärkung $V_0 = \infty$ angenommen. Bei realen Werten von V_0 (z. B. $V_0 = 10^6$) nimmt U_d einen von null verschiedenen, aber sehr kleinen Wert an. Je größer die Leerlaufspannungsverstärkung V_0 ist, desto kleiner ist U_d bei gegebener Ausgangsspannung U_a.

$$U_a = V_0 \cdot U_d = V_0 \cdot (U_e - k \cdot U_a) = V_0 \cdot \left(U_e - \frac{R_2}{R_1 + R_2} \cdot U_a \right) \qquad (21.40)$$

Dieser durch die Gegenkopplung bedingte Einschwingvorgang wurde zeitlich gedehnt beschrieben, er ist in der Realität nach wenigen µs nach dem Einschalten von U_e abgeschlossen. Dass $U_d = 0\,\text{V}$ wird, gilt nur innerhalb der Grenzen der linearen Aussteuerbarkeit!
- Ergebnis
Bei einem idealen Operationsverstärker mit **Gegenkopplung** ist unmittelbar nach Anlegen der Eingangsspannung U_e die Differenzeingangsspannung $U_d = 0\,\text{V}$.

Mit anderen Worten:

▶ **Bei Gegenkopplung arbeitet der ideale Operationsverstärker intern so lange, bis die Differenzeingangsspannung null ist.**

Bei der Berechnung von Schaltungen mit Operationsverstärkern (welche bei Rechnungen von Hand praktisch immer als ideal angenommen werden) hilft dieser Satz enorm und vereinfacht die Rechenvorgänge erheblich.

Virtueller Kurzschluss

Null Volt zwischen zwei Punkten bedeutet, dass beide Punkte miteinander kurzgeschlossen sind. Die Spannung an einem offenen Eingang einer elektronischen Schaltung ist nicht null, nur weil an dem Eingang keine Spannungsquelle angeschlossen ist. Eine genügend hohe Verstärkung kann kleinste, eingestreute Störspannungen erkenntlich werden lassen, die erst dann verschwinden, wenn der Eingang nach Masse kurzgeschlossen wird.

▶ **Null Volt bedeutet Kurzschluss.**

Durch die Gegenkopplung stellt sich bei einem OPV zwischen den Eingängen E_+ und E_- eine Differenzeingangsspannung U_d von null Volt ein. Diese verschwindende (im Realfall sehr kleine) Spannung ist natürlich nicht auf einen Kurzschluss zwischen den beiden Eingängen zurückzuführen. Wie soeben gezeigt wurde, ist sie das Ergebnis eines regelungstechnischen Vorgangs.

Um trotzdem den Zustand zu charakterisieren, dass bei Gegenkopplung $U_d = 0\,\text{V}$ ist, spricht man von einem **virtuellen Kurzschluss** zwischen den beiden Eingängen. Es ist ein gedachter Kurzschluss der daran erinnern soll, dass man sich bei Gegenkopplung die beiden Eingänge miteinander kurzgeschlossen vorstellen kann.

Ein virtueller Kurzschluss darf nicht in einen Schaltplan eingetragen und so zu einem realen Kurzschluss gemacht werden. Man würde dadurch die Schaltung ändern, die Art der Verdrahtung (der Verbindungen) der Bauelemente wäre dann anders.

21.5.2 Grundschaltungen

21.5.2.1 Nichtinvertierender Verstärker

Es handelt sich um eine Schaltung mit Gegenkopplung und um einen nichtinvertierenden Betrieb, da das Eingangssignal U_e am nichtinvertierenden Eingang liegt. Eingangs- und Ausgangsspannung sind zueinander phasengleich. Das Schaltbild zeigt Abb. 21.12 und entspricht der Schaltung von Abb. 21.11. Die Gleichungen und Zusammenhänge gelten hier und in den folgenden Abschnitten nur, wenn der OPV nicht übersteuert ist.

Geht man von einem idealen OPV aus, so fließt in den Eingang E_- kein Eingangsstrom, der Spannungsteiler R_1, R_2 ist somit unbelastet. Die Spannung an R_2 ist $U_{R2} = U_a \cdot \frac{R_2}{R_1+R_2}$. Da eine Gegenkopplung vorliegt, wird $U_d = 0\,\text{V}$ und damit $U_{R2} = U_e$. Daraus folgt die Betriebsverstärkung V:

$$V = \frac{U_a}{U_e} = \frac{R_1 + R_2}{R_2} = 1 + \frac{R_1}{R_2} \qquad (21.41)$$

Die Verstärkung der Schaltung hängt also ausschließlich vom Widerstandsverhältnis R_1/R_2 ab. Für $R_1 = R_2$ ist $V = 2$.

Die Spannungsverstärkung eines idealen OPV als nichtinvertierender Verstärker ist:

$$V = 1 + \frac{R_1}{R_2} \qquad (21.42)$$

$$U_a = V \cdot U_e = \left(1 + \frac{R_1}{R_2}\right) \cdot U_e \qquad (21.43)$$

Der Eingangswiderstand der Schaltung ist für den idealen OPV unendlich hoch, da in den Eingang E_+ kein Strom fließt.

$$R_e = \infty \qquad (21.44)$$

Abb. 21.12 Schaltung eines OPV als nichtinvertierender Verstärker

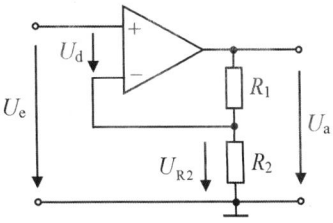

Beim realen OPV entspricht der Eingangswiderstand der Schaltung dem sehr hohen Eingangswiderstand des Operationsverstärkers. Die Schaltung wird deshalb auch als *Elektrometerverstärker* bezeichnet. Ein Elektrometer ist in der Physik ein Gerät zur stromlosen Messung von elektrostatischer Ladung.

Beachten Sie den Unterschied zwischen dem Eingangswiderstand des Operationsverstärkers als Bauteil und dem Eingangswiderstand der gesamten Schaltung. Beachten Sie auch, dass die Widerstände je nach Schaltbild unterschiedlich nummeriert sein können.

21.5.2.2 Impedanzwandler (Spannungsfolger)

Ein Impedanzwandler wird eingesetzt, wenn die Impedanz einer Quelle an die Impedanz eines Verbrauchers angepasst werden muss. Darf eine Signalquelle möglichst nicht belastet werden, so kommt ein Impedanzwandler mit hohem Eingangswiderstand und kleinem Ausgangswiderstand zum Einsatz.

Die Schaltung des Impedanzwandlers (Abb. 21.13) basiert auf dem nichtinvertierenden Verstärker mit $R_1 = 0$ und $R_2 = \infty$. Die Betriebsverstärkung ist somit:

$$V = 1 + \frac{0}{\infty} = 1 \quad \text{(entspricht 0 dB)} \tag{21.45}$$

$$\underline{U_a = U_e} \tag{21.46}$$

Eingangs- und Ausgangsspannung sind zueinander phasengleich. Ein Impedanzwandler hat einen hohen Eingangswiderstand und einen niedrigen Ausgangswiderstand. Eingangs- und Ausgangswiderstand entsprechen den Werten des gewählten Operationsverstärkers. Der Impedanzwandler kann zur Verringerung des Ausgangswiderstandes einer Verstärkerstufe oder zur *Entkopplung von Verstärkerstufen* eingesetzt werden. Die Schaltung entspricht dem Emitterfolger einer Transistorschaltung.

21.5.2.3 Invertierender Verstärker

Die Schaltung arbeitet mit Gegenkopplung und im invertierenden Betrieb, da das Eingangssignal U_e am invertierenden Eingang liegt. Der invertierende Verstärker wird auch Umkehrverstärker genannt. Die Schaltung zeigt Abb. 21.14.

Da über R_2 eine Gegenkopplung vorliegt, wird $U_d = 0\,\text{V}$. Dies bedeutet einen virtuellen Kurzschluss zwischen den beiden Eingängen. Man kann sich also vorstellen, dass der Eingang E_ mit dem Eingang E+ verbunden ist. Da der Eingang E+ direkt mit Masse verbunden ist (ohne irgend ein Bauelement zwischen dem Eingang und Masse) kann jetzt auch der Eingang E_ als direkt mit Masse verbunden angesehen werden.

Abb. 21.13 Schaltung eines Impedanzwandlers

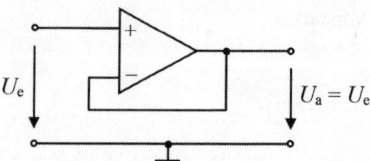

21.5 Einsatz von Operationsverstärkern

Abb. 21.14 OPV als invertierender Verstärker

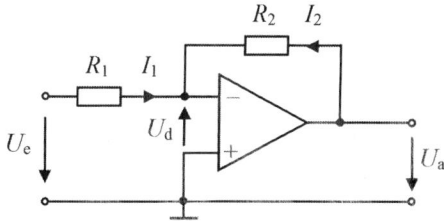

Noch einmal kurz gesagt: Virtueller Kurzschluss zwischen E_+ und E_-, E_+ auf Masse, somit auch E_- auf Masse.

Da der Eingang E_- nicht wirklich mit Masse verbunden ist, sondern das Massepotenzial durch einen virtuellen Kurzschluss einnimmt, spricht man von **virtueller Masse** am Eingang E_-. Man kann sich den invertierenden Eingang als an Masse gelegt denken.

Konzept der virtuellen Masse:

▶ **Bei Gegenkopplung und E_+ direkt auf Masse: E_- ist virtuelle Masse.**

Das Konzept der virtuellen Masse hat einen großen **Vorteil**: Man kann sofort *Ströme berechnen*, die dann durch eine *Knotengleichung miteinander verknüpft werden* können.

Aus Abb. 21.14 ergibt sich:

$$I_1 = \frac{U_e}{R_1} \tag{21.47}$$

$$I_2 = \frac{U_a}{R_2} \tag{21.48}$$

In den Eingang E_- fließt kein Strom. Somit ist:

$$I_2 = -I_1 \tag{21.49}$$

Gln. 21.47 und 21.48 in Gl. 21.49 einsetzen ergibt die Betriebsverstärkung:

$$V = \frac{U_a}{U_e} = -\frac{R_2}{R_1} \tag{21.50}$$

$$U_a = V \cdot U_e = -\frac{R_2}{R_1} \cdot U_e \tag{21.51}$$

Das Minuszeichen in Gl. 21.51 drückt aus, dass zwischen Eingangs- und Ausgangsspannung eine Phasenverschiebung von 180° vorliegt. Eingangs- und Ausgangsspannung sind zueinander gegenphasig. Man beachte, dass durch geeignete Wahl der Widerstände auch $|V| < 1$ möglich ist.

Der Widerstand R_1 führt in Abb. 21.14 vom Eingangsanschluss der Schaltung auf virtuelle Masse am Eingang E_-. Der Eingangswiderstand des invertierenden Verstärkers

Abb. 21.15 Ein Sonderfall des invertierenden Verstärkers

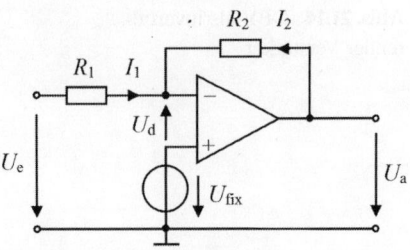

entspricht somit dem Wert von R_1 und ist im Normalfall wesentlich kleiner als der Eingangswiderstand der nichtinvertierenden Verstärkerschaltung.

$$R_e = \frac{U_e}{I_1} = R_1 \tag{21.52}$$

Jetzt wird noch der Sonderfall betrachtet, dass E_+ nicht direkt auf Masse liegt, sondern über eine Spannungsquelle U_{fix} an Masse geführt wird. Das Schaltbild ist in Abb. 21.15 dargestellt.

Da über R_2 eine Gegenkopplung vorliegt, wird $U_d = 0\,\text{V}$. Dies bedeutet einen virtuellen Kurzschluss zwischen den beiden Eingängen. Achtung: Da E_+ jetzt *nicht direkt*, sondern über U_{fix} an Masse liegt, ist E_- jetzt *nicht* virtuelle Masse. Da aber der virtuelle Kurzschluss zwischen den beiden Eingängen besteht, kann das Potenzial am Eingang E_- angegeben werden: Es ist U_{fix}. Jetzt können wieder die Ströme berechnet werden.

$$I_1 = \frac{U_e - U_{fix}}{R_1} \tag{21.53}$$

$$I_2 = \frac{U_a - U_{fix}}{R_2} \tag{21.54}$$

In den Eingang E_- fließt kein Strom. Somit ist:

$$I_2 = -I_1 \tag{21.55}$$

Durch Einsetzen der Gln. 21.53 und 21.54 in Gl. 21.55 und Auflösen nach der Ausgangsspannung U_a erhält man:

$$U_a = -\frac{R_2}{R_1} \cdot (U_e - U_{fix}) + U_{fix} \tag{21.56}$$

Für $U_{fix} = 0$ ergibt sich Gl. 21.51.

21.5.2.4 Invertierender Signaladdierer (Summierer)

Beim Summierer werden die Eingangsspannungen addiert. Die Eingangsspannungen werden dabei den Widerstandsverhältnissen der Beschaltung entsprechend gewichtet. Die

Abb. 21.16 Signaladdierer mit OPV

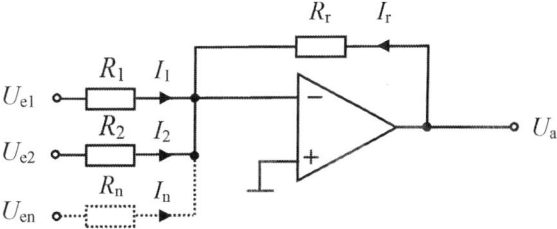

Eingangsspannungen können positive und negative Amplituden haben. Die Schaltung eines invertierenden Summierers ist in Abb. 21.16 dargestellt. Zu erkennen ist, dass diese Schaltung eine Abwandlung des invertierenden Verstärkers in Abb. 21.14 ist. Es gibt auch nichtinvertierende Summiererschaltungen. Die Anzahl der Eingänge ist beliebig erweiterbar.

Zur Analyse der Schaltung in Abb. 21.16: Es liegt eine Gegenkopplung über R_r vor und außerdem liegt der Eingang E_+ direkt auf Masse. Somit ist der Eingang E_- virtuelle Masse. Die Eingangsspannungen U_{e1}, U_{e2}, U_{en} liegen also direkt über den Widerständen R_1, R_2, R_n. Jetzt können sofort die Ströme I_1, I_2, I_n und I_r berechnet werden.

$$I_1 = \frac{U_{e1}}{R_1} \tag{21.57}$$

$$I_2 = \frac{U_{e2}}{R_2} \tag{21.58}$$

$$I_n = \frac{U_{en}}{R_n} \tag{21.59}$$

$$I_r = \frac{U_a}{R_r} \tag{21.60}$$

Knotenregel:
$$I_1 + I_2 + I_n = -I_r \tag{21.61}$$

Ströme einsetzen und auflösen nach U_a ergibt die Ausgangsspannung:

$$U_a = -\left(\frac{R_r}{R_1} \cdot U_{e1} + \frac{R_r}{R_2} \cdot U_{e2} + \ldots + \frac{R_r}{R_n} \cdot U_{en}\right) \tag{21.62}$$

Die Eingangsspannungen sind durch die Widerstandsverhältnisse noch unterschiedlich gewichtet. Werden nur gleiche Widerstände $R_1 = R_2 = R_n = R_r = R$ verwendet, so erhält man:

$$\underline{U_a = -(U_{e1} + U_{e2} + \ldots + U_{en})} \tag{21.63}$$

21.5.2.5 Subtrahierer

Aus den beiden Eingangsspannungen bildet der OPV eine Differenz. Die Eingangsspannungen werden dabei den Widerstandsverhältnissen der Beschaltung entsprechend gewichtet.

Abb. 21.17 Schaltung eines Subtrahierers

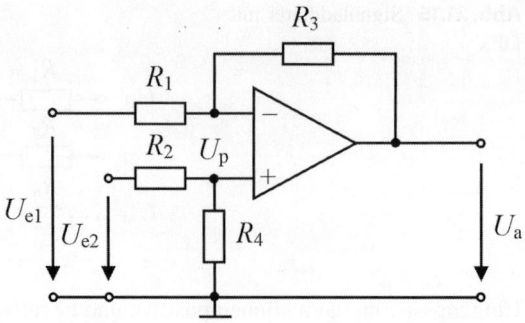

Der Subtrahierer als OPV-Schaltung (Abb. 21.17) wird oft als Differenzverstärker bezeichnet. Dies kann aber verwirrend sein, da jeder OPV einen Differenzverstärker als Eingangsstufe hat.

Die Anzahl der Eingänge ist beim Subtrahierer wie beim Addierer beliebig erweiterbar.

Die Schaltung ist eine Kombination aus nichtinvertierendem und invertierendem Verstärker.

Durch Anwendung des Überlagerungssatzes wird die Beziehung zwischen der Ausgangsspannung U_a und den beiden Eingangsspannungen U_{e1}, U_{e2} gefunden.

$U_{e2} = 0$, d. h. Eingang von U_{e2} kurzgeschlossen gegen Masse: Die Schaltung verhält sich wie ein invertierender Verstärker mit

$$U_{a1} = -\frac{R_3}{R_1} \cdot U_{e1} \tag{21.64}$$

$U_{e1} = 0$, d. h. Eingang von U_{e1} kurzgeschlossen gegen Masse: Bezogen auf die Spannung U_p am Eingang E_+ verhält sich die Schaltung wie ein nichtinvertierender Verstärker mit:

$$U_{a2} = U_p \cdot \left(1 + \frac{R_3}{R_1}\right) \tag{21.65}$$

Mit $U_p = U_{e2} \cdot \frac{R_4}{R_2+R_4}$ folgt:

$$U_{a2} = U_{e2} \cdot \frac{R_4}{R_2 + R_4} \cdot \left(1 + \frac{R_3}{R_1}\right) \tag{21.66}$$

Durch Überlagerung (Addition) der beiden Teilspannungen U_{a1} und U_{a2} erhält man die Ausgangsspannung.

$$U_a = U_{a1} + U_{a2} = U_{e2} \cdot \frac{R_4}{R_2 + R_4} \cdot \left(1 + \frac{R_3}{R_1}\right) - \frac{R_3}{R_1} \cdot U_{e1} \tag{21.67}$$

Mit gleichen Widerständen $R_1 = R_2 = R_3 = R_4 = R$ ergibt sich:

$$\underline{U_a = U_{e2} - U_{e1}} \tag{21.68}$$

21.5 Einsatz von Operationsverstärkern

Abb. 21.18 Schaltung des Subtrahierers mit ergänzten Größen für alternativen Lösungsweg

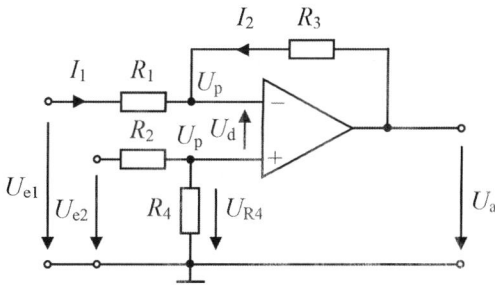

Dieses Ergebnis wird jetzt mit einem alternativen Lösungsweg überprüft. Die Schaltung mit eingetragenen Größen, die in der Rechnung verwendet werden, zeigt Abb. 21.18.

Der Eingang E_ ist *nicht* virtuelle Masse, da E+ nicht direkt an Masse liegt. Da über R_3 eine Gegenkopplung vorliegt, wird $U_d = 0\,\text{V}$. Dies bedeutet einen virtuellen Kurzschluss zwischen den beiden Eingängen. Damit tritt das Potenzial U_p am Eingang E+ auch am Eingang E_ auf.

$$U_p = U_{R4} = U_{e2} \cdot \frac{R_4}{R_2 + R_4} \tag{21.69}$$

An R_1 liegt die Spannung $U_{R1} = U_{e1} - U_p$. Somit kann der Strom I_1 durch R_1 sofort bestimmt werden.

$$I_1 = \frac{U_{R1}}{R_1} = \frac{U_{e1} - U_p}{R_1} \tag{21.70}$$

An R_3 liegt die Spannung $U_{R3} = U_a - U_p$. Somit kann der Strom I_2 durch R_3 sofort bestimmt werden.

$$I_2 = \frac{U_{R3}}{R_3} = \frac{U_a - U_p}{R_3} \tag{21.71}$$

Knotenregel:

$$I_1 = -I_2 \tag{21.72}$$

$$\frac{U_{e1} - U_p}{R_1} = \frac{U_p - U_a}{R_3} \tag{21.73}$$

$$\frac{R_3}{R_1} \cdot (U_{e1} - U_p) = U_p - U_a \tag{21.74}$$

$$U_a = -\frac{R_3}{R_1} \cdot U_{e1} + \frac{R_3}{R_1} \cdot U_p + U_p \tag{21.75}$$

U_p von Gl. 21.69 einsetzen:

$$U_a = -\frac{R_3}{R_1} \cdot U_{e1} + \frac{R_3}{R_1} \cdot \frac{R_4}{R_2 + R_4} \cdot U_{e2} + \frac{R_4}{R_2 + R_4} \cdot U_{e2} \tag{21.76}$$

Mit Gl. 21.76 haben wir das gleiche Ergebnis, das wir mit Gl. 21.67 erhalten haben.

In der Praxis wird ein Subtrahierer oft in Verbindung mit einer Brückenschaltung eingesetzt. Ist die Brücke abgeglichen, so ist die Ausgangsspannung des OPV null Volt. Besteht z. B. ein Brückenzweig aus einem temperaturabhängigen Widerstand (NTC-Widerstand), so ist die Ausgangsspannung eine Funktion der Temperatur.

21.5.2.6 Integrierer

Der Integrierer (Integrator, integrierender Verstärker) ist eine OPV-Schaltung mit frequenzabhängiger Gegenkopplung. Es folgt die Schaltungsanalyse (Abb. 21.19). Der invertierende Eingang ist virtuelle Masse, U_e liegt somit am Widerstand R und U_a liegt am Kondensator C.

Knotengleichung:

$$I_R = \frac{U_e}{R} = -I_C \tag{21.77}$$

Mit der Bauteilgleichung des Kondensators $I_C(t) = C \cdot \frac{dU_a(t)}{dt}$ folgt durch Umstellen:

$$\frac{dU_a(t)}{dt} = -\frac{1}{R \cdot C} \cdot U_e(t) \tag{21.78}$$

Integrieren ergibt die Ausgangsspannung des Integrierers:

$$\underline{\underline{U_a(t) = -\frac{1}{R \cdot C} \cdot \int_0^t U_e(t') \, dt' + U_a(t=0)}} \tag{21.79}$$

Die Größe $R \cdot C$ wird als *Integrationszeitkonstante* bezeichnet. Die Integrationskonstante $U_a(t=0)$ stellt eine *Anfangsbedingung* dar, z. B. wenn zu Beginn der Integration der Kondensator C bereits teilweise geladen ist. Die Grundschaltung eines Umkehrintegrierers zeigt Abb. 21.19.

Der Eingangswiderstand des Integrierers entspricht wegen der virtuellen Masse dem Widerstand R.

$$\underline{R_e = R} \tag{21.80}$$

Der Integrierer in Abb. 21.19 hat keine Gleichspannungsgegenkopplung und somit auch keine Gleichstromrückführung. Der Eingangsstrom des realen OPV ist zwar sehr klein, aber nicht null (falls die Transistoren in der Eingangsstufe bipolare Transistoren sind).

Abb. 21.19 Grundschaltung eines OPV als Integrierer

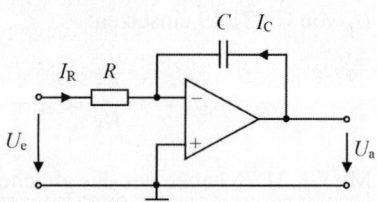

21.5 Einsatz von Operationsverstärkern

Abb. 21.20 Sprungantwort eines Integrierers

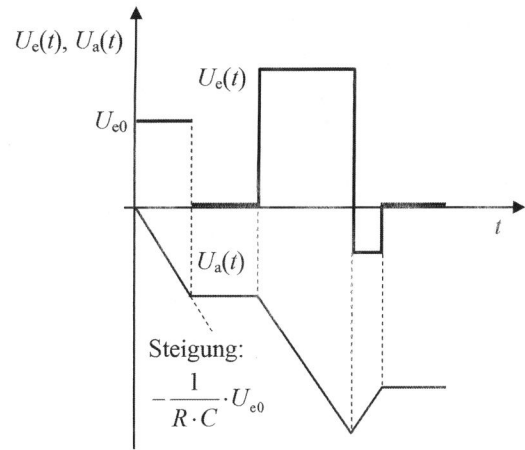

Dieser Eingangsstrom muss über den Widerstand R zugeführt werden. Wenn dieser Strom fehlt, weil der Eingang offen oder die Quelle sehr hochohmig ist, dann wird der Eingangsstrom vom Ausgang über den Kondensator C geliefert. Die Ausgangsspannung steigt dann langsam linear bis zur Sättigungs-Ausgangsspannung an, bei der die Schaltung nicht mehr funktioniert. Der in der Praxis notwendige Eingangsstrom kann über einen zum Kondensator C parallel liegenden ohmschen Widerstand, der einen Gleichstrompfad bildet, bereitgestellt werden. In der Praxis muss außerdem der Kondensator C vor Beginn des Integrierens in einen definierten Grundzustand gebracht werden, z. B. durch eine Entladung nach Masse.

Ein Integrierer ist nicht BIBO-stabil (BIBO = Bounded Input Bounded Output). Jedes noch so kleine, konstante und dauernd anliegende Eingangssignal lässt nach sehr langer Zeit die Ausgangsspannung in die Sättigung laufen. Dies ist auch bei einem Fehler durch die Offsetspannung der Fall.

Wird ein Integrierer an seinem Eingang mit einer Sprungfunktion angeregt, so ergibt sich an seinem Ausgang eine linear ansteigende Funktion. Diese Reaktion ist sofort aus der Integration einer Konstanten ersichtlich, die eine Gerade ergibt (Gl. 21.81). Je größer die Konstante k ist, desto größer ist die Steigung der Geraden $k \cdot x$.

$$\int k \cdot dx = k \cdot \int dx = k \cdot x + C, \quad (k, C \in \mathbb{R}) \tag{21.81}$$

Die Sprungerregung und Sprungantwort sind in Abb. 21.20 dargestellt. Der Kondensator C ist zum Zeitpunkt null ungeladen: $U_C(t = 0) = 0$.

Das Eingangssignal eines Integrierers sei nun eine Sinusfunktion:

$$u_e(t) = \hat{U}_e \cdot \sin(\omega t) \tag{21.82}$$

Berechnet wird die Ausgangsspannung $u_a(t)$.

Die Anfangsbedingung wird zu null gesetzt, der Kondensator C sei zu Beginn der Integration vollständig entladen:

$$u_a(t = 0) = 0 \tag{21.83}$$

Das Eingangssignal wird in Gl. 21.79 eingesetzt. Mit $\int \sin(x) = -\cos(x) + C$ folgt:

$$u_a(t) = -\frac{1}{R \cdot C} \cdot \int \hat{U}_e \cdot \sin(\omega t)\, dt = \frac{\hat{U}_e}{\omega \cdot R \cdot C} \cdot \cos(\omega t) \tag{21.84}$$

Das Ausgangssignal ist eine Cosinusfunktion.
Die Amplitudenverstärkung ist:

$$V = \frac{\hat{U}_a}{\hat{U}_e} = \frac{1}{\omega \cdot R \cdot C} \tag{21.85}$$

Die Amplitude der Ausgangsspannung wird mit zunehmender Frequenz kleiner und mit abnehmender Frequenz größer. Bei niedrigen Frequenzen geht das Ausgangssignal in die Sättigung.
Die Ausgangsspannung hat gegenüber der Eingangsspannung eine Phasendrehung von $+90°$.

$$\varphi = +\frac{\pi}{2} = +90° \tag{21.86}$$

21.5.2.7 Differenzierer

Beim Differenzierer ist die Ausgangsspannung $U_a(t)$ abhängig vom Differenzialquotienten $\frac{dU_e(t)}{dt}$ der Eingangsspannung $U_e(t)$. Es folgt die Schaltungsanalyse (Abb. 21.21).

Der OPV ist über R gegengekoppelt und der nicht invertierende Eingang liegt direkt auf Masse. Der invertierende Eingang ist somit virtuelle Masse. Daraus folgt:

$$I_C(t) = C \cdot \frac{dU_e(t)}{dt} \tag{21.87}$$

$$I_R = \frac{U_a}{R} \tag{21.88}$$

Knotenregel:

$$I_C = -I_R \tag{21.89}$$

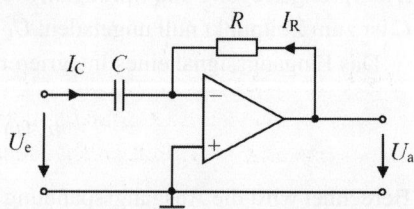

Abb. 21.21 Grundschaltung eines OPV als Differenzierer

Es folgt:
$$C \cdot \frac{dU_e(t)}{dt} = -\frac{U_a}{R} \quad (21.90)$$

Die Ausgangsspannung des Differenzierers ist:
$$U_a(t) = -R \cdot C \cdot \frac{dU_e(t)}{dt} \quad (21.91)$$

Der Eingangswiderstand des Differenzierers entspricht wegen der virtuellen Masse dem frequenzabhängigen Widerstand $X_C = \frac{1}{\omega C}$ des Kondensators C.

$$R_e = \frac{1}{\omega C} \quad (21.92)$$

Für eine sinusförmige Eingangsspannung $u_e(t) = \hat{U}_e \cdot \sin(\omega t)$ erhält man die Ausgangsspannung:
$$u_a(t) = -\omega \cdot R \cdot C \cdot \hat{U}_e \cdot \cos(\omega t) \quad (21.93)$$

Die Amplitudenverstärkung ist in diesem Fall:
$$|V| = \frac{\left|\hat{U}_a\right|}{\hat{U}_e} = \omega \cdot R \cdot C \quad (21.94)$$

Die Amplitude der Ausgangsspannung wird mit zunehmender Frequenz größer und mit abnehmender Frequenz kleiner. Bei hohen Frequenzen geht das Ausgangssignal in die Sättigung.

Bei einer Schaltung in der Praxis wird, zur Einstellung einer ausreichenden Gegenkopplung für alle Frequenzen, mit dem Kondensator C ein ohmscher Widerstand in Reihe geschaltet. Die Schwingneigung der Schaltung nimmt dadurch ab.

Die Ausgangsspannung hat gegenüber der Eingangsspannung eine Phasendrehung von $-90°$.
$$\varphi = -\frac{\pi}{2} = -90° \quad (21.95)$$

21.5.3 Anwendungsbeispiele

21.5.3.1 PID-Regler

Abb. 21.22 zeigt eine Regelschaltung mit einem Operationsverstärker, einen PID-Regler. PID steht für einen Regler mit **P**roportional-, **I**ntegral- und **D**ifferenzial-Anteil. Auf die Regelungstechnik wird hier nicht näher eingegangen, es wird nur die Übertragungsfunktion der Schaltung hergeleitet.

Abb. 21.22 Ein OPV als PID-Regler

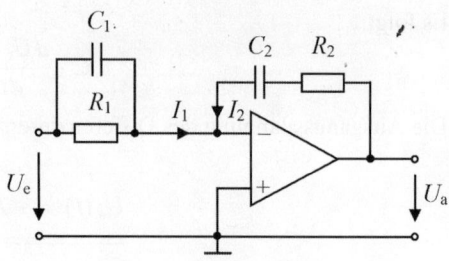

Der Eingang E_- ist virtuelle Masse.

$$I_1(t) = \frac{U_e}{R_1} + C_1 \cdot \frac{dU_e}{dt} \tag{21.96}$$

$$\frac{dU_{C2}(t)}{dt} = \frac{1}{C_2} \cdot I_2(t) \tag{21.97}$$

$$U_{C2}(t) = \frac{1}{C_2} \cdot \int I_2(t)\,dt \tag{21.98}$$

$$U_{R2}(t) = I_2(t) \cdot R_2 \tag{21.99}$$

$$U_a(t) = U_{R2}(t) + U_{C2}(t) = I_2(t) \cdot R_2 + \frac{1}{C_2} \cdot \int I_2(t)\,dt \tag{21.100}$$

$$I_2(t) = -I_1(t) \tag{21.101}$$

$$U_a(t) = -U_e \cdot \frac{R_2}{R_1} - C_1 \cdot R_2 \cdot \frac{dU_e}{dt} + \frac{1}{C_2} \cdot \int \left(-\frac{U_e}{R_1} - C_1 \cdot \frac{dU_e}{dt}\right) dt \tag{21.102}$$

$$U_a(t) = -U_e \cdot \frac{R_2}{R_1} - C_1 \cdot R_2 \cdot \frac{dU_e}{dt} - \frac{1}{C_2 \cdot R_1} \cdot \int U_e\,dt - \frac{C_1}{C_2} \cdot U_e \tag{21.103}$$

$$U_a(t) = \underbrace{-U_e \cdot \left(\frac{R_2}{R_1} + \frac{C_1}{C_2}\right)}_{\text{Proportionalanteil}} \underbrace{-C_1 \cdot R_2 \cdot \frac{dU_e}{dt}}_{\text{Differenzialanteil}} \underbrace{- \frac{1}{C_2 \cdot R_1} \cdot \int U_e\,dt}_{\text{Integralanteil}} \tag{21.104}$$

Durch Entfernen bzw. Kurzschließen einzelner Widerstände und Kondensatoren können andere Reglertypen realisiert werden. Für $C_1 = 0$, $C_2 = \infty$ ergibt sich z. B. ein P-Regler mit $U_a = -U_e \cdot \frac{R_2}{R_1}$.

21.5.3.2 Analoge, aktive Filter

Mit Operationsverstärkern lassen sich **aktive Filter** (Tiefpass-, Hochpass-, Bandpass-, Bandsperrfilter) aufbauen, die Filtern aus passiven Bauelementen bezüglich der Steilheit der Durchlass- und Sperrkurven weit überlegen sind. Aktive Filter können mit diskreten Komponenten aufgebaut werden, sind jedoch auch als fertige Bausteine in Form von ICs oder Modulen erhältlich.

Hier wird als Beispiel ein aktives Tiefpassfilter 4. Ordnung mit seinem Amplitudengang gezeigt. Die Schaltung ist in Abb. 21.23 dargestellt. Den Amplitudengang zeigt

21.5 Einsatz von Operationsverstärkern

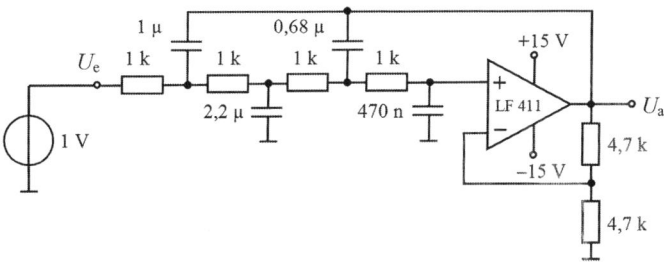

Abb. 21.23 Aktiver Bessel-Tiefpass 4. Ordnung

Abb. 21.24. Die Verstärkung bei tiefen Frequenzen (Grundverstärkung) beträgt 6 dB. Die obere Grenzfrequenz (-3 dB-Grenzfrequenz) ist ca. $f_{go} = 92$ Hz.

Wie steil der Übergang vom Durchlass- in den Sperrbereich oder umgekehrt erfolgt, wird bei einem Filter durch die *Flankensteilheit k* in dB pro Frequenzdekade (dB/Dk) bestimmt. Die Steilheit der Näherungsgeraden im Amplitudengang ist immer ein negatives oder positives Vielfaches von 20 dB/Dk. Für ein System n-ter Ordnung kann der Amplitudengang maximal die Steilheit

$$k = \pm n \cdot 20\,\text{dB/Dk} \tag{21.105}$$

erreichen.

Die Ordnung n eines Filters ist durch die Anzahl voneinander unabhängiger Energiespeicher (Kapazitäten, Induktivitäten) festgelegt. Voneinander unabhängig sind Energiespeicher, wenn sie energetisch entkoppelt sind und nicht durch ein Ersatzbauelement

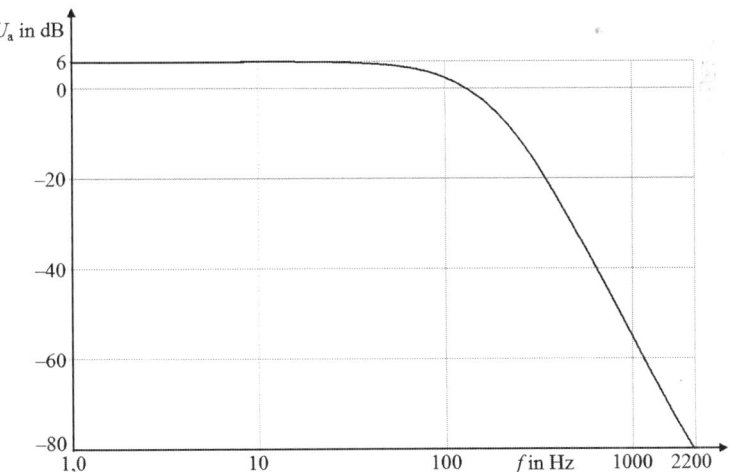

Abb. 21.24 Amplitudengang des aktiven Tiefpasses nach Abb. 21.23

ersetzt werden können. Zwei parallel oder in Reihe geschaltete Kondensatoren sind z. B. *nicht* voneinander unabhängig.

Im Schaltungsbeispiel in Abb. 21.23 sind vier Kondensatoren enthalten, die durch Widerstände voneinander entkoppelt sind. Es handelt sich also um einen Tiefpass 4. Ordnung.

Es sei hier noch einmal ausdrücklich auf die Möglichkeit hingewiesen, elektronische Schaltungen am PC zu simulieren. Kostenlos erhältliche Testversionen von Simulationsprogrammen haben zwar meist bestimmte Einschränkungen, z. B. bezüglich der Anzahl zu simulierender Bauteile. Die Leistungsfähigkeit dieser Programme reicht jedoch aus, um dem Lernenden schnell einen Einblick in die Möglichkeiten der elektronischen Schaltungstechnik zu geben und mit Schaltungen am PC zu experimentieren. Schaltungen mit passiven Bauteilen, Transistoren, Operationsverstärkern oder digitalen Bausteinen können am PC auf ihre Funktionsweise untersucht werden.

Das große Gebiet der Schaltungen mit Transistoren und Operationsverstärkern kann in diesem Buch bei weitem nicht vollständig behandelt werden. Der Verfasser empfiehlt als weiterführende Literatur sein Werk „Aktive elektronische Bauelemente" (Springer-Verlag, 3. Auflage).

Aufgabe 21.2
Bei dem in Abb. 21.25 dargestellten Spannungsmessgerät wird die zu messende Spannung von einem Drehspulinstrument angezeigt. Der Operationsverstärker kann als ideal betrachtet werden, das Drehspulinstrument habe einen Innenwiderstand (Messwerkwiderstand) von null Ohm.

a) Um welche Grundschaltung eines Operationsverstärkers handelt es sich?
   Mit welchem Potenzial kann der invertierende Eingang verglichen werden? Begründen Sie Ihre Antwort.
   Wie groß ist der Eingangswiderstand R_e der Schaltung?
   Geben Sie den Eingangsstrom I_e in Abhängigkeit von U_e an.
b) Die Eingangsspannung U_e sei positiv. Welche Diode leitet in diesem Fall, welche sperrt? Begründen Sie Ihre Antworten.
   Geben Sie den Strom I_m durch das Drehspulinstrument als Funktion des Eingangsstromes I_e und als Funktion der Eingangsspannung U_e an.
   Hinweis: Skizzieren Sie den Verlauf des Stromes I_e vom Eingang einschließlich eventueller Verzweigungen bis zum Ausgang.
c) Das Drehspulinstrument hat einen Vollausschlag von 50 µA. Welchen Wert muss R_1 haben, damit bei einer Eingangsspannung $U_e = 10$ V Gleichspannung das Instrument Vollausschlag anzeigt?
d) Die Eingangsspannung kann nun sowohl positiv als auch negativ sein. Sollte ein Drehspulinstrument mit dem Nullpunkt in der Mitte oder mit dem Nullpunkt links verwendet werden? Begründen Sie Ihre Antwort.

21.5 Einsatz von Operationsverstärkern

Abb. 21.25 Operationsverstärker mit Spannungsmessgerät

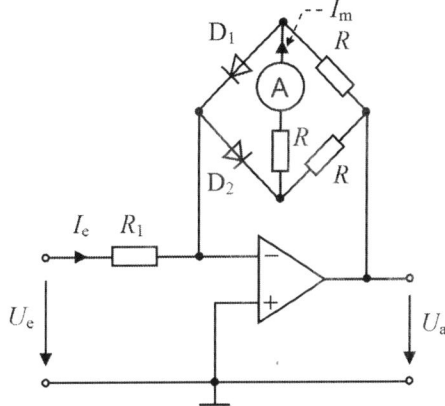

e) Berechnen Sie die Spannungsverstärkung $V_U = \frac{U_a}{U_e}$ der Schaltung. Der Spannungsabfall an einer leitenden Diode kann dabei gleich null Volt angenommen werden.

Lösung

a) Die Grundschaltung ist ein invertierender Verstärker. Wegen der Gegenkopplung ist der invertierende Eingang virtuelle Masse.
Der Eingangswiderstand der Schaltung ist $\underline{R_e = R_1}$.
Der Eingangsstrom ist $\underline{I_e = \frac{U_e}{R_1}}$.

b) Ist U_e positiv, so ist U_a negativ (invertierender Verstärker). Dann leitet D_2 und D_1 sperrt.
Den Strompfad vom Eingang bis zum Ausgang zeigt Abb. 21.26.
Stromteilerregel: $I_m = I_e \cdot \frac{R}{R+R+R}$; $I_m = \frac{1}{3} I_e$; $\underline{I_m = \frac{1}{3 \cdot R_1} \cdot U_e}$

c) $R_1 = \frac{U_e}{3 \cdot I_m}$; $R_1 = \frac{10\,\text{V}}{3 \cdot 50\,\mu\text{A}} = \underline{66{,}67\,\text{k}\Omega}$

d) Der Strom fließt wegen der Dioden immer in der gleichen Richtung durch das Drehspulinstrument. Ein Instrument mit dem Nullpunkt links ist wegen des größeren Ausschlages des Zeigers vorzuziehen.

Abb. 21.26 Strompfad vom Eingang bis zum Ausgang

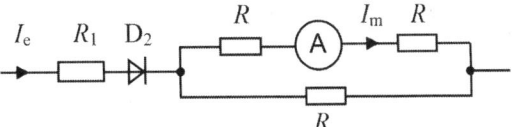

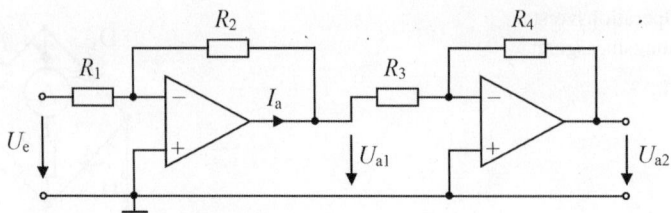

Abb. 21.27 Zu bestimmen ist der Strom I_a

e) Der Widerstand R_2 des Gegenkopplungszweiges ist

$$R_2 = R \parallel (R+R) = R \parallel 2R = \frac{R \cdot 2R}{R + 2R} = \frac{2}{3}R; \quad V_U = -\frac{R_2}{R_1};$$

$$V_U = -\frac{2}{3}\frac{R}{R_1}$$

Aufgabe 21.3

Die Operationsverstärker in Abb. 21.27 sind als ideal zu betrachten, sie werden symmetrisch versorgt und arbeiten im linearen Bereich.

Gegeben sind folgende Werte:
$U_e = 20\,\text{mV}$ Gleichspannung, $\quad R_1 = R_3 = 10\,\text{k}\Omega, \quad R_2 = R_4 = 100\,\text{k}\Omega$.

a) Geben Sie U_{a1} allgemein in Abhängigkeit von U_e und R_1, R_2 an. Welchen Wert hat U_{a1}?
b) Geben Sie U_{a2} allgemein in Abhängigkeit von U_{a1} und R_3, R_4 an. Welchen Wert hat U_{a2}?
c) Bestimmen Sie den Strom I_a allgemein und als Zahlenwert.

Lösung

a) $U_{a1} = -U_e \cdot \frac{R_2}{R_1}; U_{a1} = -20\,\text{mV} \cdot \frac{100\,\text{k}\Omega}{10\,\text{k}\Omega} = -200\,\text{mV}$

b) $U_{a2} = -U_{a1} \cdot \frac{R_4}{R_3}; U_{a2} = -200\,\text{mV} \cdot \left(-\frac{100\,\text{k}\Omega}{10\,\text{k}\Omega}\right) = 2{,}0\,\text{V}$

c) Die beiden invertierenden Eingänge sind jeweils virtuelle Masse. Vom Ausgang des ersten OPV mit der Ausgangsspannung U_{a1} können somit R_2 und dazu parallel R_3 als gegen Masse liegend angesehen werden.

$$I_\mathrm{a} = \frac{U_\mathrm{a1}}{R_2 \| R_3} = \frac{U_\mathrm{a1}}{\frac{R_2 \cdot R_3}{R_2 + R_3}} = U_\mathrm{a1} \cdot \frac{R_2 + R_3}{R_2 \cdot R_3};$$

$$I_\mathrm{a} = -0{,}2\,\mathrm{V} \cdot \frac{110\,\mathrm{k\Omega}}{1000\,\mathrm{k\Omega}} = -2{,}2 \cdot 10^{-2}\,\mathrm{A} = \underline{-22\,\mathrm{mA}}$$

Der Strom fließt entgegen der Richtung des eingetragenen Zählpfeiles in den Ausgang hinein.

21.6 Zusammenfassung: Operationsverstärker

1. Operationsverstärker (OPV) sind analoge, aktive Bauelemente (ICs).
2. Die äußere Beschaltung legt die Übertragungseigenschaften und den Verwendungszweck des OPV fest.
3. Ein OPV ist ein Differenzverstärker mit sehr hoher Leerlaufspannungsverstärkung V_0.
4. Ein OPV besitzt einen invertierenden (E_-) und einen nichtinvertierenden (E_+) Eingang.
5. Die Eingänge des OPV sind hochohmig, der Ausgang ist niederohmig.
6. Durch eine Gegenkopplung wird die sehr hohe Leerlaufspannungsverstärkung V_0 auf die Betriebsverstärkung V herabgesetzt.
7. Die Spannungsversorgung eines OPV ist meist bipolar, z. B. ± 15 V.
8. Grundschaltungen sind Spannungskomparator, invertierender und nicht invertierender Verstärker, Signaladdierer, Subtrahierer, Integrator und Differenzierer.
9. Bei der Berechnung einer OPV-Schaltung von Hand wird meist ein OPV mit idealen Eigenschaften angenommen.

Sollte dem Leser das Einarbeiten in die Grundlagen der Elektrotechnik und Elektronik wenigstens streckenweise leicht gefallen sein und ebensoviel Freude bereitet haben wie dem Autor das Schreiben dieses Buches, so hat dieses Werk seinen Zweck erfüllt.

Liste verwendeter Formelzeichen

A	Querschnitt (Fläche)
A	Gleichstromverstärkungsfaktor des Bipolartransistors in Basisschaltung
a	Ausräumfaktor
B	Blindleitwert (Suszeptanz)
B	magnetische Flussdichte (magnetische Induktion)
B	Gleichstromverstärkungsfaktor des Bipolartransistors in Emitterschaltung
b	Bandbreite (Mess-Bandbreite, betrachtetes Frequenzintervall)
C	Kapazität
C	Gleichstromverstärkungsfaktor des Bipolartransistors in Kollektorschaltung
$CMRR$	Gleichtaktunterdrückung in dB
C_D	Diodenkapazität
C_G	Gehäusekapazität
C_{BK}	Basis-Kollektor-Sperrschichtkapazität
c	Lichtgeschwindigkeit
c_D	Diffusionskapazität
c_S	Sperrschichtkapazität
D	Flussdichte (elektrische Verschiebungsdichte)
E	elektrische Feldstärke
e	Elementarladung (Betrag)
e	Basis des natürlichen Logarithmus, Euler'sche Zahl ($= 2{,}718\ldots$)
F	Kraft
f	Frequenz
f_g	Grenzfrequenz (Eckfrequenz)
f_0	Resonanzfrequenz
f_1	untere Grenzfrequenz
f_2	obere Grenzfrequenz
f_{go}	obere Grenzfrequenz
f_T	Transitfrequenz (Transitgrenzfrequenz)
f_α	α-Grenzfrequenz der Basisschaltung
f_β	β-Grenzfrequenz der Emitterschaltung
G	Wirkleitwert (Konduktanz)

G	Gleichtaktunterdrückung als linearer Faktor
GBW	Verstärkungs-Bandbreite-Produkt
g_{21}	siehe Steilheit
g_m	siehe Steilheit
H	magnetische Feldstärke
h_{11e}	siehe r_{BE}
h_{11e}	Spannungsrückwirkung
h_{21e}	siehe β
h_{22e}	Ausgangsleitwert
I	Stromstärke
$i(t)$	Stromstärke, zeitabhängig
I_B	Basisstrom
$I_{B.A}$	Basisstrom im Arbeitspunkt
I_{BS}	siehe I_{EBO}
$I_{B.ü}$	Basisstrom für maximal mögliche Übersteuerung des Transistors
$I_{B.sat}$	Basisstrom auf der Sättigungsgrenzlinie bei $U_{CB} = 0$
I_E	Emitterstrom
I_C	Kollektorstrom
I_{CBO}	Kollektor-Basis-Reststrom
I_{CS}	Kollektor-Emitter-Reststrom
I_{CEO}	Kollektor-Emitter-Reststrom, Basis offen
I_{CES}	Kollektor-Emitter-Reststrom, Basis gegen den Emitter kurzgeschlossen
I_D	Diodenstrom
I_D	Drainstrom
I_S	siehe I_{EBO}
$I_{D.A}$	Diodenstrom im Arbeitspunkt
$I_{D.AP}$	Drainstrom im Arbeitspunkt
I_{DSS}	Drain-Sättigungsstrom (Drainstrom für $U_{GS} = 0\,\text{V}$)
I_{EBO}	Emitter-Basis-Reststrom (Emitterreststrom), gemessen bei gesperrter Basis-Emitter-Diode und offenem Kollektorkontakt
I_D	Durchlassstrom
I_D	Drainstrom
I_F	Durchlassstrom
I_{Fmax}	maximal zulässiger Durchlassstrom
$I_{F.max}$	maximaler Dauerflussstrom
I_R	Sperrstrom (Sperrsättigungsstrom)
I_S	Sperrstrom (Sperrsättigungsstrom)
I_{Rmax}	maximaler Sperrstrom (Ausräumstrom)
I_Z	Zenerstrom
I_{Zmax}	maximal zulässiger Sperrstrom Zenerdiode
K	Steilheitskoeffizient (Steilheitsparameter)
k	Boltzmann-Konstante

Liste verwendeter Formelzeichen

k	Klirrfaktor
k	Gegenkopplungsfaktor
L	Induktivität
l	Länge
ln	Logarithmus zur Basis e
log	Logarithmus zur Basis 10
lg	Logarithmus zur Basis 10
m	Masse
n_D	Nichtidealitätsfaktor (Nichtidealitätsexponent, Korrekturfaktor, Emissionskoeffizient)
P	Wirkleistung
P_N	Nennleistung
P_V	Verlustleistung
P_{Vmax}	maximal zulässige Verlustleistung
P_{tot}	maximal zulässige Verlustleistung
Q	Blindleistung
Q	Ladung
Q	Güte
R	Wirkwiderstand (Resistanz)
R_B	Bahnwiderstand
R_C	Arbeitswiderstand (Kollektorwiderstand)
$R_{D.A}$	Gleichstromwiderstand der Diode im Arbeitspunkt (absoluter Widerstand)
R_a	Abschlusswiderstand
R_a	Ausgangswiderstand Operationsverstärker
R_e	Gleichstromeingangswiderstand Emitterschaltung (statischer Eingangswiderstand)
R_e	Eingangswiderstand Transformator
R_e	Eingangswiderstand OPV-Schaltung
R_L	Lastwiderstand
R_m	magnetischer Widerstand
R_{Fe}	Verluste im Eisenkern (Wirbelstrom- und Hystereseverluste)
R_{th}	Wärmewiderstand
R_1	Eingangswiderstand Transformator
R_2	Ausgangswiderstand Transformator
r_a	Ausgangswiderstand
r_e	Eingangswiderstand
r_{eB}	Eingangswiderstand Basisschaltung
r_{eE}	Eingangswiderstand Emitterschaltung
r_{eR}	Eingangswiderstand des am Eingang in Reihe gegengekoppelten Verstärkers
r_{BE}	differenzieller (dynamischer) Eingangswiderstand Emitterschaltung (Kleinsignaleingangswiderstand, Wechselstromeingangswiderstand)
r_D	differenzieller (dynamischer) Widerstand (Wechselstromwiderstand)

$r_{D,A}$	Wechselstromwiderstand der Diode im Arbeitspunkt (differenzieller, dynamischer Widerstand)
ra_C	Ausgangswiderstand Kollektorschaltung
r_{CE}	differenzieller (dynamischer) Ausgangswiderstand Emitterschaltung in einem Arbeitspunkt (Kleinsignalausgangswiderstand, Wechselstromausgangswiderstand)
r_{aE}	Ausgangswiderstand Emitterschaltung
r_{DS}	differenzieller Ausgangswiderstand (Kanalwiderstand, dynamischer Drain-Source-Widerstand)
r_Z	differenzieller (dynamischer) Innenwiderstand Zenerdiode
RLZ	Raumladungszone
S	Scheinleistung
S	Stromdichte
S	Steilheit (Übertragungssteilheit, Transkonduktanz)
SR	Spannungsanstiegsrate (Slew Rate)
s	Weg
T	Periodendauer
T	Temperatur in Kelvin
T_A	Umgebungstemperatur
T_C	Gehäusetemperatur
T_U	Umgebungstemperatur
t	Zeit
t_{aus}	Ausschaltzeit
t_{off}	Ausschaltzeit
t_d	Verzögerungszeit
t_{ein}	Einschaltzeit
t_{on}	Einschaltzeit
t_f	Abfallzeit
t_r	Anstiegszeit
t_s	Speicherzeit
t_s	Einschwingzeit (settling time)
U	elektrische Spannung
$u(t)$	elektrische Spannung, zeitabhängig
U_a	Ausgangsspannung
U_e	Eingangsspannung
U_A	Early-Spannung
U_A	Anschlussspannung
U_B	Betriebsspannung
U_D	Diffusionsspannung
U_D	Diodenspannung
$U_{D,A}$	Diodenspannung im Arbeitspunkt
U_{D0}	Diffusionsspannung ohne äußere Spannung
U_{DF}	Diffusionsspannung mit äußerer Spannung in Durchlassrichtung

Liste verwendeter Formelzeichen

U_{DR}	Diffusionsspannung mit äußerer Spannung in Sperrrichtung
U_F	Durchlassspannung
U_N	Nenngleichspannung
U_R	Sperrspannung
$U_{R.max}$	maximale Sperrspannung
U_{BR}	Durchbruchspannung
U_{EB}	Spannung zwischen Emitter und Basis
U_{BE}	Spannung zwischen Basis und Emitter
$U_{BE.A}$	Basis-Emitter-Spannung im Arbeitspunkt
U_{BES}	Basis-Emitter-Schleusenspannung (Basis-Emitter-Schwellenspannung)
U_{CB}	Spannung zwischen Kollektor und Basis
U_{CE}	Spannung zwischen Kollektor und Emitter
$U_{CE.sat}$	Kollektor-Emitter-Sättigungsspannung (Sättigungsspannung, Kollektorrestspannung, Kniespannung)
U_{th}	Schwellenspannung (Schwellwertspannung, Einsatzspannung)
U_P	Abschnürspannung
U_p	pulsierende Gleichspannung
U_{GS}	Spannung zwischen Gate und Source
U_{DS}	Spannung zwischen Drain und Source
$U_{DS.sat}$	Drain-Source-Sättigungsspannung (Kniespannung U_K)
U_{DSP}	Drain-Abschnürspannung (Drain-Source Pinch-off Voltage, Kniespannung)
U_S	Schleusenspannung (Schwellspannung, Knickspannung, Flussspannung, Durchlassspannung)
U_S	Störspannung
U_T	Temperaturspannung
U_Z	Zenerspannung (Z-Spannung)
$ü$	Übersteuerungsgrad (Übersteuerungsfaktor)
V	Tastverhältnis
V	Betriebsverstärkung
V_0	Leerlaufspannungsverstärkung
V_{gl}	Gleichtaktverstärkung
v	Geschwindigkeit
W	Energie, Arbeit
W_0	Sperrschichtbreite ohne äußere Spannung
W_F	Sperrschichtbreite mit äußerer Spannung in Durchlassrichtung
W_R	Sperrschichtbreite mit äußerer Spannung in Sperrrichtung
X	Blindwiderstand (Reaktanz)
Y	Scheinleitwert (Betrag der Admittanz)
Z	Scheinwiderstand (Betrag der Impedanz)

Griechische Zeichen

Δ	Differenz
Θ	magnetische Durchflutung
Φ	magnetischer Fluss
Ψ	Flussumschlingung
α	Temperaturbeiwert
α	Wechselstromverstärkungsfaktor (Kleinsignalstromverstärkungsfaktor) des Bipolartransistors in Basisschaltung
β	Wechselstromverstärkungsfaktor (Kleinsignalstromverstärkungsfaktor) des Bipolartransistors in Emitterschaltung
γ	Winkel
γ	Wechselstromverstärkungsfaktor (Kleinsignalstromverstärkungsfaktor) des Bipolartransistors in Kollektorschaltung
δ	Verlustwinkel
ε	Dielektrizitätskonstante (Permittivität)
ε_0	Dielektrizitätskonstante des Vakuums (elektrische Feldkonstante)
ε_r	Permittivitätszahl (Dielektrizitätszahl)
η	Wirkungsgrad
ϑ	Temperatur in °C
ϑ_0	Bezugstemperatur
ϑ_j	Sperrschichttemperatur
ϑ_{max}	maximale Betriebstemperatur
λ	Wellenlänge
μ	Permeabilität
μ_0	Permeabilität des Vakuums (magnetische Feldkonstante)
π	Kreiszahl (= 3,14...)
ρ	spezifischer Widerstand
ρ	Raumladungsdichte
σ	spezifischer Leitwert (Leitfähigkeit)
σ	Flächenladungsdichte
τ	Zeitkonstante
φ	elektrisches Potenzial
φ	Phasenverschiebung (Phasenwinkel) zwischen Spannung und Strom
φ_u	Nullphasenwinkel der Spannung
φ_i	Nullphasenwinkel des Stromes
φ_{ui}	Phasenverschiebung zwischen Spannung und Strom
φ_{iu}	Phasenverschiebung zwischen Strom und Spannung
ω	Kreisfrequenz
ω_g	Grenzfrequenz (Kreisgrenzfrequenz)

Literatur

1. Ackermann, H.J.: Elektronik, FH Aachen, WS 2001/2002
2. Bergtold, F.: Schaltungen mit Operationsverstärkern, Band 1, R. Oldenbourg-Verlag, 1973
3. Bernstein, H.: Analoge Schaltungstechnik mit diskreten und integrierten Bauelementen, Hüthig-Verlag, Heidelberg 1997
4. Bernstein, H.: PC-Elektronik-Labor Band 1, 3. Auflage 1996, Franzis-Verlag, Feldkirchen
5. Bieneck, W.: Elektro T Grundlagen der Elektrotechnik, Holland + Josenhans Verlag, 1996
6. Böhm, M.: Mikroelektronik, Teil 14, Grundlagen des Operationsverstärkers, Universität-Gesamthochschule Siegen, Institut für Mikrosystemtechnik, 2006
7. Born, G., Hübscher, H., Lochhaas, H., Pradel, G., Vorwerk, B.: Querschnitt Physik und Technik, Westermann Verlag, 1983
8. Bosse, G.: Grundlagen der Elektrotechnik I, II, III, Bibliographisches Institut, Mannheim, 1966, 1967, 1968
9. Bystron, K., Borgmeyer, J.: Grundlagen der Technischen Elektronik, 2. Auflage, Carl Hanser Verlag München Wien, 1990
10. Czmock, G.: Operationsverstärker, Vogel-Verlag, Würzburg, 1972
11. Dokter F., Steinhauer, J.: Digitale Elektronik in der Meßtechnik und Datenverarbeitung, Band 1, 4. Auflage 1972, Philips Fachbücher
12. Dorn: Physik, Mittelstufe, Ausgabe A, 8. Auflage 1957, Hermann Schroedel Verlag, Hannover
13. Duyan, H., Hahnloser, G., Traeger, D.: PSPICE für Windows, 2. Auflage 1996, Teubner Studienskripten, Stuttgart
14. Elektromeßtechnik, 5. Auflage, Siemens AG, Berlin-München 1968
15. Graf, W., Küllmer, H.: Grundlagen der Schwachstromtechnik. 5. Auflage 1964, Fachverlag Schiele & Schön GmbH, Berlin.
16. Hagmann, G.: Grundlagen der Elektrotechnik, 3. Auflage 1990, AULA-Verlag GmbH, Wiesbaden
17. Hammer, A.: Physik, Oberstufe Elektrizitätslehre, 1. Auflage 1966, R. Oldenbourg Verlag, München
18. Herter, E., Röcker, W.: Nachrichtentechnik, Übertragung und Verarbeitung, 1. Auflage 1976, Carl Hanser Verlag München Wien
19. Hilpert, H.: Halbleiterbauelemente, Teubner-Verlag, Stuttgart 1972
20. Höfling, O.: Lehrbuch der Physik, Oberstufe Ausgabe A, 5. Auflage 1962, Ferd. Dümmlers Verlag, Bonn
21. Klar, R.: Digitale Rechenautomaten, Walter de Gruyter & Co, Berlin 1970
22. Koblitz, R.: Vorlesung Halbleiterschaltungstechnik, FH Karlsruhe EIT, WS 2002/2003
23. Kuchling, H.: Taschenbuch der Physik, 16. Auflage 1996, Carl Hanser Verlag, München Wien
24. Küpfmüller, K.: Einführung in die theoretische Elektrotechnik, 9. Auflage 1968, Springer Verlag

25. Lehmann, E., Schmidt, F.: FOS Training Physik 2, 3. Auflage 1993, Stark Verlagsgesellschaft mbH, Freising
26. Lehmann, J.: Dioden und Transistoren, 3. Auflage 1972, Vogel-Verlag, Würzburg
27. Leucht, K.: Die elektrischen Grundlagen der Radiotechnik, 7. Auflage 1964, Franzis-Verlag
28. Lowenberg, C.E.: Theory and Problems of Electronic Circuits, Mc. Graw-Hill, 1967
29. Ludwig, W., Goetze, F.: Lehrbuch der Chemie, 1. Band, Anorganische Chemie. 11. Auflage 1966, C. C. Buchners Verlag, Bamberg.
30. Maier, G., Zimmer, O.: Grundstufe der Elektrotechnik, Frankfurter Fachverlag, Kohl + Noltemeyer Verlag, 1989
31. Nührmann, D.: Das große Werkbuch Elektronik – Band 1 bis 3, 6. Auflage, Franzis-Verlag GmbH, Poing, 1994
32. Philippow, E.: Taschenbuch Elektrotechnik, Band 3, Nachrichtentechnik, 2. Auflage, VEB Verlag Technik, Berlin, 1969
33. Philips Lehrbriefe, Elektrotechnik und Elektronik, Bd. 1 Einführung und Grundlagen, 11. Auflage, Dr. Alfred Hüthig Verlag, Heidelberg, 1987
34. Pohl, E.: Nachrichtentechnik kurz und bündig, 2. Auflage, Vogel-Verlag Würzburg, 1973
35. Pregla, R.: Grundlagen der Elektrotechnik, 5. Auflage, Hüthig Verlag Heidelberg, 1998
36. Reisch, M.: Elektronische Bauelemente, Springer-Verlag Berlin Heidelberg, 1998
37. Reiß, K., Liedl, H., Spichall, W.: Integrierte Digitalbausteine, Kleines Praktikum, 3. Auflage, Siemens Aktiengesellschaft, Berlin, München, 1970
38. Schüssler, H.W.: Netzwerke und Systeme I, Bibliographisches Institut Mannheim, 1971
39. Sexl, R., Raab, I., Streeruwitz, E.: Der Weg zur modernen Physik, Eine Einführung in die Physik, Band 2, Verlag Moritz Diesterweg, Frankfurt am Main, 1980
40. Steinbuch, K., Rupprecht, W.: Nachrichtentechnik, Springer-Verlag, 1967
41. Stiny, L.: Aufgabensammlung zur Elektrotechnik und Elektronik, Übungsaufgaben mit ausführlichen Musterlösungen, Springer-Verlag, 2017, 3. Auflage
42. Stiny, L.: Aktive elektronische Bauelemente, Aufbau, Struktur, Wirkungsweise, Eigenschaften und praktischer Einsatz diskreter und integrierter Halbleiter-Bauteile, Springer-Verlag, 2016, 3. Auflage
43. Surina, T., Klasche G.: Angewandte Impulstechnik, Franzis Verlag, 1974
44. Texas Instruments Deutschland GmbH: Das TTL-Kochbuch, 2. Auflage, Freising, 1972
45. Tietze, U., Schenk, Ch.: Halbleiter-Schaltungstechnik, 2. Auflage, Springer-Verlag Berlin, Heidelberg, New York, 1971
46. Unbehauen, R.: Grundlagenpraktikum in Elektotechnik und Meßtechnik, Univ. Erlangen-Nürnberg, März 1971
47. Unger, H.-G., Schultz, W.: Elektronische Bauelemente und Netzwerke I, Friedr. Vieweg & Sohn GmbH, Braunschweig, 1968
48. Vahldiek, Hansjürgen: Übertragungsfunktionen, R. Oldenbourg Verlag, München, 1973
49. Valvo: Operationsverstärker Grundlagen, Verlag Boysen & Maasch, Hamburg, 1974
50. Wolf, H.: Lineare Systeme und Netzwerke, Eine Einführung, Springer-Verlag Berlin, Heidelberg, New York, 1971
51. Zirpel, M.: Operationsverstärker, Franzis-Verlag, 1976

Internet
52. http://www.duncanamps.com/psud2/index.html (Simulationsprogramm für lineare, ungeregelte Netzteile, Gleichrichterschaltungen)

Sachverzeichnis

A

Abblock-Kondensator, 86
A-Betrieb, 582, 587, 685
Abfallzeit, 627, 694, 722
Abschalt-Induktionsspannung, ~strom, 180–182
Abschalt-Induktionsstromkreis, 177–180, 182, 183
Abschirmung, 105, 414, 415
    elektromagnetischer Störungen, 274
    von Magnetfeldern, 105
Abschlusswiderstand, 370, 371, 375, 377, 721
Abschnürbereich, 659, 660, 665–667, 680, 681
Abschnürspannung, 656–658, 669, 723
Abstimmkreis, 403, 404, 408
Abzweigschaltung, 200
Addierer, 645, 706
Admittanz, 29, 298–300, 723
Aggregatzustände, 2
Akzeptor, 20
Alphabet, griechisches, 26
AM, 490, 491
Ampere, 103
Amperemeter, 159
    Erweiterung Messbereich, 194
Amplitudenfilter, 531
Amplitudenmodulation, 490, 491
Amplitudenspektrum, 266, 269, 271–274
Analoginstrument, 162
Analogmultiplexer, 671, 681
Analyse
    allgemeiner Wechselstromnetze, 435
    von Netzwerken, 204, 205, 322, 324
Anode, 128, 459, 476, 488, 525, 533
Anreicherungstyp, 653, 662–665, 667, 681
Anstiegszeit, 627, 631, 694, 722

Antisättigungsschaltung, 628
Approximation, 272, 468
Äquivalenztypen, 537
Arbeit, 28, 32, 33, 48, 49, 94, 246, 480, 626, 723
Arbeitsgerade, 504, 675–677
Arbeitspunkt, 503
    Definition, 464
Atom, 3
Atombau, 6, 8
Atombindung, 17
Atomkern, 6
Atomrumpf, 10
Audioverstärker, 371
Augenblicksleistung, 246, 355–358, 364, 432
Augenblickswert, 233, 238, 245, 294, 295, 355, 491, 583
Augenblickswerte, 172, 182, 248, 258, 259, 263, 291, 302, 306, 310
Ausgangsaussteuerbarkeit, 688
Ausgangsimpedanz, 595
Ausgangskennlinienfeld, 563, 564, 568–572, 582, 584, 587, 616, 624, 625, 630, 631, 648, 657, 659, 663, 665, 674, 675, 677–680
Ausgangskreis, 544
Ausgleichsstrom, 425
Ausgleichsvorgang, 165, 166, 168
Ausräumfaktor, 627, 628, 719
Ausräumstrom, 477, 626, 628, 720
Ausschwingvorgang, 409, 410
Außenleiter, 421
Aussteuergrad, 235
Aussteuerung, 464
Austrittsarbeit, 10
Avalanche-Effekt, 458, 533

B

Bahnwiderstand, 458, 461, 462, 468, 469, 472–474, 478, 510, 511, 721
Bananenstecker, 41
Bandfilter mit Schwingkreisen, 411
Bandpass, 374, 380, 391, 416, 712
Bandpassfilter, 391, 403
Bandsperre, 390, 391, 401, 416, 417
Bandspreizung, 406
Basis, 647
Basisaufweitung, 574
Basis-Emitter-Schleusenspannung, 552, 556, 624, 723
Basis-Emitter-Spannung, 549–552, 554–557, 584, 593, 613, 617–619, 624, 630, 723
Basisruhespannung, 551
Basisschaltung, 545, 576, 577, 589, 590, 593, 594, 615, 616, 648, 668, 719, 721, 724
Basisstrom, 542
Basisvorspannung, 551, 561, 562, 572, 603, 613
Batterien, 127, 129, 130, 142, 193, 513
Bauelemente
 aktive, 47, 536, 683, 717
 duale, 182
 passive, 47, 48
Baum, 206, 207, 209, 223, 230
Bauteile, lineare, 37
Bauteilgleichung, 37, 304, 306, 310, 708
B-Betrieb, 581, 582
Begrenzerschaltung, 531, 532
Begrenzung einer Wechselspannung, 532
Beläge, 82
Belastbarkeit, 51, 67, 69, 71, 75, 79, 117, 148, 150, 156, 157, 163, 197, 198, 502
Belastung
 symmetrische, 425, 427, 430–432
Bereich, aktiver, 546, 566, 572, 628
Betriebsspannung, 87, 92, 175–177, 179, 496, 536, 540, 546, 563, 571, 572, 582, 595, 612, 617, 621, 674, 684, 685, 688, 722
Betriebstemperatur, 75, 724
Betriebsverstärkung, 689, 697, 698, 701–703, 717, 723
Bewegungsgeschwindigkeit, 54
Bezugsknoten, 214–216, 224
Bezugspfeil, 43, 44
Bezugspunkt, 13, 16, 42, 43, 206, 214, 216, 231, 252, 254, 524, 540

Bildbereich, 292, 301, 304, 306, 311
Binärziffer, 636
Bipolare Transistoren, 535, 647
Bit, 529, 634, 636, 637, 649
BJT, 536, 647
Blechkern, 114, 367
Bleiakkumulator, 130, 132
Blindleistung, 28, 356–364, 433, 721
Blindleistungskompensation, 361, 362, 364
Blindleitwert, 28, 298, 300, 719
Blindwiderstand, 28, 296, 297, 300, 304–307, 309–312, 314, 317, 344, 345, 358, 359, 361, 382, 386, 387, 396, 411, 723
Blockschaltbild, 595, 684
Bode-Diagramm, 327, 328, 333, 334, 336, 337, 340, 341, 344, 345
Bode-Diagramme mit Mathcad, 334
Bohr'sches Atommodell, 6
Boltzmann-Konstante, 28, 460, 720
Bonddraht, 580
boolesche Algebra, 637
Bootstrap-Schaltung, 614, 615
breitbandig, 274
Brücke, abgeglichene, 229
Brückengleichrichter, 526
Brückenschaltung, 228, 525, 526, 708
Brummgeräusche, 367
Brummspannung, 518–524, 526
Bulk, 653, 661, 662
Bürde, 38
Byte, 636

C

Chassis, 43, 367, 539, 673
Clipper-Schaltung, 532
CMOS-Technik, 644, 649
CMRR, 620, 690, 695, 719
common mode gain, 689
Computer, 86, 236, 529
Coulomb, 15, 28–30, 32, 33, 93

D

Dämpfung, 328
 des Parallelschwingkreises, 400
 des Reihenschwingkreises, 400
Darlington-Schaltung, 614
Datenblatt, 51, 73, 462, 484–486, 496–501, 503, 552, 556, 569, 607, 645, 666, 675
Defektelektron, 18, 21

Sachverzeichnis

Defektelektronen, 11
Dehnungsmessstreifen, 78
Dekade, 69, 328, 692
Demodulation, 491
Denkmodell, 2, 15
Deratingkurve, 75
Dezibel, 326–328, 396
Dezimalsystem, 636
Dielektrikum, 82–86, 90–92, 95, 96, 308, 352, 405, 653, 661
Dielektrizitätskonstante, 27, 28, 84, 85, 724
Dielektrizitätszahl, 85, 86, 95, 666, 724
Differenzierer, 710, 717
Differenzverstärkung, 619, 620, 686, 688, 695
Diffusion, 450–452, 542
Diffusionskapazität, 476–478, 487, 489, 577, 719
Diffusionsspannung, 452, 453, 455, 458, 476, 658, 722, 723
digit, 636
Digitalrechner, elektronischer, 637
Digitaltechnik, 86, 529, 623, 635, 636, 641, 649
Dimension, 25
Dimensionierung, 117, 329, 330, 497, 498, 526, 571, 635
Diode, 459
    Anwendungen, 512, 533
    Ausschaltverhalten, 477
    Foto~, 493, 494
    Gleichstromwiderstand, 465, 721
    Gunn~, 488
    ideale, 466, 468
    Kapazitäts~, 406, 489, 490
    Kennzeichnung der Kathode, 487
    Lumineszenz~, 494
    Schaltzeichen, 459
    Schottky~, 487, 488, 533
    Tunnel~, 486, 492
    Verlustleistung, 480
    Wechselstromwiderstand, 465
    Zener~, 495
Dioden in der Digitaltechnik, 529, 623
Diodenkennlinie, Temperaturabhängigkeit, 478, 554
Dipol, 83, 98, 417
Dipolbildung, 84
Disjunktion, 638, 646
DL-Technik, 642
Domänen, 97

Donator, 20
Doppeldrahtleitung, 348
Doppelverstimmung, 392, 396, 406, 408
Dotierung, 20, 21, 458, 490, 492, 538, 540, 558, 651
Drahtwiderstand, 69, 349
Drain, 652, 654, 656, 657, 659, 660, 662–666, 668–670, 672–674, 680, 681, 685, 720, 722, 723
Drain-Abschnürspannung, 664, 723
Drainschaltung, 667–669, 681
Dreheisenmesswerk, 160, 249
Drehfaktor, 291, 293
Drehfeld, 433
Drehkondensator, 92, 404–406, 489
Drehpotenziometer, 76
Drehspulmesswerk, 159, 160, 163
Drehstrom, 419, 420, 433
Drehstromgenerator, 420–424, 432–434
    Sternschaltung, 425
Drehstrommotor, 433
Drehstromsystem, Verbraucher, 424
Drehzeiger, 239, 240, 256, 258, 259, 262, 291–293, 295, 300
Dreieckschaltung, 201, 203, 204, 230, 421, 424, 431, 432, 434
Dreieck-Stern-Umwandlung, 201
Dreileitersystem, 421
Drift, 12, 619, 695
Driftgeschwindigkeit, 12, 54, 55
Drossel, 115, 116
DTL-Technik, 642, 643
Dualsystem, 636
Dualzahl, 636, 637
Dualzahlensystem, 529
Durchbruchbereich, 457–459, 461, 495, 496
Durchbruchkennlinie, 496, 512
Durchflutung, 27, 102, 103, 118–120, 724
Durchgreifspannung, 566
Durchlassbereich, 330, 338, 412, 458, 461, 462, 466, 467, 489, 533, 541, 551
Durchlasskennlinie, 453–455, 458, 461, 463, 464, 469, 472–474, 480, 492, 549, 583
Durchlassrichtung, 466
Durchlassspannung, 453, 454, 475, 476, 478, 480, 486, 487, 489, 492, 495, 530, 531, 533, 541, 543, 583, 643, 723
Durchlassverzögerungszeit, 476, 477
duty cycle, 235

E

Early-Effekt, 558, 560, 566, 567, 666
Eckfrequenz, 329, 692, 719
ECL-Technik, 644
Effektivwert, 246
Eigenfrequenz, 325
Eigenhalbleiter, 17
Eigeninduktivität, 349, 352, 353
Eigenkapazität, 81, 349, 353
Eigenleitung, 17, 19
eindiffundieren, 20
Eingangsimpedanz, 589
Eingangskennlinie, 466, 549–554, 564, 571, 572, 581, 583, 585, 593, 606, 657, 664, 680
Eingangskreis, 544
Eingangsschutzschaltung, 528
Einheitensystem, 25
Einheitenzeichen, 23–26, 29–33, 49, 81, 103, 110, 242, 358, 360
einlegiert, 20
Einpuls-Mittelpunktschaltung, 513
Einschaltstrom, 74, 168
Einschaltwiderstand, 671
Einschwingvorgang, 165, 181, 409, 410, 700
Einschwingzeit, 694, 722
Einweggleichrichter, 513, 523, 524
EI-Schnitt, 367
Eisenblechkern, 114
Eisenkern, 111, 114, 115, 120, 351, 365–367, 373, 379, 522, 721
Elektrizität, 1, 2, 9, 15, 16, 30, 80
    statische, 9
Elektrode, 128, 129, 131, 308, 348, 539, 654
Elektroden, 82, 129, 130, 308, 488, 622, 656
Elektrodynamik, 93
Elektrolytkondensator, 91, 96, 516, 540
Elektromagnet, 102, 116, 160
elektromagnetische Verträglichkeit, 274
Elektromagnetismus, 99
Elektrometerverstärker, 702
Elektronen, 6
    freie, 10, 11, 13, 17, 19
Elektronendichte, 54, 488
Elektronenfehlplatz, 18, 21
Elektronenpaarbindung, 17, 19, 21
Elektronenpumpe, 11, 80
Elektronenschale, 7
Elektronenströmung, 453, 541

Element, 3, 56, 129, 373, 623
Elementarladung, 7, 8, 21, 28, 30, 54, 55, 460, 719
Elementarmagnet, 97
Elementarströme, 98
Elementhalbleiter, 17, 21
Elongation, 244
Emitter, 537
Emitterfolger, 582, 593, 614, 702
Emitterreststrom, 551, 720
Emitterschaltung, 545, 547, 549, 550, 557–559, 564, 571, 573, 575–577, 579, 583–590, 593, 594, 601, 602, 606, 607, 609, 610, 612–616, 618, 619, 622, 624, 641, 648, 667, 668, 719, 721, 722, 724
EMV, 274
Energie, 48
Energie im Magnetfeld einer Spule, 177
Energieerhaltungssatz, 39, 370
Energieübertragung, 64, 65, 366, 379
Entladekapazität, 131
Entladestrom, 80, 170, 518
Entladevorgang, 170, 517
Entladezeit, 170, 519, 520, 523
Entmagnetisierung, 105
Ersatz von Bauelementen, 155, 194
Ersatzkapazität, 151, 157
Ersatzschaltbild, 67, 81, 92, 93, 117, 120–123, 135, 141, 146, 188, 349, 371, 373, 374, 393, 467–469, 478, 510, 527, 541, 577, 607, 609, 612
Ersatzschaltungen für Bauelemente, 347, 353
Ersatzspannungsquelle, 135
Ersatzstromquelle, 204, 226
Ersatzwiderstand, XII, 146–148, 150, 157, 188, 194, 196, 203, 220, 505, 510
Erzeuger, 45, 48, 139, 141, 170, 177, 188, 207, 212, 371, 442
Exponentialform, 280, 281, 283, 285, 286, 290, 293, 298–300, 427
Exponentialfunktion, 171, 182, 183, 453

F

Farad, 81
Farbcode, 70, 79, 91, 116
Feinabstimmung, 405
Feld, elektrisches, 93–95, 652, 680
Feld, elektrostatisches, 93

Feldeffekttransistoren, 86, 536, 644, 653, 654, 657, 671, 674, 680
Feldkonstante
 elektrische, 28, 85, 724
 magnetische, 29, 103, 104, 111, 118, 724
Feldlinie, 93, 98, 123
Feldlinien, magnetische, 98, 99
Feldstärke, magnetische, 103, 104, 118, 720
Ferrite, 114
Ferritkern, 105, 115, 352
Ferromagnetismus, 96
Festkondensator, 90
Festzeiger, 258, 262, 291, 293, 300
FET, 651
FET als Konstantstromquelle, 671
FET als Schalter, 671
FET-Grundschaltungen, 667, 668
Filter, 4, 115, 274, 330, 338, 345, 416, 418, 712, 713
 aktive, 712
Filterung eines Sinussignals, 337
Flachbandfall, 661, 663
Flankensteilheit, 412, 413, 476, 713
Flipflop, 633, 634, 641, 649
Fluss, magnetischer, 105, 106, 121
Flussdichte, elektrische, 95
Flussdichte, magnetische, 103–107, 109, 115, 719
Flussrichtung, 105, 188, 212, 453, 460, 489, 537, 540, 543, 566, 673
FM, 491
Folienkondensator, 90
Formelzeichen, 24
Fourier-Analyse, 237, 249, 269, 271, 274, 275
Freilaufdiode, 180, 181, 183, 526, 527, 533, 673
Frequenz, 242
 normierende und normierte, 329
Frequenzfilter, 531
Frequenzgang, 291, 315–318, 330, 338, 381, 383, 385, 397, 399, 588, 589, 595, 596, 599, 600, 612, 648, 691, 697
Frequenzgangkompensation, 691–693
Frequenzgemisch, 390
Frequenzmodulation, 490, 491
Frequenzspektrum, 266
Frequenzteilung, 634
Frequenzweiche, 115
Funkentstörung, 90

Funktion, periodische, 233, 268
Funktionstabelle, 633, 634, 639

G
galvanische Trennung, 366, 410
galvanisches Element, 129
Galvanisieren, 11
Galvanometer, 160
Gate, 652
Gateschaltung, 668, 669, 681
Gatter, 530, 531, 637, 638, 641, 646, 649, 671
 AND~, 641, 642, 644, 646, 647, 649
 NOR~, 641–643, 646, 647
 OR~, 641, 642, 649
Gegeninduktivität, 371, 372, 380, 414
Gegenkopplung, 594–603, 609, 616, 618, 649, 669, 686, 689, 693, 695, 697–705, 707, 708, 711, 715, 717
 Gleichspannungs~, 595, 603
 Gleichstrom~, 601, 603, 618
 Wechselspannungs~, 603
 Wechselstrom~, 601, 602, 613
Gegenkopplungsfaktor, 597, 602, 697, 721
Gegenkopplungsgrad, 597, 599
Gegentaktschaltung, 582
Gehäusetemperatur, 74, 484, 568, 675, 722
Gemisch, 2
Generation, 18, 21, 457
Geradengleichung, 36, 37, 61, 687
Germanium, 12
Gesetz von De Morgan, 638, 639
Gesetz von Lenz, 108
gesintert, 115
Gitterschwingungen, 479
Glättung von Spannungen, 87, 133
Glättungsfaktor, 498
Gleichanteil, 233–235, 267, 269, 364
Gleichrichterschaltungen, 250, 513, 526
Gleichrichtung, 88, 512, 513, 525, 533
Gleichrichtwert, 233, 249–251, 257
Gleichspannung
 pulsierende, 88, 513, 516, 723
 störungsfreie Versorgung, 133
Gleichspannungsquellen, 41, 127, 132, 142, 146, 153, 193, 209, 230, 582
Gleichstrom, 37
Gleichstromverstärkung, 544, 558, 570, 573, 575, 576, 588

Gleichstromverstärkungsfaktor, 549, 558–560, 647, 719
Gleichtaktaussteuerung, 620, 689
Gleichtaktunterdrückung, 620, 621, 689, 690, 695, 719, 720
Gleichtaktverstärkung, 620, 621, 689, 690, 723
Gleichungssystem, 208, 210, 215, 217
Gleichwert, 233–235, 514, 515
Graph eines Netzwerkes, 206
Grenzfrequenz, 329, 330, 332, 333, 345, 374, 389–391, 401, 406, 577, 578, 588, 590, 593–595, 599, 621, 648, 668, 691–693, 695, 713, 719, 724
Grenzschicht, 450
Größengleichungen, 25
Grunddämpfung, 374
Güte einer Spule, 350
Gütefaktor, 386, 388, 400, 401
   des Parallelschwingkreises, 400

H

Halbleiter, 11, 16–21, 55, 180, 449, 452, 453, 456, 480, 487, 500, 653, 680
Halbleiterdiode, 180, 459, 484, 532
Harmonische, 249, 266, 621, 649
Henry, 111
Hertz, 242
heterogen, 2, 4
Hexadezimalzahl, 636, 637
HF-Gleichrichtung, 491
High, 529
Highside-Schalter, 672–674, 680, 681
Hintereinanderschaltung, 39
Hochfrequenz, 235, 243, 351, 491
Hochfrequenzlitze, 351
homogen, 2
Hufeisenmagnet, 96, 98, 99
Hüllkurve, 491
Hüllkurvendemodulation, 491
Hyperbel, 46, 71, 382, 397, 497
Hystereseschleife, 104, 105, 351

I

IC, 643
Impedanz, 290
Impedanzwandler, 592, 668, 702
Impulstechnik, 245, 616, 628
Impulszähler, 634, 645
Induktion, 28, 106, 109–111, 115, 118, 240, 305, 350, 352, 366, 719

Induktionskonstante, 103
Induktionsspannung, 106–108, 110, 177–179
Induktionsstrom, 108, 109, 180
Induktivität
   feste, 116
   veränderliche, 116
Induktivitätstoleranz, 116
Influenz, magnetische, 97, 99
Innenwiderstand, 132, 135–143, 160–164, 167, 170, 173, 180, 193, 195, 198, 204, 218, 220, 221, 226, 227, 366, 371, 373–377, 395, 396, 404, 410, 416, 495, 496, 498, 505, 510, 514, 521, 526, 584, 585, 590, 601, 605, 611, 616, 687, 714, 722
   Ermittlung, 137
Integrationskonstante, 306, 708
Integrierer, 708
Inversbetrieb, 540, 548, 549, 559
Inversdiode, 672, 673, 680, 681
Inversionsschicht, 661–664
Inverter, 629, 641, 642, 644, 645, 647
Invertierung, 638
Ion, 11, 20
Ionenimplantation, 566
Isolationswiderstand, 92, 93, 308, 352, 353
Isolator, 12, 79, 80, 653, 661
Iterationsverfahren, 508

J

Joule, 12, 13, 28, 32, 33, 48, 50, 63, 305
junction, 452, 482, 485, 536
Junction-FET, 653

K

Kanal, 652–657, 661–667, 681
Kanalabschnürung, 664
Kapazität, 81
Kapazität eines Akkumulators, 131
Kapazitäten, parasitäre, 81, 349
Kapazitätsänderung, 92
Kapazitätstoleranz, 92
Karnaugh-Veitch-Diagramm, 638
Kaskodeschaltung, 615, 616, 649
Kathode, 128, 459, 476, 488, 496, 525, 533
Kationen, 128
Kelvin, 19, 25, 29, 72, 384, 460, 478, 479, 481, 722
Kennlinie, 37, 61, 71, 76, 136, 458–460, 464–470, 472, 492, 495, 496, 503–505,

Sachverzeichnis

509–512, 533, 541, 546, 549, 556, 561, 562, 564, 567, 574, 584, 605, 679
Kennwiderstand des Schwingkreises, 386
Keramikkondensator, 90
Kippschaltung
    astabile, 631
    bistabile, 633
    monostabile, 632
Kippvorgang, 632, 633
Kirchhoff'sche Gesetze, 186
Kirk-Effekt, 574
Kleinsignalaussteuerung, 549
Kleinsignaleingangswiderstand, 552, 721
Kleinsignalstromverstärkung, 549, 575, 588
Kleinsignalverhalten, 464
Klemmenspannung, 135–139, 143, 198, 593
Klirrfaktor, 275, 464, 546, 721
Kniespannung, 567, 660, 664, 681, 723
Knopfzellen, 129
Knoten, 186
Knotenanalyse, 214, 216, 217, 222, 224, 230, 324, 436
Knotengleichungen, 186, 187, 206, 208, 212, 216
Knotenpunktspannung, 206
Knotenregel, 186, 187, 215, 229, 425, 426, 431, 540, 545, 592, 705, 707, 710
Knotenspannungen, 214–217
Kode, 636, 637
Kodierung, 636
Koerzitivkraft, 105, 351
Kollektor, 538
Kollektor-Emitter-Reststrom, 556, 720
Kollektorschaltung, 545, 549, 576, 591–594, 615, 616, 648, 649, 668, 719, 722, 724
komplementär, 632, 633
komplementäre Ausgangsstufe, 581
Komplementär-Transistoren, 537
Komplementierung, 638
komplexe
    Amplitude, 293
    Frequenz, 295, 312
    Rechenregeln, 282, 300, 638, 639
    Rechnung, 277, 278, 290, 301, 331, 339, 435, 436
    Spannung, 278, 287, 291, 292, 306, 312
    Zahl, 26, 278–280, 282, 285, 287, 289, 292, 299, 300, 325, 443
komplexer

Blindwiderstand der Spule, 312
Blindwiderstand des Kondensators, 312
Frequenzgang, 322
Leitwert, 298, 300, 407
Widerstand, 290, 296, 300, 304, 313, 331, 345, 377, 435
Komponentenform, 278, 280–282, 284, 286, 291, 293, 298, 300, 345, 420, 428, 437
Kondensator
    ausschalten, 170, 183
    einschalten, 167
    entladen, 170
    idealer, 308, 356, 357, 364, 396
    Nennspannung, 92
    veränderbarer, 91, 92
    Verwendungszweck, 86
    Wirkungsweise, 79
konjugiert komplexe Zahl, 278, 281
Konjunktion, 638
Konstantstromquelle, 141–143, 555, 561, 562, 572, 616–619, 621, 671, 681
Konstantstromquelle mit Transistor, 617
Konvektion, 483
Koppelkondensator, 415, 490, 563, 589, 610, 612, 670
Koppelspule, 413–415
Kopplung
    feste, 365
    Fußpunkt, 411, 413, 415
    galvanische, 410
    induktive, 111, 134, 348, 413
    kapazitive, 348, 353, 413
    Kopfpunkt, 415
    kritische, 412, 413
    lose, 365
    mit Koppelspule, 414
    transformatorische, 414
    transitionale, 413
    überkritische, 412
    unterkritische, 412
Kopplungsarten, grundsätzliche, 409
Kopplungsfaktor, 365, 372, 380, 410, 414
kovalente Bindung, 17
Kraft
    auf stromdurchflossene Leiter, 109, 110
    elektromotorische, 135
    magnetische, 98, 100, 102, 160
Kreisfrequenz, 243
Kristallgitter, 17, 20

Kühlkörper, 483–485, 539
Kühlung, 71, 74, 117, 483
Kurzschluss, 46
Kurzschlussstrom, 46, 138, 141, 142, 226, 494, 608
Kurzschlussstromverstärkung, 575
Kurzwellenbereich, 405

L

Ladekondensator, 88, 89, 513, 514, 516, 517, 519, 522–526, 674
Ladestrom, 80, 132, 167, 168, 309, 517
Ladestromstoß, 182
Ladevorgang, 168–170, 342
Ladung, elektrische, 9, 15
Ladungsmenge, 27, 29, 31–33, 53, 80, 82
Ladungspumpe, 672, 674, 680
Ladungsspeicher, 79
Ladungstransport, 11, 14, 15
Ladungstrennung, 32, 80, 106
Lastminderungskurve, 75, 486, 568, 580, 675, 676
Lastschwankungen, 134, 140
Lastwiderstand
    beim Transistor, 546
Lawinendurchbruch, 458, 479, 495, 533, 580
Lawineneffekt, 458, 499
LC-Bandpass, 416
LC-Bandsperre, 417
LC-Oszillator, 621, 623
Lebensdauer, 91, 129–131, 483, 494
Leckstrom, 352
LED, 494, 495, 533
Leerlaufverstärkung, 597–599, 602, 686, 688–690, 692
Legierungstransistor, 538
Leistung
    bei Drehstrom, 432
    elektrische, 49
    im Wechselstromkreis, 355, 361, 364
    mittlere, 355, 356
Leistungsanpassung, 140, 141, 143, 371, 375, 377
Leistungsdreieck, 360
Leistungsfaktor, 360, 362, 363, 433
Leistungshyperbel, 71, 72, 568, 582
Leistungsverstärkung, 327, 546, 586, 587, 590, 593, 594, 630, 648, 649, 683
Leiterplatte, 76, 539

Leiterströme, 423, 425
Leitfähigkeit, 12, 13, 32
Leitung, elektrische, 81, 111, 348
Leitungselektronen, 10, 12
Lichtgeschwindigkeit, 12, 54, 244, 719
Liniendiagramm, 232, 238, 239, 252, 253, 255–257, 261, 291, 292, 302, 303, 320, 420, 421
Linienspektrum, 269, 275
Linke-Hand-Regel, 109, 110
Lithium-Batterien, 129
Lithium-Ionen-Akkumulator, 131
Lithium-Polymer-Akkumulator, 131
Litze, 116, 351
Loch, 18, 21
Löcherströmung, 453, 541
Logik
    positive und negative, 636
    ungesättigte, 628
logische
    Gleichungen, 638
    Schaltbilder, 644
    Schaltungen, 487, 493, 628, 637, 641
    Verknüpfung, 529, 530, 638, 640, 642
Lorentzkraft, 106
Lösungsdruck, elektrolytischer, 128
Low, 529
Low Power Schottky, 644
Lowside-Schalter, 673, 680, 681
LRC-Tiefpass, 341, 342
LSB, 636
Luftspule, 103, 114

M

Magnetfeld, 98–102, 104–111, 113, 115, 118, 124, 159, 177, 240, 352, 358, 366, 368, 382, 414, 419, 420, 652
Magnetfeldänderung, induzierende, 109
magnetisch gekoppelt, 153, 365, 366, 379
magnetische Kreise, 117
magnetischer Widerstand, 119, 120, 721
Magnetisierungskurve, 104
Magnetismus, Grundlagen, 96, 99
Majoritätsträger, 21
Maple, 212, 344
Masche, 187
Maschenanalyse, 207, 209, 213, 214, 216, 217, 222, 223, 230, 324, 436, 441

Sachverzeichnis

Maschengleichung, 206, 208, 497, 505, 506, 510, 511, 571–573, 601, 613, 676, 677, 679
Maschenregel, 187, 229, 378, 503
Masse
  elektrische, 14
  virtuelle, 703
Materie, 1
Mathcad, 212, 271, 317, 328, 333–337, 344, 444
Mathematikprogramm, 212
Matrix, 608
Maxwell-Wien-Brücke, 445
Mehrphasensysteme, 419, 434
Mesatransistor, 538
Messbereich, 162, 163, 195, 229, 230
Messbrücke, 228, 229
Messfehler, 162
Messgerät, digitales, 162
Messinstrument, 159, 162, 195, 196
Messverstärker, 162, 616
metal migration, 56
Metalle, edle und unedle, 128
Metalloxidwiderstand, 69
Miller-Kapazität, 615, 616
Minimisierung, 638
Minoritätsladungsträger, 476, 661
Minoritätsträger, 21
Minuspol, 10
Mischgröße, 234
Mischspannung, 89, 234, 514
MIS-Struktur, 661
Mitkopplung, 594, 597, 621, 649, 693
Mitlaufeffekt, 561
Mittelleiter, 421, 423–430, 434
Mittelpunktschaltung, 523–526
Mittelwellen-Rundfunk, 491
Mittelwert
  arithmetischer, 233–235
  linearer zeitlicher, 233
MKSA-System, 25
Molekül, 3–6
Momentanwert, 233
Momentanwerte, 171, 172, 182, 239, 259, 262, 264, 292, 294, 300
Monoflop, 632, 633, 649
MOSFET, 653, 657, 662–666, 671–673, 676, 678, 680, 681, 684, 687
MOS-Kondensator, 661, 662, 681

MOS-Struktur, 661
MSB, 636
M-Schnitt, 367
Multi-Emitter-Transistor, 643
Multimeter, 162, 213
Multivibrator, 631, 645, 649, 674

N

Namenseinheiten, 25, 26
NAND-Gatter, 641–644, 647
Nebenwiderstand, 194
Negation, 638, 639
Nennspannung, 68, 92, 130–132, 155–157, 185
Neper, 327
Netzfrequenz, 242, 433, 519, 520
Netzgeräte, 127, 132, 133, 142
Netzteil, 127, 132, 133, 142
Netzwerk, 40
Netzwerkanalyse, 212, 213, 324, 331, 444
Neutralleiter, 421, 425
Neutralleiterstrom, 425
Neutronen, 6–8
n-Halbleiter, 20, 21, 449, 450, 487
Nibble, 636
Nichtleiter, 11, 12, 16
nichtperiodisch, 236
Nickel-Cadmium-Akkumulator, 130
Nickel-Metallhydrid-Akkumulator, 131
Niederfrequenz, 243
Nordpol, 6, 97–99
Normalbetrieb, 539, 540, 546, 548, 549, 551, 559, 566
Normierung, 329, 330, 332, 333, 340, 341, 345, 383
Normreihe, 69, 197, 198, 613
Nulldurchgang, 252, 253, 255, 257, 315
Nullphasenwinkel, 239, 252–255, 257–260, 262, 266–268, 290–292, 297, 300, 303, 315, 316, 320, 724
Nullpotenzial, 13, 618, 619, 629
Nullpunkt, absoluter, 72
Nullstellen, 324, 328
Nullzweig, 229, 445
Nutzsignal, 330, 337, 518
Nyquist-Diagramm, 344

O

Oberschwingungen, 249, 266, 275, 619
Oberwellen, 266, 274

Offsetspannung (Differenzverstärker), 621
Ohm, 33
open loop gain, 686
Operationsverstärker
  Eigenschaften, 686
  Frequenzverhalten, 374, 691
  interner Aufbau, 684
  Spannungsfolger, 702
  Sprungverhalten, 694
Originalbereich, 292, 301
Oszillator, 492, 594, 597, 622
Oszillatoren, harmonische, 621, 649
Oszilloskop, 213, 236, 245

P

Parallelschaltung, 39
  ohmscher Widerstände, 188
  von Gleichspannungsquellen, 193
  von Kondensatoren, 192
  von Spulen, 192
Parallelschwingkreis, 325, 381, 396–404, 406, 408, 409, 416–418, 621
Parallelschwingkreis mit Verlusten, 398, 399
Parallelschwingkreis ohne Verluste, 396
parasitäre Größen, 347, 348, 353
PC, 212, 325, 333, 444, 714
PEN-Leiter, 421
Periodendauer, 233
Permeabilität, 27, 29, 103, 104, 117, 120, 352, 370, 724
Permittivitätszahl, 85, 724
Phasenbezugsachse, 259, 260, 262, 303
Phasengang, 317, 323, 333, 334, 336, 337, 340, 344, 345, 386, 401, 444, 579, 691
phasengleich, 253, 254, 265, 701, 702
Phasenschieberkondensator, 361, 364
Phasenspektrum, 266, 269
Phasensprung, 323
Phasenverschiebung, 253
Photolithographie, 566
physikalische Größen, 23, 24, 26
Piezoeffekt, 622
pinch-off voltage, 656
Planartechnik, 565
Planartechnologie, 538
Plattenkondensator, 81, 82, 86, 90, 92, 94, 95, 451, 476, 653
Pluspol, 10

pn-Übergang, 449–451, 453–459, 462, 466, 475, 476, 488, 493, 532, 540, 544, 656, 657
Polarisation, 83–85
Pole
  einer Bruchfunktion, 324
  magnetische, 7, 97
Potenzial, 13
Potenzialdifferenz, 13, 15, 16, 62, 106, 453
Potenzialtrennung, 366
potenzielle Energie, 52
Potenziometer, 76, 77, 79, 157, 621
Potenziometer-Kennlinie, 76
Power-MOSFET, 671, 672, 680, 681
ppm, 73
Praxis
  Elko und Z-Diode, 500
  Ersatzwiderstand durch Reihenschaltung, 150
  HF-Litze, 351
  Kurzschluss, 46
  Netzgeräte, 133
  Potenziometer, 77
  Schätzung Spannungsverstärkung, 586
  Spannungsanpassung, 139
  Spannungsspitzen durch Induktion, 179
  Widerstandstransformation, 371
Primärelement, 128, 129, 142
Primärspule, 365, 366, 370, 414
Primärwicklung, 57, 111, 365, 366, 368, 369, 371, 373, 376, 379
Probeladung, 93, 94
Proportionalitätsprinzip, 60
Protonen, 6–9
Punktladung, 93
push-pull, 582

Q

Quarz, 2, 622
Quarzoszillator, 621, 622
Quelle, 45
  gesteuerte, 47, 536, 607, 608, 649
  lineare, 136, 503
  unabhängige, 47
Quellenfeld, 93, 98
quellenfrei, 98
Quellenspannung, 135, 138, 139, 312, 374
Querstrom, 196, 197, 562, 617
Quine-Mc Cluskey-Verfahren, 638

R

Radartechnik, 628
Raumladung, 55, 451–453, 456, 457, 488, 493, 574, 661, 662, 722
Raumladungsdichte, 27, 53, 54, 724
Raumtemperatur, 18, 19, 456, 460, 470, 471, 473, 559
Rauschen, 237
Rauschspannung, 237
RC-Hochpass, 338–340, 612, 622
RC-Oszillator, 621, 622
RC-Tiefpass, 330, 331, 336, 337, 341, 599, 622
RDS,on, 671
Reaktanz, 28, 296, 300, 723
Rechteckspannung, 87, 235, 236, 250, 251, 634, 635, 674
Rechte-Hand-Regel, 99, 101, 368
recovery time, 475, 477
Referenzspannung, 127, 500, 511, 696
Referenzspannungsänderung, 512
Regel von Lenz, 108, 368
Register, 634, 645
Reihenschaltung, 39, 146
    von Gleichspannungsquellen, 153, 193
    von Kondensatoren, 151, 157, 189, 192
    von ohmschen Widerständen, 146, 157
    von Spulen, 153
Reihenschwingkreis
    mit Verlusten, 384, 385
    ohne Verluste, 381
Reinstoffe, 2–4
Rekombination, 18, 21, 450, 452, 494, 565, 574
Relais, 115, 180, 526, 527, 623, 628–630
Remanenz, 104, 351
Resonanz, Kennzeichen, 385, 399
Resonanzbedingung, 384–386, 394, 398, 399
Resonanzfrequenz, 383
    allgemeine Ermittlung, 387, 418
Resonanzkreis, 381, 412
Resonanzkurve, Asymmetrie, 391, 392, 406
Resonanzkurven, 388, 401–405, 412, 413
Resonanzüberhöhung, 388
Resonanzverstärker, 621
Resonanzwiderstand, 385, 390, 399, 408, 409, 418
Richtungspfeil, 41
Richtungswinkel, 279, 280, 283
RL-Tiefpass, 315
RS-Flipflop, 633, 634
RTL-Technik, 643, 645
Rückkopplung, 594, 615, 633, 635, 649, 684, 697
Rückspeisung, 193, 230
Rückwärtsbetrieb, 548
Ruhespannung, 464
Ruhestrom, 464, 572, 606, 669

S

Sägezahnspannung, 235, 236, 273
Sättigungsbereich, 548, 567, 568, 625, 628, 635, 659, 660, 663, 664, 667, 680, 681, 696
Sättigungsspannung, 567, 582, 610, 648, 655, 660, 685, 723
Sättigungsstrom, 656, 657, 720
Satz von der Ersatzspannungsquelle, 220–222, 225, 230, 436
Sauerstoff, 3–5
Schalenkern, 114, 115
Schaltalgebra, 637–640
Schaltbilder, identische, 43
Schaltdioden, 477, 529
Schaltfunktion, 638–640
Schalthysterese, 634, 696
Schaltnetz, 640, 647
Schaltplan, 40
Schalttransistor, 623–625, 641
Schaltung, integrierte, 21, 643, 671, 683
Schaltungen, gemischte, 199, 230
Schaltvorgänge, 140, 165, 183, 478, 550
Schaltwerk, 640
Schaltzeichen
    digitale, 644
Scheinleistung, 29, 360–362, 364, 433, 722
Scheinleitwert, 29, 299, 300, 723
Scheinwiderstand, 29, 298, 300, 313, 316, 345, 385, 389, 723
Schichtwiderstand, 69, 349
Schiebepotenziometer, 76
Schleifenverstärkung, 597, 686, 698
Schleifer, 76, 77
Schmelzsicherung, 47, 56, 63, 134
Schmitt-Trigger, 634, 635, 649, 697
Schnittbandkern, 367
Schraubenregel, 100, 368
Schutzdiode, 527
Schutzwiderstand, 67, 453, 647

Schwellenspannung, 552, 556, 654, 661, 666, 677, 723
Schwellwertschalter, 634
Schwingkreis, 381, 406, 412, 414, 415, 417, 418
  Bandbreite, 389, 406
  Zeitverhalten, 409
  zusammenschalten, 416
Schwingung, gedämpfte und ungedämpfte, 409
Sekundärelement, 130
Sekundärspule, 365, 366, 370, 372, 413, 414
Sekundärwicklung, 111, 365–369, 371, 375, 376, 378, 379, 522, 524, 526
Selbstentladung, 131, 170
Selbsterregung, 597
Selbstinduktion, 110, 113, 125, 175, 176
Selbstinduktionsspannung, 112, 113, 305
Selektion, 393, 396, 406, 408
Selektivverstärker, 621
Serienschaltung, 39, 390
settling time, 694, 722
Shannon, 637
Shunt, 194, 195, 230
Siebglied, 390, 391
Siemens, 28, 29, 33, 298, 607
Signal
  analoges und digitales, 236
Silizium, 12
Simulation, 180, 181, 212–214, 526, 554, 555, 574
Sinusfunktion, 38, 232–234, 238–240, 256, 291, 292, 709
Sinuskurve, Entstehung, 238
SI-System, 25
Skalarfeld, 93
Skineffekt, 116, 117, 350, 351, 353, 384
SMD-Bauteile, 76, 79
SOA-Diagramm, 580, 581
Sollwert, 69
Source, 652
Sourceschaltung, 667–669, 681
Spannung, elektrische, 13
Spannungsabfall, 62
Spannungsabfall an Leitungen, 156
Spannungsanpassung, 139
Spannungsdurchschlag, 92
Spannungseinbrüche, 87
Spannungsfehlerschaltung, 164
Spannungsgegenkopplung, 595, 603

Spannungskomparator, 689, 696, 717
Spannungsmessung, 161, 162, 164
Spannungsquelle, 10
Spannungsreihe, elektrochemische, 128, 129
Spannungsresonanz, 385, 391, 418
Spannungsrückwirkung, 551, 571, 585, 592, 606–608, 720
Spannungssprung, 694
Spannungs-Steuerkennlinie, 556, 557, 560, 561, 585
Spannungsteiler, 68
  belasteter, 196, 198, 199
  spannungsgesteuerter, 670, 681
Spannungsteiler-Formel, 147, 196, 218, 219
Spannungsteilerregel, 118, 190, 191, 227
Spannungsverdoppler-Schaltung, 674
Spannungsverstärkung, 326, 547, 577, 585, 586, 590, 597, 602, 605, 615, 616, 668, 669, 681, 684, 693, 701, 715
Spartransformator, 379
Speicherzeit, 487, 627, 628, 655, 722
Spektrum, 266, 274
Sperrbereich, 330, 338, 461, 462, 467, 492, 548, 568, 572, 583, 713
Sperrbetrieb, 462, 475, 540, 548, 549, 663
Sperrkreis, 401–403
Sperrrichtung, 455
Sperrschicht, 452
Sperrschicht-FET, 653, 655, 656, 680
Sperrschichtkapazität, 475–478, 489, 615, 719
Sperrschichttemperatur, 463, 475, 479, 482–485, 500, 724
Sperrspannung, 457
Sperrverzögerungszeit, 475–477, 673
Spitzentransistor, 538
Spitzenwert, 244
Spitze-Spitze-Wert, 245, 257
Sprungantwort, 236, 344, 709
Sprungfunktion, 236, 237, 709
Spule
  ausschalten, 177, 179
  einschalten, 175, 183
  ideale, 112, 117, 176, 182, 305, 307, 312, 313, 344, 381
  im Wechselstromkreis, 305–307, 312
  mit Kern, 114
  Verwendungszweck, 115
  Wirkungsweise, 102
Spulengüte, 117

Spulenkörper, 116, 366, 367
Stabilisierung, 495, 496, 499, 561, 618, 669
Stabilisierungsfaktor
    absoluter, 498
    relativer, 499
Stabilität, 117, 133, 655, 691
Stabmagnet, 96, 98, 99, 101, 108
Steilheit
    eines Transistors, 648
Stern-Dreieck-Umwandlung, 202
Sternpunkt, 421, 425
Sternschaltung, 201–204, 230, 421–427, 429–431, 434
Stoff, 2
Stoffe, unpolare und polare, 83
Stoffgemische, 2, 3
Störfestigkeit, 274
Störstellenleitung, 20, 21
Störungen, 88, 90, 134, 237, 274, 353
Strahlensatz, 507
Strang, 420–423, 432
Strangspannung, 421, 423, 425, 427, 429, 430, 433, 434
Strangströme, 425, 431, 434
Streufaktor, 373
Streufeld, 365, 373
Streuinduktivitäten, 366, 373, 374
Strom
    eingeprägter, 140
    elektrischer, 1, 10, 31, 37
Stromanpassung, 140
Strombegrenzung
    durch Vorwiderstand, 67
    einstellbare, 133
Stromdichte, 29, 53–57, 350, 722
Stromfehlerschaltung, 164
Stromgegenkopplung, 595, 601, 615, 617
Stromkreis, 40
    linearer, 37
Stromlaufplan, 40
Strommessung, 159, 161, 194
Stromquelle, 15, 47, 140–142, 204, 205, 217–219, 227, 230, 577, 607–609, 619, 660, 664
Stromresonanz, 400, 418
Stromrichtung, technische, 42, 200, 542, 663
Stromstärke, 27
Strom-Steuerkennlinie, 557, 558, 560, 561, 570–572, 606

Stromteilerregel, 190, 191, 229, 715
Stromverdrängung, 351
Stromversorgung, 127, 142, 156, 361, 513, 645, 673
Stromverstärkung in Basisschaltung, 648
Stromverstärkung in Kollektorschaltung, 648
Stromverstärkung, Abhängigkeiten, 573
Stromverzweigung, 68, 185, 186, 196, 205, 435
Stützkondensator, 86, 87
Substrat, 653, 661–663
Subtrahierer, 645, 705, 706, 708, 717
Südpol, 97–99, 103
Superpositionsprinzip, 60, 217
Systemfunktion, 322

T
Tandempotenziometer, 76
Tantal-Elektrolytkondensator, 91
Tastgrad, 235, 236
Tastverhältnis, 236, 723
Tautologie, 638, 639
Temperaturabhängigkeit, 478–480, 499, 500, 554, 655, 659
Temperaturdrift, 553, 618, 696
Temperaturkoeffizient, 27, 72, 77, 78, 499, 574
Temperaturkoeffizient der Z-Diode, 499
Temperaturspannung, 460, 479, 552, 556, 584, 723
Temperaturstabilität, 561
Tesla, 28, 103, 104, 106, 123, 366
Testfunktion, 236
Thomson-Gleichung, 384, 385, 387, 398, 399, 418
Tiefpass 1. Ordnung, 331, 578, 691
Toleranz, 69, 70, 148–150, 155, 194, 516
Tonfrequenzbereich, 235, 242
Träger, 15, 21, 30, 491
Trägerfrequenz, 403
Trägerspannung, 490, 491
transconductance, 658
Transferstrom, 542
Transformation der Spannungen, 369
Transformation der Stromstärken, 369
Transformation des Widerstandes, 370, 371
Transformator, 105, 109, 361, 365, 366, 379
    Funktion, 111
    realer, 373
Transistor
    als Schalter, 527, 548, 623–625, 629, 649

als Verstärker, 539, 544, 546, 547, 560, 572
als Verstärker (Emitterschaltung), 547
Aufbau, 558, 565
bei hohen Frequenzen, 588, 590, 593
Betriebsarten, 546
Bezugsrichtungen, 539
bipolarer, 535, 537, 647
Definition der Schaltzeiten, 627
dynamisches Schaltverhalten, 626
formale Ersatzschaltung, 604, 649
Grundschaltungen, 545
h-Parameter (Hybridparameter), 553, 559, 604–607, 649
Kennlinien, 550, 605
Leitwertparameter, 605
physikalische Ersatzschaltung, 609
Schalten einer Last, 623, 629
Schalterbetrieb, 547
Spannungssteuerung, 560
Streuparameter, 605
Stromsteuerung, 560
unipolarer, 536
Verkürzung der Schaltzeiten, 628, 629
Vierpolgleichungen, 604
Wahl des Arbeitspunktes, 580, 648
wann leitet er, 544
Wirkungsweise, 540
Transitfrequenz, 578, 579, 590, 648, 692–694, 719
Trennen von Gleich- und Wechselspannung, 88
Trennschärfe, 390, 393
Trigger, 632, 634
trigonometrische Form, 280, 281, 300
Trimmer, 76, 77, 79, 92
Trimmkondensator, 92
Trockenbatterie, 129
TTL-Technik, 643
Tunneleffekt, 492

U

Überanpassung, 139
Übergangswiderstand, thermischer, 484
Überlagerungsprinzip, 60, 61
Überlagerungssatz, 217, 218, 220–222, 224, 225, 230, 436, 447
Überschwingen, 694
Übersetzungsverhältnis, 369, 376, 410
Übersprechen, 348, 353
Übersteuerungsbereich, 567, 568, 572, 625

Übersteuerungsfaktor, 568, 626–628, 723
Übertemperatur, 74, 481, 672
Übertrager, 366
  idealer, 374–376
Übertragungsfunktion, 322–324, 328–332, 334, 336, 339, 341, 342, 345, 441, 446, 578, 599, 711
  normierte, 329
Übertragungssteilheit, 557, 658, 666, 667, 678, 680, 681, 722
Uhrzeigersinn (UZS), 238, 258, 259, 282, 320, 400
UKW-Rundfunk, 491
Umgebungstemperatur, 72, 74, 75, 78, 128, 484–486, 500, 580, 610, 722
Ummagnetisierungsverluste, 105, 117, 351, 353, 367, 384
Umwandlung von Quellen, 204
Univibrator, 632
Unteranpassung, 140
Urspannung, 135
UVW-Regel, 109, 110

V

Vakuum, 85, 95, 104, 244
Valenzelektronen, 7, 8, 10, 16, 17, 20, 128, 457, 479
var, 28, 358, 364, 433
Variometer, 116
Varistor, 78
Vektorfeld, 94
Verarmungstyp, 653
Verarmungszone, 451, 656
Verbindung, chemische, 3
Verbindungshalbleiter, 17, 21
Verbindungszweige, 206–209, 442
Verbraucher, 38
Verknüpfung
  NICHT~, 638
  ODER~, 529–531, 638, 639
  UND~, 529–531, 638
Verknüpfungsvorschrift, 639
Verluste
  im Kondensator, 352
  in Spulen, 117, 349
Verlustfaktor
  einer Spule, 353
  eines Kondensators, 352, 353

Verlustleistung, 52, 67, 68, 74, 75, 117, 133, 138–141, 147, 148, 150, 156, 157, 189, 190, 193, 367, 475, 480, 481, 483–486, 495, 497, 499–502, 539, 567–569, 580, 587, 588, 644, 654, 671, 675, 676, 678, 721
Verlustleistungshyperbel, 497, 498, 568, 569, 580, 680
Verlustwinkel, 27, 350, 352, 353, 724
Verstärker
 invertierender, 702
Verstärkerbetrieb, 546, 548, 581, 582, 601, 668
Verstärkerstufe, 371, 410, 562, 563, 589, 593, 595, 599–602, 611, 614, 618, 691, 702
Verstärkerstufen, 371, 593–595, 616, 691–693, 702
Verstärkung, 46, 138, 326, 327, 464, 492, 536, 546, 561–563, 572, 590, 594–600, 611, 613–616, 620, 621, 642, 649, 670, 684, 689, 692–694, 700, 701, 713
 nichtlineare, 561
Verstärkungsänderung, relative, 598
Verstärkungs-Bandbreite-Produkt, 578, 595, 600, 692, 693, 720
Verstärkungseigenschaft, 60
Verstimmung, absolute und relative, 392
Verzerrung, 275, 546, 670
Verzerrungsbereich, 582
Vierpol, 228, 322, 331, 371, 604, 609
Vierquadranten-Kennlinienfeld, 570, 571, 606
Vollweggleichrichter, 523, 525
Voltmeter, 159
 Erweiterung Messbereich, 163
Vorwärtsbetrieb, 546, 548
Vorwiderstand, 67

W

Wahrheitstabelle, 639, 640, 646
Wahrheitswerte, 637
Wanderung von Material, 56
Wärmebewegung der Elektronen, 12
Wärmedurchbruch, 458
Wärmeleistung, 160, 246, 247, 481
Wärmeleitfolie, 485
Wärmeleitung, 481
Wärmeschwingungen der Atomrümpfe, 12
Wärmestrom, 481–483
Wärmeströmung, 481
Wärmeübergangswiderstand, 481

Wärmeverluste, 52, 105
Wärmewiderstand, 29, 481–485, 721
Wasserstoff, 3–5, 128, 129, 131, 132
Watt, 49
Weber, 28, 106
Wechselanteil, 234, 235, 269, 514
Wechselgröße, 233, 234, 243, 245, 248, 249, 252, 257, 258, 269, 275, 594
Wechselgröße mit Offset, 233
Wechselspannung
 Definition, 37
 mit Offset, 89
 Zeitfunktion, 232
Wechselspannungsverstärkung, 585, 586, 588–590, 593, 597, 602, 603, 610, 612–614, 648, 649, 668, 697
Wechselstrom
 Definition, 37
 Zeitfunktion, 231
Wechselstromeingangswiderstand, 550, 552, 583, 589, 591, 599, 602, 605, 610–612, 614, 721
Wechselstromgenerator, 419
Wechselstrommessbrücke, 445
Wechselstromverstärkung, 560, 570, 573, 575, 576, 586
Wellenlänge, 27, 244, 257, 494, 724
Welligkeit, 133, 234, 235, 514, 523
Wendelpotenziometer, 76
Wicklungskapazitäten, 366, 374
Wicklungswiderstand, 64, 73, 117, 154, 180, 181, 350, 353, 370, 373–375, 393, 402, 409, 630
Widerstand
 ausschalten, 166
 bedrahteter, 75
 Definition, 12, 13, 32
 differenzieller, 465, 466, 468
 dynamischer, 465, 722
 einschalten, 166
 fester, 69, 79
 Foto~, 78
 Heißleiter~, 78
 im Wechselstromkreis, 302–304, 356
 induktiver, 305, 384
 Kaltleiter~, 78
 kapazitiver, 309, 310
 LDR~, 78
 NTC~, 77

ohmscher, 37, 61, 78
PTC~, 78
spannungsabhängiger, 78
spezifischer, 63
steuerbarer, 670
veränderbarer, 76
Widerstandsbereich, negativer, 492
Widerstandsgerade, 504–507, 510–512, 630, 631
Widerstandskennlinie, 36
widerstandslos, 42, 43, 156
Winkelgeschwindigkeit, 28, 239, 243, 259, 261, 290, 292, 419
Wirbelfeld, 98
Wirbelströme, 105, 117, 352, 367, 414
Wirbelstromverluste, 105, 350, 352, 353, 367
Wirkleistung, 355–364, 433, 721
Wirkleitwert, 29, 298, 300, 304, 719
Wirkungsgrad, 51
Wirkwiderstand, 296

Z

Zahlensystem, binäres, 529
Zählpfeile, 43–48
Zählpfeilsystem, 45, 48, 188, 207, 442
Z-Diode, 495–502, 511, 512
Zeigerbild, 260, 261, 287, 288, 304, 359, 420–422
Zeigerdarstellung von Sinusgrößen, 258
Zeigerinstrument, 162
Zeitkonstante, 27, 168–170, 172, 173, 176, 177, 183, 517–519, 522, 724
Zeitschalter, 632
Zenerbereich, 497
Zenerdurchbruch, 457, 499, 533
Zenereffekt, 457, 479, 499
Zusammenfassung von Bauelementen, 154, 230
Zusammensetzung von Wechselspannungen, 263
Zweig, 205
Zweigspannung, 205, 207, 212, 217
Zweigstrom, 205, 217
Zweipol, 37, 48, 145, 147, 185, 204, 313, 350, 437, 503, 671
Zweitor, 228, 604

Druck:
Customized Business Services GmbH
im Auftrag der
KNV Zeitfracht GmbH
Ein Unternehmen der Zeitfracht - Gruppe
Ferdinand-Jühlke-Str. 7
99095 Erfurt